《 互联网+新编全功能实战型教材 》

中文版 Animate CC 动画设计与制作案例教程

（含微课）

主　编　刘红庆　何贤芳　杨　萌
副主编　雷　宏

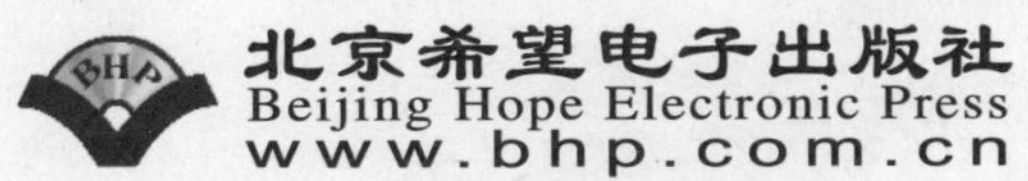

内 容 简 介

本书由浅入深、循序渐进地介绍了中文版 Animate CC 的使用方法和操作技巧。

全书共 16 章，包括中文版 Animate CC 的基础操作、基本图形绘制与编辑，导入素材文件，色彩工具的使用，文本的创建与编辑，元件、库和实例，制作简单的动画，交互式动画的制作，动画作品的输出和发布，简单动画，文字动画，交互式动画，项目指导—卡通形象绘制，项目指导—贺卡的设计与制作，项目指导—网站片头制作，项目指导—商业动画制作等内容。

本书内容详实，结构清晰，语言流畅，实例分析透彻，操作步骤简洁实用，各章内容均围绕综合实例展开介绍，内容涉及的每个案例都配有相应的视频教学，便于读者快速掌握和提高 Animate CC 的使用水平。

本书不仅可以作为大中专院校数字媒体艺术、广告动画设计制作等相关专业的教材，也可作为社会各类动画设计培训班的教材使用。本书适合 Animate CC 初、中级读者，以及从事网络动画、贺卡、片头、游戏、广告开发等工作的读者阅读自学之用。

图书在版编目（CIP）数据

中文版 Animate CC 动画设计与制作案例教程 / 刘红庆，何贤芳，杨萌主编. -- 北京 : 北京希望电子出版社，2020.10（2023.8 重印）

ISBN 978-7-83002-779-7

Ⅰ. ①中… Ⅱ. ①刘… ②何… ③杨… Ⅲ. ①超文本标记语言－程序设计—教材 Ⅳ. ①TP312.8

中国版本图书馆 CIP 数据核字(2020)第 192749 号

出版：北京希望电子出版社
地址：北京市海淀区中关村大街 22 号
中科大厦 A 座 10 层
邮编：100190
网址：www.bhp.com.cn
电话：010-82626270
传真：010-62543892
经销：各地新华书店

封面：赵俊红
编辑：全 卫
校对：刘 伟
开本：889mm×1194mm 1/16
印张：20.5（全彩印刷）
字数：696 千字
印刷：唐山新苑印务有限公司
版次：2023 年 8 月 1 版 2 次印刷

定价：79.80 元

前 言 PREFACE

网站作为新媒介，其最大魅力在于可以真正实现动感交互，在网页中添加Animate动画是网页设计的重要内容。Animate具有强大的交互功能和人性化风格，吸引了越来越多的用户。Animate是二维动画软件，可生成用于设计和编辑的Animate文档（格式为FLA），以及用于播放的Animate文档（格式为SWF）。其生成的影片占用的存储空间较小，是用于网页播放的矢量动画文件最常采用的格式。

本书以认知规律为指导思想，在充分考虑了初学者需要的同时，系统全面地讲解了利用Animate CC 2017进行设计和创作的技能与方法。全书共16章，包括Animate CC 2017的基础操作，基本图形绘制与编辑，导入素材文件，色彩工具的使用，文本的创建与编辑，元件、库和实例，制作简单的动画，交互式动画的制作，动画作品的输出和发布，简单动画，文字动画，交互式动画，项目指导—卡通形象的绘制，项目指导—贺卡的设计与制作，项目指导—网站片头制作，项目指导—商业广告制作等。

全书知识体系完整，将日常生活和工作中最为广泛应用的内容作为重点，结合实例讲解、功能分析，使功能和实例达到完美的结合。本书中综合实例的练习章节，可以帮助读者巩固和灵活掌握相关知识点，提高读者的实际应用能力。本书基于作者多年积累的经验总结和实践技巧编写而成，每一章内容都围绕综合实例进行介绍，便于提高和拓宽读者对Animate CC 2017基本功能的掌握与应用，能够帮助读者提高学习效率，同时提升解决问题的能力。

本书由湖南现代物流职业技术学院的刘红庆、重庆信息技术职业学院的何贤芳和湖南外贸职业学院的杨萌担任主编，由北京社会管理职业学院的雷宏担任副主编。本书的相关资料和售后服务可扫本书封底的微信二维码或与登录www.bjzzwh.com下载联系获得。

本书疏漏之处在所难免，恳请读者和专家批评指正。

编著者

目 录 CONTENTS

第5章 文本的创建与编辑

第6章 元件、库和实例

第7章 制作简单的动画

第8章 交互式动画的制作

第9章 动画作品的输出和发布

第10章 简单动画

第11章 文字动画

第12章 交互式动画

第13章 项目指导—卡通对象的绘制

第14章 项目指导—贺卡的设计与制作

第15章 项目指导—网站片头制作

第16章 项目指导—商业广告制作

第1章 Animate CC的基础操作

Animate是一款集动画创作与应用程序开发于一身的创作软件，本章主要介绍Animate的基础操作，包括启动/退出Animate CC、新建文件、添加/删除辅助线和对齐网格参数等操作。

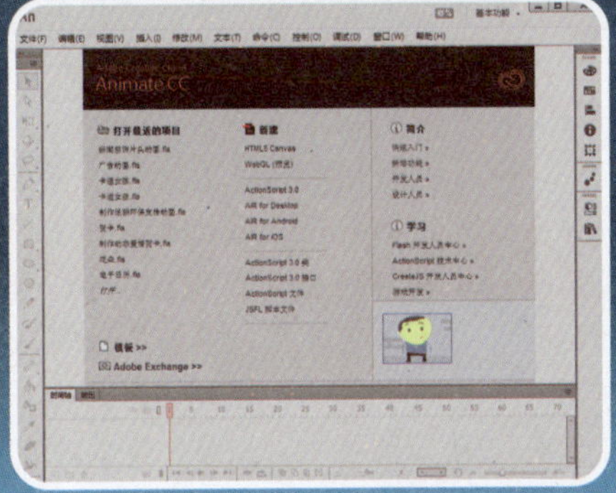

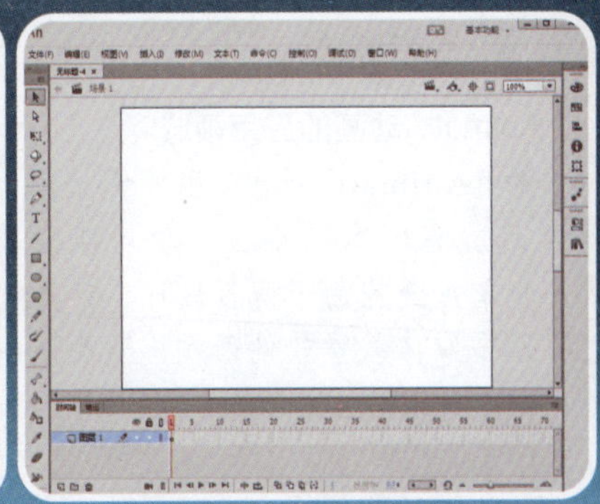

实例001 启动Animate CC

本实例将讲解通过开始菜单启动Animate CC软件。

素材：	无
场景：	无
视频：	视频教学 | Cha01 |实例001 启动Animate CC.MP4

❶ 选择【开始】|【所有程序】|【Adobe Animate CC】命令，如图1-1所示。

图1-1 启动Animate CC

❷ 选择命令后显示启动程序的启动界面，如图1-2所示。

图1-2 Animate CC的启动界面

❸ 程序加载完成后，进入程序的欢迎界面，如图1-3所示。

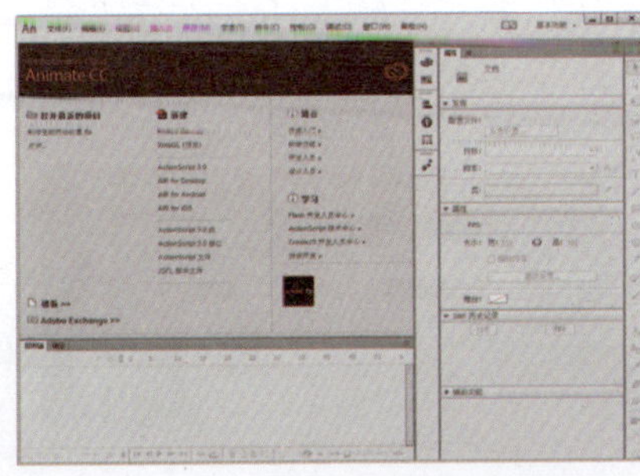

图1-3 Animate CC的欢迎界面

提 示

在Adobe Animate CC命令上右击鼠标，在弹出的快捷菜单中选择【发送到】|【桌面快捷方式】命令，在桌面上创建Animate CC的快捷方式，用户只需双击桌面上的快捷方式图标即可启动Animate CC。

实例002 退出Animate CC

本实例将讲解使用【退出】命令退出Animate CC软件。

素材：	无
场景：	无
视频：	视频教学 | Cha01 |实例002 退出Animate CC.MP4

❶ 进入Animate CC软件欢迎界面后，在菜单栏中选择【文件】|【退出】命令，如图1-4所示。

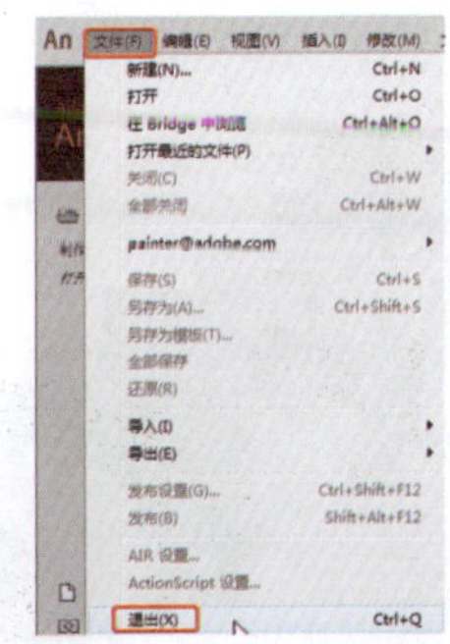

图1-4 【退出】命令

❷ 单击【退出】命令后即可退出软件。

提 示

用户还可以在程序窗口左上角的图标上单击鼠标右键，在弹出的快捷菜单中选择【关闭】命令，即可关闭软件；或单击程序窗口右上角的【关闭】按钮。此外，按Alt+F4组合键、按Ctrl+Q组合键等操作均可退出Animate CC。

知识链接

Animate 动画的应用领域

使用Animate 制作动画的优点是动画品质高、体积小、互动功能强大，目前广泛应用于网页设计、动画制作、多媒体教学软件开发、游戏设计、企业介绍等诸多领域。

1. 宣传广告动画

宣传广告动画无疑是Animate应用最广泛的一个领域。由于在新版Windows操作系统中已经预装了Animate 插件，使得Animate 在这个领域的发展非常迅速，已经成为大型门户网站广告动画的主要形式。目前新浪、搜狐等大型门户网站都很大程度地使用了Animate 动画，如图1-5所示就是网站中的Animate 广告动画。

图1-5 宣传广告

2. 产品功能演示

可以使用Animate 制作演示片让人们了解新开发出来的产品，以便使人们了解新产品的更多功能，并能全面地展示产品的特点，如图1-6所示为演示动画。

图1-6 演示动画

3. 教学课件

Animate 是一个完美的非常典型的教学课件开发软件——它操作简单，输出文件体积小，而且交互性很强，非常便于教学互动。

4. 音乐MTV

自从有了Animate ，在网络上播放MTV就成为可能。由于Animate 支持MP3音频，而且能边下载边播放，大大节省了下载的时间和所占用的带宽，因此迅速在网上火爆起来。

5. 故事片

提到故事片，相信大家可以举出许多经典的Animate 故事片，如三国系列、春水系列、流氓兔系列等。搞笑是它们的一贯作风，要达到这种水平，手绘是少不了的，需多加修炼。如图1-7所示的是“江湖梦”故事。

图1-7 故事片

6. 网站导航

由于Animate 能够响应鼠标单击、双击等事件，因此很多网站利用这一特点制作出具有独特风格的导航条，如图1-8所示。

图1-8 导航界面

7. 网站片头

追求完美的设计者往往希望自己的网站能让浏览者过目不忘，于是就出现了炫目的网站片头。现在几乎所有的个人网站或设计类网站都有网站片头动画，如图1-9所示。

图1-9 网站片头

8. 游戏

提起Animate游戏，就不能不提“小小”，小小工作室制作了很多非常优秀的作品，如图1-10所示。

其实Animate 的功能远远不止这些，但是这些足以帮助我们从事很多具有挑战性的工作，同时从中获得创作的乐趣。

图1-10 小游戏

实例003 新建文件

本实例将讲解如何新建文件。

素材：	无
场景：	无
视频：	视频教学 | Cha01 |实例003 新建文件.MP4

❶ 启动Animate CC应用程序，在菜单栏中选择【文件】|【新建】命令，如图1-11所示。

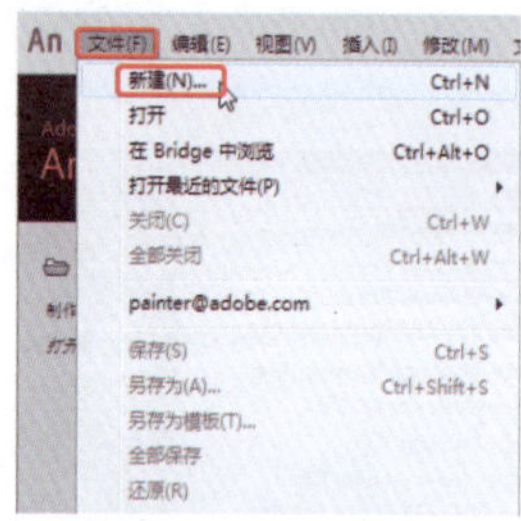

图1-11 选择【新建】命令

❷ 弹出【新建文档】对话框，在【常规】选项卡的【类型】列表框中选择【（ActionScript 3.0）】选项，单击【确定】按钮，如图1-12所示。

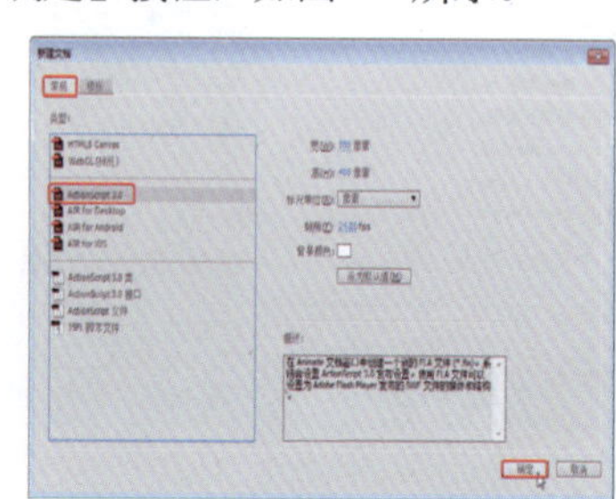

图1-12 【新建文档】对话框

③ 此时就可以创建一个文件类型为ActionScript 3.0的空白文件，如图1-13所示。

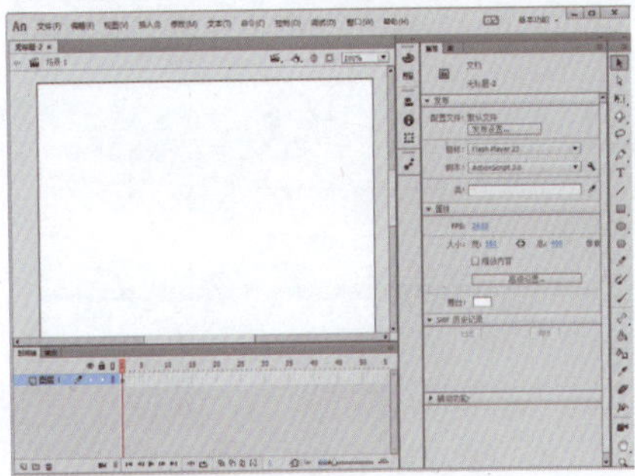

图1-13 创建的文件

提 示

用户也可以启动Animate CC应用程序，在欢迎界面的【新建】选项卡中选择【Animate 文件（ActionScript 3.0）】选项。或者使用快捷键，按Ctrl+N组合键来创建新的空白文件。

知识链接

设定文件大小

本实例将讲解在【属性】面板中设置文件的大小。

（1）启动软件并随意新建文件，在工具箱中单击【属性】按钮，打开【属性】面板，展开【属性】选项组，如图1-14所示。

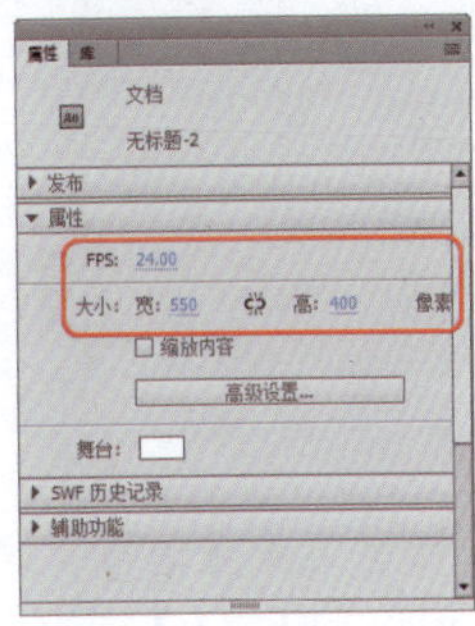

图1-14 【属性】面板

（2）在【大小】右侧的数值处单击，即可激活文本框，如图1-15所示。

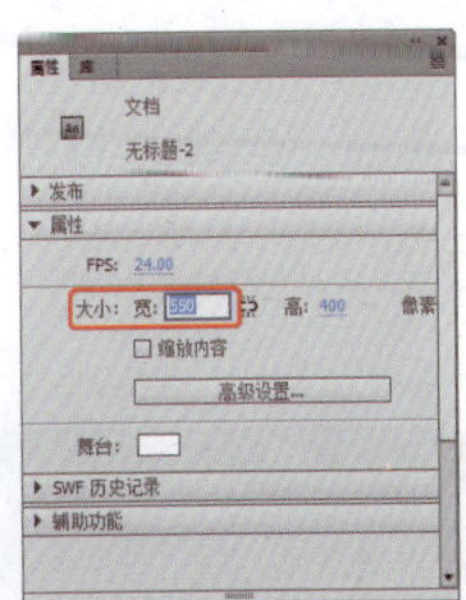

图1-15 激活文本框

（3）在文本框中输入新的数值，按回车键即可确认该操作，改变舞台的大小。如图1-16所示。

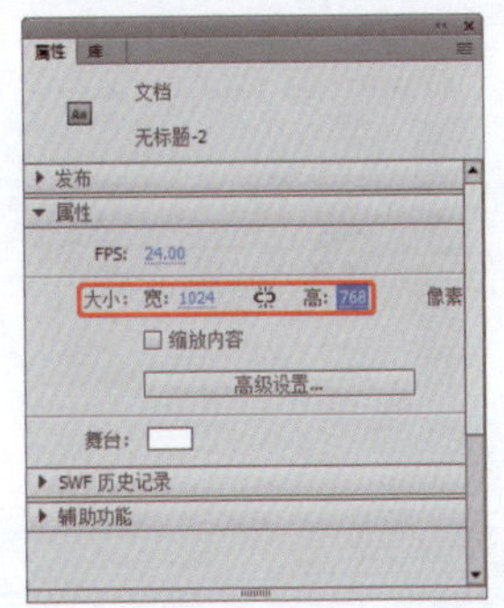

图1-16 【属性】面板

实例004 设定文件背景颜色

素材：	无
场景：	无
视频：	视频教学 | Cha01 |实例004 设定文件背景颜色.MP4

❶ 单击【属性】面板中的【舞台】右侧的颜色框，如图1-17所示。

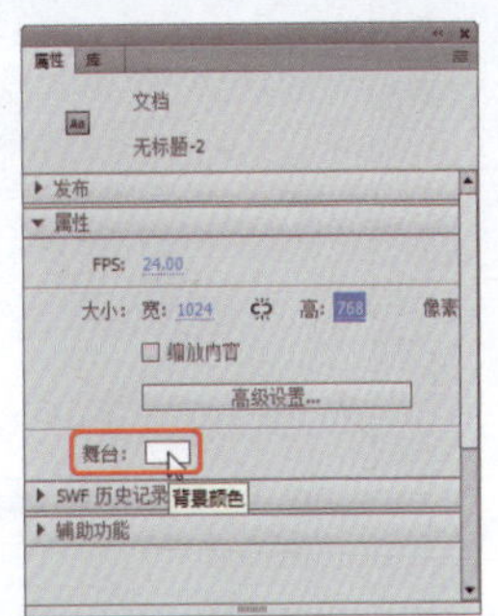

图1-17 单击【舞台】右侧的颜色框

❷ 弹出一个拾色器，将光标移到喜欢的色块上并单击即可，如图1-18所示。

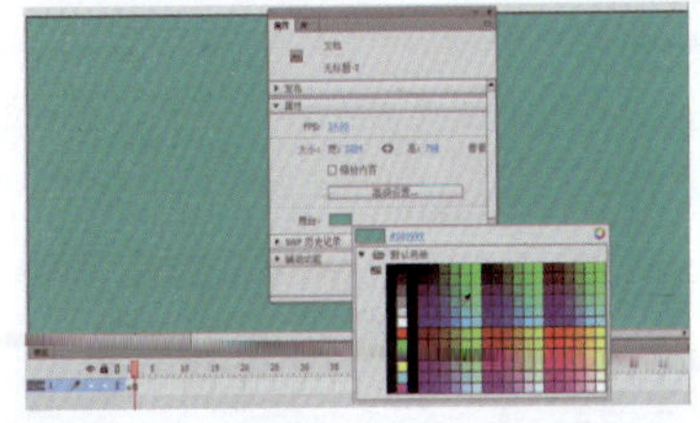

图1-18 拾色器

实例005 设定动画播放速率

下面将讲解如何设定动画播放速率。可在【时间轴】面板中设置动画播放速率。

素材：	无
场景：	无
视频：	视频教学 | Cha01 | 实例005 设定动画播放速率.MP4

❶ 在菜单栏中选择【修改】|【文档】命令，如图1-19所示。

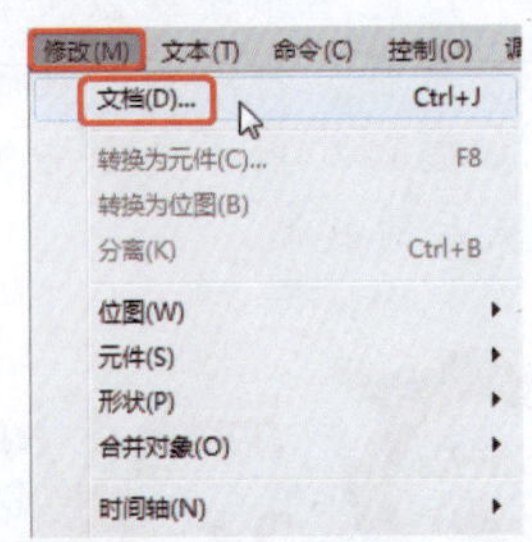

图1-19 选择【文档】命令

❷ 打开【文档设置】对话框，设置动画播放速率，如图1-20所示。利用它可以调整动画的播放速度，也就是每秒内能播放的帧数。帧频率太小，会使动画看起来不连贯；帧频率太快，又会使动画的细节变得模糊。一般在网页上，12帧/秒（fps）通常都能收到很好的效果。由于整个Animate文档只有一个帧频率，因此在创建动画之前就应当设定好帧频率。

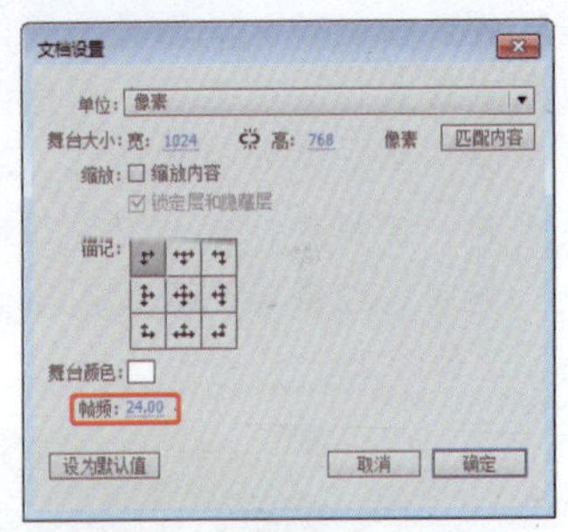

图1-20 【文档设置】对话框

知识链接

矢量图形和位图图像

计算机对图像的处理方式有矢量图形和位图图像两种。在Animate中用绘图工具绘制的是矢量图形，而在使用Animate时会接触到矢量图形和位图图像两种，并经常会交叉使用。

1. 矢量图形

矢量图形是用包含颜色和位置属性的点和线来描述的图像。以直线为例，它利用两端的端点坐标和粗细、颜色来表示直线，因此无论怎样放大图像，都不会影响画质，依旧保持其原有的清晰度。通常情况下，矢量图形文件的所占空间要比位图图像文件的所占空间小。但是对于构图复杂的图像来说，矢量图形文件的所占空间比位图图像文件的所占空间还要大。另外，矢量图形具有独立的分辨率，它能以不同的分辨率显示和输出，即可以在不损失图像质量的前提下，以各种分辨率显示在输出设备中。如图1-21所示的是矢量图形及其放大后的效果。

图1-21 矢量图形

2. 位图图像

位图图像是通过像素点来记录图像的。许多不同色彩的点组合在一起后，就形成了一幅完整的图像。位图图像存在的方式及所占空间的大小是由像素点的数量来控制的。像素点越多，即分辨率越大，图像所占空间也越大。位图图像能够弥补矢量图形的缺陷，可以精确地记录图像丰富的色调，逼真地表现自然图像。对位图进行放大时，实际是对像素的放大，因此放大到一定程度，就会出现马赛克现象。如图1-22所示的是位图图像及其放大后的效果。

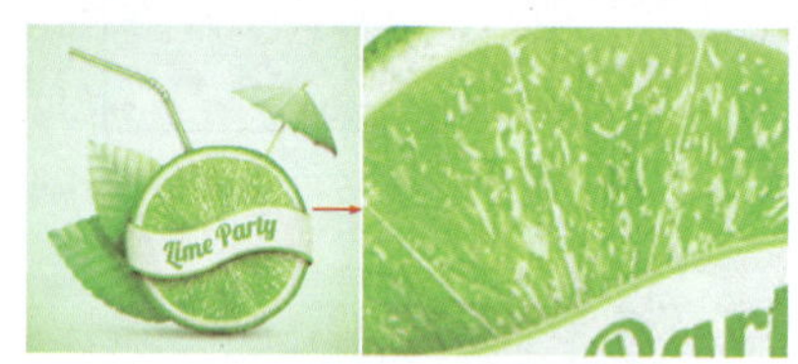

图1-22 位图图像

实例006 打开文件

下面将讲解打开文件的方法。

素材：	素材|Cha01|卡通女孩.fla
场景：	无
视频：	视频教学 | Cha01 |实例006 打开文件.MP4

❶ 启动Animate CC后，选择菜单栏中的【文件】|【打开】命令，如图1-23所示。

❷ 弹出【打开】对话框，打开配套光盘中的素材|Cha01|卡通女孩.fla文件，如图1-24所示，单击【打开】按钮即可。

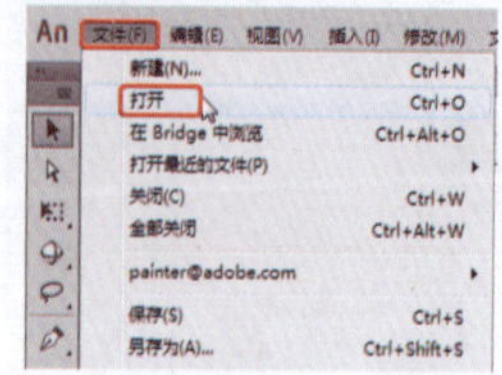
图1-23 选择【打开】命令

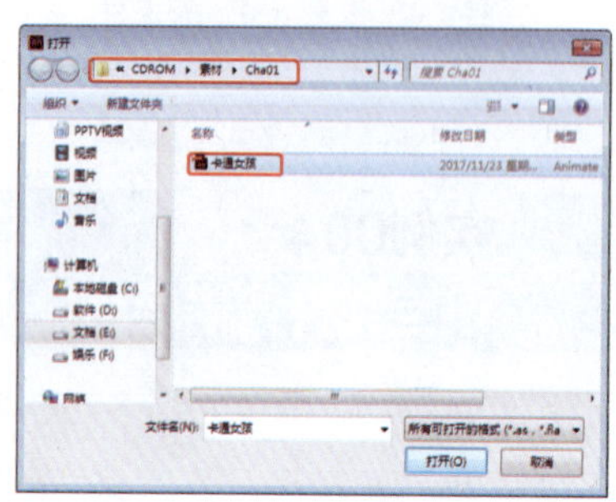
图1-24 选择要打开的素材

❸ 打开素材文件后的效果如图1-25所示。

图1-25 打开的素材文件

Animate CC的操作界面

在打开的开始界面中选择【创建】栏下的【Action Script 3.0】，即可创建一个空白文档，打开的界面如图1-26所示。

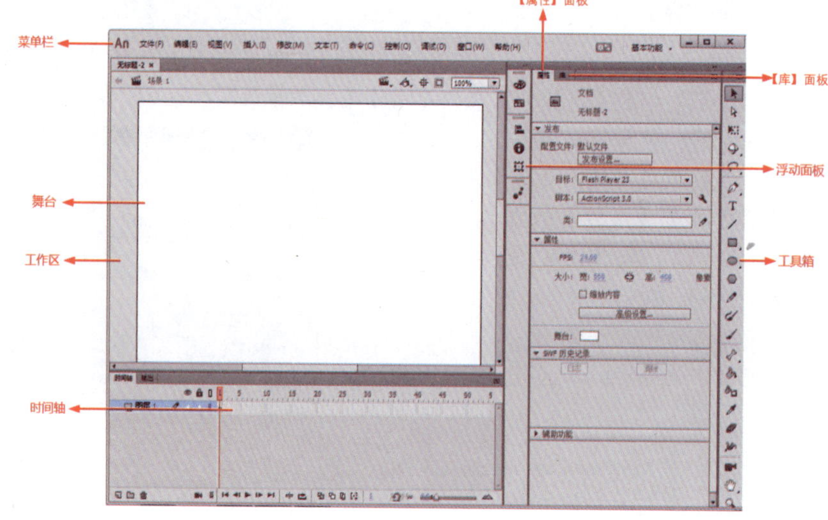

图1-26 创建一个空白文档

1. Animate CC启动后的开始界面

启动Animate CC软件之后，首先出现Animate CC的开始界面，如图1-27所示。

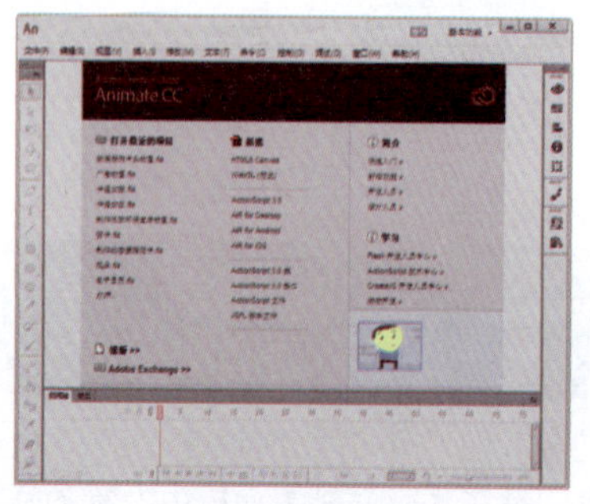
图1-27 开始界面

一般情况下都会选择新建一个空白的【ActinS crip 3.0】空白文档，新建后的界面如图1-28所示。

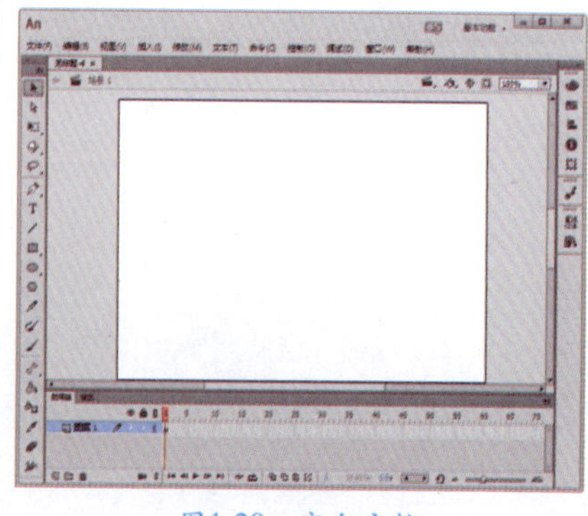
图1-28 空白文档

2. 菜单栏

与许多应用程序一样，Animate CC的菜单栏包含了绝大多数通过窗口和面板可以实现的功能。尽管如此，某些功能还是只能通过菜单或者相应的快捷键才可以实现。图1-29所示为Animate CC的菜单栏。

图1-29 菜单栏

- 【文件】：该菜单主要用于一些基本的文件管理操作，如新建、保存、打印等，也是最常用和最基本的一些功能。
- 【编辑】：该菜单主要用于进行一些基本的编辑操作，如复制、粘贴、选择及相关设置等，它们都是动画制作过程中很常用的命令组。
- 【视图】：该菜单中的命令主要用于屏幕显示的控制，如缩放、网格、各区域的显示与隐藏等。
- 【插入】：该菜单提供的多为插入命令，例如，向库中添加元件、在动画中添加场景、在场景中添加层、在层中添加帧等操作，都是制作动画时所需的命令组。
- 【修改】：该菜单中的命令主要用于修改动画中各种对象的属性，如帧、层、场景，甚至动画本身等，这些命令都是进行动画编辑时必不可少的重要工具。
- 【文本】：该菜单提供处理文本对象的命令，如字体、字号、段落等文本编辑命令。
- 【命令】：通过【命令】菜单可自动处理任务。
- 【控制】：该菜单相当于Animate CC电影动画的播放控制器，通过其中的命令可以直接控制动画的播放进程和状态。
- 【调试】：该菜单提供了影片脚本的调试命令，包括跳入、跳出、设置断点等。
- 【窗口】：该菜单提供了Animate CC所有的工具栏、编辑窗口和面板的选择方式，是当前界面形式和状态的总控制器。
- 【帮助】：该菜单包括了丰富的帮助信息、教程和动画示例，是Animate CC提供的帮助资源的集合。

3. 时间轴

【时间轴】面板由显示影片播放状况的帧和表示阶层的图层组成，如图1-30所示。【时间轴】面板是Animate中最重要的部分，它控制着影片播放和停止等操作。Animate动画的制作方法与一般的动画一样，将每帧画面按照一定的顺序和速度播放，反映这一过程的正是时间轴。图层可以理解为将各种类型的动画以层级结构放置的空间。如果要制作包括多种动画或特效、声音的影片，就要建立放置这些内容的图层。

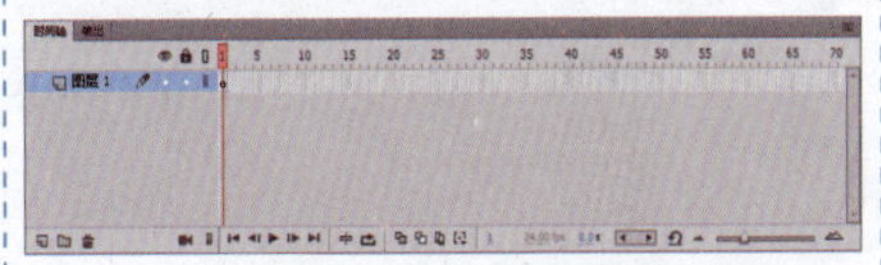

图1-30 时间轴

4. 工具箱

工具箱包括一套完整的Animate图形创作工具，与Photoshop等其他图像处理软件的绘图工具非常类似，其中放置了编辑图形和文本的各种工具，利用这些工具可以进行绘图、选取、喷涂、修改及编排文字等操作，有些工具还可以改变查看工作区的方式。选择某一工具时，其对应的附加选项也会在工具箱下面的位置出现，附加选项的作用是改变相应工具对图形处理的效果。图1-31所示为Animate CC中的工具箱。

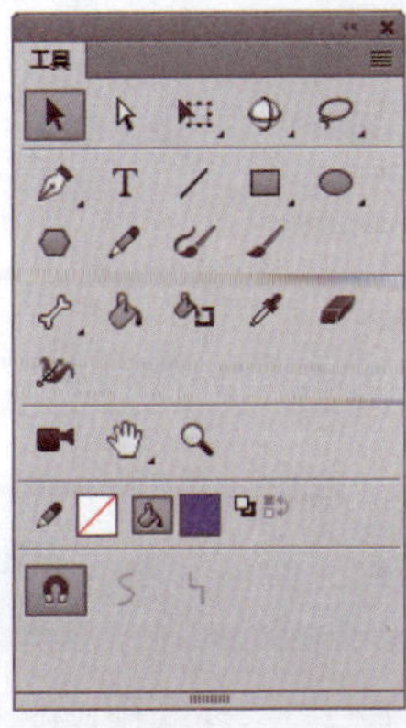

图1-31 工具箱

5. 舞台和工作区

舞台是用户在创作时观看自己作品的场所，也是用户编辑、修改动画中的对象的场所。对于没有特殊效果的动画，在舞台上也可以直接播放，而且最后生成的SWF格式的文件中播放的内容也只限于在舞台上出现的对象，其他区域的对象不会在播放时出现。

工作区是舞台周围的所有灰色区域，通常用于动画的开始点和结束点的设置，即动画过程中对象进入舞台和退出舞台时的位置设置。工作区中的对象除非在某个时刻进入舞台，否则不会在影片的播放中看到。

舞台是Animate CC中最主要的可编辑区域，在舞台中可以直接绘图或者导入外部图形文件进行编辑，再把各个独立的帧合成在一起，以生成最终的电影作品。与电影胶片一样，Animate影片也按时间长度划分为帧。舞台是创作影片中各帧的内容的区域，可以在其中直接勾画插图，也可以在舞台中安排导入的插图。

舞台和工作区的分布如图1-32所示，中间白色部分为舞台，周围灰色部分为工作区。

图1-32 舞台和工作区

6. 【属性】面板

【属性】面板中的内容不是固定的，它会随着选择对象的不同而显示不同的设置项，如图1-33所示。

例如，选择绘图工具时的【属性】面板和选择工作区中的对象或选择某一帧时的【属性】面板都提供与其相应的选项。因此用户可以在不打开面板的状态下，方便地设置或修改各属性值。灵活应用【属性】面板既可以节约时间，还可以减少面板个数，提供足够大的操作空间。

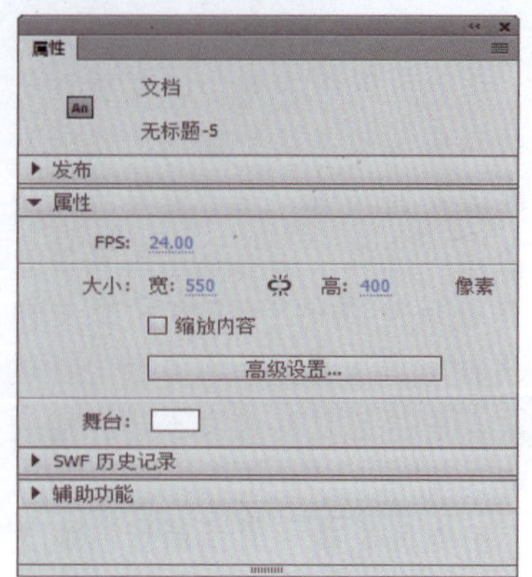

图1-33 【属性】面板

实例007 保存文件

动画完成后需要将动画文件保存起来。

素材：	无
场景：	场景|Cha01|卡通女孩.fla
视频：	视频教学 | Cha01 |实例007 保存文件.MP4

❶ 在菜单栏中选择【文件】|【另存为】命令，如图1-34所示。

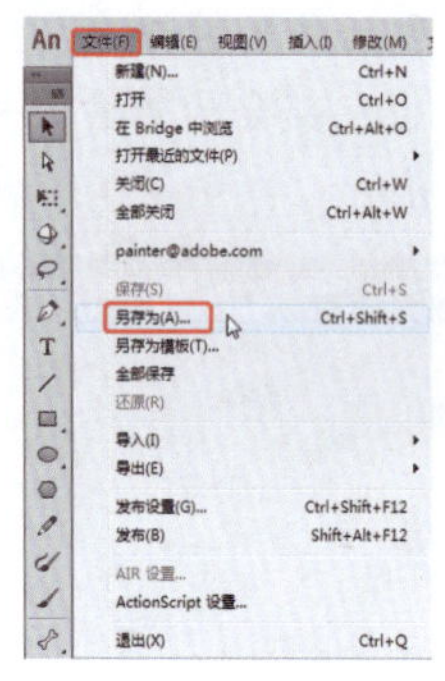

图1-34 选择【另存为】命令

❷ 在弹出的对话框中为其指定一个准确的存储路径，并输入文件名。单击【保存】按钮，将文件保存起来。保存文件的扩展名为.fla，如图1-35所示。

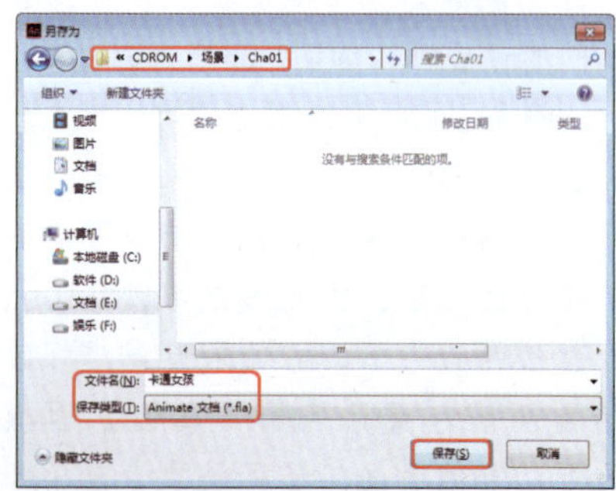

图1-35 【另存为】对话框

提 示

大多数情况下，生成的复合形状采用最上层对象的属性，如填色、描边、透明度、图层等，但在减去形状时将删除前面的对象，生成的形状将采用最下层对象的属性。

知识链接

测试文件

打开一个Animate影片文件后，按Enter键，或者在菜单栏中选择【控制】|【播放】命令，如图1-36所示，可以播放该影片。在播放影片的过程中，会发现在【时间轴】面板上有一个红色的播放头从左向右移动。

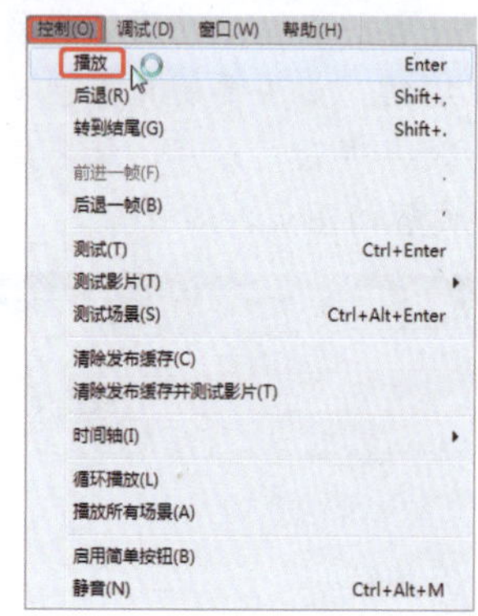

图1-36 选择【播放】命令

若需要测试整个影片，则选择菜单栏中的【控制】|【测试】命令，如图1-37所示，或者按Ctrl+Enter组合键，Animate CC会调用播放器来测试整个影片，临时关闭工作区和【时间轴】面板，测试完成后要返回源文件，单击播放器的【关闭】按钮即可。

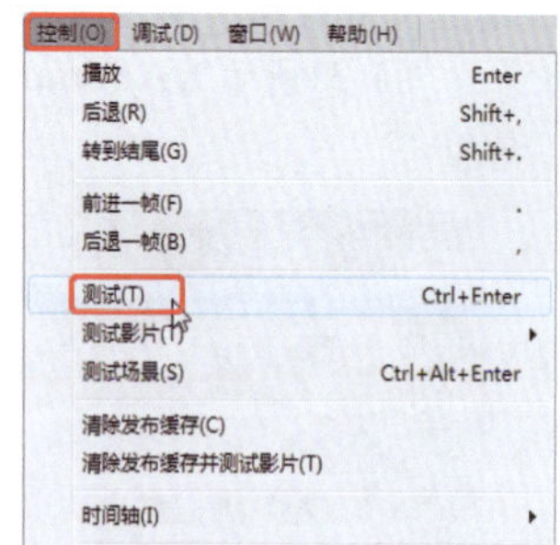

图1-37 选择测试影片

实例008 显示/隐藏标尺

在菜单栏中选择【视图|标尺】命令可以打开/隐藏标尺。

素材：	素材|Cha01|狼.fla
场景：	无
视频：	视频教学 | Cha01 |实例008 显示/隐藏标尺.MP4

❶ 打开随书配套资源中的素材Cha01|狼.fla文件，在菜单栏中选择【视图】|【标尺】命令，如图1-38所示。

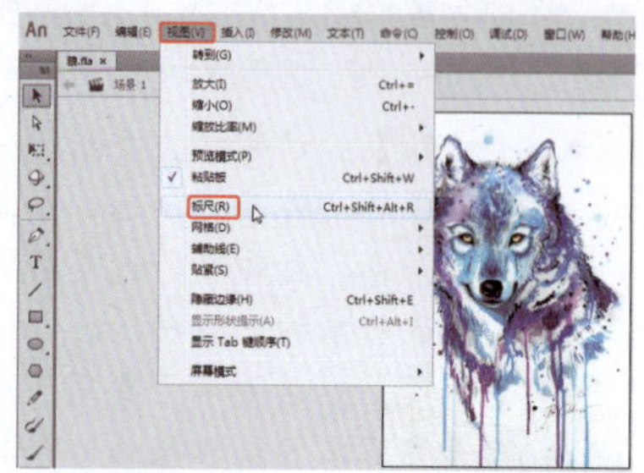

图1-38 选择【标尺】命令

❷ 此时显示标尺，如图1-39所示。

图1-39 显示标尺

❸ 隐藏标尺和显示标尺是相同的方法，在菜单栏中选择【视图】|【标尺】命令，如图1-40所示。

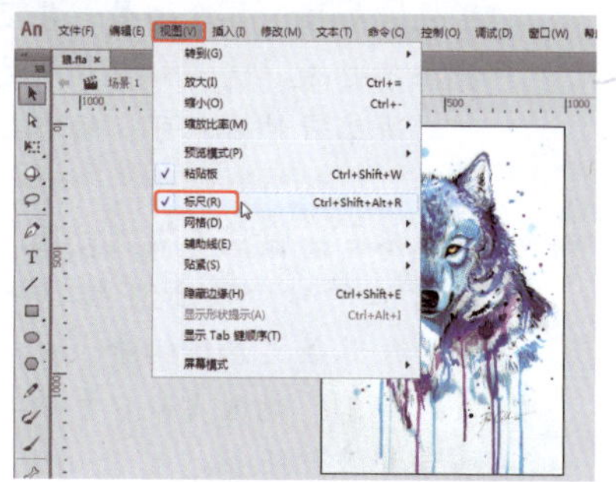

图1-40 选择标尺

❹ 此时隐藏标尺，如图1-41所示。

图1-41 隐藏标尺

提 示

可以按Shift+Ctrl+Alt+R组合键来显示（隐藏）标尺。

实例009 修改标尺单位

本实例将讲解如何修改标尺单位。

素材：	无
场景：	无
视频：	视频教学 | Cha01 |实例009 修改标尺单位.MP4

❶ 标尺的默认单位是像素，用户可以通过在菜单栏上选择【修改】|【文档】命令修改，如图1-42所示。

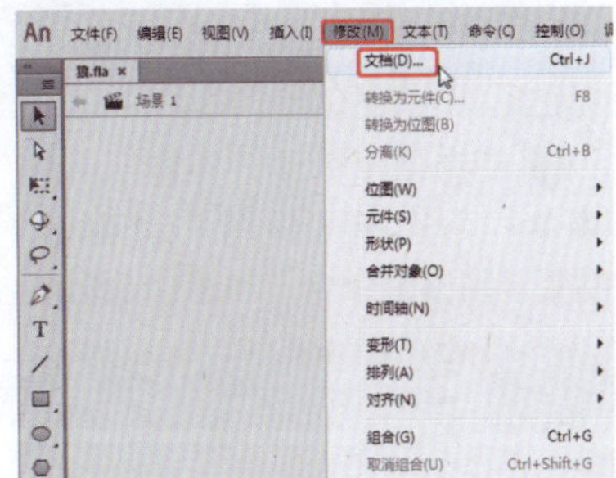

图1-42 选择【文档】命令

❷ 在弹出的【文档设置】对话框的【单位】下拉列表中选择相应选项，来指定文档的标尺度量单位，如图1-43所示。

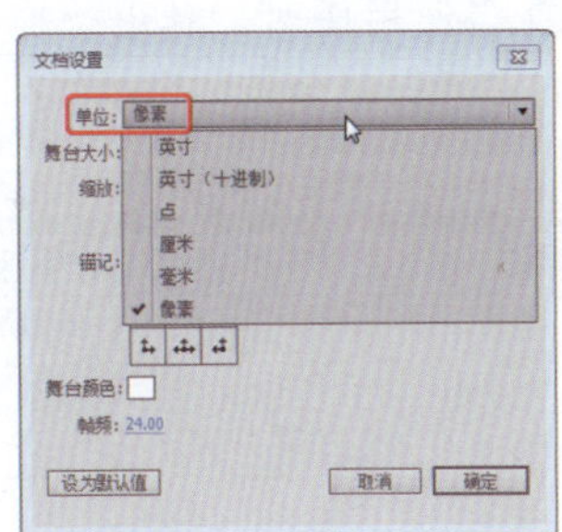

图1-43 文档设置

实例010 添加/删除辅助线

本实例将讲解通过在标尺中拖出辅助线以显示辅助线，通过【清除辅助线】命令删除辅助线的方法。

素材：	无
场景：	无
视频：	视频教学 | Cha01 |实例010 添加删除辅助线.MP4

❶ 启动软件后随意创建一个文件，在菜单栏中选择【视图】|【标尺】命令，打开标尺后，将鼠标指针放在文档左侧的纵向标尺上，按住鼠标左键，这时光标变为如图1-44所示的状态。

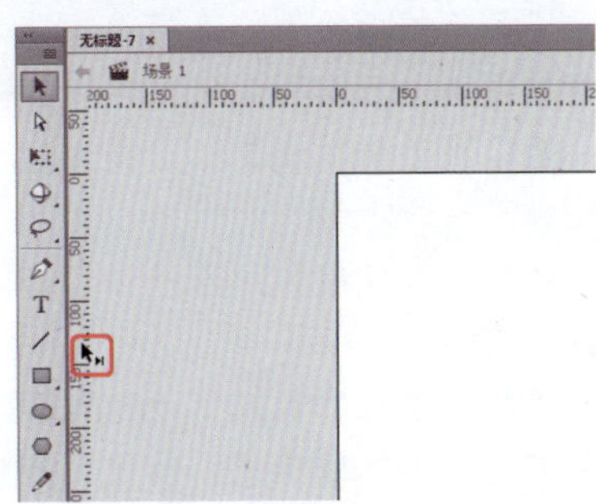

图1-44 光标状态

❷ 这时拖动鼠标到舞台后松开，将在舞台上出现一条纵向的辅助线，如图1-45所示。

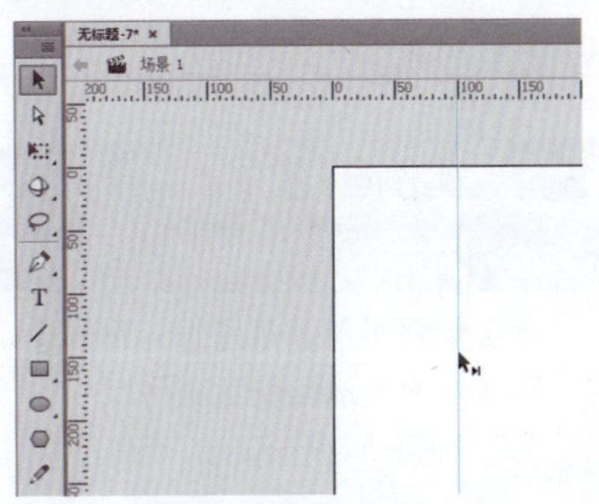

图1-45 纵向的辅助线

❸ 按照这种方法，可以在顶部的标尺上拖拽出横向的辅助线，如图1-46所示。

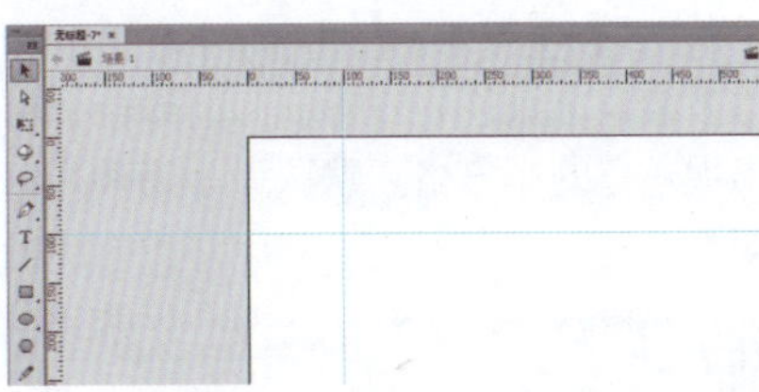

图1-46 拖拽出横向的辅助线

提 示

如果要删除辅助线，在菜单栏中选择【视图】|【辅助线】|【清除辅助线】命令，即可将辅助线删除。

实例011 移动/对齐辅助线

本实例将讲解通过【选择工具】对创建的辅助线进行移动，使用【贴紧至辅助线】命令后可以在绘制图形或移动图形时对齐辅助线。

素材：	无
场景：	无
视频：	视频教学 | Cha05 |实例113 移动/对齐辅助线.MP4

❶ 启动软件后随意创建一个文件，并在标尺中拖出辅助线，使用【选择工具】将鼠标指移到辅助线上，按住鼠标左键拖动辅助线到合适的位置即可，在图1-47中，在移动辅助线时辅助线会变为黑色的线。

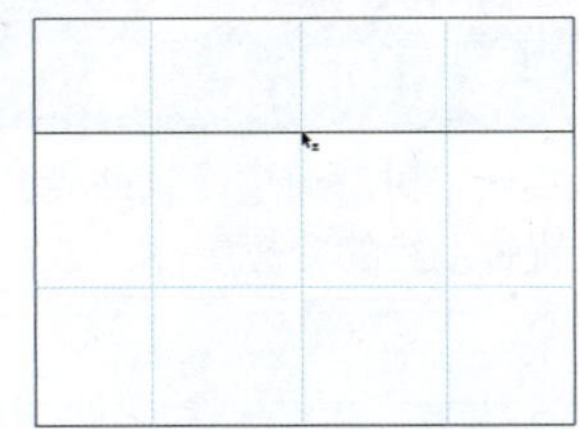

图1-47 移动辅助线

❷ 将辅助线调整完成后，在菜单栏中选择【视图】|【贴紧】|【贴紧至辅助线】命令，如图1-48所示。

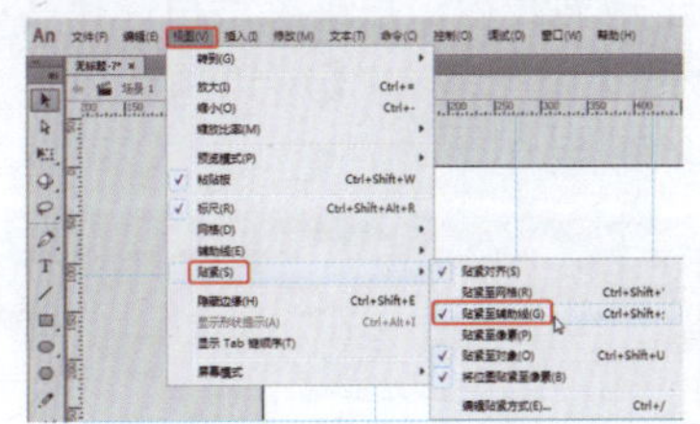

图1-48 【贴紧至辅助线】命令

❸ 完成以上操作后，在使用任何工具绘制或移动图形时将贴紧至靠近的辅助线。

知识链接

显示/隐藏辅助线

本实例将讲解使用【显示辅助线】命令，在舞台中显示和隐藏辅助线。

（1）启动软件后随意新建文件，并创建辅助线，在菜单栏中选择【视图】|【辅助线】|【显示辅助线】命令，即可将辅助线隐藏，如图1-49所示。

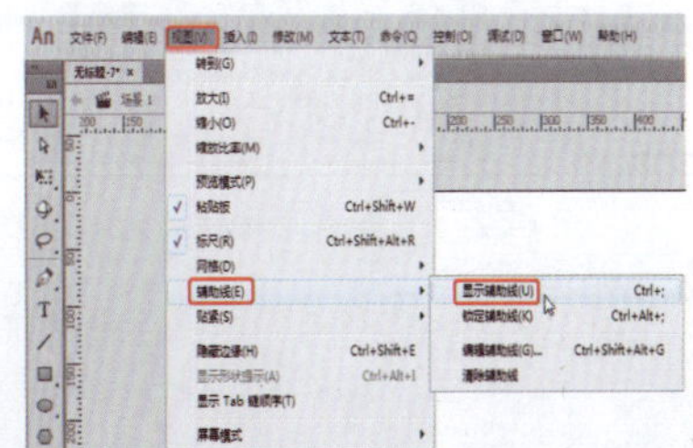

图1-49 选择【显示辅助线】命令

（2）再次选择该命令就可重新显示辅助线，如图1-50所示。

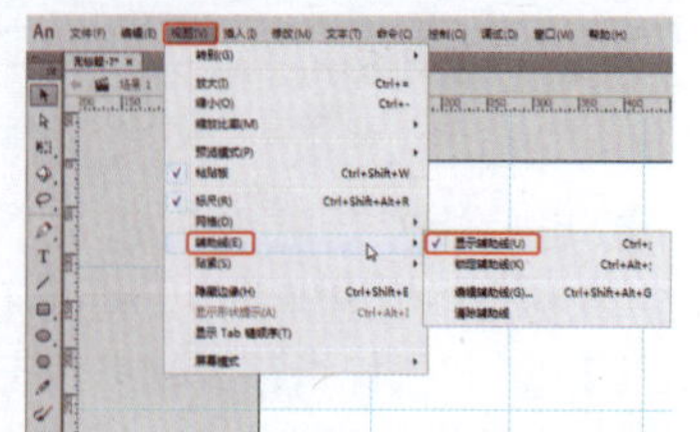
图1-50　再次选择【显示辅助线】命令

实例012 设置辅助线参数

本实例将讲解通过【辅助线】对话框，设置辅助线的参数属性。

素材：	无
场景：	无
视频：	视频教学 | Cha01 |实例012 设置辅助线参数.MP4

❶ 继续上面的操作，创建文件并创建辅助线后，在菜单栏中选择【视图】|【辅助线】|【编辑辅助线】命令，如图1-51所示。

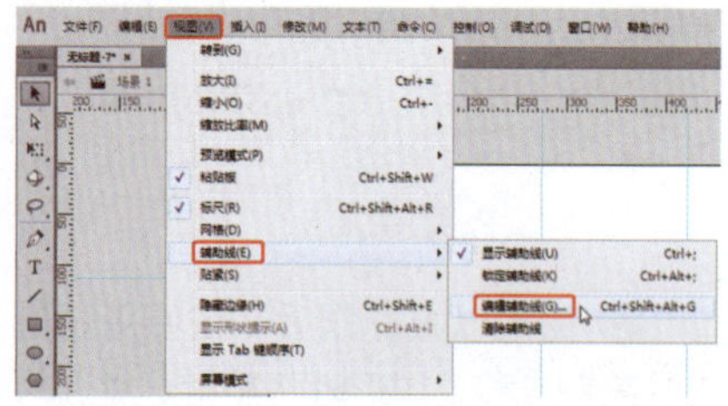
图1-51　选择【编辑辅助线】命令

❷ 在打开的【辅助线】对话框中单击【颜色】右侧的色块，在打开的拾色器中选择蓝色，作为辅助线的颜色，设置完成后单击【确定】按钮，更改辅助线的颜色，如图1-52所示。

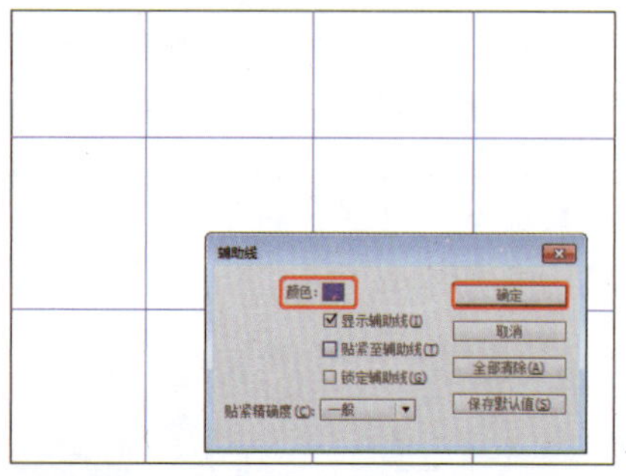
图1-52　设置辅助线的颜色

知识链接

【颜色】：单击色块，可以在打开的拾色器中选择一种颜色，作为辅助线的颜色。

【显示辅助线】：选择该项，显示辅助线。

【贴紧至辅助线】：选择该项，图形吸附到辅助线。

【锁定辅助线】：选择该项，将辅助线锁定。

【贴紧精确度】：用于设置图形贴紧辅助线时的精确度，有【必须接近】、【一般】和【可以远离】三个选项。

> **提　示**
>
> 在【辅助线】对话框中也可设置【贴紧辅助线】和【锁定辅助线】。

实例013 显示/隐藏网格

本实例将讲解通过【显示网格】命令，在文件中显示和隐藏网格。

素材：	无
场景：	无
视频：	视频教学 | Cha01 |实例013 显示/隐藏网格.MP4

❶ 随意创建一个文件，在菜单栏中选择【视图】|【网格】|【显示网格】命令，如图1-53所示，则舞台上将出现灰色的小方格，默认大小为10×10像素。

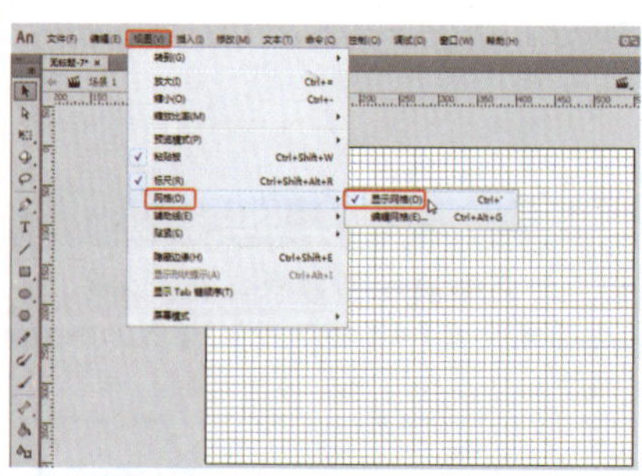
图1-53　选择【显示网格】命令

❷ 再次选择【显示网格】命令，即可将网格隐藏，如图1-54所示。

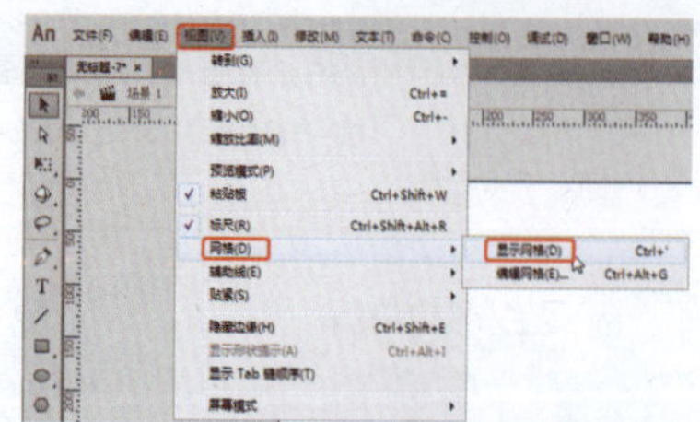
图1-54　再次选择【显示网格】命令

实例014 对齐网格

本实例将讲解通过【贴紧至网格】命令，在绘制图形或移动图形时贴紧网格。

素材：	无
场景：	无
视频：	视频教学 | Cha01 |实例014 对齐网格.MP4

❶ 任意创建文件，并显示网格，在菜单栏中选择【视图】|【贴紧】|【贴紧至网格】命令，如图1-55所示。

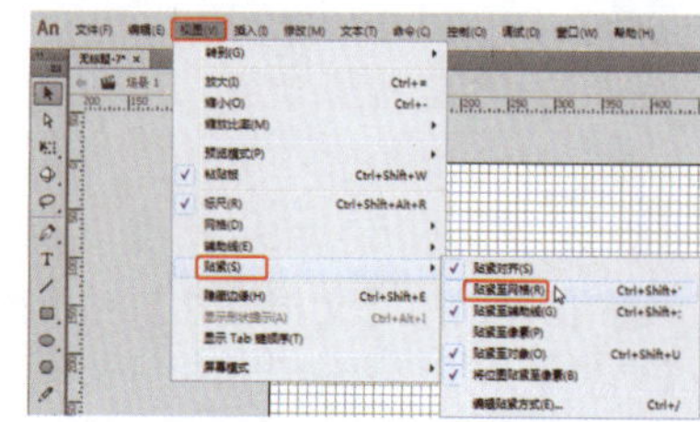
图1-55　【贴紧至网格】命令

❷ 当使用任何工具进行拖动或绘制时，光标将贴紧网格，如图1-56所示。

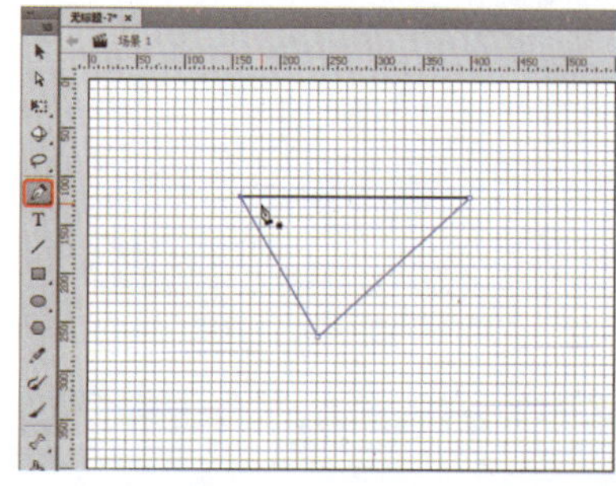
图1-56　贴紧网格绘制图形

> **提　示**
>
> 也可以使用组合键Ctrl+Shift+'执行【贴紧至网格】命令。

第2章 基本图形绘制与编辑

本章通过介绍如何使用矩形工具、椭圆工具、多角星形工具、任意变形工具等工具，绘制生动的线条，帮助读者能够得心应手地绘制各种图形。

实例015 使用【选择工具】

选择对象是进行对象编辑和修改的前提条件，Animate提供了丰富的对象选取方法，理解对象的概念及清楚各种对象在选中状态下的表现形式是很必要的。使用工具箱中的【选择工具】可以很轻松地选取线条、填充区域和文本等。

素材：	素材|Cha02|选择对象.fla
场景：	无
视频：	视频教学 | Cha02 |实例015 使用选择工具.MP4

❶ 打开随书配套资源中的素材|Cha02|选择对象.fla文件，在工具箱中选择【选择工具】，在舞台中单击对象的边缘，就可以选中对象的一条边，如图2-1所示。

❷ 若是双击对象的边缘部分，如图2-2所示，即可快速选择对象的边缘部分。

❸ 单击对象的面，就会选中对象的面，如图2-3所示。

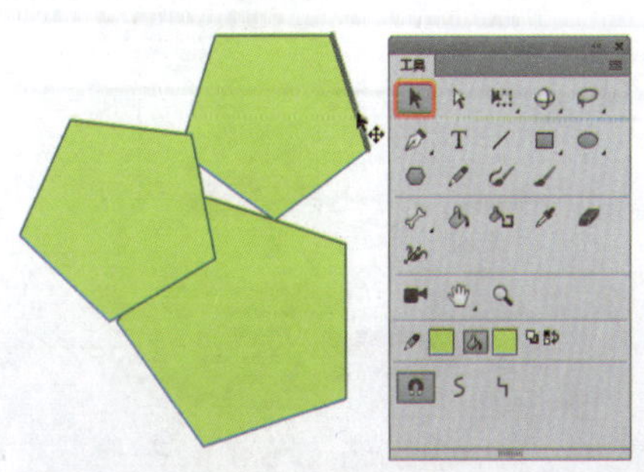

图2-1 单击边缘

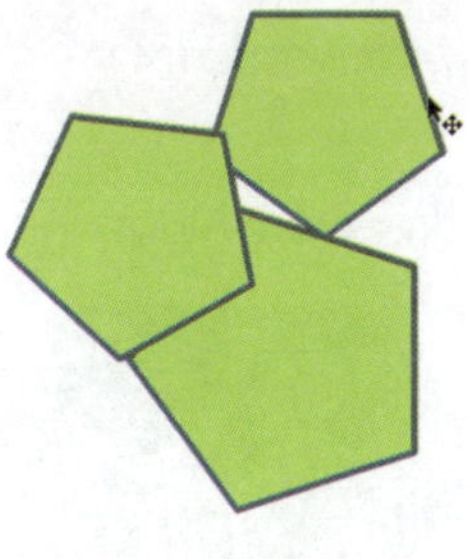

图2-2 双击边缘

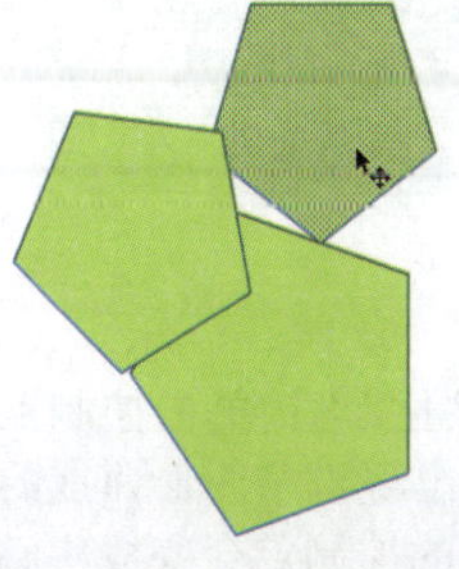

图2-3 单击面

❹ 若是双击对象的面，就可以同时选中对象的面和边，如图2-4所示。

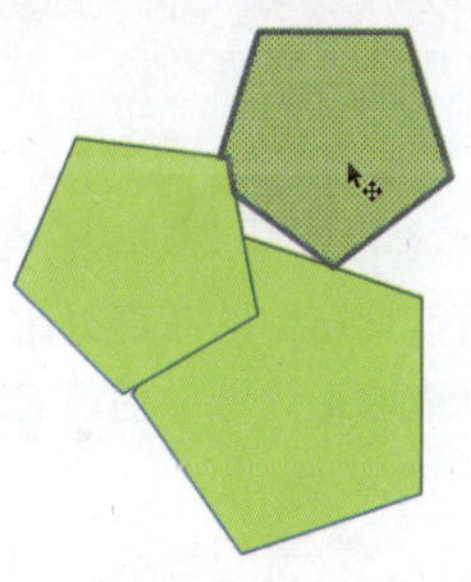

图2-4 双击面

❺ 通过拖动鼠标框选舞台中的所有对象，如图2-5所示。

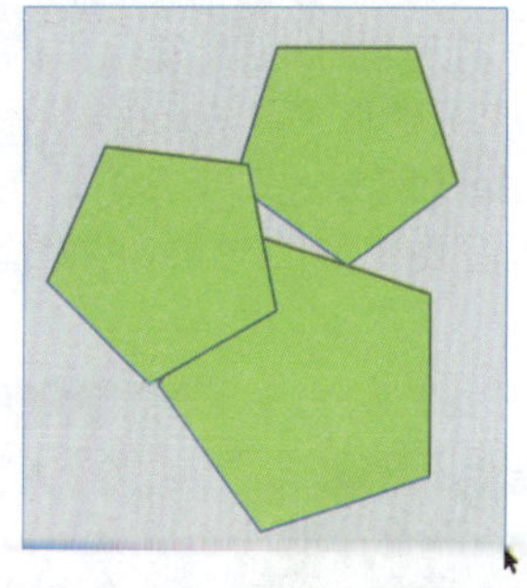

图2-5 拖动鼠标框选

❻ 可以将舞台中的对象全部选中，如图2-6所示。

> **提 示**
>
> 使用鼠标进行框选时，一定要把所选取的对象全部框住，否则没有框选住的对象将不会被选中。

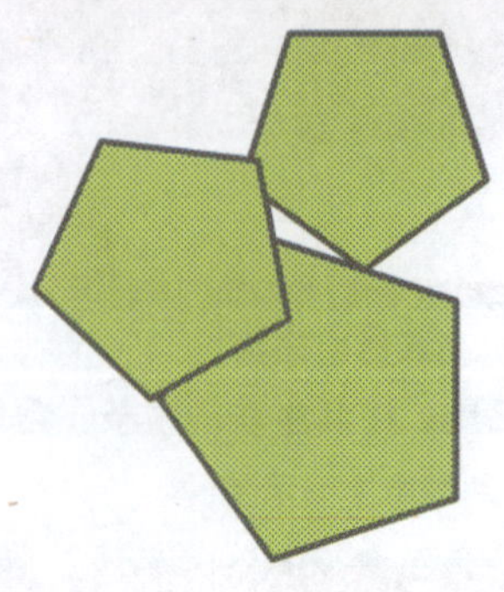

图2-6　全部选中

⑦ 在菜单栏中选择【编辑】|【全选】命令，如图2-7所示。

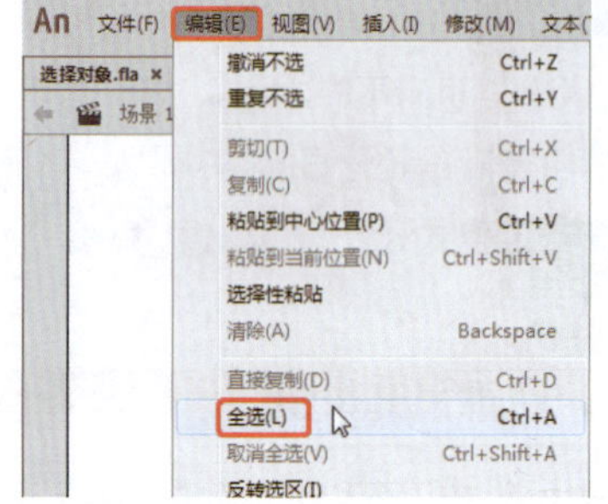

图2-7　选择【全选】命令

⑧ 或者按Ctrl+A组合键选取场景中所有对象，如图2-8所示。

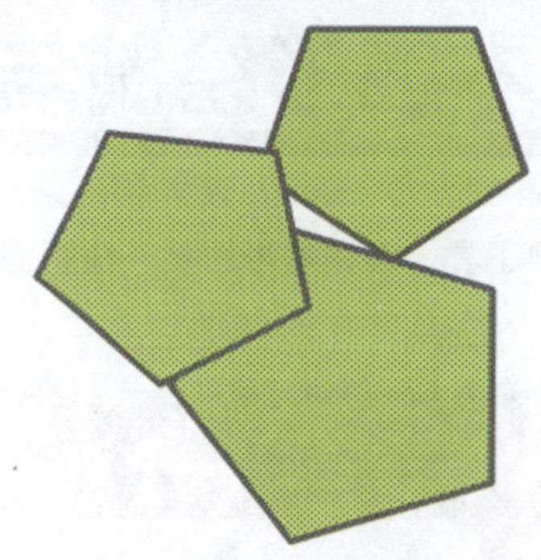

图2-8　全部选中

提　示

在使用工具箱里其他工具的时候，若是想切换到【选择工具】，可以按V快捷键。如果只是暂时切换到【选择工具】，可以按住Ctrl键选取对象后再松开，可以按住Shift键依次选取单击的对象，可以同时选取多个对象。如果想取消选取的对象，需要再次单击要取消选取的对象。

实例016　使用【部分选取工具】

使用工具箱中的【部分选取工具】也可以对图形进行变形处理。当某一对象被部分选取工具选中后，它的图像轮廓线上会出现很多控制点，表示该对象已被选中。

素材：	素材|Cha02|部分选取工具.fla
场景：	场景|Cha02|实例016 使用部分选取工具.fla
视频：	视频教学 | Cha02 |实例016 使用部分选取工具.MP4

① 打开随书配套资源中的素材Cha02|部分选取工具.fla文件，在工具箱中选择【部分选取工具】，在舞台上选择需要变形的对象，如图2-9所示。

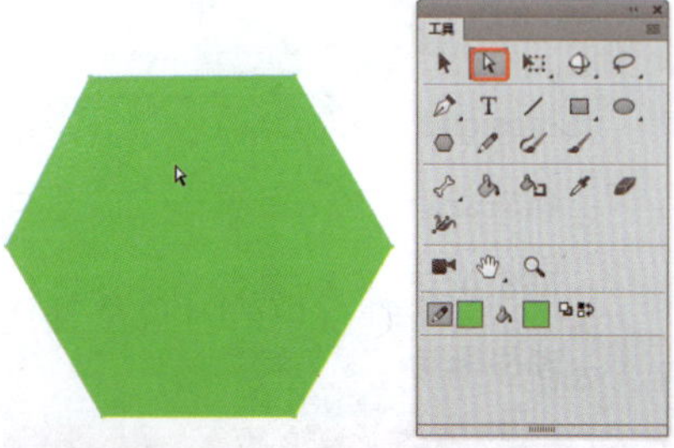

图2-9　选择图形

② 周围会出现一些控制点，将鼠标指针移动到控制点旁边，此时鼠标指针会变成▸▪形状，拖动鼠标就可以改变图形的形状，如图2-10所示。

图2-10　移动控制点

③ 按住Alt键单击控制点时，在点附近会出现调节图形曲度的控制手柄，空心的控制点会变成实心，拖动两个控制手柄，就可以改变图形的曲度，如图2-11所示。

图2-11　调整控制点的曲度

提　示

按住Alt键拖动手柄，可以只移动一边手柄，而另一边手柄则保持不动。

实例017　缩放对象

通过【缩放】命令可以将图形对象缩小。

素材：	素材|Cha02|缩放对象.fla
场景：	场景|Cha02|实例017 缩放对象.fla
视频：	视频教学 | Cha02 |实例017 缩放对象.MP4

① 打开随书配套资源中的素材Cha02|缩放对象.fla素材文件，在工具箱中选择【选择工具】，选择要缩放的对象，如图2-12所示。

图2-12　选择要缩放的对象

② 在菜单栏中选择【修改】|【变形】|【缩放】命令，如图2-13所示。

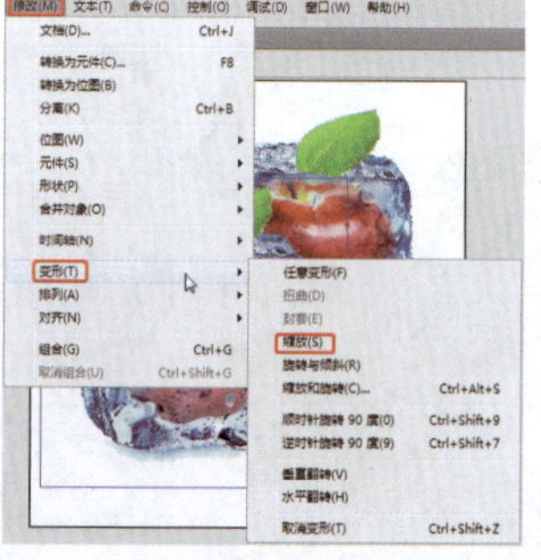

图2-13　选择【缩放】命令

❸ 在被选中的对象上会出现变形控制框，如图2-14所示。

图2-14 缩放工具

❹ 将鼠标指针放置在右上角，往左下角方向拖动，拖动至合适的位置松开鼠标，这时对象已经变小，如图2-15所示。

图2-15 缩放对象

> **提 示**
>
> 在缩放对象时，按住Shift+Alt组合键，可以等比例缩放。

实例018 旋转和倾斜对象

本实例将讲解如何旋转和倾斜对象。

素材：	无
场景：	场景|Cha02|实例018 旋转和倾斜对象.fla
视频：	视频教学 | Cha02 |实例018 旋转和倾斜对象.MP4

❶ 继续上面的操作，在工具箱中选择【选择工具】，选择要旋转的对象，如图2-16所示。

图2-16 选择要旋转的对象

❷ 在菜单栏中选择【修改】|【变形】|【旋转与倾斜】命令，如图2-17所示。

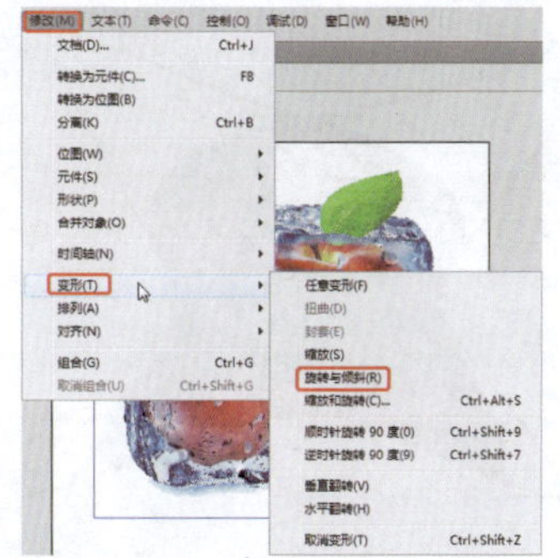

图2-17 选择【旋转与倾斜】命令

❸ 显示变形控制框，如图2-18所示。

图2-18 显示变形控制框

❹ 将鼠标指针移向任意一个控制点，进行旋转操作，旋转成需要的形状，如图2-19所示。

图2-19 旋转后的效果

> **提 示**
>
> 在进行旋转操作的同时，若按住Shift键，对象会以45°角的倍数旋转。

❺ 在工具箱中选择【选择工具】，选中被旋转的对象，如图2-20所示。

❻ 在菜单栏中选择【修改】|【变形】|【旋转与倾斜】命令，会发现对象上显示变形控制框，将鼠标指针移动到变形控制框的上方，鼠标指针呈⇆形状，如图2-21所示。

图2-20 选中被倾斜的对象

图2-21 显示变形控制框

❼ 往需要倾斜的一方推动，拉到合适的位置，松开鼠标，就可以倾斜对象，如图2-22所示。

图2-22 倾斜对象

实例019 封套变形对象

使用【封套】命令也可以将图形变形。

素材：	素材|Cha02|五边形.fla
场景：	场景|Cha02|实例019 封套变形对象.fla
视频：	视频教学 | Cha02 |实例019 封套变形对象.MP4

❶ 打开随书配套资源中的素材\|Cha02\|五边形.fla素材文件，在工具箱中选择【选择工具】，选中在舞台中需要封套的对象，如图2-23所示。

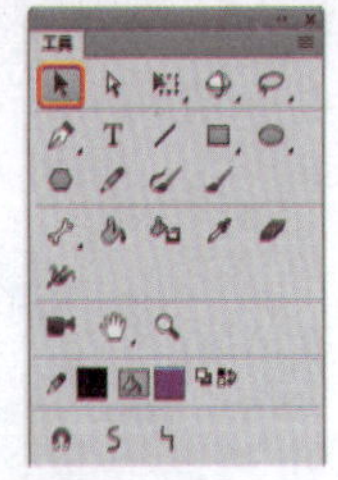

图2-23　选择需要封套的对象

❷ 在菜单栏中选择【修改】|【变形】|【封套】命令，在图形上会显示封套变形控制框，控制框上会有很多控制点，如图2-24所示。

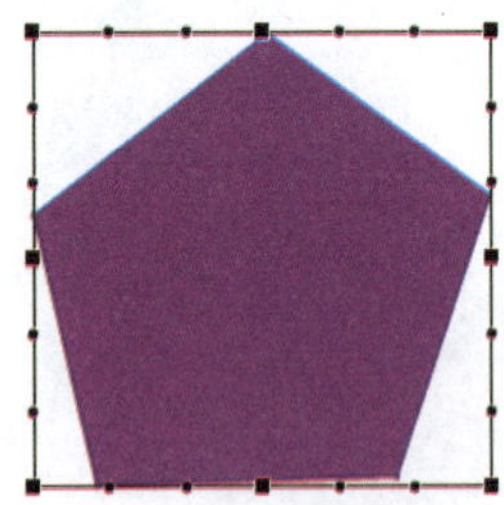

图2-24　封套变形控制框

❸ 将鼠标放到任意一个点上进行制作，制作出需要的形状，如图2-25所示。

图2-25　利用封套扭曲

提　示

【封套】功能不能修改元件、位图、视频对象、声音、渐变、对象组或文本。如果所选的多种内容包含以上任意选项，则只能扭曲形状对象。要修改文本，首先要将文字转换成形状对象，然后才能使用封套扭曲文字。

实例020　组合对象和分离对象

组合操作会涉及对象的并组与解组两部分操作。并组后的各对象可以被一起移动、复制缩放和旋转等，这样可以节约编辑时间。当需要对组合对象中的某个对象进行编辑时，可以先解组后再对其进行编辑。并组不仅发生在对象与对象之间，还可以发生在组与组之间。

素材：	素材|Cha02|组合对象和分离对象.fla
场景：	场景|Cha02|实例020　组合对象和分离对象.fla
视频：	视频教学 | Cha02 |实例020　组合对象和分离对象.MP4

❶ 打开随书配套资源中的素材Cha02|组合对象和分离对象.fla文件，在舞台中选择需要组合的对象，按住Shift键可以进行多个对象的选择，如图2-26所示。

图2-26　选择多个对象

❷ 在菜单栏中选择【修改】|【组合】命令，如图2-27所示。

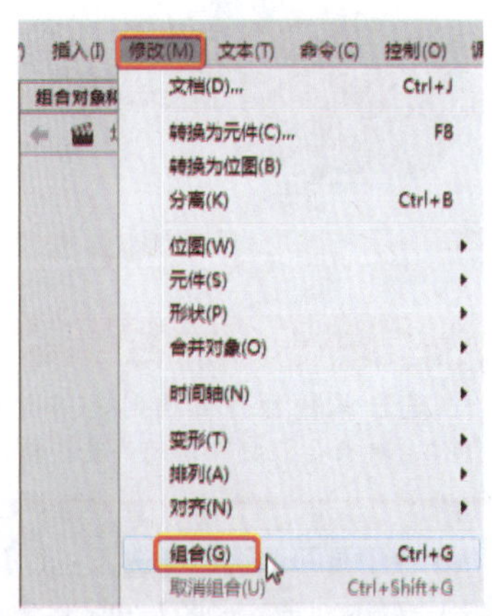

图2-27　选择【组合】命令

❸ 或者按Ctrl+G组合键将选择的对象进行组合，效果如图2-28所示。

图2-28　组合对象

提　示

选中组合过的对象，在菜单栏中选择【修改】|【取消组合】命令，或者按Ctrl+Shift+G组合键取消组合，解组之后的图形就可以单独移动了。

实例021　对象的对齐

通过使用【垂直对齐】命令可以对齐舞台中的对象，对齐效果如图2-29所示。

素材：	素材|Cha02|对象的对齐.fla
场景：	场景|Cha02|实例021　对象的对齐.fla
视频：	视频教学 | Cha02 |实例021　对象的对齐.MP4

图2-29　对象的对齐

❶ 打开随书配套资源中的素材|Cha02|对象的对齐.fla文件，如图2-30所示。

图2-30　导入素材

❷ 在舞台中选择需要对齐的对象，在菜单栏中选择【窗口】|【对齐】命令，如图2-31所示。

❸ 在弹出的【对齐】面板中，勾选【与舞台对齐】复选框，在【对

齐】选项区中单击【垂直中齐】按钮，如图2-32所示。

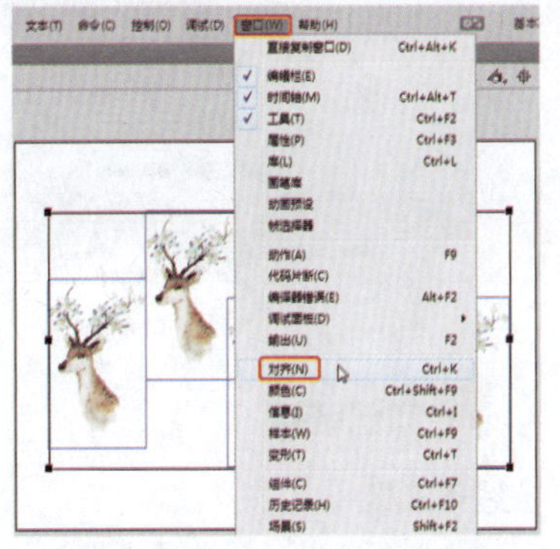

图2-31 选择【对齐】命令

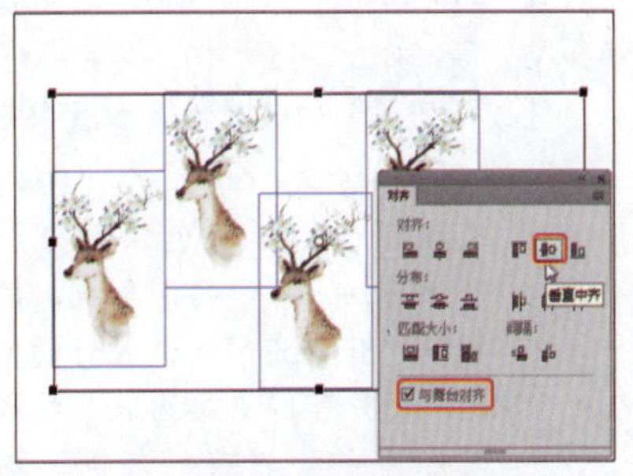

图2-32 【对齐】面板

④ 操作完成后的效果如图2-33所示。

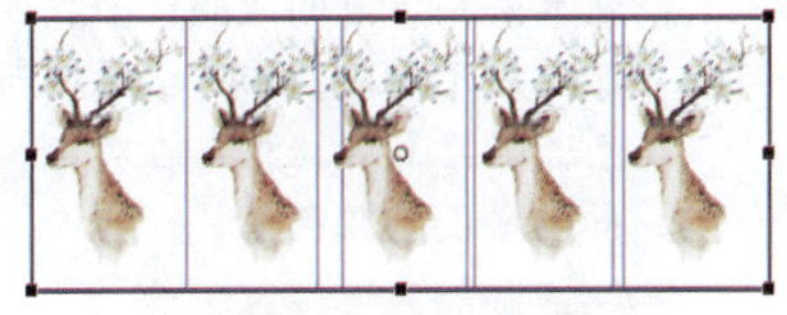

图2-33 对齐效果

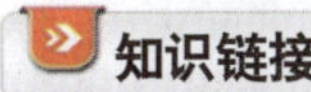

知识链接

对象的对齐

下面通过【分布对齐】按钮和【匹配】按钮进行对象对齐。

1. 分布对齐按钮

使用【水平居中分布】按钮可以将多行对象对齐，具体的操作步骤如下：

（1）打开随书配套资源中的素材|Cha02|对象的对齐.fla文件，如图2-34所示。

图2-34 导入素材

（2）在工具箱中选择【选择工具】，在舞台中选中要对齐的对象，在菜单栏中选择【窗口】|【对齐】命令，如图2-35所示。

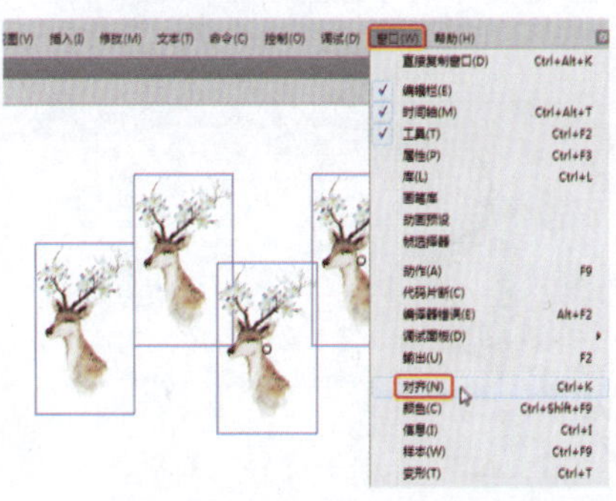

图2-35 选择【对齐】命令

（3）在【对齐】面板中勾选【与舞台对齐】复选框，在【分布】选项区中单击【水平居中分布】按钮，如图2-36所示。

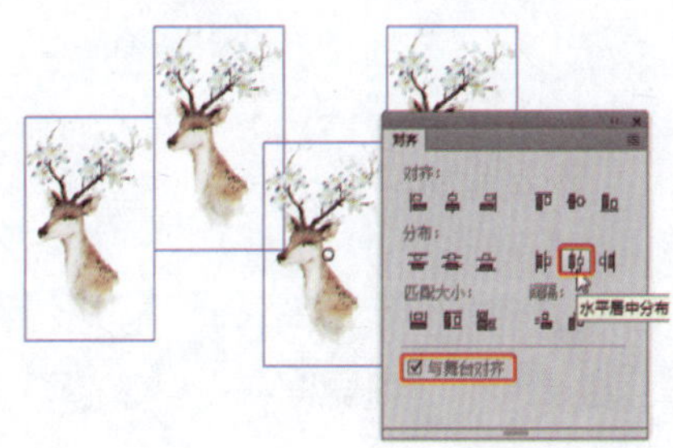

图2-36 单击【水平居中分布】按钮

（4）水平居中分布后的效果如图2-37所示。

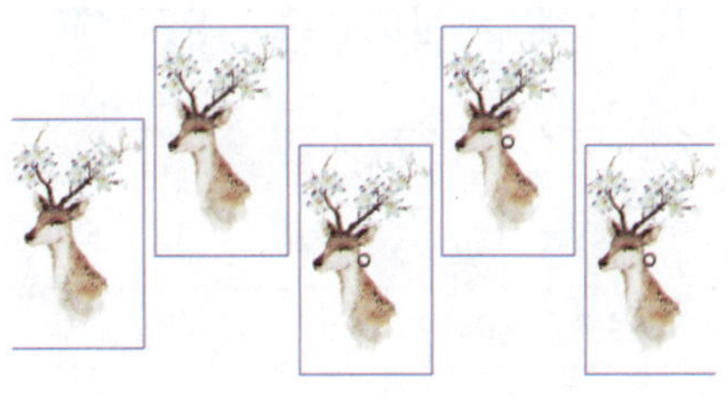

图2-37 水平居中分布

提 示

勾选【与舞台对齐】复选框，在选择对象后，可使对齐、分布、匹配大小、间隔等操作以舞台为基准。

2. 匹配按钮

通过使用【匹配宽和高】按钮可以将多个对象的宽和高对齐。具体的操作步骤如下：

（1）打开随书配套资源中的素材|Cha02|匹配按钮.fla文件，在工具箱中选择【选择工具】，在舞台中选中图形，如图2-38所示。

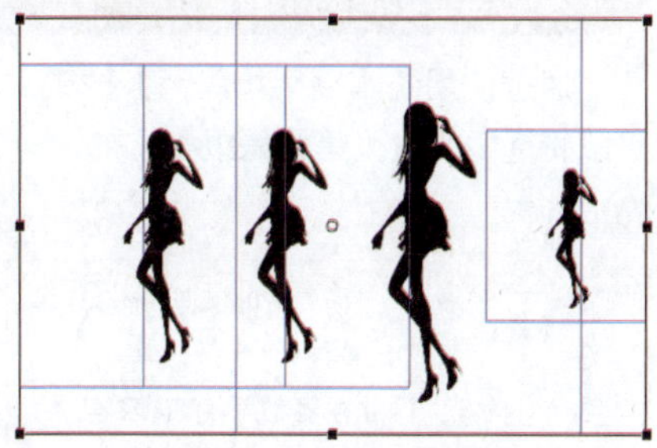

图2-38 选中图形

（2）在菜单栏中选择【窗口】|【对齐】命令，如图2-39所示。

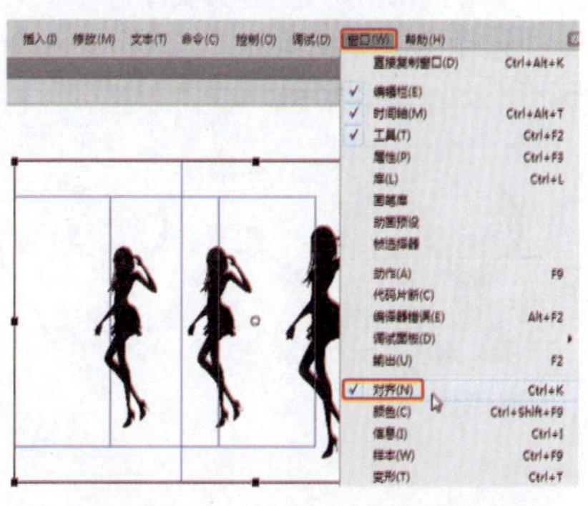

图2-39 选择【对齐】命令

（3）在【对齐】面板中，取消勾选【与舞台对齐】复选框，在【匹配大小】选项区中单击【匹配宽和高】按钮，就可以将所选的图形对象匹配宽和高，如图2-40所示。

图2-40 【对齐】面板

（4）匹配宽和高后的效果如图2-41所示。

图2-41 匹配宽和高

实例022 等间隔分布按钮

通过使用【水平平均间隔】按钮，可以将选中的对象等间隔距离分布。

素材：	无
场景：	场景|Cha02|实例022 等间隔分布按钮.fla
视频：	视频教学 | Cha02 |实例022 等间隔分布按钮.MP4

❶ 打开随书配套资源中的素材|Cha02|等间隔分布按钮.fla文件，在工具箱中选择【选择工具】，在舞台中选择图形，如图2-42所示。

图2-42 选择图形

❷ 在菜单栏中选择【窗口】|【对齐】命令，如图2-43所示。

❸ 在【对齐】面板中勾选【与舞台对齐】复选框，在【间隔】选项区中单击【水平平均间隔】按钮，就可以将所选对象在水平方向上平均间隔分布，如图2-44所示。

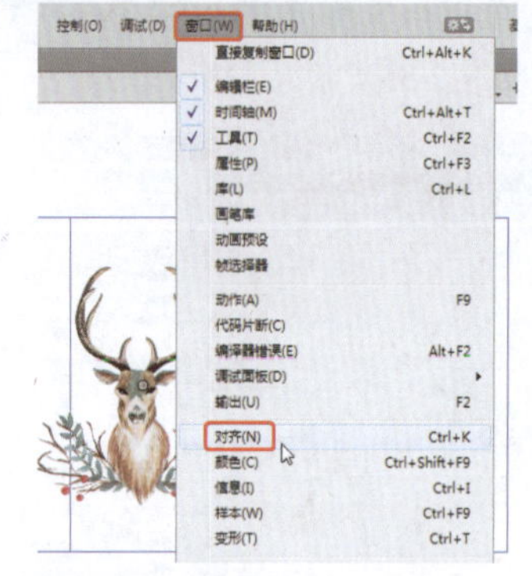

图2-43 选择【对齐】命令

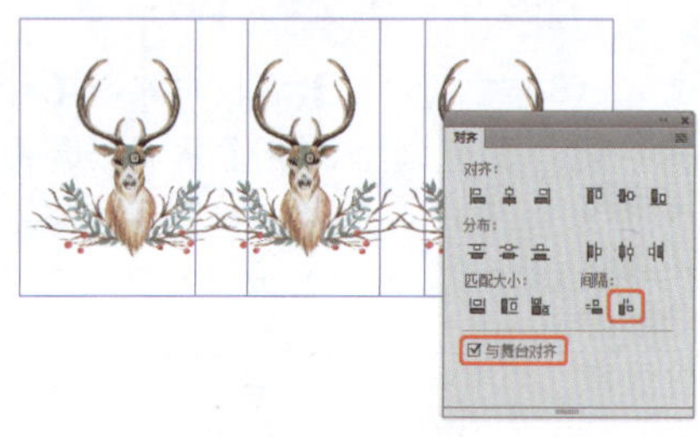

图2-44 【对齐】面板

❹ 效果如图2-45所示。

图2-45 水平平均间隔

实例023 【线条工具】

在工具箱中选择【线条工具】，可以绘制出平滑的直线。下面将简单介绍线条工具的使用方法。

素材：	无
场景：	无
视频：	视频教学 | Cha02 |实例023 线条工具.MP4

❶ 单击工具箱中的【线条工具】按钮，将鼠标指针移动到工作区，若变为十字状态，即可绘制直线，如图2-46所示。

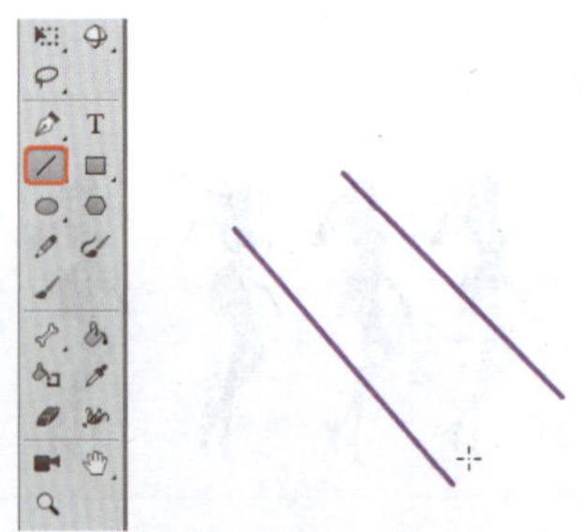

图2-46 直线的效果

提 示

在绘制的过程中如果按Shift键，可以绘制出垂直或水平的直线，或者45°斜线，这给绘制特殊直线提供了方便。按住Ctrl键可以暂时切换到【选择工具】，对工作区中的对象进行选取，当松开Ctrl键时，又会自动换回到【线条工具】。Shift键和Ctrl键在绘图工具中经常会用到，它们被用作许多工具的辅助键。

❷ 用户可根据需要设置好【属性】面板中的参数，开始绘制直线。图2-47所示为直线绘制接合的效果。

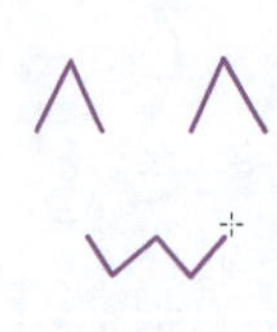
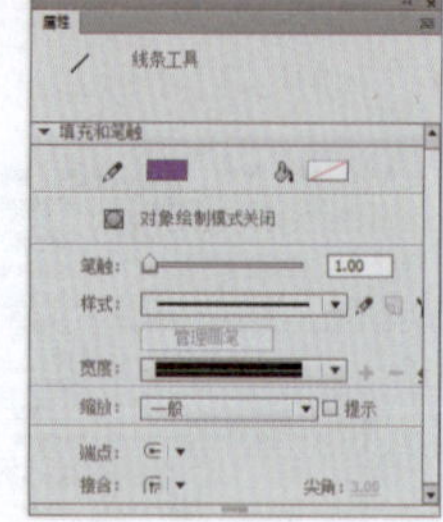

图2-47 直线绘制接合的效果

知识链接

线条工具

在绘制直线前可以在【属性】面板中设置直线的属性，如直线的颜色、粗细和类型等，如图2-48所示。

【线条工具】的【属性】面板中各选项说明如下。

- 笔触颜色：单击色块即可打开如图2-49所示的调色板，调色板中有一些预先设置好的颜色，用户可以直接选取某种颜色作为所绘线条的颜色，也可以通过上面的文本框输入线条颜色的十六进制值，如【#00FF00】。如果预设颜色不能满足用户需要，还可以通过单击右上角的【颜色】按钮，打开如图2-50所示的【颜色选择器】对话框，在对话框中详细设置颜色值。

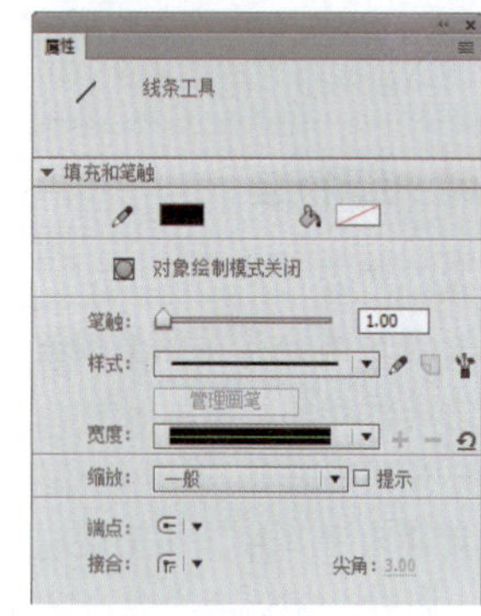

图2-48 【属性】面板

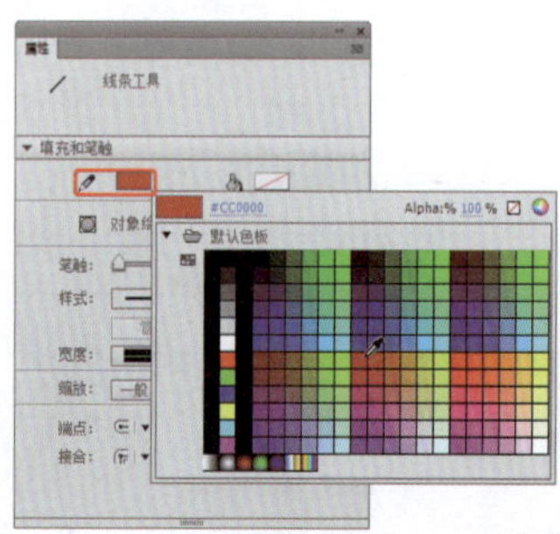

图2-49 调色板

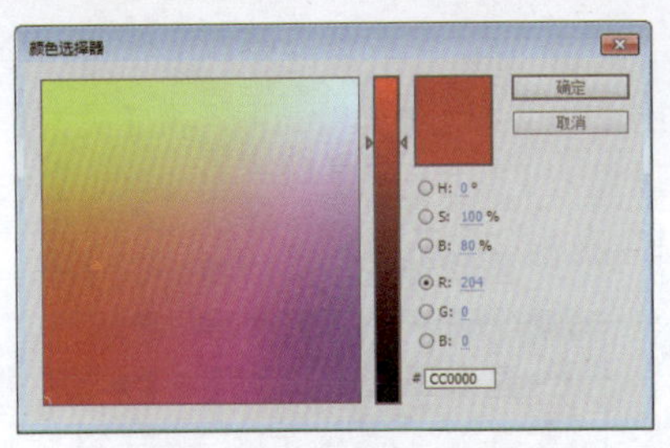

图2-50 【颜色选择器】对话框

- 笔触：用来设置所绘线条的粗细，可以直接在文本框中输入参数值设置笔触大小，范围从0.1～200；也可以通过调节滑块来改变笔触的大小。Animate中的线条粗细是以像素为单位的。
- 样式：用来设置所绘线条的类型，Animate CC中预置了一些常用的线条类型，如实线、虚线、点状线、锯齿状线和阴影线等。可以单击右侧的【编辑笔触样式】按钮，打开【笔触样式】对话框，在该对话框中设置笔触样式，如图2-51所示。

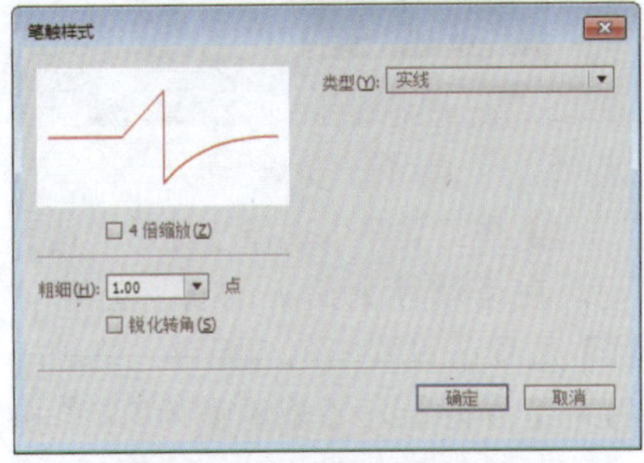

图2-51 【笔触样式】对话框

- 宽度：用来设置线条的宽度，如图2-52所示。

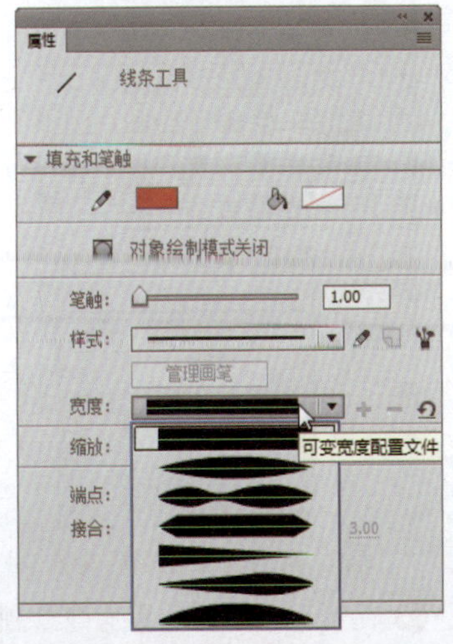

图2-52 设置线条的宽度

- 缩放：在播放器中保持笔触缩放，可以选择【一般】、【水平】、【垂直】或【无】选项。
- 端点：用于设置直线端点的三种状态——无、圆角或方形。
- 接合：用于设置两个线段的相接方式——尖角、圆角或斜角。要改变开放或闭合线段中的转角，请选择一个线段，然后选择另一个接合选项，如果选择【尖角】选项，可以在左侧的【尖角】文本框中输入尖角的大小。

实例024 【钢笔工具】

本实例主要介绍运用【钢笔工具】绘制图形的方法。【钢笔工具】又称贝塞尔曲线工具，它是许多绘图软件广泛使用的一种重要工具，使用【钢笔工具】可以绘制精确的路径，如直线、平滑、流动的曲线。

素材：	无
场景：	场景|Cha02|实例024 钢笔工具.fla
视频：	视频教学 | Cha02 |实例024 钢笔工具.MP4

❶ 在工具箱中选择【钢笔工具】，在舞台中绘制叶子，如图2-53所示。

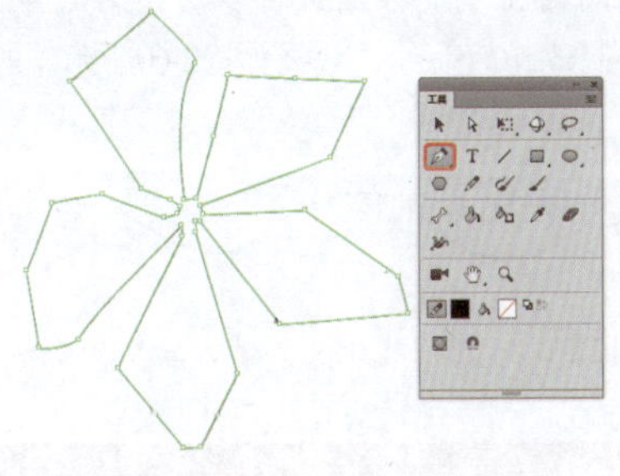

图2-53 绘制叶子

❷ 在工具箱中选择【转换锚点工具】，在舞台中拖拽锚点，出现控制手柄，调整手柄完成叶子线条圆滑效果，也可以结合使用【部分选取工具】，调整锚点位置，如图2-54所示。

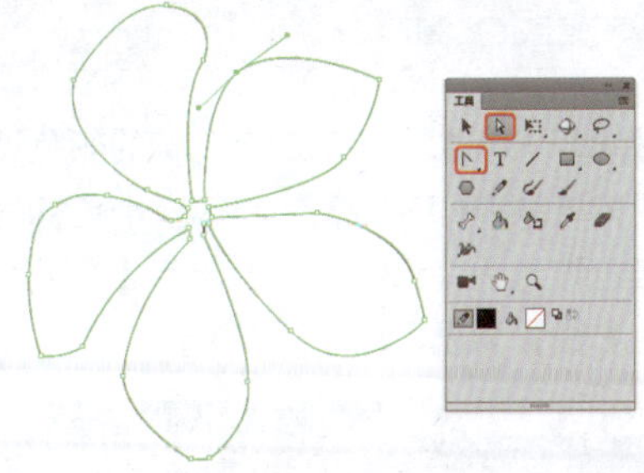

图2-54 调整锚点

提 示

在使用【钢笔工具】绘制曲线时，会出现许多控制点和曲率调节杆，通过它们可以方便地进行曲率调整，画出各种形状的曲线。

❸ 在工具箱中选择【颜料桶工具】，在下面【填充颜色】区设置为【#339900】，如图2-55所示。

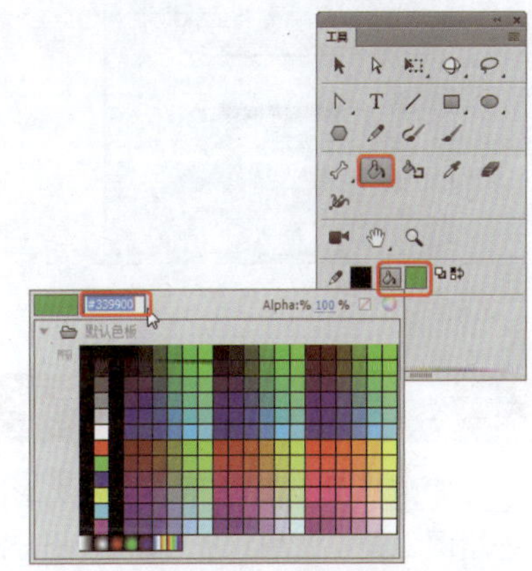

图2-55 设置填充颜色

❹ 在舞台中的图形对象中单击鼠标，如图2-56所示。

图2-56 单击图形对象

❺ 在舞台中选中叶子，按Ctrl+C组合键复制出一个图形对象，放置到适当的位置，如图2-57所示。

图2-57　复制叶子

知识链接

钢笔工具

使用【钢笔工具】可以绘制形状复杂的矢量对象，通过对锚点的调整完成对象的绘制。用户可以创建直线或曲线段，然后调整直线段的角度和长度及曲线段的斜率，图2-58为钢笔工具属性面板。

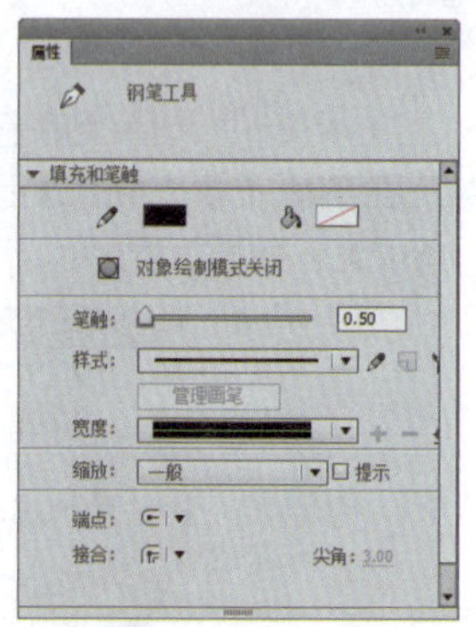

图2-58　钢笔工具的【属性】面板

使用【钢笔工具】绘制直线的方法如下：

(1) 选择【钢笔工具】，在【属性】面板中设置钢笔属性，在舞台中确定直线开始位置后单击鼠标。

(2) 在直线结束位置再次单击鼠标，即可完成直线的绘制，效果如图2-59所示。

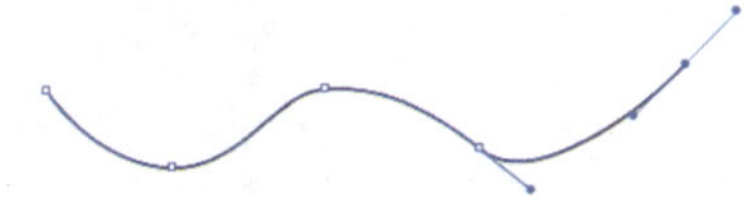

图2-59　使用【钢笔工具】绘制的直线

使用【钢笔工具】绘制曲线的方法如下：

(1) 选择【钢笔工具】，在【属性】面板中设置钢笔属性，在舞台中确定开始位置后单击鼠标。

(2) 将鼠标指针移动至下一个点的位置后单击并拖动鼠标指针，此时会出现曲线控制手柄，调整曲线形状。使用绘制的曲线的方法进行多次绘制，即可绘制流畅的曲线，效果如图2-60所示。

图2-60　使用【钢笔工具】绘制的曲线

实例025　【矩形工具】

【矩形工具】是用来绘制矩形图形的，它是从【椭圆工具】扩展而来的一种绘图工具，使用它也可以绘制出带有一定圆角的矩形，效果如图2-61所示。

素材：	无
场景：	场景|Cha02|实例025　矩形工具.fla
视频：	视频教学 | Cha02 |实例025　矩形工具.MP4

图2-61　标签效果图

❶ 在菜单栏中选择【矩形工具】，在舞台中绘制矩形，按Ctrl+Shift+F9组合键，在弹出的面板中将颜色类型设置为【径向渐变】，将第一个色标的颜色设置为【#FFFFFF】，将第二个色标的颜色设置为【#CDCDCD】，将第三个色标的颜色设置为【#B3B3B3】，将【笔触颜色】设置为无，如图2-62所示。

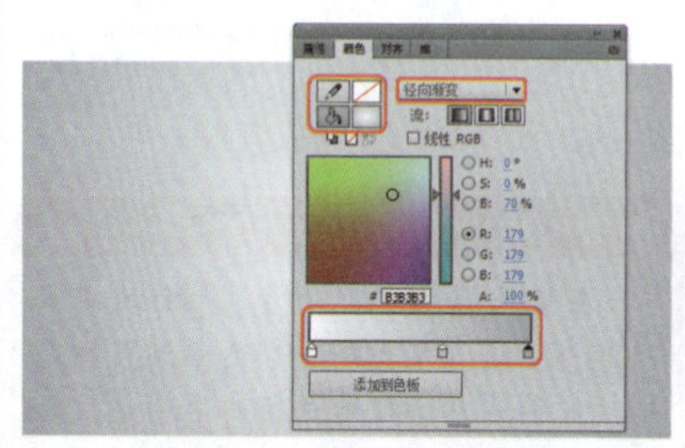

图2-62　设置背景色

❷ 确认选中该矩形，按F8键，弹出【转换为元件】对话框，将【类型】设置为【影片剪辑】，单击【确定】按钮，如图2-63所示。

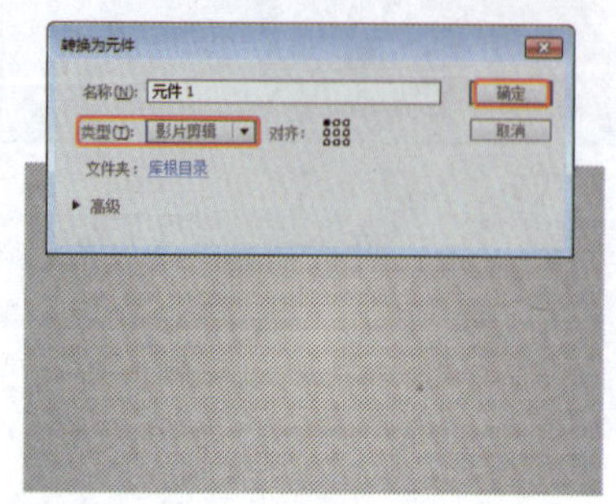

图2-63　转换为元件

❸ 在工具箱中选择【矩形工具】，在舞台中的矩形图形中绘制一个矩形，在【属性】面板中设置【笔触颜色】为无，设置【填充颜色】为【#000000】，单击【对象绘制模式】按钮，如图2-64所示。

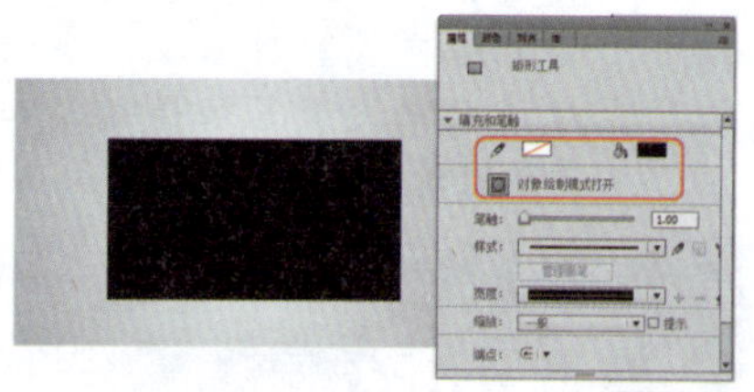

图2-64　绘制矩形

❹ 在工具箱中选择【矩形工具】，在【属性】面板的【填充和笔触】选项区设置颜色为无色，笔触颜色为【白色】，【笔触】为2，单击【样式】右侧的倒三角，在下拉列表中选择【虚线】，如图2-65所示。

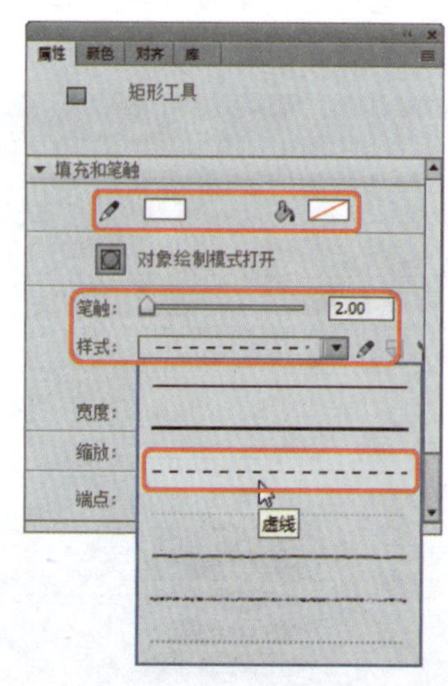

图2-65　设置矩形的属性

❺ 在舞台中的黑色矩形内绘制出边框，选中标签和里面的边框，在菜单

栏中选择【修改】|【转换为元件】命令，在弹出的【转换为元件】对话框中单击【确定】按钮，如图2-66所示。

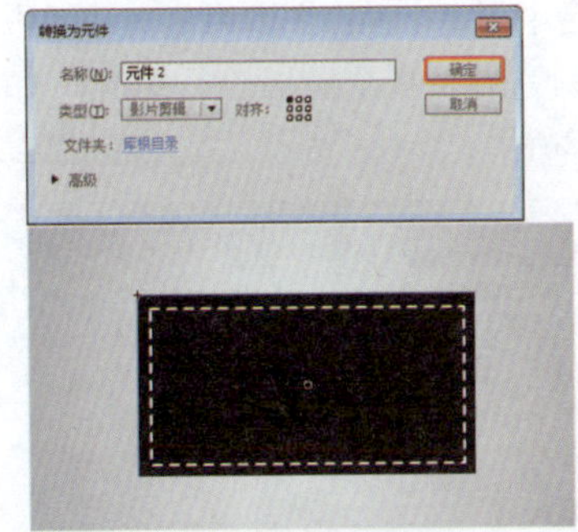

图2-66 转换为元件

❻ 单击标签对象，在【属性】面板中打开【滤镜】选项区，单击底部的【添加滤镜】按钮，在弹出的菜单中选择【投影】命令，如图2-67所示。

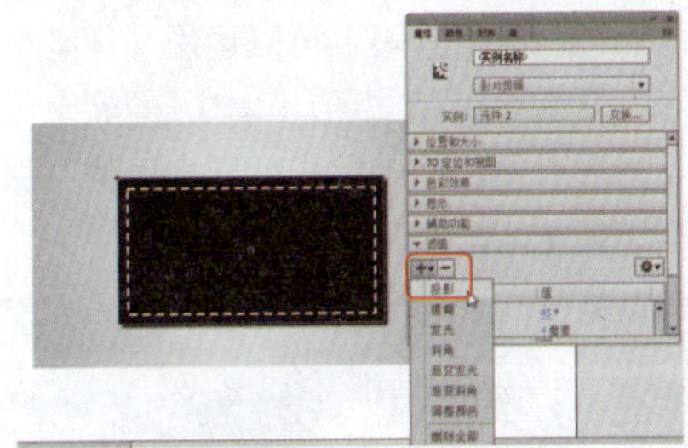

图2-67 添加滤镜

❼ 在工具箱中选择【任意变形工具】，将舞台中的标签图形进行旋转，如图2-68所示。

图2-68 旋转图形

❽ 在工具箱中选择【矩形工具】，以前面同样的方法绘制矩形，颜色填充为【#006666】，笔触颜色为【#006666】，设置【样式】为极细线，如图2-69所示。

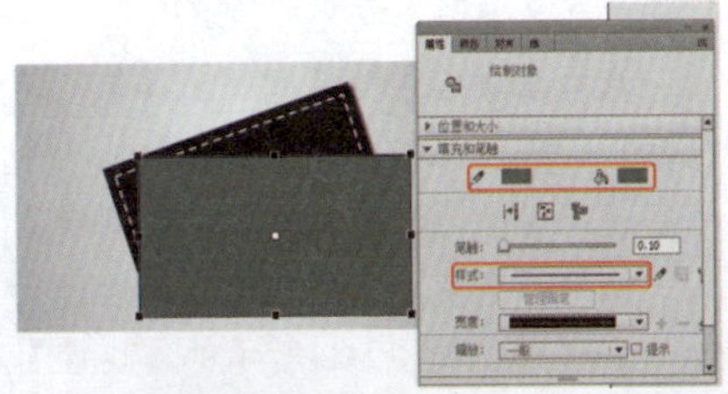

图2-69 填充颜色

❾ 在工具箱中选择【矩形工具】，在【属性】面板的【填充和笔触】选项区设置颜色为无色，笔触颜色为白色，【笔触】为2，单击【样式】右侧的倒三角，在下拉列表中选择【虚线】选项，如图2-70所示。

图2-70 绘制图形

❿ 选中标签和里面的边框，在菜单栏中选择【修改】|【转换为元件】命令，在弹出的【转换为元件】对话框中单击【确定】按钮，将两个图形对象移动到合适的位置，如图2-71所示。

图2-71 调整完成后的效果

⓫ 单击标签对象，在【属性】面板中打开【滤镜】选项区，单击底部的【添加滤镜】按钮，在弹出的快捷菜单中选择【投影】命令，如图2-72所示。

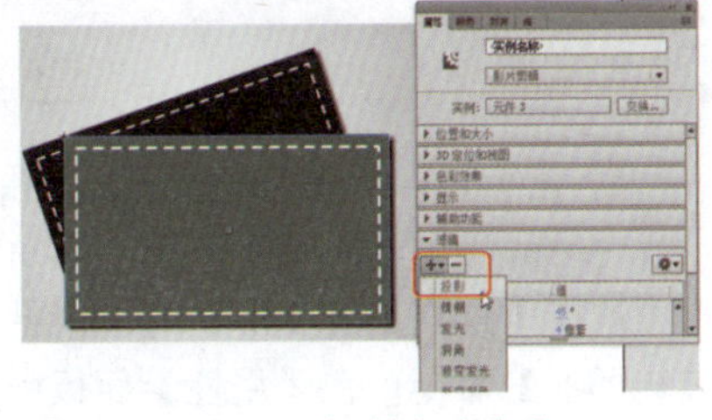

图2-72 投影后的效果

⓬ 在工具箱中选择【矩形工具】，以前面同样的方法绘制矩形，颜色填充为【#CCCC33】，笔触颜色为【#CCCC33】，设置【样式】为极细线，如图2-73所示。

⓭ 在工具箱中选择【矩形工具】，在【属性】面板的【填充和笔触】选项区设置颜色为无色，笔触颜色为白色，【笔触】为2，单击【样式】右侧的倒三角按钮，在下拉列表中选择【虚线】选项，如图2-74所示。

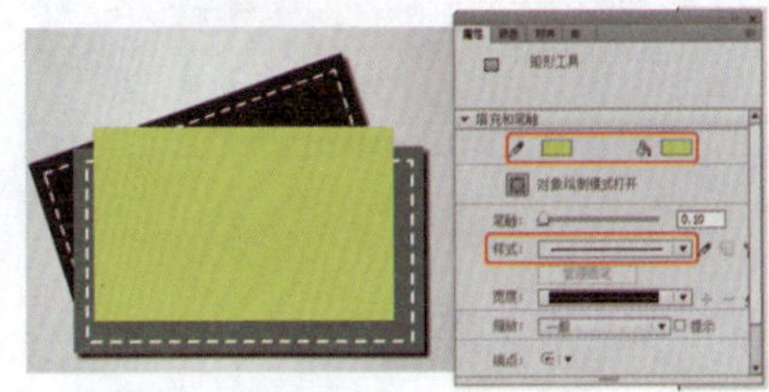

图2-73 填充颜色

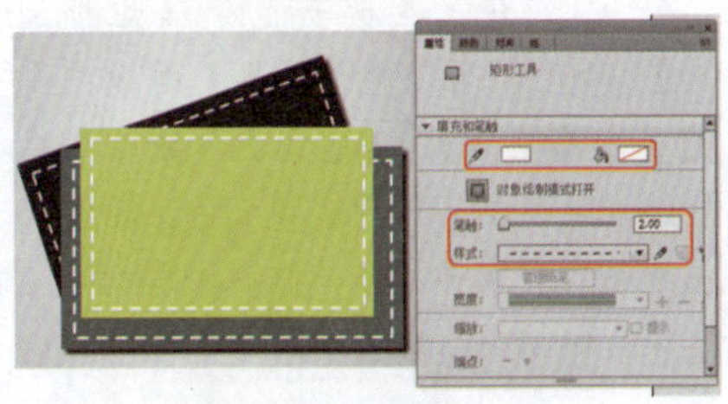

图2-74 绘制图形

⓮ 选中标签和里面的边框，在菜单栏中选择【修改】|【转换为元件】，在弹出的【转换为元件】对话框中单击【确定】按钮，如图2-75所示。

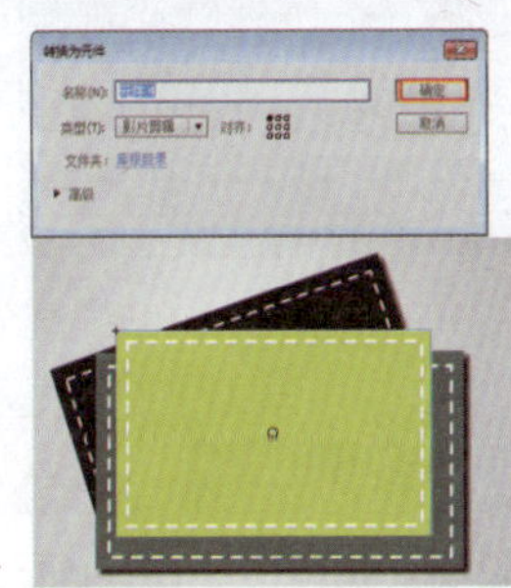

图2-75 转换为元件

⓯ 单击标签对象，在【属性】面板中打开【滤镜】选项区，单击底部的【添加滤镜】按钮，在弹出的快捷菜单中选择【投影】命令，通过【任意变形工具】调整对象的旋转角度和大小，如图2-76所示。

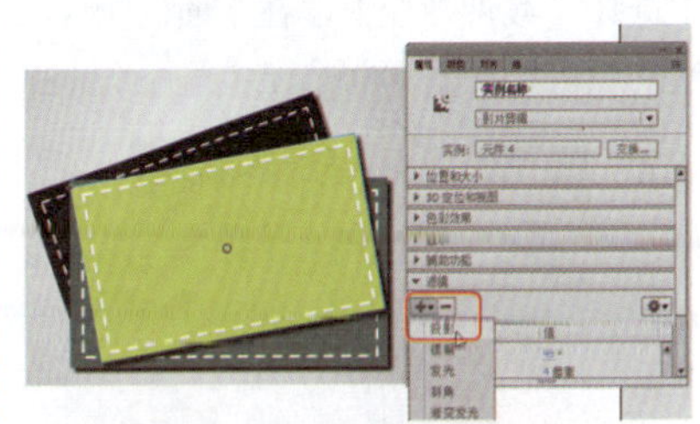

图2-76 投影后的效果

⓰ 使用前面同样的方法多做几个标签，并在最上面的标签上输入文字。导出图像并保存场景文件，效果如图2-77所示。

图2-77 最终效果

知识链接

矩形工具

（1）在工具箱中选择【矩形工具】后，可以在【属性】面板中设置【矩形工具】的绘制参数，包括所绘制矩形的轮廓色、填充色、轮廓线的粗细和轮廓样式等，如图2-78所示。

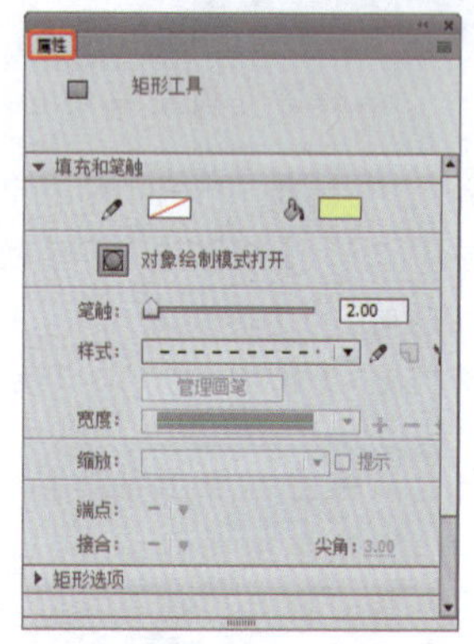
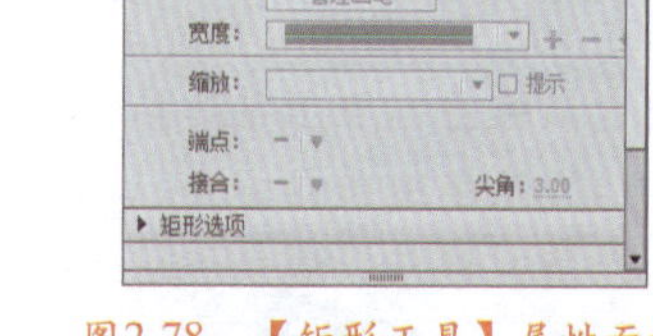

图2-78 【矩形工具】属性面板

（2）通过在【矩形选项】选项区中的4个【矩形边角半径】文本框中输入数值，可以设置圆角矩形四个角的角度值，设置完圆角后绘制图形，如图2-79所示。

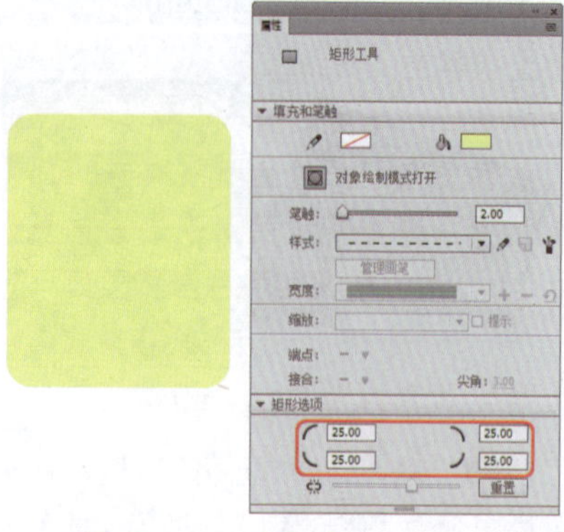

图2-79 设置完角度后绘制图形

提 示

角度范围为-100～100，数值越小，绘制的矩形的4个角上的圆角弧度就越小，默认值为0，即没有弧度，表示4个角为直角。也可以通过拖动下方的滑块来调整角度的大小。通过单击【将边角半径控件锁定为一个控件】按钮，将其变为状态，这样用户便可为四个角设置不同的值。单击【重置】按钮，可以恢复到矩形角度的初始值。

实例026 【椭圆工具】

本实例主要介绍使用【椭圆工具】绘制云彩样式。

素材：	无
场景：	场景|Cha02|实例026 椭圆工具.fla
视频：	视频教学 | Cha02 |实例026 椭圆工具.MP4

❶ 打开Animate CC程序，按Ctrl+Shift+F9组合键，在【颜色】面板中选择【线性渐变】，在下面调制成天空的颜色，如图2-80所示。

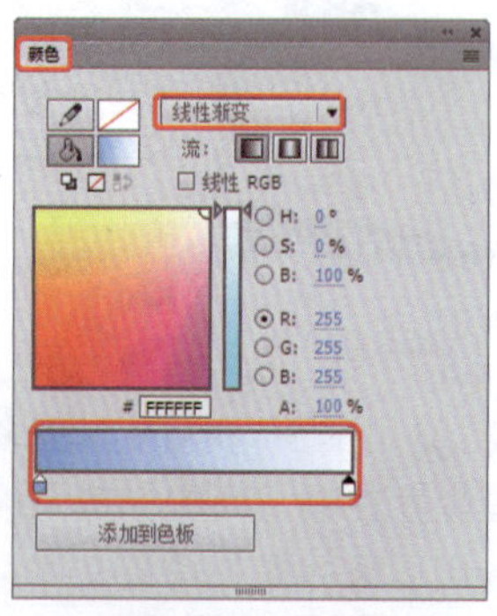

图2-80 设置颜色

❷ 在工具箱中选择【矩形工具】，在舞台区绘制一个矩形，在菜单栏中选择【修改】|【变形】|【顺时针旋转90度】命令，在【属性】面板上设置大小为550×400像素，如图2-81所示。

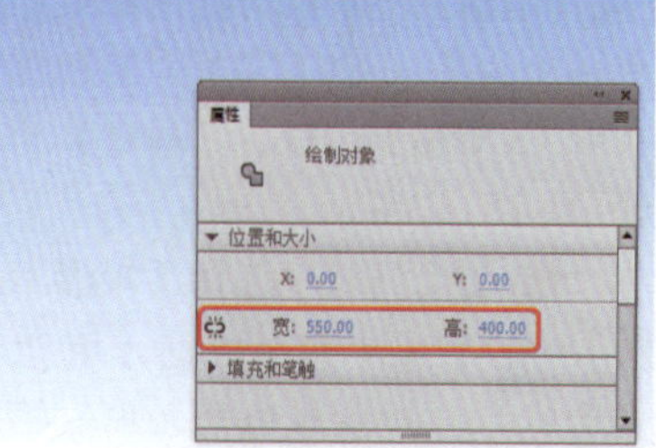

图2-81 设置大小

❸ 在工具箱中选择【椭圆工具】，将颜色设置为白色，笔触为无色，在【时间轴】面板中新建图层，在舞台中用多个椭圆图形组成一片云彩，绘制完后将多个椭圆进行组合，如图2-82所示。

图2-82 绘制的云彩

❹ 以同样的方法在舞台中制作几片云彩。在工具箱中可以运用【任意变形工具】、【矩形工具】等来修改图形对象。修改完成后导出图像并保存场景文件，如图2-83所示。

图2-83 最终效果

知识链接

用【椭圆工具】绘制的图形是椭圆形或圆形图案，虽然【钢笔工具】和【铅笔工具】有时也能绘制出椭圆形，但在具体使用过程中，如要绘制椭圆形，直接利用【椭圆工具】能大大提高绘图的效率。另外，用户不仅可以任意选择轮廓线的颜色、线宽和线型，还可以任意选择椭圆形或圆形的填充色。

选择工具箱中的【椭圆工具】，将鼠标指针移至工作区，当指针变成一个十字状态时，即可在工作区中绘制椭圆形。如果不想使用默认的绘制属性进行绘制，可以在如图2-84所示的【属性】面板中设置。

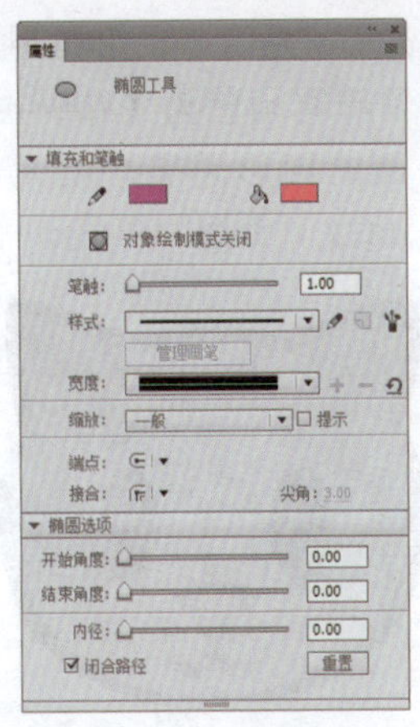

图2-84 【属性】面板

除了与绘制线条时使用相同的属性外，利用如下更多的设置可以绘制出扇形图案。

- 开始角度：设置扇形的开始角度。
- 结束角度：设置扇形的结束角度。
- 内径：设置扇形内角的半径。
- 闭合路径：使绘制出的扇形为闭合扇形。
- 重置：恢复角度、半径的初始值。

设置好所绘椭圆形的属性后，将鼠标指针移动到工作区中，按住鼠标左键不放，然后沿着要绘制的椭圆形方向拖动鼠标，在适当位置释放鼠标左键，即可在舞台中绘制出一个有填充色和轮廓的椭圆形。图2-85所示为椭圆形绘制完成后的效果。

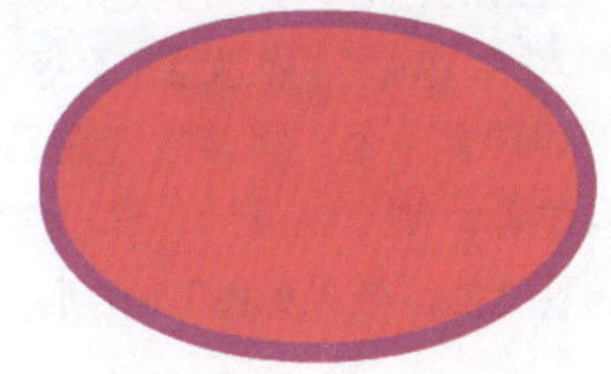

图2-85 椭圆形绘制完成后的效果

提 示

如果在绘制椭圆形的同时按下Shift键，则在舞台中将绘制出一个正圆，按下Ctrl键可以暂时切换到【选择工具】，对舞台中的对象进行选取。

用户可以在【属性】面板中更改【基本椭圆工具】的绘制属性，如图2-86所示。

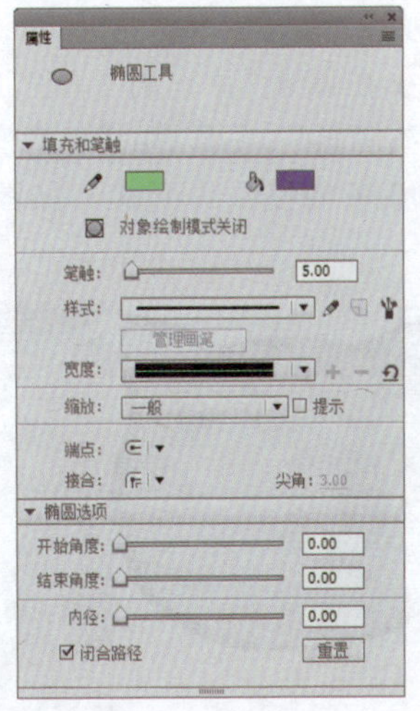

图2-86 【属性】面板

使用【基本椭圆工具】绘制图形的方法与使用【椭圆工具】是相同的，但绘制出的图形有区别。使用【基本椭圆工具】绘制出的图形具有锚点，通过使用选择工具拖动图形上的锚点，可以调出多种形状，如图2-87所示。

图2-87 绘制的各种图形

实例027 绘制卡通猫

本实例介绍使用Animate的绘图工具来绘制卡通形象，主要用到的工具有【钢笔工具】、【转换锚点工具】、【选择工具】、【部分选取工具】、【颜料桶工具】等，完成效果如图2-88所示。

素材：	无
场景：	场景|Cha02|实例027 绘制卡通猫.fla
视频：	视频教学|Cha02|实例027 绘制卡通猫.MP4

图2-88 卡通猫

❶ 运行Animate CC软件后，新建文档，在【属性】面板中设置【大小】为550×800像素，如图2-89所示。

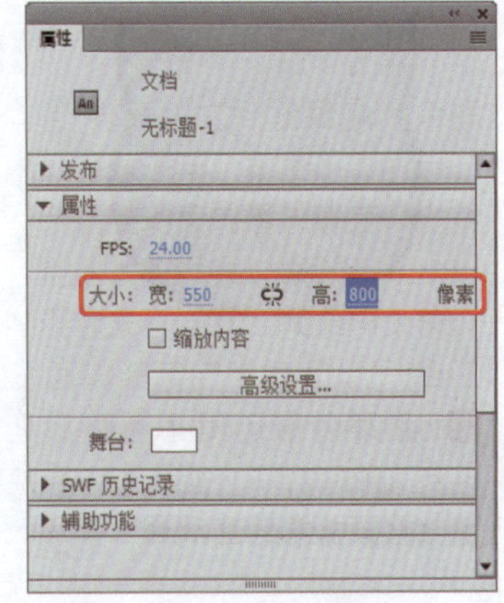

图2-89 文档设置

❷ 在工具箱中选择【钢笔工具】，在舞台中绘制头部基本轮廓，到终点当鼠标指针呈形状时，将图形闭合，在工具箱中选择【转换锚点工具】，在舞台中拖拽锚点，出现控制手柄，调整手柄完成头部线条的圆滑效果，调整轮廓时可以结合【部分选取工具】调整锚点位置，如图2-90所示。

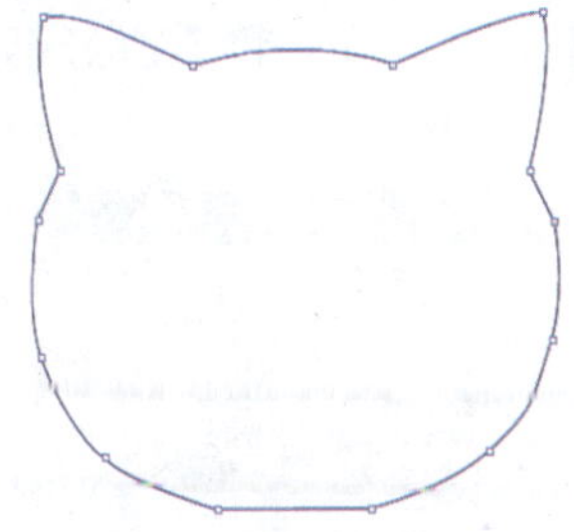

图2-90 绘制图形

❸ 选中绘制的图形，在【属性】面板中选择【填充和笔触】选项区，设置笔触的颜色为黑色，在【笔触】文本框中填入10，设置填充颜色为【#858B96】，如图2-91所示。

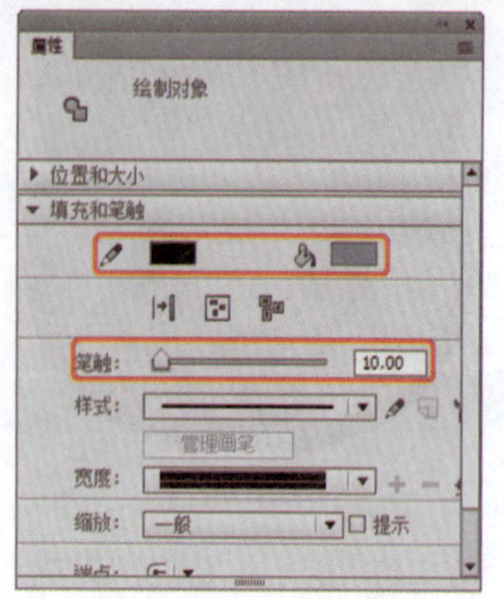
图2-91 设置属性

4 填充颜色后的效果如图2-92所示。

图2-92 填充颜色

5 在舞台中运用【椭圆工具】来绘制脸部，可以用【部分选取工具】来调整脸部形状，如图2-93所示。

图2-93 调整脸部形状

6 选中脸部形状，在【属性】面板中【填充和笔触】选项区中设置笔触的颜色为【#B1B2B9】，设置填充颜色为【#B1B2B9】，将【笔触】设置为1，如图2-94所示。

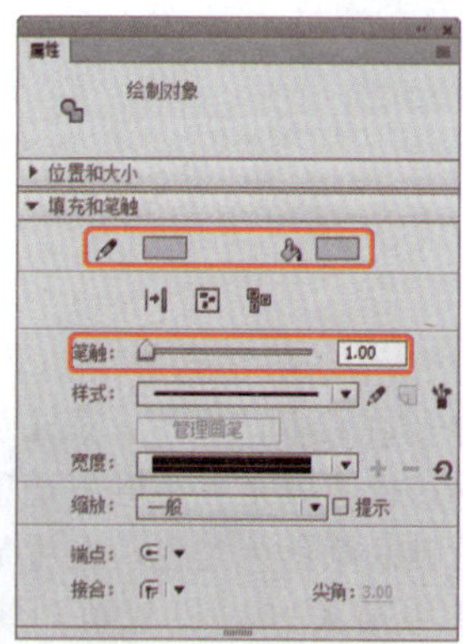
图2-94 设置属性

7 在舞台中查看填充后的颜色，如图2-95所示。

图2-95 填充颜色

8 在舞台区中运用【椭圆工具】来绘制眼睛，可以用【任意变形工具】来调整眼睛形状，如图2-96所示。

图2-96 绘制眼睛

9 选中眼睛，在【属性】面板中【填充和笔触】选项区，设置笔触的颜色为【#000000】，设置填充颜色为【#000000】，复制眼睛并放置在另一边，如图2-97所示。

图2-97 复制眼睛

10 在工具箱中选择【钢笔工具】，在舞台中绘制动物的鼻子，如图2-98所示。

图2-98 绘制图形

11 单击所绘制出来的图形，在【属性】面板中【填充和笔触】选项区，设置填充颜色为【#000000】，单击里面的图形区域，填充颜色为【#E9A5BC】，如图2-99所示。

图2-99 填充颜色

12 在工具箱中选择【线条工具】，在【属性】面板中【填充和笔触】选项区中，在【笔触】设置为5，单击在【端点】右侧的下三角，在下拉列表中选择【圆角】命令，如图2-100所示。

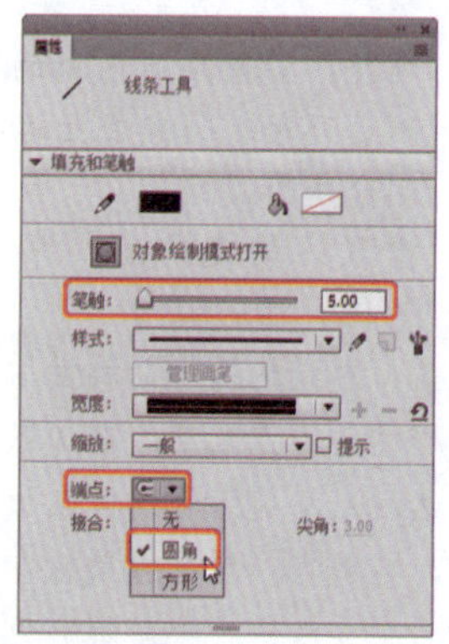
图2-100 设置属性

13 在舞台中的脸部绘制出胡须，放置在适当的位置，并对其进行复制。在菜单栏中选择【修改】|【变形】|【水平翻转】命令，将其放置在另一边的适当位置。制作完成后，导出图像并保存场景文件，效果如图2-101所示。

图2-101 水平翻转

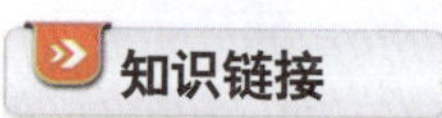

多角星形工具

多角星形工具用来绘制多边形或星形，根据选项设置中样式的不同，可以选择要绘制的是多边形还是星形。

单击工具箱中的【多角星形工具】按钮，当工作区中的鼠标指针将变成十字状态时，即可在工作区中绘制多角星形。用户可以在【属性】面板中设置多角星形工具的绘制参数，包括多角星形的轮廓色、填充色以及轮廓线的粗细、类型等，如图2-102所示。

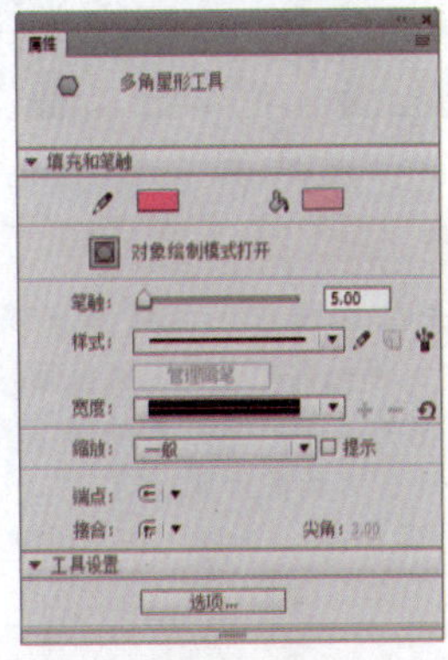

图2-102 【属性】面板

单击【属性】面板中的【选项】按钮，打开【工具设置】对话框，参照图2-103设置参数。

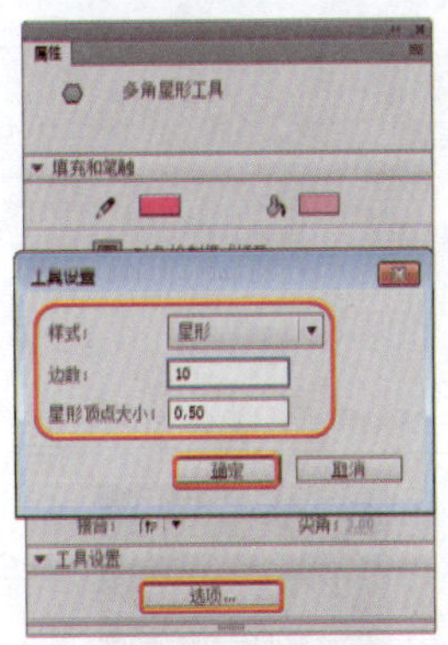

图2-103 【工具设置】对话框

- 【样式】：可选择【多边形】或【星形】两个选项。
- 【边数】：用于设置多边形或星形的边数。
- 【星形顶点大小】：用于设置星形顶点的大小。

设置好所绘多角星形的属性后，就可以开始绘制多角星形了。将鼠标指针移动到工作区中，按住鼠标左键不放，然后沿着要绘制的多角星形方向拖动鼠标，在适当位置释放鼠标左键，即可在工作区中绘制出多角星形。图2-104所示为绘制多角星形的过程，图2-105所示为多角星形绘制完成后的效果。

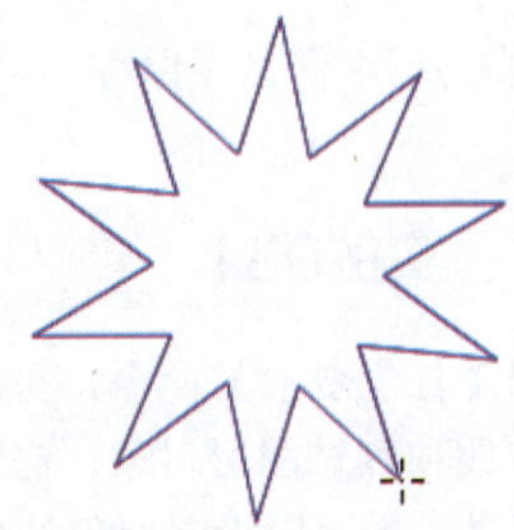

图2-104 绘制多角星形的过程

图2-105 绘制完成后的效果

实例028 【套索工具】

在工具箱中选择【套索工具】，用于选择对象的不规则区域，对于一些对选取范围精度要求不高的区域可以选择使用【套索工具】。它虽然与【选择工具】一样是选择一定的对象，但与【选择工具】相比，它的选择方式有所不同，使用【套索工具】可以在一个对象上划定区域。

素材：	素材|Cha02|套索工具.fla
场景：	无
视频：	视频教学 | Cha02 |实例028 套索工具.MP4

❶ 选择图形，选择工具箱中的套索工具，如图2-106所示。

❷ 在图形上按住鼠标左键不放，绘制出一个区域，并成为一个闭合区域，然后松开鼠标，如图2-107所示。

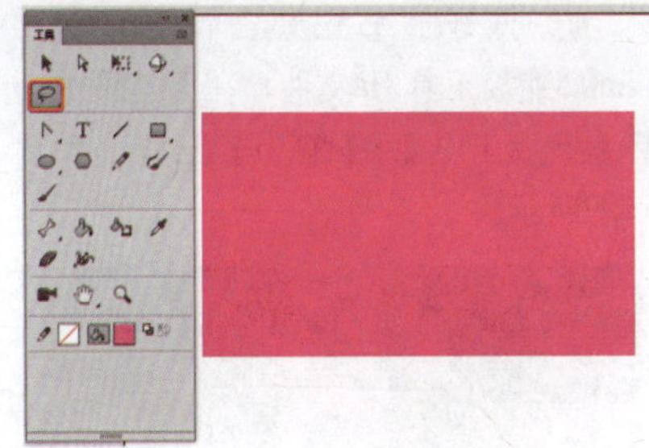

图2-106 选择【套索工具】

提 示

若是在用【套索工具】时，绘出区域来，松开鼠标图形消失了的话，在菜单栏中选择【修改】|【分离】命令，再次使用【套索工具】即可。

❸ 这时图形将有一部分被选中，如图2-108所示。

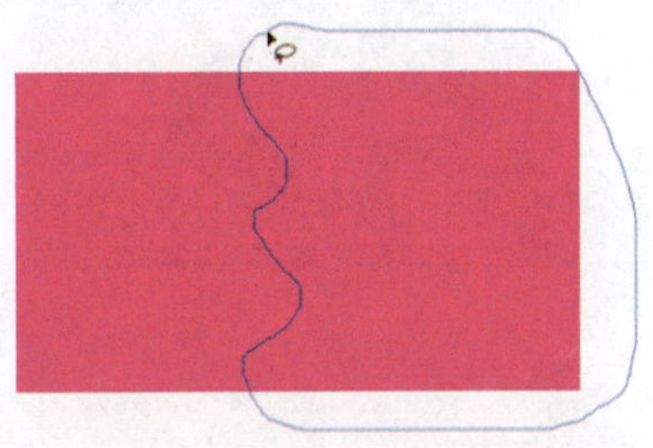

图2-107 【套索工具】的操作

图2-108 选中部分图形

提 示

位图格式应该是GIF、JPEG和PNG中的一种，在对位图进行魔术棒操作前，必须将位图进行分离操作，选择位图后，按Ctrl+B组合键，再使用魔术棒才能起到作用。

实例029 【缩放工具】

工具箱中的【缩放工具】主要是用来放大或缩小视图，以便编辑图形，但【缩放工具】没有自己的【属性】面板。

素材：	素材|Cha02|缩放工具.fla
场景：	无
视频：	视频教学 | Cha02 |实例029 缩放工具.MP4

❶ 打开随书配套资源中的素材|Cha02|缩放工具.fla文件，在工具箱中选择【缩放工具】|【缩小】工具，如图2-109所示。

图2-109 选择【缩放工具】

❷ 选择此工具后鼠标指针变为放大镜形状，在舞台内单击两次鼠标，缩放后的效果如图2-110所示。

图2-110 缩放文件

提 示

在工具箱区内有两个按钮选项，分别是【放大】和【缩小】按钮。

- 放大🔍：单击此按钮，放大镜上会出现“+”号，当用户在工作区域中单击时，会使舞台放大至原来的两倍。
- 缩小🔍：单击此按钮后，放大镜上会出现“-”号，当在工作区域中单击时，会使舞台缩小为原来的1/2。

实例030 【手形工具】

工具箱内的【手形工具】是工作区移动对象的工具，【手形工具】的主要任务是在一些比较大的舞台内快速移动到目标区域，使用【手形工具】比拖动滚动条要方便得多。在使用【手形工具】时，表面上看来是对象的位置发生了改变，但实际上移动的却是工作区的显示空间，而工作区上所有对象的实际坐标相对于其他对象的坐标并没有发生改变，【手形工具】移动的实际上是整个工作区。

素材：	素材|Cha02|缩放工具.fla
场景：	无
视频：	视频教学 | Cha02 |实例030 手形工具.MP4

❶ 打开随书配套资源中的素材|Cha02|缩放工具.fla文件，在工具箱中选择【手形工具】按钮✋，如图2-111所示。

图2-111 选择【手形工具】

❷ 单击后，会发现鼠标指针变成一只手的形状，在工作区域内的任意位置按住鼠标左键任意拖动，就可以看到整个工作区域的内容跟着鼠标的动作而移动，如图2-112所示。

图2-112 手形工具

提 示

双击工具箱中的【缩放工具】按钮，舞台将成为100%显示状态，双击工具箱中的【手形工具】按钮，舞台将实现充满窗口的显示状态。

实例031 【任意变形工具】

使用【任意变形】命令，可以对图形对象进行自由变换操作，包括旋转、倾斜、缩放和翻转图形对象。当选择好变形的对象后，使用选取工具箱中的任意变形工具，就可以设置对象的变形，如图2-113所示。

素材：	素材|Cha02|自由变换对象.fla
场景：	场景|Cha02|实例031 任意变形工具.fla
视频：	视频教学 | Cha02 |实例031 任意变形工具.MP4

图2-113 变形后的效果

❶ 打开随书配套资源中的素材|Cha02|自由变换对象.fla文件，在工具箱中选择【矩形工具】命令，在舞台上画出矩形，将矩形的颜色设置为黑色，如图2-114所示。

❷ 选择矩形对象，在菜单栏中选择【修改】|【变形】|【扭曲】命令，这时在对象上会显示变形控制框，如图2-115所示。

图2-114 绘制矩形

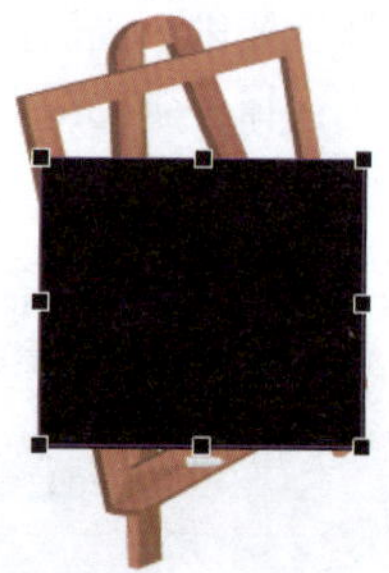
图2-115 变形控制框

❸ 将鼠标指针放置左上角，当鼠标变成▶形状时，调整四个角的位

置，如图2-116所示。

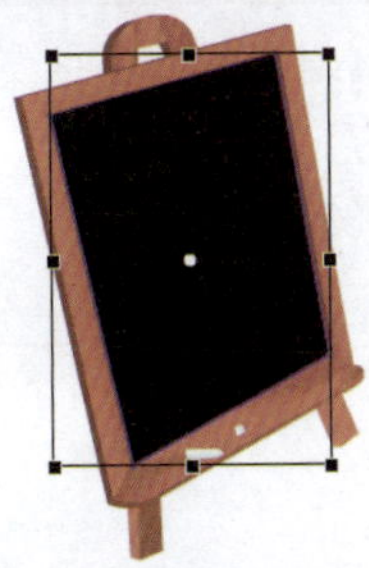

图2-116 变形后

实例032 删除线条

下面将介绍如何在Animate中删除线条，效果如图2-117所示。

素材：	素材|Cha02|删除线条.fla
场景：	场景|Cha02|实例032 删除线条.fla
视频：	视频教学 | Cha02 |实例032 删除线条.MP4

图2-117 删除线条

❶ 在菜单栏中选择【文件】|【打开】命令，打开随书配套资源中的素材|Cha02|删除线条.fla文件，如图2-118所示。

图2-118 打开素材文件

❷ 在工具箱中选择【部分选区工具】，选择要删除的线条，按Delete键可以删除选中的线条，如图2-119所示。

图2-119 删除线条

实例033 扭曲线条

用户可将线条的形状进行变化弯曲，以达到所需的效果。下面将介绍如何在Animate中扭曲线条，效果如图2-120所示。

素材：	素材|Cha02|扭曲线条.fla
场景：	场景|Cha02|实例033 扭曲线条.fla
视频：	视频教学 | Cha02 |实例033 扭曲线条.MP4

图2-120 扭曲线条

❶ 在菜单栏中选择【文件】|【打开】命令，打开随书配套资源中的素材|Cha02|扭曲线条.fla文件，如图2-121所示。

图2-121 打开素材文件

❷ 在工具箱中选择【选择工具】，把鼠标移到红色上方的边框上，鼠标指针将呈形状时向下拖拽鼠标，如图2-122所示。

图2-122 拖拽鼠标扭曲线条

❸ 移到合适位置后松开鼠标左键，可以扭曲线条。对矩形线框的另三条边框进行扭曲，如图2-123所示。

图2-123 扭曲其他线条

实例034 分割线条

若要将完整的线条进行分割，可以运用【分割线条】命令，将某段位置中的线条删除。下面将介绍如何在Animate中分割线条，效果如图2-124所示。

素材：	素材|Cha02|分割线条.fla
场景：	场景|Cha02|实例034 分割线条.fla
视频：	视频教学 | Cha02 |实例034 分割线条.MP4

❶ 在菜单栏中选择【文件】|【打开】命令，打开随书配套资源中的素材|Cha02|分割线条.fla文件，如图2-125所示。

❷ 在工具箱中选择【矩形工具】，在【属性】面板中将【笔触颜色】设置为无，将【填充颜色】设置为红色，在舞台中绘制一个矩形，如图2-126所示。

图2-124　分割线条

图2-125　打开素材文件

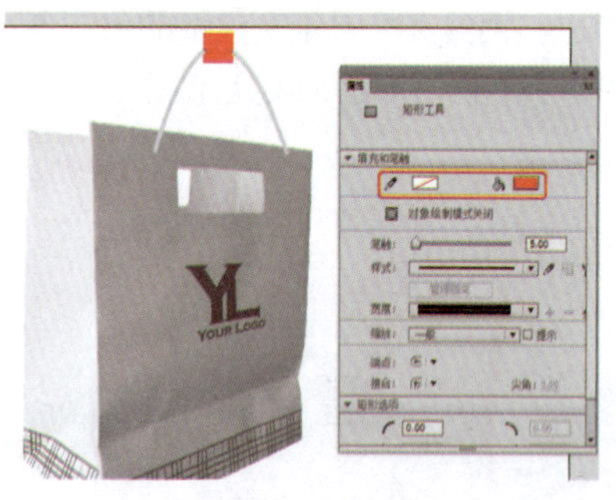
图2-126　绘制矩形

❸ 在工具箱中选择【选择工具】，选择在舞台中所绘制的红色矩形区，按Delete键即可将选中的矩形区和被矩形覆盖的线条同时删除，线条被分割成两段，如图2-127所示。

图2-127　分割线条

实例035　平滑曲线

可以将实际操作中的曲线图形进行平滑调整，得到想要的效果，下面将介绍如何在Animate中平滑曲线图形，效果如图2-128所示。

素材：	素材|Cha02|平滑曲线.fla
场景：	场景|Cha02|实例035 平滑曲线.fla
视频：	视频教学 | Cha02 |实例035 平滑曲线.MP4

图2-128　平滑曲线

图2-129　打开素材文件

❶ 在菜单栏中选择【文件】|【打开】命令，打开随书配套资源中的素材|Cha02|平滑曲线.fla，选择舞台中的曲线图形，如图2-129所示。

❷ 在工具箱底部的【平滑】按钮上三次单击鼠标左键，即可使所选的线条平滑，如图2-130所示。

图2-130　平滑所选线条

实例036　伸直曲线

伸直曲线图形可以将所绘制的闭合曲线图形伸直，下面将介绍如何在Animate中伸直曲线图形，效果如图2-131所示。

素材：	素材|Cha02|伸直曲线.fla
场景：	场景|Cha02|实例036 伸直曲线.fla
视频：	视频教学 | Cha02 |实例036 伸直曲线 .MP4

图2-131　伸直曲线

图2-132　打开素材文件

❶ 在菜单栏中选择【文件】|【打开】命令，打开随书配套资源中的素材|Cha02|伸直曲线.fla素材文件，如图2-132所示。

❷ 在工具箱中选择【铅笔工具】，在舞台中绘制一条闭合的线条，设置【笔触颜色】为【#FF3366】，如图2-133所示。

图2-133 绘制线条

③ 将所绘制的线条运用【选择工具】选择，单击三次工具箱底部的【伸直】按钮，可以把所选的线条伸直，如图2-134所示。

图2-134 伸直所选线条

实例037 优化曲线

用户可以对曲线图形的形状进行设置并优化强度，也可以减少曲线图形。下面将介绍如何在Animate中优化曲线图形，效果如图2-135所示。

素材：	素材|Cha02|优化曲线.fla
场景：	场景|Cha02|实例037 优化曲线.fla
视频：	视频教学 | Cha02 |实例037 优化曲线.MP4

图2-135 优化曲线

① 在菜单栏中选择【文件】|【打开】命令，打开随书配套资源中的素材|Cha02|优化曲线.fla文件，如图2-136所示。

图2-136 打开素材文件

② 按Ctrl+A组合键，选择所有的图形，在菜单栏中选择【修改】|【形状】|【优化】命令，在弹出的【优化曲线】对话框中进行设置，如图2-137所示。

图2-137 【优化曲线】对话框

③ 单击【确定】按钮，弹出【优化曲线】提示框，如图2-138所示。

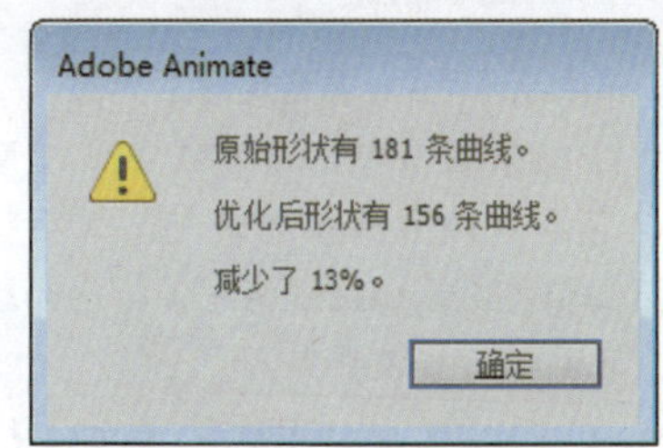

图2-138 信息提示框

④ 单击【确定】按钮，可以把所选的曲线进行优化，如图2-139所示。

图2-139 优化所选的曲线

实例038 扩展填充

在实际操作中将图形扩大填充，可以使图形填充效果达到令人满意的程度。下面将介绍如何在Animate中扩大填充。

素材：	素材|Cha02|扩展填充.fla
场景：	场景|Cha02|实例038 扩展填充.fla
视频：	视频教学 | Cha02 |实例038 扩展填充 .MP4

① 在菜单栏中选择【文件】|【打开】命令,打开随书配套资源中的素材|Cha02|扩展填充.fla文件，如图2-140所示。

图2-140 打开素材文件

② 使用【选择工具】命令，在舞台上选择图形中的黄色圆形，选择菜单栏中的【修改】|【形状】|【扩展填充】命令，在弹出的【扩展填充】对话框中设置【距离】为10，如图2-141所示。

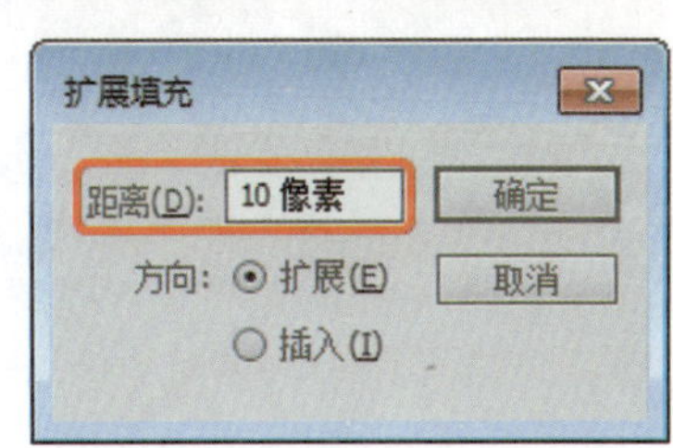

图2-141 【扩展填充】对话框

③ 单击【确定】按钮，可以扩大所选圆形的填充区域，如图2-142所示。

图2-142 扩大填充区域

知识链接

将线条转换为填充矩形工具

在线条图形中，若将线条改变颜色，需要将线条转换为填充，下面将介绍如何在Animate中将线条转化为填充，具体操作步骤如下：

（1）在菜单栏中选择【文件】|【打开】命令，打开随书配套资源中的素材|Cha02|将线条转换为填充矩形工具.fla】素材文件。将【笔触颜色】设置为无，将【填充颜色】设置为红色。用【选择工具】将舞台上图形中所有的绿色线条选中，如图2-143所示。

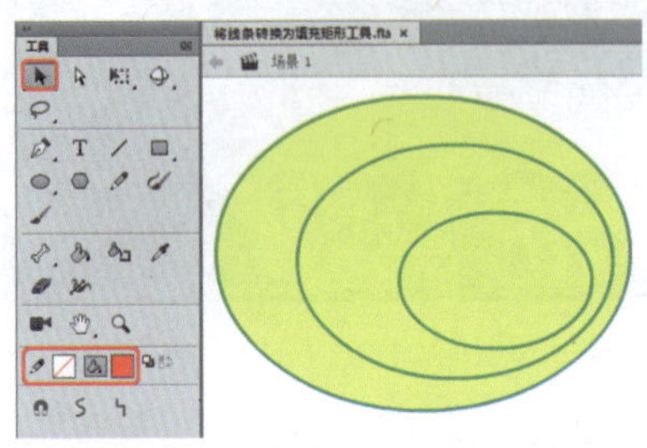

图2-143　打开素材文件

（2）在菜单栏中选择【修改】|【形状】|【将线条转换为填充】命令，即可把选择的线条转为成填充颜色，如图2-144所示。

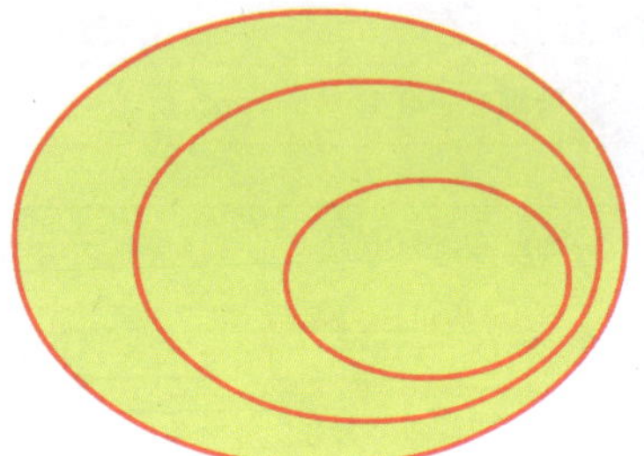

图2-144　线条转换为填充

实例039　缩小填充

若填充的区域比图形较小，可以使用缩小填充进行操作，下面将介绍如何在Animate中缩小填充。

素材：	素材|Cha02|缩小填充.fla
场景：	场景|Cha02|实例039　缩小填充.fla
视频：	视频教学	Cha02 |实例039　缩小填充 .MP4

❶ 在菜单栏中选择【文件】|【打开】命令，打开随书配套资源中的素材|Cha02|缩小填充.fla文件，如图2-145所示。

图2-145　打开素材文件

❷ 在工具箱中选择【选择工具】，按住Shift键的同时将舞台中所有的黄色区域选中，如图2-146所示。

图2-146　选择填充区域

❸ 在菜单栏中选择【修改】|【形状】|【扩展填充】命令，在弹出的【扩展填充】对话框中设置【距离】为10，单击【插入】单选按钮，如图2-147所示。

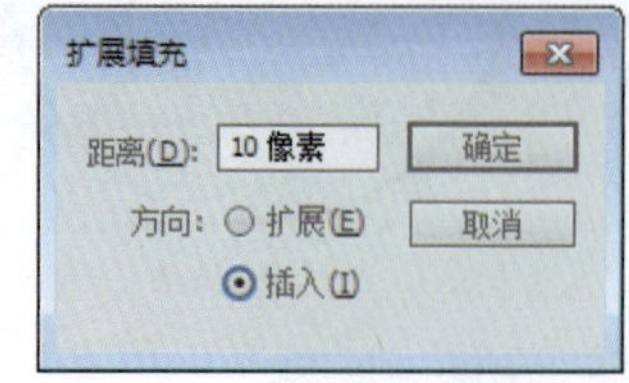

图2-147　【扩展填充】对话框

❹ 单击【确定】按钮，可以缩小所选图形的填充区域，如图2-148所示。

图2-148　缩小填充区域

实例040　柔化填充边缘

需要优化图形的填充边缘时，可以在【柔化填充边缘】对话框中进行相应设置，下面将介绍如何在Animate中柔化填充边缘。

素材：	素材|Cha02|柔化填充边缘.fla
场景：	场景|Cha02|实例040　柔化填充边缘.fla
视频：	视频教学	Cha02 |实例040　柔化填充边缘.MP4

❶ 在菜单栏中选择【文件】|【打开】命令，打开随书配套资源中的素材|Cha02|柔化填充边缘.fla文件，如图2-149所示。

图2-149　打开素材文件

❷ 使用【选择工具】选择圆形的填充区域，在菜单栏中选择【修改】|【形状】|【柔化填充边缘】命令，在弹出的对话框中设置【距离】为10，【步长数】为4，单击【插入】单选按钮，如图2-150所示。

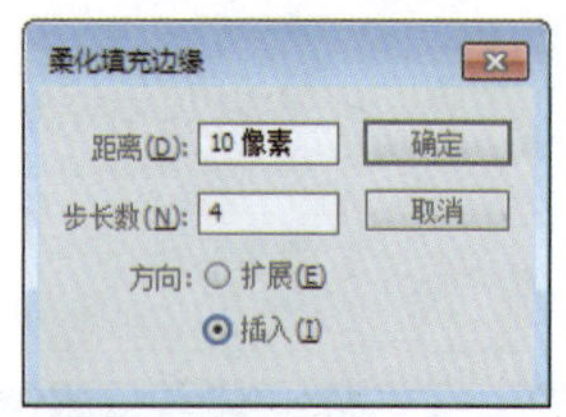

图2-150　【柔化填充边缘】对话框

❸ 单击【确定】按钮，可以柔化填充边缘，如图2-151所示。

图2-151　柔化填充边缘

第3章 导入素材文件

本章介绍了怎样导入图像文件，并对导入的位图进行压缩和转换；介绍了导入AI文件、PSD文件和FreeHand文件等各种格式文件的导入方法；介绍了导入视频文件和音频文件的方式，并对音频文件进行编辑和压缩的方法。

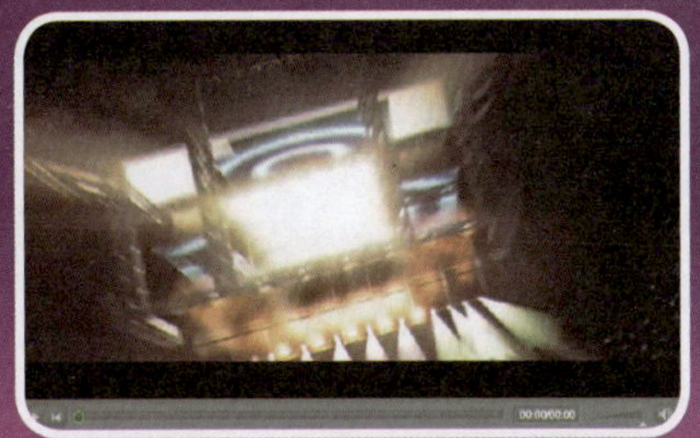

实例041 导入位图

在Animate中可以导入位图图像，操作步骤如下。

素材：	素材|Cha03|圣诞背景.png
场景：	无
视频：	视频教学 | Cha03 |实例041 导入位图.MP4

❶ 新建一个大小为550×550像素的文档，在菜单栏中选择【文件】|【导入】|【导入到舞台】命令，打开【导入】对话框，选择随书配套资源中的素材|Cha03|圣诞背景.jpg文件，如图3-1所示。

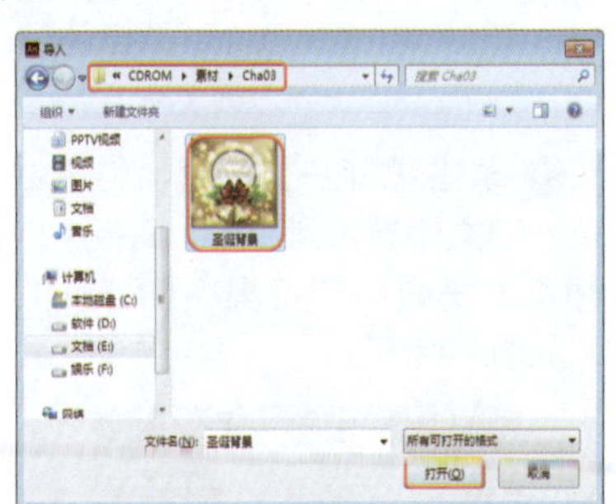

图3-1 【导入】对话框

❷ 单击【打开】按钮，即可将图像导入到场景中，如图3-2所示。

图3-2 导入位图后的效果

实例042 压缩位图

Animate虽然可以很方便地导入图像素材，但是有一个重要的问题经常会被使用者忽略，就是导入图像的容量大小。大多数人往往认为导入的图像容量会随着图片在舞台中缩小尺寸而减少，其实这是错误的想法，导入图像的容量和缩放的比例毫无关系，如果要减少导入图像的容量就必须对图像进行压缩。

素材：	无
场景：	无
视频：	视频教学 | Cha03 |实例042 压缩位图.MP4

❶ 继续上面的操作，在【库】面板中找到导入的图像素材，在该图像上单击鼠标右键，在弹出的快捷菜单中选中【属性】命令，如图3-3所示。

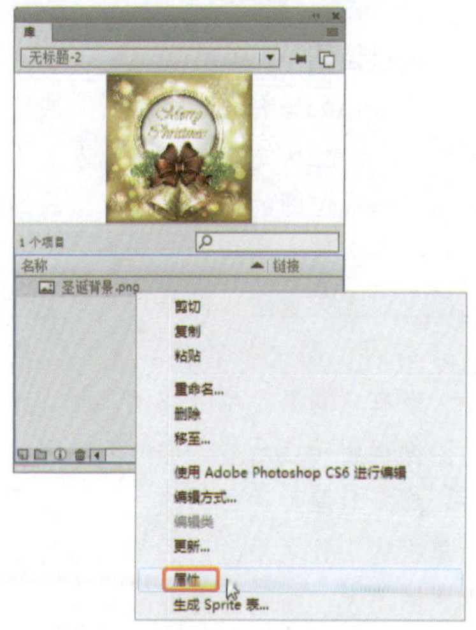

图3-3 选择【属性】选项

❷ 打开【位图属性】对话框，选中【允许平滑】复选框，可以消除图像的锯齿，从而平滑位图的边缘。

❸ 在【压缩】下拉列表框中选择【照片（JPEG）】选项，然后在【品质】选项组中单击【使用发布设置：

80】单选按钮，为图像指定默认压缩品质。

提 示

用户可以在【品质】选项组中单击【自定义】单选按钮，然后在文本框中输入品质数值，最大可设置为100。设置的数值越大，得到的图形的显示效果就越好，而文件占用的空间也会相应增大。

④ 单击【测试】按钮，可查看当前设置的JPEG品质，原始文件及压缩后文件的大小，图像的压缩比率，如图3-4所示。

提 示

对于具有复杂颜色或色调变化的图像，如具有渐变填充的照片或图像，建议使用【照片(JPEG)】压缩方式。对于具有简单形状和颜色较少的图像，建议使用【无损(PNG/GIF)】压缩方式。

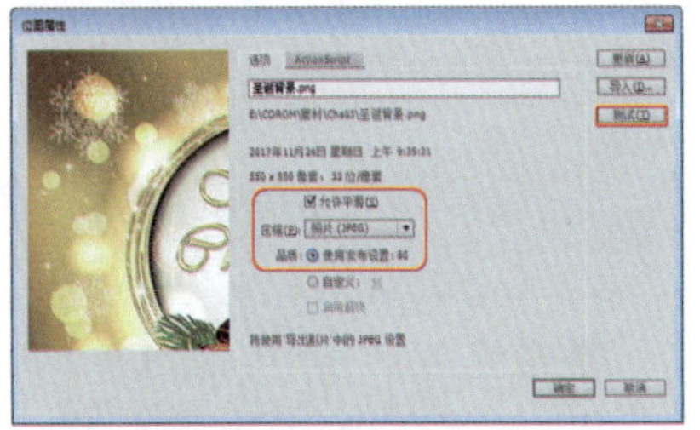

图3-4 【位图属性】对话框

知识链接

转换位图

在Animate中可以将位图转换为矢量图，Animate矢量化位图的方法是首先预审组成位图的像素，将近似的颜色划在一个区域，然后在这些颜色区域的基础上建立矢量图，但是用户只能对没有分离的位图进行转换。尤其对色彩少、没有色彩层次感的位图，即非照片的图像运用转换功能，会收到最好的效果。如果对照片进行转换，不但会增加计算机的工作负担，而且得到的矢量图比原图还大，结果会得不偿失。

将位图转换为矢量图的操作如下：

（1）在菜单栏中选择【文件】|【导入】|【导入到舞台】命令，打开【导入】对话框，选择一幅位图图像，将其导入场景中。

（2）在菜单栏中选择【修改】|【位图】|【转换位图为矢量图】命令，打开【转换位图为矢量图】对话框，如图3-5所示。

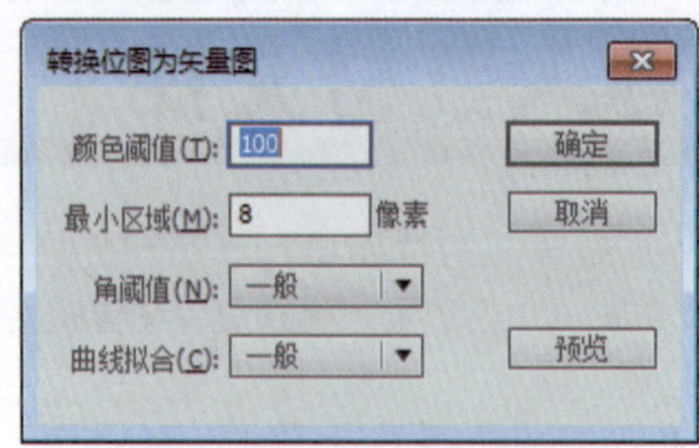

图3-5 【转换位图为矢量图】

【转换位图为矢量图】对话框中的各项参数功能如下。

- 颜色阈值：设置位图中每个像素的颜色与其他像素的颜色在多大程度上的不同可以被当做是不同颜色。范围是1～500之间的整数，数值越大，创建的矢量图就越小，但与原图的差别也越大；数值越小，颜色转换越多，与原图的差别越小。
- 最小区域：设定以多少像素为单位来转换成一种色彩。数值越低，转换后的色彩与原图越接近，但是会浪费较多的时间，其范围为1～1000。
- 角阈值：设定转换成矢量图后，曲线的弯度要达到多大的范围才能转化为拐点。
- 曲线拟合：设定转换成矢量图后曲线的平滑程度，包括【像素】【非常紧密】【紧密】【一般】【平滑】和【非常平滑】等选项。

（3）设置完成后，单击【预览】按钮，可以先预览转换的效果，单击【确定】按钮即可将位图转换为矢量图。在图3-6中，左侧图为位图，右侧图为转换后的矢量图。

图3-6 转换后的矢量图效果

提 示

并不是所有的位图转换成矢量图后都能减小文件的大小。将图像转换成矢量图后，有时会发现转换后的文件比原文件还要大，这是由于在转换过程中，要生成较多的矢量图来匹配它。

实例043 导入音频文件

在Animate中，用户可以将音频文件导入到舞台或导入到库，下面将介绍如何在Animate中导入音频文件。

素材：	素材|Cha03|音乐.mp3
场景：	无
视频：	视频教学 | Cha03 |实例043 导入音频文件.MP4

❶ 新建一个Animate文档，在菜单栏中选择【文件】|【导入】|【导入到库】命令，如图3-7所示。

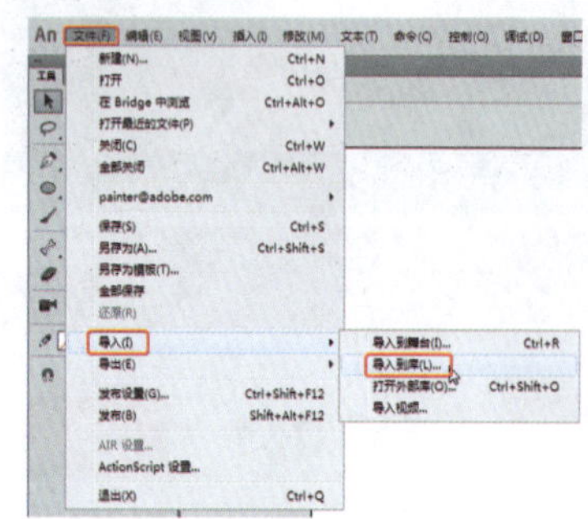

图3-7 选择【导入到库】命令

❷ 在弹出的对话框中选择随书配套资源中的素材|Cha03|音乐.mp3文件，如图3-8所示。

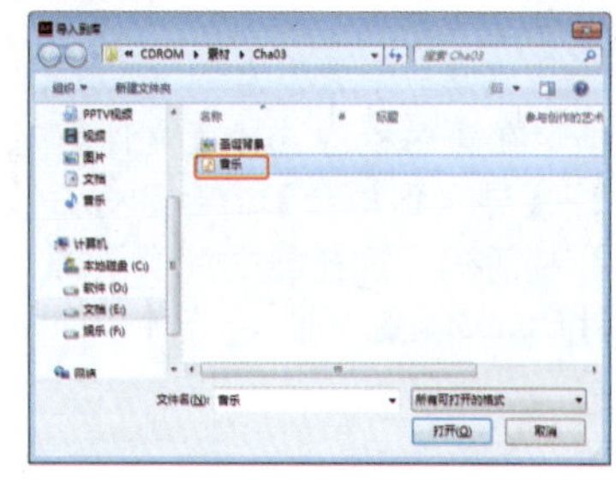

图3-8 选择音频文件

❸ 单击【打开】按钮，将选中的音乐.mp3文件导入到【库】面板中，在【预览】窗口中即可观察到音频的波形，如图3-9所示。

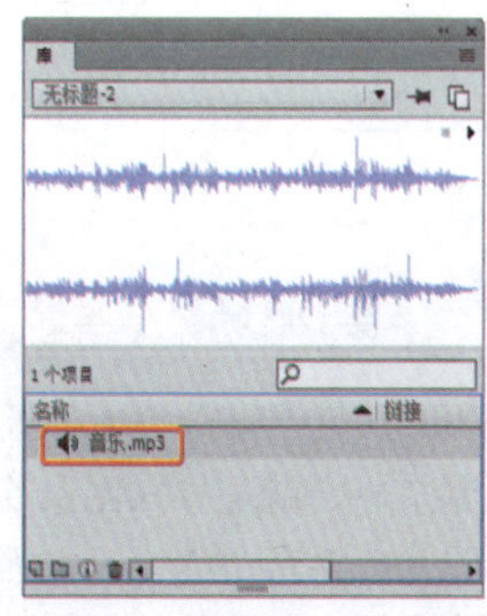

图3-9 导入的音频文件

④ 在【库】面板中的【预览】窗口中单击【播放】按钮▶，在【库】面板中可以试听导入的音乐效果，如图3-10所示。

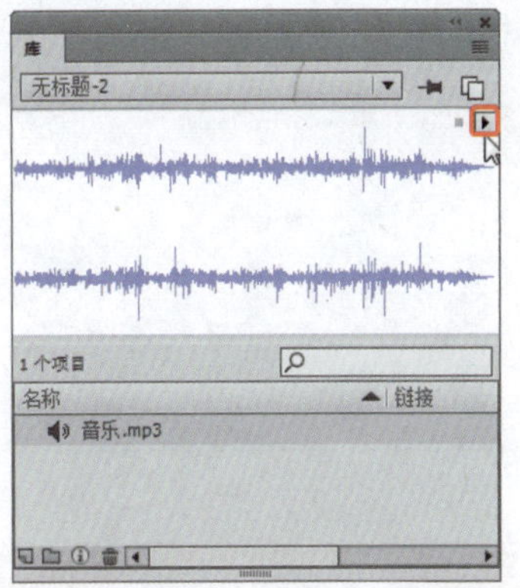

图3-10 单击的【播放】按钮

⑤ 在【时间轴】面板中选择【图层1】，在第35帧单击鼠标右键，在弹出的快捷菜单中选择【插入帧】命令，如图3-11所示。

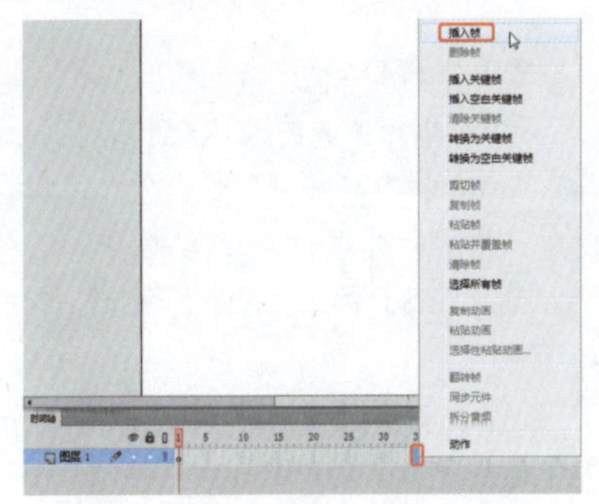

图3-11 选择【插入帧】命令

⑥ 在【库】面板中选择导入的音乐.mp3文件，将它拖拽到舞台中，如图3-12所示。

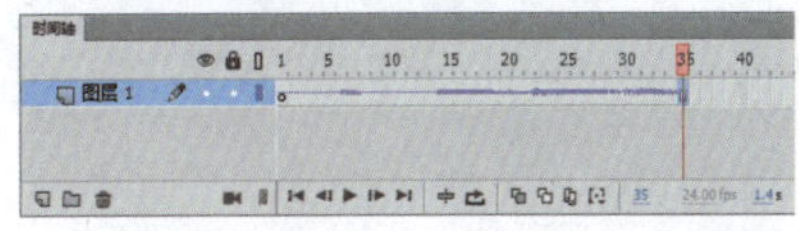

图3-12 添加音频文件

提 示

在菜单栏中选择【文件】|【导入】|【导入到舞台】命令，在弹出的对话框中选择要导入的音频文件，再单击【打开】按钮，可将音频文件导入。

知识链接

导入视频文件

Animate支持动态影像的导入功能，根据导入视频文件的格式和方法的不同，可以将含有视频的影片发布为Animate影片格式（.SWF文件）或者QuickTime影片格式（.MOV文件）。

Animate可以导入多种格式的视频文件，举例如下。

- QuickTime影片文件：扩展名为*.mov。
- Windows视频文件：扩展名为*.avi。
- MPEG影片文件：扩展名为*.mpg、*.mpeg。
- 数字视频文件：扩展名为*.dv，*.dvi。
- Windows Media文件：扩展名为*.asf、*.wmv。
- Animate视频文件：扩展名为*.flv。

向Animate中导入视频格式文件的方法如下：

（1）在菜单栏中选择【文件】|【导入】|【导入视频】命令，弹出【导入视频】对话框，如图3-13所示。

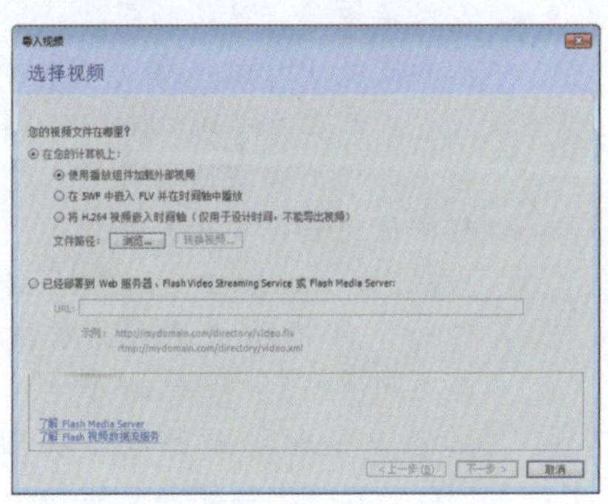

图3-13 【导入视频】对话框

（2）单击【浏览】按钮，弹出【打开】对话框，选择要导入的视频文件，单击【打开】按钮，如图3-14所示。

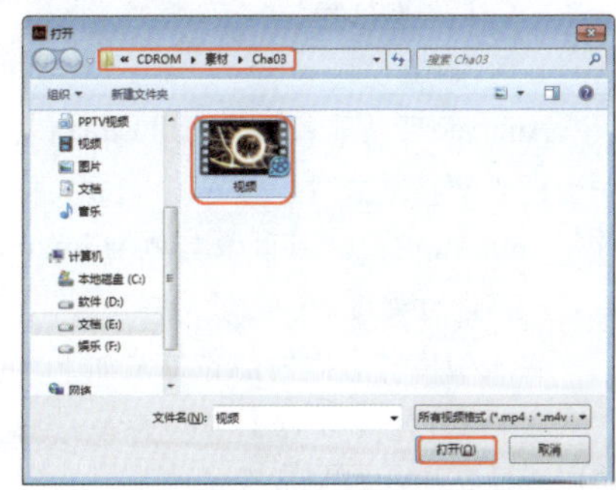

图3-14 【打开】对话框

（3）单击【使用播放组件加载外部视频】单选按钮，并单击【下一步】按钮，如图3-15所示。

（4）在如图3-16所示的对话框中，设置播放控件的外观和颜色，在【外观】下拉列表框中选择一种外观。如果选择【无】，则删除所有播放控件，而只导入视频；选择【自定义外观URL】，则可以在下方的URL输入框中输入文本外观SWF的相对路径。

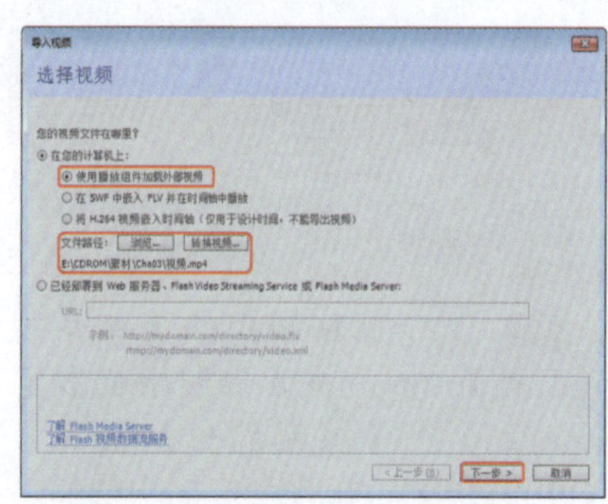

图3-15 单击【下一步】按钮

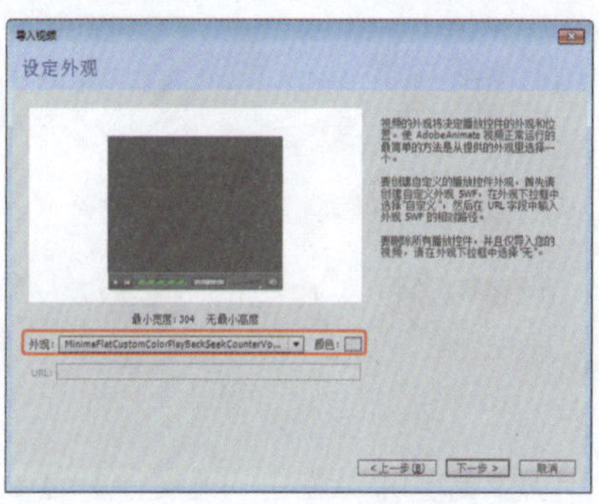

图3-16 选择一种外观

（5）单击【下一步】按钮，将完成视频导入，对话框中显示了导入视频的相关信息，如图3-17所示。单击【完成】按钮，即可导入视频，如图3-18所示。

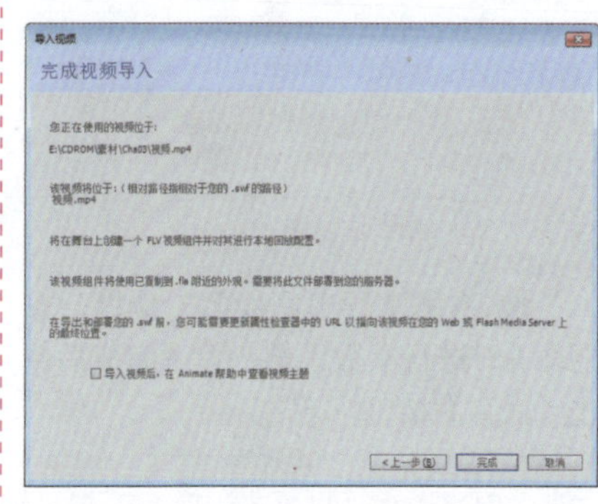

图3-17 单击【完成】按钮

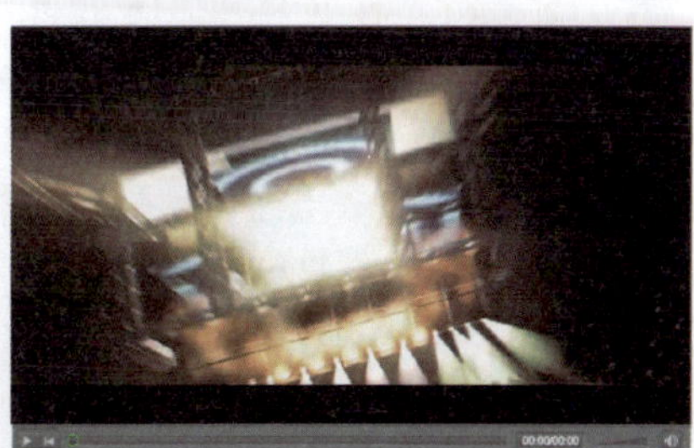

图3-18 导入的视频

实例044 导出图像文件

下面介绍如何在Animate CC中导出图像文件。

素材：	无
场景：	无
视频：	视频教学 | Cha03 |实例044 导出图像文件.MP4

❶ 选择工具箱中的【多角星形工具】，将【笔触颜色】定义为无，将【填充颜色】设置为【#FF0000】，在舞台中绘制星形，如图3-19所示。

图3-19 创建五角星

❷ 选择菜单栏中的【文件】|【导出】|【导出图像】命令，如图3-20所示。

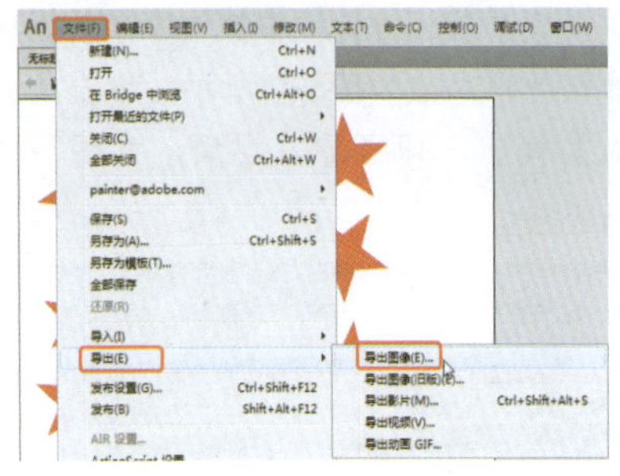

图3-20 选择导出图像命令

❸ 弹出【导出图像】对话框，参照图3-21进行参数设置，设置完成后单击【保存】按钮。

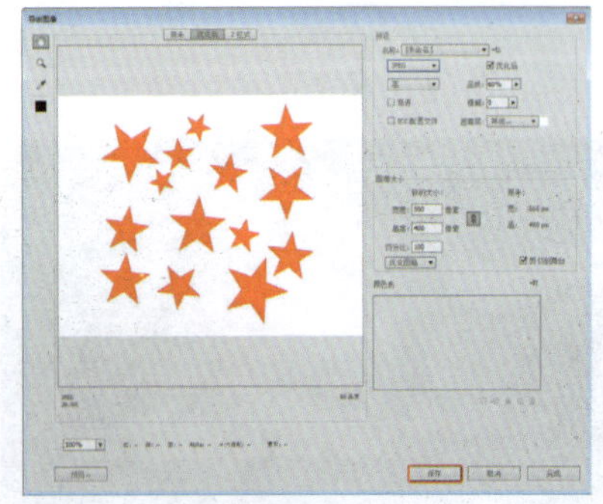

图3-21 设置参数

❹ 弹出【另存为】对话框，设置保存路径和文件名，单击【保存】按钮即可，如图3-22所示。

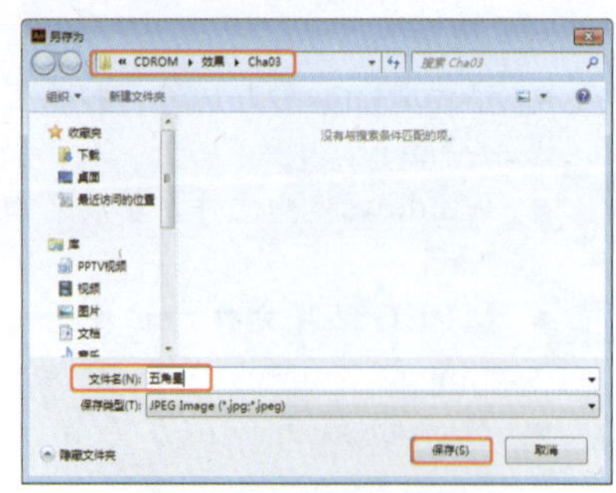

图3-22 【另存为】对话框

知识链接

导入更多图形格式

Animate可以按以下方式导入更多的矢量图形和图像序列。

- 当从Illustrator中将矢量图导入Animate时，可以选择保留Illustrator层。
- 在保留图层和结构的同时，导入和集成Photoshop（PSD）文件，然后在Animate中编辑它们。使用高级选项在导入过程中优化和自定义文件。
- 当从Fireworks中导入PNG图像时，可以将文件作为能够在Animate中修改的可编辑对象来导入，或作为可以在Fireworks中编辑和更新的平面化文件来导入。可以选择保留图像、文本和辅助线。如果通过剪切和粘贴从Fireworks中导入PNG文件，该文件会被转换为位图。

1. 导入AI文件

Animate可以导入和导出Illustrator软件生成的AI格式文件。当AI格式的文件导入Animate中后，可以像其他Animate对象一样进行处理。

导入AI格式文件的操作方法如下：

（1）打开【导入】对话框后，在其中选择要导入的AI格式文件。

（2）单击【打开】按钮，打开【将“……”导入到舞台】对话框，如图3-23所示。

（3）设置完后，单击【导入】按钮，即可将AI格式文件导入Animate中，如图3-24所示。

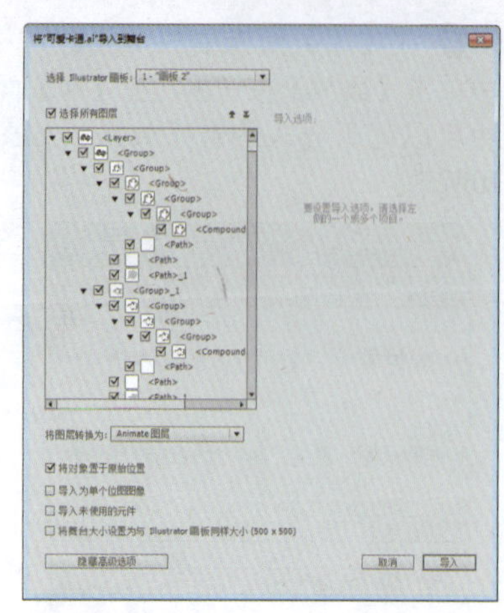

图3-23 【导入到舞台】对话框

图3-24 导入的图片

2. 导入PSD文件

Photoshop生成的PSD文件，也可以导入Animate中，并可以像其他Animate对象一样进行处理。

导入PSD格式文件的操作方法如下：

（1）打开【导入】对话框后，在其中选择要导入的PSD格式文件。

（2）单击【打开】按钮，打开【将“……”导入到舞台】对话框，如图3-25所示。

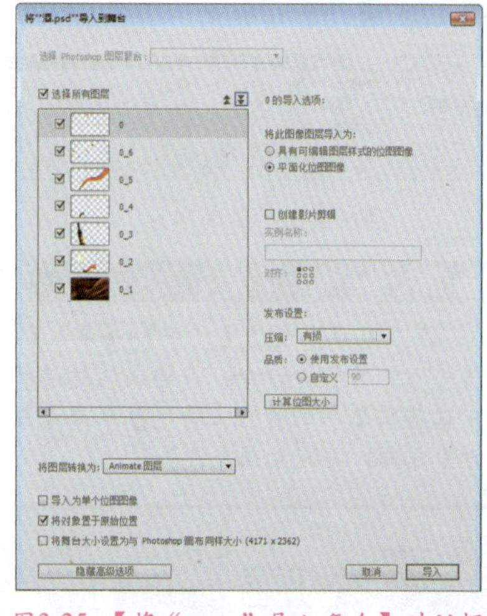

图3-25 【将“……”导入舞台】对话框

（3）设置完成后，单击【导入】按钮，即可将PSD文件导入Animate中，如图3-26所示。

图3-26 将PSD文件导入Animate

3. 导入PNG文件

Fireworks软件生成的PNG格式文件可以作为平面化图像或可编辑对象导入Animate中。将PNG文件作为平面化图像导入时，整个文件（包括所有矢量图）会进行栅格化，或转换为位图图像。将PNG文件作为可编辑对象导入时，该文件中的矢量图会保留为矢量格式。将PNG文件作为可编辑对象导入时，可以选择保留PNG文件中存在的位图、文本和辅助线。

如果将PNG文件作为平面化图像导入，则可以从Animate中启动Fireworks，并编辑原始的PNG文件（含有矢量数据）。当成批导入多个PNG文件时，只需选择一次导入设置，Animate对于一批中的所有文件使用同样的设置。可以在Animate中编辑位图图像，方法是将位图图像转换为矢量图或将位图图像分离。

导入Fireworks PNG文件的操作步骤如下：

（1）打开【导入】对话框后，在其中选择要导入的PNG格式的文件。

（2）单击【打开】按钮，即可将Fireworks PNG文件导入Animate中，如图3-27所示。

图3-27 打开的Fireworks PNG文件

实例045 导出图像序列文件

下面介绍如何在Animate CC中导出图像序列文件。

素材：	无
场景：	无
视频：	视频教学 | Cha03 |实例045 导出图像序列文件.MP4

❶ 单击工具箱中的【多角星形工具】按钮，将【笔触颜色】定义为无，将【填充颜色】设置为【#FF0000】，在舞台中绘制星形，软件会自动在时间轴的第1帧处插入关键帧，如图3-28所示。

图3-28 绘制星形

❷ 选择时间轴上的第2帧，按F6键插入关键帧，按Delete键删除舞台中的星形，再重新绘制星形，如图3-29所示。

图3-29 插入关键帧并绘制星形

❸ 选择菜单栏中的【文件】|【导出】|【导出影片】命令，如图3-30所示。

❹ 打开【导出影片】对话框，选择保存位置，输入文件名称，在【保存类型】下拉列表框中设置需要的格式序列文件，单击【保存】按钮，如图3-31所示。

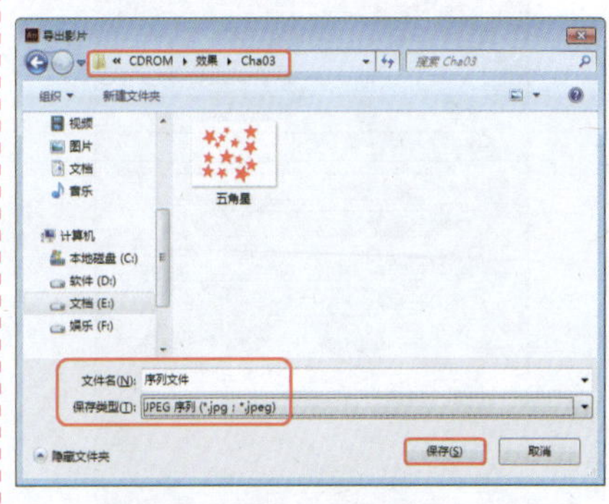
图3-30 选择【导出影片】命令

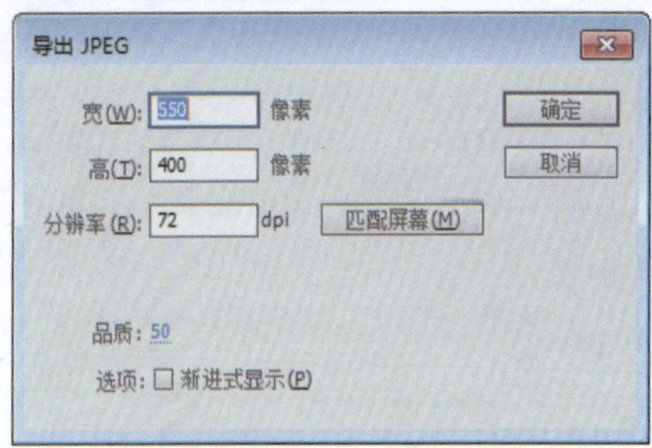

图3-31 【导出影片】对话框

❺ 在弹出的【导出JPEG】对话框中使用默认设置，单击【确定】按钮，如图3-32所示，即可保存文件，可在保存文件的位置查看效果。

导出 JPEG

宽(W): 550 像素	确定
高(T): 400 像素	取消
分辨率(R): 72 dpi 匹配屏幕(M)	
品质：50	
选项：☐ 渐进式显示(P)	

图3-32 【导出JPEG】对话框

知识链接

用户可以在【属性】面板中对导入的音频文件的属性进行编辑，如图3-33所示。

1. 设置音频效果

在音频层中任意选择一帧（含有声音数据的），并打开【属性】面板，用户可以在【效果】下拉列表框中选择一种效果：

- 左声道：只用左声道播放声音。
- 右声道：只用右声道播放声音。
- 向左淡出：声音从右声道转换到左声道。
- 向右淡出：声音从左声道转换到右声道。

- 淡入：音量从无逐渐增加到正常。
- 淡出：音量从正常逐渐减少到无。
- 自定义：选择该选项后，可以打开【编辑封套】对话框，通过使用编辑封套自定义声音效果，如图3-34所示。

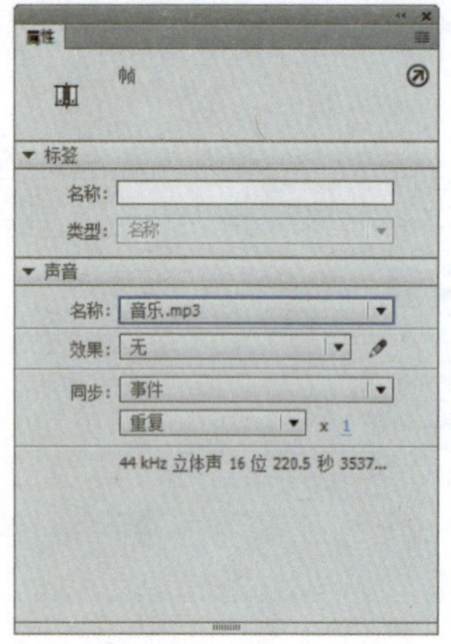

图3-33 【属性】面板

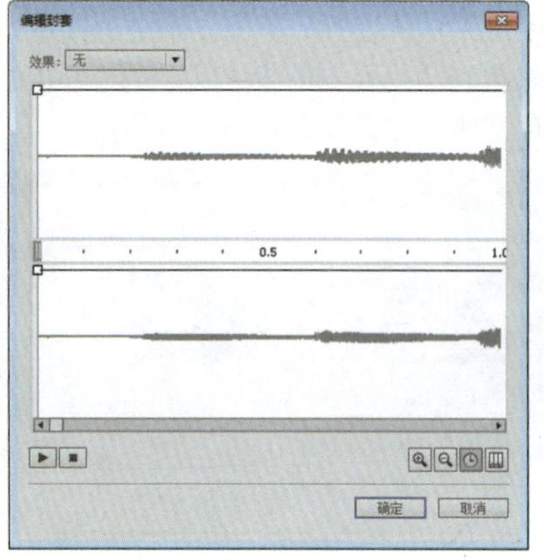

图3-34 【编辑封套】对话框

提　示

单击【效果】右侧的【编辑声音封套】按钮，也可以打开【编辑封套】对话框。

2. 音频同步设置

在【属性】面板的【同步】下拉列表框中可以选择音频的同步类型。

- 事件：该选项可以将声音和一个事件的发生过程同步。事件声音在它的起始关键帧开始显示播放，并独立于时间轴播放完整声音，即使SWF文件停止也继续播放。当播放发布的SWF文件时，事件和声音也同步进行播放。事件声音的一个实例就是当用户单击一个按钮时播放的声音。如果事件声音正在播放，而声音再次被实例化（例如，用户再次单击按钮），则第一个声音实例继续播放，而另一个声音实例也开始播放。
- 开始：与【事件】选项的功能相近，但是如果原有的声音正在播放，使用【开始】选项后则不会播放新的声音实例。
- 停止：使指定的声音静音。
- 数据流：用于同步声音，以便在Web站点上播放。选择该项后，Animate将强制动画和音频流同步。如果Animate不能流畅地运行动画帧，就跳过该帧。与事件声音不同，音频流会随着SWF文件的停止而停止。而且，音频流的播放时间绝对不会比帧的播放时间长。当发布SWF文件时，音频流会混合在一起播放。

3. 音频循环设置

一般情况下音频文件的字节数较多，如果在一个较长的动画中引用很多音频文件，就会造成文件过大。为了避免这种情况发生，可以使用音频重复播放的方法，在动画中重复播放一个音频文件。

在【属性】面板的【声音】下拉列表框中可设置【重复】音频重复播放的次数，如果要连续播放音频，可以选择【循环】命令，以便在一段持续时间内一直播放音频。

实例046 导出SWF影片

下面介绍如何在Animate CC中导出SWF影片文件，其操作步骤如下：

素材：	素材|Cha03|星星.fla
场景：	无
视频：	视频教学|Cha03|实例046 导出SWF影片.MP4

❶ 打开随书配套资源中的素材|Cha03|星星.fla的文件，如图3-35所示。

❷ 选择菜单栏中的【文件】|【导出】|【导出影片】命令，如图3-36所示。

图3-35 创建的文件

图3-36 选择【导出影片】命令

❸ 打开【导出影片】对话框，选择保存位置，输入文件名称，将保存类型设置为【SWF影片（*.swf）】格式，单击【保存】按钮即可完成，如图3-37所示。

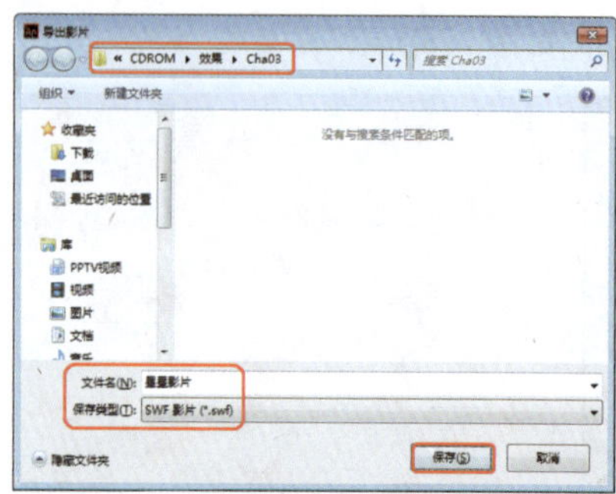

图3-37 【导出影片】对话框

第4章 色彩工具的使用

本章内容与混色器、滴管和颜色等工具的使用紧密相关，通过本章的学习可以了解笔触颜色和填充颜色等相关工具的用法。

实例047 打开【颜色】面板

本实例将介绍如何在Animate中打开【颜色】面板。

素材：	无
场景：	无
视频：	视频教学 | Cha04 |实例047 打开【颜色】面板.MP4

❶ 启动Animate软件，新建Animate文件，在菜单栏中选择【窗口】|【颜色】命令，如图4-1所示。

图4-1 选择【颜色】命令

❷ 执行该操作后弹出【颜色】面板，如图4-2所示。

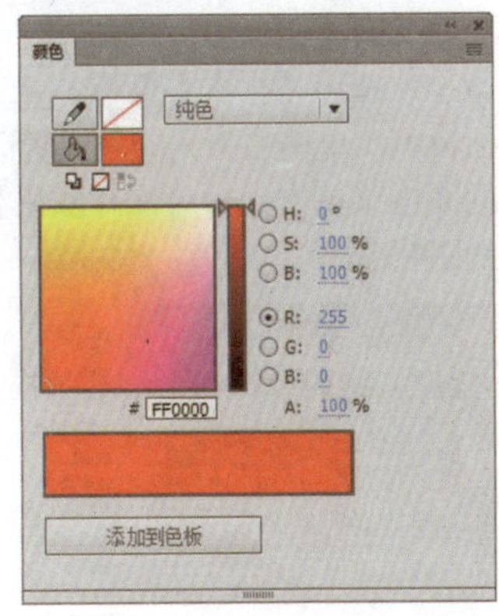

图4-2 【颜色】面板

知识链接

打开【样本】面板

可以在【样本】面板中查看样本颜色，本实例将介绍如何在Animate中打开【样本】面板。

（1）启动Animate软件，新建Animate文件，在菜单栏中选择【窗口】|【样本】命令，如图4-3所示。

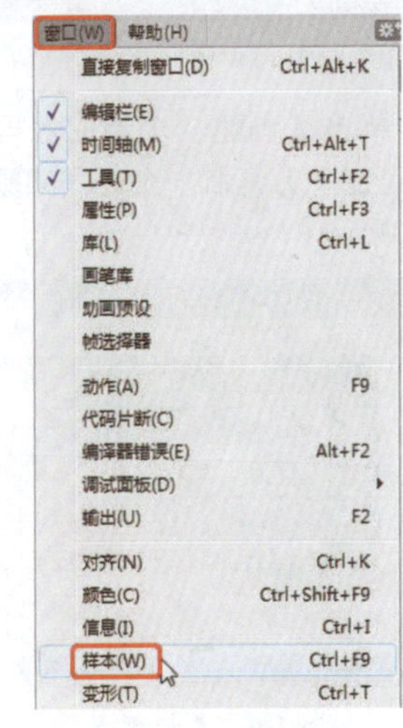

图4-3 选择【样本】命令

（2）执行该操作后弹出【样本】面板，如图4-4所示。

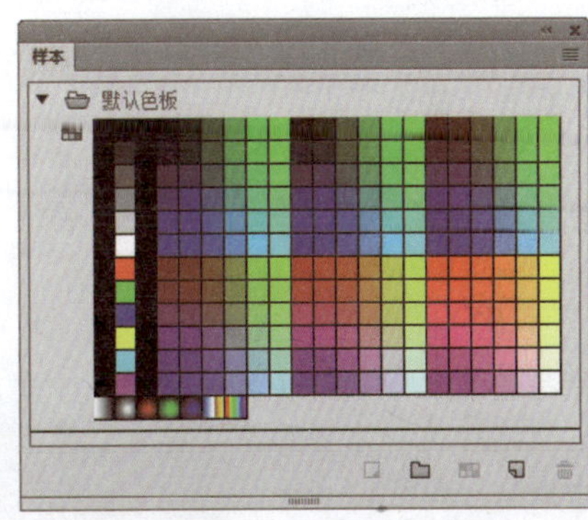

图4-4 【样本】面板

实例048 复制颜色

在操作编辑图形时，会重复使用相同颜色，可以在【样本】面板中对颜色进行复制。本实例将介绍如何在Animate中复制颜色。

素材：	无
场景：	无
视频：	视频教学 | Cha04 |实例048 复制颜色.MP4

❶ 启动Animate软件，新建Animate文件，在菜单栏中选择【窗口】|【样本】命令，在弹出的【样本】面板中选择蓝色色块，如图4-5所示。

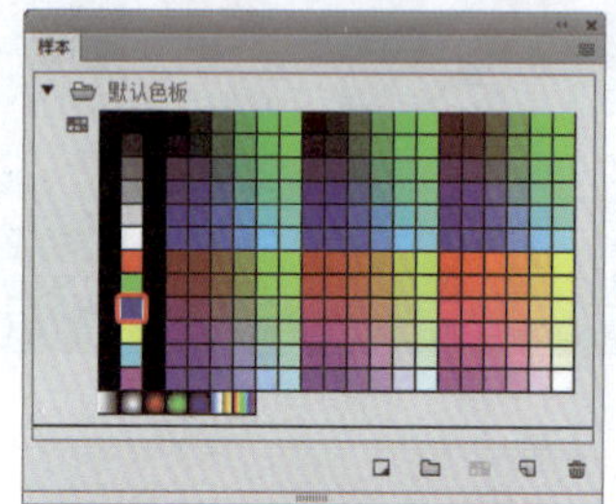

图4-5 选择颜色

❷ 单击【创建一个新的色板】按钮，即可在下方复制一个相同的颜色，如图4-6所示。

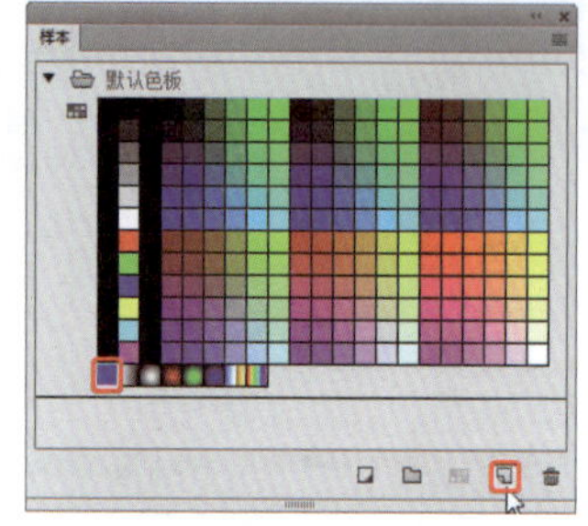

图4-6 复制颜色

知识链接

删除颜色

在【样本】面板中删除颜色，具体操作步骤如下：

（1）在【样本】面板的样本颜色中选择最后一行中的第一个蓝色色块，如图4-7所示。

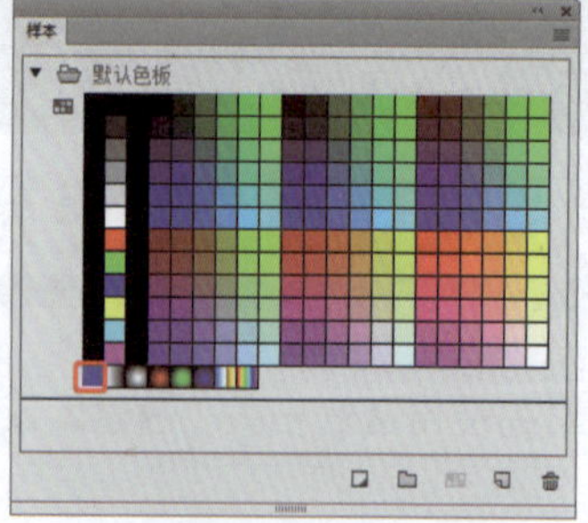

图4-7 选择颜色

（2）单击右上角的按钮▤，在弹出的面板中选择【删除样本】，可以将选择的样本图形从【样本】面板中删除，如图4-8所示。

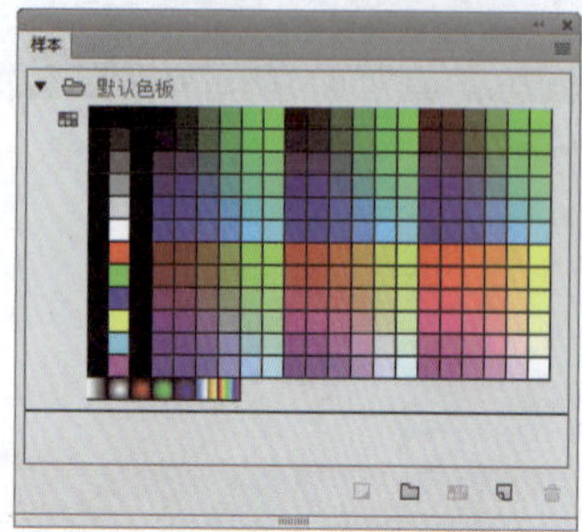

图4-8 删除颜色

实例049 导出调色板

本实例将介绍如何在Animate中导出调色板。

素材：	无
场景：	无
视频：	视频教学 | Cha04 |实例049 导出调色板.MP4

❶ 启动Animate软件，新建Animate文件，在菜单栏中选择【窗口】|【样本】命令，弹出【样本】面板，在【样本】面板中，单击右上角的按钮▤，在弹出的面板菜单中选择【保存颜色】选项，如图4-9所示。

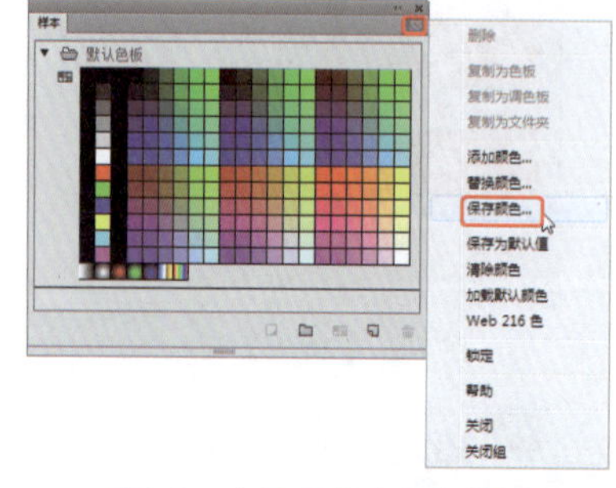

图4-9 选择【保存颜色】选项

❷ 在弹出的【导出颜色】对话框中设置文件名为“123”，如图4-10所示。

❸ 单击【保存】按钮，可以导出调色板。

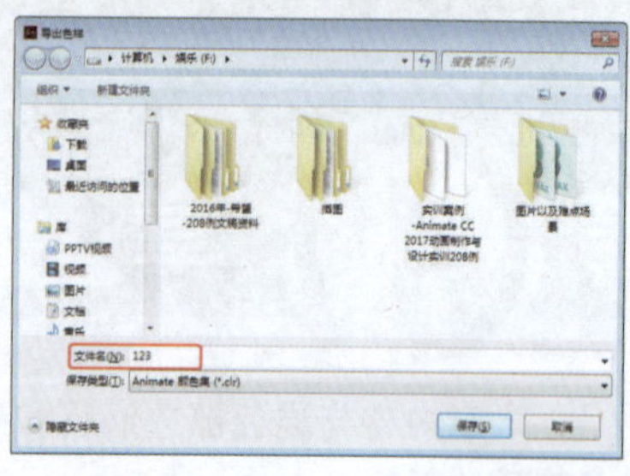

图4-10 【导出色样】对话框

实例050 加载调色板

可以将需要的颜色在调色板中加载，加载完成后即可使用添加的颜色。本实例将介绍如何在Animate中加载调色板。

素材：	无
场景：	无
视频：	视频教学 | Cha04 |实例050 加载调色板.MP4

❶ 启动Animate软件，新建Animate文件，在菜单栏中选择【窗口】|【样本】命令，弹出【样本】面板，单击右上角的按钮▤，在弹出的面板菜单中选择【添加颜色】选项，弹出【导入色样】对话框，如图4-11所示。

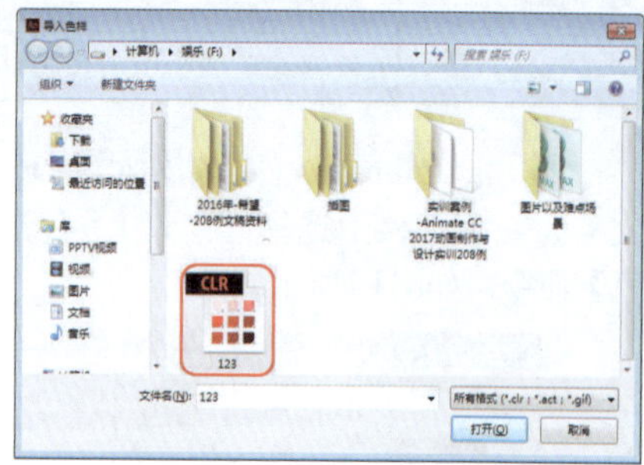

图4-11 【导入色样】对话框

❷ 在【查找范围】的下拉列表框中找到调色板的位置，将要导入的颜色板图标选中，单击【打开】按钮，即可加载调色板，如图4-12所示。

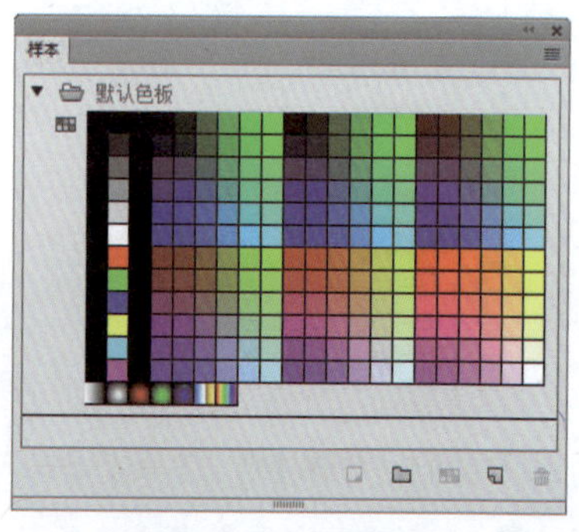

图4-12 加载调色板

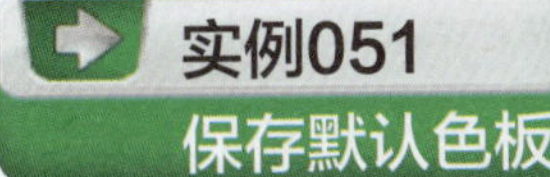

实例051 保存默认色板

在编辑【颜色】面板后，可以将编辑后的面板进行保存，以便下次使用。本实例将介绍如何在Animate中保存默认色板。

素材：	无
场景：	无
视频：	视频教学 | Cha04 |实例051 保存默认色板.MP4

❶ 继续上面的操作，在面板上单击右上角的按钮，在弹出的面板菜单中选择【保存为默认值】选项，如图4-13所示。

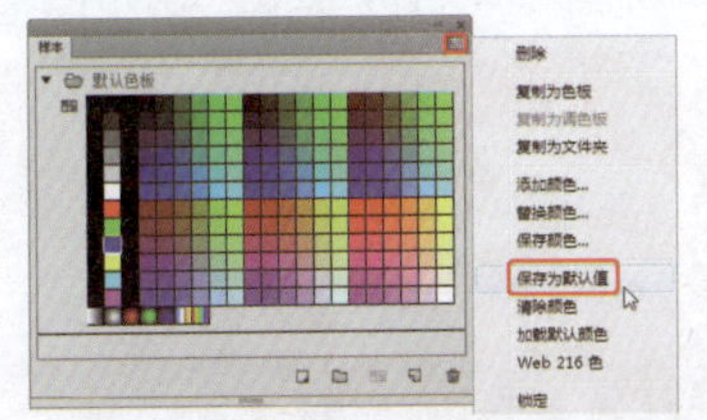

图4-13 选择【保存为默认值】选项

❷ 在弹出信息提示框中选择【是】，把当前颜色样本保存为默认色板，如图4-14所示。

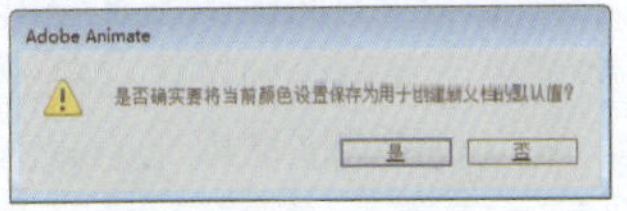

图4-14 信息提示框

知识链接

【颜色】和【样板】面板的使用

在Animate中有专门负责管理颜色的面板：【颜色】面板和【样本】面板，通过它们可以方便地设置需要的颜色。

1.【颜色】面板的使用

在菜单栏选择【窗口】|【颜色】即可打开【颜色】面板，如图4-15所示。【颜色】面板主要设置图形的颜色。

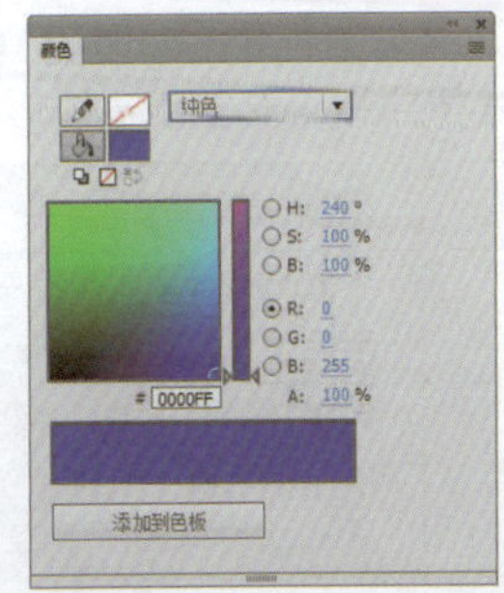

图4-15 【颜色】面板

如果已经在舞台中选定了对象，则在【颜色】面板中所作的颜色更改会被应用到该对象上。用户可以在RGB、HSB模式下选择颜色，或者使用十六进制模式直接输入颜色代码，还可以指定Alpha值定义颜色的透明度。另外，用户还可以从现有调色板中选择颜色。也可对图形应用渐变色，使用【亮度】调节控件可修改所有颜色模式下的颜色亮度。

将【颜色】面板的填充样式设置为线性或者放射状时，【颜色】面板会变为渐变色设置模式。这时需要先定义好当前颜色，然后再拖动渐变定义栏下面的调节指针来调整颜色的渐变效果。用鼠标单击渐变定义栏还可以添加更多的色标，从而创建更复杂的渐变效果，如图4-16所示。

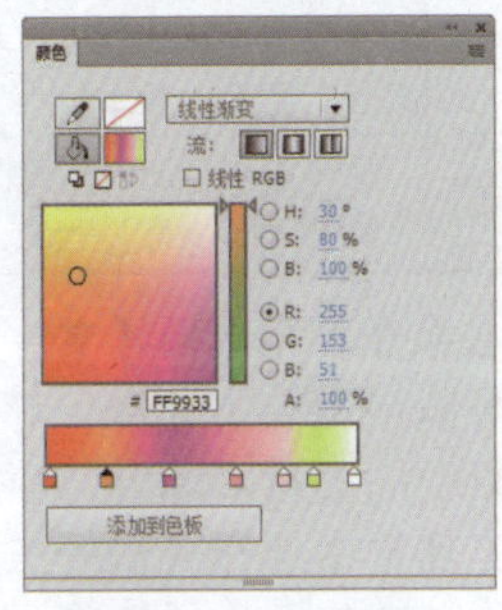

图4-16 添加色标

2.【样本】面板的使用

为了便于管理图像中的颜色，每个Animate 文件都包括一个颜色样本。选择菜单栏中的【窗口】|【样本】命令，就可以打开【样本】面板，如图4-17所示。

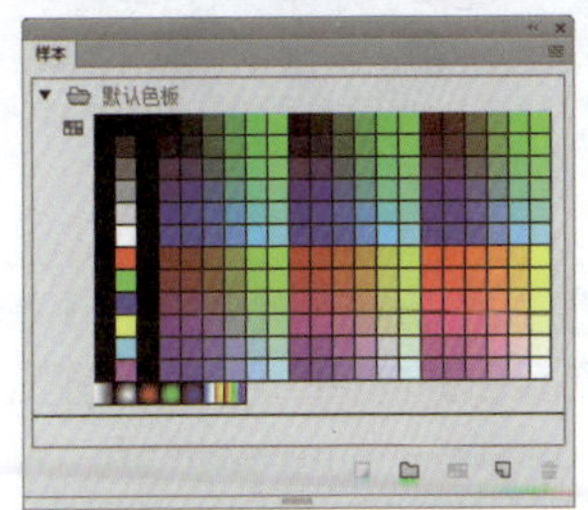

图4-17 【样本】面板

【样本】面板用来保存软件自带的或者用户自定义的一些颜色，包括纯色和渐变色，以方便重复使用，可以作为笔触或填充的颜色。另外，还可以单击标题栏右侧的面板菜单按钮，打开面板菜单，其中提供了对颜色库中各元素的各种相关操作。

【样本】面板分为上下两个部分：上部是纯色样表，下部是渐变色样表。默认纯色样表中的颜色称为【Web安全色】。

实例052 使用【笔触颜色】按钮选取颜色

在选择图形颜色时，可以使用【笔触颜色】工具。本实例将介绍如何在Animate中运用笔触颜色按钮选取颜色。

素材：	无
场景：	无
视频：	视频教学 | Cha04 |实例052 使用笔触颜色按钮选区颜色.MP4

❶ 启动Animate软件，新建Animate文件，在工具箱中单击【笔触颜色】按钮，如图4-18所示。

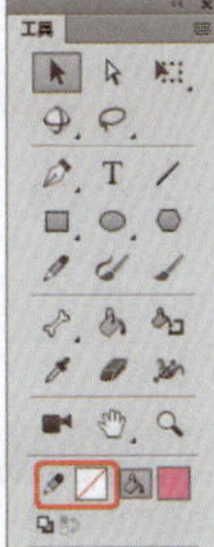

图4-18 单击【笔触颜色】按钮

❷ 弹出颜色面板，单击绿色色块即可选择绿色，如图4-19所示。

图4-19 单击绿色色块

❸ 工具箱中的【笔触颜色】按钮将会显示所选颜色，如图4-20所示。

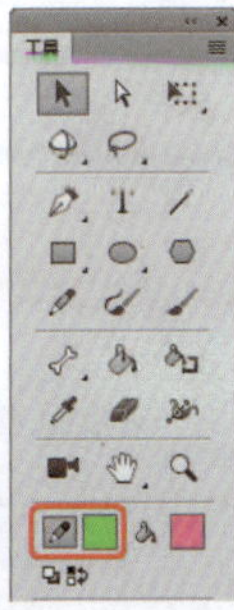

图4-20 选择笔触颜色

实例053 使用【填充颜色】按钮选取颜色

用户在选择图形中颜色时，可以使用填充颜色按钮在相应位置选取颜色。本实例将介绍如何在Animate中使用【填充颜色】按钮选取颜色。

素材：	素材|Cha04|小猪.jpg
场景：	无
视频：	视频教学 | Cha04 |实例053 运用填充颜色按钮选取颜色.MP4

❶ 在菜单栏中选择【文件】|【导入】|【导入到舞台】命令，打开随书配套资源中的素材|Cha04|小猪.jpg文件，如图4-21所示。

图4-21　导入素材文件

❷ 在工具箱中单击【填充颜色】按钮，如图4-22所示。

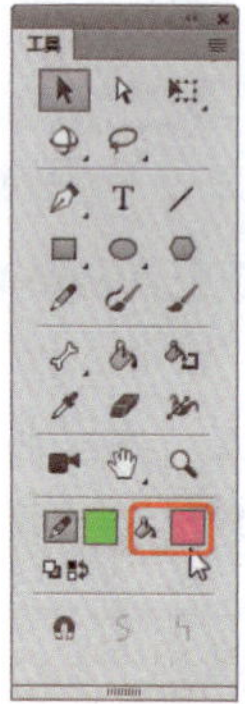

图4-22　单击【填充颜色】

❸ 弹出颜色面板后，鼠标指针呈 形状，把鼠标指针移动到舞台中，如图4-23所示。

图4-23　定位鼠标指针

❹ 单击鼠标指针后，选择鼠标指针处的颜色。工具箱中的填充颜色将显示所选的颜色，如图4-24所示。

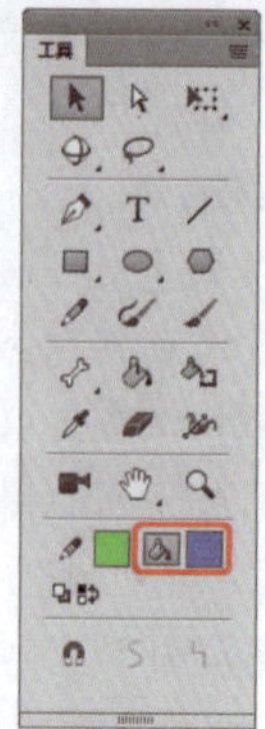

图4-24　【填充颜色】按钮

实例054 使用【滴管工具】选取颜色

还可使用【滴管工具】选取图形中的颜色，本实例将介绍如何在Animate中使用【滴管工具】选取颜色。

素材：	素材|Cha04|小狗.jpg
场景：	场景|Cha04|实例008 对齐与分布图形对象.fla
视频：	视频教学 | Cha04 |实例008 对齐与分布图形对象.MP4

❶ 在菜单栏中选择【文件】|【导入】|【导入到舞台】命令，导入随书配套资源中的素材|Cha04|小狗.jpg文件。在工具箱中选择【滴管工具】，把鼠标移动到舞台中的图像上，鼠标指针呈 形状，把鼠标移动到合适的位置，如图4-25所示。

图4-25　定位鼠标指针

❷ 单击鼠标，在【属性】面板的【填充颜色】色块上显示【滴管工具】所选取的颜色，如图4-26所示。

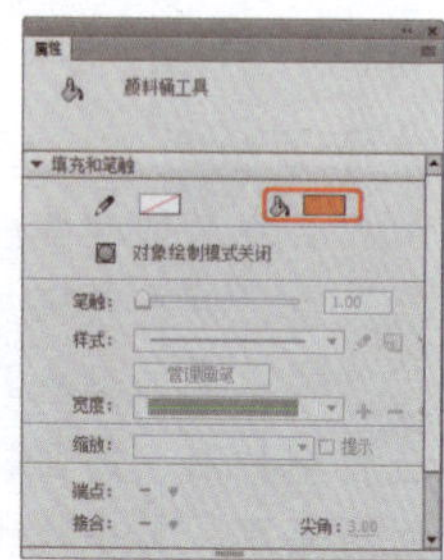

图4-26　显示所选颜色

实例055 使用【颜料桶工具】填充图形

填充所选的图形时，也可以利用【颜料桶工具】给图形填充颜色。本实例将介绍如何在Animate中使用【颜料桶工具】填充图形。

素材：	素材|Cha04|星星.fla
场景：	场景|Cha04|实例055 使用颜料桶工具填充图形.fla
视频：	视频教学 | Cha04 |实例055 使用颜料桶工具填充图形.MP4

❶ 在菜单栏中选择【文件】|【打开】命令，打开随书配套资源中的素材|Cha04|星星.fla文件，如图4-27所示。

图4-27　打开素材文件

❷ 在工具箱中选择【颜料桶工具】，在【属性】面板中设置【填充颜色】为黄色，在舞台中单击白色五角星区域，可以将所选区域填充为黄色，如图4-28所示。

图4-28　填充五角星

实例056 使用【墨水瓶工具】描边图形

对图形描边时，可选择【墨水瓶工具】。本实例将介绍如何在Animate中使用【墨水瓶工具】描边图形。

素材：	无
场景：	场景|Cha04|实例056 使用墨水瓶工具描边图形.fla
视频：	视频教学 | Cha04 |实例056 使用墨水瓶工具描边图形 MP4

❶ 继续上面的操作，在工具箱中

单击【墨水瓶工具】按钮，在【属性】面板中设置【笔触颜色】为绿色，如图4-29所示。

图4-29 设置填充属性

❷ 把鼠标指针移动至五角星中，单击鼠标后，可对图形进行描边，如图4-30所示。

图4-30 描边五角星

实例057 使用【滴管工具】填充颜色

在图形中用【滴管工具】拾取要填充的颜色，在需填充的区域进行颜色填充。本实例将介绍如何在Animate中使用【滴管工具】填充颜色。

素材：	素材|Cha04|熊猫.fla
场景：	场景|Cha04|实例057 使用滴管工具填充颜色.fla
视频：	视频教学 | Cha04 |实例057 使用滴管工具填充颜色.MP4

❶ 打开随书配套资源中的素材|Cha04|熊猫.fla文件，如图4-31所示。

图4-31 打开素材文件

❷ 在工具箱中选择【滴管工具】，把鼠标移动到舞台中，鼠标指针呈形状，把鼠标指针移到图形中黑色区域，鼠标指针呈形状，如图4-32所示。

图4-32 选择颜色

❸ 单击鼠标，鼠标指针呈形状，把鼠标指针移动到白色区域，如图4-33所示。

❹ 单击鼠标后，可把白色区域中的填充颜色设置为滴管选取的颜色，如图4-34所示。

图4-33 定位鼠标

图4-34 填充颜色

实例058 使用【渐变变形工具】修改填充颜色

若要调整渐变颜色的渐变方向，可以使用【渐变变形工具】进行调节。本实例将介绍如何在Animate中使用【渐变变形工具】修改填充颜色。

素材：	无
场景：	无
视频：	视频教学 | Cha04 |实例058 使用渐变变形工具修改填充颜色.MP4

❶ 在工具箱中选择【矩形工具】，在舞台中绘制一个矩形，如图4-35所示。

图4-35 绘制的矩形

❷ 打开【颜色】面板，在【颜色】面板中选择【线性渐变】。选择【灰白色】渐变效果，如图4-36所示。

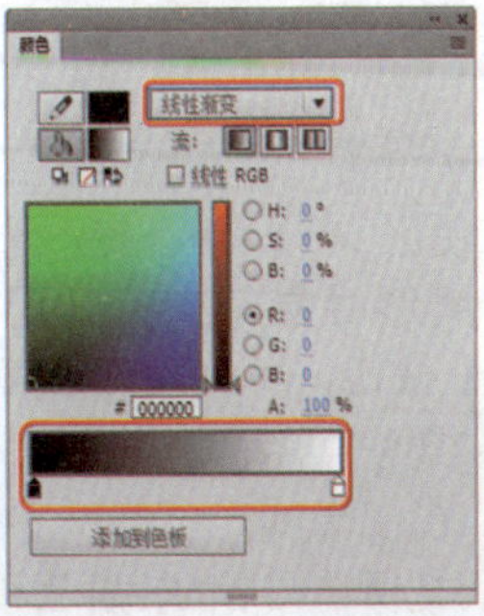

图4-36 【颜色】面板

❸ 使用【选择工具】将矩形选中，在工具箱中选择【颜料桶工具】，将鼠标指针移动到舞台中单击，即可出现渐变效果，如图4-37所示。

图4-37 渐变效果

❹ 选择舞台上的矩形，在矩形上向下拖动鼠标指针，移动到合适位置处，松开鼠标左键，可修改渐变填充效果，如图4-38所示。

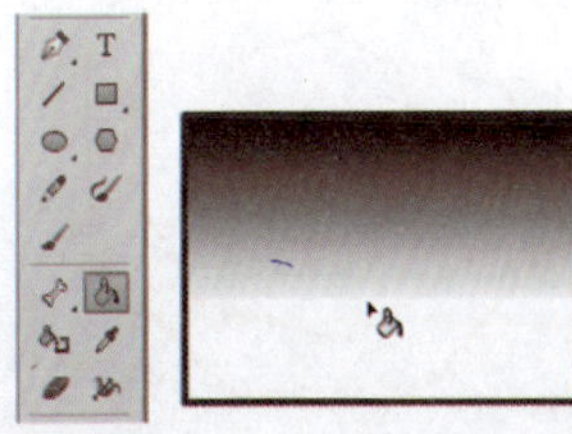

图4-38 修改后的填充效果

实例059 使用【笔触颜色】按钮填充颜色

用户可修改图形线条的笔触颜色，设置引人注目的图形特效。本实例将介绍如何在Animate中使用【笔触颜色】按钮填充颜色。

素材：	素材|Cha04|图形.fla
场景：	场景|Cha04|实例059 使用【笔触颜色】按钮填充颜色.fla
视频：	视频教学 | Cha04 |实例059 使用【笔触颜色】按钮填充颜色.MP4

❶ 在菜单栏中选择【文件】|【打开】命令，打开随书配套资源中的素材|Cha04|图形.fla文件，如图4-39所示。

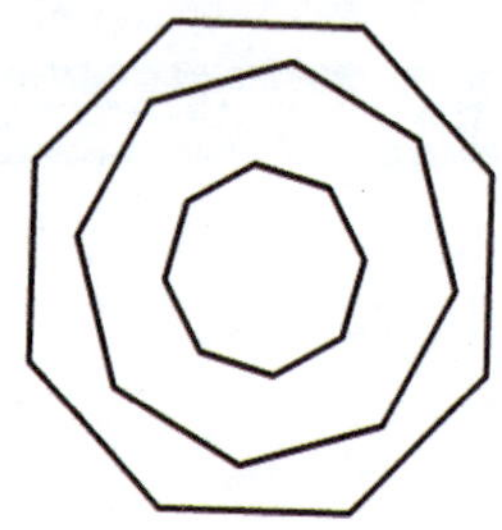

图4-39 打开素材文件

❷ 使用Ctrl+A组合键，选择舞台中所有的图形，在工具箱中单击【笔触颜色】按钮，在弹出的【颜色】面板中选择红色，如图4-40所示。

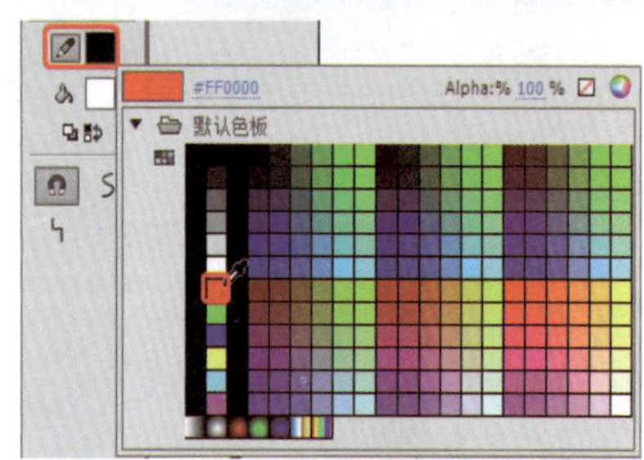

图4-40 选择颜色

❸ 执行该操作后，可把所选的图形轮廓填充为红色，如图4-41所示。

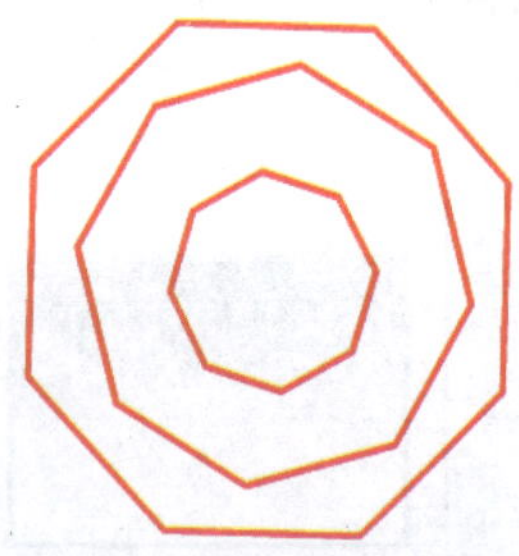

图4-41 填充图形轮廓颜色

实例060 使用【填充颜色】按钮填充颜色

可以使用【填充颜色】按钮进行操作，在图形中填充不同的色彩。本实例将介绍如何在Animate中使用【填充颜色】按钮填充颜色。

素材：	素材|Cha04|填充1.fla
场景：	场景|Cha04|实例060 使用【填充颜色】按钮填充颜色.fla
视频：	视频教学 | Cha04 |实例060 使用【填充颜色】按钮填充颜色.MP4

❶ 在菜单栏中选择【文件】|【打开】命令，打开随书配套资源中的素材|Cha04|填充1.fla文件。运用【选择工具】在舞台中选择图形，如图4-42所示。

图4-42 打开素材文件

❷ 在工具箱中单击【填充颜色】按钮，在弹出的【颜色】面板中选择黄色，可把所选图形填充为黄色，如图4-43所示。

图4-43 填充颜色

实例061 使用【黑白】按钮填充颜色

将图像转换为黑白颜色格式时，可以选用最快捷的【黑白】按钮。本实例将介绍如何在Animate中使用【黑白】按钮填充颜色。

素材：	素材|Cha04|填充1.fla
场景：	无
视频：	视频教学 | Cha04 |实例061 使用【黑白】按钮填充颜色.MP4

❶ 在菜单栏中选择【文件】|【打开】命令，打开随书配套资源中的素材|Cha04|填充1.fla文件，如图4-44所示。

图4-44 打开素材文件

❷ 使用Ctrl+A组合键，选择舞台中所有图形对象，在工具箱中单击【黑白】按钮，可用黑白色填充所选图形，如图4-45所示。

图4-45 黑白填充图形

❸ 在工具箱中单击【交换颜色】，可把所选图形的轮廓色和填充色进行交换，如图4-46所示。

图4-46 交换颜色

知识链接

使用【无颜色】按钮填充颜色

选择图形后，可以选择【无颜色】按钮将填充的颜色删除。本实例将介绍如何在Animate中使用【无颜色】按钮，具体操作步骤如下：

（1）在菜单栏中选择【文件】|【打开】命令，打开随书配套资源中的素材|Cha04|填充2.fla文件，如图4-47所示。

图4-47 打开素材文件

（2）使用Ctrl+A组合键，选择舞台中所有图形对象，在工具箱中单击【填充颜色】按钮，在弹出的【颜色】面板中把鼠标指针移到【无颜色】按钮上，如图4-48所示。

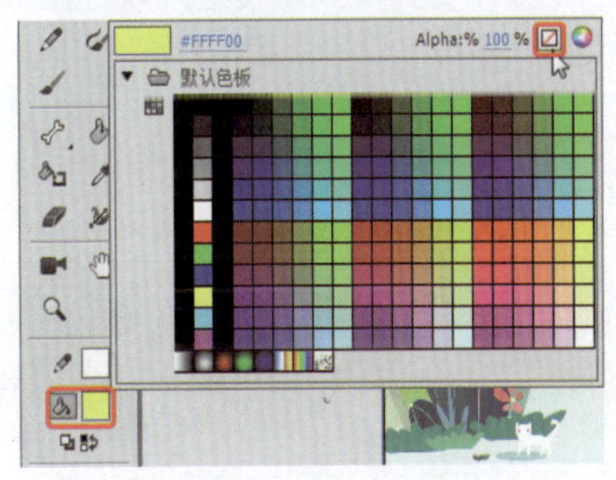

图4-48 定位鼠标指针

（3）单击鼠标后，可把所选图形的填充颜色设置为无色，如图4-49所示。

图4-49 无填充颜色

实例062 使用【属性】面板填充颜色

选择图形后，读者可以利用【属性】面板填充颜色。本实例将介绍如何在Animate中使用【属性】面板填充颜色。

素材：	素材|Cha04|心1.fla
场景：	场景|Cha04|实例062 使用【属性】面板填充颜色.fla
视频：	视频教学|Cha04|实例062 使用【属性】面板填充颜色.MP4

❶ 在菜单栏中选择【文件】|【打开】命令，打开随书配套资源中的素材|Cha04|心1.fla文件，如图4-50所示。

图4-50 打开素材文件

❷ 在舞台中用【选择工具】选择心形，在【属性】面板中单击【填充颜色】按钮，鼠标指针呈状，把鼠标指针移动到舞台中的星形上，如图4-51所示。

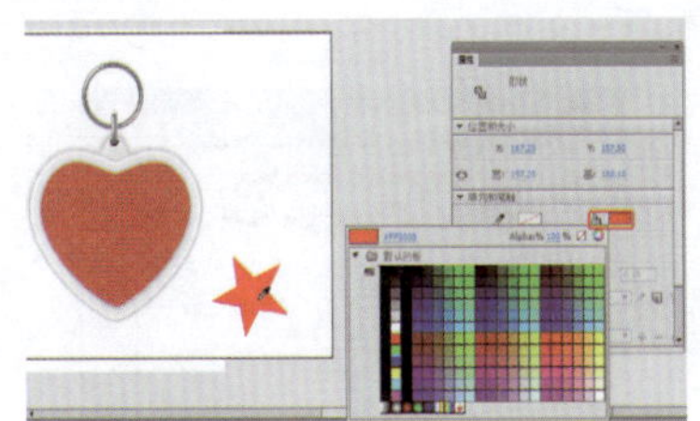

图4-51 定位鼠标指针

❸ 单击鼠标后，可把所选心形的填充颜色设置为红色，如图4-52所示。

图4-52 填充颜色

实例063 使用【颜色】面板填充颜色

将图像白色区域选择后，可用【颜色】面板进行颜色填充。本实例将介绍如何在Animate中使用【颜色】面板填充颜色。

素材：	素材|Cha04|心2.fla
场景：	场景|Cha04|实例063 使用【颜色】面板填充颜色.fla
视频：	视频教学|Cha04|实例063 使用【颜色】面板填充颜色.MP4

❶ 在菜单栏中选择【文件】|【打开】命令，打开随书配套资源中的素材|Cha04|心2.fla文件，如图4-53所示。

图4-53 打开素材文件

❷ 在舞台中选择心形，使用Ctrl+Shift+F9组合键，在【颜色】面板中设置颜色为红色（颜色参考值为【FF0004】），如图4-54所示。

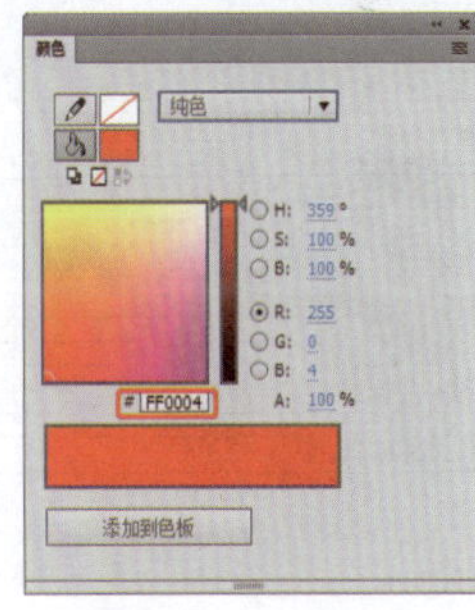

图4-54 【颜色】面板

❸ 执行该操作后，可把所选心形的填充色设为红色，如图4-55所示。

图4-55 填充颜色

实例064 使用【样本】面板填充颜色

在需要添加填充颜色的区域内，可以使用【样本】面板进行颜色填充。本实例将介绍如何在Animate中使用【样本】面板填充颜色。

素材：	素材|Cha04|心3.fla
场景：	场景|Cha04|实例064 使用【样本】面板填充颜色.fla
视频：	视频教学 | Cha04 |实例064 使用【样本】面板填充颜色.MP4

❶ 在菜单栏中选择【文件】|【打开】命令，打开随书配套资源中的素材|Cha04|心3.fla文件，如图4-56所示。

图4-56 打开素材文件

❷ 在舞台中选择心形，按Ctrl+F9组合键，在【样本】面板中设置颜色为红色，如图4-57所示。

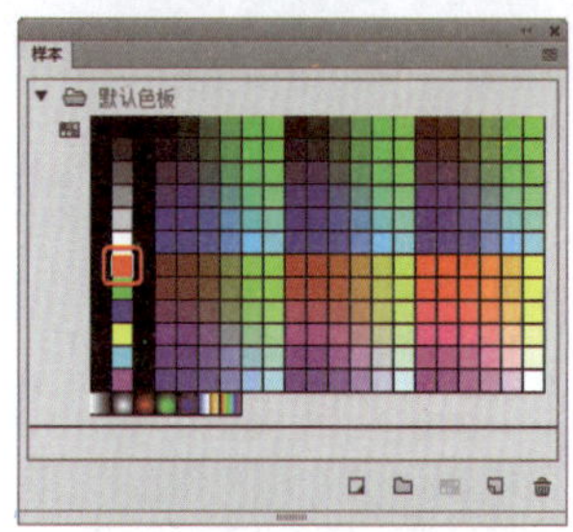

图4-57 选取颜色

❸ 执行该操作后，可把所选心形的填充色设为红色，如图4-58所示。

图4-58 填充颜色

实例065 线性渐变填充

在绘制的图形中，读者可根据自己的实际需要进行线性渐变的填充。本实例将介绍如何在Animate中应用线性渐变填充。

素材：	素材|Cha04|渐变填充.fla
场景：	场景|Cha04|实例065 线性渐变填充.fla
视频：	视频教学 | Cha04 |实例065 线性渐变填充.MP4

❶ 在菜单栏中选择【文件】|【打开】命令，打开随书配套资源中的素材|Cha04|渐变填充.fla文件，如图4-59所示。

图4-59 打开素材文件

❷ 在舞台中选择椭圆形，使用Ctrl+Shift+F9组合键，在【颜色】面板中单击【类型】右侧的下三角按钮，在列表框中选择【线性渐变】选项，如图4-60所示。

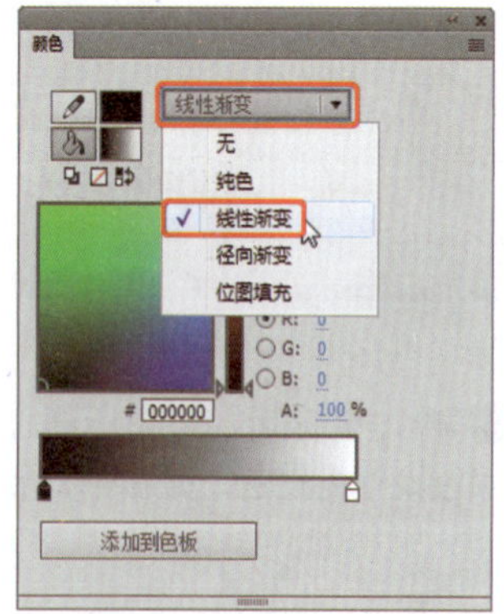

图4-60 选择【线性填充】选项

❸ 执行该操作后，【颜色】面板中的矩形颜色区域会出现两个色标，单击右侧色标，色标中的小三角会变为实心，如图4-61所示。

❹ 设置颜色为绿色并按Enter键确认，可把右侧色标设置为绿色。使用同样的方法，将左侧的色标颜色设置为黄色，如图4-62所示。

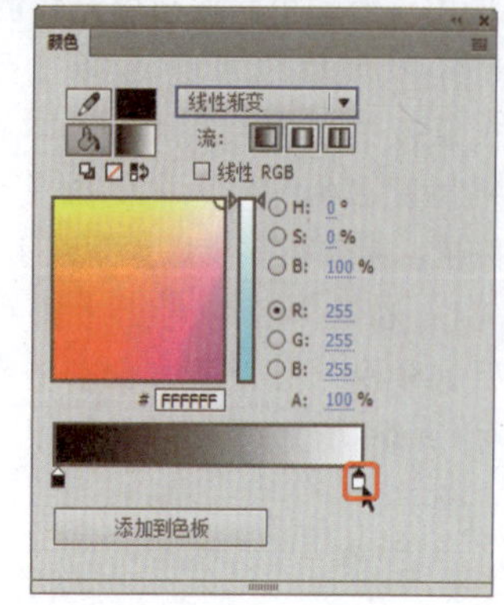

图4-61 渐变色标

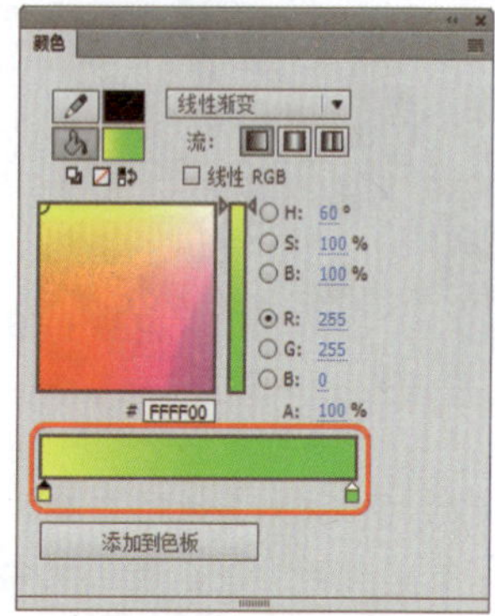

图4-62 设置色标颜色

❺ 执行该操作后，舞台中的椭圆形颜色可变为黄绿渐变色，如图4-63所示。

图4-63 渐变填充效果

实例066 径向渐变填充

在调整图像的填充时，可将其设置为径向渐变填充，本实例将介绍如何在Animate中应用放射状渐变填充。

素材：	素材|Cha04|渐变填充.fla
场景：	场景|Cha04|实例066 径向渐变填充.fla
视频：	视频教学 | Cha04 |实例066 径向渐变填充.MP4

❶ 在菜单栏中选择【文件】|【打开】命令，打开随书配套资源中的素材|Cha04|渐变填充.fla文件，如图4-64所示。

图4-64 打开素材文件

❷ 在舞台中选择椭圆形的深红色区域，使用Ctrl+Shift+F9组合键，单击【颜色】面板中的【类型】右下角的下三角按钮，在下拉列表框中选择【径向渐变】，可以把椭圆形的红色区域设置为径向状，如图4-65所示。

图4-65 径向填充颜色

实例067 位图填充

若在填充区域内加入想要的图像，可以使用位图填充来完成。本实例将介绍如何在Animate中使用位图填充。

素材：	素材|Cha04|位图填充.fla
场景：	场景|Cha04|实例067 位图填充.fla
视频：	视频教学 | Cha04 |实例067 位图填充.MP4

❶ 在菜单栏中选择【文件】|【打开】命令，打开随书配套资源中的素材|Cha04|位图填充.fla文件，如图4-66所示。

图4-66 打开素材文件

❷ 选择矩形对象，在【库】面板中选择海豚.jpg文件，使用Ctrl+Shift+F9组合键，在【颜色】面板中的【类型】下拉列表框中选择【位图填充】，在下方选择加载出来的海豚图像，将选择的位图填充到所选的矩形中，如图4-67所示。

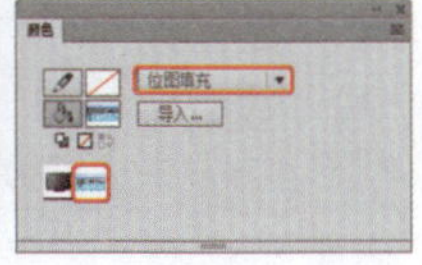

图4-67 位图填充

第  章 文本的创建与编辑

Animate不仅可以创建各种各样的矢量图，还可以创建不同风格的文字对象。本章将介绍在Animate中创建文本、设置文本属性、编辑文本、对齐文本、变形文本、制作文本特效等知识。

实例068 文本的编辑

本实例主要学习选择文本，使用【文本工具】选择输入的文字。

素材：	素材|Cha05|001.fla
场景：	场景|Cha05|实例068　文本的编辑.fla
视频：	视频教学 | Cha05 |实例068　文本的编辑.MP4

❶ 打开随书配套资源中的素材|Cha05|001.fla文件，如图5-1所示。

图5-1　打开素材文件

❷ 单击【文本工具】按钮T，在文本框中输入“Animate”，如图5-2所示。

❸ 在工具箱中单击【文本工具】按钮T，将鼠标指针放到“Animate”文本的右侧，当鼠标指针呈I形状，在文本的右侧单击，如图5-3所示。

图5-2　输入的文字

图5-3　在文本框右侧单击

❹ 从右端拖拽鼠标指针至左侧，释放鼠标左键，即可选择文本，如图5-4所示。

图5-4　选择文本

知识链接

编辑文本

将文本对象作为一个整体进行编辑的操作步骤如下。

（1）在工具箱中选择【选择工具】。

（2）将鼠标指针移到场景中，单击舞台中的任意文本块，这时文本块四周会出现一个蓝色轮廓，表示此文本已被选中。

（3）接下来就可以使用选择工具调整、移动、旋转或对齐文本对象了，其方式与编辑其他元件相同，如图5-5所示。

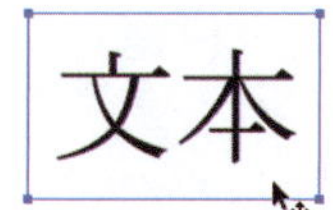

图5-5　选中的文本

如果要编辑文本对象中的个别文字，其操作步骤如下。

（1）在工具箱中单击【选择工具】或者【文本工具】。

（2）将鼠标指针移动到舞台中，选择要修改的文本块，就可将其置于文本编辑模式下。如果用户选取的是【文本工具】，则只需要单击将要修改的文本块，就可将其置于文本编辑模式下。这样用户就可以通过对个别文字的选择，来编辑文本块中的单个字母、单词或段落了。

（3）在文本编辑模式下，对文本进行修改即可。

实例069 修改文本

如果要编辑文本对象中的个别文字，移动文本等，其操作步骤如下。

素材：	素材|Cha05|001.fla
场景：	场景|Cha05|实例069 修改文本.fla
视频：	视频教学 | Cha05 |实例069 修改文本.MP4

❶ 打开随书配套资源中的素材|Cha05|001.fla文件，如图5-6所示。

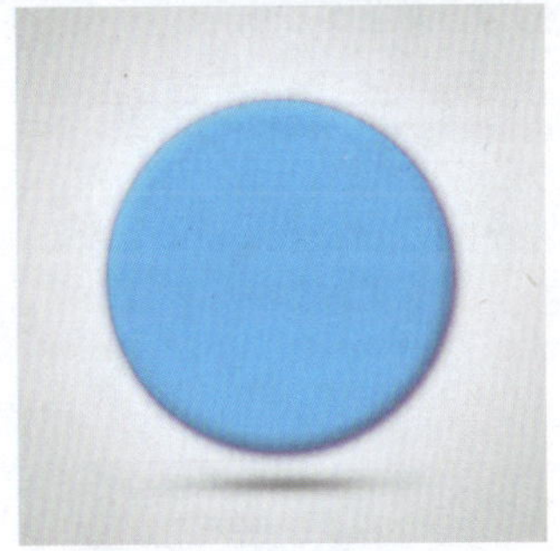

图5-6 打开素材文件

❷使用【文本工具】在素材文件上输入“修改文本”，如图5-7所示。

图5-7 输入的文字

❸ 选择工具箱中的【选择工具】，选择要移动的文本，如图5-8所示。

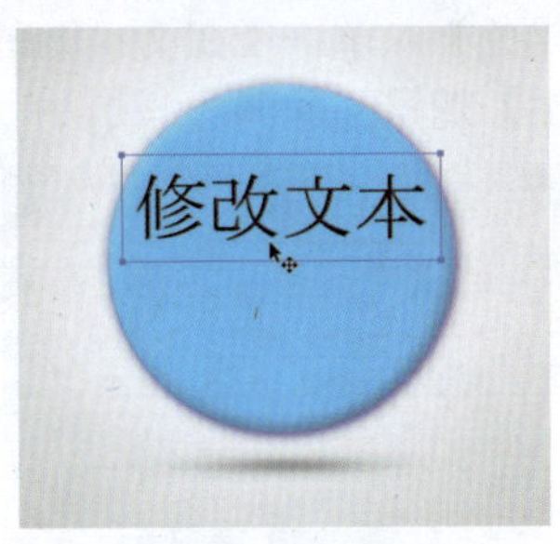

图5-8 选择对象

❹ 向下拖动鼠标即可移动文本，如图5-9所示。

图5-9 移动后的文本

知识链接

若要添加或删除内容：

在绘制窗口中输入文字，并在工具箱中选择【选择工具】，在已创建的文本对象上双击，文本对象上将出呈现蓝色，表示文本被选取，并且可以进行内容修改，此时可以在文本框内做添加或删除内容的操作，如图5-10所示。

图5-10 选择文字

可扩展文本输入框为圆形控制手柄，限制范围的文本输入框为方形控制手柄。

两种不同的文本输入框之间可以互相转换。

若将可扩展输入框转换为限制范围输入框，只需按住Shift键，然后用鼠标双击右上角的方形控制手柄即可。

单击文本之外的部分，退出文本内容修改模式，文本外的黑色实线框将变成蓝色实线框，此时可通过【属性】面板对文本属性进行控制，如图5-11所示。

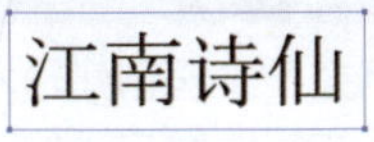

图5-11 文本属性控制

实例070 分离文本

文本在Animate动画中是作为单独的对象使用的，但有时需要把文本当作图形来使用，以便使这些文本具有更多的变换效果，这时就需要将文本对象进行分解。下面介绍如何将文本分离为单独的文本块。

素材：	无
场景：	场景|Cha05|实例070 分离文本.fla
视频：	视频教学 | Cha05 |实例070 分离文本.MP4

❶ 使用【文本工具】，输入文本，使用【选择工具】，选择文本块，如图5-12所示。

图5-12 选择文本

❷ 在菜单栏中选择【修改】|【分离】命令，这样文本中的每个字将分别位于一个单独的文本块中，如图5-13所示。

图5-13 【分离】文本

知识链接

转换为图形

用户还可以将文本转换为图形，以便对其进行改变形状、填充、擦除和其他操作。选中文本，然后两次选择【修改】|【分离】命令，即可将舞台上的字符转换为图形，如图5-14所示。

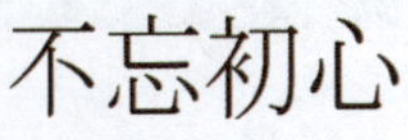

图5-14 转换为图形

实例071 创建文本

本实例主要学习创建输入文本。输入文本也是应用比较广泛的一种文本类型，用户可以在影片播放过程中即时地输入文本，一些用Animate制作的留言簿和邮件收发程序都大量使用了输入文本，创建文本的效果如图5-15所示。

素材：	素材|Cha05|002.fla
场景：	场景|Cha05|实例071 创建文本.fla
视频：	视频教学|Cha05|实例071 创建文本.MP4

图5-15 创建文本后的效果

❶ 打开随书配套资源中的素材|Cha05|002.fla文件，如图5-16所示。

图5-16 打开素材文件

❷ 在工具栏中选择【文本工具】，在【属性】面板中设置【文本类型】为【输入文本】，【系列】为【黑体】，【大小】为50磅，【颜色】为【黑色】，单击【在文本周围显示边框】按钮，如图5-17所示。

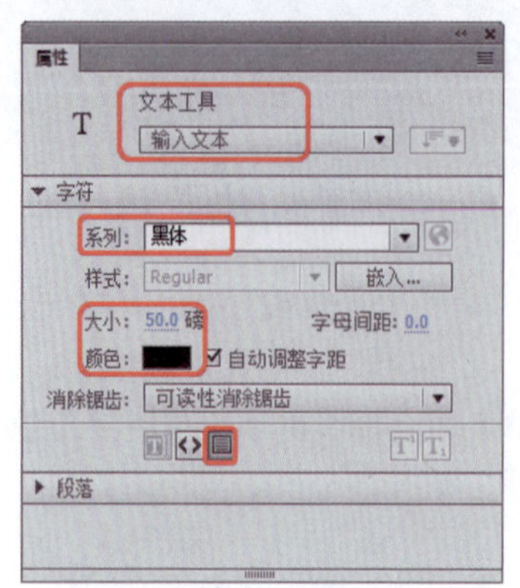

图5-17 设置文字属性

❸ 将鼠标指针移至舞台中文本右侧的适当位置，鼠标指针呈+¦时，向右拖拽鼠标，即可创建一个文本框，如图5-18所示。

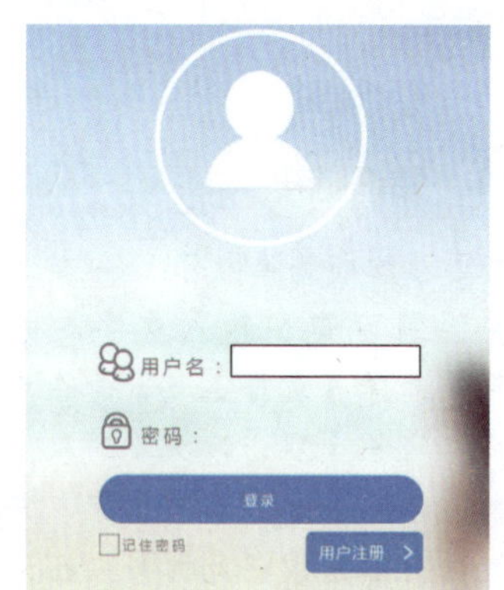

图5-18 创建文本框

❹ 在“密码”文本右侧再创建一个文本框，如图5-19所示。

图5-19 创建输入文本框

❺ 选择“密码”右侧的文本框，在【属性】面板的段落选项组中设置【行为】为【密码】，如图5-20所示。

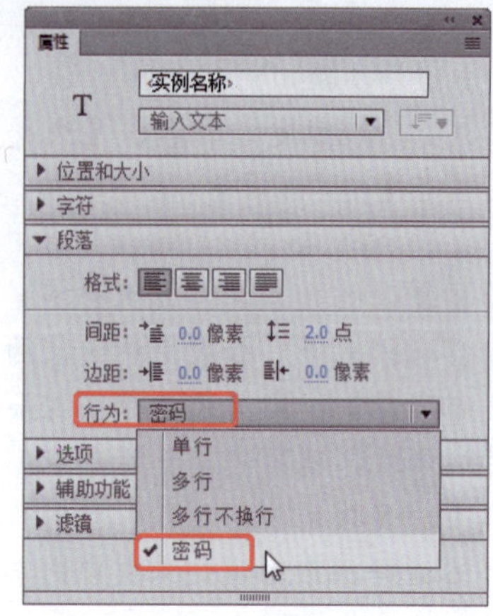

图5-20 属性面板

❻ 在【属性】面板【字符】选项中单击【嵌入】按钮，在弹出的对话框中勾选【大写】、【小写】、【数字】复选框，单击【确定】按钮即可嵌入字体，如图5-21所示。

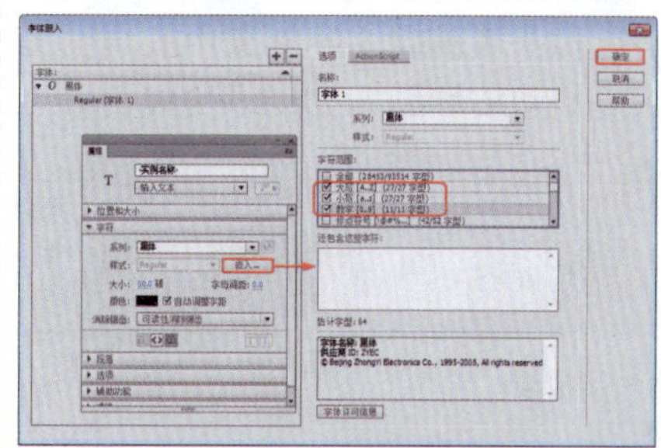

图5-21 字体面板

❼ 输入文本，按Ctrl+Enter组合键测试影片，如图5-22所示。

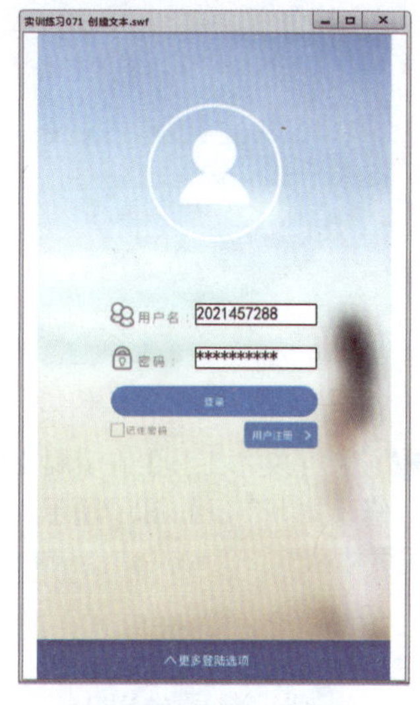

图5-22 输入文本框

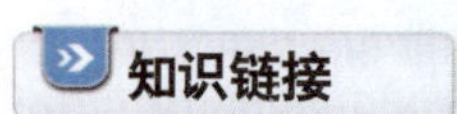

知识链接

3种文本类型

在Animate中可以创建3种不同类型的文本字段：静态文本字段、动态文本字段和输入文本字段，所有文本字段都支持Unicode编码。

1. 静态文本

在默认情况下，使用【文本工具】创建的文本框为静态文本框，静态文本框创建的文本在影片播放过程中是不会改变的。要创建静态文本框，首先在选取文本工具，然后在舞台上拉出一个固定大小的文本框，或者在舞台上单击鼠标进行文本的输入。绘制好的静态文本框没有边框。

不同类型的文本框的【属性】面板不太相同，这些属性的异同也体现了不同类型文本框之间的区别。静态文本框的【属性】面板如图5-23所示。

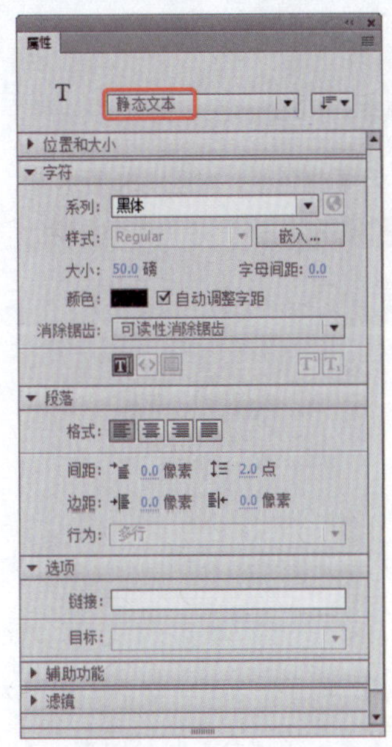

图5-23 静态文本

2. 动态文本

使用动态文本框创建的文本是可以变化的。动态文本框中的内容可以在影片制作过程中输入，也可以在影片播放过程中设置动态变化，通常的做法是使用ActionScript对动态文本框中的文本进行控制，这样就大大增加了影片的灵活性。

要创建动态文本框，首先要在舞台上拉出一个固定大小的文本框，或者在舞台上单击鼠标进行文本的输入，接着从动态文本框的【属性】面板中的【文本类型】下拉列表框中选择【动态文本】选项。绘制好的动态文本框会有一个黑色的边界。动态文本框的【属性】面板如图5-24所示。

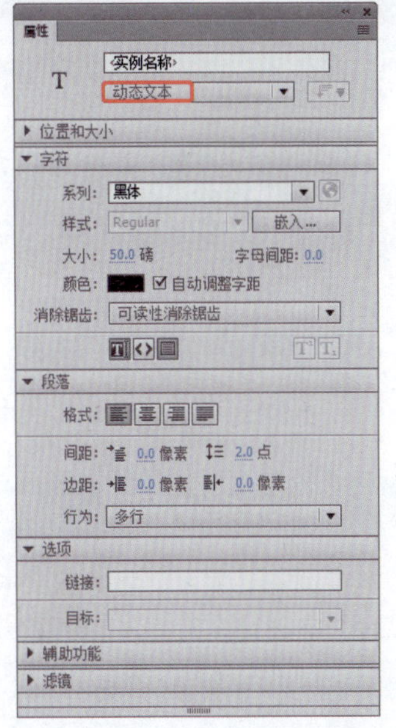

图5-24 动态文本

3. 输入文本

输入文本也是应用比较广泛的一种文本类型，用户可以在影片播放过程中即时地输入文本，一些用Animate制作的留言簿和邮件收发程序都大量使用了输入文本。

要创建输入文本框，首先在舞台上拉出一个固定大小的文本框，或者在舞台上单击鼠标进行文本的输入。接着，从输入文本框的【属性】面板中的【文本类型】下拉列表框中选择【输入文本】选项。输入文本框的【属性】面板如图5-25所示。

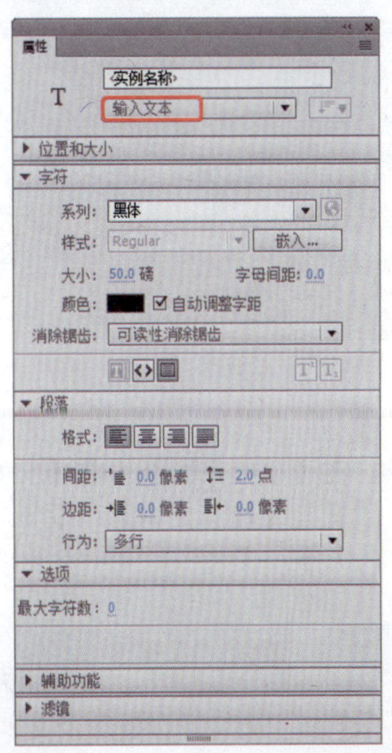

图5-25 输入文本

实例072 创建点文本

本实例主要学习创建点文本。创建点文本就是在舞台中输入文本，再对其进行设置。效果如图5-26所示。

素材：	素材|Cha05|003.fla
场景：	场景|Cha05|实例072 创建点文本.fla
视频：	视频教学 | Cha05 |实例072 创建点文本.MP4

图5-26 创建点文本

❶ 打开随书配套资源中的素材|Cha05|003.fla文件，如图5-27所示。

图5-27 打开素材文件

❷ 在工具箱中单击【文本工具】，将【文本类型】设置为【静态文本】，在【属性】面板中设置【系列】为【黑体】，【大小】为30磅、【颜色】为【#660000】，如图5-28所示。

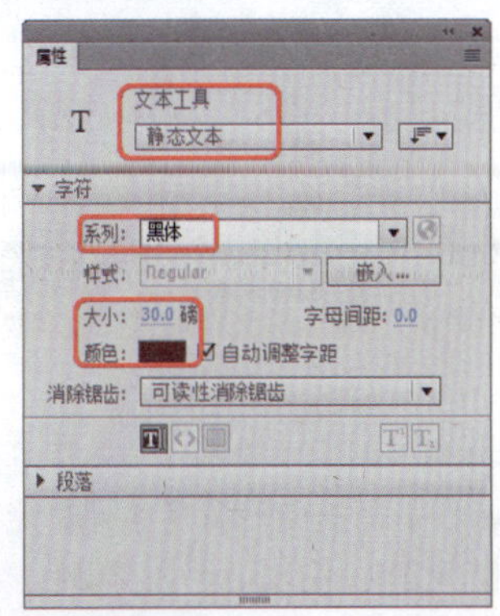

图5-28 【属性】面板

❸ 在舞台中单击鼠标左键，在弹出的文本框中输入文字，并使用同样的方法输入其他文字，根据需要调整文字的大小，如图5-29所示。

图5-29 创建文字后的效果

实例073 创建段落文本

本实例主要学习创建段落文本。创建段落文本是在舞台中输入一段文字，居中、设置文字和大小，如图5-30所示。

素材：	素材|Cha05|002.fla
场景：	场景|Cha05|实例071 创建文本.fla
视频：	视频教学 | Cha05 |实例071 创建文本.MP4

图5-30 创建段落文本

❶ 打开随书配套资源中的素材|Cha05|004.fla文件，如图5-31所示。

图5-31 打开素材文件

❷ 在工具箱中选择【文本工具】，在【属性】面板中设置【系列】为【汉仪中楷简】，【大小】为110磅、【颜色】为【白色】，如图5-32所示。

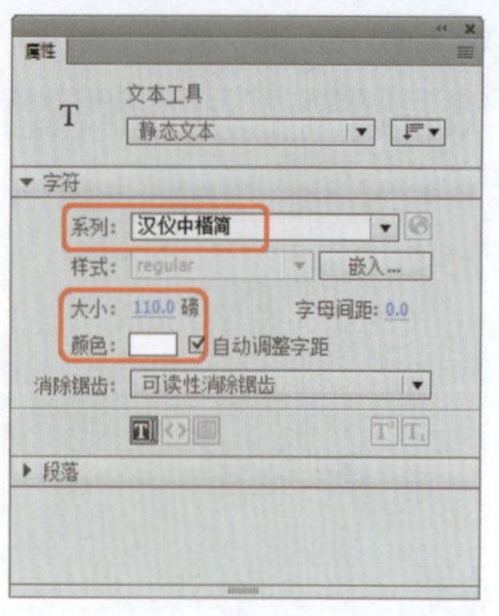

图5-32 设置文字属性

❸ 在舞台中按住鼠标指针进行拖拽，在文本框中输入文字，如图5-33所示。

图5-33 输入文本

实例074 创建静态文本

本实例主要学习创建静态文本。创建静态文本是在舞台中输入静态文字，可以对文字进行设置，效果如图5-34所示。

素材：	素材|Cha05|005.fla
场景：	场景|Cha05|实例074 创建静态文本.fla
视频：	视频教学 | Cha05 |实例074 创建静态文本.MP4

图5-34 创建静态文本

❶ 打开随书配套资源中的素材|Cha05|005.fla文件，如图5-35所示。

图5-35 打开的素材

❷ 在工具箱中选择【文本工具】，在【属性】面板中将【文本类型】设置为【静态文本】，设置【系列】为黑体，【大小】为300磅、【颜色】为【白色】，如图5-36所示。

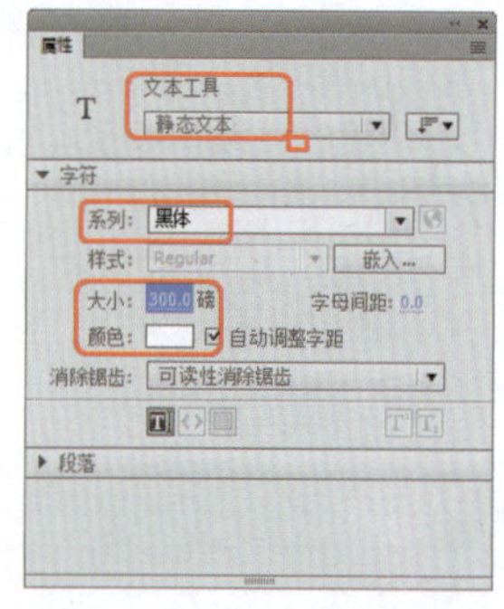

图5-36 【属性】面板

❸ 在舞台中单击鼠标左键，在弹出的文本框中输入“欣欣向荣”文字，按Esc键退出文字编辑状态，即可完成静态文本的创建，如图5-37所示。

图5-37 输入文字后的位置效果

实例075 创建滚动文本

本实例主要学习创建滚动文本。在舞台中对文字多的可以创建滚动文本，效果如图5-38所示。

素材：	素材|Cha05|006.fla
场景：	场景|Cha05|实例075 创建滚动文本.fla
视频：	视频教学 | Cha05|实例075 创建滚动文本.MP4

图5-38 创建滚动文本

❶ 打开随书配套资源中的素材|Cha05|006.fla文件，如图5-39所示。

图5-39 打开素材文件

❷ 使用【文本工具】在舞台中输入文字，选中输入的文本，在【属性】面板中将【文本类型】设置为【动态文本】，将【系列】设置为【黑体】，将【大小】设置为15磅，将【颜色】设置为【白色】，如图5-40所示。

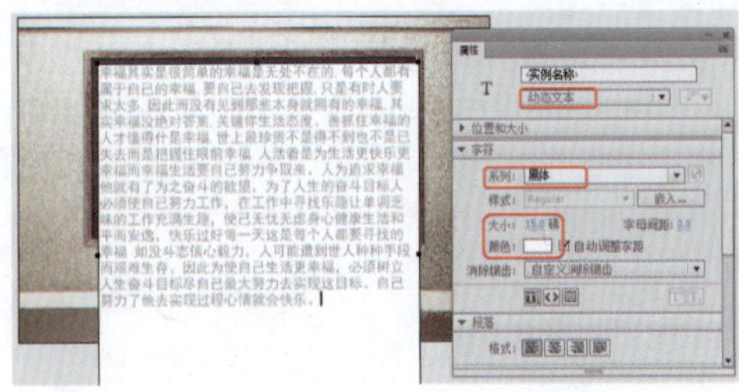

图5-40 输入文字

❸ 在该文本框中单击鼠标右键，在弹出的菜单栏中选择【可滚动】命令，双击文本，显示文本控制框。拖动控制点至合适位置，如图5-41所示。

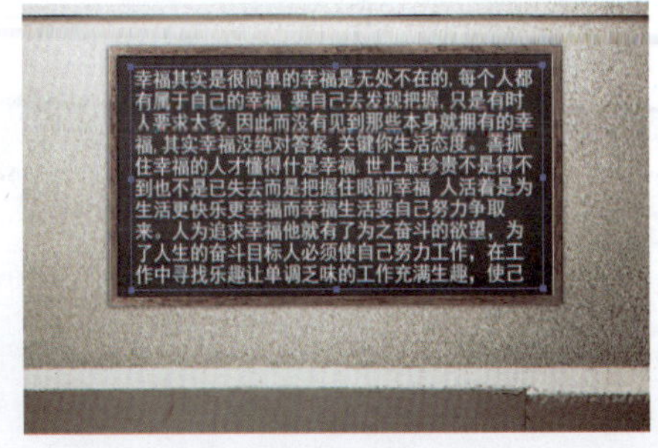

图5-41 调整文本框的大小

❹ 按Ctrl+Enter组合键，此时滚动鼠标即可预览效果，如图5-42所示。

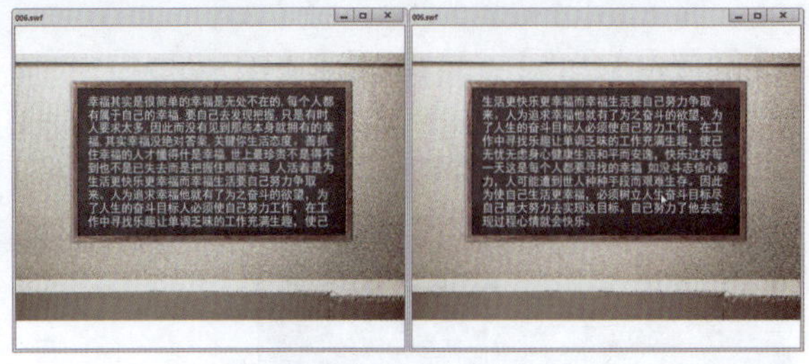

图5-42 添加滚动条后的效果

实例076 创作文本对象

本实例主要学习创作文本对象。创作文本可以在舞台中输入不同的字体和大小，使文字更美观、更有立体感，如图5-43所示。

素材：	素材|Cha05|007.fla
场景：	场景|Cha05|实例076 创作文本对象.fla
视频：	视频教学 | Cha05 |实例076 创作文本对象.MP4

图5-43 创作文本对象

❶ 打开随书配套资源中的素材|Cha05|007.fla文件，如图5-44所示。

图5-44 打开素材文件

❷ 在工具箱中选择【文本工具】，在舞台中单击鼠标右键，在弹出的文本框中输入文字，如图5-45所示。

图5-45 输入文字

③ 选中输入的文字，在【属性】面板中将【系列】设置为【方正行楷简体】，将【大小】设置为25磅，将【颜色】设置为【白色】，然后调整文本框的大小，如图5-46所示。

图5-46　设置文字属性

知识链接

字体元件的创建和使用

将字体作为共享库项，【库】面板中创建字体元件，给该元件分配一个标识符字符串和一个包含该字体元件影片的URL文件，这样就无需将字体嵌入到影片中，从而大大减小了影片的大小。

创建字体元件的操作步骤如下：

(1) 选择【窗口】|【库】命令，打开用户在其中添加字体元件的库，如图5-47所示。

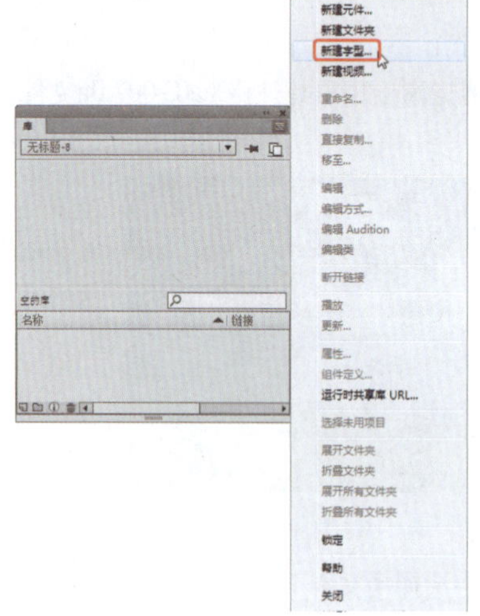

图5-47　选择【新建字型】命令

(2) 从【库】面板右上角的面板菜单中选择【新建字型】命令，如图5-48所示。

(3)弹出【字体嵌入】对话框，在这里设置字体元件的名称。

(4) 在【系列】下拉列表框中选择一种字体，或者直接输入字体名称。

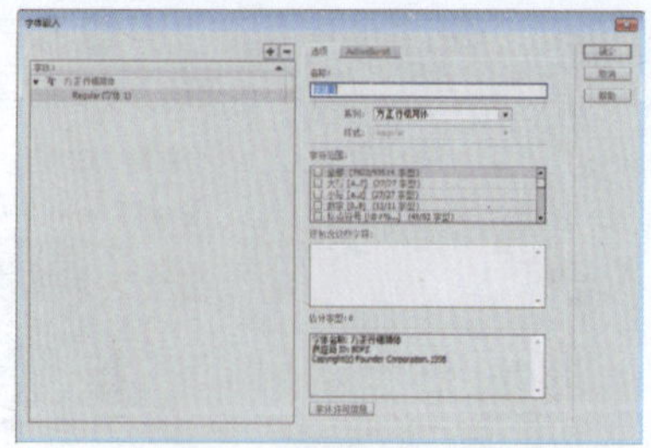

图5-48　【字体嵌入】对话框

(5) 在下面的【样式】选项区中选择字体的其他参数，如加粗、倾斜等。

(6) 设置完毕后，单击【确定】按钮，就创建好了一个字体元件。

如果要为创建好的字体元件指定标识符字符串，具体步骤如下。

(1) 在【库】面板中双击字体元件前的字母A，弹出【字体嵌入】对话框，单击【ActionScript】按钮，如图5-49所示。

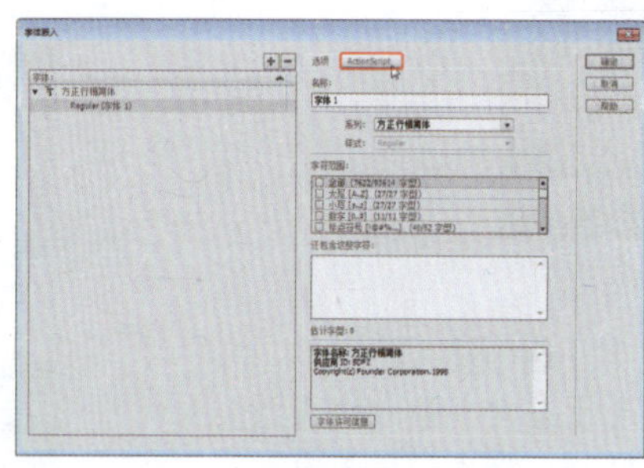

图5-49　【字体嵌入】对话框

(2) 在【字体嵌入】对话框的【共享】选项组中，选择【为运行时共享导出】复选框，如图5-50所示。

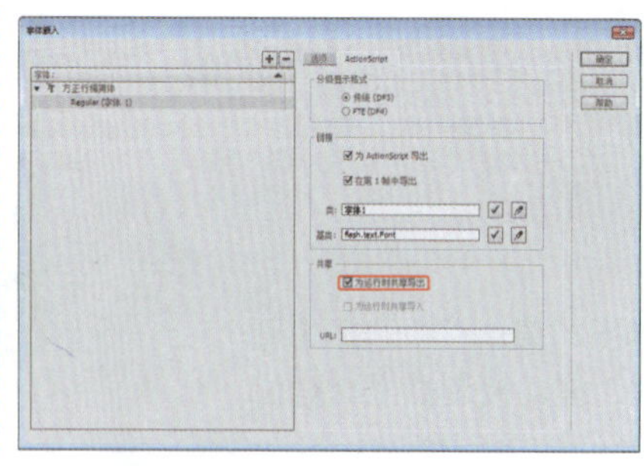

图5-50　【字体嵌入】对话框

(3) 在【标识符】文本框中输入一个字符串，以标识该字体元件。

(4) 在URL文本框中，输入包含该字体元件的SWF影片文件将要发布的URL。

(5) 单击【确定】按钮完成操作。至此，完成为字体元件指定标识符字符串的操作。

实例077　设置字体

本实例主要学习设置文本字体。在舞台中输入文字，对文字的字体进行更改，如图5-51所示。

素材：	素材|Cha05|008.fla
场景：	场景|Cha05|实例077 设置字体.fla
视频：	视频教学 | Cha05 |实例077 设置字体.MP4

图5-51　设置字体

❶ 打开随书配套资源中的素材|Cha05|008.fla文件，如图5-52所示。

图5-52　打开素材文件

❷在【属性】面板的【字符】选项组中单击【系列】选项右侧的下三角按钮，在弹出的下拉列表中选择【文鼎CS美黑】，如图5-53所示。

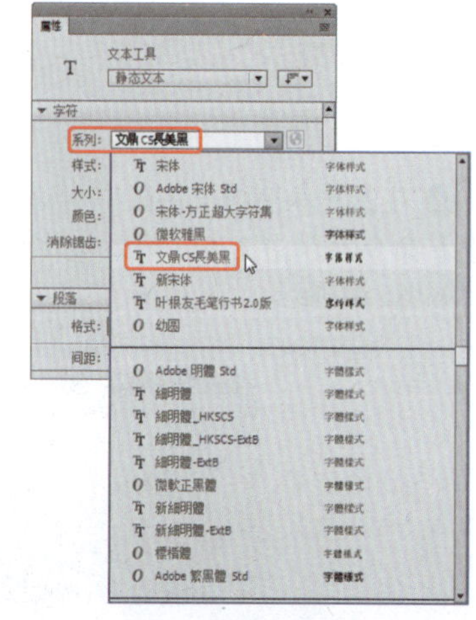

图5-53　选择【文鼎CS长美黑】选项

❸在舞台中单击鼠标左键，在弹出的文本框中输入文字，如图5-54所示。

图5-54 输入文字后的效果

实例078 设置字号

本实例主要学习设置文本字号。在舞台中输入文字，更改文字的字号大小，效果如图5-55所示。

素材：	素材|Cha05|009.fla
场景：	场景|Cha05|实例078 设置字号.fla
视频：	视频教学 | Cha05 |实例078 设置字号.MP4

图5-55 设置字号

❶ 打开随书配套资源中的素材|Cha05|009.fla文件，如图5-56所示。

图5-56 打开素材文件

❷ 使用【文本工具】命令在舞台中输入文字，选中输入的文字，在【属性】面板中的【字符】选项中将【系列】设置【汉仪魏碑简】，将【大小】设置为82磅，将【颜色】设置为【白色】，如图5-57所示。

图5-57 设置完的文件

知识链接

缺失字体的替换

如果Animate文件中包含的某些字体用户的系统中没有安装，Animate会以用户系统中可用的字体来替换缺少的字体。用户可以在系统中选择要替换的字体，或者用Animate系统默认字体(在常规首选参数中指定的字体)替换缺少的字体。

该文本会使用替换字体在用户的系统上显示，但缺少字体信息会和文件一同保存起来，如果文件在缺少字体的系统上再次被打开，文本会使用该替换字体显示。

当文本以替换字体显示时，可能需要调整字体大小、行距、字距微调等文本属性。

替换指定字体的具体操作步骤如下。

(1) 从菜单栏中选择【编辑】|【字体映射】命令，出现【字体映射】对话框，此时可以选择系统已经安装的字体进行替换，如图5-58所示。

(2) 在【字体映射】对话框中，选中【缺少字体】栏中的某种字体，在用户选择替换字体之前，默认替换字体会显示在【映射为】栏中。

(3) 从【替换字体】下拉列表框中选择一种字体。

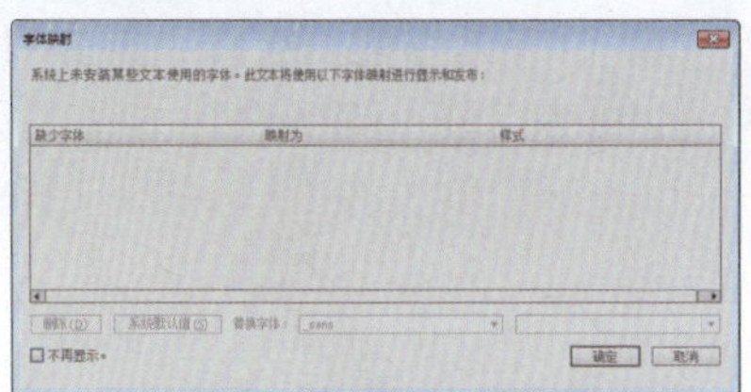
图5-58 【字体映射】对话框

(4) 设置完毕后，单击【确定】按钮。

用户可以使用【字体映射】对话框更改映射缺少字体的替换字体，查看Animate中映射的所有替换字体，以及删除从用户的系统映射的替换字体。

查看文件中所有缺少字体并重新选择替换字体的操作步骤如下。

(1) 当该文件在Animate中处于活动状态时，选择【编辑】|【字体映射】命令，打开【字体映射】对话框。

(2) 按照前述步骤选择一种替换字体。

查看系统中保存的所有字体映射的操作步骤如下。

(1) 关闭Animate中的所有文件。

(2) 选择【编辑】|【字体映射】命令，再次打开【字体映射】对话框。

(3) 查看完毕后，单击【确定】按钮，关闭对话框。

实例079 设置文本样式

本实例主要学习设置文本样式。在舞台中输入文字设置文字的样式，使文字的样式进行更改，效果如图5-59所示。

素材：	素材|Cha05|010.fla
场景：	场景|Cha05|实例079 设置文本样式.fla
视频：	视频教学 | Cha05 |实例079 设置文本样式.MP4

图5-59 设置文本样式

❶ 打开随书配套资源中的素材|Cha05|010.fla文件，如图5-60所示。

图5-60 打开的文件

❷ 使用文本工具在舞台中输入文字，将【系列】设置为【汉仪魏碑简】，将【大小】设置为53磅，将【颜色】设置为【#9933CC】。在菜单栏中选择【文本】|【样式】|【仿斜体】命令，如图5-61所示。

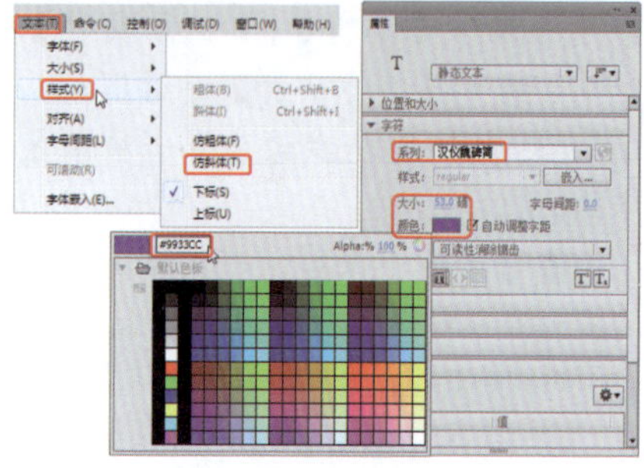

图5-61 选择【仿斜体】命令

❸ 执行该操作后，即可完成文本样式的设置，如图5-62所示。

图5-62 设置后的效果

实例080 设置文本的颜色

本实例主要学习设置文本颜色。在舞台中输入文字，在【属性】、【颜色】面板中更改颜色，效果如图5-63所示。

素材：	素材|Cha05|011.fla
场景：	场景|Cha05|实例080 设置文本的颜色.fla
视频：	视频教学 | Cha05 |实例080 设置文本的颜色.MP4

图5-63 设置文本的颜色

❶ 打开随书配套资源中的素材|Cha05|011.fla文件，如图5-64所示。

图5-64 打开的文件

❷ 选择文本对象，在【属性】面板中单击【字符】选项中的【颜色】右侧的色块，在弹出的【颜色】面板中设置颜色为【#3366FF】，如图5-65所示。

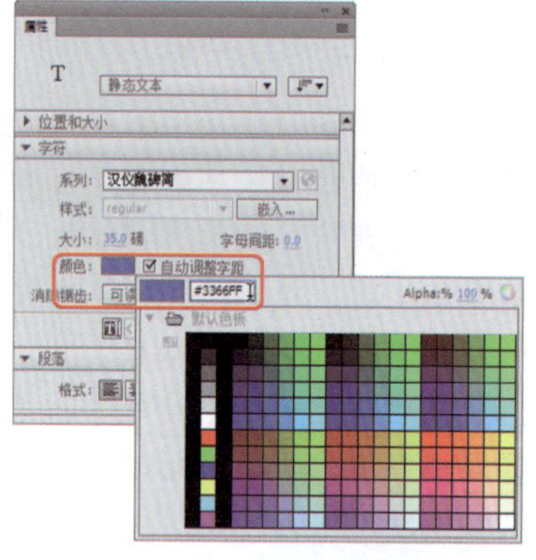

图5-65 【颜色】面板

❸ 完成颜色的设置，如图5-66所示。

图5-66 设置颜色的效果

实例081 设置文本上标

本实例主要学习设置文本上标。有些文本中会有一些数字，或数字的几次方等，此时可以使用文本上标，效果如图5-67所示。

素材：	素材|Cha05|012.fla
场景：	场景|Cha05|实例081 设置文本上标.fla
视频：	视频教学 | Cha05 |实例081 设置文本上标.MP4

图5-67 设置文本上标

❶ 打开随书配套资源中的素材|Cha05|012.fla文件，如图5-68所示。

图5-68 打开素材文件

❷ 选择【文本工具】，在文件中输入62+36=98，参照如图5-69所示的属性面板进行参数设置。

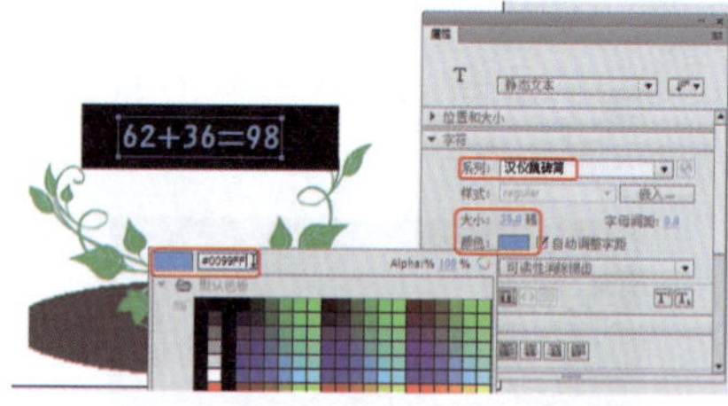

图5-69 输入文字后的效果

❸ 按Ctrl+B组合键将文本打散，如图5-70所示。

图5-70 打散的文本

❹ 选择需要设置为上标的文本“2”，如图5-71所示。

图5-71 选择设置为上标的数字

❺ 在【属性】面板中【字符】选项中单击【可选】按钮，使其呈高亮状态显示，单击右侧的【切换上标】按钮，即可设置文本为上标，如图5-72所示。

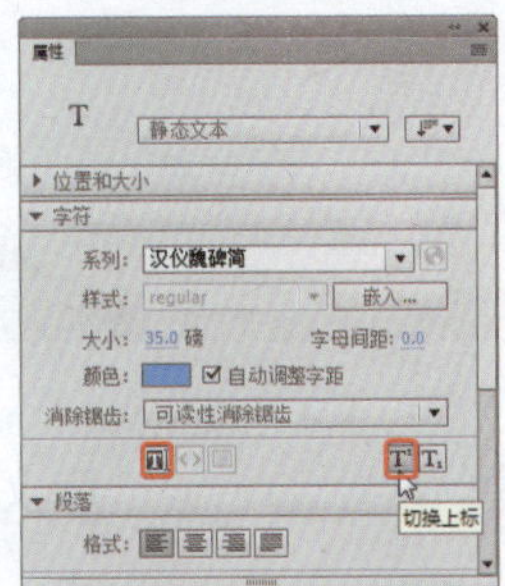

图5-72 【属性】面板

❻ 根据需要对数字进行更改，如图5-73所示。

图5-73 设置文本为上标

实例082 设置文本下标

本实例主要学习设置文本下标。在有些文本中会出现数字、数字下标，效果如图5-74所示。

素材：	素材|Cha05|012.fla
场景：	场景|Cha05|实例082 设置文本下标.fla
视频：	视频教学 | Cha05 |实例082 设置文本下标.MP4

图5-74 设置文本为下标

❶ 打开随书配套资源中的素材|Cha05|012.fla文件，如图5-75所示。

图5-75 选择的文件

❷ 在打开的素材文件中，输入“5H2+02-2H20”文字，如图5-76所示。

图5-76 需要设置的文件

❸ 按Ctrl+B组合键将文本打散，如图5-77所示。

图5-77 打散的文件

❹ 按Shift键选择需要改为下标的文本，如图5-78所示。

图5-78 选择下标的文字

❺ 在【属性】面板中【字符】选项中单击【可选】按钮，使其呈高亮状态显示，单击右侧的【切换下标】按钮，即可设置文本为下标，如图5-79所示。

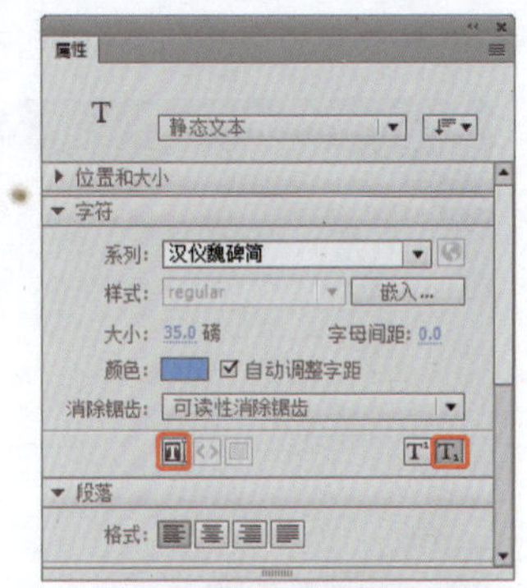

图5-79 【属性】面板

❻ 这样就设置成了文本下标，如图5-80所示。

图5-80 设置文本为下标

实例083 设置文本缩进

本实例主要学习设置文本缩进，效果如图5-81所示。

素材：	素材|Cha05|013.fla
场景：	场景|Cha05|实例083 设置文本缩进.fla
视频：	视频教学 | Cha05 |实例083 设置文本缩进.MP4

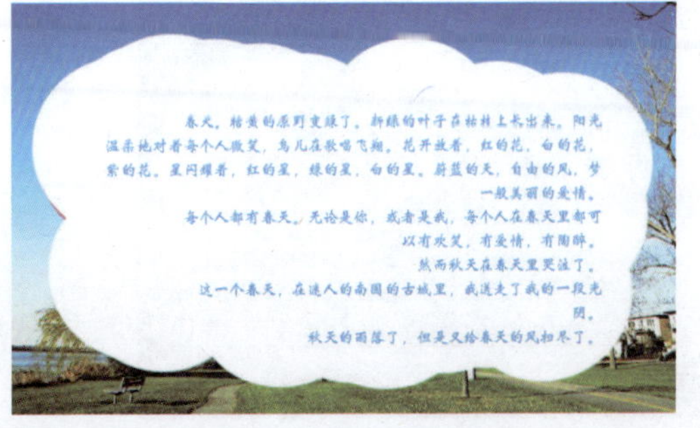

图5-81 设置文本缩进

❶打开随书配套资源中的素材|Cha05|013.fla文件，如图5-82所示。

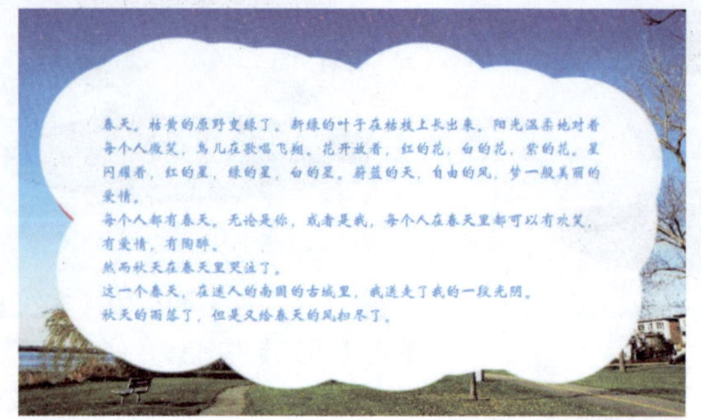

图5-82　打开素材文件

❷选择文本对象，如图5-83所示。

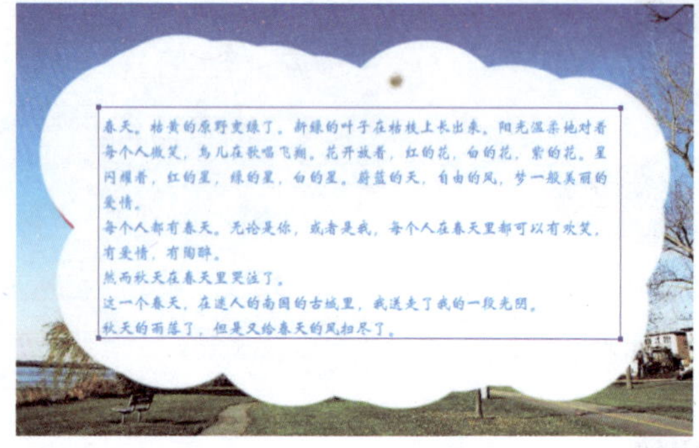

图5-83　选择文本

❸在【属性】面板中的【段落】中单击【右对齐】按钮，将【缩进】设置为80，如图5-84所示。

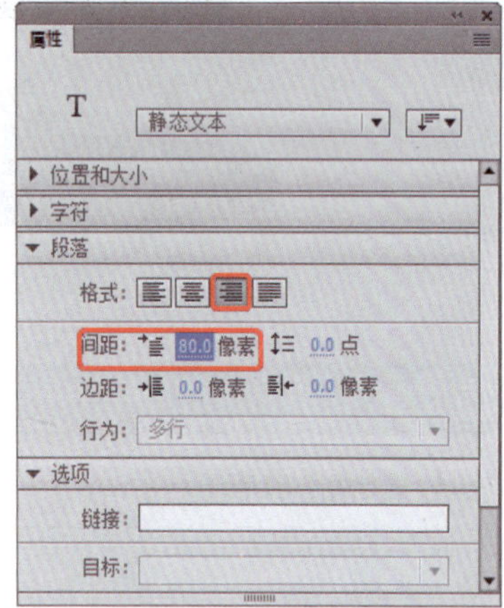

图5-84　【段落】面板

❹操作完成后，即可将段落向右缩进，如图5-85所示。

图5-85　设置文本为右缩进

实例084　设置文本的行距

本实例主要学习设置文本行距。在舞台中调整文本的行距，效果如图5-86所示。

素材：	素材|Cha05|013.fla
场景：	场景|Cha05|实例084 设置文本的行距.fla
视频：	视频教学 | Cha05 |实例084 设置文本的行距.MP4

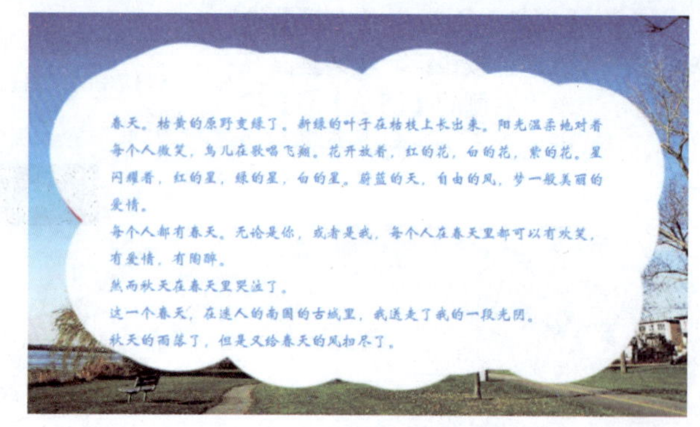

图5-86　设置文本的行距

❶打开随书配套资源中的素材|Cha05|013.fla文件，如图5-87所示。

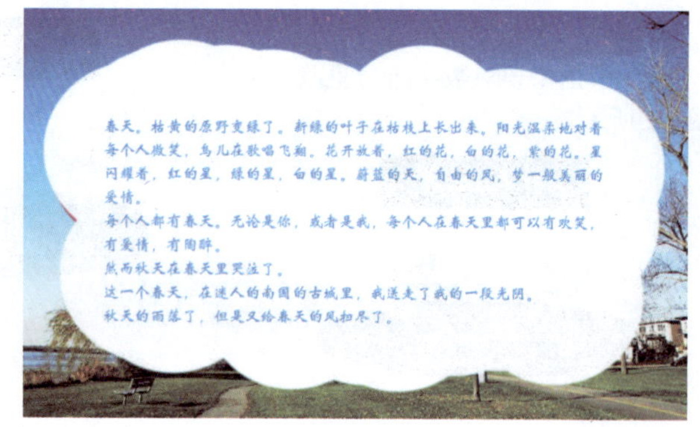

图5-87　打开素材文件

❷选择文本对象，如图5-88所示。

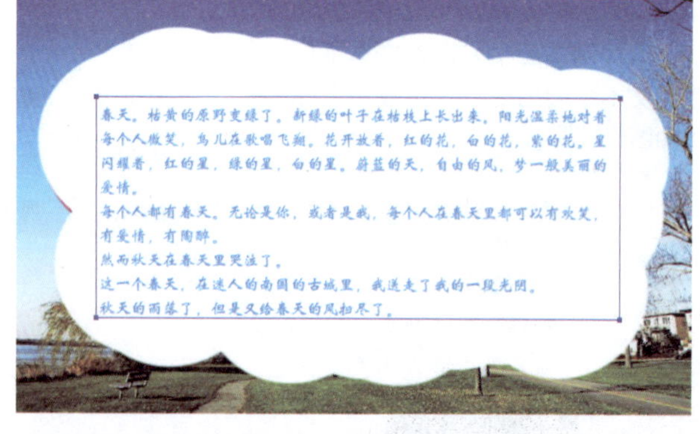

图5-88　选择文本

❸在【属性】面板中设置【行距】为4，如图5-89所示。

❹执行该操作后，可以发现文本的行距有所改变，如图5-90所示。

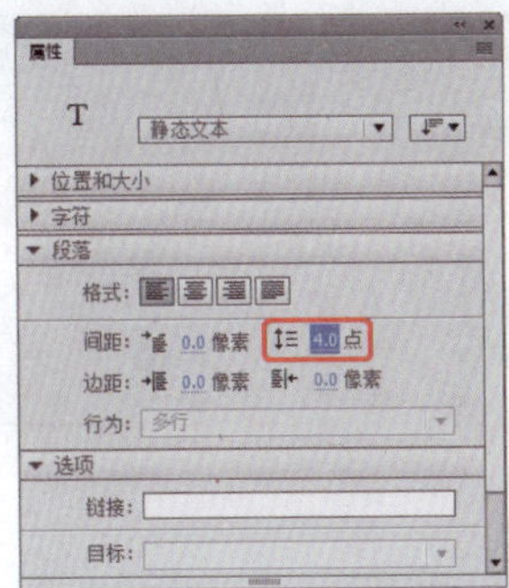

图5-89 【属性】面板

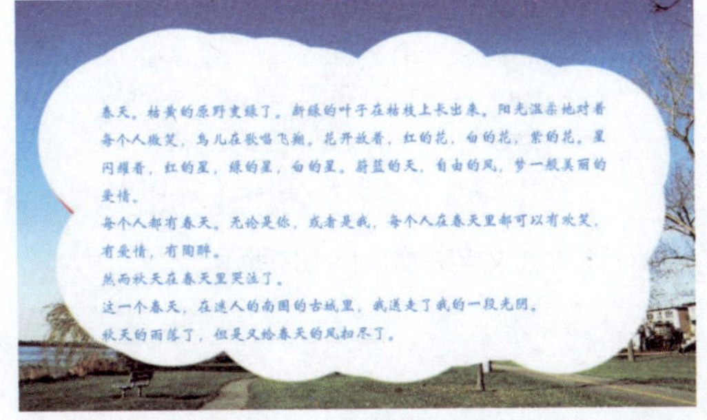

图5-90 设置后的效果

实例085 设置文本边距

本实例主要学习设置文本边距，效果如图5-91所示。

素材：	素材|Cha05|013.fla
场景：	场景|Cha05|实例085 设置文本边距.fla
视频：	视频教学 | Cha05 |实例085 设置文本边距.MP4

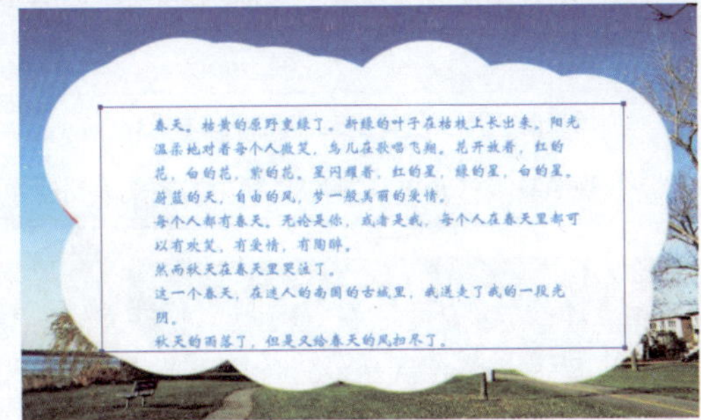

图5-91 设置文本边距

❶ 打开随书配套资源中的素材|Cha05|013.fla文件，如图5-92所示。

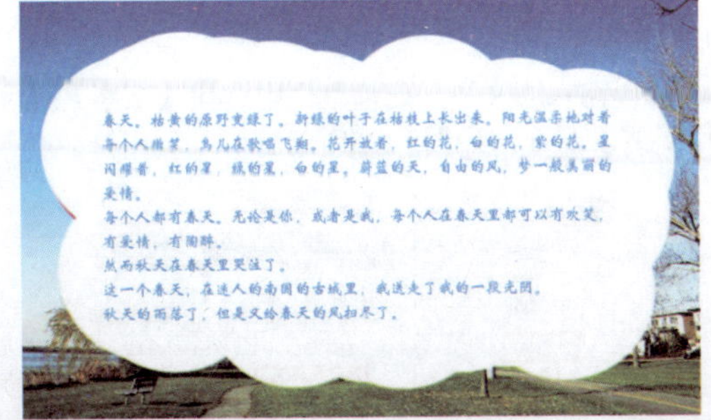

图5-92 打开素材文件

❷ 选择文本对象，如图5-93所示。

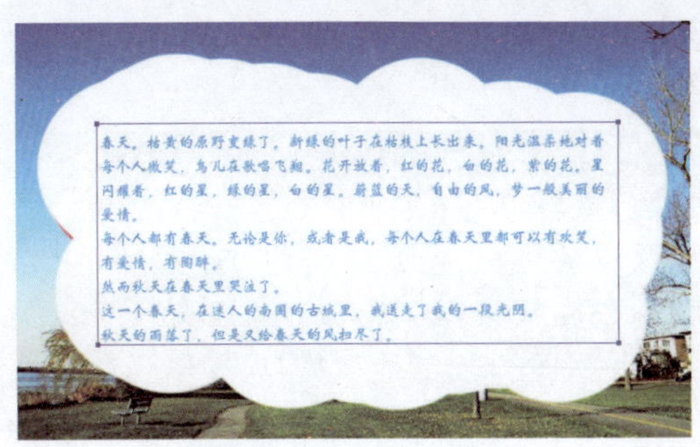

图5-93 选择文本

❸ 在【属性】面板中设置【左边距】为50，【右边距】为40，如图5-94所示。

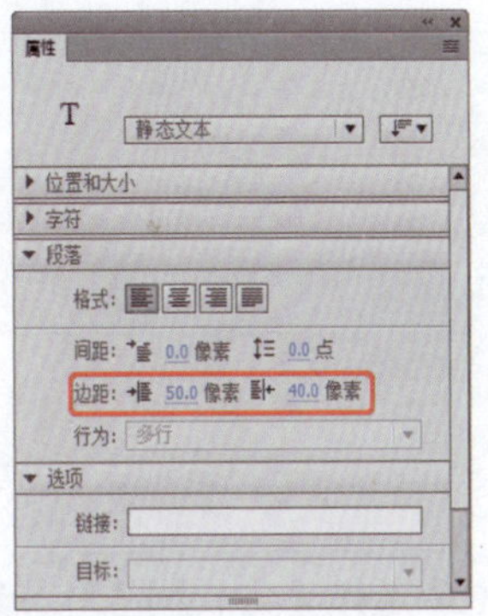

图5-94 设置边距

❹ 执行该操作后，即可设置文本边距，如图5-95所示。

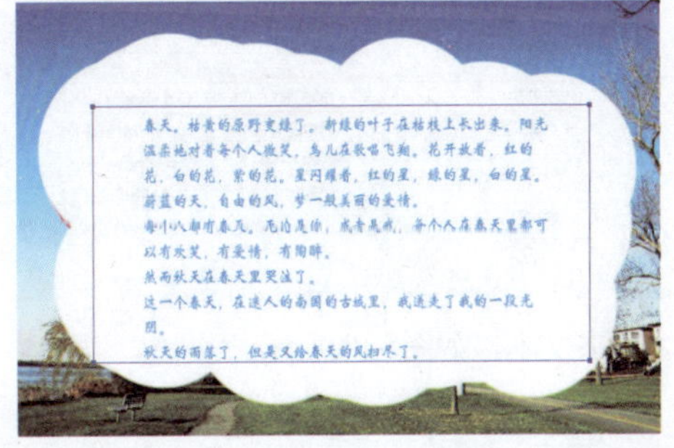

图5-95 设置后的效果

实例086 左对齐文本

本实例主要学习左对齐文本，效果如图5-96所示。

素材：	素材|Cha05|014.fla
场景：	场景|Cha05|实例086 左对齐文本.fla
视频：	视频教学 | Cha05 |实例086 左对齐文本.MP4

图5-96 左对齐文本

❶ 打开随书配套资源中的素材|Cha05|014.fla文件，如图5-97所示。

图5-97　打开素材文件

❷ 选择文本对象，如图5-98所示。

图5-98　选择文本

❸ 在菜单栏中选择【文本】|【对齐】|【左对齐】命令，如图5-99所示。

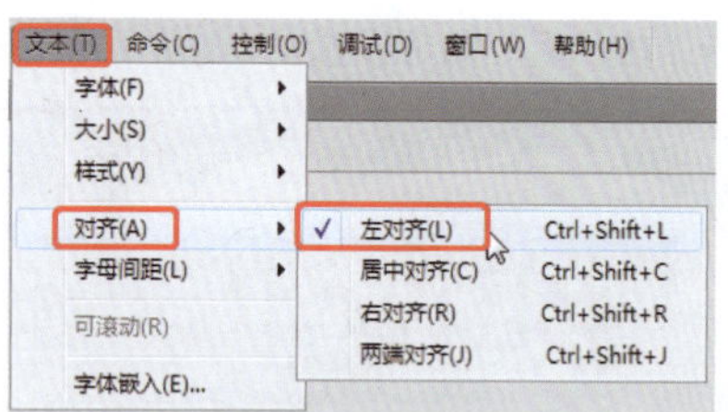

图5-99　选择【左对齐】命令

❹ 左对齐文本，如图5-100所示。

图5-100　左对齐文本

实例087　右对齐文本

本实例主要学习右对齐文本，效果如图5-101所示。

素材：	无
场景：	场景|Cha05|实例087　右对齐文本.fla
视频：	视频教学 | Cha05 |实例087　右对齐文本.MP4

❶ 选择输入的文字，在菜单栏中选择【文本】|【对齐】|【右对齐】命令，如图5-102所示。

图5-101　右对齐文本

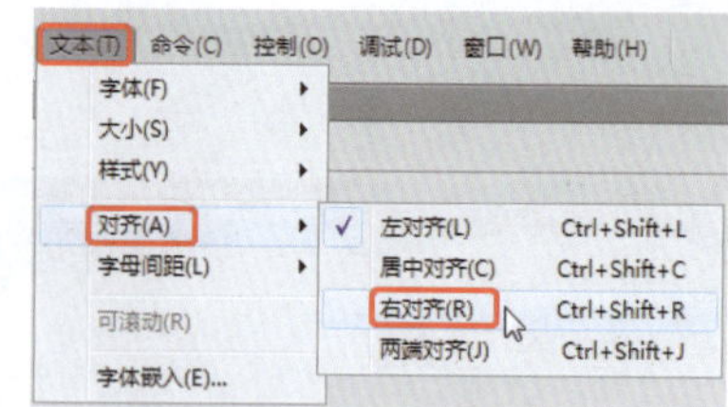

图5-102　选择【右对齐】命令

❷ 右对齐所选文字，如图5-103所示。

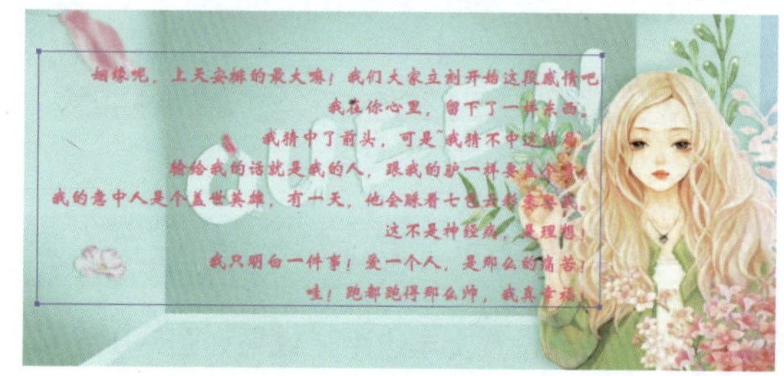

图5-103　右对齐文字

实例088　居中对齐文本

本实例主要学习居中对齐文本，效果如图5-104所示。

素材：	无
场景：	场景|Cha05|实例088　居中对齐文本.fla
视频：	视频教学 | Cha05 |实例088　居中对齐文本.MP4

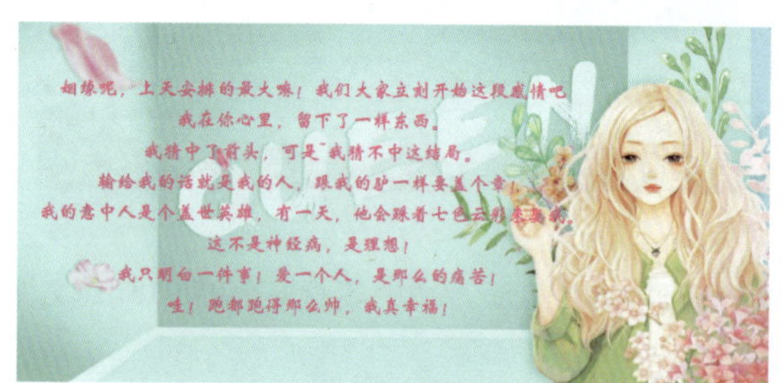

图5-104　居中对齐文本

❶ 选择输入的文字，在菜单栏中选择【文本】|【对齐】|【居中对齐】命令，如图5-105所示。

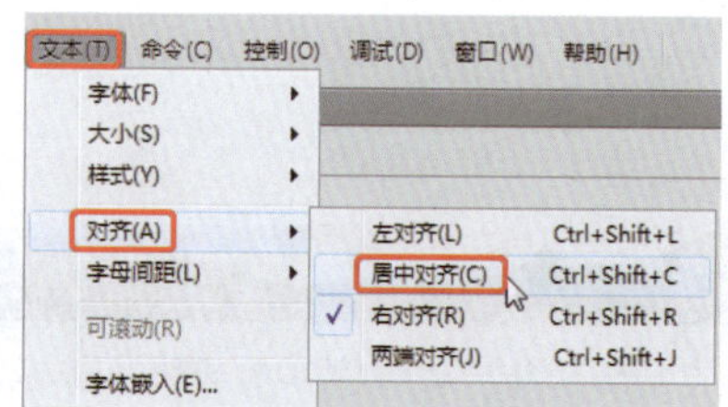

图5-105　选择【居中对齐】命令

❷ 居中对齐所选文字，如图5-106所示。

图5-106 居中对齐文字

实例089 两端对齐文本

本实例主要学习两端对齐文本，效果如图5-107所示。

素材：	无
场景：	场景|Cha05|实例089 两端对齐文本.fla
视频：	视频教学 | Cha05 |实例089 两端对齐文本.MP4

图5-107 两端对齐文本

❶ 选择输入的文字，在菜单栏中选择【文本】|【对齐】|【两端对齐】命令，如图5-108所示。

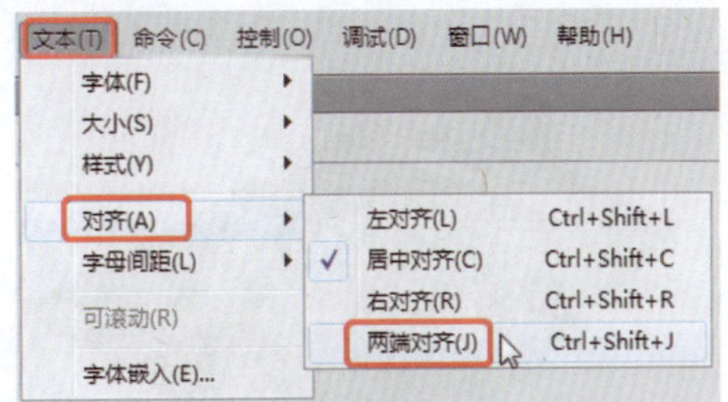

图5-108 选择【两端对齐】命令

❷ 将光标放置右上角，向左拖动，即可查看两端对齐所选文字，如图5-109所示。

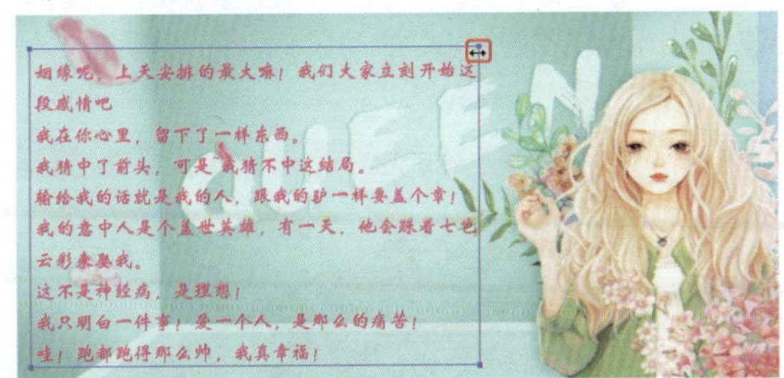

图5-109 两端对齐文字

实例090 缩放文本

本实例主要学习缩放文本，对选中舞台中的文字进行缩放，效果如图5-110所示。

素材：	素材|Cha05|015.fla
场景：	场景|Cha05|实例090 缩放文本.fla
视频：	视频教学 | Cha05 |实例090 缩放文本.MP4

图5-110 缩放文本

❶ 打开随书配套资源中的素材|Cha05|015.fla文件，如图5-111所示。

图5-111 导入的素材图片

❷ 选择文本对象，如图5-112所示。

图5-112 选择文本对象

❸ 使用【任意变形工具】选择输入的文字，将鼠标指针移动到右上角的控制点上，按住Shift键，单击鼠标左键并向左下角拖拽鼠标，如图5-113所示。

图5-113 缩放文字

❹ 拖拽至适当位置处松开鼠标左键，即可缩放文本，如图5-114所示。

图5-114 缩放后的文字

实例091 旋转文本

本实例主要学习旋转文本。选中舞台中的文字，在舞台中进行旋转，如图5-115所示。

素材：	无
场景：	场景|Cha05|实例091 旋转文本.fla
视频：	视频教学 | Cha05 |实例091 旋转文本.MP4

图5-115 旋转文本

❶ 选择输入的文字，将鼠标移动到右上角控制点的上方，此时鼠标指针为样式，如图5-116所示。

图5-116 移动鼠标指针

❷ 单击鼠标左键并向上拖动鼠标，即可旋转文本，如图5-117所示。

图5-117 旋转后的文字

实例092 倾斜文本

本实例主要学习倾斜文本，如图5-118所示。

素材：	素材|Cha05|016.fla
场景：	场景|Cha05|实例092 倾斜文本.fla
视频：	视频教学 | Cha05 |实例092 倾斜文本.MP4

图5-118 倾斜文本

❶ 打开随书配套资源中的素材|Cha05|016.fla文件，如图5-119所示。

图5-119 打开素材文件

❷ 选择输入的文字，如图5-120所示。

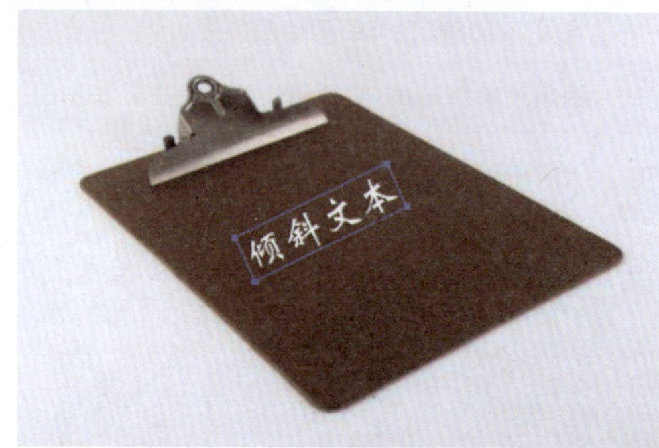

图5-120 输入并倾斜文字

❸ 使用【任意变形工具】选择输入的文字，将鼠标指针移动到下边框的中间控制点上，此时鼠标指针为样式，如图5-121所示。

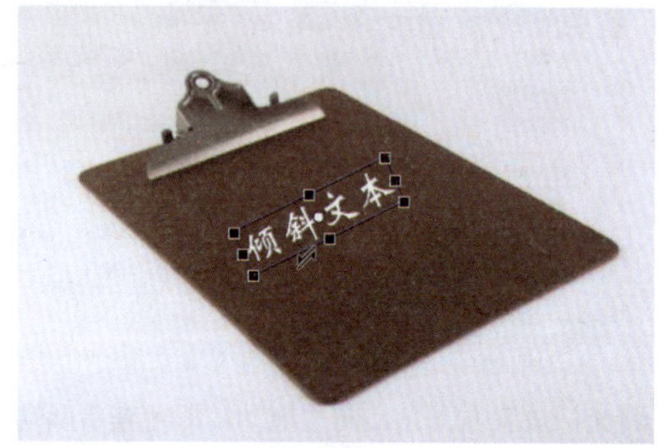

图5-121 移动鼠标指针

❹ 单击鼠标左键并向右拖动鼠标，即可倾斜文本，如图5-122所示。

图5-122 倾斜后的效果

实例093 将文本转换为图形

本实例主要学习将文本转换为图形的方法，如图5-123所示。

素材：	素材|Cha05|017.fla
场景：	场景|Cha05|实例093 将文本转换为图形.fla
视频：	视频教学 | Cha05 |实例093 将文本转换为图形.MP4

图5-123 将文本转换为图形

❶ 打开随书配套资源中的素材|Cha05|017.fla文件，选择文本，在菜单栏中选择【修改】|【分离】命令，如图5-124所示。

图5-124 选择【分离】命令

❷ 执行该操作后，即可分离文本，如图5-125所示。

图5-125 分离文本

❸ 再次选择【修改】|【分离】命令，即可转换为矢量化文本，如图5-126所示。

图5-126 转换为矢量化文本

实例094 交集图形对象

通过使用【交集】命令，可以使两个对象相交，如图5-127所示。

素材：	素材|Cha05|018.fla
场景：	场景|Cha05|实例094 交集图形对象.fla
视频：	视频教学 | Cha05 |实例094 交集图形对象.MP4

图5-127 交集图形对象

❶ 打开随书配套资源中的素材|Cha05|018.fla文件，在舞台中用【椭圆工具】绘出一个圆形，设置【颜色】为红色，运用【选择工具】选择两个重叠在一起的圆形，如图5-128所示。

图5-128 选择对象

❷ 在菜单栏中选择【修改】|【合并对象】|【交集】命令，如图5-129所示。

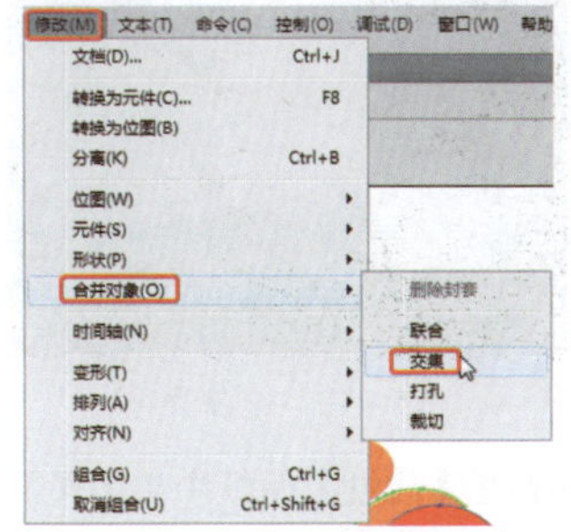

图5-129 选择交集

❸ 创建两个圆形交集的对象，如图5-130所示。

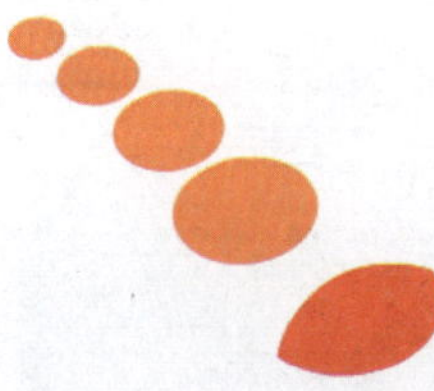

图5-130 交集对象

实例095 联合图形对象

下面将讲解如何联合图形对象，如图5-131所示。

素材：	素材|Cha05|019.fla
场景：	场景|Cha05|实例095 联合图形对象.fla
视频：	视频教学 | Cha05 |实例095 联合图形对象.MP4

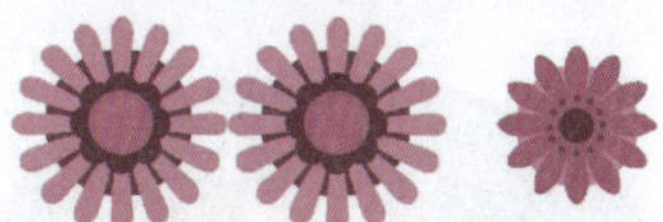

图5-131 联合图形对象

❶ 开随书配套资源中的素材|Cha05|019.fla文件，在舞台中选中两个需要联合的对象，在菜单栏中选择【修改】|【合并对象】|【联合】命令，如图5-132所示。

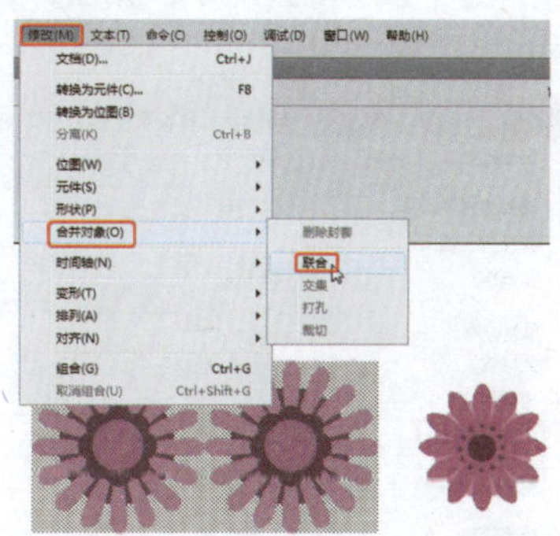

图5-132 选择【联合】命令

❷ 将选择图形合并成一个对象，如图5-133所示。

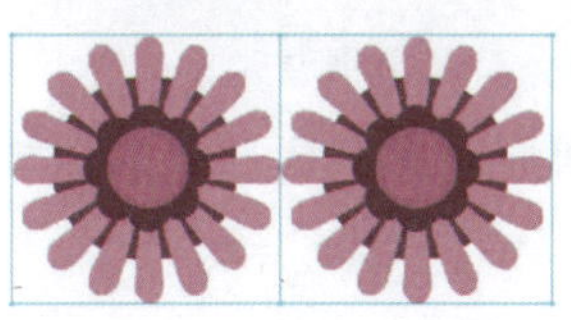

图5-133 联合对象

实例096 打孔图形对象

通过使用【打孔】命令，可以绘制出两个图形的差集图形，如图5-134所示。

素材：	素材|Cha05|020.fla
场景：	场景|Cha05|实例096 打孔图形对象.fla
视频：	视频教学 | Cha05 |实例096 打孔图形对象.MP4

图5-134　打孔图形对象

❶ 打开随书配套资源中的素材|Cha05|020.fla文件，选择所有的图形对象，如图5-135所示。

图5-135　选择图形

❷ 菜单栏中选择【修改】|【合并对象】|【打孔】命令，如图5-136所示。

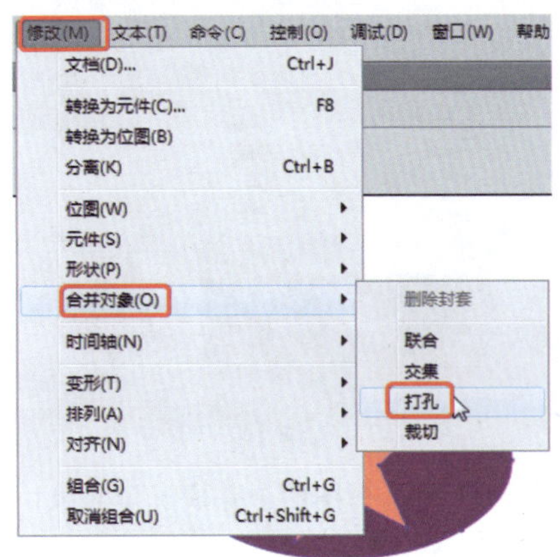

图5-136　选择打孔

❸ 在圆形对象上打一个孔，如图5-137所示。

图5-137　打孔对象

提　示

选择【打孔】命令后，所删除的部分由所选对象与排在所选对象的前面对象的重叠部分所决定。

实例097 切换文本类型

本实例主要学习切换文本类型，如图5-138所示。

素材：	素材|Cha05|021.fla
场景：	场景|Cha05|实例097 切换文本类型.fla
视频：	视频教学 | Cha05 |实例097 切换文本类型.MP4

图5-138　切换文本类型

❶ 打开随书配套资源中的素材|Cha05|021.fla文件，如图5-139所示。

图5-139　打开素材文件

❷ 选择文本对象，如图5-140所示。

图5-140　选择文字

❸ 在【属性】面板中单击【文本类型】右侧的下三角按钮，在弹出的下拉列表选择【动态文本】选项，如图5-141所示。

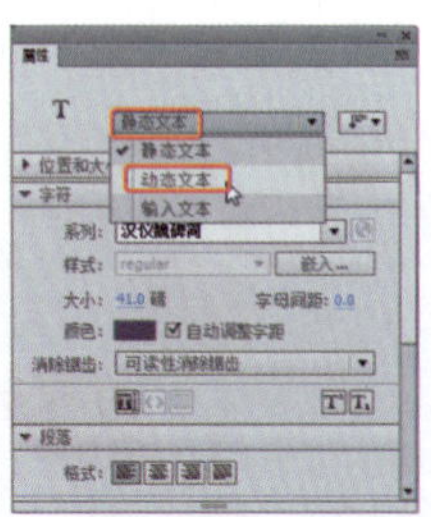

图5-141　【属性】面板

❹ 操作完成后，即可将所选的【文本类型】切换成动态类型，如图5-142所示。

图5-142　设置后的效果

实例098 查找和替换文本

本实例主要学习查找和替换文本。如果输入的文本错误较多，可使用【查找和替换】更改有错的文字，如图5-143所示。

素材：	素材|Cha05|022.fla
场景：	场景|Cha05|实例098 查找和替换文本.fla
视频：	视频教学 | Cha05 |实例098 查找和替换文本.MP4

图5-143　查找和替换文本

❶ 打开随书配套资源中的素材|Cha05|022.fla文件，如图5-144所示。

图5-144　打开的文件

❷ 选择文本，如图5-145所示。

图5-145　选择文本

❸ 选择菜单栏上的【编辑】|【查找和替换】命令，如图5-146所示。

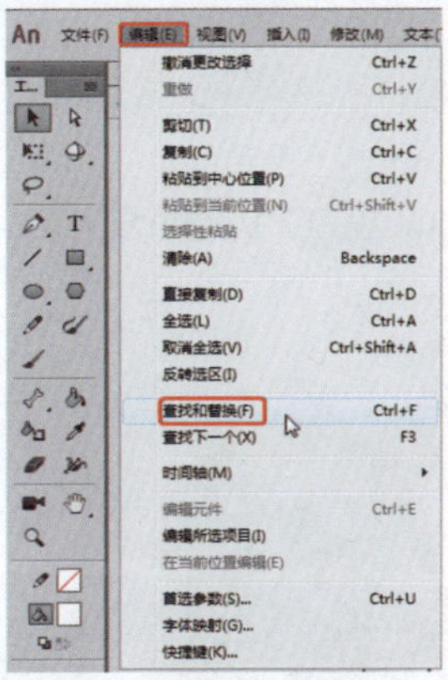

图5-146　编辑面板

❹ 弹出【查找和替换】选项板，在【查找】右侧输入“戏”，在替换文本框中输入“惜”，如图5-147所示。

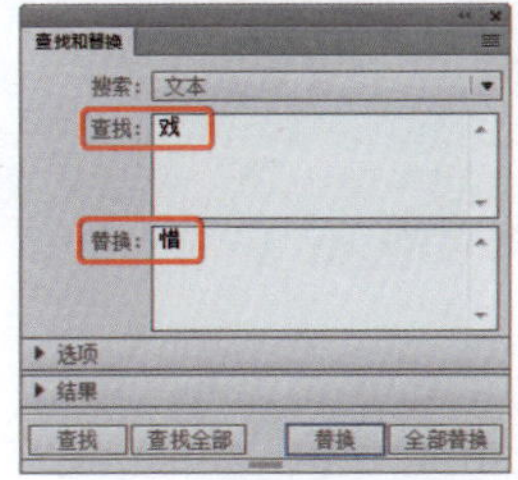

图5-147　替换面板

❺ 单击【替换】按钮即可完成替换，如图5-148所示。

图5-148　替换完的文件

实例099　填充打散文本

本实例主要学习填充打散文本，打散舞台中的文本，进行填充，如图5-149所示。

素材：	素材|Cha05|023.fla
场景：	场景|Cha05|实例099　填充打散文本.fla
视频：	视频教学 | Cha05 |实例099　填充打散文本.MP4

图5-149　填充打散文本

❶ 打开随书配套资源中的素材|Cha05|023.fla文件，如图5-150所示。

图5-150　打开的文件

❷ 选择文本对象，如图5-151所示。

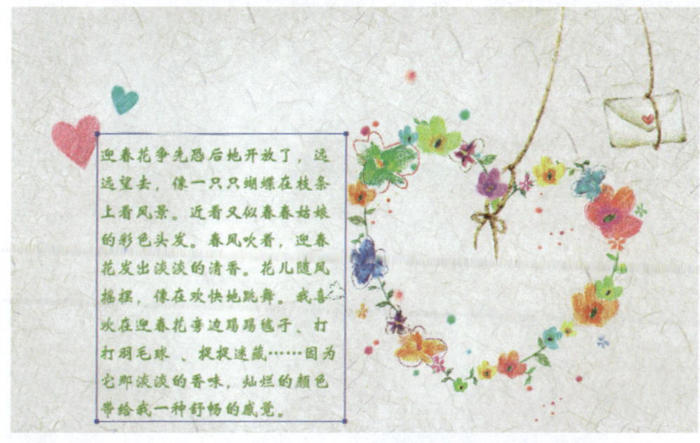

图5-151　选择文本对象

❸ 选择菜单栏上的【修改】|【分离】命令将文字分离多个文本，如图5-152所示。

❹ 再次选择【修改】|【分离】命令将文字全部打散，如图5-153所示。

图5-152　打散的文字

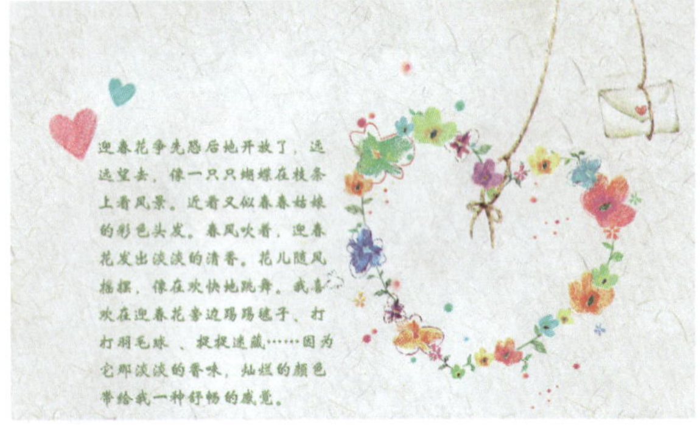

图5-153　全部打散的文字

❺ 在【库】面板中，选中花.jpg文件，打开【颜色】面板，在【类型】下拉列表框中，选择【位图填充】选项，在下方拾取如图5-154所示的图像。

图5-154　颜色面板

❻ 用位图填充打散的文本，如图5-155所示。

图5-155　填充的文本

实例100　设置文本超链接

本实例主要学习设置文本超链接。选择舞台中的文字，在【属性】面板中设置超链接，如图5-156所示。

素材：	素材|Cha05|024.fla
场景：	场景|Cha05|实例100 设置文本超链接.fla
视频：	视频教学 | Cha05 |实例100 设置文本超链接.MP4

图5-156　设置文本超链接

❶ 打开随书配套资源中的素材|Cha05|024.fla文件，如图5-157所示。

图5-157　打开的文件

❷ 选择文本对象，如图5-158所示。

图5-158　选择文本对象

❸ 在【属性】面板中【选项】中设置【链接】为“http://www.baidu.com”【目标】为“_blank”，如图5-159所示。

❹ 操作完成后，文本下方显示下划线，即可完成文件的超连接，如图5-160所示。

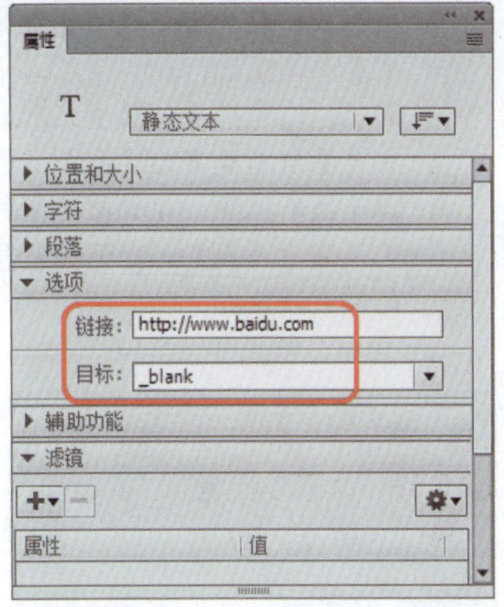

图5-159 属性面板

图5-160 选择文本对象

❺ 按Ctrl+Enter组合键测试影片，将鼠标指针移至文本上方，鼠标指针呈手形，单击鼠标左键即可打开百度搜索页面，如图5-161所示。

图5-161 测试影片

使用滤镜可以实现斜角、投影、发光、模糊、渐变发光、渐变模糊、调整颜色等多种效果。如图5-162所示。

素材：	素材|Cha05|025.fla
场景：	场景|Cha05|实例101 添加滤镜效果.fla
视频：	视频教学 | Cha05 |实例101 添加滤镜效果.MP4

图5-162 添加滤镜效果

❶ 打开随书配套资源中的素材|Cha05|025.fla文件，如图5-163所示。

图5-163 打开的文件

❷ 选择文本对象，如图5-164所示。

图5-164 选择文本对象

❸ 在【属性】面板中，展开【滤镜】卷展栏，单击【添加滤镜】按钮，在下拉列表中选择【投影】选项，如图5-165所示。

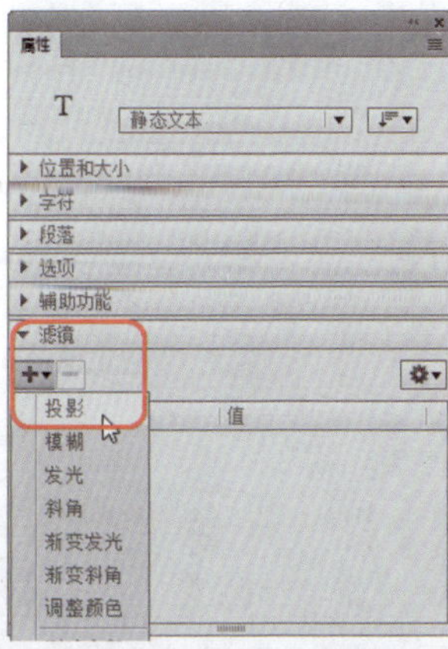

图5-165 【属性】面板

❹ 在【投影】面板中进行相应设置，如图5-166所示。

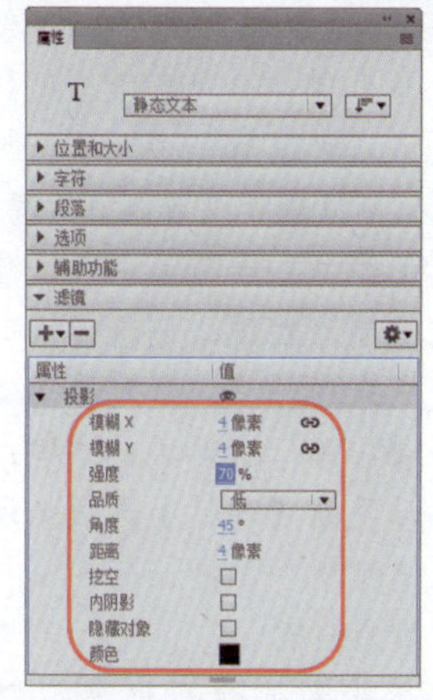

图5-166 投影设置

❺ 操作完成后即可为文本添加滤镜，如图5-167所示。

图5-167 添加滤镜效果

知识链接

应用文本滤镜

应用滤镜后，可以随时更改其选项，或者重新调整滤镜顺序以实现组合效果，用滤镜可以实现斜角、投影、发光、模糊、渐变发光、渐变模糊和调整颜色等多种效果。可直接从【滤镜】面板中对所选对象应用滤镜。

1.为文本添加滤镜效果

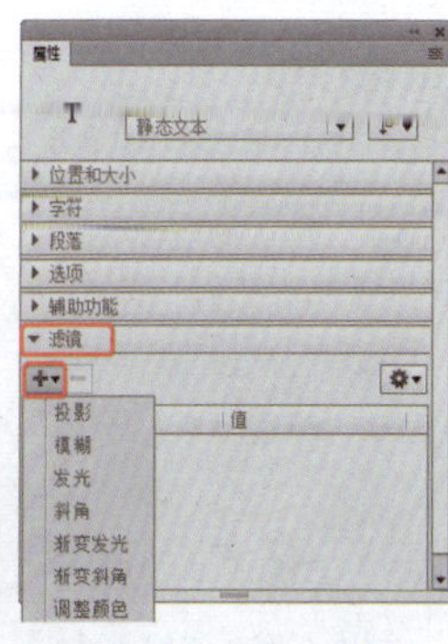

图5-168 添加滤镜

使用如图5-168所示的【滤镜】选项卡，可以对选定的对象应用一个或多个滤镜。对象每添加一个新的滤镜，就会出现在该对象所应用的滤镜的列表中。可以对一个对象应用多个滤镜，也可以删除以前应用的滤镜。

在【滤镜】选项卡中可以启用、禁用或者删除滤镜。删除滤镜时，对象恢复原来的外观。通过选择对象，可以查看应用于该对象的滤镜；该操作会自动更新【滤镜】选项卡所选对象的滤镜列表。

2. 投影滤镜

使用投影滤镜可以模拟对象向一个表面投影的效果；或者在背景中剪出一个形似对象的洞，来模拟对象的外观。在【属性】面板左下方处单击【滤镜】按钮，在打开的添加【滤镜】列表中选择【投影】选项，选择【投影】滤镜，如图5-169所示，滤镜参数如图5-170所示。

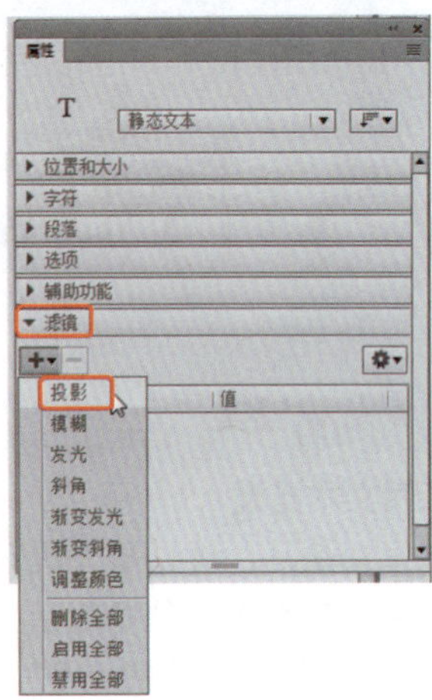

图5-169 选择【投影】

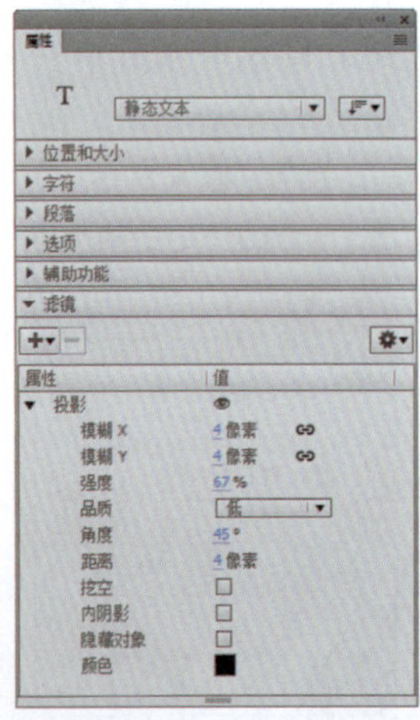

图5-170 滤镜参数

- 模糊X、模糊Y：设置投影的宽度和高度。
- 强度：设置阴影暗度。数值越大，阴影就越暗。
- 品质：选择投影的质量级别。把质量级别设置为【高】就近似于高斯模糊。建议把质量级别设置为【低】，以实现最佳的回放性能。
- 角度：输入一个值来设置阴影的角度。
- 距离：设置阴影与对象之间的距离。
- 挖空：挖空(即从视觉上隐藏)原对象，并在挖空图像上只显示投影。
- 内阴影：在对象边界内应用阴影。
- 隐藏对象：隐藏对象，并只显示其阴影。
- 颜色：打开【颜色】窗口，设置阴影颜色。

投影的效果如图5-171所示。

图5-171 投影效果

3.模糊滤镜

使用模糊滤镜可以柔化对象的边缘和细节。将模糊应用于对象，可以让它看起来好像位于其他对象的后面，或者使对象看起来好像是运动的。滤镜参数如图5-172所示。

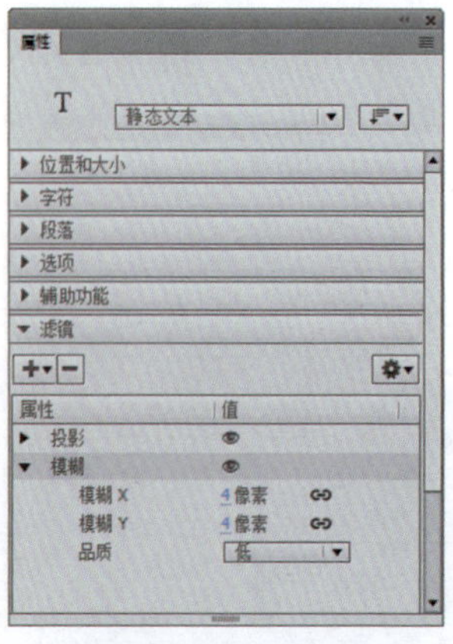

图5-172 滤镜参数

- 模糊X、模糊Y：设置模糊的宽度和高度。
- 品质：选择模糊的质量级别。把质量级别设置为【高】就近似于高斯模糊。建议把质量级别设置为【低】，以保证最佳的回放性能。

模糊的效果如图5-173所示。

图5-173 模糊效果

4. 发光滤镜

使用发光滤镜可以为对象的整个边缘应用颜色。滤镜参数如图5-174所示。

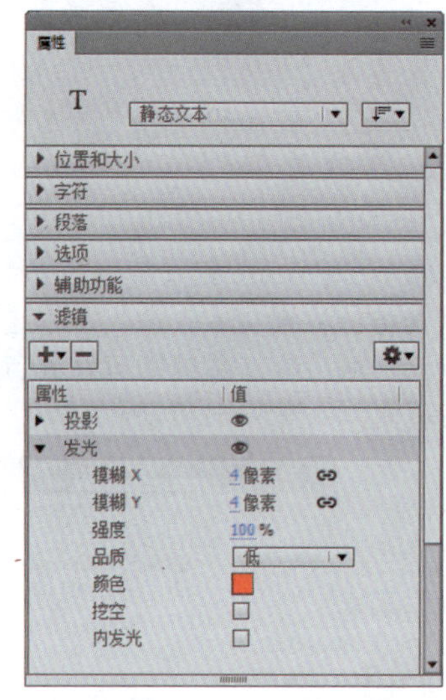

图5-174 滤镜参数

- 模糊X、模糊Y：设置发光的宽度和高度。
- 强度：设置发光的清晰度。
- 品质：选择发光的质量级别。把质量级别设置为【高】就近似于高斯模糊。建议把质量级别设置为【低】，以实现最佳的回放性能。
- 颜色：打开【颜色】窗口，然后设置发光颜色。
- 挖空：挖空(即从视觉上隐藏)原对象，并在挖空图像上只显示发光。
- 内发光：在对象边界内应用

发光。

发光的效果如图5-175所示。

图5-175 发光效果

5. 斜角滤镜

应用斜角，就是向对象应用加亮效果，使其看起来凸出于背景表面。可以创建内斜角、外斜角或者完全斜角。滤镜参数如图5-176所示。

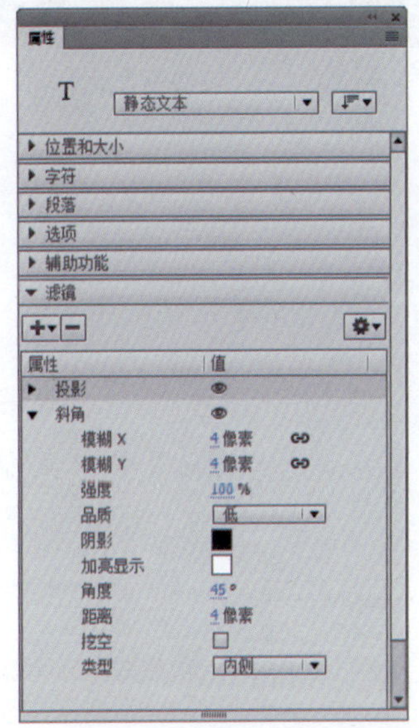

图5-176 滤镜参数

- 模糊X、模糊Y：设置斜角的宽度和高度。
- 强度：设置斜角的不透明度，而不影响其宽度。
- 品质：选择斜角的质量级别。把质量级别设置为【高】就近似于高斯模糊。建议把质量级别设置为【低】，以实现最佳的回放性能。
- 阴影、加亮显示：选择斜角的阴影和加亮颜色。
- 角度：拖动角度盘或输入值，更改斜边投下的阴影角度。
- 距离：输入值来定义斜角的宽度。
- 类型：选择要应用到对象的斜角类型。可以选择内斜角、外斜角或者完全斜角。
- 挖空：挖空(即从视觉上隐藏)原对象，并在挖空图像上只显示斜角。
- 类型：在下拉列表框中选择要应用到对象的斜角类型。可以选择【内侧】、【外侧】或者【整个】选项。

斜角滤镜的效果如图5-177所示。

图5-177 斜角滤镜效果

6. 渐变发光滤镜

应用渐变发光，可以在发光表面产生带渐变颜色的发光效果。渐变发光要求选择一种颜色作为渐变开始的颜色，该颜色的Alpha值为0。用户无法移动此颜色的位置，但可以改变该颜色。滤镜参数如图5-178所示。

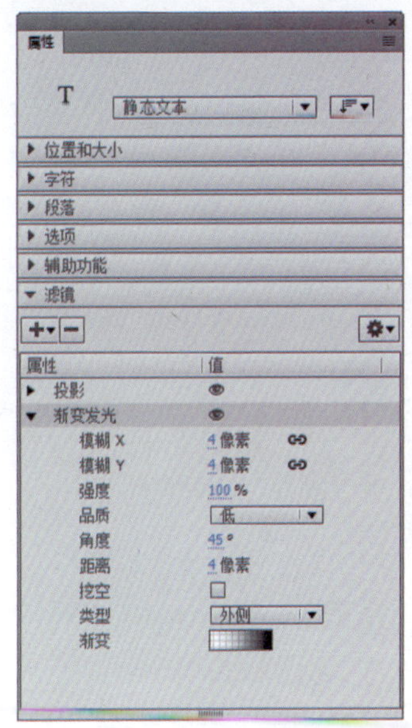

图5-178 滤镜参数

- 模糊X、模糊Y：设置发光的宽度和高度。
- 强度：设置发光的不透明度，而不影响其宽度。
- 品质：选择渐变发光的质量级别。把质量级别设置为【高】就近似于高斯模糊。建议把质量级别设置为【低】，以实现最佳的回放性能。
- 角度：拖动角度盘或输入值，更改发光投下的阴影角度。
- 距离：设置阴影与对象之间的距离。
- 挖空：挖空(即从视觉上隐藏)原对象，并在挖空图像上只显示渐变发光。
- 类型：从下拉列表框中选择要为对象应用的发光类型。可以选择【内侧】、【外侧】或者【整个】选项。
- 渐变：渐变包含两种或多种可相互淡入或混合的颜色。

渐变发光的效果如图5-179所示。

图5-179 渐变发光效果

7. 渐变斜角滤镜

应用渐变斜角滤镜，可以产生一种凸起效果，使得对象看起来好像从背景上凸起，且斜角表面有渐变颜色。渐变斜角要求渐变的中间有一个颜色，颜色的Alpha值为0。滤镜参数如图5-180所示。

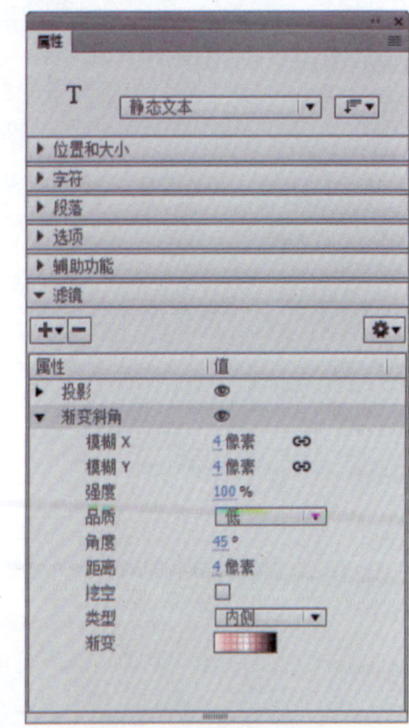

图5-180 滤镜参数

- 模糊X、模糊Y：设置斜角的宽度和高度。
- 强度：输入一个值以影响其平

滑度，而不影响斜角宽度。

- 品质：选择渐变斜角的质量级别。把质量级别设置为【高】就近似于高斯模糊。建议把质量级别设置为【低】，以实现最佳的回放性能。
- 角度：输入一个值或者使用弹出的角度盘来设置光源的角度。
- 距离：设置斜角与对象之间的距离。
- 挖空：挖空(即从视觉上隐藏)原对象，并在挖空图像上只显示渐变斜角。
- 类型：在下拉列表框中选择要应用到对象的斜角类型。可以选择【内侧】、【外侧】或者【整个】选项。
- 渐变：渐变包含两种或多种可相互淡入或混合的颜色。

渐变斜角的效果如图5-181所示。

图5-181　渐变斜角效果

8. 调整颜色滤镜

使用调整颜色滤镜，可以调整对象的亮度、对比度、色相和饱和度。滤镜参数如图5-182所示。

- 亮度：调整对象的亮度。
- 对比度：调整对象的对比度。
- 饱和度：调整对象的饱和度。
- 色相：调整对象的色相。

调整颜色的效果如图5-183所示。

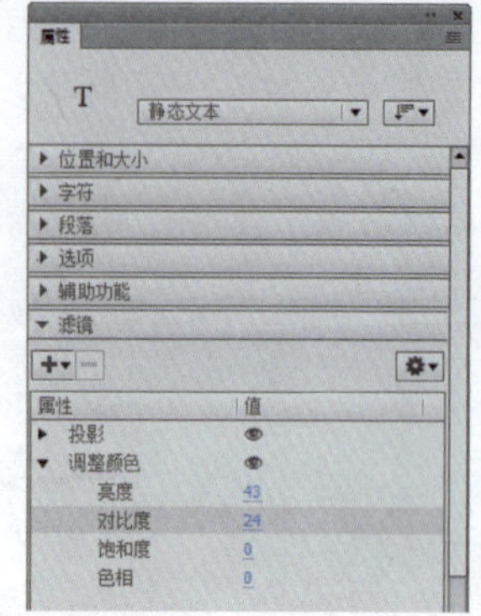

图5-182　滤镜参数

图5-183　调整颜色效果

第 6 章 元件、库和实例

元件是制作Animate动画的重要元素，实例是指位于舞台上或嵌套在另一个元件内的元件副本。本章将重点介绍元件和实例的使用、编辑方法，还讲解了库面板的使用。库面板是Animate影片中所有可以重复使用的元素的储存仓库，将导入的各类文件以及创建的各种元件都放到库面板中，在使用时可以在库面板中进行调用。

实例102 创建图形元件

本实例将介绍如何创建图形元件。

素材：	素材|Cha06|001.fla
场景：	场景|Cha06|实例102 创建图形元件.fla
视频：	视频教学 | Cha06 |实例102 创建图形元件.MP4

❶ 打开随书配套资源中的素材|Cha05|001.fla文件，如图6-1所示。

图6-1 打开素材文件

❷ 选择图形对象，在菜单栏中选择【插入】|【新建元件】命令，弹出【创建新元件】对话框，将【类型】设置为【图形】，将【名称】设置为“图形元件”，单击【确定】按钮，即可创建图形元件，如图6-2所示。

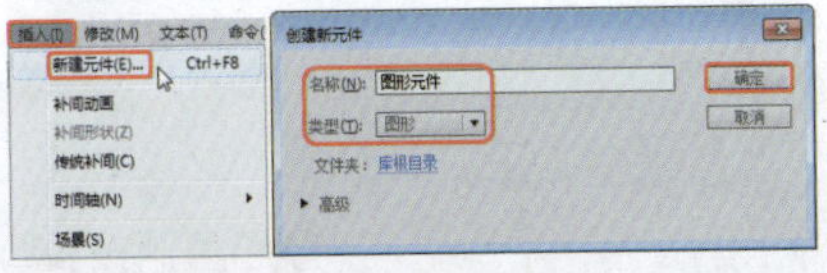

图6-2 创建图形元件

❸ 创建完图形元件后，即可进入图形元件的编辑界面，就可以对元件进行编辑了。将场景中的玫瑰复制到图形元件中，调整对象的位置，在【库】面板和舞台中观察效果。如图6-3所示。

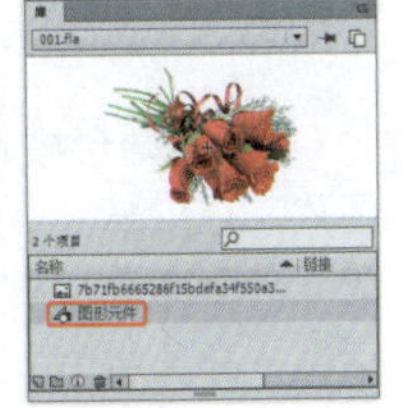

图6-3 元件编辑界面

提 示

在【创建新元件】对话框中，如果单击对话框左下角的【高级】选项按钮 ▸ 高级 ，将弹出扩展功能面板，如图6-4所示，该扩展功能面板主要用来设置元件的共享性，在制作一般动画过程中很少使用。

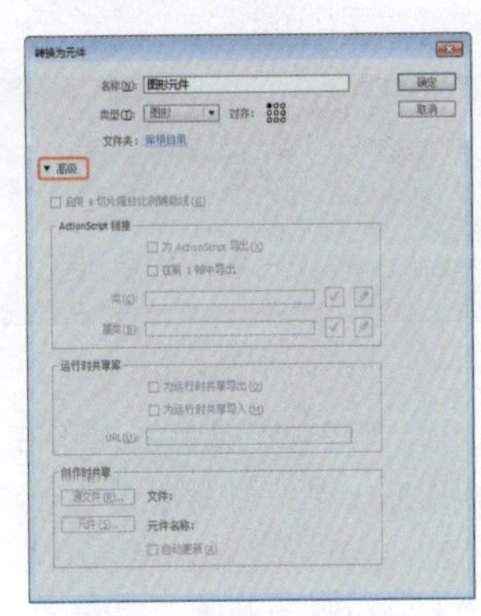

图6-4 扩展功能面板

还可以通过以下几种方法新建元件：

方法一：按Ctrl+F8组合键，弹出【创建新元件】对话框。

方法二：单击【库】面板下方的【新建元件】按钮 ，也可以打开【创建新元件】对话框。

方法三：单击【库】面板右上角的【库】面板按钮，在弹出的下拉菜单中选择【新建元件】命令。

知识链接

元件的类型

在Animate中可以制作的元件类型有3种：图形元件、按钮元件及影片剪辑元件，每种元件都有其在影片中特有的作用和特性，如图6-5所示。

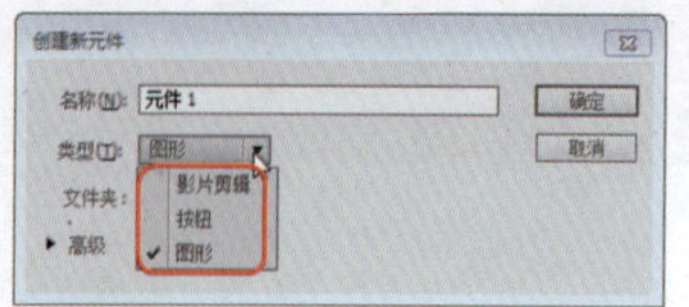

图6-5 【创建新元件】对话框

图形元件可以用来重复应用静态的图片，并且图形元件也可以用到其他类型的元件当中，是3种Animate元件类型中最基本的类型。

按钮元件一般用于响应影片中的鼠标事件，如鼠标的单击、移开等。按钮元件是用来控制相应的鼠标事件的交互性特殊元件。与在网页中出现的普通按钮一样，可以通过对它的设置来触发某些特殊效果，如控制影片的播放、停止等。按钮元件是一种具有4个帧的影片剪辑。按钮元件的时间轴无法播放，它只是根据鼠标事件的不同而作出简单的响应，并转到所指向的帧，如图6-6所示。

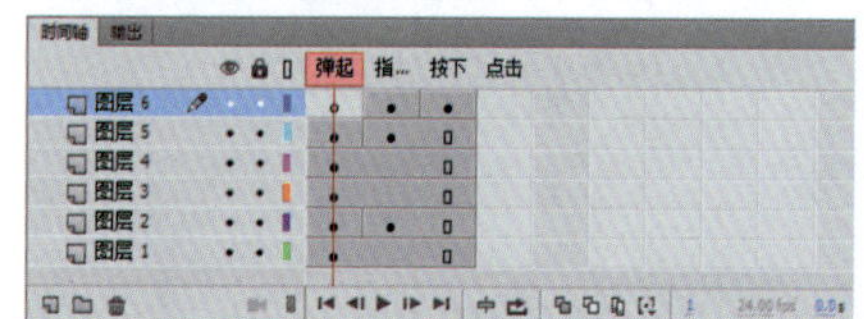

图6-6 按钮元件

(1) 弹起帧：鼠标指针不在按钮上时的状态，即按钮的原始状态。

(2) 指针经过帧：鼠标指针移动到按钮上时的按钮状态。

(3) 按下帧：鼠标指针单击按钮时的按钮状态。

(4) 点击帧：用于设置对鼠标动作作出反应的区域，这个区域在Animate影片播放时是不会显示的。

影片剪辑是Animate中最具交互性、用途最多及功能最强的部分。它基本上是一个小的独立电影，可以包含交互式控件、声音，甚至其他影片剪辑。可以将影片剪辑放在按钮元件的时间轴内，以创建动画按钮。不过，由于影片剪辑具有独立的时间轴，所以它们在Animate中是相互独立的。如果场景中存在影片剪辑，即使影片的时间轴已经停止，影片剪辑的时间轴仍可以继续播放，这里可以将影片剪辑设想为主电影中嵌套的小电影，每个影片剪辑在时间轴的层次结构树中都有相应的位置。使用loadMovie动作加载到Animate Player中的影片也有独立的时间轴。使用动作脚本可以在影片剪辑之间发送消息，以使它们相互控制。例如，一段影片剪辑的时间轴中最后一帧上的动作可以指示开始播放另一段影片剪辑。使用电影剪辑对象的动作和方法可以对影片剪辑进行拖动、加载等控制。要控制影片剪辑，必须通过使用目标路径(该路径指示影片剪辑在显示列表中的唯一位置)来指明它的位置。

实例103 将已有图片转换为图形元件

本实例将介绍如何将已有图片转换为图形元件。

素材：	素材|Cha06|002.fla
场景：	场景|Cha06|实例103 将已有图片转换为图形元件.fla
视频：	视频教学 | Cha06 |实例103 将已有图片转换为图形元件.MP4

❶ 打开随书配套资源中的素材|Cha05|002.fla文件，如图6-7所示。

图6-7 选择图片

❷ 在舞台中选择要转换为元件的图片，在菜单栏中选择【修改】|【转换为元件】命令，打开【转换为元件】对话框，在【类型】下拉列表中选择【图形】，将【名称】设置为“草莓”，如图6-8所示。

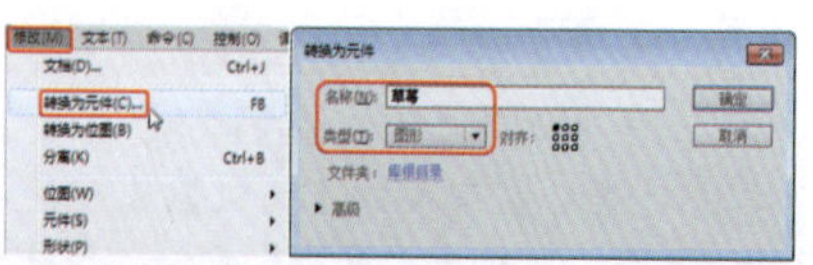

图6-8 在【转换为元件】对话框中选择类型

❸ 单击【确定】按钮，即可将选择的图片转换为图形元件，如图6-9所示。

图6-9 将图片转换为图形元件

提 示

按快捷键F8，也可以打开【转换为元件】对话框。或者，在选择的图片上单击鼠标右键，在弹出的快捷菜单中选择【转换为元件】命令。

实例104 创建影片剪辑元件

本实例讲解如何创建影片剪辑元件，效果如图6-10所示。

素材：	素材|Cha06|背景.jpg、纸船.png
场景：	场景|Cha06|实例104 创建影片剪辑元件.fla
视频：	视频教学 | Cha06 |实例104 创建影片剪辑元件.MP4

图6-10 创建影片剪辑元件

❶ 在菜单栏中选择【文件】|【新建】命令，在弹出的对话框中选择【常规】选项卡，在该选项卡中选择【ActionScript 3.0】，在右侧的设置区域中将【宽】设置为570像素，将【高】设置为399像素，将【帧频】设置为12fps，如图6-11所示。单击【确定】按钮，即可新建一个空白文档，如图6-12所示。

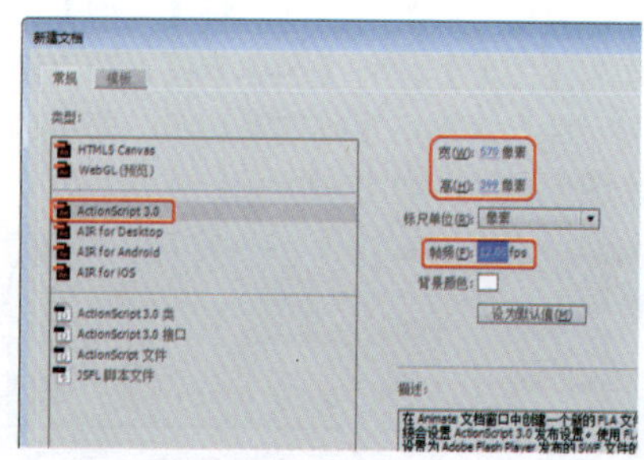

图6-11 【新建文档】对话框

图6-12 新建空白文档

❷ 在菜单栏中选择【插入】|【新建元件】命令，如图6-13所示。

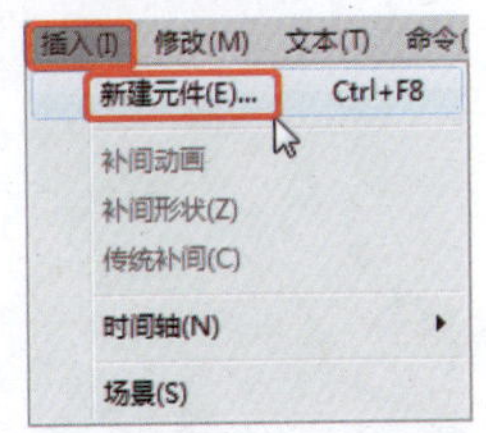

图6-13 选择【新建元件】命令

❸ 弹出【创建新元件】对话框，将【类型】设置为【影片剪辑】，在【名称】文本框中输入“影片剪辑”，如图6-14所示。

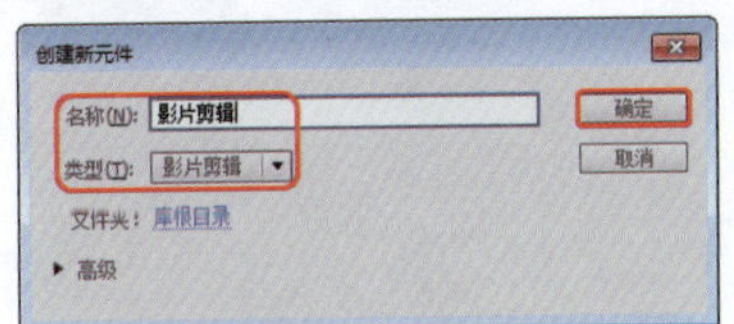

图6-14 【创建新元件】对话框

❹ 单击【确定】按钮，即可进入影片剪辑元件的编辑界面，如图6-15所示。

图6-15 影片剪辑元件的编辑界面

❺ 按Ctrl+R组合键，弹出【导入】对话框，在该对话框中选择随书配套资源中的素材|Cha06|背景.jpg文件，单击【打开】按钮，如图6-16所示。

❻ 将选择的素材文件导入至舞台中，按Ctrl+T组合键，弹出【变形】面板，确定【约束】按钮处于锁定状态，将【缩放】宽度设置为24.1%，如图6-17所示。

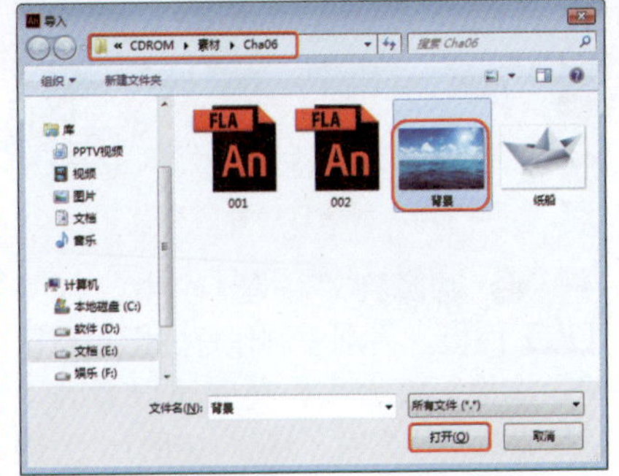

图6-16 选择素材文件

图6-17 设置缩放值

❼ 确定素材文件处于选中状态，在【属性】面板中将【X】和【Y】设置为0，如图6-18所示。

图6-18 设置图片位置

❽ 在【时间轴】面板中选择“图层1”第50帧，按F6键插入关键帧，如图6-19所示。

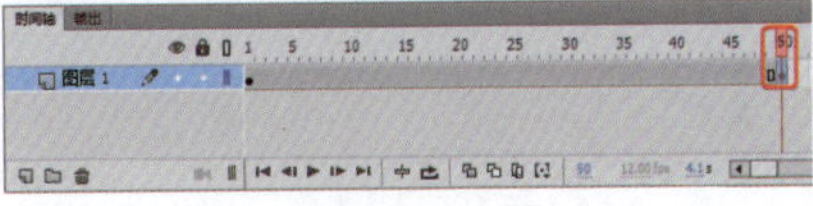

图6-19 插入关键帧

❾ 单击【新建图层】按钮，新建“图层2”，如图6-20所示。

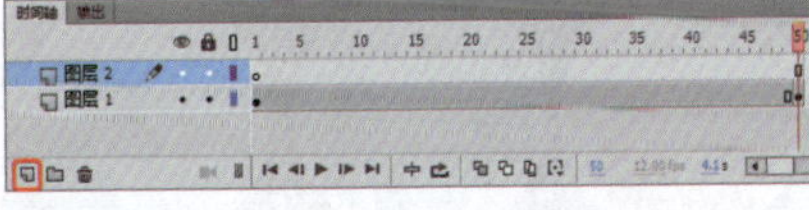

图6-20 新建图层

❿ 选择“图层2”第1帧，按Ctrl+R组合键，弹出【导入】对话框，在该对话框中选择随书配套资源中的素材|Cha06|纸船.png文件，单击【打开】按钮，如图6-21所示。

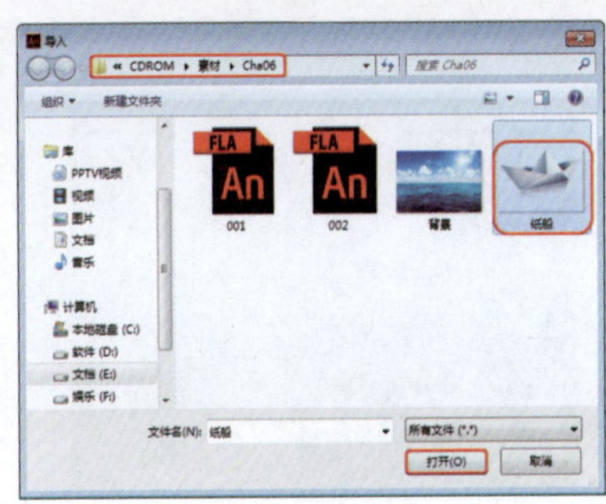

图6-21 选择素材图片

⓫ 将选择的素材文件导入至舞台中，按Ctrl+T组合键，弹出【变形】面板，确定【约束】按钮处于锁定状态，将【缩放】宽度设置为18%，如图6-22所示。

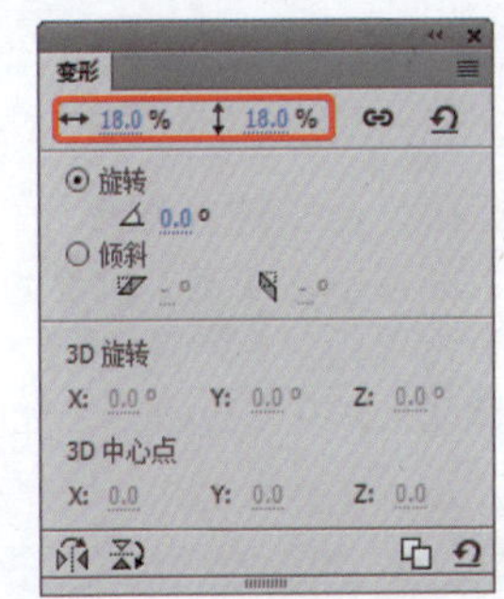

图6-22 设置缩放值

⓬ 确定素材文件处于选中状态，在【属性】面板中将【X】设置为0，将【Y】设置为264，如图6-23所示。

图6-23 设置图片位置

⓭ 按F8键，弹出【转换为元件】对话框，输入【名称】为“纸船”，将【类型】设置为【图形】，如图6-24所示。

图6-24 【转换为元件】对话框

⓮ 单击【确定】按钮，即可将素材文件“纸船.png”转换为图形元件，如图6-25所示。

图6-25　将图片转换为元件

⑮ 在【时间轴】面板中选择“图层2”第50帧，按F6键插入关键帧，如图6-26所示。

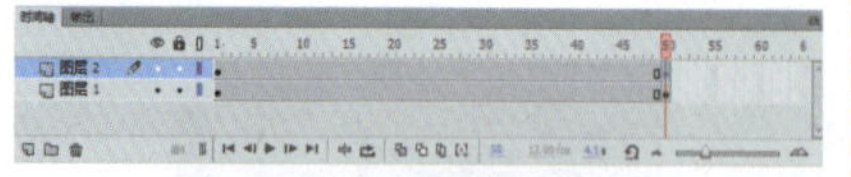
图6-26　插入关键帧

⑯ 在舞台中选择图形元件，在【属性】面板中将【宽】设置为100，将【高】设置为71.9，将【X】设置为461.4，将【Y】设置为192.4，如图6-27所示。

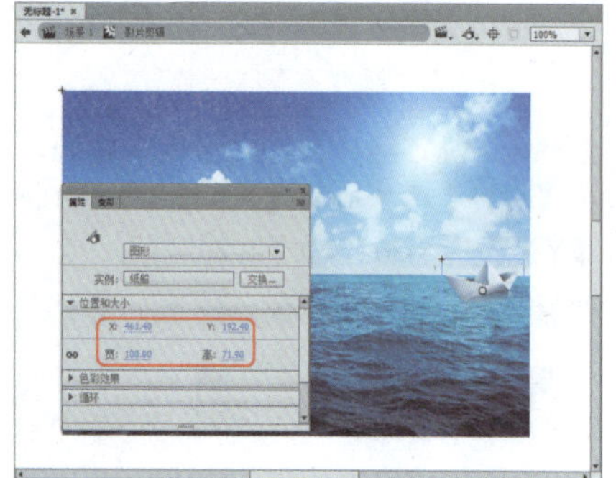
图6-27　设置元件大小和位置

⑰ 选择“图层2”第10帧，并单击鼠标右键，在弹出的快捷菜单中选择【创建传统补间】命令，如图6-28所示。

图6-28　选择【创建传统补间】命令

⑱ 在“图层2”中创建传统补间动画，如图6-29所示。

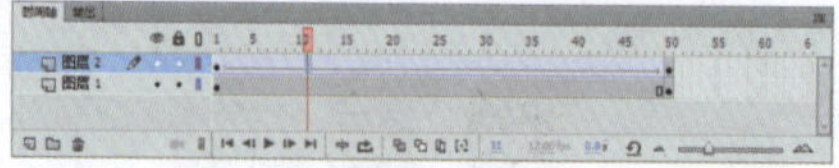
图6-29　创建传统补间动画

⑲ 返回到“场景1”中，打开【库】面板，将刚才制作好的影片剪辑元件拖拽至舞台中，此时可以看到，影片剪辑元件只占了场景1中的1个关键帧，如图6-30所示。

图6-30　将影片剪辑元件拖拽至舞台中

提　示

影片剪辑虽然可能包含比主场景更多的帧数，但是它是以一个独立的对象出现，其内部可以包含图形元件或者按钮元件等，并且支持嵌套功能，这种强大的嵌套功能对编辑影片有很大的帮助。

实例105　创建按钮元件

按钮元件是Animate影片中创建互动功能的重要组成部分，效果如图6-31所示。下面介绍创建按钮元件的方法。

素材：	无
场景：	场景|Cha06|实例105 创建按钮元件.fla
视频：	视频教学|Cha06|实例105 创建按钮元件.MP4

图6-31　创建按钮元件

❶ 在菜单栏中选择【文件】|【新建】命令，在弹出的对话框中选择【常规】选项卡，在该选项卡中选择【ActionScript 3.0】，在右侧的设置区域中将【宽】设置为416像素，将【高】设置为400像素，单击【背景颜色】右侧的色块，在弹出的【颜色】面板中选择【黑色】，如图6-32所示。单击【确定】按钮，即可新建文档，如图6-33所示。

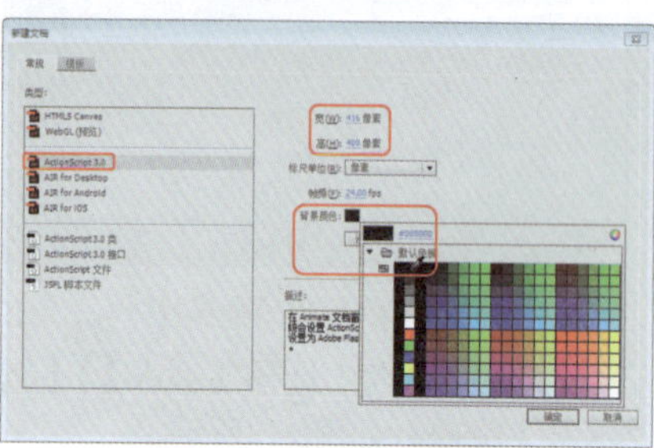
图6-32　【新建文档】对话框

图6-33　新建文档

❷ 在菜单栏中选择【插入】|【新建元件】命令，如图6-34所示。

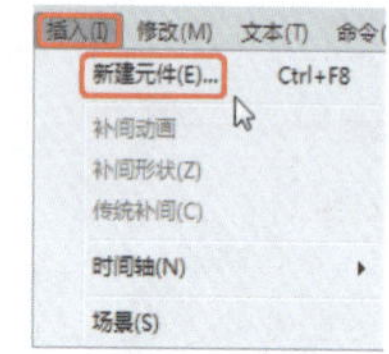

图6-34　选择【新建元件】命令

❸ 弹出【创建新元件】对话框，将【类型】设置为【按钮】，在【名称】文本框中输入“按钮”，如图6-35所示。

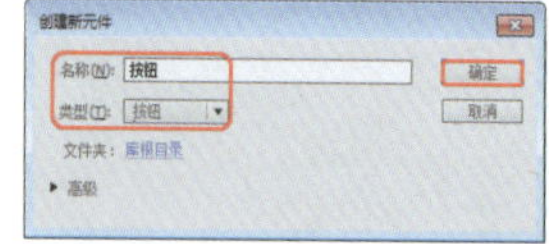
图6-35　【创建新元件】对话框

❹单击【确定】按钮，即可进入按钮元件的编辑界面，如图6-36所示。

图6-36　按钮元件编辑界面

5 在【时间轴】面板中选择“图层1”的弹起帧，如图6-37所示。

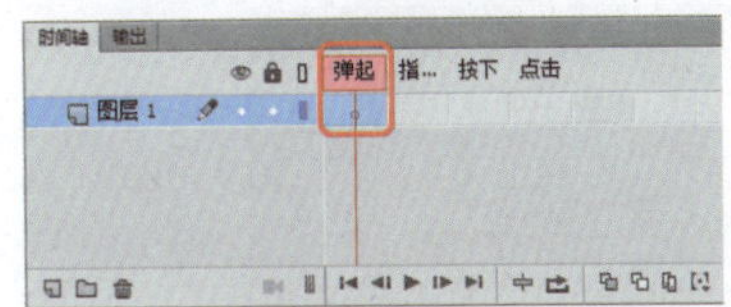

图6-37 选择弹起帧

6 在工具箱中选择【椭圆工具】，在【属性】面板中将【笔触颜色】设置为无，将【填充颜色】设置为【白色】，如图6-38所示。

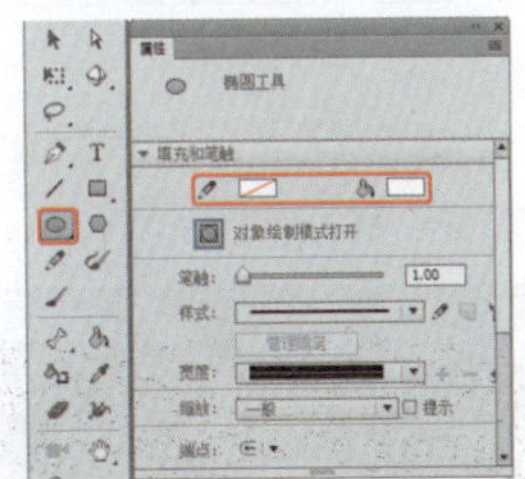

图6-38 设置【椭圆工具】属性

7 在舞台中按住Shift键绘制正圆，如图6-39所示。

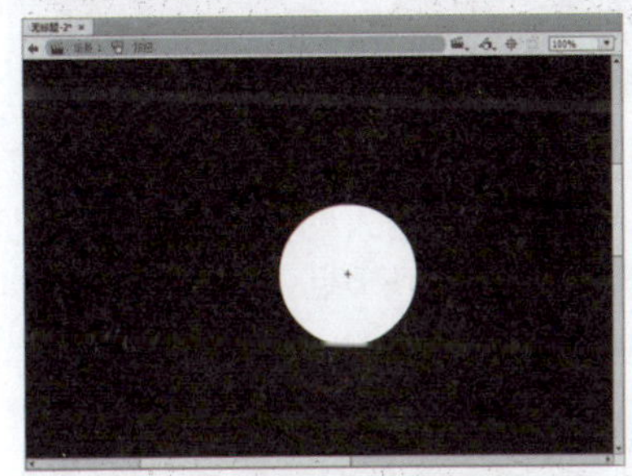

图6-39 绘制正圆

8 在【时间轴】面板中选择“图层1”的按下帧，并单击鼠标右键，在弹出的快捷菜单中选择【插入帧】命令，如图6-40所示。

图6-40 选择【插入帧】命令

9 插入帧，在【时间轴】面板中单击【新建图层】按钮，新建“图层2”，如图6-41所示。

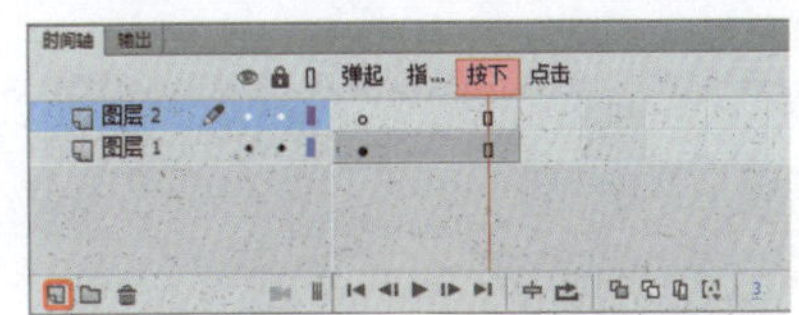

图6-41 新建【图层2】

10 选择“图层2”的弹起帧，在工具箱中选择【椭圆工具】，在【属性】面板中将【笔触颜色】设置为无，将【填充颜色】的值设置为【#FF9900】，如图6-42所示。

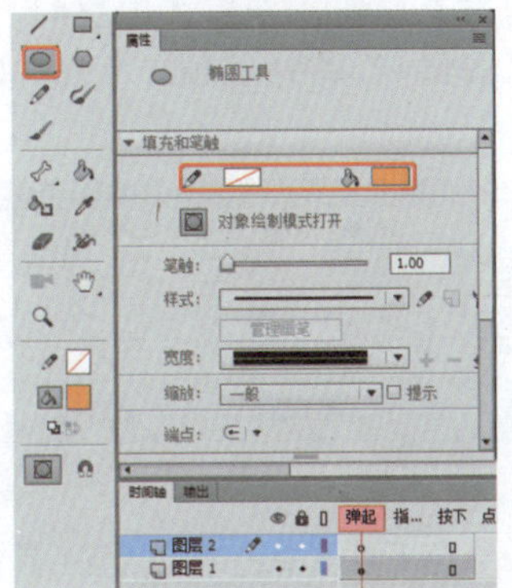

图6-42 设置工具【属性】

11 在舞台中按住Shift键绘制正圆，如图6-43所示。

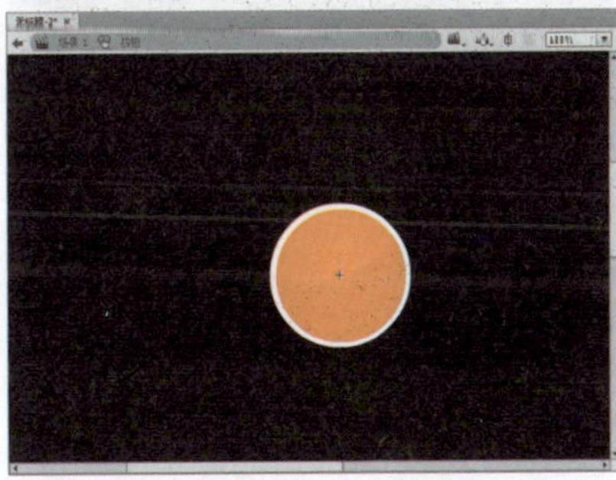

图6-43 绘制正圆

12 在【时间轴】面板中，选择“图层2”的指针经过帧，并按F6键插入关键帧，如图6-44所示。

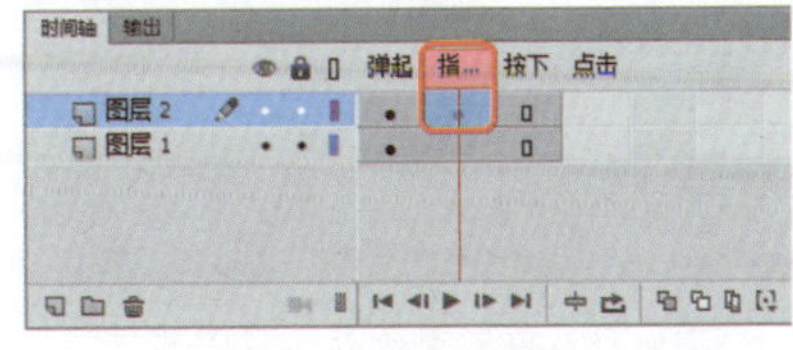

图6-44 插入关键帧

13 在舞台中选择新绘制的正圆，如图6-45所示。在【属性】面板中将【填充颜色】的值设置为【#00CCCC】，如图6-46所示。

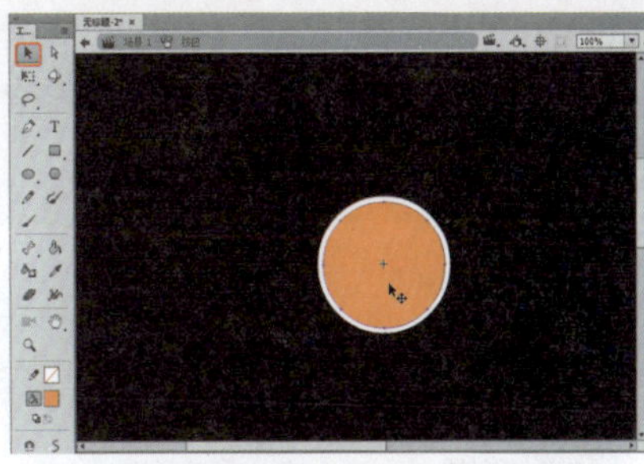

图6-45 选择正圆

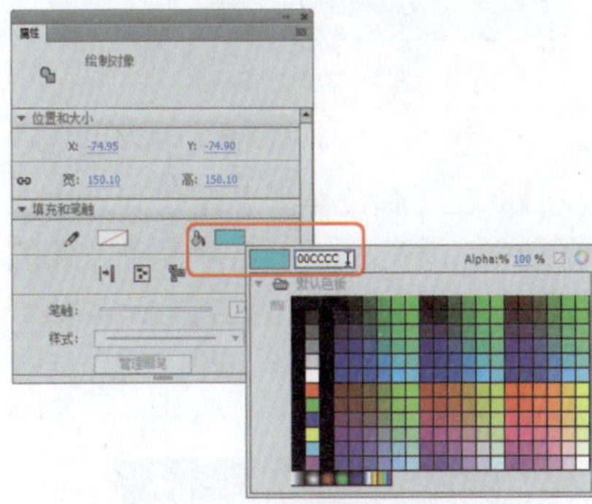

图6-46 更改填充颜色

14 更改选择的正圆的填充颜色，如图6-47所示。

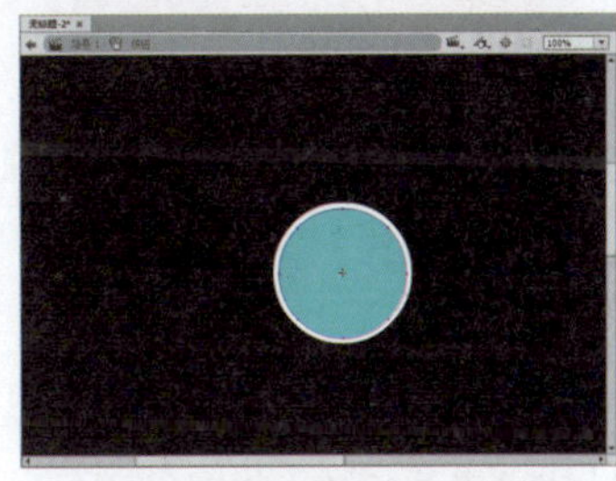

图6-47 更改后的正圆颜色

15 在【时间轴】面板中单击【新建图层】按钮，新建“图层3”，然后选择“图层3”的弹起帧，如图6-48所示。

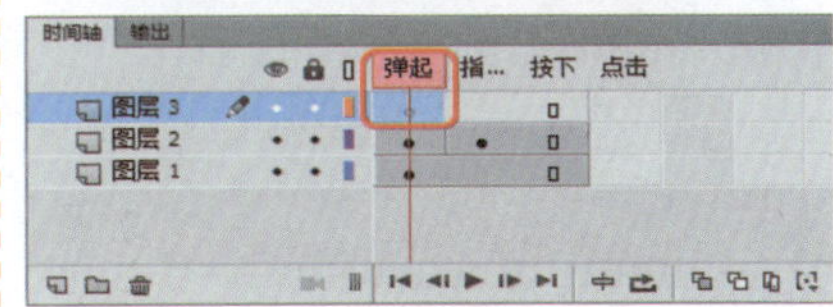

图6-48 新建图层并选择弹起帧

16 在工具箱中选择【椭圆工具】，在舞台中按住Shift键绘制正圆，如图6-49所示。

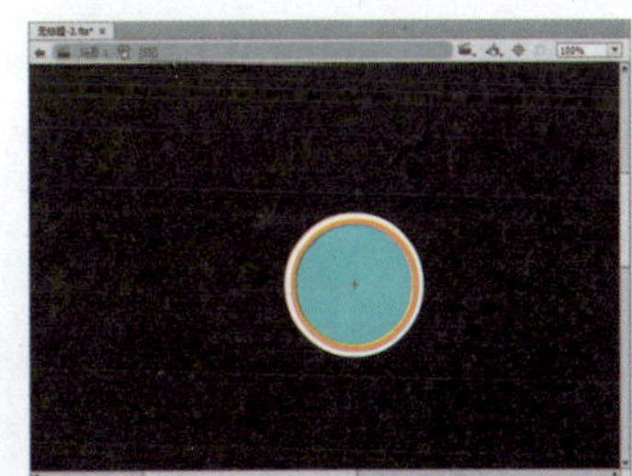

图6-49 绘制正圆

⑰ 在菜单栏中选择【窗口】|【颜色】命令，打开【颜色】面板，如图6-50所示。

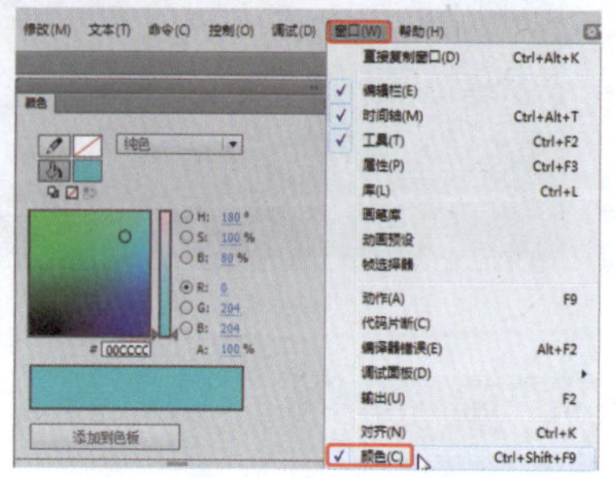

图6-50 打开【颜色】面板

⑱ 在【颜色类型】下拉列表中选择【线性渐变】，单击渐变条左侧的色标，将RGB值设置为255、255、255，将Alpha值设置为0，如图6-51所示。

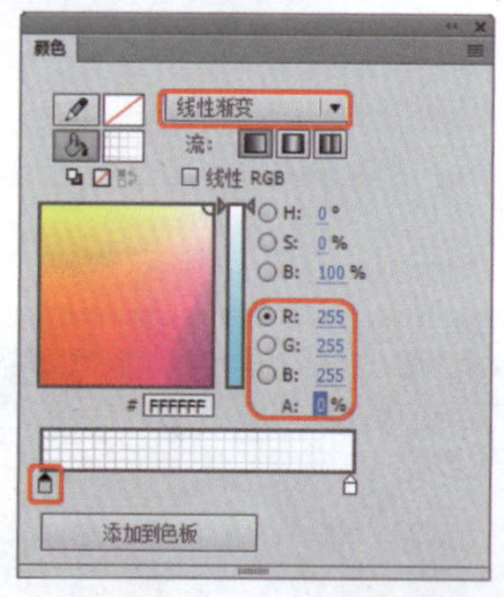

图6-51 设置左侧色标

⑲ 单击渐变条右侧的色标，将Alpha值设置为63%，如图6-52所示。

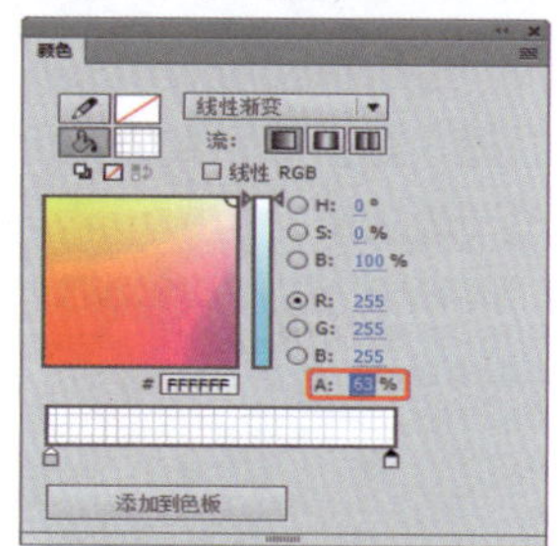

图6-52 设置Alpha值

⑳ 在工具箱中选择【颜料桶工具】，在新绘制的正圆下方单击鼠标左键，并向上拖动鼠标，如图6-53所示。

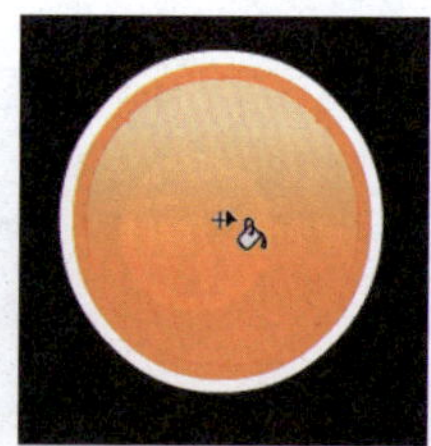

图6-53 拖动鼠标

㉑ 拖动至正圆上方后，松开鼠标左键，即可为正圆填充渐变颜色，如图6-54所示。

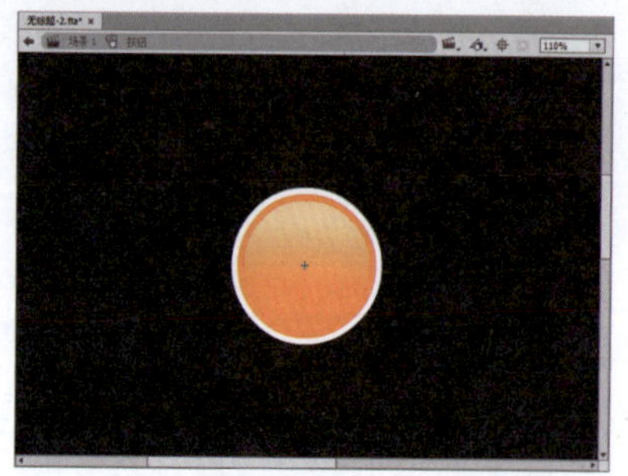

图6-54 填充渐变颜色

㉒ 在【时间轴】面板中单击【新建图层】按钮，新建“图层4”，选择“图层4”的弹起帧，如图6-55所示。

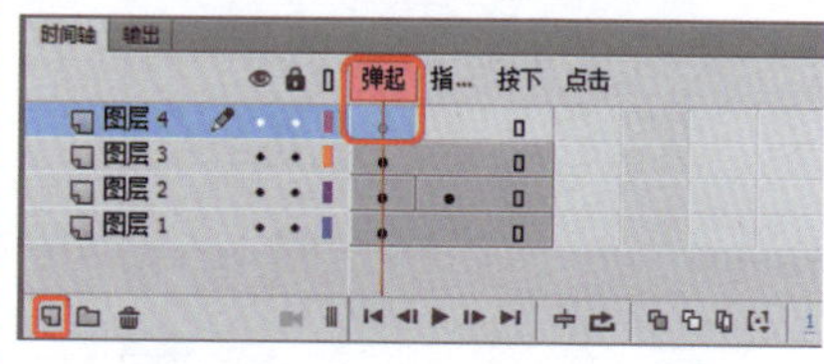

图6-55 新建图层

㉓ 在工具箱中选择【椭圆工具】，在舞台中绘制椭圆，并为其填充渐变颜色，如图6-56所示。

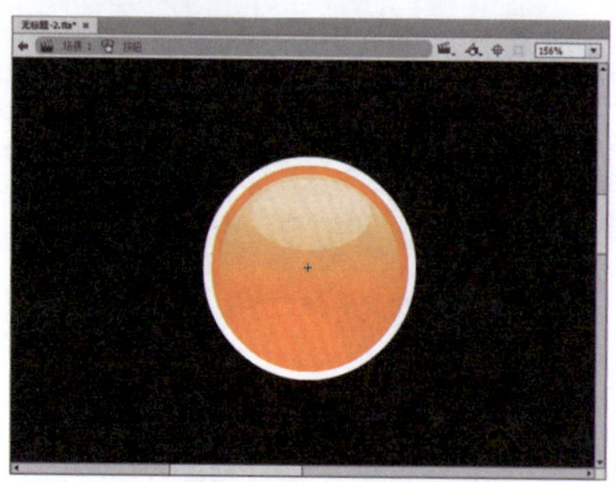

图6-56 绘制椭圆并填充渐变颜色

㉔ 在【时间轴】面板中单击【新建图层】按钮，新建“图层5”，选择“图层5”的弹起帧，如图6-57所示。

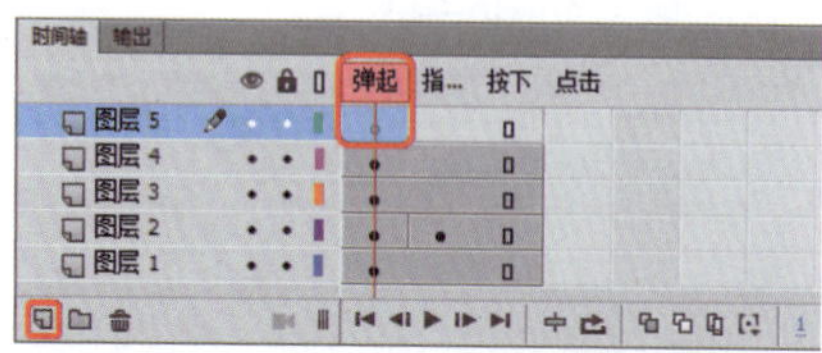

图6-57 新建图层并选择弹起帧

㉕ 在工具箱中选择【文本工具】命令，在【属性】面板中将【系列】设置为【汉仪超粗圆简】，将【大小】设置为20磅，单击【颜色】选项右侧的色块，在弹出的颜色面板中选择白色，并将Alpha值设置为100%，如图6-58所示。

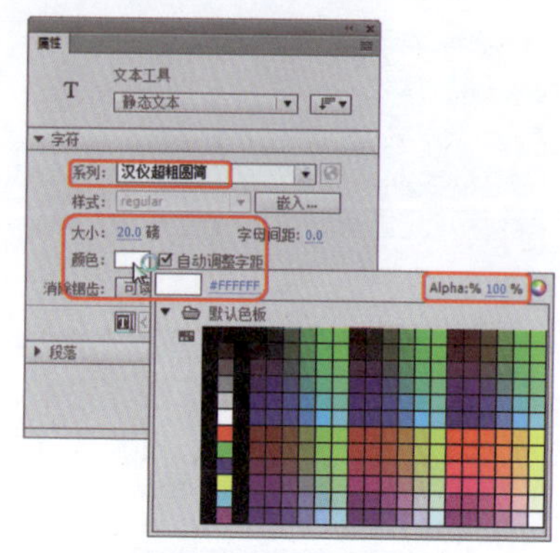

图6-58 设置【工具属性】

㉖ 在舞台中输入文字，输入完成后调整文字位置，如图6-59所示。

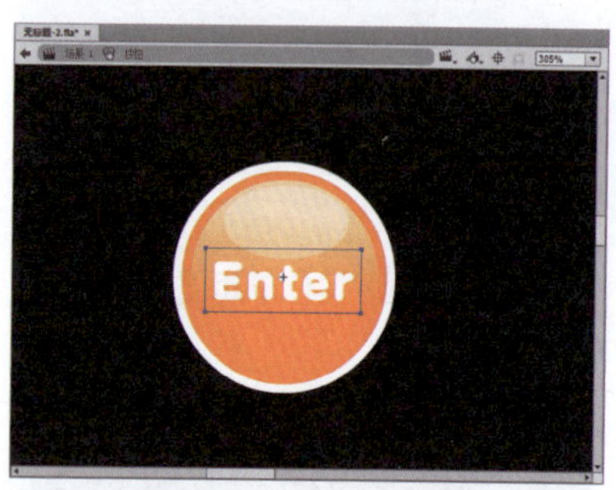

图6-59 输入并调整文字

㉗ 确定输入的文字处于选中状态，按两次Ctrl+B组合键分离文字，如图6-60所示。

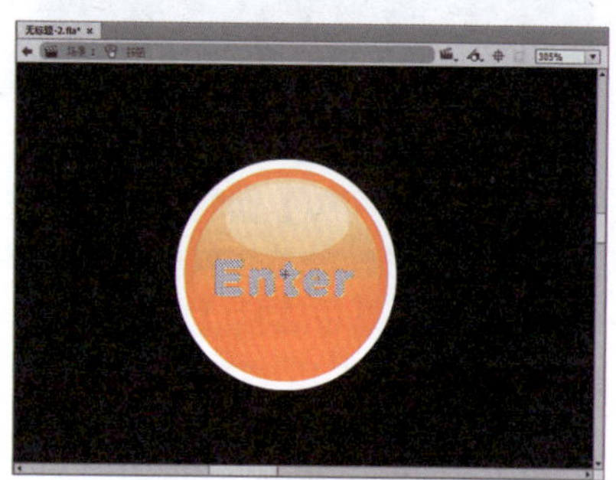

图6-60 分离文字

㉘ 在【时间轴】面板中选择“图层5”的指针经过帧，并按F6键插入关键帧，如图6-61所示。

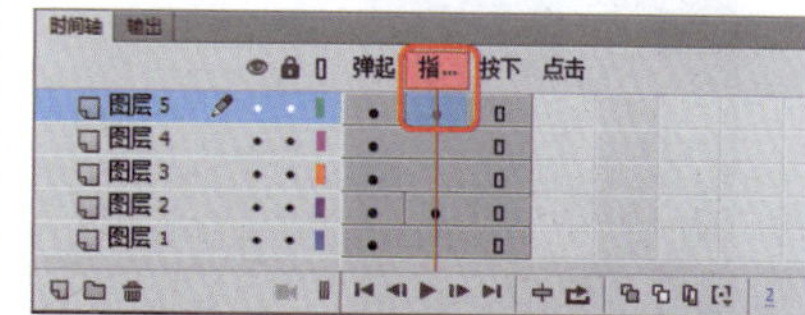

图6-61 插入关键帧

㉙ 在舞台中确认分离后的文字处于选中状态，在【属性】面板中单击【填充颜色】，在弹出的颜色面板中将

Alpha值设置为0，如图6-62所示。

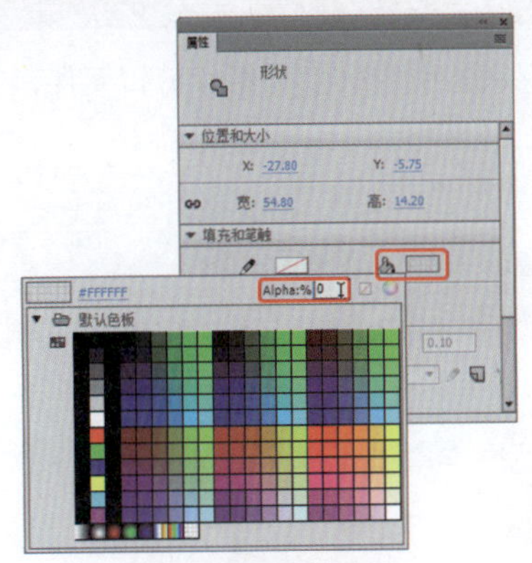

图6-62 设置Alpha值

30 在【时间轴】面板中单击【新建图层】按钮，新建“图层6”，然后选择“图层6”的指针经过帧，并按F6键插入关键帧，如图6-63所示。

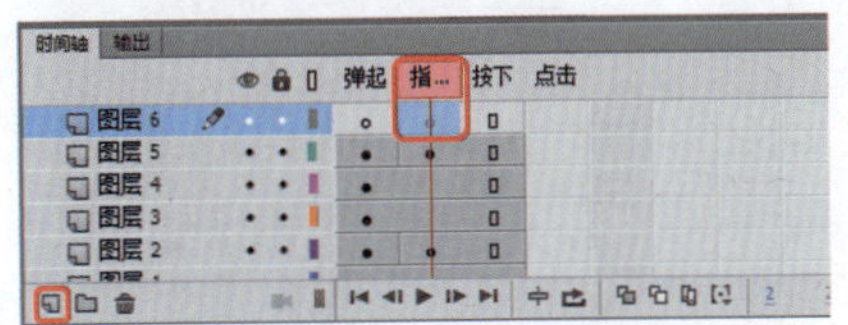

图6-63 新建图层并插入关键帧

31 在工具箱中选择【文本工具】，在【属性】面板中将【大小】设置为14磅，将【填充颜色】设置为【白色】，Alpha值设置为100%，如图6-64所示。

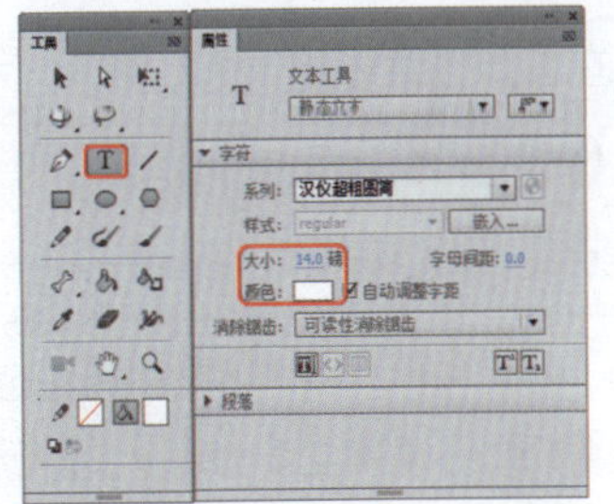

图6-64 设置工具属性

32 在舞台中输入文字，输入完成后调整文字位置，如图6-65所示。

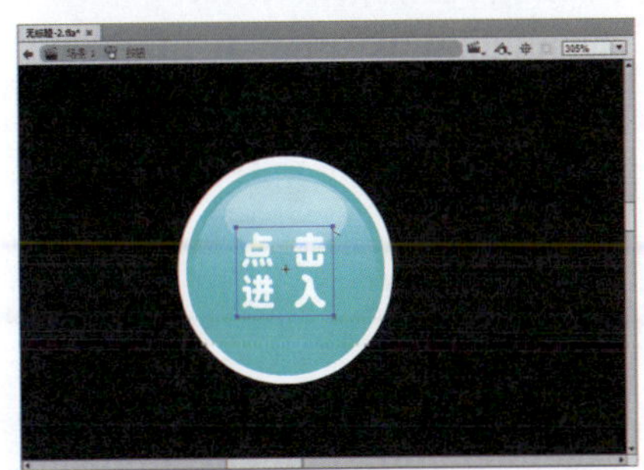

图6-65 输入文字

33 确定输入的文字处于选中状态，按两次Ctrl+B组合键分离文字，如图6-66所示。

图6-66 分离文字

34 在【时间轴】面板中选择“图层6”的按下帧，然后按F6键插入关键帧，如图6-67所示。

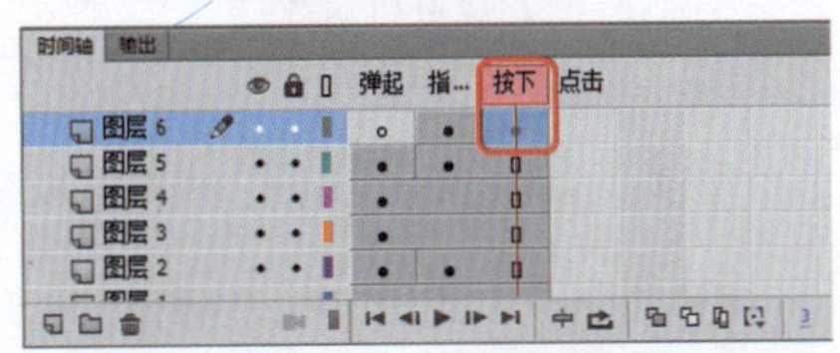

图6-67 插入关键帧

35 在工具箱中选择【任意变形工具】，在按住Shift键的同时，等比例放大分离后的文字，如图6-68所示。

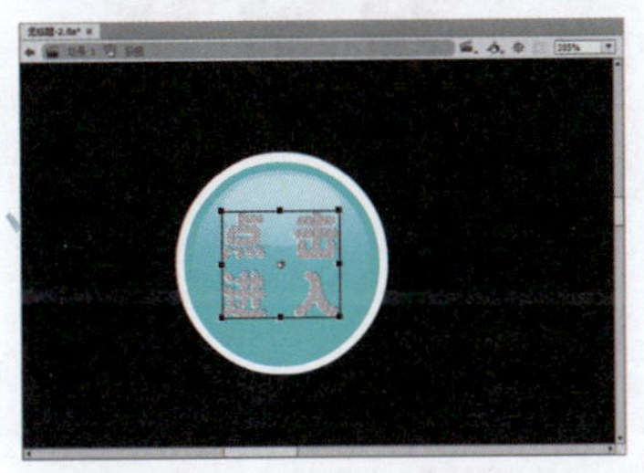

图6-68 等比例放大分离后的文字

36 返回至“场景1”中，即可完成按钮元件的创建。此时可以在【库】面板中查看创建的按钮元件，如图6-69所示。

图6-69 创建的按钮

知识链接

元件的优点

在动画中使用元件有4个最显著的优点，如下所述：

同一个元件在浏览时只需下载一次，这样就可以加快影片的播放速度，避免重复下载同一对象。

使用元件可以简化影片的编辑操作。在影片编辑过程中，可以把需要多次使用的元素制成元件，若修改元件，则由同一元件生成的所有实例都会随之更新，而不必逐一对所有实例进行更改，这样就大大节省了创作时间，提高了工作效率。

制作运动类型的过渡动画效果时，必须将图形转换成元件，否则将失去透明度等属性，而且不能制作补间动画。

若使用元件，则在影片中只会保存元件，而不管该影片中有多少个该元件的实例，它们都是以附加信息保存的，即用文字性的信息说明实例的位置和其他属性，所以保存一个元件的几个实例比保存该元件内容的多个副本占用的存储空间小。

实例106 使用按钮元件

创建完成按钮元件后，下面再来介绍一下使用按钮元件的方法，效果如图6-70所示。

素材：	素材|Cha06|卡通背景.jpg
场景：	场景|Cha06|实例106 使用按钮元件.fla
视频：	视频教学 | Cha06 |实例106 使用按钮元件.MP4

图6-70 使用按钮元件

1 按Ctrl+R组合键，弹出【导入】对话框，在该对话框中选择随书配套资源中的素材|Cha06|卡通背景.jpg文件，单击【打开】按钮，如图6-71所示。

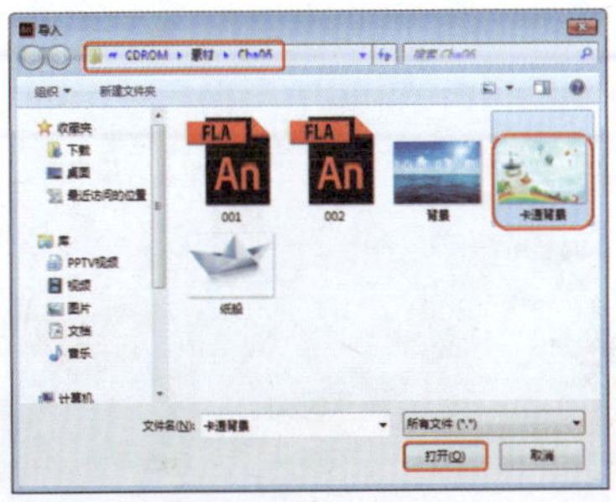

图6-71 选择素材文件

❷ 将选择的素材文件导入至舞台中，按Ctrl+T组合键，弹出【变形】面板，确定【约束】按钮处于选中状态，将【缩放】宽度设置为65%，如图6-72所示。

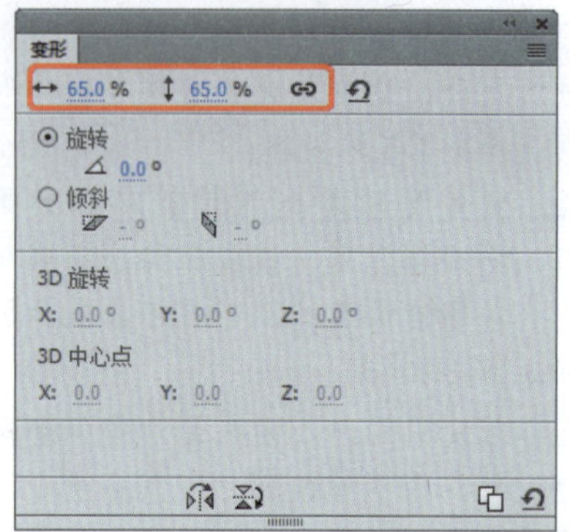

图6-72 设置缩放值

❸ 在舞台空白位置单击鼠标左键，在【属性】面板中单击【高级设置】按钮，弹出【文档设置】对话框，单击【匹配内容】选项，单击【确定】按钮，如图6-73所示。

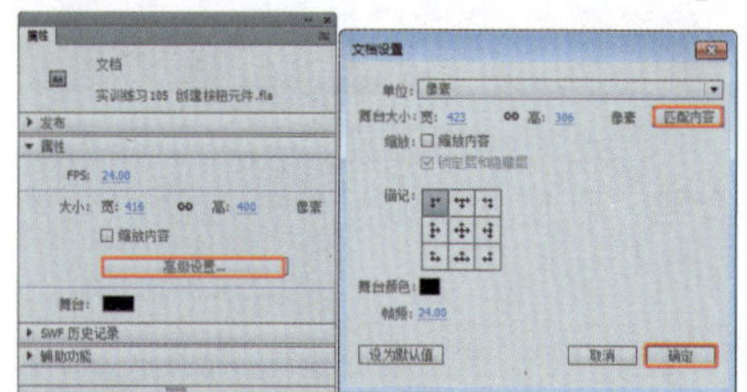

图6-73 设置文档大小

❹ 在【时间轴】面板中单击【新建图层】按钮，新建“图层2”，如图6-74所示。

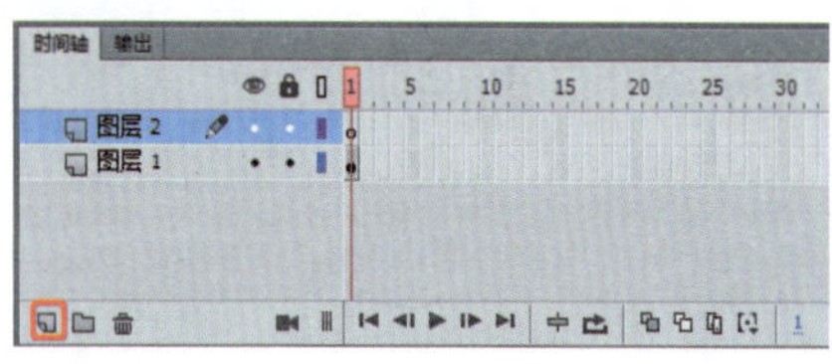

图6-74 新建图层

❺ 打开【库】面板，将按钮元件拖拽至舞台中，并调整其位置和大小，即可在舞台中使用按钮元件，如图6-75所示。

图6-75 使用按钮元件

实例107 将已有对象转换为影片剪辑元件

在Animate中，还可以将文件中已经存在的对象转换为影片剪辑元件，效果如图6-76所示。

素材：	素材|Cha06|003.fla
场景：	场景|Cha06|实例107 将已有对象转换为影片剪辑元件.fla
视频：	视频教学 | Cha06 |实例107 将已有对象转换为影片剪辑元件.MP4

图6-76 将已有对象转换为影片剪辑元件

❶ 按Ctrl+O组合键，在弹出的对话框中选择随书配套资源中的素材|Cha06|003.fla文件，如图6-77所示。

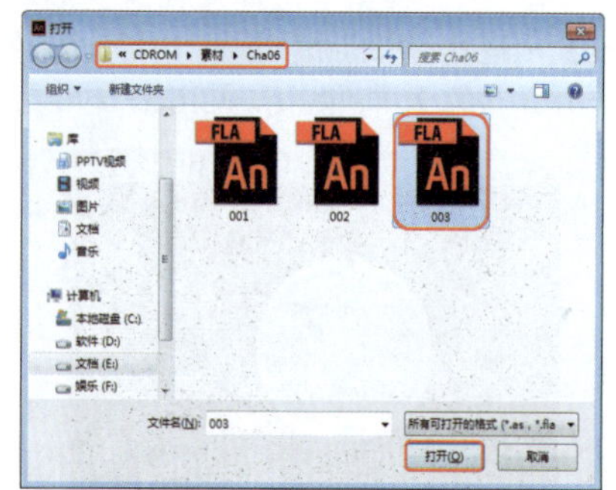

图6-77 选择素材文件

❷ 单击【打开】按钮，即可打开选择的素材文件，如图6-78所示。

图6-78 打开的素材文件

❸ 在【时间轴】面板中选择“图层4”，在菜单栏中选择【编辑】|【时间轴】|【复制帧】命令，复制“图层4”的所有帧，如图6-79所示。

❹ 按Ctrl+F8组合键，弹出【创建新元件】对话框，在【名称】文本框中输入“变形动画”，将【类型】设置为【影片剪辑】，如图6-80所示。

图6-79 选择【复制帧】命令

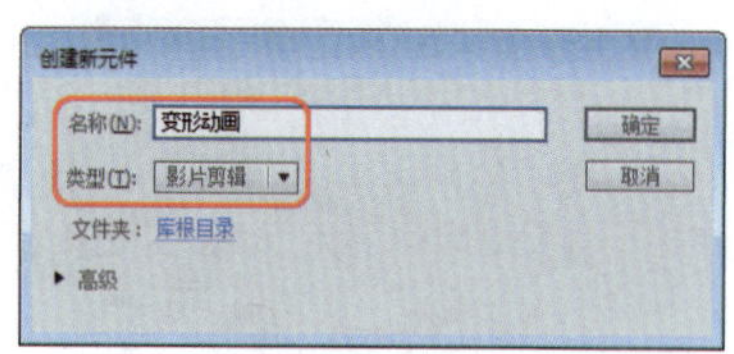

图6-80 创建新元件

❺ 单击【确定】按钮，进入影片剪辑元件的编辑界面，在【时间轴】面板中右击“图层1”的第1帧，在弹出的快捷菜单中选择【粘贴帧】命令，如图6-81所示。

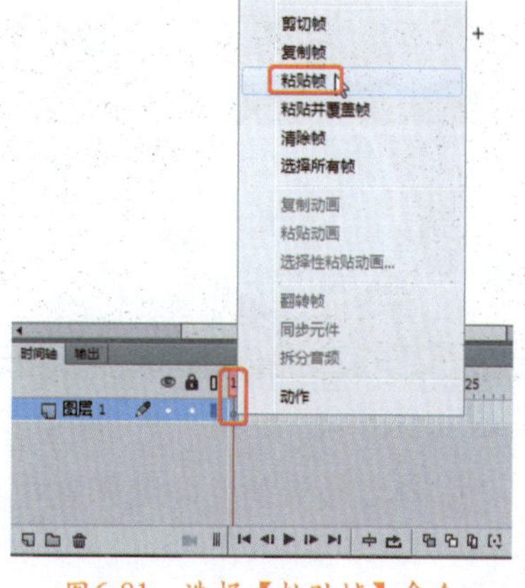

图6-81 选择【粘贴帧】命令

❻ 将复制的所有帧粘贴至“图层1”中，如图6-82所示。

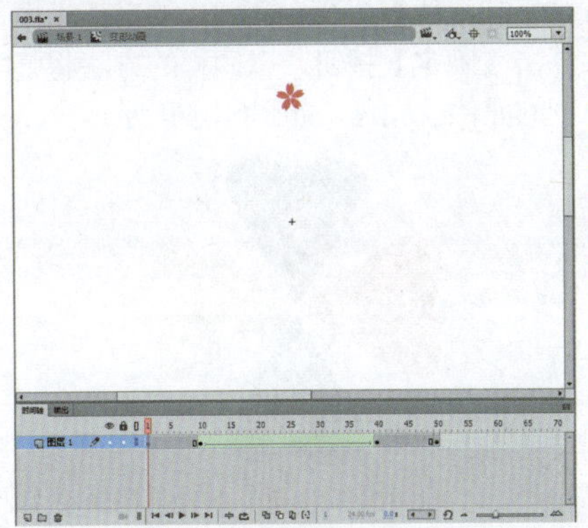

图6-82 粘贴帧

❼ 返回到“场景1”，在【时间轴】面板中选择“图层4”，在菜单栏中选择【编辑】|【时间轴】|【删除帧】命令，如图6-83所示。

图6-83 选择【删除帧】命令

❽ 删除“图层4”中的所有帧，选择“图层4”第1帧，按F6键插入关键帧，如图6-84所示。

图6-84 插入关键帧

❾打开【库】面板，将【变形动画】影片剪辑元件拖拽至舞台中，并调整其位置，如图6-85所示。

图6-85 拖拽影片剪辑元件至舞台中

❿在“图层1”中，选择除第1帧以外的所有帧，如图6-86所示。

图6-86 选择帧

⓫在菜单栏中选择【编辑】|【时间轴】|【删除帧】命令，如图6-87所示。

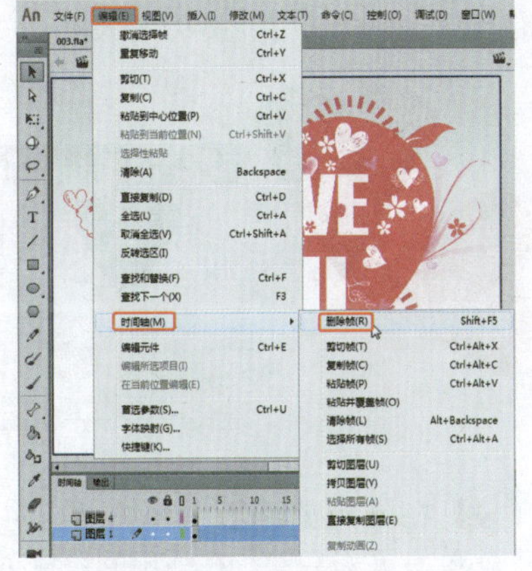

图6-87 选择【删除帧】命令

⓬ 删除选择的帧。按Ctrl+Enter组合键，测试影片剪辑动画效果，如图6-88所示。

图6-88 测试影片剪辑动画效果

实例108 复制元件

本实例主要介绍直接复制元件。将单个元件用来复制多个元件，在各元件中进行修改，效果如图6-89所示。

素材：	无
场景：	场景|Cha06|实例108 复制元件.fla
视频：	视频教学 | Cha06 |实例108 复制元件.MP4

图6-89 复制元件

❶ 在工具箱中选择【钢笔工具】，在舞台区内绘制花瓣图形，如图6-90所示。

图6-90 绘制图形

❷在工具箱中选择【转换为锚点工具】，在舞台中拖拽锚点，出现控制手柄，调整手柄完成图形线条圆滑的效果，如图6-91所示。

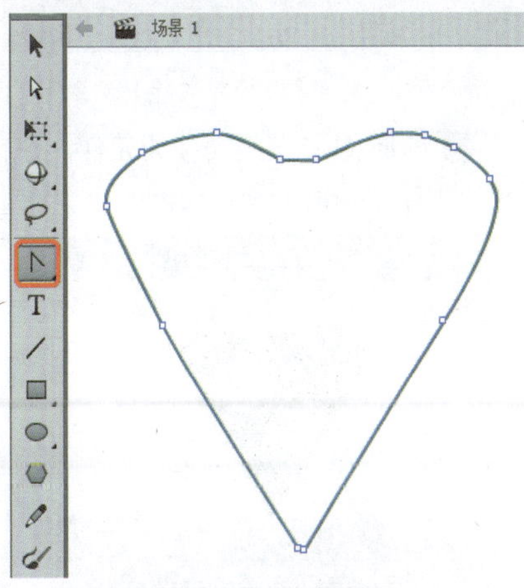

图6-91 编辑图形

❸ 在工具箱中选择【颜料桶工具】填充颜色，设置颜色为【#156202】，在图形内单击鼠标，如图6-92所示。

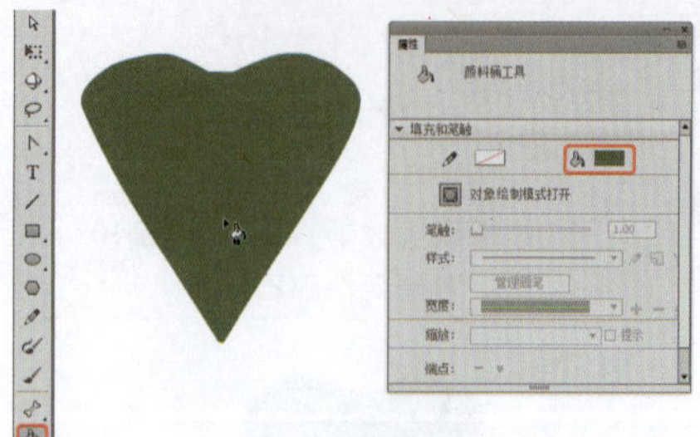

图6-92　填充颜色

④在工具箱中选择【选择工具】，将图形全部选中，在菜单栏中选择【修改】|【组合】命令，如图6-93所示。

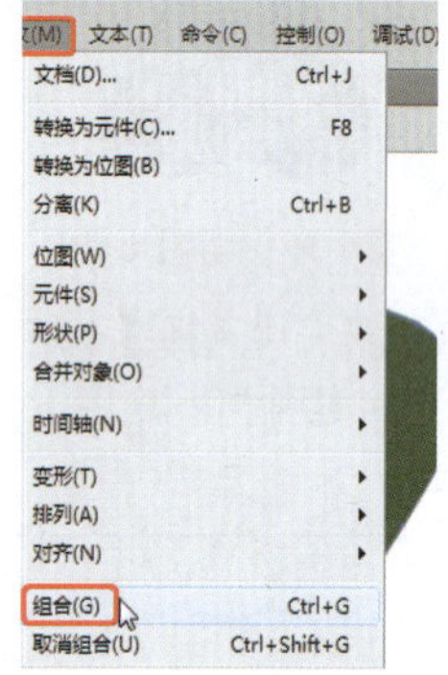

图6-93　选择【组合】命令

⑤选中舞台区对象，在菜单栏中选择【修改】|【转换为元件】命令，在弹出的对话框中将【类型】设置为【图形】，单击【确定】按钮，如图6-94所示。

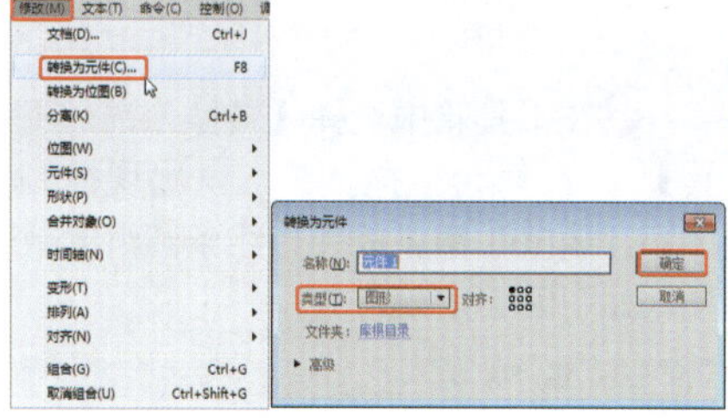

图6-94　选择【转换为元件】命令

⑥这时图形已经转换为元件，已经在库中，如图6-95所示。

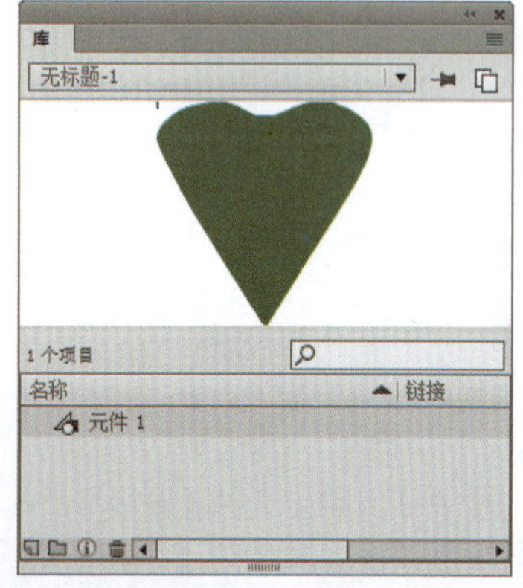

图6-95　“元件1”

⑦在【库】面板上单击右上角的按钮，在弹出的快捷菜单中选择【直接复制】命令。在弹出的【直接复制元件】对话框中，单击【确定】按钮，如图6-96所示。

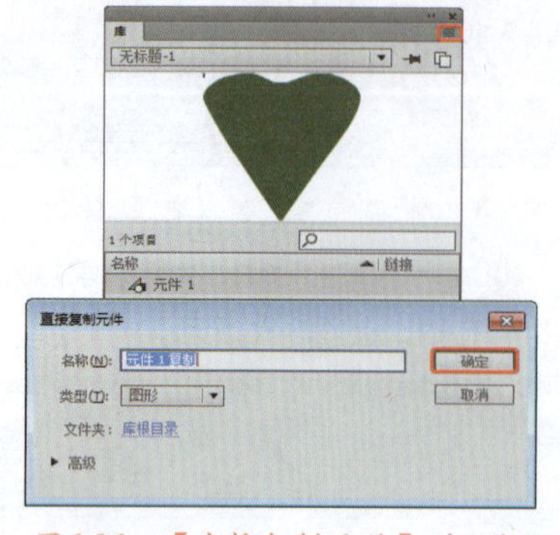

图6-96　【直接复制元件】对话框

⑧这时在库中“元件1”已经复制，将其拖拽至舞台，将其分离，更改颜色为【#FF0000】，将其再组合，再将对象旋转-90°，如图6-97所示。

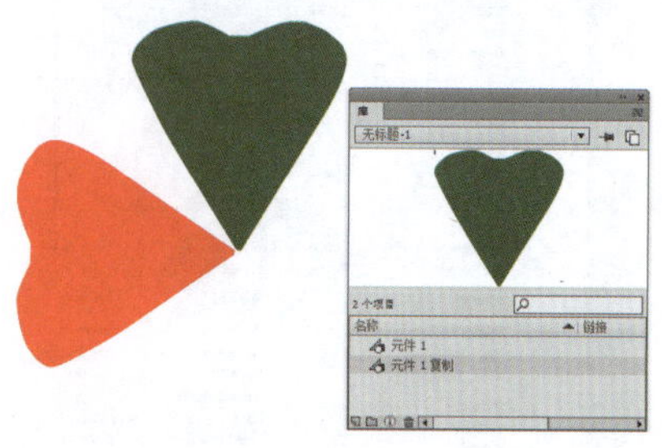

图6-97　填充颜色

⑨在【库】面板中单击“元件1”，单击鼠标右键，在弹出的快捷菜单中选择【直接复制】命令，在弹出的【直接复制元件】对话框中，单击【确定】按钮，如图6-98所示。

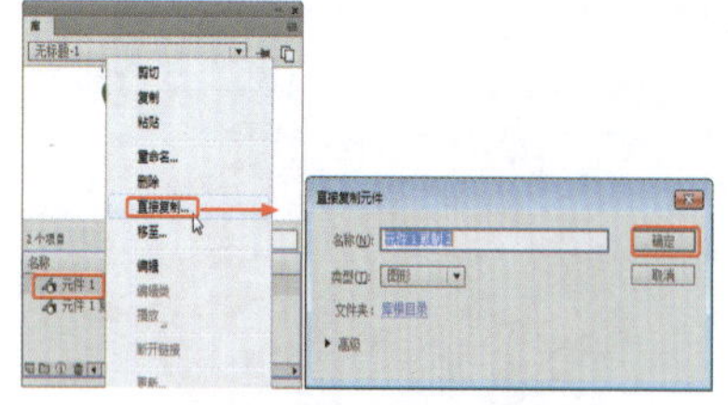

图6-98　选择【直接复制】命令

⑩复制后，将复制出来的元件拖拽至舞台，将其分离，更改颜色，对图形对象进行旋转，如图6-99所示。

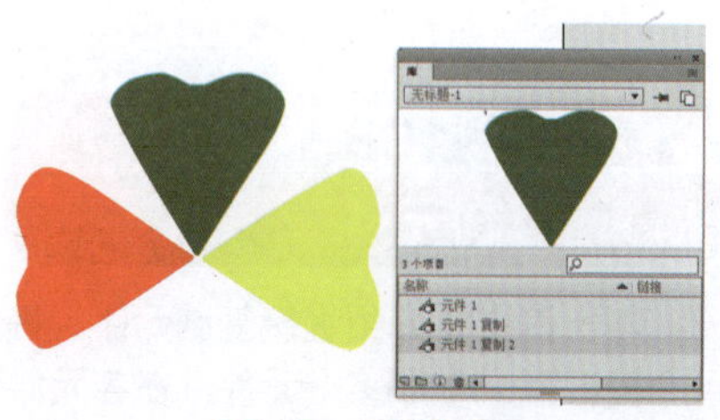

图6-99　设置颜色

⑪在舞台选中要复制的元件，在菜单栏中选择【修改】|【元件】|【直接复制元件】命令，在弹出的对话框中单击【确定】按钮，以同样的方法将复制的元件改颜色，如图6-100所示。

图6-100　直接复制文件

实例109　删除元件

从影片中彻底删除一个元件，可在【库】面板中进行删除。若从舞台进行删除，则删除的只是元件的一个实例，真正的元件并没有从影片中删除。本实例将讲解如何删除元件。

素材：	素材|Cha06|004.fla
场景：	无
视频：	视频教学|Cha06|实例109 删除元件.MP4

①打开随书配套资源中的素材|Cha05|004.fla文件，打开【库】面板，选择“元件1”对象，右键菜单进行删除操作，如图6-101所示。

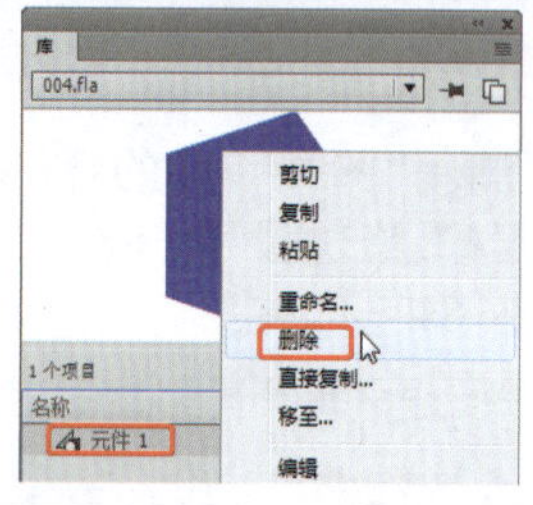

图6-101　右键菜单进行删除

②或者单击【库】面板右上角的【面板】菜单按钮，在弹出的快捷菜单中选择【删除】命令，如图6-102所示。

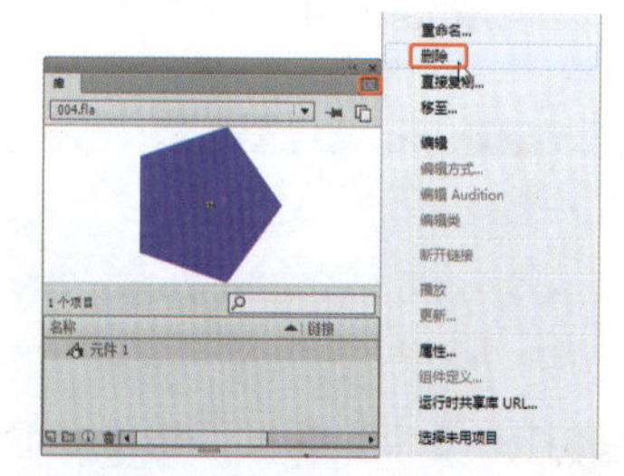

图6-102　通过【库】面板右上角的【面板】菜单删除

提 示

编辑元件时，Animate会自动更新影片中该元件的所有实例。Animate提供了以下3种方式编辑元件。

在当前位置中编辑：可以在该元件和其他对象同在的舞台上编辑它，其他对象将以灰显方式出现，从而将它与正在编辑的元件区别开。正在编辑的元件名称会显示在舞台上方的信息栏内。

在新窗口中编辑：可以在一个单独的窗口中编辑元件。在单独的窗口中编辑元件可以同时看到该元件和主时间轴，正在编辑的元件名称会显示在舞台上方的信息栏内。

元件视图编辑：可将窗口从舞台视图更改为只显示该元件的单独视图。正在编辑的元件名称会显示在舞台上方的信息栏内。

实例110 在当前位置编辑元件

在编辑元件时，可以在当前位置进行编辑。不需要进入元件编辑模式进行编辑。

素材：	素材|Cha06|005.fla
场景：	无
视频：	视频教学 | Cha06 |实例110 在当前位置编辑元件.MP4

① 打开随书配套资源中的素材|Cha06|005.fla文件，在工具箱中单击【选择工具】在舞台选择“羽毛球拍”元件，如图6-103所示。

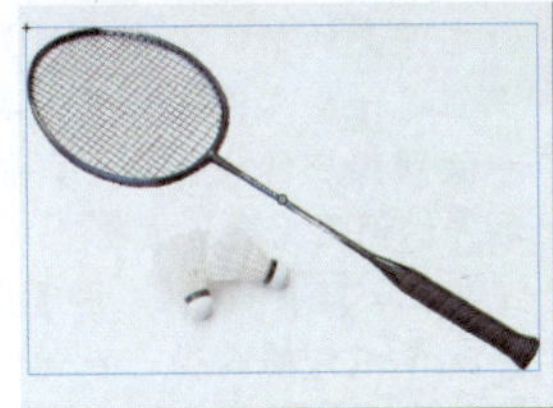

图6-103 选择对象

② 双击鼠标，就可以在当前位置编辑元件，如图6-104所示。

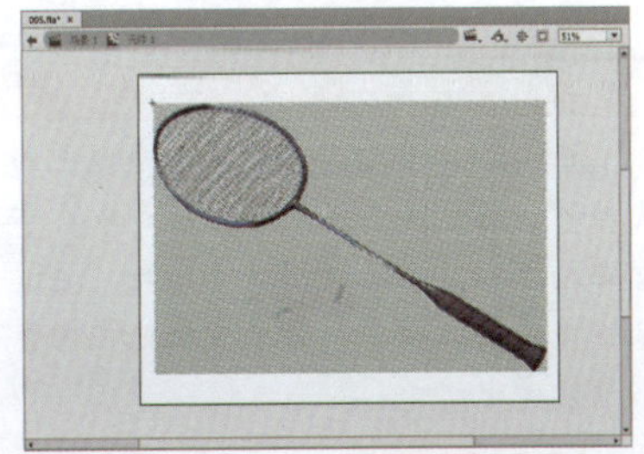

图6-104 当前位置编辑元件

提 示

在菜单栏中选择【编辑】|【在当前位置编辑】命令，也可以在当前位置编辑元件。

实例111 在新窗口中编辑元件

除了在当前位置编辑元件外，还可以在新窗口中编辑元件。

素材：	素材|Cha06|005.fla
场景：	无
视频：	视频教学 | Cha06 |实例111 在新窗口中编辑元件.MP4

① 打开随书配套资源中的素材|Cha06|005.fla文件，在工具箱中单击【选择工具】，在舞台中选择“羽毛球拍”元件，单击鼠标右键在弹出的快捷菜单中选择【在新窗口中编辑】命令，如图6-105所示。

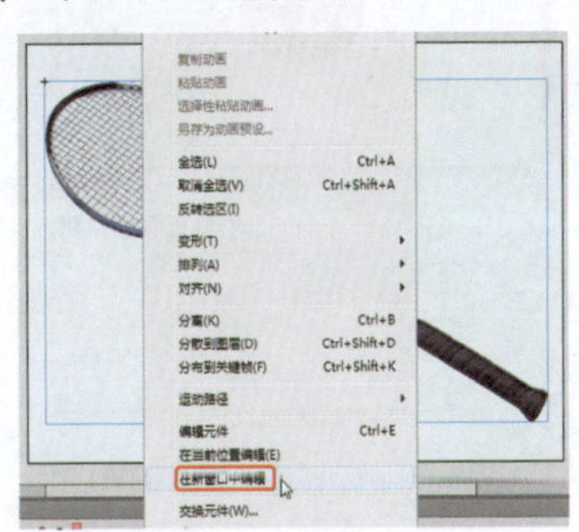

图6-105 选择新窗口中编辑文件

② 此时可以在新窗口中编辑所选的元件，如图6-106所示。

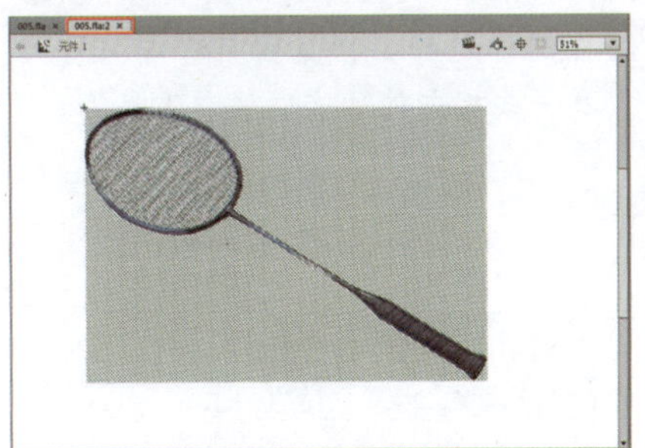

图6-106 新窗口中编辑

提 示

设置新窗口中编辑元件后，所选元件将被放置在一个单独的窗口中进行编辑，可以同时看到该元件和时间轴，正在编辑的元件名称会显示在舞台左上角的信息栏内。

实例112 在元件编辑模式下编辑元件

本实例将讲解在元件编辑模式下编辑元件。

素材：	素材|Cha06|006.fla
场景：	无
视频：	视频教学 | Cha06 |实例112 在元件编辑模式下编辑元件.MP4

① 打开随书配套资源中的素材|Cha06|006.fla文件，在工具箱中单击【选择工具】，在舞台中选择“气球”元件，在对象上单击鼠标右键，在弹出的快捷菜单中选择【编辑元件】命令，如图6-107所示。

图6-107 选择编辑元件

② 在元件的编辑模式下编辑所选元件，如图6-108所示。

图6-108 编辑元件

提 示

用户还可以通过以下方法在元件编辑模式下编辑元件：

方法1：在菜单栏中选择【编辑】|【编辑元件】命令。

方法2：单击舞台右上角的【编辑元件】，在弹出的下拉菜单中选择所要编辑的元件名称即可。

方法3：按Ctrl+E组合键就可在元件的编辑模式下编辑所选元件。

实例113 设置元件属性

在Animate中还可以对元件属性进行设置，例如更改元件名称和更改元件类型等。

素材：	素材|Cha06|007.fla
场景：	场景|Cha06|实例113 设置元件属性.fla
视频：	视频教学 | Cha06 |实例113 设置元件属性.MP4

❶ 打开随书配套资源中的素材\|Cha06\|007.fla文件，在菜单栏中选择【窗口】\|【库】命令，在【库】面板中选择“元件2”，单击鼠标右键，弹出的快捷菜单中选择【属性】命令，如图6-109所示。

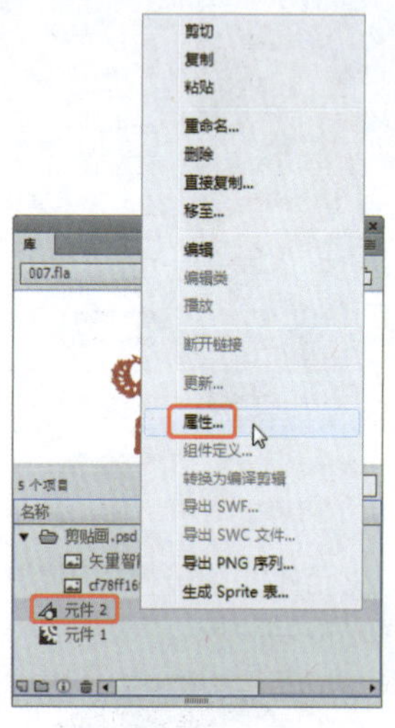

图6-109 选择“元件2”

❷ 在弹出的【元件属性】对话框中，设置【类型】为【影片剪辑】，单击【确定】按钮，就可以完成元件属性的设置，如图6-110所示。

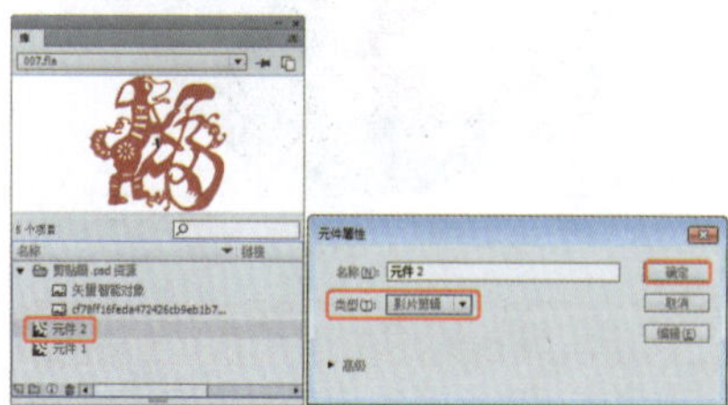

图6-110 选择影片剪辑

实例114 查看库项目

有时需要在【库】面板中查看库元件。下面将学习在Animate中如何查看元件。

素材：	素材|Cha06|008.fla
场景：	无
视频：	视频教学 | Cha06 |实例114 查看库项目.MP4

❶ 打开随书配套资源中的素材\|Cha06\|008.fla文件，在【库】面板中单击“元件1”元件，如图6-111所示。

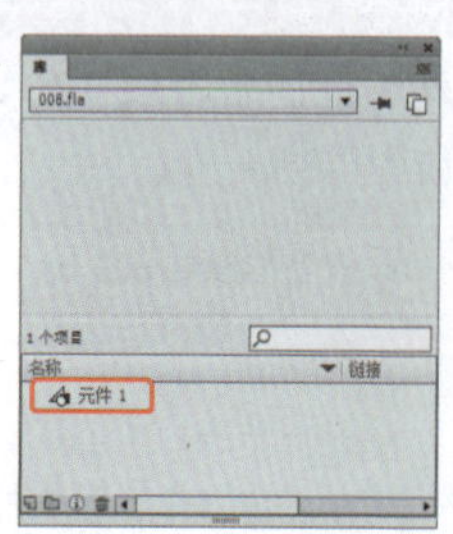

图6-111 选择元件

❷ 在【库】面板的元件显示框中查看元件的内容，如图6-112所示。

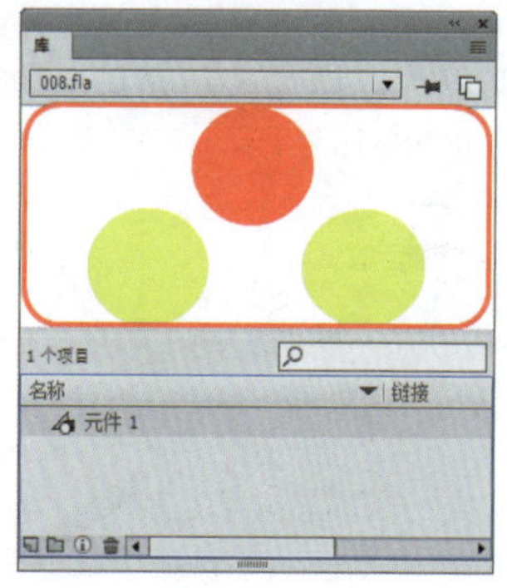

图6-112 查看元件内容

知识链接

元件库的基本操作

Animate的【库】面板中包括当前文件的标题栏、预览窗口、库文件列表及一些相关的库文件管理工具等。

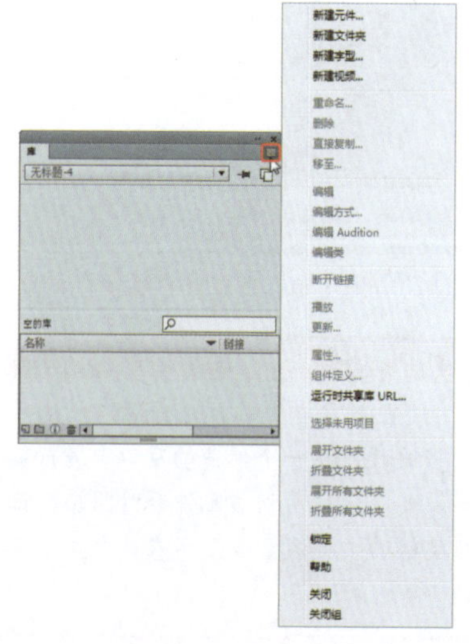

图6-113 命令菜单

- 按钮：单击该按钮，可以弹出命令菜单，如图6-113所示，在该菜单中可以执行【新建元件】、【新建文件夹】或【属性】等命令。
- 文档标题栏：通过该下拉列表，可以直接在一个文档中，浏览当前Animate中打开的其他文档的库内容，方便将多个不同文档的库资源共享到一个文档中。
- 【固定当前库】：不同文档对应不同的库，当同时在Animate中打开两个或两个以上的文档时，切换当前显示的文档，库面板也对应地跟着文档切换。当单击该按钮后，库面板则始终显示其中一个文档对象的内容，不跟随文档的切换而切换，这样做可以方便将一个文档库内的资源，共享到多个不同的文档中。
- 【新建库面板】：单击该按钮后，会在界面上新打开一个库面板，两个库面板的内容是一致的，相当于利用两个窗口同时访问一个目标资源。
- 预览窗口：当在库面板的资源列表中单击鼠标选择一个对象时，可以在该窗口中显示出该对象的预览效果。
- 【新建元件】：新建元件，单击该按钮，会弹出【创建新元件】对话框，可以设置新建元件的名称及新建元件的类型。
- 【新建文件夹】：新建文件夹，在一些复杂的Animate文件中，库文件通常很多，管理起来非常不方便。因此需要使用创建新文件夹的功能，在【库】面板中创建一些文件夹，将同类的文件放到相应的文件夹中，使今后元件的调用更灵活方便。
- 【属性】：属性，用于查看和修改库元件的属性，在弹出的对话框中显示了元件的名称、类型等一系列的信息。
- 【删除】：删除，用来删除库中多余的文件和文件夹。

提　示

在Animate中打开两个或两个以上的文档时，若需要在不同的文档库中共享资源，可以方便地使用这个功能，通过鼠标拖拽将源库中的对象直接拖拽拷贝到目标库中。

实例115 移出文件夹中的元件

本实例将讲解如何移出文件夹中的元件。

素材:	素材|Cha06|009.fla
场景:	场景|Cha06|实例115 移出文件夹中的元件.fla
视频:	视频教学 | Cha06 |实例115 移出文件夹中的元件.MP4

❶ 打开随书配套资源中的素材|Cha06|009.fla文件，在【库】面板中展开文件夹，单击所要移动元件，如图6-114所示。

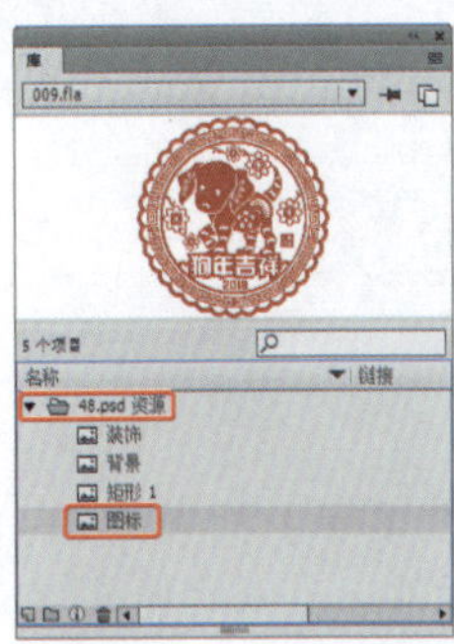

图6-114 展开文件夹

❷ 向下进行拖动，放开鼠标左键，就可以移出文件夹中的元件，如图6-115所示。

图6-115 移出文件夹中的元件

实例116 调用其他库元件

在Animate中可以调用其他库元件。下面将学习在Animate中如何调用其他库元件。

素材:	素材|Cha06|儿童.fla、兔子.fla
场景:	场景|Cha06|实例116 调用其他库元件.fla
视频:	视频教学 | Cha06 |实例116 调用其他库元件.MP4

❶ 打开随书配套资源中素材|Cha06|儿童.fla和兔子.fla文件，在舞台的上方单击兔子.fla文件，切换至该文件，如图6-116所示。

图6-116 打开素材文件

❷ 在【库】面板中单击最上方的下三角按钮，在【库】的下拉列表框中选择儿童.fla文件，如图6-117所示。

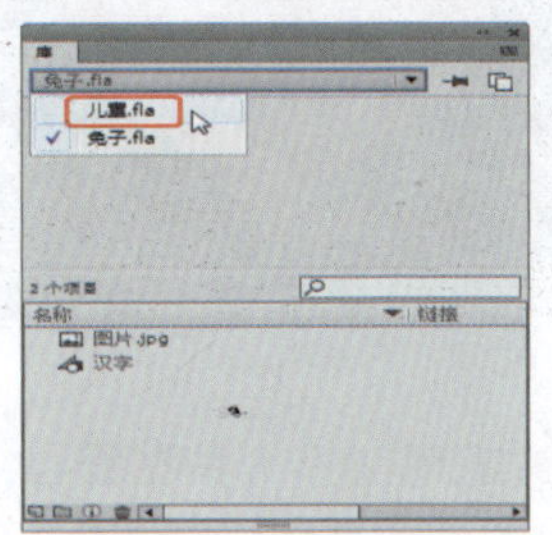

图6-117 选择儿童.fla

❸ 操作完成后，可以在兔子.fla文件中调用儿童.fla文件的库，如图6-118所示。

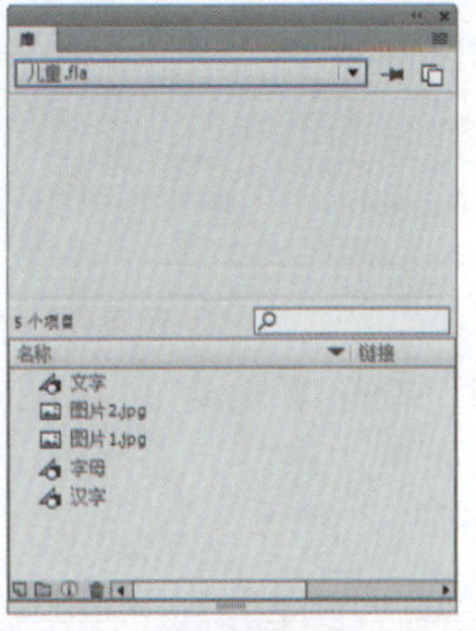

图6-118 调用其他库

❹ 在【库】面板中选择“字母”元件，将元件拖拽至舞台中合适位置，可以完成调用其他库元件的操作，如图6-119所示。

图6-119 调用其他库元件

提 示

只有打开两个或两个以上文件时，才可以在库列表框中调用其他库元件。

实例117 创建实例

本实例将讲解如何创建实例。

素材:	无
场景:	场景|Cha06|实例117 创建实例.fla
视频:	视频教学 | Cha06 |实例117 创建实例.MP4

❶ 新建一个空白文档，在菜单栏中选择【插入】|【新建元件】命令，在【创建新元件】对话框中的【类型】中选择【图形】命令，单击【确定】按钮，在舞台中绘制五角星，如图6-120所示。

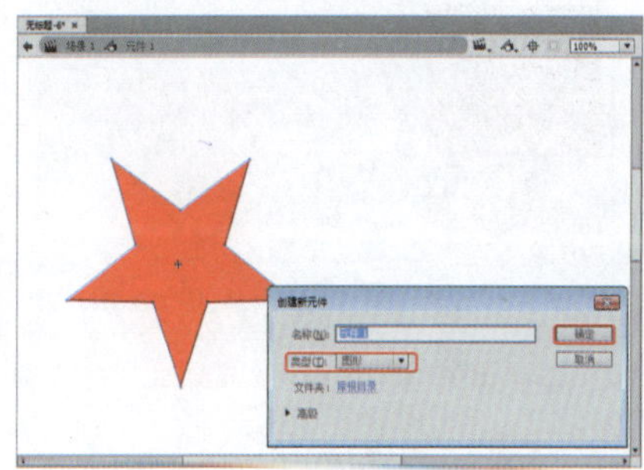

图6-120 创建新元件

❷ 切换到“场景1”中，将新创建的图形元件从库中拖拽到舞台上，释放鼠标后，就会在舞台上创建元件的一个实例，这样就可以在影片中使用此实例或者对其编辑操作，如图6-121所示。

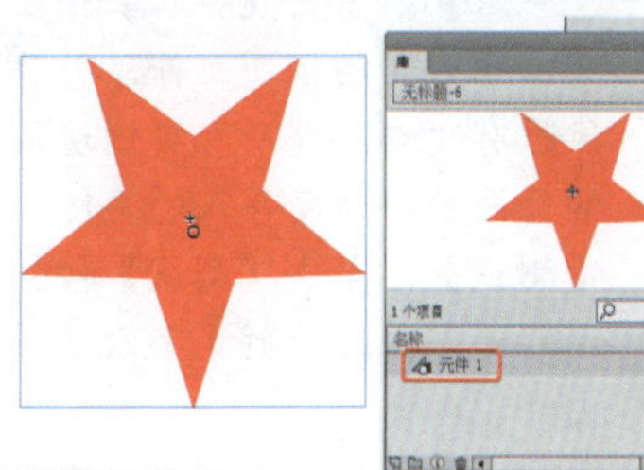

图6-121 “场景1”

实例118 编辑位图属性

在实际操作中，经常需要编辑位图的属性。下面将介绍在Animate中如何编辑位图属性。

素材：	素材|Cha06|010.fla
场景：	无
视频：	视频教学 | Cha06 |实例118 编辑位图属性.MP4

❶打开随书配套资源中的素材|Cha06|010.fla文件，如图6-122所示。

图6-122　打开素材文件

❷ 在【库】面板中选择“图1”，并单击鼠标右键，在弹出的快捷菜单中选择【属性】命令，在弹出的【位图属性】对话框中设置压缩为【无损（PNG/GIF）】，单击【确定】按钮即可。

图6-123　编辑位图属性

知识链接

在【位图属性】对话框中各按钮含义说明：

- 【更新】：当【库】面板中的原始位图文件已经重新编辑时，可以单击【更新】按钮。
- 【导入】：单击【导入】按钮可以导入新的位图文件，并替换原有文件，将所有实例现在的位图替换为新导入的文件。
- 【测试】：单击【测试】按钮可以看到压缩后的大小以及源文件。
- 压缩：在【压缩】列表框中有【无损（PNG/GIF）】和【照片（JPEG）】两个选项，无损（PNG/GIF）只是单纯的一种无损图片格式；照片（JPEG）是一种压缩格式，数值越大，压缩的越少，品质就高。
- 【取消】：单击【取消】按钮可以取消对话框中的设置

实例119
库元件的综合使用

下面介绍在Animate中库元件的综合使用，有助于巩固所学知识。

素材：	素材|Cha06|011.fla
场景：	场景|Cha06|实例119 库元件的综合使用.fla
视频：	视频教学 | Cha06 |实例119 库元件的综合使用.MP4

❶ 打开随书配套资源中的素材|Cha06|011.fla文件，如图6-124所示。

图6-124　打开素材文件

❷ 运用选择工具在舞台中选择【心形】，在菜单栏中选择【修改】|【转换为元件】命令，在【转换为元件】对话框中输入【名称】为“心形”，如图6-125所示。

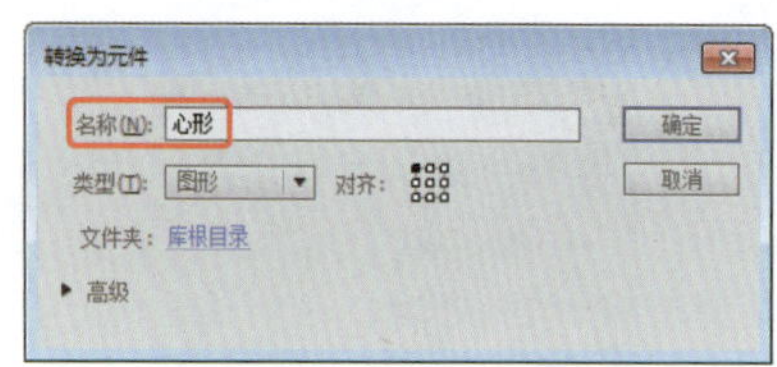

图6-125　输入名称

❸ 单击【确定】按钮，并在【库】面板中选择“心形”元件，如图6-126所示。

图6-126　选择【心形】元件

❹ 在菜单栏中选择【修改】|【元件】|【直接复制元件】命令，如图6-127所示。

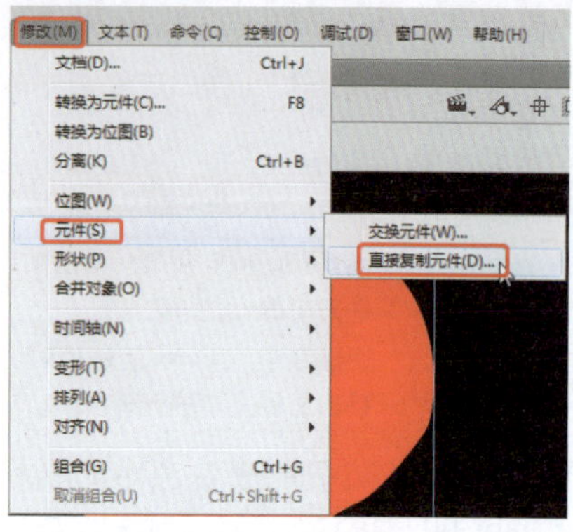

图6-127　选择【直接复制元件】命令

❺ 打开【直接复制元件】对话框，使用默认设置，单击【确定】按钮，即可复制元件，如图6-128所示。

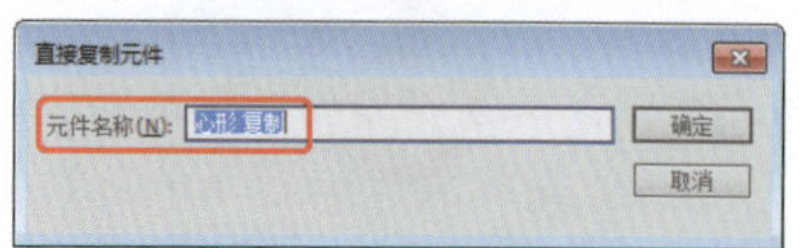

图6-128　【直接复制元件】对话框

❻ 在【库】面板中双击“心形副本”元件，进入元件编辑模式，如图6-129所示。

图6-129　元件编辑模式

❼ 在工具箱中选择【文本工具】，在舞台中输入“Animate”。将【系列】设置为华文隶书，将【大小】设置为85磅，并将填充颜色设置为黄色，如图6-130所示。

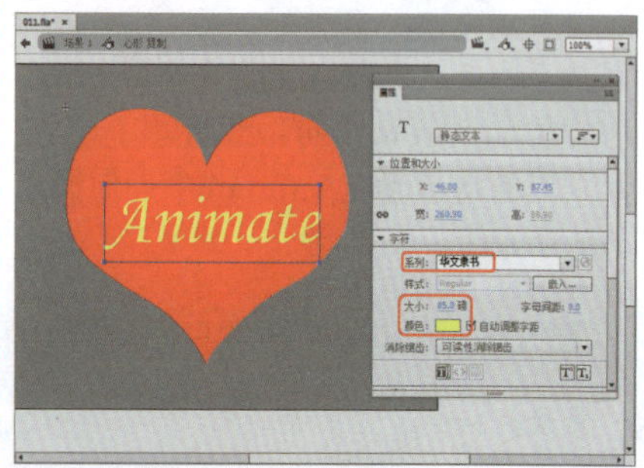

图6-130　输入字母

❽ 在舞台中单击左上角的“场景

1”，进入“场景1”编辑模式，可以查看编辑后的元件，如图6-131所示。

图6-131 编辑后的元件

9 在舞台中运用选择工具在【库】面板中选择“心形”元件，如图6-132所示。

图6-132 选择元件

10 按下键盘上的Delete键，可以将该元件删除，如图6-133所示。

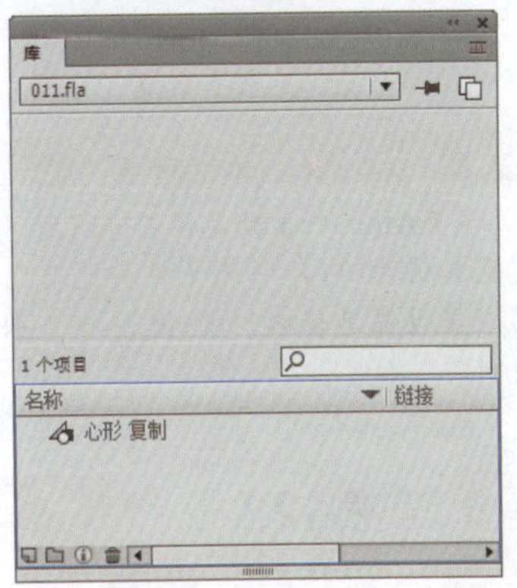
图6-133 删除元件

实例120 为实例交换元件

本实例主要介绍为实例交换元件，将舞台原有的元件交换成需要的元件。

素材：	素材|Cha06|012.fla
场景：	场景|Cha06|实例120 为实例交换元件.fla
视频：	视频教学|Cha06|实例120 为实例交换元件.MP4

1 打开随书配套资源中的素材|Cha06|012.fla文件，在【时间轴】面板上新建图层，如图6-134所示。

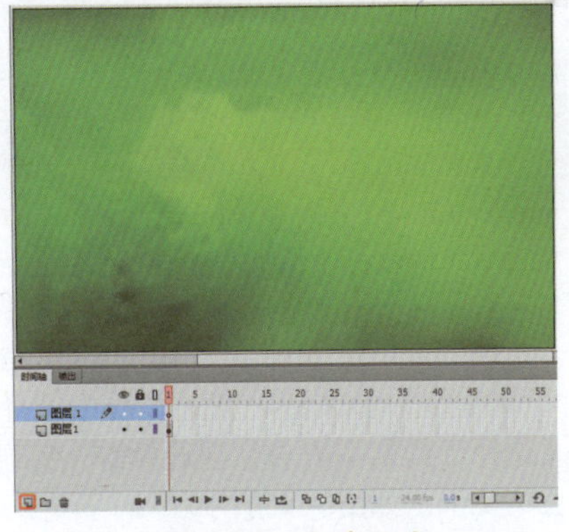
图6-134 新建图层

2 在菜单栏中选择【插入】|【新建元件】命令，在弹出的对话框中单击【确定】按钮，如图6-135所示。

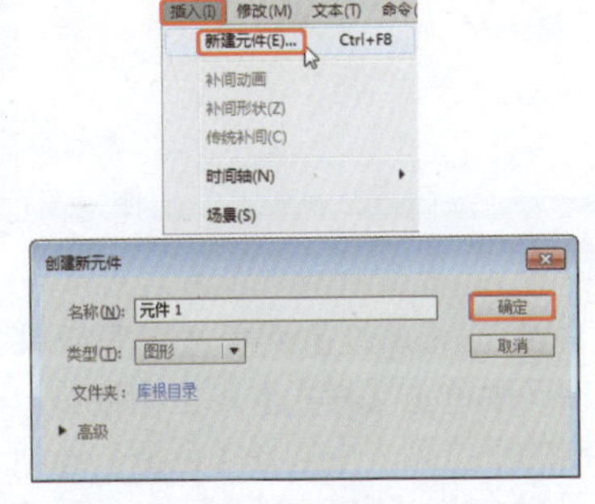
图6-135 创建新元件

3 在工具箱中单击【钢笔工具】，在新建的元件里面绘制“叶子”图形，运用【转换锚点工具】来调整图形的圆滑效果，如图6-136所示。

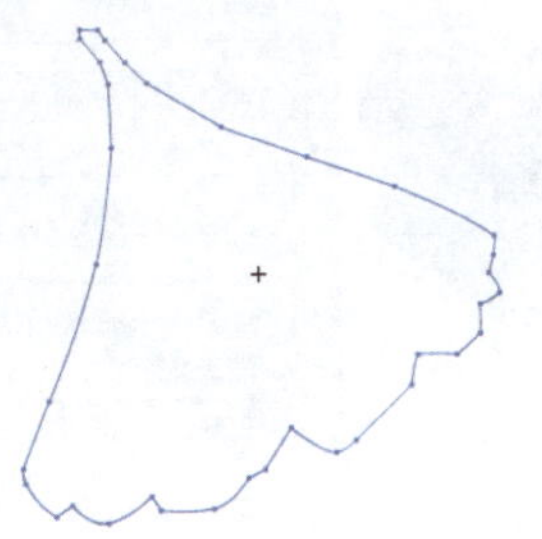
图6-136 绘制图形

4 在【属性】面板中填充颜色，【笔触颜色】和【填充颜色】为【#336633】，如图6-137所示。

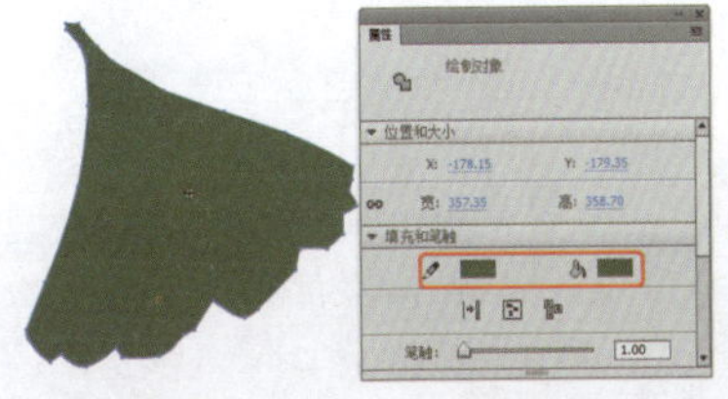
图6-137 填充颜色

5 切换到“场景1”，在【库】中将“元件1”拖到舞台中，这时，“元件1”的图形已经在舞台中，如图6-138所示。

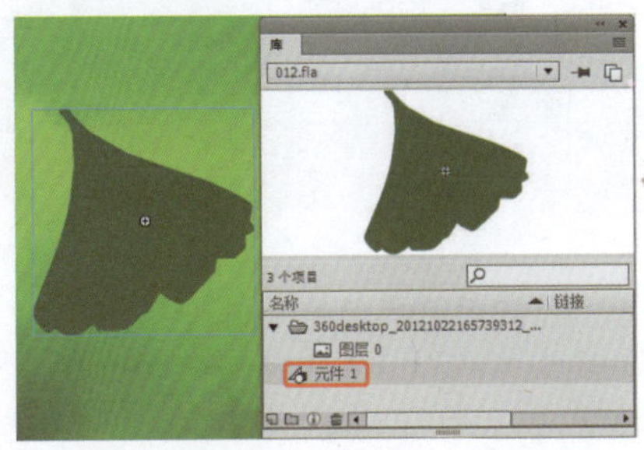
图6-138 “场景1”

6 在菜单栏中选择【插入】|【新建元件】命令，以上面同样的方法在新建元件里绘制图形，如图6-139所示。

图6-139 绘制图形

7 在【属性】面板上设置【笔触颜色】和【填充颜色】为【#336633】，如图6-140所示。

图6-140 填充颜色

8 切换到“场景1”，单击“叶子”实例，在【属性】面板中单击【交换】按钮，如图6-141所示。

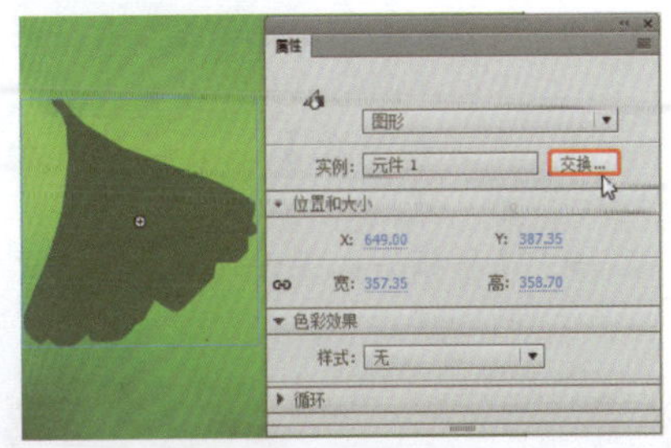
图6-141 交换元件

9 在弹出的【交换元件】对话框

中选择“元件2”，单击【确定】按钮，如图6-142所示。

图6-142 “元件2”

⑩ 这时舞台已经交换成“元件2”，如图6-143所示。

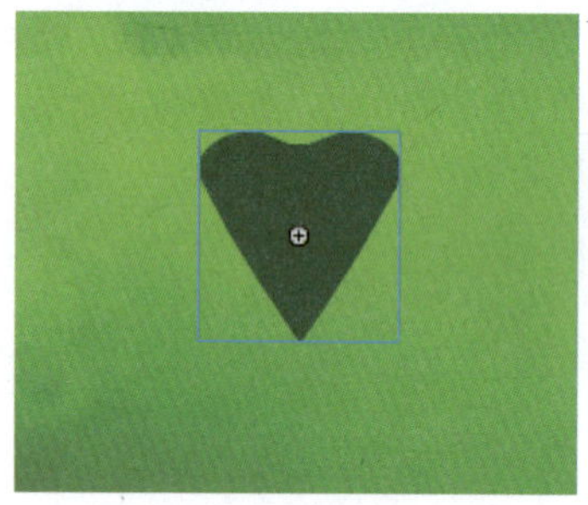

图6-143 元件2

知识链接

为图形元件实例设置动画播放特性

在工具箱中选择【选择工具】命令，在舞台区选择对象实例，在【属性】面板中的【循环】选项区中单击【选项】右侧的下三角按钮，在弹出的下拉列表中选择【循环】选项，效果如图6-144所示。

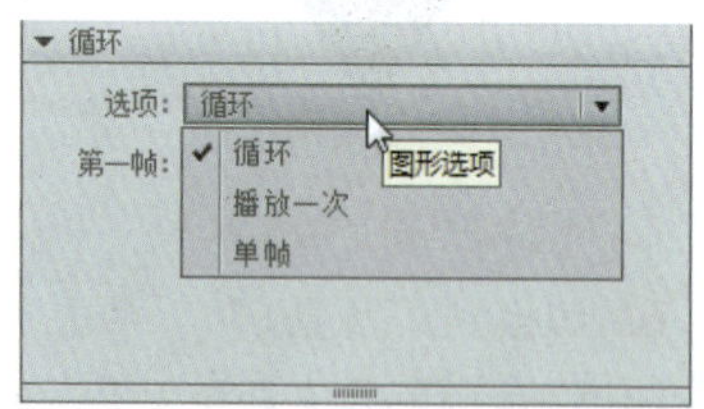

图6-144 选择循环

- 【循环】：令包含在当前实例中的序列动画循环播放。
- 【播放一次】：从指定帧开始，只播放一次。
- 【单帧】：显示序列动画指定的一帧。

> **提 示**
>
> 在下面的【第一帧】文本框中输入数值，指定动画从第多少帧开始播放。

实例121 设置颜色样式

下面将讲解如何设置颜色样式。

素材：	素材|Cha06|013.fla
场景：	场景|Cha06|实例121 设置颜色样式.fla
视频：	视频教学 | Cha06 |实例121 设置颜色样式.MP4

❶ 打开随书配套资源中的素材|Cha06|013.fla文件，在工具箱中选择【选择工具】，在舞台区选择需改变颜色的实例，如图6-145所示。

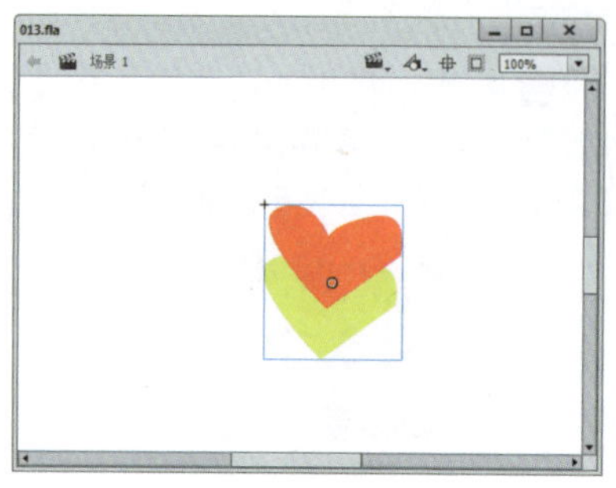

图6-145 选择实例

❷ 在【属性】面板【色彩效果】选项区中单击【样式】下三角按钮，在弹出的下拉列表中选择【色调】选项，设置颜色为【#0000FF】，设置【色调】、【红】、【绿】、【蓝】参数为50、0、0、255，如图6-146所示。

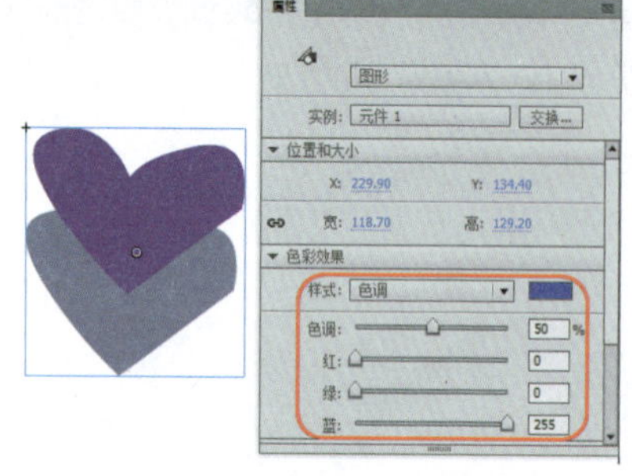

图6-146 色彩效果

实例122 改变实例的透明度

本实例将讲解如何改变实例的透明度。

素材：	无
场景：	场景|Cha06|实例122 改变实例的透明度.fla
视频：	视频教学 | Cha06 |实例122 改变实例的透明度.MP4

❶ 在工具箱中选择【选择工具】，在舞台区选择需要改变颜色的实例，在【属性】面板的【色彩效果】选项区中单击【样式】下三角按钮，在弹出的下拉列表框中选择【Alpha】选项，如图6-147所示。

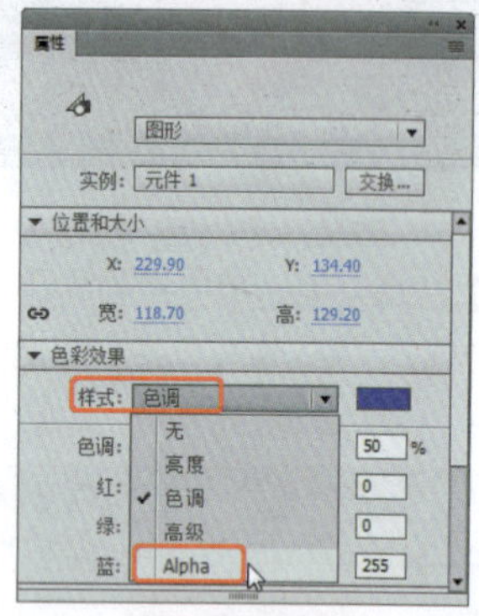

图6-147 设置色彩效果

❷ 将【Alpha】设置为50%，操作完成就可以改变所选实例的透明度，如图6-148所示。

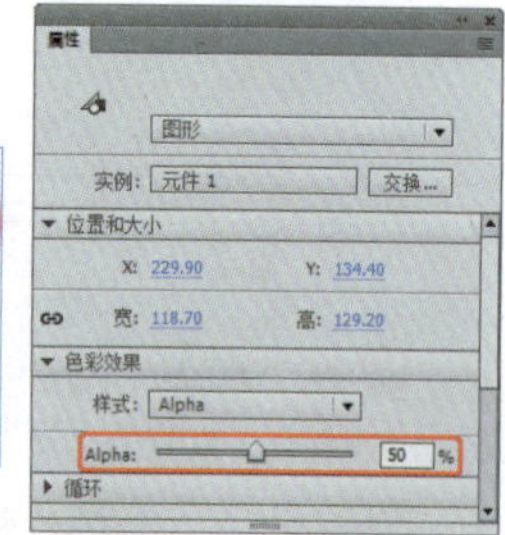

图6-148 改变实例的透明度

> **提 示**
>
> 设置Alpha的值就是设置透明度，当设置其值为0时，所选元件实例则为透明，当设置其值为100%时，所选元件实例则为不透明。

实例123 搜索库元件

当查找某个库元件时，就需要搜索此库元件。下面将学习在Animate中如何搜索库元件。

素材：	素材|Cha06|014.fla
场景：	无
视频：	视频教学 | Cha06 |实例123 搜索库元件.MP4

❶ 打开随书配套资源中的素材|Cha06|014.fla文件，在【库】面板中单击搜索文本框，将搜索文本框激活，如图6-149所示。

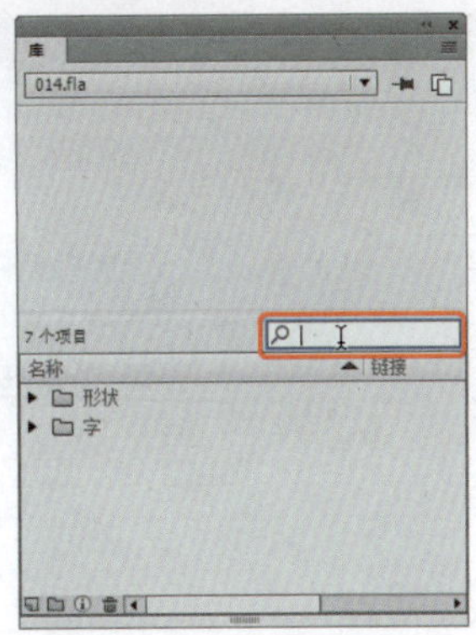

图6-149 激活搜索文本框

❷ 输入“五角星”文本，可以搜“五角星”元件，如图6-150所示。

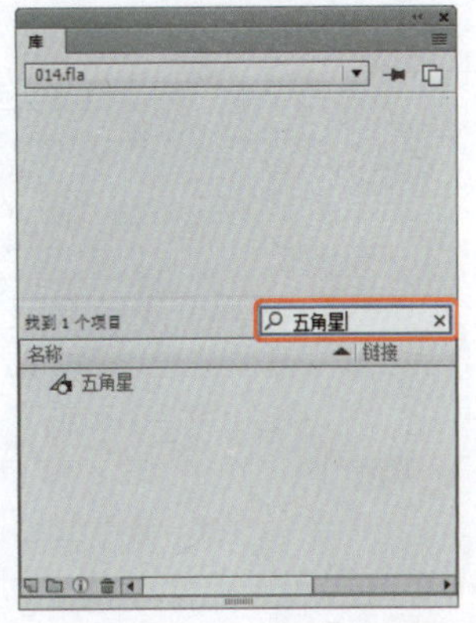

图6-150 搜索后的元件

实例124 给实例指定元件

可以给实例指定不同的元件，从而在舞台上显示不同的实例，并保留所有的原始实例属性（如色彩效果或按钮工作）。

素材：	无
场景：	场景|Cha06|实例124 给实例指定元件.fla
视频：	视频教学 | Cha06 |实例124 给实例指定元件.MP4

❶ 在【时间轴】面板上新建图层2，在菜单栏中选择【插入】|【新建元件】命令，如图6-151所示。

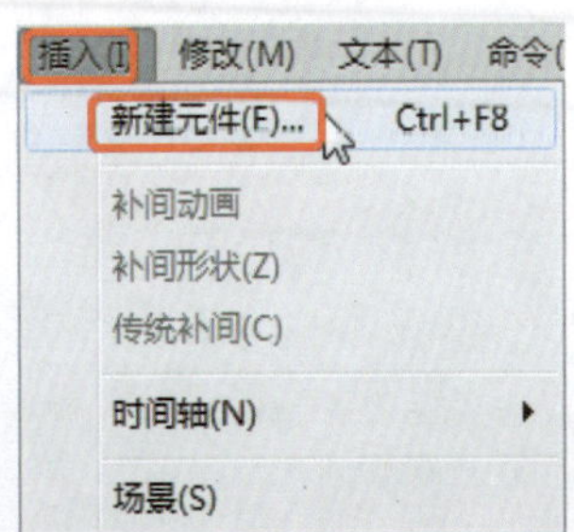

图6-151 选择【新建元件】命令

❷ 在弹出的【创建新元件】对话框中，将【名称】命名为“元件1”，将【类型】设置为【图形】，单击【确定】按钮，如图6-152所示。

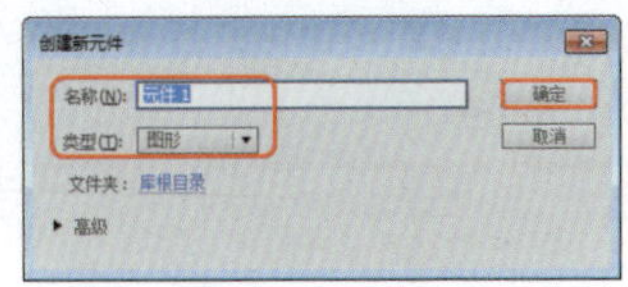

图6-152 创建新元件

❸ 在工具箱中选择【椭圆工具】，将【笔触】设置为无颜色，将【填充颜色】设置为【蓝色】。在舞台中绘制蓝色椭圆，如图6-153所示。

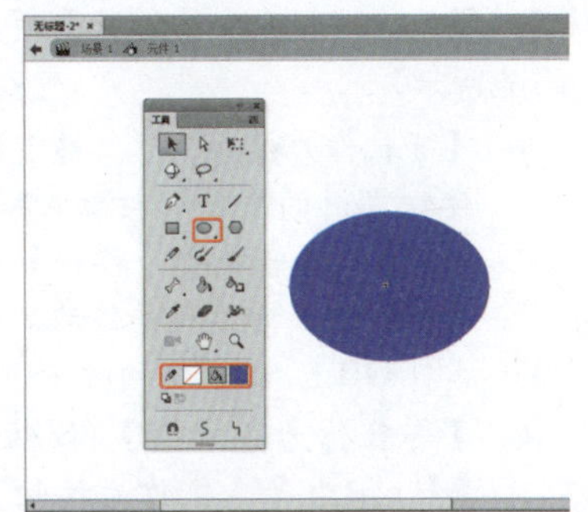

图6-153 绘制图形

❹ 绘制完成后单击左上角的【场景1】，切换到“场景1”中，使用同样的方法，创建另一个矩形元件。如图6-154所示。

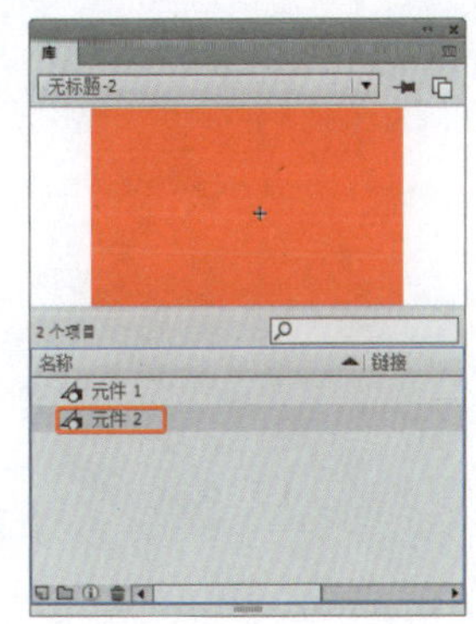

图6-154 交换元件

❺ 将“元件1”拖拽至舞台中，如图6-155所示。

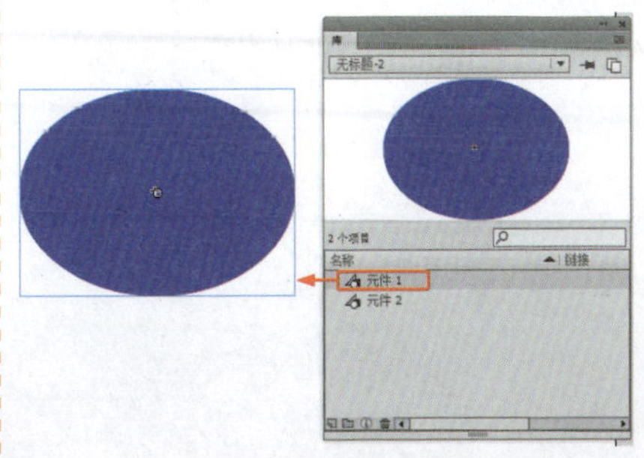

图6-155 选择“元件1”

❻ 在【属性】面板中单击【交换】按钮，如图6-156所示。

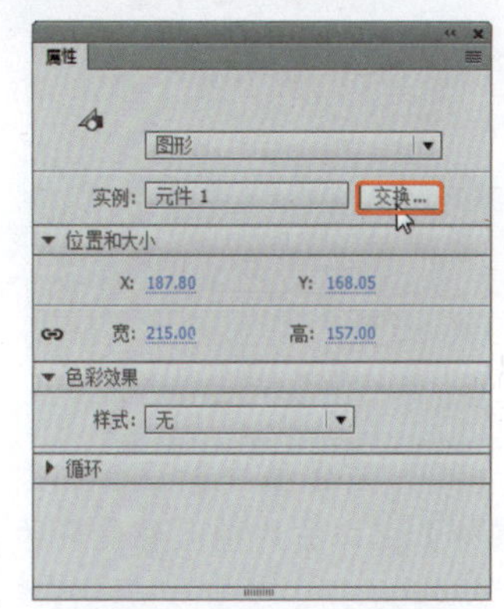

图6-156 交换元件后

❼ 在弹出的【交换元件】对话框中选择“元件2”，单击【确定】按钮，如图6-157所示。

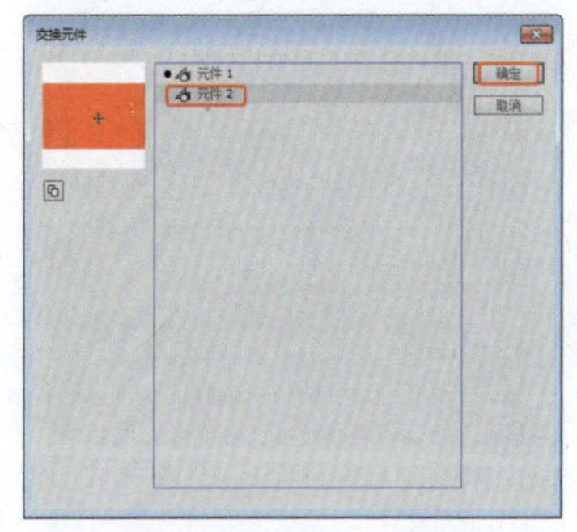

图6-157 选择“元件2”

❽ 在舞台中将“元件1”替换为“元件2”，如图6 158所示。

图6-158 指定元件后

知识链接

在属性面板中可以对实例进行指定名称，改变属性等操作。

1.指定实例名称

在Animate中，可以为实例指定名称，具体操作步骤如下：

（1）在舞台中选择新创建的图形，在【属性】面板中可以看出该元件为图形元件，但并不能为其更改实例的名称，需要将其进行转换成其他元件，这里将图形元件转换为按钮元件，如图6-159所示。

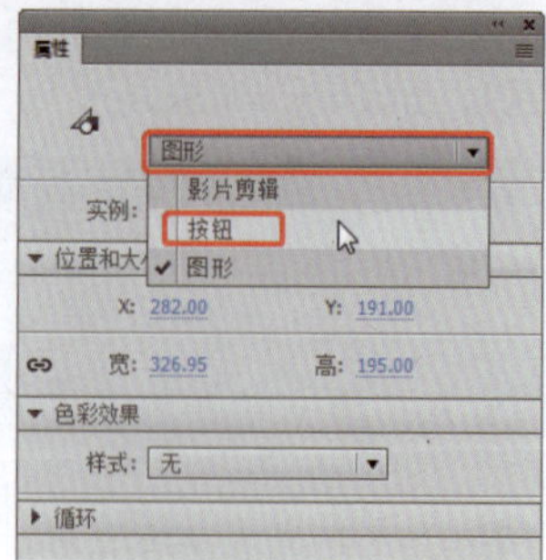
图6-159 选择按钮

（2）在【属性】面板中的【实例名称】文本框内输入该实例的名称为“按钮001”，就可以为实例指定名称，如图6-160所示。

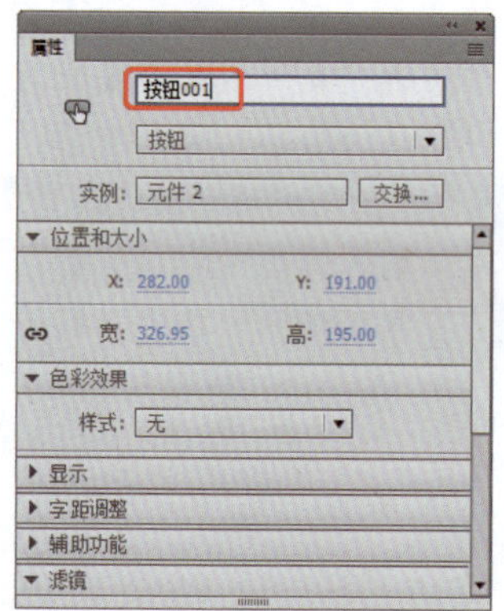
图6-160 “按钮001”

提 示

创建元件的实例后，使用【属性】面板还可以指定此实例的颜色效果和动作，设置图形显示模式或更改实例的行为，对实例所做的任何更改都只影响该实例，并不影响元件。

2. 改变实例类型

无论是直接在舞台创建的还是从元件拖拽出的实例，都保留了其元件的类型。在制作动画时如果想将元件转换为其他类型，可以通过【属性】面板在3种元件类型之间进行转换，如图6-161所示。按钮元件的设置选项如图6-162所示。

- 【音轨作为按钮】：忽略其他按钮发出的事件，按钮A和B中，A为【音轨作为按钮】模式，按住鼠标不放并移动鼠标指针到B上，B不会被按下。
- 【音轨作为菜单项】:按钮A和B，B为【音轨作为按钮】模式，按住A不放并移动鼠标指针到B上， B为菜单时，B则会被按下。

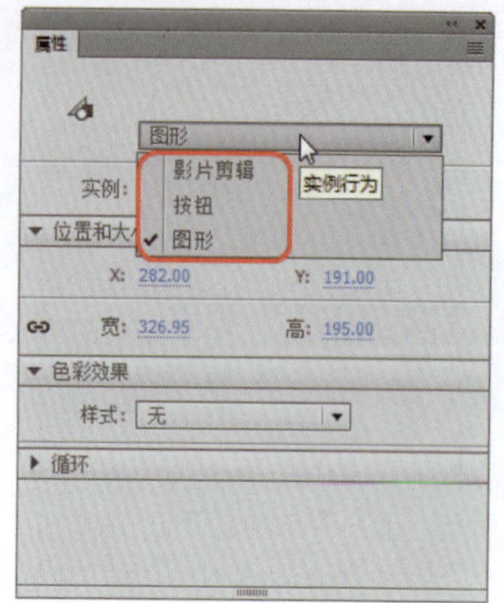
图6-161 改变实例类型

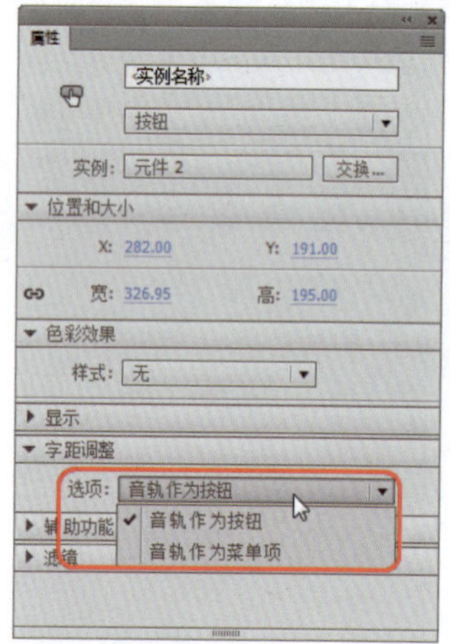
图6-162 改变实例类型

第7章 制作简单的动画

Animate CC提供了强大的动画制作功能，使绘制的精彩图片“动”起来，所谓的动画就是能使对象的尺寸、位置、颜色及大小随着时间发生变化。本章以逐帧动画、补间动画、遮罩动画和引导动画作为重点讲解多种动画制作的方法。

实例125 导入逐帧动画

动画中最基本的类型是逐帧动画，而最基本的动画单位是帧。下面将讲解如何导入逐帧动画。

素材：	素材|Cha07|001.jpg
场景：	场景|Cha07|实例125 导入逐帧动画.fla
视频：	视频教学 | Cha07 |实例125 导入逐帧动画.MP4

❶ 打开Animate CC软件，在欢迎界面中选择【新建】|【ActionScript 3.0】选项。如图7-1所示。

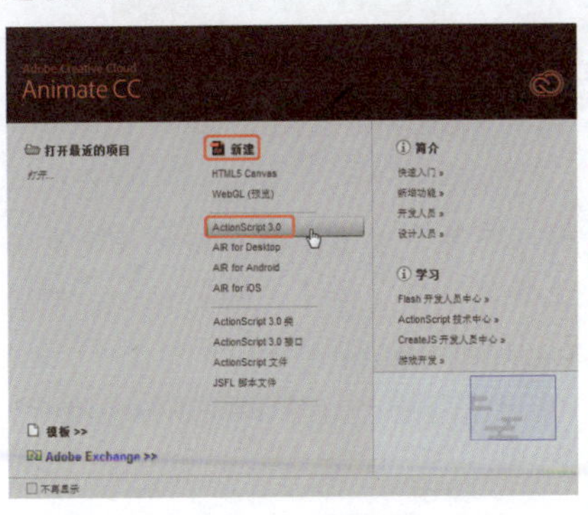

图7-1 选择【ActionScript 3.0】选项

❷ 新建一个空白的Animate 文档，在菜单栏中选择【文件】|【导入】|【导入到舞台】命令，如图7-2所示。

❸ 打开【导入】对话框，在该对话框中打开随书配套资源中的素材|Cha07|001.jpg文件。单击【打开】按钮，如图7-3所示。

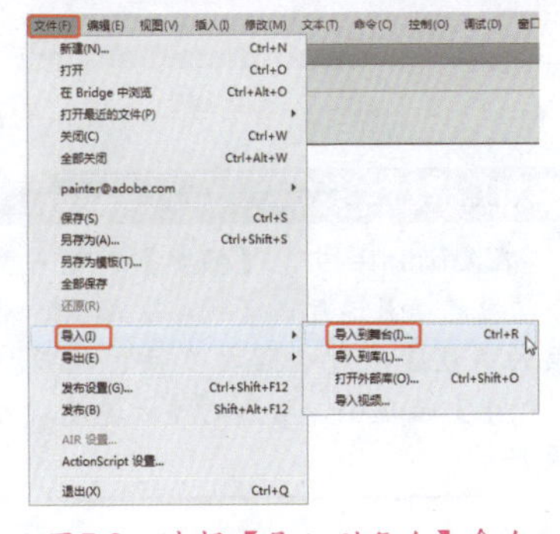

图7-2 选择【导入到舞台】命令

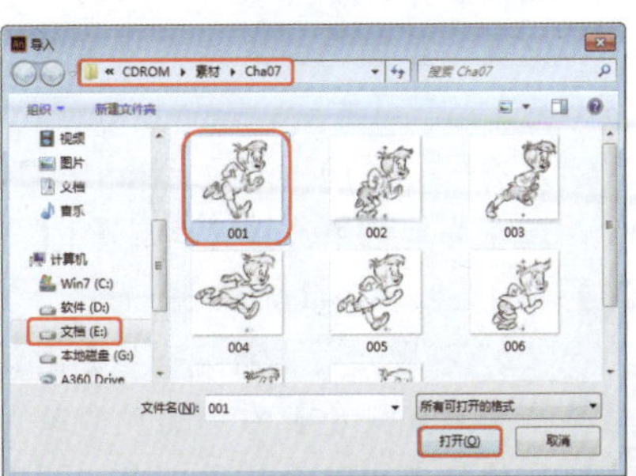

图7-3 【导入】对话框

❹ 此时弹出一个Animate 的提示对话框，在该对话框中单击【是】按钮，如图7-4所示。

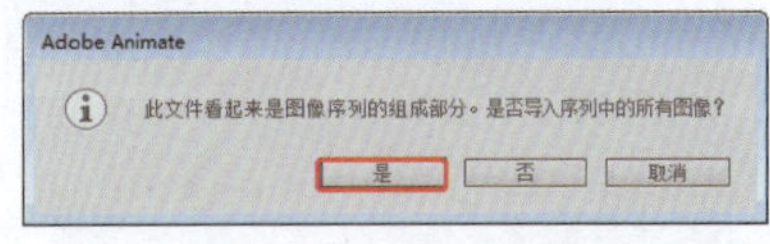

图7-4 提示对话框

❺ 系统会自动将连续的素材文件导入到Animate 舞台中，可以在【时间轴】中观察导入的的逐帧效果，如图7-5所示。

图7-5 导入逐帧动画

知识链接

在创建一些简单的动画之前，首先应该为制作动画做一些简单的准备。比如在场景中设置动画的播放速度，设置动画的背景颜色等，这些都需要在制作动画之前就设置好。下面详细介绍一下制作动画前的准备工作。

1. 设置播放速度

通过设置【文档设置】对话框中的帧频可以调整动画的播放速度，就是每秒能播放的帧数。

（1）打开Animate CC软件，在打开的开始界面中选择【新建】|【ActionScript 3.0】选项，如图7-6所示。

图7-6 选择【ActionScript 3.0】选项

（2）创建一个空白舞台，在舞台中单击鼠标右键，在弹出的快捷菜单中选择【文档】命令，如图7-7所示。

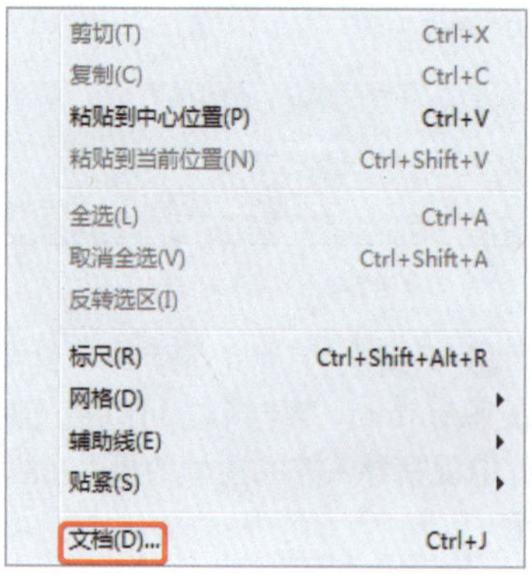

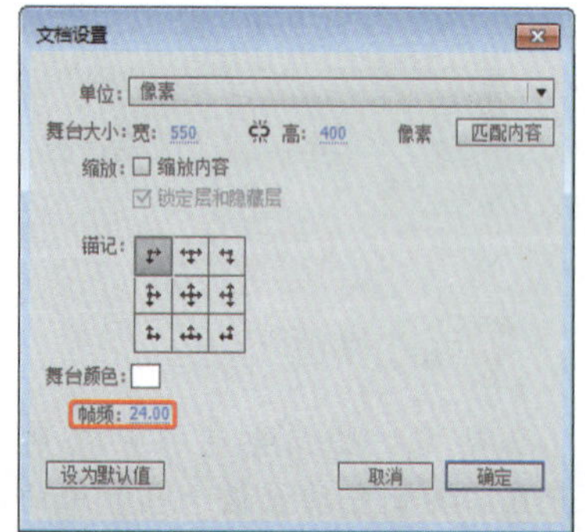

图7-7 选择【文档】命令

（3）打开【文档设置】对话框，在该对话框中可以看到系统默认的【帧频】为24fps，如图7-8所示。

图7-8 【文档设置】对话框

（4）双击【帧频】右侧的文本框，将其激活，在该文本框中将【帧频】设置为12fps，单击【确定】按钮。如图7-9所示。

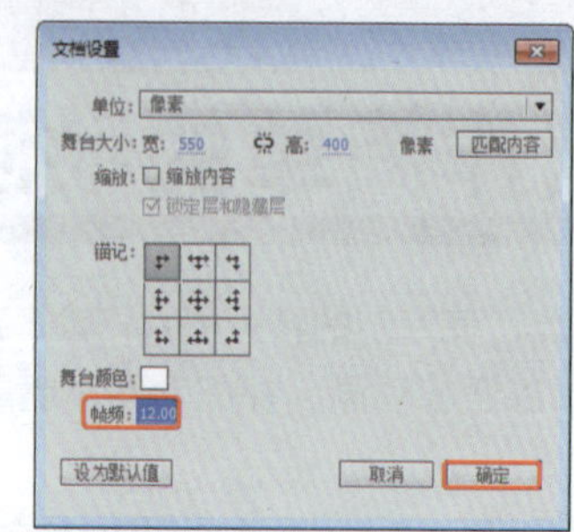

图7-9 设置【帧率】

除了以上的方法外，我们还可以在【属性】面板中设置动画的播放速度。打开【属性】面板，在该面板中将【属性】组中的【FPS】设置为12，按回车键确认该操作，便可改变动画的播放速度，如图7-10所示。

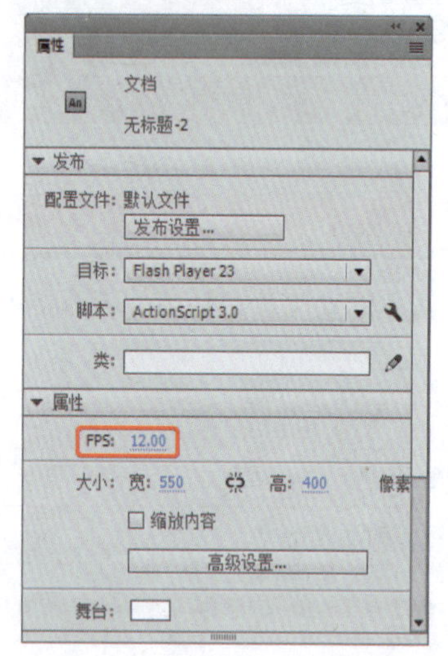

图7-10 在【属性】面板中设置【帧率】

提 示

在Animate 中，【帧率】控制着整个动画的播放速度，【帧率】越大，动画的播放速度就会随之变快，相反，【帧率】值越小，动画的播放速度就会慢下来。

2. 设置背景颜色

设置背景颜色的方法有很多种，下面将介绍三种方法：

方法一：（1）打开Animate CC软件，在菜单栏中选择【文件】|【新建】命令，如图7-11所示。

（2）在弹出的【新建文档】对话框单击【背景颜色】右侧的颜色块，在弹出的列表中选择一种颜色，设置完成后单击【确定】按钮，如图7-12所示。

图7-11 选择【新建】命令

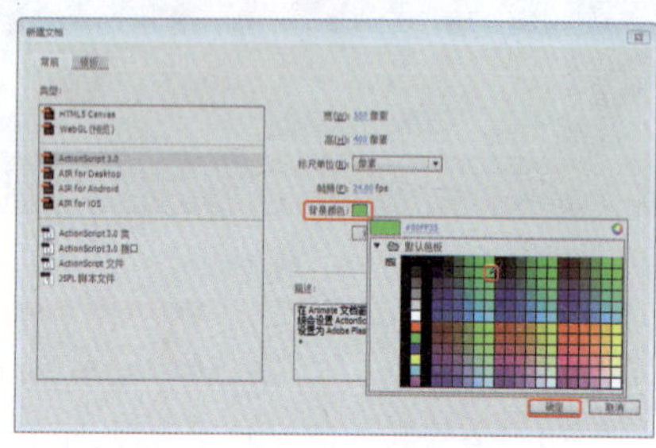

图7-12 【新建文档】对话框

（3）查看文档创建的背景效果。如图7-13所示。

图7-13 设置完成后的效果

方法二：（1）新建一个空白的文档，在舞台单击鼠标右键，在弹出的快捷菜单中选择【文档】命令，如图7-14所示。

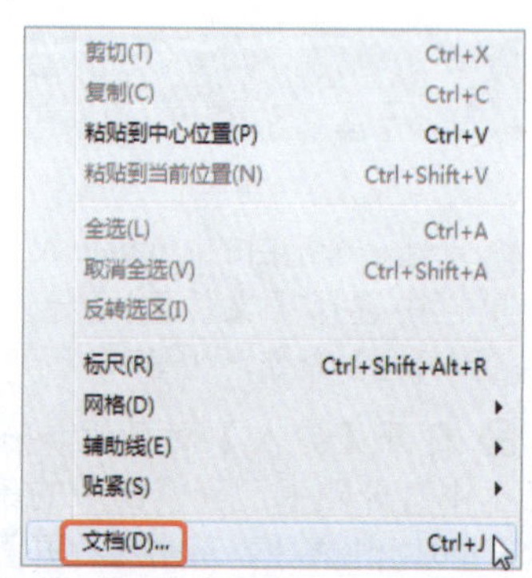

图7-14 选择【文档】命令

(2) 打开【文档设置】对话框，可以看到系统默认的背景颜色为白色，在该对话框中单击【舞台颜色】右侧的颜色块，在弹出的列表中选择一种颜色，设置完成后单击【确定】按钮，如图7-15所示。

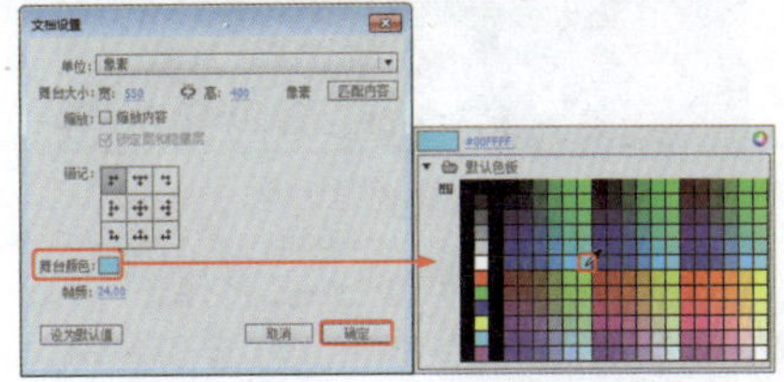

图7-15 【文档设置】对话框

(3) 在舞台中查看改变颜色后的效果，如图7-16所示。

图7-16 设置完成后的效果

方法三：(1) 新建一个空白的文档，打开【属性】面板，如图7-17所示。

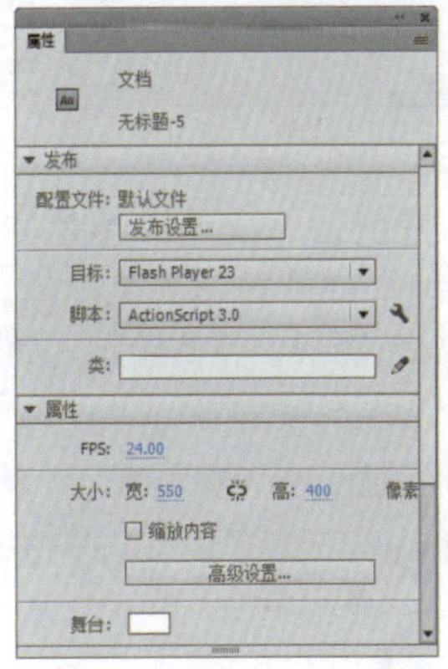

图7-17 【属性】面板

(2) 在该面板中单击【属性】选项组中【舞台】右侧的颜色块，在弹出的列表中选择一种颜色，便可改变舞台的颜色，如图7-18所示。

(3) 在舞台中观察效果，如图7-19所示。

提 示

若【属性】面板无法显示，可在菜单栏中选择【窗口】|【属性】命令即可打开【属性】面板。

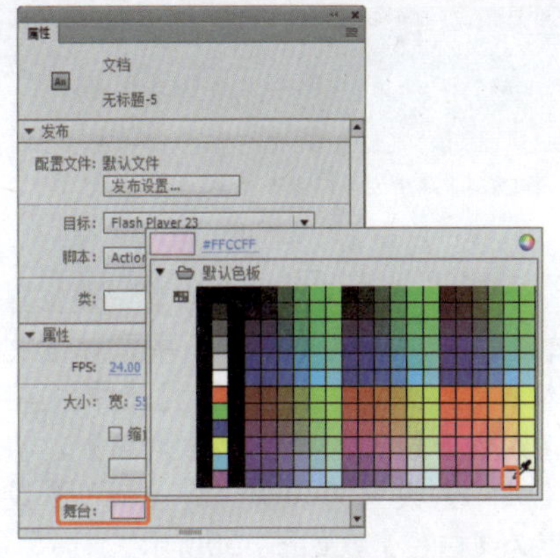

图7-18 选择背景颜色

图7-19 设置完成后的效果

实例126 创建逐帧动画

通过上面的介绍对逐帧动画有了简单了解，接下来将以设置关键帧的方法，制作一个简单的文字逐帧动画，效果图如图7-20所示。

素材：	素材|Cha07|背景素材.jpg
场景：	场景|Cha07|实例126 创建逐帧动画.fla
视频：	视频教学|Cha07|实例126 创建逐帧动画.MP4

图7-20 创建逐帧动画的效果图

❶ 启动Animate CC软件，在打开的界面中选择【新建】|【ActionScript 3.0】选项，如图7-21所示。

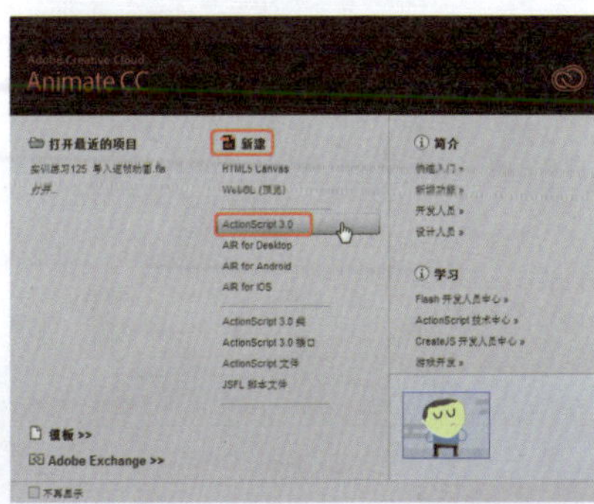

图7-21 选择【ActionScript 3.0】选项

❷ 新建一个空白的文档，在菜单栏中选择【修改】|【文档】命令，如图7-22所示。

图7-22 选择【文档】命令

❸ 打开【文档设置】对话框中将【尺寸】设置为1024×634像素，将【帧频】设置为4fps，单击【确定】按钮，如图7-23所示。

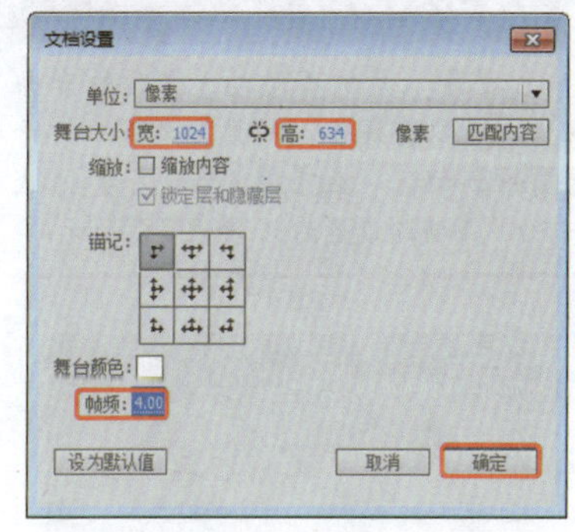

图7-23 【文档设置】对话框

❹ 在菜单栏中选择【文件|导入|导入到舞台】命令，如图7-24所示。

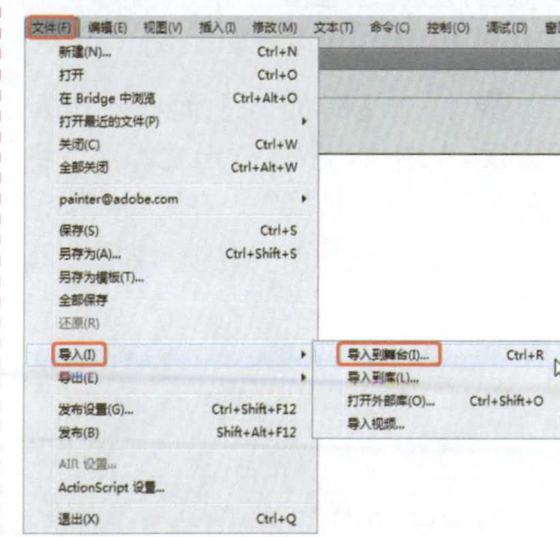

图7-24 选择【导入到舞台】命令

❺ 打开【导入】对话框，在该对话框中选择随书配套资源的素材|Cha07|背景素材.jpg文件。单击【打开】按钮，如图7-25所示。

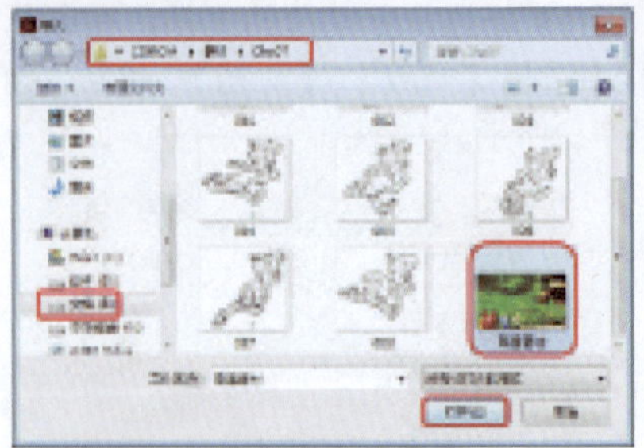

图7-25 【导入】对话框

⑥ 将打开的素材文件导入到舞台，如图7-26所示。

图7-26 导入的素材文件

提 示

如果导入素材不是处于舞台的中央位置，可以选择导入的素材文件，打开【属性】面板，在【位置和大小】区域中将X与Y值均设置为0。如图7-27所示。

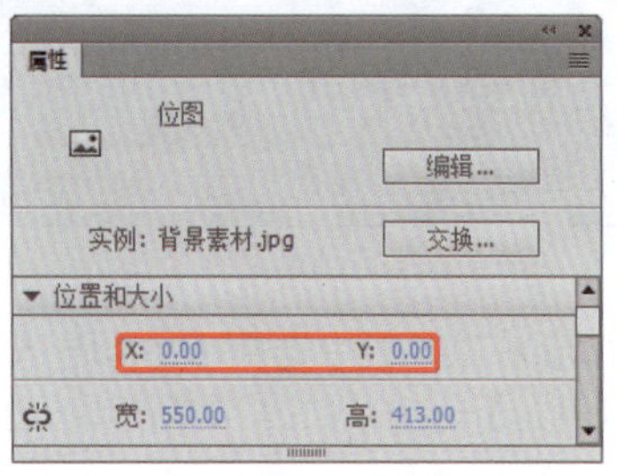

图7-27 【属性】面板

⑦ 打开【时间轴】面板，选择“图层1”图层，双击激活文本框，将其重命名为“背景层”，在第40帧位置处单击，按F6键插入关键帧，如图7-28所示。

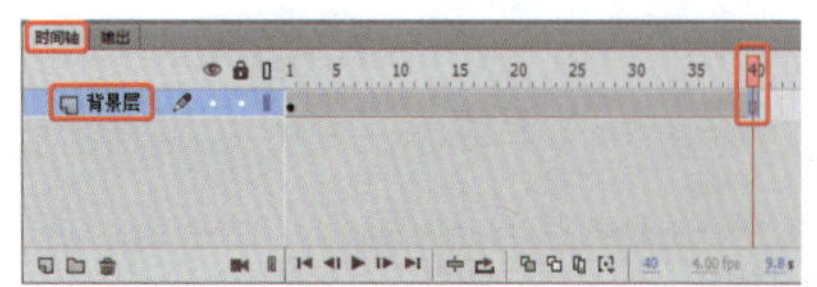

图7-28 插入帧

⑧ 在【时间轴】面板中单击【新建图层】按钮，新建一个“图层2”，并将其重命名为“文字”。如图7-29所示。

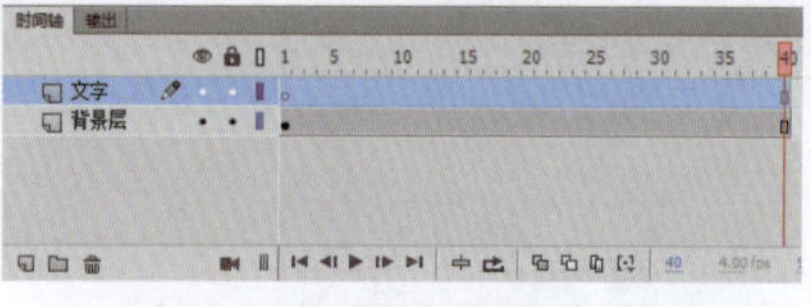

图7-29 新建图层

⑨ 在【文字】图层的第一帧位置单击鼠标，在【工具箱】中选择【文本工具】命令，在【属性】面板中将【系列】设置为【汉仪方隶简】，将【大小】设置为60磅，将【颜色】设置为【白色】，如图7-30所示。

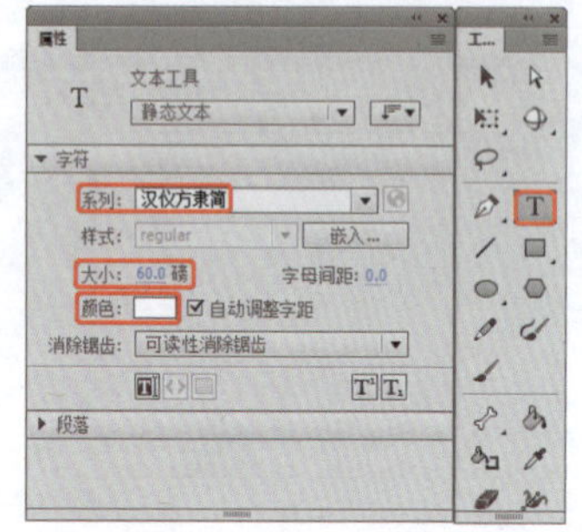

图7-30 设置文本属性

⑩ 设置完成后在舞台中单击鼠标，激活文本框，并输入“没有所谓的命运 只有不同的选择”文本内容，如图7-31所示。

图7-31 输入文本内容

⑪ 选择输入的文本内容，打开【属性】面板，在【位置和大小】组中将【X】设置为162，将【Y】设置为252，如图7-32所示。

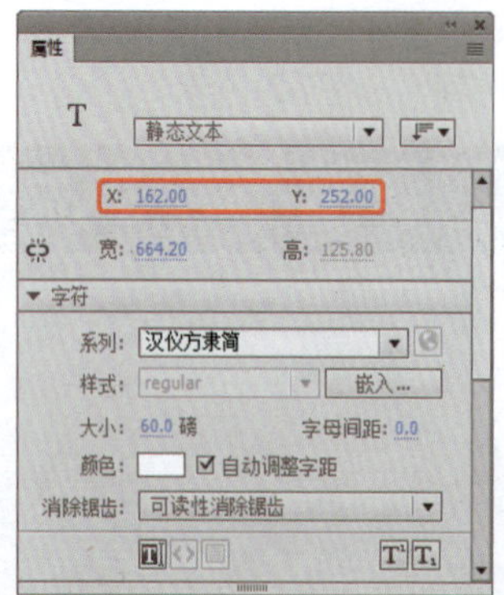

图7-32 设置位置属性

⑫ 关闭【属性】面板，在舞台中查看改变后的文字效果，如图7-33所示。

图7-33 设置完成后的效果

⑬ 确认文字处于被选择的状态下，按Ctrl+B组合键将其打散为单字，再按Ctrl+B组合键将其打散，如图7-34所示。

图7-34 打散文字

⑭ 选择“文字”图层，选择第1帧按Shift键的同时选择第39帧，单击鼠标右键，在弹出的快捷菜单中选择【转换为关键帧】命令，如图7-35所示。

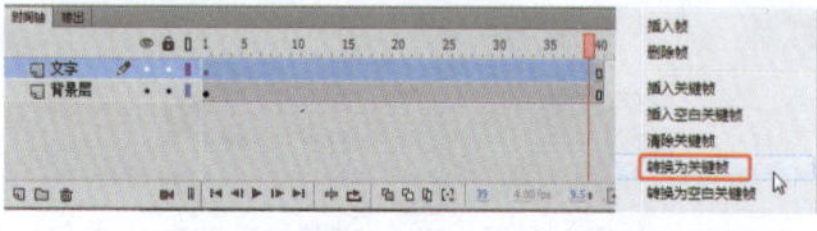

图7-35 选择【转换为关键帧】命令

⑮ 此时，“文字”图层的第1帧至第39帧全部被转换为关键帧。选择“背景层”图层，将其锁定，如图7-36所示。

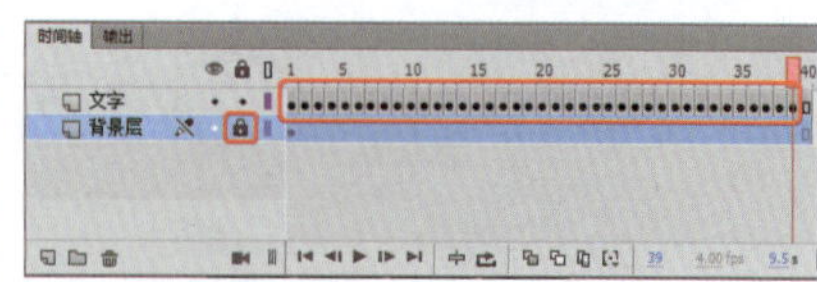

图7-36 锁定图层

⑯ 选择【文字】图层的第一帧，在工具箱中选择【选择工具】命令，删除其他文字内容，如图7-37所示。

图7-37 删除其他文字

⑰ 在【时间轴】面板中单击【前进一帧】按钮，再切换至第2帧，删除其他文字内容，如图7-38所示。

图7-38 制作第2帧动画

⑱ 使用同样的方法制作至第14帧的动画效果。然后选择第15帧，制作与第一帧相同的文字效果，如图7-39所示。

图7-39 制作第15帧动画

⑲ 切换至下一帧，删除除“没有”以外的全部文字内容，如图7-40所示。

图7-40 制作第16帧动画

⑳ 切换至下一帧，删除除“没有所”以外的全部文字内容，如图7-41所示。

图7-41 制作第17帧动画

㉑ 使用同样的方法制作第18帧的动画，切换至下一帧，删除除“的命运只”以外的全部文字内容，如图7-42所示。

图7-42 制作第19帧动画

㉒ 根据文字的动画规律，制作其他文字的动画，如图7-43所示。

图7-43 制作第25帧动画

㉓在第26帧位置处将除“只有不”以外的文字删除，并使用同样的方法制作至第29帧的动画，如图7-44所示。

图7-44 制作第26帧动画

㉔选择第30帧，将舞台中所有的文字进行删除，切换至第31帧，删除部分文字，如图7-45所示。

图7-45 删除部分文字

㉕切换至下一帧，即第32帧，根据第㉔步的规律删除部分文字，如图7-46所示。

图7-46 制作第32帧动画

㉖ 使用同样的方法制作其他帧的动画。如图7-47所示。

图7-47 第34帧动画

㉗ 在【时间轴】面板中选择第39帧，单击鼠标右键，在弹出的快捷菜单中选择【动作】命令，如图7-48所示。

图7-48 选择【动作】命令

㉘ 打开【动作】面板，在该面板中输入代码：“stop();”，如图7-49所示。

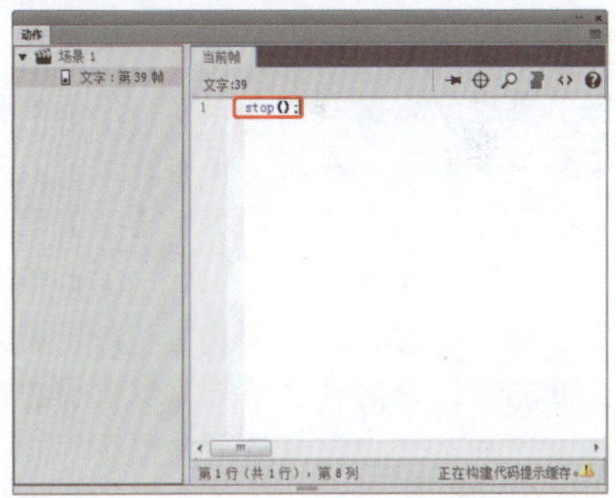

图7-49 输入代码

㉙ 关闭【动作】面板，按Ctrl+Enter组合键测试影片，如图7-50所示。

图7-50 测试影片的效果

㉚ 在菜单栏中选择【文件|导出|导出影片】命令，如图7-51所示。

㉛ 在弹出的对话框中选择保存路径，并将其文件名命令为“创建逐帧动画”，设置【保存类型】为.SWF，单击【保存】按钮，如图7-52所示。

图7-51　选择【导出影片】命令

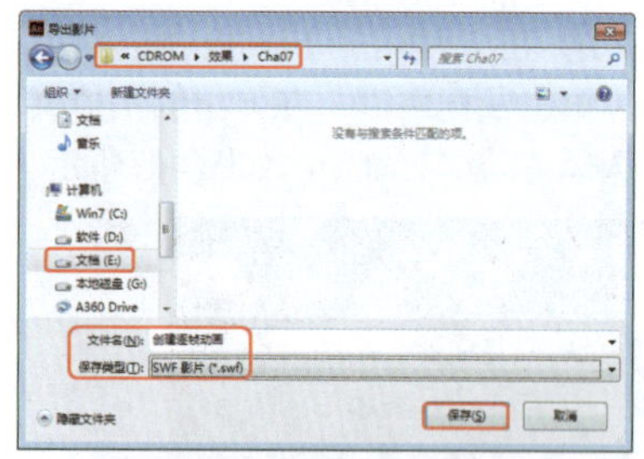

图7-52　【导出影片】对话框

32 即可导出影片，使用同样的方法保存场景。

知识链接

时间轴是整个Animate 的核心，使用它可以组织和控制动画中的内容在特定的时间出现在画面中。创建文档时，在工作窗口上方会自动出现【时间轴】面板，如图7-53所示，整个面板分为左右两个部分，左侧是【图层】面板，右侧是【帧】面板。左侧图层中包含的帧显示在【帧】面板中，正是这种结构使得Animate 能巧妙地将时间和对象联系在一起。默认情况下，时间轴位于工作窗口的顶部，用户可以根据习惯调整位置，也可以将其隐藏起来。

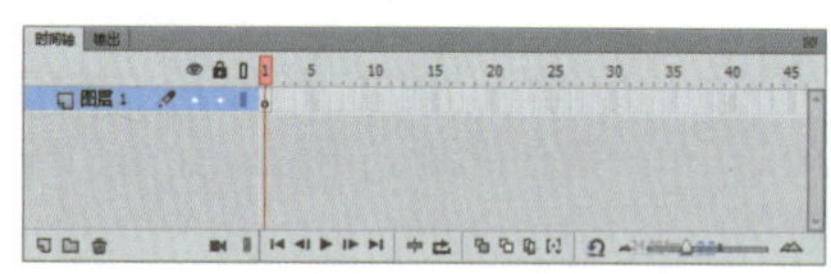

图7-53　【时间轴】面板

1. 播放头

播放头用来指示当前所在帧。如果在舞台中按下Enter键，则可以在编辑状态下运行影片，播放头也会随着影片的播放而向前移动，指示出播放到的帧的位置。

如果正在处理大量的帧，无法一次全部显示在时间轴上，则可以拖动播放头沿着时间轴移动，从而轻易地定位到目标帧，如图7-54所示。

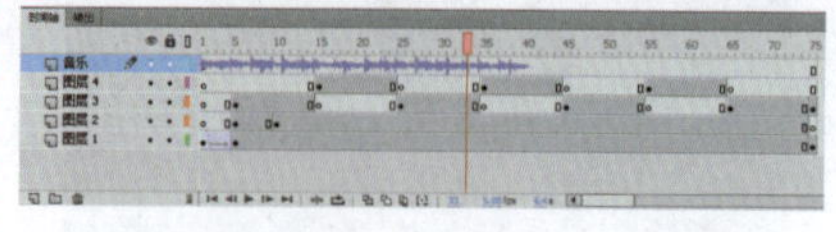

图7-54　播放头

2. 图层

在处理较复杂的动画时，特别是制作包含有较多对象的动画，同时对多个对象进行编辑就会造成混乱，带来很多麻烦。针对这个问题，Animate 软件提供了图层操作模式，每个图层都有自己的一系列的帧，各图层可以独立地进行编辑操作。这样可以在不同的图层上设置不同对象的动画效果。另外，由于每个图层的帧在时间上也是互相对应的，所以在播放过程中，同时显示的各个图层是互相融合地协调播放。Animate 还提供了专门的图层管理器，使用户在使用图层工具时有充分的自主性，如图7-55所示。

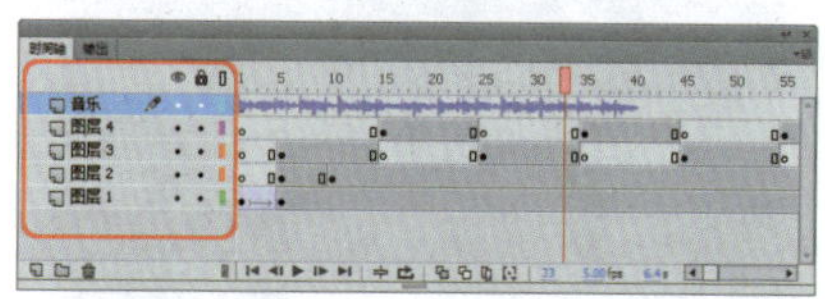

图7-55　显示图层

3. 帧

帧就像电影中的底片，基本上制作动画的大部分操作都是对帧的操作，不同帧的前后顺序将关系到这些帧中的内容在影片播放中的出现顺序。帧操作的好坏会直接影响影片的视觉效果和影片内容的流畅性。帧是一个广义概念，它包含了三种类型，分别是普通帧(也可称过渡帧)、关键帧和空白关键帧。

实例127　创建位移动画

位移动画就是通过改变物体位置而生成的动画，下面将简单介绍一下创建位移动画的操作方法，效果如图7-56所示。

素材：	素材|Cha07|位移动画素材.fla、毛笔.jpg
场景：	场景|Cha07|实例127 创建位移动画.fla
视频：	视频教学|Cha07|实例127 创建位移动画.MP4

图7-56　创建位移动画的效果图

1 启动Animate CC软件，新建一个空白文档，在菜单栏中选择【文件】|【打开】命令，在弹出的对话框中打开随书配套资源中的素材|Cha07|位移动画素材.fla文件，如图7-57所示。

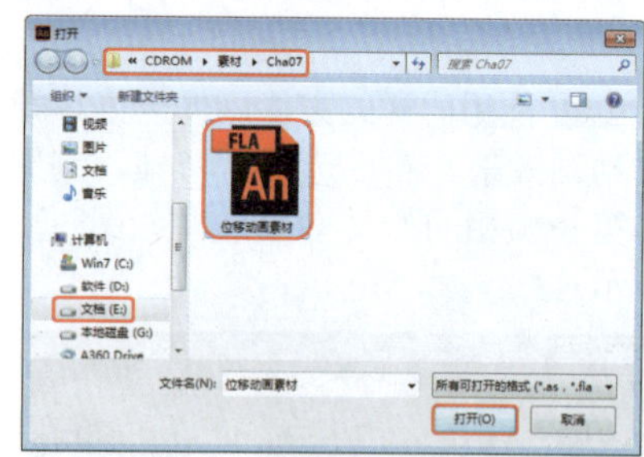

图7-57　【打开】对话框

2 单击【打开】按钮，将选择的素材文件打开，选择【时间轴】面板，按回车键查看打开的素材动画效果。如图7-58所示。

图7-58　观察效果

3 在【时间轴】面板中单击【新建图层】按钮，新建一个空白图层，将其重命名为“毛笔”，如图7-59所示。

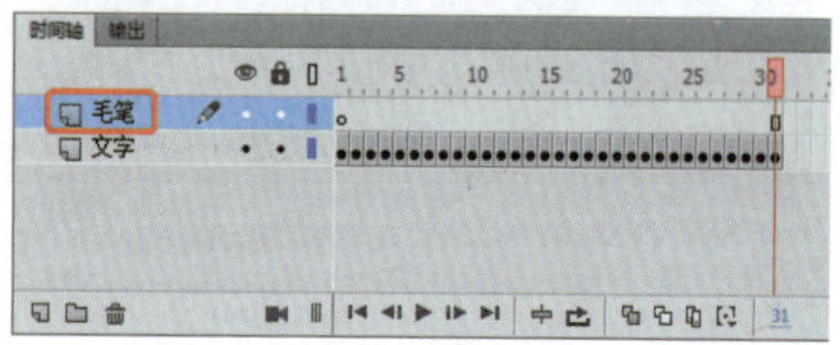

图7-59　新建图层

4 选择【毛笔】图层的第一帧，在菜单栏中选择【文件】|【导入】|【导入到舞台】命令，如图7-60所示。

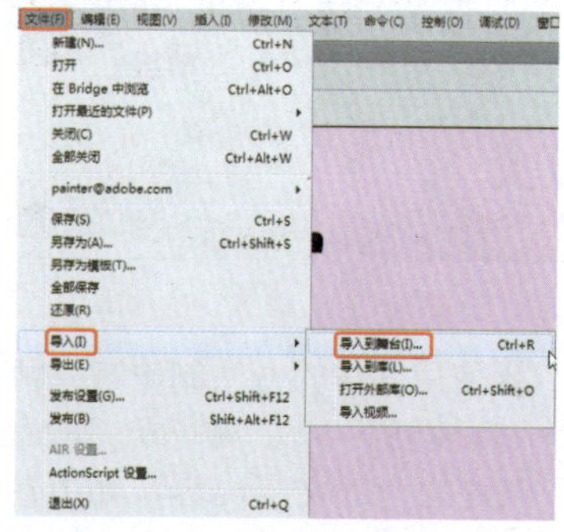

图7-60　选择【导入到舞台】命令

❺ 打开【导入】对话框，在该对话框中选择随书配套资源中的素材|Cha07 |毛笔.png文件。单击【打开】按钮，如图7-61所示。

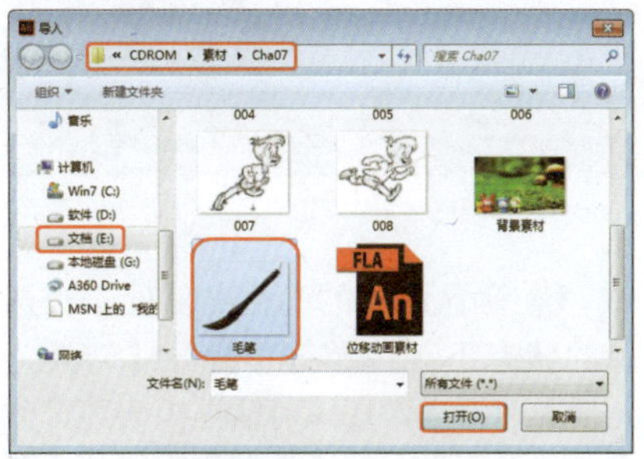

图7-61 【导入】对话框

❻ 将选择的素材文件导入到舞台中，如图7-62所示。

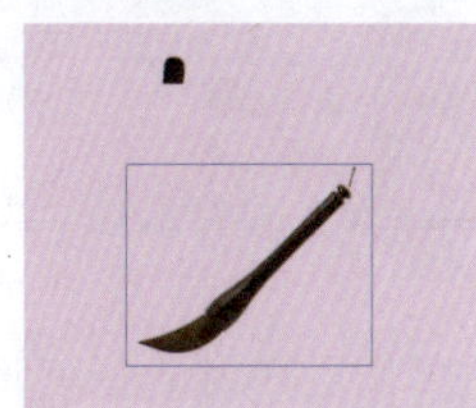

图7-62 导入对象

❼ 选择导入的素材文件，在菜单栏中选择【修改】|【转换为元件】命令。如图7-63所示。

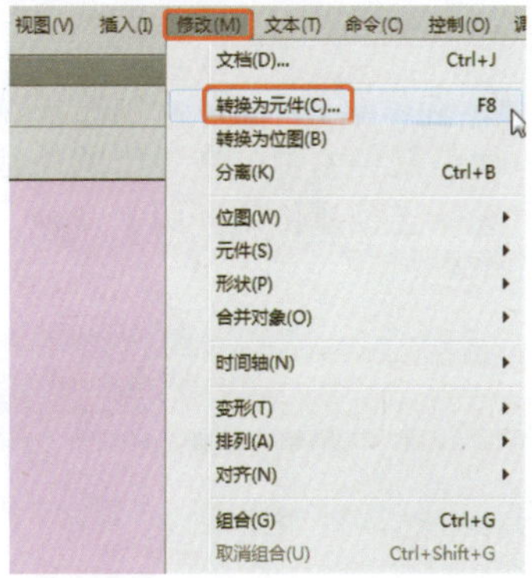

图7-63 选择【转换为元件】命令

❽ 打开【转换为元件】对话框，在该对话框中将其重命名为“毛笔”，将【类型】设置为【图形】。设置完成后单击【确定】按钮，如图7-64所示。

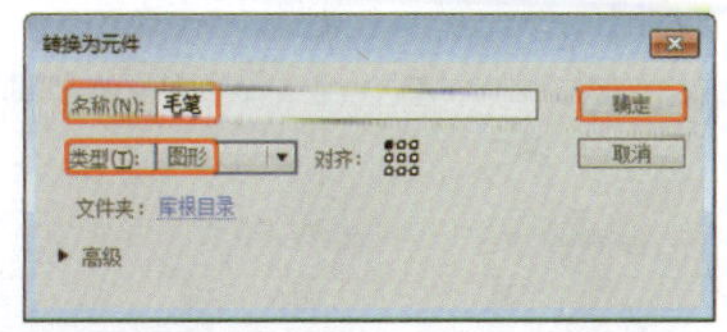

图7-64 【转换为元件】对话框

❾ 打开【属性】面板，在【位置和大小】组中将X值设置为271.95，Y值设置为65，将【宽】设置为140像素，如图7-65所示。

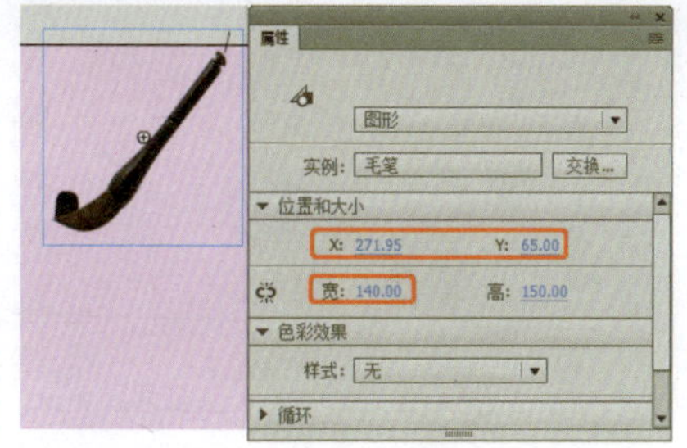

图7-65 设置毛笔属性

❿ 在【毛笔】图层中选择第4帧，按F6键插入关键帧，在【属性】面板中将【位置和大小】组中的X值设置为253.95，Y值设置为142，如图7-66所示。

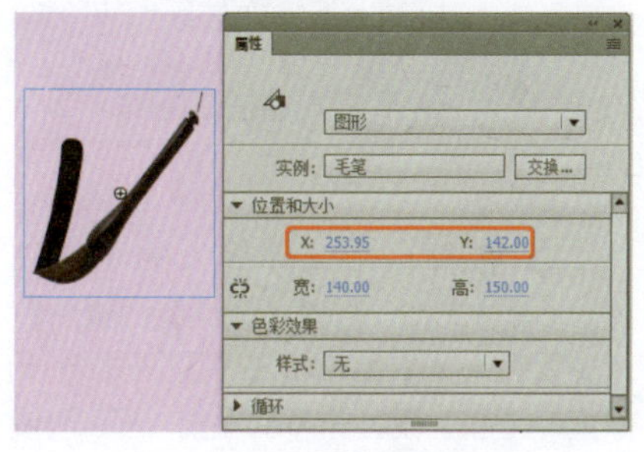

图7-66 调整毛笔位置

⓫ 选择“毛笔”图层中的第1帧至第4帧之间任意帧，单击鼠标右键，在弹出的快捷菜单中选择【创建传统补间】命令，如图7-67所示。

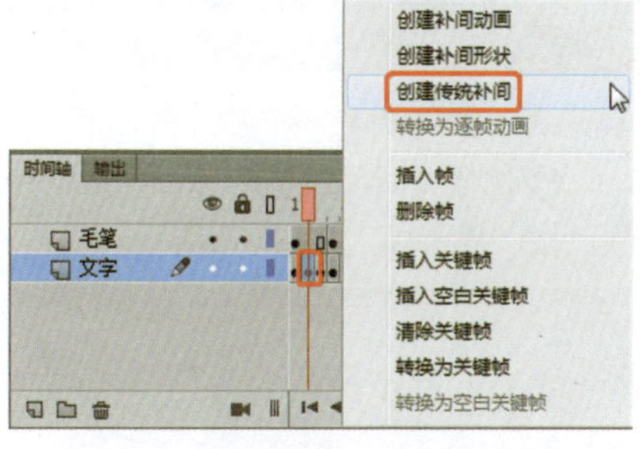

图7-67 选择【创建传统补间】命令

⓬ 选择该图层的第5帧，移动毛笔的位置，并设置关键帧，如图7-68所示。

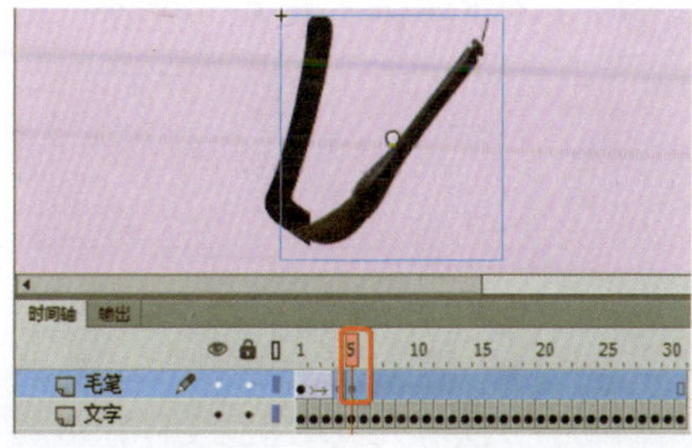

图7-68 调整毛笔位置

⓭ 选择该图层的第7帧，插入关键帧，并调整画笔的位置，为其添加传统补间动画，如图7-69所示。

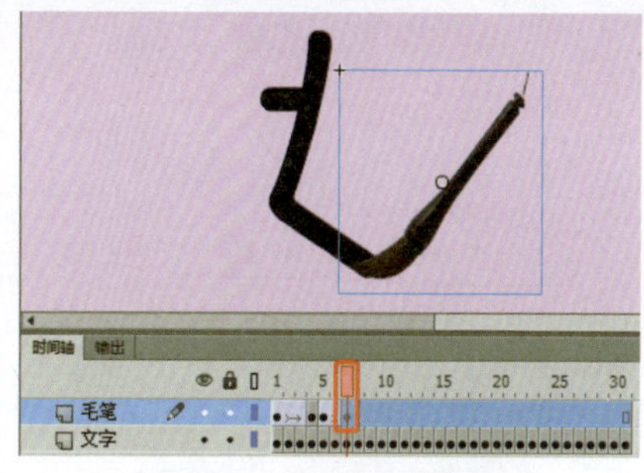

图7-69 创建传统补间动画

⓮ 使用同样的方法制作其他位置的画笔动画，设置完成后观察时间轴的效果，如图7-70所示。

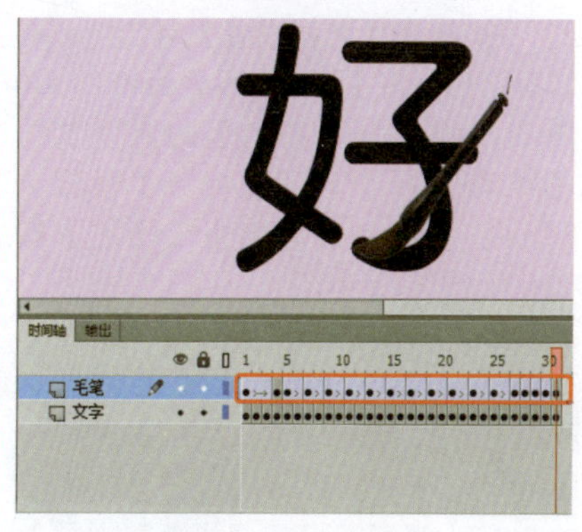

图7-70 完成后的效果

⓯ 按Ctrl+Enter组合键测试影片。根据前一实例所介绍的方法导出影片及保存场景。

实例128 创建旋转动画

旋转动画就是在创建完补间动画之后，通过更改帧的属性添加旋转度数制作的动画，效果如图7-71所示。

素材：	素材|Cha07|风车.jpg、卡通图片.jpg
场景：	场景|Cha07|实例008 对齐与分布图形对象.fla
视频：	视频教学	Cha07 |实例008 对齐与分布图形对象.MP4

图7-71 创建旋转动画

❶ 启动Animate CC软件，创建一个空白的场景，在菜单栏中选择【修改】|

【文档】命令，如图7-72所示。

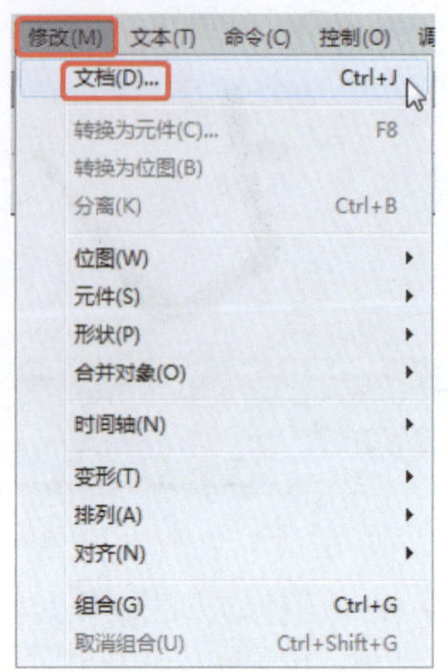

图7-72　选择【文档属性】命令

❷ 打开【文档设置】对话框，在该对话框中将【尺寸】设置为600×550像素，将【背景颜色】的值设置为【#FFFFCC】，将【帧频】设置为8fps。设置完成后单击【确定】按钮，如图7-73所示。

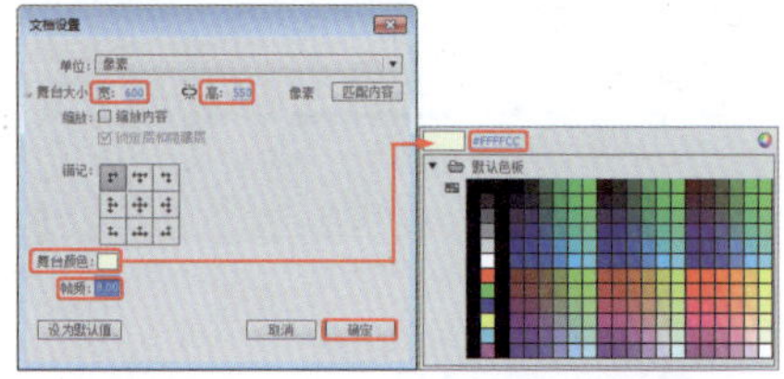

图7-73　【文档设置】对话框

❸ 在菜单栏中选择【文件】|【导入】|【导入到舞台】命令，如图7-74所示。

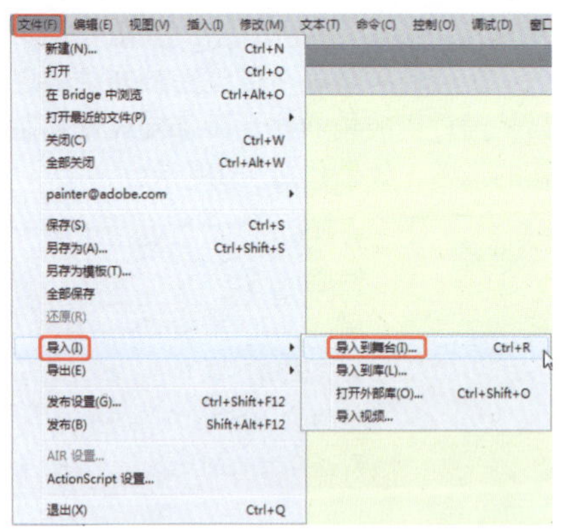

图7-74　选择【导入到舞台】命令

❹ 打开【导入】对话框，在该对话框中打开随书配套资源中的素材|Cha07|卡通图片.png文件。单击【打开】按钮，如图7-75所示。

❺ 将选择的素材文件添加到舞台，效果如图7-76所示。

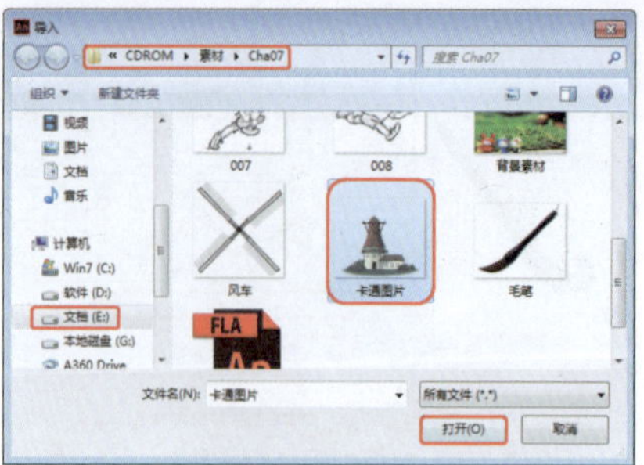

图7-75　【导入】对话框

图7-76　添加素材文件

❻ 在舞台中选择导入的卡通图片.png素材文件，打开【属性】面板，在【位置和大小】组中将【宽】设置为550像素，【高】设置为464.2像素，将X值设置为26，Y值设置为84，如图7-77所示。

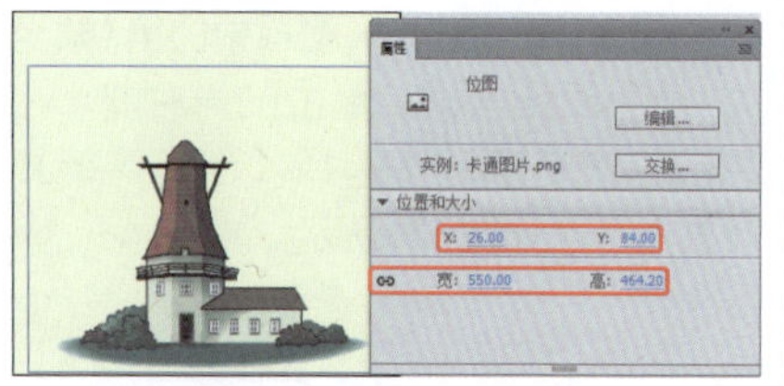

图7-77　设置素材属性

❼ 选择【时间轴】面板，选择第50帧，按F5插入帧，如图7-78所示。

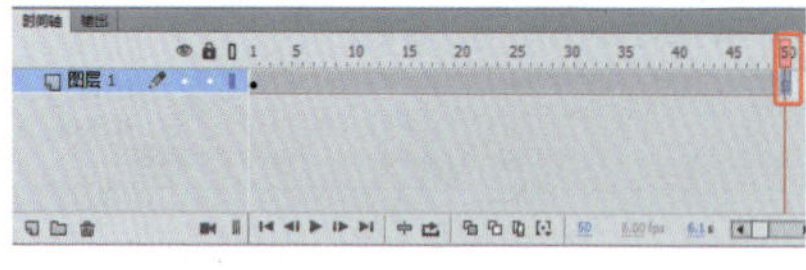

图7-78　插入帧

❽ 在【时间轴】面板中单击【新建图层】按钮，新建一个图层，然后对“图层1”进行锁定，如图7-79所示。

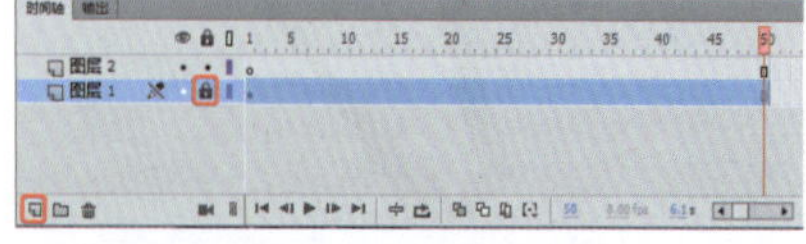

图7-79　新建图层

❾ 选择“图层2”的第1帧，再次使用相同的方法导入风车.png文件，将其添加至舞台，并调整至合适的位置，如图7-80所示。

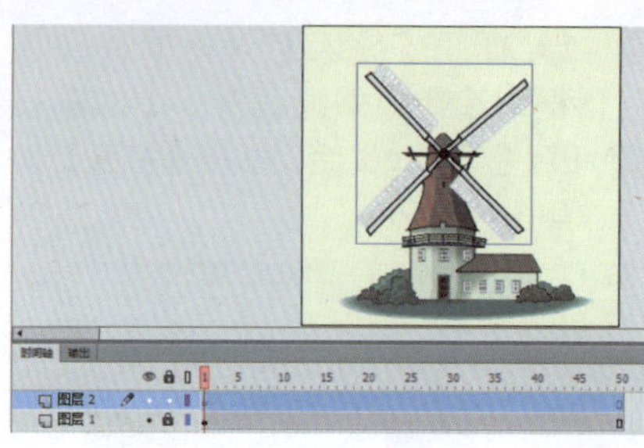

图7-80　添加素材文件

❿ 确认添加的素材文件处于被选择的状态下，按F8键，打开【转换为元件】对话框，在该对话框中为其重命名为“风车”，将【类型】设置为【图形】。设置完成后单击【确定】按钮，如图7-81所示。

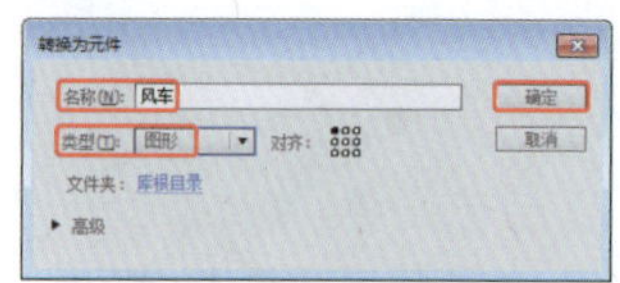

图7-81　【转换为元件】对话框

⓫ 在“图层2”中选择第50帧，按F6插入关键帧，如图7-82所示。

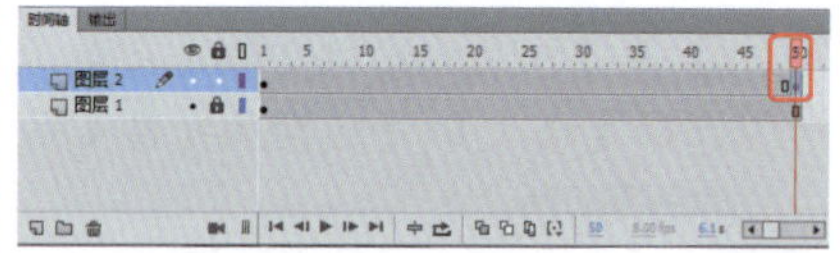

图7-82　插入关键帧

⓬ 选择第1帧至第50帧的任意一帧，单击鼠标右键，在弹出的快捷菜单中选择【创建传统补间】命令，如图7-83所示。

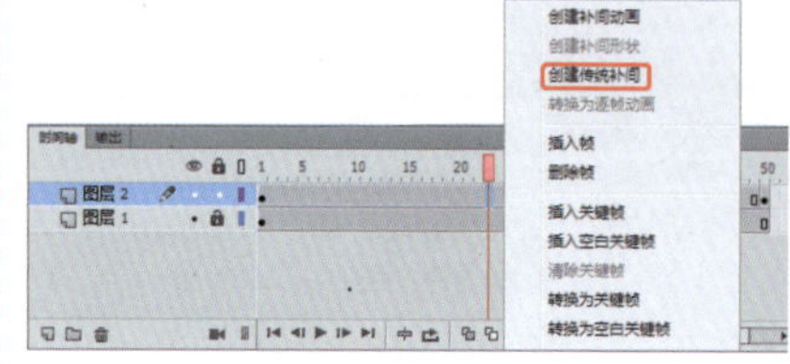

图7-83　【创建传统补间】命令

⓭ 选择第1帧至第50帧之间的任意一帧，打开【属性】面板，在【补间】组中将【旋转】设置为【顺时针】，将【缓动】设置为64，如图7-84所示。

图7-84　设置帧属性

⓮ 设置完成后按Ctrl+Enter组合键

测试影片效果，如图7-85所示。

图7-85 测试影片效果

知识链接

使用图层文件夹管理图层

在制作动画过程中，有时需要创建图层文件夹来管理图层，以方便动画的制作。

1. 添加图层文件夹

添加图层文件夹的方法有如下方式。

- 单击【时间按钮轴】面板下方【新建文件夹】按钮，如图7-86所示。

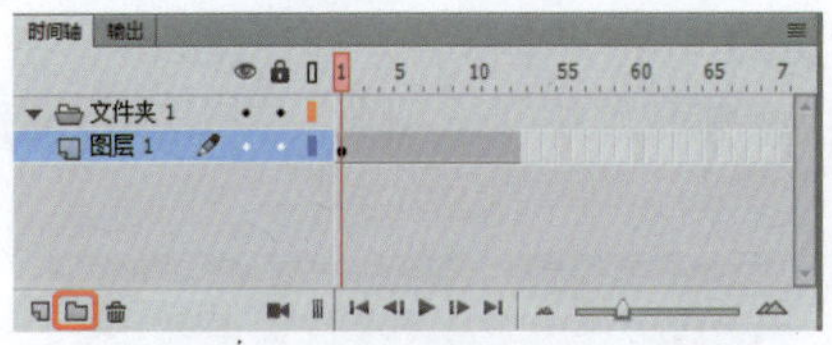

图7-86 新建文件夹

- 在菜单栏中选择【插入】|【时间轴】|【图层文件夹】命令。如图7-87所示。

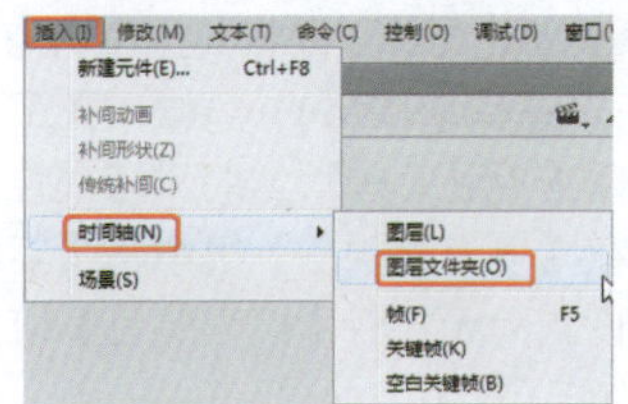

图7-87 选择【图层文件夹】命令

- 右击时间轴的图层编辑区，在弹出的快捷菜单中选择【插入文件夹】命令。如图7-88所示。

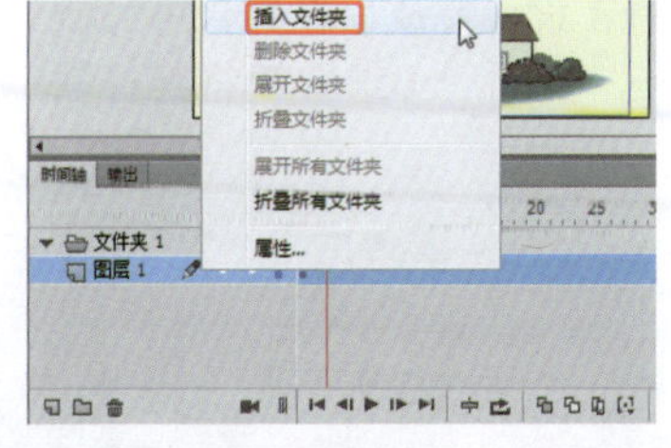

图7-88 【插入文件夹】命令

2. 组织图层文件夹

用户可以在图层文件夹中添加、删除图层或图层文件夹，也可以移动图层或图层文件夹，它们的操作方法与图层的操作方法基本相同。若想将外部的图层移动到图层文件夹中，可以拖拽图层到目标图层文件夹中，图层文件夹图标的颜色变深，然后使用鼠标拖动即可完成操作，移出图层的操作与之相反，图层文件夹内的图层图标以缩进的形式排放在图层文件夹图标之下，如图7-89所示。

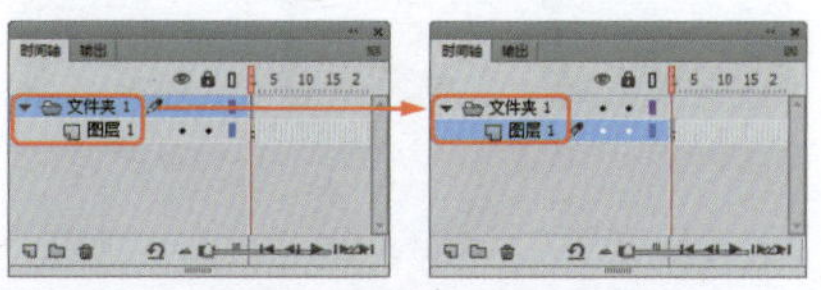

图7-89 拖入文件夹

提 示

删除图层文件夹也会同时删除其中包含的图层和图层文件夹，如果时间轴上只有一个图层文件夹，则删除时会保留图层文件夹中最下面一个图层。

3. 展开或折叠图层文件夹

当图层文件夹处于展开状态时，图层文件夹图标左侧的箭头指向下方，当图层文件夹处于折叠状态时，箭头指向右方，如图7-90示。

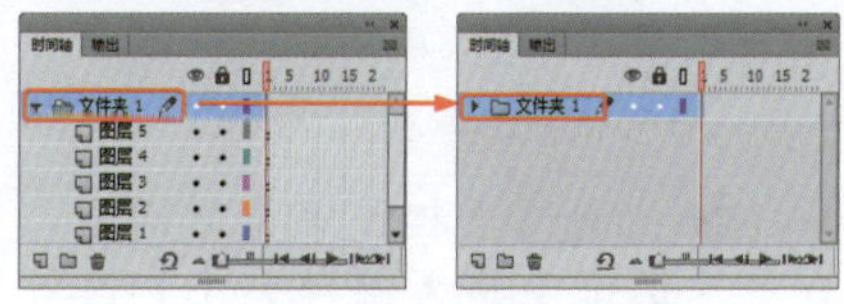

图7-90 展开或折叠文件夹

展开图层文件夹的方法：

- 单击箭头，展开的图层文件夹将折叠起来，同时箭头变为▶，单击箭头，折叠的图层文件夹又可以展开。
- 用户也可以鼠标右击图层文件夹，然后选择快捷菜单中的【展开文件夹】命令来展开处于折叠状态的图层文件夹，如图7-91所示。

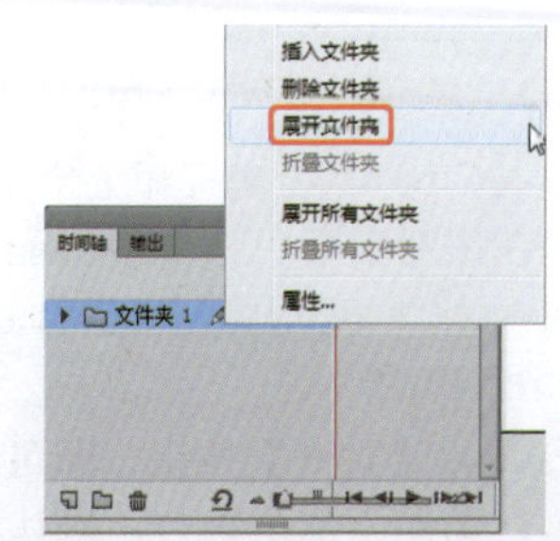

图7-91 选择【展开文件夹】命令

- 选择快捷菜单中的【展开所有文件夹】命令，将展开所有处于折叠状态的图层文件夹（已展开的图层文件夹不变），如图7-92所示。

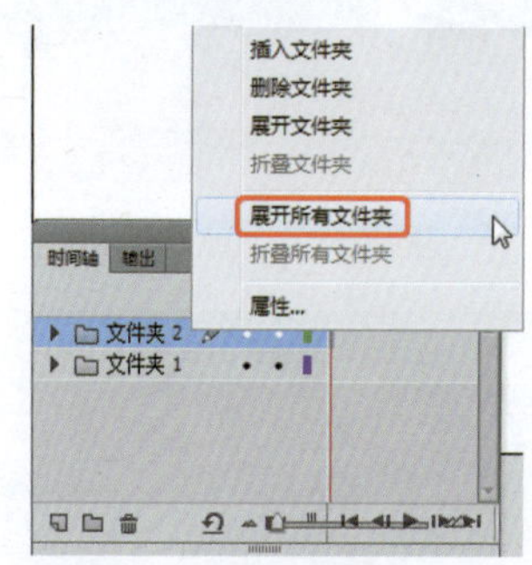

图7-92 选择【展开所有文件夹】命令

4. 用【分散到图层】命令自动分配图层

Animate CC允许设计时选择多个对象，然后应用【修改】|【时间轴】|【分散到图层】命令自动地为每个对象创建并命名新图层，并且将这些对象移动到对应的图层中，也可以为这些图层提供恰当的命名，如果对象是元件或位图图像，新图层将按照对象的名称命名。

下面介绍【分散到图层】命令的使用方法：

(1) 启动软件后，新建一个空白的文档，在菜单栏中选择【文件】|【打开】命令，在弹出的对话框中打开随书配套资源中的素材|Cha07|01.fla文件，如图7-93所示。

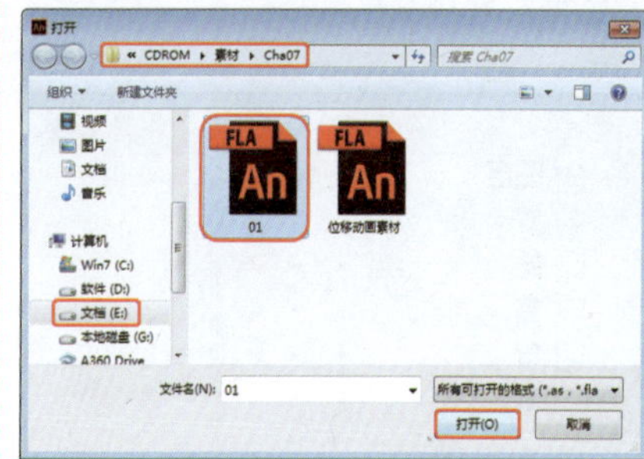

图7-93 选择素材

(2) 在工具箱中选择【文本工具】命令，打开【属性】面板，将【系列】设为【汉仪雪君体简】，将【大小】设为70磅，将【颜色】设为【#0066FF】，如图7-94所示。

(3) 使用【选择工具】命令选择输入的文字，按Ctrl+B组合键对文字进行分离，如图7-95所示。

图7-94　输入文字

图7-95　分离文字

(4) 在菜单栏选择【修改】|【时间轴】|【分散到图层】命令，如图7-96所示。

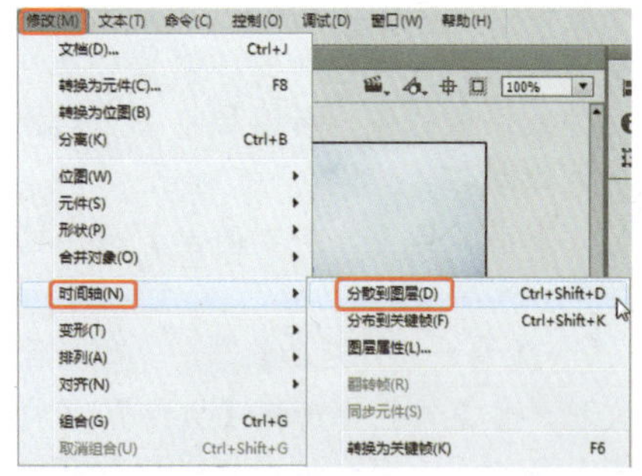

图7-96　选择【分散到图层】命令

(5) 此时，图层面板中就增加了四个图层，如图7-97所示。

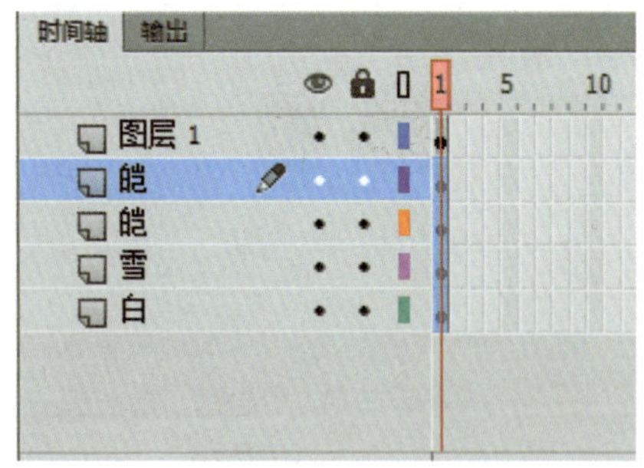

图7-97　新增图层

实例129 创建形状渐变动画

形状渐变就是将一个形状转换至另一个形状的动画过程，下面将简单介绍一下形状渐变动画的操作步骤，效果如图7-98所示。

素材：	素材|Cha07|形状渐变素材.jpg
场景：	场景|Cha07|实例129 创建形状渐变动画
视频：	视频教学 | Cha07 |实例129 创建形状渐变动画.MP4

图7-98　创建形状渐变动画的效果图

❶ 启动Animate CC软件，创建一个空白的ActionScript 3.0文档，在菜单栏中选择【修改】|【文档】命令，如图7-99所示。

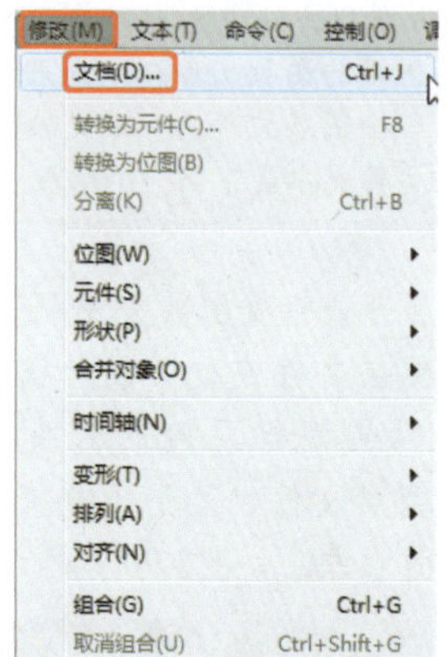

图7-99　选择【文档】命令

❷ 打开【文档设置】对话框，在该对话框中将【舞台大小】设置为500×667像素，将【帧频】设置为18fps。设置完成后单击【确定】按钮，如图7-100所示。

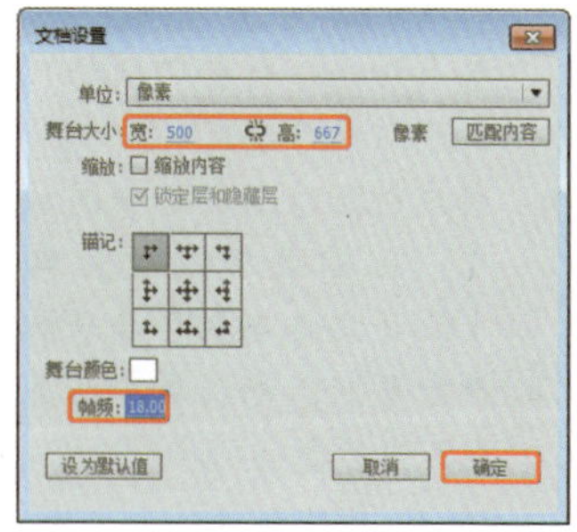

图7-100　【文档设置】对话框

❸ 按Ctrl+R组合键打开【导入】对话框，在该对话框中打开随书配套资源中的素材|Cha07|形状渐变素材.jpg文件，如图7-101所示。

❹ 单击【打开】按钮，即可将选择的素材文件添加至舞台，确认添加的素材文件处于被选中的状态下，打开【属性】面板，在【位置和大小】组中将【宽】设置为500像素，如图7-102所示。

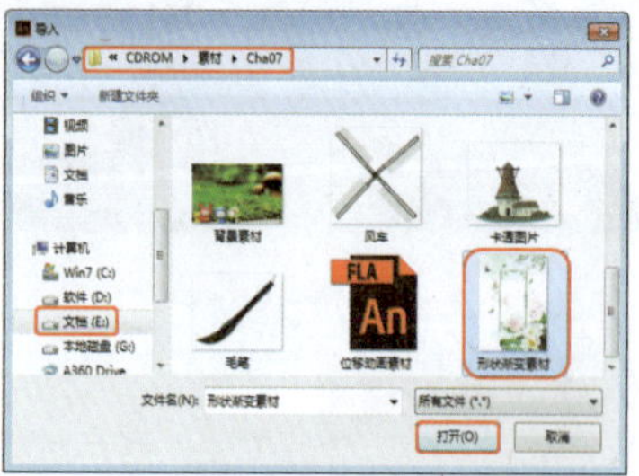

图7-101　【导入】对话框

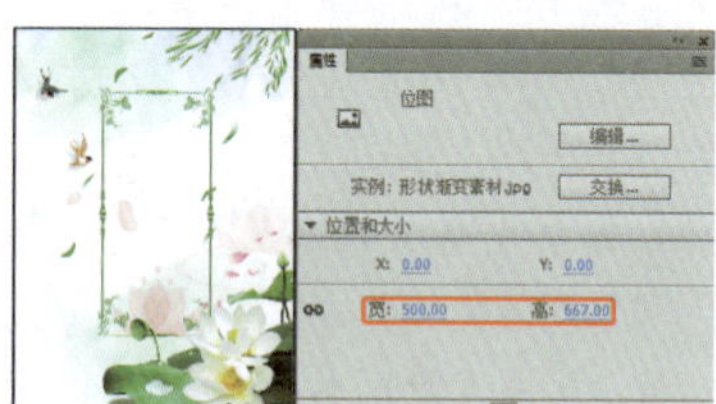

图7-102　设置素材属性

❺ 选择【时间轴】面板中的【图层1】，将其重命名为“背景层”，在第40帧位置按F5插入帧，并将该图层进行锁定，如图7-103所示。

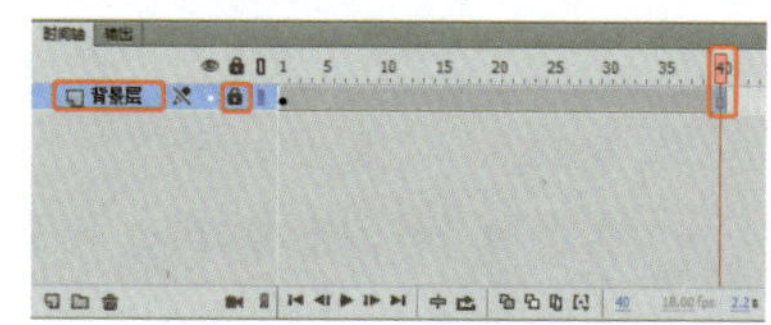

图7-103　【时间轴】面板

❻ 新建图层，并将其重命名为“文字1”，选择该图层的第1帧，在工具箱中选择【矩形工具】，打开【属性】面板，在【填充和颜色】组中将【笔触颜色】设置为无，将【填充颜色】值设置为【#00CC66】，如图7-104所示。

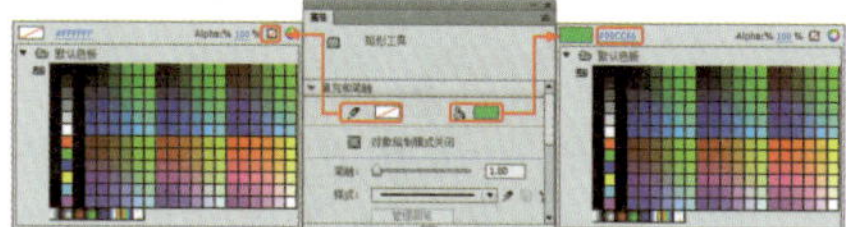

图7-104　设置矩形属性

❼ 设置完成后在舞台中绘制一个矩形，按Ctrl+B组合键将其打散，如图7-105所示。

图7-105　打散矩形

❽ 隐藏【背景层】图层，选择“文字1”图层，在工具箱中选择【套索工具】命令，在舞台中选择矩形并移动选取的形状，如图7-106所示。

图7-106 选取碎片

❾ 显示“背景层”图层，在“文字1”图层中显示该图层，在该图层中选择第20帧，单击鼠标右键，在弹出的快捷菜单中选择【插入空白关键帧】命令，如图7-107所示。

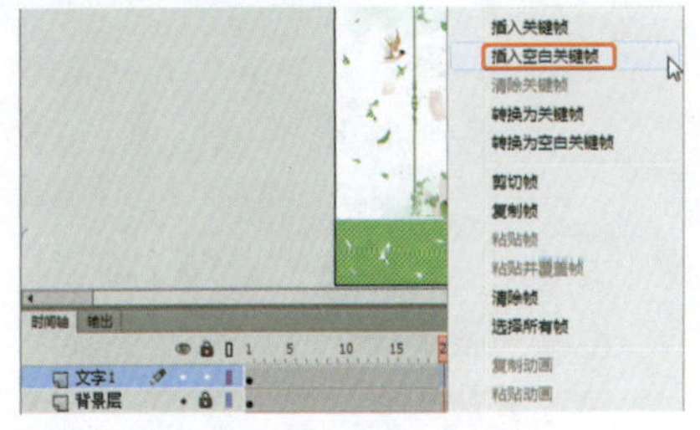

图7-107 选择【插入空白关键帧】命令

❿ 在工具箱中选择【文本工具】命令，打开【属性】面板，在【字符】组中将【系列】设置为【汉仪方隶简】，将【大小】设置为84磅，如图7-108所示。

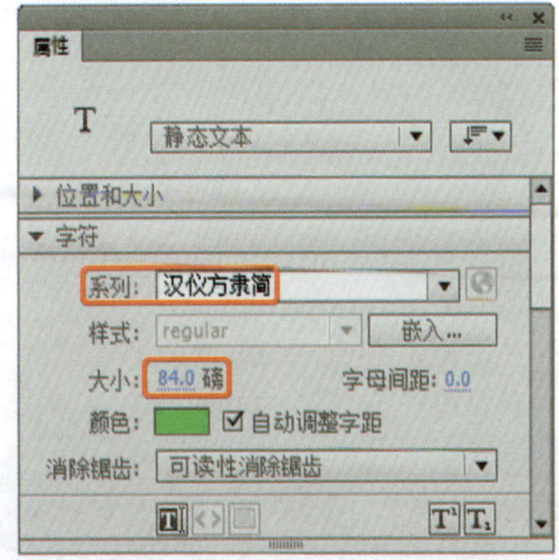

图7-108 设置文字属性

⓫ 在【时间轴】中选择“文字1”图层，在第20帧位置按F6插入关键帧，在舞台中单击输入“荷”字，并使用【选择工具】命令，在舞台中适当调整文字的位置。如图7-109所示。

图7-109 创建文字

⓬ 选择输入的文字，按Ctrl+B组合键将其打散，在“文字1”图层中的第1帧至第20帧单击任意帧，单击鼠标右键，在弹出的快捷菜单中选择【创建补间形状】命令，如图7-110所示。

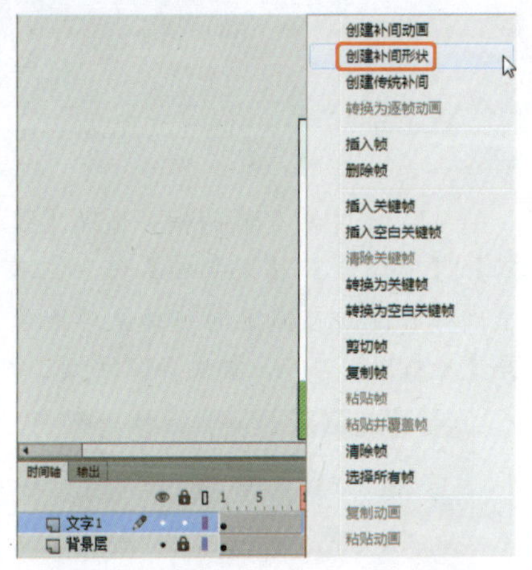

图7-110 选择【创建补间形状】命令

⓭ 在“文字1”图层的第20帧位置处单击，按Ctrl+C组合键复制该帧内容，新建一个空白层，并将其重命名为“文字2”，选择该图层的第20帧，按F6插入关键帧，如图7-111所示。

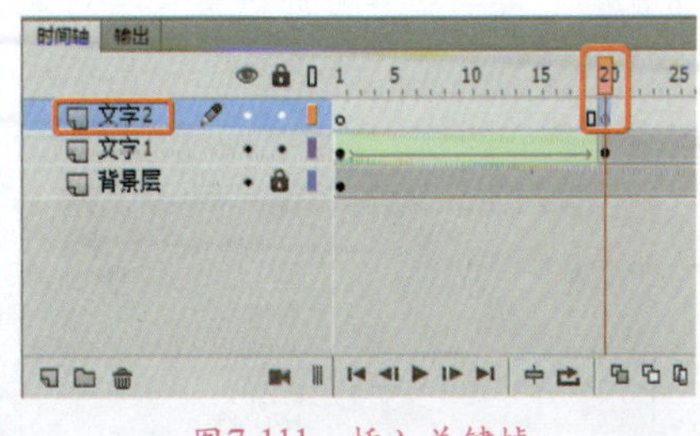

图7-111 插入关键帧

⓮ 确认选择的当前帧是“文字2”图层的第20帧，在菜单栏中选择【编辑】|【粘贴到当前位置】命令，如图7-112所示。

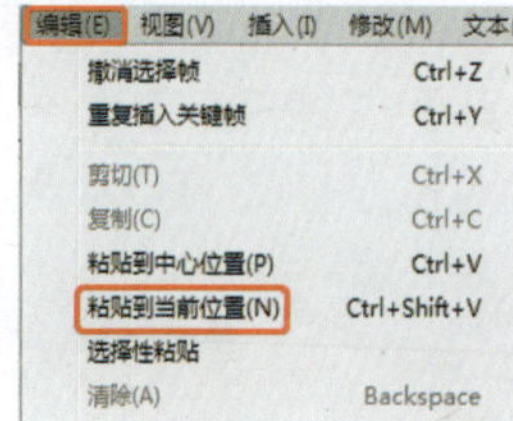

图7-112 选择【粘贴到当前位置】命令

⓯ 使用同样的方法制作“花”字的动画效果。按Ctrl+Enter组合键测试影片效果。然后导出影片并保存场景。

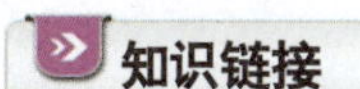

知识链接

在Animate中，动画中所需的每一张图片就相当于其中的一个帧，因此帧是构成动画的核心元素。在很多时候不需要将动画的每一帧都绘制出来，而只需绘制动画中起关键作用的帧，这样的帧称为关键帧。

在制作动画的过程中，插入帧和关键帧是很必要的，因为动画都是由帧组成的，下面介绍如何插入帧和关键帧。

1. 插入帧

每个动画都是由许多帧组成，下面介绍如何插入帧。

- 菜单栏中的【插入】|【时间轴】|【帧】命令即可插入帧，如图7-113所示。
- 按F5键，插入帧。

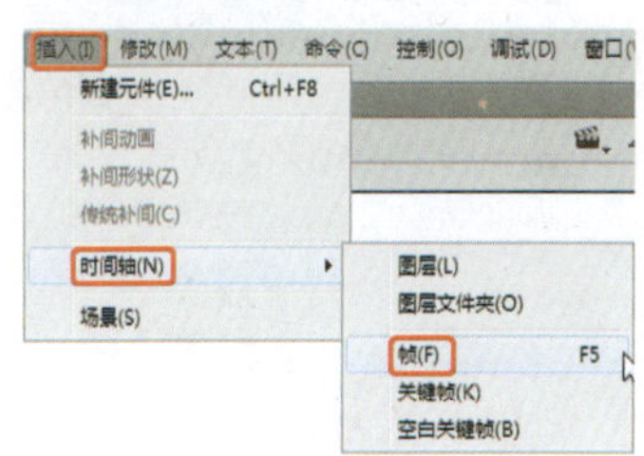

图7-113 选择【帧】命令

- 在时间轴上选择要插入帧的位置，单击鼠标右键，在弹出的快捷菜单中选择【插入帧】命令，如图7-114所示。

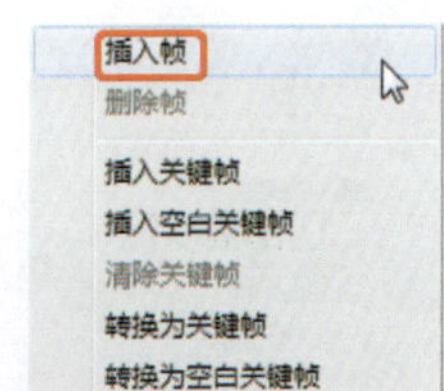

图7-114 选择【插入帧】命令

2. 插入关键帧

插入关键帧的方法：

- 菜单栏中的【插入】|【时间轴】|【关键帧】命令即可插入帧，如图7-115所示。

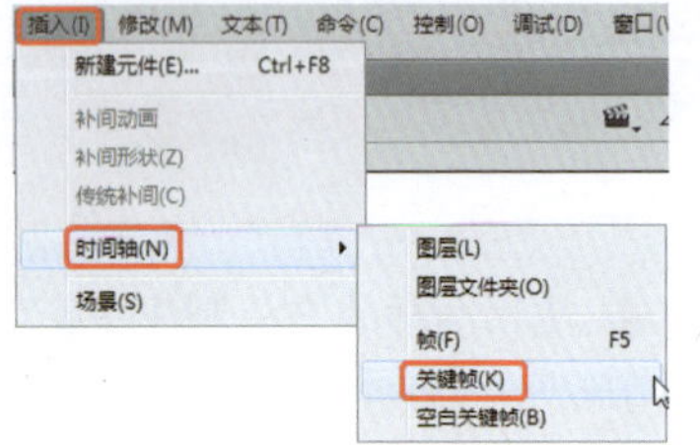

图7-115　选择【关键帧】命令

- 按F6键，插入帧。
- 在时间轴上选择要插入帧的位置，单击鼠标右键，在弹出的快捷菜单中选择【插入关键帧】命令，如图7-116所示。

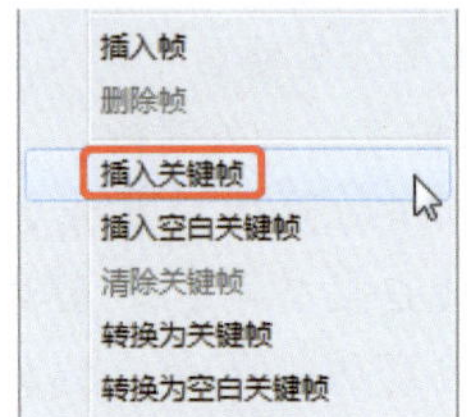

图7-116　选择【插入关键帧】命令

3. 插入空白关键帧

插入空白关键帧的方法：

- 菜单栏中的【插入】|【时间轴】|【空白关键帧】命令即可插入帧，如图7-117所示。

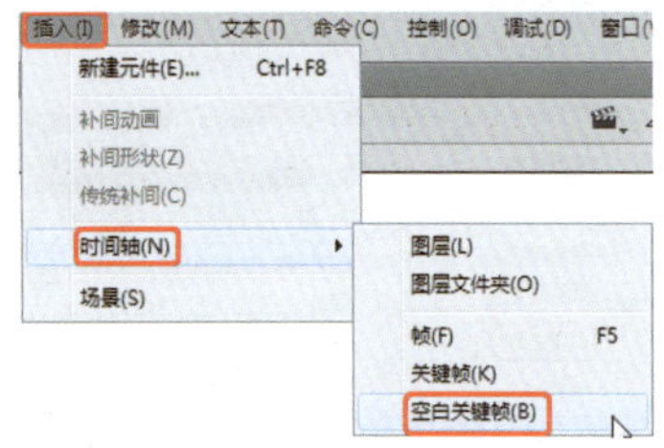

图7-117　选择【空白关键帧】命令

- 按F6键，插入帧。
- 在时间轴上选择要插入帧的位置，单击鼠标右键，在弹出的快捷菜单中选择【插入空白关键帧】命令，如图7-118所示。

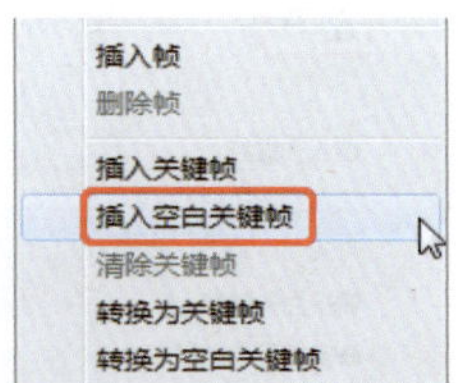

图7-118　选择【插入空白关键帧】命令

4. 帧的删除

选取多余的帧，使用菜单栏中的【编辑】|【时间轴】|【删除帧】命令，或者单击鼠标右键，选择【删除帧】命令，都可以删除多余的帧。

5. 帧的移动

使用鼠标单击需要移动的帧或关键帧，拖动鼠标到目标位置即可，如图7-119所示。

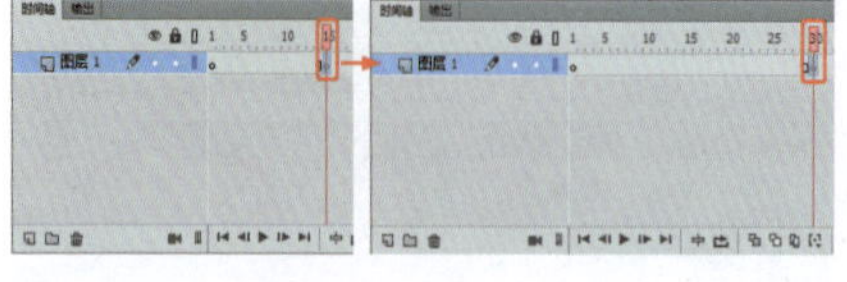

图7-119　移动帧

6. 复制帧

单击要复制的关键帧，按住Alt键，将其拖到新的位置上，如图7-120所示。

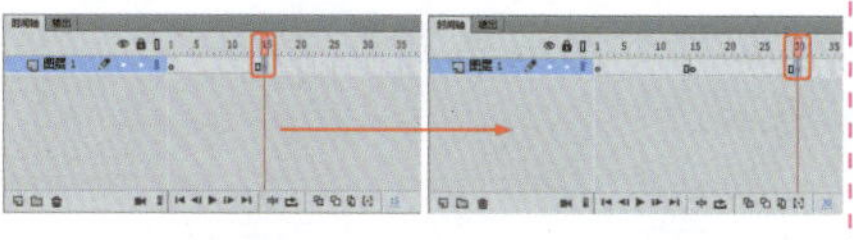

图7-120　复制帧

除了上述方法外，还有另一个方法。

（1）选中要复制的帧并选择【编辑】|【时间轴】|【复制帧】命令或单击鼠标右键，在弹出的快捷菜单中选择【复制帧】命令，如图7-121所示。

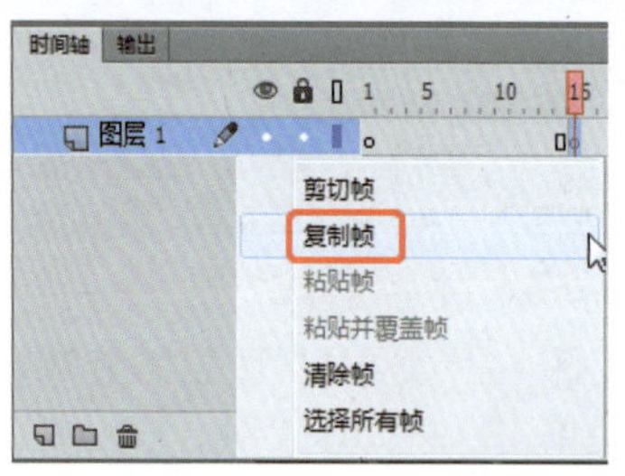

图7-121　选择【复制帧】命令

（2）选中目标位置，再选择【编辑】|【时间轴】|【粘贴帧】命令或单击鼠标右键，在弹出的快捷菜单中选择【粘贴帧】命令，如图7-122所示，也可以实现帧的复制。

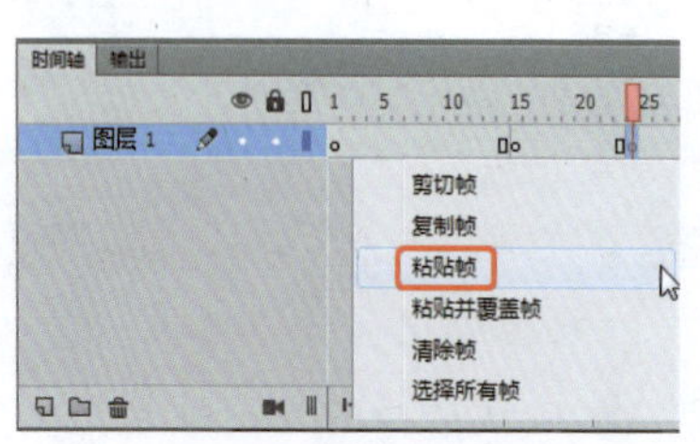

图7-122　选择【粘贴帧】命令

7. 关键帧的转换

如果要将帧转换为关键帧，可先选择需要转换的帧，使用菜单中的【修改】|【时间轴】|【转换为关键帧】命令，如图7-123所示；或者单击鼠标右键，选择【转换为关键帧】命令，如图7-124所示，都可以将帧转换为关键帧。

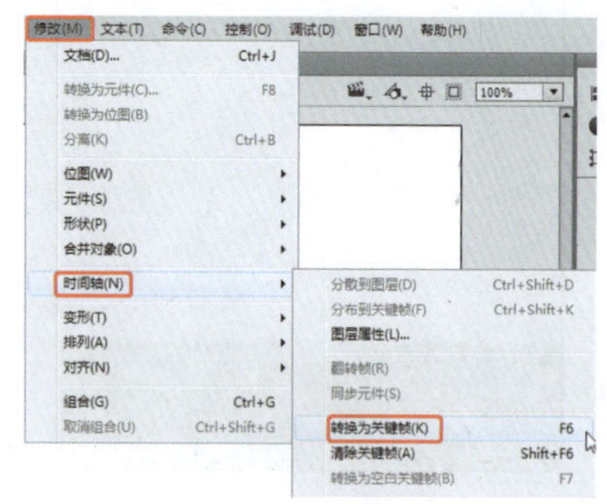

图7-123　选择【转换为关键帧】命令

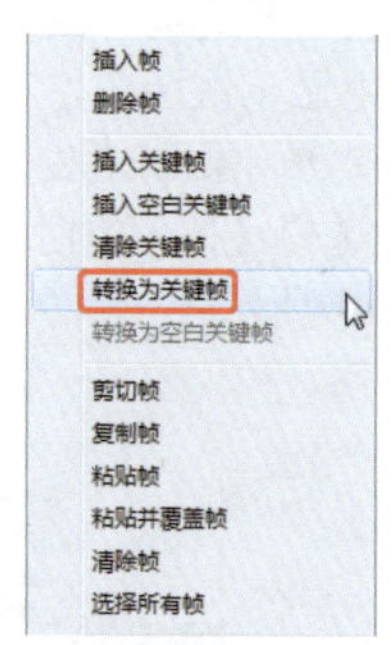

图7-124　选择【转换为关键帧】命令

8. 帧的清除

清除帧的方法：

使用鼠标单击选择一个帧后，再在菜单栏中选择【编辑】|【时间轴】|【清除帧】命令进行清除操作，如图7-125所示。

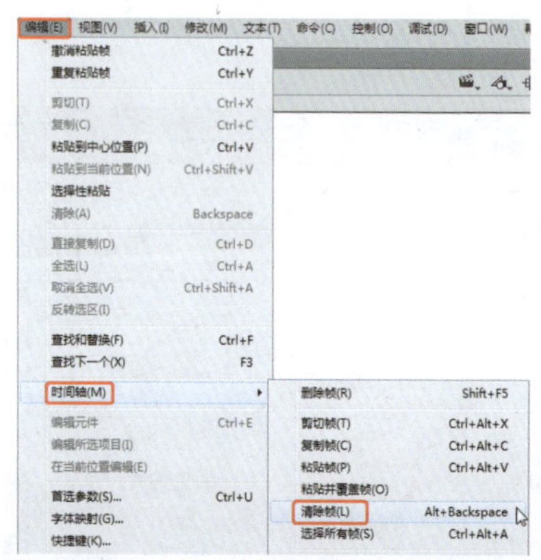

图7-125　选择【清除帧】命令

选择需要清除的帧，单击鼠标右键在弹出的快捷菜单中选择【清楚帧】命令，即可清除帧，如图7-126所示。

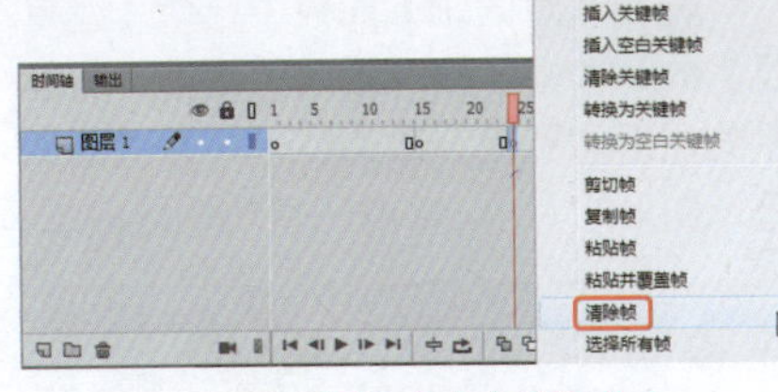

图7-126 选择【清除帧】命令

9. 帧标签、注释和锚记

帧标签有助于在时间轴上确认关键帧。当在动作脚本中指定目标帧时，帧标签可用来取代帧号码。当添加或移除帧时，帧标签也随着移动，而不管帧号码是否改变。这样即使修改了帧，也不用再修改动作脚本了。帧标签与影片数据同时输出，所以要避免长名称，以便获得较小的文件容量。

帧注释有助于用户对影片的后期操作，还有助于在同一影片中的团体合作。同帧标签不同，帧注释不随影片一起输出，所以可以尽可能地详细写入注解，以方便制作者以后的使用或其他合作伙伴的使用。

命名锚记可以使影片观看者使用浏览器中的【前进】和【后退】按钮从一帧跳到另一帧，或是从一个场景跳到另一个场景，从而使Animate影片的导航变得简单。命名锚记关键帧在时间轴中用锚记图标表示，如果希望Animate自动将每个场景的第1个关键帧作为命名锚记，可以通过对首选参数的设置来实现。

要创建帧标签、帧注释或命名锚记，其操作步骤如下：

(1) 选择一个要加标签、注释或命名锚记的帧。

(2) 在如图7-127所示的【属性】面板中的【标签】|【名称】文本框里输入名称，并在标签【类型】下拉列表框中选择【名称】、【注释】或【锚记】选项。

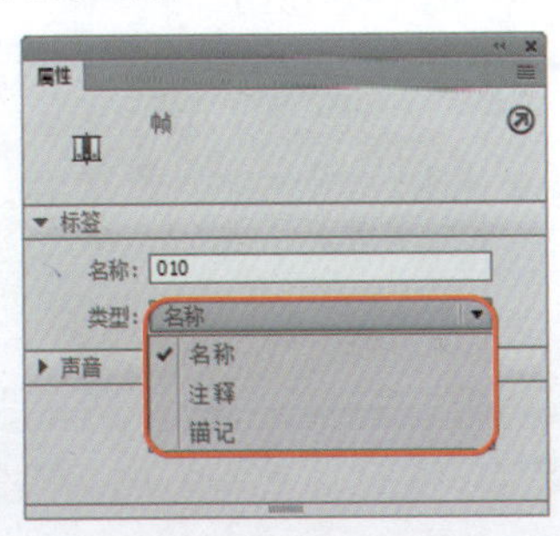

图7-127 帧属性

实例130 创建颜色渐变动画

颜色渐变就是从一种颜色到另一种颜色转换的过程。颜色渐变使用极为普遍，具体操作步骤如下，效果图如图7-128所示。

素材：	素材|Cha07|颜色渐变动画素材.fla
场景：	场景|Cha07|实例008 对齐与分布图形对象.fla
视频：	视频教学 | Cha07 |实例008 对齐与分布图形对象.MP4

图7-128 创建颜色渐变动画的效果图

❶ 启动软件后，按Ctrl+O组合键，在弹出的对话框中打开随书配套资源中的素材|Cha07|颜色渐变动画素材.fla文件。单击【打开】按钮，如图7-129所示。

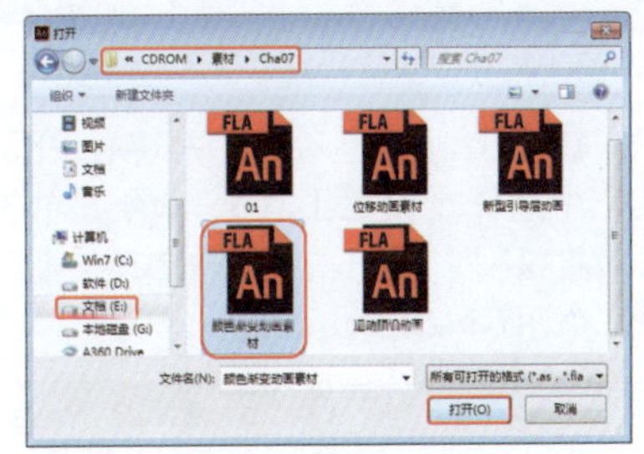

图7-129 【打开】对话框

❷ 查看打开的素材文件，如图7-130所示。

图7-130 打开的素材文件

❸ 在【时间轴】面板中选择"图层1"图层将其修改为"背景"图层，将该图层锁定，如图7-131所示。

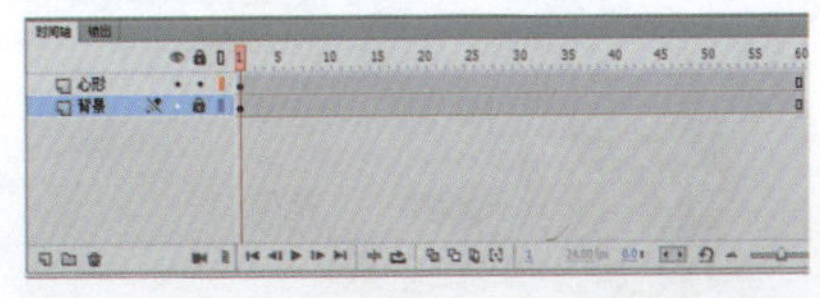

图7-131 插入帧

❹ 选择"心形"图层，分别在第15帧、第30帧、第45帧、第60帧位置按F6插入关键帧，如图7-132所示。

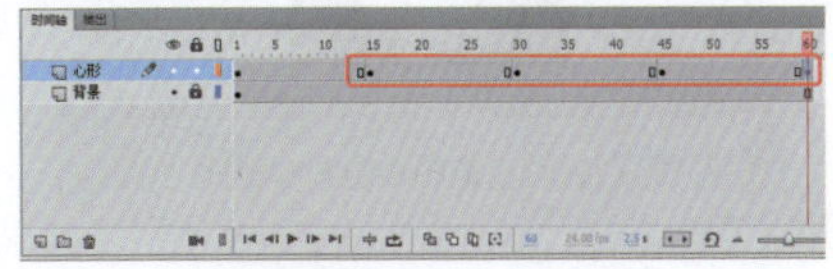

图7-132 插入关键帧

❺ 选择"心形"图层的第15帧，在舞台中选择"心形"对象，打开【属性】面板，在【填充和笔触】组中将填充颜色设置为【#CC00CC】，如图7-133所示。

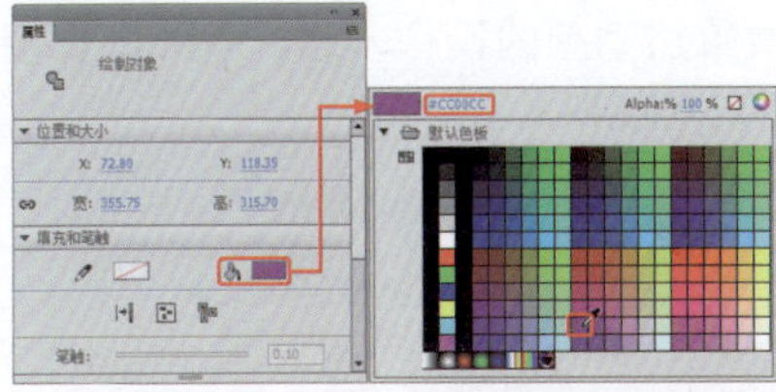

图7-133 设置第15帧位置的对象颜色

❻ 在该图层选择第30帧，在舞台中选择【心形】对象，在【属性】面板中将【填充和笔触】组中将填充颜色设置为【#CCFF00】，如图7-134所示。

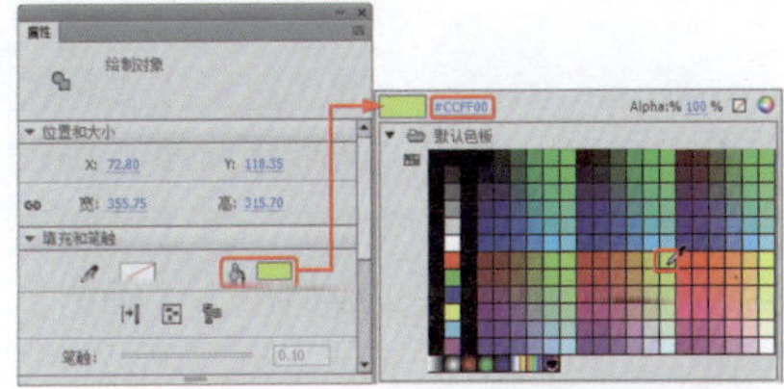

图7-134 设置第30帧位置的对象颜色

❼ 使用同样的方法制作填充其他帧的颜色。选择第1帧至第15帧的任意一帧，单击鼠标右键，在弹出的快捷菜单中选择【创建补间形状】命令，如图7-135所示。

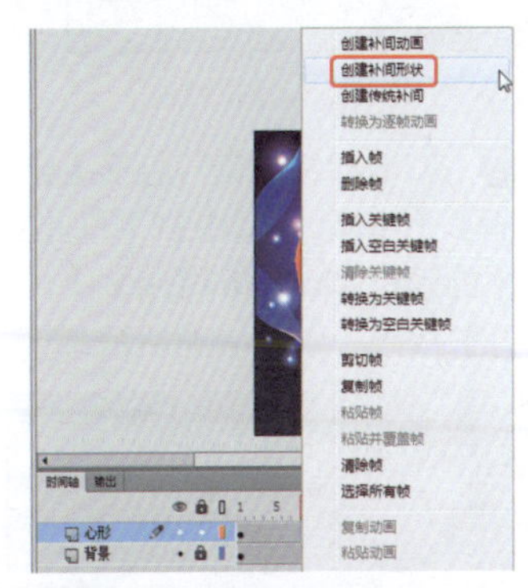

图7-135 选择【创建补间形状】命令

❽ 使用同样的方法为其他关键帧之间创建补间形状动画，如图7-136所示。

图7-136　创建完成后的效果

❾ 按Ctrl+Enter组合键测试影片效果，导出影片并保存场景。

实例131 创建遮罩层动画

下面以一个小实例来介绍一下被罩层动画的操作步骤，效果图如图7-137所示。

素材：	素材|Cha07|011.jpg
场景：	场景|Cha07|实例008　对齐与分布图形对象.fla
视频：	视频教学|Cha07|实例008 对齐与分布图形对象.MP4

图7-137　创建遮罩层动画的效果图

❶ 按Ctrl+J组合键，打开【文档设置】对话框，在该对话框中将【舞台大小】设置为500×313像素，将【帧频】设置fps为18。设置完成后单击【确定】按钮，如图7-138所示。

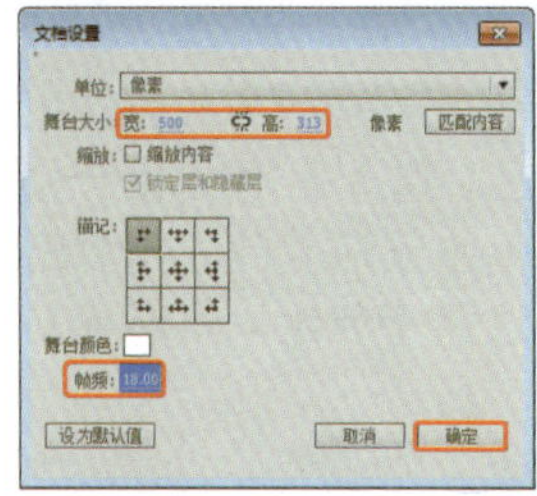

图7-138　新建图层

❷ 按Ctrl+R组合键，打开【导入】对话框，在该对话框中打开随书配套资源中的素材|Cha07|011.jpg文件。单击【打开】按钮，如图7-139所示。

图7-139　【导入】对话框

❸ 在舞台中选择打开的素材文件，打开【属性】对话框，在该对话框中将【位置和大小】组中的【宽】设置为500像素，【高】设置为313像素，如图7-140所示。

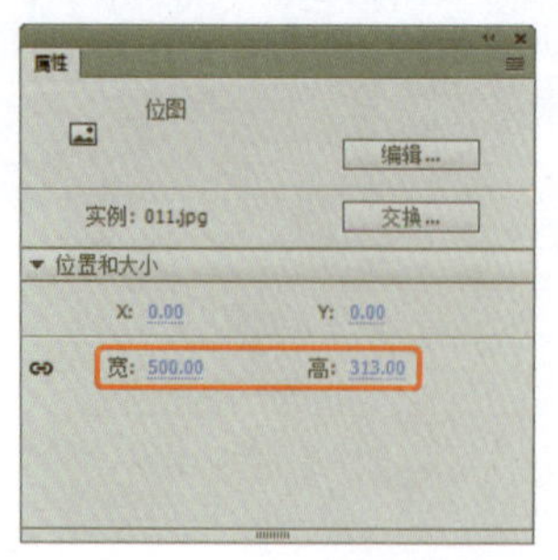

图7-140　设置素材属性

❹ 在【时间轴】面板中选择【图层1】图层，在第60帧位置按F5键添加帧，新建“图层2”，并将其重命名为“遮罩层”，锁定“图层1”，如图7-141所示。

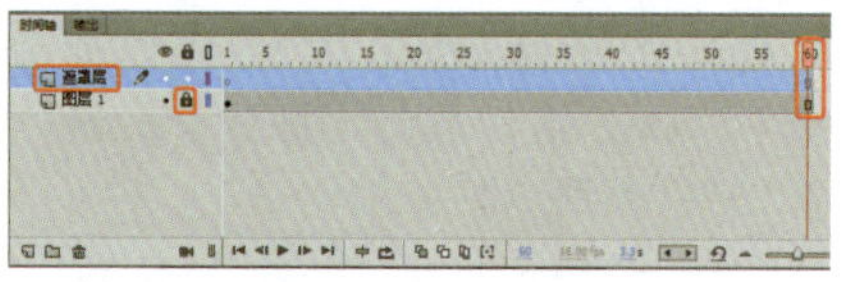

图7-141　新建图层

❺ 选择【遮罩层】的第1帧，在工具箱中选择【钢笔工具】 命令并单击【对象绘制】按钮，在舞台创建一个图形，如图7-142所示。

图7-142　绘制图形

❻ 为创建的图形填充一种颜色，并将其设置为无笔触颜色，使用【任意变形工具】命令调整该图形的大小，调整至合适的位置，如图7-143所示。

图7-143　调整图形位置

❼在【时间轴】面板中选择【遮罩层】的第20帧，按F6插入关键帧，将绘制的图形调整至合适的位置，并适当调整该图形的大小，如图7-144所示。

图7-144　调整图形

❽ 选择该图层的第21帧，单击鼠标右键，在弹出的快捷菜单中选择【插入空白关键帧】命令，如图7-145所示。

图7-145　选择【插入空白关键帧】命令

❾ 在工具箱中选择【椭圆工具】命令，在上一个图形的下方绘制一个小的椭圆，如图7-146所示。

图7-146　绘制图形

❿ 在第60帧位置按F6插入关键帧，使用【任意变形工具】命令，调整椭圆的大小，如图7-147所示。

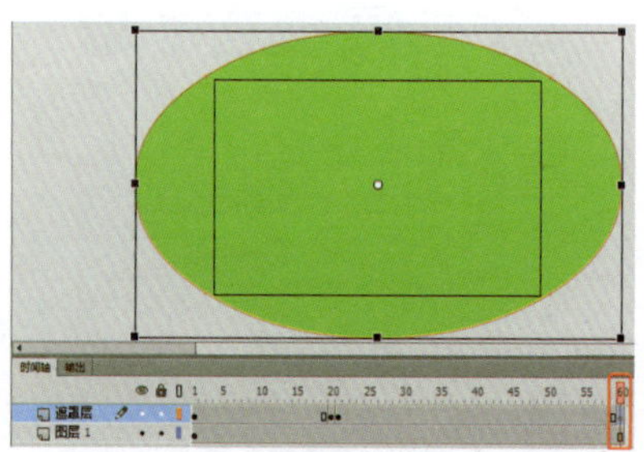

图7-147　调整图形的大小

⑪ 选择第1帧至第20帧的任意一帧，单击鼠标右键，在弹出的快捷菜单中选择【创建补间形状】命令，如图7-148所示。

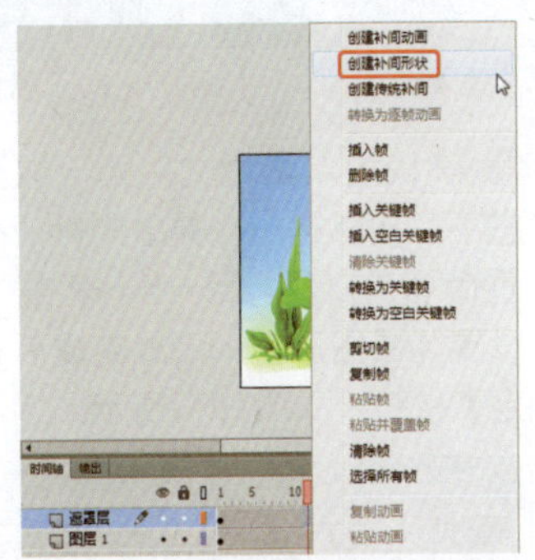

图7-148 选择【创建补间形状】命令

⑫ 使用同样的方法在第21帧至第60帧之间插入补间形状动画，如图7-149所示。

图7-149 创建形状补间动画

⑬ 选择【遮罩层】图层，单击鼠标右键，在弹出的快捷菜单中选择【遮罩层】命令，如图7-150所示。

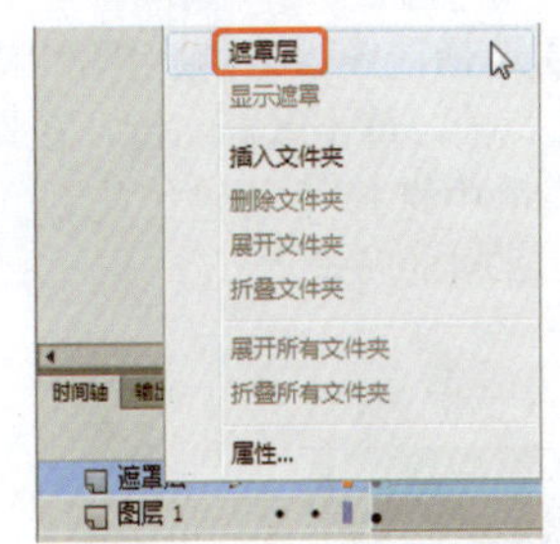

图7-150 选择【遮罩层】命令

⑭ 执行完该命令之后即可将【遮罩层】图层转换为遮罩层，如图7-151所示。

图7-151 遮罩层效果

⑮ 按Ctrl+Enter组合键测试影片效果。导出影片并保存场景。

知识链接

动画除了关键帧外，还有普通帧，下面介绍如何处理普通帧。

1. 插入普通帧

插入普通帧有以下方法：

- 将光标指针放在要插入普通帧的位置上，单击鼠标右键，在弹出的快捷菜单中选择【插入帧】命令，如图7-152所示。

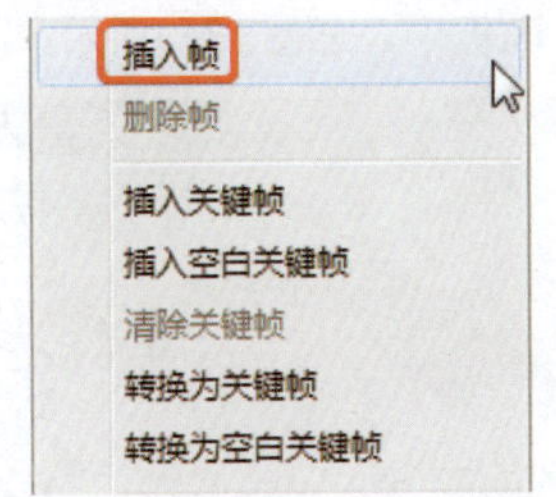

图7-152 选择【插入帧】命令

- 在菜单栏选择【插入】|【时间轴】|【帧】命令，如图7-153所示。

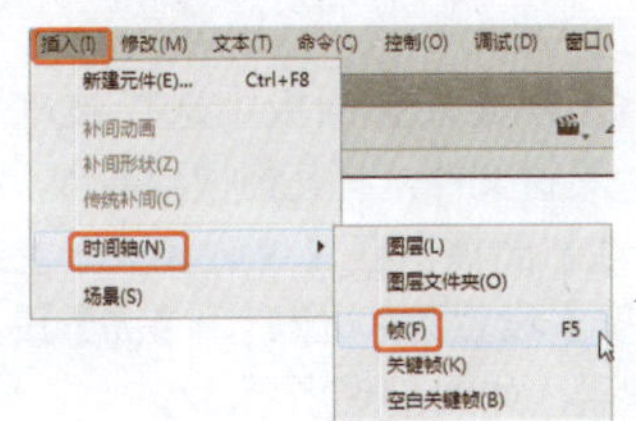

图7-153 选择【帧】命令

- 按F5键，插入帧

2. 延长普通帧

如果要在整个动画的末尾延长几帧，可以先选中要延长到的位置，然后单击键盘上的F5键，如图7-154所示。这时将把前面关键帧中的内容延续到选中的位置上，如图7-155所示。

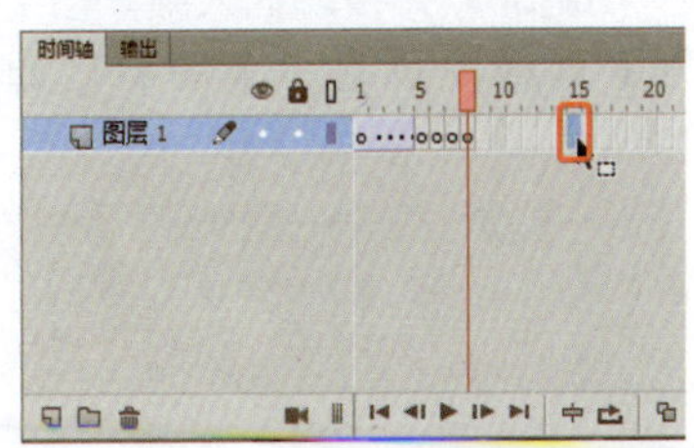

图7-154 选择插入帧的位置

图7-155 延长普通帧

3. 删除普通帧

将光标指针移到要删除的普通帧上，然后单击鼠标右键，从快捷菜单中选择【删除帧】命令，如图7-156所示。这时将删除选中的普通帧，删除后整个普通帧段的长度减少一格，如图7-157所示。

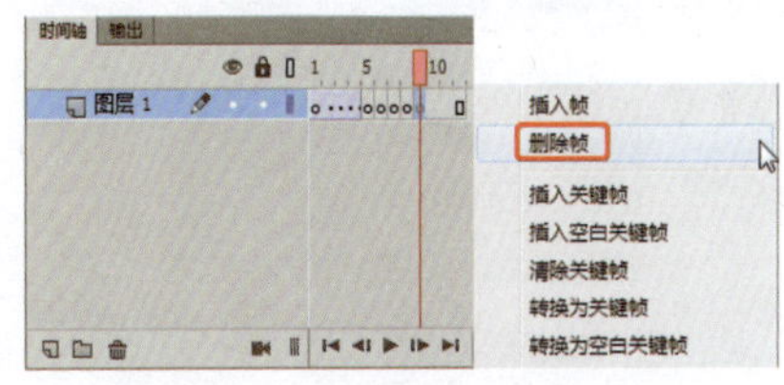

图7-156 【删除帧】命令

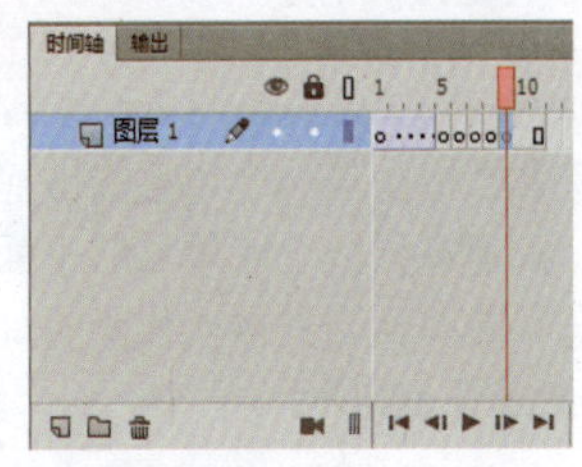

图7-157 删除普通帧

4. 关键帧和普通帧的转换

要将关键帧转换为普通帧，首先选中要转换的关键帧，然后单击鼠标右键，在弹出的快捷菜单中选择【清除关键帧】命令，这一点和清除关键帧的操作是一致的，如图7-158所示。另外，还有一个比较常用的方法实现这种转换：首先在时间轴上选中要转换的关键帧，然后按Shift+F6快捷键即可。

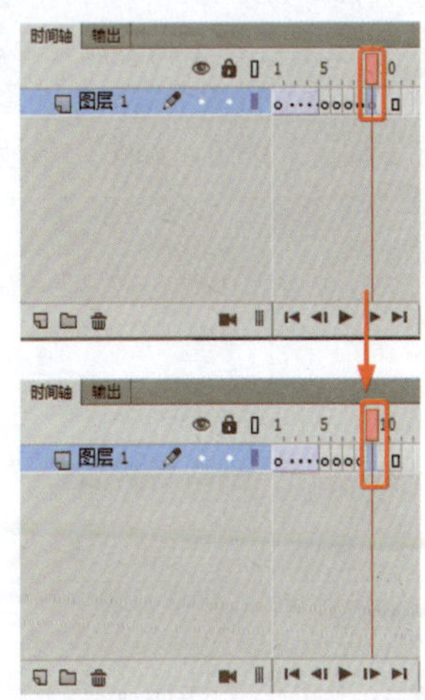

图7-158 转换为普通帧

要将普通帧转换为关键帧，实际上就是要插入关键帧。因此选中要转换的普通帧后，按F6键即可，如图7-159所示。

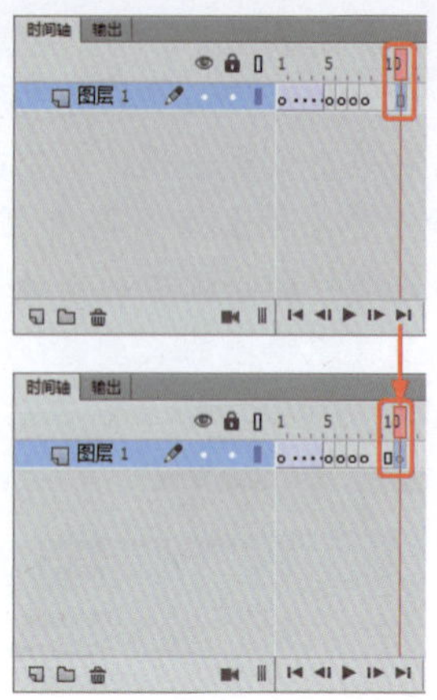

图7-159　转换为关键帧

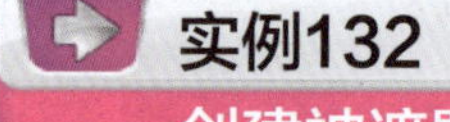

实例132 创建被遮罩层动画

遮罩层起初与一个单独的被遮罩层关联，被遮罩层位于遮罩层的下面，创建被遮罩层动画的具体操作步骤如下，效果图如图7-160所示。

素材：	素材|Cha07|被遮罩素材.jpg、化妆品素材.png
场景：	场景|Cha07|实例132 创建被遮罩层动画.fla
视频：	视频教学|Cha07|实例132 创建被遮罩层动画.MP4

图7-160　创建被遮罩层动画

1 按Ctrl+N组合键，打开【新建文档】对话框，在该对话框中将【类型】设置为【ActionScript 3.0】，将【宽】设置为500像素，将【高】设置为233像素，将【帧频】设置为8fps。设置完成后单击【确定】按钮，如图7-161所示。

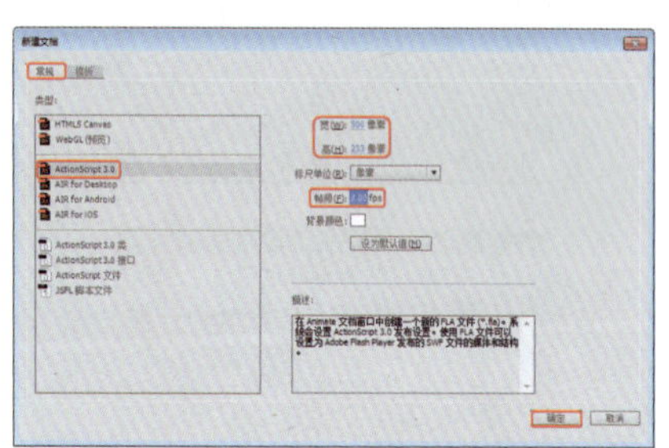

图7-161　【新建文档】对话框

2 在菜单栏中选择【文件】|【导入】|【导入到库】命令。打开【导入到库】对话框，在该对话框中选择随书配套资源中的素材|Cha07|被遮罩素材.jpg、化妆品素材.png文件。单击【打开】按钮，如图7-162所示。

图7-162　【导入到库】对话框

3 将选择的素材文件添加至【库】面板中，如图7-163所示。

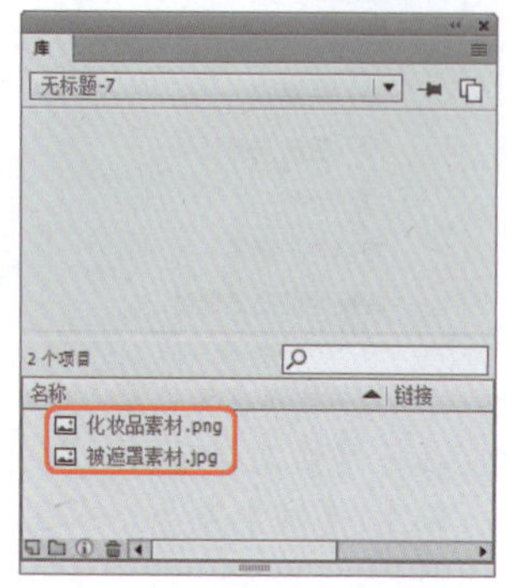

图7-163　【库】面板

4 在【库】面板中选择被遮罩背景.jpg素材文件，将其拖拽至舞台，打开【属性】面板，在【位置和大小】组中将【宽】设置为500像素，【高】设置为233像素，如图7-164所示。

图7-164　设置素材属性

5 在【时间轴】面板中选择“图层1”的第50帧，按F5插入帧。在【时间轴】面板中创建一个图层，如图7-165所示。

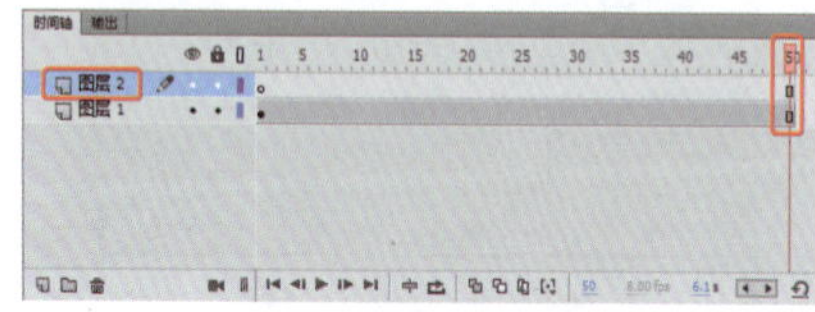

图7-165　新建图层

6 在【库】面板中选择化妆品素材.png素材文件，将其拖拽至舞台，打开【属性】面板，在该面板中将【位置和大小】组中的【宽】设置为400像素，【高】设置为83.45像素。然后将其调整至合适的位置，如图7-166所示。

图7-166　设置素材属性

7 确认插入素材文件处于被选则的状态下，按F8键，在弹出的对话框中将其重命名为“化妆品1”，将其【类型】设置为【图形】。设置完成后单击【确定】按钮，如图7-167所示。

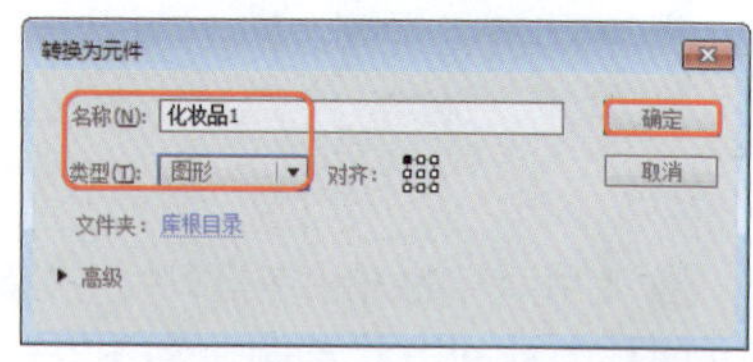

图7-167　【转换为元件】对话框

8 选择该图层的第50帧，按F6插入关键帧，在舞台中调整化妆品素材.png文件的位置。如图7-168所示。

图7-168　插入关键帧

9 选择该图层第1帧至第50帧之间的任意一帧，单击鼠标右键，在弹出的快捷菜单中选择【创建传统补间】命令，如图7-169所示。

图7-169　选择【创建传统补间】命令

10 创建完成后新建图层，选择该图层的第1帧，在工具箱中选择【矩形工具】，打开【属性】面板。在【填充和笔触】组中将【笔触颜色】设置为无，将【填充颜色】设置为【#39B93B】。在【矩形选项】组中将【矩形边角半径】设置为45，如图7-170所示。

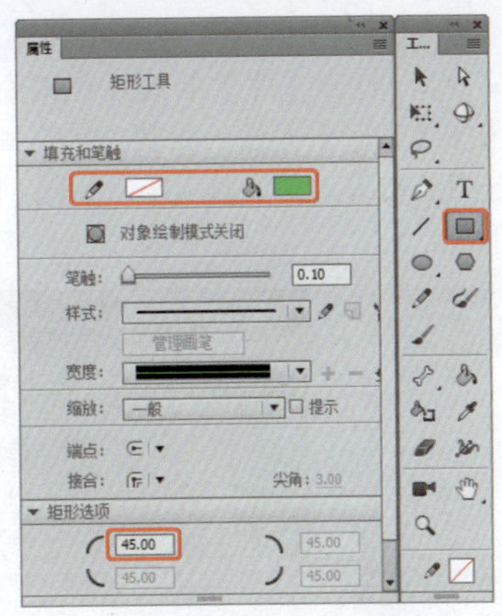

图7-170 设置矩形属性

⑪ 选择新建图层的第1帧，在舞台中合适的位置绘制一个圆角矩形，如图7-171所示。

图7-171 绘制圆角矩形

⑫ 绘制完成后选择“图层3”图层，单击鼠标右键，在弹出的快捷菜单中选择【遮罩层】命令，如图7-172所示。

⑬ 设置完成后按Ctrl+Entr组合键测试影片效果，导出影片并保存场景。

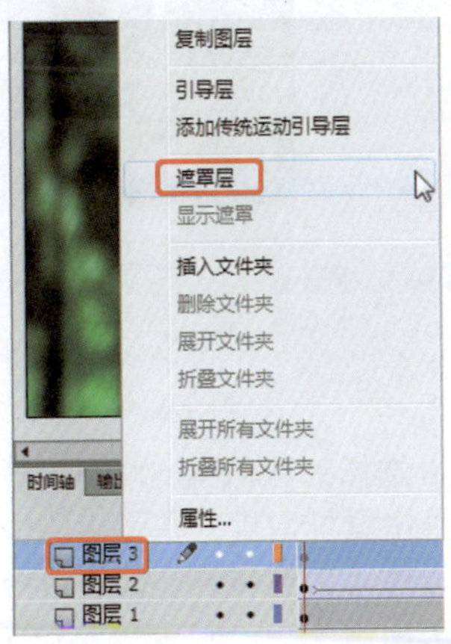

图7-172 选择【遮罩层】命令

知识链接

制作动画过程中，有时需要对多帧进行编辑，下面介绍如何对多帧进行编辑。

1. 选择多个连续的帧

首先选中一帧，然后按住Shift键的同时单击最后一个要选中的帧，就可以将多个连续的帧选中，如图7-173所示。

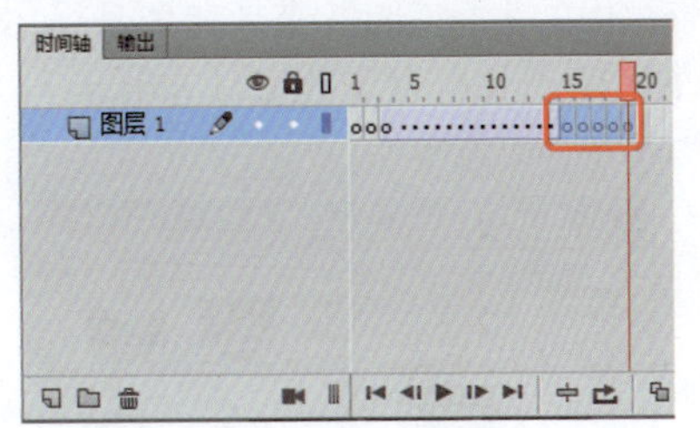

图7-173 转换为普通帧

2. 选择不连续的多帧

按住Ctrl 键的同时，单击要选中的各帧，就可以将这些帧选中，如图7-174所示。

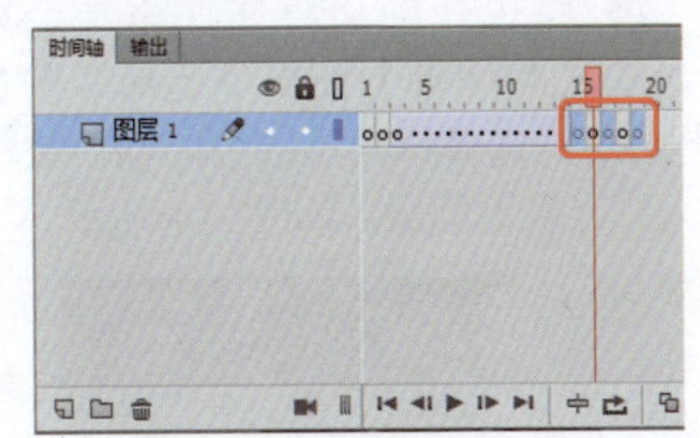

图7-174 选择不连续帧

3. 选择所有帧

选中时间轴上的任意一帧，选择菜单命令【编辑】|【时间轴】|【选择所有帧】，如图7-175所示。此时就可以选择时间轴中的所有帧，如图7-176所示。

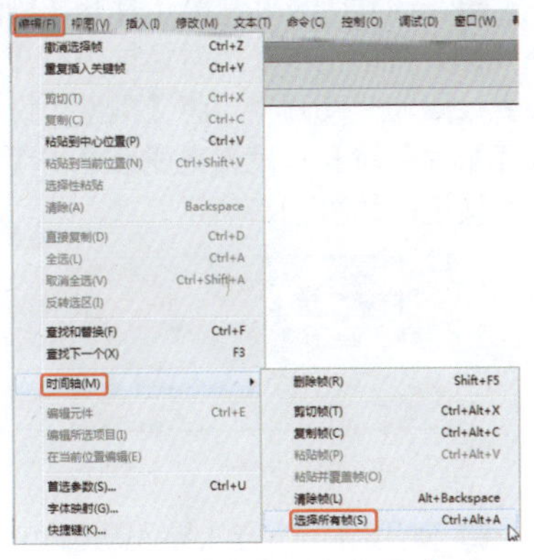

图7-175 选择【所有帧】命令

图7-176 选择所有帧

4. 多帧的移动

多帧的移动和移动关键帧的方法相似，其具体操作方法如下。

（1）选择多个帧，如图7-177所示。

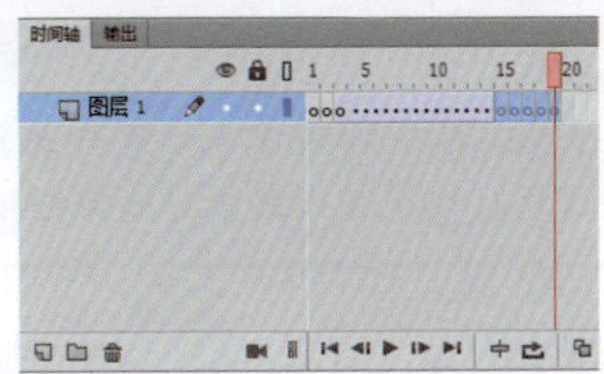

图7-177 选择多个帧

（2）按住鼠标向左或向右拖动到目标位置，如图7-178所示。

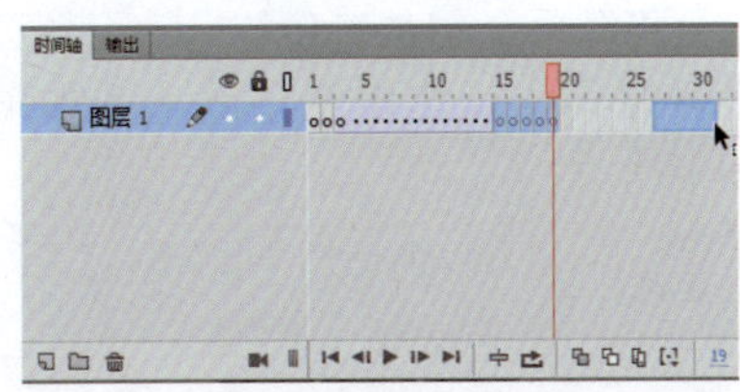

图7-178 进行移动

（3）松开鼠标，这时关键帧移动到目标位置，同时原来的位置上用普通帧补足，如图7-179所示。

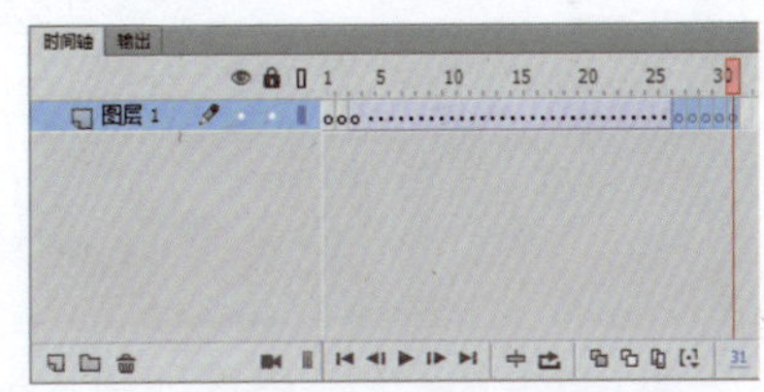

图7-179 移动完成后的效果

5. 帧的翻转

在制作动画过程中有时需要将时间轴内的帧进行翻转，以达到想要的效果，下面介绍如何使用帧的翻转。

（1）选择任意一帧，在菜单栏选择【编辑】|【时间轴】|【选择所有帧】命令，选择动画中的所有帧，如图7-180所示。

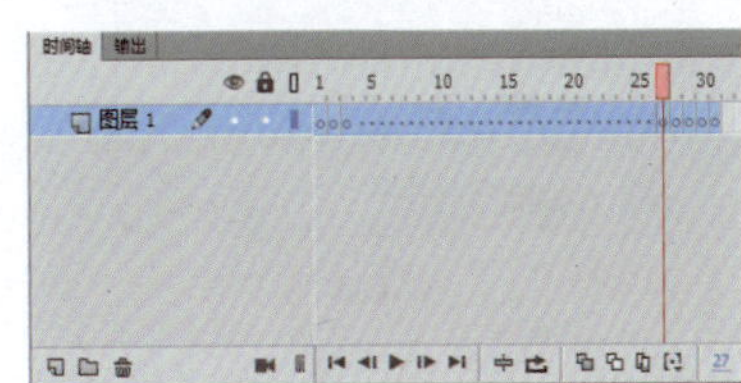

图7-180 选择所有帧

（2）在菜单栏选择【修改】|【时间轴】|【翻转帧】命令，这时时间轴上的帧就发生了翻转，如图7-181所示。

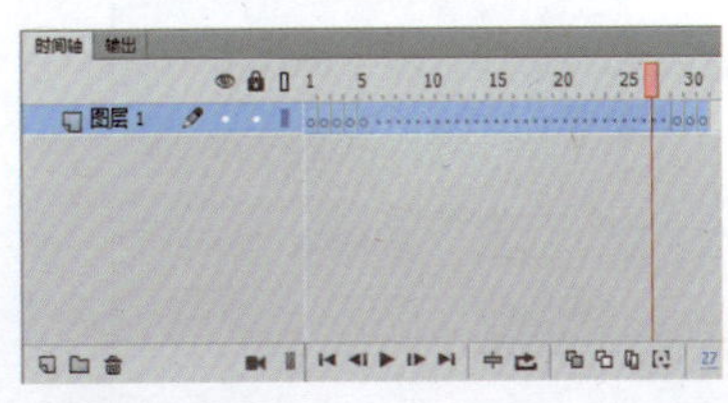

图7-181 翻转帧

提 示

如果只希望对一部分帧进行翻转，在选择的时候，可以只选择这部分帧。

实例133 创建传统运动引导层动画

传统引导层需要创立运动曲线，下面将简单介绍创建传统运动引导层动画的具体操作步骤，效果图如图7-182所示。

素材：	素材|Cha07|草地背景图.jpg、动画.gif
场景：	场景|Cha07|实例133 创建传统运动引导层动画.fla
视频：	视频教学|Cha07|实例133 创建传统运动引导层动画.MP4

图7-182 创建传统运动引导层动画的效果图

❶ 打开Animate CC软件，创建一个空白文档，在舞台中单击鼠标右键，在弹出的快捷菜单中选择【文档】命令，如图7-183所示。

图7-183 选择【文档属性】命令

❷ 打开【文档设置】对话框，在该对话框中将【舞台大小】设置为500×408像素，将【帧频】设置为12fps。单击【确定】按钮，如图7-184所示。

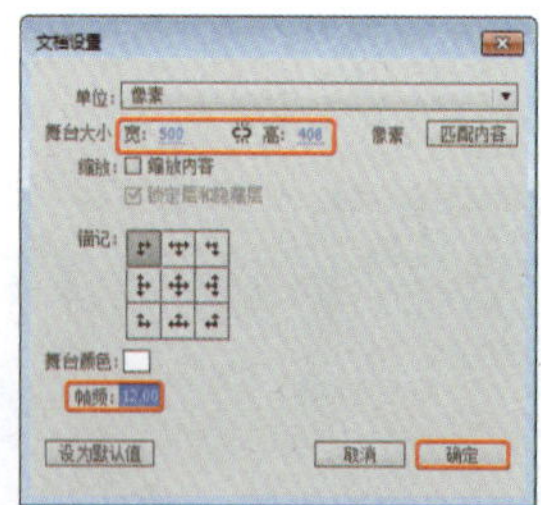
图7-184 【文档设置】对话框

❸ 按Ctrl+R组合键，打开【导入】对话框，在该对话框中选择随书配套资源中的素材|Cha07|草地背景图.jpg文件。单击【打开】按钮，如图7-185所示。

图7-185 【导入】对话框

❹ 将选择的素材文件添加至舞台，在【时间轴】面板中选择“图层1”图层，选择该图层的第65帧，按F5插入帧。新建图层，如图7-186所示。

图7-186 新建图层

❺ 按Ctrl+F8组合键，打开【创建新元件】对话框，在该对话框中将【名称】设置为“动画”，将【类型】设置为【影片剪辑】。设置完成后单击【确定】按钮，如图7-187所示。

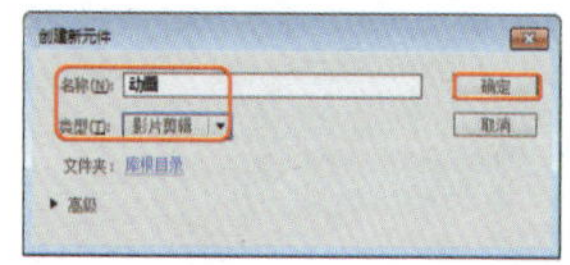
图7-187 【创建新元件】对话框

❻ 使用同样的方法导入动画.gif的素材文件。在弹出的对话框中保存默认设置，单击【确定】按钮，如图7-188所示。

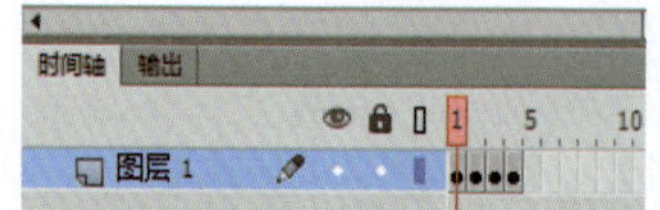

图7-188 导入素材文件

❼ 返回到“场景1”选择“图层2”的第1帧，打开【库】面板，在该面板中选择【动画】元件，将其添加至舞台中合适的位置，并调整大小，如图7-189所示。

图7-189 添加元件

❽ 创建一个新图层，在工具箱中选择【钢笔工具】命令，在舞台中绘制一条路径，如图7-190所示。

图7-190 绘制路径

❾ 选择【图层2】图层，在第60帧位置插入关键帧，将舞台中的【动画】元件调整至合适的位置，如图7-191所示。

图7-191 调整素材位置

❿ 选择第1帧至第60帧间的任意一帧，单击鼠标右键，在弹出的快捷菜单中选择【创建传统补间】命令，如图7-192所示。

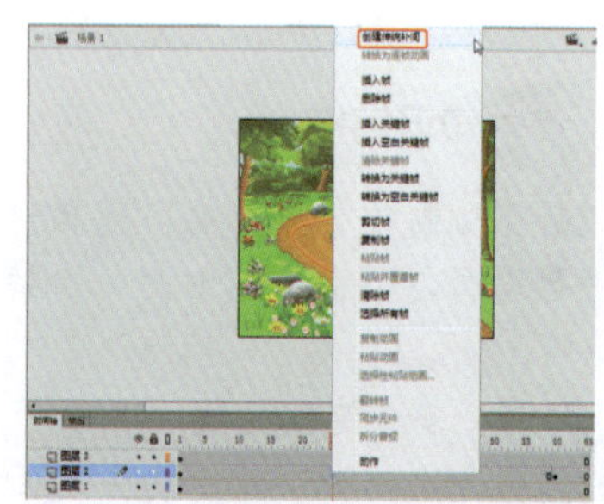
图7-192 选择【创建传统补间】命令

⑪ 选择"图层3"，单击鼠标右键，在弹出的快捷菜单中选择【引导层】命令，如图7-193所示。

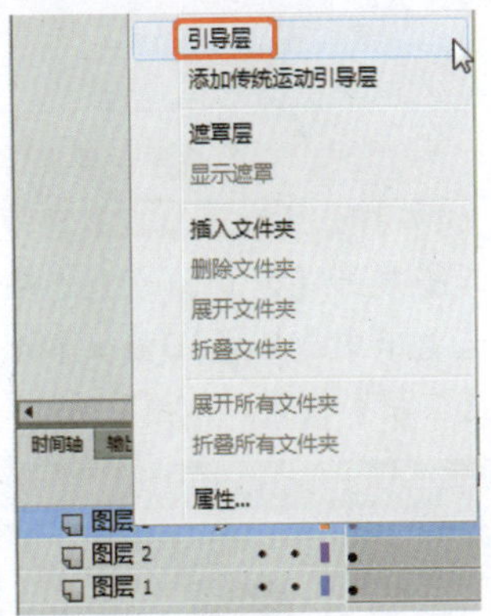

图7-193 选择【引导层】命令

⑫ 选择"图层2"，将其添加至引导层后面，如图7-194所示。

图7-194 设置引导层

⑬ 按Ctrl+Enter组合键测试影片效果，导出影片并保存场景。

实例134 创建新型引导动画

新型运动动画不需要任何路径引导便可以运动，创建新型引导动画的效果图如图7-195所示。

素材：	素材|Cha07|新型引导层动画.fla、风车2.png
场景：	场景|Cha07|实例134 创建新型引导动画.fla
视频：	视频教学 | Cha07 |实例134 创建新型引导动画.MP4

图7-195 创建新型引导动画的效果图

① 启动软件后，按Ctrl+O组合键，弹出【打开】对话框，在该对话框中选择随书配套资源中的素材|Cha07|新型引导层动画.fla文件。单击【打开】按钮，如图7-196所示。

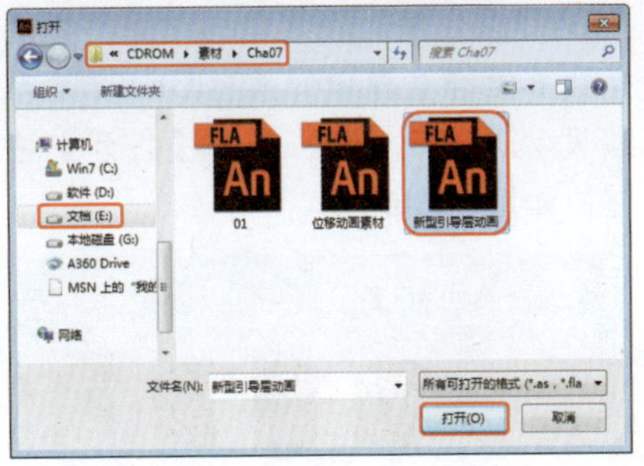

图7-196 【打开】对话框

② 选择【时间轴】面板，在该面板中创建一个新的图层，并选择该图层的第一帧，如图7-197所示。

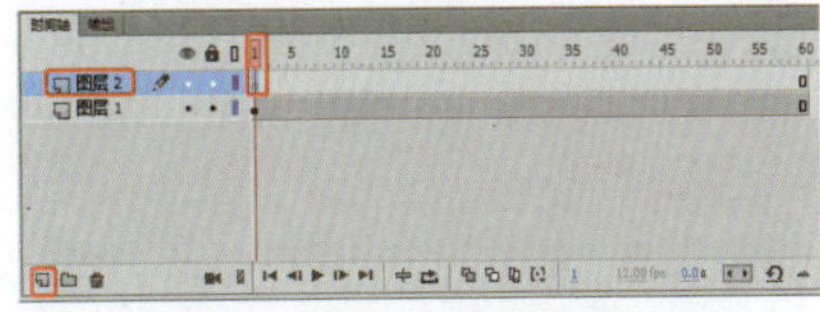

图7-197 新建图层

③ 按Ctrl+R组合键，打开【导入】对话框，在该对话框中选择随书配套资源中的素材|Cha07|风车2.png文件。单击【打开】按钮，如图7-198所示。

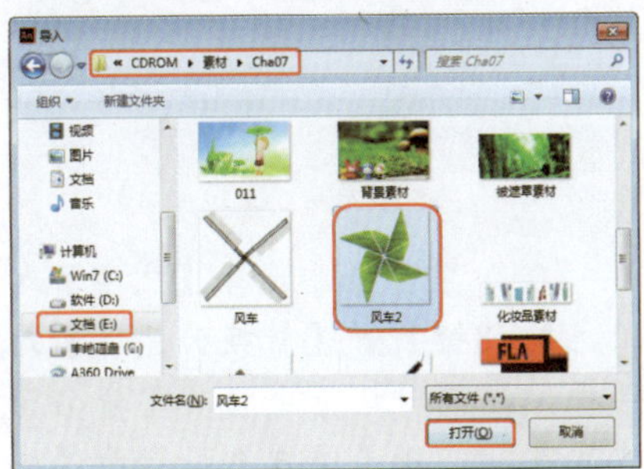

图7-198 【导入】对话框

④ 将选择的素材文件添加至舞台中，确认导入的素材文件处于被选择的状态下，打开【属性】面板，在【位置和大小】组中将【宽】设置为80像素。将其调整至合适的位置，如图7-199所示。

图7-199 设置素材大小

⑤ 按F8键打开【转换为元件】对话框，在该对话框中将其重命名为"风车"，将【类型】设置为【图形】。设置完成后单击【确定】按钮，如图7-200所示。

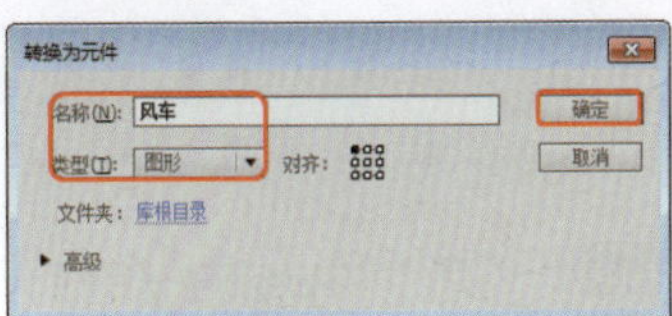

图7-200 【转换为元件】对话框

⑥ 选择"图层2"中的任意一帧，单击鼠标右键，在弹出的快捷菜单中选择【创建补间动画】命令，如图7-201所示。

图7-201 选择【创建补间动画】命令

⑦ 在该图层的第30帧位置按F6插入关键帧，在舞台中选择"风车"元件并将其调整至合适的位置，如图7-202所示。

图7-202 调整30帧位置时元件的位置

⑧ 选择该图层的最后一帧，按F6插入关键帧，在舞台中选择"风车"元件并将其调整至合适的位置，如图7-203所示。

图7-203 调整第60帧位置时元件的位置

⑨ 调整完成后在工具箱中选择【转换锚点工具】命令，在舞台中调整线的曲度，如图7-204所示。

图7-204　调整曲线弧度

⑩ 选择该图层的任意一帧，打开【属性】面板，在【旋转】组中将【旋转】设置为5，将【方向】设置为【顺时针】，如图7-205所示。

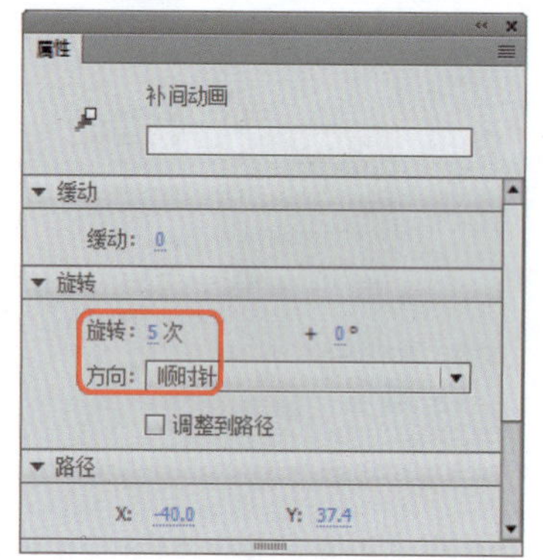

图7-205　【属性】面板

⑪ 按Ctrl+Enter组合键测试影片效果，导出影片并保存场景。

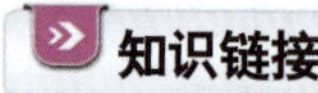

知识链接

运动预设动画

同新型引导动画一样，预设动画不需要为对象设置运动路径，只需要在时间轴上添加想要运动的对象，为其制定一个预设动画即可。

（1）启动Animate CC软件，按Ctrl+O组合键，在弹出的对话框中选择随书配套资源中的素材|Cha07|运动预设动画.fla文件。单击【打开】按钮，如图7-206所示。

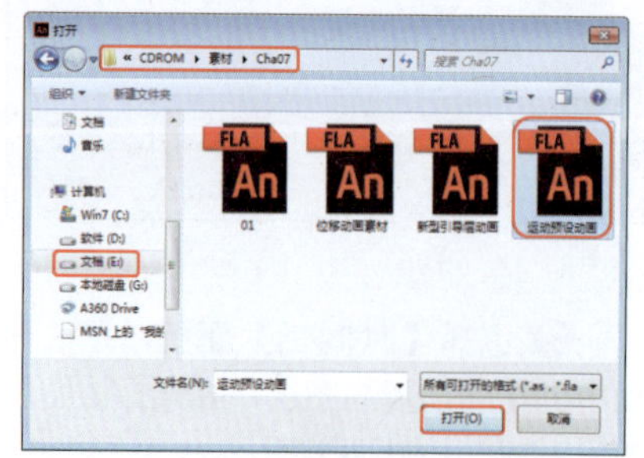

图7-206　【打开】对话框

（2）打开一个素材文件，效果如图7-207所示。

图7-207　打开的素材文件

（3）在场景中选择【文字】对象，按F8键打开【转换为元件】对话框，在该对话框中将其重命名为“元件”，将【类型】设置为【图形】。设置完成后单击【确定】按钮，如图7-208所示。

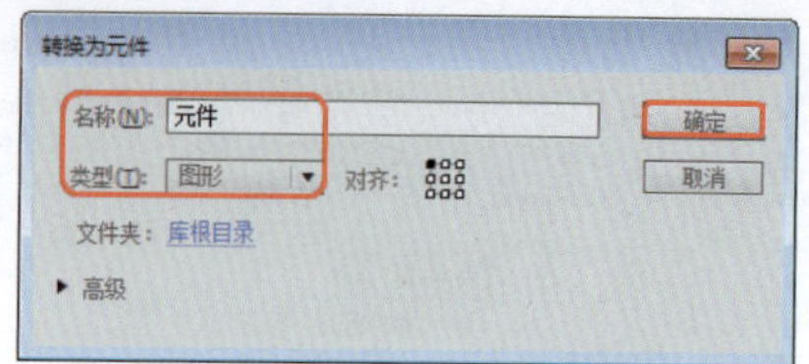

图7-208　【转换为元件】对话框

（4）打开【动画预设】面板，在该对话框展开【默认预设】选项卡，在该选项卡中选择【2D放大】选项。单击【应用】按钮，如图7-209所示。

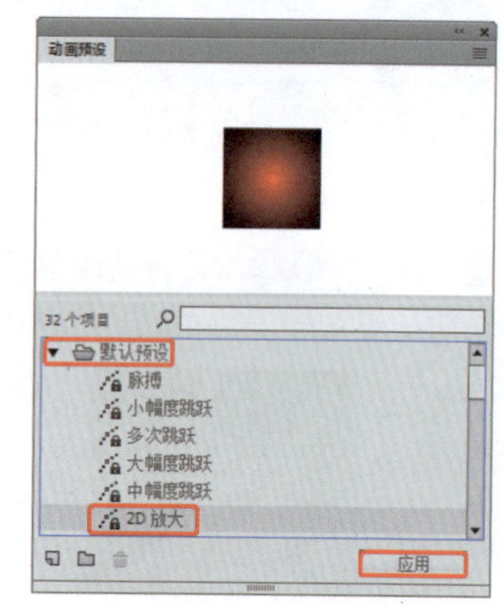

图7-209　【动画预设】面板

（5）在弹出的对话框中单击【确定】按钮，即可对其应用该预设动画。效果如图7-210所示。

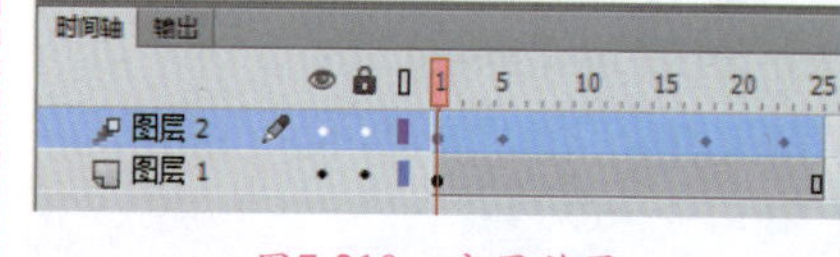

图7-210　应用效果

（6）按Ctrl+Enter组合键测试影片效果。

第8章 交互式动画的制作

本章通过气球飘动、散点遮罩、谢幕动画、电视多屏幕动画、敲打动画等学习交互式动画的制作。

实例135 制作气球飘动动画

本实例将介绍如何制作气球飘动动画，主要通过创建影片剪辑元件，导入序列图片来制作气球飘动效果，效果如图8-1所示。

素材：	素材|Cha08|气球飘动背景.jpg、【气球飘动】文件夹
场景：	场景|Cha08|实例135 制作气球飘动动画.fla
视频：	视频教学 | Cha08 |实例135 制作气球飘动动画.MP4

图8-1 制作气球飘动动画

❶ 在菜单栏中选择【文件】|【新建】命令，弹出【新建文档】对话框，在【类型】列表框中选择【ActionScript 3.0】选项，在右侧的设置区域中将【宽】设置为600像素，将【高】设置为392像素，如图8-2所示。

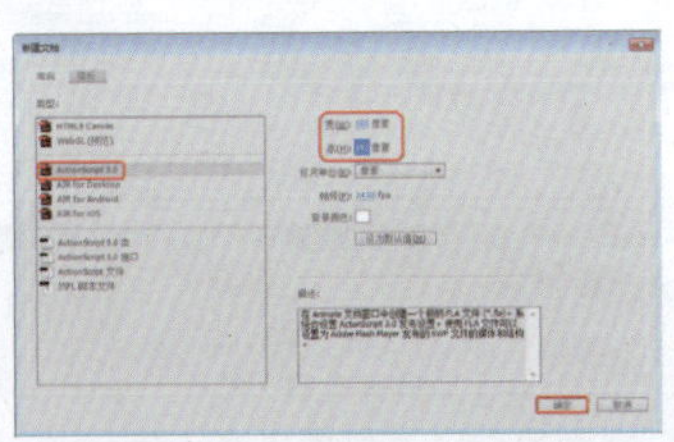

图8-2 【新建文档】对话框

❷ 单击【确定】按钮，即可新建一个文档，按Ctrl+R组合键弹出【导入】对话框，在该对话框中选择气球飘动背景.jpg素材文件，单击【打开】按钮，选中该素材文件，按Ctrl+K组合键，在弹出的面板中单击【水平中齐】【垂直中齐】【匹配宽和高】按钮，如图8-3所示。

图8-3 导入素材文件并进行调整

❸ 按Ctrl+F8组合键，在弹出的对话框中将【名称】设置为“气球飘动”，将【类型】设置为【影片剪辑】，如图8-4所示。

❹ 设置完成后，单击【确定】按钮，在菜单栏中选择【文件】|【导入】|【导入到舞台】命令，在弹出的对话框中选择气球飘动文件夹中的0010001.png素材文件，如图8-5所示。

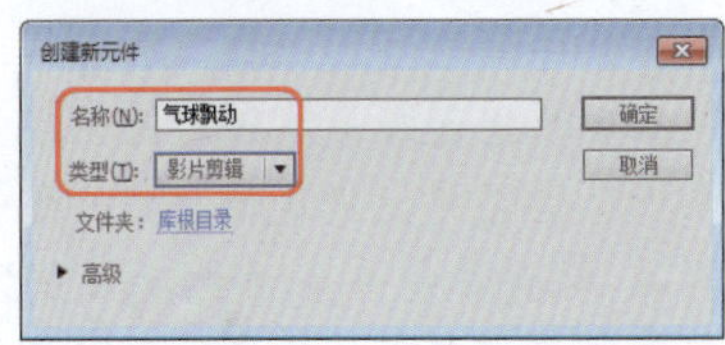

图8-4 新建元件

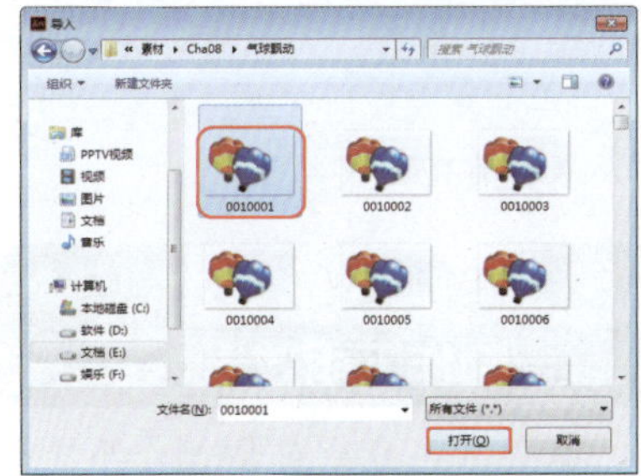

图8-5 选择素材文件

❺ 单击【打开】按钮，在弹出的对话框中单击【是】按钮，如图8-6所示。

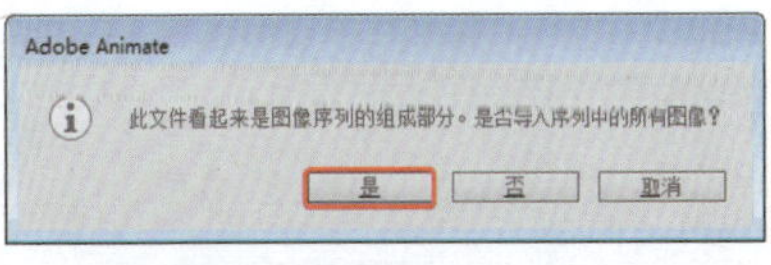

图8-6 单击【是】按钮

❻ 返回至“场景1”中，在【时间轴】面板中单击【新建图层】按钮，在【库】面板中选择“气球飘动”，按住

鼠标将其拖拽至舞台中，并调整其大小和位置，效果如图8-7所示。

图8-7 添加影片剪辑元件

知识链接

动画在长期的发展过程中，基本原理未发生过很大的变化，不论是早期手绘动画还是现代的电脑动画，都是由若干张图片连续播放产生的，这样一部普通的动画片需要绘制几十张图片，工作量相当的繁重，由此就形成了逐帧动画，逐帧动画是一种常见的动画形式。其原理是在【连续的关键帧】中分解动画动作，也就是在时间轴的每帧上逐帧绘制不同的内容，使其连续播放而形成动画。因为逐帧动画的帧序列内容不一样，不但给制作增加了负担而且最终输出的文件量也很大。但它的优势也很明显：逐帧动画具有非常大的灵活性，几乎可以表现任何想表现的内容，而它类似于电影的播放模式，很适合于表现动画的细节。例如：人物或动物急速转身、头发及衣服的飘动、走路、说话以及精美的3D效果等等。

实例136 制作下雨效果

本实例将介绍如何制作下雨效果，主要通过导入下雨的序列文件，为序列文件添加传统补间，从而使其以渐现形式显示，效果如图8-8所示。

素材：	素材|Cha08|下雨.jpg、【下雨】文件夹
场景：	场景|Cha08|实例136 制作下雨效果.fla
视频：	视频教学 | Cha08 |实例136 制作下雨效果.MP4

❶ 在菜单栏中选择【文件】|【新建】命令，弹出【新建文档】对话框，在【类型】列表框中选择【ActionScript 3.0】选项，在右侧的设置区域中将【宽】、【高】分别设置为617像素、432像素，如图8-9所示。

图8-8 制作下雨效果

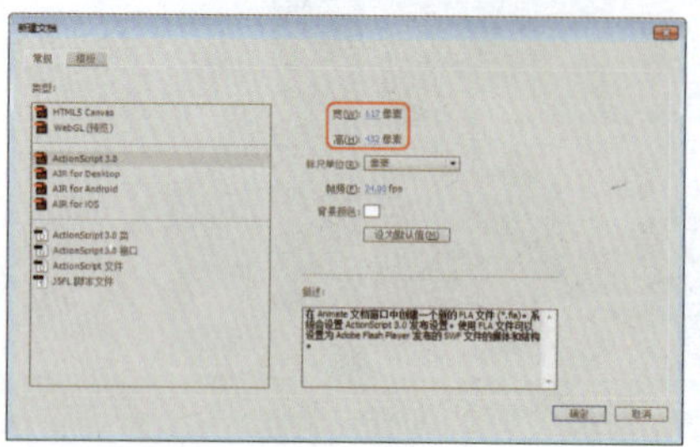

图8-9 【新建文档】对话框

❷ 单击【确定】按钮，按Ctrl+R组合键，在弹出的对话框中选择下雨.jpg素材文件，单击【打开】按钮，选中该素材文件，按Ctrl+K组合键，在弹出的面板中单击【水平中齐】、【垂直中齐】、【匹配宽和高】按钮，如图8-10所示。

图8-10 添加素材文件并进行设置

❸ 继续选中该对象，按F8键，在弹出的对话框中将【名称】设置为“背景”，将【类型】设置为【图形】，如图8-11所示。

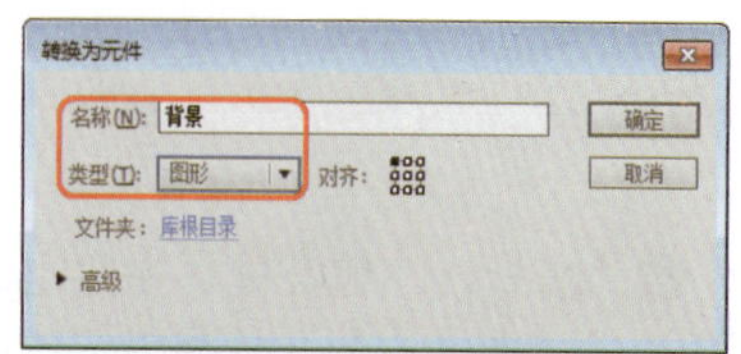

图8-11 转换为元件

❹ 单击【确定】按钮，在【时间轴】面板中选择“图层1”的第50帧，单击鼠标右键，在弹出的快捷菜单中选择【插入帧】命令，如图8-12所示。

图8-12 选择【插入帧】命令

❺ 选择该图层的第20帧，按F6键插入关键帧，选中第1帧上的元件，在【属性】面板中将【样式】设置为【Alpha】，将Alpha设置为0，如图8-13所示。

提 示

【Alpha】：该选项用于调节实例的透明度，调节范围是从透明 (0%) 到完全饱和 (100%)。

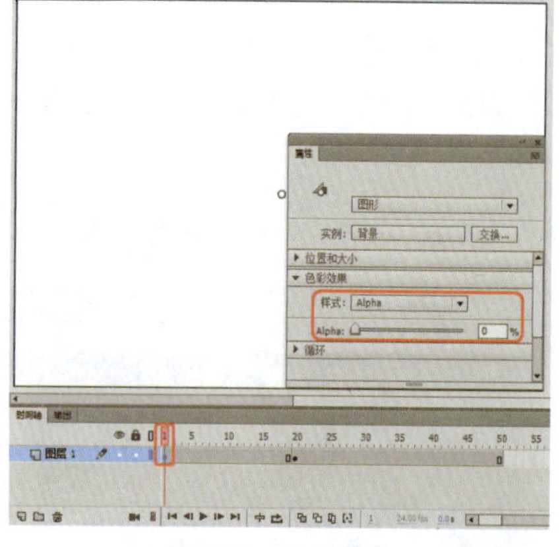

图8-13 设置样式

❻ 选中该图层的第10帧，单击鼠标右键，在弹出的快捷菜单中选择【创建传统补间】命令，创建传统补间后的效果如图8-14所示。

图8-14 创建传统补间

❼ 按Ctrl+F8组合键，在弹出的对话框中将【名称】设置为“下雨”，将【类型】设置为【影片剪辑】，如图8-15所示。

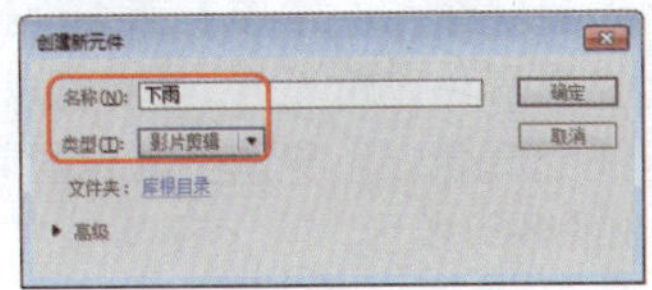

图8-15 创建新元件

❽ 设置完成后，单击【确定】按钮，按Ctrl+R组合键，在弹出的对话框中选择下雨文件夹中的0010001.png素材文件，单击【打开】按钮，在弹出的对话框中单击【是】按钮，即可将选中的素材添加至舞台，如图8-16所示。

图8-16 添加素材文件

❾ 返回至“图层1”中，在【时间轴】面板中单击【新建图层】按钮，新建“图层2”，选中该图层的第20帧，单击鼠标右键，在弹出的快捷菜单中选择【插入空白关键帧】命令，如图8-17所示。

图8-17 选择【插入空白关键帧】命令

❿ 在【库】面板中选择“下雨”影片剪辑元件，在舞台中调整其位置和大小，如图8-18所示。

⓫ 选中该图层的第40帧，按F6键插入关键帧，选中第20帧上的元件，在【属性】面板中将【样式】设置为【Alpha】，将Alpha设置为0，如图8-19所示。

图8-18 添加影片剪辑元件

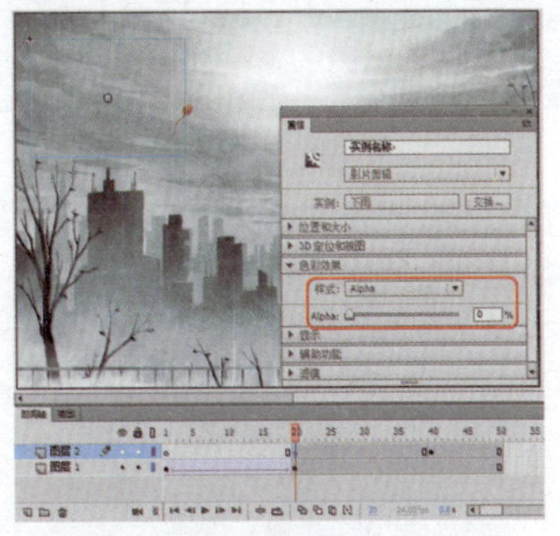

图8-19 添加样式

⓬ 选中该图层的第30帧，单击鼠标右键，在弹出的快捷菜单中选择【创建传统补间】命令，创建传统补间后的效果如图8-20所示。

图8-20 创建传统补间

⓭ 在【时间轴】面板中选中“图层2”，单击鼠标右键，在弹出的快捷菜单中选择【复制图层】命令，如图8-21所示。

图8-21 选择【复制图层】命令

⓮ 复制完成后，调整“图层2复制”图层中第20、第40帧上元件的位置和大小，如图8-22所示。

图8-22 调整对象的位置和大小

⓯ 使用同样的方法再对“图层2”进行复制，并对该图层上的元件进行调整，效果如图8-23所示。

图8-23 复制图层并进行调整

⓰ 在【时间轴】面板中单击【新建图层】按钮，新建“图层3”，选中第50帧，按F6键，插入关键帧，选中该关键帧，按F9键，在弹出的面板中输入“stop();”，如图8-24所示，对完成后的场景进行输出和保存即可。

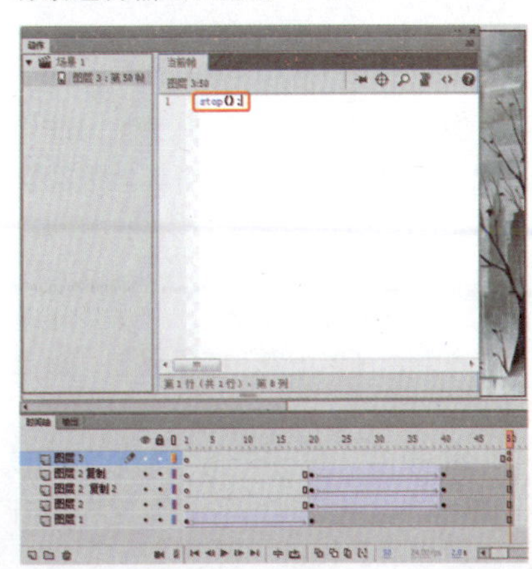

图8-24 输入代码

实例137 生长的向日葵

本实例将介绍如何制作向日葵生长的动画。主要通过将导入的序列图片制作成影片剪辑元件，然后再导入其他素材文件，为导入的素材文件制作不同的效果，从而生成向日葵生长效果，效果如图8-25所示。

素材：	素材|Cha08|水滴.png、水壶.png、【生长】文件夹
场景：	场景|Cha08|实例137 生长的向日葵.fla
视频：	视频教学 | Cha08 |实例137 生长的向日葵.MP4

图8-25 生长的向日葵

❶ 在菜单栏中选择【文件】|【新建】命令，弹出【新建文档】对话框，在【类型】列表框中选择【ActionScript 3.0】选项，然后在右侧的设置区域中将【宽】、【高】分别设置为550像素、400像素，如图8-26所示。

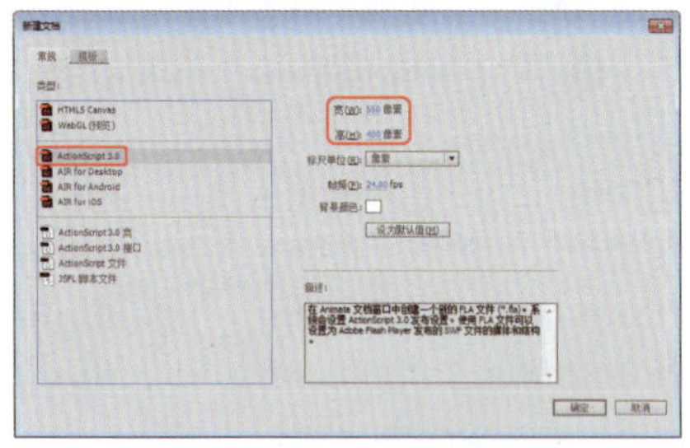

图8-26 【新建文档】对话框

❷ 单击【确定】按钮，按Ctrl+R组合键，在弹出的对话框中选择天空背景.jpg素材文件，单击【打开】按钮，选中该素材文件，按Ctrl+K组合键，在弹出的面板中单击【水平中齐】、【垂直中齐】、【匹配宽和高】按钮，效果如图8-27所示。

❸ 选中“图层1”的第60帧，按F5键插入帧，在【时间轴】面板中单击【新建图层】按钮，新建“图层2”，按Ctrl+R组合键，在弹出的对话框中选择阳光.png素材文件，单击【打开】按钮，在舞台中调整该对象的位置，效果如图8-28所示。

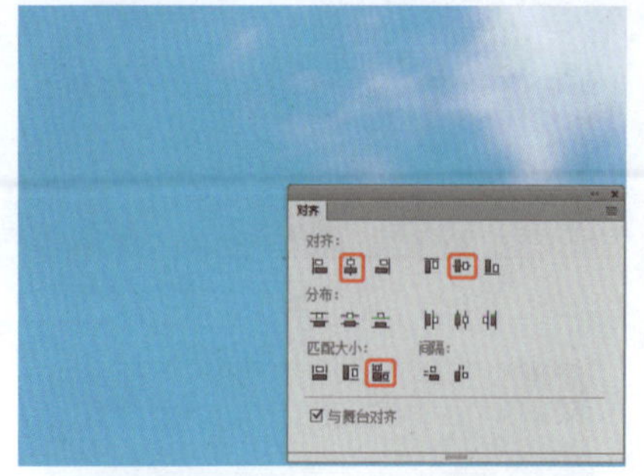

图8-27 添加素材文件并进行设置

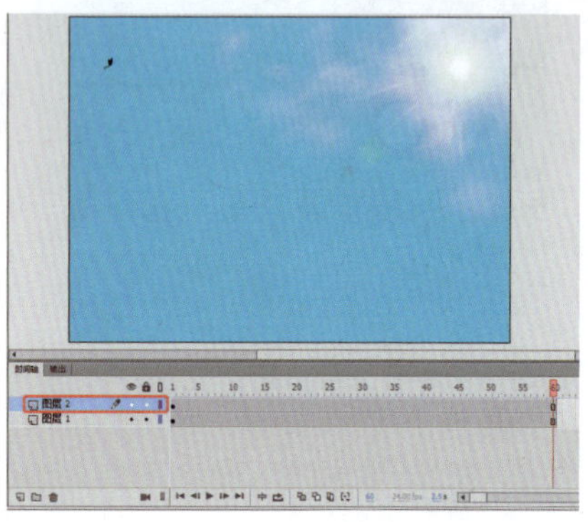

图8-28 导入素材文件

❹ 按Ctrl+F8组合键，在弹出的对话框中将【名称】设置为“生长”，将【类型】设置为【影片剪辑】，如图8-29所示。

图8-29 创建新元件

❺ 设置完成后，单击【确定】按钮，按Ctrl+R组合键，在弹出的对话框中选择生长文件夹中的0010001.png素材文件，单击【打开】按钮，在弹出的对话框中单击【是】按钮，即可导入选中的素材文件，效果如图8-30所示。

图8-30 导入素材文件后的效果

❻ 新建“图层2”，选中第154帧，按F6键插入关键帧，并输入“stop();”代码，返回至“场景1”中，在【时间轴】面板中单击【新建图层】按钮，新建“图层3”，选择第44帧，按F6键插入关键帧，在【库】面板中选择“生长”影片剪辑元件，按住鼠标将其拖拽至舞台中，并调整其位置和大小，如图8-31所示。

图8-31 添加影片剪辑元件

❼ 在【时间轴】面板中单击【新建图层】按钮，新建“图层4”，在【库】面板中选择0010001.png素材文件，按住鼠标将其拖拽至舞台中，并调整其位置和大小，效果如图8-32所示。

图8-32 添加素材文件

❽ 选中“图层4”的第44帧，单击鼠标右键，在弹出的快捷菜单中选择【插入空白关键帧】命令，如图8-33所示。

图8-33 选择【插入空白关键帧】命令

❾ 在菜单栏中选择【文件】|【导入】|【导入到库】命令，在弹出的对话框中选择水滴.png和水壶.png素材文

件，单击【打开】按钮，在【时间轴】面板中单击【新建图层】按钮，新建“图层5”，选择第15帧，按F6键插入关键帧，将水滴.png素材文件拖拽至舞台中，并调整其大小，效果如图8-34所示。

图8-34 添加素材文件

⑩ 选中该图像，按F8键，在弹出的对话框中将【名称】设置为“水滴”，将【类型】设置为【图形】，如图8-35所示。

图8-35 转换为元件

⑪ 设置完成后，单击【确定】按钮，选中该元件，在【属性】面板中将【X】、【Y】分别设置为285.95、103.2，将【样式】设置为Alpha，将【Alpha】设置为10，如图8-36所示。

图8-36 设置位置和样式

⑫ 在【时间轴】面板中选择“图层5”的第18帧，按F6键，插入关键帧，在【属性】面板中将【Alpha】设置为100%，如图8-37所示。

⑬ 选择该图层的第16帧，单击鼠标右键，在弹出的快捷菜单中选择【创建传统补间】命令，如图8-38所示。

图8-37 设置Alpha值

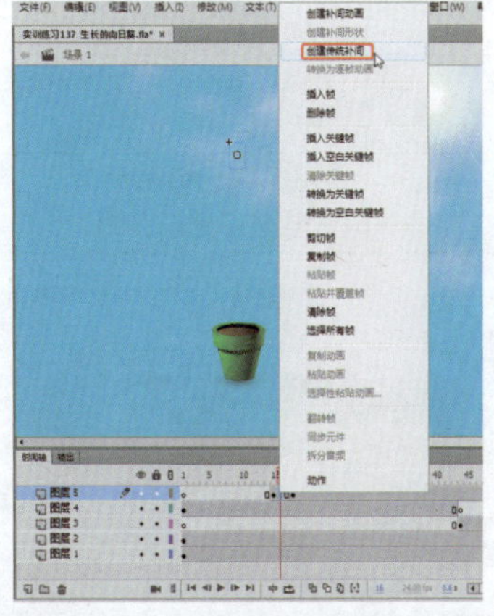

图8-38 选择【创建传统补间】命令

⑭ 选中第30帧，按F6键插入关键帧，选中该帧上的元件，调整水滴的位置，如图8-39所示。

图8-39 调整位置和Alpha值

⑮ 选中第25帧，单击鼠标右键，在弹出的快捷菜单中选择【创建传统补间】命令，创建传统补间后的效果如图8-40所示。

图8-40 创建传统补间

⑯ 选中第31帧，按F7键插入空白关键帧，将“图层5”复制两次，并调整关键帧的位置，调整后的效果如图8-41所示。

图8-41 复制图层并进行调整

⑰ 在【时间轴】面板中单击【新建图层】按钮，在【库】面板中选择水壶.png，按住鼠标将其拖拽至舞台中，并调整其大小和位置，将其转换为图形元件，如图8-42所示。

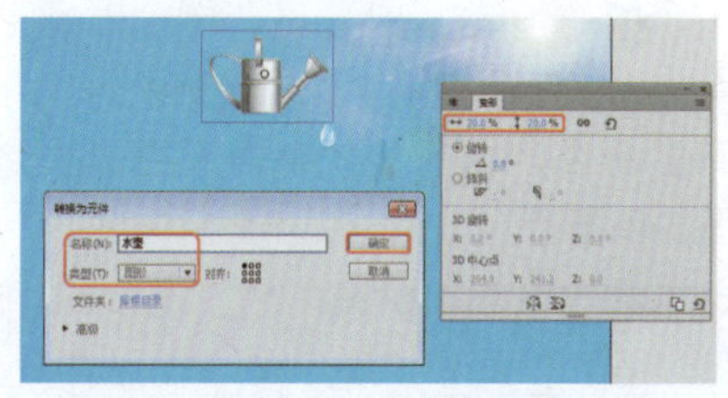

图8-42 调整对象的位置和大小并转换为元件

⑱ 选中该图层的第15帧，按F6键插入关键帧，在【变形】面板中将【旋转】设置为31，如图8-43所示。

图8-43 设置旋转角度

⑲ 选择该图层的第10帧，单击鼠标右键，在弹出的快捷菜单中选择【创建传统补间】命令，如图8-44所示。

图8-44 创建传统补间

⑳ 在【时间轴】面板中选择第43帧，按F6键插入关键帧，然后选择第45帧，按F6键插入关键帧，选中该帧上的元件，在【属性】面板中将【样式】设置为Alpha，将【Alpha】设置为0，如图8-45所示。

图8-45　插入关键帧

㉑ 选中第44帧，单击鼠标右键，在弹出的快捷菜单中选择【创建传统补间】命令，创建传统补间后的效果如图8-46所示。

图8-46　创建传统补间后的效果

㉒ 在【时间轴】面板中单击【新建图层】按钮，选中该图层的第50帧，按F6键插入关键帧，选中该关键帧，按F9键，在弹出的面板中输入“stop();”，如图8-47所示，关闭该面板，导出完成后的场景并保存即可。

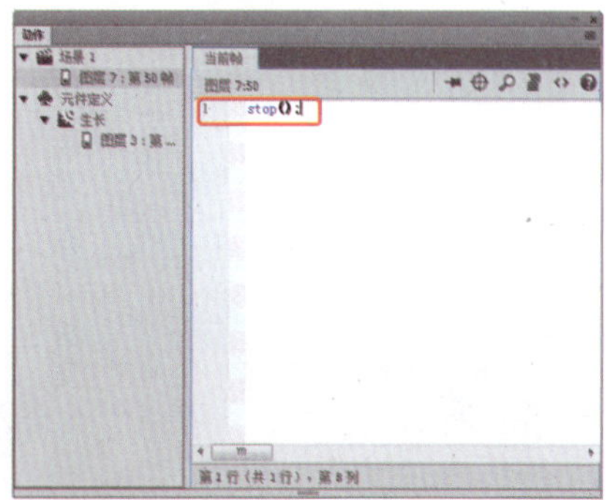

图8-47　输入代码

实例138 散点遮罩动画

本实例将介绍散点遮罩动画的制作方法。主要通过将绘制的图形转换为元件，并为其添加传统补间动画，将创建完成后的图形动画对添加的图像进行遮罩，从而完成散点遮罩动画的制作。完成后的效果如图8-48所示。

素材：	素材|Cha08|风景1.jpg、风景2.jpg
场景：	场景|Cha08|实例138 散点遮罩动画.fla
视频：	视频教学 | Cha08 |实例138 散点遮罩动画.MP4

图8-48　散点遮罩动画

❶ 启动软件后在欢迎界面中单击【新建】选项组中的【Action Script 3.0】按钮，如图8-49所示，即可新建场景。

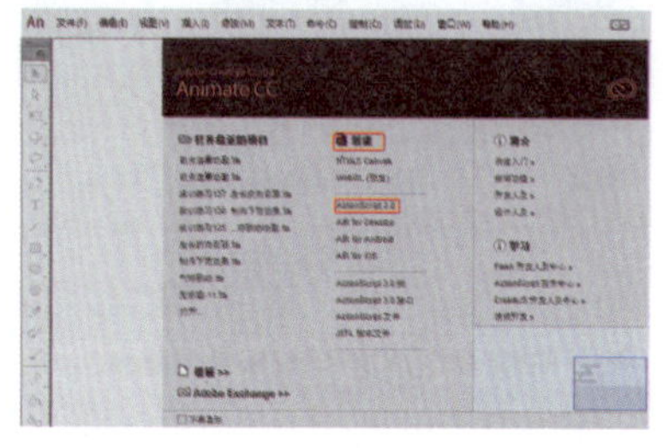

图8-49　选择新建类型

❷ 进入工作界面后，在工具箱中单击【属性】按钮，在打开的面板中将【属性】选项组中的【大小】设置为600×450像素，如图8-50所示。

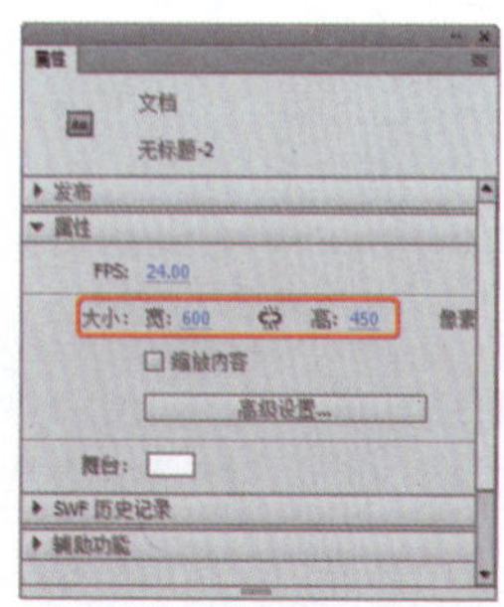

图8-50　设置场景大小

❸ 在菜单栏中选择【文件】|【导入】|【导入到库】命令，如图8-51所示。

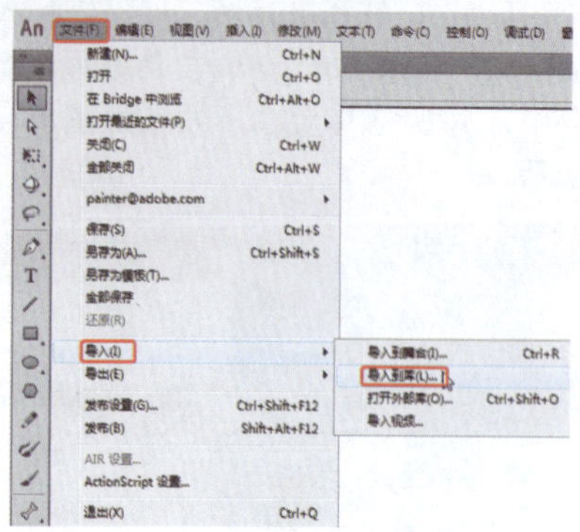

图8-51　选择【导入到库】命令

❹ 在打开的对话框中，选择随书配套资源中的素材|Cha08|风景1.jpg、风景2.jpg素材文件，如图8-52所示。

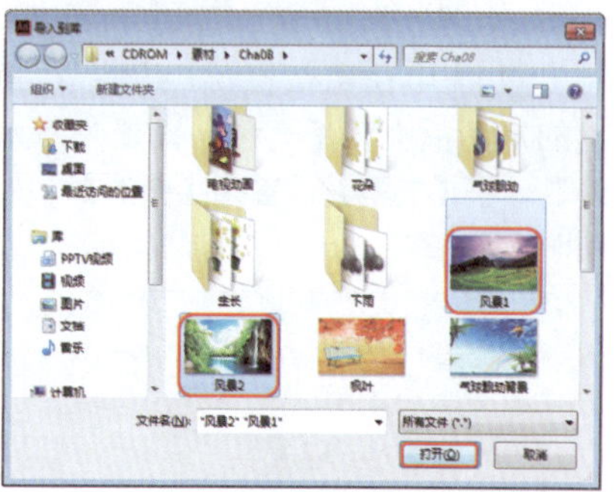

图8-52　选择素材文件

❺ 单击【打开】按钮，然后在工具箱中打开【库】面板，在该面板中将风景1.jpg素材文件拖至舞台中，将选择的素材文件添加至舞台中，确认选中舞台中的素材，在工具箱中打开【对齐】面板，在该面板中勾选【与舞台对齐】选项，单击【水平中齐】、【垂直中齐】和【匹配宽和高】按钮，如图8-53所示。

图8-53　调整导入的素材文件

❻ 选择“图层1”的第65帧，按F5插入帧。新建“图层2”，将导入的风景2.jpg素材文件，拖至“图层2”中，并使用同样的方法调整其位置，如图8-54所示。

图8-54 新建图层并调整素材

⑦ 按Ctrl+F8组合键，打开【创建新元件】对话框，在该对话框中将【名称】设置为“菱形”，将【类型】设置为【影片剪辑】，设置完成后单击【确定】按钮，如图8-55所示。

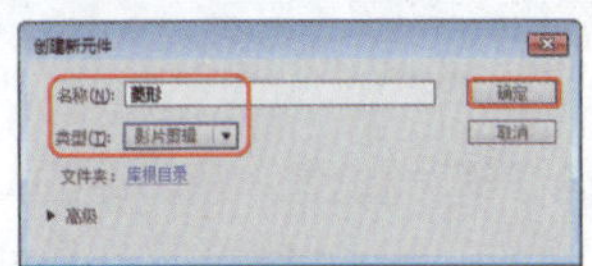

图8-55 【创建新元件】对话框

⑧ 创建新的影片剪辑元件后，在工具箱中选择【多角星形工具】命令，打开【属性】面板，随意设置【笔触颜色】与【填充颜色】，将【笔触】设置为1，单击【选项】按钮，在打开的窗口中将【边数】设置为4，如图8-56所示。

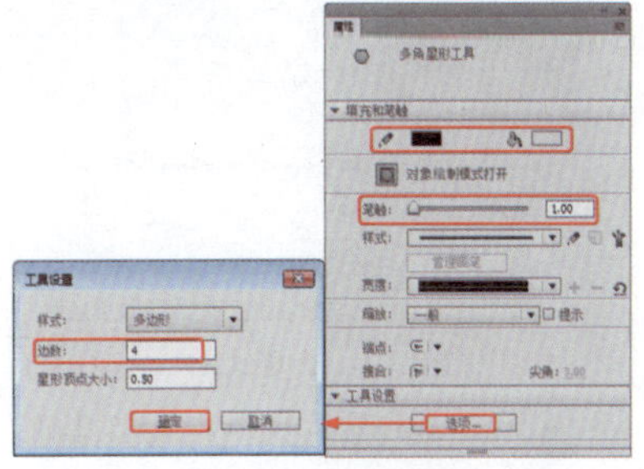

图8-56 【属性】面板

⑨ 在舞台中绘制一个菱形，使用【选择工具】选中绘制的图形，在【属性】面板中将【宽】设置为10像素。在【对齐】面板中将菱形调整至舞台的中心位置，如图8-57所示。

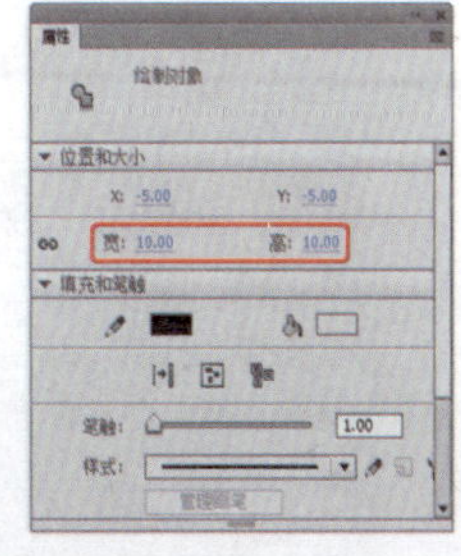

图8-57 设置菱形大小

⑩ 在【时间轴】面板中，选择第10帧按F6键插入关键帧，然后选择第55帧按F6键插入关键帧后，选中菱形在【属性】面板中将【宽】设置为110像素，并将其调整至舞台的中心位置，如图8-58所示。

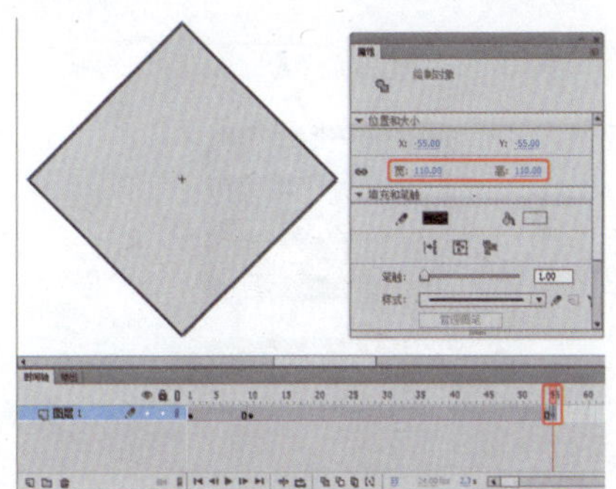

图8-58 再次设置菱形大小

⑪ 在【图层1】第10帧至第55帧之间的任意帧位置，单击鼠标右键，在弹出的快捷菜单中选择【创建补间形状】命令，如图8-59所示。

图8-59 选择【创建补间形状】命令

提 示

当插入关键帧调整图形的大小后，需将图形调整至中心位置。

⑫ 在该图层的第65帧位置按F5键插入帧，按Ctrl+F8组合键，在打开对话框，在该对话框中在【名称】中输入“多个菱形”，将【类型】设置为【影片剪辑】，设置完成后单击【确定】按钮，如图8-60所示。

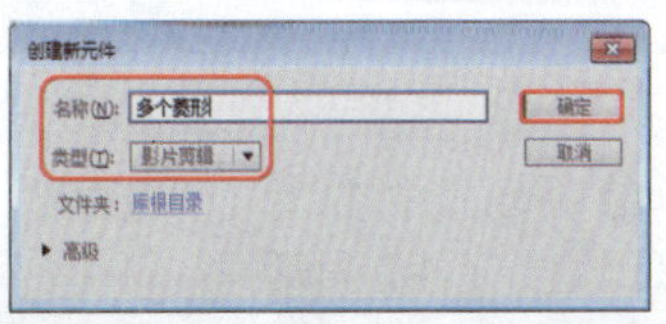

图8-60 创建新元件

⑬ 打开【库】面板，在该面板中将“菱形”元件拖拽至舞台中，并将图形调整至合适的位置，如图8-61所示。

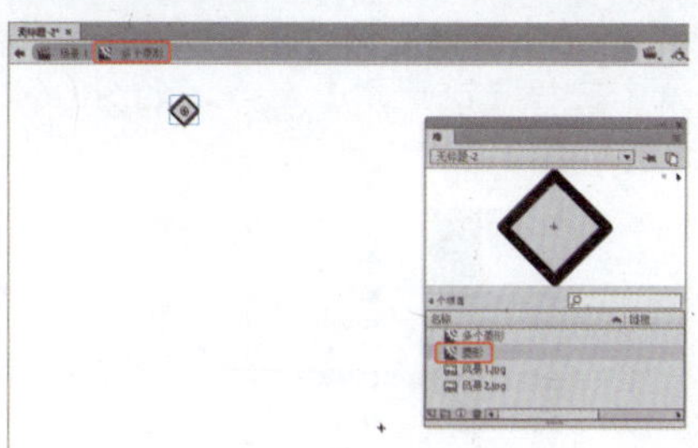

图8-61 在【库】面板中拖出元件

⑭ 在舞台中复制多个菱形动画对象，并将其调整至合适的位置，如图8-62所示。

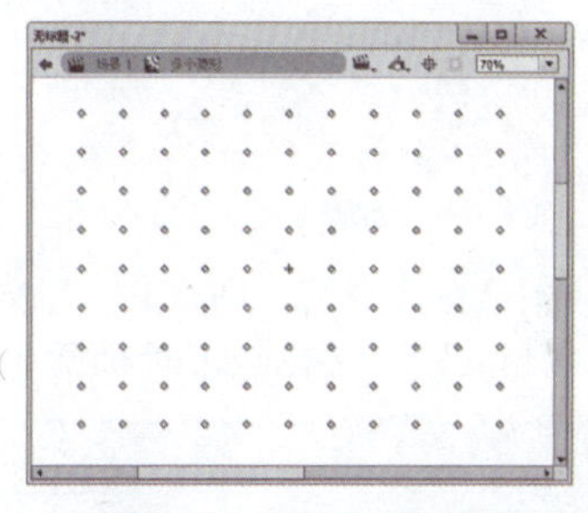

图8-62 复制多个矩形

提 示

复制完成后的图形元件总体大小，应尽量与创建的文件大小（600×450像素）相差不多。

⑮ 选择“图层1”图层的第65帧，按F5键插入帧。单击左上角的按钮，新建一个图层，在【库】面板中选择“多个菱形”影片剪辑元件，将其拖拽至舞台中，并调整至合适的位置，如图8-63所示。

图8-63 添加元件

提 示

如果将“多个菱形”元件拖入图层后，其大小与舞台大小相差过大需要调整时，应进入元件的调整舞台进行调整，并且应不使用【任意变形工具】调整，而是使用【选择工具】调整。

⑯ 在【时间轴】面板中的“图层3”上单击鼠标右键，在弹出的快捷菜单中选择【遮罩层】命令，如图8-64所示。

图8-64 选择【遮罩层】命令

⑰ 选择命令后，图像的显示效果以及图层的显示效果，如图8-65所示。

图8-65 图像和图层的显示效果

⑱ 按Ctrl+Enter组合键测试动画效果，效果如图8-66所示，对完成后的场景进行保存。

图8-66 遮罩效果

实例139 电视动画片

本实例将介绍如何制作电视动画片动画，其中主要使用了关键帧的设置，具体操作步骤如下，完成后的效果如图8-67所示。

素材：	素材|Cha08|【电视动画】文件夹
场景：	场景|Cha08|实例139 电视动画片.fla
视频：	视频教学 | Cha08 |实例139 电视动画片.MP4

图8-67 电视动画片

❶ 启动软件后，按Ctrl+N组合键弹出【新建文档】对话框，将【类型】设为ActionScript 3.0，将【宽】设为500像素，将【高】设为345像素，单击【确定】按钮，如图8-68所示。

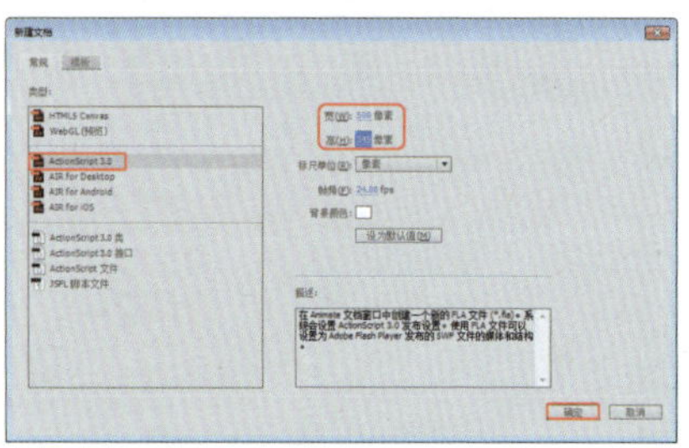

图8-68 新建文档

❷ 在菜单栏中选择【文件】|【导入】|【导入到库】命令，选择随书配套资源中的素材|Cha08|电视动画文件夹，选择所有的图像，单击【打开】按钮，将其导入到【库】面板中，如图8-69所示。

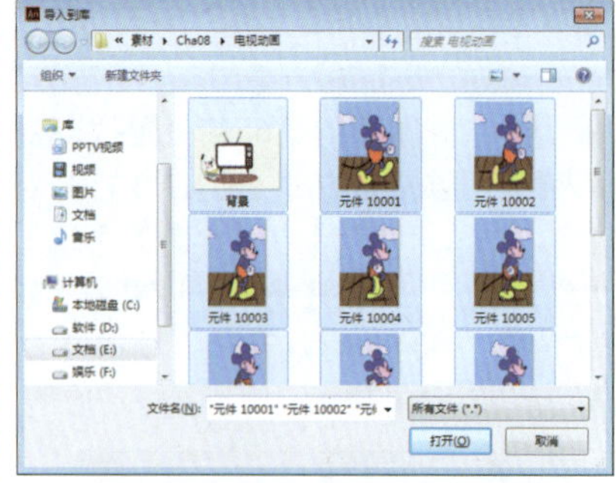

图8-69 选择导入的素材文件

❸ 在场景中按Ctrl+F8组合键，弹出【创建新元件】对话框，将【名称】设为“动画”，将【类型】设为【影片剪辑】，单击【确定】按钮，如图8-70所示。

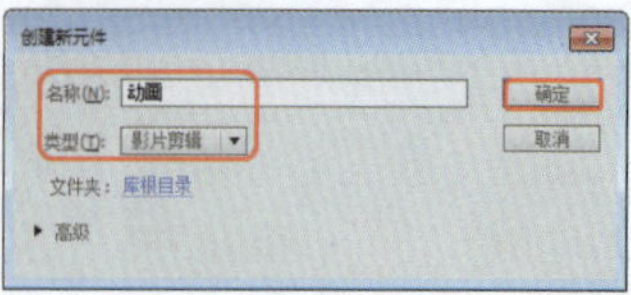

图8-70 创建新元件

❹ 进入【动画】元件影片剪辑中，打开【库】面板选择元件“10001.png”文件，拖至舞台中，打开【对齐】面板，单击【水平中齐】和【垂直中齐】按钮，如图8-71所示。

图8-71 设置对齐

❺ 在第2帧位置，按F6键插入关键帧，将元件“10002.png”文件拖至舞台中，将元件“10001.png”文件删除，打开【对齐】面板单击【水平中齐】和【垂直中齐】按钮，使其与舞台对齐，如图8-72所示。

图8-72 新建文档

❻在第3帧位置按F6键插入关键帧，打开【库】面板选择元件“10003.png”文件拖至舞台中，将元件“10002.png”文件删除，打开【对齐】面板单击【水平中齐】和【垂直中齐】按钮使其与舞台对齐，如图8-73所示。

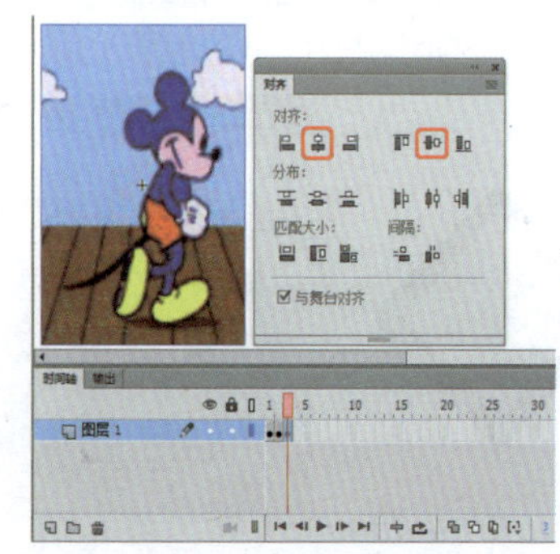

图8-73 选择导入的素材文件

❼ 使用同样的方法，添加其他的关键帧，完成后的效果如图8-74所示。

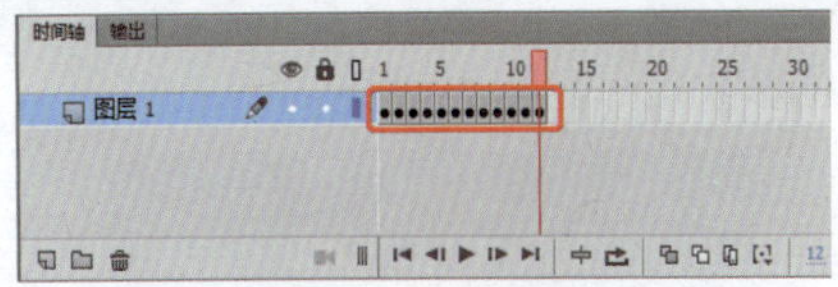

图8-74 设置关键帧

❽ 返回到“场景1”中，打开【库】面板选择背景素材文件拖至到文档中，打开【对齐】面板，单击【水平中齐】和【垂直中齐】按钮，单击【匹配宽和高】按钮，使其与舞台对齐，如图8-75所示。

图8-75 添加背景素材

❾ 选择“图层1”的第55帧，按F5键插入帧，新建“图层2”，将制作好的“动画”元件拖至到舞台中，调整其位置和大小，这里可以对其适当变形，如图8-76所示。

图8-76 选择导入的素材文件

❿ 动画制作完成后，将场景文件进行保存。

实例140 太阳动画

本实例将介绍太阳逐帧动画的制作，制作比较简单，主要是插入关键帧绘制图形，完成后的效果如图8-77所示。

素材：	素材|Cha08|太阳动画背景.jpg
场景：	场景|Cha08|实例140 太阳动画.fla
视频：	视频教学 | Cha08 |实例140 太阳动画.MP4

图8-77 太阳动画

❶ 按Ctrl+N组合键弹出【新建文档】对话框，在【类型】列表框中选择【ActionScript 3.0】，将【宽】设置为600像素，将【高】设置为450像素，将【帧频】设置为6fps，单击【确定】按钮，如图8-78所示。

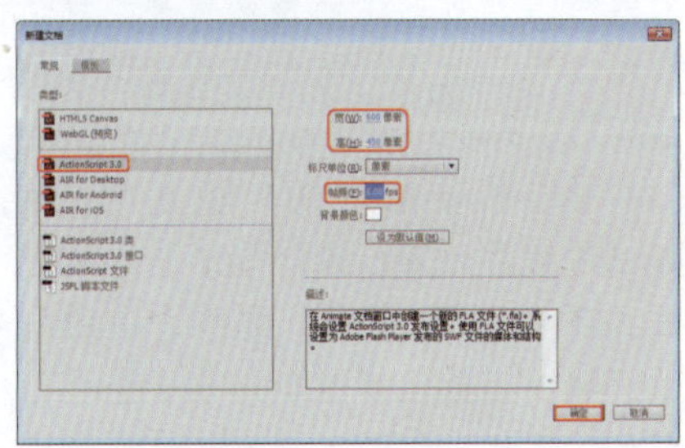

图8-78 新建文档

❷ 新建空白文档，按Ctrl+R组合键弹出【导入】对话框，在该对话框中选择随书配套资源中的太阳动画背景.jpg素材文件，单击【打开】按钮，如图8-79所示。

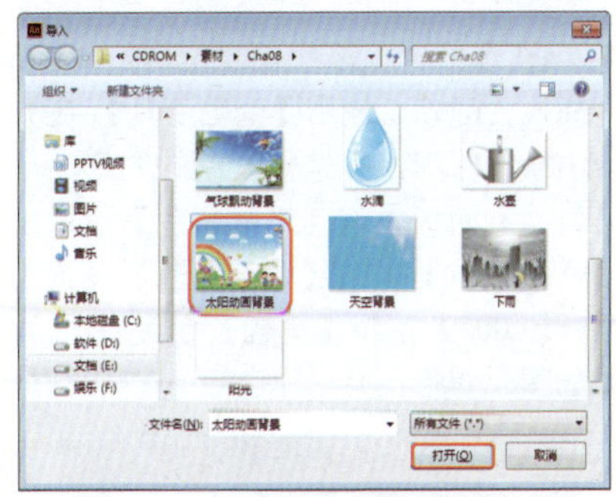

图8-79 选择素材文件

❸ 将选择的素材文件导入到舞台中，按Ctrl+K组合键打开【对齐】面板，勾选【与舞台对齐】复选框，单击【水平中齐】和【垂直中齐】按钮，效果如图8-80所示。

图8-80 调整素材文件

❹ 在【时间轴】面板中将“图层1”重命名为“背景”，并锁定该图层，选择第13帧，按F6键插入关键帧，单击【新建图层】按钮，新建“图层2”，将其重命名为“太阳”，并选择“太阳”图层第1帧，效果如图8-81所示。

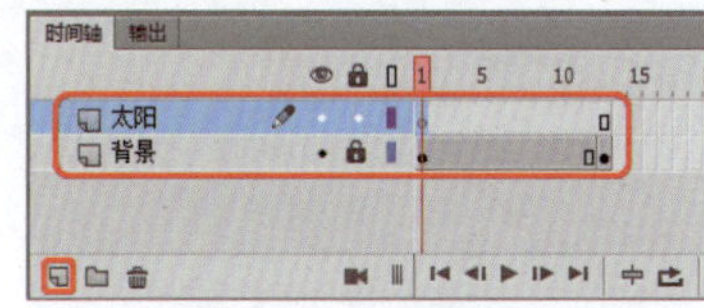

图8-81 新建并设置图层

❺ 在工具箱中选择【椭圆工具】，在【属性】面板中将【笔触颜色】设置为【#FF9900】，将【填充颜色】设置为【#FFE005】，在按住Shift键的同时在舞台中绘制正圆，效果如图8-82所示。

图8-82 绘制正圆

❻ 再次选择【椭圆工具】，在【属性】面板中将【填充颜色】设置为【#5E3400】，将【笔触颜色】设置为无，在按住Shift键的同时在舞台中绘制正圆，效果如图8-83所示。

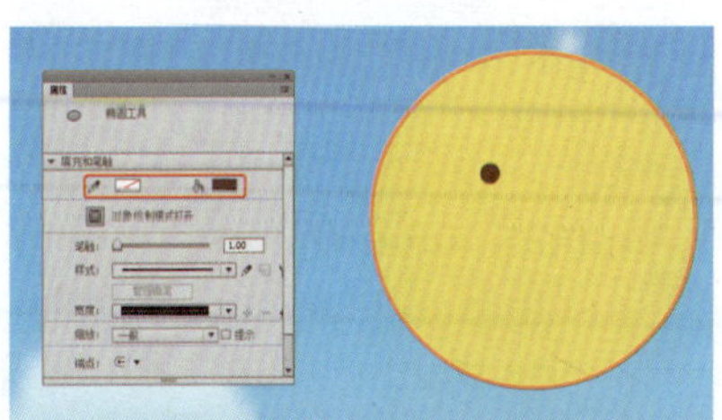

图8-83 继续绘制正圆

❼ 复制新绘制的正圆，并在舞台中调整其位置，效果如图8-84所示。

图8-84　复制并调整正圆

❽ 在工具箱中选择【线条工具】，在【属性】面板中将【笔触颜色】设置为【#5E3400】，将【笔触】设置为3，在舞台中绘制线条，如图8-85所示。

图8-85　绘制线条

❾ 在工具箱中选择【画笔工具】，在【属性】面板中将【填充颜色】设置为【#5E3400】，在舞台中绘制曲线，调整太阳嘴巴的形状，效果如图8-86所示。

图8-86　绘制曲线

❿ 在工具箱中选择【椭圆工具】，在【属性】面板中将【填充颜色】设置为【#FF9999】，将【笔触颜色】设置为无，在按住Shift键的同时在舞台中绘制正圆，并复制绘制的正圆，然后在舞台中调整其位置，效果如图8-87所示。

图8-87　绘制并复制正圆

⓫ 在【时间轴】面板中选择“太阳”图层的第4帧，并按F6键插入关键帧，如图8-88所示。

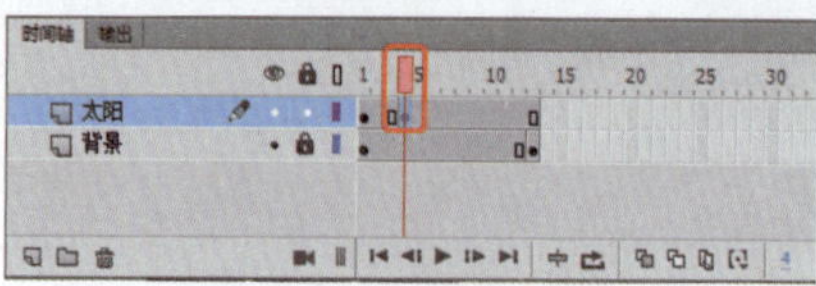

图8-88　插入关键帧

⓬ 在工具箱中选择【画笔工具】，在舞台中绘制图形作为太阳的光芒，并选择绘制的图形，在【属性】面板中将【笔触颜色】设置为【#FFAA01】，将【填充颜色】设置为【#FFE005】，将【笔触】设置为1，效果如图8-89所示。

图8-89　绘制并设置图形

知识链接

【画笔工具】可绘制类似于刷子的笔触。它可以创建特殊效果，包括书法效果。使用刷子工具功能键可以选择刷子大小和形状。

对于新笔触来说，即便是更改舞台的缩放比率级别，刷子大小也会保持不变。因此对于同样大小的刷子，舞台缩放比率越低，刷子会显得越大。例如，如果将舞台缩放比率设置为100%并使用刷子工具以最小的刷子大小涂色，然后，将缩放比率更改为50%并用最小的刷子大小再画一次，绘制的新笔触就比以前的笔触显得粗50%。（更改舞台的缩放比率并不更改现有刷子笔触的大小）

⓭ 选择“太阳”图层第5帧，按F6键插入关键帧，使用【画笔工具】在舞台中绘制图形，并选择绘制的图形，在【属性】面板中将【笔触颜色】设置为【#FFAA01】，将【填充颜色】设置为【#FFE005】，将【笔触】设置为1，效果如图8-90所示。

图8-90　绘制并设置图形

⓮ 结合前面介绍的方法，继续插入关键帧并绘制图形，效果如图8-91所示。至此，太阳动画就制作完成了，导出影片并将场景文件保存即可。

图8-91　插入关键帧并绘制图形

实例141　旋转的花朵

本实例将介绍旋转的花朵动画的制作，主要是通过导入序列图片和制作文字动画完成的，效果如图8-92所示。

素材：	素材|Cha08|花朵背景.jpg、【花朵】文件夹
场景：	场景|Cha08|实例141　旋转的花朵.fla
视频：	视频教学 | Cha08 |实例141　旋转的花朵.MP4

图8-92　旋转的花朵

❶ 按Ctrl+N组合键弹出【新建文档】对话框，在【类型】列表框中选择【ActionScript 3.0】，将【宽】设置为563像素，将【高】设置为355像素，将【帧频】设置为8fps，将【背景颜色】设置为黑色，单击【确定】按钮，如图8-93所示。

❷ 新建空白文档，按Ctrl+R组合键弹出【导入】对话框，在该对话框中选择随书配套资源中的花朵背景.jpg素材文件，单击【打开】按钮，如图8-94所示。

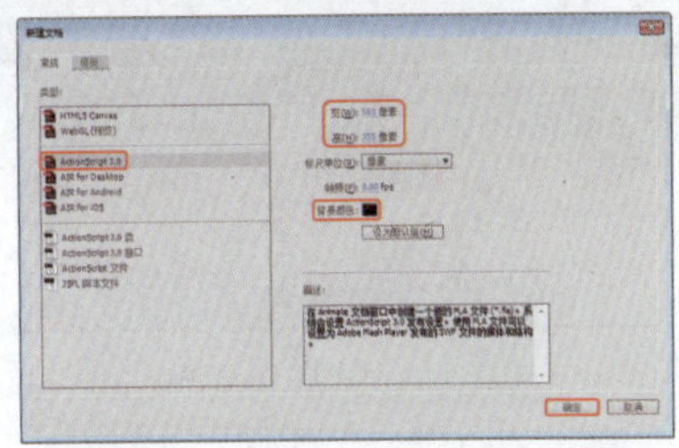
图8-93 新建文档

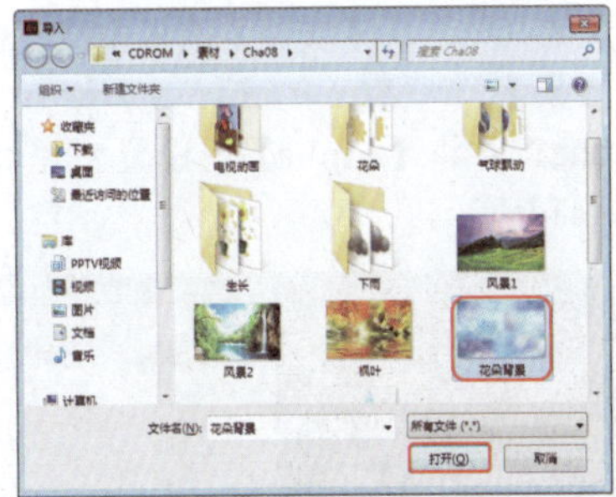
图8-94 选择素材文件

❸ 将选择的素材文件导入到舞台中，按Ctrl+T组合键打开【变形】面板，将【缩放宽度】和【缩放高度】设置为55%，按Ctrl+K组合键打开【对齐】面板，单击【水平中齐】和【垂直中齐】按钮，效果如图8-95所示。

图8-95 调整素材文件

❹ 按Ctrl+F8组合键弹出【创建新元件】对话框，输入【名称】为“花朵”，将【类型】设置为【影片剪辑】，单击【确定】按钮，如图8-96所示。

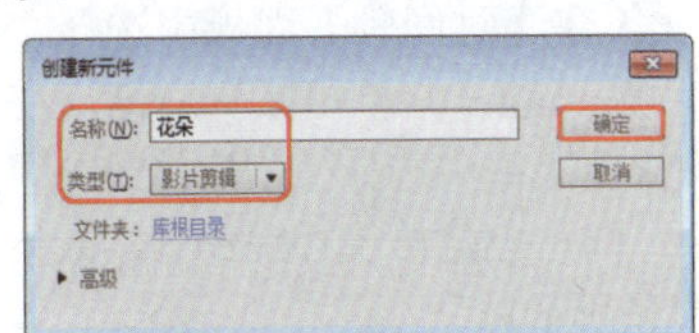
图8-96 新建元件

❺ 按Ctrl+R组合键弹出【导入】对话框，在该对话框中选择随书配套资源中花朵文件夹中的0010001.png素材文件，单击【打开】按钮，如图8-97所示。

❻ 在弹出的信息提示对话框中单击【是】按钮，即可导入序列图片，效果如图8-98所示。

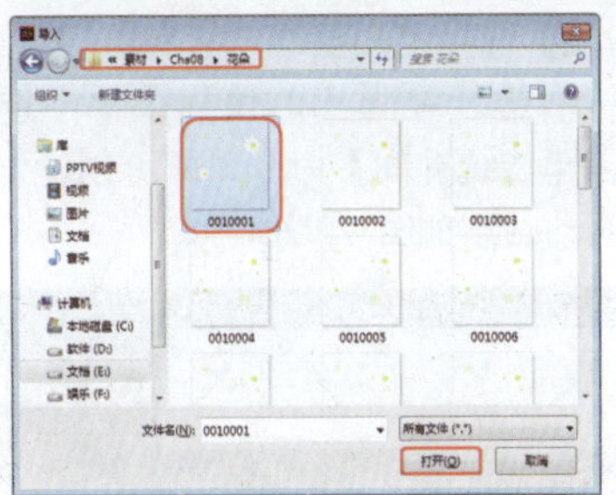
图8-97 选择文件

图8-98 导入序列图片

❼ 返回到“场景1”中，并新建“图层2”，在【库】面板中将“花朵”影片剪辑元件拖拽至舞台中，在【变形】面板中将【缩放宽度】和【缩放高度】设置为23%，在舞台中调整元件的位置，如图8-99所示。

图8-99 调整元件

❽ 在菜单栏中选择【文件】|【打开】命令，在弹出的【打开】对话框中选择随书配套资源中的小球.fla素材文件，单击【打开】按钮，如图8-100所示。

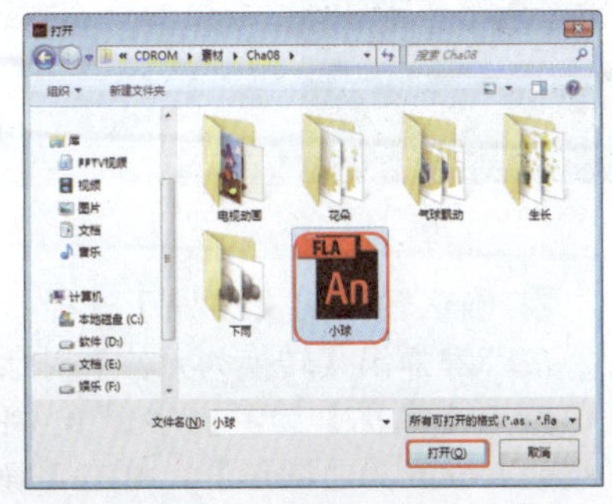
图8-100 选择素材文件

❾ 打开选择的素材文件，按Ctrl+A组合键选择所有的对象，并在菜单栏中选择【编辑】|【复制】命令，如图8-101所示。

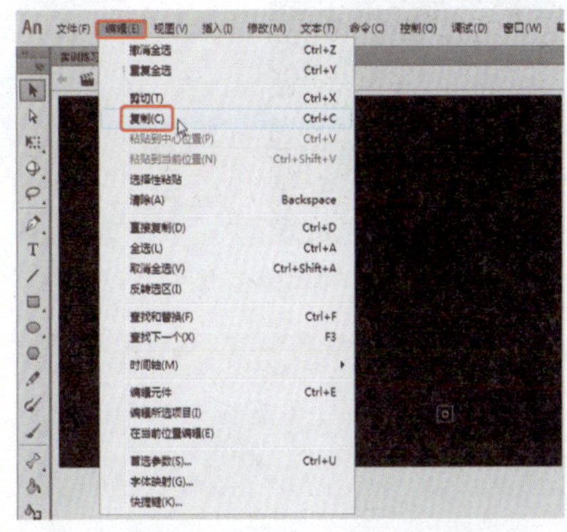
图8-101 选择【复制】命令

❿ 返回到当前制作的场景中，新建“图层3”，在菜单栏中选择【编辑】|【粘贴到当前位置】命令，即可将选择的对象粘贴到当前制作的场景中，如图8-102所示。

图8-102 粘贴对象

⓫ 按Ctrl+F8组合键弹出【创建新元件】对话框，输入【名称】为“文字”，将【类型】设置为【影片剪辑】，单击【确定】按钮，如图8-103所示。

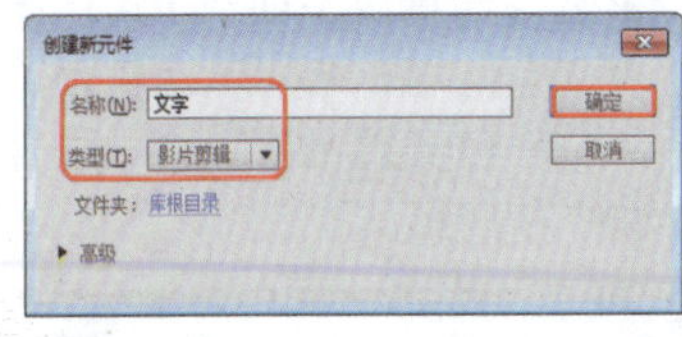
图8-103 创建新元件

⓬ 按Ctrl+F8组合键弹出【创建新元件】对话框，输入【名称】为“文字”，将【类型】设置为【影片剪辑】，单击【确定】按钮，如图8-104所示。

⓭ 在【时间轴】面板中选择第30

帧，按F6键插入关键帧，单击【新建图层】按钮，新建“图层2”，如图8-105所示。

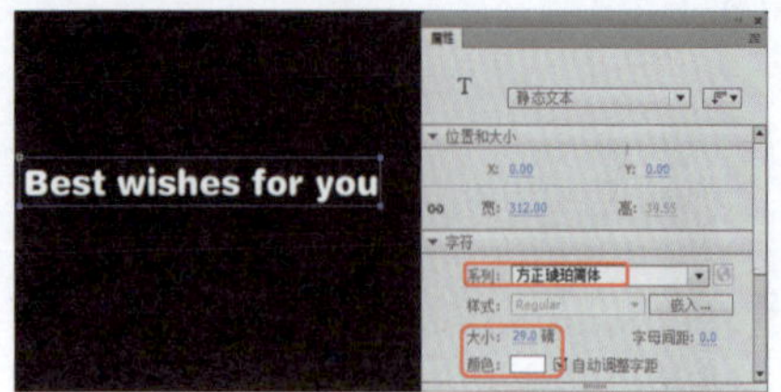

图8-104　输入文字

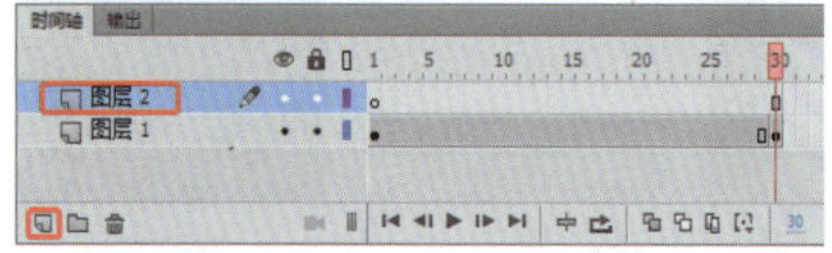

图8-105　插入关键帧并新建图层

⑭ 在工具箱中选择【矩形工具】，在【属性】面板中将【填充颜色】设置为白色，将笔触颜色设置为无，在舞台中绘制矩形，效果如图8-106所示。

图8-106　绘制矩形

⑮ 确认新绘制的矩形处于选择状态，按F8键弹出【转换为元件】对话框，输入【名称】为“矩形”，将【类型】设置为【图形】，单击【确定】按钮，如图8-107所示。

图8-107　转换为元件

⑯ 在【时间轴】面板中选择【图层2】第23帧，按F6键插入关键帧，在舞台中调整【矩形】图形元件的位置，效果如图8-108所示。

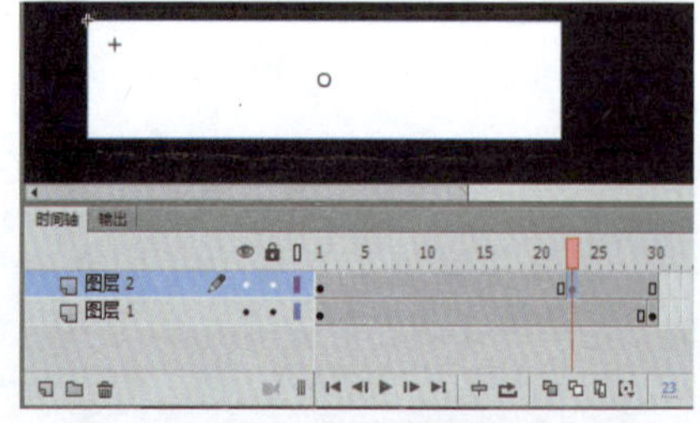

图8-108　调整元件

⑰ 选择“图层2”第15帧，并单击鼠标右键，在弹出的快捷菜单中选择【创建传统补间】命令，即可创建传统补间动画，如图8-109所示。

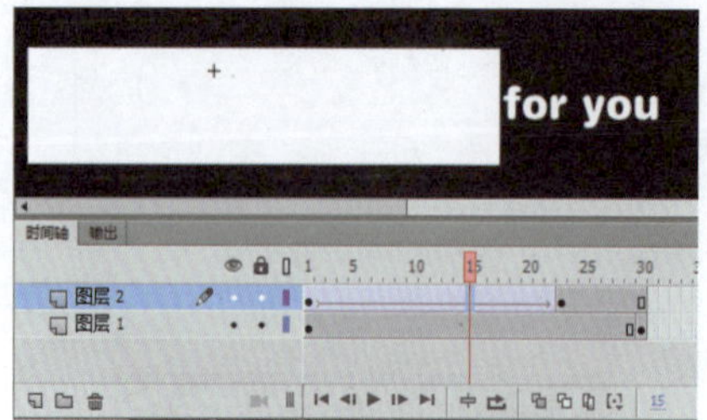

图8-109　创建传统补间动画

⑱ 在“图层2”名称上单击鼠标右键，在弹出的快捷菜单中选择【遮罩层】命令，即可创建遮罩动画，效果如图8-110所示。

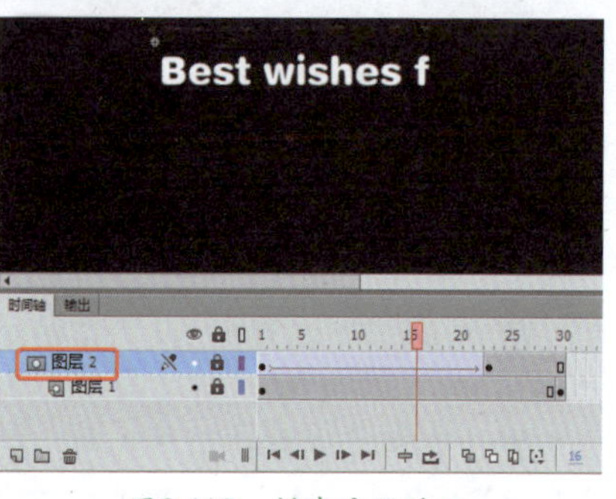

图8-110　创建遮罩动画

⑲ 在【时间轴】面板中新建“图层3”，并选择“图层3”第23帧，按F6键插入关键帧，如图8-111所示。

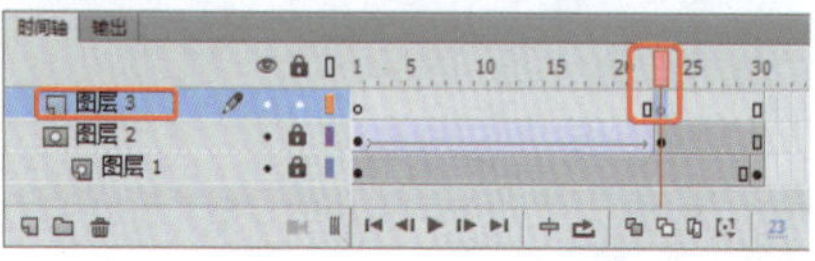

图8-111　新建图层并插入关键帧

⑳ 在工具箱中选择【文本工具】，在【属性】面板中将【大小】设置为18磅，在舞台中输入文字“My friend”，效果如图8-112所示。

图8-112　输入文字

㉑ 确认输入的文字处于选择状态，按F8键弹出【转换为元件】对话框，输入【名称】为“文字1”，将【类型】设置为【图形】，单击【确定】按钮，如图8-113所示。

图8-113　转换为元件

㉒ 按Ctrl+T组合键打开【变形】面板，将【缩放宽度】和【缩放高度】设置为10%，在【属性】面板中将【色彩效果】选项组下的【样式】设置为Alpha，并将【Alpha】值设置为0，如图8-114所示。

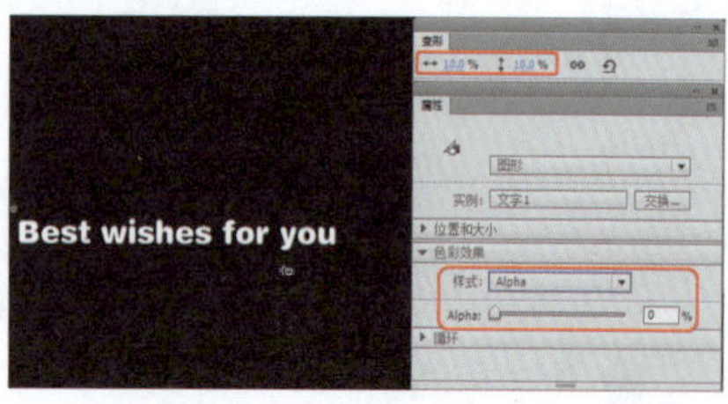

图8-114　设置图形元件

㉓ 在【时间轴】面板中选择“图层3”第30帧，按F6键插入关键帧，在【变形】面板中将【缩放宽度】和【缩放高度】设置为100%，在【属性】面板中将【色彩效果】选项组下的【样式】设置为无，如图8-115所示。

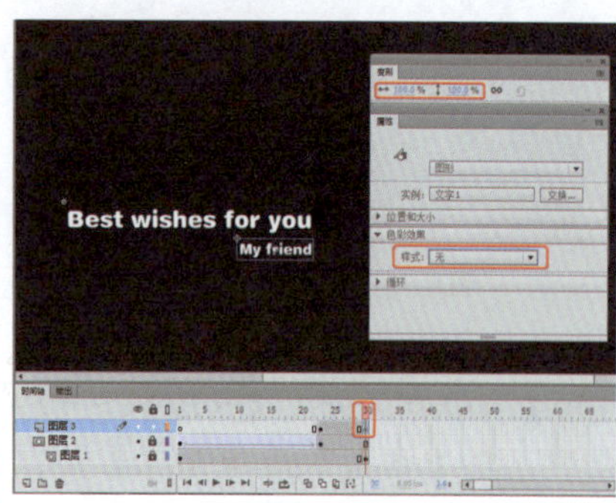

图8-115　插入关键帧并设置元件

㉔ 在【时间轴】面板中选择“图层3”第25帧，并单击鼠标右键，在弹出的快捷菜单中选择【创建传统补间】命令，即可创建传统补间动画，效果如图8-116所示。

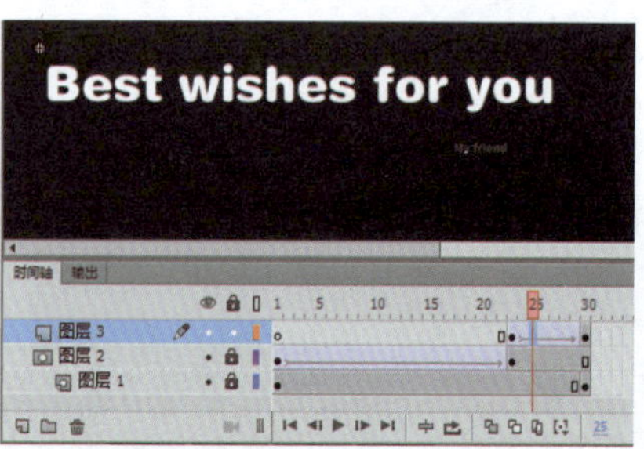

图8-116　创建传统补间动画

㉕ 选择"图层3"第30帧，按F9键打开【动作】面板，并输入代码"stop();"，如图8-117所示。

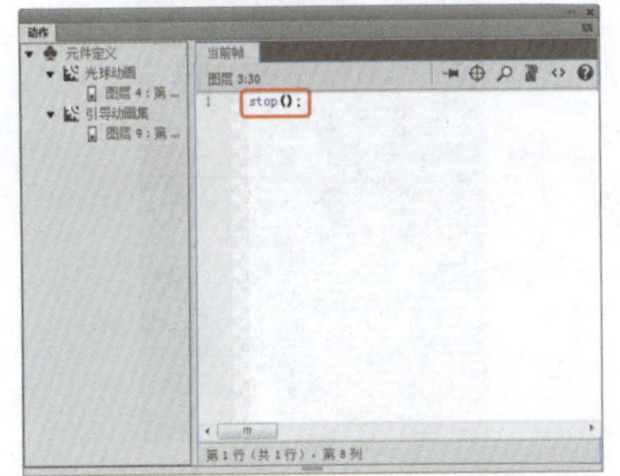

图8-117 输入代码

㉖ 返回到"场景1"中，新建"图层4"，在【库】面板中将"文字"影片剪辑元件拖拽至舞台中，并调整其位置，如图8-118所示。至此完成该动画的制作，导出影片并将场景文件保存。

图8-118 调整元件

实例142 水面波纹动画

本实例将介绍水面波纹动画的制作方法。首先制作图片倒影，然后制作遮罩图形元件，最后设置补间动画，从而完成水面波纹动画的制作，完成后的效果如图8-119所示。

素材：	素材|Cha08|枫叶.jpg
场景：	场景|Cha08|实例142 水面波纹动画.fla
视频：	视频教学|Cha08|实例142 水面波纹动画.MP4

图8-119 水面波纹动画

❶启动软件后，在欢迎界面中单击【新建】选项组中的【Action Script 3.0】选项，如图8-120所示，即可新建场景。

图8-120 选择新建类型

❷ 进入工作界面后，在工具箱中单击【属性】按钮，在打开的面板中将【属性】选项组中的【大小】设置为500×798像素，如图8-121所示。

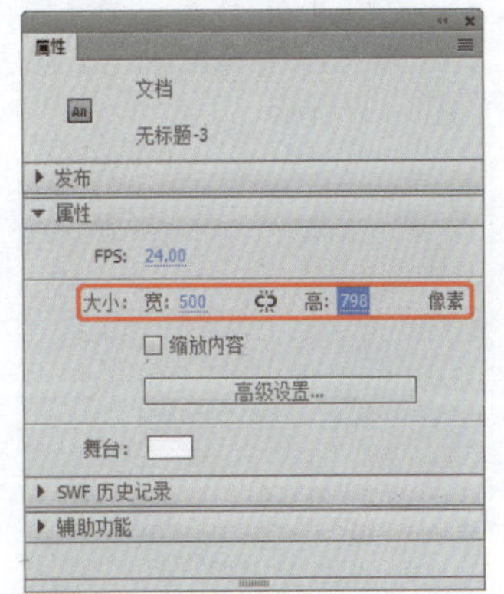

图8-121 设置场景大小

❸ 在菜单栏中选择【文件】|【导入】|【导入到库】命令，如图8-122所示。

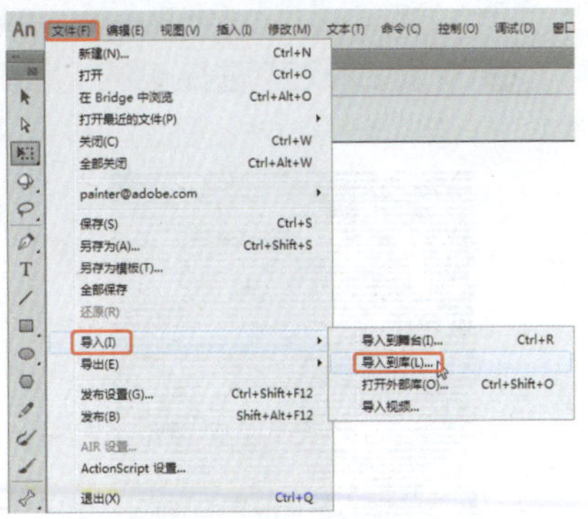

图8-122 选择【导入到库】命令

❹ 在打开的对话框中，选择随书配套资源中的素材|Cha08|枫叶.jpg素材文件，如图8-123所示。

❺ 单击【打开】按钮，在工具箱中打开【库】面板，在该面板中将枫叶.jpg素材文件拖至舞台中，将选择的素材文件添加至舞台中，确认选中舞台中的素材，在工具箱中打开【对齐】面板，在该面板中勾选【与舞台对齐】选项，单击【水平中齐】、【顶部分布】按钮，如图8-124所示。

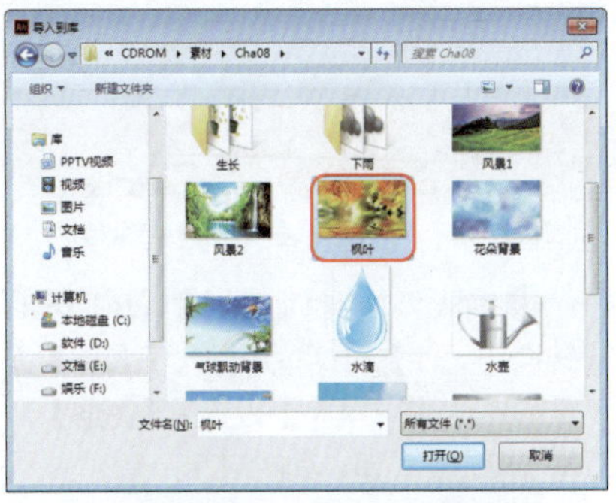

图8-123 选择素材文件

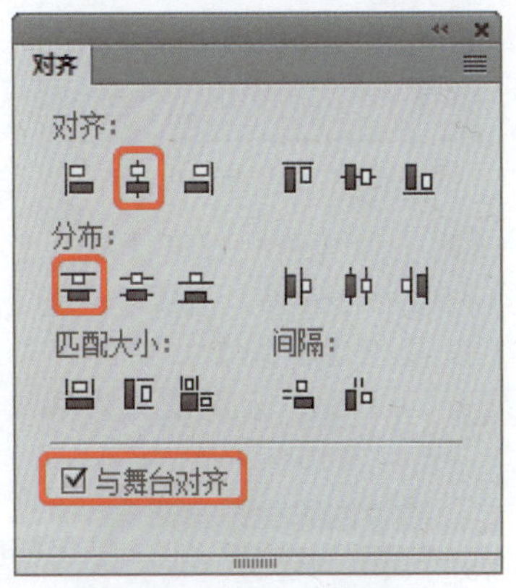

图8-124 将素材拖至舞台

❻ 打开【属性】面板，取消宽度和高度值的锁定，将【宽】设置为500像素，【高】设置为399像素，单击【水平中齐】按钮，如图8-125所示。

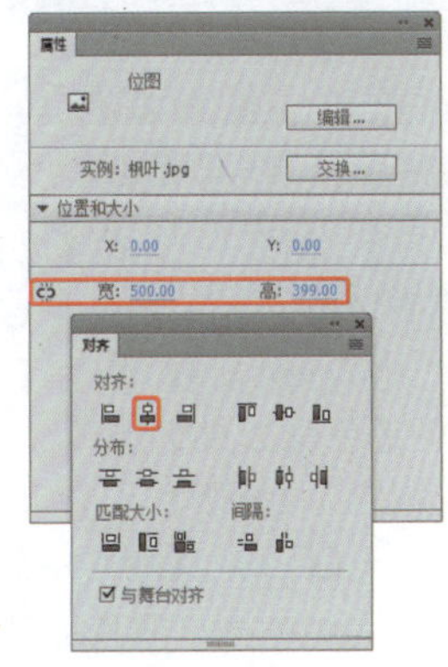

图8-125 设置素材大小

❼ 选择"图层1"的第40帧，按F5插入帧。新建"图层2"，在【库】面板中将枫叶素材文件拖至舞台中，并调整素材文件的大小，在【对齐】面板中单击【水平中齐】按钮和【底部分布】按钮调整位置，调整完成后在菜单栏中选择【修改】【变形】|【垂直翻转】命令，如图8-126所示。

图8-126 选择【垂直翻转】命令

❽确认选中素材后按F8键，在打开的【转换为元件】对话框中输入【名称】为“重影1”，将【类型】设置为【图形】，单击【确定】按钮，如图8-127所示。

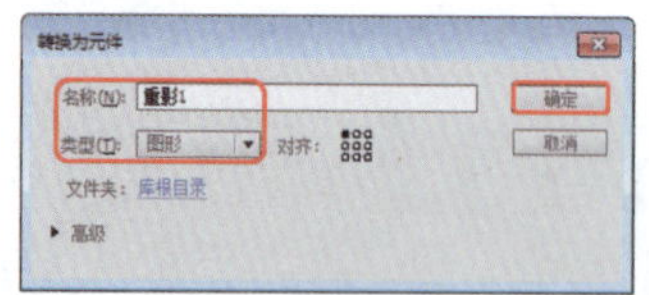

图8-127 将素材转化为元件

❾ 在工具箱中打开【属性】面板，在【色彩效果】选项组中将【样式】设置为【高级】，将【红】、【绿】、【蓝】分别设置为60%、70%、80%。如图8-128所示。

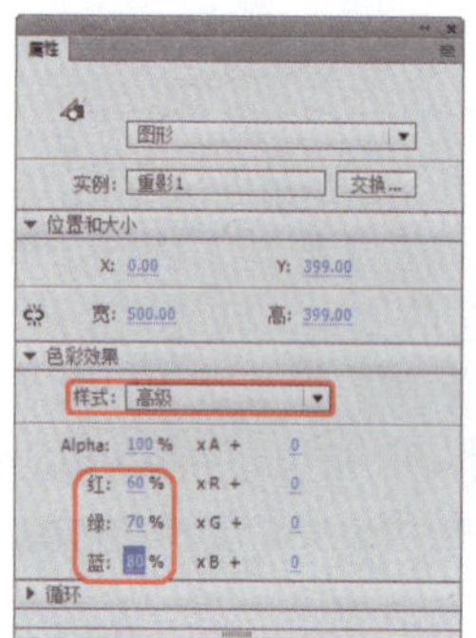

图8-128 设置属性

❿ 新建“图层3”，在【库】面板中将“重影1”元件拖至舞台中，使其与“图层2”中的元件对齐，打开【属性】面板，在【色彩效果】选项组中，将【样式】设置为【高级】，【Alpha】设置为50%，将【红】、【绿】、【蓝】设置为60%、70%、80%，如图8-129所示。

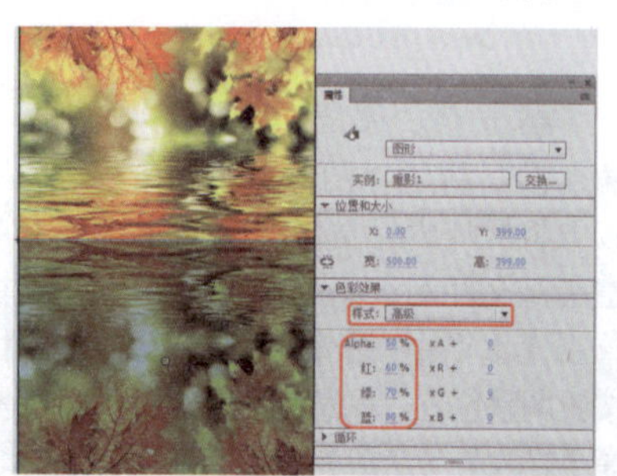

图8-129 新建图层拖入元件并设置属性

⓫ 新建“图层4”，按Ctrl+F8组合键，打开【创建新元件】对话框，在该对话框中将【名称】设置为“矩形”，将【类型】设置为【图形】，设置完成后单击【确定】按钮，如图8-130所示。

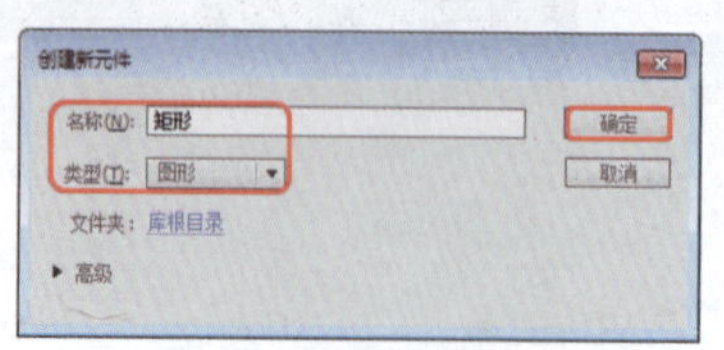

图8-130 新建元件

⓬ 在工具箱中选择【矩形工具】命令，在工具箱中单击【对象绘制】按钮，关闭对象绘制，在矩形元件的舞台中进行绘制，选中绘制的矩形，打开【属性】面板将【宽】设置为500像素，【高】设置为5像素，将【笔触颜色】设置为无，【填充颜色】随意设置，如图8-131所示。

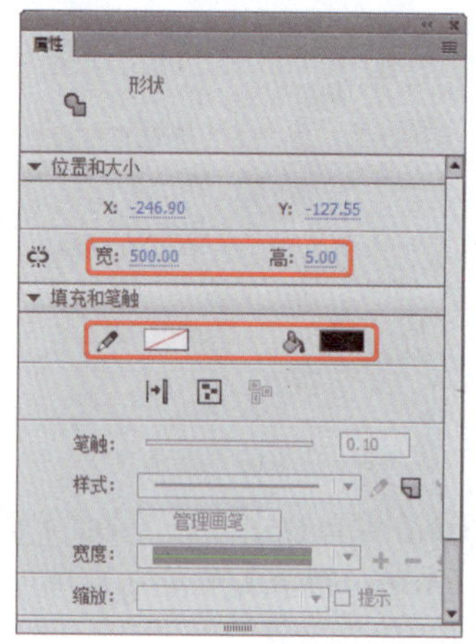

图8-131 设置绘制的矩形属性

⓭ 对绘制的矩形进行复制，并调整位置，如图8-132所示。

图8-132 复制矩形并调整

⓮选中“图层4”第1帧，在【库】面板中将【矩形】元件拖至舞台中，使用【任意变形工具】，将矩形元件大小调整至与舞台大小相同，并调整元件的位置，如图8-133所示。

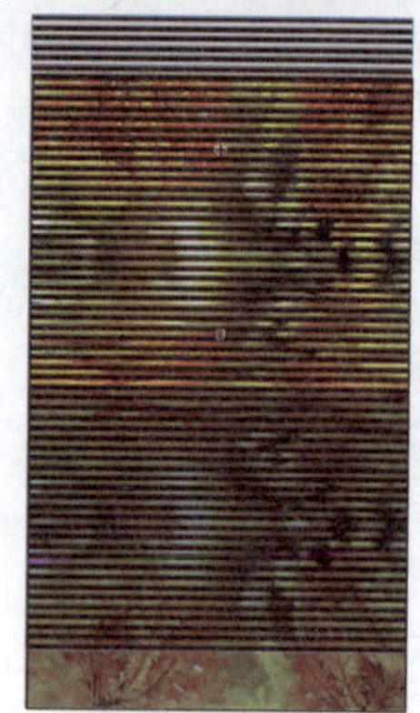

图8-133 拖入元件并调整

⓯ 选择“图层4”的第40帧，按F6键插入关键帧，在舞台中调整“矩形”元件的位置如图8-134所示。

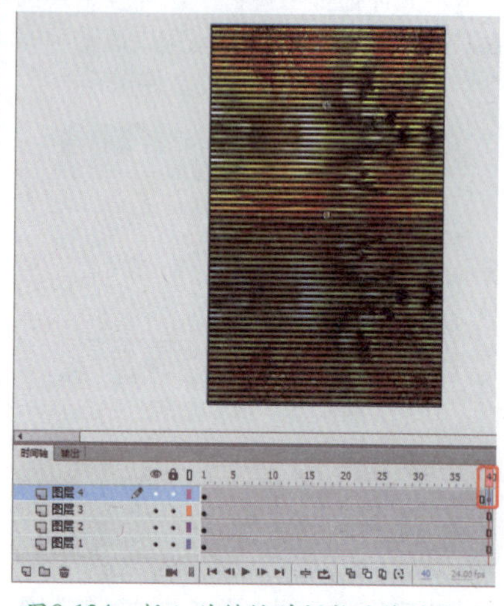

图8-134 插入关键帧并调整元件的位置

⓰ 在该图层的第1帧至第40帧之间任意帧位置，单击右键弹出快捷菜单中选择【创建传统补间】命令，如图8-135所示。

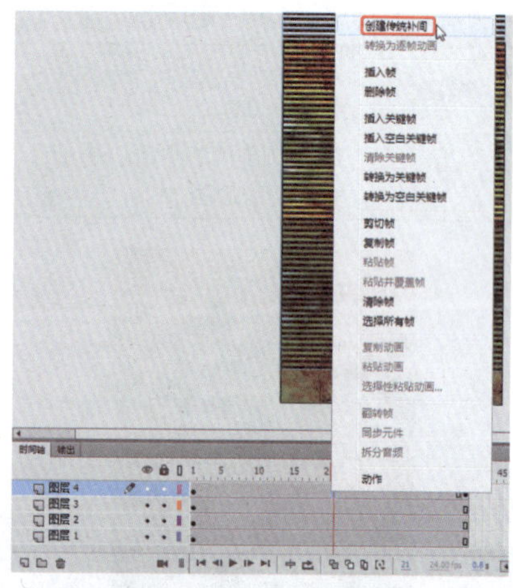

图8-135 创建传统补间

⓱ 在时间轴面板中选中“图层4”并单击鼠标右键，在弹出的快捷菜单中选择【遮罩层】命令，如图8-136所示。

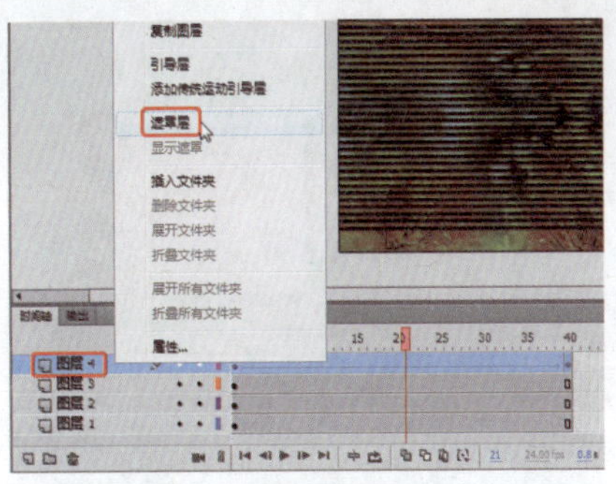
图8-136 选择【遮罩层】命令

⑱ 按Ctrl+Enter组合键测试动画效果，如图8-137所示。

图8-137 测试动画效果

实例143 谢幕动画

本实例将介绍谢幕动画的制作。主要是通过导入序列图片和制作传统补间动画完成的，效果如图8-138所示。

素材：	素材|Cha08|001.png、【彩色的圆】文件夹、谢谢观赏.png
场景：	场景|Cha08|实例143 谢幕动画.fla
视频：	视频教学 | Cha08 |实例143 谢幕动画.MP4

图8-138 谢幕动画

① 按Ctrl+N组合键弹出【新建文档】对话框，在【类型】列表框中选择【ActionScript 3.0】，将【宽】设置为500像素，将【高】设置为467像素，单击【确定】按钮，如图8-139所示。

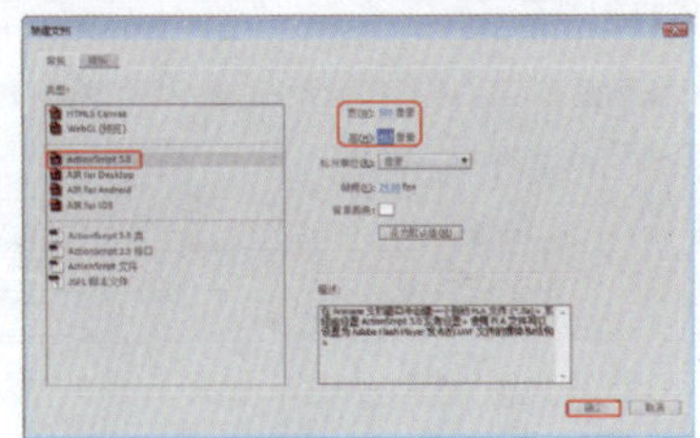
图8-139 新建文档

② 新建空白文档，按Ctrl+R组合键弹出【导入】对话框，在该对话框中打开随书配套资源中的素材|Cha08|001.png文件，按Ctrl+K组合键打开【对齐】面板，勾选【与舞台对齐】复选框，并单击【水平中齐】和【垂直中齐】按钮，效果如图8-140所示。

图8-140 导入并设置素材文件

③ 在【时间轴】面板中选择第42帧，按F6键插入关键帧，锁定“图层1”，并单击【新建图层】按钮，新建“图层2”，如图8-141所示。

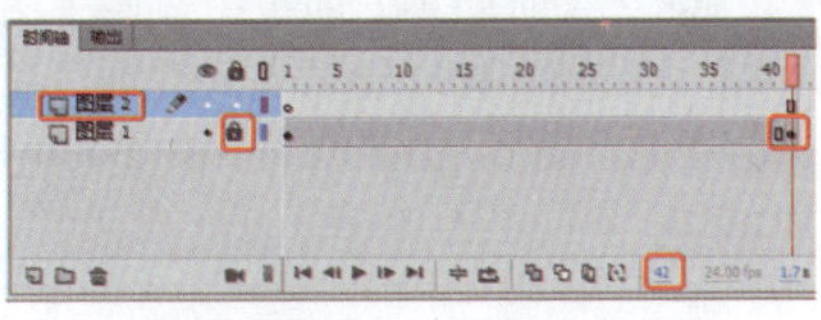
图8-141 设置图层

④ 在工具箱中选择【矩形工具】，并只单击【对象绘制】按钮，在【颜色】面板中将【笔触颜色】设置为【# DB2726】，单击【填充颜色】按钮，将【颜色类型】设置为【线性渐变】，将左侧色块颜色设置为【#FFFFFF】，将右侧色块颜色设置为【#DB2726】，如图8-142所示。

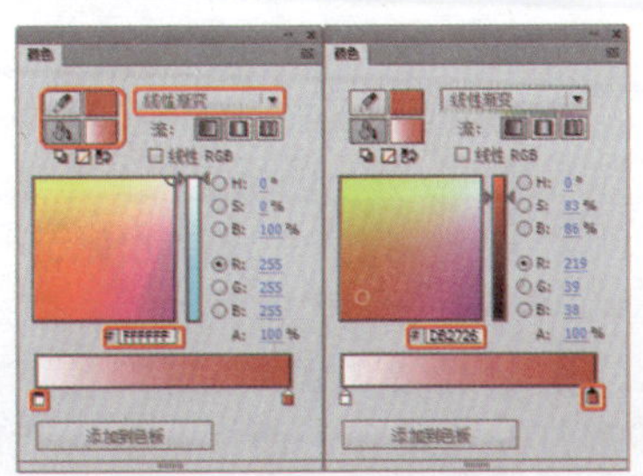
图8-142 设置颜色

⑤ 设置完成后在舞台中绘制矩形，效果如图8-143所示。

图8-143 绘制矩形

⑥ 在菜单栏中选择【插入】|【新建元件】命令，弹出【创建新元件】对话框，输入【名称】为“逐帧动画”，将【类型】设置为【影片剪辑】，单击【确定】按钮，如图8-144所示。

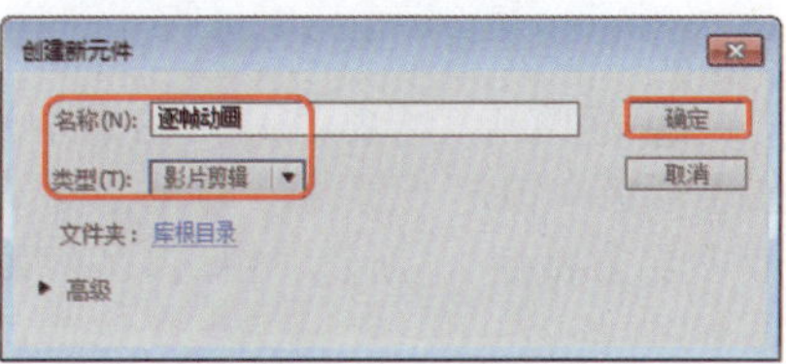

图8-144 创建新元件

⑦ 创建影片剪辑元件，按Ctrl+R组合键弹出【导入】对话框，在该对话框中打开随书配套资源中的素材|Cha08|彩色的圆| 0010001.png文件，单击【打开】按钮，如图8-145所示。

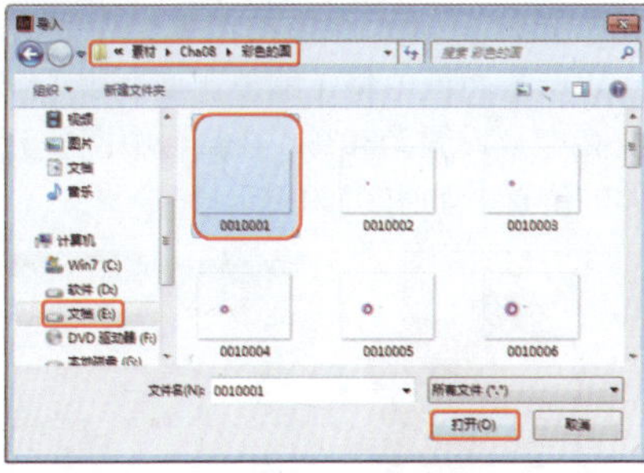
图8-145 选择文件

⑧ 在弹出的信息提示对话框中单击【是】按钮，如图8-146所示。

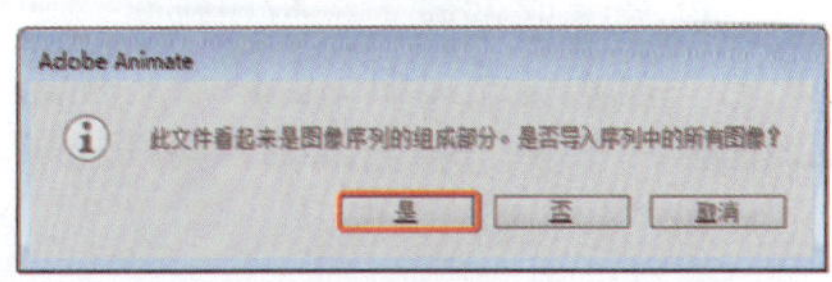

图8-146 单击【是】按钮

⑨ 导入序列图片，效果如图8-147所示。

图8-147　导入的序列图片

⑩ 在【时间轴】面板中选择第28帧，按F9键打开【动作】面板，输入代码“stop();”，如图8-148所示。

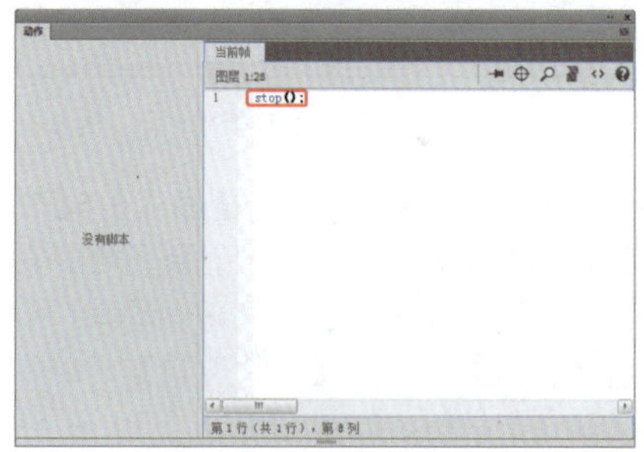

图8-148　输入代码

⑪ 返回到“场景1”中，在【时间轴】面板中锁定“图层2”，单击【新建图层】按钮，新建“图层3”，如图8-149所示。

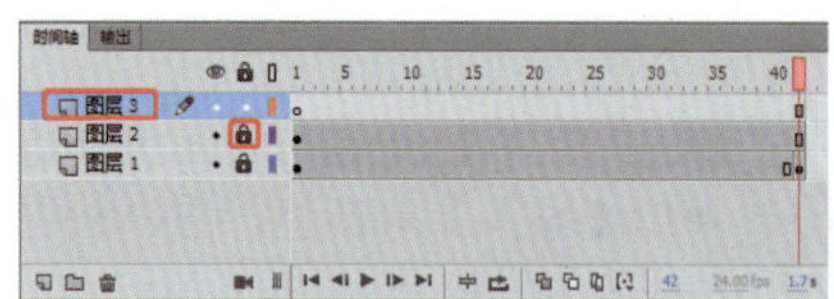

图8-149　新建图层

⑫ 在【库】面板中将“逐帧动画”影片剪辑元件拖拽至舞台中，在【变形】面板中将【缩放宽度】和【缩放高度】设置为30%，在舞台中调整元件的位置，如图8-150所示。

图8-150　调整影片剪辑元件

⑬ 在【时间轴】面板中锁定“图层3”，单击【新建图层】按钮，新建“图层4”，并选择第28帧，按F6键插入关键帧，如图8-151所示。

⑭ 按Ctrl+R组合键弹出【导入】对话框，在该对话框中打开随书配套资源中的素材|Cha08|谢谢观赏.png文件，按Ctrl+T组合键打开【变形】面板，将【缩放宽度】和【缩放高度】设置为20%，并在舞台中调整其位置，效果如图8-152所示。

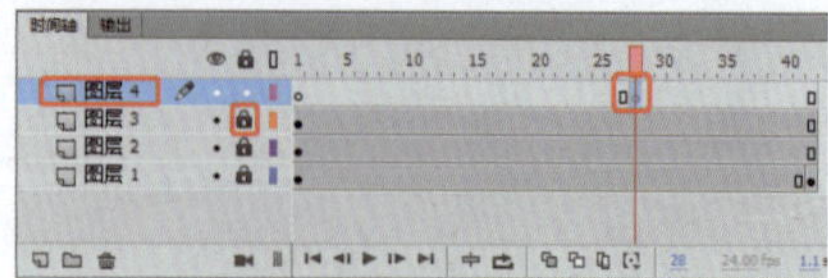

图8-151　新建图层并插入关键帧

图8-152　调整素材文件

⑮ 确认导入的素材图片处于选择状态，按F8键弹出【转换为元件】对话框，输入【名称】为“谢谢观赏”，将【类型】设置为【图形】，单击【确定】按钮，如图8-153所示。

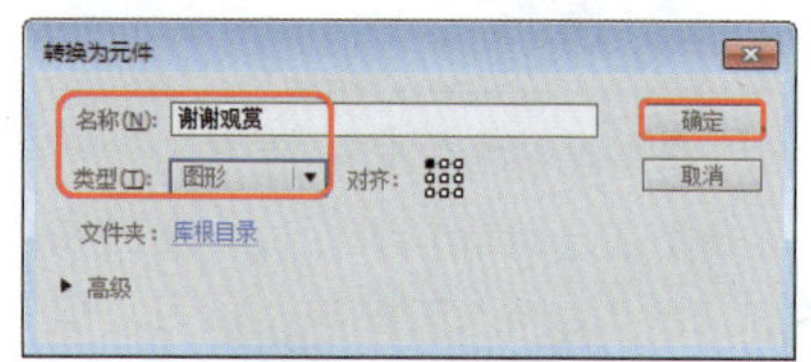

图8-153　转换为元件

⑯ 在【时间轴】面板中选择【图层4】第42帧，按F6键插入关键帧，在舞台中调整图形元件的位置，如图8-154所示。

图8-154　插入关键帧并调整元件

⑰ 选择“图层4”第35帧，并单击鼠标右键，在弹出的快捷菜单中选择【创建传统补间】命令，创建传统补间动画，效果如图8-155所示。

⑱ 选择“图层4”第42帧，按F9键打开【动作】面板，输入代码“stop();”，如图8-156所示。

图8-155　创建传统补间动画

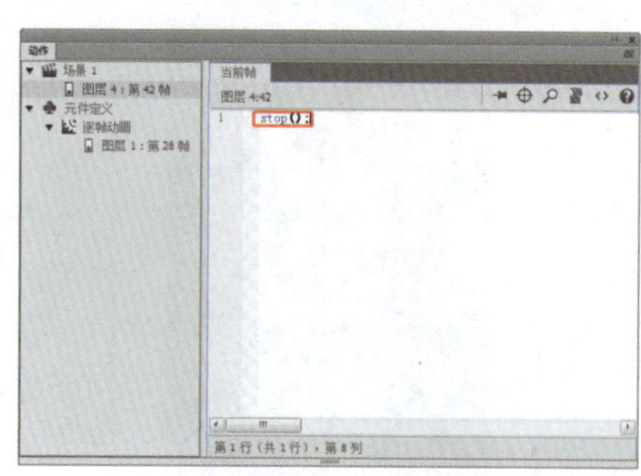

图8-156　输入代码

⑲ 在【时间轴】面板中选择“图层1”，将其移至“图层4”的上方，如图8-157所示。

图8-157　移动图层

⑳ 按Ctrl+Enter组合键测试影片，如图8-158所示。导出影片并将场景文件保存。

图8-158　测试影片

实例144 数字倒计时动画

本实例介绍数字倒计时动画的制作。主要用到了关键帧的编辑，通过在不同的帧上设置不同的数字，最终得到倒计时动画效果，如图8-159所示。

素材：	素材|Cha08|倒计时背景.jpg
场景：	场景|Cha08|实例144 数字倒计时动画.fla
视频：	视频教学 | Cha08 |实例144 数字倒计时动画.MP4

图8-159 数字倒计时动画

❶ 启动软件后，按Ctrl+N组合键打开【新建文档】对话框，将【宽】设置为500像素，【高】设置为500像素，将【帧频】设置为1fps，【背景颜色】设置为白色，单击【确定】按钮，如图8-160所示。

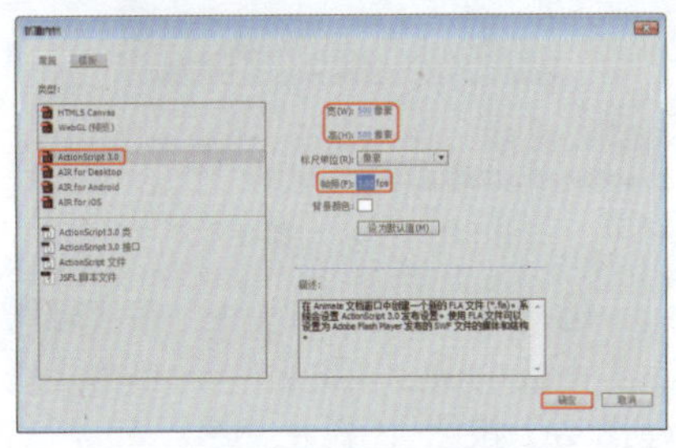
图8-160 新建文档

❷ 在菜单栏中选择【文件】|【导入】|【导入到舞台】命令，打开【导入】对话框，选择随书配套资源中的|素材|Cha08|倒计时背景.jpg文件，单击【打开】按钮，如图8-161所示。

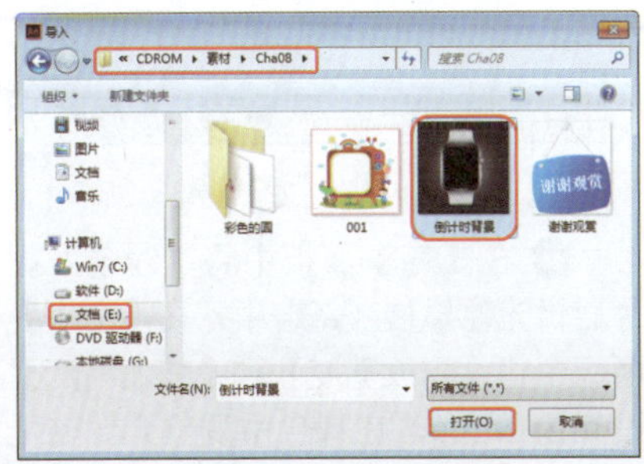
图8-161 选择素材文件

❸ 按Ctrl+K组合键打开【对齐】面板，单击【水平中齐】按钮和【垂直中齐】按钮，将其调整至舞台的中央，如图8-162所示。

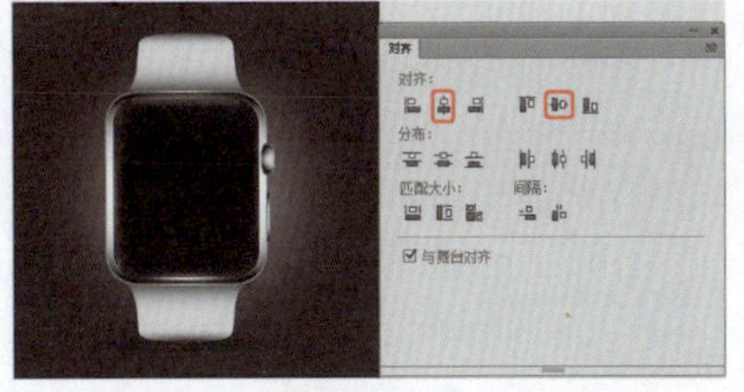
图8-162 打开【对齐】面板

❹ 在【时间轴】面板中，选择“图层1”的第6帧，单击鼠标右键，在弹出的菜单中选择【插入帧】命令，如图8-163所示。

图8-163 选择【插入帧】命令

❺ 在【时间轴】面板中，将“图层1”重名为“背景”并将其锁定，然后单击【时间轴】面板下方的【新建图层】按钮，新建一个图层，并将其命名为“数字”，如图8-164所示。

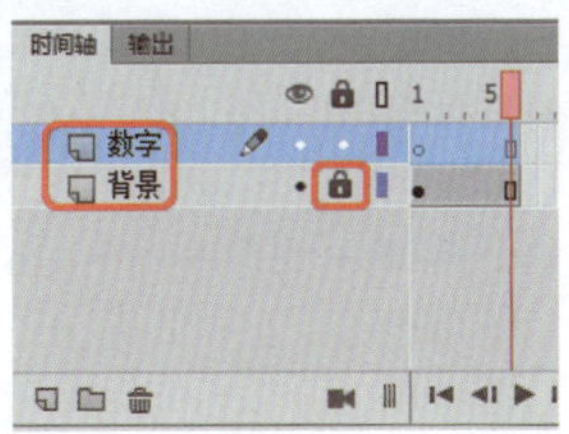

图8-164 创建“数字”图层

❻ 确定新创建的“数字”图层处于选择状态，选择第1个关键帧，如图8-165所示。

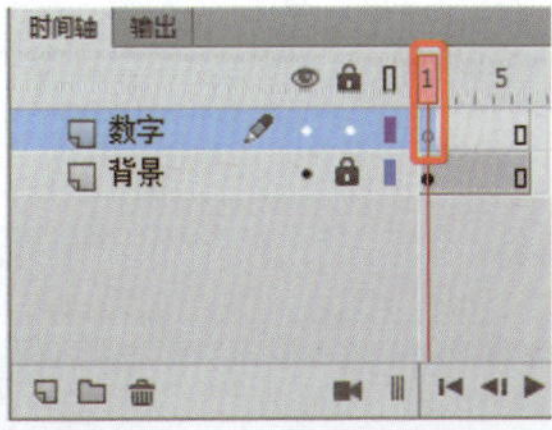

图8-165 选择第1个关键帧

❼ 在工具箱中选择【文本工具】工具，在舞台中输入文本“00:05”。确定新创建的文本处于选择状态，打开【属性】面板，在【字符】选项下将【系列】设置为【方正大黑简体】，【大小】设置为50磅，【颜色】设置为【白色】，如图8-166所示。

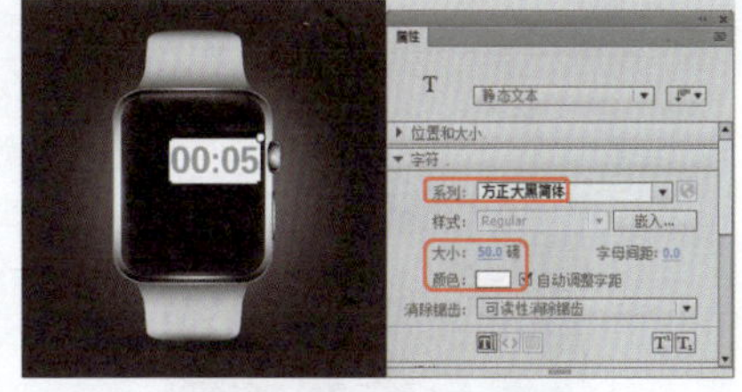

图8-166 输入文本

❽ 在舞台中调整文本的位置，效果如图8-167所示。

图8-167 对齐文本

❾ 在舞台中选择文本“00:05”，在【属性】面板中打开【滤镜】项，单击【添加滤镜】按钮，在弹出的菜单中选择【投影】命令。在【投影】选项下将【模糊X】和【模糊Y】都设置为30，【强度】设置为100%，【角度】设置为110°，【距离】设置为10，【颜色】设置为【#00FF00】，如图8-168所示。

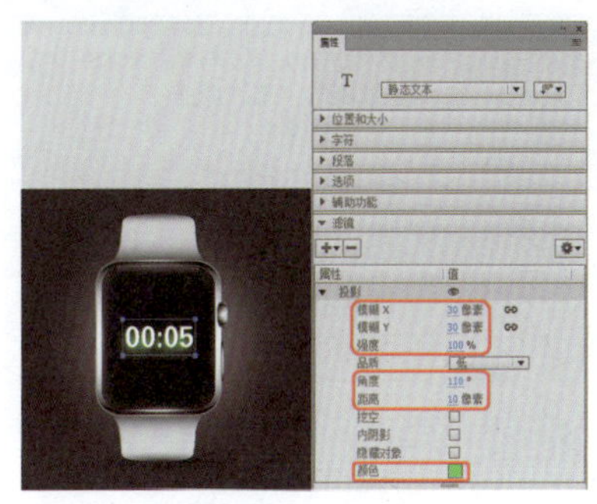

图8-168 设置【投影】

❿ 在【时间轴】面板中，选择【数字】图层的第2个帧，单击鼠标右键，在弹出的快捷菜单中选择【插入关键帧】命令，为第2帧添加关键帧，如图8-169所示。

⓫ 使用【选择工具】，在舞台中双击文本“00:05”，使其处于编辑状态，将“00:05”改为“00:04”，效果

如图8-170所示。

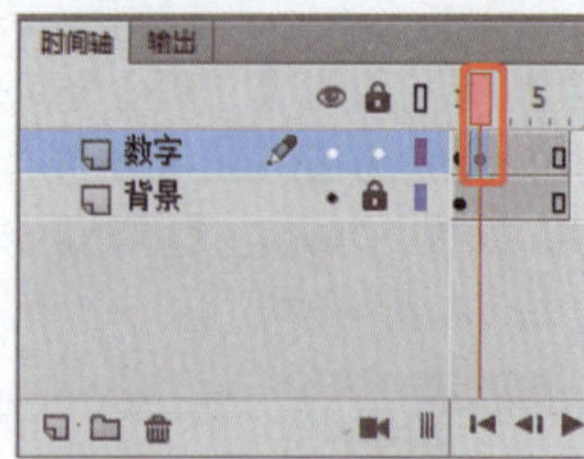

图8-169 添加关键帧

图8-170 更改文本

⑫ 使用相同的方法，在其他帧处插入关键帧并更改文本数字，如图8-171所示。最后将场景文件保存。

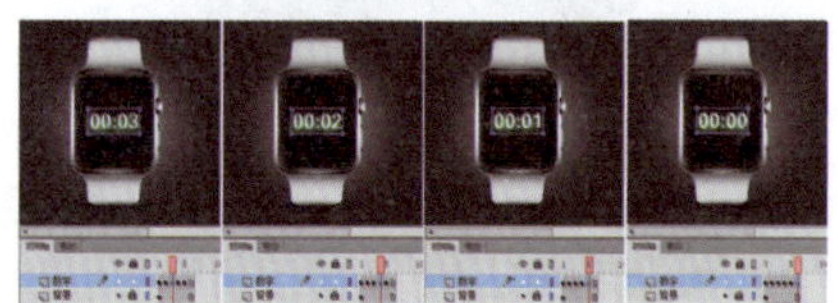

图8-171 设置关键帧

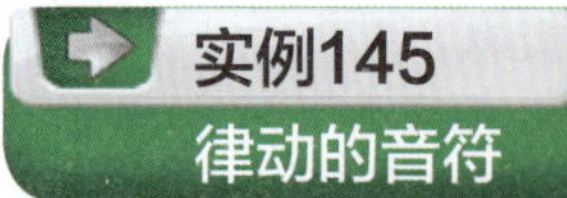

实例145 律动的音符

本实例将介绍律动的音符动画的制作，主要是通过导入两组序列图片完成的。效果如图8-172所示。

素材：	素材|Cha08|律动的音乐背景.jpg、【线条】文件夹、【音符】文件夹
场景：	场景|Cha08|实例145 律动的音符.fla
视频：	视频教学 | Cha08 |实例145 律动的音符.MP4

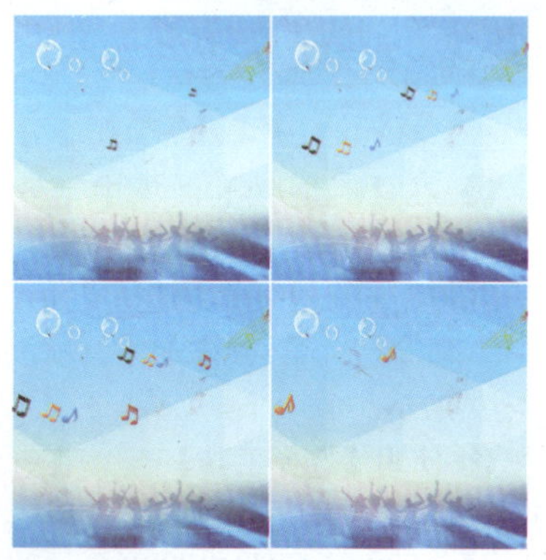

图8-172 律动的音符

❶ 按Ctrl+N组合键弹出【新建文档】对话框，在【类型】列表框中选择【ActionScript 3.0】，将【宽】设置为500像素，将【高】设置为500像素，将【帧频】设置为6fps，单击【确定】按钮，如图8-173所示。

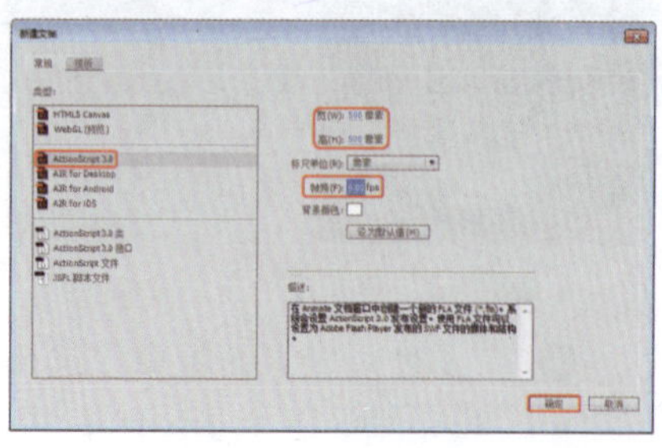

图8-173 新建文档

❷ 新建空白文档，按Ctrl+R组合键弹出【导入】对话框，在该对话框中打开随书配套资源中的素材|Cha08|律动的音乐背景.jpg文件，如图8-174所示。

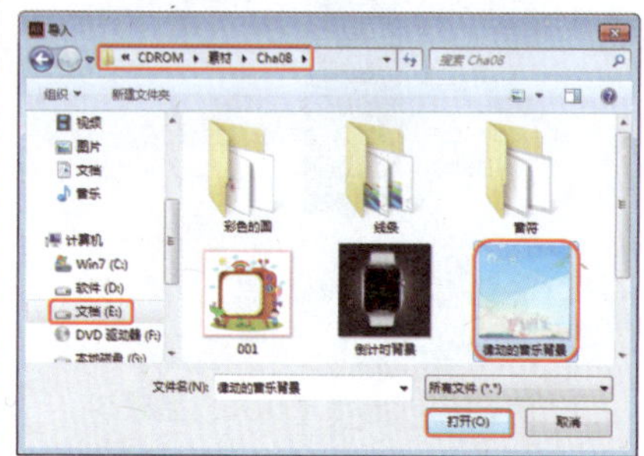

图8-174 导入并设置素材文件

❸ 导入完成后，使其调整到舞台中央，效果如图8-175所示。

图8-175 调整位置

❹ 按Ctrl+F8组合键弹出【创建新元件】对话框，输入【名称】为“线条”，将【类型】设置为【影片剪辑】，单击【确定】按钮，如图8-176所示。

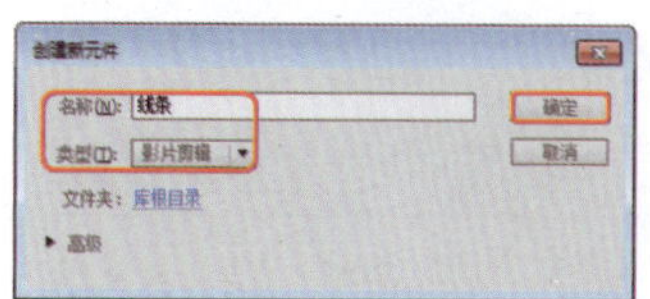

图8-176 创建新元件

❺ 按Ctrl+R组合键弹出【导入】对话框，在该对话框中选择随书配套资源中的素材|Cha08|线条|0010053.png文件，单击【打开】按钮，如图8-177所示。

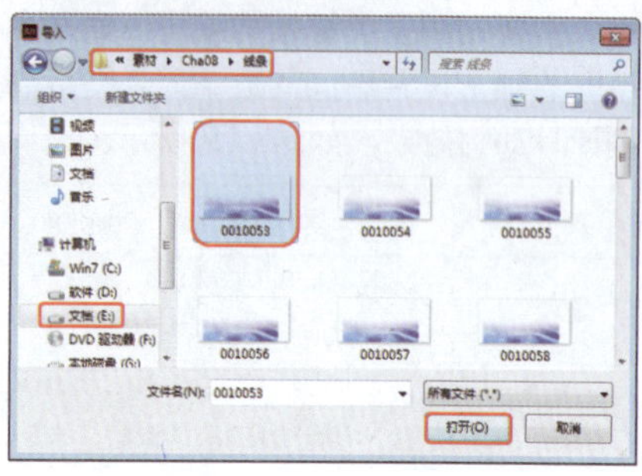

图8-177 选择素材文件

❻ 在弹出的信息提示对话框中单击【是】按钮，如图8-178所示。

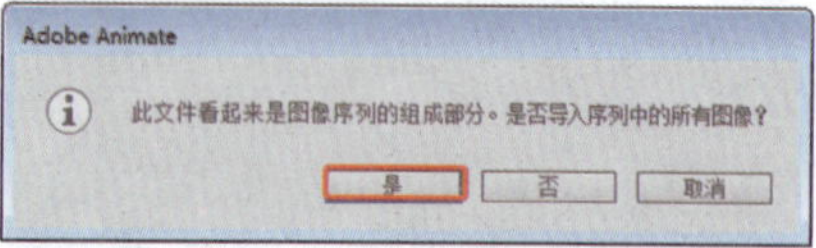

图8-178 单击【是】按钮

❼ 将其导入到舞台中，如图8-179所示。

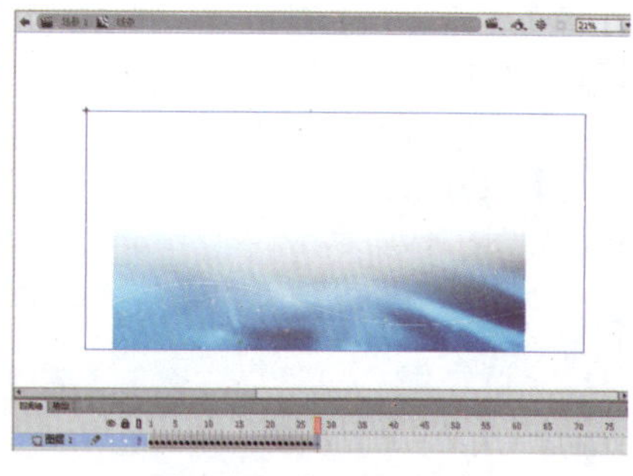

图8-179 导入到舞台中

❽ 返回到“场景1”中，在【时间轴】面板中锁定“图层1”，单击【新建图层】按钮，新建“图层2”，如图8-180所示。

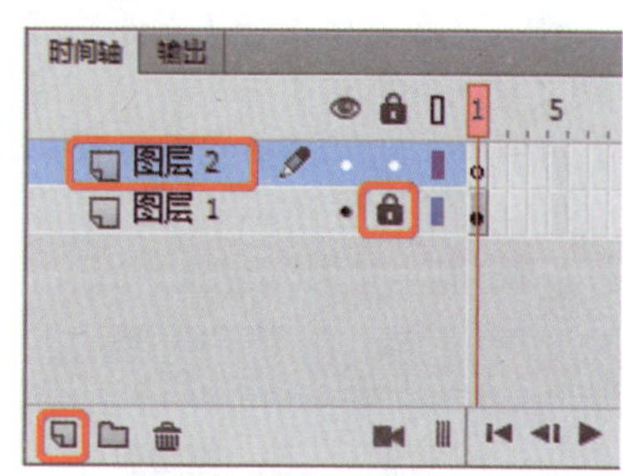

图8-180 新建图层

❾ 在【库】面板中将“线条”影片剪辑元件拖拽至舞台中，在【变形】面板中将【缩放宽度】和【缩放高度】设置为19.5%，在舞台中调整元件的位置，如图8-181所示。

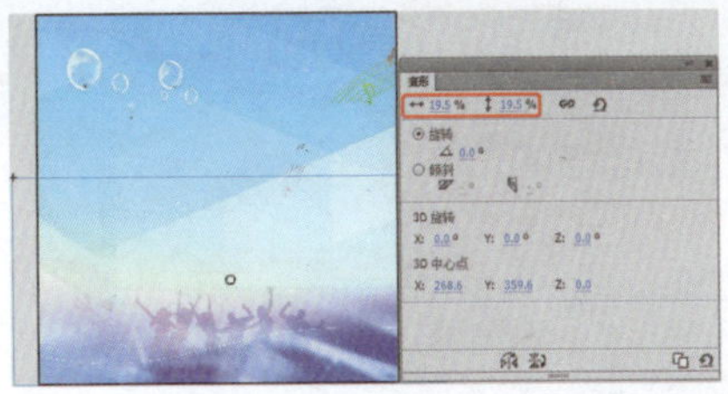
图8-181 调整元件

⑩ 按Ctrl+F8组合键弹出【创建新元件】对话框，输入【名称】为“音符”，将【类型】设置为【影片剪辑】，单击【确定】按钮，如图8-182所示。

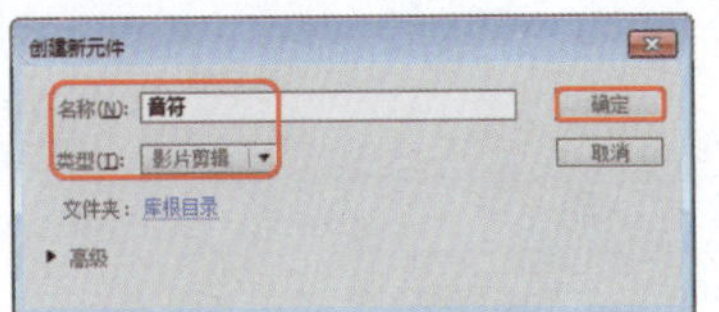
图8-182 创建新元件

⑪ 按Ctrl+R组合键弹出【导入】对话框，在该对话框中选择随书配套资源中的素材|Cha08|音符|0010001.png文件，单击【打开】按钮，如图8-183所示。

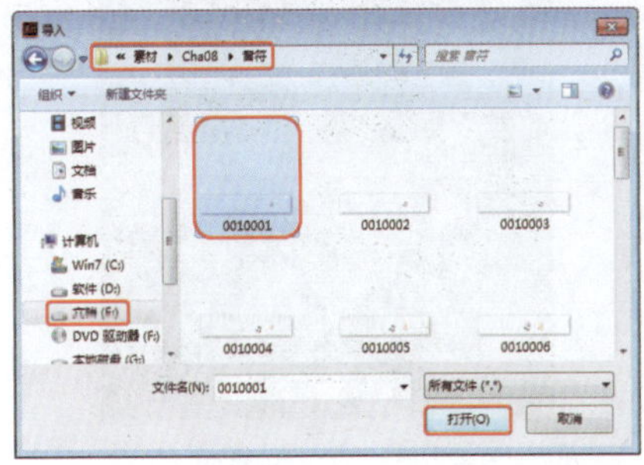
图8-183 导入文件

⑫ 在弹出的信息提示对话框中单击【是】按钮，即可导入序列图片，效果如图8-184所示。

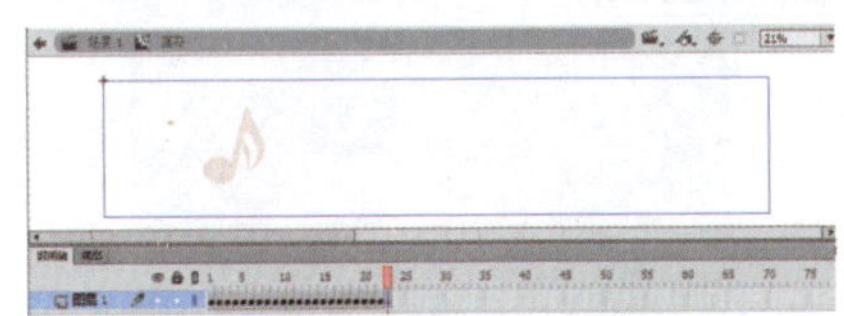
图8-184 导入的序列图片

⑬ 返回到“场景1”中，在【时间轴】面板中锁定“图层2”，并新建“图层3”，在【库】面板中将“音符”影片剪辑元件拖拽至舞台中，在【变形】面板中将【缩放宽度】和【缩放高度】设置为10%，在舞台中调整元件的位置，如图8-185所示。

⑭ 在【时间轴】面板中锁定“图层3”，并新建“图层4”，在【库】面板中将“音符”影片剪辑元件拖拽至舞台中，在【变形】面板中将【缩放宽度】和【缩放高度】设置为14%，并在舞台中调整元件的位置，如图8-186所示。至此，完成该动画的制作，导出影片并将场景文件保存。

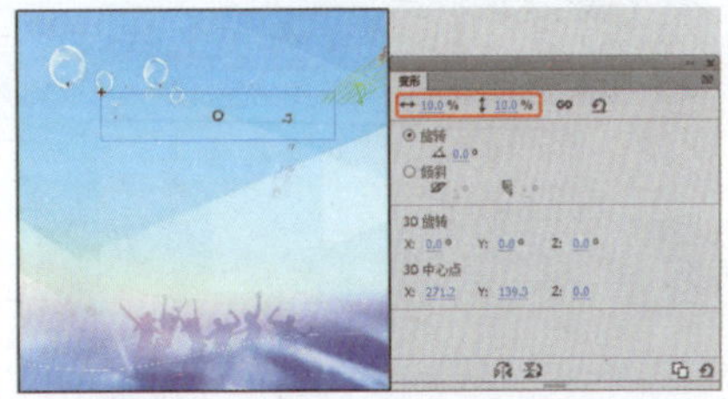
图8-185 新建图层并调整元件

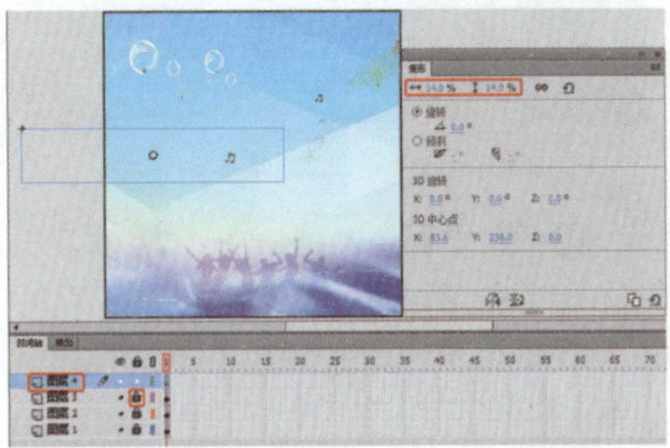
图8-186 新建图层并调整元件

实例146 电视多屏幕动画

本实例将介绍如利用遮罩层制作电视多屏幕动画，其中主要应用了遮罩层对视频进行遮罩使其多屏幕呈现，具体操作步骤如下，完成后的部分效果如图8-187所示。

素材：	素材|Cha08|电视背景墙.jpg、视频.flv
场景：	场景|Cha08|实例146 电视多屏幕动画.fla
视频：	视频教学|Cha08|实例146 电视多屏幕动画.MP4

图8-187 电视多屏幕动画

① 启动软件后按Ctrl+N组合键弹出【新建文档】对话框，将【类型】设为【ActionScript 3.0】，将【宽】和【高】设为500像素、550像素，单击【确定】按钮，如图8-188所示。

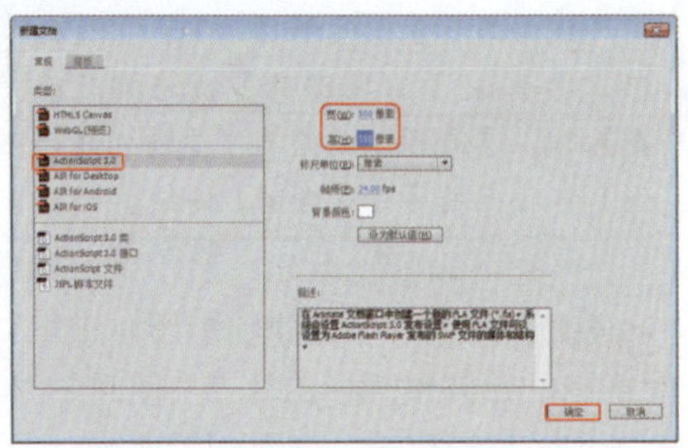
图8-188 新建文档

② 按Ctrl+F8组合键，弹出【创建新元件】对话框，将【名称】设为“电视遮罩”，将【类型】设为【图形】，单击【确定】如图8-189所示。

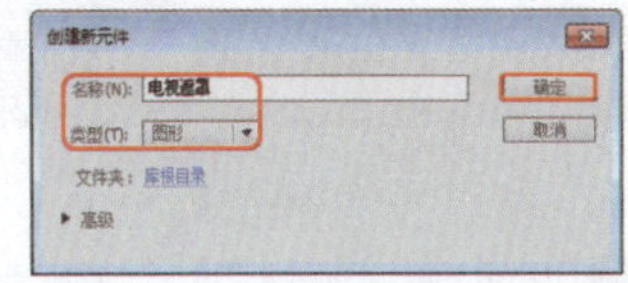
图8-189 创建元件

③ 进入【电视遮罩】元件中，在工具箱中选择【矩形工具】，在舞台中绘制矩形，并关闭【对象绘制】按钮，如图8-190所示。

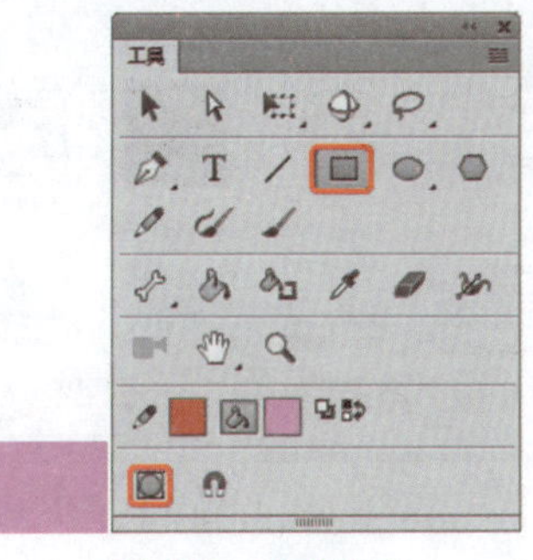
图8-190 绘制矩形

④ 打开【属性】面板，将【宽】和【高】分别设为70像素、47像素，将【笔触颜色】设为无，将【填充颜色】设置为任一颜色，如图8-191所示。

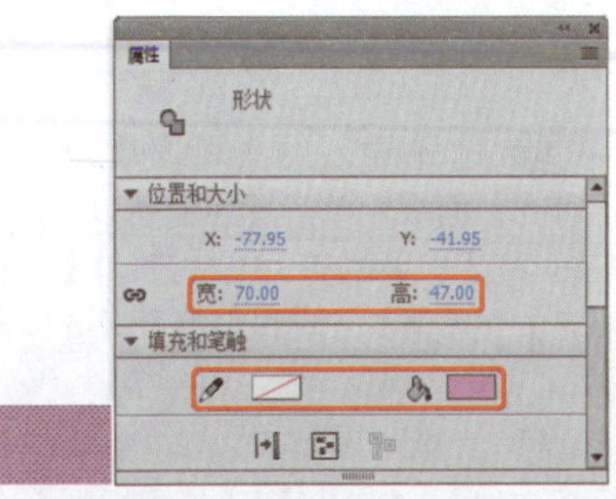

图8-191 设置属性

提 示

选择【对象绘制】模式后，可以直接在舞台上创建形状，而不会干扰其他重叠形状。而【普通模式】在绘制重叠形状时，则会覆盖。在【工具箱】中选择【线条工具】、【椭圆工具】、【矩形工具】、【铅笔工具】、【钢笔工具】时，【绘图工具箱】下边的的【选项】中会出现【对象绘制】按钮。

❺ 选择上一步创建的矩形，进行8次复制，并调整矩形的位置，使其中间留一定距离的空隙，如图8-192所示。

图8-192 复制矩形

❻ 返回到“场景1”中，按Ctrl+R组合键，弹出【导入】对话框，选择随书配套资源中的|素材|Cha08|电视背景墙.jpg文件，单击【打开】按钮，如图8-193所示。

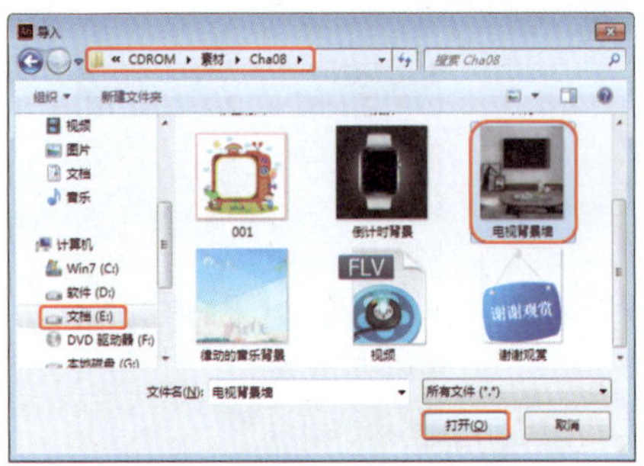

图8-193 打开素材文件

提 示

大多数情况下，生成的复合形状采用最上层对象的属性，如填色、描边、透明度、图层等，但在减去形状时，将删除前面的对象，生成的形状将采用最下层对象的属性。

❼ 选择导入的素材图片，打开【对齐】面板，单击【匹配宽和高】按钮、【水平中齐】按钮和【垂直中齐】按钮，使其与舞台对齐，如图8-194所示。

❽ 新建“图层2”，在菜单栏执行【文件】|【导入】|【导入视频】命令，如图8-195所示。

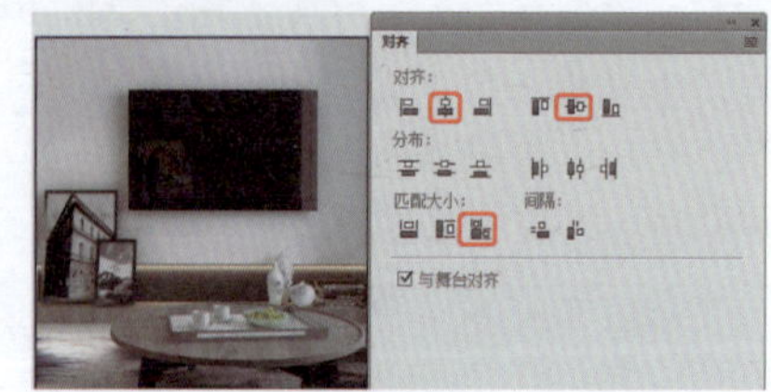

图8-194 对齐舞台

图8-195 【导入视频】对话框

❾ 弹出【导入视频】对话框，分别选择【在您计算机上】和【在SWF中嵌入FLV并在时间轴播放】单选按钮，如图8-196所示。

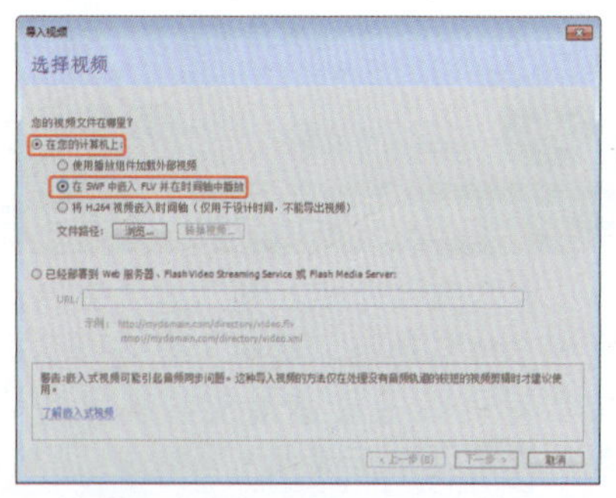

图8-196 【导入视频】对话框

❿ 单击【文件路径】右侧的【浏览】按钮，弹出【打开】对话框，选择随书配套资源中的|素材|Cha08|视频.flv文件，单击【打开】按钮，如图8-197所示。

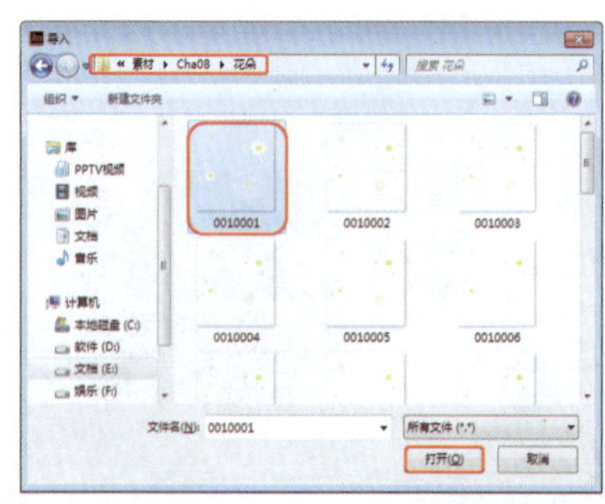

图8-197 选择视频文件

⓫ 返回到【导入视频】对话框中，单击【下一步】按钮，弹出【嵌入】对话框，将【符号类型】设为【影片剪辑】，单击【下一步】按钮，如图8-198所示。

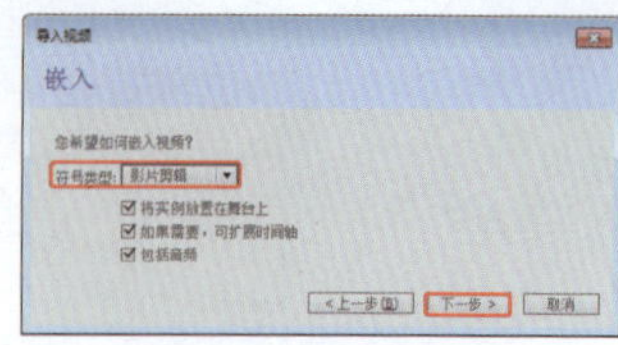

图8-198 设置嵌入视频

⓬ 弹出【完成视频导入】对话框，单击【完成】按钮，如图8-199所示。

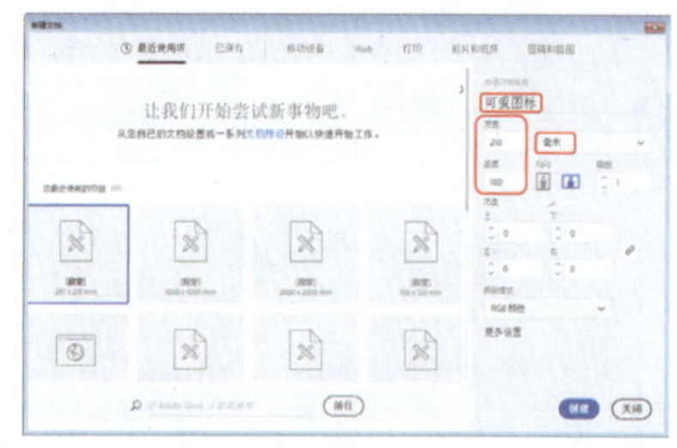

图8-199 完成导入视频

⓭ 在舞台中利用【任意变形工具】调整视频的大小，效果如图8-200所示。

图8-200 调整视频的大小

⓮ 新建“图层3”，打开【库】面板，将“电视遮罩”元件拖至舞台中，并调整大小，使其覆盖电视屏幕部分，如图8-201所示。

图8-201 调整遮罩的位置

⓯ 在【时间轴】面板中选择“图层3”，单击鼠标右键在弹出的快捷菜单中选择【遮罩层】命令，创建遮罩层，如图8-202所示。

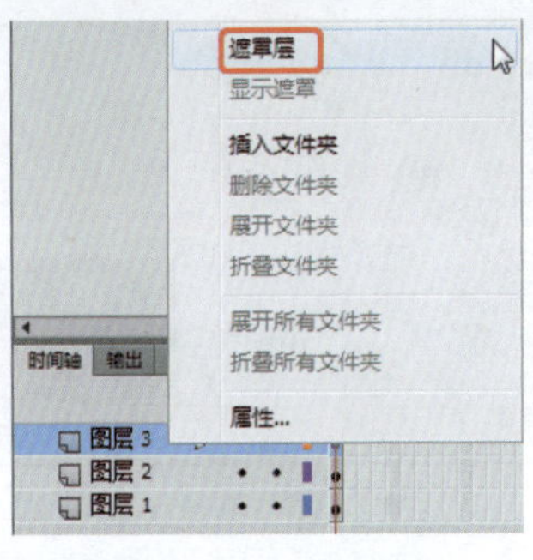

图8-202 设置遮罩层

⑯ 至此，电视多屏幕动画就制作完成，将场景文件导出并保存。

实例147 制作树木生长动画

本实例将介绍树木生长动画的制作。主要是使用【刷子工具】对图层逐帧进行涂抹，将图层转换为遮罩层，将影片剪辑添加到场景舞台中，完成后的效果如图8-203所示。

素材：	素材|Cha08|制作树木生长动画.fla
场景：	场景|Cha08|实例147 制作树木生长动画.fla
视频：	视频教学 | Cha08 |实例147 制作树木生长动画.MP4

图8-203 树木生长动画

❶ 启动软件后，按Ctrl+O组合键打开随书配套资源中的素材|Cha08|制作树木生长动画.fla文件，单击【打开】按钮，如图8-204所示。

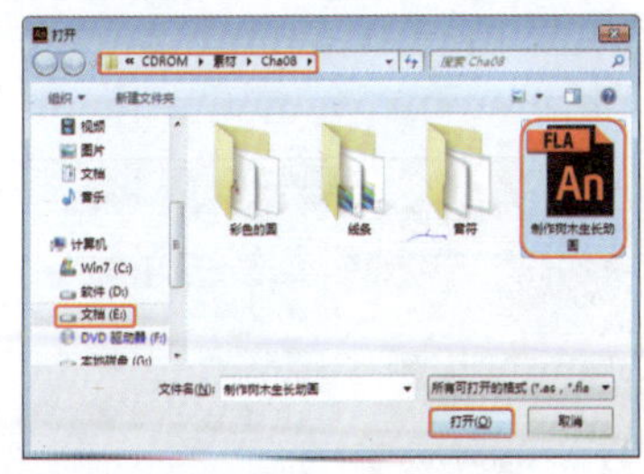

图8-204 打开素材文件

❷ 导入到舞台中查看效果，如图8-205所示。

❸ 按Ctrl+F8组合键，在弹出的【创建新元件】对话框中，将【名称】设置为“树木生长”，将【类型】设置为【影片剪辑】，单击【确定】按钮，如图8-206所示。

图8-205 打开后的素材

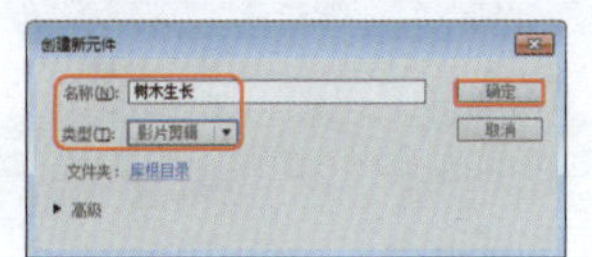

图8-206 【创建新元件】对话框

❹ 在“树木生长”影片剪辑编辑模式中，将【库】面板中的1.png素材文件添加到舞台中，在【变形】面板中，将【缩放宽度】设置为53%，【缩放高度】设置为58%，将其调整至舞台中央，如图8-207所示。

图8-207 打开素材文件并设置

❺ 在第30帧位置，按F5键插入帧，将“图层1”锁定，新建“图层2”，如图8-208所示。

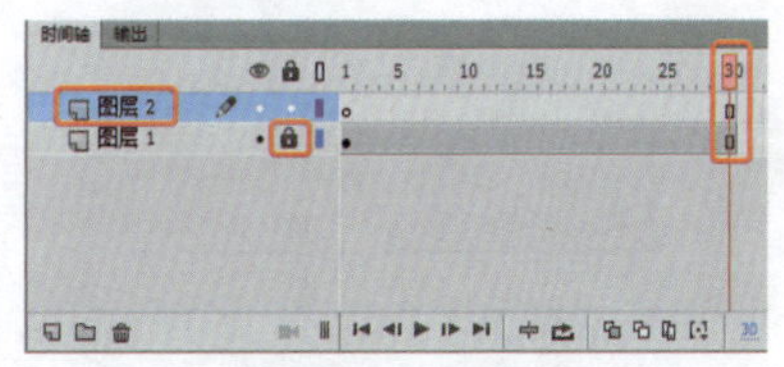

图8-208 新建图层

❻ 选择“图层2”的第1帧，在【工具栏】中使用【画笔工具】，将【填充颜色】设置为任意颜色，并设置适当的【画笔大小】和【画笔形状】，对图片进行涂抹，如图8-209所示。

图8-209 涂抹图形

❼ 选择第2帧，按F6键插入关键帧，对图片继续进行涂抹，如图8-210所示。

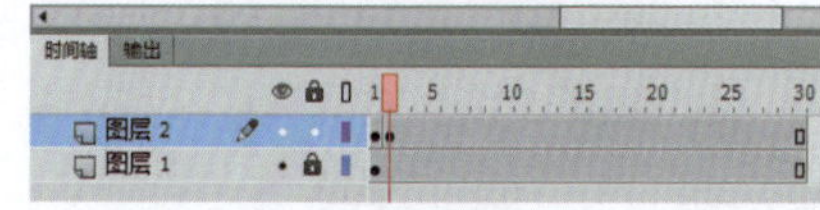

图8-210 涂抹图形

❽ 使用相同的方法，插入关键帧并对图片进行适当涂抹，第30帧的效果如图8-211所示。

图8-211 涂抹图形

> **提 示**
>
> 【画笔工具】的【填充颜色】可以设置为任意颜色，其颜色不影响遮罩效果。

❾ 在【时间轴】面板中，在“图层2”上单击鼠标右键，在弹出的快捷菜单中选择【遮罩层】命令，如图8-212所示。

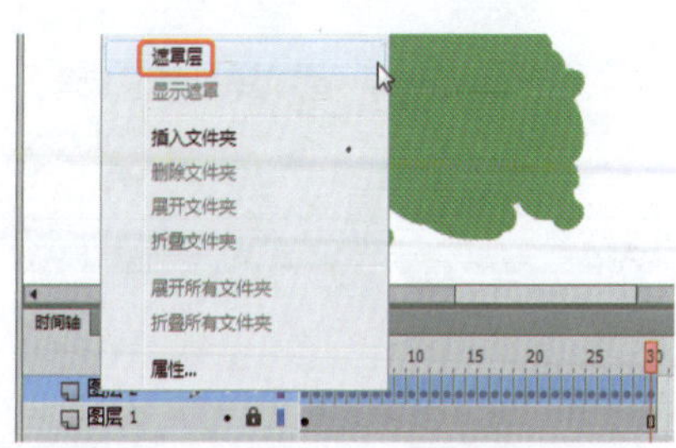

图8-212 选择【遮罩层】命令

❿ 将“图层2”转换为遮罩层，完成后的效果如图8-213所示。

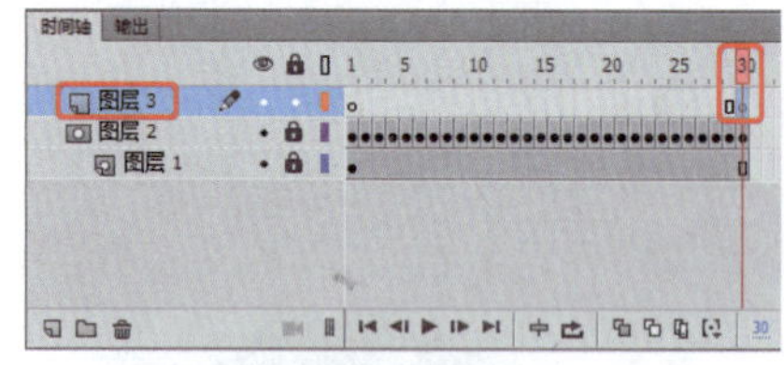

图8-213　完成后的效果

⑪ 新建"图层3"并在第30帧位置插入关键帧，如图8-214所示。

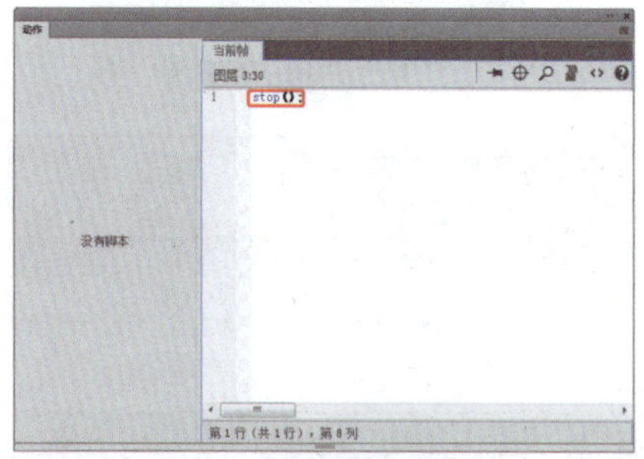

图8-214　新建图层并插入关键帧

⑫ 按F9键打开【动作】面板，输入脚本代码，如图8-215所示。

图8-215　输入脚本代码

⑬ 将【动作】面板关闭，返回到"场景1"中。新建"图层2"，将【库】面板中的"树木生长"影片剪辑元件添加到舞台中，如图8-216所示。

图8-216　添加"树木生长"影片剪辑元件

⑭ 在【变形】面板中，将【缩放宽度】和【缩放高度】设置为150%，调整其位置，如图8-217所示。

图8-217　设置参数

⑮ 按Ctrl+Enter组合键导出影片，效果如图8-218所示，保存场景。

图8-218　影片的效果

实例148　卷轴动画

本实例将介绍如何制作卷轴动画，其制作要点是遮罩层、形状补间、传统补间动画的应用，完成后的效果如图8-219所示。

素材：	素材|Cha08| S01.png、S02.png 、S03.png、S04.png
场景：	场景|Cha08|实例精讲148 卷轴动画.fla
视频：	视频教学 | Cha08 |实例精讲148 卷轴动画.MP4

图8-219　卷轴动画

❶ 启动软件后，按Ctrl+N组合键，弹出【新建文档】对话框，将【类型】设为【ActionScript 3.0】，将【宽】设为750像素，将【高】设为400像素，将【帧频】设为8fps，将【背景颜色】设为【#F8BA38】，单击【确定】按钮，如图8-220所示。

❷ 在菜单栏执行【文件】|【导入】|【导入到库】命令，如图8-221所示。

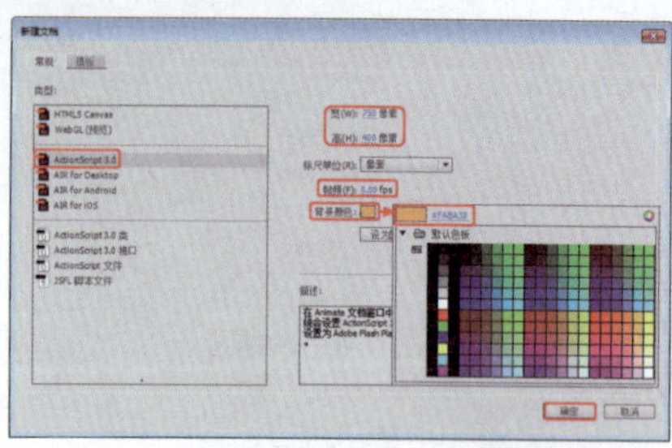

图8-220　新建文档

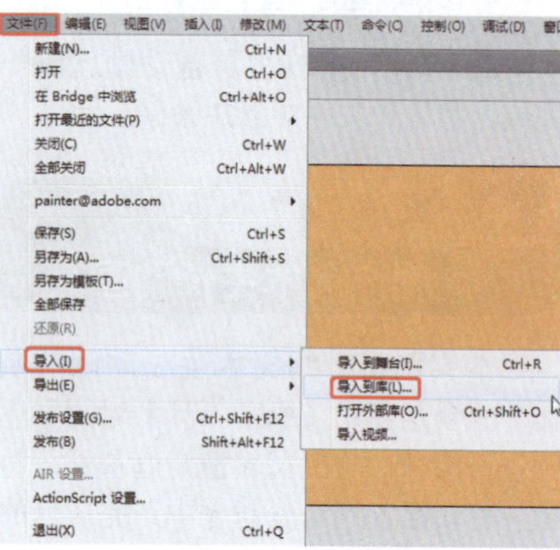

图8-221　选择【导入到库】命令

❸ 弹出【导入到库】对话框，打开随书配套资源中的素材|Cha08| S01.png、S02.png 、S03.png、S04.png文件，单击【打开】按钮，如图8-222所示。

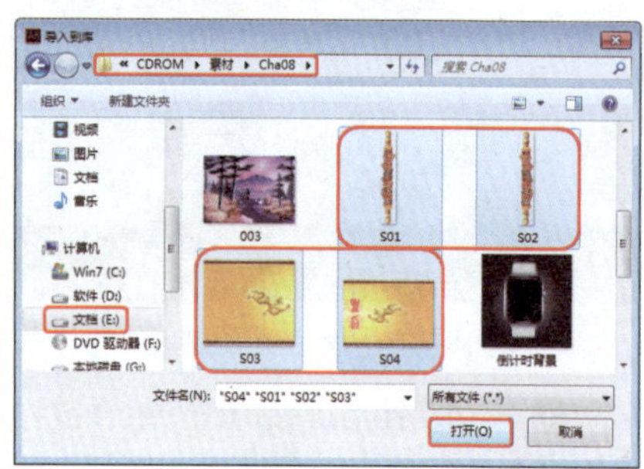

图8-222　打开素材文件

❹ 打开【库】面板将S03.png文件拖至文档中，选择【对齐】选项，如图8-223所示。

图8-223　拖动文件并设置位置

❺ 按F8键，弹出【转换为元件】对话框，将【名称】设为"左侧画卷"，将【类型】设为【图形】，单击【确定】按钮，如图8-224所示。

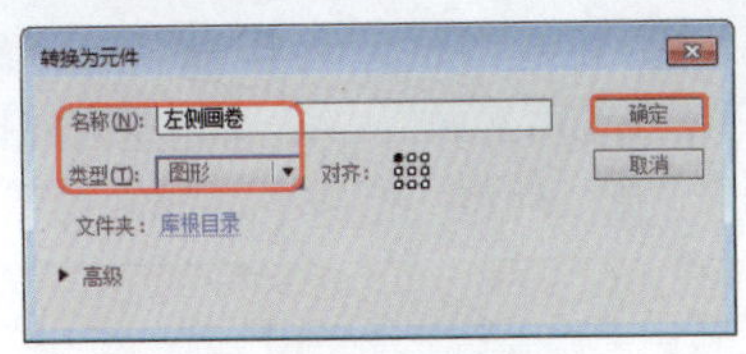

图8-224 转换为元件

⑥ 选择上一步创建的元件，打开【属性】面板，将【位置和大小】下的X和Y值分别设为203、200，如图8-225所示。

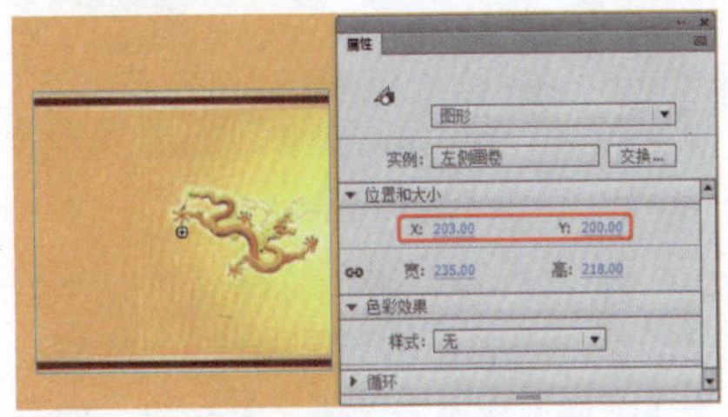

图8-225 设置属性

⑦ 选择“图层1”的第40帧，按F5键插入帧，如图8-226所示。

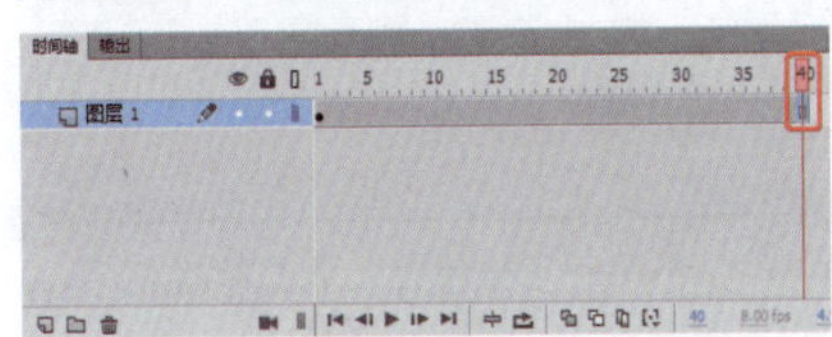

图8-226 插入帧

⑧ 新建图层并将其命名为“遮罩1”，如图8-227所示。

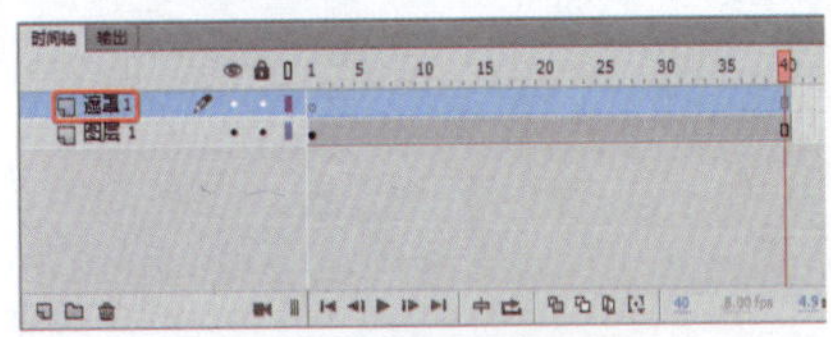

图8-227 新建图层

⑨ 选择“遮罩1”图层的第1帧，使用【矩形工具】绘制矩形，在【属性】面板中取消【宽】和【高】的锁定，将【宽】设为1像素，将【笔触颜色】设为无，将其放置到元件的右侧边缘位置，如图8-228所示。

图8-228 绘制矩形

⑩ 在工具箱中选择【任意变形工具】选择上一步创建的矩形，调整【中心点】的位置到矩形右侧边上，如图8-229所示。

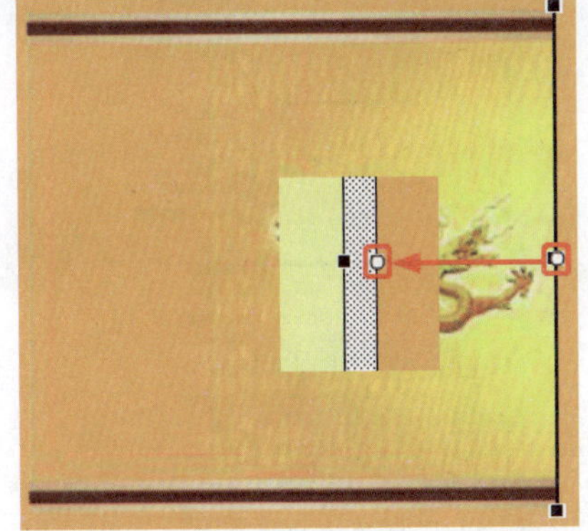

图8-229 调整矩形

⑪ 在“遮罩1”图层的第40帧位置插入按F6键插入关键帧，利用【任意变形工具】拖动矩形的左侧边，向左拖动直到遮住【左侧画卷】元件，如图8-230所示。

图8-230 拖动矩形

⑫ 在第5帧位置，单击鼠标右键，在弹出的快捷菜单中选择【创建补间形状】命令，如图8-231所示。

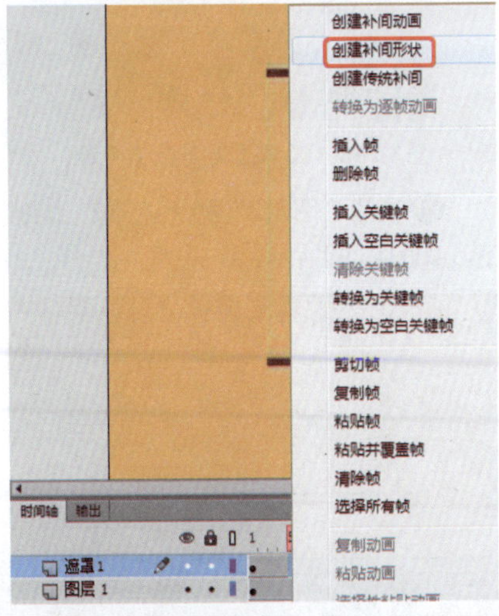

图8-231 选择【创建补间形状】命令

⑬ 完成后的效果，如图8-232所示。

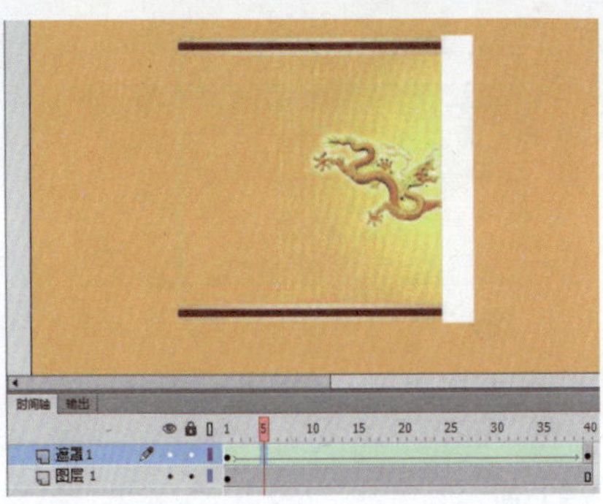

图8-232 完成后的效果

⑭ 选择“遮罩1”图层，单击鼠标右键，在弹出的快捷菜单中选择中选择【遮罩层】命令，如图8-233所示。

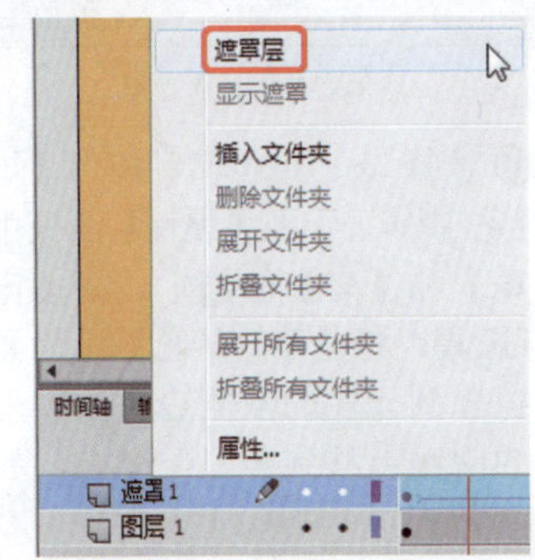

图8-233 选择【遮罩层】命令

⑮ 取消“图层1”和“遮罩1”图层的锁定，如图8-234所示。

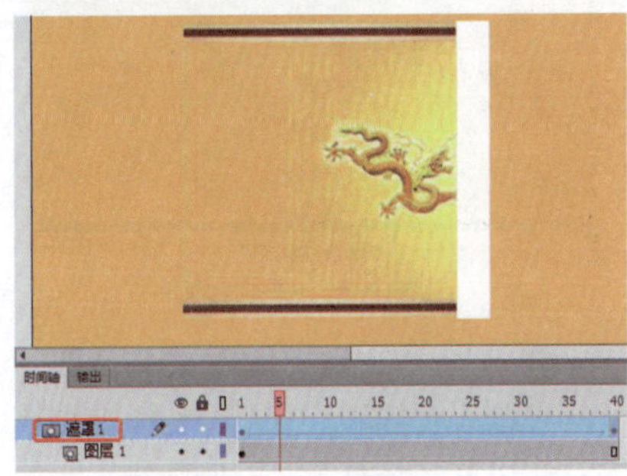

图8-234 取消图层的锁定

⑯ 新建图层将其命名为“图层2”，选择第1帧，在【库】面板中将S04.png文件拖至文档中，在【属性】面板中将【X】值设置为351，将【Y】值设置为92。如图8-235所示。

图8-235 拖动文件

⑰ 按F8键打开【转换为元件】对话框，将【名称】命名为“右侧画卷”，将【类型】设置为【图形】，单

击【确定】按钮。如图8-236所示。

图8-236 【转换为元件】对话框

⑱ 在“图层2”上方创建一个新图层，并将其命名为“遮罩2”，如图8-237所示。

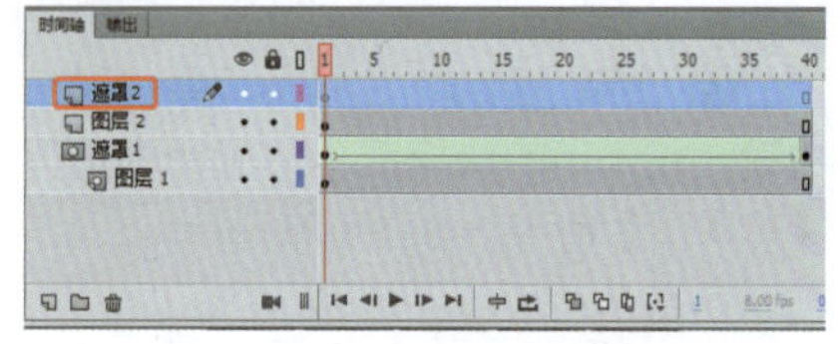

图8-237 新建图层

⑲ 选择该图层的第1帧使用【矩形工具】绘制矩形，在【属性】面板中取消【宽】和【高】的锁定，将【宽】设为1像素，将【笔触颜色】设为无，将其放置到元件的左侧边缘位置，将矩形的中线点移到其左侧边上，如图8-238所示。

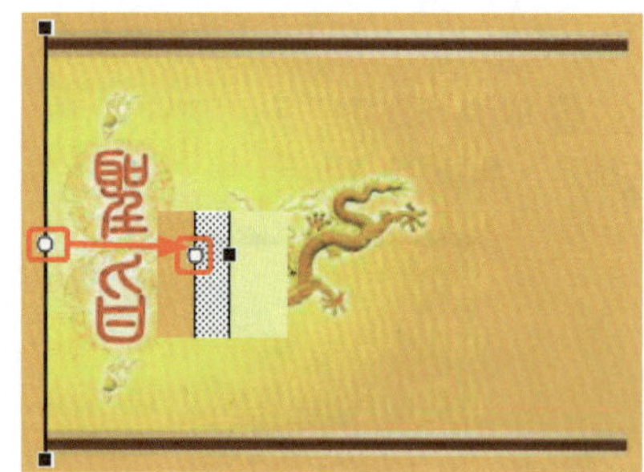

图8-238 调整矩形

⑳ 选择“遮罩2”的第40帧位置，按F6键插入关键帧，利用鼠标拖动矩形的右侧边直到将整个“右侧画卷”元件全部遮住，如图8-239所示。

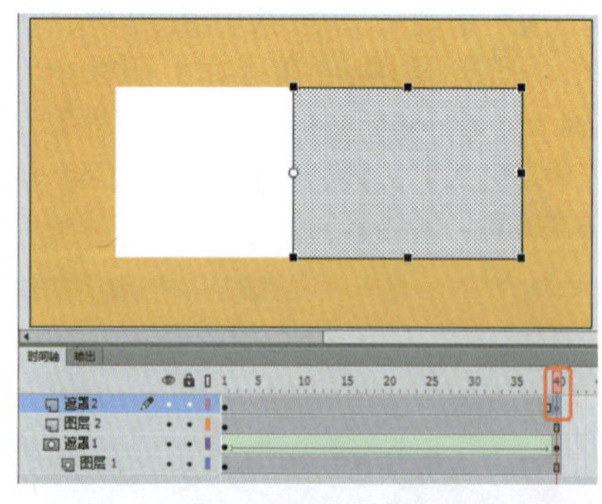

图8-239 拖动矩形

㉑ 选择“遮罩2”的第5帧，单击鼠标右键，在弹出的快捷菜单中选择【创建补间形状】命令，如图8-240所示。

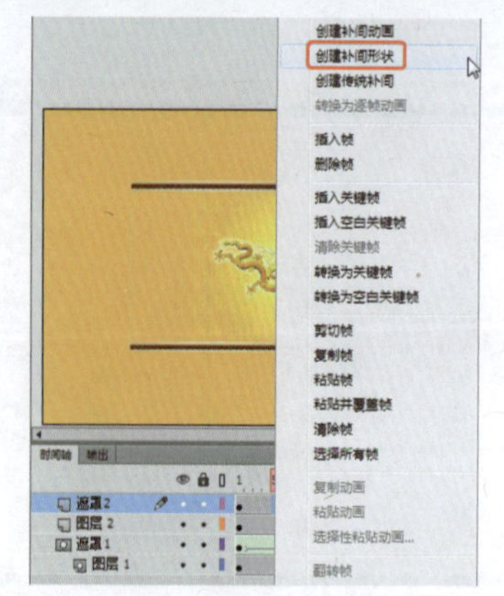

图8-240 选择【创建补间形状】命令

㉒ 完成后的效果如图8-241所示。

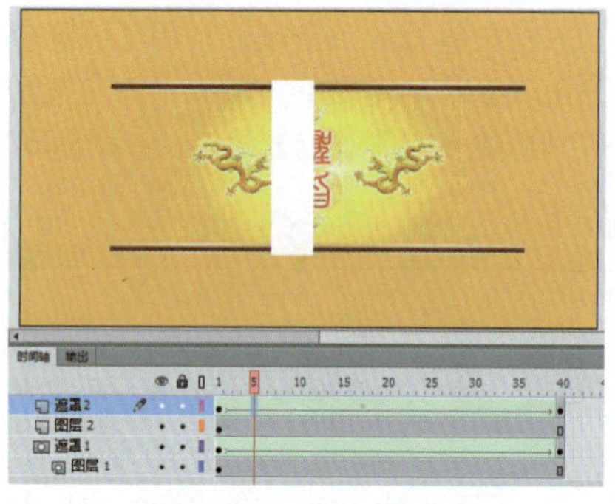

图8-241 完成后的效果

㉓ 在“遮罩2”上单击鼠标右键，在弹出的快捷菜单中选择【遮罩层】命令，如图8-242所示。

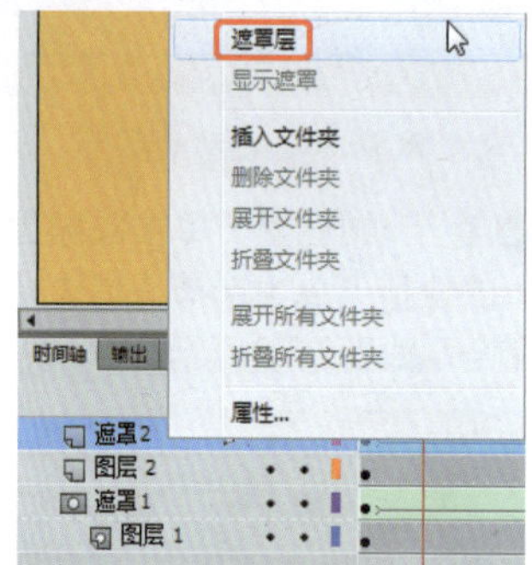

图8-242 选择【遮罩层】命令

㉔ 取消“图层2”和“遮罩2”的锁定，如图8-243所示。

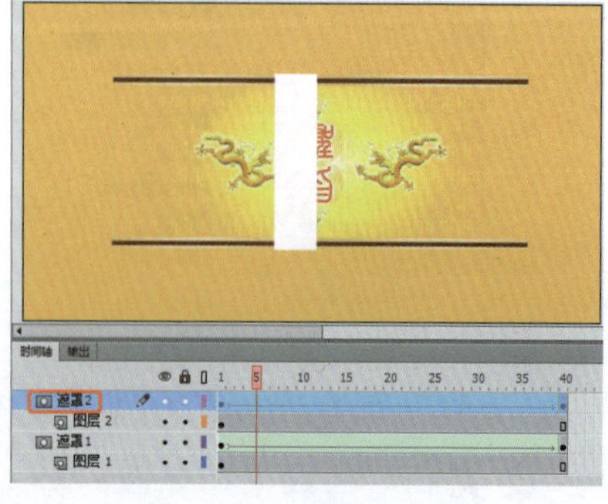

图8-243 取消图层的锁定

㉕ 新建图层并将其命名为“轴1”，在【库】面板中将S01.png文件拖至文档中，如图8-244所示。

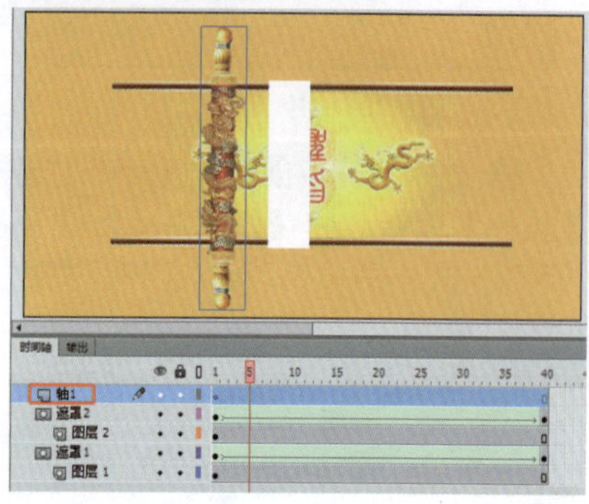

图8-244 拖动文件

㉖ 按F8键，弹出【转换为元件】对话框，将其命名为“轴1”，类型设为【图形】，单击【确定】按钮。如图8-245所示。

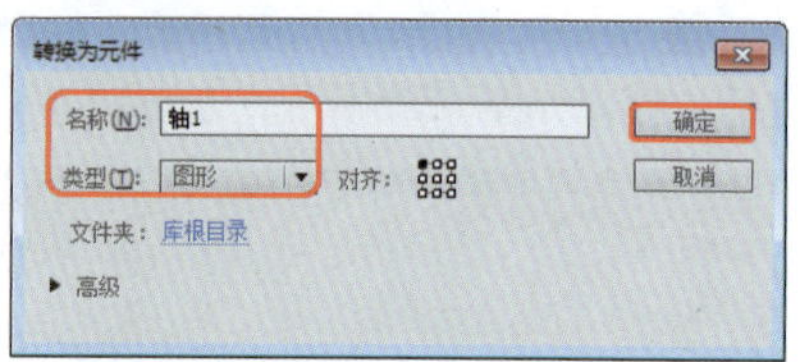

图8-245 【转换为元件】对话框

㉗ 选择上一步创建的“轴”元件，打开【属性】面板，设置位置将【X】和【Y】分别设为324、15，如图8-246所示。

图8-246 调整位置

㉘ 在“轴1”图层的第40帧位置插入关键帧，调整轴的位置，在【属性】面板中将【X】和【Y】分别设为100、15，如图8-247所示。

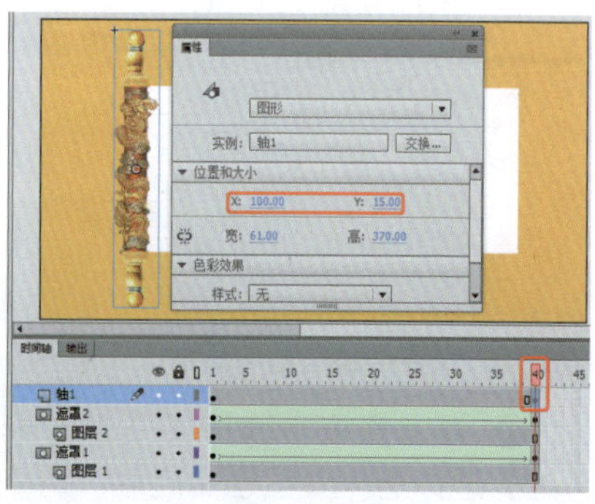

图8-247 设置关键帧

㉙ 在“轴1”图层的第1帧到第40帧位置创建传统补间，如图8-248所示。

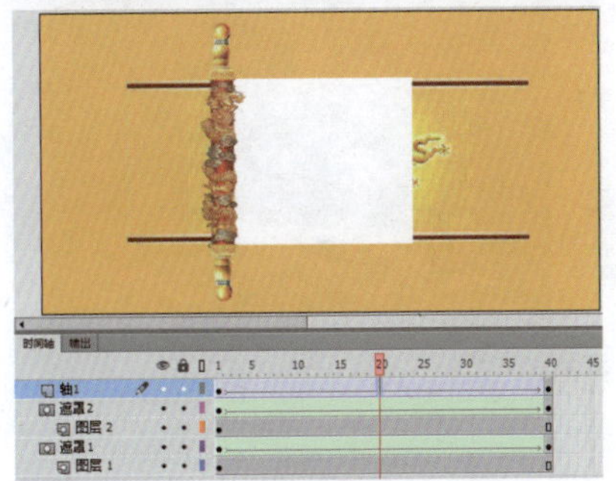

图8-248 创建传统补间动画

㉚ 新建“轴2”图层，选择第1帧，在【库】面板中将S02.png文件拖至文档中，如图8-249所示。

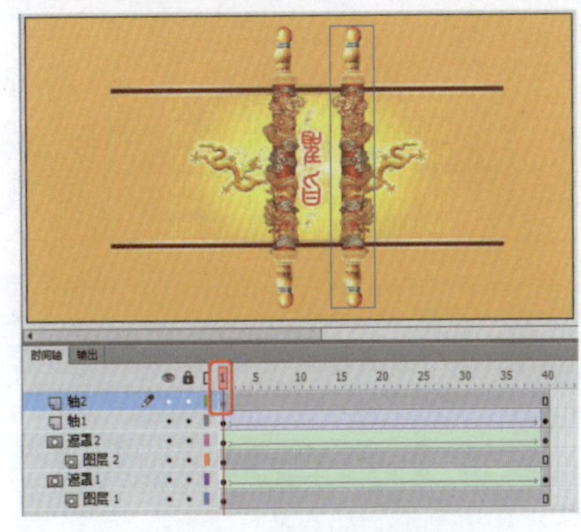

图8-249 新建图层并拖动文件

㉛ 按F8键，弹出【转换为元件】对话框，将其命名为“轴2”，类型设为【图形】，单击【确定】按钮。如图8-250所示。

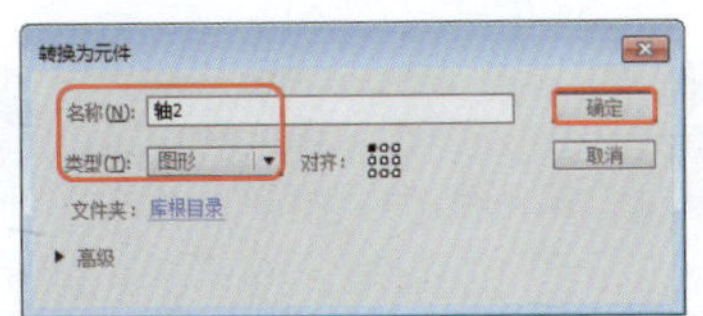

图8-250 【转换为元件】对话框

㉜ 选择上一步创建的“轴2”元件，打开【属性】面板，设置位置将【X】和【Y】分别设为324、15，如图8-251所示。

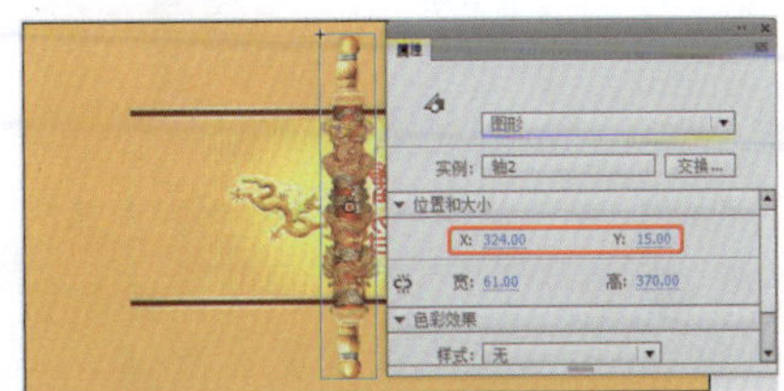

图8-251 打开【属性】面板

㉝ 选择“轴2”图层的第40帧，按F6键插入关键帧，调整轴的位置，打开【属性】面板将【X】和【Y】分别设为620、15，如图8-252所示。

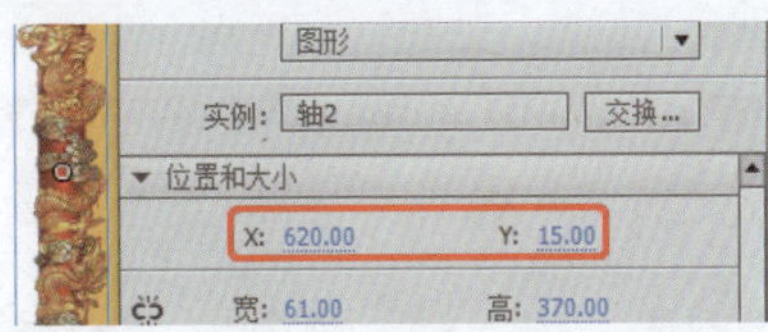

图8-252 设置关键帧并调整位置

㉞ 对“轴2”图层创建传统补间动画，新建“图层3”选择第40帧按F6键插入关键帧，如图8-253所示。

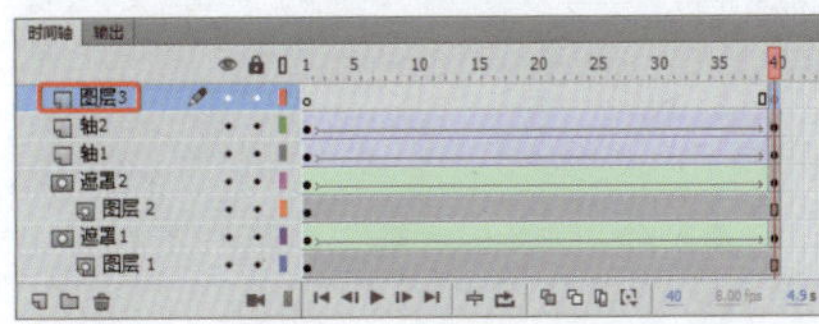

图8-253 新建图层

㉟ 单击鼠标右键，在弹出的快捷菜单中选择【动作】命令，如图8-254所示。

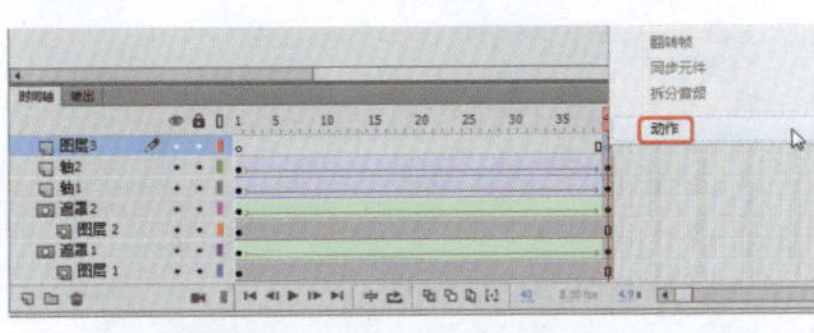

图8-254 选择【动作】命令

㊱ 弹出【动作】面板输入“stop();”，如图8-255所示。

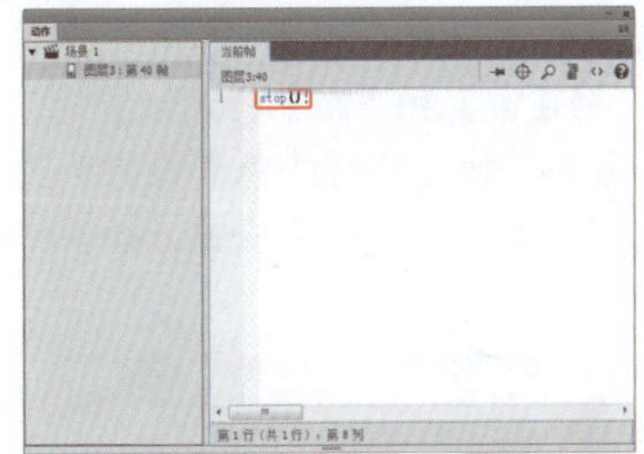

图8-255 输入代码

㊲ 关闭【动作】面板，效果如图8-256所示。

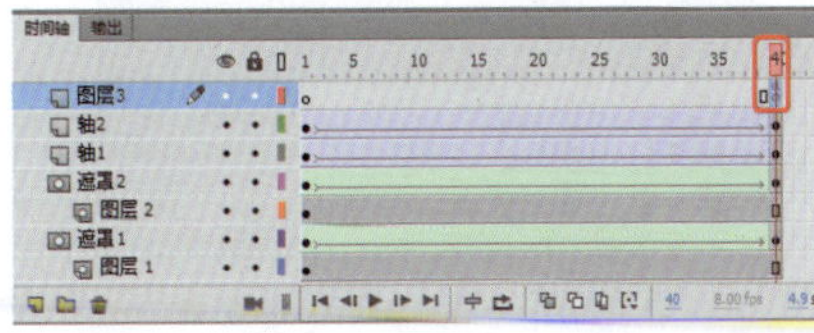

图8-256 完成后的效果

㊳ 按Ctrl+Enter组合键导出影片查看效果，如图8-257所示。对场景文件进行保存。

图8-257 导出影片

实例149 图片切换遮罩动画

下面介绍使用【创建元件】命令、【遮罩层】命令以及【创建传统补间】命令制作图片遮罩动画，通过对本实例的学习，了解使用以上功能命令，完成后的效果如图8-258所示。

素材：	素材|Cha08| 001.jpg~003.jpg
场景：	场景|Cha08|实例149 图片切换遮罩动画.fla
视频：	视频教学 | Cha08 |实例149 图片切换遮罩动画.MP4

图8-258 图片遮罩动画球

❶ 启动软件后，在欢迎界面中单击【新建】选项组中的【Action Script 3.0】按钮，如图8-259所示，即可新建场景。

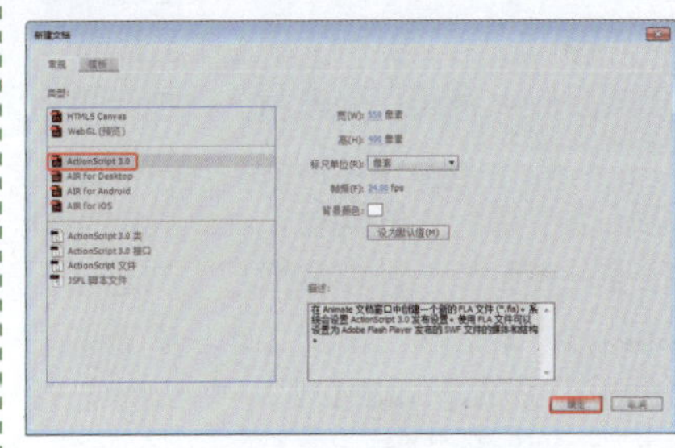

图8-259 选择新建类型

❷ 进入工作界面后，在工具箱中单击【属性】按钮，在打开的面板中将【属性】选项组中的【大小】设置为500×357像素，如图8-260所示。

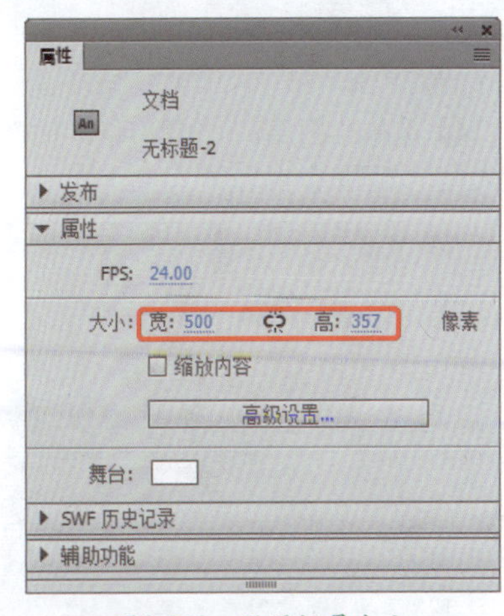

图8-260 设置场景大小

❸ 在菜单栏中选择【文件】|【导入】|【导入到库】命令，如图8-261所示。

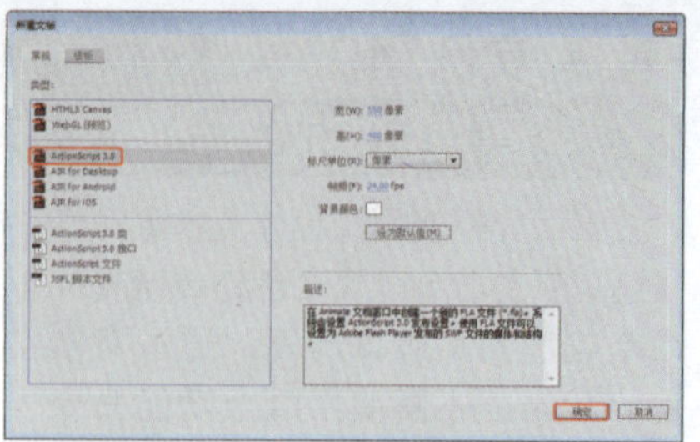
图8-261　选择【新建文档】命令

④ 在打开的对话框中，选择随书配套资源中的素材|Cha08|001.jpg~003.jpg素材文件，单击【打开】按钮，如图8-262所示。

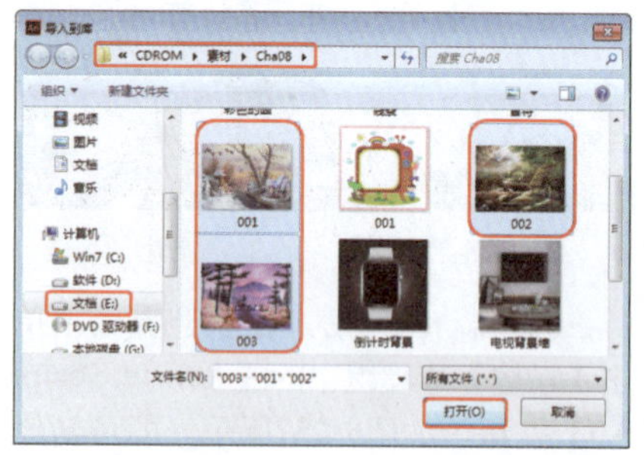
图8-262　选择素材文件

⑤ 在工具箱中打开【库】面板，在该面板中将001.jpg素材文件拖至舞台中，将选择的素材文件添加至舞台中，确认选中舞台中的素材，在工具箱中打开【对齐】面板，在该面板中勾选【与舞台对齐】选项，单击【水平中齐】、【垂直中齐】和【匹配宽和高】按钮，如图8-263所示。

图8-263　调整导入的素材文件

⑥ 选择"图层1"的第81帧，按F5插入帧，如图8-264所示。

图8-264　新建图层并调整素材

⑦ 新建"图层2"，选择该图层的第15帧按F6键插入关键帧，将导入的002.jpg素材文件拖至"图层2"中，并调整其位置，如图8-265所示。

图8-265　插入关键帧并拖入素材

⑧ 新建"图层3"，按Ctrl+F8组合键，打开【创建新元件】对话框，在该对话框中将【名称】设置为"矩形"，将【类型】设置为【图形】，设置完成后单击【确定】按钮，如图8-266所示。

图8-266　创建新元件

⑨ 在工具箱中选择【矩形工具】，在"矩形"元件的舞台中绘制矩形，在【属性】面板中取消宽度和高度的锁定，将【宽】和【高】分别设置为42、399像素，将【笔触颜色】设置为无，【填充颜色】可以随意设置，如图8-267所示。

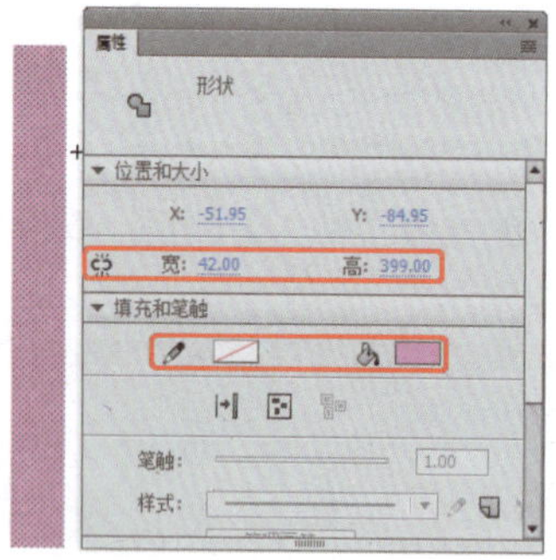
图8-267　绘制矩形并设置

⑩ 在左上角单击⬅按钮返回至场景中，选择"图层3"的第15帧按F6键插入关键帧，将刚创建的"矩形"元件拖至舞台中，调整位置，如图8-268所示。

⑪ 选择该图层的第30帧位置，按F6键插入关键帧，使用【任意变形工具】调整矩行的宽度，单击【水平中齐】按钮，效果如图8-269所示。

图8-268　插入关键帧并拖入元件

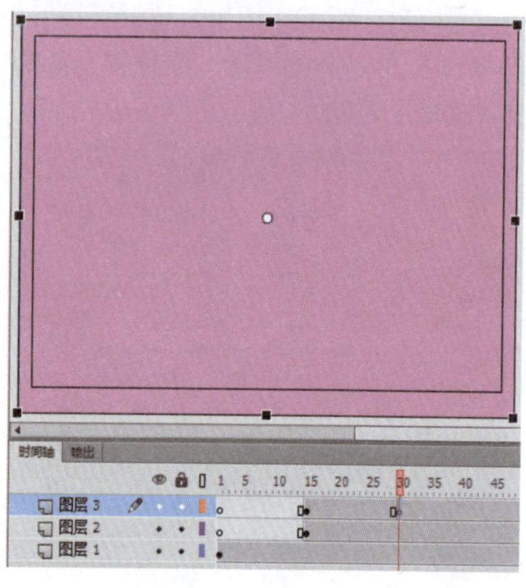
图8-269　调整元件

⑫ 在该图层的第15帧至第30帧的任意帧位置单击鼠标右键，在弹出的快捷菜单中选择【创建传统补间】命令，选择该图层的第31帧按F7键插入空白关键帧，效果如图8-270所示。

图8-270　创建传统补间并插入空白关键帧

⑬ 新建"图层4"，选择该图层的第3帧位置按F6键插入关键帧，在【库】面板中将002.jpg素材文件拖至舞台中调整大小和位置，在第30帧位置按F6键插入关键帧，在第31帧位置按F7键插入空白关键帧，效果如图8-271所示。

图8-271 设置图层

⑭ 新建“图层5”，按Ctrl+F8组合键创建新元件，在打开的窗口中输入【名称】为“多个矩形”，【类型】设置为【图形】，单击【确定】按钮，如图8-272所示。

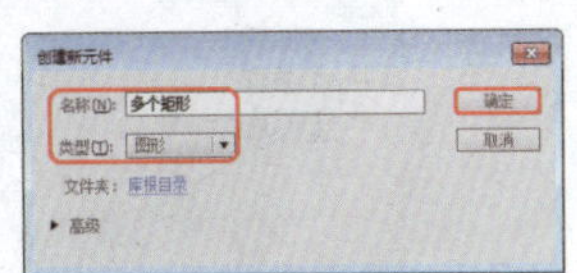

图8-272 创建新元件

⑮ 使用【矩形工具】在舞台中使用前面介绍的方法创建多个矩形，【宽】分别为9、17、5、82、5像素，【高】均为370像素，并使之对齐，效果如图8-273所示。

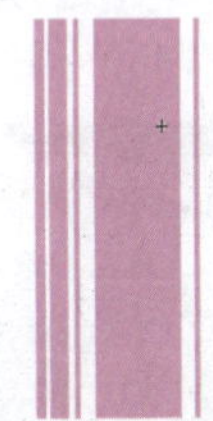

图8-273 绘制多个矩形并调整

⑯ 在左上角单击⬅按钮返回至场景中，选择“图层5”的第3帧，按F6键插入关键帧，在【库】面板中将创建的“多个矩形”元件拖至舞台中，调整位置，单击【垂直中齐】按钮，效果如图8-274所示。

图8-274 插入关键帧并拖入元件

⑰ 选择“图层5”的第15帧按F6键插入关键帧，在舞台中调整元件的位置，效果如图8-275所示。

图8-275 插入关键帧并调整元件的位置

⑱ 在该图层的第3帧与第15帧之间的任意帧位置单击鼠标右键，选择【创建传统补间】命令，效果如图8-276所示。

图8-276 创建传统补间

⑲ 在该图层的第30帧位置按F6键插入关键帧，调整舞台中元件的位置，如图8-277所示。

图8-277 调整元件的位置

⑳ 在该图层的第15帧与第30帧之间的任意帧位置单击鼠标右键选择【创建传统补间】命令，效果如图8-278所示。

㉑ 在该图层的第31帧位置按F7键插入空白关键帧，在【时间轴】面板中单击鼠标右键“图层3”，在弹出的快捷菜单中选择【遮罩层】命令，如图8-279所示，并在“图层5”上单击鼠标右键，选择【遮罩层】命令。

图8-278 创建传统补间

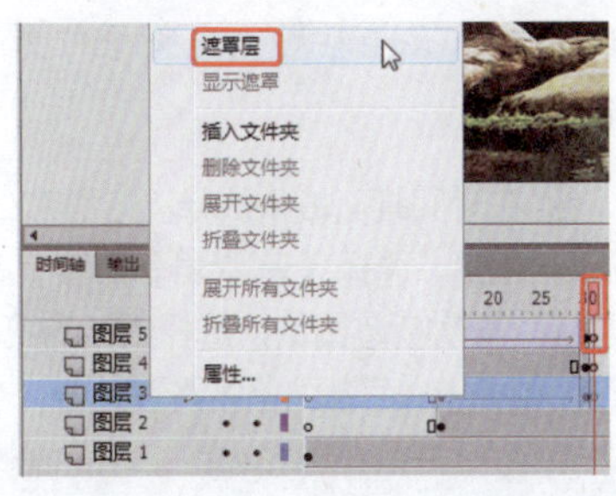

图8-279 创建遮罩层

㉒ 新建“图层6”，选择该图层的第65帧按F6键插关键帧，在【库】面板中将003.jpg素材文件拖入舞台中，使其大小与舞台相同并对齐舞台，如图8-280所示。

图8-280 插入关键帧并拖入素材

㉓ 新建“图层7”，选择“图层3”的第15帧至第30帧，单击鼠标右键在弹出的快捷菜单中选择【复制帧】，命令，如图8-281所示。

图8-281 选择【复制帧】命令

㉔ 选择“图层7”的第65帧至第80帧，单击鼠标右键，在弹出的快捷菜单中选择【粘贴帧】命令，如图8-282所示。

图8-282 选择【粘贴帧】命令

知识链接

选择帧再粘贴与直接粘贴是不同的，选择帧再进行粘贴，将覆盖选择的帧内容，直接粘贴则是将原位置的帧向后推移。

㉕ 在时间轴面板中选择“图层7”单击鼠标右键，选择【遮罩层】命令，取消勾选，再次新建图层，选择图层的第50帧按F6键插入关键帧如图8-283所示。

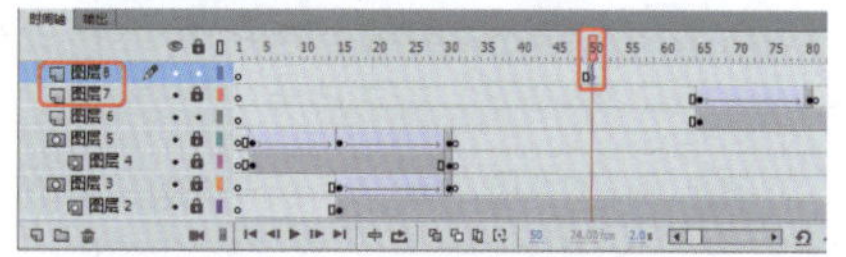

图8-283 插入关键帧

㉖ 在【库】面板中将003.jpg素材文件拖至舞台中，使其大小与舞台相同并位置对齐，如图8-284所示。

图8-284 拖入素材文件

㉗ 在该图层的第80帧位置按F6键插入关键帧，在第81帧的位置按F7键插入空白关键帧，如图8-285所示

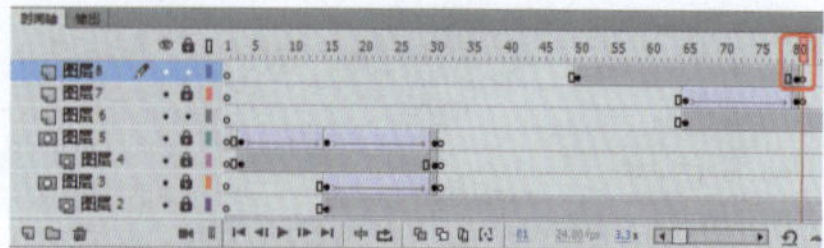

图8-285 插入关键帧和空白关键帧

㉘ 新建“图层9”，选择该图层的第50帧按F6键插入关键帧，在【库】面板中将“多个矩形”元件拖至舞台中，调整位置如图8-286所示。

图8-286 拖入元件并调整

㉙ 选择该图层的第65帧，按F6键插入关键帧，在舞台中调整元件的位置，如图8-287所示。

图8-287 插入关键帧调整元件

㉚ 在“图层9”的第50帧至第65帧之间的任意帧位置上单击鼠标右键，在弹出的快捷菜单中选择【创建传统补间】命令，在第80帧位置插入关键帧，并调整元件的位置，如图8-288所示。

图8-288 创建传统补间并插入关键帧

㉛ 在第65帧至第80帧之间的任意帧位置上单击鼠标右键，在弹出的快捷菜单中选择【创建传统补间】命令，并在第81帧的位置插入空白关键帧，如图8-289所示。

图8-289 创建传统补间并插入空白关键帧

㉜ 在【时间轴】面板中的“图层7”和“图层9”上分别单击鼠标右键，在弹出的快捷菜单中选择【遮罩层】命令，效果如图8-290所示。

图8-290 创建遮罩层

㉝ 制作完成后按Ctrl+Enter组合键测试动画效果，如图8-291所示。

图8-291 测试动画效果

第9章 动画作品的输出和发布

本章将对Animate影片后期处理的知识逐一进行介绍，以便导出理想的文件格式。学好本章的内容对于进一步加深对Animate的认识，对于制作网络媒体文件将起到非常重要的作用。

实例150 测试Animate作品

下面学习在Animate中如何测试场景。

素材：	素材|Cha09|001.fla
场景：	无
视频：	视频教学 | Cha09 |实例150 测试Animate作品.MP4

❶ 打开随书配套资源中的素材|Cha09|001.fla文件，如图9-1所示。

图9-1 打开素材文件

❷ 在菜单栏中选择【控制】|【测试】命令，如图9-2所示。

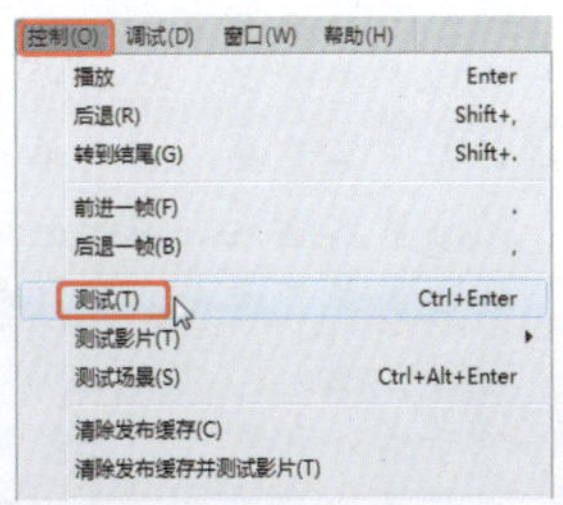

图9-2 选择【测试】命令

❸ 执行该操作后，即可测试场景效果，如图9-3所示。

图9-3 测试场景效果

知识链接

测试影片可以在编辑模式环境以及在浏览器中测试影片中测试。

1. 在编辑模式中测试影片

下面将要学习在Animate中的编辑模式中测试影片，具体操作步骤如下：

（1）打开随书配套资源中的素材|Cha09|002.fla文件，如图9-4所示。

图9-4 打开素材文件

（2）在编辑模式中，按Enter键即可测试影片，如图9-5所示。

图9-5 编辑模式中测试

2.在浏览器中测试影片

下面将学习如何在浏览器中测试影片，具体操作内容如下：

（1）在菜单栏中选择【控制】|【测试影片】|【在浏览器中】命令，如图9-6所示。

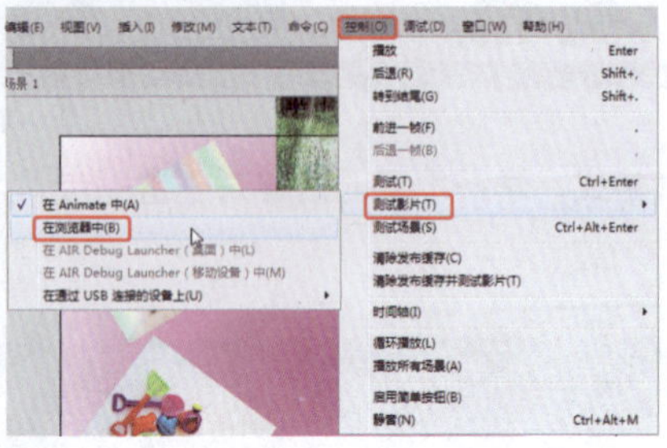

图9-6 选择【在浏览器中】命令

（2）执行该操作后即可在浏览器中测试影片，如图9-7所示。

图9-7 在浏览器中测试影片

图9-12 【创建传统补间】命令

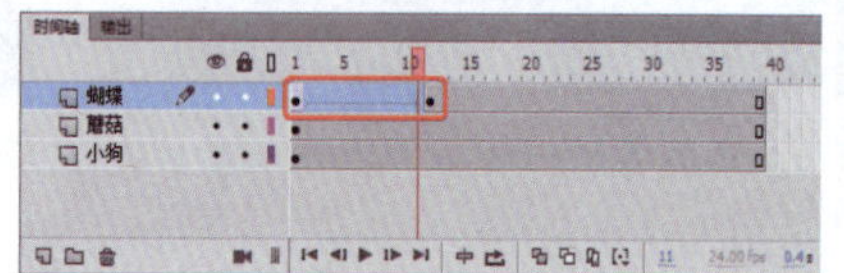

图9-13 创建补间

实例151 优化Animate作品

本实例将讲解如何优化Animate作品，其具体操作步骤如下：

素材：	素材|Cha09|003.fla
场景：	场景|Cha09|实例151 优化Animate作品.fla
视频：	视频教学 | Cha09 |实例151 优化Animate作品.MP4

❶ 打开随书配套资源中的素材|Cha09|003.fla文件，如图9-8所示。

图9-8 打开素材文件

❷ 在时间轴面板中的"蝴蝶"图层中选择第2到第11关键帧，如图9-9所示。

图9-9 选择关键帧

❸ 选中该关键帧后，单击鼠标右键，在弹出的快捷菜单中选择【清除关键帧】命令，如图9-10所示。

图9-10 选择【清除关键帧】命令

❹ 将选择的关键帧清除，如图9-11所示。

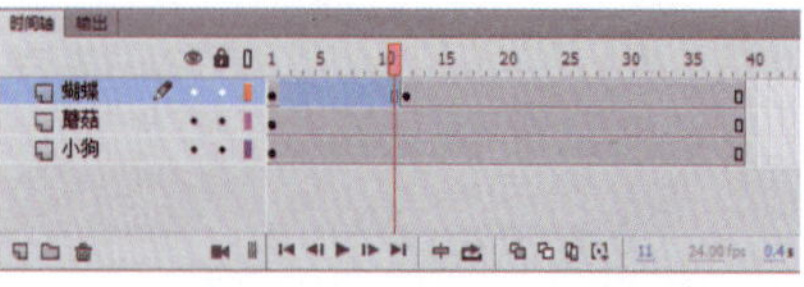

图9-11 清除所选关键帧

❺ 确认该帧处于选中状态，单击鼠标右键，在弹出的菜单中选择【创建传统补间】命令，如图9-12所示。

❻ 执行该操作后，即可创建传统补间，如图9-13所示。

知识链接

发布影片是整个Animate影片制作中最后的也是最关键的一步。由于Animate是为网络而生的，如果不能处理好最终生成影片的大小、播放速度等一系列重要的问题，纵使Animate作品设计得再优秀、再精彩，如果它不能在网页中流畅地播放，影片的价值就会大打折扣。

1. 元件的灵活使用

如果一个对象在影片中被多次应用，那么一定要将其用图形元件的方式添加到库中，因为添加到库中的文件不会因为调用次数的增加而使影片文件的容量增大。

2. 减少特殊绘图效果的应用

- 在使用线条绘制图像的时候要格外注意，如果不是十分必要的话，要尽量使用实线，因为实线相比其他特殊线条所占用的存储容量最小。
- 在填充色方面，应用渐变颜色的影片容量要比应用单色填充的影片容量大，因此应该尽可能使用单色填充，并且要用网络安全色。
- 对于由外部导入的矢量图形，在将其导入后应该使用菜单栏

中的【修改】|【分离】命令将其打散，再使用【修改】|【形状】|【优化】命令优化图形中多余的曲线，使矢量图的文件容量减少。

3. 注意字体的使用

在字体的使用上，应尽量使用系统的默认字体。而且在使用【分离】命令打散字体时也应该多加注意，有的时候打散字体未必就能使文件容量减少。

4. 优化位图的图像

对于影片中所使用的位图图像，应该尽可能地对其进行压缩优化，或者在库中对其图像属性进行重新设置，如图9-14所示。

5. 优化声音文件

导入声音文件应使用经过压缩的音频格式，如MP3。而对于WAV这种未经压缩的声音格式文件应该尽量避免使用。对于库中的声音文件可以单击鼠标右键并在弹出的快捷菜单中选择【属性】命令，在打开的【声音属性】对话框中选择适合的压缩方式，如图9-15所示。

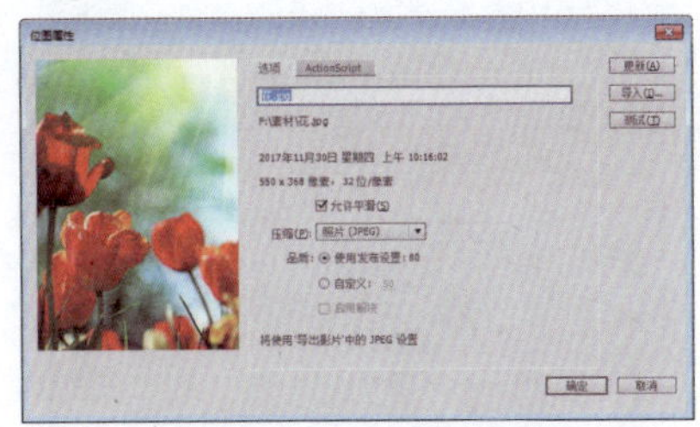

图9-14 【位图属性】对话框

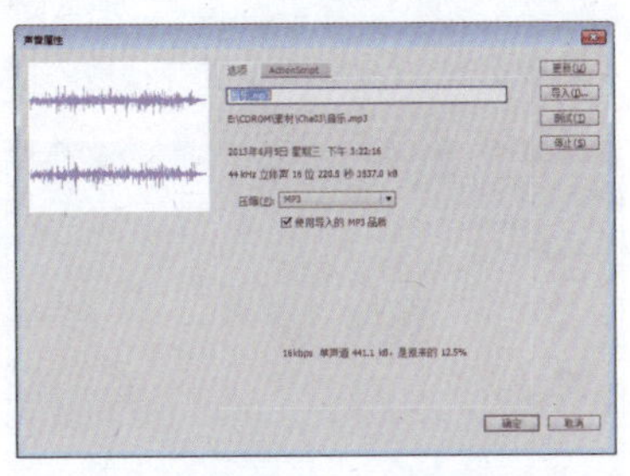

图9-15 【声音属性】对话框

实例152 导出动画文件

本实例主要介绍在Animate中如何导出动画图像文件。

素材：	素材|Cha09|004.fla
场景：	无
视频：	视频教学 | Cha09 |实例152 导出动画文件.MP4

❶ 打开随书配套资源中的素材|Cha09|004.fla文件，如图9-16所示。

图9-16 打开的素材文件

❷ 在菜单栏中选择【文件】|【导出】|【导出影片】命令，如图9-17所示。

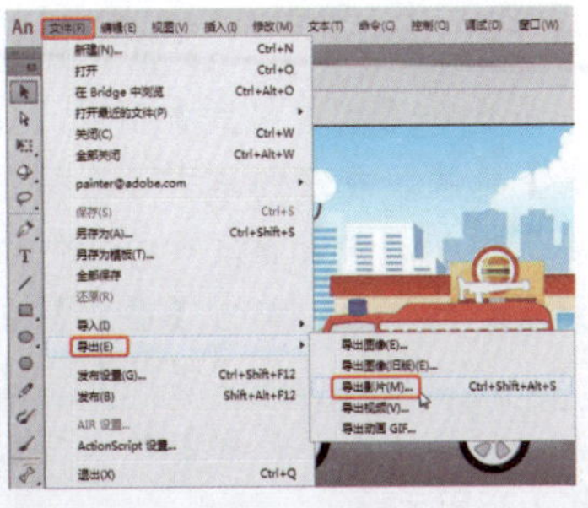

图9-17 选择【导出影片】命令

❸ 在弹出的【导出影片】对话框中，为其指定一个正确的存储路径，设置【文件名】为“导出动画文件”，【保存类型】为【SWF影片(*.swf)】，单击【保存】按钮，如图9-18所示。

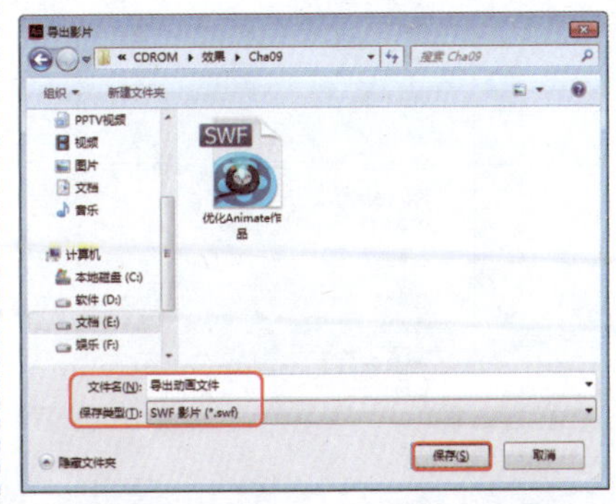

图9-18 设置【导出影片】对话框

❹ 执行该操作后，即可导出影片文件。

知识链接

.swf是Animate影片的后缀文件名，凡是制作好的Animate作品都需要在导出的时候经过【导出Animate Player】的设置，才能够最终导出成为Animate影片，在菜单栏中选择【文件】|【发布设置】命令，打开【发布设置】对话框并切换到Animate选项卡。其中的选项及参数说明如下。

- 目标：选择导出Falsh影片使用的播放器版本。
- 脚本：默认为Animate的ActionScript 3.0。
- JPEG品质：Animate动画中的位图都是使用JPEG格式进行压缩的，所以通过移动滑块的位置，可以设置位图在最终影片中的品质。
- 音频流/音频事件：单击【设置】按钮可以对声音的压缩属性进行设置。
- 覆盖声音设置：选择该选项后，影片中所有的声音压缩设置都将统一遵循音频流/音频事件的设置方案。
- 压缩影片：压缩影片文件的尺寸。
- 包括隐藏图层：将动画中的隐藏层导出。
- 生成大小报告：生成一份详细的记载了帧、场景、元件、声音压缩情况的报告。
- 省略trace语句：取消跟踪命令。
- 允许调试：允许修改影片的内容。
- 防止导入：防止其他人将影片导入另外一部作品当中，例如将Animate上传到网上之后，有很多人会去下载，选中该选项后下载该作品的用户只可以看，但不可以对其进行修改。
- 密码：选中【防止导入】复选框后，可以为影片设置导入密码。
- 脚本时间限制：设置脚本的运行时间限制。
- 本地播放安全性：选择要使用的Animate安全模型。

实例153 发布为swf文件

下面介绍在Animate中如何导出声音文件。

素材：	素材|Cha09|005.fla
场景：	无
视频：	视频教学 | Cha09 |实例153 发布为swf文件.MP4

❶ 打开随书配套资源中的素材\|Cha09\|005.fla文件，如图9-19所示。

图9-19 打开素材文件

❷ 在菜单栏中选择【文件】\|【发布设置】命令，如图9-20所示。

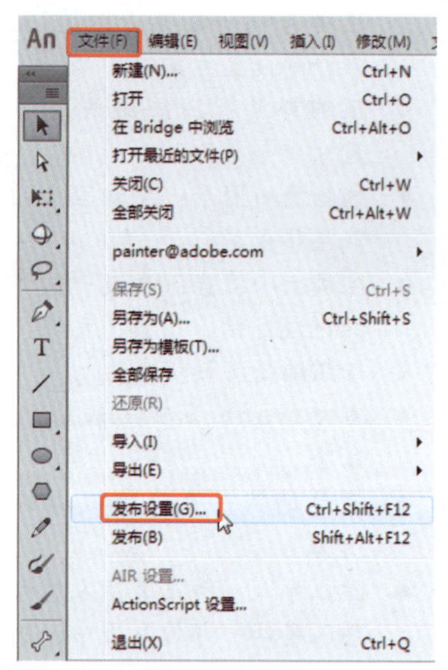

图9-20 选择【发布设置】

❸ 在弹出的【发布设置】对话框中选择勾选【发布】选项中的【Flash（.swf）】，单击右侧【选择发布目标】按钮，如图9-21所示。

❹ 在弹出的【选择发布目标】对话框中设置发布的文件名和保存到合适的位置，如图9-22所示。

❺ 单击【保存】按钮，再单击【确定】按钮。执行该操作后，可以发布为swf文件。

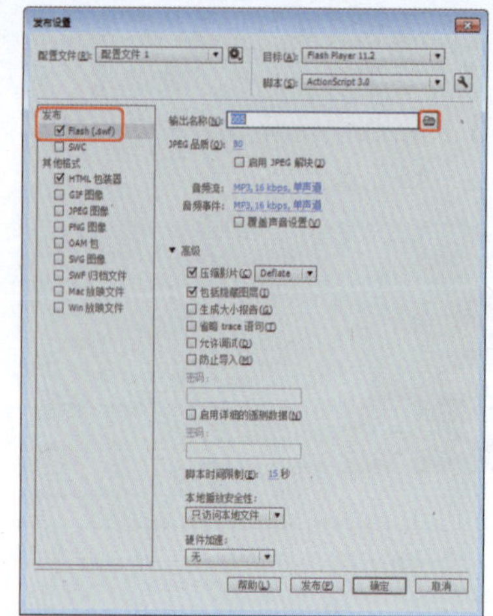

图9-21 【发布设置】对话框

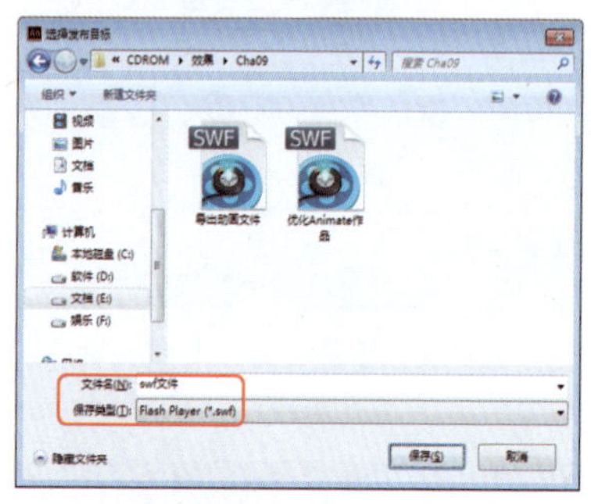

图9-22 【选择发布目标】对话框

知识链接

在测试完影片之后，可以将影片文件导出为多种格式的文件。

1. 发布为html文件

（1）打开随书配套资源中的素材\|Cha09\|005.fla文件，在菜单栏中选择【文件】\|【发布设置】命令，如图9-23所示。

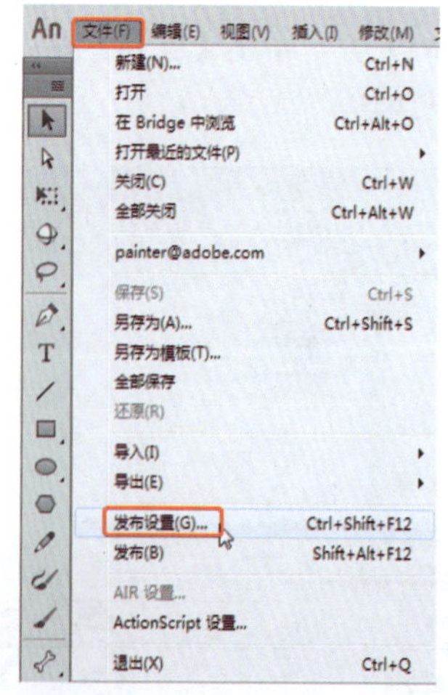

图9-23 选择【发布设置】

（2）在弹出的【发布设置】对话框中选择【其他格式】中的【HTML包装器】，在右侧单击【选择发布目标】按钮，并设置发布的文件和保存到合适的位置，如图9-24所示。

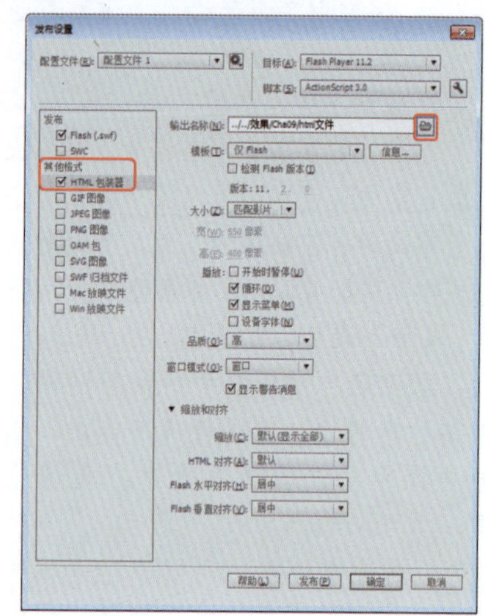

图9-24 【发布设置】对话框

（3）单击【发布】按钮，再单击【确定】按钮。执行该操作后，可以发布为html文件。

2. 发布为gif文件

（1）打开随书配套资源中的素材\|Cha09\|005.fla文件，在菜单栏中选择【文件】\|【发布设置】命令，如图9-25所示。

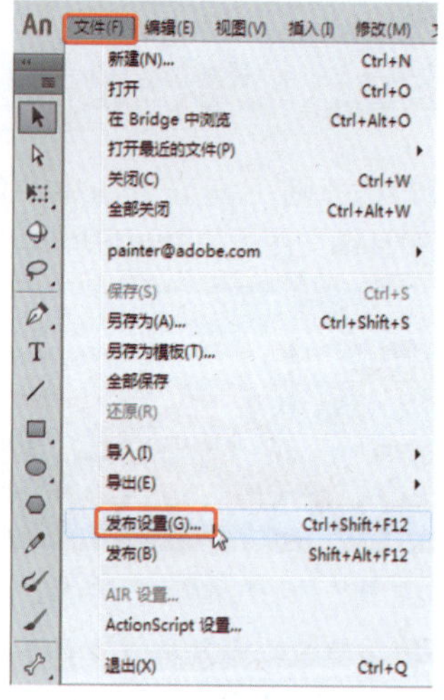

图9-25 选择【发布设置】

（2）在弹出的【发布设置】对话框中选择【其他格式】下的【GIF图像】选项，在右侧单击【选择发布目标】按钮，并设置发布的文件和保存到合适的位置。单击【播放】右侧的下三角按钮，选择【播放】为【动画】，勾选【不断循环】单选按钮，如图9-26所示。

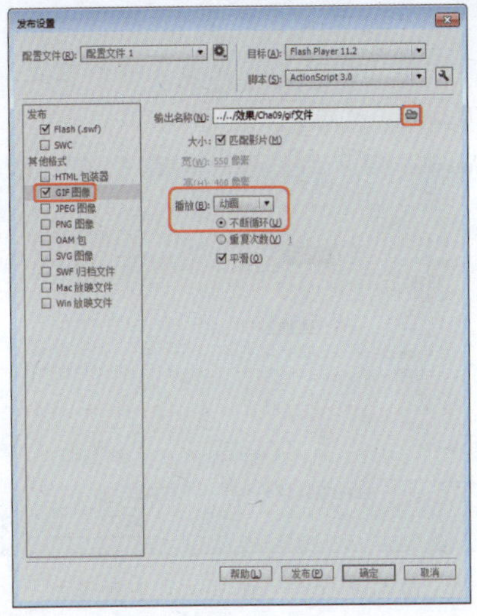

图9-26 【发布设置】对话框

（3）单击【发布】按钮，再单击【确定】按钮。执行该操作后，可以发布为gif文件。

3. 发布为jpeg文件

（1）打开随书配套资源中的素材|Cha09|005.fla文件，在【发布设置】对话框中选择【其他格式】下的【JPEG图像】选项，并设置发布的文件和保存到合适的位置，如图9-27所示。

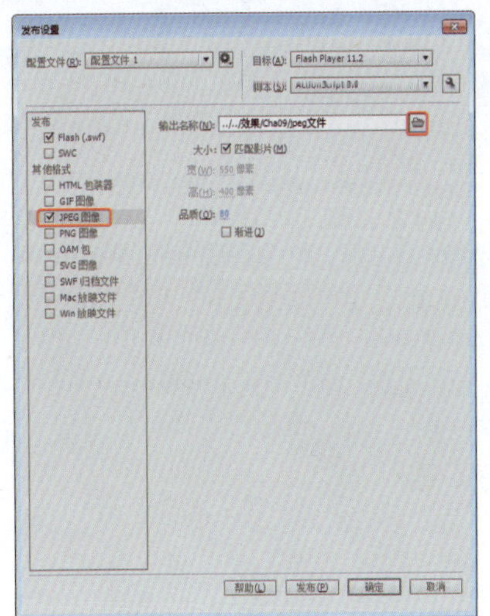

图9-27 发布【设置对话框】

（2）单击【发布】按钮，再单击【确定】按钮。执行该操作后，可以发布为jpeg文件。

4.发布exe文件

（1）打开随书配套资源中的素材|Cha09|005.fla文件，在【发布设置】对话框中选择【其他格式】下的【Win放映文件】选项，并设置发布的文件和保存到合适的位置，如图9-28所示。

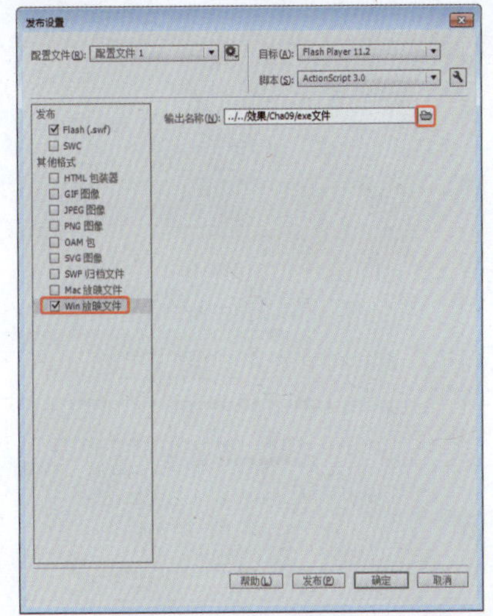

图9-28 【发布设置】对话框

（2）单击【发布】按钮，再单击【确定】按钮。执行该操作后，可以发布为exe文件。

5. 发布为png文件

（1）打开随书配套资源中的素材|Cha09|005.fla文件，在【发布设置】对话框中选择【其他格式】下的【png图像】选项，并设置发布的文件和保存到合适的位置，如图9-29所示。

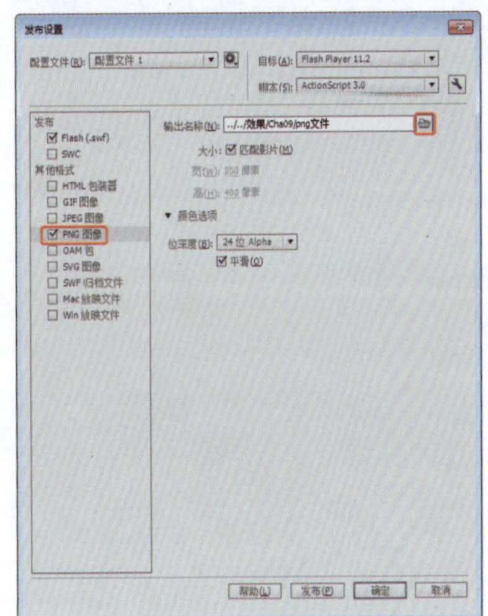

图9-29 【发布设置】对话框

（2）单击【发布】按钮，再单击【确定】按钮。执行该操作后，可以发布为png图像文件。

6. 创建发布配置文件

（1）打开随书配套资源中的素材|Cha09|005.fla文件，在【发布设置】对话框中选择【配置文件】按钮，在弹出的下拉列表中选择【创建配置文件】命令，如图9-30所示。

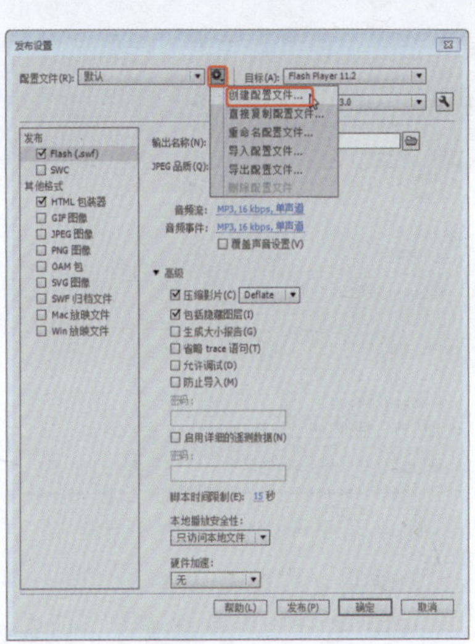

图9-30 选择【创建配置文件】命令

（2）在弹出的【创建新配置文件】对话框中设置文件名称为“配置文件1”，单击【确定】按钮，如图9-31所示。

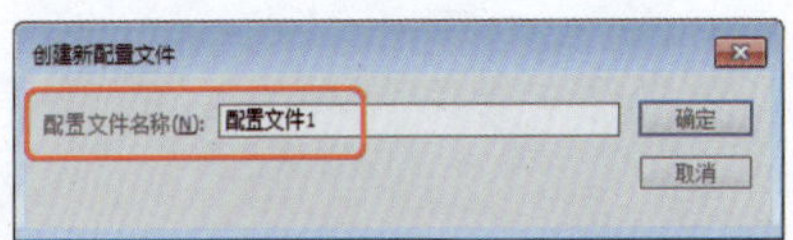

图9-31 【创建新配置文件】对话框

（3）在【发布设置】对话框中选择【配置文件】按钮，在弹出的下拉列表中选择【导出配置文件】命令，如图9-32所示。

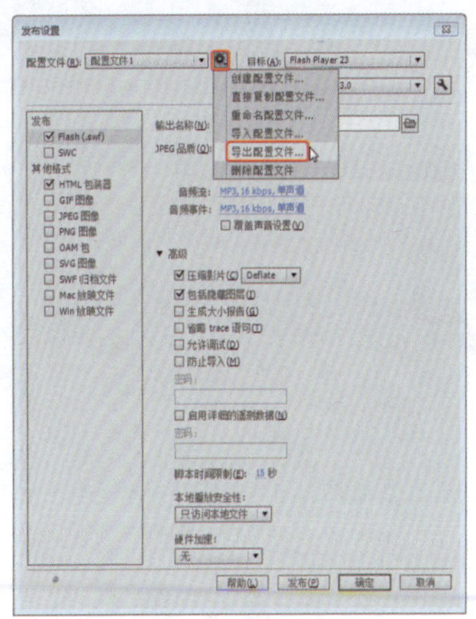

图9-32 选择【导出配置文件】命令

（4）弹出【导出配置文件】对话框，在弹出的对话框中设置配置文件的保存类型和文件名，单击【保存】按钮，如图9-33所示。

（5）返回到【发布设置】对话框中，单击【发布】按钮，再单击【确定】按钮。即可创建发布配置文件。

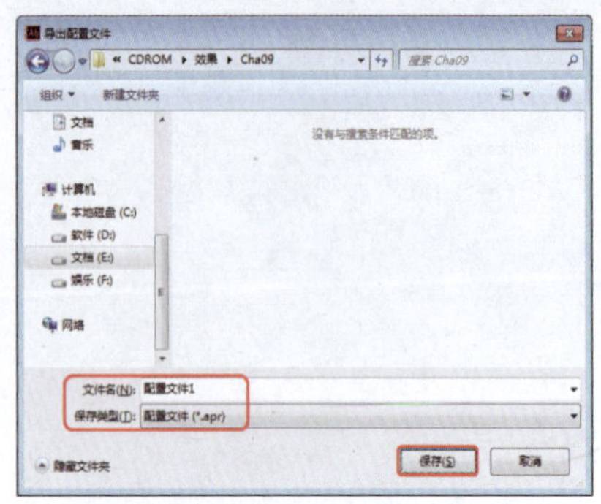

图9-33 【导出配置文件】对话框

7. 使用发布配置文件

（1）打开随书配套资源中的素材|Cha09|005.fla文件，在【发布设置】对话框中选择【导入配置文件】，如图9-34所示。

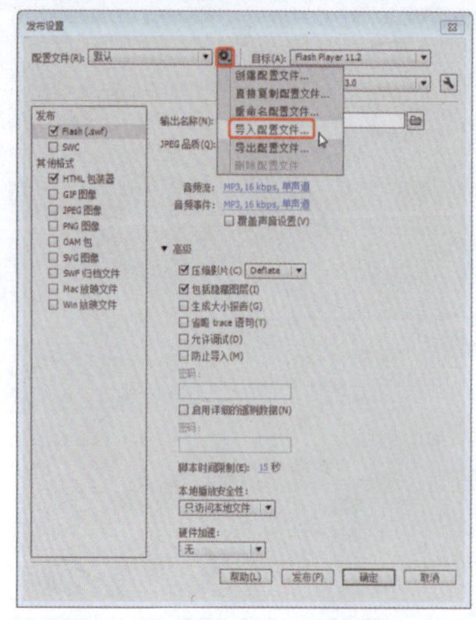

图9-34 选择【导入配置】文件

（2）在弹出的【导入配置文件】对话框中选择发布配置文件的位置，如图9-35所示。

图9-35 【导入配置文件】对话框

（3）单击【打开】按钮，可以使用发布的配置文件。

第10章 简单动画

本章将介绍Animate中简单动画的制作，主要包括传统补间动画和引导层动画等。通过本章的学习，读者可以了解和掌握Animate中基本动画的制作流程。

实例154 制作飘动的云彩

本实例介绍飘动的云彩的制作，主要介绍插入关键帧和创建传统补间动画。通过对本实例的学习，了解掌握以上命令的使用，完成后的效果如图10-1所示。

素材：	素材|Cha10|天空草地.jpg
场景：	场景|Cha10|实例154 制作飘动的云彩.fla
视频：	视频教学 | Cha10 |实例154 制作飘动的云彩.MP4

图10-1 制作飘动的云彩

❶ 启动软件后按Ctrl+N组合键弹出【新建文档】对话框，选择【Action Script 3.0】选项，单击【确定】按钮，如图10-2所示，即可新建场景。

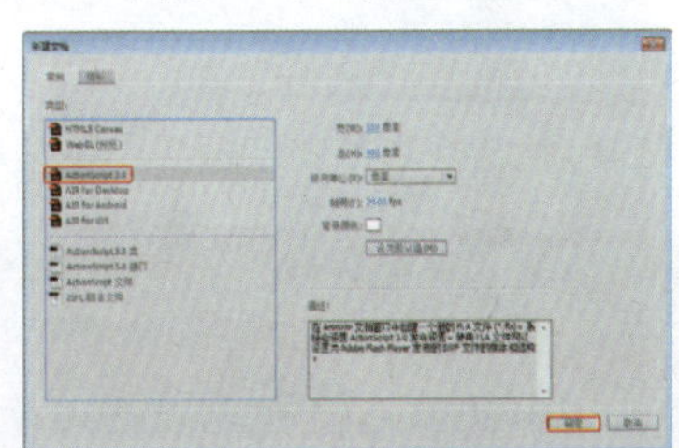

图10-2 选择新建类型

❷ 进入工作界面后，在工具箱中单击【属性】按钮，在打开的面板中将【属性】选项组中的【大小】设置为500×335像素，如图10-3所示。

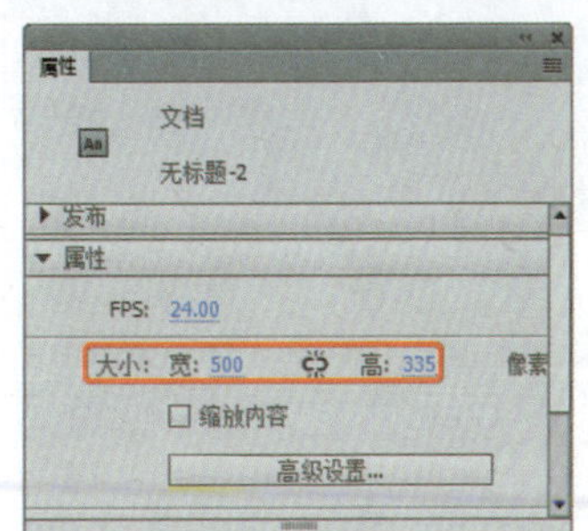

图10-3 设置场景大小

❸ 在菜单栏中选择【文件】|【导入】|【导入到库】命令，如图10-4所示。

❹ 在弹出的【导入到库】对话框中选择素材文件中的天空草地.jpg素材文件，单击【打开】按钮，如图10-5所示。

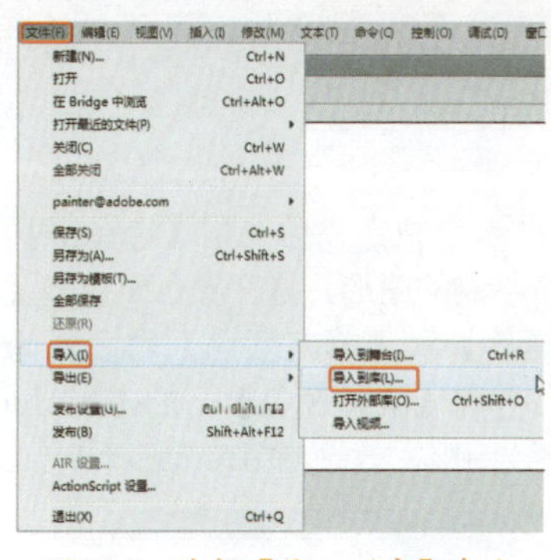

图10-4 选择【导入到库】命令

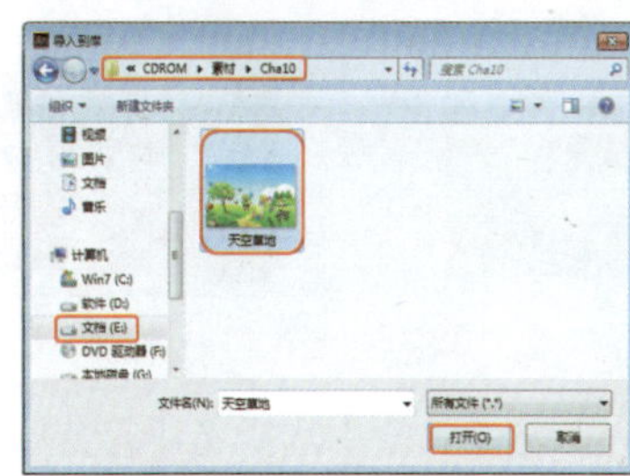

图10-5 选择素材文件

> **提 示**
>
> 还可以在欢迎界面中按Ctrl+N组合键新建文档，设置新建类型、设置文件的宽度高度。

❺ 在【库】面板中选择天空草地.jpg素材文件并按住鼠标左键将其拖拽到舞台中央，按Ctrl+K组合键弹出【对齐】面板，在该面板中勾选【与舞台对齐】复选框，单击【水平中齐】按

钮和【垂直中齐】按钮，如图10-6所示。

图10-6 设置对齐

❻ 在图层面板中新建图层，选择【钢笔工具】，在【属性】面板中将【笔触高度】设置为10，在舞台中绘制图形，如图10-7所示。

图10-7 绘制图形

❼ 绘制完成后使用【选择工具】选中绘制的图形，打开颜色面板将【笔触颜色】和【填充颜色】均设置为白色，并将【笔触颜色】下的【Alpha】设置为50%，效果如图10-8所示。

图10-8 设置图形的填充

❽ 在工具箱中选择【任意变形工具】对舞台中绘制的图形进行调整，调整后的效果如图10-9所示。

图10-9 调整图形

❾ 确认选中图形，按Ctrl+C组合键对其进行复制，新建2个图层并在新建的每个图层中按Ctrl+V组合键进行粘贴，效果如图10-10所示。

图10-10 复制粘贴图形

❿ 选择【图层1】的第100帧，单击鼠标右键，在弹出的快捷菜单中选择【插入关键帧】命令，如图10-11所示。

图10-11 插入关键帧

⓫ 在时间轴面板中选择“图层2”的第1帧，在舞台中调整图形文件的大小和位置，效果如图10-12所示。

图10-12 调整素材文件

⓬ 选择“图层2”的第100帧，按F6键插入关键帧，并将云彩拖拽至如图10-13所示的位置。

⓭ 在“图层2”中选择第50帧，单击鼠标右键，在弹出的快捷菜单中选择【创建传统补间】命令，如图10-14所示。

图10-13 移动对象

图10-14 选择【创建传统补间】命令

⓮ 创建传统补间，效果如图10-15所示。

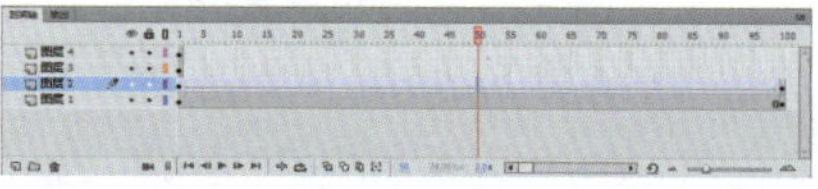

图10-15 创建传统补间

⓯ 使用同样的方法，在其他图层创建传统补间动画，效果如图10-16所示。

图10-16 创建其他传统补间动画

⓰ 至此，传统补间动画就制作完成了，按Ctrl+Enter组合键测试影片，如图10-17所示。

图10-17 测试影片

⑰ 测试完成后，在菜单栏中选择【文件】|【保存】命令，在弹出对话框中选择一个保存路径，并输入文件名，单击【保存】按钮，如图10-18所示。

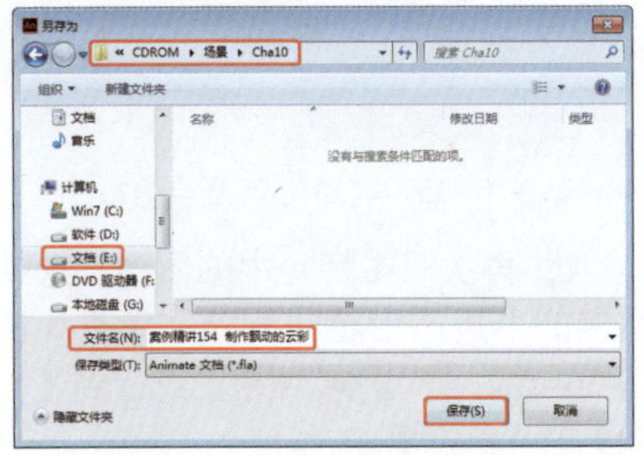

图10-18 【另存为】对话框

⑱ 保存完成后，在菜单栏中选择【文件】|【导出】|【导出影片】命令，如图10-19所示。

提 示

导出影片时还可以使用Ctrl+Shift+Alt+S组合键。

图10-19 选择【导出影片】命令

⑲ 弹出【导出影片】对话框，在该对话框中选择一个导出路径并设置文件名，并将【保存类型】设置为【SWF影片（*.swf）】，单击【保存】按钮，如图10-20所示。

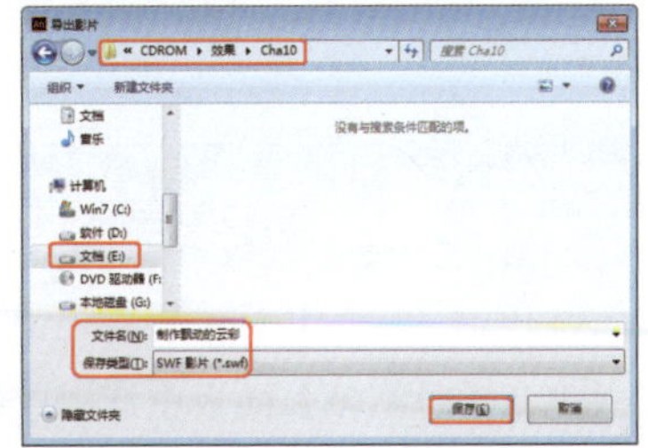

图10-20 导出影片

实例155 制作引导线心形动画

下面介绍运用引导线与新建元件和图层制作一个心形动画，制作完成后的效果，如图10-21所示。

素材：	素材|Cha10|心形素材.jpg
场景：	场景|Cha10|实例155 制作引导线心形动画.fla
视频：	视频教学 | Cha10 |实例155 制作引导线心形动画.MP4

图10-21 制作引导线心形动画

❶ 启动软件后，按Ctrl+N组合键弹出【新建文档】对话框，选择【ActionScript 3.0】选项，单击【确定】按钮，如图10-22所示，即可新建场景。

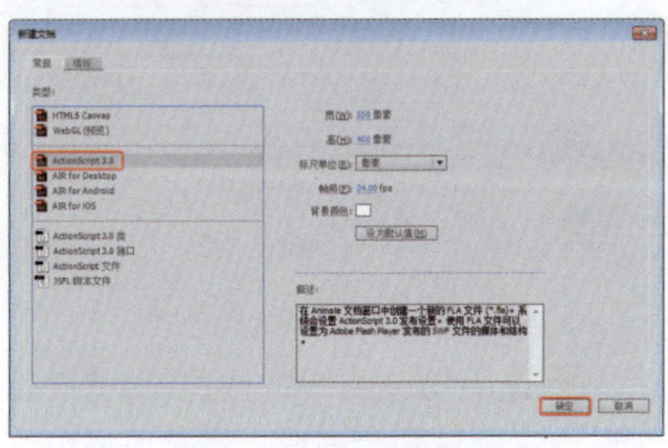

图10-22 新建场景

❷ 在【属性】面板中将【舞台】的背景颜色设置为【#FFFFCC】，如图10-23所示。

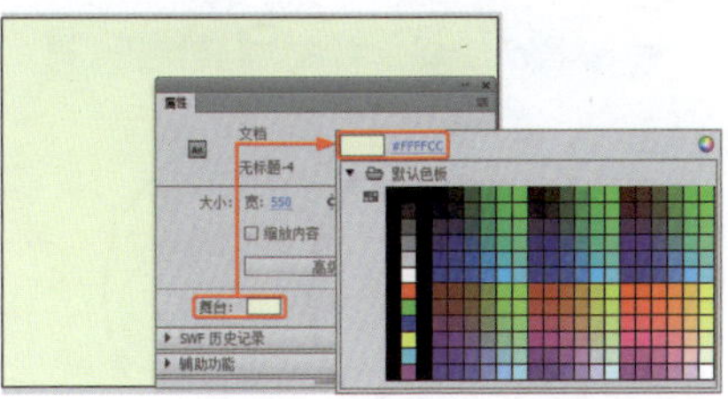

图10-23 设置舞台颜色

❸ 在菜单栏中选择【插入】|【新建元件】命令，如图10-24所示。

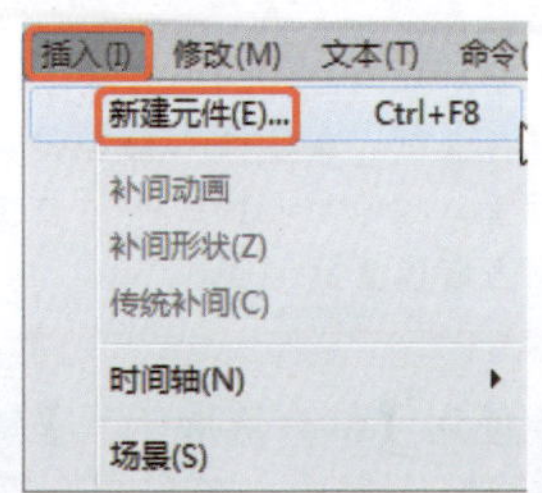

图10-24 选择【新建元件】命令

❹ 在弹出的对话框中将【名称】命名为“心形”，【类型】设置为【图形】，单击【确定】按钮，如图10-25所示。

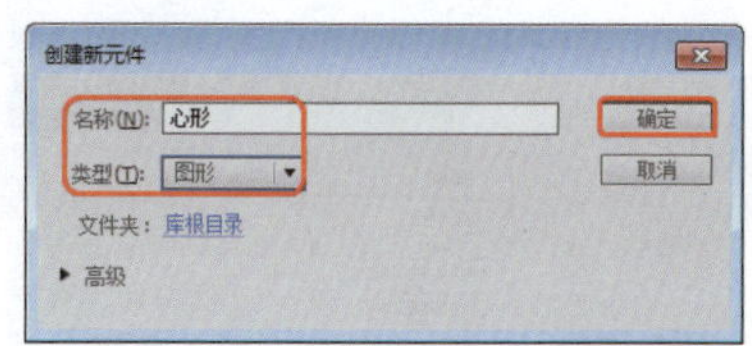

图10-25 【创建新元件】对话框

❺ 在工具箱中选择【椭圆工具】，在【属性】面板中将【笔触颜色】设置为无，将【填充颜色】设置为红色，在舞台中按住Shift键将绘制一个红色的圆，如图10-26所示。

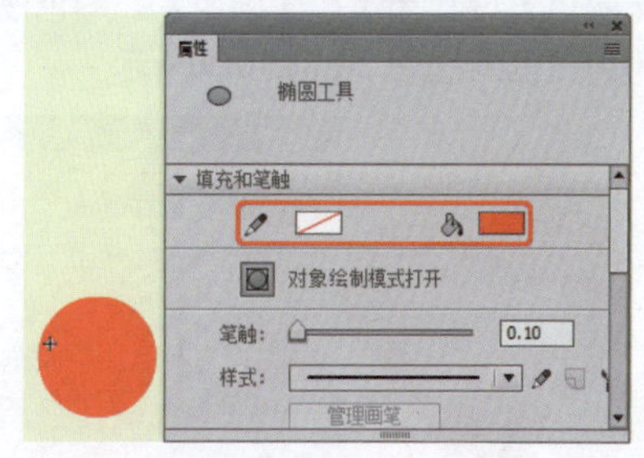

图10-26 绘制的圆

❻ 按住Alt键，使用【选择工具】拖拽绘制的圆，对其进行复制，效果如图10-27所示。

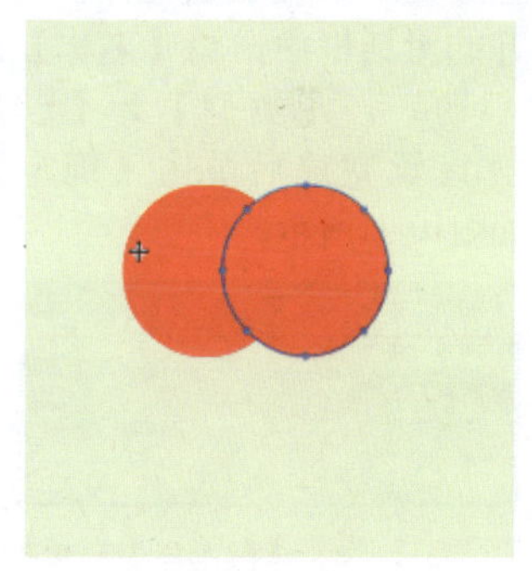

图10-27 复制的圆

❼ 使用【部分选取工具】和【转换锚点工具】将这两个圆形调整成心形，效果如图10-28所示。

图10-28 将圆形调整为心形

⑧ 选中这两个图形，在菜单栏中选择【修改】|【合并对象】|【联合】命令将这两个图形合并在一起，如图10-29所示。

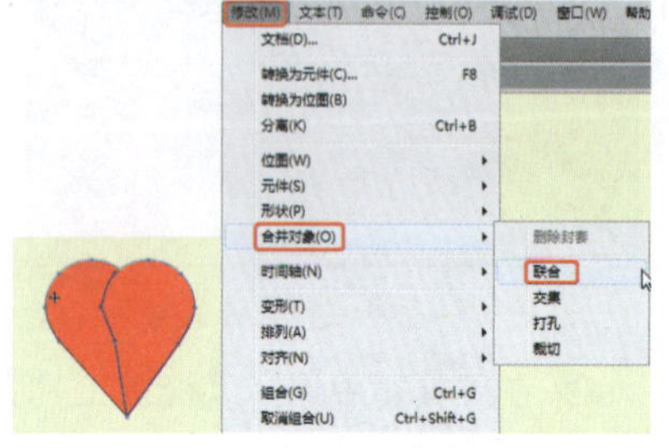

图10-29 选择【联合】命令

⑨ 在工具箱中选择【颜料桶工具】，打开【颜色】面板，将【填充颜色】设置为【径向渐变】。颜色设为由白色到红色，如图10-30所示。

图10-30 设置图形的颜色

⑩ 将颜色调整完成后，在菜单栏中选择【插入】|【新建元件】命令，在打开的对话框中，将【名称】设置为“心动”，【类型】为【影片剪辑】，设置完成后单击【确定】按钮，如图10-31所示。

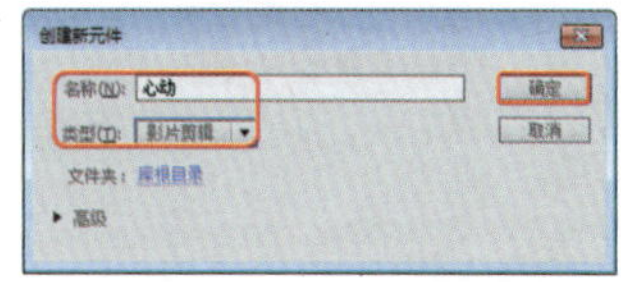

图10-31 【创建新元件】对话框

提 示

如果在选择【颜料桶工具】之前已经选中了舞台中的图形，那么再选中【颜料桶工具】设置它的颜色时，舞台中的图形颜色会随之改变颜色。

提 示

通过按Ctrl+R组合键也可以打开【创建新元件】对话框。

⑪ 在【时间轴】面板中选择“图层1”，单击鼠标右键在弹出的菜单中选择【添加传统运动引导层】命令，如图10-32所示。

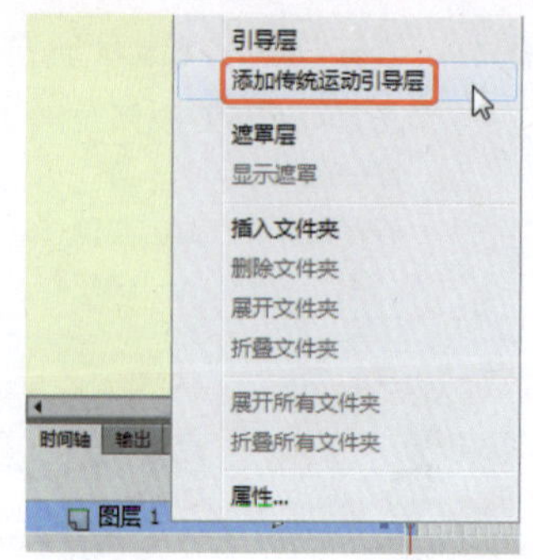

图10-32 【添加传统运动引导层】命令

⑫ 在【时间轴】面板中选中添加的“引导层：图层1”，使用【椭圆工具】绘制一个圆，为了便于查看先将【笔触颜色】设置为黑色，将【填充颜色】设置为无。【笔触高度】设置为0.1，如图10-33所示。

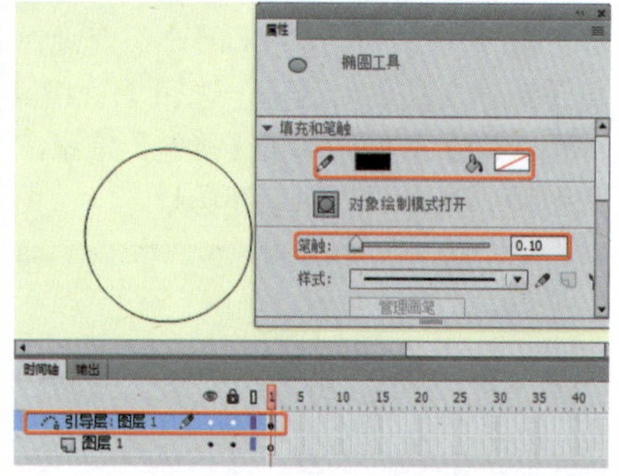

图10-33 绘制并设置圆

⑬ 选中绘制的圆，按住Alt键进行复制。选中这两个圆形，在菜单栏中选择【修改】|【合并对象】|【联合】命令，将选中的图形合并到一起，然后双击图形选中中间的两条线，如图10-34所示，按Delete键删除。

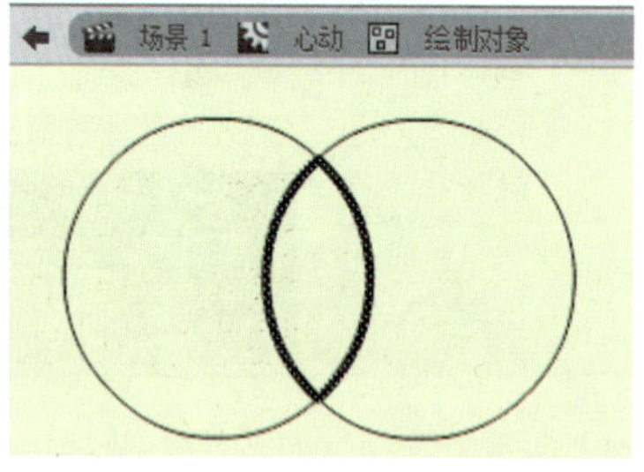

图10-34 复制圆并删除线

提 示

复制对象时还可以通过按Ctrl+C组合键进行复制，按Ctrl+V组合键粘贴到中心位置，按Ctrl+Shift+V组合键合一粘贴到当前位置。

⑭ 使用【部分选取工具】将舞台中的图形调整成心形效果如图10-35所示。

图10-35 将圆形调整为心形

⑮ 再次双击舞台中的图形，选择左侧的半边心形将其删除，效果如图10-36所示。单击按钮，返回到【心动】影片剪辑中。

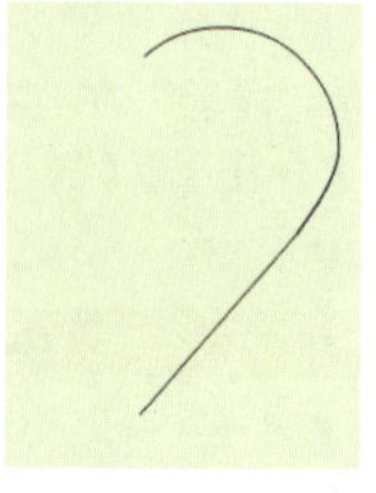

图10-36 再次删除多余图形

⑯ 确认选中图形，调整一下位置，如图10-37所示。

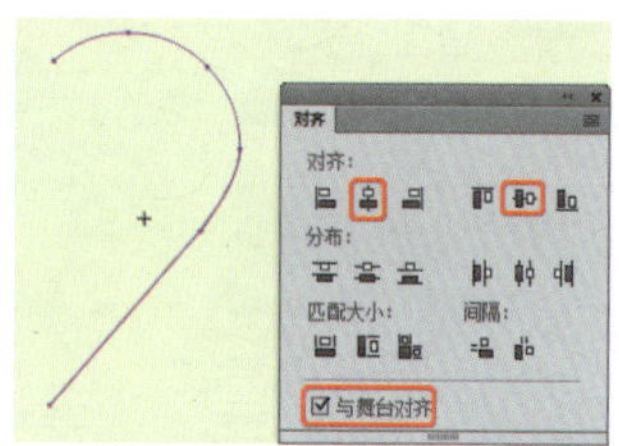

图10-37 使图形对其舞台

⑰ 选中创建的图形，在引导层的第110帧处，按F5键插入帧，如图10-38所示

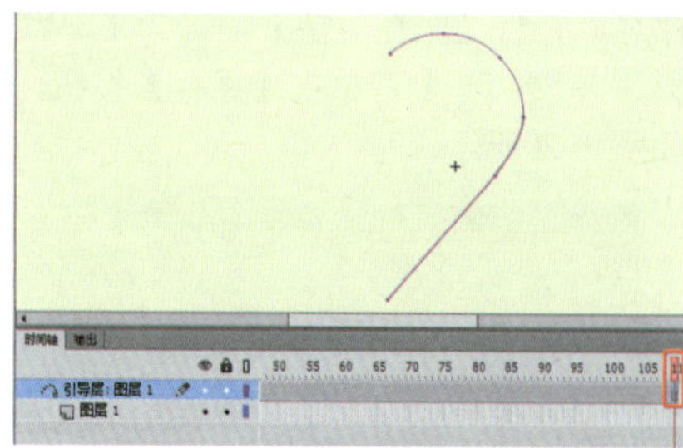

图10-38 在第110帧处插入帧

⑱ 在【时间轴】面板中选中【图层1】的第一帧，在【库】面板中把心形的元件，拖到“图层1”上，并使用【任意变形工具】调整心形元件的大小，把心形拖到心动元件的上端起点位置处，如图10-39所示。

⑲ 在“图层1”的第50帧位置插入关键帧，把“心形”元件拖到心动元件的下端终点处，如图10-40所示。

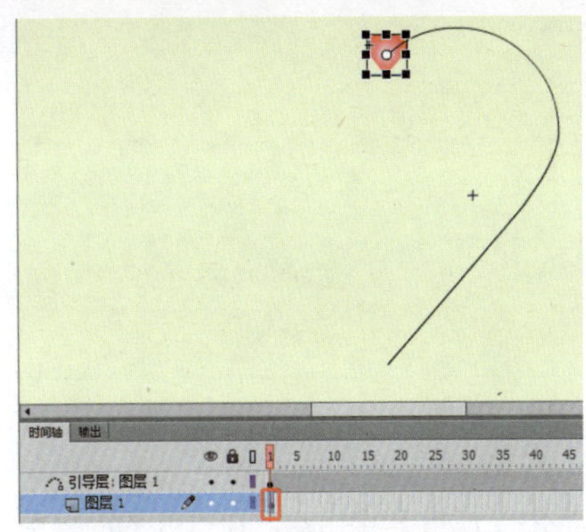
图10-39 拖入元件并调整

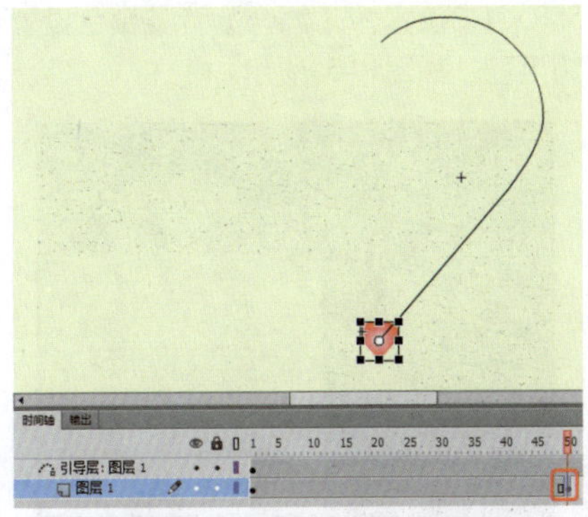
图10-40 调整元件的位置

⑳ 选择“图层1”的第25帧并单击鼠标右键，在弹出的快捷菜单中选择【创建传统补间】命令，如图10-41所示。

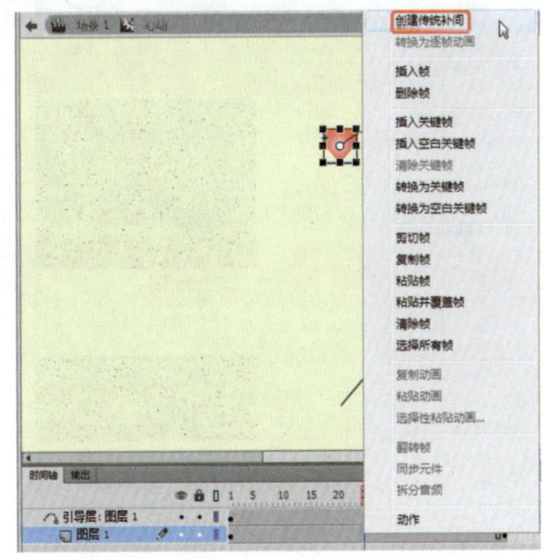
图10-41 选择【创建传统补间】命令

㉑ 选中“图层1”的第1帧至第50帧，单击鼠标右键，在弹出的快捷菜单中选择【复制帧】命令，如图10-42所示。

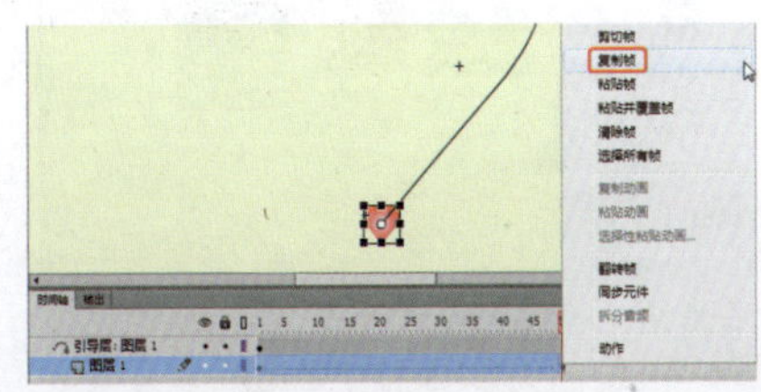
图10-42 选择【复制帧】命令

㉒ 在第52帧处单击鼠标右键，在弹出的菜单中选择【粘贴帧】命令，然后在【图层1】上方新建10个图层，如图10-43所示。

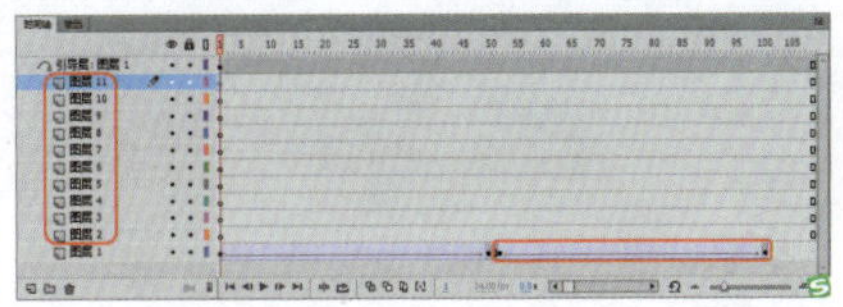
图10-43 粘贴帧并新建图层

㉓ 选中“图层1”所有的帧，单击鼠标右键。在弹出的快捷菜单中选择【复制帧】命令。选择第2层的第5帧，单击鼠标右键，在弹出的快菜单中选择【粘贴帧】命令，即可将第一层所有的帧，全部复制粘贴至第2个图层上，如图10-44所示。

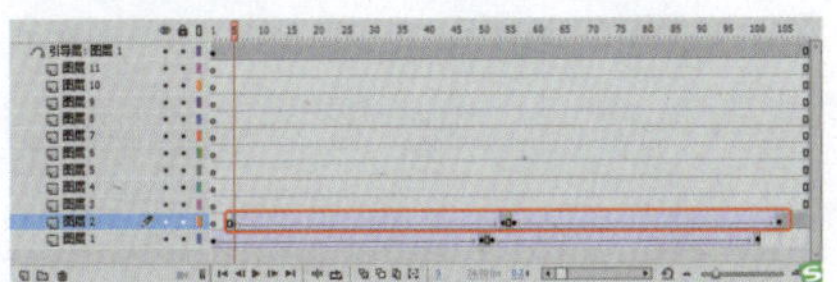
图10-44 粘贴帧

㉔ 使用同样的方法，在第3、4、5、6、7、8、9、10、11层的第10、15、20、25、30、35、40、45、50帧上进行粘贴复制，效果如图10-45所示。

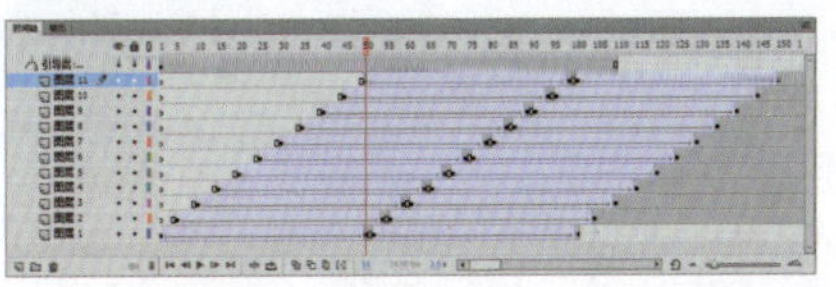
图10-45 粘贴完成后的效果

㉕ 设置完成后，在左上角单击⬅按钮，在【库】面板中，将“心动”元件拖到舞台中。按Ctrl+Enter组合键测试效果，如图10-46所示。

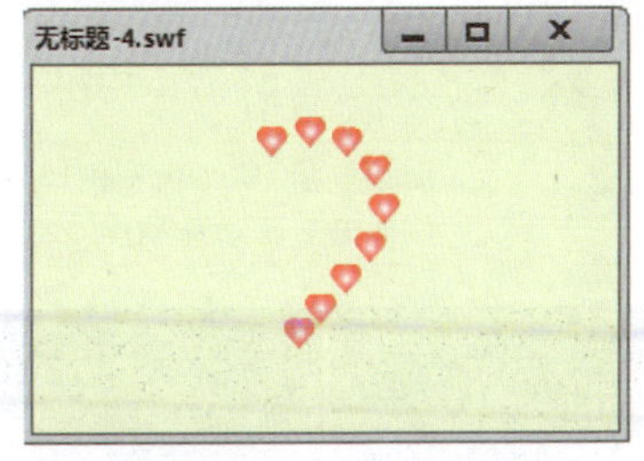

图10-46 将元件拖入场景的测试效果

㉖ 使用同样的方法，新建元件将【名称】设置为“心动2”，并在时间轴面板中新建“引导层”，在110帧处插入关键帧。复制“心动”影片剪辑中的引导线，在“心动2”影片剪辑中的引导层的第1帧粘贴引导线，如图10-47所示。

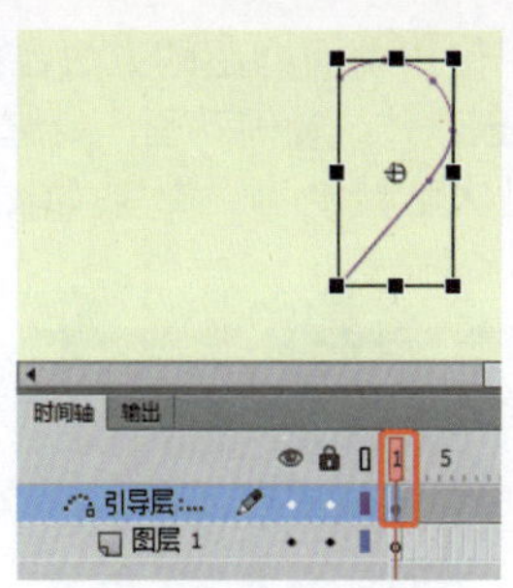

图10-47 复制引导线

㉗ 确定复制的引导线处于选择状态，在菜单栏中选择【修改】|【变形】|【水平翻转】命令，如图10-48所示。

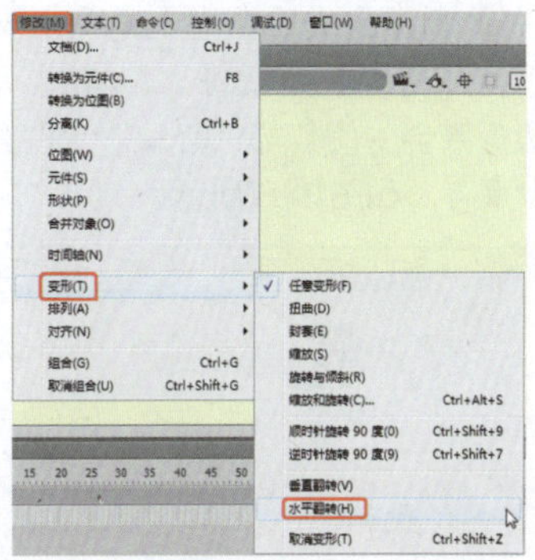
图10-48 选择【水平翻转】命令

㉘ 调整完成的效果如图10-49所示。

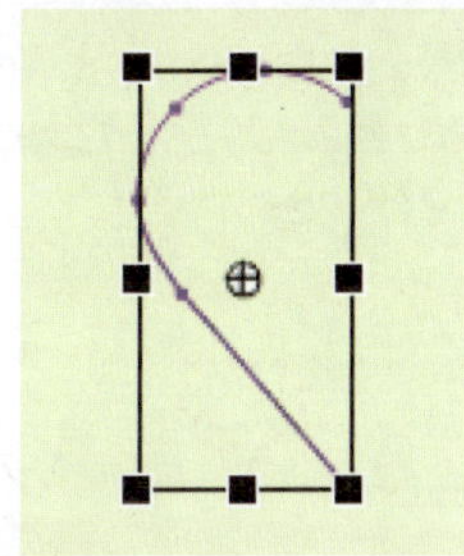
图10-49 完成后的效果

㉙ 选择“图层1”的第1帧，在【库】面板中，将“心形”元件拖入“图层1”中，调整它的大小和位置，如图10-50所示。

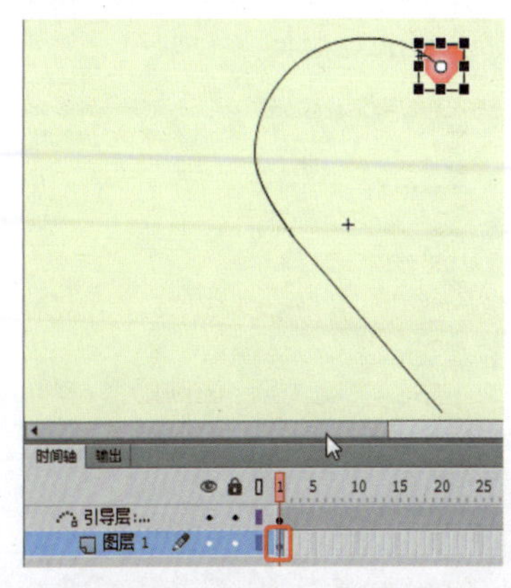

图10-50 新建元件并调整元件

30 使用前面介绍的方法，插入关键帧并创建传统补间动画，新建多个图层复制粘贴帧动画，效果如图10-51所示。

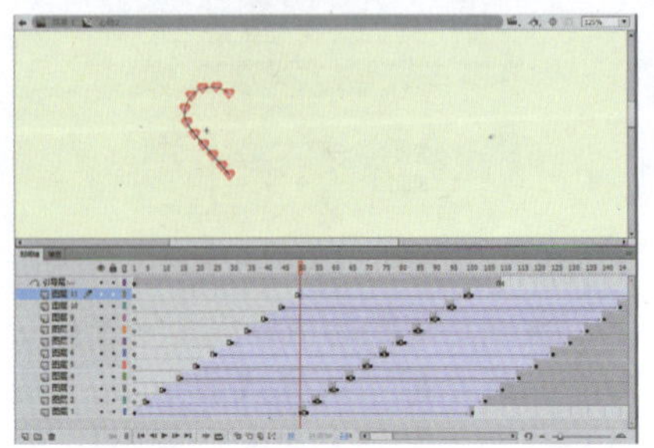

图10-51　使用同样方法制作动画

31 制作完成后在左上角单击按钮，打开【库】面板将“心动2”元件拖动至舞台中使其与“心动”元件在舞台中重合，如图10-52所示。

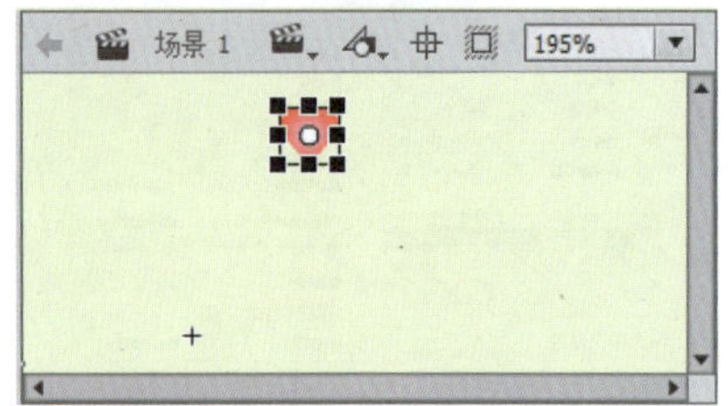

图10-52　舞台中拖入元件

32 调整完成后，按Ctrl+Enter组合键测试效果，如图10-53所示。

图10-53　测试动画效果

33 在时间轴面板中新建图层，并将新建的图层拖至“图层1”的下方，选中新建的图层，在菜单栏中选择【文件】|【导入】|【导入到舞台】命令，如图10-54所示。

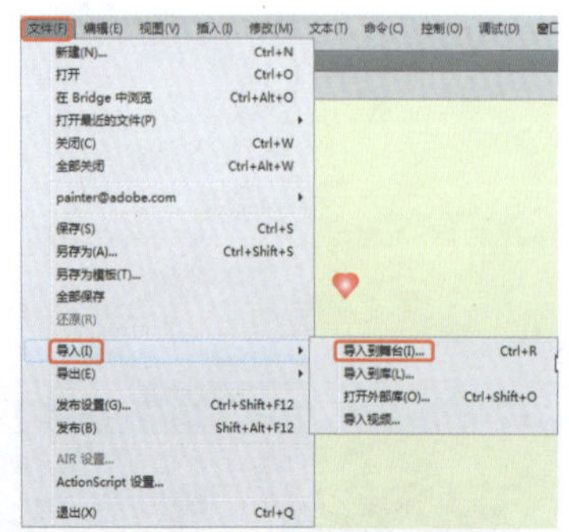

图10-54　选择【导入到舞台】命令

34 在打开的窗口中选择随书配套资源中的素材|Cha10|心形素材.jpg文件，单击【打开】按钮。如图10-55所示。

图10-55　打开素材文件

35 选中文件和舞台，在【属性】面板中调整图片和舞台的宽度和高度，调整元件的位置，按Ctrl+Enter组合键测试效果，导出影片并保存场景。如图10-56所示。

图10-56　测试效果

实例156 制作流星雨动画

下面介绍使用新建元件、图层和任意变形工具制作流星雨动画，制作完成后的效果，如图10-57所示。

素材：	素材|Cha10|夜晚背景.jpg
场景：	场景|Cha10|实例156 制作流星雨动画.fla
视频：	视频教学|Cha10 |实例156 制作流星雨动画.MP4

图10-57　制作流星雨动画

1 启动软件后，按Ctrl+N组合键弹出【新建文档】对话框，选择【Action Script 3.0】选项，单击【确定】按钮，如图10-58所示，即可新建场景。

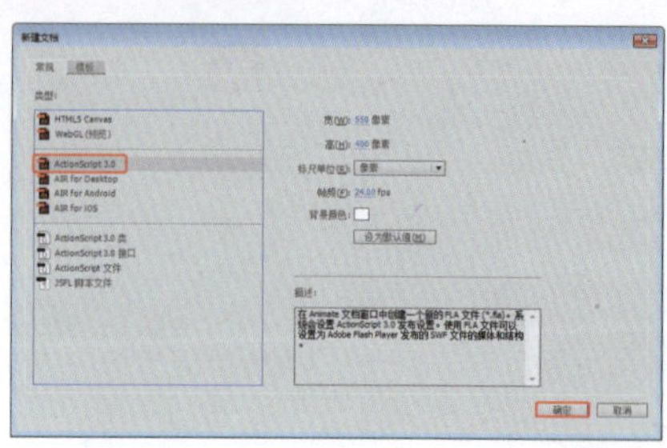

图10-58　选择新建类型

2 进入工作界面后，在工具箱中单击【属性】按钮，在打开的面板中将【属性】选项组中的【大小】设置为550×413像素，【舞台】背景颜色设置为黑色，如图10-59所示。

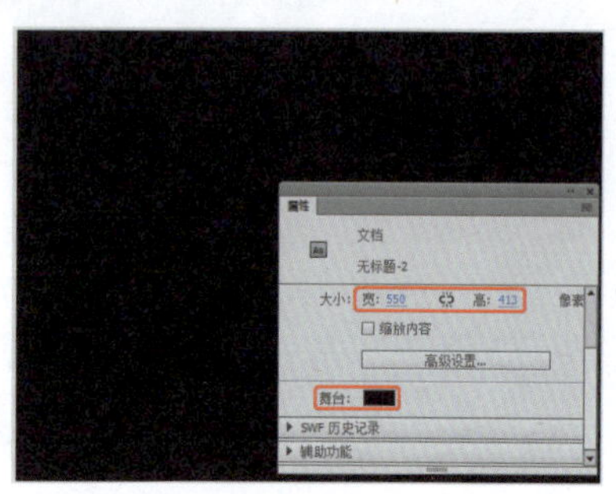

图10-59　设置场景大小

3 在菜单栏中选择【文件】|【导入】|【导入到舞台】命令，如图10-60所示。

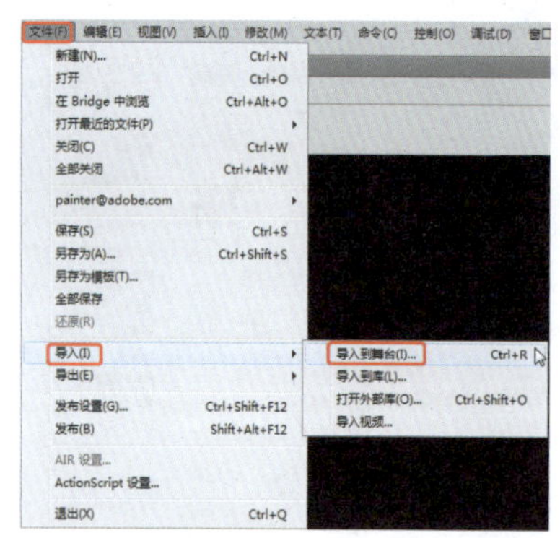

图10-60　选择【导入到舞台】命令

4 在弹出的【导入】对话框中，选择素材文件中的夜晚背景.jpg素材文件，单击【打开】按钮，如图10-61所示。

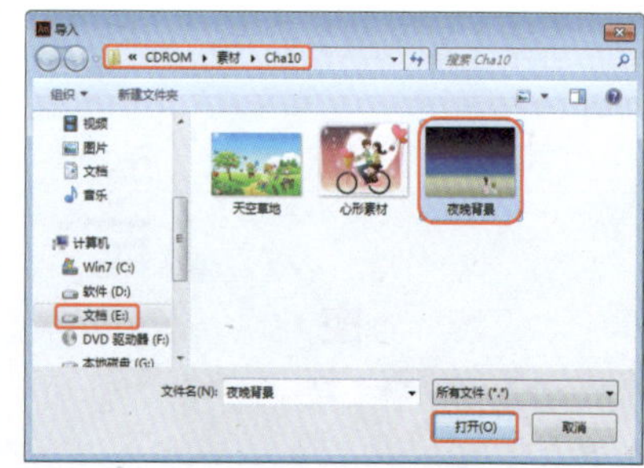

图10-61　选择素材文件

⑤ 按Ctrl+K组合键弹出【对齐】面板，在该面板中勾选【与舞台对齐】复选框，单击【水平中齐】按钮和【垂直中齐】按钮，如图10-62所示。

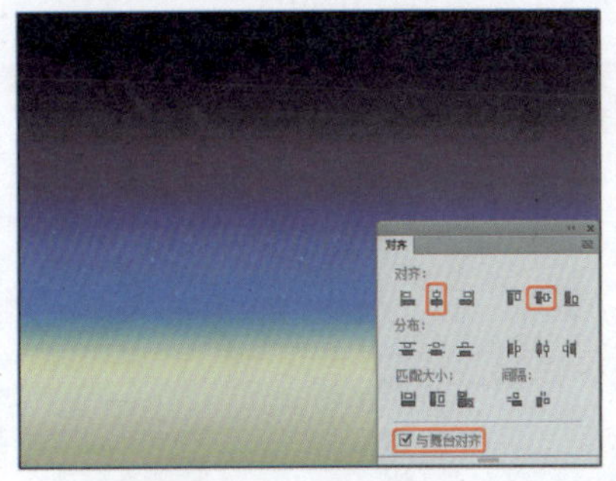

图10-62 设置对齐

⑥ 在菜单栏中选择【插入】|【新建元件】命令，在弹出的对话框中将【名称】命名为“流星1”，【类型】设置为【图形】，单击【确定】按钮，如图10-63所示，进入“流星1”元件的编辑场景。

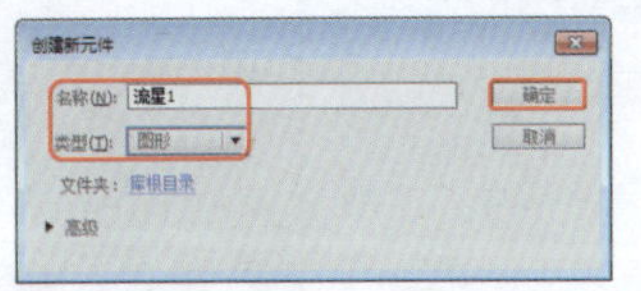

图10-63 创建元件

⑦ 在工具箱中选择【矩形工具】并选中【对象绘制】，在舞台中绘制一个矩形，在工具箱中使用【选择工具】选中舞台中绘制的矩形，打开【属性】面板单击按钮，取消【宽】和【高】的锁定链接，将【宽】设置为178像素，【高】设置为2像素，如图10-64所示。

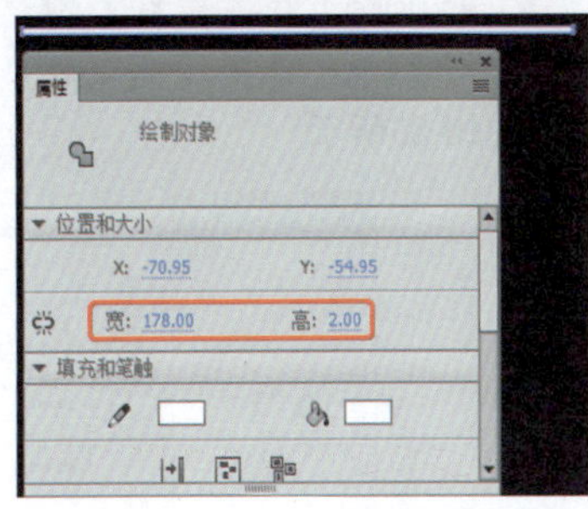

图10-64 设置矩形的大小

⑧ 确认选中绘制的矩形，打开【颜色】面板，将【笔触颜色】设置为无，【填充颜色】设置为【线性渐变】，在下方将渐变条上的色标颜色由左侧向右设置，颜色分别为白色、蓝色【#55A6FF】、灰色【#2E2E2E】，并将蓝色色标的【A】设置为50，灰色色标的【A】设置为0，矩形的调整参数效果，如图10-65所示。

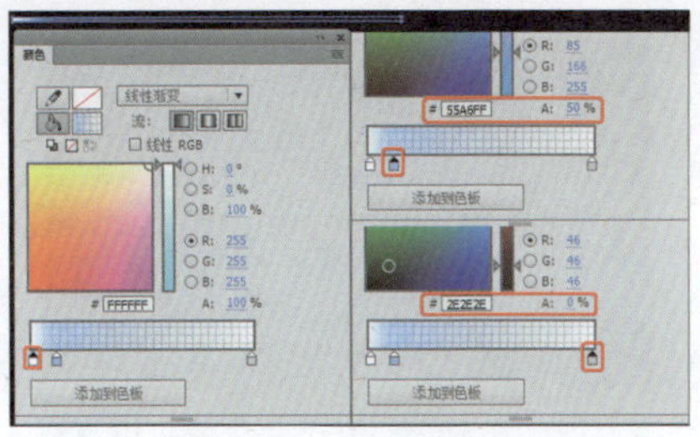

图10-65 设置举行的颜色

⑨ 使用【选择工具】按住Alt键拖动绘制的矩形，复制两个矩形，使用该工具调整复制得到的矩形效果如图10-66所示。

图10-66 复制并调整矩形

⑩ 调整完成后，按Ctrl+F8组合键打开【创建新元件】对话框，将【名称】输入为“流星2”，【类型】设置为【影片剪辑】，单击【确定】按钮，如图10-67所示。

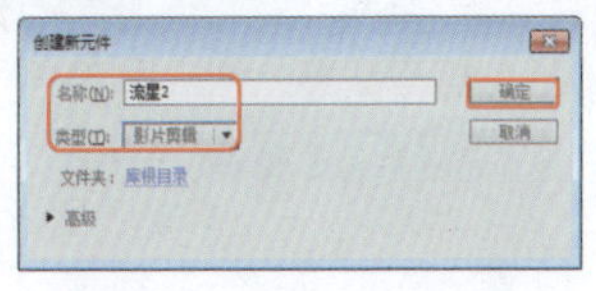

图10-67 新建元件并设置

⑪ 进入“流星2”元件后，打开【库】面板将“流星1”元件拖至“流星2”元件的舞台中，如图10-68所示。

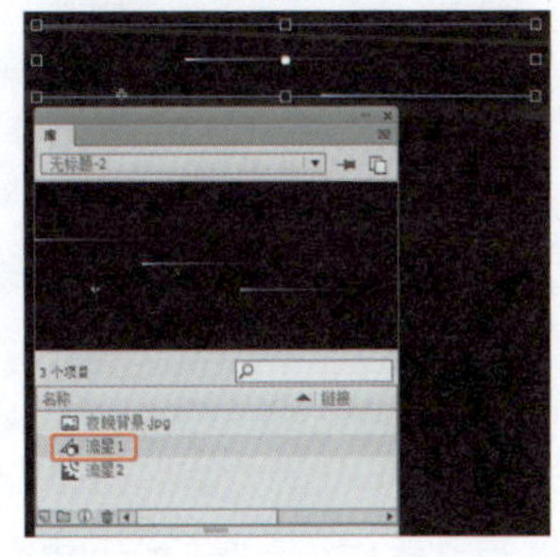

图10-68 拖入元件

⑫ 在【时间轴】面板中选择“图层1”的第1帧，调整“流星1”元件的位置，如图10-69所示。

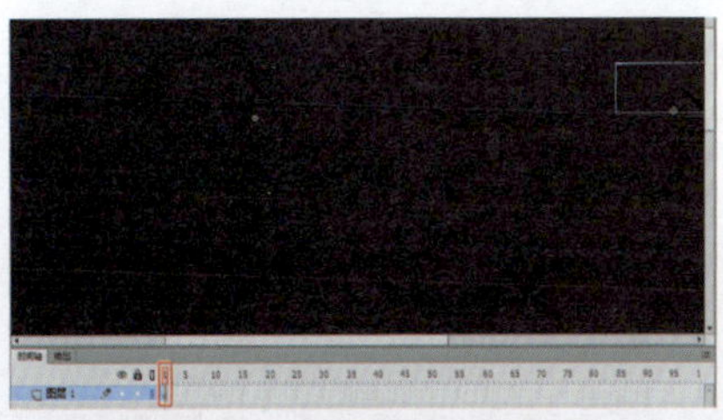

图10-69 调整元件的位置

⑬ 选择“图层1”的第25帧，按F6键插入关键帧，在舞台中调整“流星1”元件的位置，效果如图10-70所示。

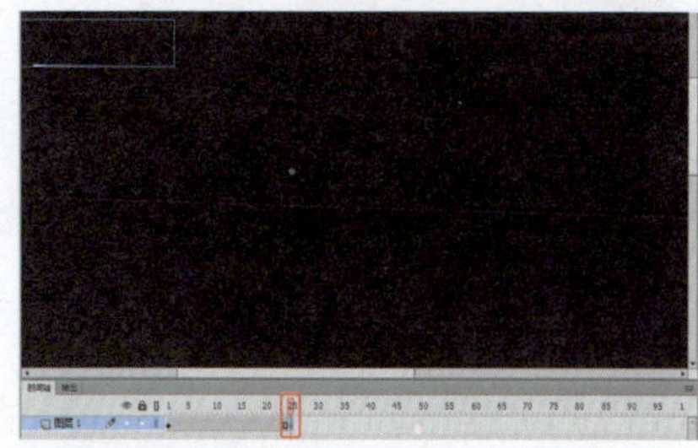

图10-70 选择帧并调整元件位置

⑭ 调整完成后，在“图层1”的第1帧至第25帧之间的任意帧单击鼠标右键，在弹出的快捷菜单中选择【创建传统补间】，如图10-71所示。

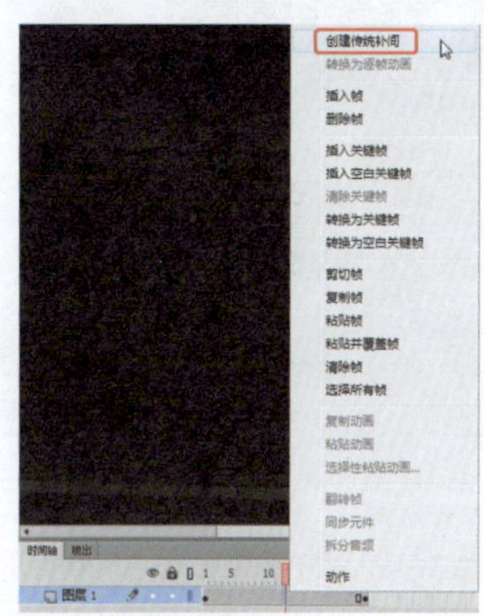

图10-71 创建传统补间

⑮ 单击左上角的按钮，选择“图层1”的第300帧，按F5键插入帧，如图10-72所示。

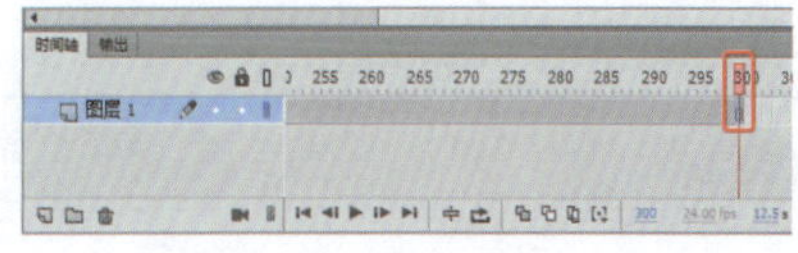

图10-72 插入帧

⑯ 打开【库】面板将“流星2”元件拖至舞台中，使用【任意变形工具】调整位置和角度，效果如图10-73所示。

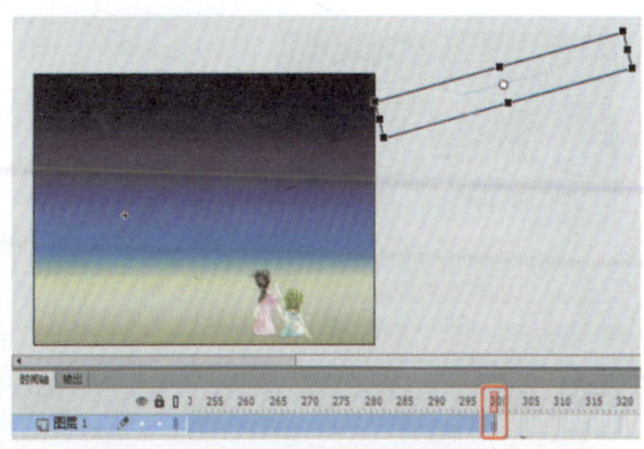

图10-73 拖入舞台中

⑰ 在时间轴面板中新建图层，选择“图层1”的所有帧右键单击选择【复制帧】命令，如图10-74所示。

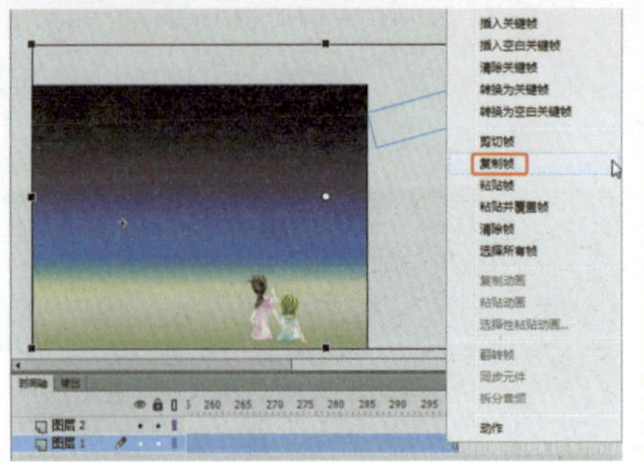
图10-74 选择【复制帧】命令

⑱ 在新建图层的第20帧位置右键单击选择【粘贴帧】命令，如图10-75所示。

图10-75 选择【粘贴帧】命令

⑲ 完成后的效果如图10-76所示。

图10-76 粘贴帧后的效果

⑳ 在【库】面板中将“流星2”元件拖至新图层中，并进行调整，效果如图10-77所示。

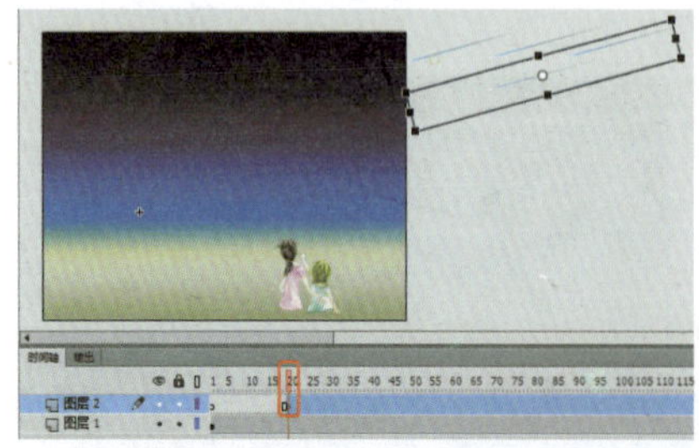
图10-77 调整拖入的元件

㉑ 调整完成后按Ctrl+Enter组合键测试影片效果，如图10-78所示。最后导出影片并保存场景。

图10-78 测试影片效果

实例157 制作聊天动画

下面介绍使用图层、关键帧和空白关键帧，制作聊天动画。制作完成后的效果，如图10-79所示。

素材：	素材|Cha10|聊天背景.png、头像01.png、头像02.png、框01.png、框02.png、小狗图片.png、发送按钮.png、
场景：	场景|Cha10|实例157 制作聊天动画.fla
视频：	视频教学|Cha10|实例157 制作聊天动画.MP4

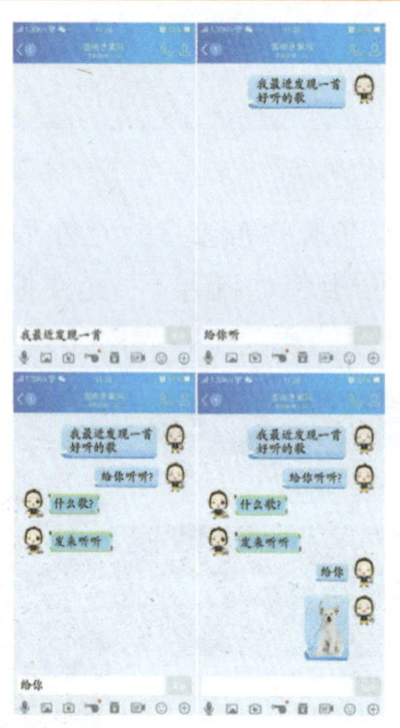
图10-79 聊天动画

❶ 启动软件后，按Ctrl+N组合键打开【新建文档】对话框，选择【Action Script 3.0】按钮，将【宽】设置为540像素，【高】设置为960，单击【确定】按钮，如图10-80所示。

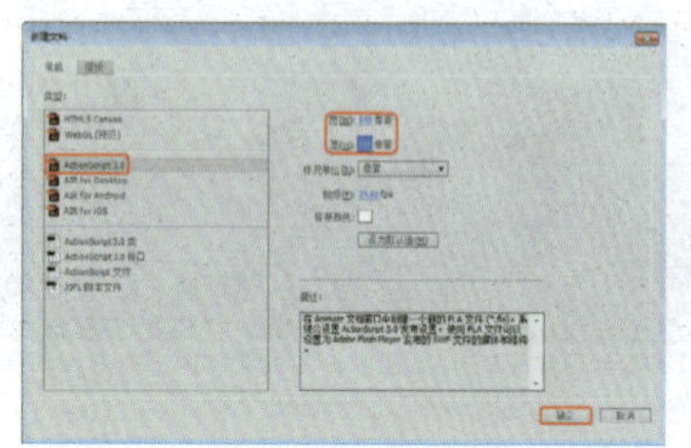
图10-80 新建文档

❷ 在菜单栏中选择【文件】|【导入】|【导入到舞台】命令，再弹出的对话框中打开随书配套资源中的素材|Cha10|聊天背景.png文件，单击【打开】按钮，如图10-81所示。

图10-81 选择素材文件

❸ 打开【对齐】面板勾选【与舞台对齐】，分别单击【水平中齐】和【垂直中齐】按钮，如图10-82所示。

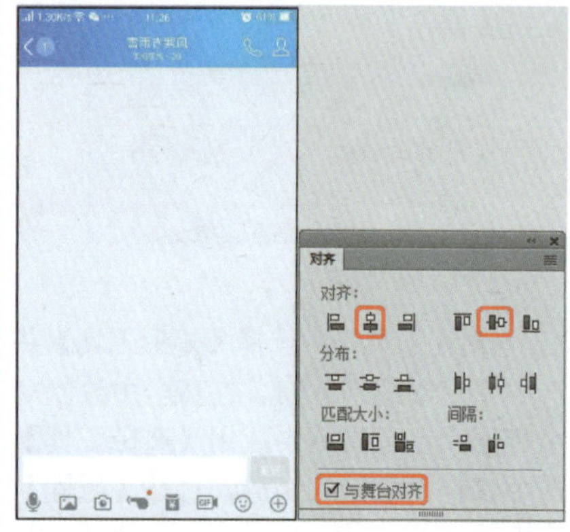
图10-82 使导入的素材对齐舞台

❹ 在【时间轴】面板中选择“图层1”的第200帧并单击鼠标右键，在弹出的快捷菜单中选择【插入帧】命令，如图10-83所示。

图10-83 选择【插入帧】命令

❺ 单击【新建图层】按钮，新建图层后在工具箱中选择【文本工具】T，在舞台中输入文字，在【属性】面板中将【系列】设置为【方正楷体简体】，将【大小】设置为35磅，并将【颜色】设置为黑色，如图10-84所示。

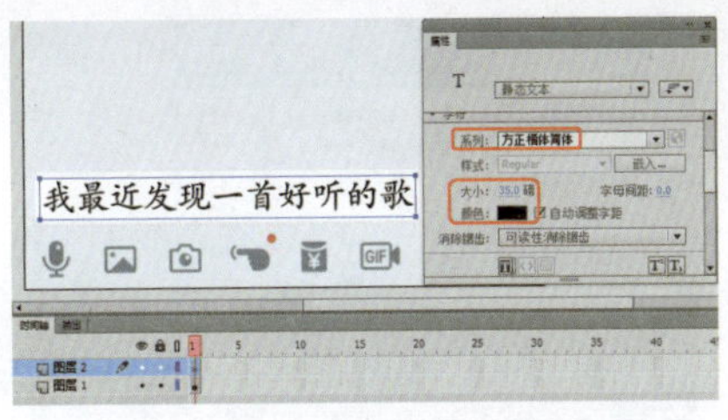
图10-84 输入文本并设置

6 确定文本处于选择状态，按Ctrl+B组合键分离对象，如图10-85所示。

图10-85 分离对象

7 在“图层2”的第5、10、15、20、25、30、35、40、45、50、55帧处按F6键插入关键帧，如图10-86所示。

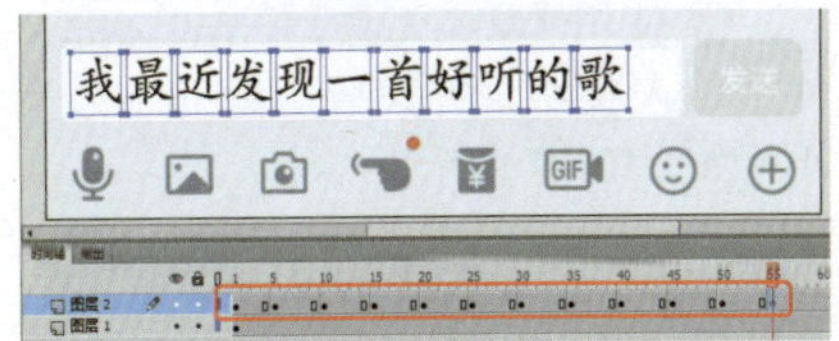
图10-86 插入关键帧

8 选择第1帧关键帧，使用【选择工具】，按住Shift键选择“我”减选文字，按Delete键删除选中的文字，如图10-87所示。

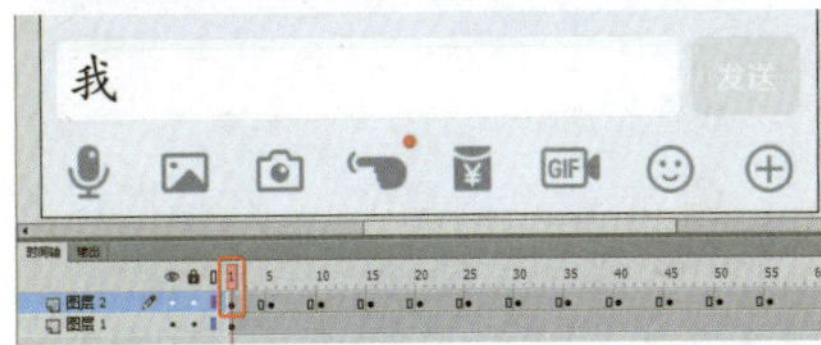
图10-87 删除多余文字后的效果

9 选择“图层2”的第5帧关键帧，使用【选择工具】，按住Shift键选择“我最”减选文字，按Delete键删除选中的文字，如图10-88所示。

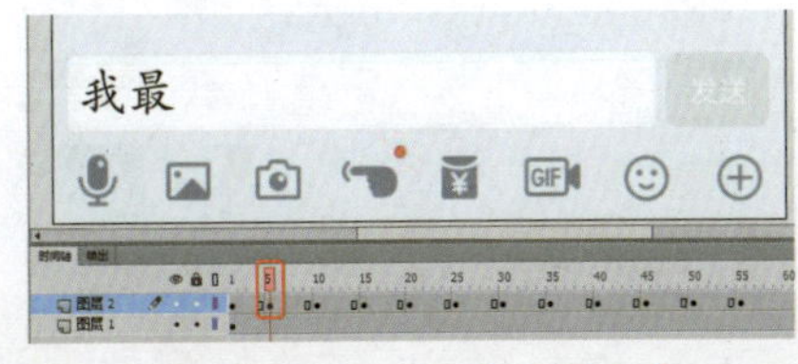
图10-88 再次删除多余文字

10 使用同样方法在其他关键帧处逐字保留，删除多余文字，在50帧处的关键帧处应保留全部文字，如图10-89所示。

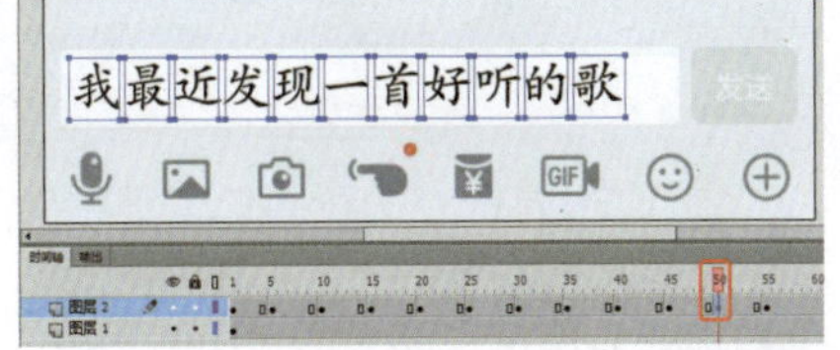
图10-89 设置其他帧文字效果

11 选择第55帧处的关键帧，按Ctrl+R组合键，在打开的对话框中打开随书配套资源中的素材|Cha10|发送按钮.png文件，单击【打开】按钮，如图10-90所示。

图10-90 选择素材文件

12 确定文件处于选择状态，使用【选择工具】调整该素材的位置，效果如图10-91所示。

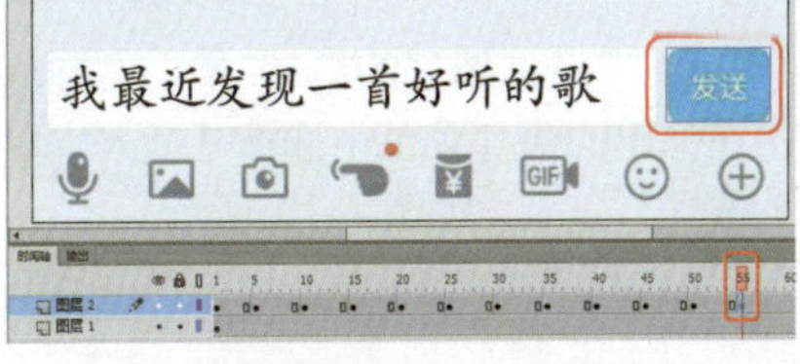
图10-91 调整位置

13 选择第57帧单击鼠标右键，在弹出的快捷菜单中选择【插入空白关键帧】命令，如图10-92所示。

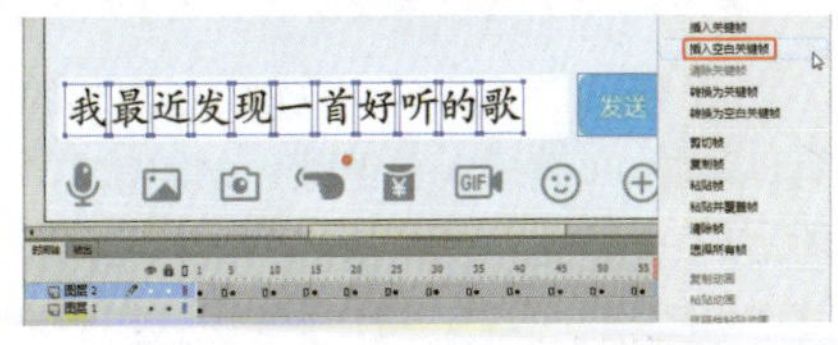
图10-92 选择【插入空白关键帧】命令

14 完成后的效果如图10-93所示。

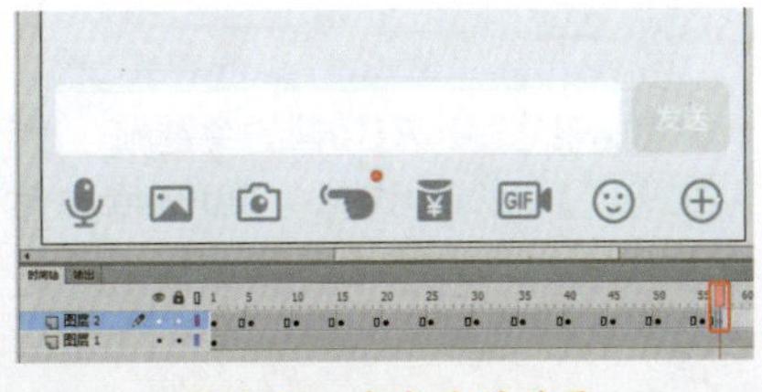
图10-93 完成后的效果

15 新建“图层3”，选择该图层的第65帧按F6键插入关键帧，确认选中第65帧的关键帧，在菜单栏中选择【文件】|【导入】|【导入到库】命令，在弹出的对话框中打开随书配套资源中的素材|Cha10| |头像01.png、框01.png文件，单击【打开】按钮，如图10-94所示。

图10-94 打开素材文件

16 在【库】面板中选择头像01.png文件拖入到舞台中，使用【任意选择工具】调整素材的位置和大小，效果如图10-95所示。

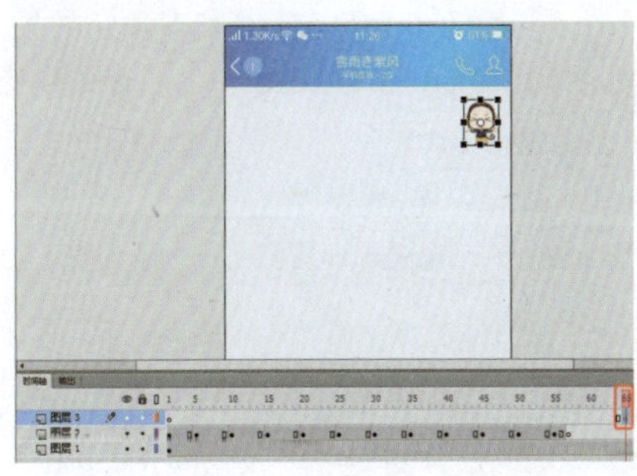
图10-95 调整位置和大小

17 再在【库】面板中将框01.png文件拖入到舞台中，使用【任意选择工具】调整素材的位置和大小，效果如图10-96所示。

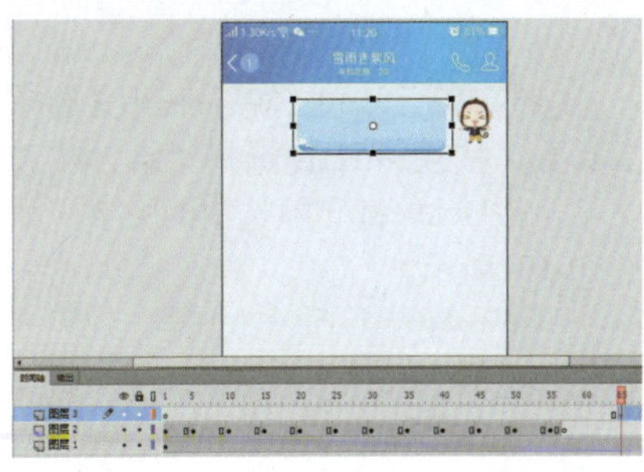
图10-96 导入素材并调整

18 使用【文本工具】在框01.png素材中输入文字，并设置合适的文字大小，如图10-97所示。

19 新建“图层4”，选择“图层4”的第75帧按F6键插入关键帧，在工具箱中选择【文本工具】T，在舞台中输入文字，在【属性】面板中将【系列】设置为【方正楷体简体】，将【大小】设置为35磅，并将【颜色】设置为黑色，如图10-98所示。

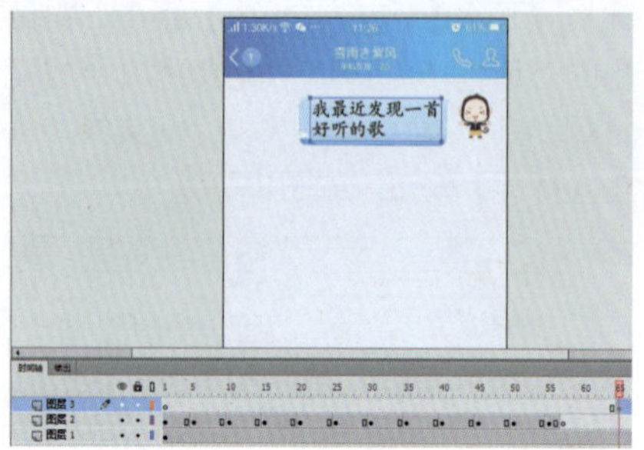
图10-97 输入文字

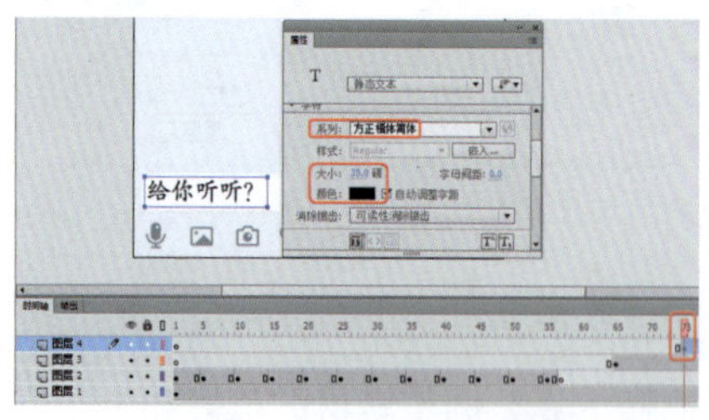
图10-98 输入文本并设置

⑳ 按Ctrl+B组合键分离对象，效果如图10-99所示。

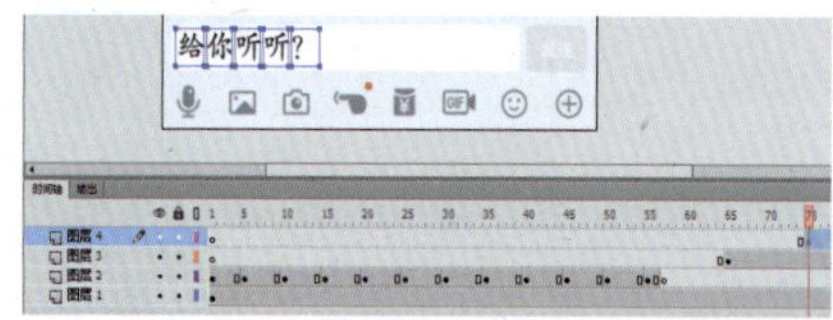
图10-99 分离对象

㉑ 在“图层4”的第80、85、90、95、100帧处按F6键插入关键帧，如图10-100所示。

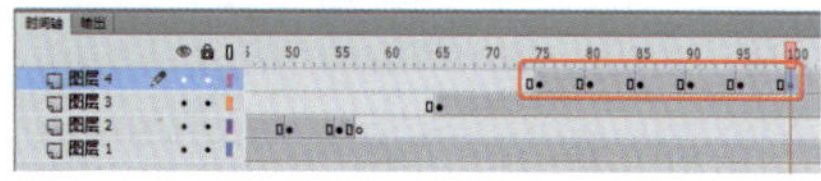
图10-100 插入关键帧

㉒ 选择第75帧关键帧，使用【选择工具】，按住Shift键选择“给”减选文字，按Delete键删除选中的文字，如图10-101所示。

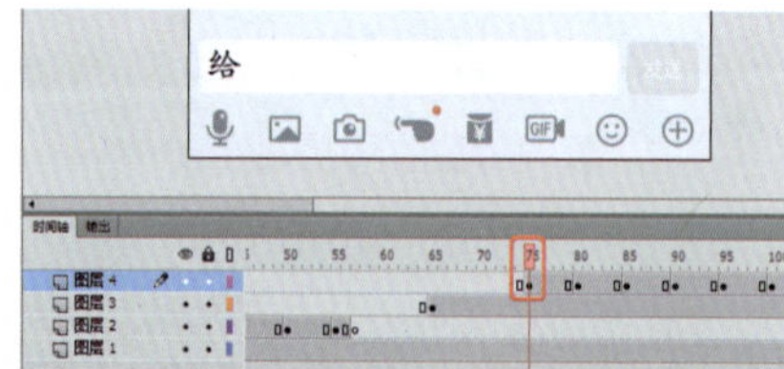
图10-101 删除多余文字后的效果

㉓ 选择“图层4”的第80帧关键帧，使用【选择工具】，按住Shift键选择“给你”减选文字，按Delete键删除选中的文字，如图10-102所示。

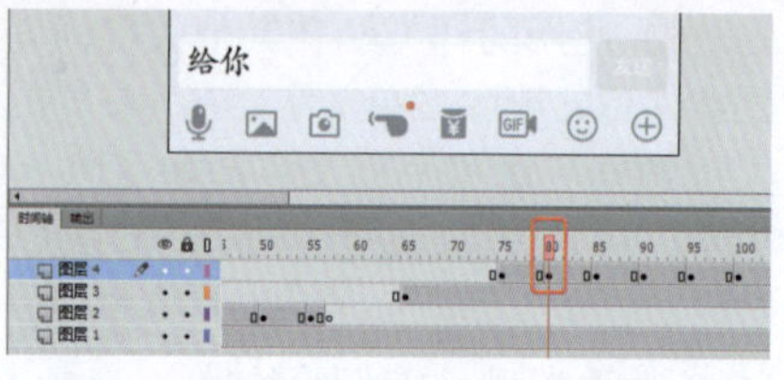
图10-102 再次删除多余文字

㉔ 使用同样方法在其他关键帧处逐字保留，删除多余文字，在95帧处的关键帧处应保留全部文字，如图10-103所示。

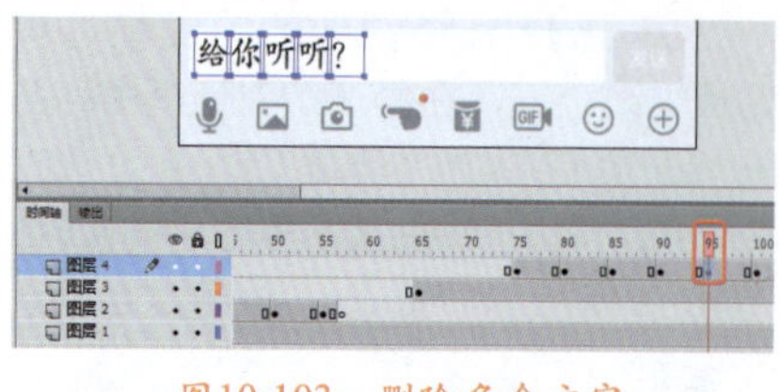
图10-103 删除多余文字

㉕ 选择该图层的第100帧处的关键帧，打开【库】面板，将发送按钮.png素材文件拖入舞台中并调整位置，如图10-104所示。

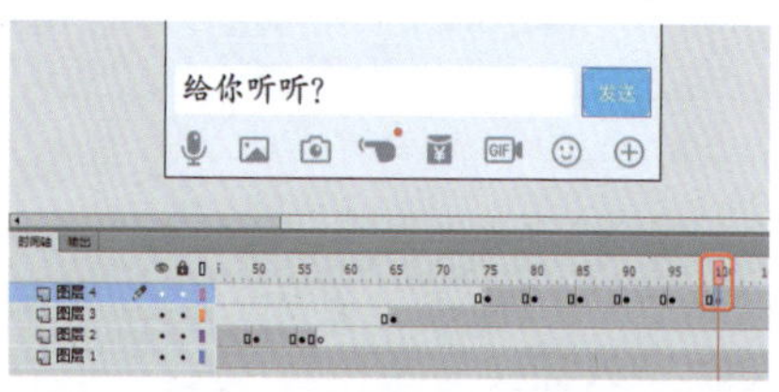
图10-104 拖入素材

㉖ 选择该图层的第102帧，右键单击在弹出的快捷菜单中选择【插入空白关键帧】命令，如图10-105所示。

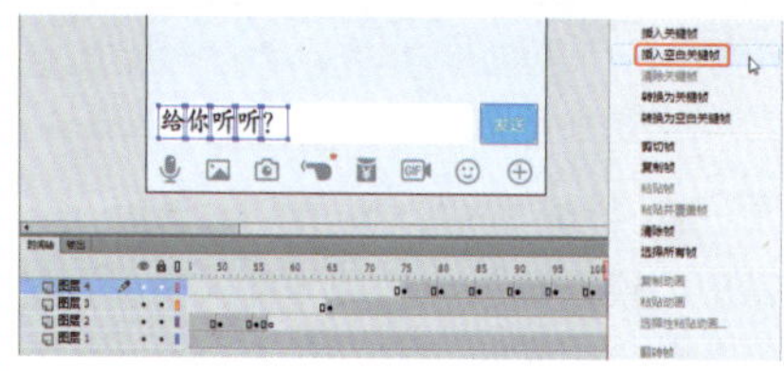
图10-105 选择【插入空白关键帧】命令

㉗ 新建“图层5”，选择新图层的第110帧按F6键插入关键帧，如图10-106所示。

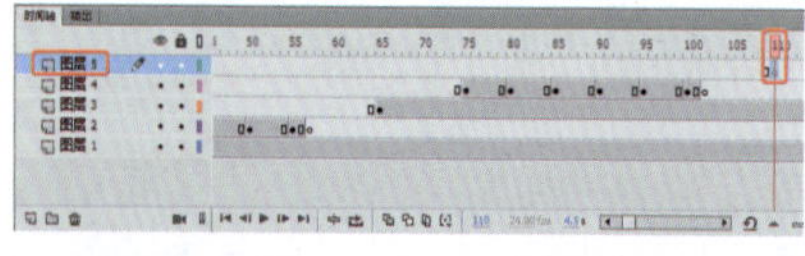
图10-106 插入关键帧

㉘ 确认选中第110帧的关键帧，然后在【库】面板中选择头像01.png文件拖入舞台中，使用【任意选择工具】调整素材的位置和大小，效果如图10-107所示。

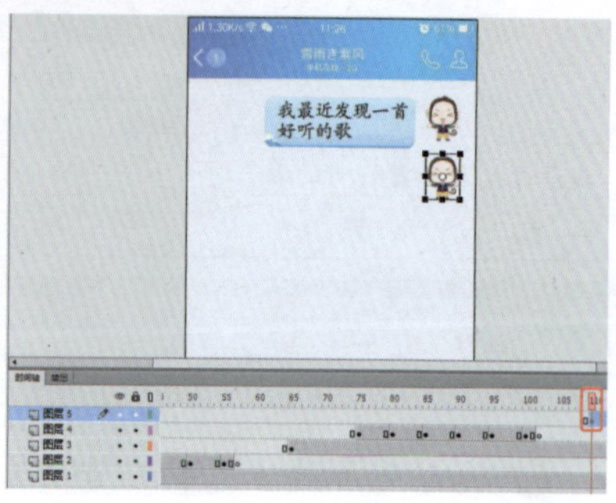
图10-107 拖入素材

㉙ 在【库】面板中选择框01.png文件拖入舞台中，使用【任意选择工具】调整文件的位置和大小，效果如图10-108所示。

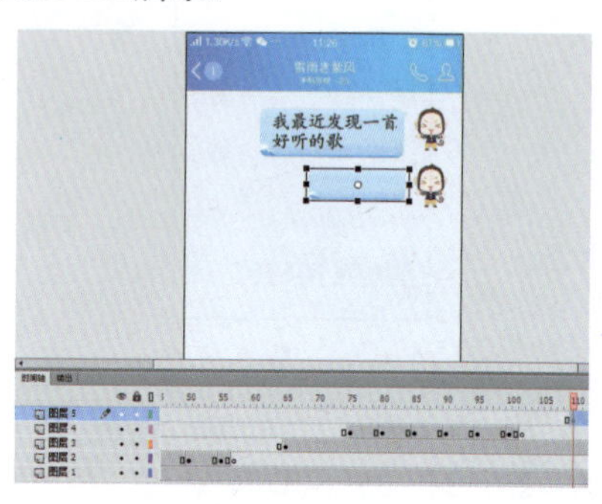
图10-108 拖入素材

㉚ 使用【文本工具】在框01.png文件中输入文字，并设置合适的字号大小，如图10-109所示。

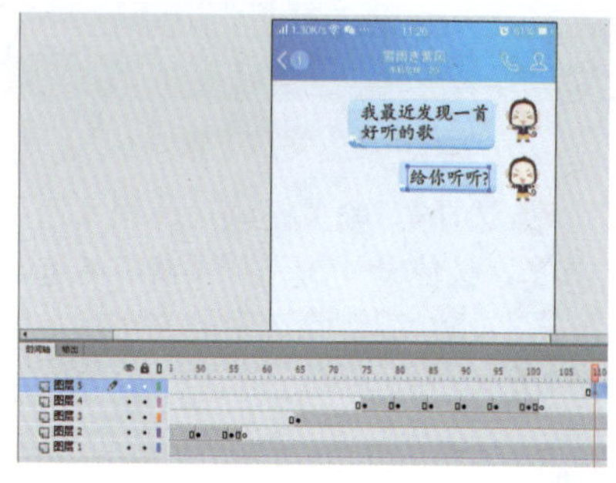
图10-109 输入文字

㉛ 新建“图层6”，在该图层的第120帧插入关键帧，在菜单栏中选择【文件】|【导入】|【导入到库】命令，在弹出的对话框中选择随书配套资源中的素材|Cha10|头像02.png、框02.png文件，如图10-110所示。

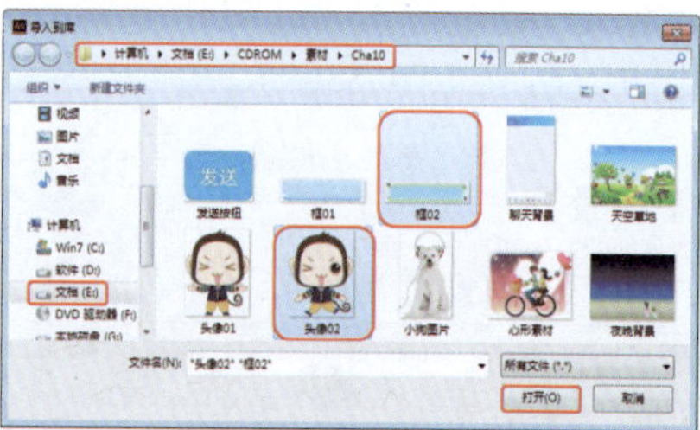
图10-110 选择素材文件

32 确定“图层6”的第120帧处于选择状态，在【库】面板中将头像02.png文件拖入舞台中，并使用【任意选择工具】调整素材的位置和大小，效果如图10-111所示。

图10-111 拖入素材

33 在【库】面板中将框02.png文件拖入舞台中，并使用【任意选择工具】调整素材的位置和大小，效果如图10-112所示。

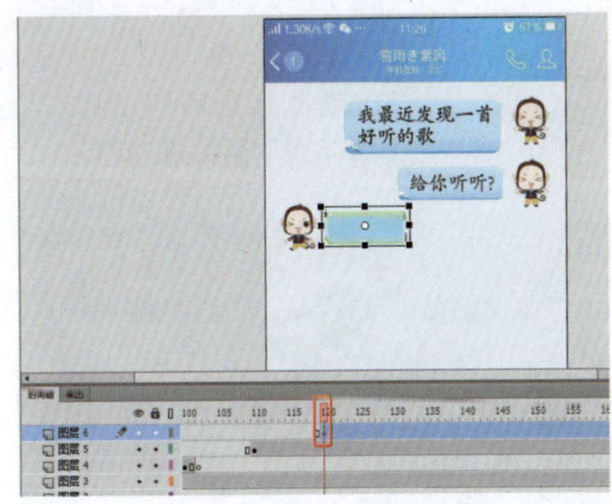

图10-112 拖入素材

34 使用【文本工具】T在框02.png文件中输入文字，并适当调整大小和位置，如图10-113所示。

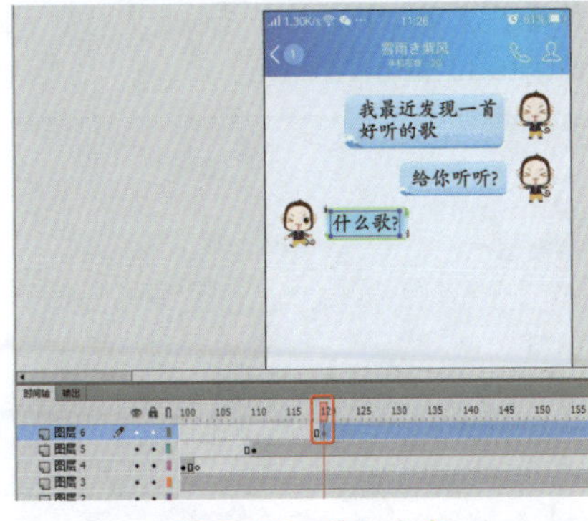

图10-113 输入文字

35 新建“图层7”，在该图层的第130帧位置插入关键键，再次在【库】面板中将头像02.png文件拖入舞台中，并使用【任意选择工具】调整素材的位置和大小，如图10-114所示。

图10-114 新建图层并拖入素材

36 在【库】面板中将框02.png文件拖入舞台中，并使用【任意选择工具】调整素材的位置和大小，如图10-115所示。

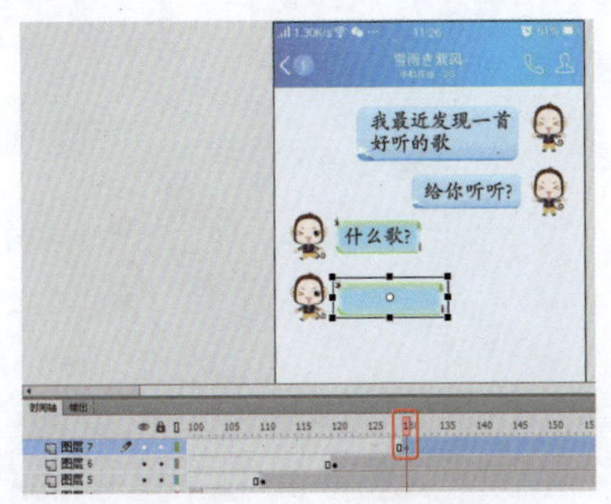

图10-115 拖入素材

37 使用【文本工具】T在框02.png文件中输入文字，并适当调整大小和位置，如图10-116所示。

图10-116 输入文字

38 新建“图层8”，选择“图层8”的第140帧按F6键插入关键帧，在工具箱中选择【文本工具】T，在舞台中输入文字，在【属性】面板中将【系列】设置为【方正楷体简体】，将【大小】设置为35磅，并将【颜色】设置为黑色，如图10-117所示。

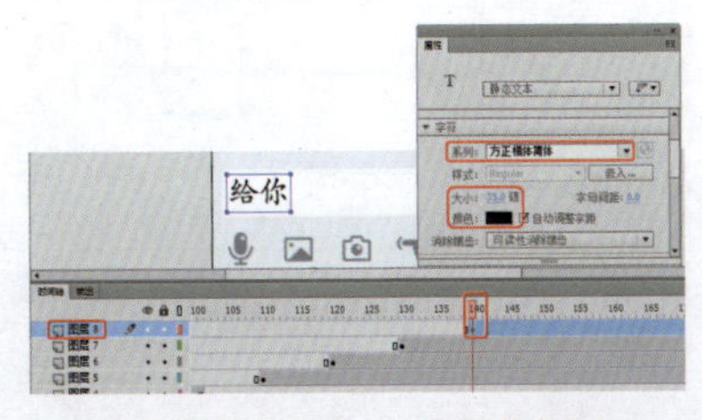

图10-117 输入文本并设置

39 按Ctrl+B组合键分离对象，效果如图10-118所示。

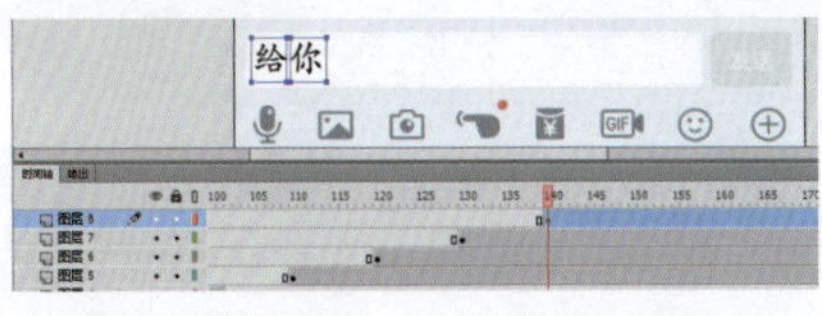

图10-118 分离对象

40 在“图层8”的第145、第150帧处按F6键插入关键帧，如图10-119所示。

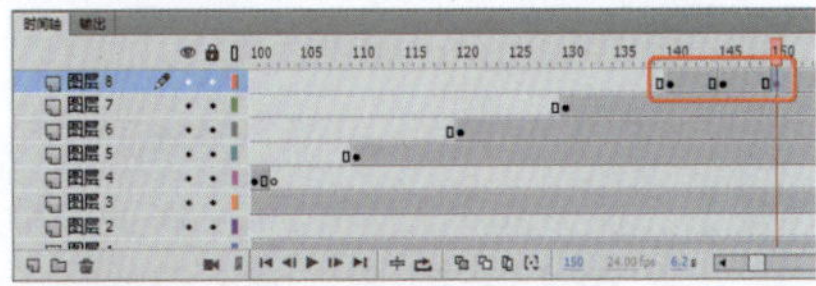

图10-119 插入关键帧

41 选择第140帧关键帧，使用【选择工具】，按住Shift键选择“给”减选文字，按Delete键删除选中的文字，如图10-120所示。

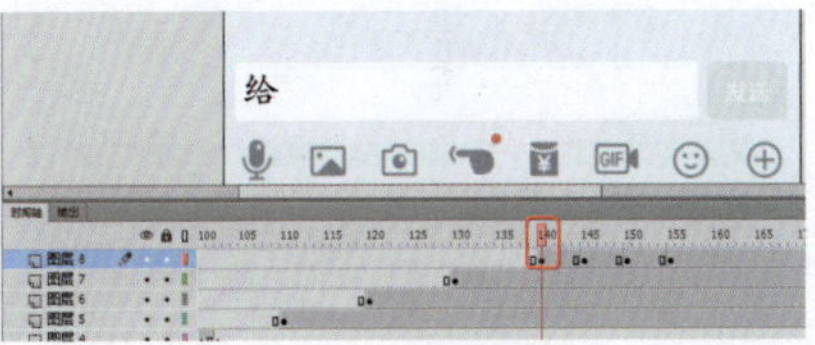

图10-120 删除多余文字后的效果

42 在第145帧处的关键帧处应保留全部文字，如图10-121所示。

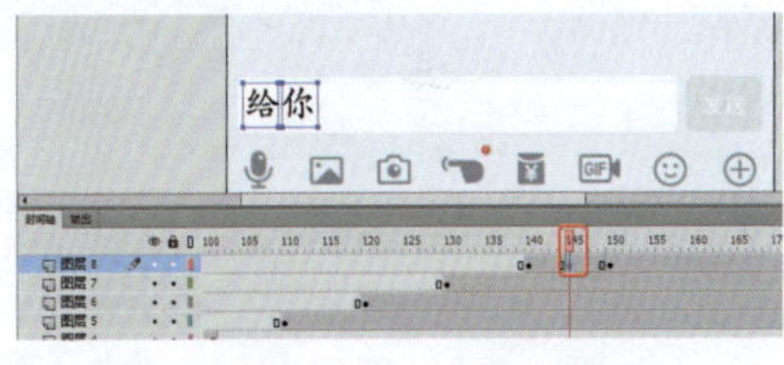

图10-121 保留文字

43 选择该图层的第150帧处的关键帧，打开【库】面板，将发送按钮.png文件拖入舞台中并调整位置，如图10-122所示。

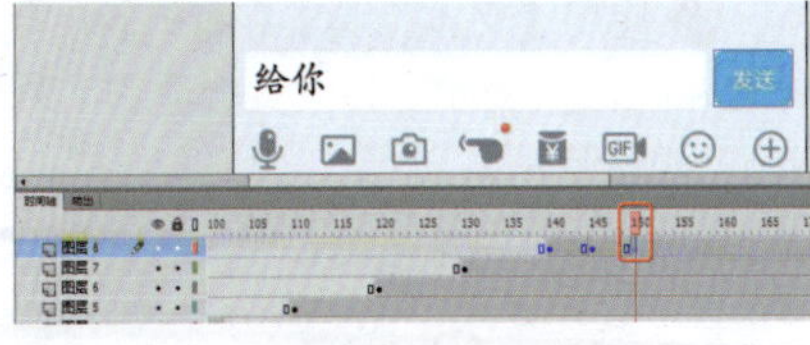

图10-122 拖入素材

44 选择该图层的第152帧，右键单击在弹出的快捷菜单中选择【插入空白关键帧】命令，如图10-123所示。

45 新建“图层9”，选择新图层的第160帧按F6键插入关键帧，如图10-124所示。

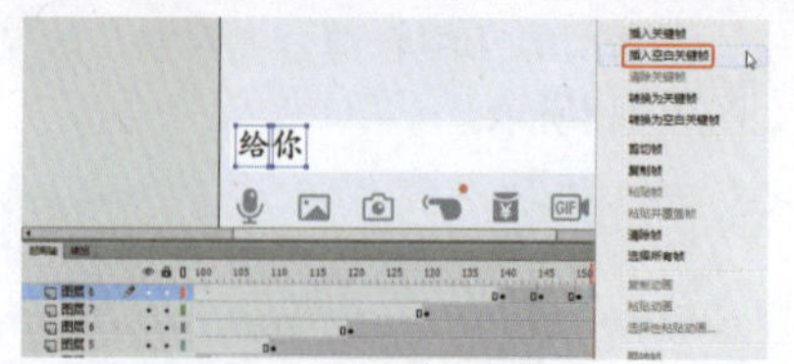
图10-123　选择【插入空白关键帧】命令

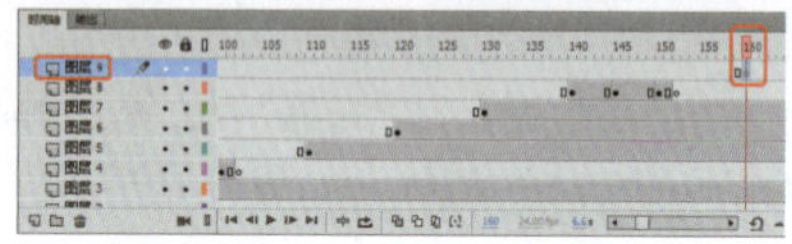
图10-124　插入关键帧

㊻ 确认选中第160帧的关键帧， 在【库】面板中选择头像01.png文件拖入舞台中，使用【任意选择工具】调整素材的位置和大小，效果如图10-125所示。

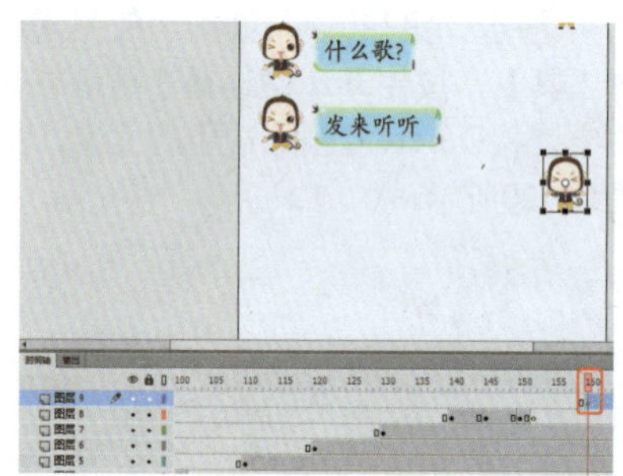

图10-125　拖入素材

㊼ 在【库】面板中选择框01.png文件拖入舞台中，使用【任意选择工具】调整素材的位置和大小，效果如图10-126所示。

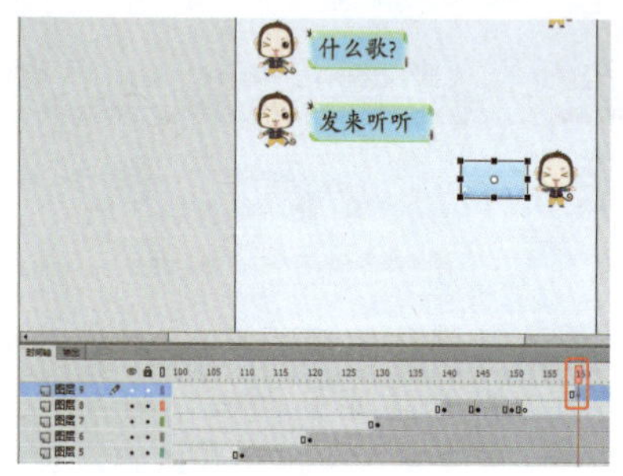

图10-126　拖入素材

㊽ 使用【文本工具】在框01.png素材文件中输入文字，并设置合适的字号大小，如图10-127所示。

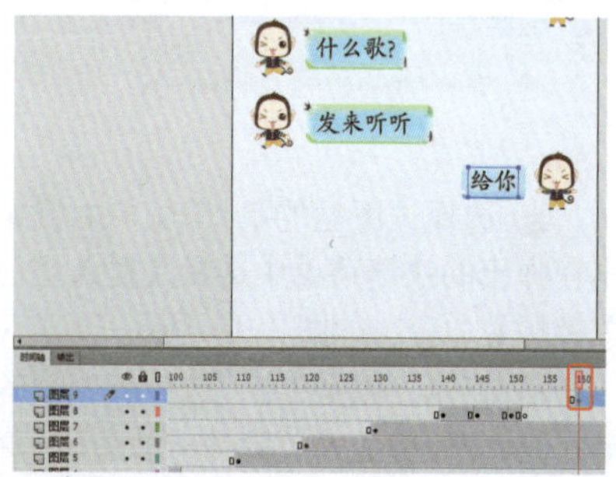

图10-127　输入文字

㊾ 新建“图层10”，在该图层的第170帧插入关键帧，在【库】面板中选择头像01.png文件拖入舞台中，使用【任意选择工具】调整素材的位置和大小，如图10-128所示。

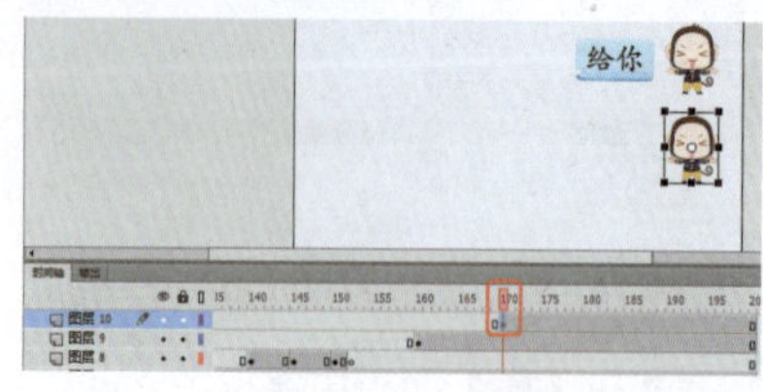

图10-128　拖入素材

㊿ 在【库】面板中将框01.png文件拖入舞台中，并使用【任意选择工具】调整素材的位置和大小，效果如图10-129所示。

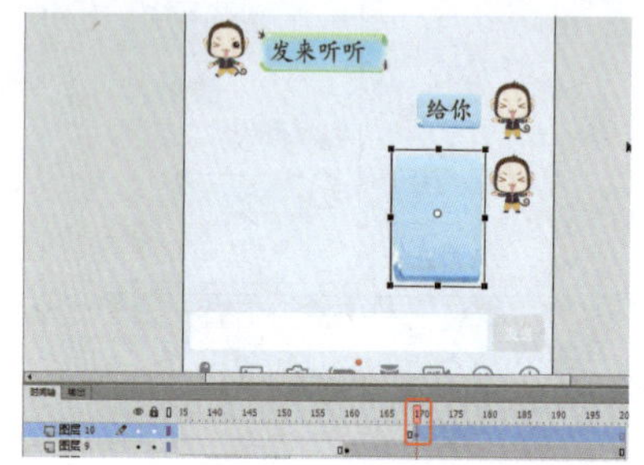

图10-129　拖入素材

51 在菜单栏中选择【文件】|【导入】|【导入到舞台】命令，在弹出的对话框中选择素材|Cha10|小狗图片.png文件，单击【打开】按钮，如图10-130所示。

图10-130　选择素材文件

52 使用【任意选择工具】调整素材的位置和大小，效果如图10-131所示。

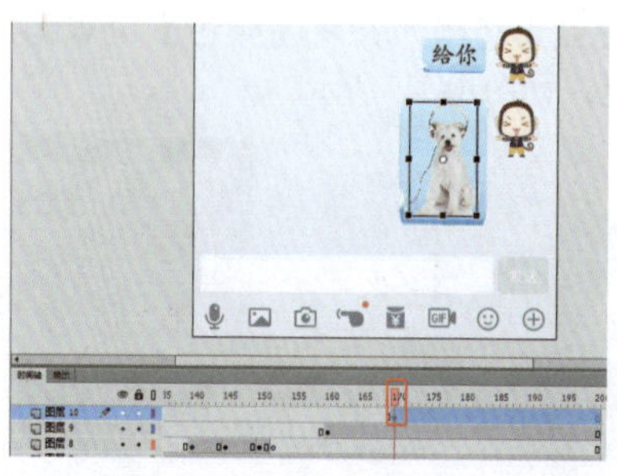

图10-131　调整素材位置和大小

53 至此，聊天动画制作完成，按Ctrl+Enter组合键测试影片，如图10-132所示。最后导出影片并保存场景。

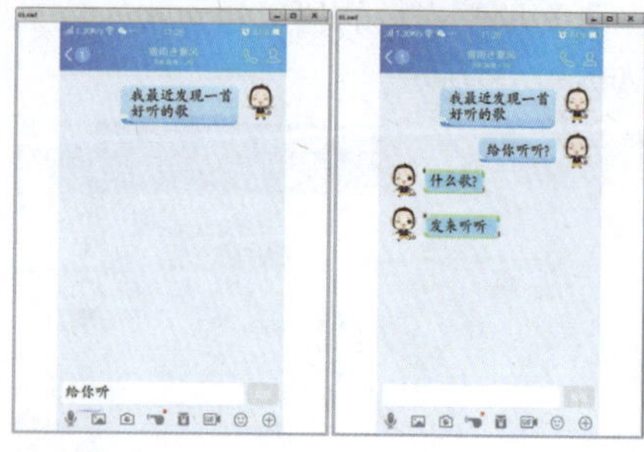
图10-132　测试影片

实例158
制作下雨动画效果

本实例将介绍制作下雨效果的方法，完成后的效果如图10-133所示。

素材：	素材|Cha10|池塘背景.jpg
场景：	场景|Cha10|实例158 制作下雨动画效果.fla
视频：	视频教学 | Cha10 |实例158 制作下雨动画效果.MP4

图10-133　制作下雨动画效果

❶ 启动软件后，按Ctrl+N组合键打开【新建文档】，单击【确定】按钮，如图10-134所示。

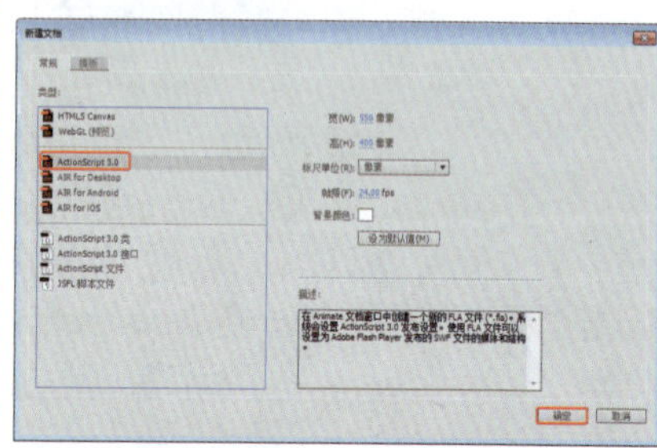
图10-134　新建文档

❷ 进入工作界面后，在工具箱中单击【属性】按钮，在打开的面板中将【属性】选项组中的【大小】设置为540×338像素，【舞台】背景颜色设置为黑色，如图10-135所示。

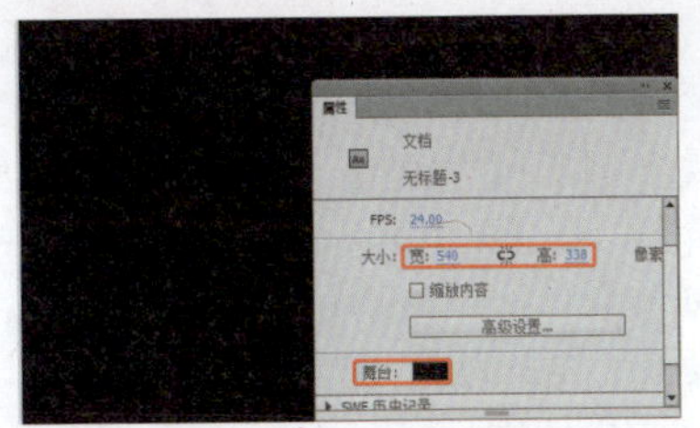
图10-135 设置属性

③ 按Ctrl+R组合键，在弹出的【导入】对话框中选择随书配套资源中的素材|Cha10|池塘背景.jpg文件，单击【打开】按钮，效果如图10-136所示。

图10-136 选择素材文件

④ 将素材文件导入到舞台中，在【对齐】面板中单击【水平中齐】按钮 和【垂直中齐】按钮，并勾选【与舞台对齐】复选框，调整一下位置，如图10-137所示。

图10-137 调整位置

⑤ 按Ctrl+F8组合键，在打开的对话框中输入【名称】为“下雨”，将【类型】设置为【影片剪辑】，单击【高级】，勾选【为ActionScript导出】，在【类】右侧输入“xl”，单击【确定】按钮，如图10-138所示。

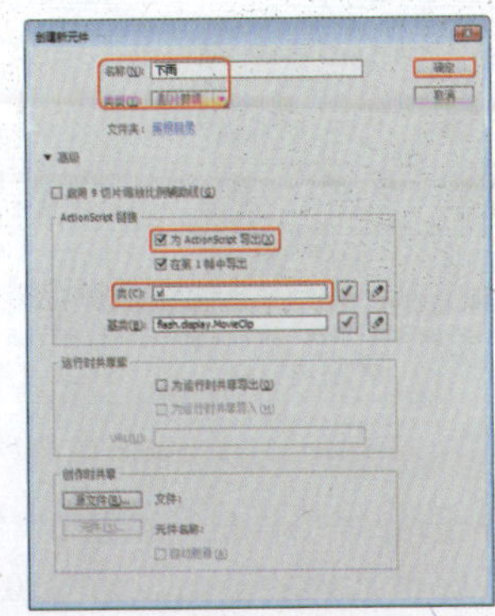
图10-138 创建新元件

⑥ 在弹出的对话框中单击【确定】按钮，如图10-139所示。

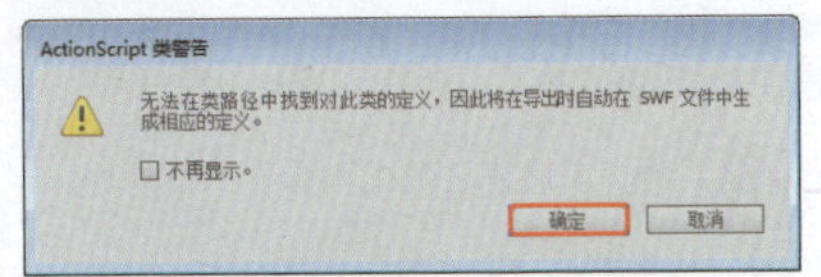
图10-139 【ActionScript类警告】对话框

⑦ 选择【线条工具】，并取消选中【对象绘制】按钮，然后在舞台中绘制一条直线，选中绘制的直线，在【属性】面板中，将【高】设置为7像素，【笔触颜色】设置为白色，如图10-140所示。

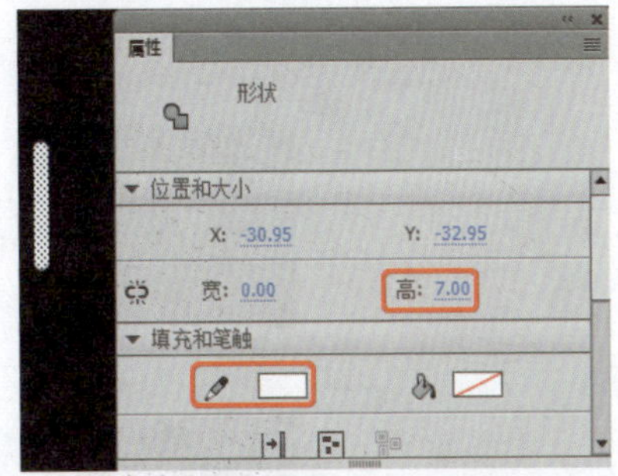
图10-140 绘制直线并设置属性图

⑧ 在“图层1”的第25帧处按F6键插入关键帧，在舞台中调整直线的位置，其对比效果，如图10-141所示。

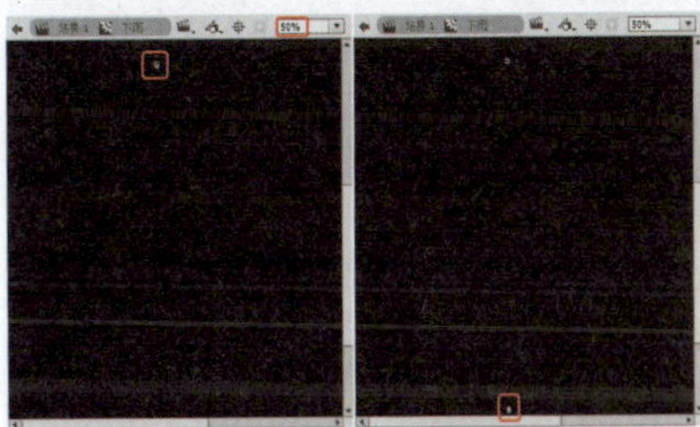
图10-141 插入关键帧并调整元件的位置

提 示

绘制的直线位置应在舞台中心点的上方，调整直线后的位置应使舞台的中心位置在调整直线后位置的中点处，并使后来绘制的椭圆位于调整直线位置后的相似位置。

⑨ 在“图层1”的两处关键帧之间单击鼠标右键，在弹出的快捷菜单中选择【创建补间形状】命令，如图10-142所示。

⑩ 新建“图层2”，在第26帧的位置插入关键帧，使用【椭圆工具】在舞台中绘制一个椭圆，选中绘制的椭圆，在属性面板中将【宽】设置为12像素，【高】设置为2.5像素，【笔触颜色】设置为白色，【填充颜色】设置为无，如图10-143所示。

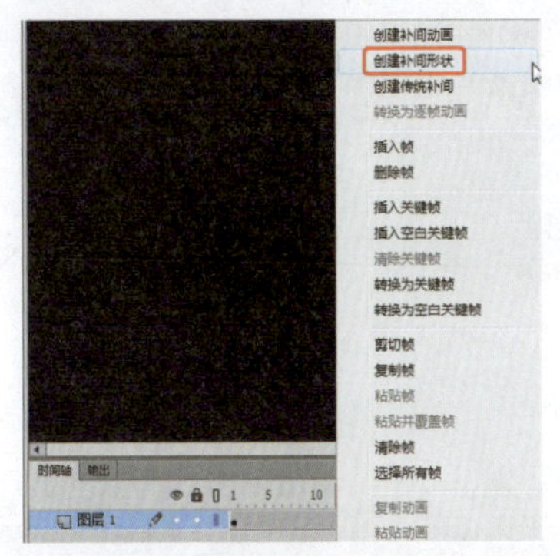
图10-142 选择【创建补间形状】命令

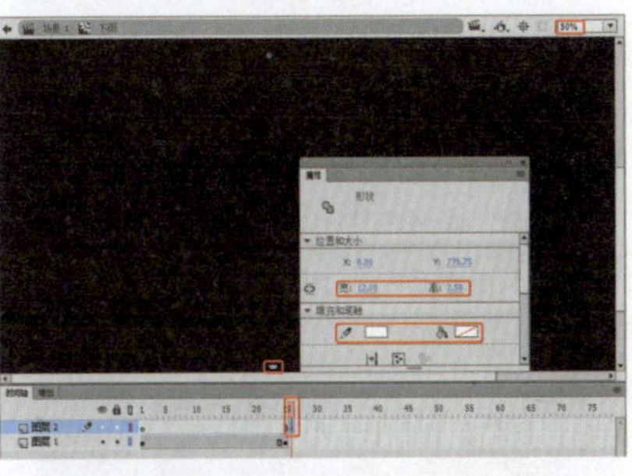
图10-143 新建图层并绘制椭圆

⑪ 在该图层的第45帧位置插入关键帧，选中椭圆在【属性】面板中将【宽】设置为48像素，【高】设置为9像素，如图10-144所示。

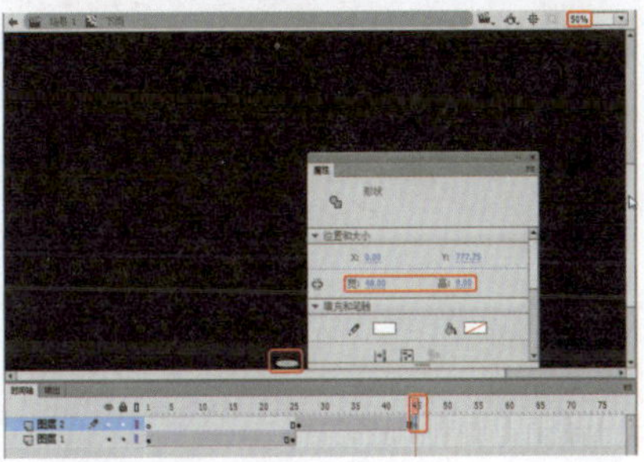
图10-144 更改参数

⑫ 选中绘制的直线和椭圆，在【对齐】面板中单击【水平中齐】按钮，在该图层的两个关键帧之间单击鼠标右键选择【创建补间形状】命令，如图10-145所示。

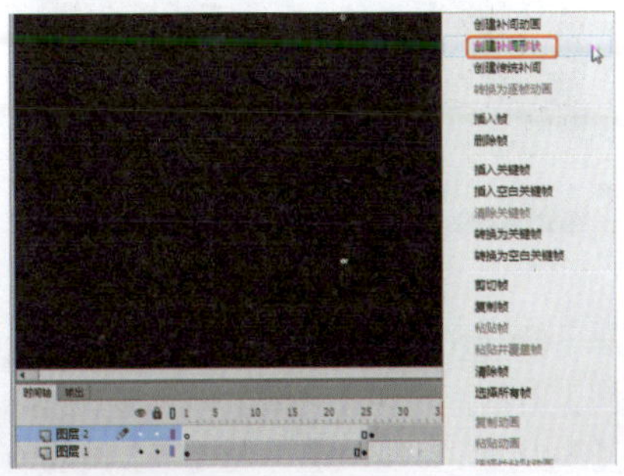
图10-145 选择【创建补间形状】命令

⑬ 返回到场景中，新建图层按F9键在打开的面板中输入代码，如图10-146所示。

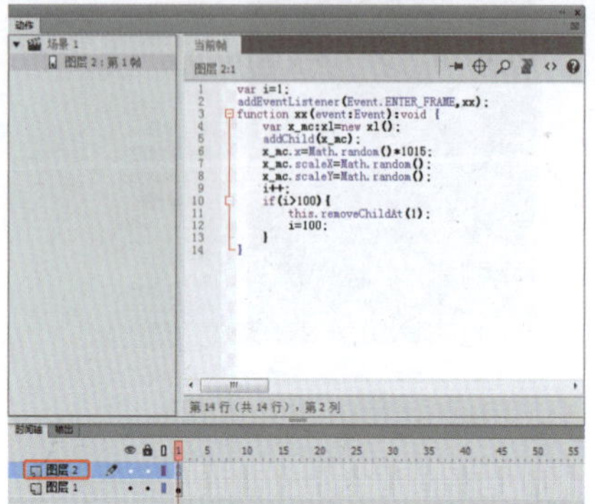

图10-146　输入代码

⑭ 最后按Ctrl+Enter组合键测试影片效果，如图10-147所示。

图10-147　测试影片效果

实例159 飘雪动画

本实例介绍在Flash中制作下雪效果的方法，完成后的效果如图10-148所示。

素材：	素材|Cha10|雪景.jpg、雪花.png
场景：	场景|Cha10|实例159 飘雪动画.fla
视频：	视频教学 | Cha10 |实例159 飘雪动画.MP4

图10-148　飘雪效果

① 按Ctrl+N组合键弹出【新建文档】对话框，在【类型】列表框中选择【ActionScript 3.0】，将【宽】设置为550像素，将【高】设置为413像素，将【背景颜色】设置为黑色，单击【确定】按钮，如图10-149所示。

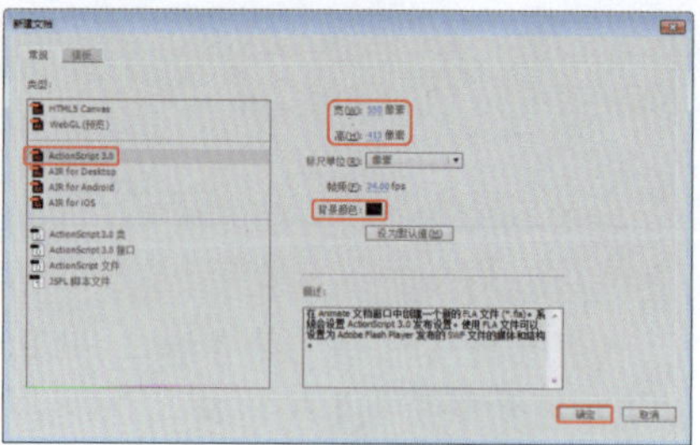

图10-149　新建文档

② 新建空白文档，在菜单栏中选择【文件】|【导入】|【导入到库】命令，如图10-150所示。

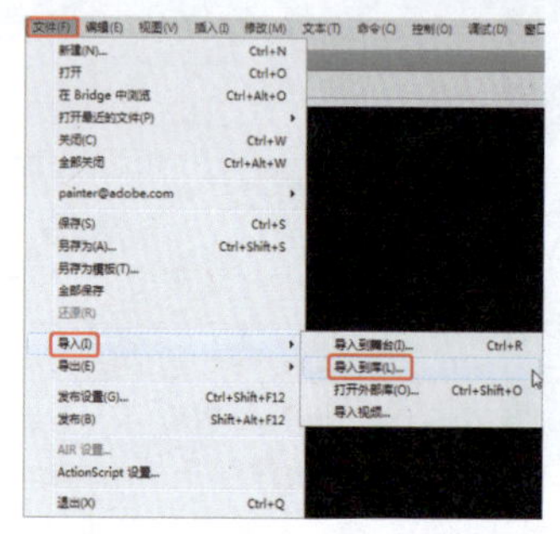

图10-150　选择【导入到库】命令

③ 弹出【导入到库】对话框，在该对话框中选择随书配套资源中的素材|Cha10|雪景.jpg、雪花.png文件，单击【打开】按钮，如图10-151所示。

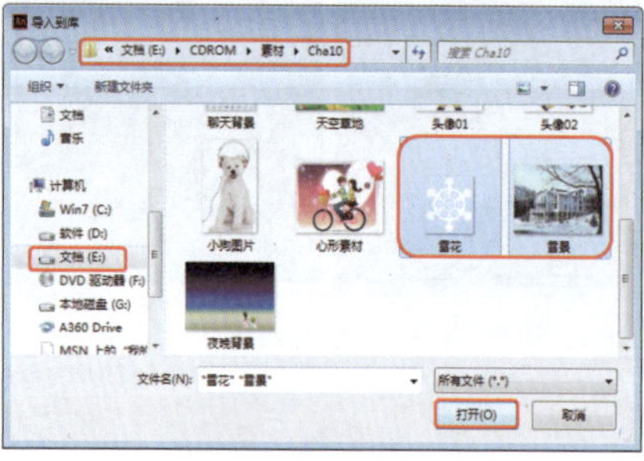

图10-151　选择素材文件

④ 在【库】面板中将雪景.jpg素材文件拖拽至舞台中，调整其位置，如图10-152所示。在【对齐】面板中单击【水平中齐】按钮和【垂直中齐】按钮，并勾选【与舞台对齐】复选框，如图10-152所示。

图10-152　拖入素材并调整位置

⑤ 按Ctrl+F8组合键弹出【创建新元件】对话框，输入【名称】为“飘雪”，将【类型】设置为【影片剪辑】，在【ActionScript链接】区域中勾选【为ActionScript导出】复选框，设置【类】为xl，单击【确定】按钮，如图10-153所示。

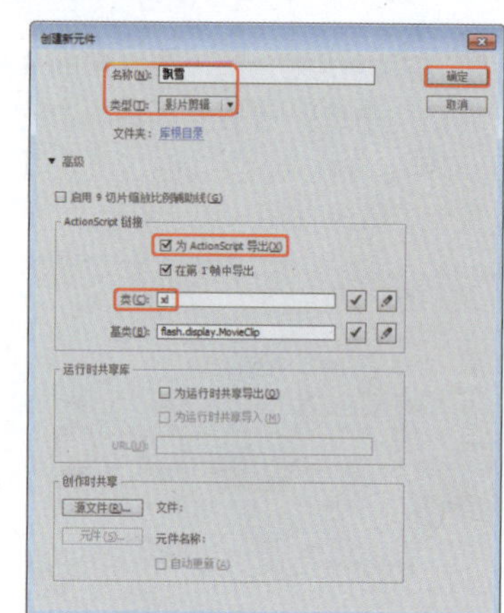

图10-153　创建新元件

⑥ 在弹出的提示对话框中单击【确定】按钮即可，在“图层1”上单击鼠标右键，在弹出的快捷菜单中选择【添加传统运动引导层】命令，如图10-154所示。

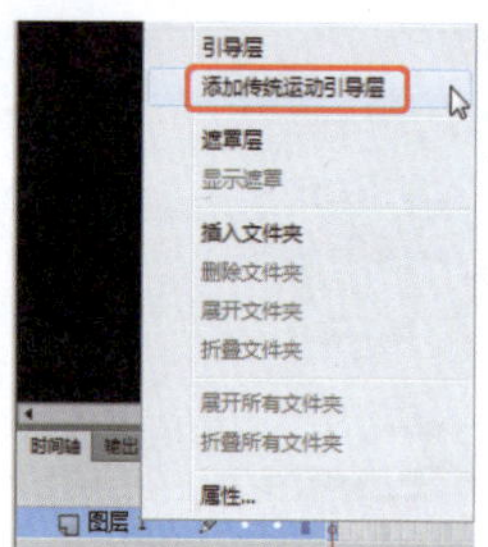

图10-154　选择【添加传统运动引导层】命令

⑦ 选择“引导层：图层1”，在工具箱中选择【钢笔工具】，在舞台中绘制曲线，效果如图10-155所示。

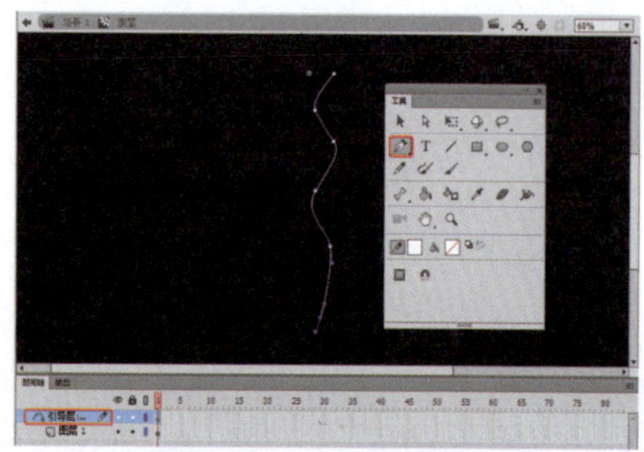

图10-155　绘制曲线

⑧ 选择“引导层：图层1”第90帧，按F6键插入关键帧，如图10-156所示。

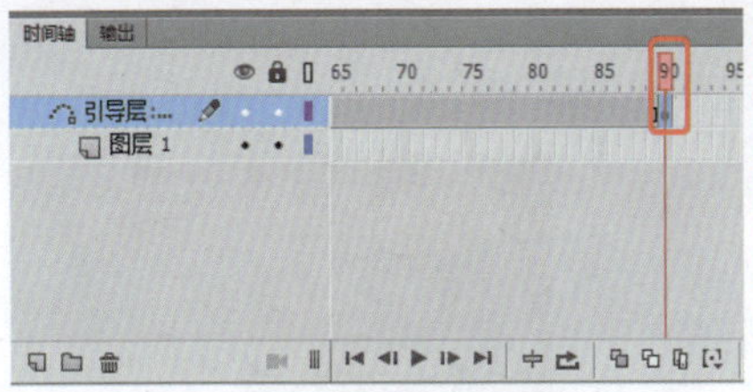
图10-156 插入关键帧

9 选择“图层1”第1帧，在【库】面板中将雪花.png素材文件拖拽至舞台中，并在【变形】面板中将【缩放宽度】和【缩放高度】设置为25%，如图10-157所示。

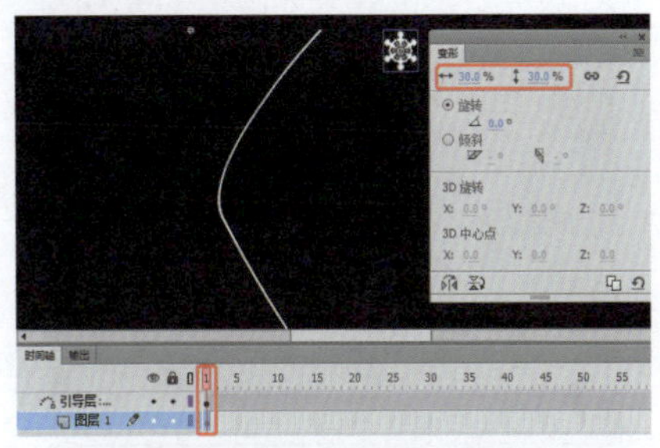
图10-157 调整素材文件

10 确认素材文件处于选择状态，按F8键弹出【转换为元件】对话框，输入【名称】为“雪花”，将【类型】设置为【图形】，单击【确定】按钮，如图10-158所示。

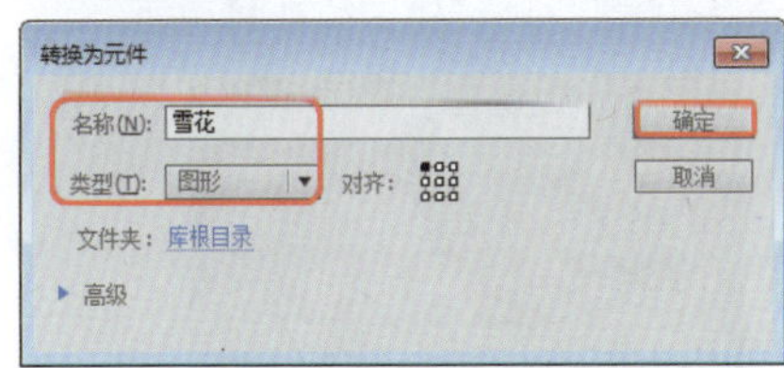

图10-158 【转换为元件】对话框

11 在舞台中将“雪花”图形元件拖拽至曲线的开始处，如图10-159所示。

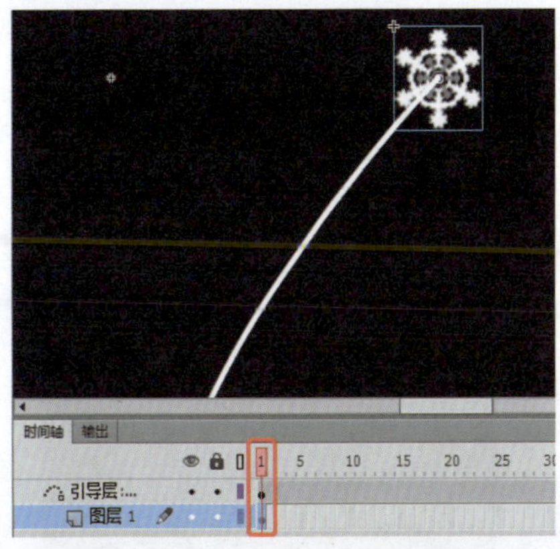
图10-159 调整元件位置

12 选择“图层1”第90帧，按F6键插入关键帧，将“雪花”图形元件拖拽至曲线的结束处，如图10-160所示。

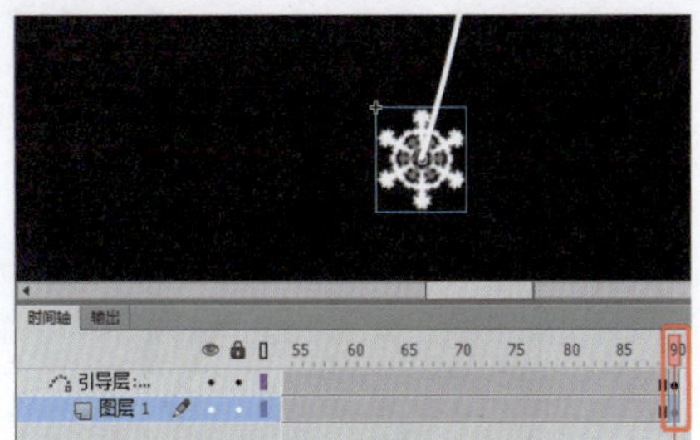
图10-160 插入关键帧并调整元件

13 在“图层1”的两个关键帧之间创建传统补间动画，如图10-161所示。

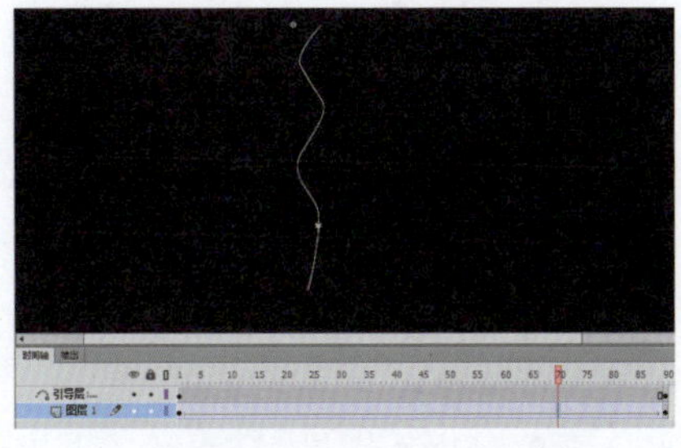
图10-161 创建传统补间动画

14 返回到“场景1”中，新建“图层2”，选择“图层2”第1帧，按F9键打开【动作】面板，在该面板中输入代码，如图10-162所示。

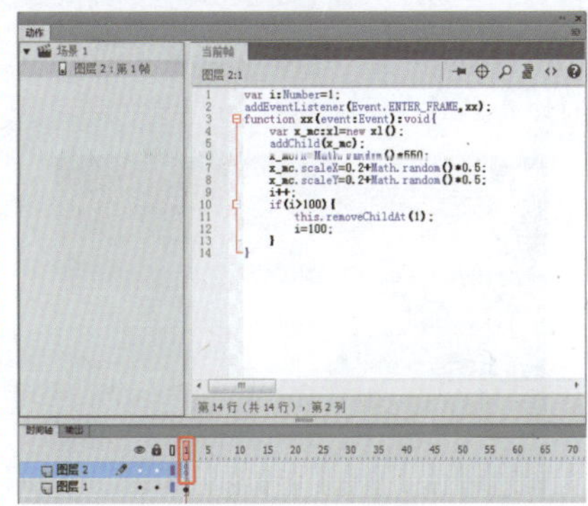
图10-162 输入代码

15 至此，完成飘雪效果的制作，按Ctrl+Enter组合键测试影片。最后导出影片并将场景文件保存。

图10-163 测试影片效果

实例160 蝴蝶飞舞动画

本实例将介绍如何制作蝴蝶飞舞动画。其制作的关键是关键帧的应用，通过在不同帧上添加关键帧，对其设置传统补间，完成后的效果如图10-164所示，具体操作方法如下。

素材：	素材|Cha10|绿色背景.jpg、蝴蝶.gif
场景：	场景|Cha10|实例160 蝴蝶飞舞动画.fla
视频：	视频教学 | Cha10 |实例160 蝴蝶飞舞动画.MP4

图10-164 蝴蝶飞舞动画

1 启动软件后，按Ctrl+N组合键，弹出【新建文档】对话框，将【类型】设为ActionScript 3.0，将【宽】设为550像素，将【高】设为367像素，单击【确定】按钮，如图10-165所示。

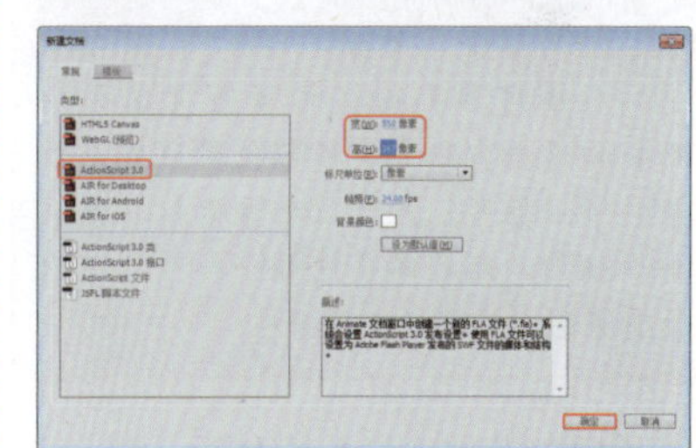
图10-165 新建文档

2 在菜单栏执行【文件】|【导入】|【导入到库】命令，如图10-166所示。

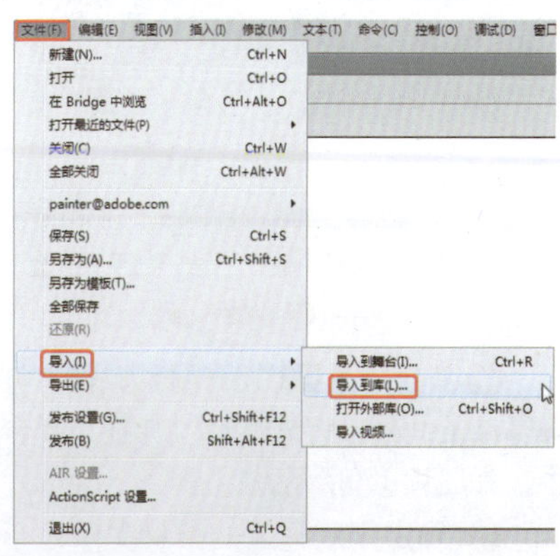

图10-166 选择【导入到库】命令

③ 弹出【导入到库】对话框，选择随书配套资源中的素材|Cha10|绿色背景.jpg、蝴蝶.gif文件，单击【打开】按钮，如图10-167所示。

图10-167　选择导入的素材文件

④ 打开【库】面板，选择绿色背景.jpg文件拖至到舞台中，打开【对齐】面板，单击【水平中齐】按钮和【垂直中齐】按钮并勾选【与舞台对齐】复选框，调整图片的位置，如图10-168所示。

图10-168　设置背景素材

提　示

在【对齐】面板中单击【水平中齐】和【垂直中齐】可以使对象处于舞台的中心位置，在这里背景素材与舞台大小相同，所以单击这两个按钮，可以使背景图片与舞台对齐。

⑤ 在【时间轴】面板中选择“图层1”的第200帧，按F5键插入帧，并将其该图层锁定，如图10-169所示。

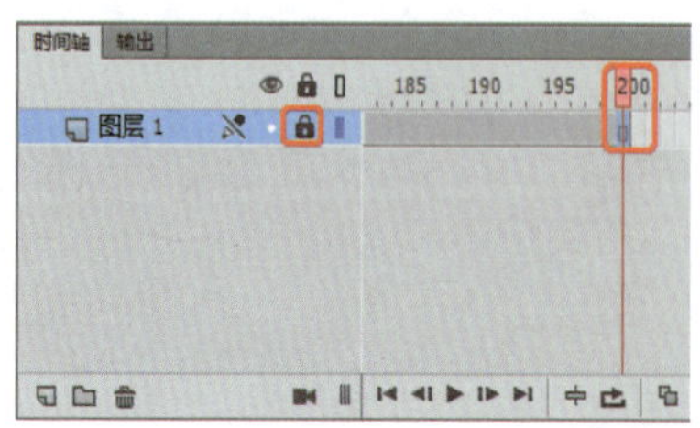

图10-169　插入帧

⑥ 新建“图层2”，选择第1帧，打开【库】面板，将蝴蝶.gif文件拖至舞台中，如图10-170所示。

⑦ 确定刚刚拖入的素材文件处于选择状态，按Ctrl+T组合键，打开【变形】面板，将【缩放宽度】和【缩放高度】都设为60%，并使用【任意变形工具】调整蝴蝶的位置和角度，如图10-171所示。

图10-170　拖入舞台中

知识链接

GIF格式图片，分为静态GIF和动画GIF两种，扩展名为.gif，是一种压缩位图格式，支持透明背景图像，适用于多种操作系统，“体型”很小，网上很多小动画都是GIF格式。其实GIF是将多幅图像保存为一个图像文件，从而形成动画，最常见的就是通过一帧帧的动画串联起来的搞笑gif图，所以归根到底GIF仍然是图片文件格式。但GIF只能显示256色。和jpg格式一样，这是一种在网络上非常流行的图形文件格式。

图10-171　调整元件对象

⑧ 选择“图层2”的第40帧，按F6键插入关键帧，调整蝴蝶的位置和角度，如图10-172所示。

图10-172　添加关键帧

⑨ 选择第30帧，单击鼠标右键，在弹出的快捷菜单中选择【创建传统补间】命令，创建传统补间动画，如图10-173所示。

图10-173　选择【创建传统补间】命令

⑩ 完成后的效果如图10-174所示。

图10-174　完成后的效果

⑪ 分别在第60帧和第100帧，按F6键插入关键帧，选择第100帧，调整蝴蝶的位置，如图10-175所示。在第60帧至第100帧之间创建传统补间动画。

图10-175　调整蝴蝶的位置

⑫ 使用同样的方法，在第120帧位置插入关键帧，选择第120帧位置的关键帧，在场景中调整蝴蝶的位置和旋转角度，如图10-176所示。在第100帧到第120帧之间创建传统补间动画。

图10-176　调整蝴蝶的位置

知识链接

【补间动画】制作动画时，在两个关键帧中间需要做“补间动画”，才能实现图画的运动。插入补间动画后两个关键帧之间的插补帧是由计算机自动运算而得到的。Flash动画制作中补间动画分两类，一类是形状补间，用于形状的动画，另一类是动画补间用于图形及元件的动画。

⑬ 在第135帧位置创建关键帧，并使用【任意变形工具】调整蝴蝶的位置和角度，如图10-177所示。在第120帧到第135帧之间创建传统补间。

图10-177 调整蝴蝶的位置

⑭ 选择第160帧，按F6键插入关键帧，调整蝴蝶对象的位置，如图10-178所示，并在第135帧到第160帧之间创建传统补间。

图10-178 调整角度

⑮ 在第200帧位置插入关键帧，调整蝴蝶对象的位置和角度，按Ctrl+T组合键，弹出【变形】面板，将【缩放宽度】和【缩放高度】都设为45%，如图10-179所示。

图10-179 调整位置和大小

⑯ 继续选择蝴蝶对象，打开【属性】面板，选择在【色彩效果】组中将【样式】设为【Alpha】，将其值设为80%，如图10-180所示。在第160帧到第200帧之间创建传统补间动画。

图10-180 设置色彩效果

⑰ 新建“图层3”，并将“图层2”锁定，选择“图层3”的第一帧，打开【库】面板，将蝴蝶.gif文件拖至到舞台中，按Ctrl+T组合键，弹出【变形】面板，将【缩放宽度】和【缩放高度】都设为60%，并调整位置，如图10-181所示。

图10-181 设置对象属性

⑱ 分别在第40、第100帧位置，按F6键对其添加关键帧，选择第100帧，在舞台中使用【任意变形工具】调整蝴蝶的角度，如图10-182所示。并在第40帧到第100帧之间创建传统补间。

图10-182 调整对象位置

⑲ 在第120帧位置添加关键帧，调整蝴蝶的位置，如图10-183所示。并在第100帧到第120帧之间创建传统补间。

⑳ 在第135、第160帧位置创建关键帧，选择第160帧，在舞台中对蝴蝶的位置和角度进行调整，如图10-184所示，并在第135帧到第160帧之间创建传统补间。

图10-183 调整蝴蝶的角度

图10-184 调整蝴蝶的角度

㉑ 在第170帧位置，创建关键帧，使用【任意变形工具】调整位置和角度，并在第160帧到第170帧位置创建传统补间，如图10-185所示。

图10-185 调整蝴蝶的角度

㉒ 在第190帧位置创建关键帧，使用【任意变形工具】调整位置和角度，并在【变形】面板中将【缩放宽度】和【缩放高度】都设置为45%，如图10-186所示。

图10-186 调整蝴蝶的角度

㉓ 继续选中蝴蝶对象，在【属性】面板中选择【色彩效果】组，将

【样式】设为【Alpha】，将其值设为80%，如图10-187所示。在第170帧到第190帧位置创建传统补间。

图10-187　设置色彩效果

24 按Ctrl+Enter组合键测试影片效果，如图10-188所示。最后导出影片并保存场景。

图10-188　测试影片效果

实例161　疯狂的兔子

本实例将介绍制作疯狂的兔子动画，其中制作关键是影片剪辑元件的创建、关键帧、传统补间的应用，完成后的效果如图10-189所示。

素材：	素材|Cha10|G001~G010.png、游戏背景.jpg
场景：	场景|Cha10|实例161　疯狂的兔子.fla
视频：	视频教学 | Cha10 |实例161　疯狂的兔子.MP4

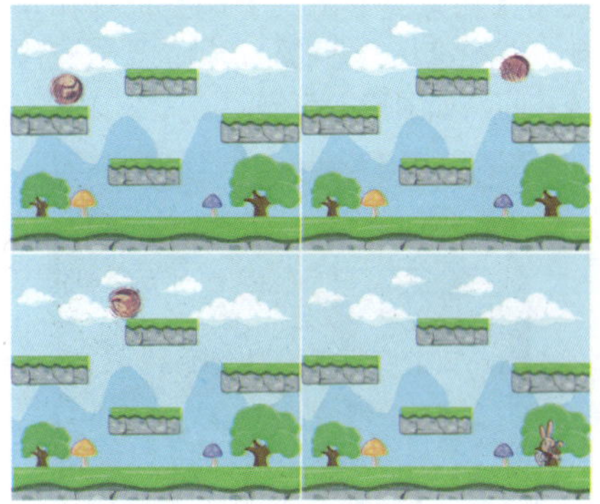

图10-189　疯狂的兔子

1 启动软件后，按Ctrl+N组合键弹出【新建文档】对话框，选择【ActionScript 3.0】选项，将【宽】设置为550像素，【高】设置为456像素，单击【确定】按钮，如图10-190所示。

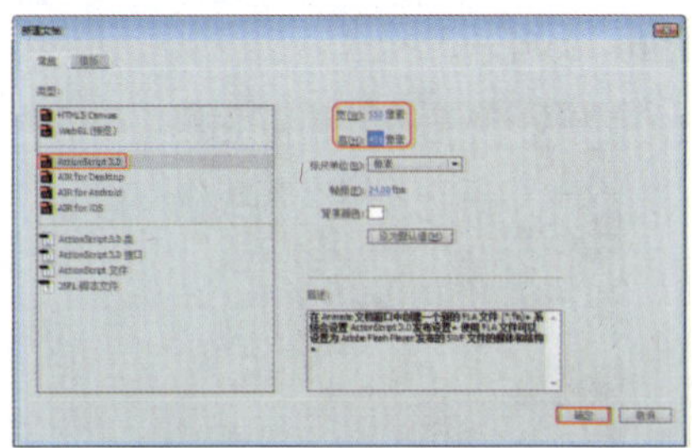

图10-190　新建文档

2 在菜单栏执行【文件】|【导入】|【导入到库】命令，如图10-191所示。

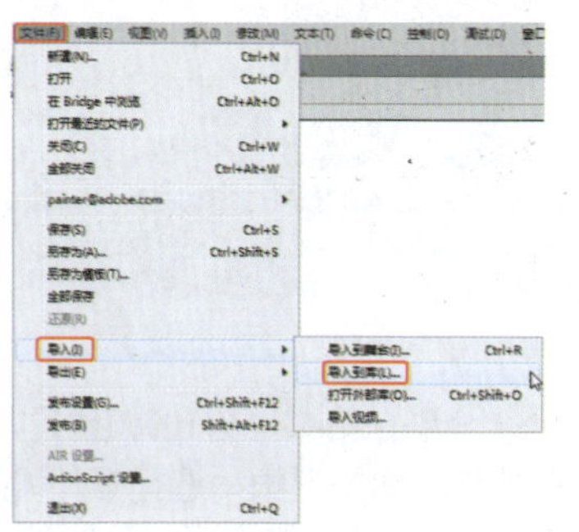

图10-191　选择【导入到库】命令

3 弹出【导入到库】对话框，在该对话框中选择随书配套资源中的素材|Cha04|G001~G010.png和游戏背景.jpg文件，单击【打开】按钮，如图10-192所示。

图10-192　选择素材文件

4 在【库】面板中选择游戏背景.jpg文件，将其拖至舞台中，打开【对齐】面板，单击【水平中齐】和【垂直中齐】按钮使其与舞台对齐，如图10-193所示。

图10-193　添加背景

5 按Ctrl+F8组合键弹出【创建新元件】对话框，将【名称】设为“正面”，将【类型】设为【影片剪辑】，单击【确定】按钮，如图10-194所示。

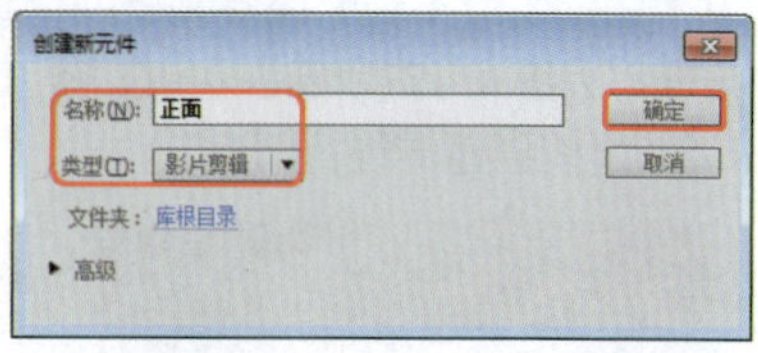

图10-194　【创建新元件】对话框

6 进入【正面】影片剪辑中，在【库】面板中将G001.png文件拖至到舞台中，打开【对齐】面板，单击【水平中齐】和【垂直中齐】按钮，使其与舞台对齐，如图10-195所示。

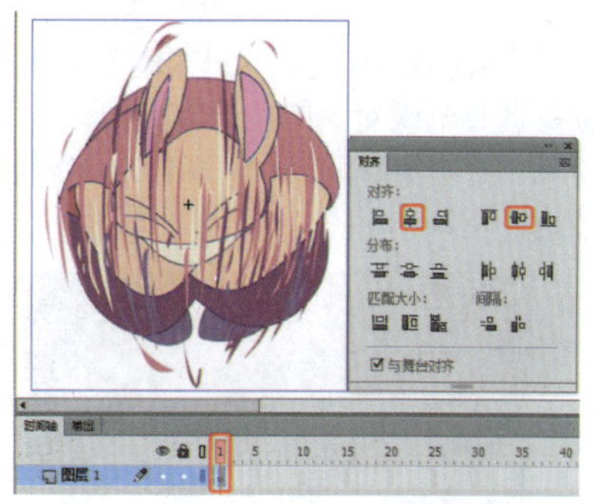

图10-195　拖入素材文件

7 选择第4帧，按F6键插入关键帧，将G002.png文件拖至舞台中使其与舞台对齐，并将G001.jpg文件删除，如图10-196所示。

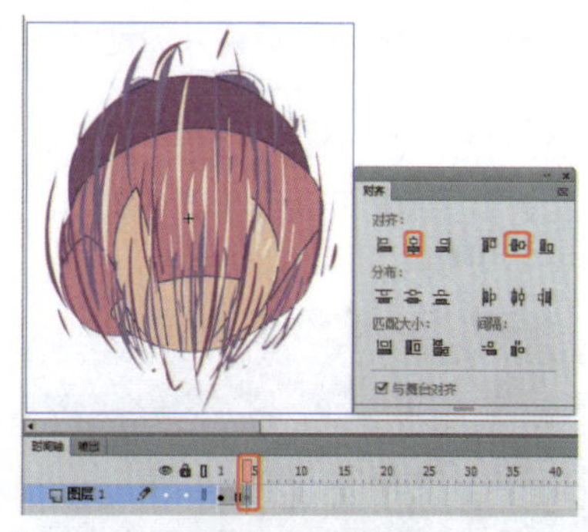

图10-196　添加素材文件

8 在第6帧位置插入关键帧，将G003.png文件拖至舞台中使其与舞台对齐，并将G002.png文件删除，如图10-197所示。

图10-197 添加素材文件

提 示

下面的操作过程中都可以利用【对齐】面板中的【水平中齐】和【垂直中齐】按钮使其与舞台对齐，以下步骤中不再详细讲解。

⑨ 按Ctrl+F8组合键，弹出【创建新元件】对话框，将【名称】设为“半侧面”，将【类型】设为【影片剪辑】，单击【确定】按钮，如图10-198所示。

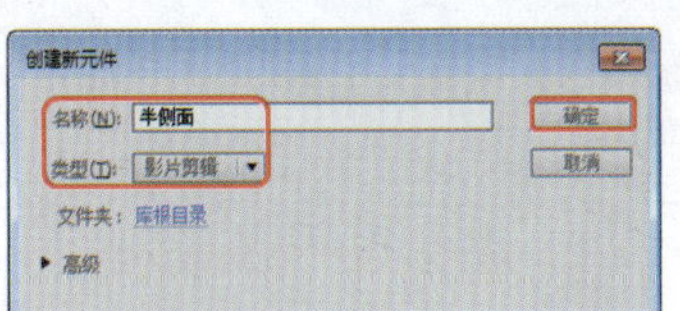

图10-198 【创建新元件】对话框

⑩ 进入半侧面的影片剪辑中，将G004.png文件拖至舞台中使其与舞台对齐，如图10-199所示。

图10-199 拖入素材文件

⑪ 选择第2帧，按F6键插入关键帧，将G005.png文件拖至舞台中，将G004.png文件删除，如图10-200所示。

⑫ 在第3帧位置，插入关键帧，将G006.png文件拖至舞台中使其与舞台对齐，并将G005.png文件删除，如图10-201所示。

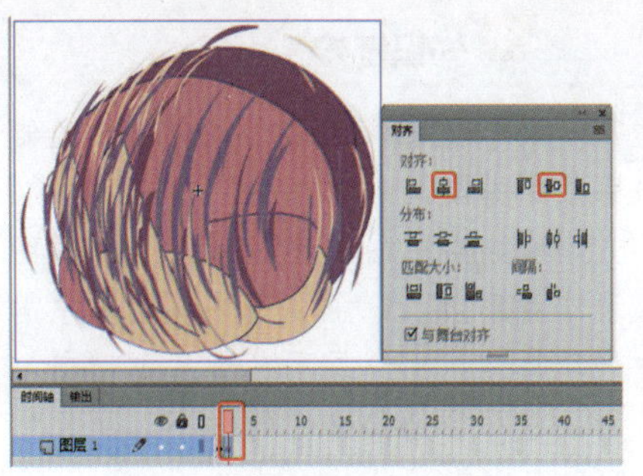

图10-200 拖入素材文件

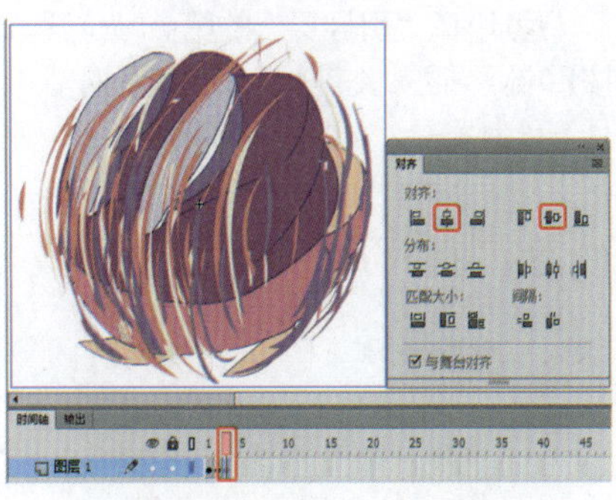

图10-201 拖入素材文件

⑬ 使用同样的方法制作“侧面”剪辑元件，如图10-202所示。

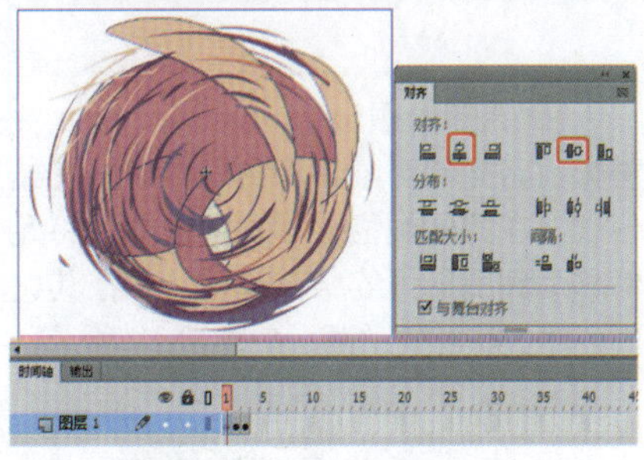

图10-202 制作“侧面”剪辑元件

⑭ 返回到“场景1”中，在“图层1”的第180帧位置按F5键插入帧，新建“图层2”，并选第一帧，将“正面”剪辑元件拖至与舞台对齐，打开【变形】将【缩放宽度】和【缩放高度】设为170%，如图10-203所示。

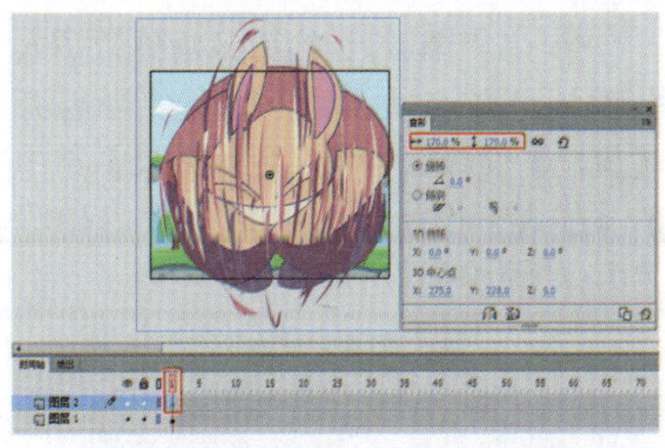

图10-203 新建图层并拖入素材

⑮ 选择图层2的第9帧插入关键帧，在【变形】面板中将其【缩放宽度】和【缩放高度】都设为15%，并将其调整到如图10-204所示的位置。

图10-204 设置大小

⑯ 在第5帧位置单击鼠标右键在弹出的快捷菜单中选择【创建传统补间】命令，创建补间动画。效果如图10-205所示。

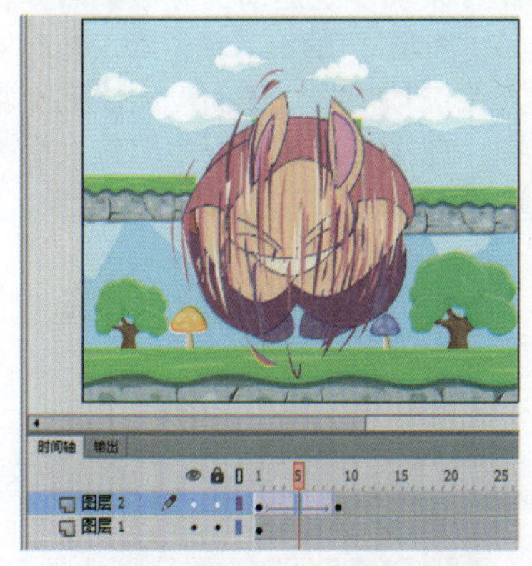

图10-205 创建补间动画

提 示

创建传统补间动画，可以在两个关键帧之间任意一帧单击鼠标右键，在弹出的快捷菜单中选择【创建传统补间】命令，这样就可以创建补间动画，在下面操作中不再详细讲解。

⑰ 在第29帧位置插入关键帧，调整元件的位置，如图10-206所示，并在第9帧到第29帧之间创建传统补间。

图10-206 调整位置

⑱ 在第30帧位置插入关键帧，选择该帧上的元件，打开【属性】面板，在【色彩效果】组中将【样式】设为【Alpha】，并将其值设为0，如图10-207所示。

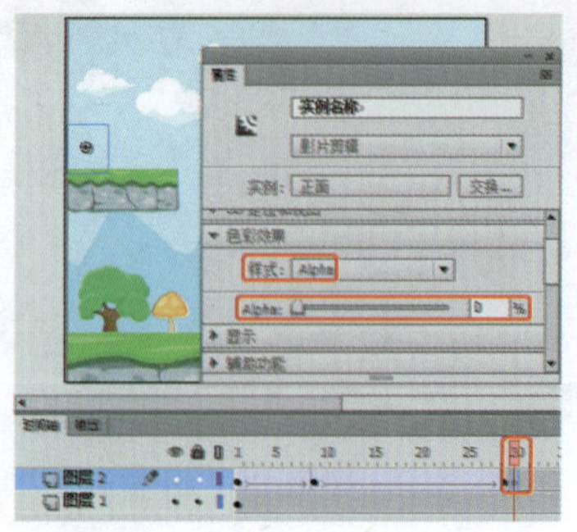

图10-207　设置元件属性

⑲ 新建“图层3”，选择“图层3”，单击鼠标右键在弹出的对话框中选择【添加传统运动引导层】命令，选择“图层3”的第31帧位置，按F6键插入关键帧，将“侧面”元件拖至舞台中，在【变形】面板中调整大小为15%，调整到如图10-208所示的位置。

图10-208　设置关键帧（1）

⑳ 在“图层3”第40帧位置插入关键帧，调整元件的位置，到如图10-209所示的位置，并在第31帧到第40帧之间创建传统补间。

图10-209　设置关键帧（2）

提　示

创建引导层的方法有两种，一是直接选择一个图层，执行【添加传统运动引导层】命令；一是先执行【引导层】命令，使其自身变成引导层，再将其他图层拖拽到引导层中，使其归属于引导层，任何图层都可以使用引导层，当一个图层为引导层后，图层名称左侧的辅助线图标表明该层是引导层。

知识链接

引导层是Flash引导层动画中绘制路径的图层。

引导层中的图案可以为绘制的图形或对象定位，主要用来设置对象的运动轨迹。引导层不从影片中输出，所以它不会增加文件的大小，而且它可以多次使用。

㉑ 选择“引导层”的第41帧位置，按F6键，插入关键帧，利用【钢笔工具】绘制路径，如图10-210所示。

图10-210　绘制引导路径

㉒ 选择“图层3”第41帧，插入关键帧，将元件对象移动到引导线的开始位置，在第60帧位置插入关键帧，将元件移动到引导线的结束位置，并在其之间创建传统补间动画，如图10-211所示。

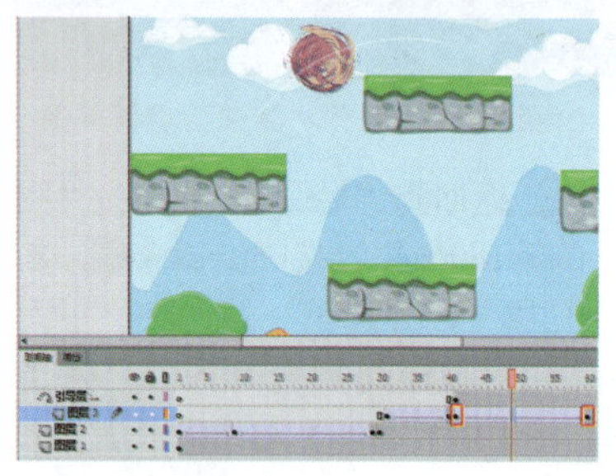

图10-211　创建引导层动画

㉓ 在“图层3”的第61帧位置插入关键帧，并选择该帧上的元件，打开【属性】面板，在将【色彩效果】组中的【样式】设为【Alpha】，将其值设为0，如图10-212所示。

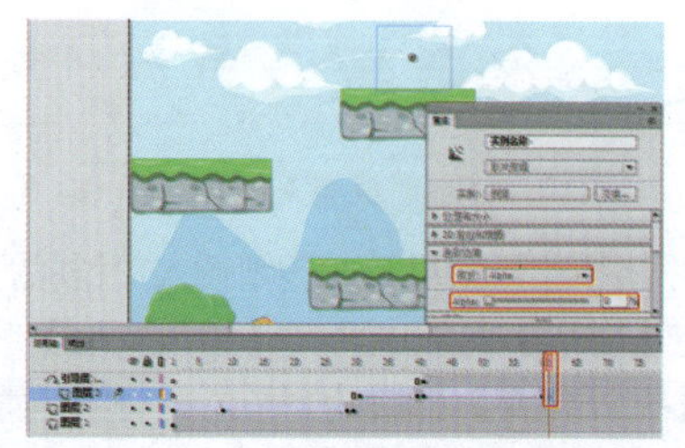

图10-212　设置色彩属性

㉔ 在“引导层”上方创建“图层4”，并对其添加引导层，选择“图层4”的第61帧插入关键帧，在【库】面板中将“半侧面”元件拖至舞台中，在【变形】面板中调整大小为15%，并调整位置到如图10-213所示。

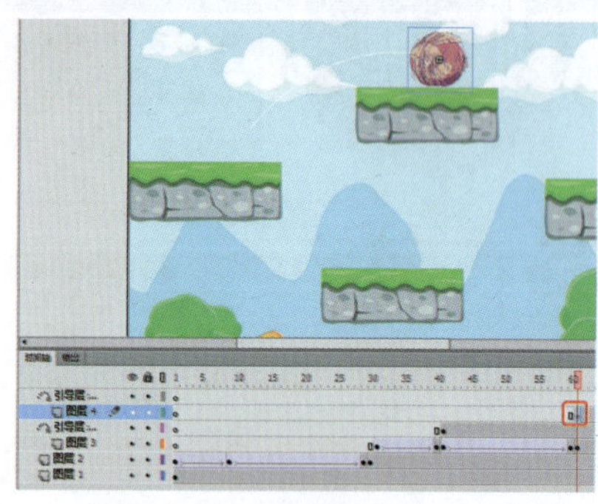

图10-213　设置关键帧

㉕ 在“引导层：图层4”的第61帧处插入关键帧，使用【钢笔工具】绘制路径，如图10-214所示。

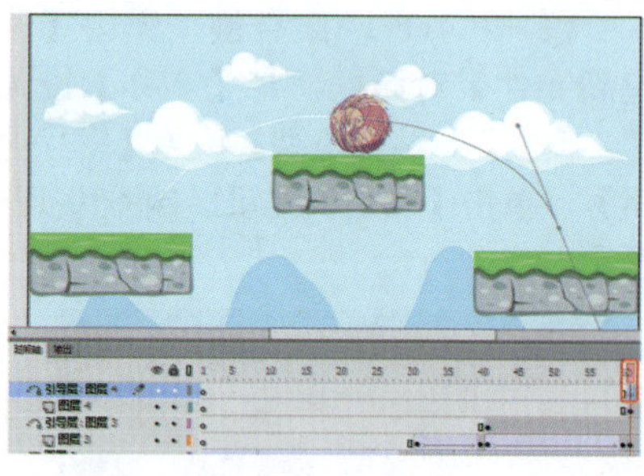

图10-214　绘制路径

㉖ 选择图层4第61帧，将元件对象移动到引导线的开始位置，在第80帧位置插入关键帧，将元件移动到引导线的结束位置，并在其之间创建传统补间动画，如图10-215所示。

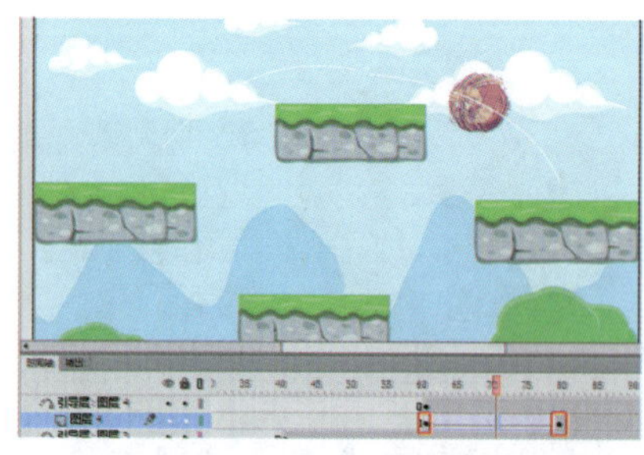

图10-215　插入关键帧并调整位

提　示

在绘制引导层路径时使用【钢笔工具】、【铅笔工具】和【刷子工具】都能为引导层创建引导路径。

㉗ 在“图层4”的第81帧位置插入关键帧，确定上一帧的元件处于选择

状态，在【属性】面板中选择【色彩效果】样式为【Alpha】，其值设置为0，如图10-216所示。

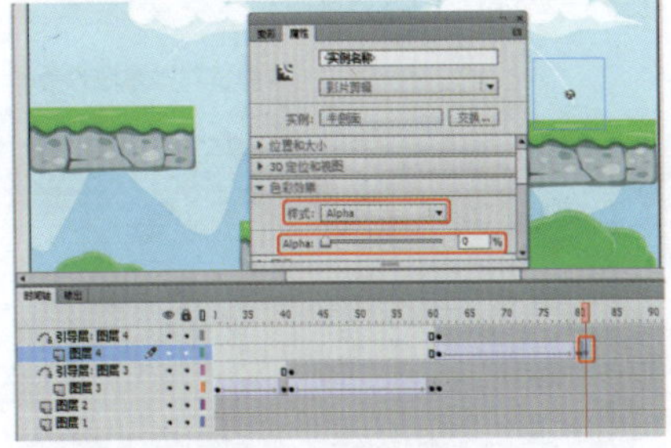

图10-216 设置色彩效果

㉘ 新建“图层5”，选择“图层5”，单击鼠标右键，在弹出的对话框中选择【添加传统运动引导层】命令，选择“图层5”的第81帧位置，按F6键插入关键帧，将“侧面”元件拖至舞台中，在【变形】面板中调整大小为15%，调整到如图10-217所示的位置。

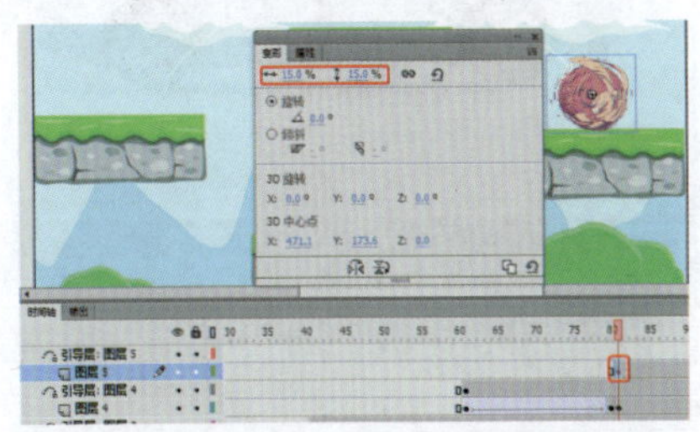

图10-217 插入关键帧并设置

㉙ 选择“引导层”的第81帧位置，按F6键，插入关键帧，利用【钢笔工具】绘制路径，如图10-218所示。

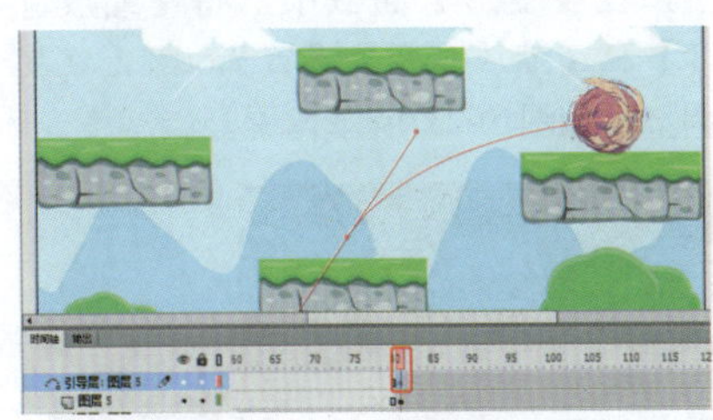

图10-218 绘制路径

㉚ 选择“图层5”第81帧，插入关键帧，将元件对象移动到引导线的开始位置，在第100帧位置插入关键帧，将元件移动到引导线的结束位置，并在其之间创建传统补间动画，如图10-219所示。

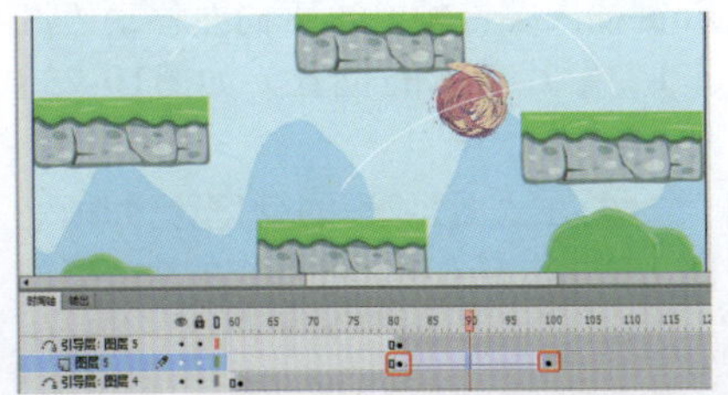

图10-219 创建补间动画

㉛ 选择“图层5”的第101帧，并插入关键帧，选择该帧的元件打开【属性】面板，将【色彩效果】组中的【样式】设置为【Alpha】，并将其值设为0，如图10-220所示。

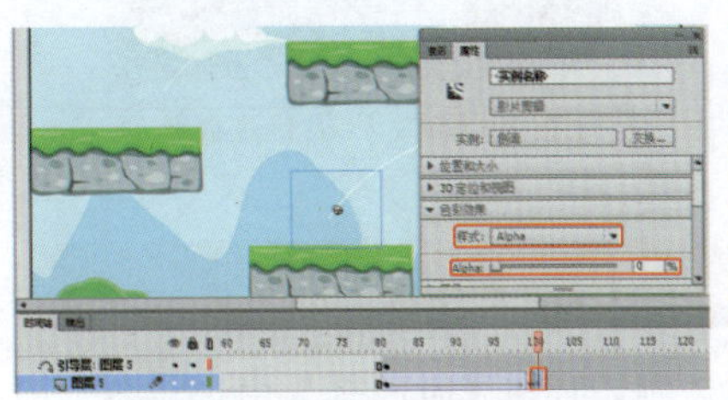

图10-220 设置元件属性

㉜ 在“图层5”引导层上方创建“图层6”并对其添加【传统运动引导层】，选择“引导层”的第101帧，利用【钢笔工具】绘制引导路径，如图10-221所示。

图10-221 创建引导线

㉝ 选择“图层6”的第101帧，按F6键插入关键帧，在【库】面板中将“侧面”元件拖至到舞台中，在【变形】面板中调整大小为15%，调整位置到引导线的开始位置，如图10-222所示。

图10-222 设置关键帧

㉞ 在第120帧位置，插入关键帧，调整元件的位置到引导线的结束处，如图10-223所示，并在第101到第120帧之间创建补间动画。

图10-223 创建引导层动画

㉟ 在第121帧位置插入关键帧，选择该帧的元件，打开【属性】面板将【色彩效果】设【Alpha】，并将其值设为0，如图10-224所示。

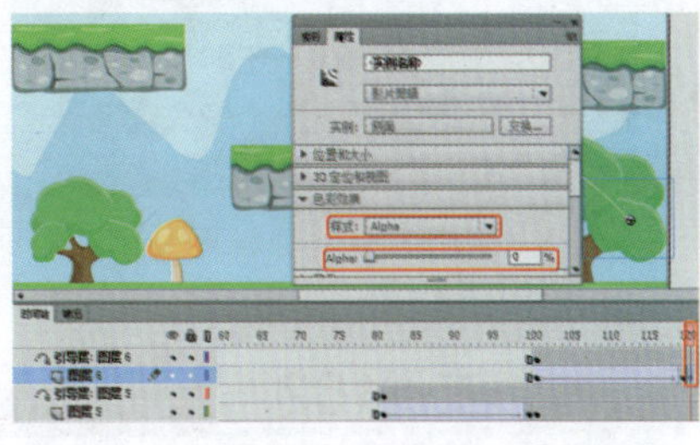

图10-224 设置元件属性

㊱ 新建“图层7”，选择第121帧插入关键帧，在【库】面板中将G010.png文件拖至舞台中，在【变形】面板中将大小设为50%，如图10-225所示。

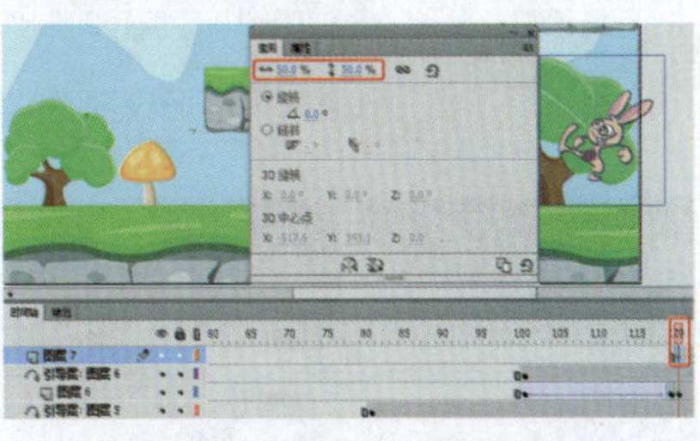

图10-225 添加关键帧并设置

㊲ 在第122、123、124、125、126帧位置分别插入关键帧，选择第122帧上的元件，打开【变形】面板，将【角度】依次设为-10°、-20°、-30°、-40°、-50°，如图10-226所示。

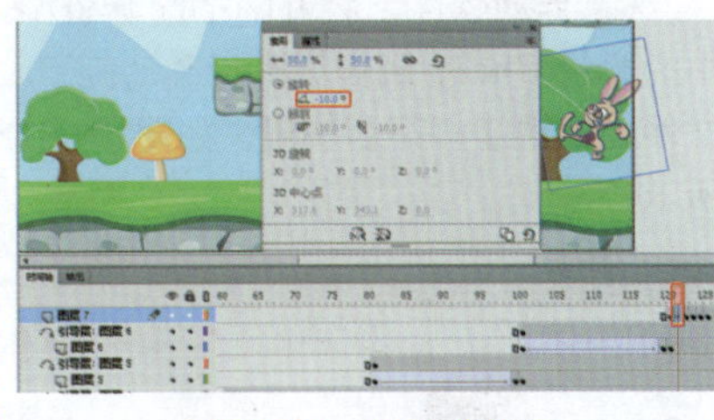

图10-226 设置关键帧

㊳ 选择第155帧，按F6键插入关键帧，并调整位置到如图10-227所示。

图10-227 插入关键帧并设置

㊴ 在第126到第155帧之间创建传统补间动画，如图10-228所示。

㊵ 按Ctrl+Enter组合键测试影片效果，如图10-229所示。最后导出影片并

保存场景。

图10-228　创建补间动画

图10-229　测试影片效果

实例162　制作汽车行驶动画

本实例将介绍汽车行驶动画的制作。制作时在【时间轴】中创建各个图层，并导入图片，使用【元件属性】，设置图形的【属性】来制作图形元件属性，再使用代码为图形提供动态效果。完成后的效果如图10-230所示。

素材：	素材|Cha10|001.fla
场景：	场景|Cha10|实例162　制作汽车行驶动画.fla
视频：	视频教学 | Cha10 |实例162　制作汽车行驶动画.MP4

图10-230　制作汽车行驶动画

❶ 启动软件，打开随书配套资源中的素材|Cha10|制作汽车行驶动画.fla文件，单击【打开】按钮，如图10-231所示。

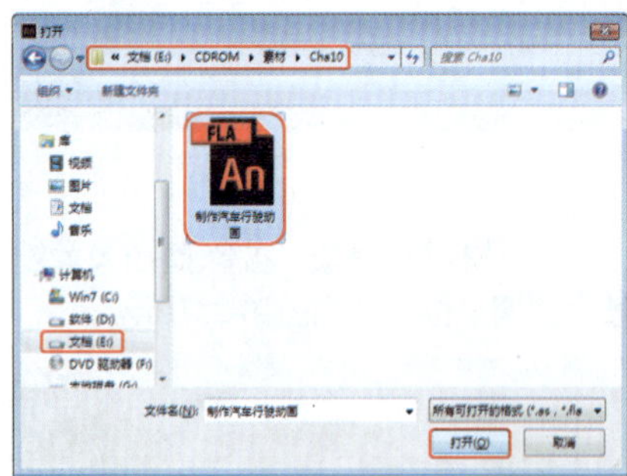
图10-231　打开素材文件

❷ 在【库】面板中，双击“汽车1”影片剪辑，在舞台中进入到“汽车1”影片剪辑的编辑模式，如图10-232所示。

❸ 在【时间轴】面板中，选中“图层3”的第10帧，选择前侧轮胎，在【变形】面板中，将【旋转】设置为-135°，如图10-233所示。

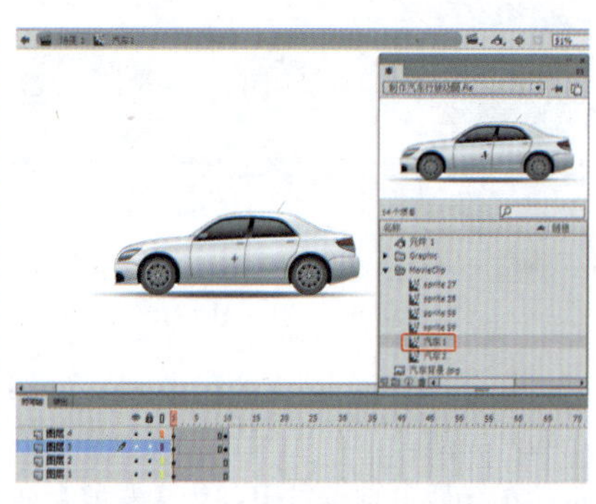
图10-232　打开“汽车1”影片剪辑

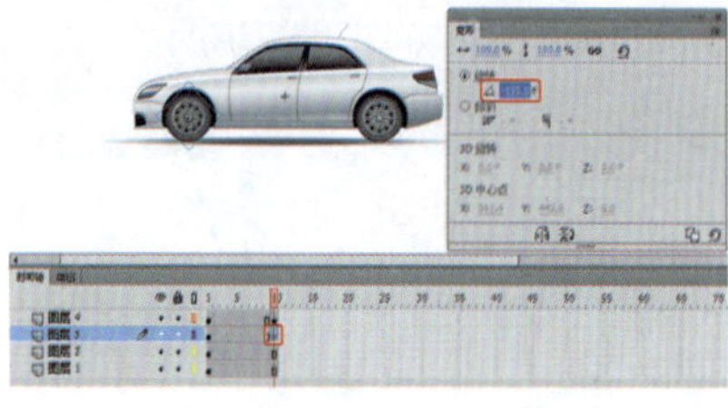
图10-233　设置【旋转】

❹ 在“图层3”的第1至第10帧之间，单击鼠标右键，在弹出的快捷菜单中选择【创建传统补间】命令，创建传统补间动画，如图10-234所示。

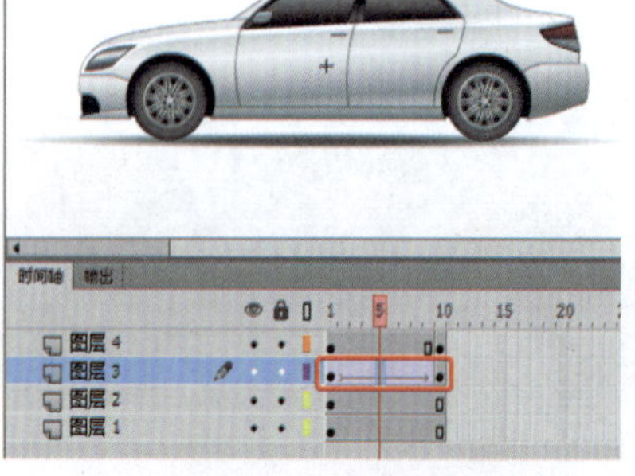
图10-234　创建传统补间动画

❺ 在【时间轴】面板中，选中“图层4”的第10帧，选择后侧轮胎，在【变形】面板中，将【旋转】设置为-135°，如图10-235所示。

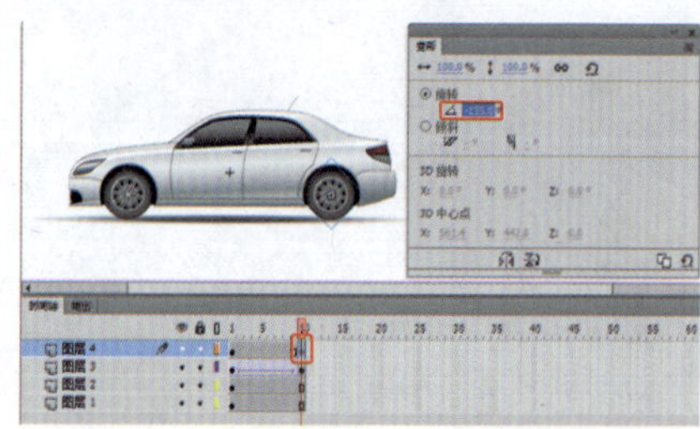
图10-235　设置【旋转】

❻ 在“图层4”的第1至第10帧之间，单击鼠标右键，在弹出的快捷菜单中选择【创建传统补间】命令，创建传统补间动画，如图10-236所示。

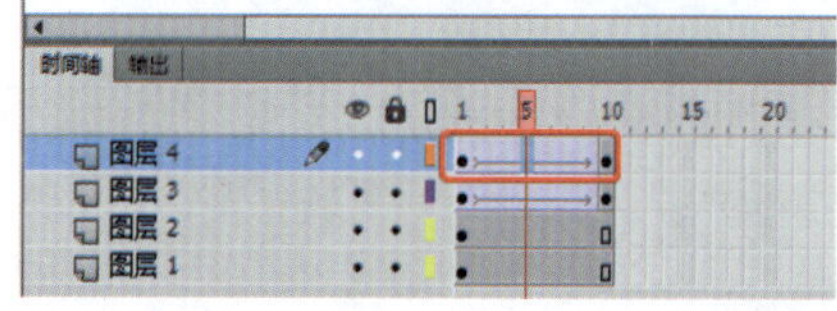
图10-236　创建传统补间动画

❼ 返回到“场景1”，新建“图层2”，将“汽车1”影片剪辑添加到舞台中，在【变形】面板中，将【缩放宽度】和【缩放高度】设置为60%，将其调整至如图10-237所示位置。

图10-237　添加“汽车1”影片剪辑

❽ 在“图层2”的第40帧处，按F6键插入关键帧，水平向左移动“汽车1”影片剪辑的位置，如图10-238所示。

❾ 在“图层2”的第1至第40帧之间，单击鼠标右键，在弹出的快捷菜单中选择【创建传统补间】命令，创建传统补间动画，如图10-239所示。

图10-238 设置关键帧动画

图10-239 创建传统补间

⑩ 新建“图层3”，在第40帧处插入关键帧，将“汽车2”影片剪辑添加到舞台中，在【变形】面板中，将【缩放宽度】和【缩放高度】设置为60%，并调整其位置，使其与“汽车1”影片剪辑位置重合，如图10-240所示。

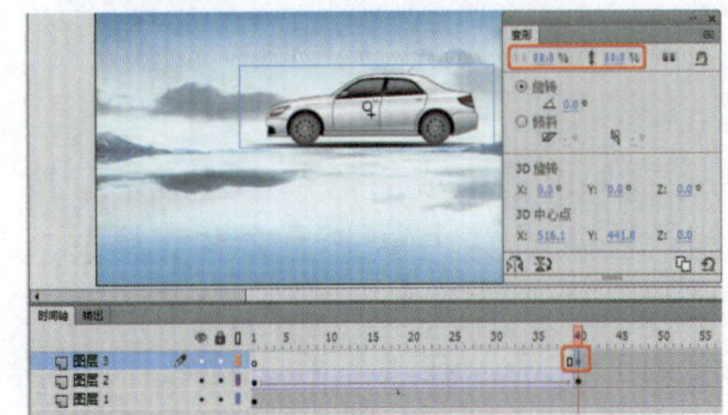
图10-240 添加“汽车2”影片剪辑

⑪ 在第45帧处插入关键帧，将“汽车2”影片剪辑水平向右移动适当距离，如图10-241所示。

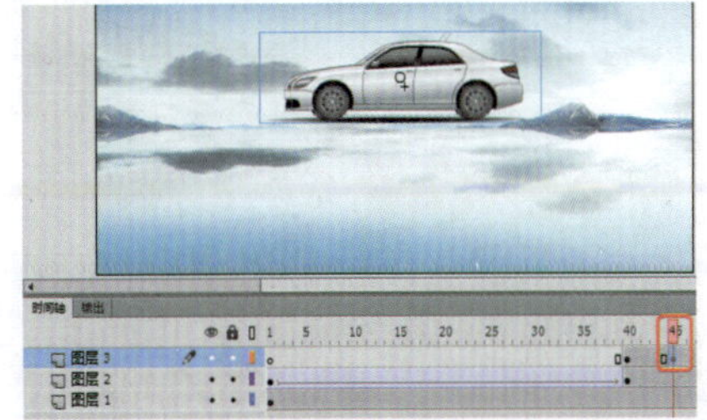
图10-241 水平向右移动“汽车2”影片剪辑

⑫ 在“图层2”的第41帧处插入关键帧，并将“汽车1”影片剪辑删除。在“图层3”的第40至第45帧之间，单击鼠标右键，在弹出的快捷菜单中选择【创建传统补间】命令，创建传统补间动画，如图10-242所示。

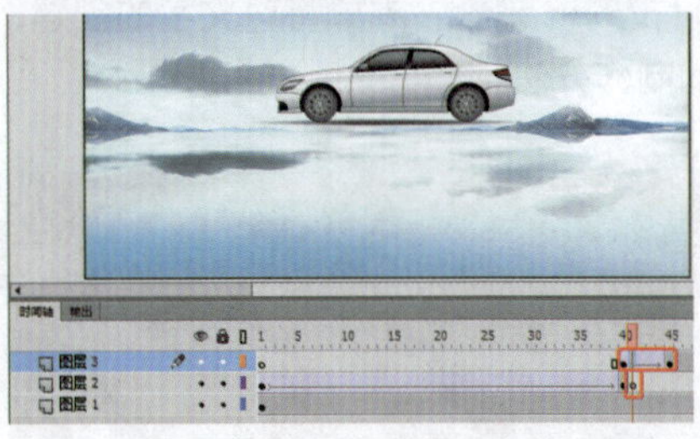
图10-242 创建传统补间动画

⑬ 在“图层3”的第65帧处插入关键帧，如图10-243所示。

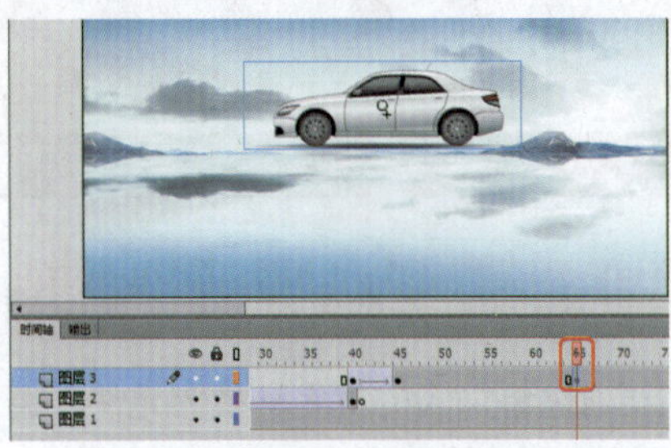
图10-243 插入关键帧

⑭ 新建“图层4”，在第65帧处插入关键帧，将“汽车1”影片剪辑添加到舞台中，在【变形】面板中，将【缩放宽度】和【缩放高度】设置为60%，并调整其位置，使其与“汽车2”影片剪辑位置重合，如图10-244所示。

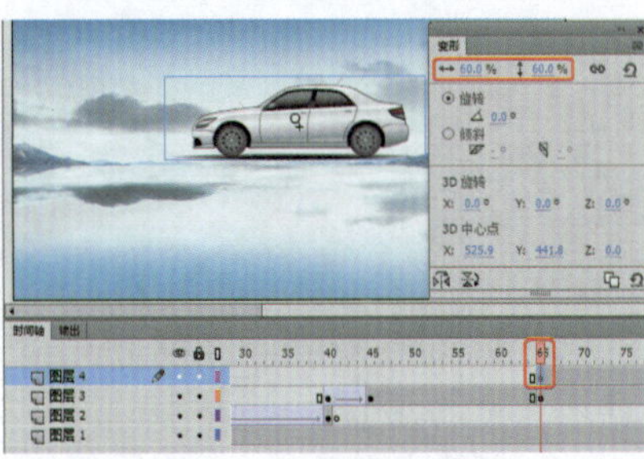
图10-244 添加“汽车1”影片剪辑

⑮ 选中“图层3”的第65帧，将“汽车2”影片剪辑删除，如图10-245所示。

⑯ 在新建的“图层4”的第100帧处插入关键帧，将“汽车1”影片剪辑水平向左移动到如图10-246所示。

图10-245 将“汽车2”影片剪辑删除

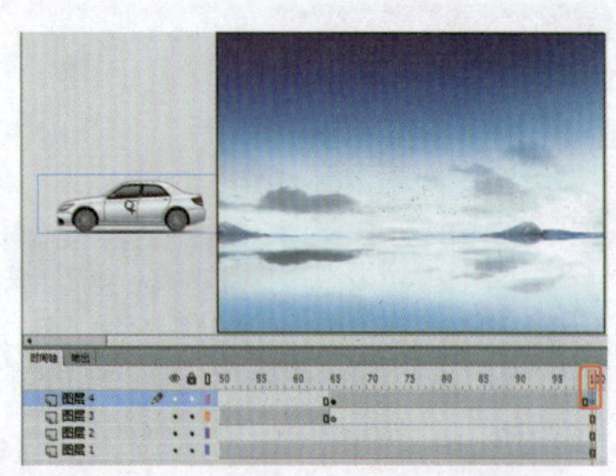
图10-246 移动位置

⑰ 在“图层4”的第65至第100帧之间，单击鼠标右键，在弹出的快捷菜单中选择【创建传统补间】命令，创建传统补间动画，如图10-247所示。

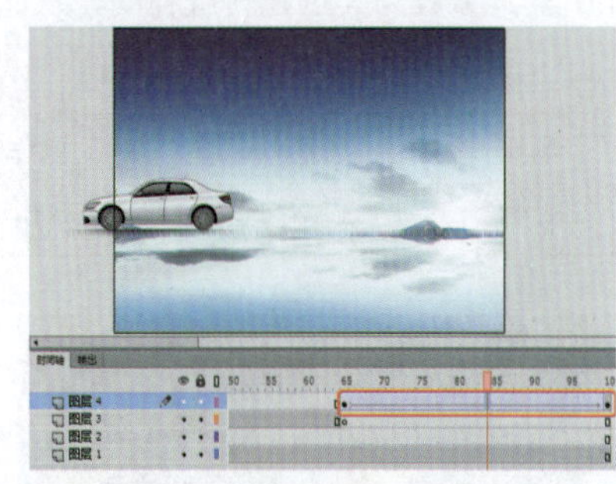
图10-247 创建传统补间动画

⑱ 按Ctrl+Enter组合键测试影片效果，如图10-248所示。最后导出影片并保存场景。

图10-248 测试影片效果

第11章 文字动画

在动画制作中，文字动画是必不可少的一部分。本章将对文字的创建、设置以及添加关键帧等进行简单的讲解，在本章可以学习到各种文字动画的制作方法。

实例163 制作碰撞文字

本实例将介绍如何制作碰撞文字。主要通过将输入的文字转换为元件，通过调整其参数为其创建传统补间，从而完成效果的制作。效果如图11-1所示。

素材：	素材|Cha11|025.jpg
场景：	场景|Cha11|实例163 制作碰撞文字.fla
视频：	视频教学 | Cha11 |实例163 制作碰撞文字.MP4

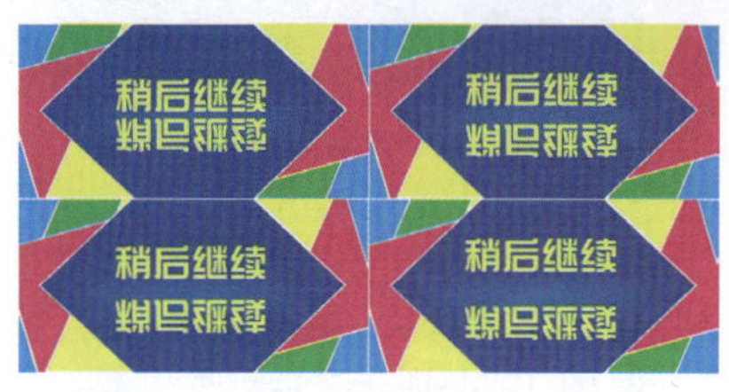

图11-1 碰撞文字效果

❶ 在菜单栏中选择【文件】|【新建】命令，弹出【新建文档】对话框，在【类型】列表框中选择【ActionScript 3.0】选项，然后在右侧的设置区域中将【宽】设置为529像素，将【高】设置为278像素，将【帧频】设置为23fps，如图11-2所示。

❷ 单击【确定】按钮，即可新建一个文档，按Ctrl+R组合键弹出【导入】对话框，在该对话框中选择025.jpg素材文件，单击【打开】按钮，按Ctrl+K组合键，在弹出的面板中勾选【与舞台对齐】复选框，单击【水平中齐】按钮和【垂直中齐】按钮，单击【匹配大小】选项组中的【匹配宽和高】按钮，如图11-3所示。

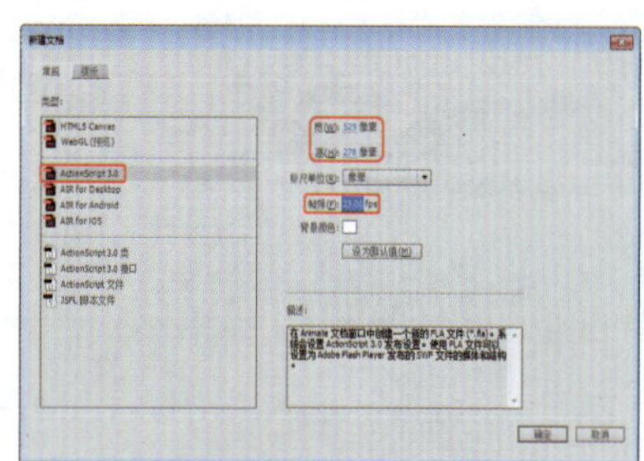
图11-2 【新建文档】对话框

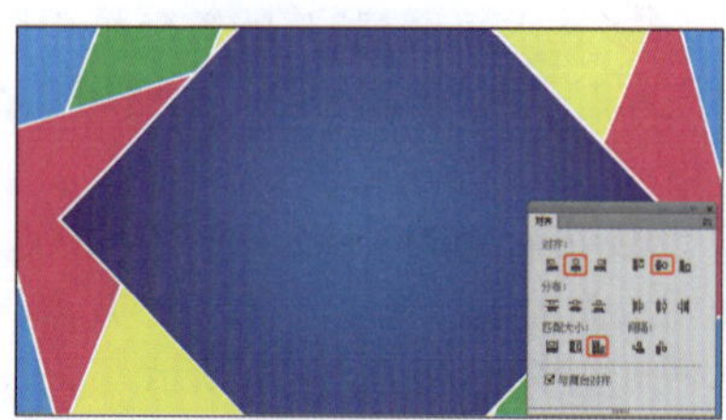
图11-3 添加素材文件

❸ 按Ctrl+F8组合键，在弹出的对话框中将【名称】设置为“碰撞动画”，将【类型】设置为【影片剪辑】，如图11-4所示。

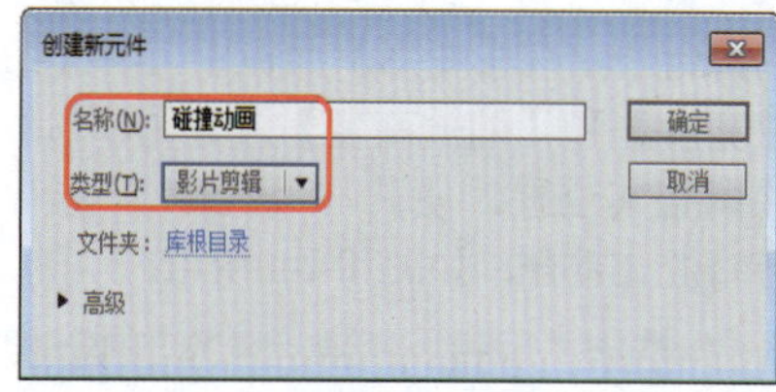

图11-4 创建新元件

❹ 设置完成后，单击【确定】按钮，在工具箱中单击【文本工具】，在舞台中单击鼠标，输入文字，选中输入的文字，在【属性】面板中将字体设置为【汉仪综艺体简】，将【大小】设置为84磅，将【颜色】设置为【#FFFF00】，如图11-5所示。

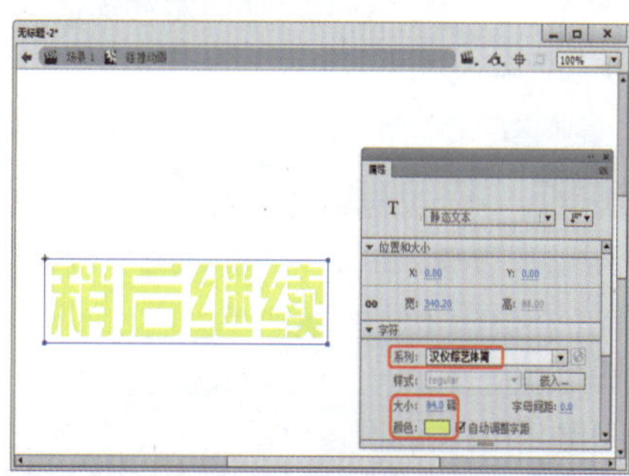

图11-5 创建文字

❺ 选中该文字，按F8键，在弹出的对话框中将【名称】设置为“文字1”，将【类型】设置为【图形】，并调整对齐方式，如图11-6所示。

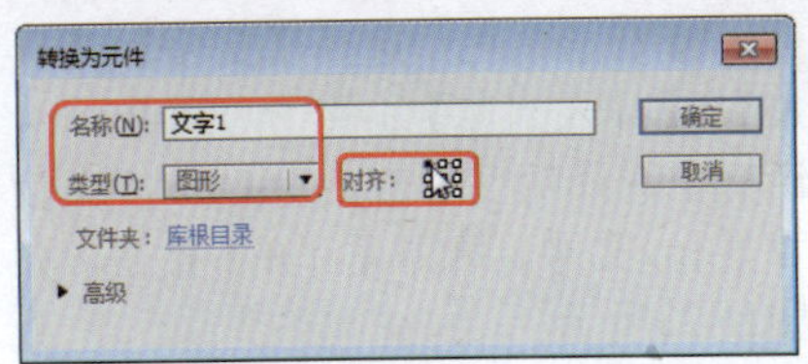

图11-6 转换为元件

❻ 设置完成后，单击【确定】按钮，选中创建的元件，在【属性】面板中将【X】、【Y】分别设置为0、-72，如图11-7所示。

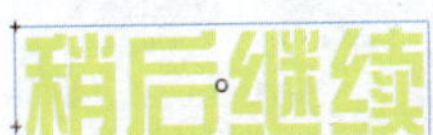

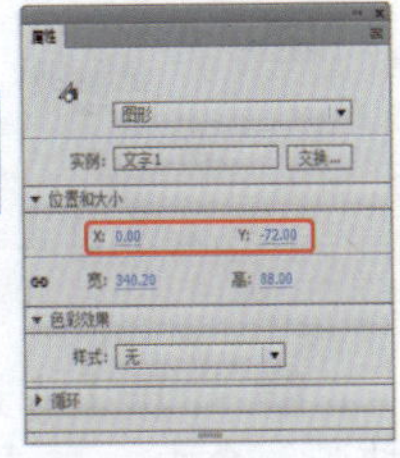

图11-7 调整元件的位置

❼ 选中该图层的第27帧，按F6键插入关键帧，选中该帧的元件，在【属性】面板中将【Y】设置为-25，如图11-8所示。

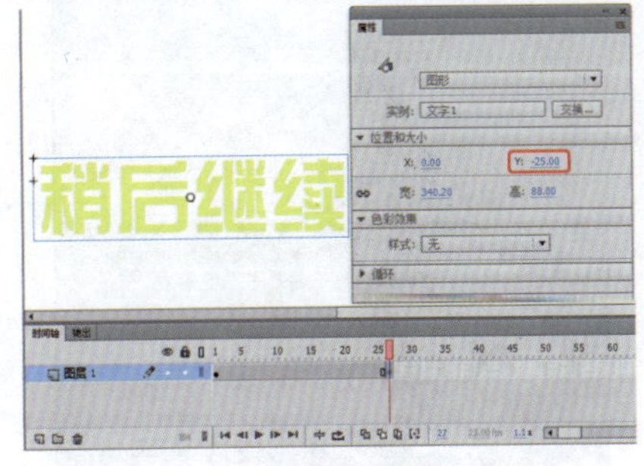

图11-8 插入关键帧并调整元件的位置

❽ 选中该图层的第15帧，单击鼠标右键，在弹出的快捷菜单中选择【创建传统补间】命令，如图11-9所示。

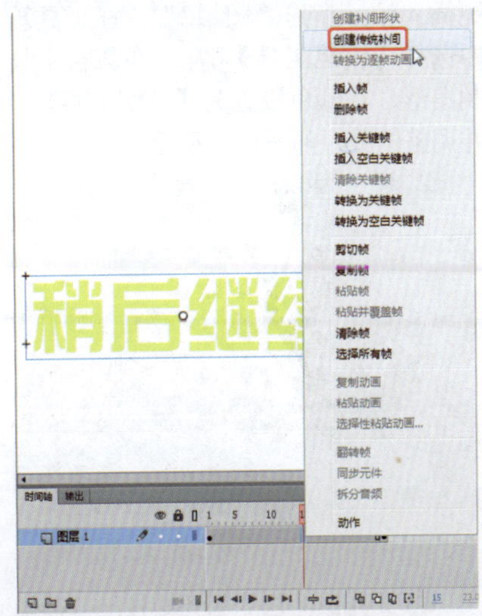

图11-9 选择【创建传统补间】命令

❾ 选中该图层的第57帧，按F6键插入关键帧，选中该帧的元件，在【属性】面板中将【Y】设置为-72，如图11-10所示。

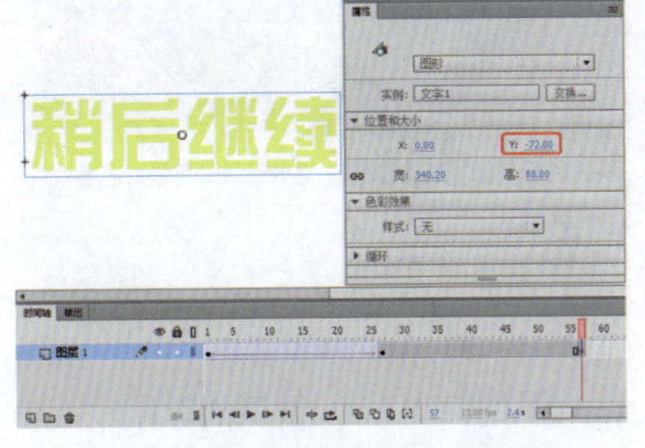

图11-10 插入关键帧并调整元件的位置

❿ 选择该图层的第43帧，单击鼠标右键，在弹出的快捷菜单中选择【创建传统补间】命令，如图11-11所示。

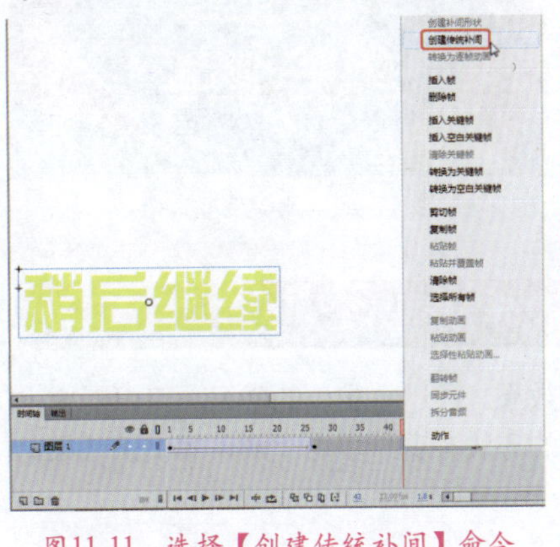

图11 11 选择【创建传统补间】命令

⓫ 在【时间轴】面板中单击【新建图层】按钮，新建“图层2”，在【库】面板中选择“文字1”图形文件，按住鼠标将其拖拽至舞台中，选中该元件，在【变形】面板中单击【倾斜】单选按钮，将【水平倾斜】设置为180%，将【垂直倾斜】设置为0，在【属性】面板中将【X】、【Y】分别设置为0、187，如图11-12所示。

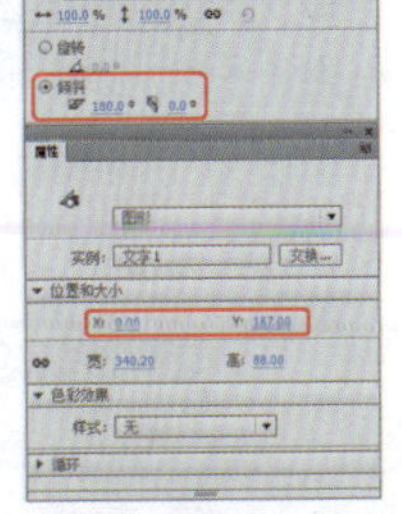

图11-12 添加元件并设置其位置和倾斜参数

⓬ 选中第27帧，按F6键插入关键帧，选中该帧的元件，在【属性】面板中将【Y】设置为148，如图11-13所示。

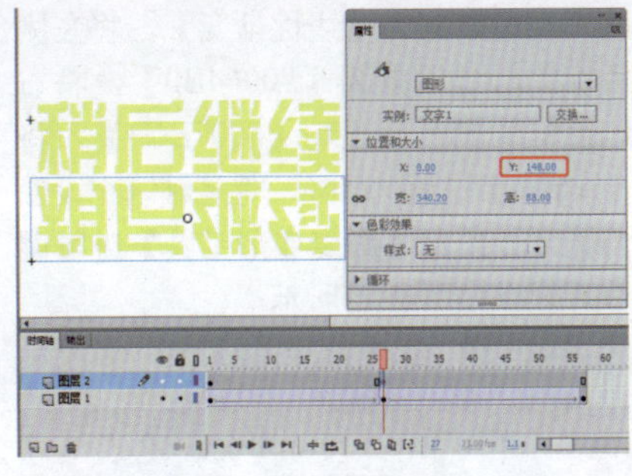

图11-13 调整Y位置

⓭ 选中该图层的第22帧，单击鼠标右键，在弹出的快捷菜单中选择【创建传统补间】命令，如图11-14所示。

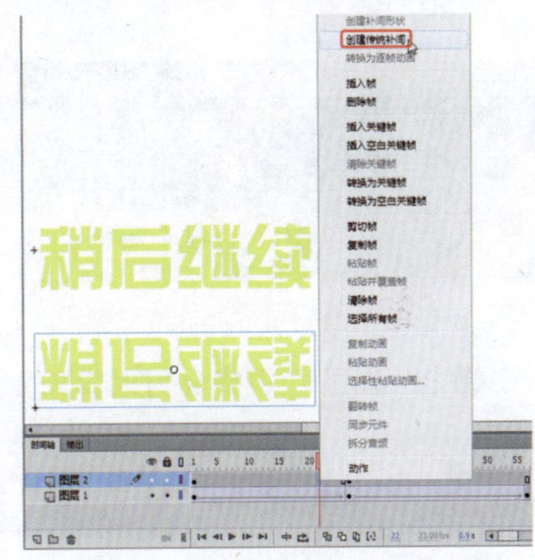

图11-14 选择【创建传统补间】命令

⓮ 选中该图层的第57帧，按F6键插入关键帧，选中该帧的元件，在【属性】面板中将【Y】设置为187，如图11-15所示。

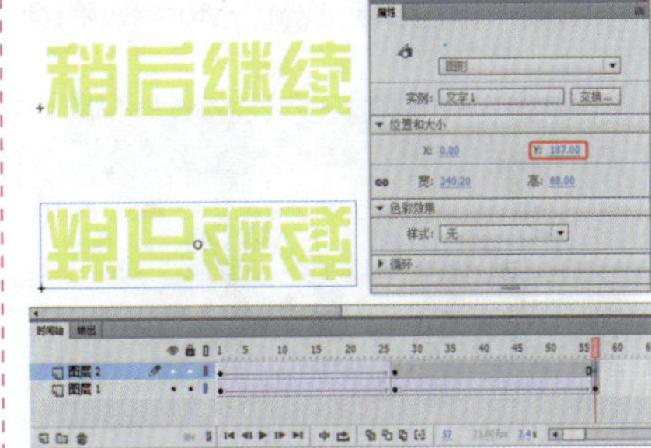

图11-15 插入关键帧并设置元件的位置

⓯ 选中该图层的第40帧，单击鼠标右键，在弹出的快捷菜单中选择【创建传统补间】命令，返回至“场景1”中，在【时间轴】单击【新建图层】按钮，新建“图层2”，在【库】面板中选择“碰撞动画”元件，按住鼠标将其拖拽至舞台中，并调整其位置和大小，效果如图11-16所示。

⓬ 选新建“图层3”，使用【钢笔工具】在舞台中绘制一个图形，选中绘制的图形，在【颜色】面板中将填充的

填充类型设置为【线性渐变】，将左侧色标的颜色设置为【#0064B0】，将右侧色标的颜色设置为【#007EC3】，将【Alpha】设置为50%，将笔触填充设置为无，并使用【渐变变形工具】进行调整，效果如图11-17所示。

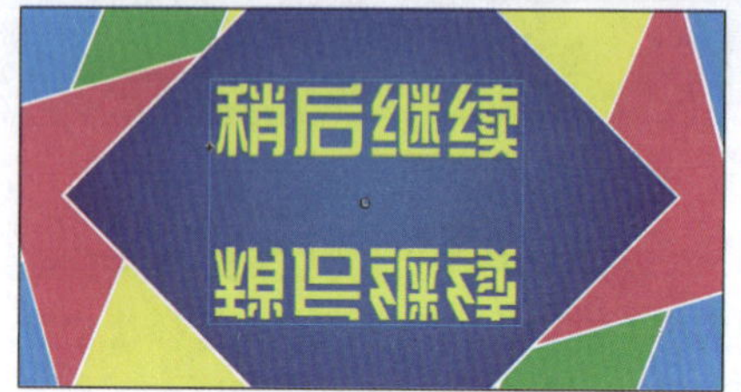

图11-16　新建图层并添加元件

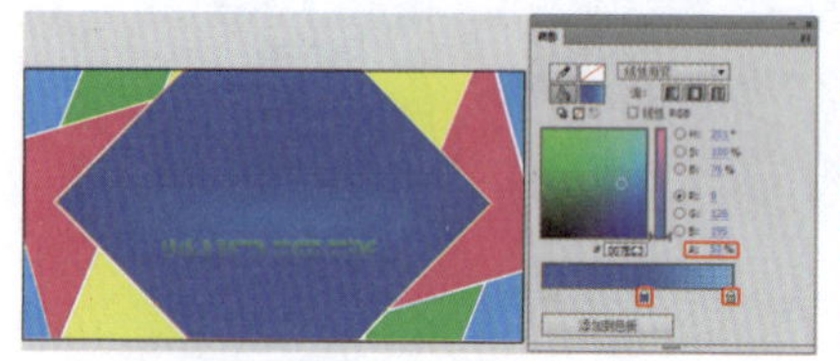

图11-17　绘制图形并填充颜色

⑰将“图层3”调整至“图层2”的下方，如图11-18所示。

图11-18　调整图层

⑱按Ctrl+Enter键测试影片，效果如图11-19所示。

图11-19　测试影片

③在菜单栏中选择【文件】|【导入】|【导入到库】命令，在弹出的对话框中选择随书附带素材|Cha06|人物背景.jpg文件，单击【打开】按钮，如图11-23所示。

图11-23　【导入到库】对话框

④打开【库】面板，将素材拖拽到舞台中，在【对齐】面板中单击【水平中齐】按钮、【垂直中齐】按钮和【匹配宽和高】按钮，如图11-24所示。

图11-24　对齐对象

⑤选择“图层1”的第90帧，按F5键插入帧，新建“图层2”，在工具箱中选择【钢笔工具】。在舞台中绘制图形，将颜色设置为【#D9FF00】，并调整位置，如图11-25所示。

图11-25　绘制图形

⑥选择该图层的第10帧按F6键插入关键帧，在第34帧的位置按F7键插入空

实例164　制作变形文字动画

本实例主要介绍如何制作文字变形的效果。通过本实例的学习，可以对文本进行分离为文字、创建传统补间制作动画的方法有进一步的了解，本实例效果如图11-20所示。

素材：	素材|Cha11|人物背景.jpg
场景：	场景|Cha11|实例164　制作变形文字动画.fla
视频：	视频教学 | Cha11 |实例164　制作变形文字动画.MP4

图11-20　制作变形文字动画

①启动软件后，在欢迎界面中,单击【新建】选项组中的【Action Script 3.0】按钮，如图11-21所示，即可新建场景。

②进入工作界面后，在工具箱中单击【属性】按钮，在打开的面板中将【属性】选项组中的【大小】设置为517×583像素，将【FPS】设置为20，如图11-22所示。

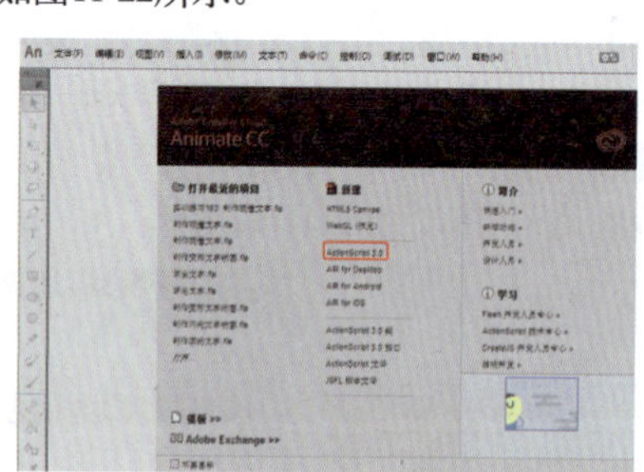

图11-21　选择新建类型

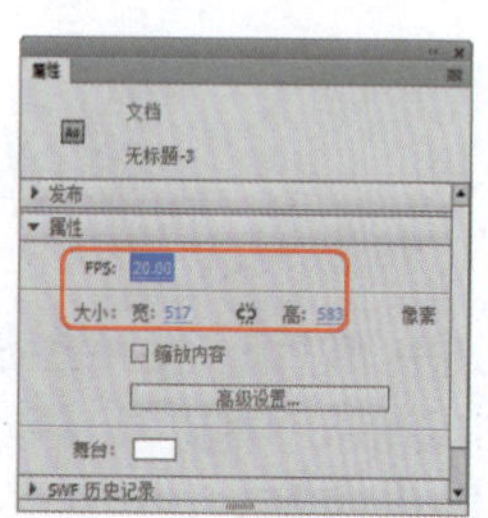

图11-22　设置场景大小

白关键帧，使用【文本工具】在舞台中输入文字，如图11-26所示。

图11-26 插入关键帧和空白关键帧输入文字

❼ 选中输入的文字打开【属性】面板，在【字符】选项组中将【系列】设置为汉仪行楷简，【大小】设置为80磅，【颜色】设置为【#FF3366】，调整位置，如图11-27所示。

图11-27 设置文本属性

❽ 设置完成后，按Ctrl+B组合键分离对象，在该图层的第10帧至第34帧任意帧单击鼠标右键选择【创建补间形状】命令，如图11-28所示。

图11-28 分离文字后创建形状补间

❾ 新建“图层3”，继续使用【钢笔工具】绘制图形，并将填充颜色设置为【#FE8500】，如图11-29所示。

图11-29 绘制图形

❿ 确定制完成后，在该图层的第34帧处插入关键帧，在第54帧的位置插入空白关键帧，确认选中第54帧，使用【文本工具】在舞台中输入文字，并使用相同的方法设置文字的属性，如图11-30所示。

图11-30 插入关键帧和空白关键帧输入文字

⓫ 确认选中文字，按Ctrl+B组合键分离对象，在“图层3”的第34帧至第54帧之间任意帧创建补间形状，效果如图11-31所示。

图11-31 分离文字并创建形状补间

⓬ 新建“图层4”，使用钢笔工具绘制图形，将填充颜色设置为【#00A4FE】，效果如图11-32所示。

图11-32 新建图层绘制图形

⓭ 在该图层的第54帧处插入关键帧，在第67帧的位置插入空白关键帧，并使用同样方法在舞台中输入文字，设置属性创建形状补间，效果如图11-33所示。

图11-33 插入关键帧和空白关键帧输入文字

⓮ 再次新建图层，使用同样方法绘制图形，将填充颜色设置为【#FFFF00】，在第67帧的位置插入关键帧，在第84帧的位置插入空白关键帧，使用同样方法输入文字并设置，将对象分离后创建形状补间，效果如图11-34所示。

图11-34 图使用同样方法制作其他动画

⓯ 制作完成后按Ctrl+Enter组合键测试动画效果，如图11-35所示。

图11-35 测试动画效果

实例165 制作渐进文字动画

本实例将介绍渐出文字动画的制作。主要是将输入的文字转换为元件，通过设置元件样式和制作传统补间动画来表现渐出文字，完成后的效果如图11-36所示。

素材：	素材|Cha11|薰衣草1.jpg、薰衣草2.jpg、薰衣草3.jpg
场景：	场景|Cha11|实例165 渐出文字.fla
视频：	视频教学|Cha11 |实例165 渐出文字.MP4

图11-36 渐出文字

❶ 按Ctrl+N组合键弹出【新建文档】对话框，在【类型】列表框中选择【ActionScript 3.0】，将【宽】设置为700像素，将【高】设置为465像素，将【帧频】设置为20fps，将【背景颜色】设置为黑色，单击【确定】按钮，如图11-37所示。

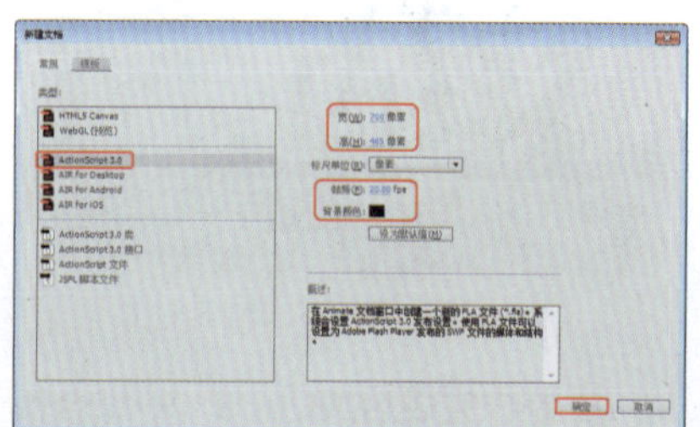

图11-37 新建文档

知识链接

【帧频】：是动画播放的速度，以每秒播放的帧数(fps)为度量单位。帧频太慢会使动画看起来一顿一顿的，帧频太快会使动画的细节变得模糊。24 fps的帧速率是Animate 文档的默认设置，通常可在Web上展现最佳效果。标准的动画速率也是24 fps。动画的复杂程度和播放动画的计算机的运行速度会影响播放的流畅程度。若要确定最佳帧速率，请在各种不同配置的计算机上测试动画效果。

提 示

因为只给整个Animate文档指定一个帧频，因此请在开始创建动画之前先设置帧速率。

❷ 新建空白文档，在菜单栏中选择【文件】|【导入】|【导入到库】命令，如图11-38所示。

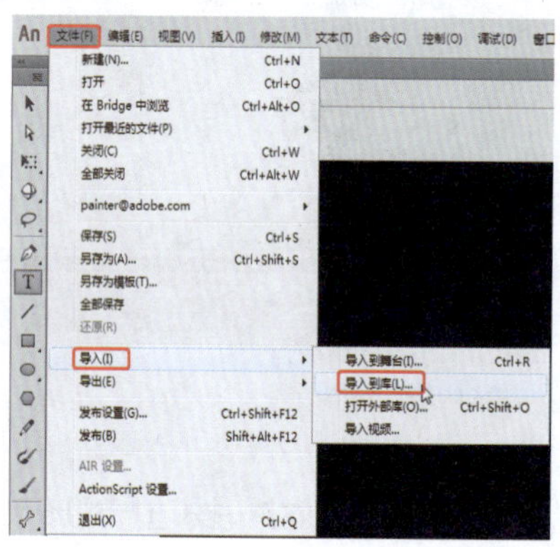

图11-38 选择【导入到库】命令件

❸ 弹出【导入到库】对话框，在该对话框中选择随书配套资源中的薰衣草1.jpg、薰衣草2.jpg和薰衣草3.jpg素材文件，单击【打开】按钮，如图11-39所示。

图11-39 选择素材文件

❹ 将选择的素材文件导入到【库】面板中，并在该面板中将薰衣草1.jpg素材文件拖拽至舞台中，按Ctrl+K组合键打开【对齐】面板，在该面板中勾选【与舞台对齐】复选框，单击【水平中齐】按钮和【垂直中齐】按钮，效果如图11-40所示。

图11-40 调整素材文件

❺ 确认舞台中的素材文件处于选择状态，按F8键弹出【转换为元件】对话框，输入【名称】为“图片1”，将【类型】设置为【图形】，单击【确定】按钮，如图11-41所示。

图11-41 转换为元件

❻ 即可将素材图片转换为元件，在【属性】面板中将【样式】设置为【Alpha】，并将【Alpha】值设置为0%，如图11-42所示。

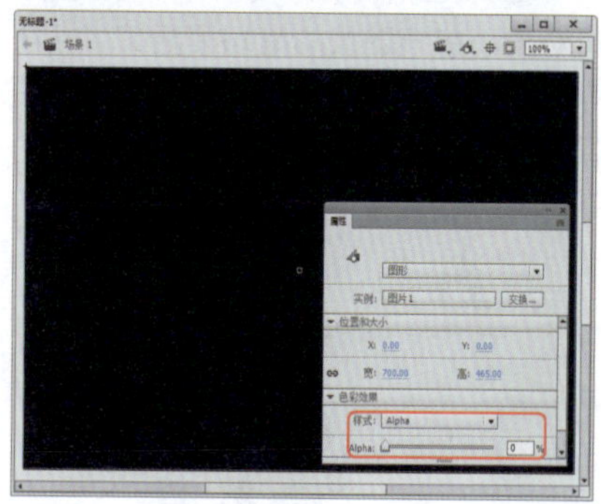

图11-42 设置元件样式

❼ 在【时间轴】面板中选择“图层1”第20帧，按F6键插入关键帧，然后在【属性】面板中，将“图片1”图形元件的【样式】设置为【无】，如图11-43所示。

❽ 选择“图层1”第10帧，并单击鼠标右键，在弹出的快捷菜单中选择【创建传统补间】命令，可创建传统补间动画，如图11-44所示。

图11-43 插入关键帧并设置元件

图11-44 创建传统补间动画

9 选择“图层1”第51帧，按F6键插入关键帧，单击【新建图层】按钮，新建“图层2”，如图11-45所示。

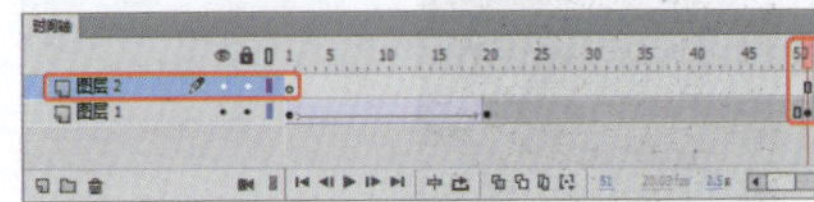
图11-45 插入关键帧并新建图层

10 按Ctrl+F8组合键弹出【创建新元件】对话框，输入【名称】为“文字1”，将【类型】设置为【图形】，单击【确定】按钮，如图11-46所示。

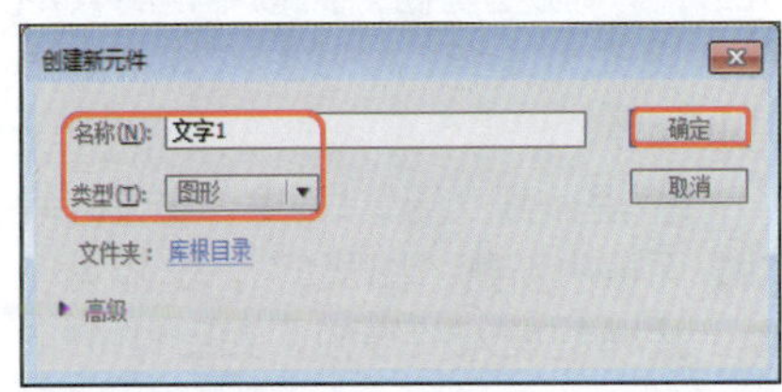

图11-46 新建元件

11 在工具箱中选择【文本工具】 T ，在舞台中输入文字“普罗旺斯的”，选择输入的文字，在【属性】面板中将【字符】选项组中的【系列】设置为【方正粗倩简体】，将【大小】设置为40磅，将【颜色】设置为白色，并在【位置和大小】选项组中，将【X】和【Y】都设为0，如图11-47所示。

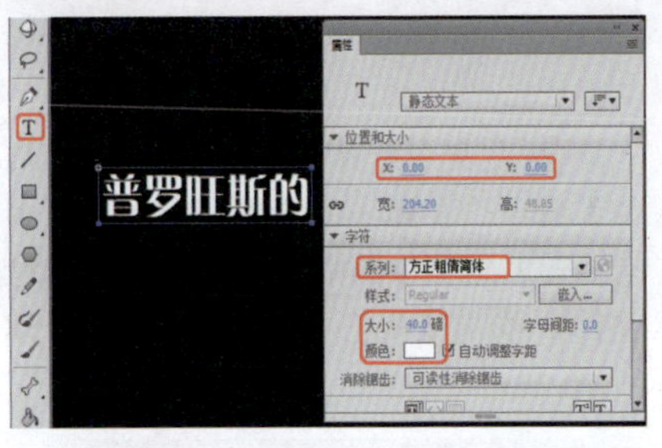

图11-47 输入并设置文字

12 返回到“场景1”中，确认“图层2”处于选择状态，在【库】面板中将“文字1”图形元件拖拽至舞台中，并调整其位置，在【属性】面板中将【样式】设置为【Alpha】，将【Alpha】值设置为0，如图11-48所示。

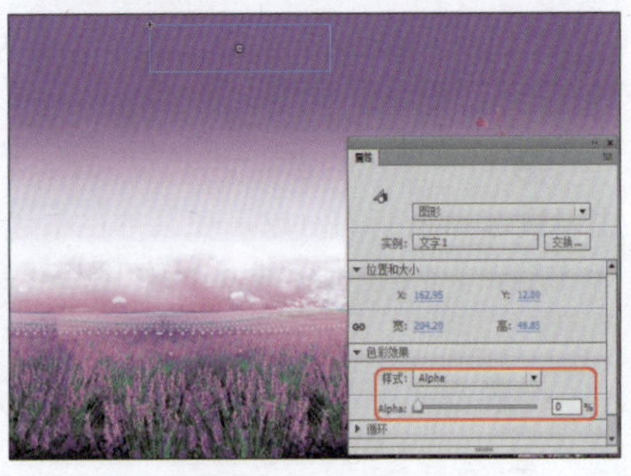
图11-48 调整元件

13 在【时间轴】面板中选择“图层2”第20帧，按F6键插入关键帧，在舞台中调整“文字1”图形元件的位置，在【属性】面板中将【样式】设置为【无】，如图11-49所示。

图11-49 插入关键帧并设置元件

14 结合前面介绍的方法，在“图层2”的两个关键帧之间创建传统补间动画，效果如图11-50所示。

15 按Ctrl+F8组合键弹出【创建新元件】对话框，输入【名称】为“文字2”，将【类型】设置为【图形】，单击【确定】按钮，如图11-51所示。

图11-50 创建传统补间动画

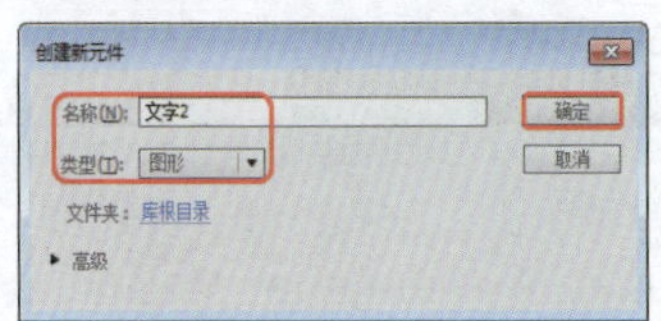

图11-51 创建新元件

16 在工具箱中选择【文本工具】，在舞台中输入文字“唯美、浪漫!”，选择输入的文字，在【属性】面板中将【字符】选项组中的【系列】设置为【汉仪粗黑简】，将【大小】设置为42磅，将【颜色】设置为【#FBDE2E】，并在【位置和大小】选项组中，将【X】和【Y】都设为0，如图11-52所示。

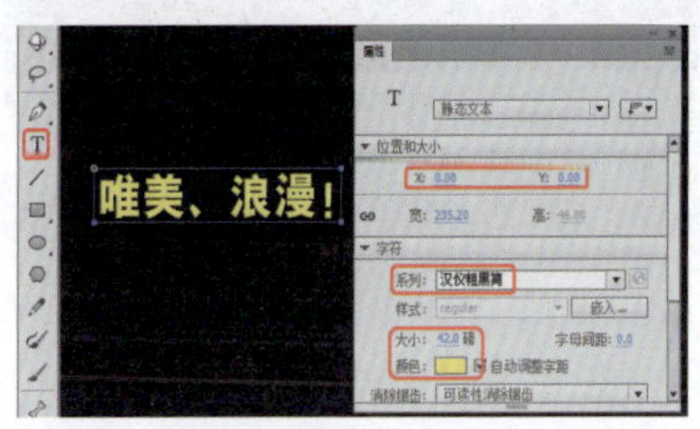

图11-52 输入并设置文字

17 返回到“场景1”中，新建“图层3”，在第20帧位置处插入关键帧，在【库】面板中将“文字2”元件拖拽至舞台中，调整其位置，在【属性】面板中将【样式】设置为【Alpha】，将【Alpha】值设置为0，如图11-53所示。

图11-53 新建图层并调整元件

⑱ 在【时间轴】面板中选择“图层3”第40帧，按F6键插入关键帧，然后在舞台中调整“文字2”元件的位置，在【属性】面板中将【样式】设置为【无】，如图11-54所示。

图11-54 插入关键帧并设置元件

⑲ 在“图层3”的两个关键帧之间创建传统补间动画，效果如图11-55所示。

图11-55 创建传统补间动画

⑳ 在【时间轴】面板中选择“图层1”第52帧，按F7键插入空白关键帧，在【库】面板中将薰衣草2.jpg素材文件拖拽至舞台中，在【对齐】面板中单击【水平中齐】和【垂直中齐】按钮，效果如图11-56所示。

图11-56 调整素材文件

㉑ 选择“图层1”第130帧，按F5键插入帧，如图11-57所示。

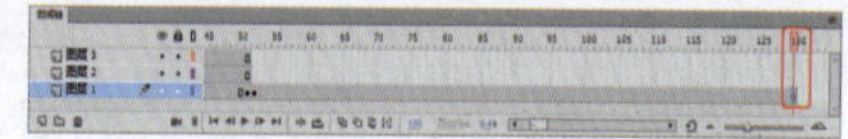
图11-57 插入帧

㉒ 在菜单栏中选择【文件】|【打开】命令，在弹出的【打开】对话框中选择随书配套资源中的矩形动画.fla素材文件，单击【打开】按钮，如图11-58所示。

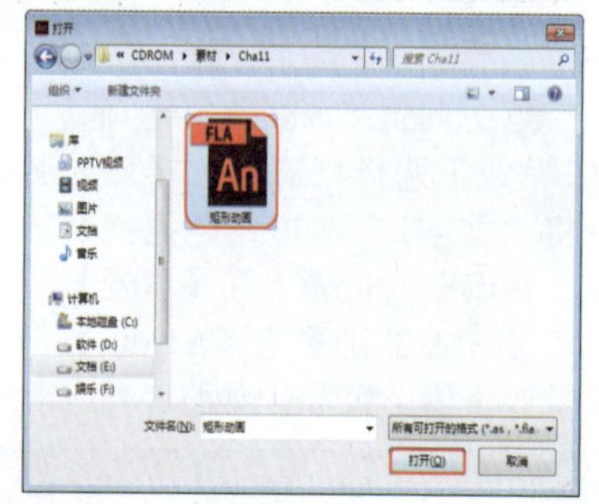
图11-58 选择素材文件

㉓ 打开选择的素材文件，按Ctrl+A组合键选择所有的对象，在菜单栏中选择【编辑】|【复制】命令，如图11-59所示。

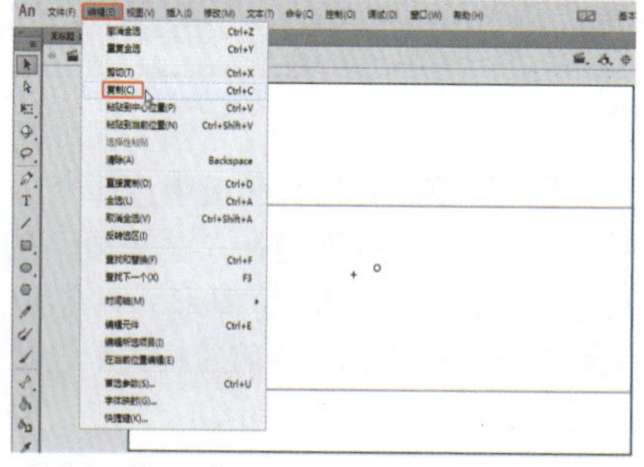
图11-59 选择【复制】命令

㉔ 返回到当前制作的场景中，新建“图层4”，将其移至最上方，选择第52帧，按F6键插入关键帧，在菜单栏中选择【编辑】|【粘贴到当前位置】命令，将选择的对象粘贴到当前制作的场景中，如图11-60所示。

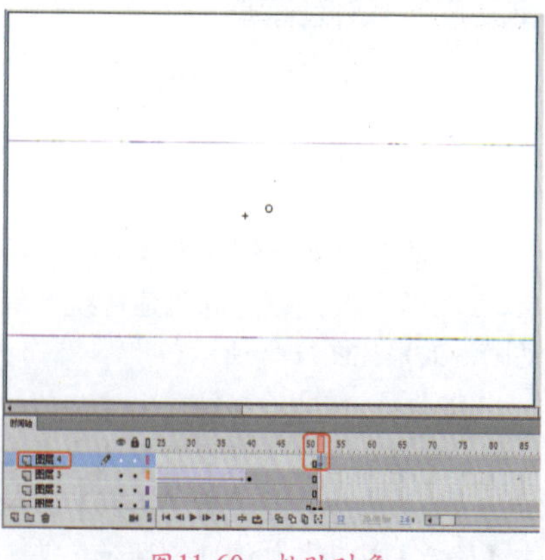
图11-60 粘贴对象

㉕ 在【时间轴】面板中选择“图层4”第86帧，按F7键插入空白关键帧，如图11-61所示。

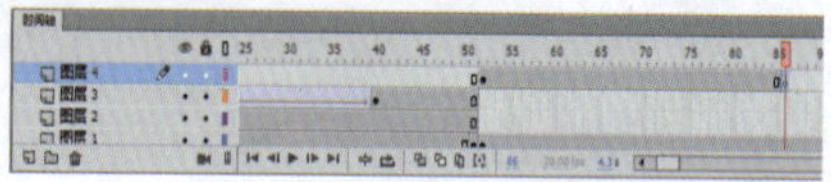
图11-61 插入空白关键帧

㉖ 按Ctrl+F8组合键弹出【创建新元件】对话框，输入【名称】为“文字3”，将【类型】设置为【图形】，单击【确定】按钮，如图11-62所示。

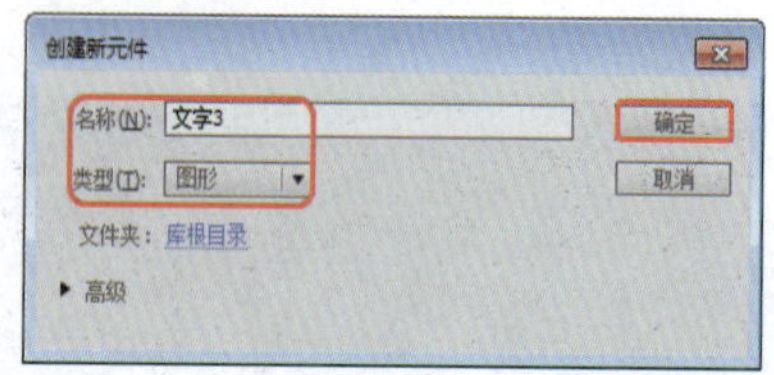

图11-62 创建新元件

㉗ 在工具箱中选择【文本工具】T，在舞台中输入文字“薰衣草那紫色的神秘 会让爱情长长久久”。选择输入的文字，在【属性】面板中将【字符】选项组中的【系列】设置为【方正粗倩简体】，将【大小】设置为30磅，将【颜色】设置为【#6600CC】，并在【位置和大小】选项组中，将【X】和【Y】都设为0，如图11-63所示。

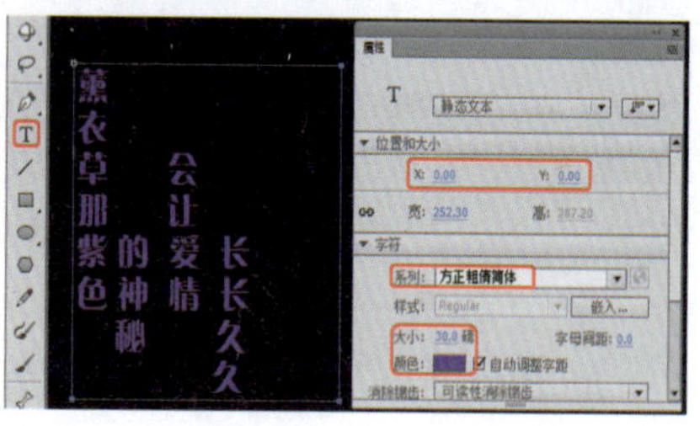
图11-63 输入并设置文字

㉘选择输入的文字“会让爱情长长久久！”，在【属性】面板中，将【颜色】设置为【#FF0099】，效果如图11-64所示。

㉙ 返回到“场景1”中，在【时间轴】面板中新建“图层5”，选择第85帧，按F6键插入关键帧，如图11-65所示。

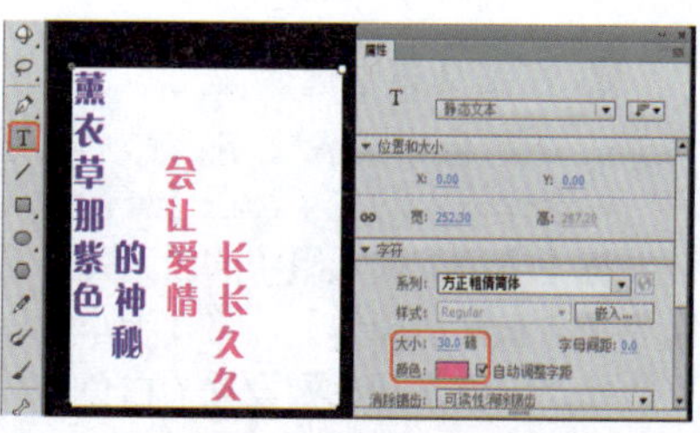
图11-64 设置文字

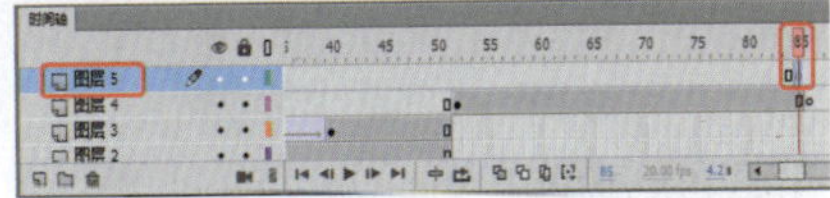
图11-65 新建图层并插入关键帧

㉚ 在【库】面板中将“文字3”元件拖拽至舞台中，调整其位置，结合前面介绍的方法，设置文字样式并创建传统补间动画，效果如图11-66所示。

图11-66 设置文字样式并创建传统补间动画

㉛ 在【时间轴】面板中选择“图层5”第117帧，按F7键插入空白关键帧，选择“图层1”第117帧，按F7键插入空白关键帧，如图11-67所示。

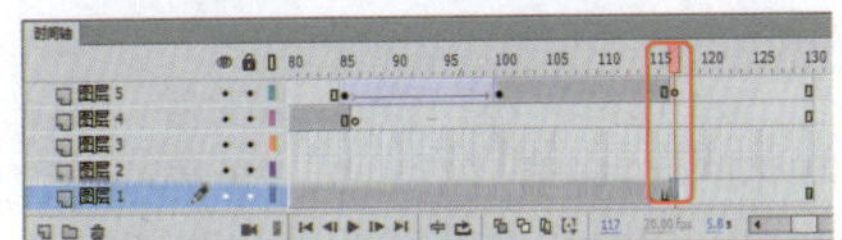
图11-67 插入空白关键帧

㉜ 在【库】面板中将“薰衣草3.jpg”素材文件拖拽至舞台中，在【对齐】面板中单击【水平中齐】和【垂直中齐】按钮，如图11-68所示。

图11-68 调整图片位置

㉝ 确认素材文件处于选择状态，按F8键弹出【转换为元件】对话框，输入【名称】为“图片3”，将【类型】设置为【图形】，单击【确定】按钮，如图11-69所示。

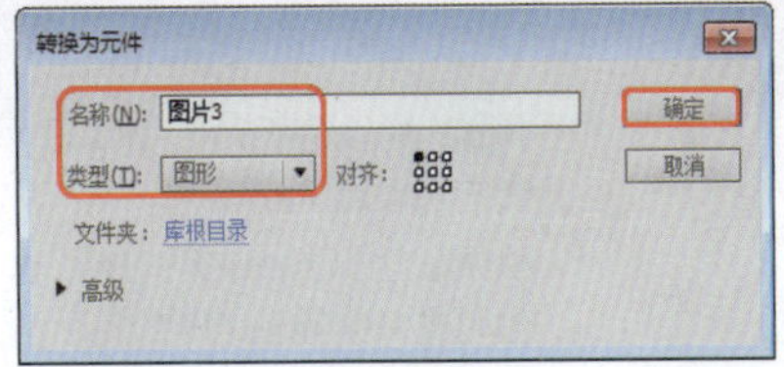
图11-69 转换为元件

㉞ 在【属性】面板中将【样式】设置为【Alpha】，将【Alpha】值设置为30%，如图11-70所示。

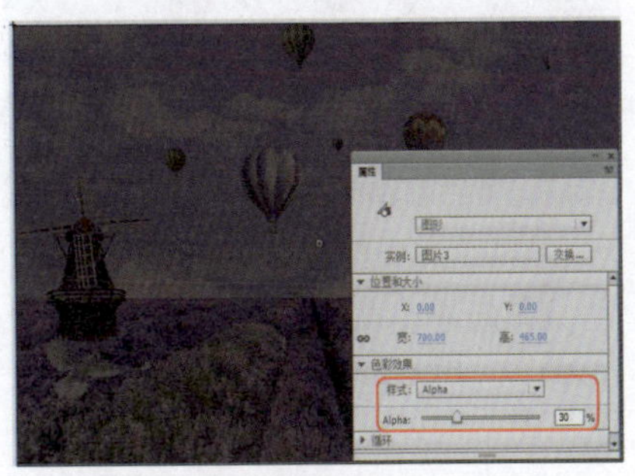
图11-70 设置样式

㉟ 选择“图层1”第140帧，按F6键插入关键帧，在【属性】面板中，将“图片3”元件的【样式】设置为【无】，如图11-71所示。

图11-71 设置元件样式

㊱ 选择“图层1”第130帧，单击鼠标右键，在弹出的快捷菜单中选择【创建传统补间】命令，创建传统补间动画，效果如图11-72所示。

㊲ 选择“图层1”第180帧，按F6键插入关键帧，如图11-73所示。

图11-72 创建传统补间动画

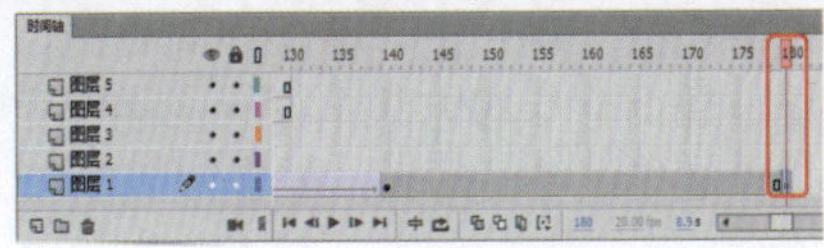
图11-73 插入关键帧

㊳ 按Ctrl+F8组合键弹出【创建新元件】对话框，输入【名称】为“文字4”，将【类型】设置为【图形】，单击【确定】按钮，如图11-74所示。

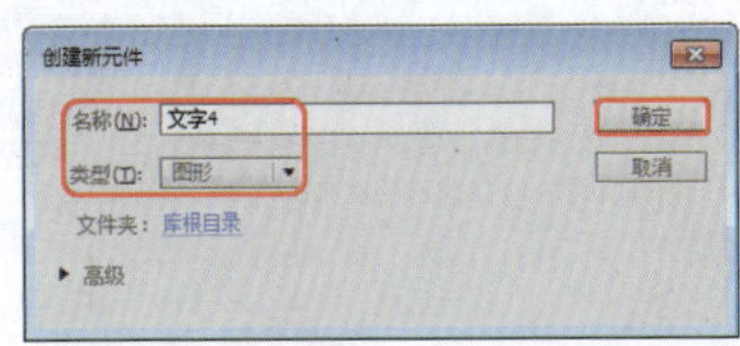
图11-74 创建新元件

㊴ 在工具箱中选择【文本工具】，在舞台中输入文字“只要你转,就会与你心爱的人幸福、快乐”，选择输入的文字，在【属性】面板中将【字符】选项组中的【系列】设置为【方正粗圆简体】，将【大小】设置为25磅，将【字母间距】设置为13，将【颜色】设置为白色，在【位置和大小】选项组中，将【X】和【Y】都设为0，如图11-75所示。

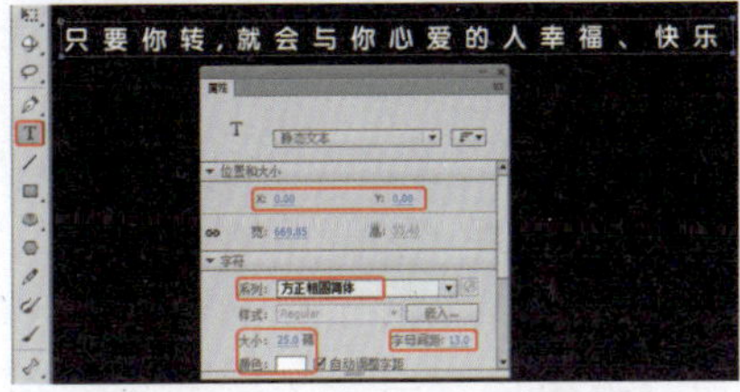
图11-75 输入并设置文字

㊵ 将文字“心爱”的颜色更改为【#FF9900】，将文字【幸福、快乐】的颜色更改为【#FF33CC】，效果如图11-76所示。

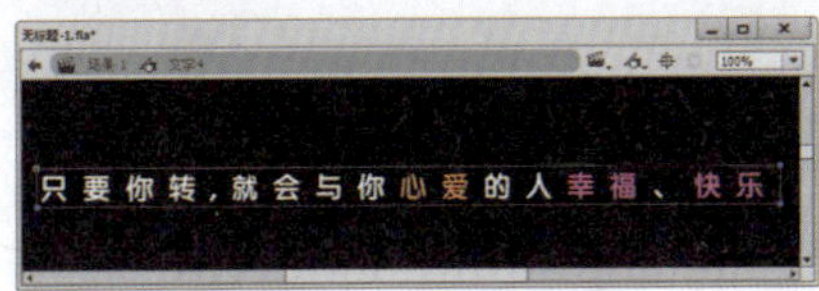

图11-76 更改文字颜色

㊶ 返回到“场景1”中，新建“图层6”，选择“图层6”第140帧，按F6键插入关键帧，如图11-77所示。

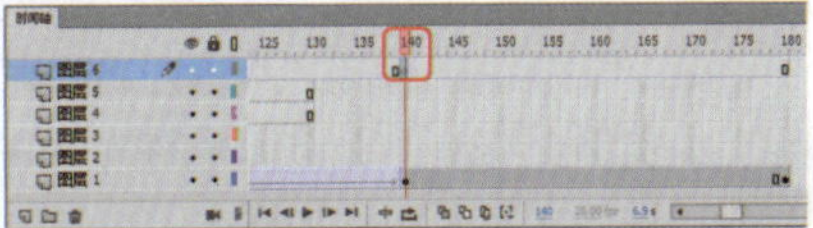
图11-77 新建图层并插入关键帧

㊷ 在【库】面板中将“文字4”

元件拖拽至舞台中，并调整其位置，结合前面介绍的方法，设置文字样式并创建传统补间动画，效果如图11-78所示。

图11-78　设置文字样式并创建传统补间动画

㊸ 取消选择舞台中的所有对象，在【属性】面板中将【舞台】颜色更改为白色，如图11-79所示。

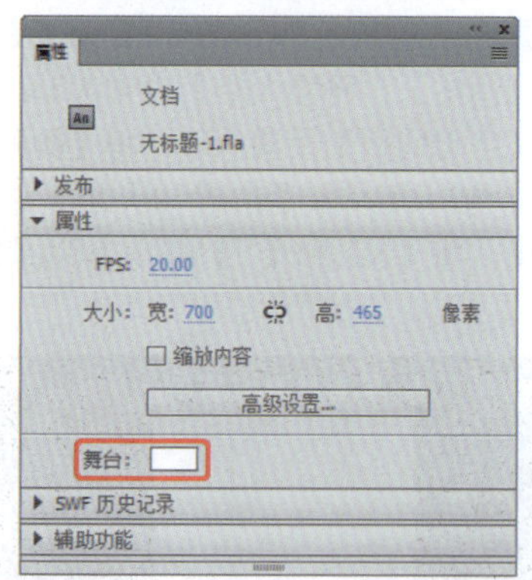

图11-79　更改舞台颜色

㊹ 至此，完成该动画的制作，按Ctrl+Enter键测试影片，如图11-80所示。导出影片并将场景文件保存即可。

图11-80　测试影片

实例166 制作闪光文字动画

本实例介绍制作文字闪光的效果。主要通过为文字元件添加样式，并创建关键帧来展示闪光效果，效果如图11-81所示。

素材：	素材|Cha11|生日快乐.jpg
场景：	场景|Cha11|实例166 制作闪光文字动画.fla
视频：	视频教学 | Cha11 |实例166 制作闪光文字动画.MP4

图11-81　制作闪光文字动画

❶ 新建空白文档，将舞台大小设置为979×617像素，将【舞台颜色】设置为黑色，按Ctrl+R组合键，将生日快乐.jpg素材文件导入舞台中，如图11-82所示。

图11-82　导入素材

❷ 按Ctrl+F8组合键打开【创建新元件】对话框，将【名称】设置为“矩形”，将【类型】设置为图形，单击【确定】按钮，如图11-83所示。

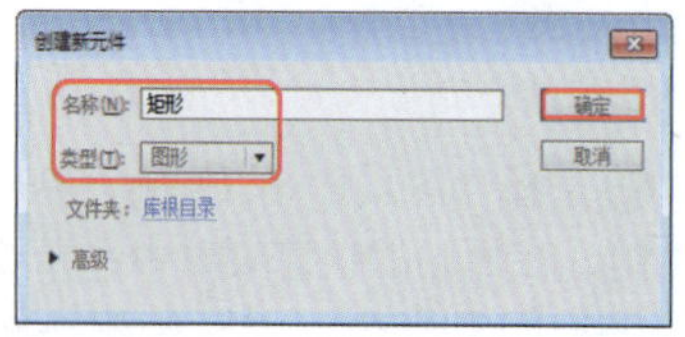

图11-83　创建新元件

❸ 使用【矩形工具】绘制矩形，选中绘制的矩形在【属性】面板中，将【笔触颜色】设置为无，将【填充颜色】设置为白色，如图11-84所示。

❹ 按Ctrl+F8组合键，打开【创建新元件】对话框，输入【名称】为“变色动画”，将【类型】设置为影片剪辑，单击【确定】按钮，然后在【库】面板中将“矩形”元件拖至舞台中，选择时间轴的第15帧，按F6键插入关键帧，选择“矩形”元件，将在【属性】面板中将【样式】设置为色调，将【着色】设置为红色，如图11-85所示。

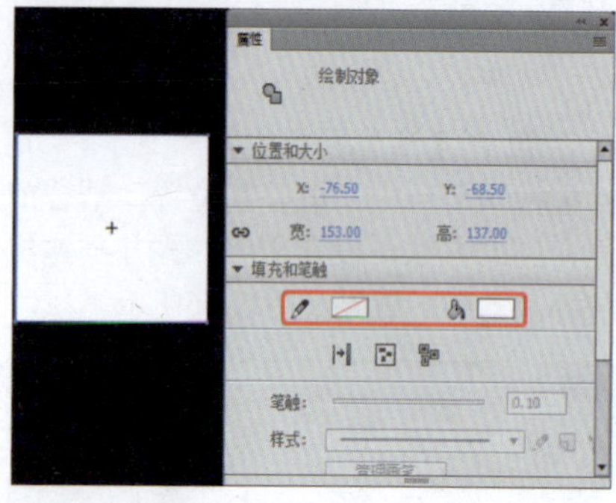

图11-84　设置矩形属性

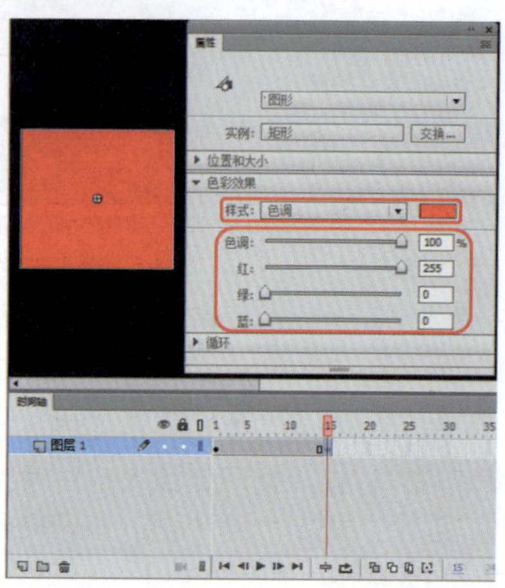

图11-85　向新建的元件中拖入元件

❺ 选择第1帧至第15帧任意一帧，在菜单栏中选择【插入】|【传统补间】命令，创建传统补间动画，选择第30帧，插入关键帧，选择“矩形”元件，将【样式】设置为色调，将【着色】设置为黄色，如图11-86所示。

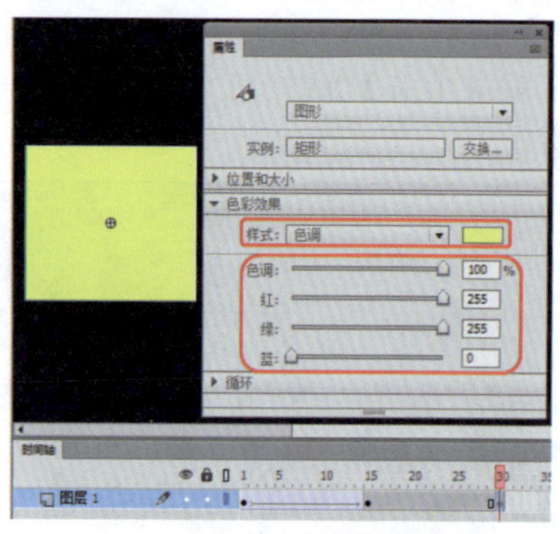

图11-86　设置30帧的颜色

❻ 在第15帧至第30帧中任选一帧，单击鼠标右键在弹出的快捷菜单中选择【创建传统补间】命令，创建传统补间动画，选择第45帧，插入关键帧，选择“矩形”元件，将【样式】设置为色调，将【着色】设置为绿色，如图11-87所示。

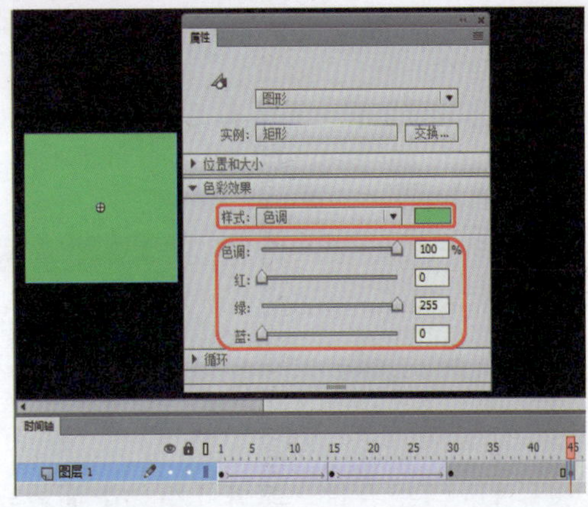

图11-87 设置45帧的颜色性

⑦ 在第30帧与第45帧之间创建传统补间动画，使用同样方法选择在第60、75、90帧，插入关键帧，选择矩形，分别将着色设置为洋红、青、白，并使用同样方法创建传统补间，如图11-88所示。

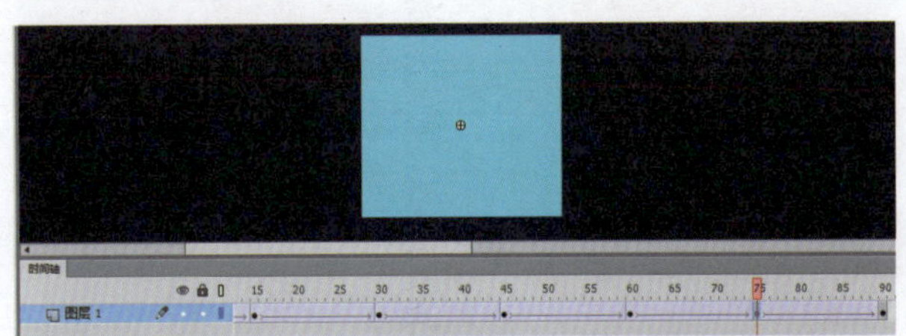

图11-88 设置矩形并创建传统补间

⑧ 再次创建新元件，将【名称】设置为“遮罩”，将【类型】设置为【影片剪辑】，打开【库】面板，将“变色动画”元件拖拽至舞台中，并调整其位置和大小，如图11-89所示。

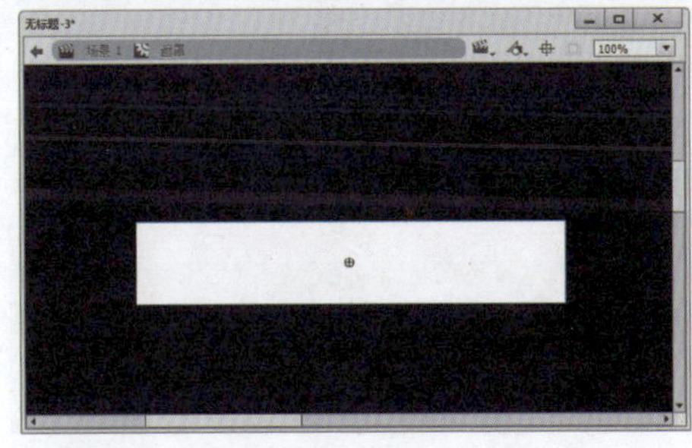

图11-89 向新建的原件中拖入元件

⑨ 新建图层，使用【文本工具】输入文字，选中输入的文字，在【属性】面板中将【系列】设置为【汉仪行楷简】，【大小】设置为68磅，颜色可以随意设置，如图11-90所示。

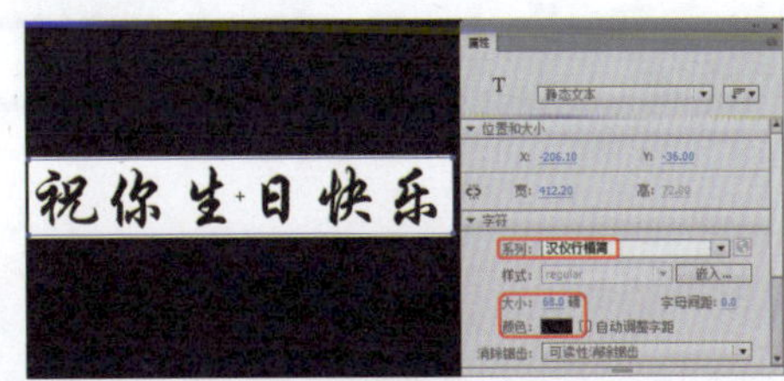

图11-90 设置文字属性

⑩ 选择“图层2”单击鼠标右键，在弹出的快捷菜单中选择【遮罩层】命令，添加遮罩层，如图11-91所示。

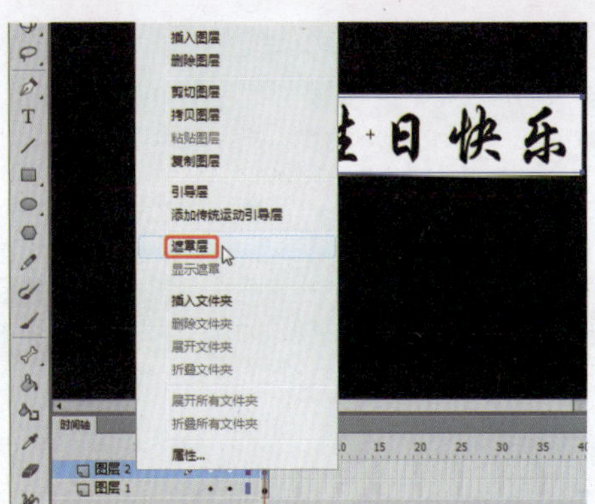

图11-91 创建遮罩层

⑪ 在左上角单击按钮，返回到场景中，新建图层，打开【库】面板，将“遮罩”元件拖拽至舞台中，调整元件位置，如图11-92所示。

图11-92 调整元件位置

⑫ 按Ctrl+Enter组合键测试影片，效果如图11-93所示。

图11-93 测试效果

实例167 制作滚动文字

本实例主要制作滚动文字的效果。通过本实例的学习，可以在文本图层中添加组件制作文字滚动的效果，本实例效果如图11-94所示。

素材：	素材|Cha11|滚动文字背景.jpg
场景：	场景|Cha11|实例167 制作滚动文字.fla
视频：	视频教学 | Cha11 |实例167 制作滚动文字.MP4

图11-94　制作滚动文字

❶ 新建空白文档，将舞台大小设置为600×434像素，按Ctrl+R组合键，将滚动文字背景.jpg素材文件导入舞台中，并使素材与舞台对齐，如图11-95所示。

图11-95　导入素材

❷ 新建图层，使用【文本工具】输入文字，选中输入的文字，在【属性】面板中，【文本类型】设置为动态文本，将【实例名称】输入为“p”，设置位置和大小参数，将【系列】设置为方正隶书简体，【大小】设置为18磅，【颜色】设置为【#5F5046】，【消除锯齿】设置为使用设备字体，展开【段落】选项，单击【格式】右侧的【居中对齐】按钮，如图11-96所示。

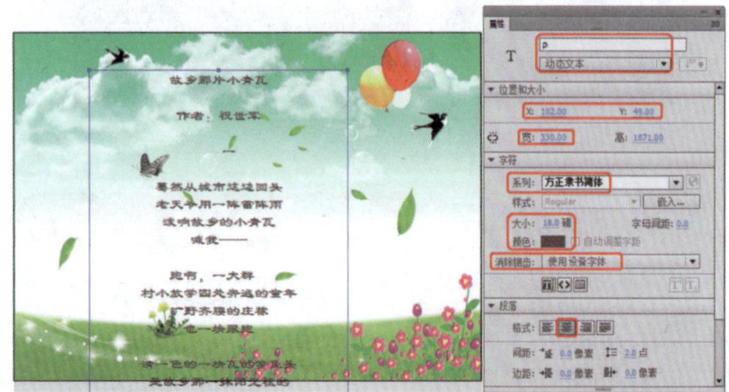

图11-96　输入文字并设置

❸ 使用【选择工具】在文本上右键单击选择【可滚动】命令，展开【位置和大小】选项，将【高】设置为312像素，如图11-97所示。

图11-97　选择【可滚动】命令

❹ 按Ctrl+F7组合键，打开【组件】面板，选择【UIScrllBar】，将该项拖至舞台中，打开【属性】面板将【X】设置为432，【Y】设置为90，【宽】设置为15像素，【高】设置为250像素，【样式】设置为色调，将【着色】设置为【#FDFBE7】，在【scorllTargetName】右侧输入“p”，如图11-98所示。

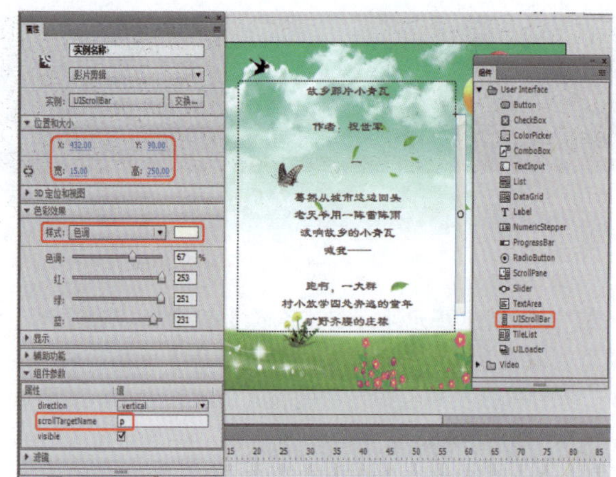

图11-98　设置【组件】属性

❺ 设置完成后按Ctrl+Enter组合键测试影片效果，如图11-99所示。

图11-99　测试效果

实例168　制作打字效果

本实例介绍打字效果的制作方法。主要是利用插入关键帧和空白关键帧制作光标闪烁效果，输入文字后再分离文字，通过删除不同帧中的不同对象来达到打字效果，效果如图11-100所示。

素材：	素材|Cha11|小清新.jpg
场景：	场景|Cha11|实例168 制作打字效果.fla
视频：	视频教学 | Cha11 |实例167 制作滚动文字.MP4

图11-100 制作打字效果

❶ 在菜单栏中选择【文件】|【新建】命令，弹出【新建文档】对话框，在【类型】列表框中选择【ActionScript 3.0】选项，在右侧的设置区域中将【宽】设置为985像素，将【高】设置为680像素，将【帧频】设置为5fps，如图11-101所示。

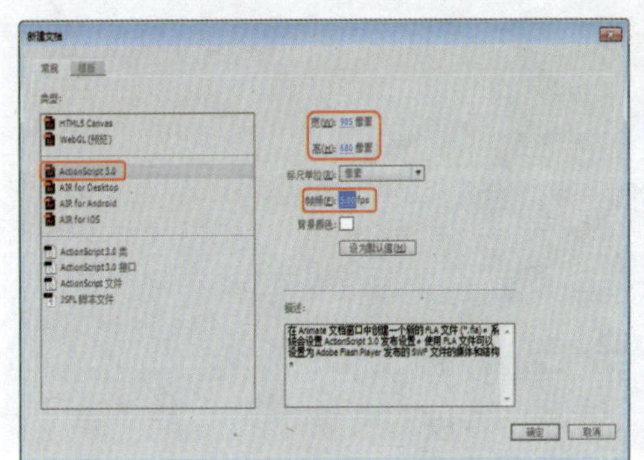

图11-101 【新建文档】对话框

❷ 单击【确定】按钮，新建一个文档，按Ctrl+R组合键弹出【导入】对话框，在该对话框中选择小清新.jpg素材文件，如图11-102所示。

图11-102 选择素材文件

❸ 单击【打开】按钮，将选择的素材文件导入到舞台中，按Ctrl+K组合键，在弹出的面板中勾选【与舞台对齐】复选框，单击【匹配大小】选项组中的【匹配宽和高】按钮，效果如图11-103所示。

图11-103 对齐舞台

❹ 在【时间轴】面板中选中“图层1”的第45帧，单击鼠标右键，在弹出的快捷菜单中选择【插入关键帧】命令，如图11-104所示。

图11-104 选择【插入关键帧】命令

❺ 在舞台的空白位置上单击鼠标，在【属性】面板中将【舞台】右侧色块的值设置为【#FFCC00】，按Ctrl+F8组合键弹出【创建新元件】对话框，在该对话框中输入【名称】为“光标”，将【类型】设置为【图形】，如图11 105所示。

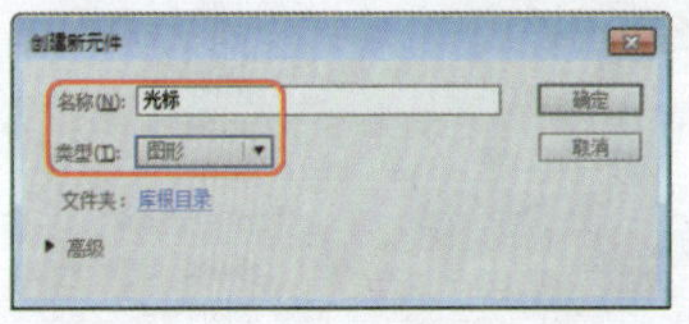

图11-105 【创建新元件】对话框

❻ 单击【确定】按钮，在工具箱中选择【矩形工具】，在【属性】面板中将【笔触颜色】设置为无，将【填充颜色】设置为白色，在舞台中绘制一个【宽】、【高】分别为32.6、3.5像素的矩形，如图11-106所示。

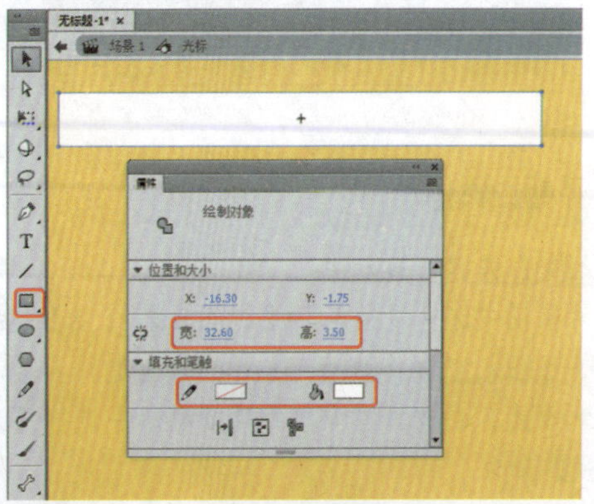

图11-106 绘制矩形

❶ 返回到“场景1”中，在【时间轴】面板中单击【新建图层】按钮，新建“图层2”，如图11-107所示。

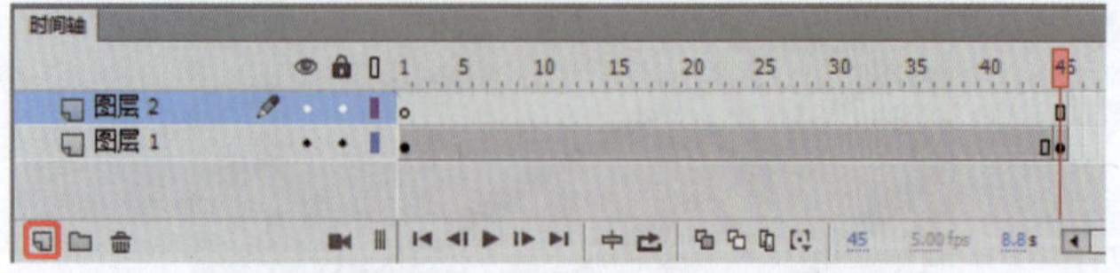

图11-107　新建图层

❽ 将新建的图层命名为“光标1”，选择第1帧，在【库】面板中选择“光标”元件，按住鼠标将其拖拽至舞台中，调整其位置，效果如图11-108所示。

图11-108　添加图形元件

❽ 选中该图层的第2帧，单击鼠标右键，在弹出的快捷菜单中选择【插入空白关键帧】命令，如图11-109所示。

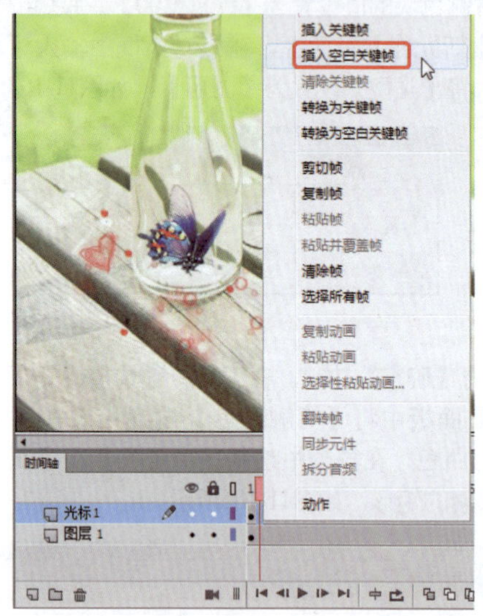

图11-109　选择【插入空白关键帧】命令

知识链接

插入空白关键帧的方法：

在菜单栏中选择【插入】|【时间轴】|【空白关键帧】命令，即可插入空白关键帧。在时间轴上选择要插入帧的位置，单击鼠标右键，在弹出的快捷菜单中选择【插入空白关键帧】命令。

按F7键插入空白关键帧。

❿ 在该图层中选择第4帧，单击鼠标右键，在弹出的快捷菜单中选择【插入关键帧】命令，如图11-110所示。

图11-110　选择【插入关键帧】命令

⓫ 在【库】面板中选中“光标”元件，按住鼠标将其拖拽至舞台中，调整其位置，如图11-111所示。

图11-111　添加图形元件

⓬ 选中该图层的第5帧，单击鼠标右键，在弹出的快捷菜单中选择【插入空白关键帧】命令，选中该图层的第7帧，单击鼠标右键，在弹出的快捷菜单中选择【插入关键帧】命令，如图11-112所示。

图11-112　插入空白关键帧和插入关键帧

⑬ 在【库】面板中将“光标”拖拽至舞台中，调整其位置。在【时间轴】面板中新建一个图层，在工具箱中单击【文本工具】，在舞台中单击鼠标，输入文字，选中输入的文字，在【属性】面板中将【文本类型】设置为【静态文本】，将【字体】设置为【方正大标宋简体】，将【大小】设置为50磅，将颜色设置为白色，如图11-113所示。

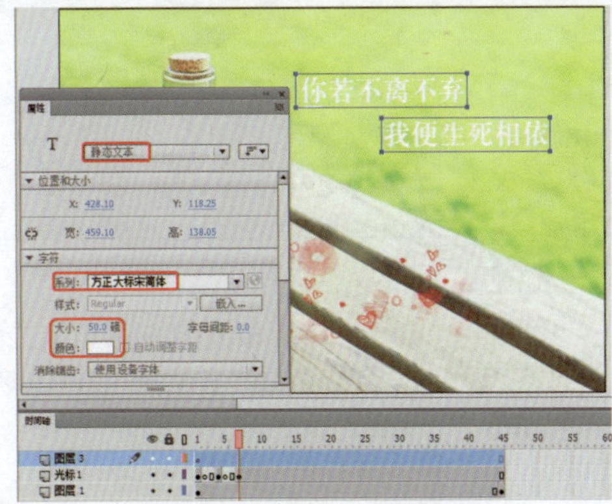

图11-113 输入文字并进行设置

⑭ 单选中该图层中的文字，单击鼠标右键，在弹出的快捷菜单中选择【分离】命令，如图11-114所示。

图11-114 选择【分离】命令

⑮ 分离完成后，在【时间轴】面板中单击【新建图层】按钮，新建“图层4”，选中“图层3”中第二行文字，按Ctrl+X组合键进行剪切，选中“图层4”，在菜单栏中选择【编辑】|【粘贴到当前位置】命令，如图11-115所示。

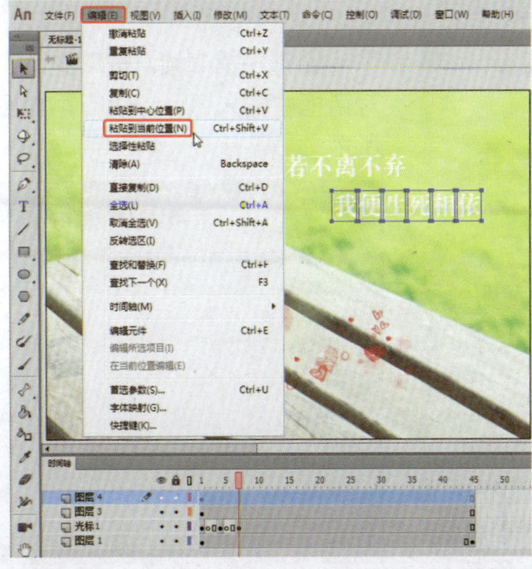

图11-115 选择【粘贴到当前位置】命令

⑯ 选中“图层3”的第8帧，单击鼠标右键，在弹出的快捷菜单中选择【插入关键帧】命令，如图11-116所示。

图11-116 选择【插入关键帧】命令

⑰ 插入关键帧后，选中“图层3”中第1帧的所有对象，在菜单栏中选择【编辑】|【清除】命令，如图11-117所示。

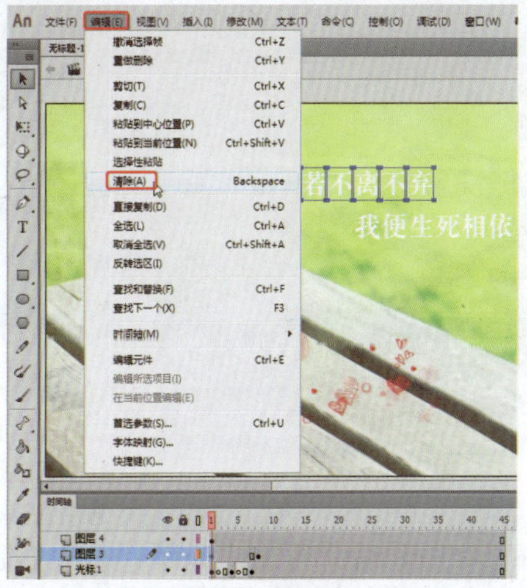

图11-117 选择【清除】命令

⑱ 在【时间轴】面板中选择第8至第13帧，单击鼠标右键，在弹出的快捷菜单中选择【转换为关键帧】命令，如图11-118所示。

图11-118 选择【转换为关键帧】命令

⑲ 执行该操作后，即可将选中的帧转换为关键帧，选中第8帧，将该帧上除“你”以外的其他文字删除，如图11-119所示。

图11-119 删除对象

⑳ 选中“光标1”图层的第8帧，按F6键插入关键帧，在舞台中调整该对象的位置，效果如图11-120所示。

图11-120 插入关键帧

㉑ 继续选中该图层的第9帧，按F6键插入关键帧，在舞台中移动“光标”图形元件的位置，如图11-121所示。

图11-121 插入关键帧并移动对象的位置

㉒ 使用相同的方法在第10至第13帧处插入关键帧，调整对象的位置，如图11-122所示。

图11-122 插入关键帧并调整对象的位置

㉓ 使用上面所介绍的方法将“图层3”中的对象依次进行删除，删除后的效果如图11-123所示。

图11-123 删除对象后的效果

㉔ 删除完成后，在【时间轴】面板中选择“光标1”图层中的第18帧，单击鼠标右键，在弹出的快捷菜单中选择【插入关键帧】命令，如图11-124所示。

图11-124 选择【插入关键帧】命令

㉕ 在【时间轴】面板中选中“光标1”图层的第13帧，按Delete键将该帧上的对象进行删除，如图11-125所示。

图11-125 删除第13帧上的对象

㉖ 使用相同的方法为第二行文字添加动画效果，效果如图11-126所示。

图11-126 制作其他动画效果

㉗ 在【时间轴】面板中单击【新建图层】按钮，新建“图层5”，选中第45帧，按F6键插入关键帧，如图11-127所示。

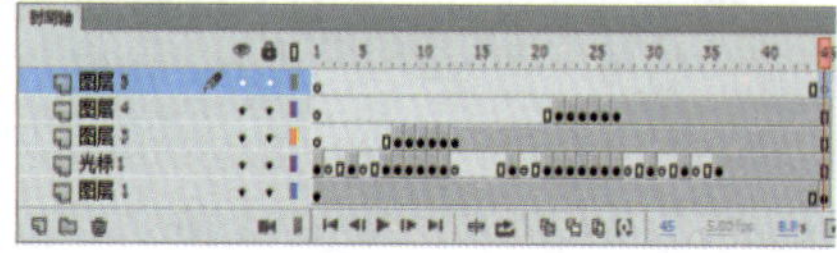

图11-127 新建图层并插入关键帧

㉘ 选中第45帧，按F9键，在弹出的对话框中输入“stop();”，如图11-128所示。

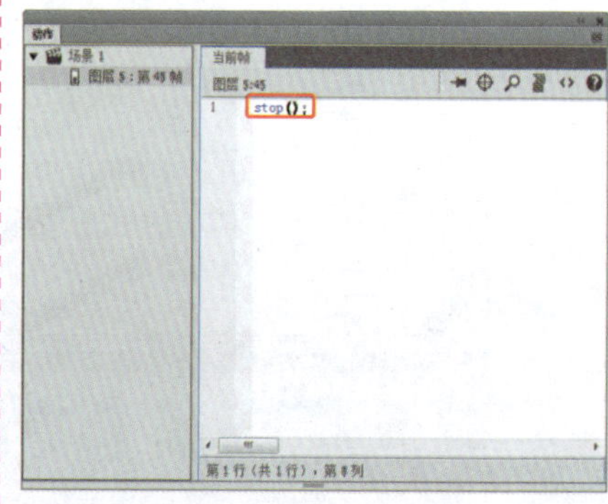

图11-128 输入代码

㉙ 输入完成后，对完成后的场景进行输出并保存。

实例169 制作花纹旋转文字

本实例将介绍花纹旋转文字的制作方法，主要通过对创建的文字和图形添加传统补间，使其达到渐隐渐现的效果，效果如图11-129所示。

素材：	素材|Cha11|308.jpg
场景：	场景|Cha11|实例169 制作花纹旋转文字.fla
视频：	视频教学|Cha11|实例169 制作花纹旋转文字.MP4

图11-129 花纹旋转文字

❶ 在菜单栏中选择【文件】|【新建】命令，弹出【新建文档】对话框，在【类型】列表框中选择【ActionScript 3.0】选项，在右侧的设置区域中将【宽】设置为544像素，将【高】设置为408像素，将【背景颜色】设置为【#CCCCCC】，如图11-130所示。

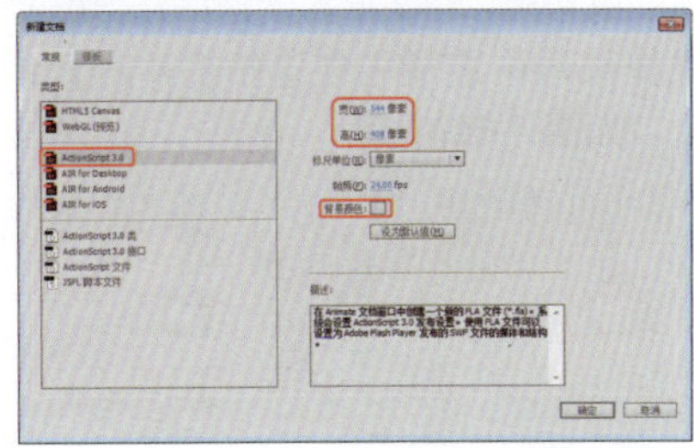

图11-130 【新建文档】对话框

❷ 单击【确定】按钮，即可新建一个文档，按Ctrl+R组合键弹出【导入】对话框，在该对话框中选择308.jpg素材文件，单击【打开】按钮，按Ctrl+K组合键，在弹出的面板中勾选【与舞台对齐】复选框，单击【水平中齐】按钮和【垂直中齐】按钮，然后单击【匹配大小】选项组中的【匹配宽和高】按钮，如图11-131所示。

❸ 按Ctrl+F8组合键，在弹出的对话框中将【名称】设置为“花朵”，将【类型】设置为【图形】，如图11-132所示。

图11-131 添加素材文件

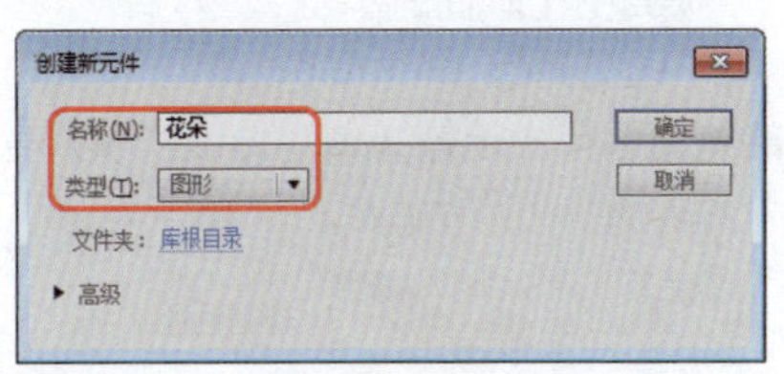

图11-132 创建新元件

❹ 设置完成后，单击【确定】按钮，在工具箱中单击【椭圆工具】，在舞台中绘制一个椭圆，选中绘制的椭圆，在【属性】面板中将【宽】、【高】分别设置为12.85像素、15.05像素，将会【笔触颜色】设置为无，将【填充颜色】设置为【#66CC00】，将【Alpha】设置为60%，如图11-133所示。

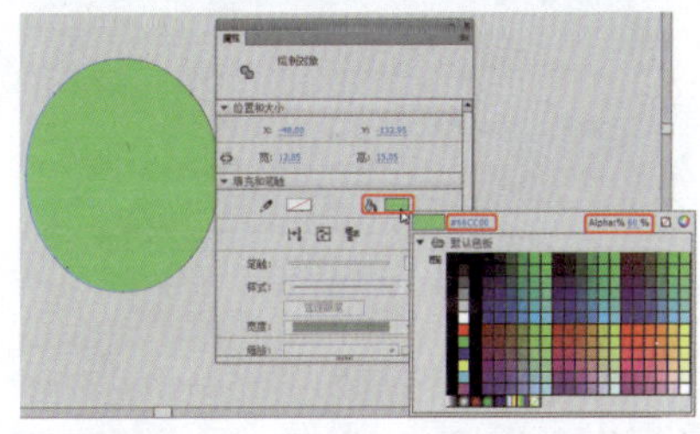

图11-133 绘制图形并进行设置

❺ 继续选中该图形，按Ctrl+T组合键，在弹出的【变形】面板中单击【倾斜】单选按钮，将【水平倾斜】【垂直倾斜】分别设置为-147.6°、-147.5°，如图11-134所示。

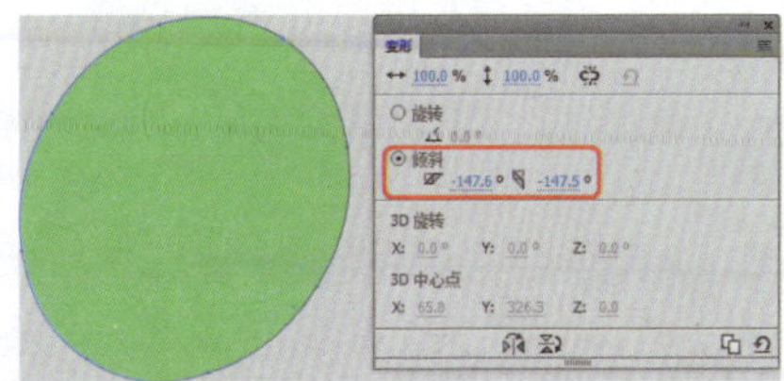

图11-134 设置对象的倾斜

❻ 设置完成后，对绘制的圆形进行复制，调整其倾斜参数，效果如图11-135所示。

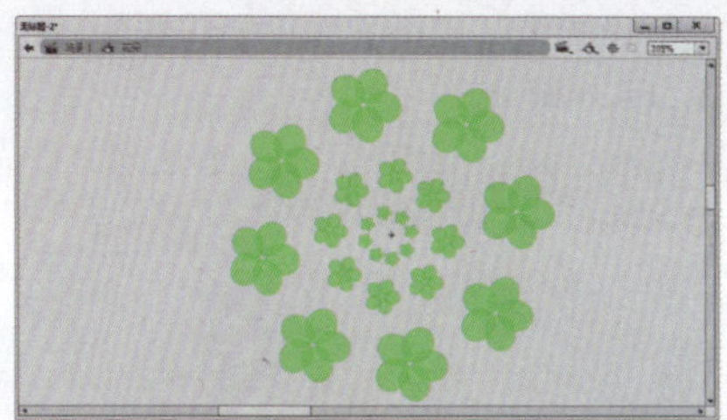

图11-135 复制对象后的效果

❼ 按Ctrl+F8组合键，在弹出的对话框中将【名称】设置为“变换颜色的花朵”，将【类型】设置为【影片剪辑】，如图11-136所示。

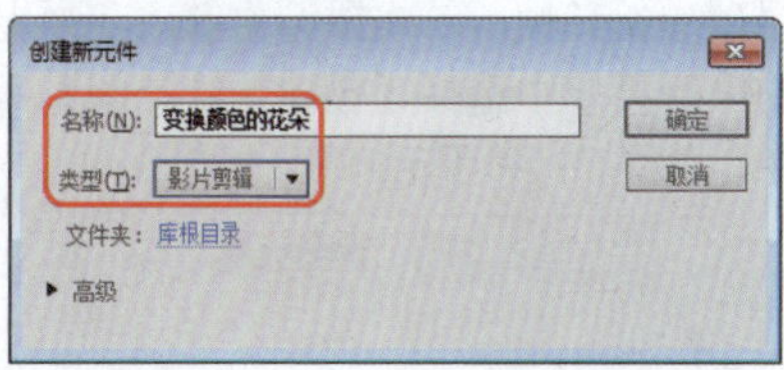

图11-136 新建影片剪辑元件

❽设置完成后，单击【确定】按钮，按Ctrl+L组合键，在【库】面板中选择“花朵”图形元件，按住鼠标将其拖拽至舞台中，并在舞台中调整位置，如图11-137所示。

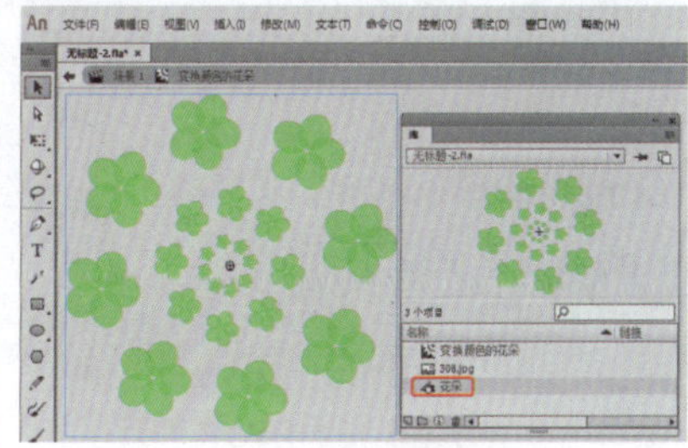

图11-137 添加图形元件

❾ 在【时间轴】面板中选择“图层1”的第5帧，单击鼠标右键，在弹出的快捷菜单中选择【插入关键帧】命令，如图11-138所示。

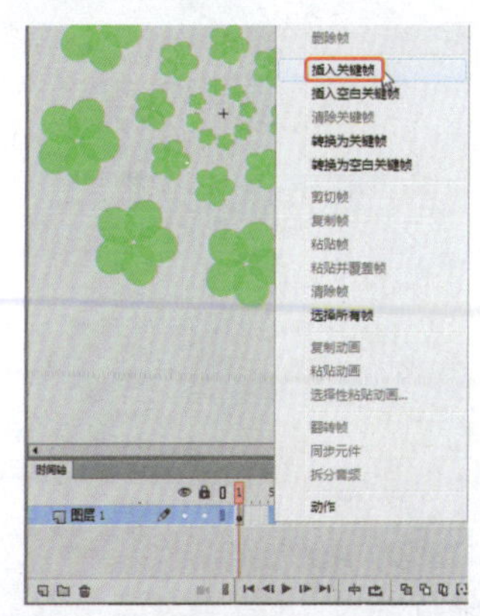

图11-138 选择【插入关键帧】命令

❿ 选中第5帧的元件，在【属性】面板中将【色彩效果】选项组中的【样

式】设置为【高级】，设置其参数，如图11-139所示。

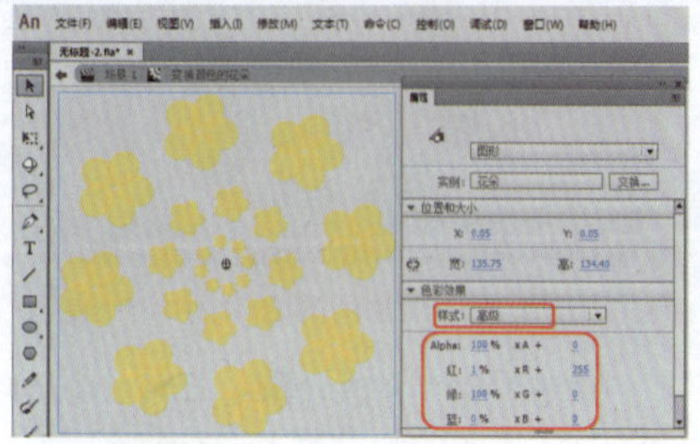

图11-139　为元件添加样式

⑪ 在【时间轴】面板中选择“图层1”的第2帧，单击鼠标右键，在弹出的快捷菜单中选择【创建传统补间】命令，如图11-140所示。

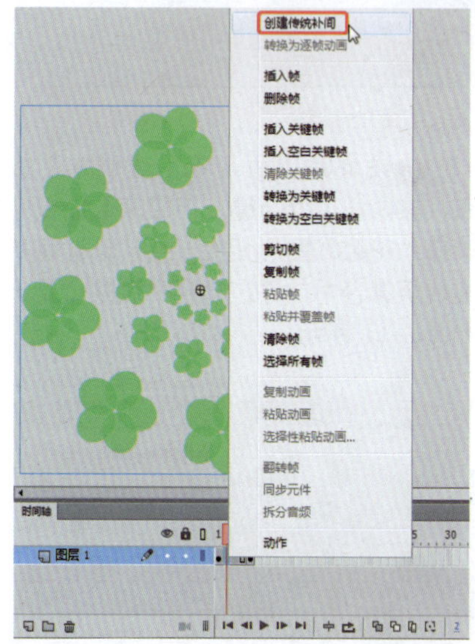

图11-140　选择【创建传统补间】命令

⑫ 在【时间轴】面板中选择“图层1”的第10帧，单击鼠标右键，在弹出的快捷菜单中选择【插入关键帧】命令，如图11-141所示。

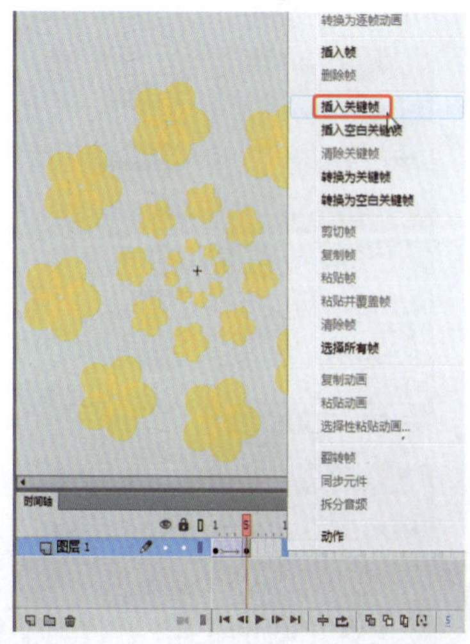

图11-141　选择【插入关键帧】命令

⑬选中第10帧的元件，在【属性】面板中的【色彩效果】选项组中设置高级样式的参数，如图11-142所示。

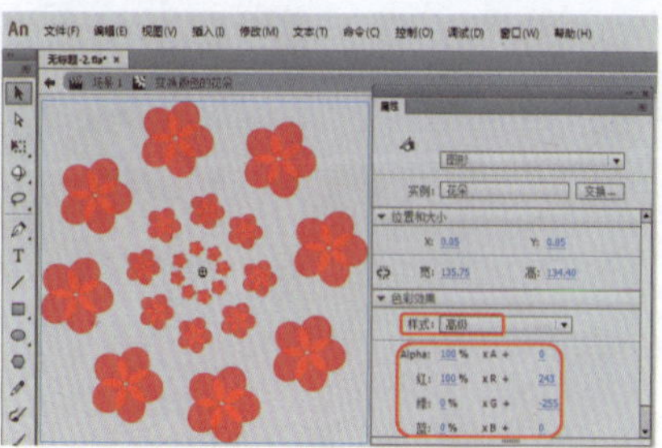

图11-142　设置样式参数

⑭ 在【时间轴】面板中选择“图层1”的第7帧，单击鼠标右键，在弹出的快捷菜单中选择【创建传统补间】命令，如图11-143所示。

图11-143　选择【创建传统补间】命令

⑮ 选中该图层的第15帧，按F6键插入关键帧，选中该帧的元件，在【属性】面板中的【色彩效果】选项组中设置高级样式的参数，如图11-144所示。

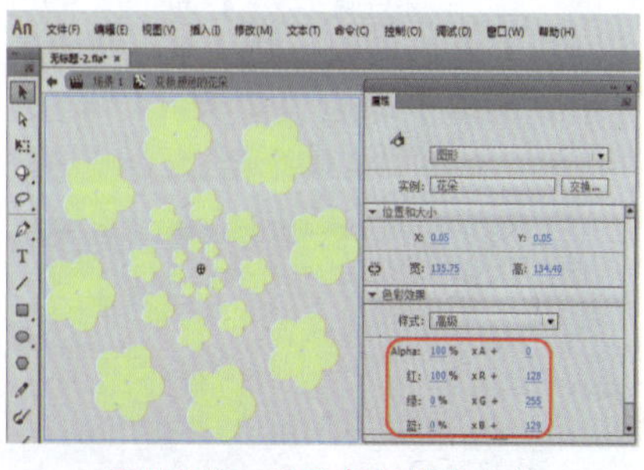

图11-144　设置高级样式参数

⑯ 在【时间轴】面板中选择“图层1”的第12帧，单击鼠标右键，在弹出的快捷菜单中选择【创建传统补间】命令，如图11-145所示。

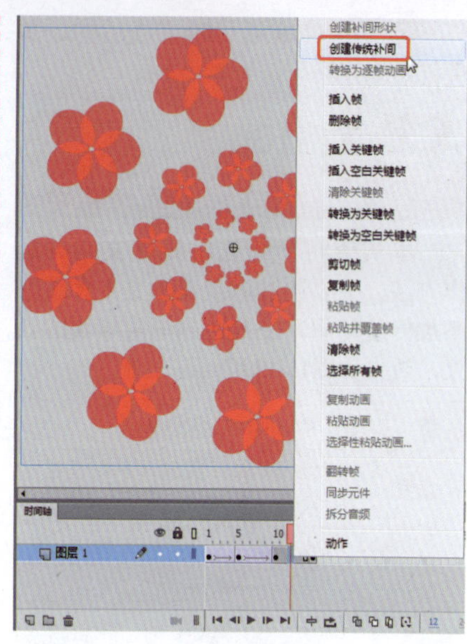

图11-145　选择【创建传统补间】命令

⑰ 选中该图层的第20帧，按F6键插入关键帧，选中该帧的元件，在【属性】面板中将【色彩效果】选项组中的【样式】设置为无，如图11-146所示。

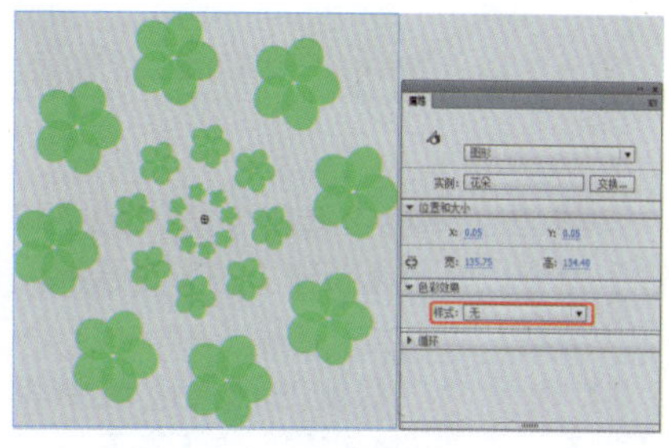

图11-146　将样式设置为【无】

⑱ 在【时间轴】面板中选择该图层的第17帧，单击鼠标右键，在弹出的快捷菜单中选择【创建传统补间】命令，如图11-147所示。

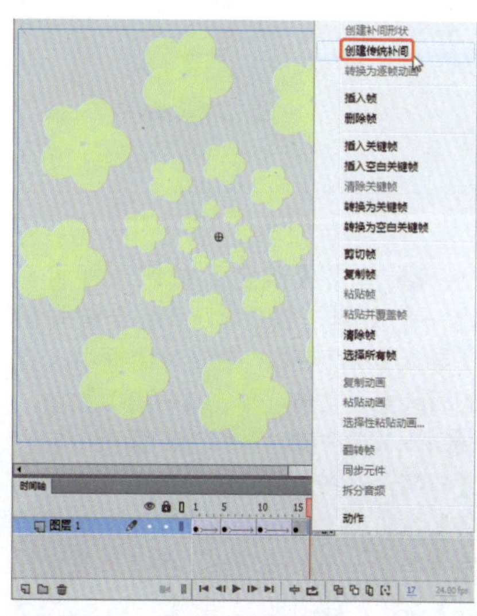

图11-147　选择【创建传统补间】命令

⑲ 按Ctrl+F8组合键，在弹出的对话框中将【名称】设置为“旋转的花”，将【类型】设置为【影片剪辑】，如图11-148所示。

图11-148 新建影片剪辑元件

⑳ 设置完成后，单击【确定】按钮，在【库】面板中选择“变换颜色的花朵”元件，按住鼠标将其拖拽至舞台中，调整其位置，如图11-149所示。

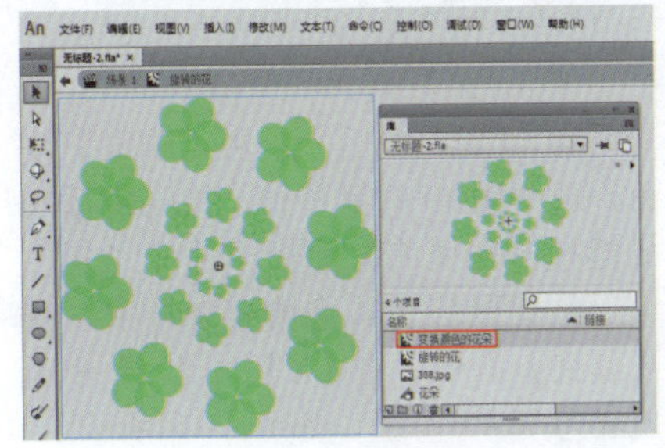

图11-149 添加影片剪辑元件

㉑ 在【时间轴】面板中选择“图层1”的第10帧，按F6键插入关键帧，选中该帧的元件，按Ctrl+T组合键，在弹出的【变形】面板中将【旋转】设置为180，如图11-150所示。

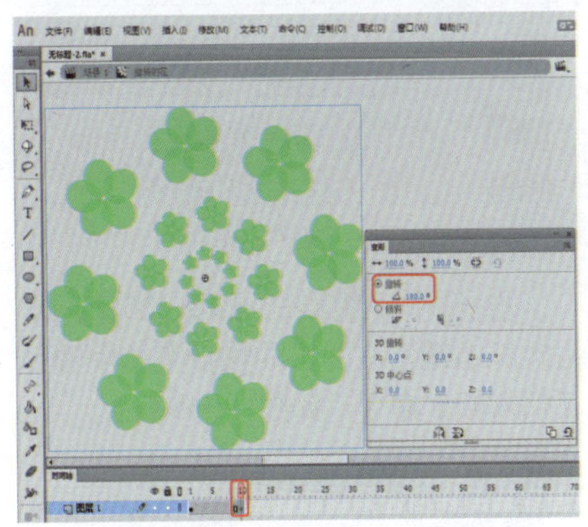

图11-150 插入关键帧并设置旋转参数

㉒ 在【时间轴】面板中选择该图层的第5帧，单击鼠标右键，在弹出的快捷菜单中选择【创建传统补间】命令，如图11-151所示。

㉓ 在【时间轴】面板中选择“图层1”的第20帧，按F6键插入关键帧，选中该帧的元件，在【变形】面板中将【旋转】设置为-1，如图11-152所示。

图11-151 选择【创建传统补间】命令

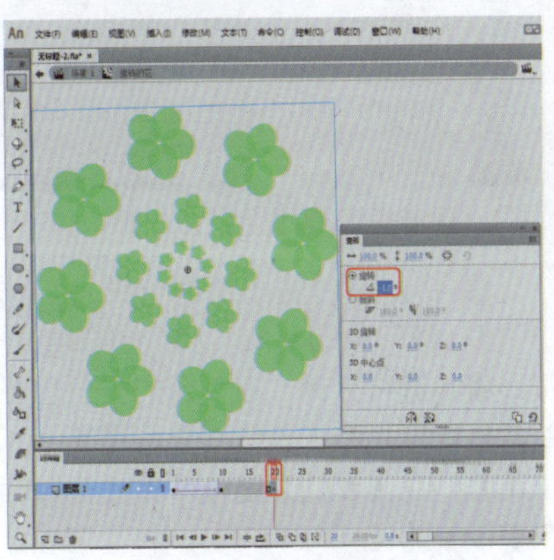

图11-152 设置旋转参数

㉔ 在【时间轴】面板中选择该图层的第15帧，单击鼠标右键，在弹出的快捷菜单中选择【创建传统补间】命令，如图11-153所示。

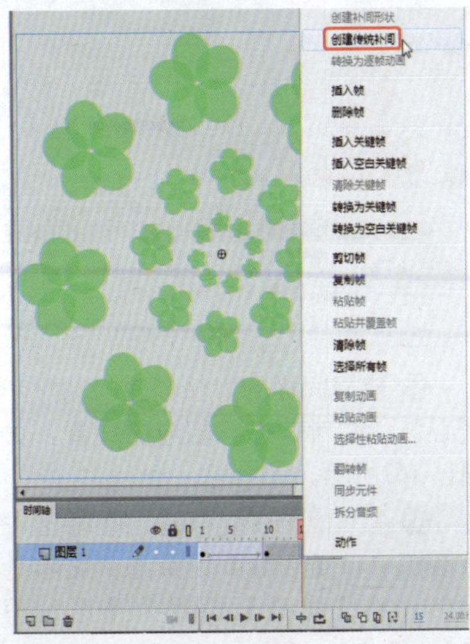

图11-153 选择【创建传统补间】命令

㉕ 创建完成后，按Ctrl+F8组合键，在弹出的对话框中将【名称】设置为“勿”，将【类型】设置为【图形】，如图11-154所示。

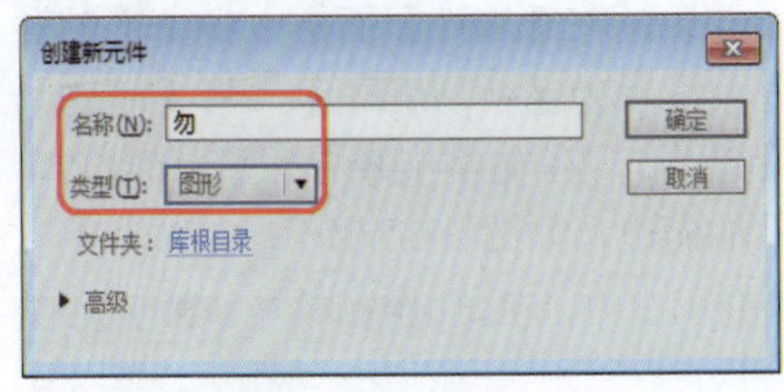

图11-154 创建新元件

㉖ 设置完成后，单击【确定】按钮，在工具箱中单击【文本工具】，在舞台中单击鼠标并输入文字，选中输入的文字，在【属性】面板中将【X】、【Y】分别设置为-35、-29.8，将字体设置为【方正大标宋简体】，将【大小】设置为50磅，将【颜色】设置为【#FA4676】，将【Alpha】值设置为100%，如图11-155所示。

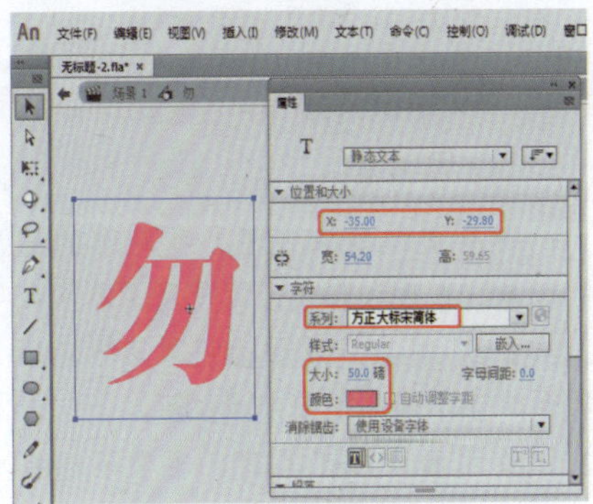

图11-155 输入文字并进行设置

㉗ 在【时间轴】面板中选择“图层1”，单击鼠标右键，在弹出的快捷菜单中选择【复制图层】命令，如图11-156所示。

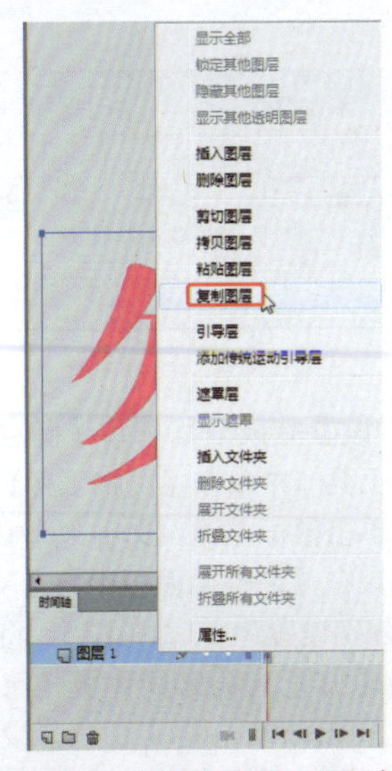

图11-156 选择【复制图层】命令

㉘ 将复制后的图层进行锁定，选中“图层1”中的对象，按Ctrl+B组合键，将其进行分离，在舞台的空白位置处单击鼠标，在工具箱中单击【墨水瓶工具】，在【属性】面板中将【笔触颜色】设置为【#FFFFFF】，将【笔触】设置为3，在文字上单击鼠标，为文字添加描边，如图11-157所示。

图11-157　为文字进行描边

知识链接

插入空白关键帧的方法：

若要更改线条或者形状轮廓的笔触颜色、宽度和样式，可使用【墨水瓶工具】。对直线或形状轮廓只能应用纯色，而不能应用渐变或位图。

使用墨水瓶工具时，不需要选择单个的线条，可以更容易地一次更改多个对象的笔触属性。

㉙ 按Ctrl+F8组合键，在弹出的对话框中将【名称】设置为“忘”，将【类型】设置为【图形】，如图11-158所示。

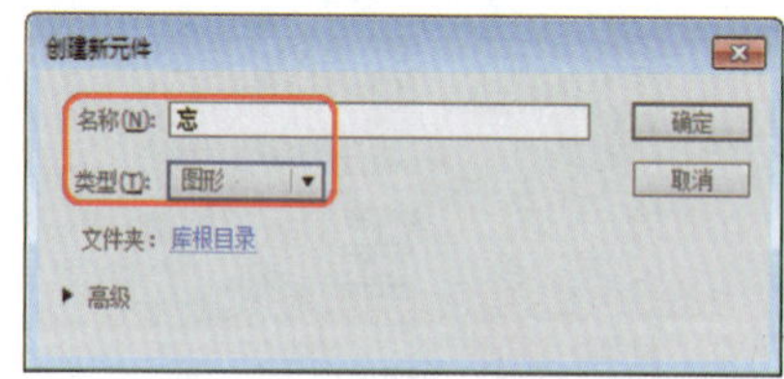

图11-158　创建新元件

㉚ 设置完成后，单击【确定】按钮，在工具箱中单击【文本工具】，在舞台中单击鼠标并输入文字，选中输入的文字，在【属性】面板中将【X】、【Y】分别设置为-27.2、-27.5，将字体设置为【方正大标宋简体】，将【大小】设置为50磅，将【颜色】设置为【#FA4676】，如图11-159所示。

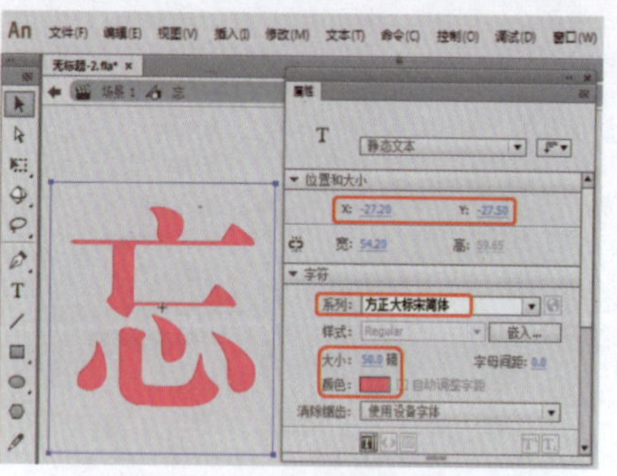

图11-159　输入文字并进行设置

㉛ 在【时间轴】面板中选择“图层1”，单击鼠标右键，在弹出的快捷菜单中选择【复制图层】命令，如图11-160所示。

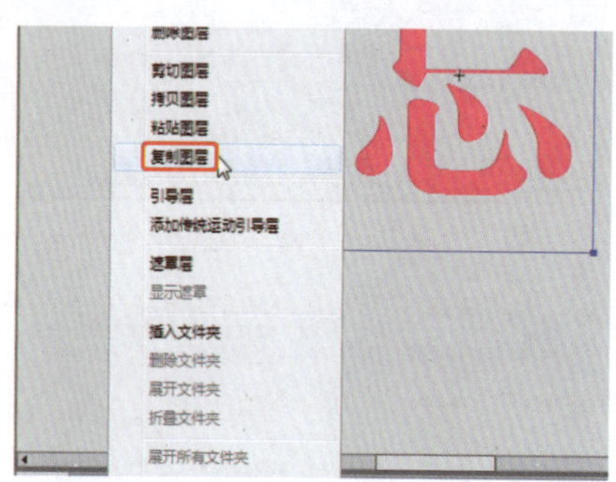

图11-160　选择【复制图层】命令

㉜ 将复制后的图层进行锁定，选中“图层1”中的对象，按Ctrl+B组合键，将其进行分离，在舞台的空白位置处单击鼠标，在工具箱中单击【墨水瓶工具】，在【属性】面板中将【笔触颜色】设置为【#FFFFFF】，将【笔触】设置为3，在文字上单击鼠标，为文字添加描边，如图11-161所示。

图11-161　添加描边

㉝ 使用同样的方法创建“初”和“心”，并对其进行相应的设置，如图11-162所示。

㉞ 按Ctrl+F8组合键，在弹出的对话框中将【名称】设置为“文字动画”，将【类型】设置为【影片剪辑】，如图11-163所示。

图11-162　创建其他文字

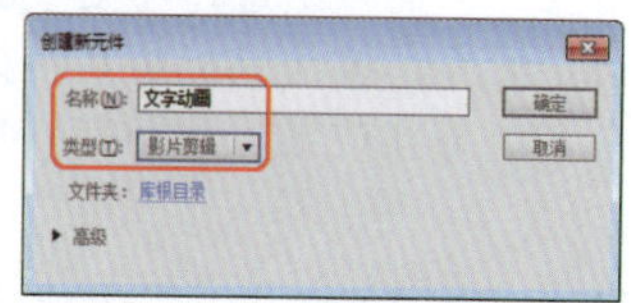

图11-163　创建新元件

㉟ 设置完成后，单击【确定】按钮，选中图层1的第19帧，按F6键插入关键帧，在【库】面板中选择“勿”字，按住鼠标将其拖拽至舞台中，在【属性】面板中将【X】、【Y】分别设置为-92.65、2.35，如图11-164所示。

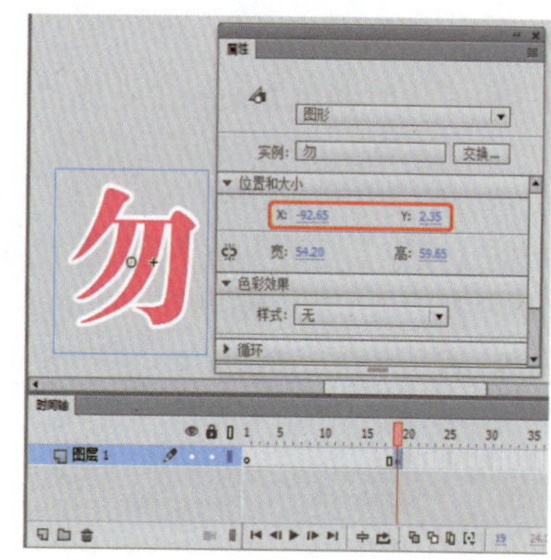

图11-164　调整元件的位置

㊱ 选中“图层1”的第125帧，单击鼠标右键，在弹出的快捷菜单中选择【插入帧】命令，如图11-165所示。

图11-165　选择【插入帧】命令

㊲ 选中第25帧，按F6键插入关

键帧，再选中第19帧上的元件，在【属性】面板中将【样式】设置为【Alpha】，将【Alpha】值设置为0，如图11-166所示。

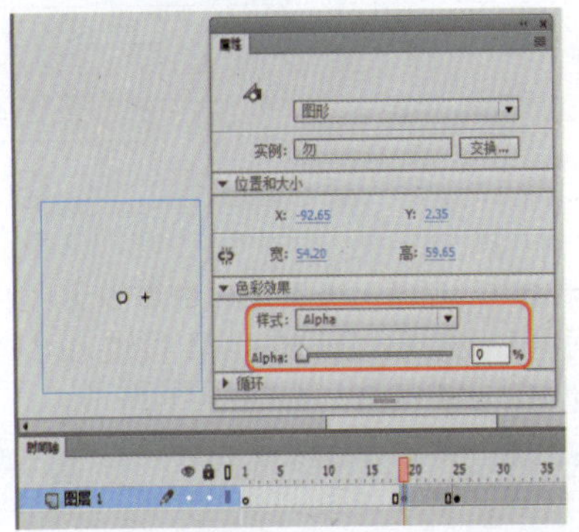

图11-166 设置Alpha值

㊳ 选择第21帧，单击鼠标右键，在弹出的快捷菜单中选择【创建传统补间】命令，如图11-167所示。

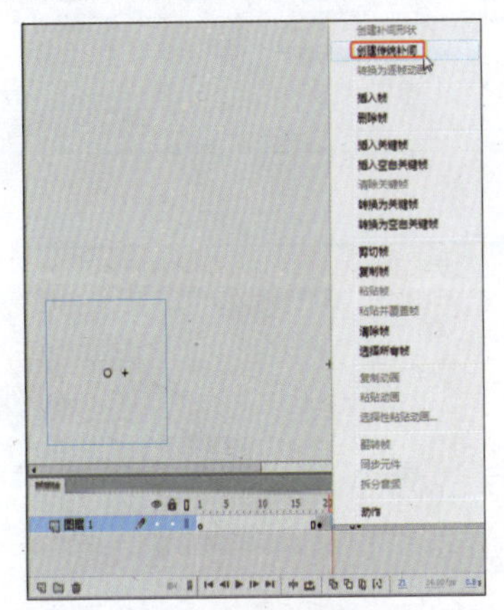

图11-167 选择【创建传统补间】命令

㊴ 在【时间轴】面板中单击【新建图层】按钮，新建“图层2”，在【库】面板中选择“旋转的花”元件，按住鼠标将其拖拽至舞台中，在【属性】面板中将【X】、【Y】分别设置为-92.95、1，在【变形】面板中将【缩放宽度】和【缩放高度】都设置为50%，如图11-168所示。

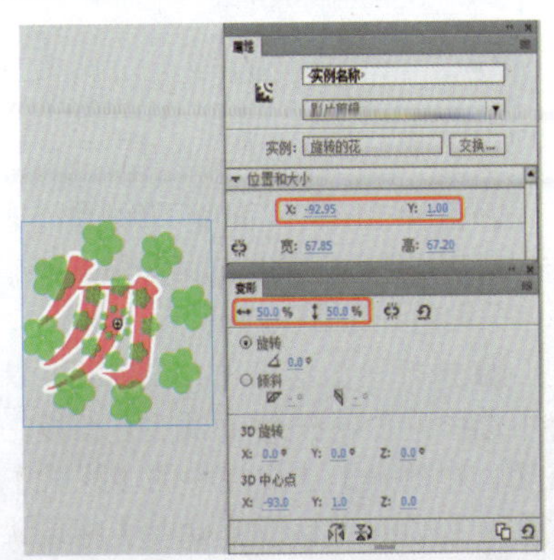

图11-168 添加影片剪辑元件并进行设置

㊵ 在【时间轴】面板中选择“图层2”的第20帧，按F6键插入关键帧，再在第25帧处插入关键帧，选中第25帧中的元件，在【属性】面板中将【样式】设置为【Alpha】，将【Alpha】值设置为0，如图11-169所示。

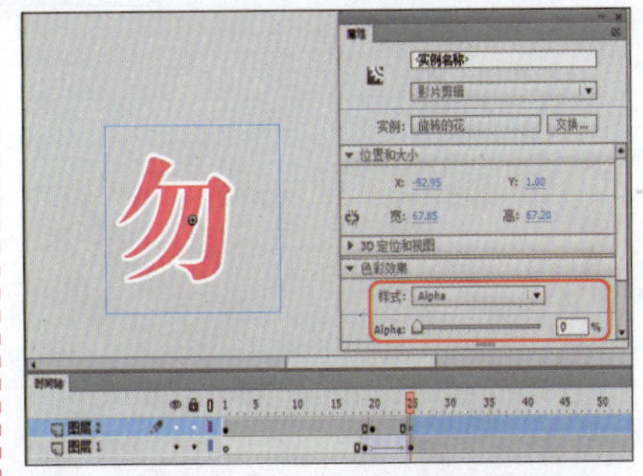

图11-169 设置Alpha值

㊶ 在【时间轴】面板中选择“图层2”的第22帧，单击鼠标右键，在弹出的快捷菜单中选择【创建传统补间】命令，如图11-170所示。

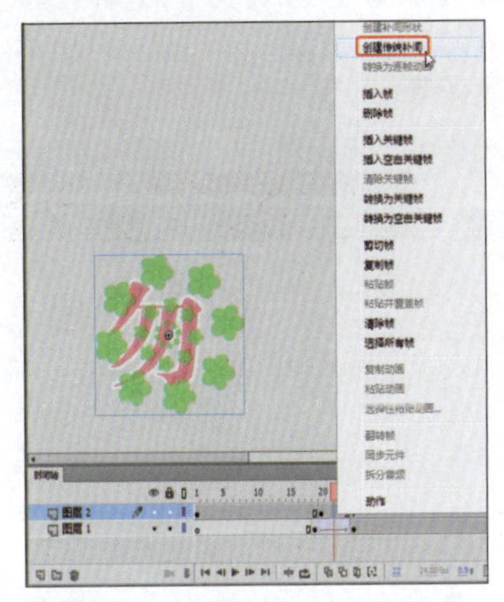

图11-170 选择【创建传统补间】命令

㊷ 在【时间轴】面板中选择“图层1”和“图层2”，单击鼠标右键，在弹出的快捷菜单中选择【复制图层】命令，如图11-171所示。

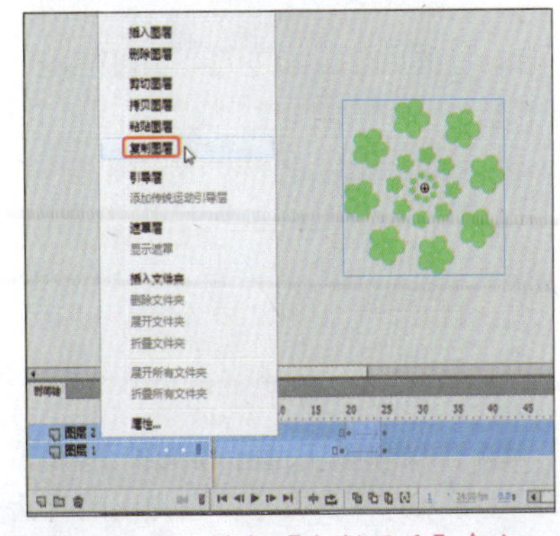

图11-171 选择【复制图层】命令

㊸ 选中复制后的两个图层的第1帧至第26帧，按住鼠标将其移动至第30帧处，如图11-172所示。

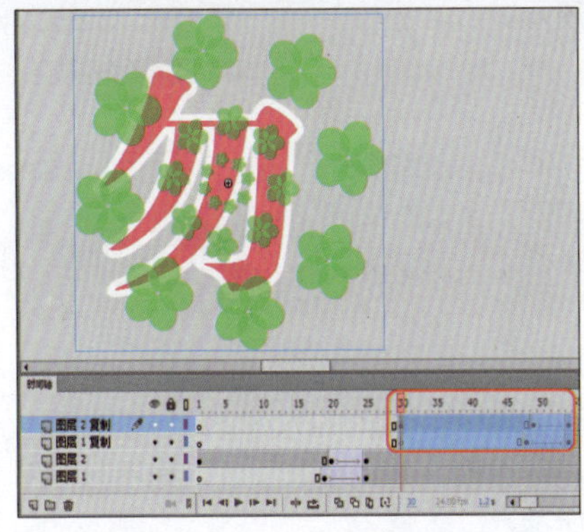

图11-172 调整关键帧的位置

㊹ 将“图层2复制”图层中所有元件的【X】、【Y】分别设置为-31.95、1，如图11-173所示。

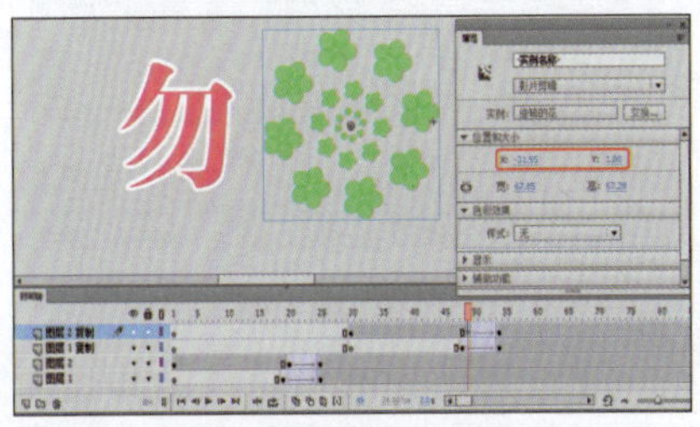

图11-173 调整元件的位置

㊺ 选中“图层1复制”图层中第48帧的元件，单击鼠标右键，在弹出的快捷菜单中选择【交换元件】命令，如图11-174所示。

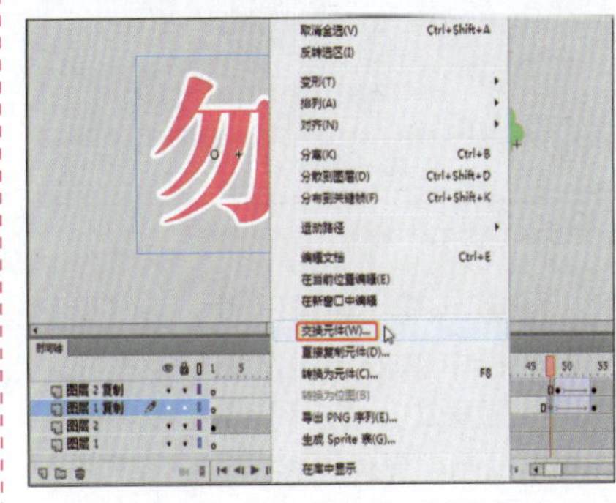

图11-174 选择【交换元件】命令

㊻ 打开【交换元件】对话框，在该对话框中选择“忘”元件，如图11-175所示。

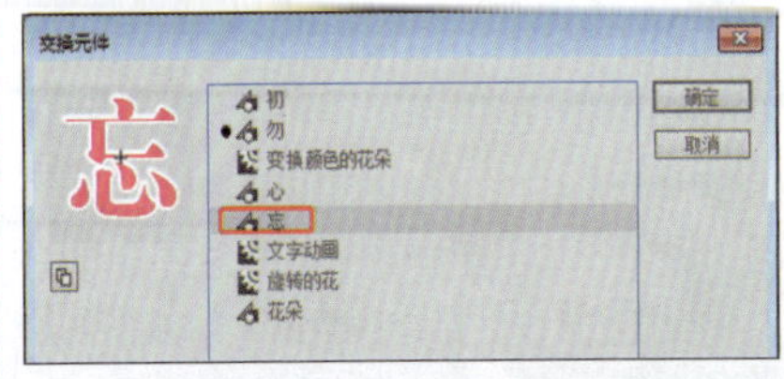

图11-175 选择图形元件

㊼ 单击【确定】按钮，继续选中该元件，在【属性】面板中将【X】、

【Y】分别设置为-31.95，1，如图11-176所示。

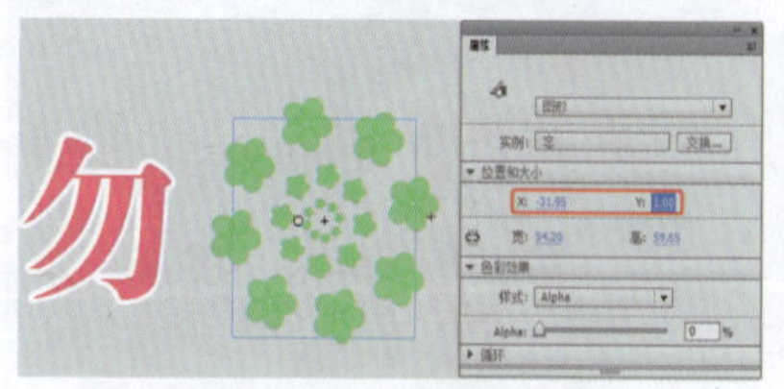

图11-176 设置元件位置

㊽ 使用相同的方法将第54帧的元件进行交换，并调整其位置，如图11-177所示。

图11-177 交换元件并调整其位置

㊾ 使用同样的方法复制其他图层并对复制的图层进行调整，效果如图11-178所示。

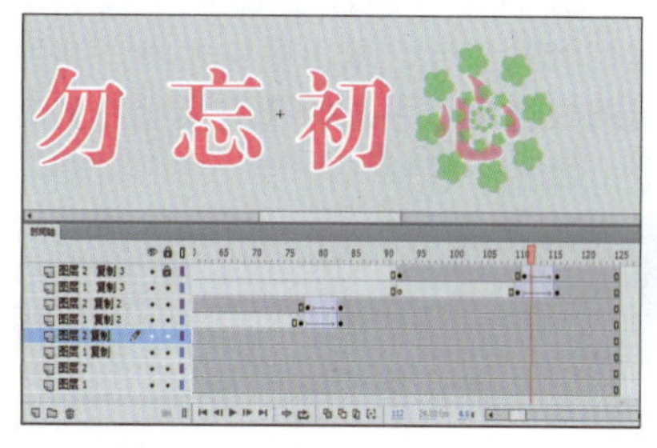

图11-178 复制图层并进行调整

㊿ 返回至“场景1”中，在【时间轴】面板中单击【新建图层】按钮，新建“图层2”，在【库】面板中选择“文字动画”元件，按住鼠标将其拖拽至舞台中，并调整其位置，效果如图11-179所示，对完成后的场景进行输出并保存。

图11-179 添加影片剪辑元件

实例170 制作放大文字动画

本实例主要制作文字放大的效果。通过本实例的学习，可以对文本创建传统补间制作动画的方法有深一步的了解，本实例效果如图11-180所示。

素材：	素材|Cha11|牵手.jpg
场景：	场景|Cha11|实例170 制作放大文字动画.fla
视频：	视频教学 | Cha11 |实例170 制作放大文字动画.MP4

图11-180 制作放大文字动画

❶ 启动软件后，在欢迎界面中单击【新建】选项组中的【ActionScript 3.0】按钮，如图11-181所示，新建场景。

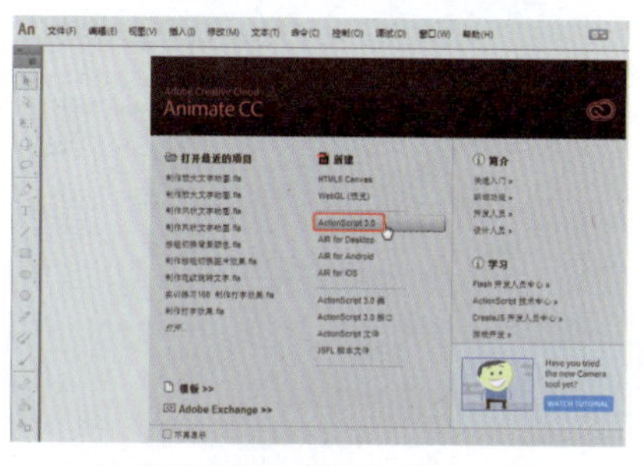

图11-181 选择新建类型

❷ 进入工作界面后，在工具箱中单击【属性】按钮，在打开的面板中将【属性】选项组中的【大小】设置为600×400像素，如图11-182所示。

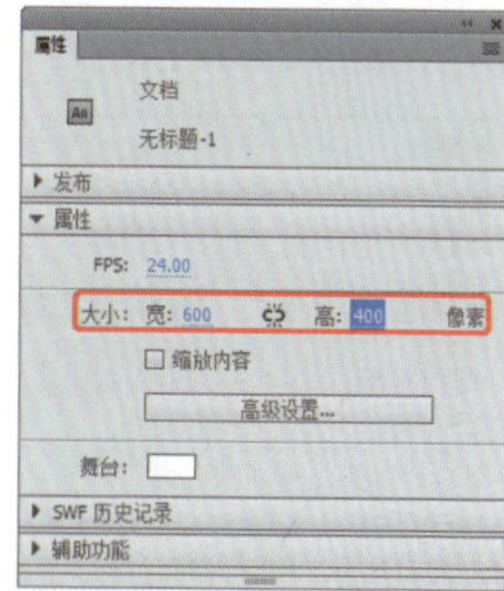

图11-182 设置场景大小

❸ 在菜单栏中选择【文件】|【导入】|【导入到库】命令，在弹出的对话框中选择随书附带素材|Cha11|牵手.jpg文件，单击【打开】如图11-183所示。

❹ 打开【库】面板，将素材拖拽到舞台中，在【对齐】面板中单击【水平居中】按钮、【垂直居中】按钮和【匹配宽和高】按钮，如图11-184所示。

图11-183 【导入到库】对话框

图11-184 对齐对象

❺ 在舞台中确认选中素材，按F8键，打开【转换为元件】对话框，输入【名称】为“牵手”，将【类型】设置为【图形】，单击【确定】按钮，如图11-185所示。

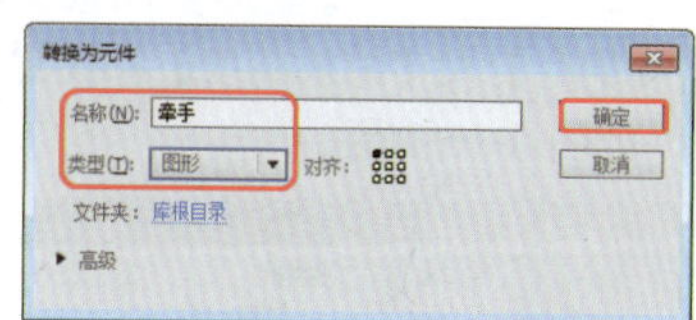

图11-185 转换为元件

❻ 选择“图层1”的第135帧按F5键插入帧，并选中该图层的第40帧按F6键插入关键帧，如图11-186所示。

❼ 选择“图层1”的第1帧并在舞台中选中元件，打开【属性】面板，将【色彩效果】选项组中的【样式】设置为【Alpha】，将【Alpha】值设置为30%，如图11-187所示。

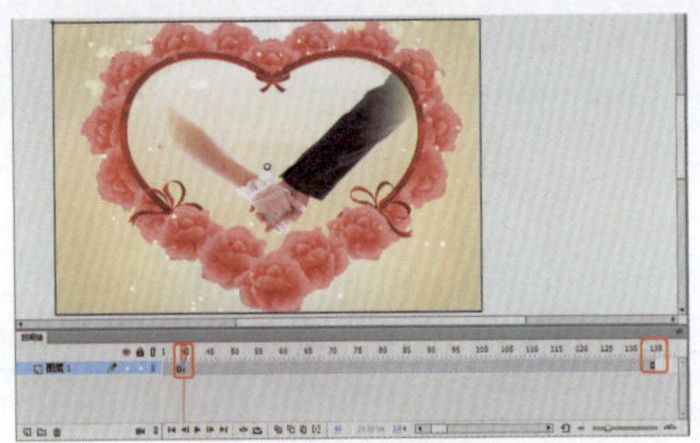

图11-186 插入关键帧

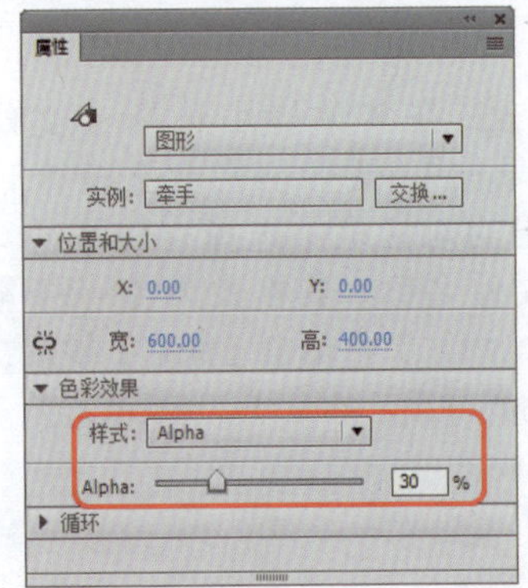

图11-187 设置第1帧处的元件属性

❽ 选择该图层的第40帧，并选中元件，在【属性】面板中将【样式】设置为无，如图11-188所示。

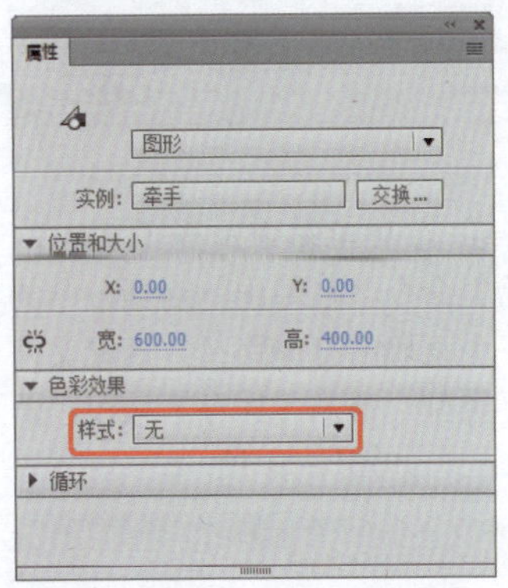

图11-188 设置第40帧处的元件属性

❾ 在“图层1”的第1帧至第40帧之间的任意帧，单击鼠标右键选择【创建传统补间】命令，如图11-189所示。

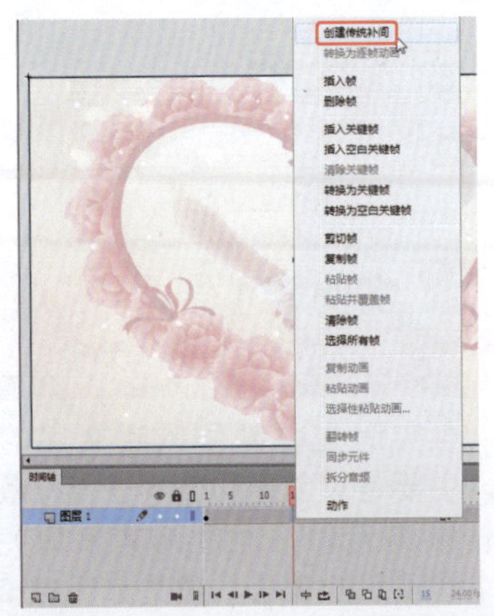

图11-189 选择【创建传统补间】命令

❿ 新建“图层2”，按Ctrl+F8组合键打开【创建新元件 】对话框在【名称】中输入“L”，将【类型】设置为【图形】，单击【确定】按钮，如图11-190所示。

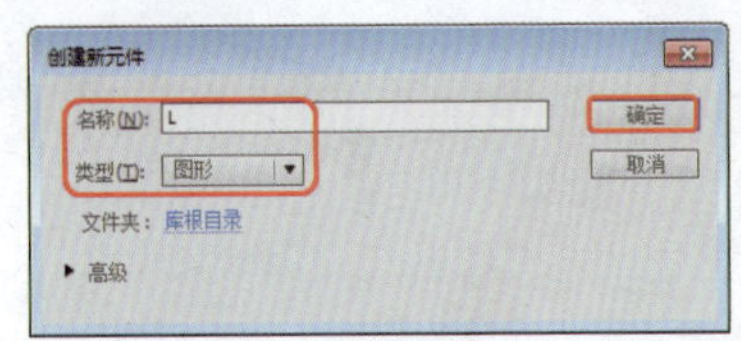

图11-190 新建元件

⓫ 在工具箱中选择【文本工具】T，在舞台区中输入文本L，选中输入的文字，在【属性】面板中将字体【系列】设置为【Adobe Caslon Pro】，【样式】设置为【Bold】，【大小】设置为100磅，【颜色】设置为【#FF3399】，如图11-191所示。

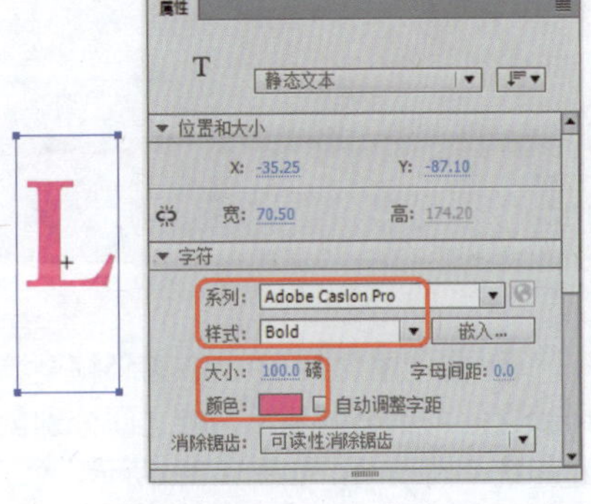

图11-191 设置文本属性

⓬ 使用同样方法新建名称为“O”“V”“E”的元件，并在相应的元件中，输入与名称相符的文本，设置属性，在【库】面板中查看新建的元件效果，如图11-192所示。

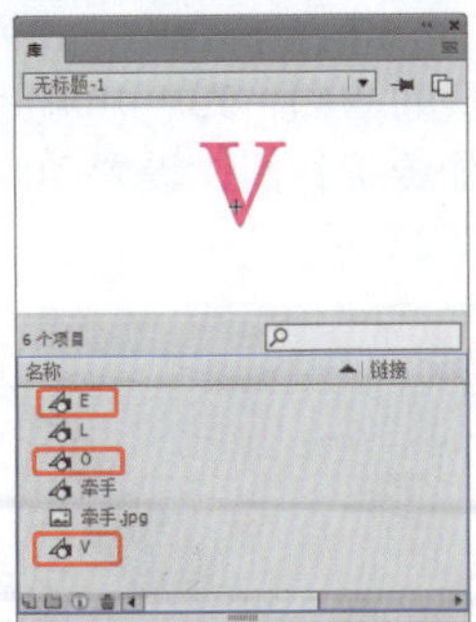

图11-192 新建的其他元件效果

⓭ 将各个元件创建完成后，在左上角单击按钮，返回到场景中，选中“图层2”的第40帧按F6键插入关键帧，并在【库】面板中将“L”元件，拖至舞台中，调整元件的位置，如图11-193所示。

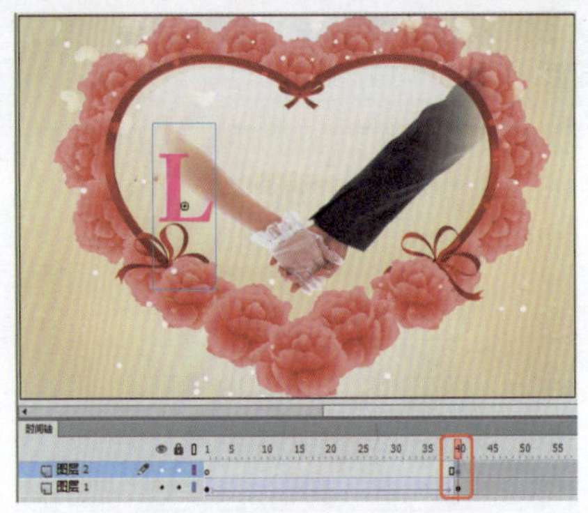

图11-193 向舞台中拖入元件

⓮ 选中“图层2”的第49帧，按F6键插入关键帧，按Ctrl+T组合键，打开【变形】面板，将元件的【缩放宽度】和【缩放高度】设置为200%，如图11-194所示。

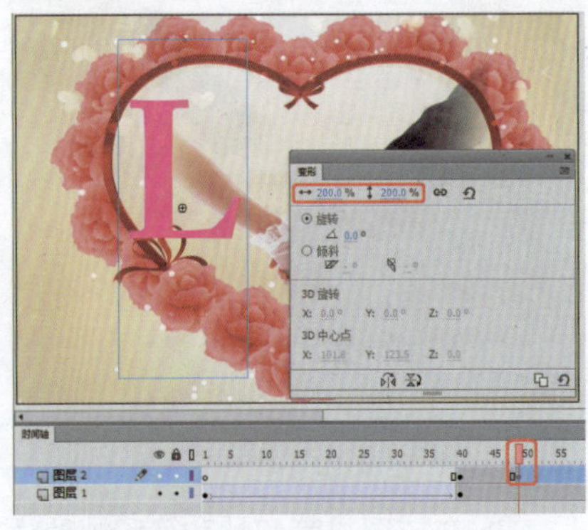

图11-194 设置元件的缩放

⓯ 在该图层的第40帧到第49帧之间的任意帧，单击鼠标右键选择【创建传统补间】命令，如图11-195所示。

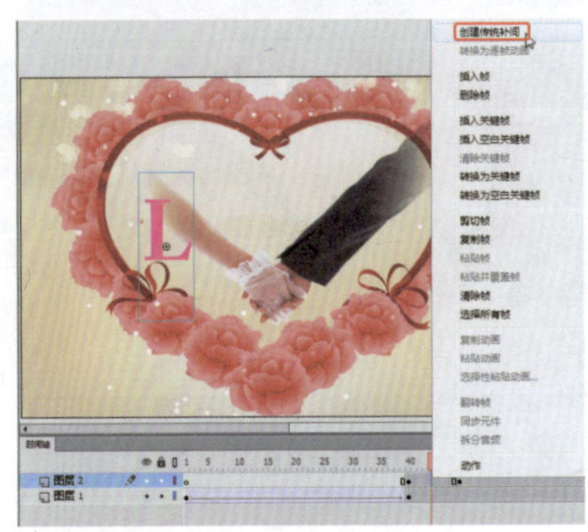

图11-195 创建传统补间动画

⓰ 选择“图层2”的第54帧，并插入关键帧，并按Ctrl+T组合键，打开【变形】面板，将元件的【缩放宽度】和【缩放高度】设置为100%，并在第49帧至第54帧处创建传统补间动画，如图11-196所示。

⓱ 新建“图层3”，并选择第40帧插入关键帧，在【库】面板中将“O”

元件拖拽到舞台中，放置到合适的位置，如图11-197所示。

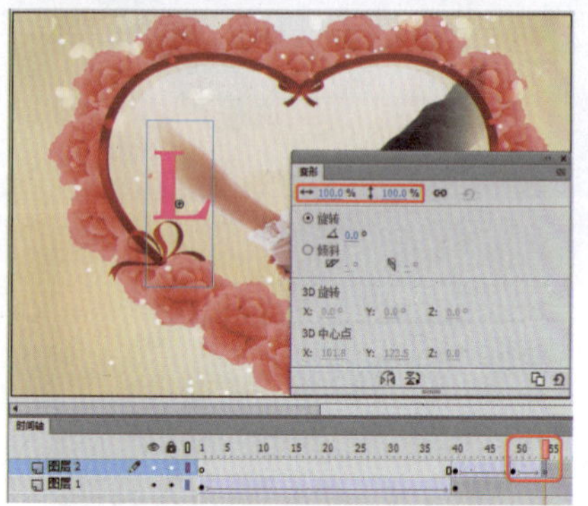

图11-196　插入关键帧缩放元件并创建传统补间

图11-197　插入关键帧并拖入元件

⑱ 在该图层第47帧和第57帧处插入关键帧，选中第57帧关键帧并在【变形】面板中将元件的【缩放宽度】和【缩放高度】设置为200%，如图11-198所示。

图11-198　插入关键帧并元件的设置缩放

⑲ 在该图层的第47帧到第57帧之间创建传统补间，并在第63帧处插入关键帧，在【变形】面板中将元件缩小到100%，在第57帧处到第63帧处创建传统补间动画，如图11-199所示。

⑳ 新建“图层4”，选择第40帧插入关键帧，在【库】面板中将“V”元件拖至舞台中调整，在第55帧、第65帧和第70帧处插入关键帧，将关键帧插入完成后选择第65帧，在【变形】面板中将元件的【缩放宽度】和【缩放高度】设置为200%，如图11-200所示。

图11-199　创建传统补间设置元件的缩放

图11-200　设置新图层拖入的元件

㉑ 在“图层4”中，在第55帧至第65帧之间与第65帧至第70帧之间分别创建传统补间动画，如图11-201所示。

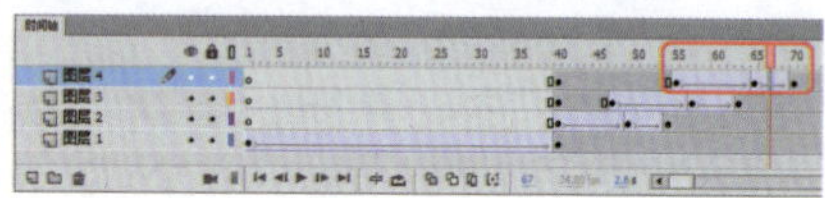

图11-201　缩放元件

㉒ 新建图层，用上面同样的操作方法，插入关键帧，在【库】面板中将“E”元件拖至舞台中，并为该元件在该图层的第63、73、78帧处插入关键帧添加传统补间，设置动画效果，如图11-202所示。

图11-202　创建传统补间动画

㉓ 调整完成后按Ctrl+Enter组合键测试动画效果，如图11-203所示。

图11-203　测试动画

㉔ 在菜单栏中选择【文件】|【导出】|【导出影片】命令，在弹出的对话框中选择存储路径，设置文件名称，其格式为【SWF影片（*.swf）】，单击【保存】按钮，即可将其导出，如图11-204所示。

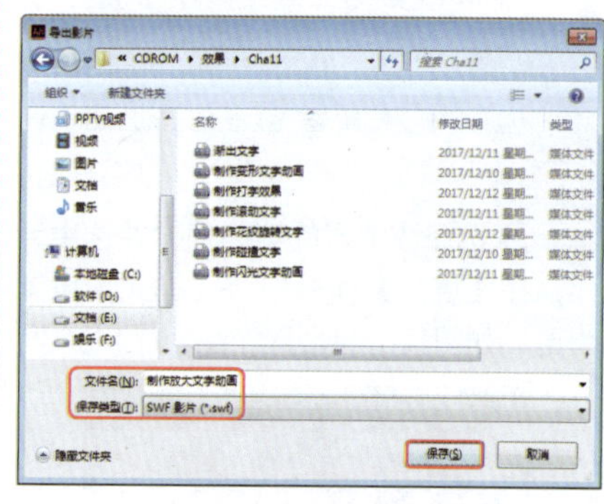

图11-204　导出影片

㉕ 在菜单箱中选择【文件】|【另存为】命令，在弹出的对话框中为其指定一个正确的存储路径，设置文件名和保存类型，单击【保存】按钮，即可保存文档，如图11-205所示。

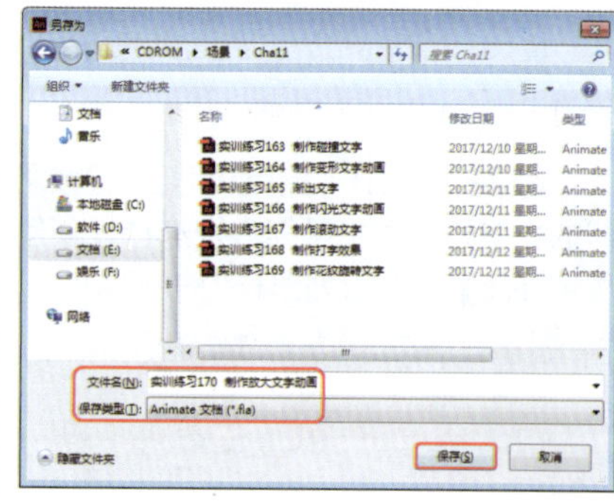

图11-205　保存文件

实例171　制作风吹文字动画

本实例主要制作风吹文字的效果。主要是对创建的文本进行打散，并转换为元件，通过为其添加关键帧来实现风吹效果，效果如图11-206所示。

素材：	素材|Cha11|草原风景.jpg
场景：	场景|Cha11|实例171 制作风吹文字动画.fla
视频：	视频教学 | Cha11 |实例171 制作风吹文字动画.MP4

图11-206 制作风吹文字动画

❶ 新建空白文档，将舞台大小设置为550×400像素，按Ctrl+R组合键，将草原风景.jpg素材文件导入舞台中，并使素材文件与舞台大小相同，如图11-207所示。

图11-207 导入素材

❷ 按Ctrl+F8组合键打开【创建新元件】对话框，将【名称】设置为“文字动画”，将【类型】设置为影片剪辑，单击【确定】按钮，如图11-208所示。

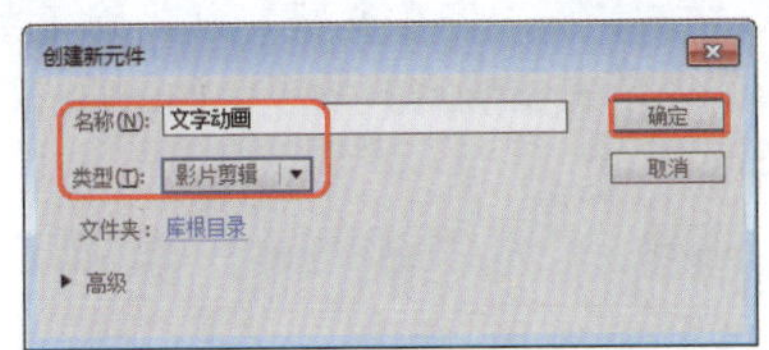

图11-208 创建新元件

❸ 使用【文本工具】输入文字，选中输入的文字，在【属性】面板中，将【系列】设置为【汉仪行楷简】，【大小】设置为100磅，【颜色】设置为白色，如图11-209所示。

提 示

为了方便观察效果可以将背景颜色设置为其他的颜色。

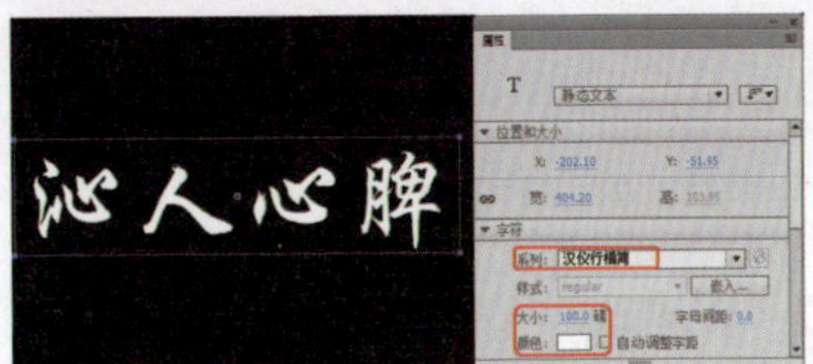

图11-209 设置文字属性

❹ 设置完成后，使用【选择工具】选中输入的文字，按Ctrl+B组合键分离文字，效果如图11-210所示。

图11-210 分离文字

❹ 选中第一个文字，按F8键，打开【转换为元件】对话框，使用默认名称将【类型】设置为【影片剪辑】，如图11-211所示。

图11-211 转换为元件度画框

❻ 使用同样方法将其他文字转换为元件，效果如图11-212所示。

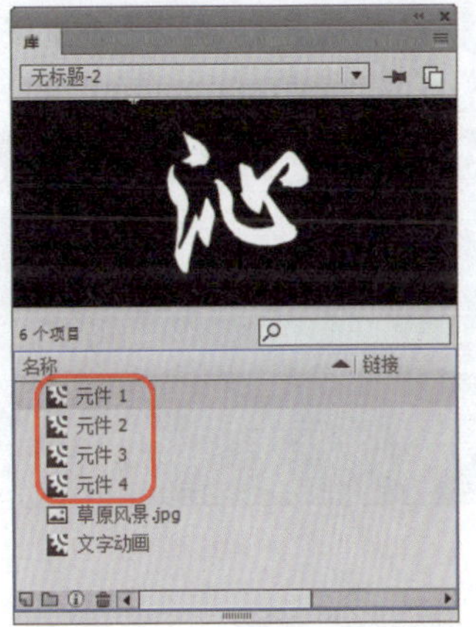

图11-212 转换为元件后的库面板效果

❼ 只保留“沁”文字将多余文字删除，在“图层1”的第10帧位置插关键帧，在第15帧的位置插入关键帧确认选中第15帧，在舞台中使用【任意变形工具】调整文字的位置、旋转、翻转，如图11-213所示。

❽ 使用同样的方法，在第20、25、30、35、40、45、50、55、60帧的位置插入关键帧，在不同关键帧处调整文字的位置、旋转和反转，并在关键帧与关键帧之间创建传统补间，使文字在该图层中呈现被风从左向右吹的效果，如图11-214所示。

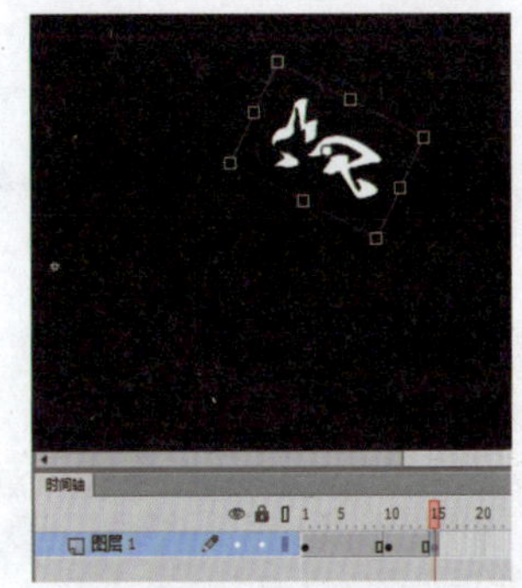

图11-213 调整文字

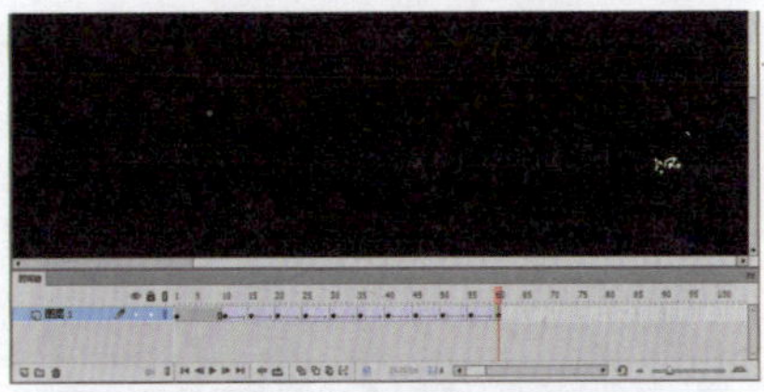

图11-214 在不同关键中调整文字

❾ 新建图层，在【库】面板中将第2个元件拖至舞台中调整好位置，并在第15帧的位置插入关键帧，如图11-215所示。

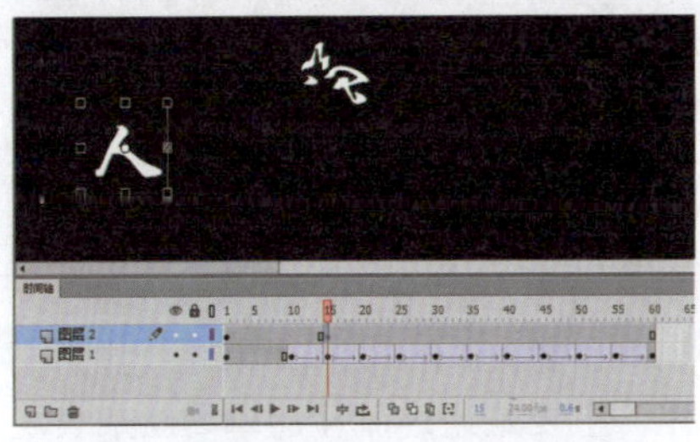

图11-215 新建图层插入关键帧拖入元件

❿ 在第20帧的位置插入关键帧，在舞台中调整位置，使用同样方法插入关键帧并调整元件的位置，使用同样方法新建其他图层，并分别拖入元件调整位置制作动画，效果如图11-216所示。

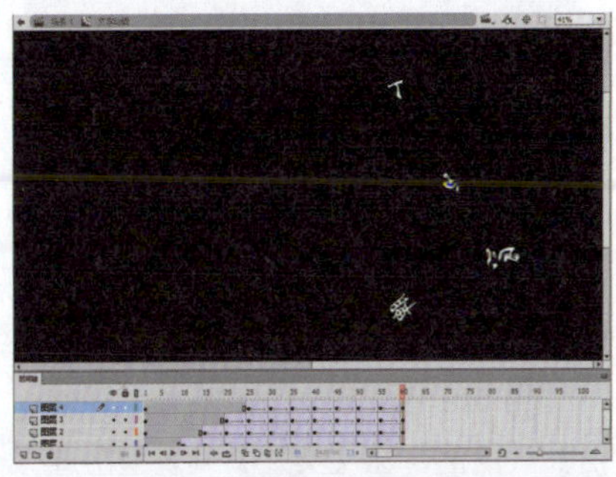

图11-216 制作其他涂层和元件

⓫ 制作完成后，在左上角单击按钮，返回场景，新建图层，在库面板

将“文字动画”元件拖至舞台中，使用【任意变形工具】调整大小和位置，如图11-217所示。

图11-217　新建图层并拖入元件

⑫ 调整完成后，按Ctrl+Enter组合键，测试动画效果，如图11-218所示。

图11-218　测试效果

实例172 波光粼粼的文字

本实例将介绍波光粼粼的文字的制作，主要是通过制作遮罩动画来表现文字效果，完成后的效果如图11-219所示。

素材：	素材|Cha11|水面.jpg
场景：	场景|Cha11|实例172 波光粼粼的文字.fla
视频：	视频教学 | Cha11 |实例172 波光粼粼的文字.MP4

图11-219　波光粼粼的文字

❶ 按Ctrl+N组合键弹出【新建文档】对话框，在【类型】列表框中选择【ActionScript 3.0】，将【宽】设置为564像素，将【高】设置为370像素，单击【确定】按钮，如图11-220所示。

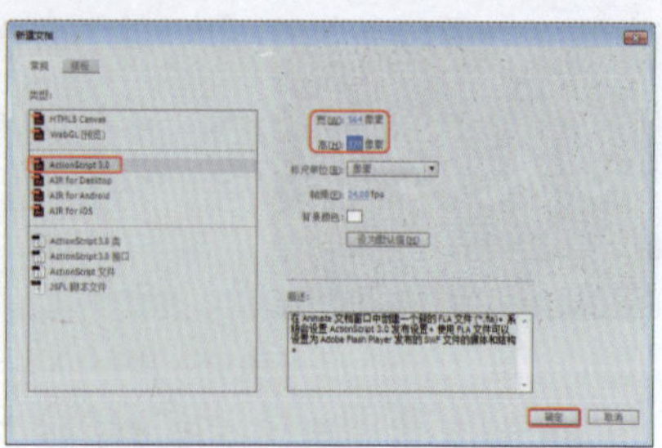

图11-220　新建文档

❷ 新建空白文档，按Ctrl+R组合键弹出【导入】对话框，在该对话框中选择随书配套资源中的水面.jpg素材文件，单击【打开】按钮，如图11-221所示。

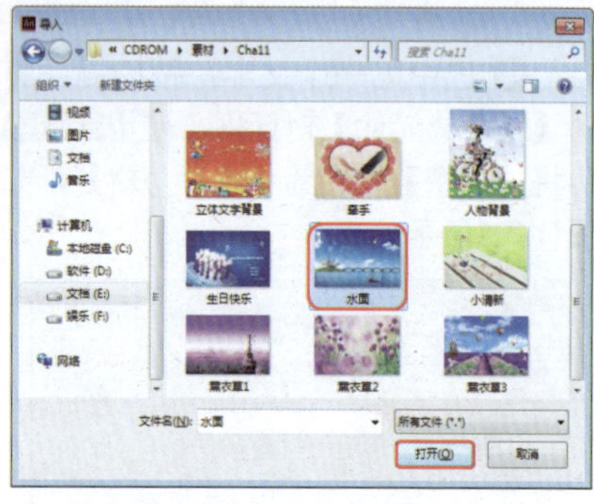

图11-221　选择素材文件

❸ 将素材文件导入到舞台中，按Ctrl+K组合键打开【对齐】面板，在该面板中单击【水平中齐】和【垂直中齐】按钮，单击【匹配宽和高】按钮，效果如图11-222所示。

图11-222　调整素材图片

知识链接

【对齐】面板：使用该面板可以沿水平或垂直轴对齐所选对象；可以沿选定对象的右边缘、中心或左边缘垂直对齐对象；或者沿选定对象的上边缘、中心或下边缘水平对齐对象。

❹ 按Ctrl+F8组合键弹出【创建新元件】对话框，在【名称】文本框中输入“矩形”，将【类型】设置为【影片剪辑】，单击【确定】按钮，如图11-223所示。

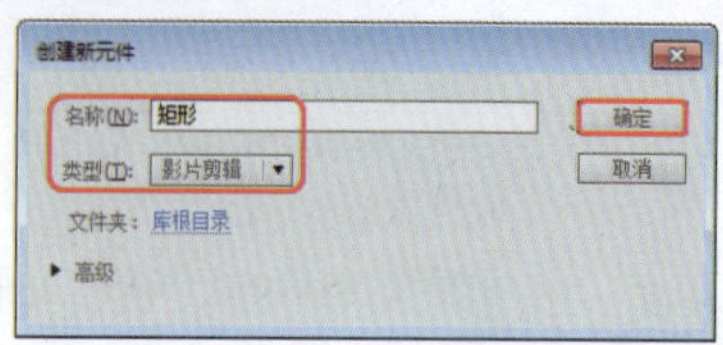

图11-223　创建新元件

❺ 在工具箱中选择【矩形工具】，并确认【对象绘制】工具处于未选择状态，在【属性】面板中将【填充颜色】设置为黑色，将【笔触颜色】设置为无，在舞台中绘制一个【宽】为20像素，【高】为2像素的矩形，如图11-224所示。

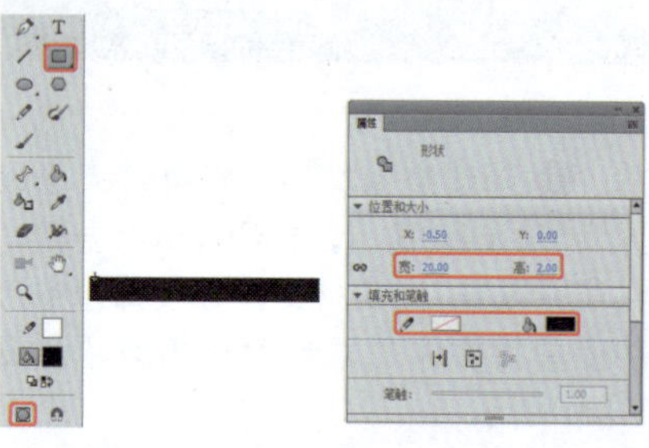

图11-224　绘制矩形

❻ 在舞台中使用同样的方法绘制多个矩形，完成后的效果如图11-225所示。

图11-225　绘制多个矩形

❼ 按Ctrl+F8组合键弹出【创建新元件】对话框，在【名称】文本框中输入“文字”，将【类型】设置为【图形】，单击【确定】按钮，如图11-226所示。

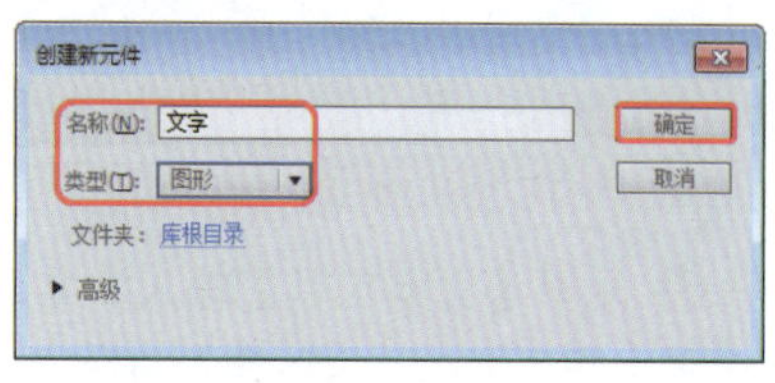

图11-226　创建新元件

❽ 在工具箱中选择【文本工具】，在【属性】面板中将【系列】设置为【方正粗圆简体】，将【大小】设置为30磅，将【字母间距】设置为2，将【颜色】设置为【#CCFF00】，在舞台中输入文字，如图11-227所示。

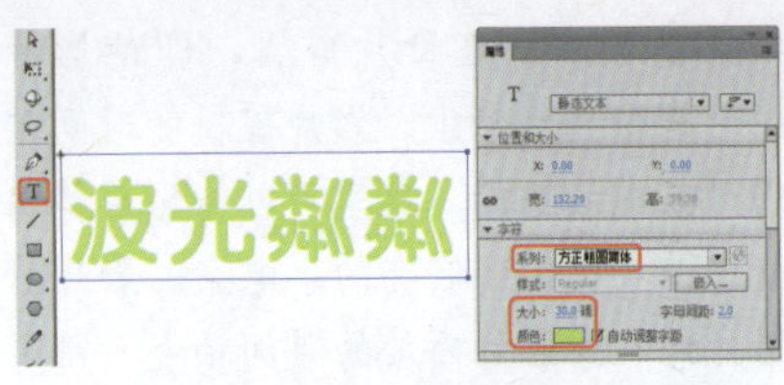

图11-227 输入文字

⑨ 按Ctrl+F8组合键，弹出【创建新元件】对话框，在【名称】文本框中输入“文字动画”，将【类型】设置为【影片剪辑】，单击【确定】按钮，如图11-228所示。

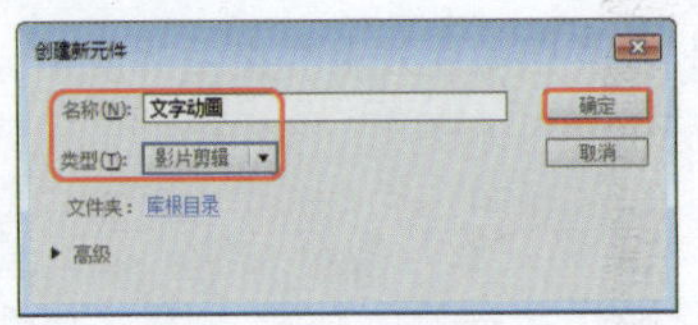

图11-228 创建新元件

⑩ 选择“图层1”第10帧，按F6键插入关键帧，在【库】面板中将“文字”元件拖拽至舞台中，并在【属性】面板中将【位置和大小】选项组中的【X】和【Y】设置为0，将【色彩效果】选项组中的【样式】设置为【Alpha】，将【Alpha】值设置为0，如图11-229所示。

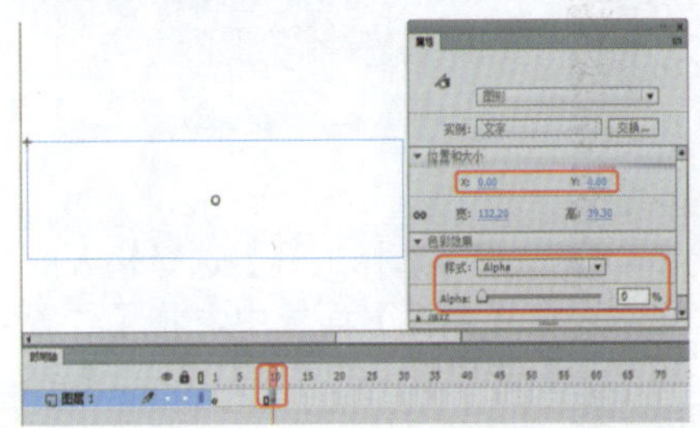

图11-229 调整图形元件

⑪ 选择“图层1”第70帧，按F6键插入关键帧，在【属性】面板中将图形元件的【样式】设置为【高级】，并设置其参数，如图11-230所示。

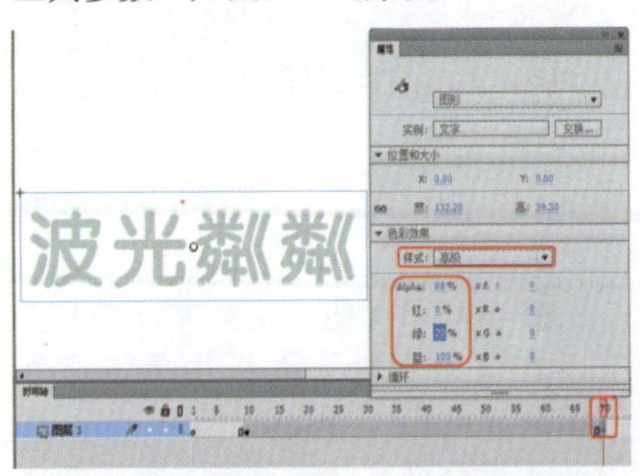

图11-230 插入关键帧并设置元件字

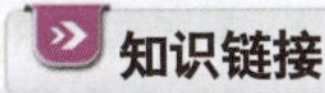

知识链接

【高级】：分别调节实例的红色、绿色、蓝色和透明度值。对于在位图这样的对象上创建和制作具有色彩效果的动画，此选项非常有用。左侧的控件可以按指定的百分比降低颜色或透明度的值。右侧的控件可以按常数值降低或增大颜色或透明度的值。当前的红、绿、蓝和Alpha的值都乘以百分比值，然后加上右列中的常数值，生成新的颜色值。

⑫ 选择“图层1”第100帧，按F6键插入关键帧，在【属性】面板中将图形元件的【样式】设置为无，如图11-231所示。

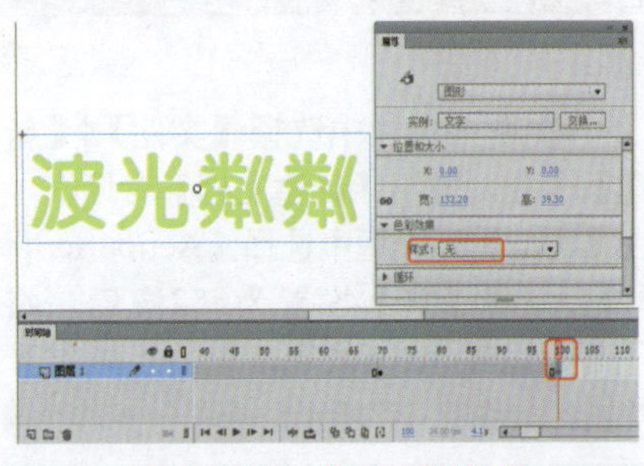

图11-231 设置元件样式

⑬ 选择第10帧和第70帧，并单击鼠标右键，在弹出的快捷菜单中选择【创建传统补间】命令，创建传统补间动画，效果如图11-232所示。使用同样的方法在第70帧至第100帧之间创建传统补间动画。

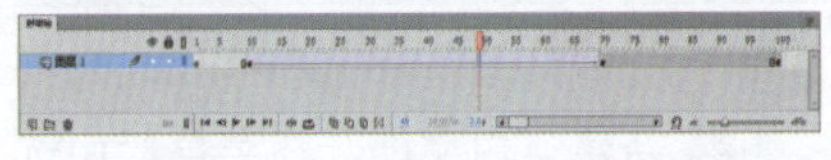

图11-232 创建传统补间动画

⑭ 新建“图层2”，并将“文字”元件拖拽至舞台中，在【属性】面板中将【X】和【Y】设置为0，如图11-233所示。

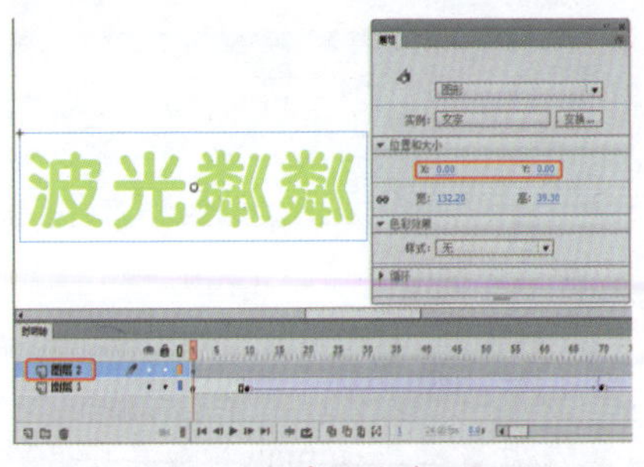

图11-233 新建图层并调整元件

⑮ 新建“图层3”，在【库】面板中将“矩形”元件拖拽至舞台中，按Ctrl+T组合键打开【变形】面板，将【缩放宽度】设置为197%，并在舞台中调整其位置，效果如图11-234所示。

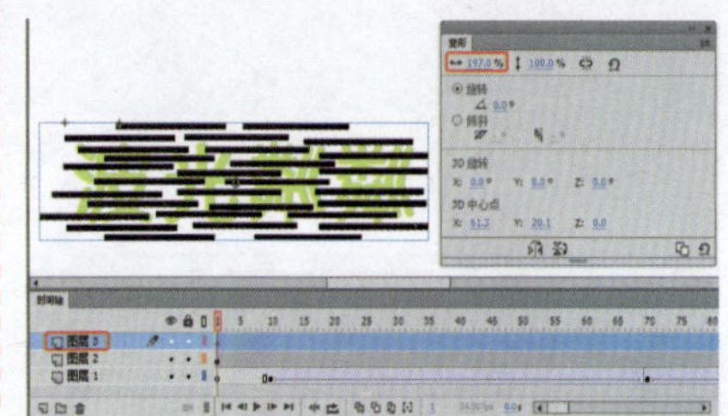

图11-234 调整元件缩放宽度

⑯ 选择“图层3”第99帧，按F6键插入关键帧，在【变形】面板中将【缩放宽度】设置为13%，将【缩放高度】设置为7.2%，如图11-235所示。

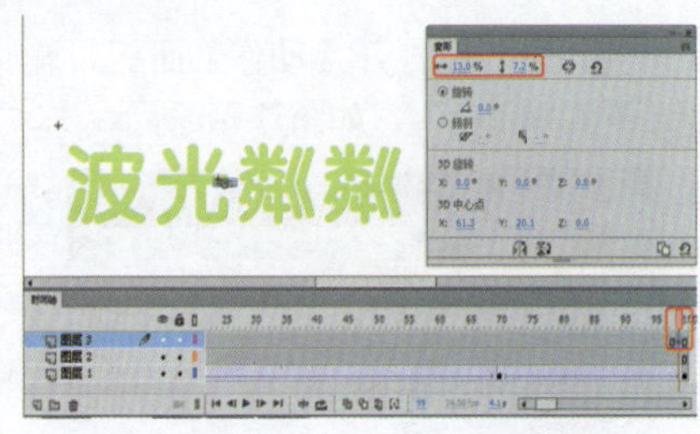

图11-235 插入关键帧并缩放元件

⑰ 在【属性】面板中将【样式】设置为【Alpha】，将【Alpha】值设置为0，如图11-236所示。

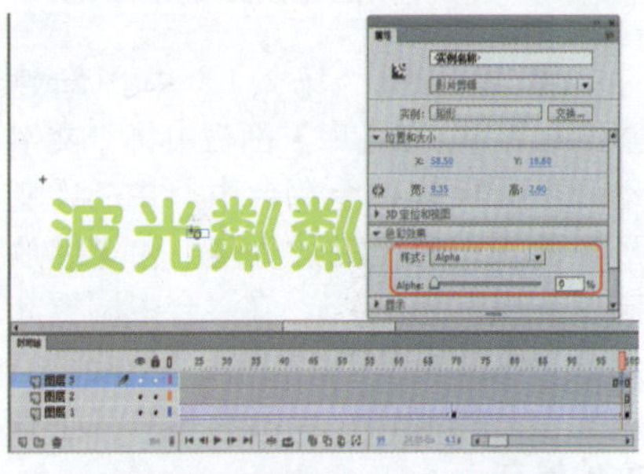

图11-236 调整元件样式

⑱ 选择“图层3”第40帧，并单击鼠标右键，在弹出的快捷菜单中选择【创建传统补间】命令，创建传统补间动画，效果如图11-237所示。

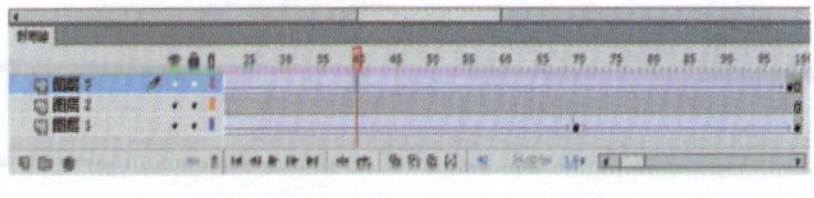

图11-237 创建传统补间动画

⑲ 在“图层3”名称上单击鼠标右键，在弹出的快捷菜单中选择【遮罩层】命令，创建遮罩动画，如图11-238所示。

⑳ 新建“图层4”，选择第100帧，按F6键插入关键帧，如图11-239所示。

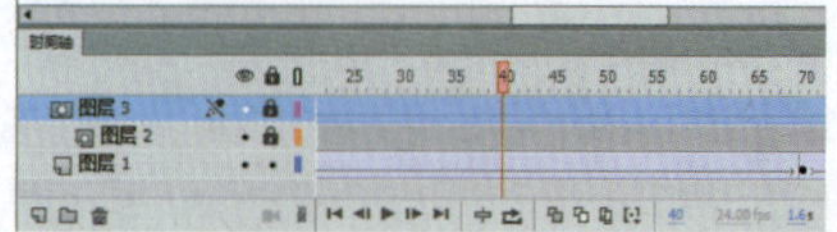
图11-238 创建遮罩动画

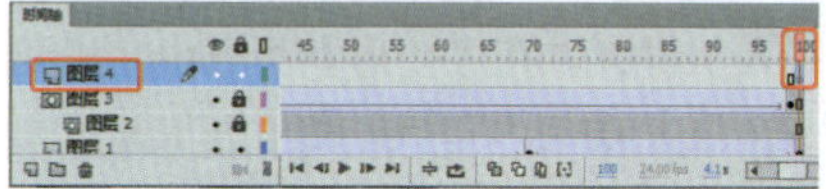
图11-239 新建图层并插入关键帧

㉑ 按F9键打开【动作】面板，输入代码“stop();”，如图11-240所示。

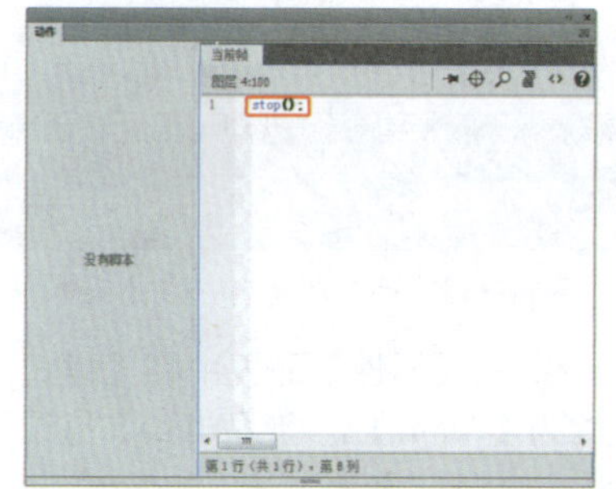
图11-240 输入代码

㉒ 返回到“场景1”中，新建“图层2”，在【库】面板中将“文字动画”元件拖拽至舞台中，并在【变形】面板中将【缩放宽度】和【缩放高度】设置为150%，在舞台中调整其位置，效果如图11-241所示。至此，完成该动画的制作，导出影片并将场景文件保存。

图11-241 调整元件

实例173 立体文字

本实例将介绍立体文字的制作，主要是复制文字，将位于下层的文字分离为形状，并调整其形状，制作传统补间动画，完成后的效果如图11-242所示。

素材：	素材|Cha11|立体文字背景.jpg
场景：	场景|Cha11|实例173 立体文字.fla
视频：	视频教学 | Cha11 |实例173 立体文字.MP4

图11-242 立体文字

❶ 在菜单栏中选择【文件】|【新建】命令，弹出【新建文档】对话框，在【类型】列表框中选择【ActionScript 3.0】，将【宽】设置为552像素，将【高】设置为406像素，单击【确定】按钮，如图11-243所示。

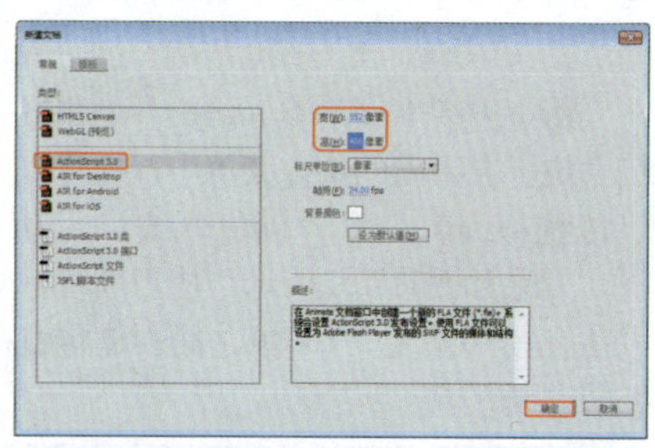
图11-243 新建文档

❷ 新建空白文档，在菜单栏中选择【插入】|【新建元件】命令，弹出【创建新元件】对话框，输入【名称】为“盛”，将【类型】设置为【影片剪辑】，单击【确定】按钮，如图11-244所示。

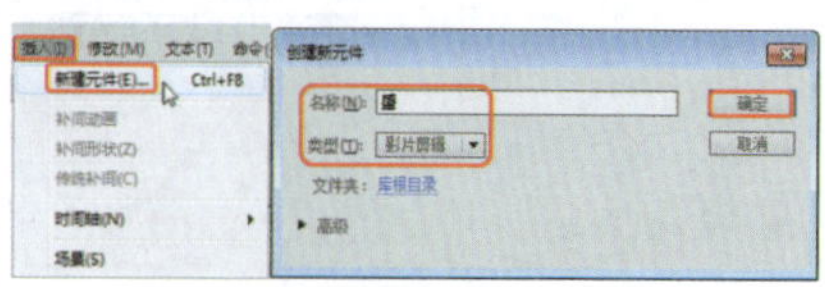
图11-244 新建元件

知识链接

影片剪辑是Animate中最具有交互性、用途最多及功能最强的部分。它基本上是一个小的独立电影，可以包含交互式控件、声音，甚至其他影片剪辑实例。由于影片剪辑具有独立的时间轴，所以它们在Animate中是相互独立的。如果场景中存在影片剪辑，即使影片的时间轴已经停止，影片剪辑的时间轴仍可以继续播放，这里可以将影片剪辑设想为主电影中嵌套的小电影。影片剪辑元件在主影片播放的时间轴上只需要有一个关键帧，即使一个60帧的影片剪辑放置在只有1帧的主时间轴上，它也会从开头播放到结束。除此之外，影片剪辑是Animate中一种最重要的元件，ActionScript是实现对影片剪辑元件的控制的重要方法之一，可以说，Animate的许多复杂动画效果和交互功能都与影片剪辑密不可分。

❸ 新建影片剪辑元件，在工具箱中选择【文本工具】T，在【属性】面板中将【系列】设置为【方正综艺简体】，将【大小】设置为96磅，将【颜色】设置为【#FFCC00】，在舞台中输入文字“盛”，如图11-245所示。

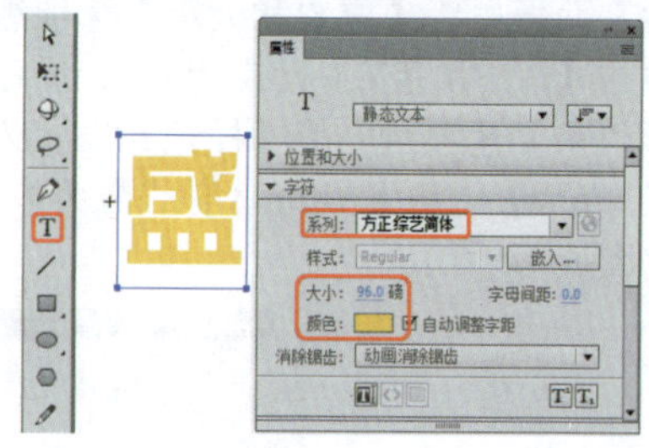
图11-245 输入文字码

❹ 使用【选择工具】选择输入的文字，在【属性】面板中，将【位置和大小】选项组中的【X】、【Y】都设为0，如图11-246所示。

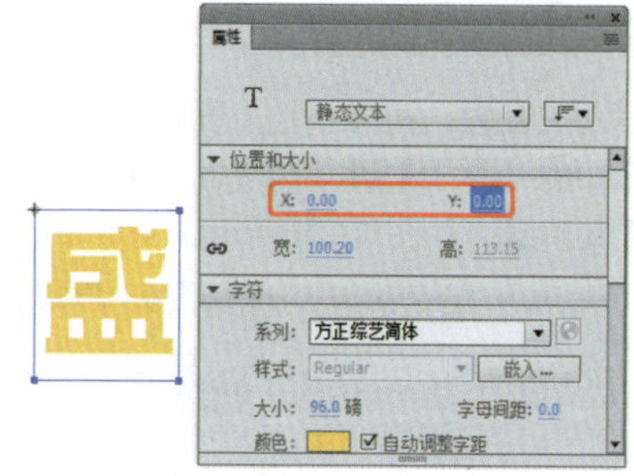
图11-246 调整文字位置

❺ 按Ctrl+C组合键复制选择的文字，在【时间轴】面板中单击【新建图层】按钮，新建“图层2”，按Ctrl+V组合键粘贴选择的文字，并在【属性】面板中将【位置和大小】选项组中的【X】、【Y】都设为8，在【字符】选项组中将【颜色】设置为【#FFFF00】，如图11-247所示。

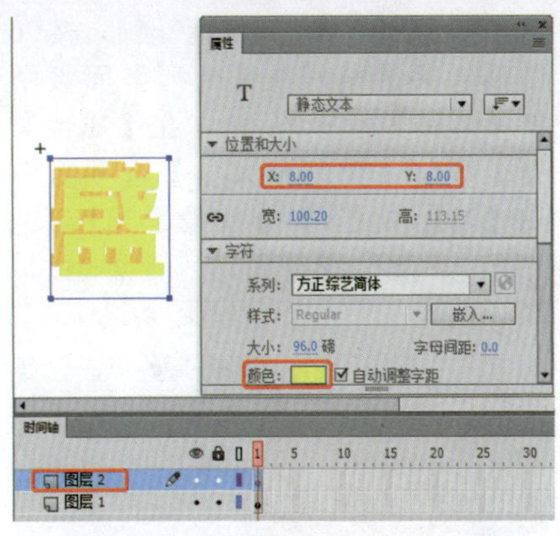

图11-247　新建图层并复制文字

❻ 锁定"图层2"，使用【选择工具】选择"图层1"中的文字"盛"，按Ctrl+B组合键分离文字，如图11-248所示。

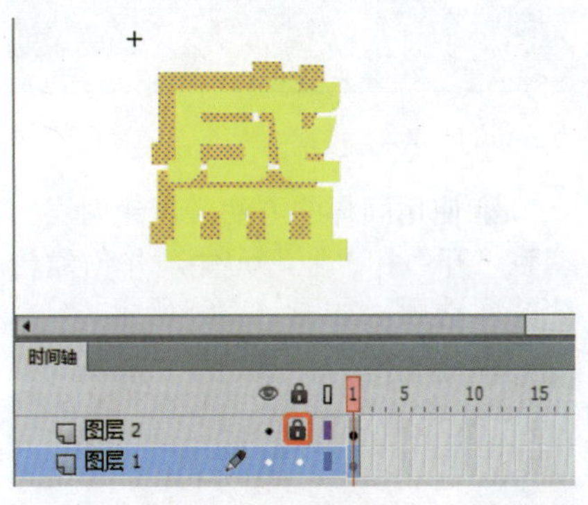

图11-248　分离文字

❼ 将场景中的文字放大，在工具箱中选择【添加锚点工具】，在如图11-249所示的位置添加锚点。

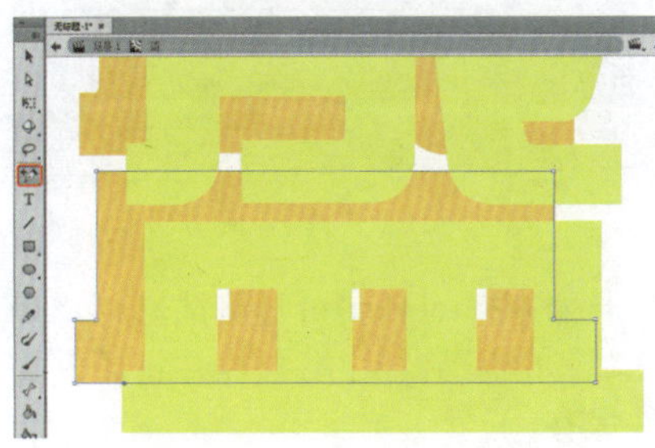

图11-249　添加锚点

❽ 使用工具箱中的【部分选取工具】调整锚点位置，如图11-250所示。

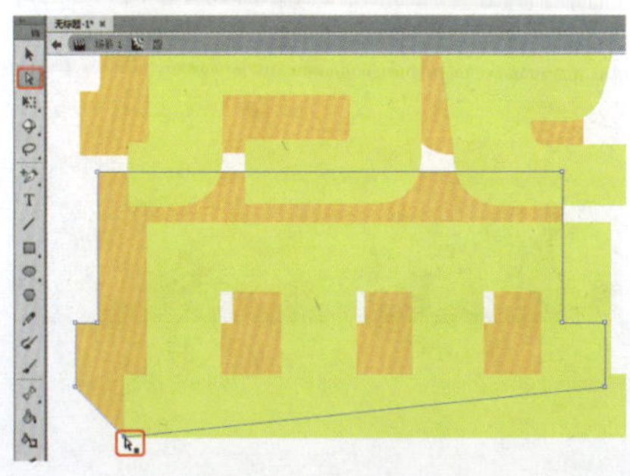

图11-250　调整锚点位置

知识链接

【部分选取工具】除了可以像【选择工具】工具那样选取并移动对象外，还可以对图形进行变形等处理。当某一对象被【部分选取工具】选中后，它的图像轮廓线上会出现很多控制点，表示该对象已被选中。

使用【部分选取工具】，单击要编辑的锚点，这时该锚点的两侧会出现调节手柄，拖动手柄的一端可以实现对曲线的形状编辑操作。按住Alt键拖动手柄，可以只移动一边的手柄，而另一边手柄则保持不动。

❾ 使用同样的方法，继续调整分离后的文字，效果如图11-251所示。

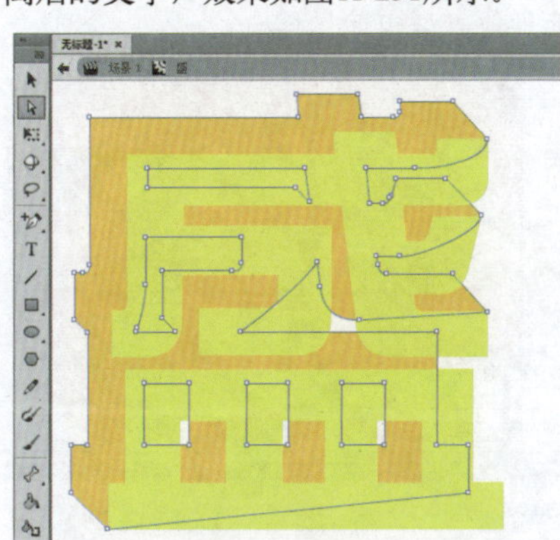

图11-251　调整分离后的文字

❿ 使用同样的方法，制作"大、开、业"元件，如图11-252所示。

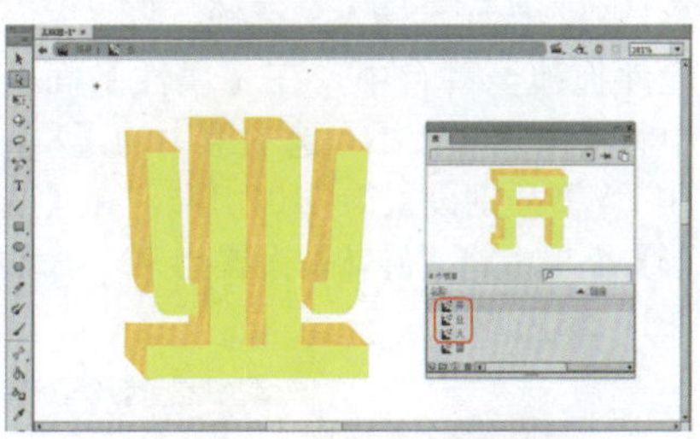

图11-252　制作其他影片剪辑元件

⓫ 返回到"场景1"中，按Ctrl+R组合键弹出【导入】对话框，在该对话框中选择随书配套资源中的立体文字背景.jpg素材文件，单击【打开】按钮，如图11-253所示。

⓬ 将选择的素材文件导入到舞台中，按Ctrl+T组合键打开【变形】面板，将【缩放宽度】和【缩放高度】设置为16.4%，按Ctrl+K组合键打开【对齐】面板，勾选【与舞台对齐】复选框，并单击【水平中齐】和【底对齐】按钮，如图11-254所示。

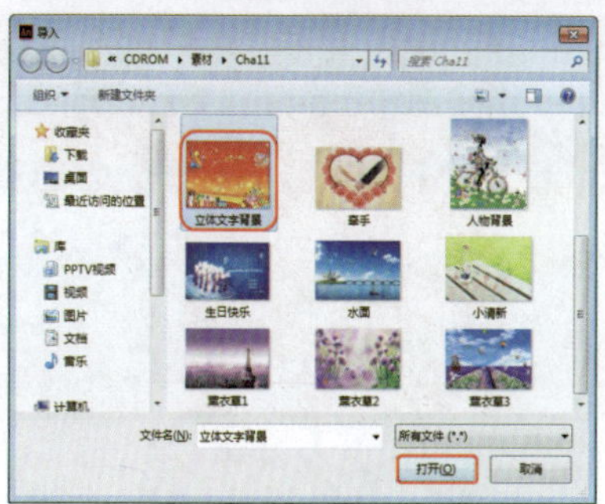

图11-253　选择素材文件

图11-254　调整素材文件

⓭ 在【时间轴】面板中选择第55帧，按F6键插入关键帧，单击【新建图层】按钮，新建"图层2"，如图11-255所示。

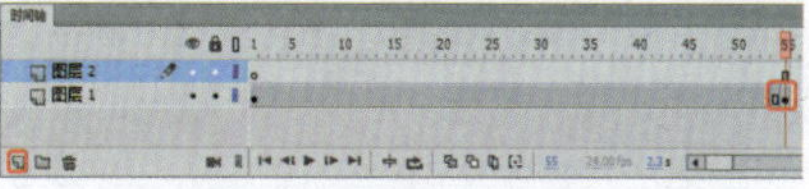

图11-255　插入关键帧并新建图层

⓮ 选择"图层2"第1帧，在【库】面板中将"盛"元件拖拽至舞台中，在【属性】面板中将【位置和大小】选项组中的【X】和【Y】分别设置为-110、145，如图11-256所示。

图11-256　调整元件位置

提　示

在菜单栏中选择【插入】|【时间轴】|【关键帧】命令，或者在时间轴上要插入关键帧的地方单击鼠标右键，在弹出的下拉菜单中选择【插入关键帧】命令，也可以插入关键帧。

⓯ 在【变形】面板中将【旋转】设置为-90°，效果如图11-257所示。

图11-257　旋转元件

⑯ 选择“图层2”第11帧，按F6键插入关键帧，在【变形】面板中将【旋转】设置为0°，在【属性】面板中将【位置和大小】选项组中的【X】和【Y】分别设置为68、145，如图11-258所示。

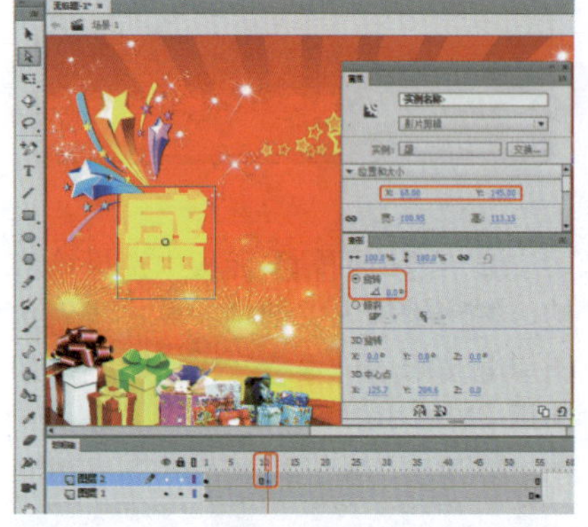

图11-258　插入关键帧并调整元件

⑰ 选择“图层2”第5帧并单击鼠标右键，在弹出的快捷菜单中选择【创建传统补间】命令，如图11-259所示。

图11-259　选择【创建传统补间】命令

⑱ 创建传统补间动画，效果如图11-260所示。

知识链接

所谓创建传统补间动画(以前的版本为创建补间动画)又叫做中间帧动画、渐变动画，只要建立起始和结束的画面，中间部分由软件自动生成，省去了中间动画制作的复杂过程，这正是Animate的迷人之处，补间动画是Animate中最常用的动画效果。

利用传统补间方式可以制作出多种类型的动画效果，如位置移动、大小变化、旋转移动、逐渐消失等。只要能够熟练地掌握这些简单的动作补间效果，就能将它们相互组合制作出样式更加丰富、效果更加吸引人的复杂动画。使用动作补间，需要具备以下两个前提条件：

起始关键帧与结束关键帧缺一不可。

应用于动作补间的对象必须具有元件或者群组的属性。

图11-260　创建传统补间动画

⑲ 新建“图层3”，选择“图层3”第11帧，按F6键插入关键帧，将“大”元件拖拽至舞台中，在【属性】面板中将【位置和大小】选项组中的【X】和【Y】分别设置为-110和145，在【变形】面板中将【旋转】设置为-90°，如图11-261所示。

图11-261　插入关键帧并调整元件

提　示

Animate文件中的层数只受计算机内存大小限制，它不会影响SWF文件的大小。

⑳ 选择“图层3”第25帧，按F6键插入关键帧，在【变形】面板中将【旋转】设置为0°，在【属性】面板中将【位置和大小】选项组中的【X】和【Y】分别设置为173、145，创建传统补间动画，如图11-262所示。

图11-262　调整元件并创建动画

㉑ 使用同样的方法，新建图层，调整“开”和“业”元件，并创建传统补间动画，如图11-263所示。

图11-263　制作其他动画

㉑ 按Ctrl+Enter键测试影片，如图11-264所示。导出影片并将场景文件保存。

图11-264　测试影片

第12章 交互式动画

本章主要介绍钢笔工具和路径菜单命令的使用，通过本章的学习，可以帮助读者轻松编辑路径，熟练掌握钢笔工具组在实际工作中的应用。

实例174 制作按钮动画

下面介绍制作按钮动画，在本实例中通过使用外部素材和各种元件来制作鼠标经过的按钮效果，完成后的效果如图12-1所示。

素材：	素材|Cha12|切换1.png~切换6.png
场景：	场景|Cha12|实例174 制作按钮动画.fla
视频：	视频教学 | Cha12 |实例174 制作按钮动画.MP4

图12-1 按钮动画效果

❶ 启动软件后新建场景。进入工作界面后，在工具箱中单击【属性】按钮，在打开的面板中将【属性】选项组中的【大小】设置为500×300像素，将【舞台】颜色设置为【#FFCC00】，如图12-2所示。

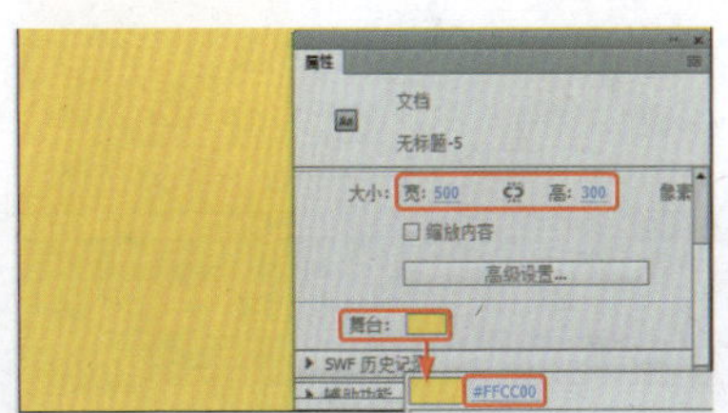

图12-2 设置场景属性

❷ 按Ctrl+F8组合键，在打开的对话框中，输入【名称】为“彩色图形”，将【类型】设置为【图形】，单击【确定】按钮，如图12-3所示。

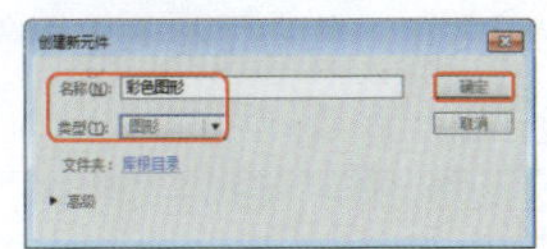

图12-3 创建新元件

❸ 按Ctrl+R组合键，在弹出的【导入】对话框中选择随书配套资源中的素材|Cha12|切换1.png文件，单击【打开】按钮，如图12-4所示。

图12-4 选择素材文件

❹ 在弹出的对话框中单击【否】按钮，确认选中素材文件，在【属性】面板中单击按钮，将【宽】、【高】进行锁定，将【宽】设置为100像素，并在【对齐】面板中单击【水平中齐】和【垂直中齐】按钮，如图12-5所示。

图12-5 调整素材

❺ 按Ctrl+F8组合键，在弹出的对话框中将【名称】设置为“动画1”，将【类型】设置为【影片剪辑】，单击【确定】按钮，如图12-6所示。

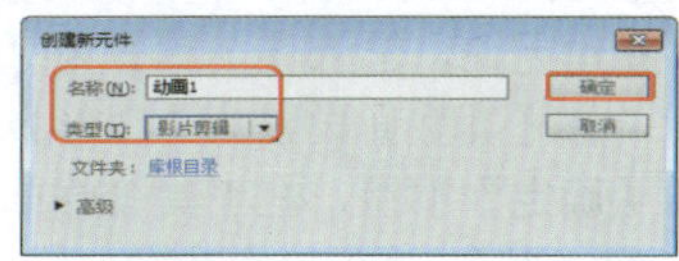

图12-6 创建新元件

❻ 在【库】面板中将【彩色图形】元件拖至舞台中，在【属性】面板中单击按钮，将【宽】、【高】进行锁定，再将【宽】设置为90像素，并在【对齐】面板中单击【水平中齐】按钮和【垂直中齐】按钮，如图12-7所示。

❼ 在【时间轴】面板中选择“图层1”的第5帧，按F6键插入关键帧，

在【属性】面板中单击 按钮，将【宽】、【高】进行锁定，再将【宽】设置为100像素，如图12-8所示。

图12-7 拖入并调整元件

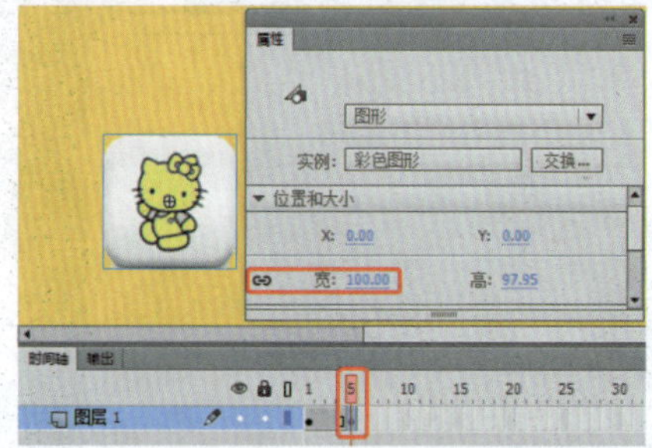

图12-8 设置元件属性

❽ 设置完成后，在“图层1”的两个关键帧之间创建传统补间动画，在【时间轴】面板中新建“图层2”，在第5帧处插入关键帧，按F9键，在弹出的面板中输入代码“stop()”，如图12-9所示。

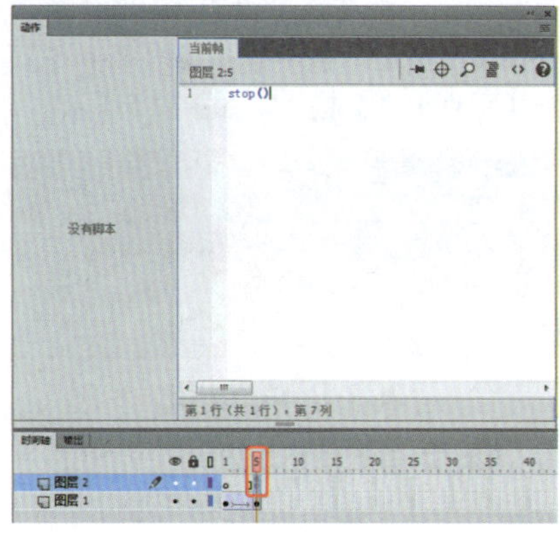

图12-9 输入代码

❾ 关闭面板，按Ctrl+F8组合键，新建元件，输入【名称】为“渐变”，将【类型】设置为【图形】，单击【确定】按钮，在工具箱中单击【矩形工具】，在舞台中绘制一个【宽】、【高】都为130像素的矩形，如图12-10所示。

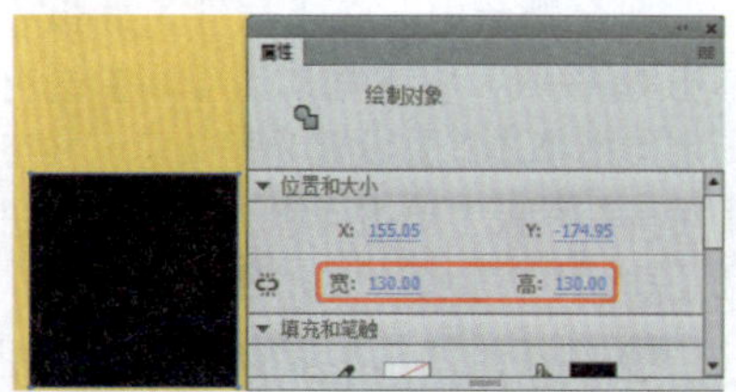

图12-10 设置元件的大小

❿ 打开【颜色】面板，将【笔触颜色】设置为无，【填充颜色】的类型设置为【线性渐变】，在下方将渐变条的色标颜色都设置为【#FFCC00】，并将中间处色标的【A】设置为90，右侧色标的【A】设置为60，并调整色标位置，如图12-11所示。

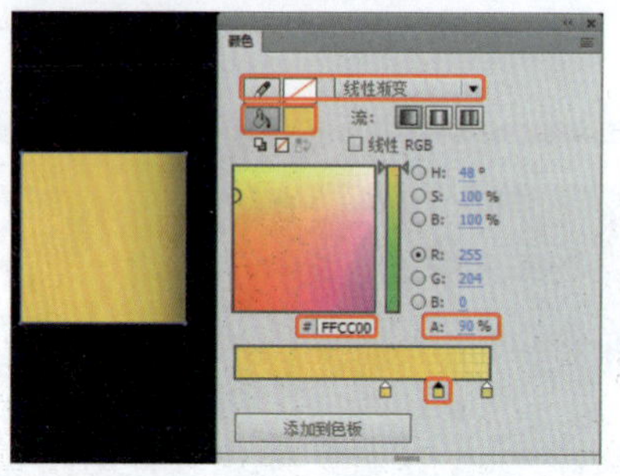

图12-11 设置渐变颜色

提 示

为了方便观察，在这里暂时将舞台背景色设置成其他颜色。

⓫ 确认选中绘制的矩形，按Ctrl+Shift+7组合键旋转矩形，按Ctrl+F8键，在弹出的对话框中将【名称】设置为“按钮1”，【类型】设置为【按钮】，设置完成后，单击【确定】按钮，如图12-12所示。

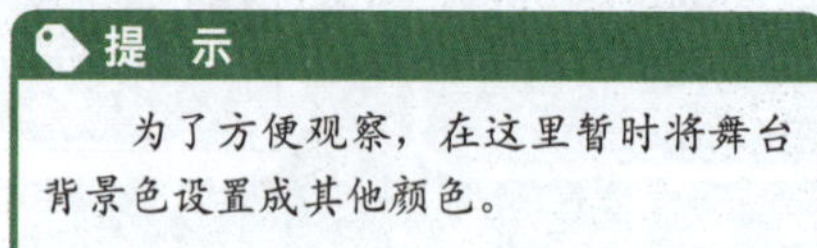

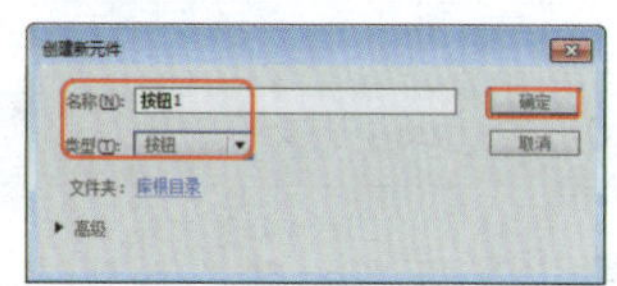

图12-12 创建新元件

⓬ 按Crtl+R组合键，在打开的对话框中选择随书配套资源中的素材|Cha12|切换2.png文件，单击【打开】按钮，如图12-13所示。

图12-13 打开素材文件

⓭ 在弹出的对话框中，单击【否】按钮，选中导入的素材文件，在【属性】面板中单击 按钮，将【宽】、【高】进行锁定，再将【宽】设置为100像素。在【对齐】面板中单击【水平中齐】按钮和【垂直中齐】按钮，使素材对齐舞台，如图12-14所示。

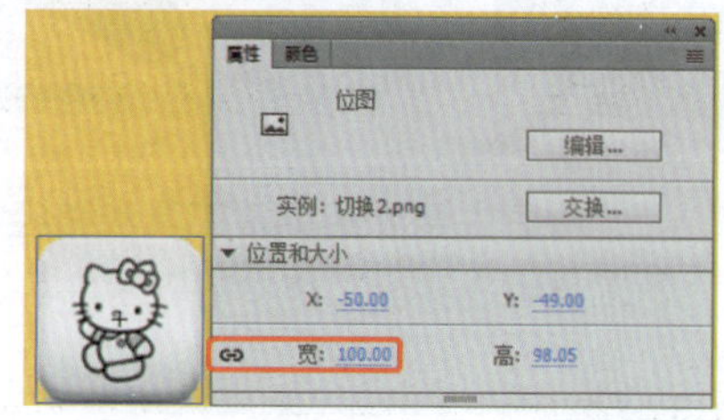

图12-14 设置素材属性

⓮ 按住Alt键向下拖动素材，对其进行复制，在菜单栏中选择【修改】|【变形】|【垂直翻转】命令，翻转复制的素材，效果如图12-15所示。

图12-15 复制并翻转素材

⓯ 在【库】面板中将“渐变”元件拖至舞台中调整位置，效果如图12-16所示。

图12-16 拖入【渐变】元件

⓰ 在【时间轴】面板中“图层1”的“指针经过”帧上插入关键帧，并在舞台中将所有对象删除，在【库】面板中将“动画1”元件拖至舞台中，并使元件对齐舞台，如图12-17所示。

图12-17 拖入“动画”元件

⑰ 使用同样方法对该元件进行复制翻转，并拖入"渐变"元件，调整位置，效果如图12-18所示。

图12-18 制作"指针经过"帧

⑱ 调整完成后单击左上角的按钮，返回至场景中，在【库】面板中将"按钮1"元件拖至舞台中调整该按钮元件的位置，效果如图12-19所示。

图12-19 将"按钮1"元件拖至舞台中

⑲ 使用同样的方法制作其他按钮动画，制作完成后拖至舞台中的效果如图12-20所示。

图12-20 其他按钮元件制作效果

⑳ 按Ctrl+Enter组合键测试影片效果，如图12-21所示。最后导出影片并保存场景。

图12-21 测试效果

实例175 制作星光闪烁效果

下面介绍制作星光闪烁效果，本实例通过代码进行制作，完成后的效果如图12-22所示。

素材：	素材|Cha12|背景.jpg
场景：	场景|Cha12|实例175 制作星光闪烁效果.fla
视频：	视频教学 | Cha12 |实例175 制作星光闪烁效果.MP4

图12-22 创建两个矩形并填充颜色

❶ 启动软件后按Ctrl+N组合键，弹出【新建文档】对话框，选择【Action Script 3.0】选项，将【宽】设置为550像素，【高】设置为347像素，并将【背景颜色】设置为【#999999】，单击【确定】按钮，如图12-23所示，即可新建场景。

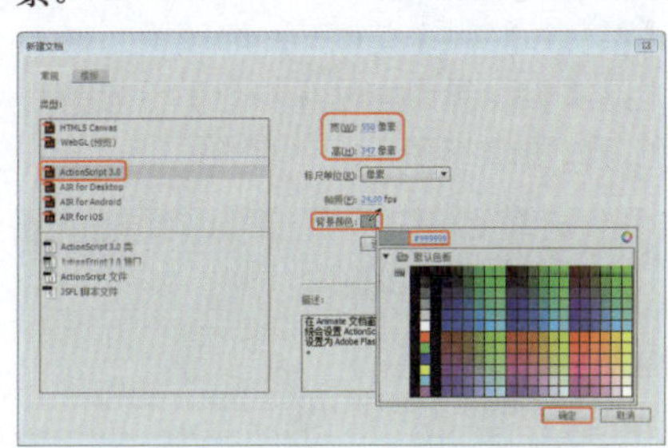

图12-23 新建文档

❷ 按Ctrl+R组合键，在弹出的【导入】对话框中选择随书配套资源中的素材|Cha12|背景.jpg文件，单击【打开】按钮，如图12-24所示。

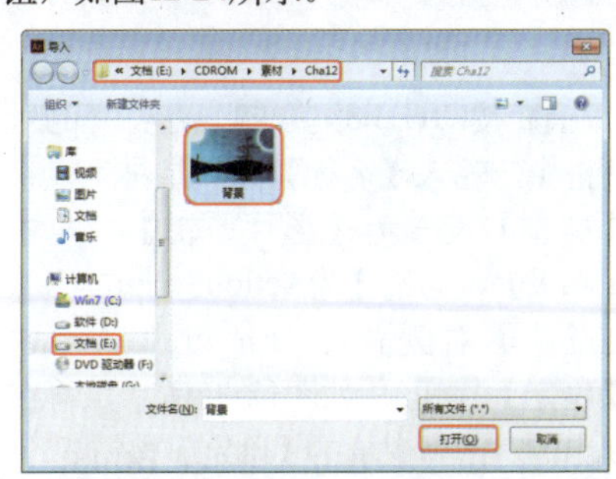

图12-24 打开素材

❸ 确定导入的素材文件处于选择状态，按Ctrl+K组合键打开【对齐】面板，单击【水平中齐】按钮和【垂直中齐】按钮，并勾选【与舞台对齐】复选框，如图12-25所示。

图12-25 与舞台对齐

❹ 按Ctrl+F8组合键，在打开的对话框中，使用默认名称，将【类型】设置为【影片剪辑】，单击【确定】按钮，如图12-26所示。

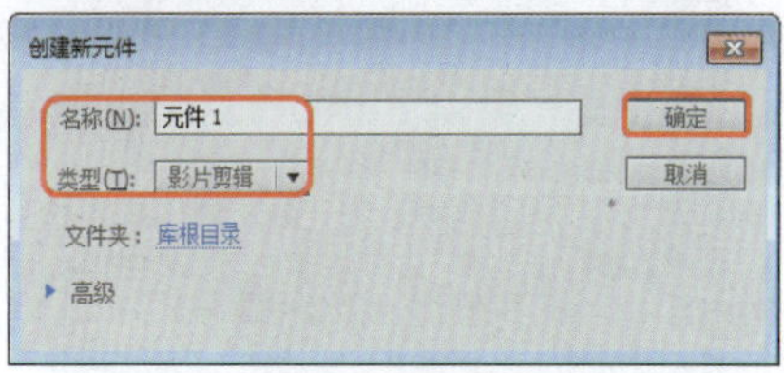

图12-26 创建新元件

❺ 在工具箱中选择【椭圆工具】，在舞台中绘制椭圆，绘制完成后在【属性】面面板中将【宽】和【高】均设置为63像素，如图12-27所示。

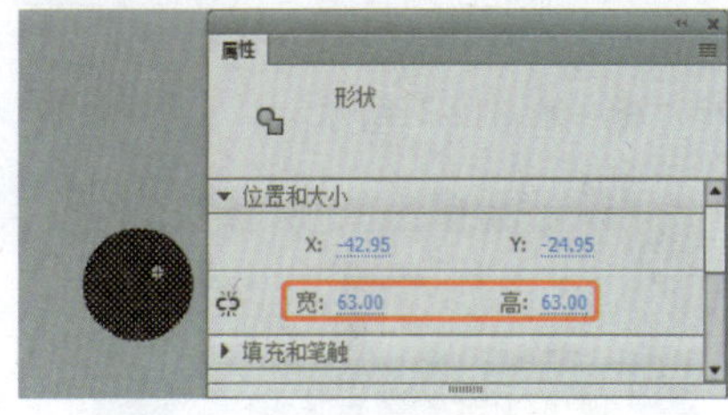

图12-27 绘制椭圆并设置

❻ 确认选中绘制的图形，在【颜色】面板中将【笔触颜色】设置为无，将【填充颜色】的类型设置为【径向渐变】，在下方将渐变条的色标颜色均设置为白色，并将中间色标的【A】设置为65，右侧色标的【A】设置为0，调整色标的位置，如图12-28所示。

❼ 按Ctrl+F8组合键，在打开的对话框中，使用默认名称，将【类型】设置为【影片剪辑】，单击【确定】按钮，如图12-29所示。

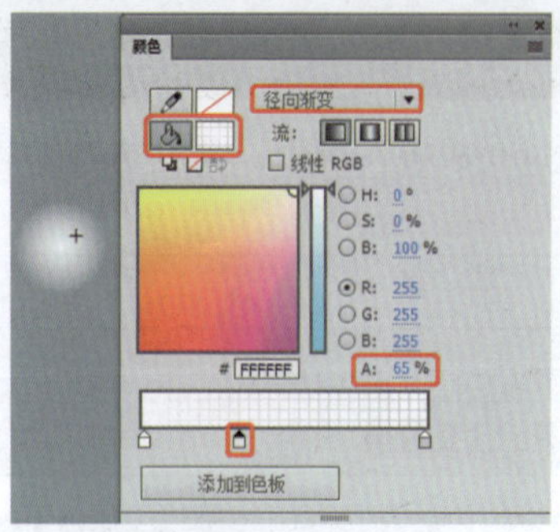

图12-28 设置颜色

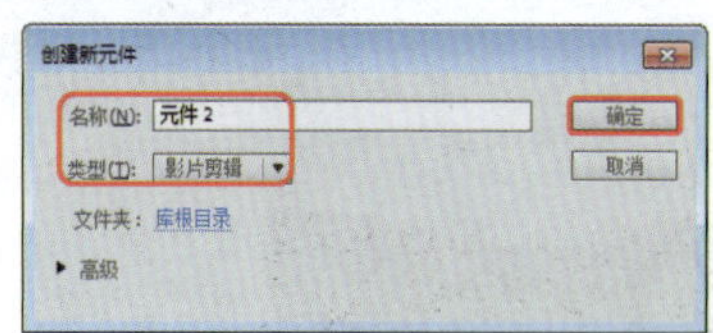

图12-29 创建新元件

❽ 在工具箱中选择【椭圆工具】，在舞台中绘制椭圆，绘制完成后在【属性】面板中将【宽】设置为6像素，【高】设置为268像素，如图12-30所示。

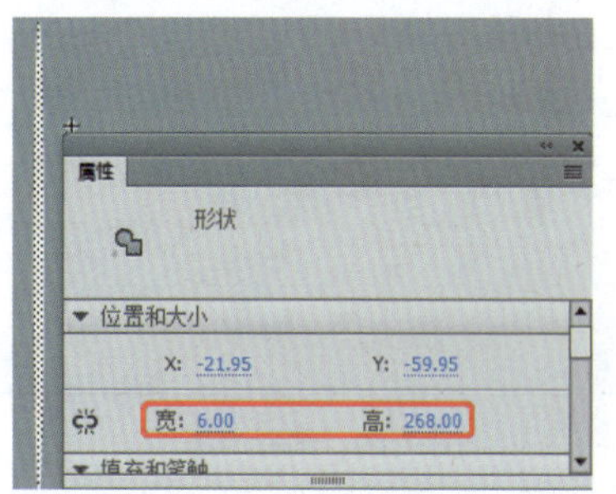

图12-30 绘制椭圆并设置

❾ 在【颜色】面板中将【笔触颜色】设置为无，【填充颜色】设置为【径向渐变】，并将渐变条的色标颜色均设置为白色，将右侧色标的【A】设置为75，如图12-31所示。

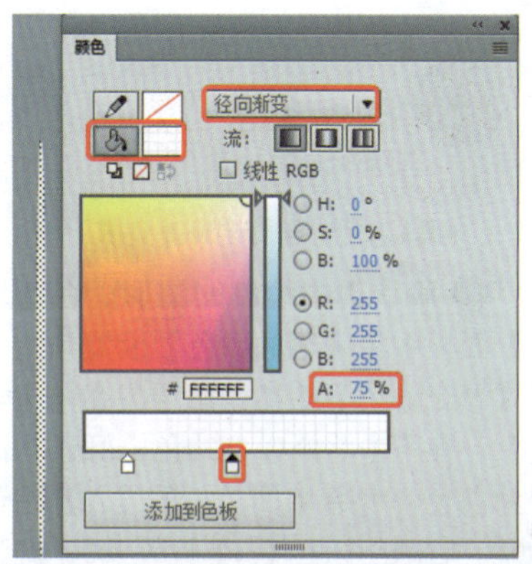

图12-31 设置颜色

❿ 按Ctrl+F8组合键，在打开的对话框中，使用默认名称，将【类型】设置为【图形】，单击【确定】按钮，如图12-32所示。

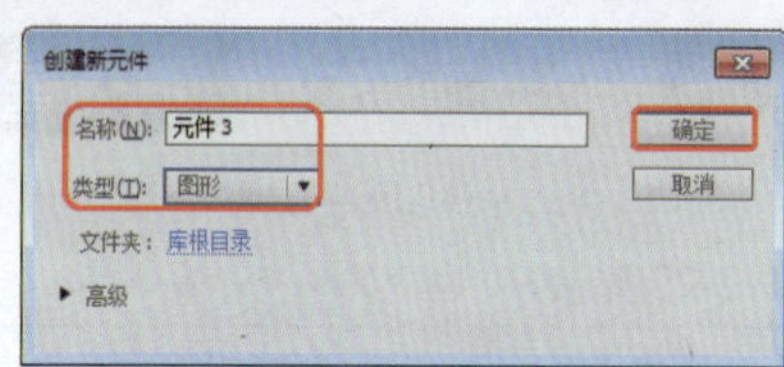

图12-32 创建新元件

⓫ 在【库】面板中将“元件2”拖至舞台中，并使其中心对齐舞台中心，按Ctrl+C键复制，按Ctrl+V键粘贴，然后按Ctrl+Shift+9组合键旋转对象，效果如图12-33所示。

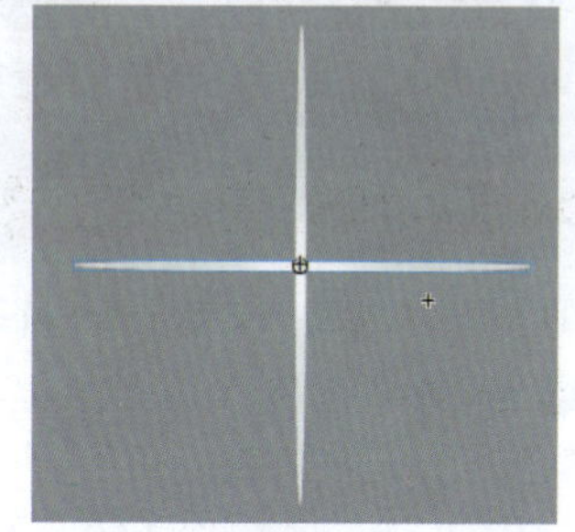

图12-33 复制元件

⓬ 选中这两个对象，打开【属性】面板，在【滤镜】组中单击【添加滤镜】按钮，选择【发光】，将【模糊X】和【模糊Y】都设置为10，【品质】设置为高，【颜色】设置为白色，如图12-34所示。

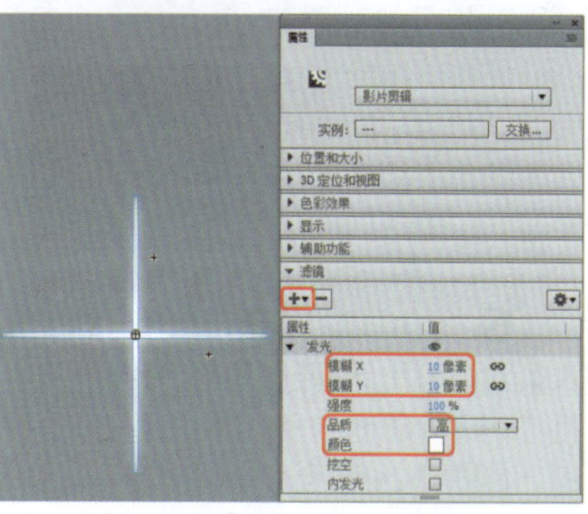

图12-34 设置属性

⓭ 按Ctrl+F8组合键，在打开的对话框中，输入【名称】为“星星”，将【类型】设置为【影片剪辑】，单击【高级】，勾选【为ActionScript导出】在【类】右侧输入“xh_mc”，单击【确定】按钮，如图12-35所示，再在弹出的对话框中单击【确定】按钮。

⓮ 在【库】面板中将“元件1”拖至舞台中，并使其中心对其舞台中心，确认选中该元件，打开【属性】面板，将【样式】设置为【Alpha】，将【Alpha】值设置为0，单击【添加滤镜】按钮，选择【发光】，将【模糊X】【模糊Y】局设置为50，【强度】设置为165%，【品质】设置为高，【颜色】设置为白色，如图12-36所示。

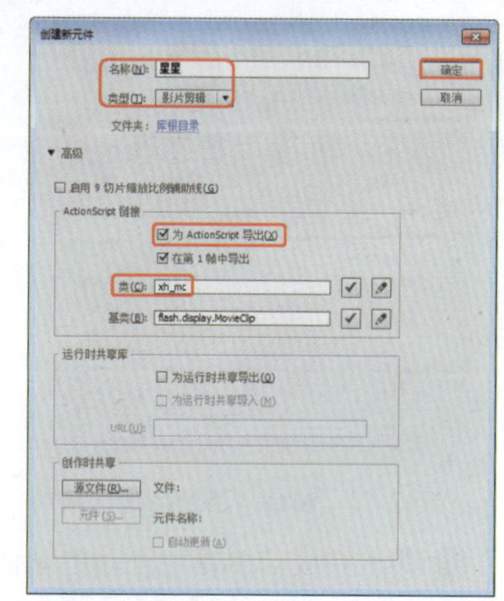

图12-35 新建元件并设置属性

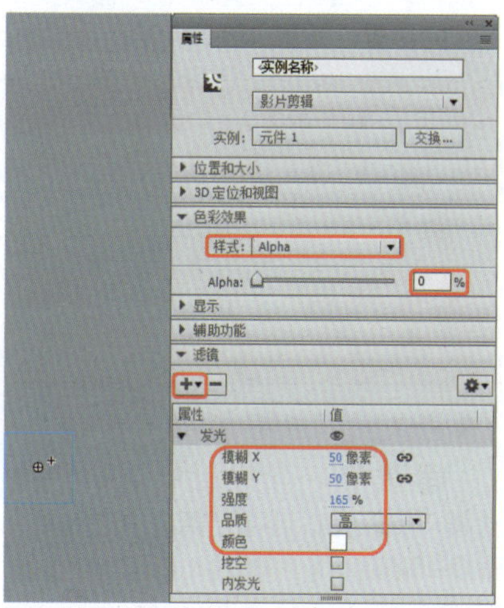

图12-36 拖入元件并设置属性

⓯ 在“图层1”的第30帧位置插入关键帧，选中舞台中的元件，在【属性】面板中将【样式】设置为无，并在“图层1”的关键帧与关键帧之间创建传统补间，在第40帧位置按F5键插入帧，效果如图12-37所示。

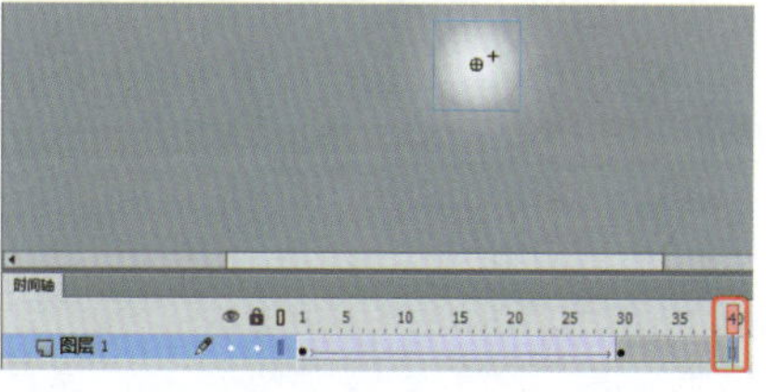

图12-37 设置属性插入关键帧创建传统补间

⓰ 新建图层，在【库】面板中将“元件3”拖至舞台中，并使其中心对其舞台中心，确认选中该元件，打开【属性】面板，将【样式】设置为【Alpha】，将【Alpha】值设置为0，如图12-38所示。

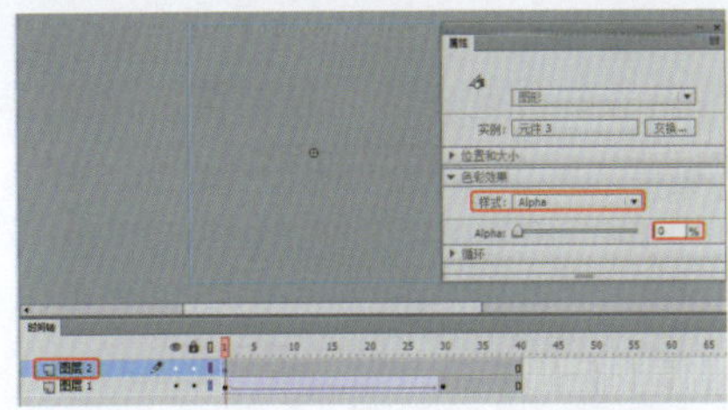
图12-38 新建图层拖入元件设置属性

⑰在第30帧的位置插入关键帧，在【属性】面板中将【样式】设置为无，在该图层的关键帧之间创建传统补间，效果如图12-39所示。

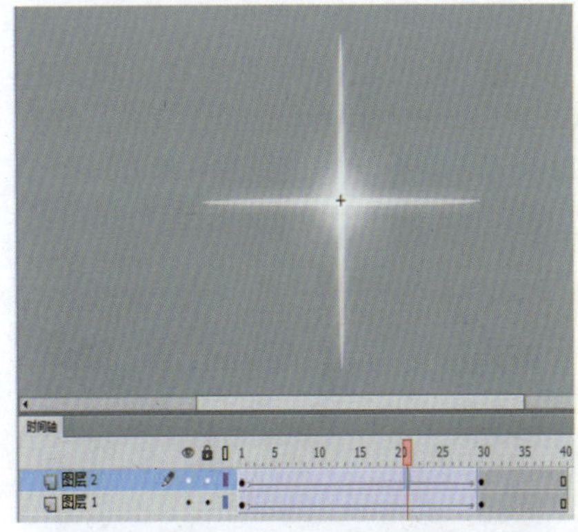
图12-39 设置图层2的动画

⑱在左上角单击 按钮，返回到场景中，新建图层，选中“图层2”的第1帧按F9键在打开的面板中输入代码，如图12-40所示，然后关闭该面板。

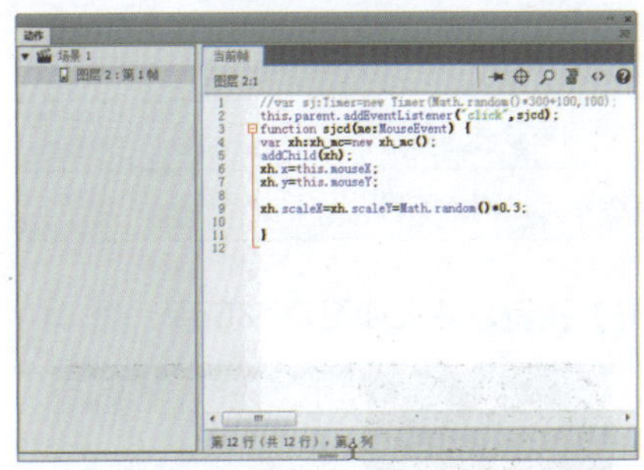
图12-40 输入代码

⑲最后按Ctrl+Enter组合键测试动画效果，如图12-41所示。导出影片并保存场景。

图12-41 测试动画效果

实例176 制作按钮切换图片效果

下面介绍制作按钮切换图片效果，通过使用按钮元件和代码进行制作，完成后的效果如图12-42所示。

素材：	素材|Cha12|图1.jpg、图2.jpg、图3.jpg、图4.jpg
场景：	场景|Cha12|实例176 制作按钮切换图片效果.fla
视频：	视频教学 | Cha12 |实例176 制作按钮切换图片效果.MP4

图12-42 按钮切换图片效果

❶启动软件后，按Ctrl+O组合键，在打开的对话框中选择随书配套资源中的素材|Cha12|按钮切换图片效果.fla文件，如图12-43所示。

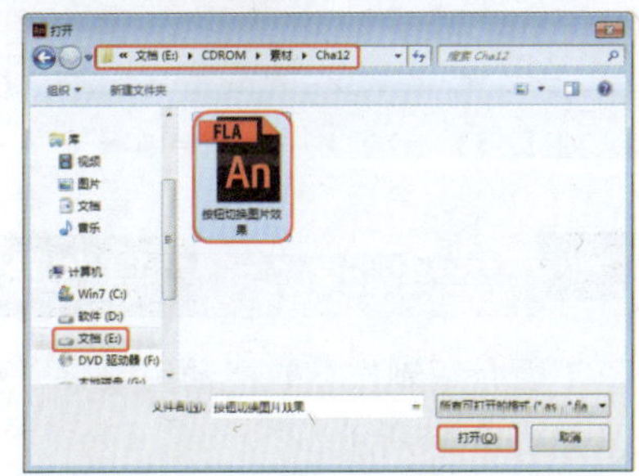
图12-43 打开素材

❷打开【库】面板，将图1.jpg素材文件拖至舞台中，并使素材文件对齐舞台，如图12-44所示。

图12-44 将素材拖入舞台

❸在第2帧的位置插入空白关键帧，在【库】面板中将图2.jpg素材文件拖至舞台中并对齐舞台如图12-45所示。

❹使用同样方法在第3、4帧插入空白关键帧并在不同关键帧处拖入不同素材，效果如图12-46所示。

❺新建“图层2”，在工具箱中选择【矩形工具】，并单击【对象绘制】按钮，在舞台中绘制与舞台大小相仿的矩形，并在【属性】面板中，将【笔触颜色】设置为白色，【填充颜色】设置为无，【笔触高度】设置为10，【接合】设置为圆角，如图12-47所示。

图12-45 插入空白关键帧拖入素材文件

图12-46 使用同样的方法制作关键帧

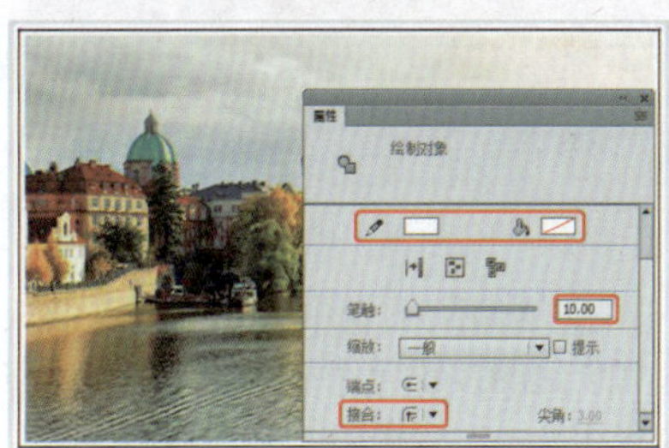
图12-47 设置矩形属性

❻新建“图层3”，按Ctrl+F8组合键在打开的对话框中，输入【名称】为“按钮1”，将【类型】设置为【按钮】，单击【确定】按钮，在【库】面板中，将“02”元件拖至舞台中，并对齐舞台中心，在【属性】面板中将【样式】设置为【Alpha】，将【Alpha】值设置为30%，如图12-48所示。

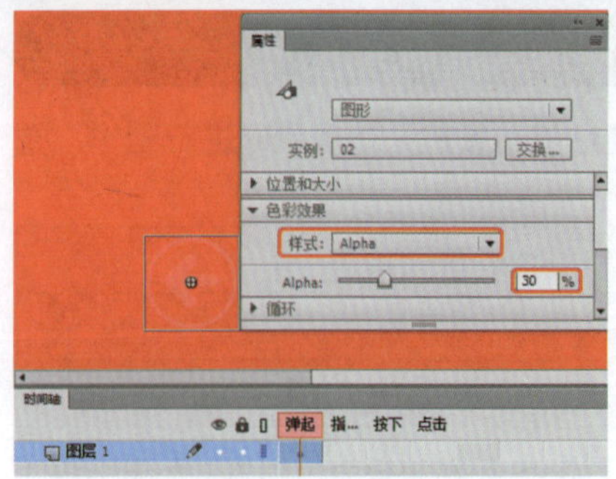

图12-48　设置元件属性

❼ 在“图层1”的“指针经过”帧处插入关键帧，在舞台中选中元件打开【属性】面板，将【样式】设置为无，如图12-49所示。

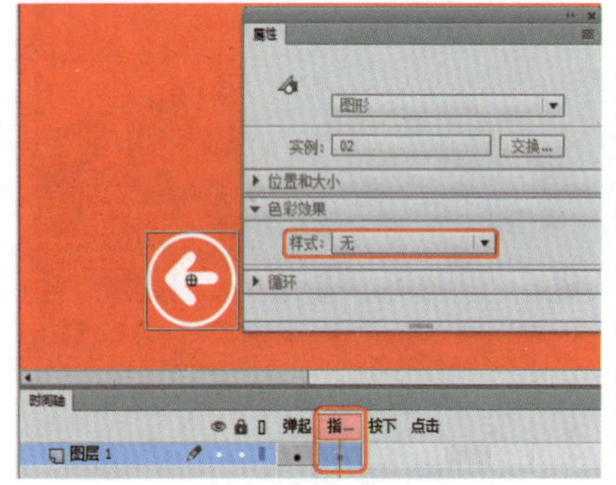

图12-49　插入关键帧设置元件属性

❽ 使用同样方法新建按钮元件，将“01”元件拖至舞台中在不同帧处设置属性，效果如图12-50所示。

图12-50　新建元件并设置帧动画

❾ 返回到场景中，在【库】面板中将创建的按钮元件拖至舞台中并调整位置和大小，效果如图12-51所示。

图12-51　新建图层拖入元件

❿ 选中舞台中左侧的按钮元件，打开【属性】面板，将【实例名称】设置为“btn1”，如图12-52所示。

图12-52　设置元件属性

⓫ 选中舞台中右侧的按钮元件，打开【属性】面板，将【实例名称】设置为“btn”，如图12-53所示。

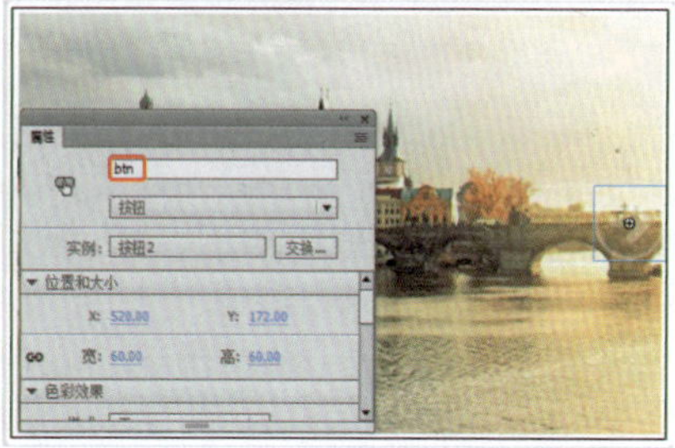

图12-53　设置另一个元件属性

⓬ 新建“图层4”在【时间轴】面板中选中“图层4”，按F9键，在打开的面板中，输入代码如图12-54所示。

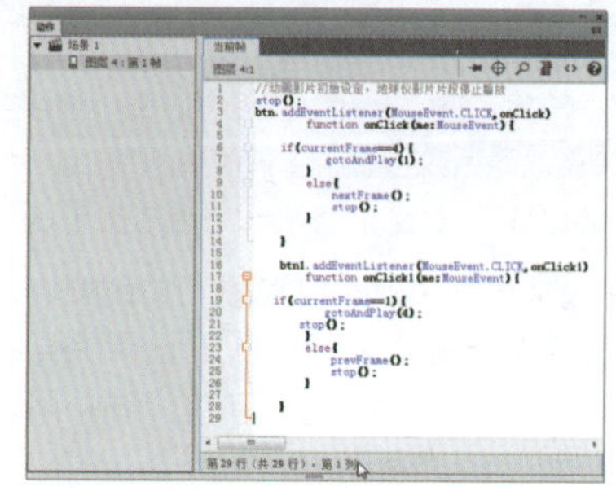

图12-54　新建图层输入代码

⓭ 输入完成后关闭该面板，按Ctrl+Enter组合键测试动画效果，如图12-55所示。最后导出影片并保存场景。

图12-55　测试效果

实例177　制作导航栏动画效果

下面介绍制作导航栏动画效果，通过元件并设置属性进行制作，完成后的效果如图12-56所示。

素材：	素材|Cha12|阿狸背景.jpg
场景：	场景|Cha12|实例177　制作导航栏动画效果.fla
视频：	视频教学 | Cha12 |实例177　制作导航栏动画效果.MP4

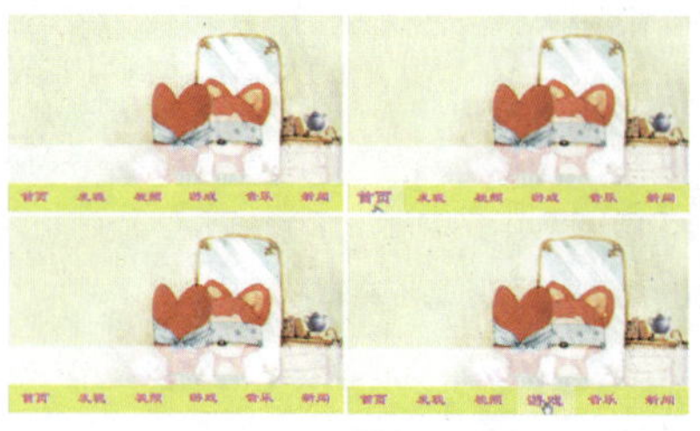

图12-56　导航栏动画效果

❶ 启动软件后新建场景。进入工作界面后，在工具箱中单击【属性】按钮，在打开的面板中将【属性】选项组中的【大小】设置为550×309像素，【舞台】颜色设置为黑色，如图12-57所示。

❷ 按Ctrl+R组合键，在弹出的【导入】对话框中选择随书配套资源中的素材|Cha12|阿狸背景.jpg文件，单击【打开】按钮，效果如图12-58所示。

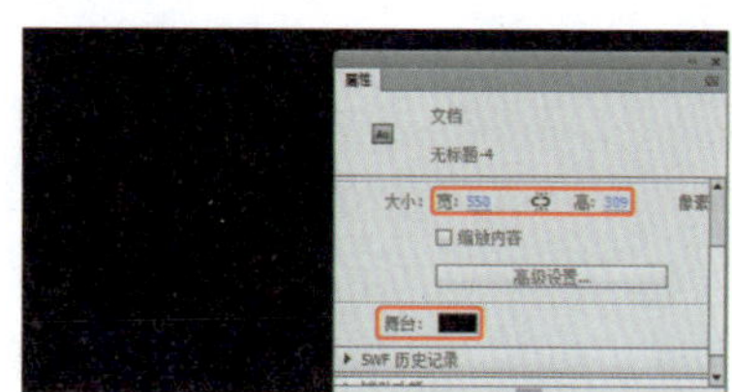

图12-57　设置场景属性

图12-58　将素材导入舞台

❸ 使素材文件与舞台对齐，然后按Ctrl+F8组合键在打开的对话框中，输入【名称】为“黄底”，将【类型】设置为【图形】，单击【确定】，如图12-59所示。

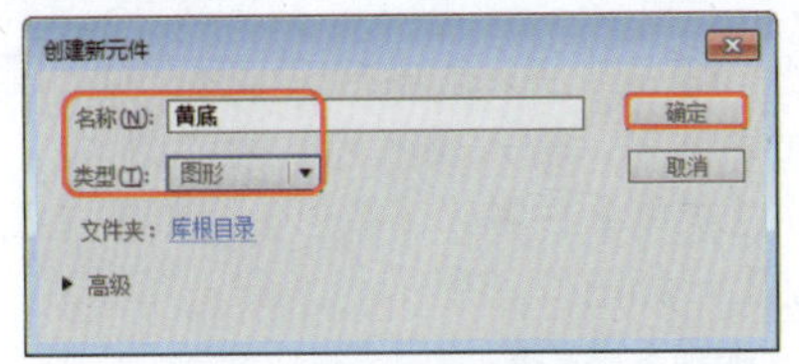

图12-59 创建新元件

❹ 使用【矩形工具】绘制矩形，选中绘制的矩形，在【属性】面板中将【宽】设置为117，【高】设置为56，【笔触颜色】设置为无，【填充颜色】设置为【#FFFF33】，如图12-60所示。

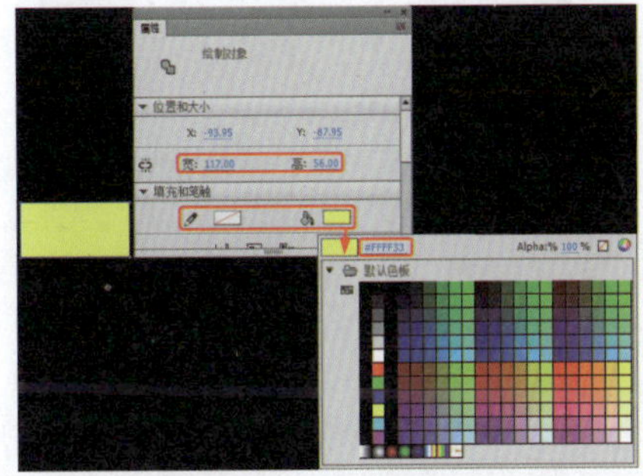

图12-60 绘制矩形并设置

❺ 按Ctrl+F8组合键在打开的对话框中，输入【名称】为“白色遮罩”，将【类型】设置为【图形】，单击【确定】，如图12-61所示。

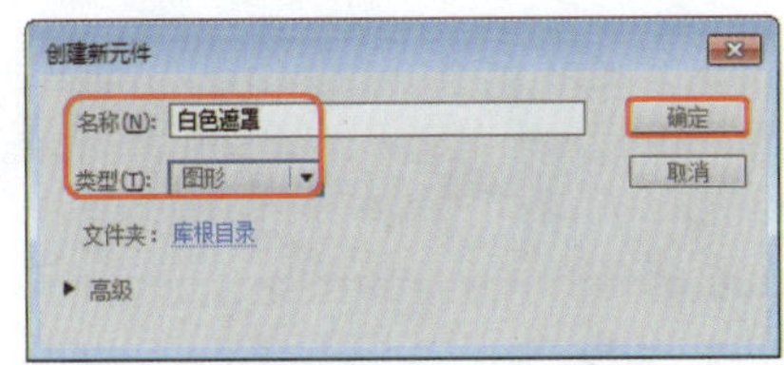

图12-61 创新新元件

❻ 使用【矩形工具】绘制矩形，选中绘制的矩形，在【属性】面板中将【宽】设置为121像素，【高】设置为58像素，【笔触颜色】设置为无，【填充颜色】设置为白色，如图12-62所示。

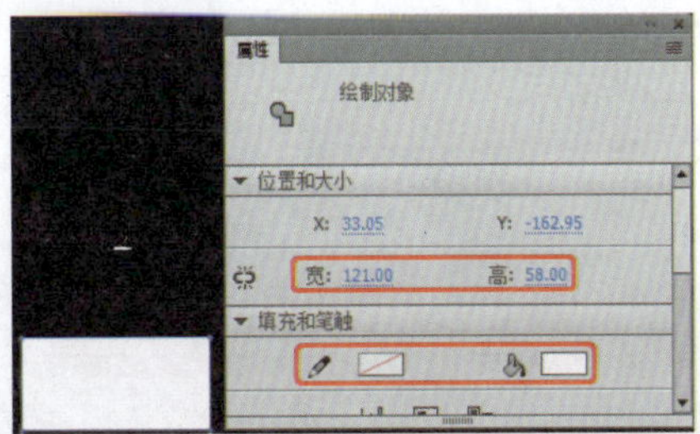

图12-62 设置“白色遮罩”元件

❼ 再次按Ctrl+F8组合键，在打开的【创建新元件】对话框中，输入【名称】为“文字1”，将【类型】设置为【图形】，单击【确定】，使用【文本工具】输入文字，选中输入的文字，在【属性】面板中将【系列】设置为【方正隶书简体】，【大小】设置为30磅，【颜色】设置为【#FF00FF】，如图12-63所示。

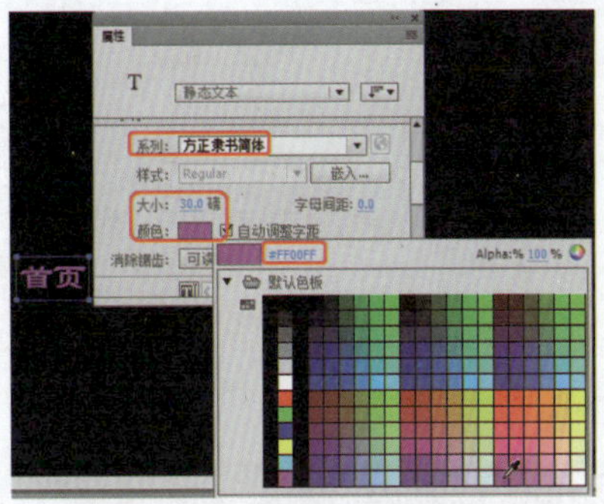

图12-63 输入文字并设置

❽ 继续按Ctrl+F8组合键，在打开的【创建新元件】对话框中，输入【名称】为“按钮1”，将【类型】设置为【按钮】，单击【确定】，如图12-64所示。

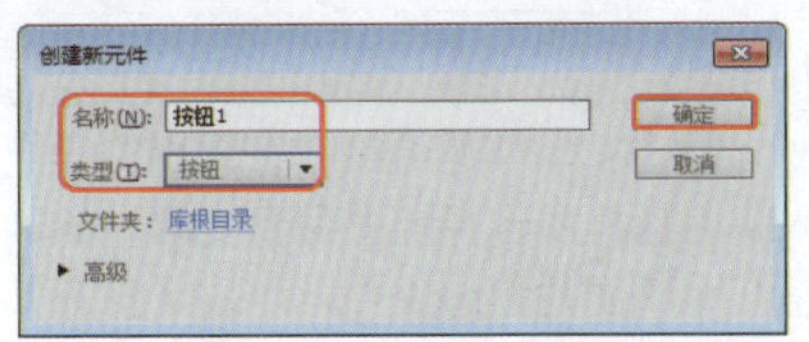

图12-64 创建新元件

❾ 进入到“按钮1”元件中，在【库】面板中将黄底元件拖至舞台中，使其与舞台对齐，如图12-65所示。

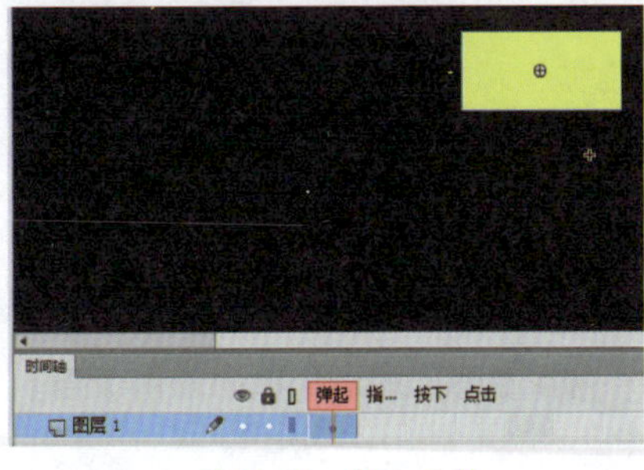

图12-65 拖入元件

❿ 在“指针经过”帧处按F6键插入关键帧，并新建“图层2”，在该图层的“指针经过”帧处插入关键帧，在【库】面板中将“白色遮罩”元件拖至舞台中，使其与舞台对齐，选中该元件，在属性面板中将【样式】设置为【Alpha】，将【Alpha】设置为50%，如图12-66所示。

⓫ 新建“图层3”，在【库】面板中将“文字1”元件拖至舞台中，使其与舞台对齐，如图12-67所示。

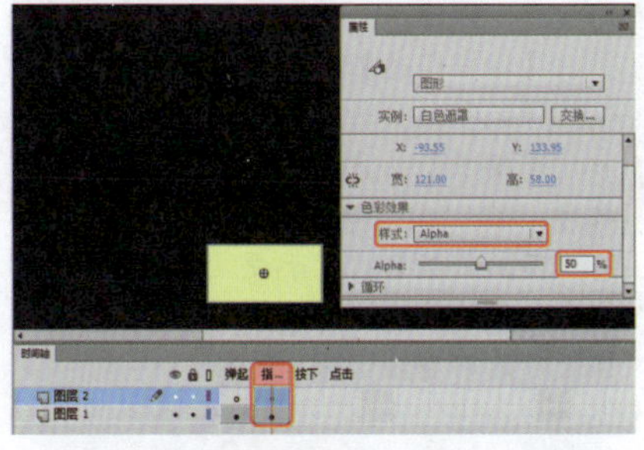

图12-66 新建图层拖入元件设置属性

图12-67 新建图层拖入元件

⓬ 在“图层3”的“指针经过”帧处按F6键插入关键帧，调整文字元件的大小，如图10-68所示。

图12-68 插入关键帧并调整元件大小

⓭ 调整完成后，返回场景中，在【库】面板中将“按钮1”元件拖至舞台中并调整位置和大小，效果如图10-69所示。

图12-69 向舞台中拖入按钮元件

提 示

时间轴中按钮元件各帧的功能介绍：

【弹起】：鼠标指针不在按钮上时的状态，即按钮的原始状态。

【指针经过】：鼠标指针移动到按钮上时的按钮状态。

【按下】：鼠标单击按钮时的按钮状态。

【点击帧】：用于设置对鼠标动作作出反应的区域，这个区域在Flash影片播放时是不会显示的。

⑭ 使用同样方法，创建其他按钮元件，并拖至舞台中效果如图12-70所示。

⑮ 调整完成后，按Ctrl+Enter组合键测试影片效果，如图12-71所示。最后导出影片并保存场景。

图12-70 测试影片效果

图12-71 将其他元件拖至舞台中

实例178 制作图片切换动画效果

下面介绍制作图片切换动画效果，通过使用元件、传统补间和代码进行制作，完成后的效果如图12-72所示。

素材：	素材|Cha12|图片1.jpg、图片2.jpg、图片3.jpg
场景：	场景|Cha12|实例178 制作图片切换动画效果.fla
视频：	视频教学 | Cha12 |实例178 制作图片切换动画效果MP4

图12-72 图片切换动画效果

❶ 启动软件后新建场景。进入工作界面后，在工具箱中单击【属性】按钮，在打开的面板中将【属性】选项组中的【大小】设置为550×205像素，如图12-73所示。

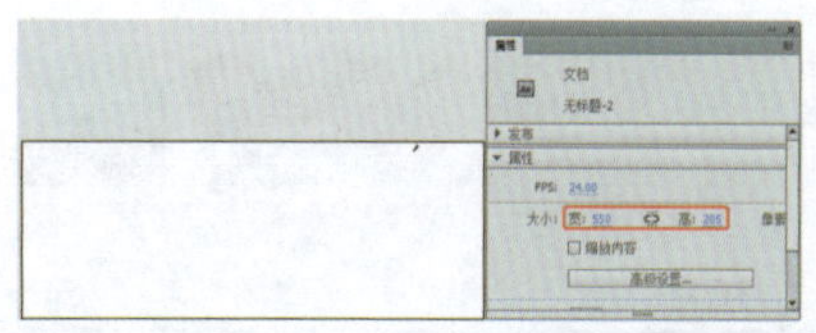

图12-73 设置场景属性

❷ 按Ctrl+R组合键，在弹出的【导入】对话框中选择随书配套资源中的素材|Cha12|图片1.jpg文件，单击【打开】按钮，如图12-74所示。

图12-74 选择素材文件

❸ 在弹出的对话框中单击【否】按钮，效果如图12-75所示。

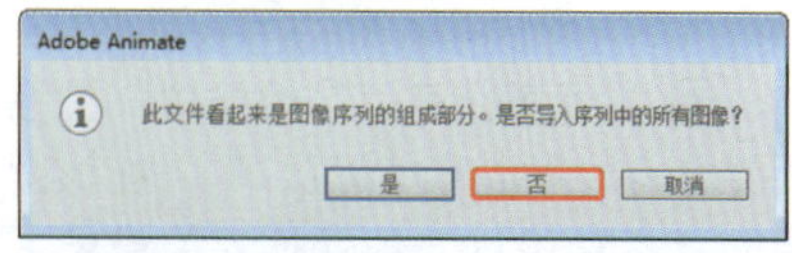

图12-75 【Adobe Animate】对话框

❹ 确定导入的素材文件处于选择状态，在【对齐】面板中单击【水平中齐】按钮和【垂直中齐】按钮，使其与舞台对齐，如图12-76所示。

图12-76 使素材文件与舞台对齐

❺ 选中导入的素材按F8键在打开的对话框中，输入【名称】为“图1”，将【类型】设置为【图形】，单击【确定】，如图12-77所示.

图12-77 【转换为元件】对话框

❻ 在【属性】面板中将【样式】设置为【Alpha】，【Alpha】值设置为0，如图12-78所示。

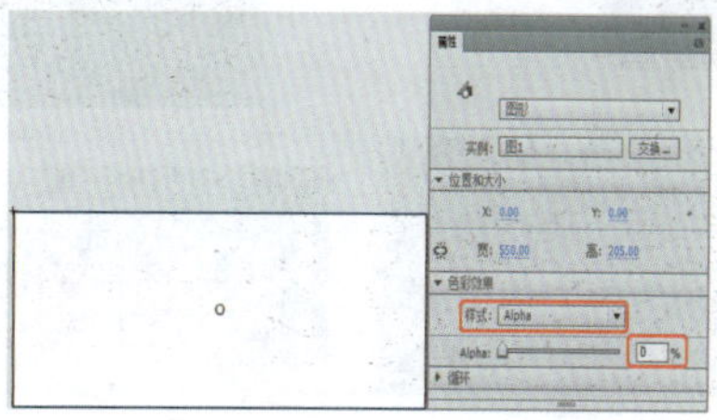

图12-78 设置属性

❼ 设置完成后在第49帧的位置插入关键帧，在【属性】面板中将【样式】设置为无，并在图层1的两个关键帧之间插入传统补间，效果如图12-79所示。

图12-79 设置属性并创建传统补间

❽ 在该图层第150帧的位置插入关键帧，第180帧的位置插入关键帧，在舞台中选中元件，在【属性】面板中将【样式】设置为【Alpha】，将【Alpha】值设置为0，并在第150帧至第180帧之间创建传统补间，如图12-80所示。

图12-80 设置元件属性创建传统补间

⑨ 新建"图层2"，在第180帧的位置插入关键帧，使用同样方法导入图片2.jpg素材文件，并将其转换位图形元件，选中舞台中的元件，在【属性】面板中将【样式】设置为【Alpha】，【Alpha】设置为0，如图12-81所示。

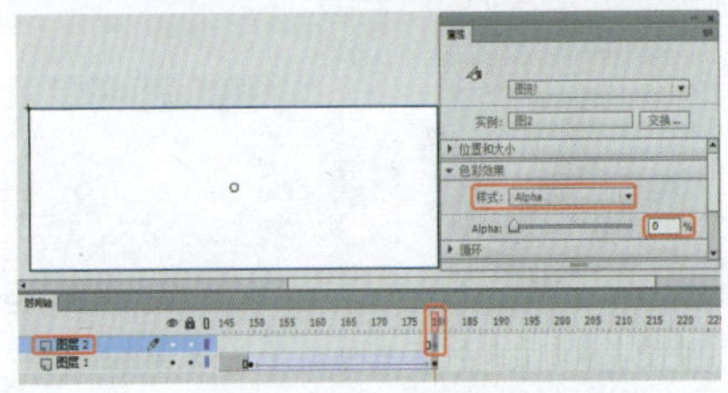

图12-81 插入关键帧并设置

⑩ 在第235帧的位置插入关键帧，将元件的【Alpha】设置为无，并在两个关键帧之间创建传统补间，效果如图12-82所示。

图12-82 插入关键帧并设置

⑪ 在第335帧的位置插入关键帧，在第360帧的位置插入关键帧，并将【Alpha】设置为0，并在这两个关键帧之间创建传统补间，效果如图12-83所示。

图12-83 插入关键帧并创建传统补间

⑫ 使用同样方法新建图层并创建动画效果，如图12-84所示。

图12-84 创建其他的动画效果

⑬ 按Ctrl+F8组合键，弹出【创建新元件】对话框，输入【名称】为"按钮1"，将【类型】设置为【按钮】，单击【确定】，如图12-85所示。

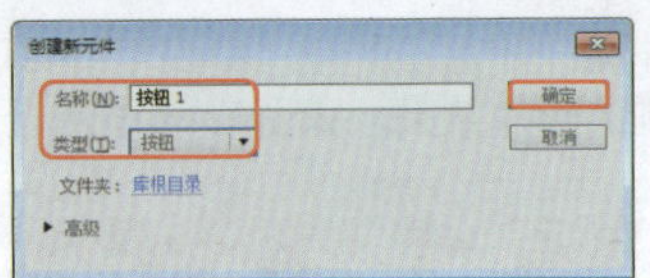

图12-85 【创建新元件】对话框

⑭ 在工具中选择【矩形工具】并单击【对象绘制】按钮，在舞台中绘制矩形，在【属性】面板中将【宽】和【高】均设置为30像素，【笔触颜色】设置为白色，【填充颜色】设置为黑色，【笔触高度】设置为1.5，如图12-86所示。

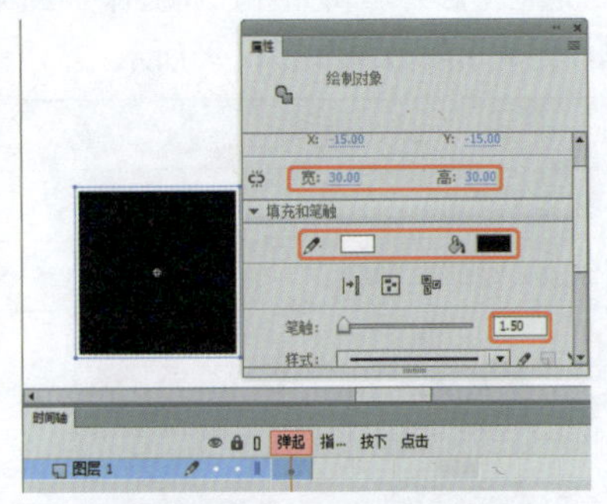

图12-86 绘制矩形并设置

⑮ 使用【文本工具】在矩形中输入文字，选中输入的文字，在属性面板中将【系列】设置为【方正大标宋简体】，【大小】设置为20像素，【颜色】设置为白色，如图12-87所示。

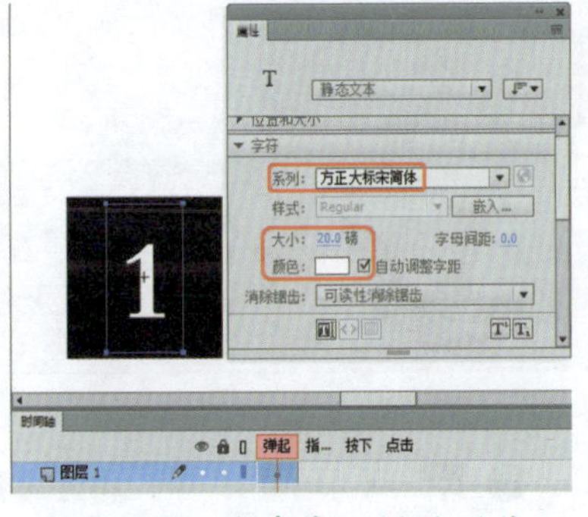

图12-87 新建并设置按钮元件

⑯ 在该图层的【指针经过】帧插入关键帧，选中文字，将【颜色】设置为【#33FF00】，如图12-88所示。

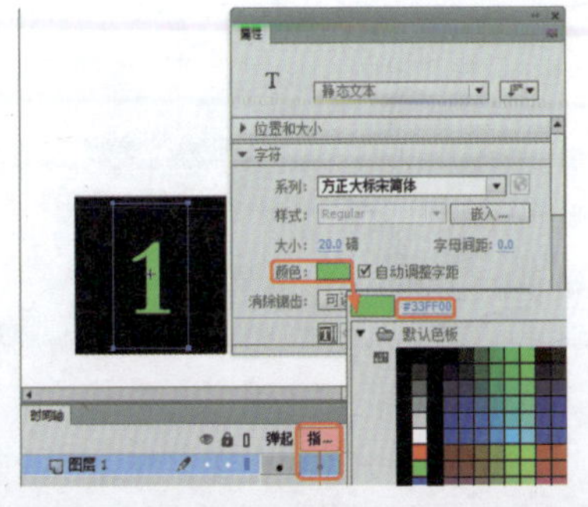

图12-88 插入关键帧并设置元件的位置

⑰ 使用同样方法再制作两个按钮元件，并输入不同文字，效果如图12-89所示。

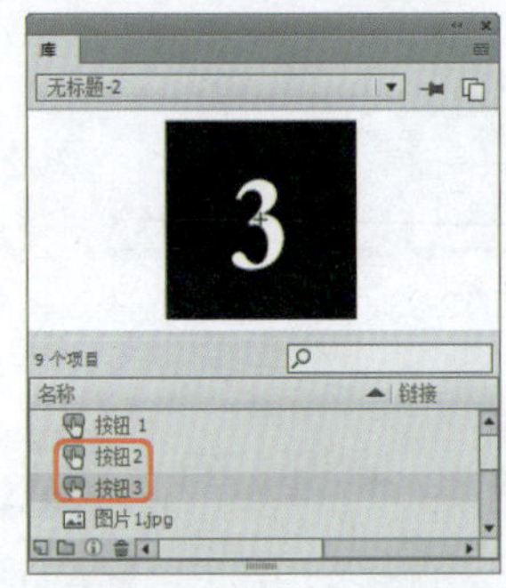

图12-89 创建的其他按钮元件

提 示

在库面板中要复制元件，可以通过选中要复制的元件，单击鼠标右键，在弹出的快捷菜单中选择【直接复制】命令进行复制。

⑱ 返回到场景中，新建"图层4"，将创建的按钮元件拖至舞台中并调整位置和大小，如图12-90所示。

图12-90 新建图层拖入元件

⑲ 分别在舞台中选中按钮元件1、2、3，在【属性】面板中设置【实例名称】为"a""b""c"，如图12-91所示。

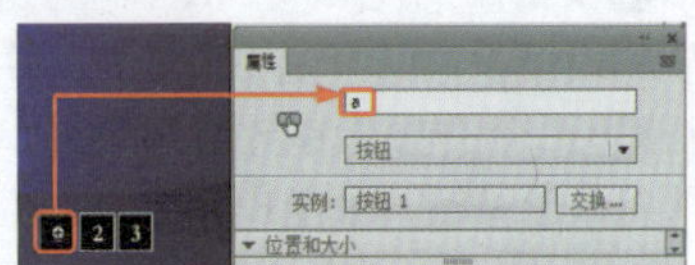

图12-91 设置【实例名称】

⑳ 设置完成后新建"图层5"，并选中第1帧按F9键在打开的【动作】面板中输入代码，如图12-92所示。

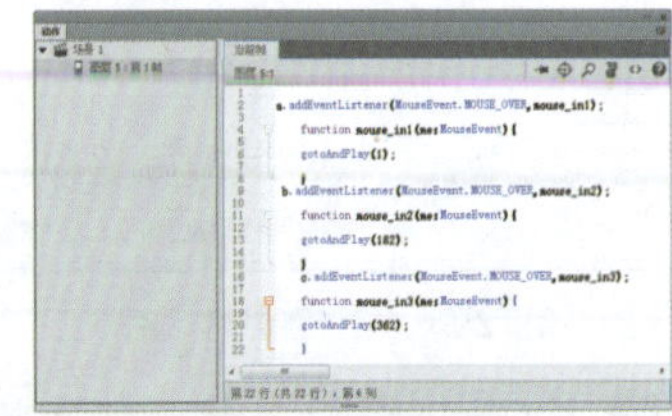

图12-92 在第1帧处输入代码

㉑ 选中该图层的第540帧插入关键帧，按F9键在打开的【动作】面板中输入代码，如图12-93所示。

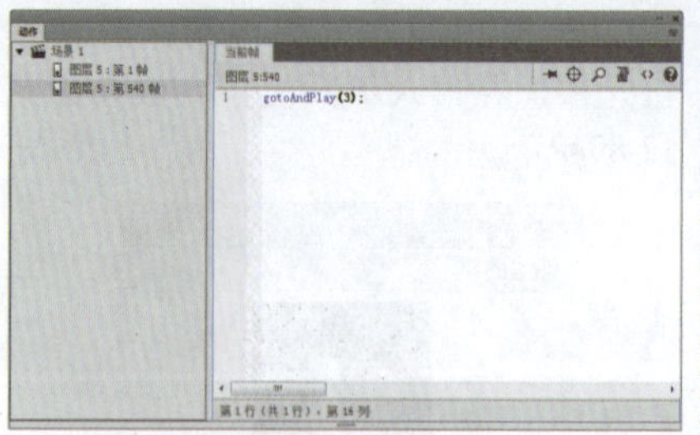
图12-93　在第540帧处输入代码

㉒ 关闭该面板，按Ctrl+Enter组合键测试影片效果，如图12-94所示。

图12-94　测试效果

实例179　制作放大镜效果

本实例将介绍放大镜效果的制作方法，先制作影片剪辑元件，将其添加到舞台中并设置【属性名称】，再添加脚本代码，完成后的效果如图12-95所示。

素材：	素材|Cha12|制作放大镜效果.fla
场景：	场景|Cha12|实例179　制作放大镜效果.fla
视频：	视频教学 | Cha12 |实例179　制作放大镜效果.MP4

图12-95　放大镜效果

❶ 启动软件后，按Ctrl+O组合键在弹出的对话框中选择随书配套资源中的素材|Cha12制作放大镜效果.fla文件。单击【打开】按钮，如图12-96所示。

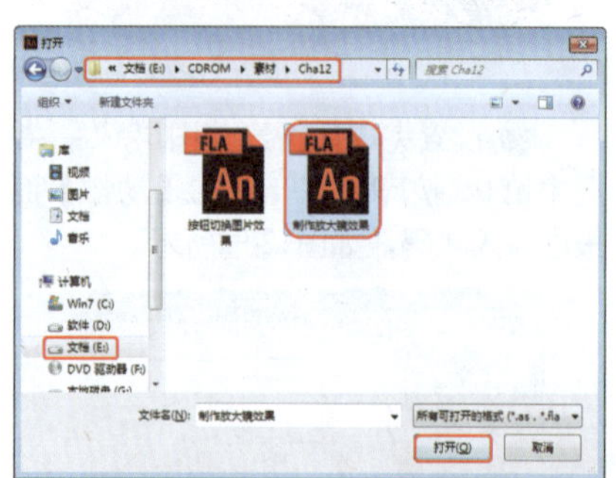
图12-96　打开素材文件

❷ 按Ctrl+F8组合键，在弹出的【创建新元件】对话框中，将【名称】设置为“小日历”，将【类型】设置为【影片剪辑】，单击【确定】按钮，如图12-97所示。

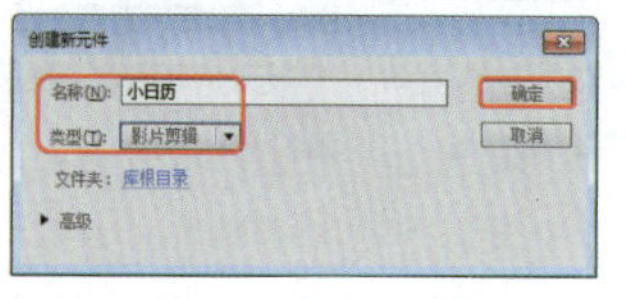
图12-97　创建新元件

❸ 将【库】面板中的小日历.jpg素材文件添加到舞台中，在【属性】面板中，将【位置和大小】中的【X】和【Y】都设置为0，如图12-98所示。

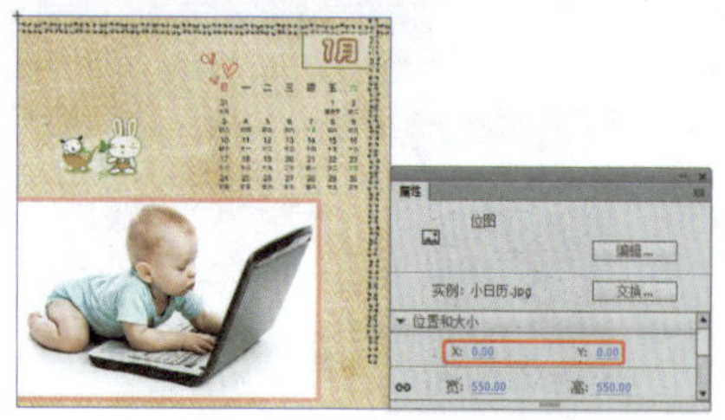
图12-98　设置素材图片位置

❹ 返回到“场景1”中，将【库】面板中的“小日历”影片剪辑元件添加到舞台中，并将其调整至舞台中央，将其【实例名称】设置为“xrl”，如图12-99所示。

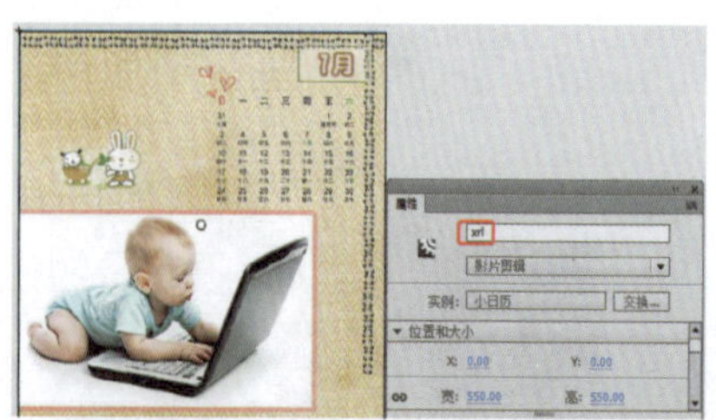
图12-99　拖动素材并设置

❺ 按Ctrl+F8组合键，新建“大日历”影片剪辑元件，将【库】面板中的大日历.jpg素材图片添加到舞台中，在【属性】面板中，将【位置和大小】中的【X】设置为-8，【Y】设置为-3，如图12-100所示。

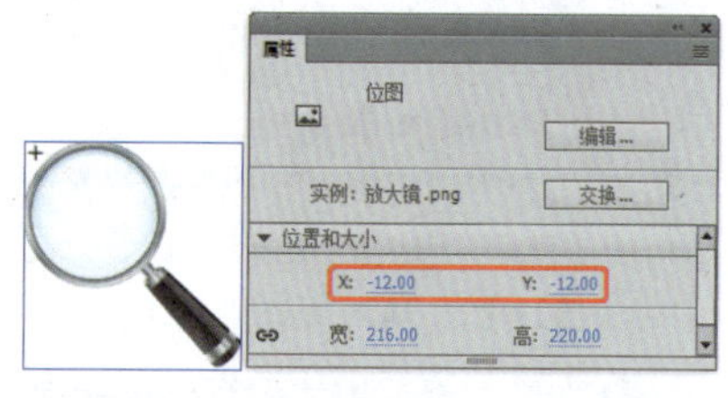
图12-100　新建【大日历】影片剪辑元件

❻ 按Ctrl+F8组合键，新建“放大镜”影片剪辑元件，将【库】面板中的放大镜素材文件添加到舞台中，在【属性】面板中，将【位置和大小】中的【X】设置为-12，【Y】设置为-12，如图12-101所示。

图12-101　新建“放大镜”影片剪辑元件

❼ 按Ctrl+F8组合键，新建“圆”影片剪辑元件，使用【椭圆工具】，在舞台中绘制一个圆形，在【属性】面板中，将【笔触颜色】设置为无，【填充颜色】设置为任意颜色，将【位置和大小】中的【X】和【Y】设置为0，【宽】和【高】设置为66.8像素，如图12-102所示。

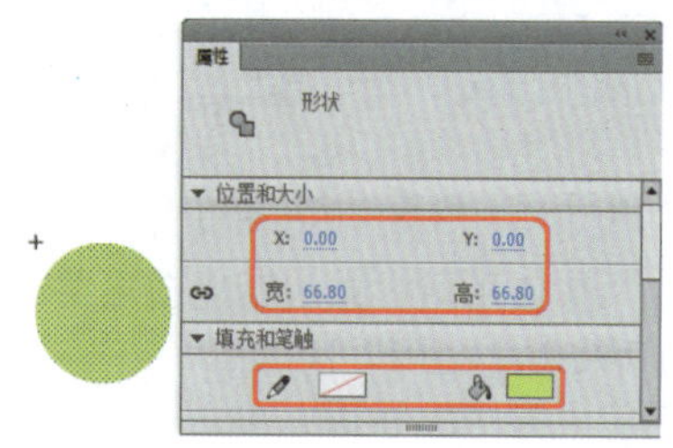
图12-102　新建“圆”影片剪辑元件

❽ 返回至“场景1”，新建“图层2”，将“大日历”影片剪辑元件添加到舞台中，在【属性】面板中，将其【实例名称】设置为“drl”，将其与舞台对齐，如图12-103所示。

❾ 新建“图层3”，将“圆”影片剪辑元件添加到舞台中，在【属性】面板中，将其【实例名称】设置为“yuan”，如图12-104所示。

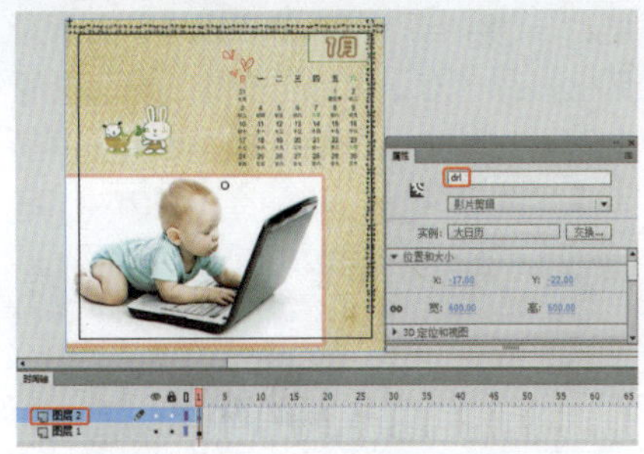

图12-103 新建图层并拖动元件

图12-104 添加“圆”影片剪辑元件

⑩ 新建“图层4”，将“放大镜”影片剪辑元件添加到舞台中，在【属性】面板中，将其【实例名称】设置为“fdj”，在【变形】面板中，将【缩放宽度】和【缩放高度】都设置为55%，将其调整至如图12-105所示位置。

图12-105 添加“放大镜”影片剪辑元件

⑪ 将“图层3”转换为遮罩层，然后新建“图层5”，如图12-106所示。

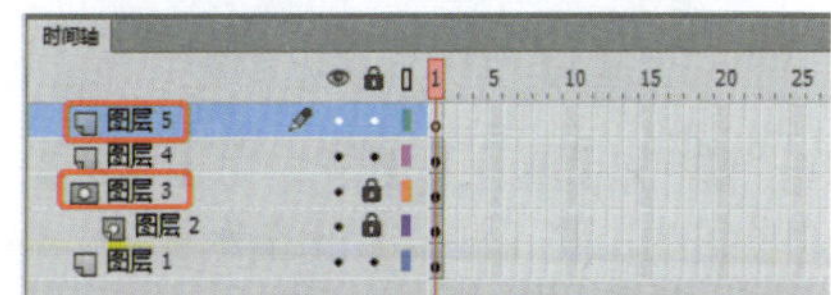

图12-106 转换为遮罩层并新建图层

⑫ 在“图层5”的第1帧处，按F9键打开【动作】面板，输入脚本代码，如图12-107所示。

⑬ 关闭【动作】面板，将文件保存，最后按Ctrl+Enter组合键对影片进行测试，如图12-108所示。导出影片并保存场景。

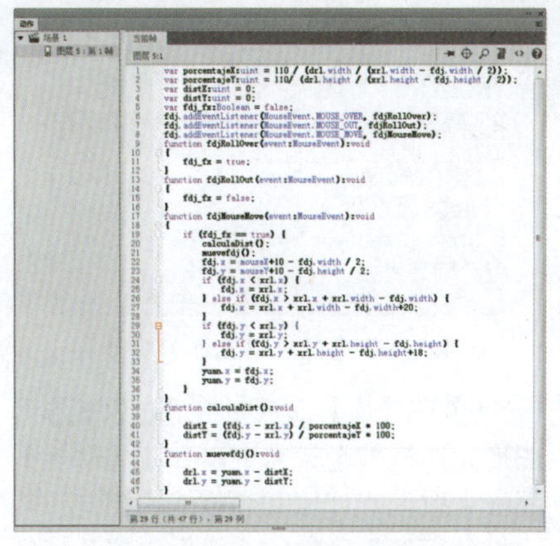

图12-107 输入代码

图12-108 测试影片效果

实例180 按钮切换背景颜色

本实例将介绍按钮切换背景颜色动画的制作，该实例的制作比较简单，主要是制作按钮元件并输入代码，完成后的效果如图12-109所示。

素材：	素材|Cha12|手绘人物.png
场景：	场景|Cha12|实例180 按钮切换背景颜色.fla
视频：	视频教学|Cha12实例180 按钮切换背景颜色.MP4

图12-109 按钮切换背景颜色

① 按Ctrl+N组合键弹出【新建文档】对话框，在【类型】列表框中选择【ActionScript 3.0】，将【宽】设置为550像素，将【高】设置为855像素，单击【确定】按钮，如图12-110所示。

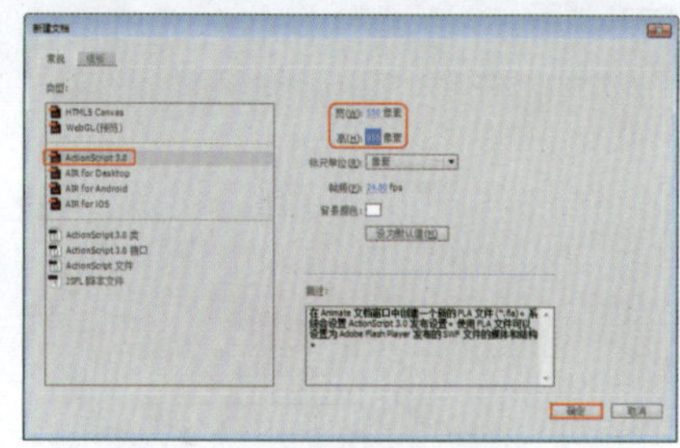

图12-110 新建文档

② 在工具箱中使用【矩形工具】命令，并单击【对象绘制】按钮，绘制矩形，在【属性】面板中将【宽】设置为550像素，【高】设置为855像素，并与舞台对齐，如图12-111所示。

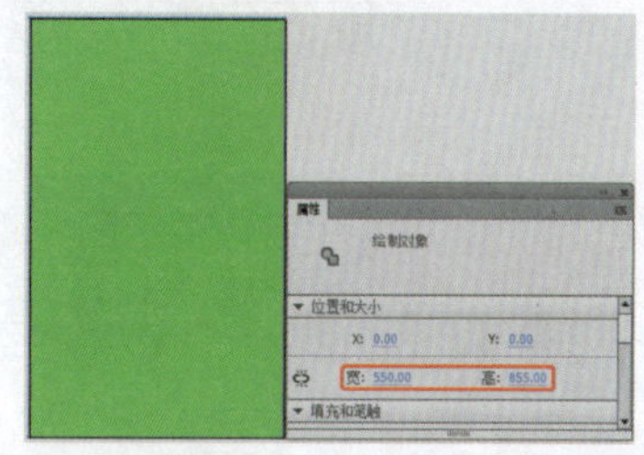

图12-111 绘制矩形并设置

③ 选择绘制的矩形，在【颜色】面板中将【颜色类型】设置为【径向渐变】，将左侧色块的颜色设置为【#FFFFFF】，将右侧色块的颜色设置为【#FFCCFF】，将【笔触颜色】设置为无，填充颜色后的效果如图12-112所示。

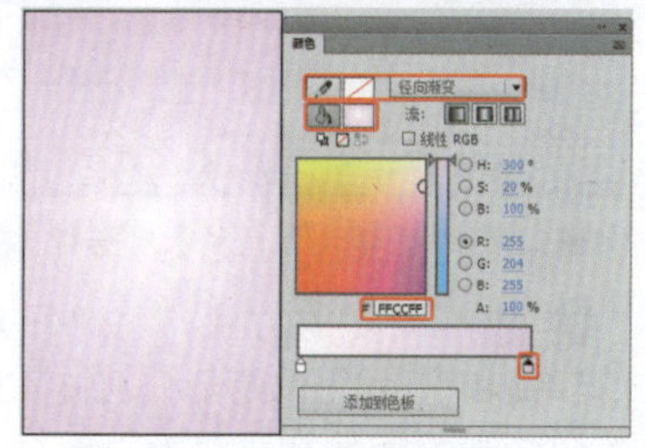

图12-112 设置颜色

④ 确认绘制的矩形处于选择状态，按Ctrl+C组合键进行复制，选择“图层1”第2帧，按F7键插入空白关键帧，并按Ctrl+Shift+V组合键进行粘贴，选择复制后的矩形，在【颜色】面板中将左侧色标的颜色设置为【#FFFFFF】，将右侧色标的颜色设置为【#FFFF99】，效果如图12-113所示。

⑤ 选择“图层1”第3帧，按F7键插入空白关键帧，按Ctrl+Shift+V组合键进行粘贴，并选择复制后的矩形，在【颜色】面板中将左侧色标的颜色设置为【# FFFFFF】，将右侧色标的颜

色设置为【#FF99CC】，效果如图12-114所示。

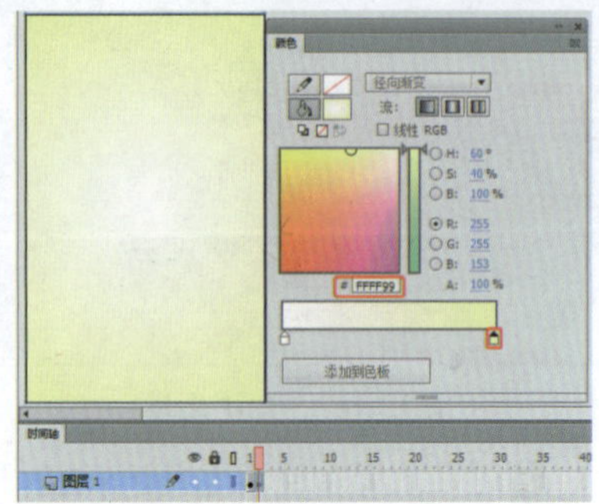

图12-113　更改矩形颜色

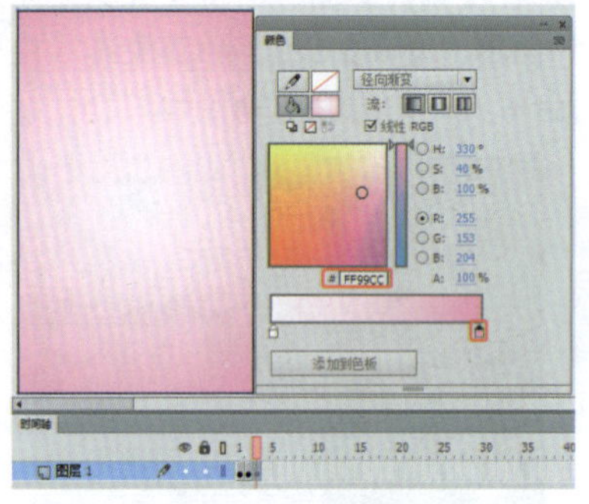

图12-114　更改矩形颜色

❻选择“图层1”第1帧上的矩形，按F8键弹出【转换为元件】对话框，输入【名称】为“粉色矩形”，将【类型】设置为【图形】，单击【确定】按钮，如图12-115所示。

图12-115　【转换为元件】对话框

❼使用同样的方法，将“图层1”第2帧和第3帧上的矩形分别转换为“黄色矩形”元件和“深粉矩形”元件，如图12-116所示。

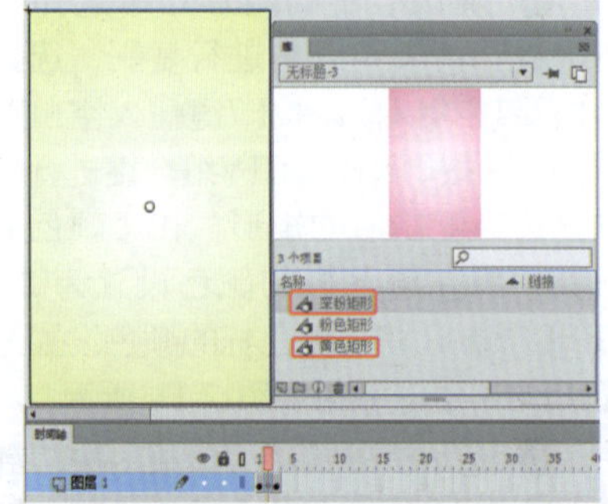

图12-116　转换其他元件

❽按Ctrl+F8组合键弹出【创建新元件】对话框，输入【名称】为“粉色按钮”，将【类型】设置为【按钮】，单击【确定】按钮，如图12-117所示。

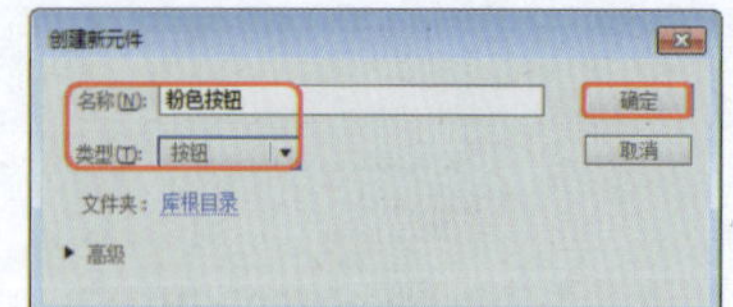

图12-117　【创建新元件】对话框

❾在【库】面板中将“粉色矩形”图形元件拖拽至舞台中，并在【属性】面板中取消宽度值和高度值的锁定，将“粉色矩形”元件的【宽】设置为65像素，将【高】设置为35像素，并使其与舞台对齐，如图12-118所示。

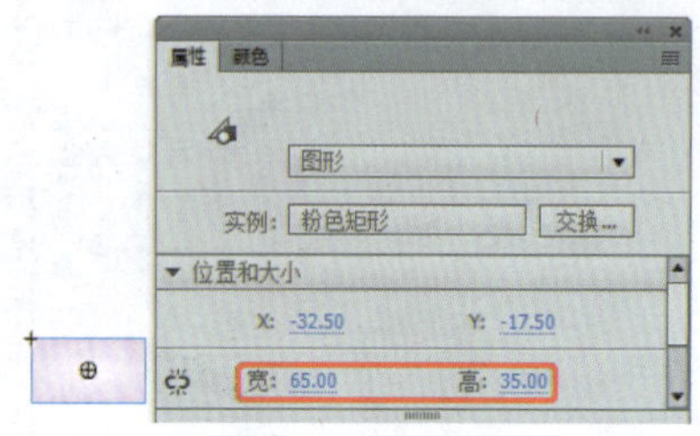

图12-118　调整图形元件

❿选择“指针经过”帧，按F6键插入关键帧，在工具箱中选择【矩形工具】，在舞台中绘制宽为65像素，高为35像素的矩形，并选择绘制的矩形，在【属性】面板中将【填充颜色】设置为白色，并将填充颜色的Alpha值设置为30%，将【笔触颜色】设置为无，如图12-119所示。

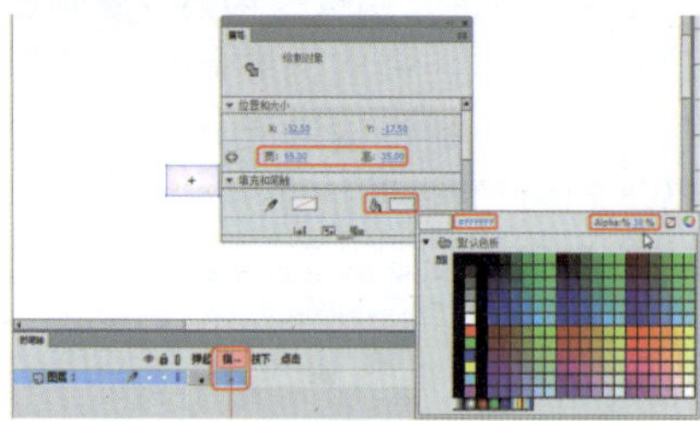

图12-119　绘制矩形并填充颜色

⓫使用同样的方法，制作“黄色按钮”和“深粉按钮”按钮元件，效果如图12-120所示。

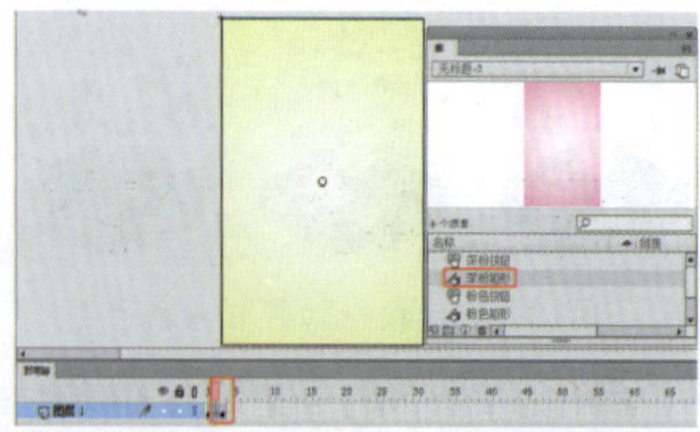

图12-120　制作其他按钮元件

⓬返回到“场景1”中，新建“图层2”，按Ctrl+R组合键弹出【导入】对话框，在该对话框中选择随书配套资源中的素材|Cha12|手绘人物.png文件，单击【打开】按钮，如图12-121所示。

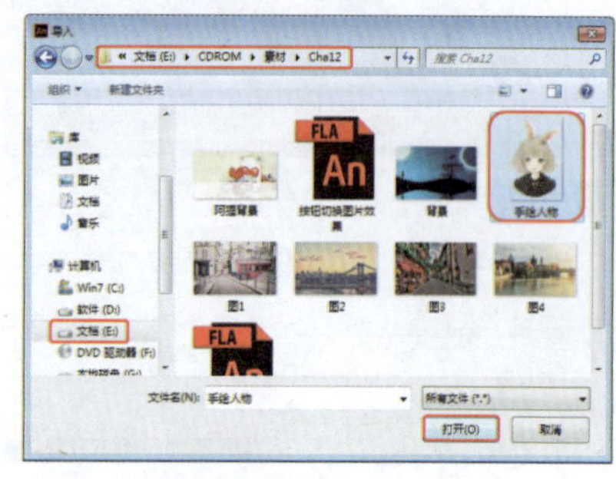

图12-121　打开素材文件

⓭确定刚刚导入的素材文件处于选择状态，并在【对齐】面板中勾选【与舞台对齐】复选框，单击【水平中齐】和【垂直中齐】按钮，效果如图12-122所示。

图12-122　调整素材图片

⓮确认素材图片处于选择状态，按F8键弹出【转换为元件】对话框，输入【名称】为“手绘人物”，将【类型】设置为【影片剪辑】，单击【确定】按钮，如图12-123所示。

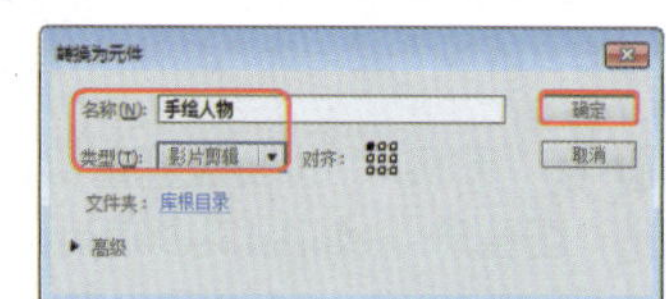

图12-123　转换为元件

⓯在【属性】面板中的【显示】选项组中，将【混合】设置为【正片叠底】，效果如图12-124所示。

图12-124　设置元件显示方式

⑯ 新建“图层3”，在工具箱中选择【矩形工具】，并单击【对象绘制】按钮，绘制矩形，在【属性】面板中将【填充颜色】设置为白色，并确认填充颜色的Alpha值为100%，将【笔触颜色】设置为无，在【属性】面板中将【宽】设置为72像素，【高】设置为115像素，如图12-125所示。

图12-125 绘制矩形

⑰ 新建“图层4”，在【库】面板中将“粉色按钮”元件拖拽至舞台中，并调整其位置，在【属性】面板中输入【实例名称】为“F”，如图12-126所示。

⑱ 使用同样的方法，将“黄色按钮”元件和“深粉按钮”元件拖拽至舞台中，并在【属性】面板中将【实例名称】分别设置为“Y”和“S”，如图12-127所示。

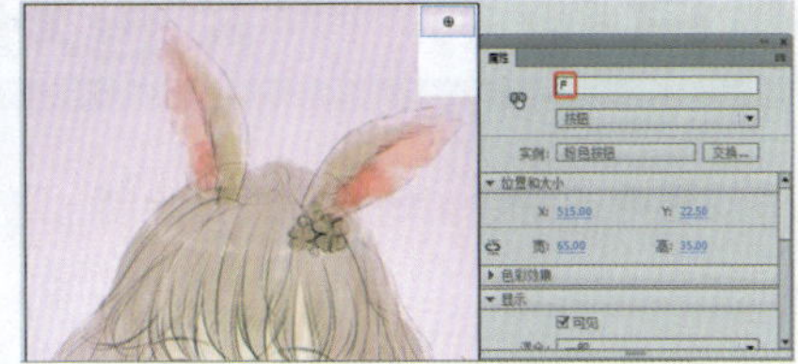

图12-126 添加元件并设置实例名称

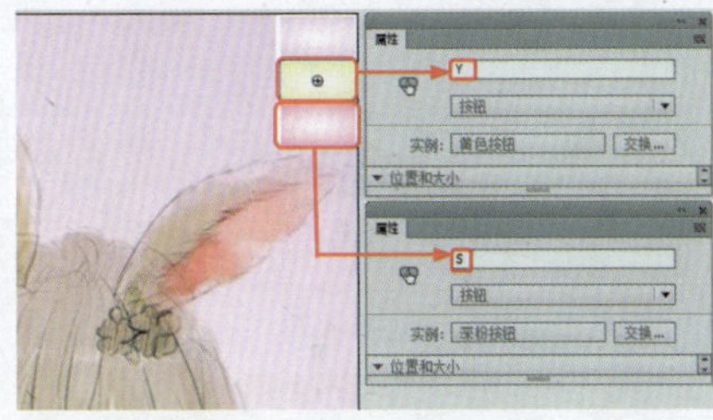

图12-127 设置实例名称

⑲ 新建“图层5”，按F9键打开【动作】面板，在该面板中输入代码，如图12-128所示。

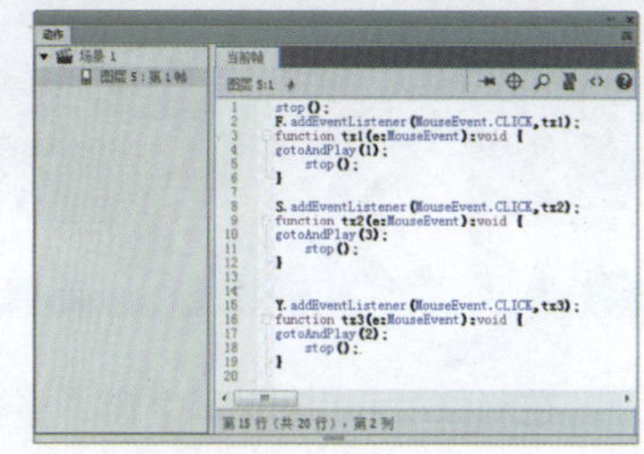

图12-128 输入代码

⑳ 至此，完成该动画的制作，按Ctrl+Enter键测试影片，如图12-129所示。导出影片并将场景文件保存即可。

图12-129 测试影片

第13章 项目指导——卡通对象的绘制

在制作Animate动画之前，需要先对动画中的角色、场景等进行绘制，通过本章的学习，可以了解软件中相关工具的使用和设置，并掌握绘图的方法。

实例181 绘制卡通汽车

本实例介绍绘制卡通汽车的方法。主要使用【钢笔工具】绘制汽车的外形，并对其进行颜色填充。完成后的效果如图13-1所示。

素材：	素材|Cha13|马路背景.jpg
场景：	场景|Cha13|实例181 绘制卡通汽车.fla
视频：	视频教学|Cha13|实例181 绘制卡通汽车.MP4

图13-1 卡通汽车框

❶ 新建一个宽为550像素，高为400像素，舞台背景为白色的文件。在【时间轴】面板中，将“图层1”重名为“背景”，单击【新建图层】按钮，新建“图层2”。

❷ 在【工具箱】中选取【钢笔工具】并单击【对象绘制】按钮，在【属性】面板中，将【笔触颜色】设置为黑色，【填充颜色】设置为无色，【笔触】设置为2，如图13-2所示。

❸ 在“图层2”绘制汽车的轮廓，使用【选择工具】，对绘制的轮廓进行调整，如图13-3所示。

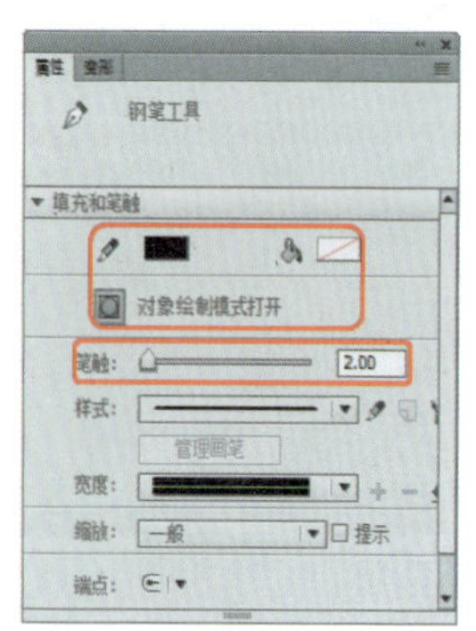

图13-2 设置【钢笔工具】

图13-3 绘制汽车的轮廓

❹ 将“图层2”锁定，新建“图层3”，使用【钢笔工具】绘制汽车的其他轮廓，并使用【选择工具】，对绘制的轮廓进行调整，效果如图13-4所示。

图13-4 绘制并调整汽车轮廓

❺ 将“图层3”锁定，新建“图层4”，使用【钢笔工具】绘制汽车轮胎的轮廓，并使用【选择工具】，对绘制的轮廓进行调整，效果如图13-5所示。

图13-5 绘制汽车轮胎的轮廓

❻ 使用【颜料桶工具】，将【填充颜色】设置为【#0066FE】，在

【时间轴】面板中，选中“图层2”并将“图层2”解除锁定，对图像进行填充，如图13-6所示。

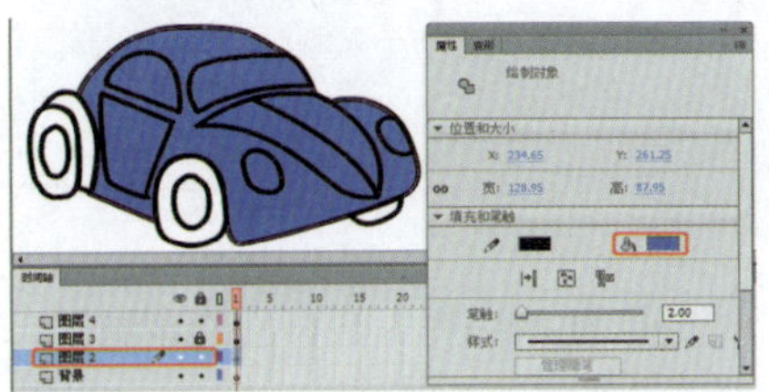

图13-6 填充颜色

⑦ 将【填充颜色】设置为【#3366FF】，在【时间轴】面板中，将“图层2”锁定，选中“图层3”并将“图层3”解除锁定，对图像进行填充，如图13-7所示。

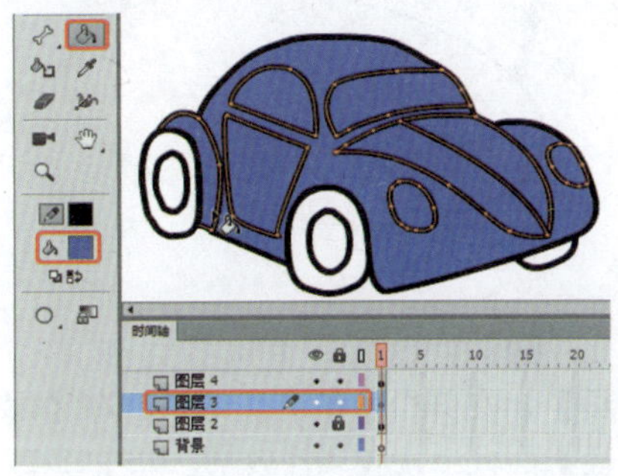

图13-7 填充颜色

⑧ 将【填充颜色】设置为【#D0F8FF】，对图像中的车灯和玻璃进行填充，如图13-8所示。

图13-8 填充车灯和玻璃颜色

⑨ 在【时间轴】面板中，选中“图层4”，为汽车轮胎分别填充黑色和白色，如图13-9所示。

图13-9 填充汽车轮胎颜色

⑩ 在图层中选中“背景”，菜单栏中选择【文件】|【导入】|【导入到舞台】命令，选择随书配套资源中的素材|Cha13|马路背景.jpg文件，将“背景”文件导入至舞台中，在【对齐】面板中，设置【对齐】和【匹配大小】。将“背景”图层锁定并解除其他图层的锁定，选择绘制的卡通汽车，将其适当缩放并调整其位置，完成后的效果如图13-10所示。最后将场景文件进行保存。

图13-10 完成后的效果

实例182 绘制卡通奶牛

本实例将介绍卡通奶牛的制作。制作卡通奶牛时，在【时间轴】中创建各个图层，并使用【钢笔工具】、【选择工具】和【椭圆工具】等来绘制图形，完成后的效果如图13-11所示。

素材：	素材|Cha13|奶牛背景.jpg
场景：	场景|Cha13|实例182 绘制卡通奶牛.fla
视频：	视频教学|Cha13|实例182 绘制卡通奶牛.MP4

① 在菜单栏中选择【文件】|【新建】命令，在弹出的【新建文档】对话框中，选择【ActionScript 3.0】类型，将【宽】设置为657像素，【高】设置为437像素，如图13-12所示。

图13-11 卡通奶牛

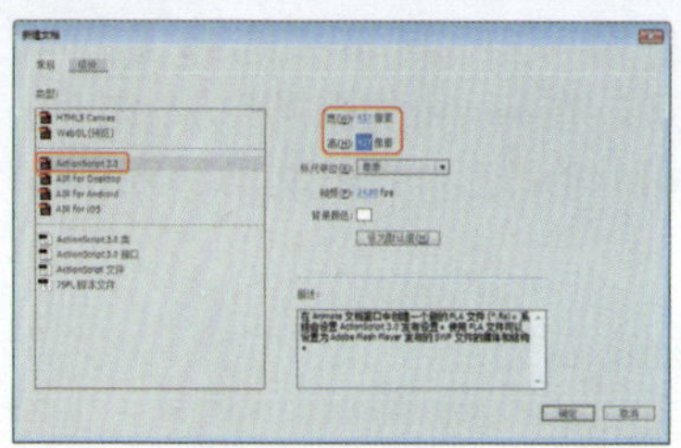

图13-12 新建文档

② 将新建文档中的【时间轴】中双击“图层1”图层，并将其重命名为“脑袋”，效果如图13-13所示。

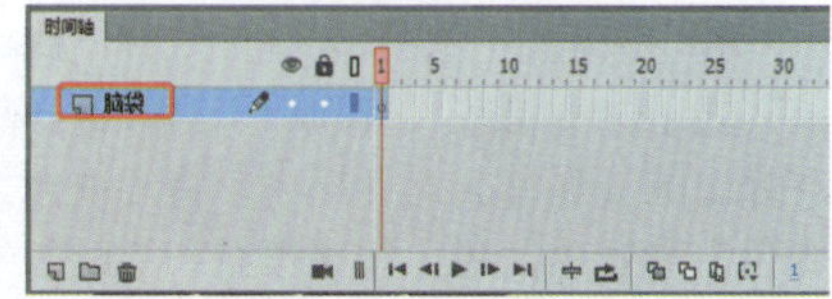

图13-13 重命名图层

③ 在工具箱中选择【椭圆工具】，并单击【对象绘制】按钮，在舞台中绘制椭圆，效果如图13-14所示。

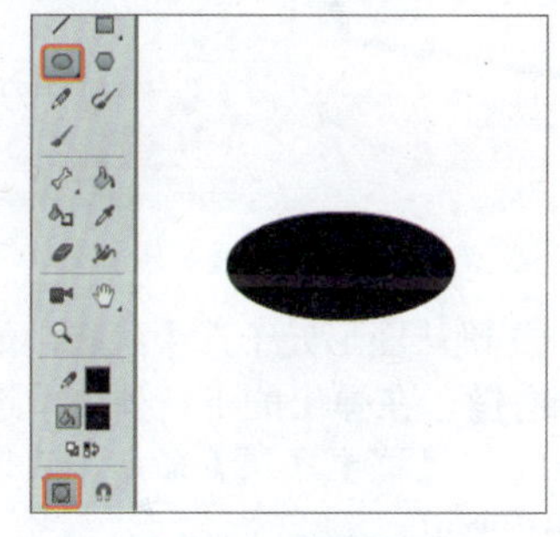

图13-14 绘制椭圆

④ 在工具箱中选择【选择工具】，在舞台中选择绘制的图形，选择工具箱下方【填充颜色】，在弹出的对话框中将颜色设置为【#FCE1EB】，效果如图13-15所示。

⑤ 选择绘制的椭圆，按Ctrl+T组合键，在弹出的【变形】对话框中将【旋转】设置为-9°，如图13-16所示。

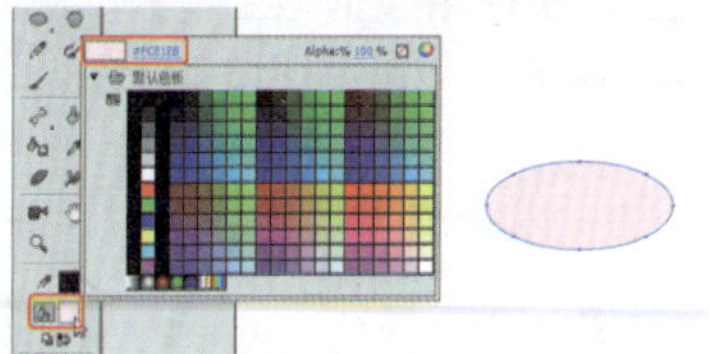

图13-15 填充椭圆颜色

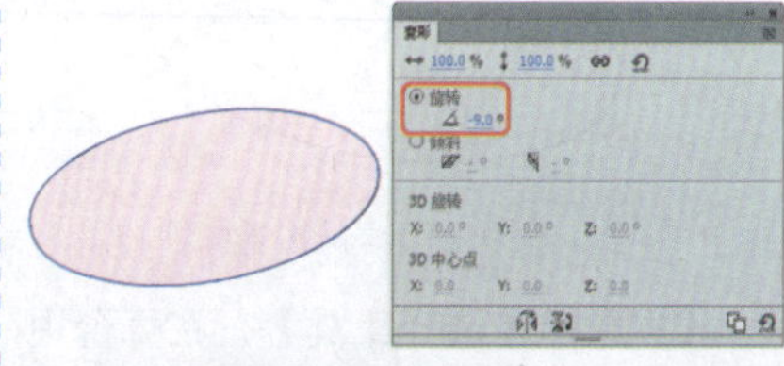

图13-16 旋转图形

⑥ 在工具箱中选择【钢笔工具】，在舞台中的椭圆上方绘制一个呈半圆状的图形，效果如图13-17所示。

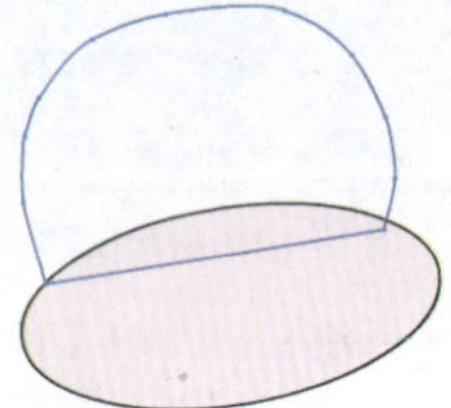

图13-17　绘制图形

⑦ 在舞台中选择绘制的图形，确认其处于选中状态，按Ctrl+F3组合键，在弹出的【属性】对话框中，将【填充颜色】设置为白色，将【填充和笔触】下方的【笔触】设置为5，效果如图13-18所示。

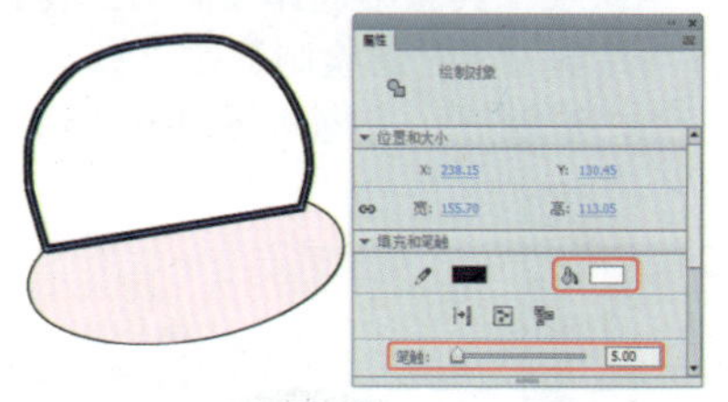

图13-18　设置【笔触】

⑧ 确认图形处于选中状态，单击鼠标右键，在弹出的下拉列表中选择【排列】|【移至底层】命令，效果如图13-19所示。

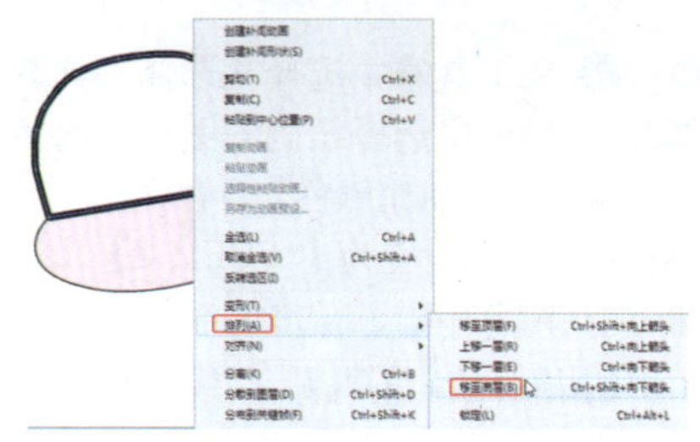

图13-19　移动图形

⑨ 再次使用【钢笔工具】，在舞台中绘制图形，效果如图13-20所示。

图13-20　绘制图形

⑩ 选择【选择工具】，在舞台中选择绘制的图形，确认其处于选中状态，在工具箱中单击按钮右侧的方块，在弹出的对话框中将颜色设置为【#000000】，效果如图13-21所示。

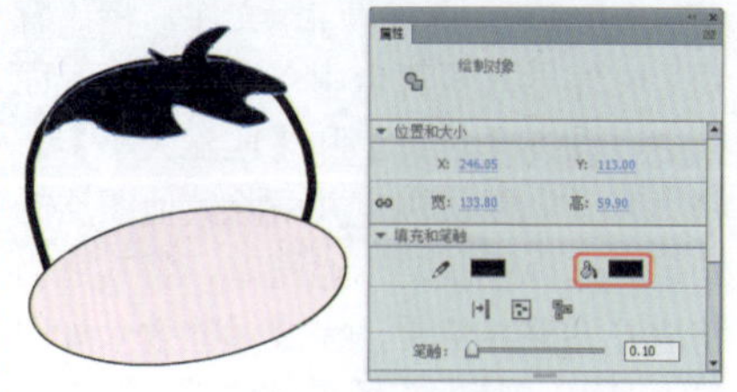

图13-21　填充颜色

⑪ 在【时间轴】中单击【新建图层】按钮，新建一个图层并命名为“面部”，锁定“脑袋”图层，如图13-22所示。

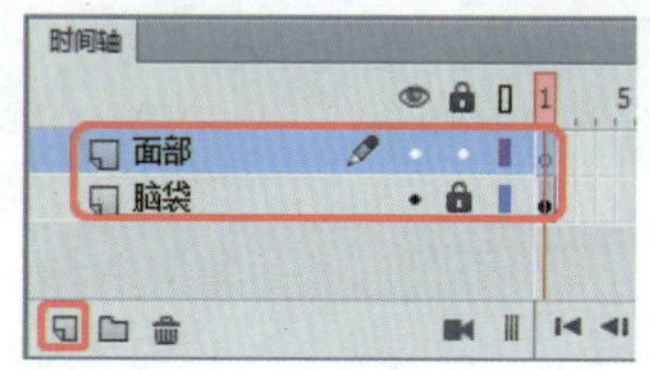

图13-22　添加图层

⑫ 在工具箱中选择【椭圆工具】，在舞台中绘制椭圆，绘制完成后的效果如图13-23所示。

图13-23　绘制椭圆

⑬ 使用【选择工具】，在舞台中选择绘制的椭圆，按Ctrl+T组合键，在弹出的【变形】对话框中将【旋转】设置为20，如图13-24所示。

图13-24　旋转椭圆

⑭ 确认绘制的椭圆处于选中状态，选择工具箱下方【填充颜色】和【笔触颜色】，将它们的颜色都设置为【#F19ABD】，效果如图13-25所示。

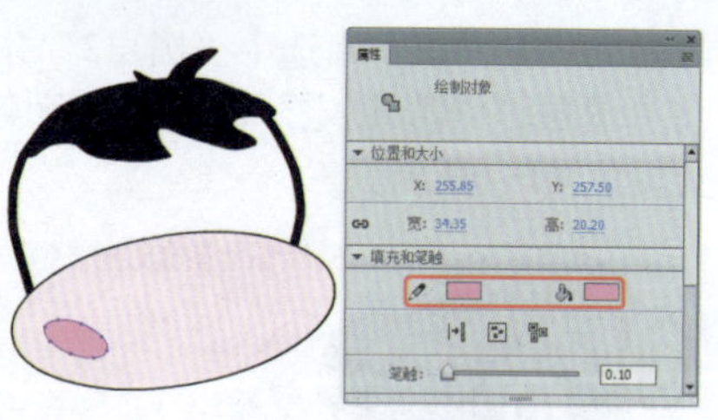

图13-25　旋转椭圆

⑮ 使用同样方法再次绘制椭圆，其效果如图13-26所示。

图13-26　绘制椭圆

⑯ 在工具箱中选择【钢笔工具】，在舞台中绘制图形，并在【属性】面板中设置属性效果，如图13-27所示。

图13-27　绘制图形

⑰ 再次在【时间轴】中单击【新建图层】按钮，创建图层“眼睛”，并将“面部”图层锁定，效果如图13-28所示。

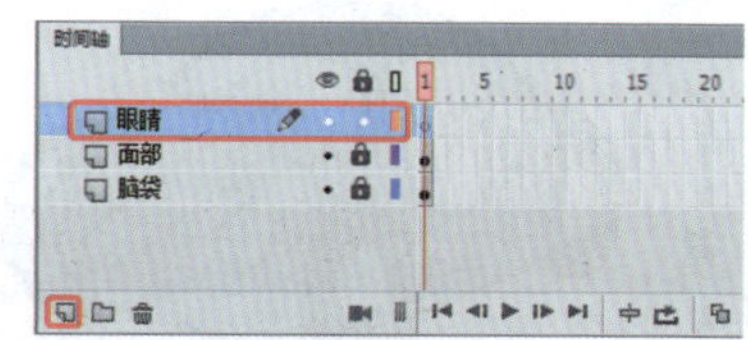

图13-28　添加图层

⑱ 在工具箱中选择【钢笔工具】，在舞台中绘制图形，效果如图13-29所示。

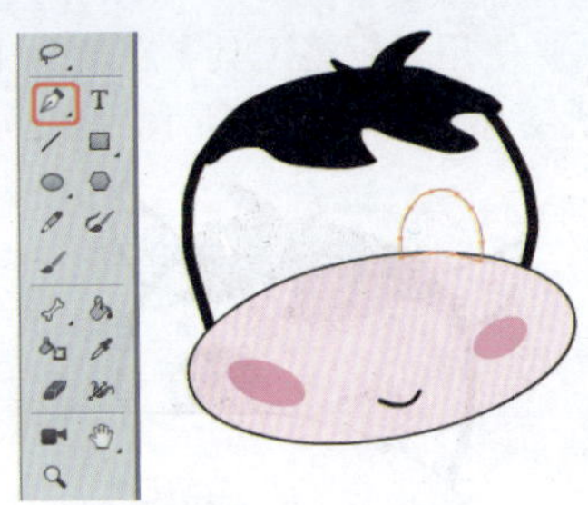

图13-29 绘制图形

⑲ 在工具箱中选择【选择工具】选择绘制的图形，并选择下方的【填充颜色】，在弹出的对话框中将颜色设置为【#000000】，效果如图13-30所示。

图13-30 填充颜色

⑳ 在工具箱中选择【椭圆工具】，在舞台中绘制一个椭圆，效果如图13-31所示。

图13-31 绘制椭圆

㉑ 选择绘制的椭圆，在工具箱中选择【填充颜色】，在弹出的对话框中将颜色设置为【#FFFFFF】，并使用【选择工具】将其移动到眼睛的适当位置，效果如图13-32所示。

㉒ 使用【钢笔工具】，在舞台中绘制图形，作为眼睛的反光部分，效果如图13-33所示。

图13-32 填充颜色

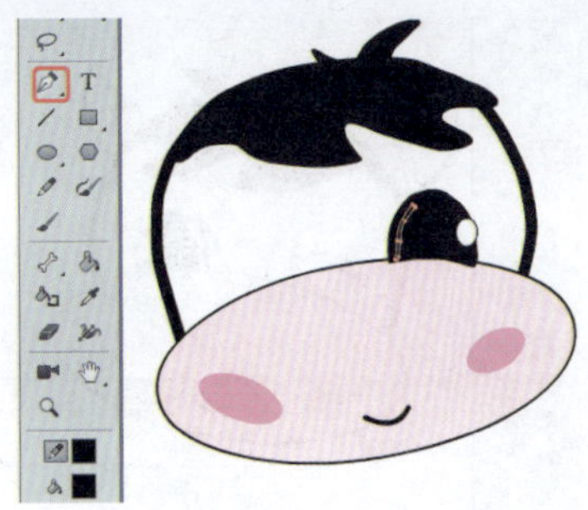

图13-33 绘制图形

㉓ 在工具箱中选择【选择工具】，在舞台中选择绘制的图形，在工具箱中选择【笔触颜色】和【填充颜色】设置为【#FFFFFF】，效果如图13-34所示。

图13-34 填充颜色

㉔ 在工具箱中选择【钢笔工具】，在舞台中绘制图形，效果如图13-35所示。

图13-35 绘制图形

㉕ 在工具箱中选择【选择工具】，在舞台中选择绘制的图形，再在工具箱中选择【填充颜色】，在弹出的对话框中将颜色设置为【#000000】，效果如图13-36所示。

图13-36 填充颜色

㉖ 使用同样的方法绘制另一个眼睛，效果如图13-37所示。

图13-37 绘制图形

㉗ 在【时间轴】中，单击【新建图层】按钮，新建一个图层并将其命名为"耳朵"，并将除"耳朵"之外所有图层全部锁定，效果如图13-38所示。

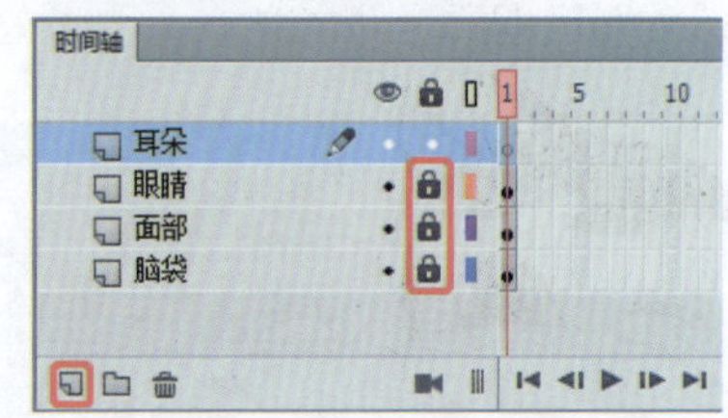

图13-38 添加图层

㉘ 在工具箱中选择【钢笔工具】，在舞台中绘制图形，效果如图13-39所示。

图13-39 绘制图形

㉙ 在工具箱中选择【选择工具】，在舞台中选择绘制的图形，按Ctrl+F3组合键，在弹出的【属性】对话框中将【笔触】设置为3，效果如图13-40所示。

图13-40 设置【笔触】

㉚ 再次使用【钢笔工具】在舞台中绘制图形，效果如图13-41所示。

图13-41 绘制图形

31 在工具箱中选择【选择工具】，在舞台中选择绘制的图形，再在工具箱中选择【填充颜色】，在弹出的对话框中将颜色设置为【#C0D3F6】，效果如图13-42所示。

图13-42 填充颜色

32 使用同样的方法绘制另一个耳朵，效果如图13-43所示。

图13-43 绘制图形

33 在【时间轴】中，单击【新建图层】按钮，新建一个图层并将其命名为“身体”，并将除“身体”之外所有图层全部锁定，效果如图13-44所示。

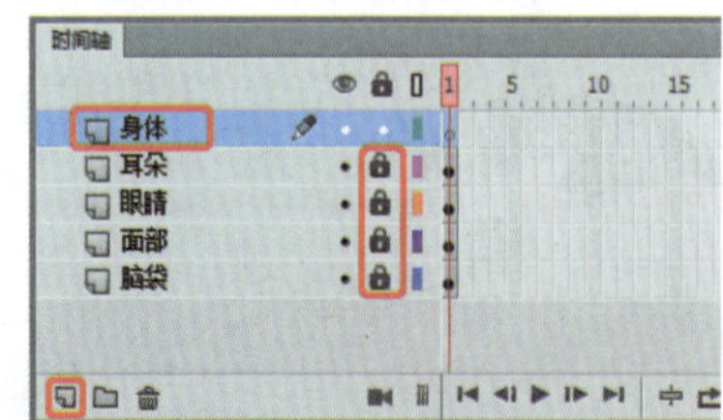

图13-44 添加图层

34 在工具箱中选择【钢笔工具】，在舞台中绘制图形作为身体，效果如图13-45所示。

图13-45 绘制图形

35 使用【选择工具】将绘制的图形选中，按Ctrl+F3组合键，在弹出的【属性】对话框中，将【填充颜色】设置为白色，将【笔触】设置为2，效果如图13-46所示。

图13-46 设置【笔触】

36 再次使用【钢笔工具】在舞台中绘制图形，效果如图13-47所示。

图13-47 绘制图形

37 在工具箱中选择【选择工具】，在舞台中选择绘制的图形，在工具箱的下方选择【填充颜色】按钮，在弹出的对话框中将颜色设置为【#FEE13A】，效果如图13-48所示。

图13-48 填充颜色

38 使用【钢笔工具】在舞台中绘制图形，效果如图13-49所示。

图13-49 绘制图形

39 在工具箱中选择【选择工具】，在舞台中选择绘制的图形，将其颜色设置为【#000000】，效果如图13-50所示。

图13-50 填充颜色

40 在工具箱中选择【画笔工具】，将工具箱下方的【刷子大小】设置为第六个图案，在舞台中绘制黑斑，作为身体上的黑斑，效果如图13-51所示。

图13-51 绘制斑点

41 使用【钢笔工具】在舞台中绘制图形，效果如图13-52所示。

图13-52 绘制图形

42 使用【选择工具】在舞台中选择绘制的图形，将其颜色设置为【#D58D21】，并将【笔触】设置为无，效果如图13-53所示。

图13-53 填充颜色

43 在【时间轴】中，单击【新建图层】按钮，新建一个图层并将其命名为“四肢”，并将除“四肢”之外所有图层全部锁定，效果如图13-54所示。

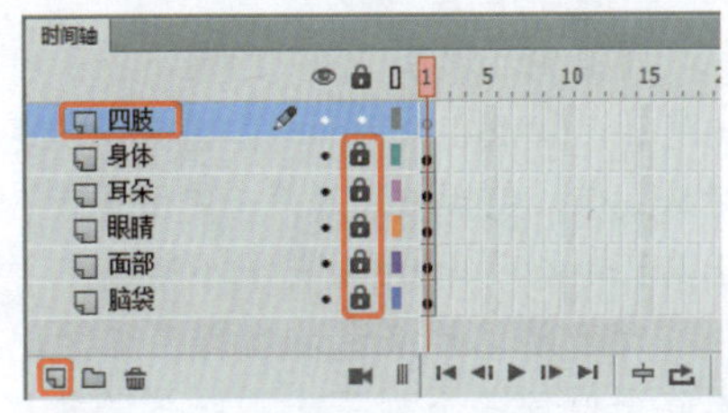

图13-54 添加图层

44 在工具箱中选择【钢笔工具】，在舞台中绘制图形，效果如图13-55所示。

图13-55 绘制图形

45 使用【选择工具】，在舞台中选择绘制的图形，按Ctrl+F3组合键，在弹出的【属性】对话框中将【填充颜色】设置为白色，将【笔触】设置为2，效果如图13-56所示。

图13-56 设置【笔触】和填充颜色

46 在工具箱中选择【钢笔工具】，再次在舞台中绘制图形，效果如图13-57所示。

图13-57 绘制图形

47 确认图形处于选中状态，在工具箱的最下方选择【填充颜色】，在弹出的对话框中将颜色设置为【#FFFFFF】，效果如图13-58所示。

图13-58 填充颜色

48 使用同样的方法绘制上肢，效果如图13-59所示。

图13-59 绘制上肢

49 绘制完成后，在工具箱中选择【画笔工具】，在舞台中连续绘制图形效果如图13-60所示。

图13-60 绘制图形

50 新建“背景”图层，将其放置在图层的最底层，按Ctrl+R组合键，导入随书配套资源中的素材|Cha13|奶牛背景.jpg文件，按Ctrl+K组合键，打开【对齐】面板，单击【水平对齐】和【垂直中齐】按钮，然后单击【匹配宽和高】按钮，最终效果如图13-61所示。

图13-61 最终效果

实例183 绘制卡通木板

本实例将介绍如何绘制卡通木板，主要通过使用【钢笔工具】、【画笔工具】等进行绘制并设置，效果如图13-62所示。

素材：	素材|Cha13|木板背景.jpg
场景：	场景|Cha13|实例183 绘制卡通木板字.fla
视频：	视频教学	Cha13 |实例183 绘制卡通木板画.MP4

图13-62 绘制卡通木板

1 在菜单栏中选择【文件】|【新建】命令，弹出【新建文档】对话框，在【类型】列表框中选择【ActionScript 3.0】选项，在右侧的设置区域中将【宽】设置为1024像素，将【高】设置为683像素，如图13-63所示。

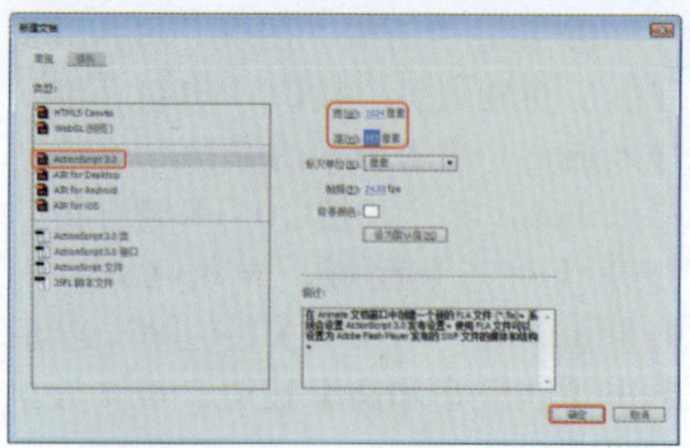

图13-63　新建文档

❷ 单击【确定】按钮，即可新建一个文档，按Ctrl+R组合键弹出【导入】对话框，在该对话框中选择木板背景.jpg素材文件，如图13-64所示。

图13-64　选择素材文件

❸ 单击【打开】按钮，即可将选择的素材文件导入到舞台中，如图13-65所示。

图13-65　添加素材文件

❹ 在【时间轴】面板中单击【新建图层】按钮，新建“图层2”，在工具箱中单击【钢笔工具】按钮，在舞台中绘制如图13-66所示的图形。

图13-66　绘制图形

❺ 选中绘制的图形，在【属性】面板中将【笔触颜色】设置为【#6E2A1B】，将【填充颜色】设置为【#ECD184】，将【笔触】设置为2，如图13-67所示。

图13-67　设置图形属性

❻ 使用【钢笔工具】在舞台中绘制一个图形，并调整其位置，效果如图13-68所示。

图13-68　绘制图形

❼ 选中绘制的图形，在【属性】面板中将【填充颜色】设置为【#ECD184】，如图13-69所示。

图13-69　设置填充颜色

❽ 使用【钢笔工具】在舞台中绘制一个图形，将其填充颜色设置为【#ECD184】，并调整其位置，效果如图13-70所示。

图13-70　绘制图形

❾ 在【时间轴】面板中单击【新建图层】按钮，新建“图层3”，在工具箱中单击【画笔工具】，在工具箱中将填充颜色设置为【#CCA163】，将刷子大小设置为最小，在【属性】面板中将【平滑】设置为100，如图13-71所示。

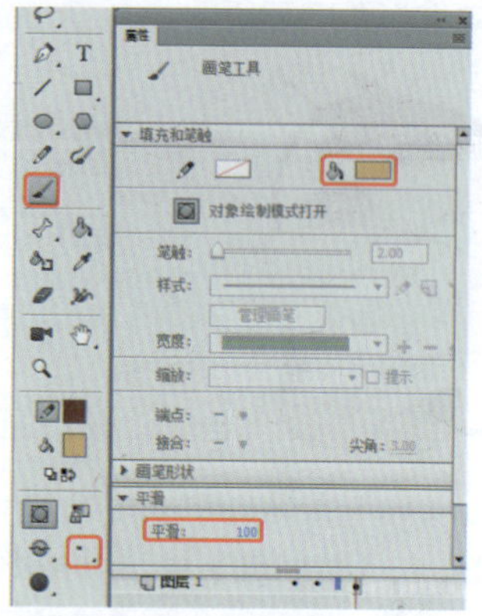

图13-71　设置刷子属性

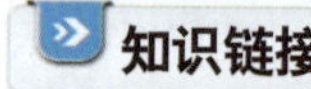

知识链接

【画笔工具】能绘制出刷子般的笔触，就像在涂色一样。它可以创建特殊效果，包括书法效果。使用【画笔工具】功能可以选择刷子大小和形状。

对于新笔触来说，当舞台缩放比率降低时同一个刷子大小就会显得太大。例如，假设将舞台缩放比率设置为 100% 并使用画笔工具以最小的刷子大小涂色，然后将舞台缩放比率更改为 50% 并用最小的刷子大小再画一次。绘制的新笔触就比以前的笔触显得粗 50%。（更改舞台的缩放比率并不更改现有刷子笔触的大小）

同时，在使用画笔工具涂色时，可以使用导入的位图作为填充。

❿ 设置完成后，在新建的图层上进行绘制，绘制后的效果如图13-72所示。

图13-72　绘制图形

⓫ 继续选中【画笔工具】，并调整刷子的大小，在【属性】面板中将【填充颜色】设置为【#FFFFFF】，并进行绘制，如图13-73所示。

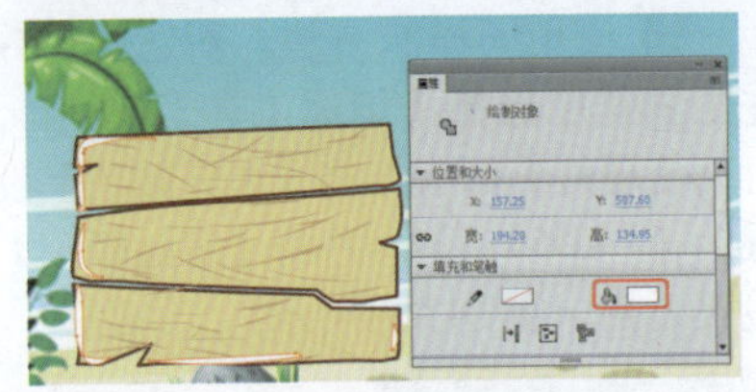
图13-73　设置填充颜色

⑫ 设置完成后，将刷子调整至最小，在【属性】面板中将【填充颜色】设置为【#732F20】，并绘制图形，如图13-74所示。

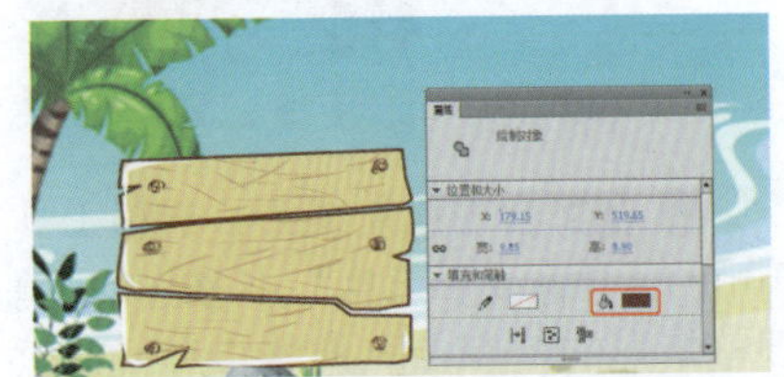
图13-74　设置填充颜色并进行绘制

⑬ 在【时间轴】面板中单击【新建图层】按钮，新建图层，在工具箱中单击【钢笔工具】按钮，在舞台中绘制一个图形，调整其位置，选中绘制的图形，在【属性】面板中将【笔触颜色】设置为无，将【填充颜色】设置为【#C6985E】，将【Alpha】值设置为84%，在【时间轴】面板中将该图层向下移一层，如图13-75所示。

图13-75　绘制图形并进行调整

⑭ 在【时间轴】面板中选中最上方的图层，单击【新建图层】按钮，新建图层，使用【钢笔工具】在舞台中绘制一个图形，在【属性】面板中将【笔触颜色】设置为【#CCA163】，将【填充颜色】设置为【#732F20】，将【Alpha】值设置为100%，将【笔触】设置为0.1，如图13-76所示。

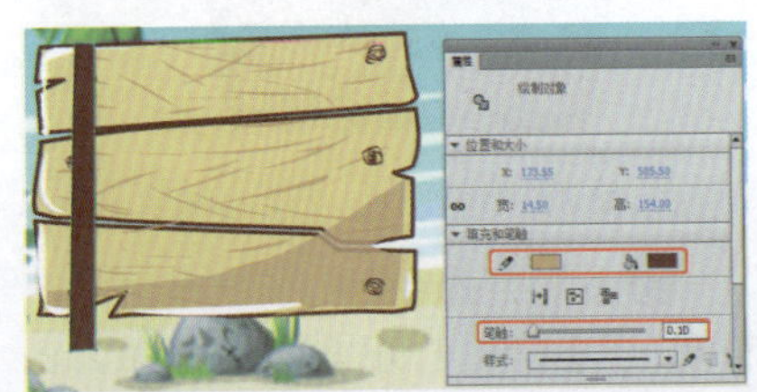
图13-76　绘制图形并设置颜色

⑮ 使用【画笔工具】在绘制的图形上进行绘制，绘制后的效果如图13-77所示。

图13-77　绘制图形

⑯ 在【时间轴】面板中选择新建的图层，单击鼠标右键，在弹出的快捷菜单中选择【复制图层】命令，如图13-78所示。

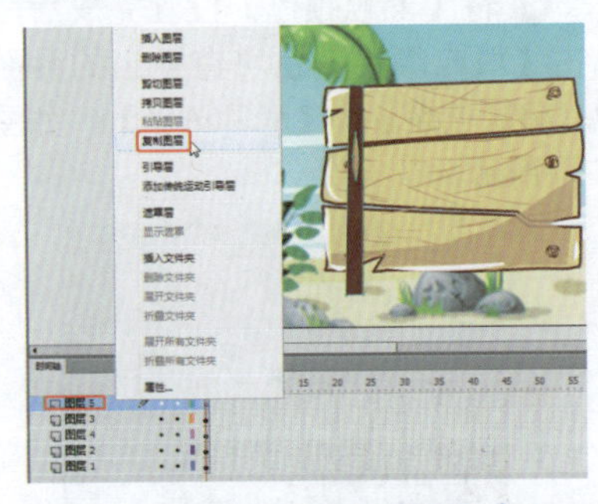
图13-78　选择【复制图层】命令

⑰ 选择复制后的图层中的对象，在舞台中调整其位置，效果如图13-79所示。

图13-79　调整对象的位置

⑱ 在【时间轴】面板中最上方的两个图层，调整至“图层2”的下方，选中“图层1”，单击【新建图层】按钮，新建图层，在工具箱中单击【钢笔工具】，在舞台中绘制两个图形，选中绘制的图形，在【属性】面板中将【笔触颜色】设置为【无】，将【填充颜色】设置为【#A68881】，将【Alpha】值设置为44%，如图13-80所示。

图13-80　绘制图形并进行设置

⑲ 在【时间轴】面板中选择最上方的图层，单击【新建图层】按钮，新建图层，在工具箱中单击【文本工具】按钮，在舞台中单击鼠标，输入文字，如图13-81所示。

图13-81　新建图层并输入文字

⑳ 选中输入的文字，在【属性】面板中将字体设置为【方正行楷简体】，将【大小】设置为38磅，将【颜色】设置为【#990000】，将【Alpha】值设置为100%，并在舞台中调整其位置，效果如图13-82所示。

图13-82　设置文字

㉑ 将“图层1”锁定，选择绘制的木板对象，打开【变形】面板，将【倾斜】设置为-10°，如图13-83所示。

图13-83　倾斜对象

实例184 绘制卡通仙人球

下面介绍绘制仙人球。在本实例中使用了【任意变形工具】、【椭圆工具】、【矩形工具】、【钢笔工具】和【颜料桶工具】。通过对本实例的学习，了解使用以上工具，完成后的效果如图13-84所示。

素材：	素材|Cha13|沙滩海岸.jpg
场景：	场景|Cha13|实例184 绘制卡通仙人球.fla
视频：	视频教学|Cha13|实例184 绘制卡通仙人球.MP4

❶ 启动软件后，在欢迎界面中单击【新建】选项组中的【Action Script 3.0】按钮，如图13-85所示，即可新建场景。

图13-84 绘制卡通仙人球

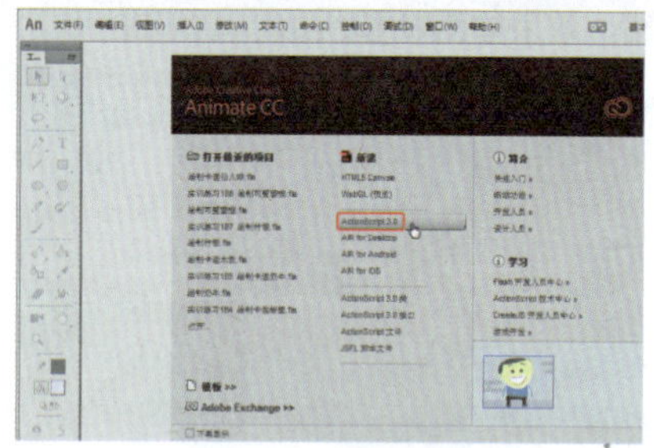

图13-85 新建文档

❷ 进入工作界面后，在工具箱中单击【属性】按钮，在打开的面板中将【属性】选项组中的【大小】设置为1377×1200像素，如图13-86所示。

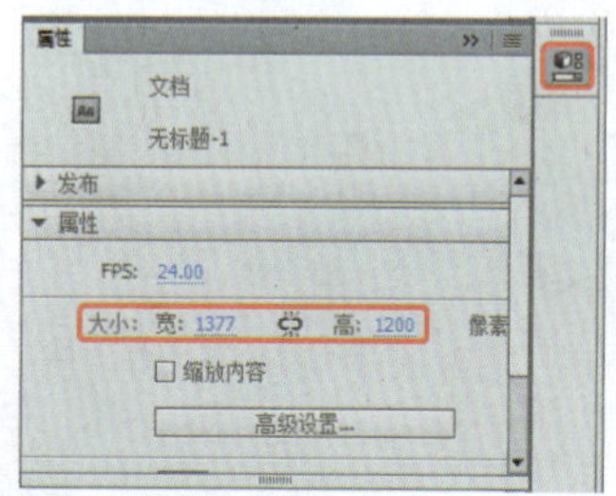

图13-86 设置场景大小

❸ 在工具箱中选择【矩形工具】，单击【属性】按钮，打开【属性】面板，单击【填充和笔触】选项组下的【笔触颜色】色块，在弹出的界面中，将颜色设置为【#743827】，并将【笔触高度】设置为8，如图13-87所示。

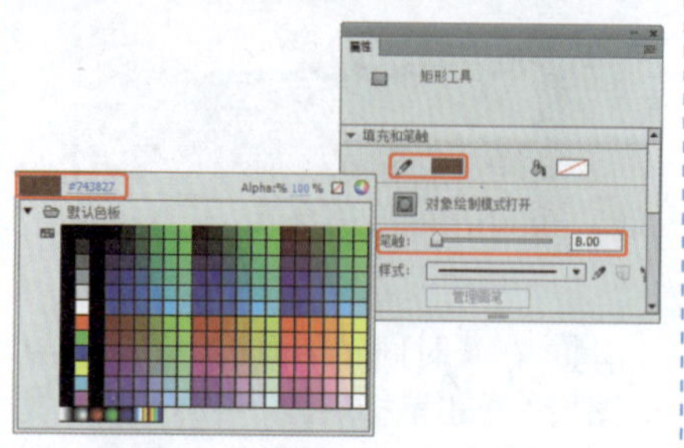

图13-87 设置笔触颜色及大小

❹ 将【笔触颜色】设置完成后，单击【填充颜色】色块在弹出的界面中，将颜色设置为【#CE6A66】，如图13-88所示。

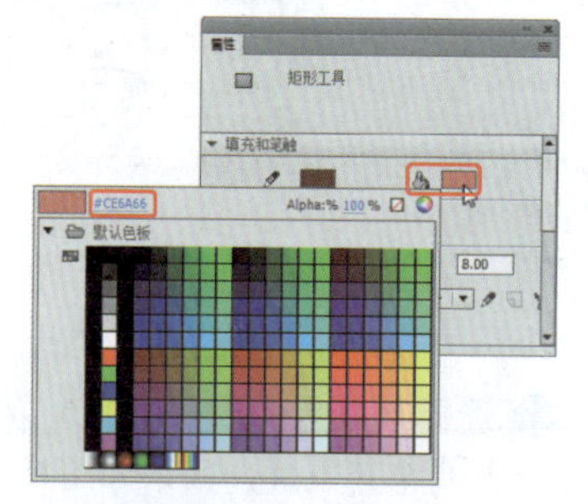

图13-88 设置填充颜色

❺ 设置完成后，在【时间轴】面板中单击【新建图层】按钮，新建图层后，在舞台中绘制一个矩形，如图13-89所示。

图13-89 绘制矩形

❻ 在工具箱中选择【任意变形工具】，按住Ctrl键调整绘制出矩形的控制点，调整矩形后的效果，如图13-90所示。

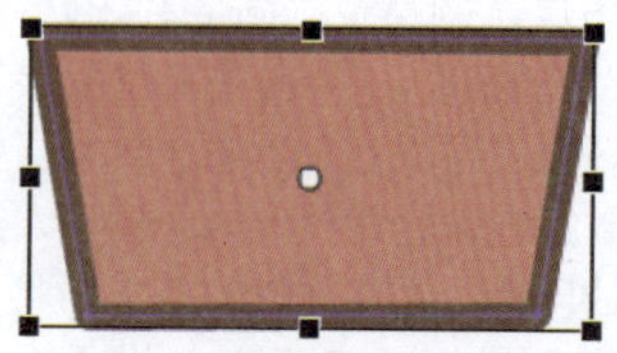

图13-90 将矩形变形

❼ 使用同样的方法，新建图层并在工具箱中选择【矩形工具】后，打开【属性】面板，将【填充颜色】设置为【#AD5656】，并将【笔触颜色】设置为无，如图13-91所示。

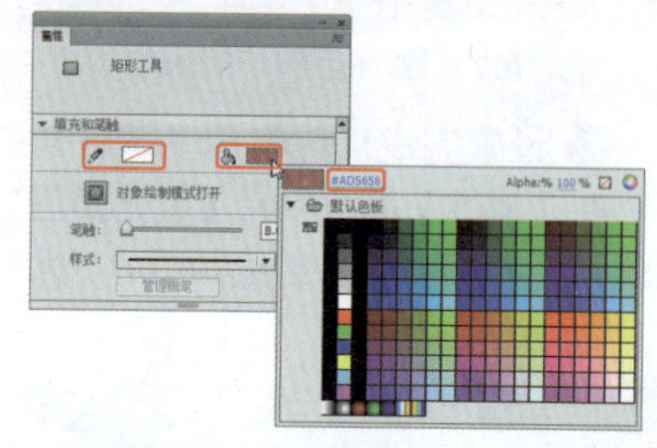

图13-91 设置填充颜色

❽ 在舞台中绘制矩形，选择工具箱中的【任意变形工具】，按住Ctrl键调整矩形的控制点，调整矩形后的效果，如图13-92所示。

图13-92 调整矩形后的效果

❾ 新建图层并在工具箱中选择【钢笔工具】后，打开【属性】面板，将【笔触颜色】设置为【#743827】，并将【笔触高度】设置为5，如图13-93所示。

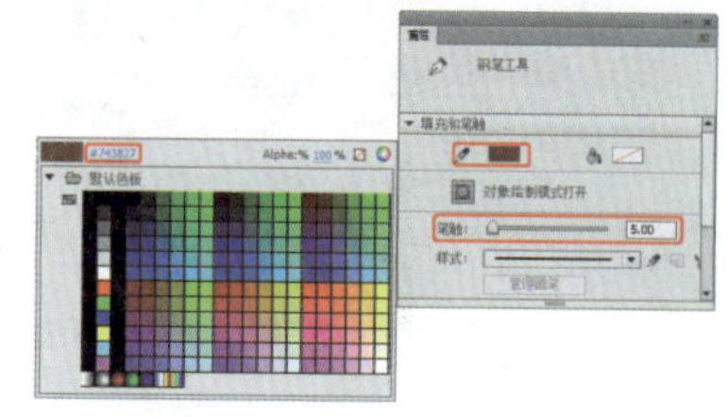

图13-93 设置笔触颜色及高度

❿ 将颜色和笔触设置完成后，在舞台中绘制图形，效果如图13-94所示。

图13-94 使用钢笔工具绘制图形

⓫ 绘制完成后在工具箱中选择【颜料桶工具】，打开【属性】面板，将【填充颜色】设置为【#CE6A66】，如

图13-95所示。

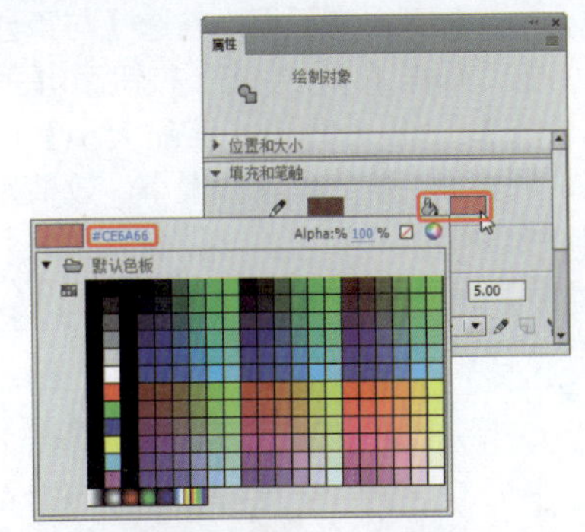

图13-95 设置填充颜色

⑫ 将颜色设置完成后，再次使用【颜料桶工具】在绘制的图形中填充颜色，效果如图13-96所示。

图13-96 为图形填充颜色

⑬ 使用同样方法新建图层后，使用【钢笔工具】在属性面板中将其【笔触高度】设置为0.1，绘制图形并填充颜色，将【笔触颜色】设置为【#743827】，将【填充颜色】设置为【#AD5656】，绘制并填充后的效果如图13-97所示。

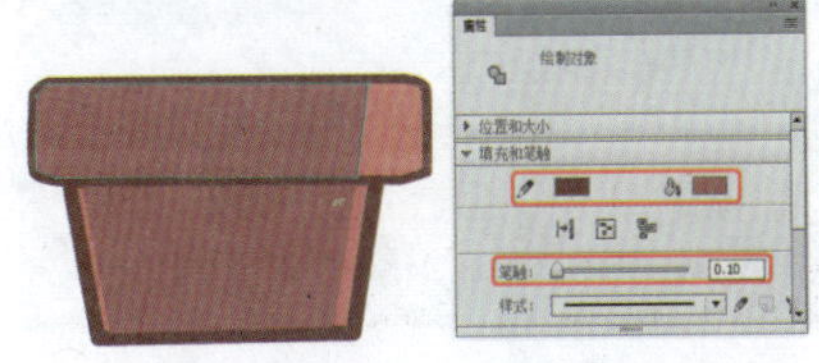

图13-97 绘制并填充图形

⑭ 新建图层，再次使用【钢笔工具】，将【笔触颜色】设置为【#743827】，【笔触高度】设置为5，在舞台中绘制图形，效果如图13-98所示。

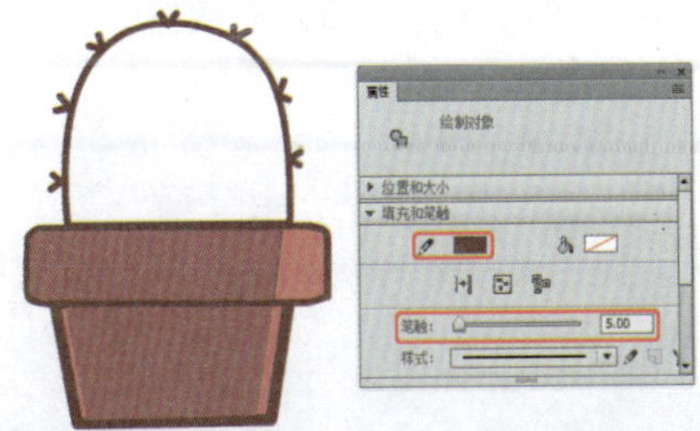

图13-98 绘制图形

⑮ 在工具箱中选择【颜料桶工具】，在属性面板中将【填充颜色】设置为【#3D9800】，为绘制的图形填充颜色，效果如图13-99所示。

图13-99 为绘制的图形填充颜色

⑯ 使用同样的方法新建图层，将【笔触颜色】设置为【#348100】，【填充颜色】设置为【#348100】，【笔触高度】设置为0.1，绘制图形并为其填充颜色，填充图形后的效果如图13-100所示。

图13-100 绘制图形并填充颜色

⑰ 新建图层，在工具箱中选择【椭圆工具】，在【属性】面板中将【笔触颜色】设置为无，【填充颜色】设置为黑色，在舞台中按住Shift键绘制一个正圆，绘制后的效果如图13-101所示。

图13-101 绘制正圆

⑱ 继续使用【椭圆工具】，在黑色的圆中绘制三个大小不同的小圆，并将它们的颜色设置为白色，效果如图13-102所示。

图13-102 绘制三个小圆

⑲ 新建图层，使用【铅笔工具】，在属性面板中将【笔触颜色】设置为【#743827】，将【笔触高度】设置为5，在舞台中绘制图形，绘制完成后的效果如图13-103所示。

图13-103 使用铅笔绘制图形

⑳ 使用【钢笔工具】，绘制右侧的眼睛，在【属性】面板中将【笔触颜色】和【填充颜色】设置为黑色，将【笔触高度】设置为0.1，在舞台中进行绘制，并在图形中填充黑色，效果如图13-104所示。

图13-104 绘制右侧的眼睛

㉑ 使用【铅笔工具】，将【笔触颜色】设置为黑色，【笔触高度】设置为5，绘制出右侧眼睛上方的睫毛，效果如图13-105所示。

图13-105 绘制睫毛

㉒ 新建图层，使用【钢笔工具】在舞台中绘制图形，并将【笔触高度】设置为5，【笔触高度】设置为黑色，在舞台中进行绘制，效果如图13-106所示。

图13-106　使用钢笔工具绘制图形

㉓ 新建图层，在工具箱中选择【椭圆工具】，在属性面板中将【笔触颜色】设置为无，将【填充颜色】设置为【#FF99CC】，在舞台中进行绘制，绘制后的效果如图13-107所示。

图13-107　绘制图形

㉔ 按住Alt键使用【选择工具】，将刚绘制的图形向右拖动，对其进行复制，效果如图13-108所示。

图13-108　复制图形

㉕ 根据前面讲述的方法新建图层后，使用【钢笔工具】绘制图形，设置【笔触颜色】为【#52A801】将【笔触高度】设置为5，绘制后的效果如图13-109所示。

㉖ 在时间轴面板中，将新绘制的图形移动至被遮挡图形的下面，效果如图13-110所示。

图13-109　使用【钢笔工具】绘制图形

图13-110　调整图层

㉗ 选择“图层1”，在菜单栏中选择【文件】|【导入】|【导入到舞台】命令，如图13-111所示。

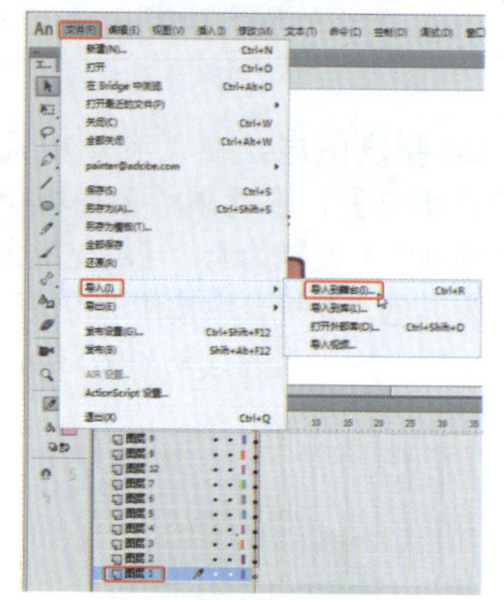

图13-111　选择【导入到舞台】命令

㉘ 在打开的【导入】窗口中，选择沙滩海岸.jpg素材文件单击打开，效果如图13-112所示。

图13-112　导入图片

㉙ 即可将选择的素材文件导入到舞台中，打开对齐面板，勾选【与舞台对齐】，单击【水平中齐】按钮和【垂直中齐】按钮，单击【匹配大小】按钮，调整仙人掌的位置和大小，效果如图13-113所示。

图13-113　调整后的效果

实例185 绘制卡通动物

本节将介绍如何绘制卡通动物，完成后效果如图13-114所示。

素材：	素材|Cha13|海滩.jpg
场景：	场景|Cha13|实例185 绘制卡通动物.fla
视频：	视频教学 | Cha13 |实例185 绘制卡通动物.MP4

图13-114　卡通动物

❶ 启动软件后，按Ctrl+N组合键，弹出【新建文档】对话框，选择【ActionScript 3.0】选项，将【宽】设置为3318像素，将【高】设置为2213像素，然后单击【确定】按钮，如图13-115所示。

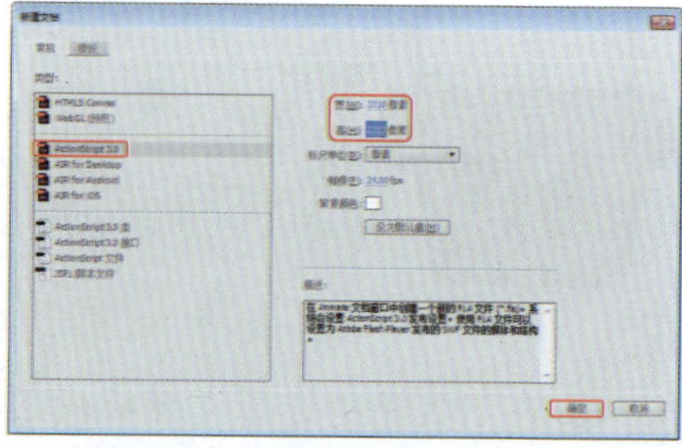

图13-115　新建文档

❷ 在菜单栏中选择【文件】|【导入】|【导入舞台】命令，如图13-116所示。

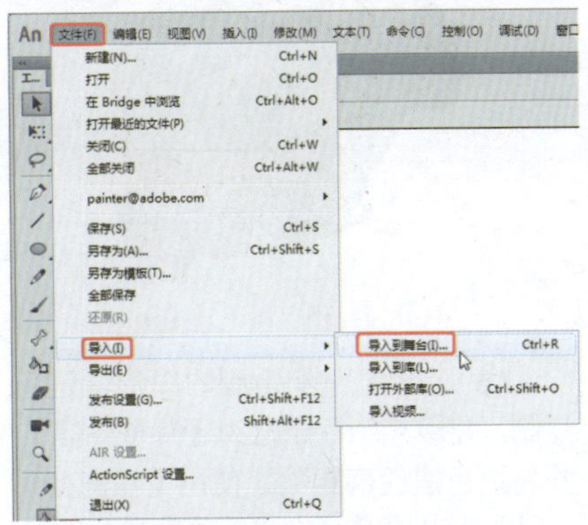

图13-116 打开【导入】对话框

❸ 打开【导入】对话框，在打开的对话框中选择随书配套资源中的素材|Cha13|海滩.jpg素材文件，即可导入到舞台中，然后打开对齐面板，勾选【与舞台对齐】，单击【水平中齐】按钮 和【垂直中齐】按钮，再单击【匹配大小】按钮，如图13-117所示。

❹ 新建文档后，打开【时间轴】面板，将“图层1”名称更改为“龟壳”，完成后的效果如图13-118所示。

图13-117 【对齐】面板

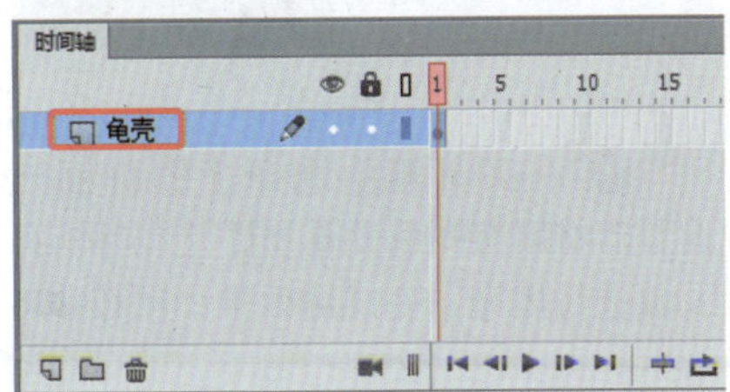

图13-118 【时间轴】面板

❺ 在工具箱中选择【钢笔工具】，打开【属性】面板，将【笔触颜色】设置为黑色，将【笔触大小】设置为5，绘制龟壳的外轮廓，如图13-119所示。

❻ 在工具箱中选择【颜料桶工具】，打开【颜色】面板，将【填充颜色】设置为【#EEC940】，对轮廓区域进行填充，如图13-120所示。

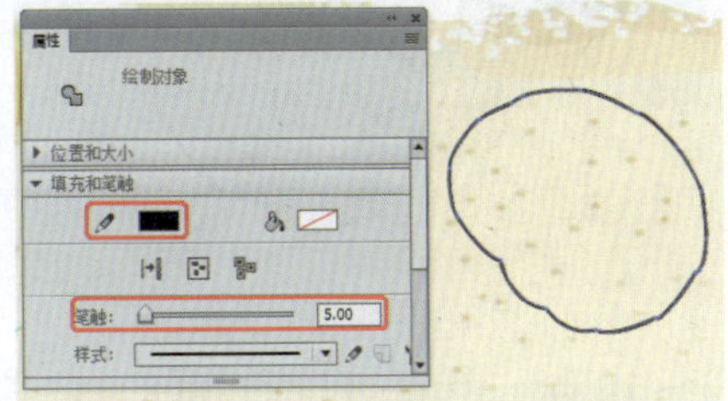

图13-119 绘制轮廓

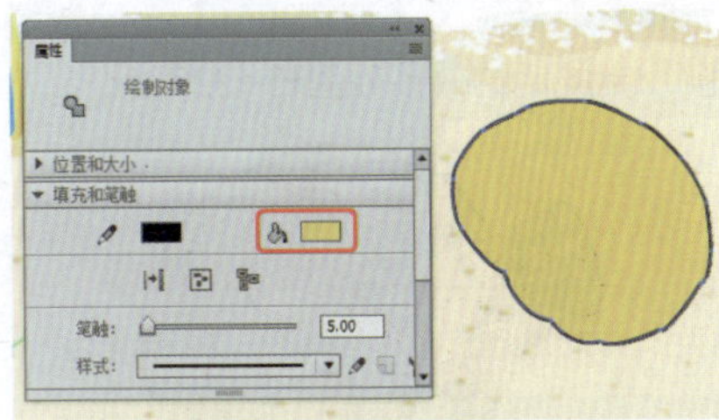

图13-120 填充颜色

❼ 新建【龟纹】图层，在工具箱中选择【钢笔工具】，打开【属性】面板，将【笔触颜色】设置为黑色，将【笔触大小】设置为3，绘制龟纹的轮廓，如图13-121所示。

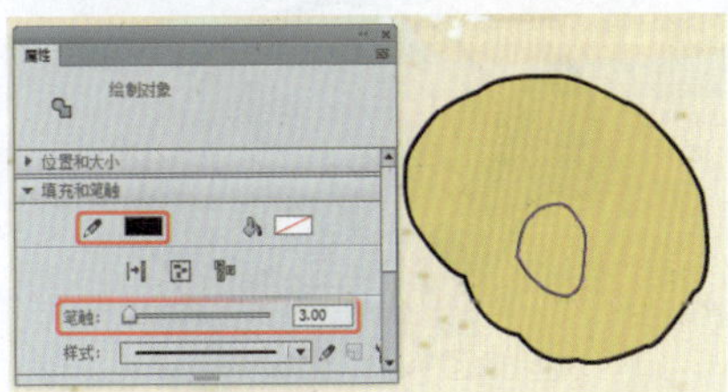

图13-121 绘制轮廓

❽ 在工具箱中选择【颜料桶】工具，将填充颜色【#CAD053】，进行填充，如图13-122所示。

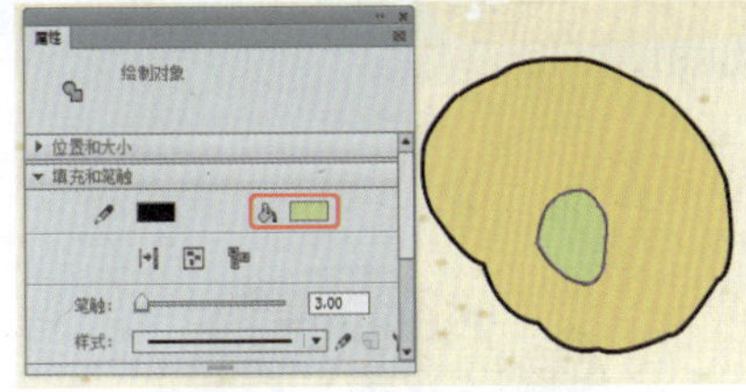

图13-122 填充颜色

❾ 选择上一步绘制的图形，进行复制，选择复制的图形，将【填充颜色】设置为【#A6B654】到【#86A44B】的径向渐变，并将黑色轮廓删除，完成后的效果如图13-123所示。

❿ 选择上一步绘制的图形，进行复制，并将【填充颜色】设置为【#DD901E】，使用【任意变形工具】调整大小和位置，单击鼠标右键，在弹出的快捷菜单中选择【排列】|【移至底层】命令，完成后效果如图13-124所示。

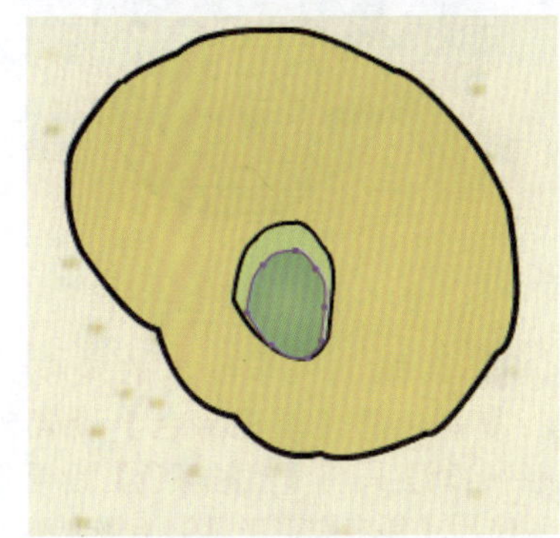

图13-123 复制图形

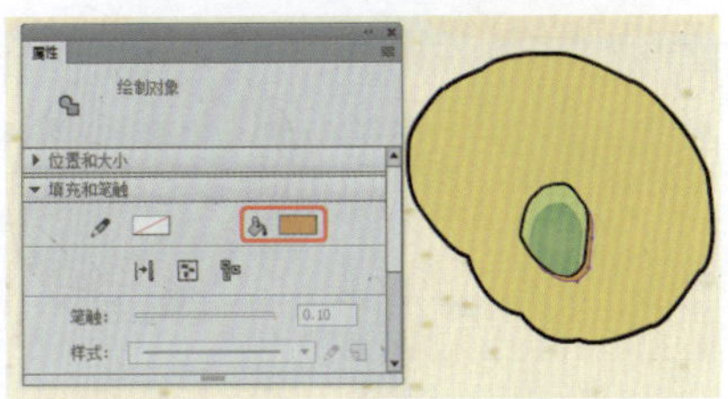

图13-124 调整图形

⓫ 使用同样的方法，绘制其他龟纹，完成后效果如图13-125所示。

⓬ 新建【腹部】图层，在工具箱中选择【钢笔工具】，打开【属性】面板，将【笔触颜色】设置为黑色，将【笔触大小】设置为3，在舞台中绘制腹部轮廓，如图13-126所示。

图13-125 完成后的龟纹

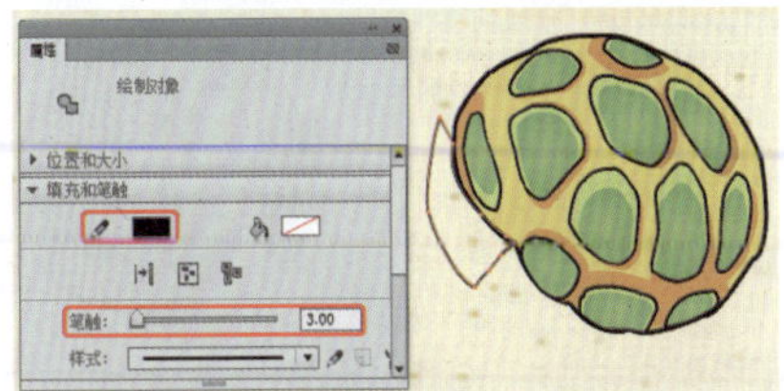

图13-126 绘制轮廓

⓭ 在工具箱中选择【颜料桶工具】将填充颜色设置为【#87AD5B】，对上一步绘制的轮廓进行填充，完成后的效果如图13-127所示。

图13-127　填充颜色

⑭ 选择上一步绘制的轮廓，进行复制，将【填充颜色】设置为【#446438】，将【笔触颜色】设置为无，使用【任意变形工具】调整大小，完成后效果如图13-128所示。

图13-128　复制图形

⑮ 使用同样的方法，绘制其他腹部轮廓，完成后的效果，如图13-129所示。

图13-129　完成后的效果

⑯ 新建“腿”图层，在工具箱中选择【钢笔工具】，在【属性】面板中将【笔触颜色】设置为黑色，将【笔触大小】设置为3，在舞台中绘制腿的轮廓，如图13-130所示。

图13-130　绘制腿轮廓

⑰ 在工具箱中选择【颜料桶工具】，将填充颜色设置为【#446438】，对上一步绘制的轮廓进行填充，完成后的效果，如图13-131所示。

图13-131　进行填充

⑱ 在工具箱中选择【椭圆工具】，并将【笔触颜色】设置为无，将【填充颜色】设置为【#D2D051】，绘制椭圆，完成后的效果如图13-132所示。

图13-132　绘制椭圆

⑲ 使用同样的方法，制作出乌龟的其他脚，完成后效果如图13-133所示。

图13-133　完成后的效果

⑳ 新建“头”图层，在工具箱中选择【钢笔工具】，将【笔触颜色】设置为黑色，将【笔触大小】设置为3，如图13-134所示。

图13-134　绘制头部轮廓

㉑ 在工具箱中选择【颜料桶工具】，将【填充颜色】设置为【#EEC940】对绘制的轮廓，进行填充，完成后的效果如图13-135所示。

图13-135　填充颜色

㉒ 选择上一步绘制的图形，进行复制，将填充颜色修改为【#446438】，并将黑色边轮廓删除，使用【任意变形工具】对其调整，完成后的效果如图13-136所示。

图13-136　复制图形

㉓ 新建“嘴”图层，在工具箱中选择【钢笔工具】，在【属性面板】中将【笔触颜色】设置为黑色，将【笔触大小】设置为5，在舞台中绘制嘴的轮廓，如图13-137所示。

图13-137　绘制嘴的轮廓

㉔ 在工具箱中选择【颜料桶工具】，将填充颜色设置为黑色，对轮廓区域进行填充，完成后效果如图13-138所示。

图13-138　填充颜色

㉕ 新建“眼睛”图层，在工具箱中选择【椭圆工具】将【笔触大小】设置为3，将【笔触颜色】设置为黑色，填充颜色设置任意颜色，在舞台中绘制眼睛轮廓，如图13-139所示。

图13-139　绘制眼睛的轮廓

㉖ 选择上一步绘制的轮廓，选择上一步绘制的图形，打开【颜色】面板，选择【填充颜色】，将颜色类型设置为【径向渐变】，将第一个色标设置为白色，将第二个色标设置为【#CFDFE8】，完成后的效果如图13-140所示。

图13-140　填充颜色

㉗ 继续选择【椭圆工具】，将【笔触颜色】设置为无，将【填充颜色】设置为黑色，在舞台中绘制眼珠，完成后效果如图13-141所示。

图13-141　绘制眼珠

㉘ 继续选择【椭圆工具】，将【笔触颜色】设置为无，将【填充颜色】设置为白色，在舞台中绘制眼珠，完成后效果如图13-142所示。

图13-142　完成后眼睛

㉙ 使用同样的方法绘制出另一只眼睛，并使用【任意变形工具】调整位置，如图13-143所示。

图13-143　复制出另一只眼睛

㉚ 新建“尾巴”图层，在工具箱中选择【钢笔工具】，将【笔触颜色】设置为黑色，将【笔触大小】设置为3，绘制乌龟的尾巴轮廓，完成后的效果如图13-144所示。

图13-144　绘制尾巴的轮廓

㉛ 在工具箱中选择【颜料桶工具】，将【填充颜色】设置为【#446438】，对尾巴轮廓进行填充，完成后效果如图13-145所示。

图13-145　填充颜色

实例186 绘制苹果

本实例中使用了【部分选取工具】、【椭圆工具】、【钢笔工具】和【选择工具】，学习了解使用以上工具，完成后的效果如图13-146所示。

素材：	无
场景：	场景|Cha13|实例186 绘制苹果.fla
视频：	视频教学 | Cha13 |实例186 绘制苹果.MP4

图13-146　绘制苹果

❶ 启动软件后在欢迎界面中单击【新建】选项组中，的【Action Script 3.0】按钮，如图13-147所示，即可新建场景。

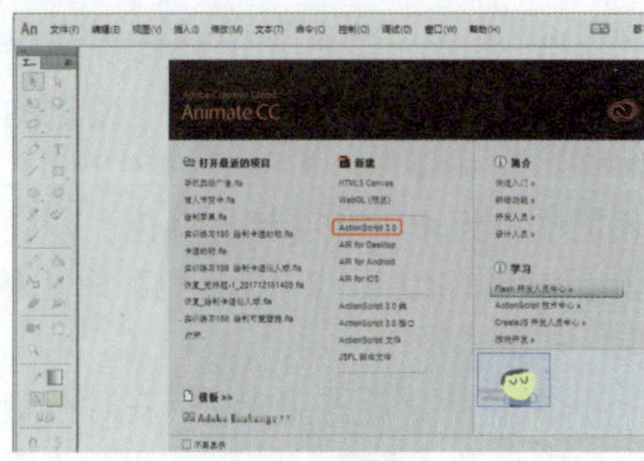

图13-147　选择新建类型

❷ 进入工作界面后，在工具箱中单击【属性】按钮，在打开的面板中将【属性】选项组中的【大小】设置为1024×981像素，如图13-148所示。

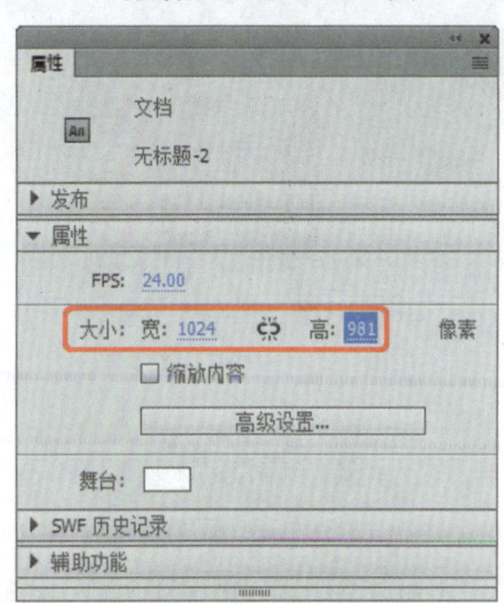

图13-148　设置场景大小

❸ 在工具箱中选择【椭圆工具】，在舞台中按住Shift键绘制一个正圆，绘制后的效果如图13-149所示。

图13-149　绘制正圆

④ 在工具箱中选择【部分选取工具】，在绘制的椭圆边缘处单击即可显示控制点，调整控制点效果如图13-150所示。

图13-150　调整正圆形

⑤ 调整完成后在工具箱中选择【选择工具】，在舞台中选中绘制的图形，打开【属性】面板，在【填充和笔触】组中，将【填充颜色】设置为【#6AAE46】，【笔触颜色】设置为无，如图13-151所示。

⑥ 将颜色设置完成后，在时间轴面板中单击【新建图层】按钮新建图层，在工具箱中选择【钢笔工具】，在舞台中绘制图形，如图13-152所示。

图13-151　设置填充颜色

图13-152　绘制图形

⑦ 绘制完成后使用【选择工具】，在舞台中选中绘制的图形，在【属性】面板【填充和笔触】组中，将【填充颜色】设置为【#4F4B23】，【笔触颜色】设置为无，效果如图13-153所示。

图13-153　为图形填充颜色

⑧ 新建图层，继续使用【钢笔工具】绘制图形，并使用【选择工具】，选中绘制的图形，将图形的【填充颜色】设置为【#8CC955】，【笔触颜色】设置为无，效果如图13-154所示。

图13-154　绘制图形并填充颜色

⑨ 确认选中刚绘制的图形，按Ctr+C组合键进行复制，新建图层，按Ctrl+Shift+V组合键进行粘贴，使用【选择工具】，选中复制的图形，设置它的【填充颜色】为【#6BAD46】，使用【任意变形工具】，调整图形，效果如图13-155所示。

图13-155　调整并填充图形

⑩ 新建图层，继续使用【钢笔工具】绘制图形，并使用【选择工具】，选中绘制的图形，将图形的【填充颜色】设置为【#8CC955】，【笔触颜色】设置为无，效果如图13-156所示。

图13-156　绘制图形并填充颜色

⑪ 使用同样方法新建图层并绘制图形，将【填充颜色】设置为【#B1DA63】，效果如图13-157所示。

图13-157　再次绘制图形并填充

⑫ 新建图层，并在图层上使用【钢笔工具】继续绘制不同形状的图形，分别设置【填充颜色】为【#D8CA92】、【#524F29】、【#7E7538】、【#D9C890】，效果如图13-158所示。

图13-158　绘制不同图形并填充颜色

⑬ 新建图层并使用【钢笔工具】绘制图形，使用【选择工具】，选中绘制的图形，打开【颜色】面板，将它们的【填充颜色】设置为白色，将【A】设置为75%，【笔触颜色】设置为无，如图13-159所示。

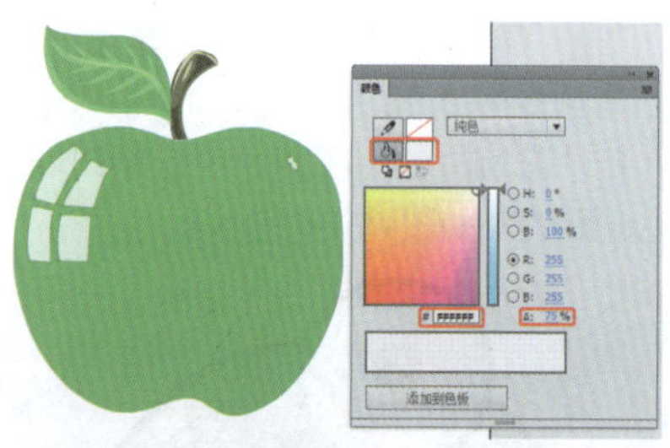

图13-159　绘制图形并设置填充颜色

⑭ 继续新建图层并使用【钢笔工具】绘制图形，在【颜色】面板中，将

【填充颜色】设置为白色，将【A】设置为15%，【笔触颜色】设置为无，效果如图13-160所示。

图13-160 再次绘制图形兵设置填充颜色

⑮ 使用同样方法绘制图形并填充白色，将【A】设置为50%，效果如图13-161所示。

图13-161 绘制图形设置填充颜色

⑯ 使用同样方法绘制图形，并将其填充为【#87C647】，将【A】设置为50%，效果如图13-162所示。

图13-162 继续绘制图形设置填充颜色

第14章 项目指导——贺卡的设计与制作

贺卡是人们在遇到节日或喜庆事件的时候互相表示祝贺问候的一种卡片，通常赠送贺卡的节日包括生日、圣诞、元旦、春节、母亲节、父亲节、情人节等。贺卡上一般都写有一些祝福的话语，久而久之贺语就呈现了程式化习语，共祝喜庆，互送祝福，表达人们对生活的美好期冀与憧憬。

实例187 制作友情贺卡

贺卡用于联络感情和互致问候，广为使用。它祝福语言温馨，民俗色彩浓郁，古典的东方韵味与现代科技交融，既方便又实用，是促进和谐社会的重要手段。本实例主要介绍了如何利用遮罩和传统补间动画以及利用元件制作友情贺卡，完成后的效果如图14-1所示。

素材：	素材|Cha14| 001.jpg、002.jpg、003.jpg、004.jpg、背景音乐.mp3
场景：	场景|Cha14|实例187 友情贺卡.fla
视频：	视频教学 | Cha14 |实例187 友情贺卡.MP4

图14-1 友情贺卡

❶ 启动软件后，在打开的界面中单击【ActionScript 3.0】按钮，单击【确定】按钮，选择【文件】|【导入】|【导入到库】命令，在弹出的对话框中选择随书配套资源中的素材|Cha14|友谊贺卡|001.jpg、002.jpg、003.jpg、004.jpg对象，单击【打开】按钮，如图14-2所示。

图14-2 【导入到库】对话框

❷ 在工具箱中单击【矩形工具】按钮，将【笔触】设置为无，将【填充颜色】设置为黑色，在舞台上绘制矩形，在【属性】面板中【宽度】【高度】分别设置为550像素、133.3像素，如图14-3所示。

❸ 打开【对齐】面板，勾选【与舞台对齐】复选框，在【对齐】中单击【水平中齐】按钮和【顶对齐】按钮，完成后的效果如图14-4所示。

图14-3 绘制矩形

图14-4 对齐对象

❹ 选择绘制的矩形按F8键，打开【转换为元件】对话框，在该对话框中将【名称】设置为“开头矩形”，将【类型】设置为【图形】，单击【确定】按钮，如图14-5所示。

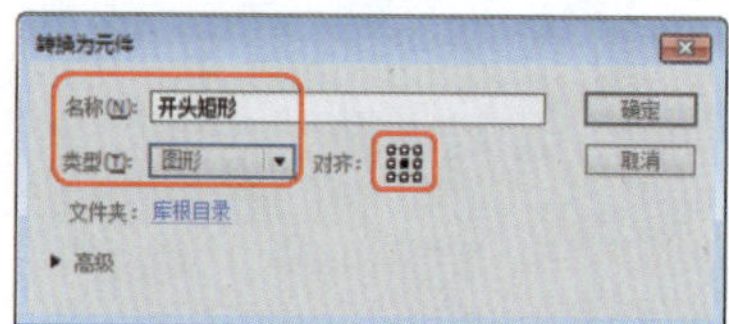

图14-5 将矩形转换为元件

⑤ 在第30帧位置处按F6键添加关键帧，在舞台上选择“开头矩形”元件，打开【属性】面板，在【位置和大小】卷展栏中将【X】、【Y】设置为833、66.65，如图14-6所示。

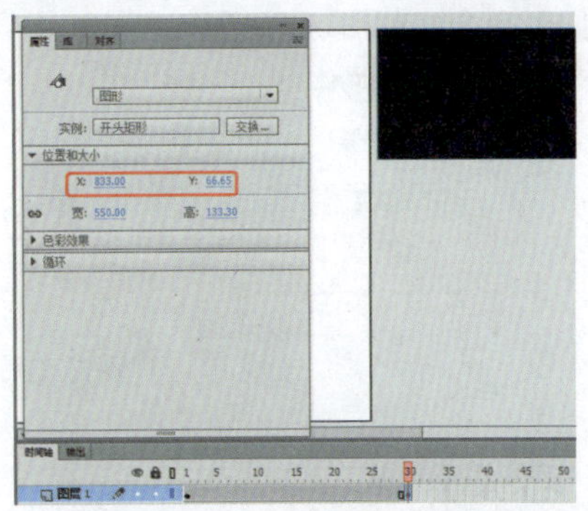

图14-6 调整元件的位置

⑥ 选择第1帧至第30帧的任意一帧，单击鼠标右键，在弹出的快捷菜单中选择【创建传统补间】命令，创建传统补间动画，如图14-7所示。

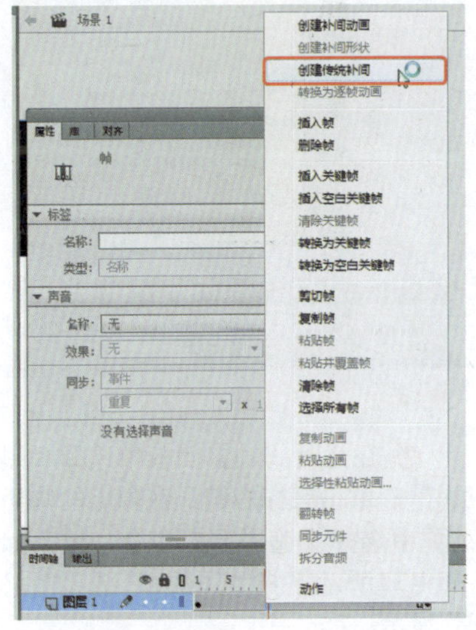

图14-7 创建传统补间动画

知识链接

创建传统补间动画(以前的版本为创建补间动画)又叫做中间帧动画、渐变动画，只要建立起始和结束的画面，中间部分由软件自动生成，省去了中间动画制作的复杂过程，这正是Animate的迷人之处，补间动画是Animate中最常用的动画效果。

利用传统补间方式可以制作出多种类型的动画效果，如位置移动、大小变化、旋转移动、逐渐消失等。只要能够熟练地掌握这些简单的动作补间效果，就能将它们组合制作出样式更加丰富、效果更加吸引人的复杂动画。

使用动作补间，需要具备以下两个前提条件：

- 起始关键帧与结束关键帧缺一不可。
- 应用于动作补间的对象必须具有元件或者群组的属性。
- 为时间轴设置了补间效果后，【属性】面板将有所变化，其中的部分选项及参数说明如下。
- 缓动：应用于有速度变化的动画效果。当移动滑块在0值以上时，实现的是由快到慢的效果；当移动滑块在0值以下时，实现的是由慢到快的效果。
- 旋转：设置对象的旋转效果，包括【自动】、【顺时针】、【逆时针】和【无】4项。
- 贴紧：使物体可以附着在引导线上。
- 同步：设置元件动画的同步性。
- 调整到路径：在路径动画效果中，使对象能够沿着引导线的路径移动。
- 缩放：应用于有大小变化的动画效果

⑦ 单击【新建图层】按钮，新建“图层2”，打开【库】面板，在该面板中将“开头矩形”元件拖拽至舞台中，在【属性】面板中将【X】、【Y】设置为275、199.95，如图14-8所示。

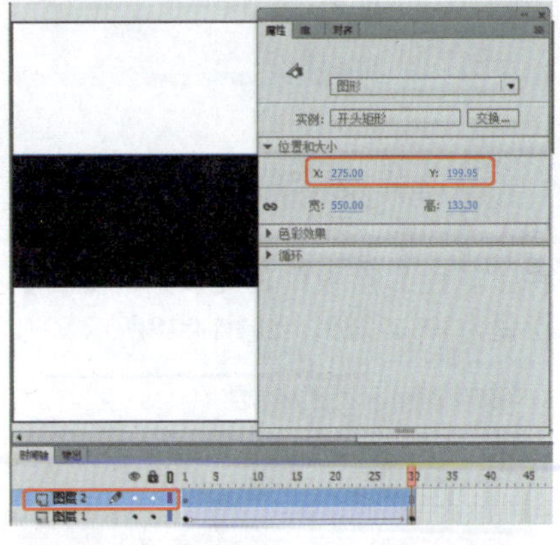

图14-8 将元件拖拽至舞台并调整其位置

⑧ 在“图层2”的第5帧位置处添加关键帧，在第35帧位置处添加关键帧，在舞台中选择元件，在【属性】面板中将【X】、【Y】设置为-280、199.95，如图14-9所示。

⑨ 选择“图层2”中第5帧至第35帧的任意一帧，单击鼠标右键，在弹出的快捷菜单中选择【创建传统补间】命令，单击【新建图层】按钮，新建“图层3”，打开【库】面板，将“开头矩形”元件拖拽至舞台中，在【属性】面板中将【X】、【Y】设置为275、333.25，如图14-10所示。

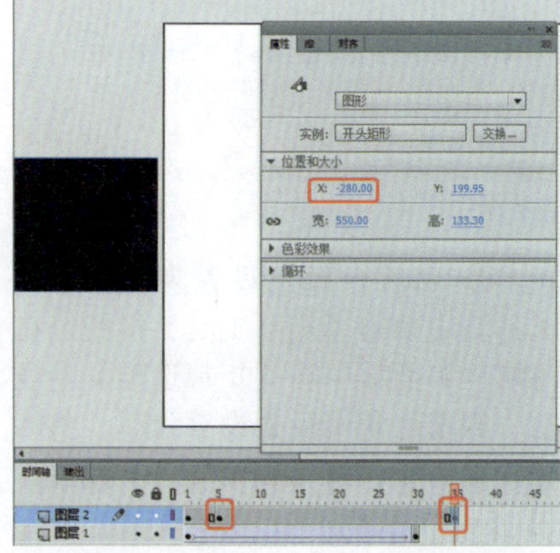

图14-9 调整元件的位置

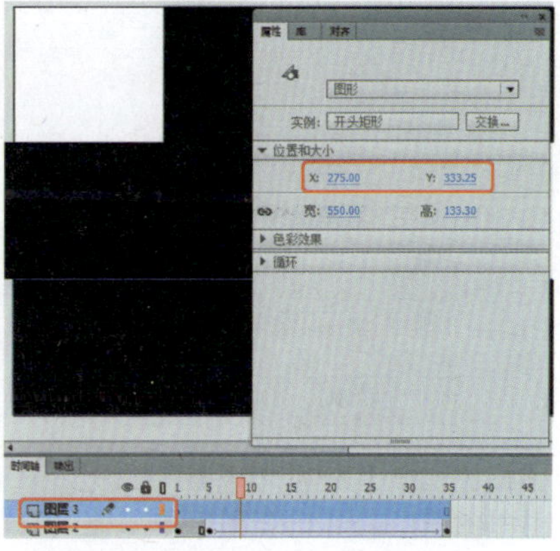

图14-10 设置元件的位置

⑩ 选择“图层3”的第5帧，按F6键插入关键帧，选择第35帧，在该帧插入关键帧，在【舞台】中选择元件，将【X】、【Y】设置为833、333.25，如图14-11所示。

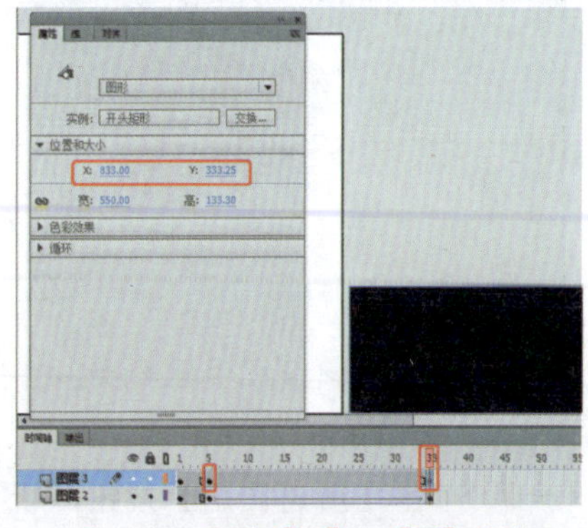

图14-11 调整【X】、【Y】的值

⑪ 选择“图层3”中的第5帧至第35帧的任意一帧，单击鼠标右键，在

弹出的快捷菜单中选择【创建传统补间】命令，单击【新建图层】按钮，新建“图层4”，在【时间轴】面板中将“图层4”拖拽至最底层。暂时将“图层1”至“图层3”隐藏显示，如图14-12所示。

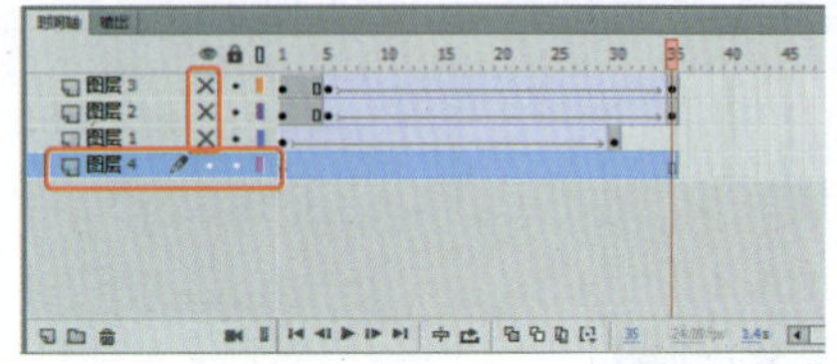

图14-12　调整图层

⑫ 将舞台颜色设置为黑色，在工具箱中单击【矩形工具】按钮，在【属性】面板中将【矩形选项】卷展栏中的【边角半径】设置为20，将笔触设置为无，将【填充颜色】设置为任意颜色，如图14-13所示。

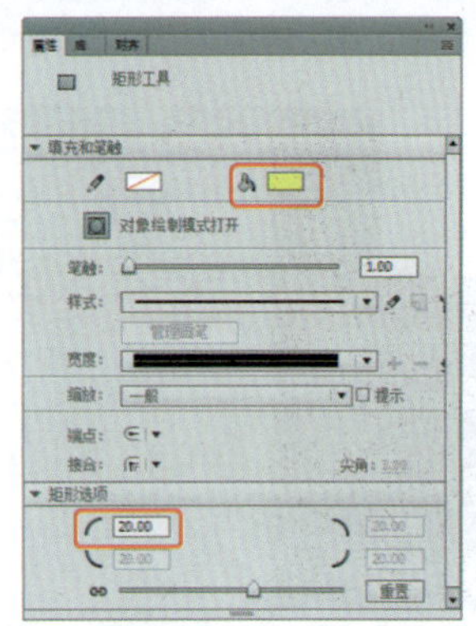

图14-13　设置矩形属性

⑬ 在舞台上绘制矩形，在【属性】面板中将【宽】、【高】设置为540像素、390像素。进入【对齐】面板中，勾选【与舞台对齐】复选框，然后单击【对齐】选项组中的【水平中齐】按钮和【垂直中齐】按钮，设置完成后的效果如图14-14所示。

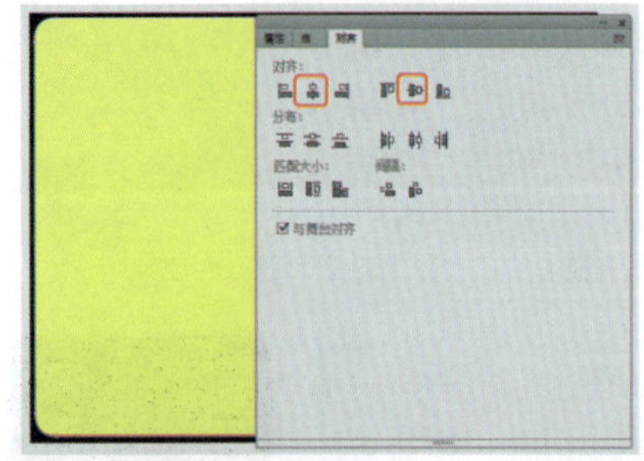

图14-14　【对齐】面板

⑭ 单击【新建图层】按钮，新建“图层5”，将“图层5”拖拽至“图层4”的下方，在【库】面板中将001.jpg素材文件拖拽至舞台中，将其【宽】、【高】分别设置为600像素、447像素，如图14-15所示。

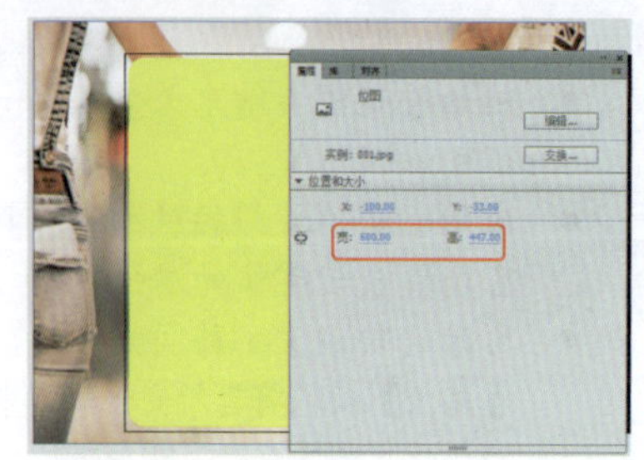

图14-15　设置图片大小

⑮ 选择素材文件按F8键打开【转换为元件】对话框，在该对话框中将【名称】命名为“图片01”，将【类型】设置为【图形】，单击【确定】按钮，如图14-16所示。

图14-16　转换为元件

⑯ 选择“图片01”元件，在【属性】面板中将【X】、【Y】设置为246、171，如图14-17所示。

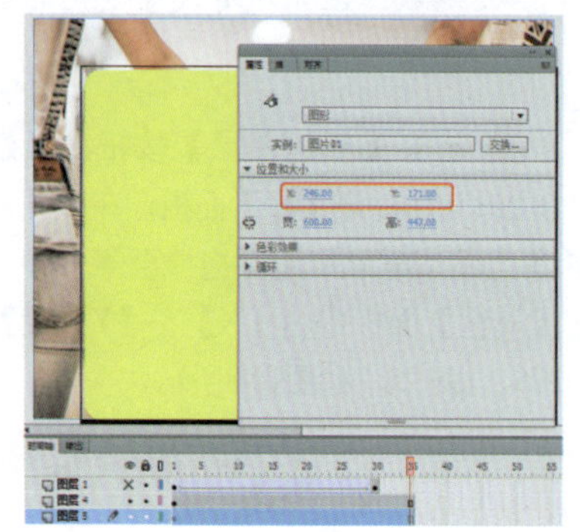

图14-17　设置元件大小

⑰ 选择图层5的第50帧，按F6键插入关键帧，选择“图片01”元件，将【属性】面板中的【X】、【Y】设置为304、229，如图14-18所示。

图14-18　调整元件位置

⑱ 选择“图层5”中的第50帧，按F5键插入帧，如图14-19所示。

⑲ 在“图层5”的第1帧至第50帧之间任选一帧，单击鼠标右键，在弹出的快捷菜单中选择【创建传统补间】命令，如图14-20所示。

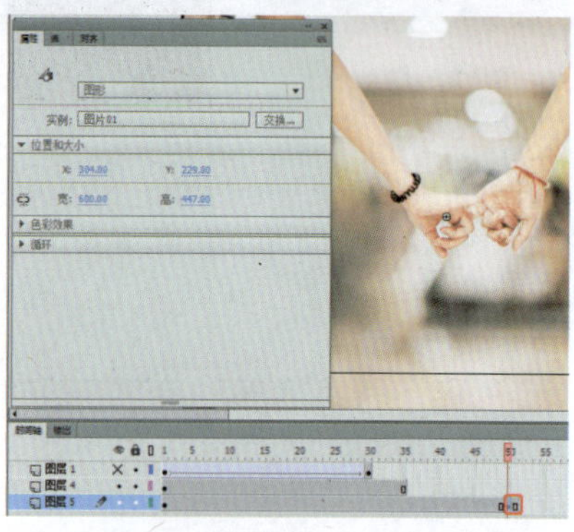

图14-19　插入帧

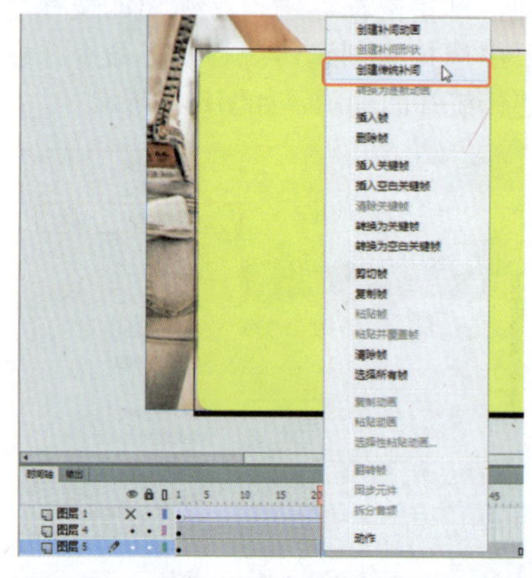

图14-20　选择【创建传统补间】命令

⑳ 在【时间轴】面板中选择“图层4”，单击鼠标右键，在弹出的快捷菜单中选择【遮罩层】命令，效果如图14-21所示，将“图层1”至“图层3”显示。

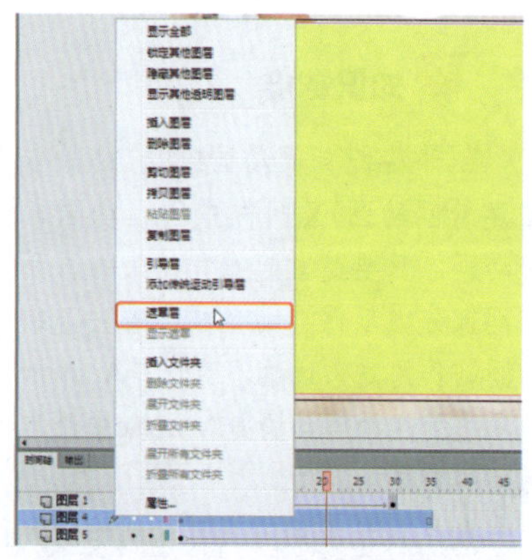

图14-21　创建遮罩层

㉑ 将“图层5”解除锁定，选择该图层的第130帧，按F6键插入关键帧，在舞台上选择“图片01”元件，

在【属性】面板中将【样式】设置为【亮度】，将【亮度】设置为0，如图14-22所示。

图14-22 设置亮度参数

22 选择“图层5”的第145帧，按F6键插入关键帧，选择“图片01”元件，在【属性】面板中将【亮度】设置为100，如图14-23所示。

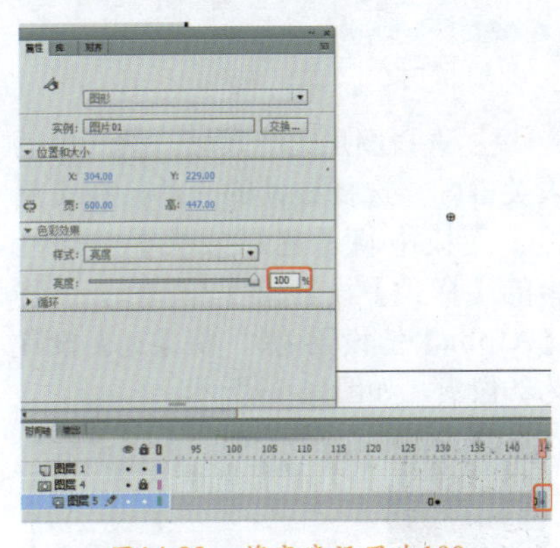

图14-23 将亮度设置为100

23 在第130帧至第145帧之间的任意一帧单击鼠标右键，在弹出的快捷菜单中选择【创建传统补间】命令，如图14-24所示。

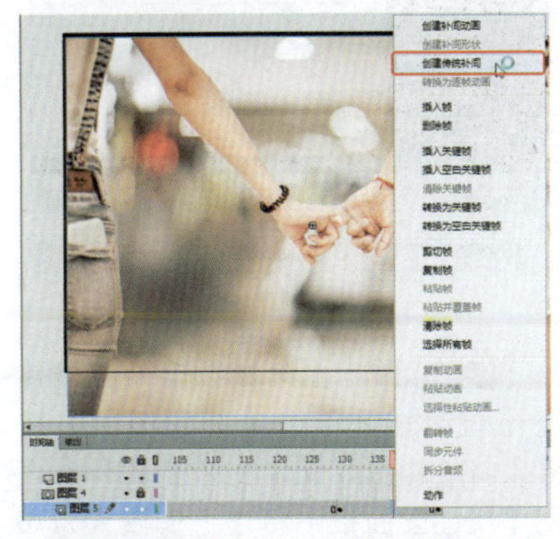

图14-24 选择【创建传统补间】命令

24 执行该操作后，即可完成传统补间的创建，效果如图14-25所示。

25 选择“图层4”的第145帧，按F5键插入帧，选择“图层3”，单击【新建图层】按钮，将该图层重命名“文字1”，选择该图层的第50帧，按F6键插入关键帧，选择【矩形工具】，在【属性】面板中将【边角半径】设置为0，将笔触设置为无，将填充颜色设置为【#666666】，如图14-26所示。

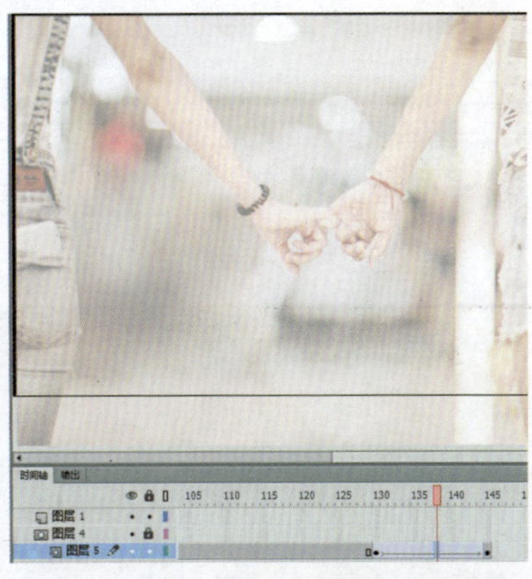

图14-25 创建传统补间后的效果

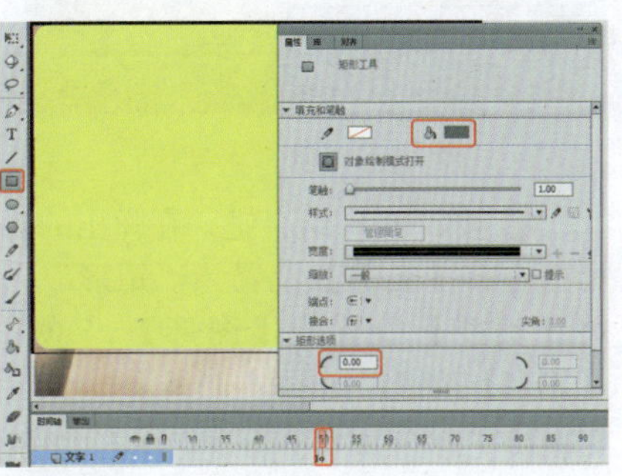

图14-26 插入关键帧并设置矩形参数

26 在场景中绘制矩形，在【属性】面板中将【宽】、【高】设置为225、48，如图14-27所示。

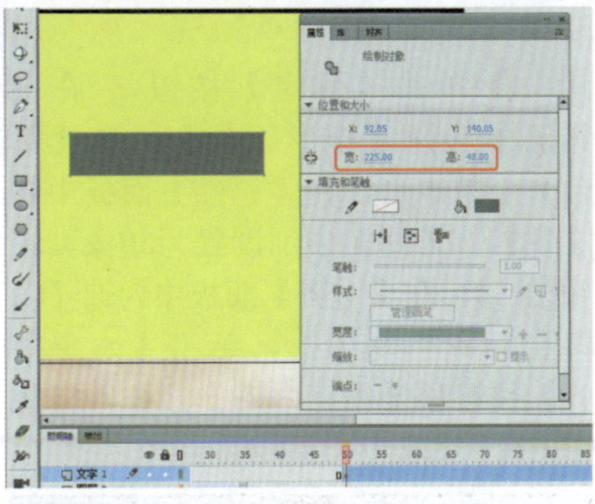

图14-27 绘制矩形并设置矩形大小

27 在工具箱中选择【文本工具】，在场景中输入文字“打开重逢的往事”，选择输入的文字，将【系列】设置为【汉仪书魂体简】，将【大小】设置为30磅，将【颜色】设置为白色，如图14-28所示。

28 使用【选择工具】选择绘制的矩形和文字，打开【对齐】面板，取消勾选【与舞台对齐】复选框，在【对齐】选项组中单击【水平中齐】按钮和【垂直中齐】按钮，如图14-29所示。

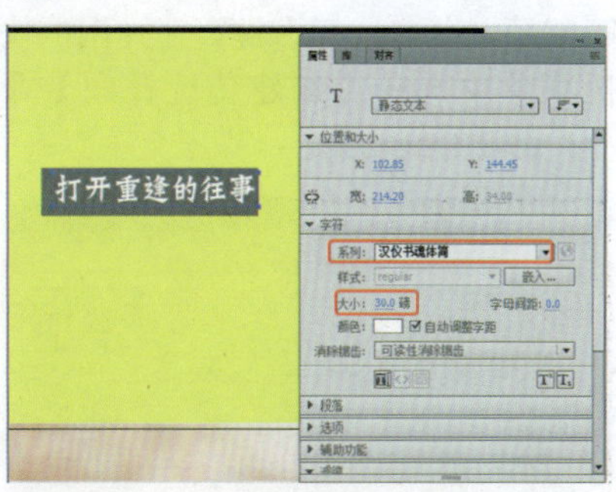

图14-28 输入文字

图14-29 【对齐】面板

29 按F8键打开【转换为元件】对话框，在该对话框中将【名称】命名为“文字1”，将【类型】设置为【图形】，如图14-30所示。

图14-30 【转换为元件】对话框

30 单击【确定】按钮，在【属性】面板中将【X】、【Y】设置为-115、45，将【色彩效果】卷展栏中的【样式】设置为【Alpha】，将【Alpha】值设置为0，如图14-31所示。

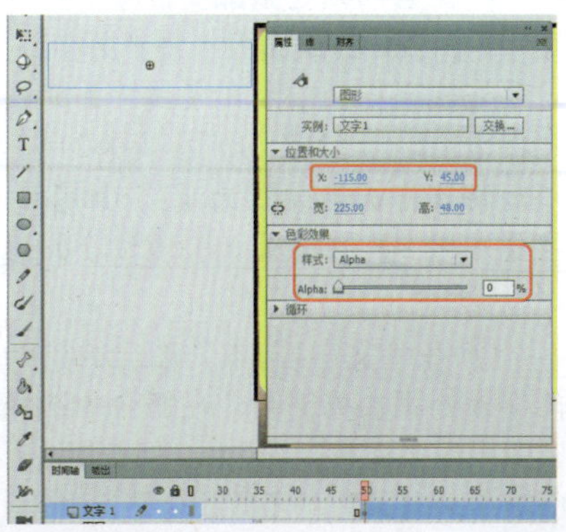

图14-31 设置元件属性

31 选择“文字1”图层的第70帧，按F6键插入关键帧，在【属性】面板中将【X】、【Y】设置为216、45，将【Alpha】值设置为100%，如图14-32所示。选择“文字1”图层的第60帧，单击鼠标右键，在弹出的快捷菜单中选择【创建传统补间】命令，创建补间动画。

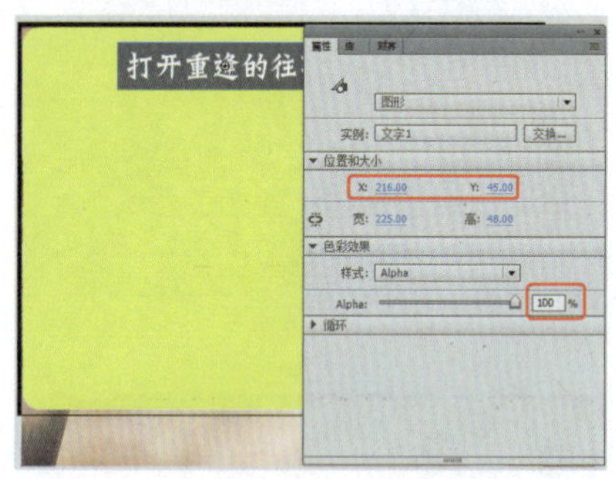

图14-32　设置Alpha参数

32 在“文字1”图层的第105帧处添加关键帧，在第120帧处添加关键帧，选择“文字1”元件，在【属性】面板中将【X】、【Y】设置为308、111，将【Alpha】值设置为0，如图14-33所示。

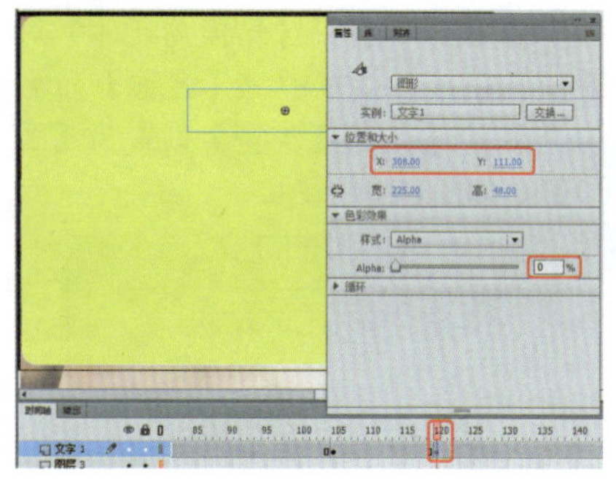

图14-33　设置位置与Alpha

33 在第105帧至第120帧处添加传统补间动画，在【时间轴】面板中选择“图层3”，单击【新建图层】按钮，将新建的图层命名为“文字1副本”，在第70帧处添加关键帧，打开【库】面板，在该面板中将“文字1”元件拖拽至舞台中，在【属性】面板中将【X】、【Y】分别设置为216、45，将【样式】设置为【Alpha】，将【Apha】值设置为100%，如图14-34所示。

34 在“文字1副本”图层的第80帧位置处添加关键帧，在舞台中选择该图层的“文字1”元件，在【属性】面板中将【X】、【Y】设置为240、75，将【Alpha】值设置为0，在第70帧至第80帧之间创建传统补间动画，完成后的效果如图14-35所示。

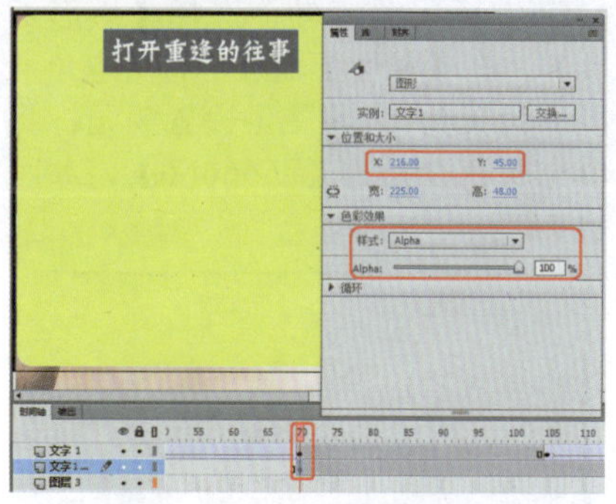

图14-34　设置元件属性

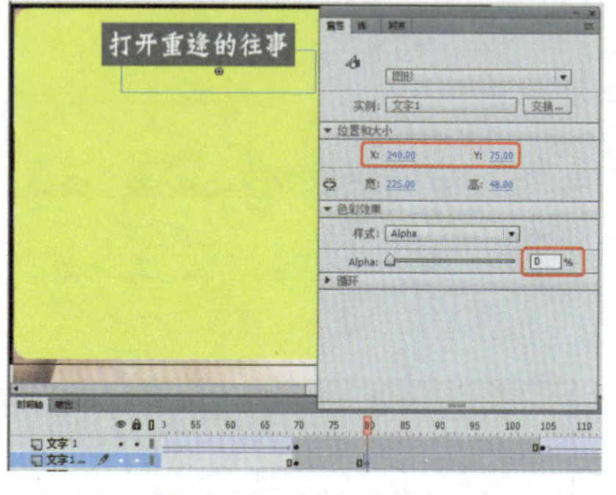

图14-35　设置关键帧

35 按Ctrl+F8组合键，在弹出的对话框中将【名称】设置为“矩形”，将【类型】设置为【图形】，单击【确定】按钮，如图14-36所示。

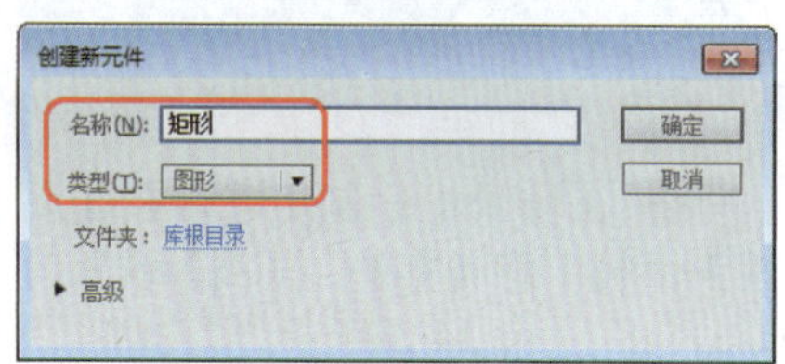

图14-36　【创建新元件】对话框

36 单击【确定】按钮，在工具箱中选择【矩形工具】，在【舞台】绘制矩形，在【属性】面板中将【宽】、【高】分别设置为50像素、400像素，在【对齐】面板中勾选【与舞台对齐】复选框，单击【水平中齐】按钮和【垂直中齐】按钮，完成后的效果如图14-37所示。

图14-37　绘制“矩形”图形元件

37 按Ctrl+F8组合键，在弹出的对话框中将【名称】设置为【过渡矩形动画】，将【类型】设置为【影片剪辑】，单击【确定】按钮，打开【库】面板中，将【矩形】拖拽至影片剪辑中，在【属性】面板中将【X】、【Y】设置为-250、0，如图14-38所示。

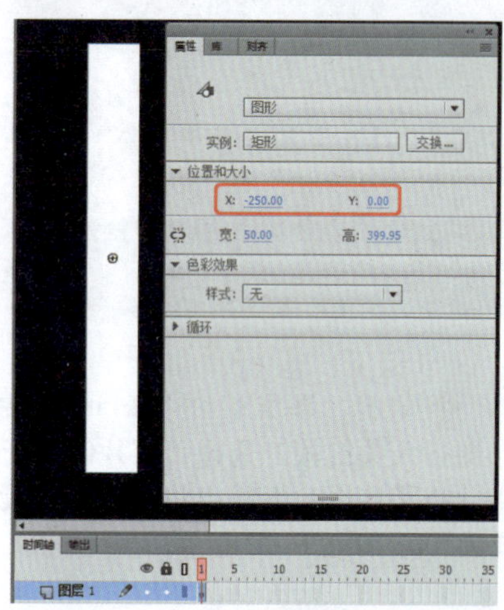

图14-38　调整矩形的位置

38 选择图层的第10帧，按F6键插入关键帧，选择该帧的元件，在【属性】面板中将【色彩效果】卷展栏中的【样式】设置为【Alpha】，将【Alpha】值设置为0，将【宽】设置为20像素，如图14-39所示。

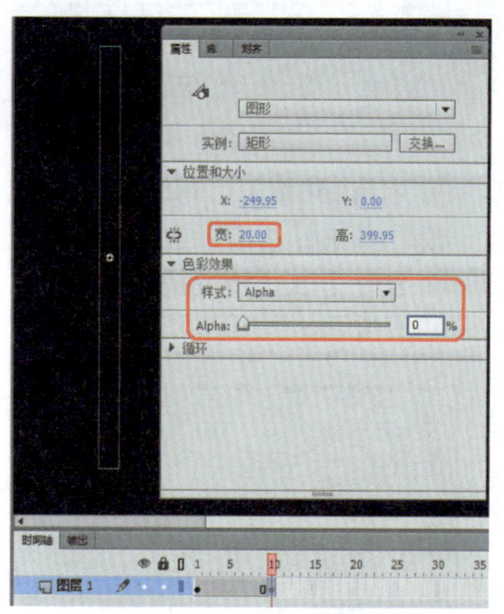

图14-39　设置关键帧

39 在第0帧至第10帧之间创建传统补间动画，单击【新建图层】按钮，将“矩形”元件拖拽至舞台中，在【属性】面板中将【宽】设置为70像素，将【X】、【Y】设置为-190、0，如图14-40所示。

40 选择新建图层的第5帧按F6键插入关键帧，选择该图层的第15帧，按F6键插入关键帧，选择元件，在【属性】

面板中将【宽】设置为40像素，将【样式】设置为【Alpha】，将【Alpha】值设置为0，在第5帧至第15帧之间创建传统补间动画，如图14-41所示。

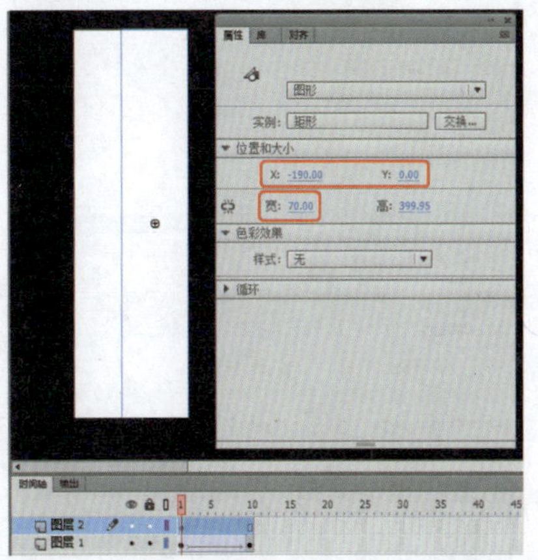

图14-40 将“矩形”元件拖拽至舞台并进行调整

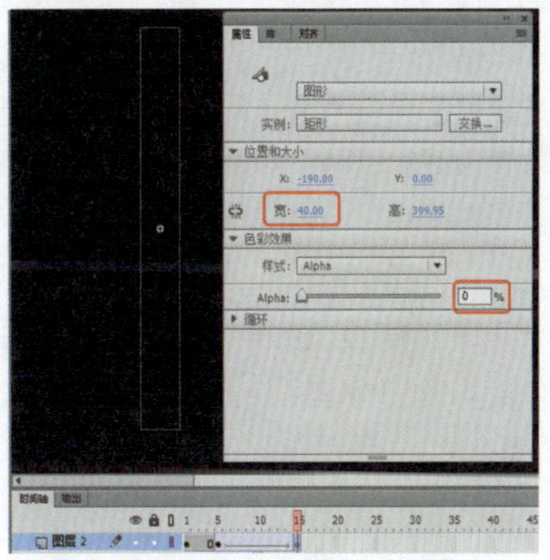

图14-41 设置元件属性

41 单击【新建图层】按钮，打开【库】面板，在该面板中将“矩形”元件拖拽至舞台中，选择“矩形”元件，在【属性】面板中将【宽】设置为100像素，将【X】、【Y】分别设置为-105、0，如图14-42所示。

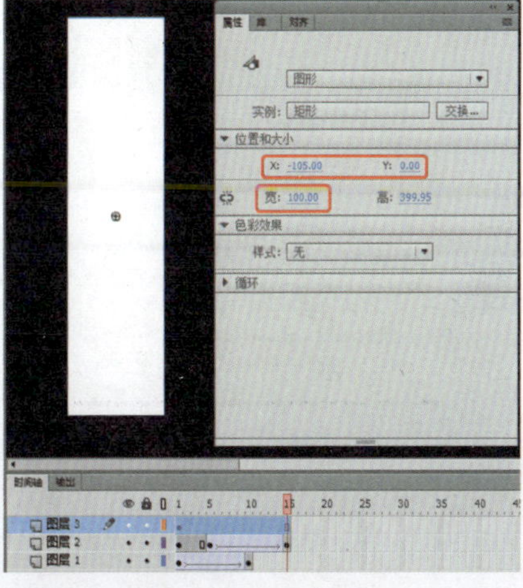

图14-42 添加关键帧

42 选择新图层的第10帧，按F6键插入关键帧，选择第20帧，按F6键插入关键帧，在【属性】面板中将【宽】设置为60像素，将【样式】设置为【Alpha】，将【Alpha】值设置为0，在第10帧至第20帧之间创建传统补间动画，完成后的效果如图14-43所示。

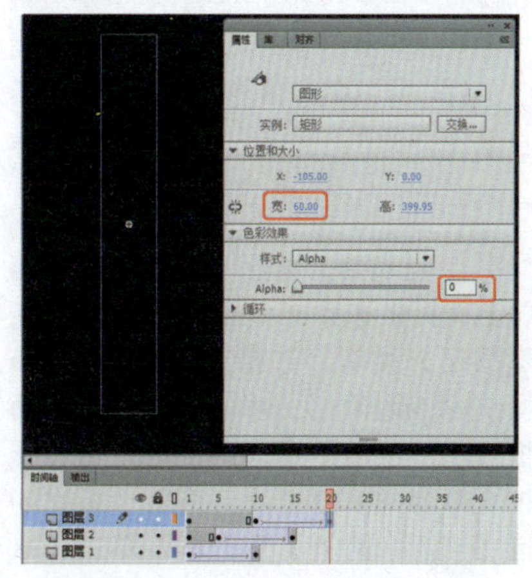

图14-43 设置元件属性并添加传统补间动画

43 使用同样的方法设置其他动画，设置完成后的效果如图14-44所示。

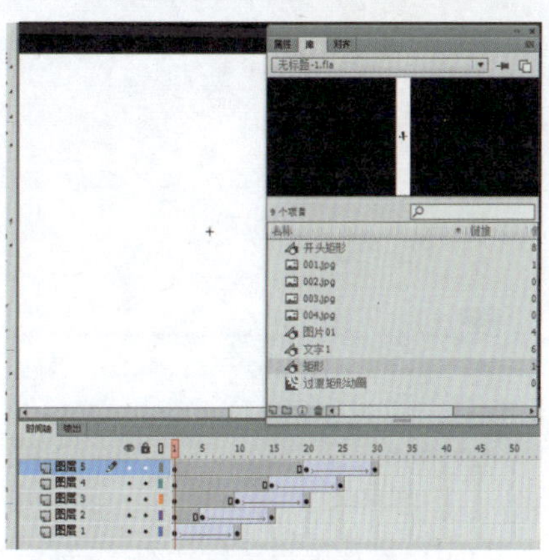

图14-44 设置其他动画

知识链接

贺卡起源

起源于唐太宗用贺卡给大臣拜年。每到新年和春节，上至国家元首，下至寻常百姓，都有向亲朋好友寄送贺卡的习惯。贺卡这一特殊的祝福介质，究竟是何时产生的，为何会流传至今，又经历了怎样的发展变化？

中国传统文化中非常强调“礼”，“礼”是中华文化的精髓。礼节中的许多内容是靠形式来表达的，比如贺卡。在个人重大事情或公共节日前呈送贺卡，一来形式庄重，二来提早通报对方，与人与己均为方便。故汉朝以来，贺卡作为传统形式一直延续保留，只是名称有所变化。

贺卡发展

1. 贺卡早期叫“名帖”，以介绍自己为主，西汉称之“谒”，今天贵宾相见还在说“拜谒”，东汉后叫“名刺”，名刺一词日本至今仍在使用，就是我们常用的名片。

贺卡在我国的使用由来已久，在古代，上层士大夫有用名帖互相问候的习俗。宋人周辉在《清波杂志》中说：“宋元佑年间，新年贺节，往往使用佣仆持名刺代往。”这段记录源于一个有趣的故事：京城某年过年，有一个士人不想每家每户亲自去拜访，便想出一个偷懒的主意，自己先写好许多有祝福之意的卡片，再吩咐仆人每到一被访之家，便在那家门口放一张卡片，敲门后不等开门，赶快溜走，好让被访者以为他亲自来拜访过。也许这个人一再偷懒，走漏了风声，结果有一户人家一听到敲门声，立马冲了出来，把那个“可怜”的仆人逮个正着。这被看作是“作伪”的行径。但当时士大夫交游广，若四处登门问候，既耗费时间，也耗费精力，因此有些朋友他们就不亲自前往，而是派仆人拿一种用梅花笺纸裁成的两寸宽、三寸长，上面写有受贺人姓名、住址和恭贺话语的卡片前往代为拜年。

凡事先通报自己是尊重对方的必须，今天的社会有时并不注意这些传统了。

唐宋以后，称为“门状”或“飞帖”，到了明清，又叫“红单”“贺年帖”，听着名字就知功能越来越世俗化，文人之间的文雅逐渐消失。原因其实简单，古代教育不够普及，识文断字的人少，贺卡最初都是在达官贵人之间传递，起点颇高，进入商业社会，贺卡就多了一份热情，少了一份迂腐。

据说唐太宗李世民过年时，用赤金箔做成贺卡，御书“普天同庆”，赐与大臣。由于这一形式由帝王发明，迅速在民间普及，不过民间没有皇家那么奢侈，不敢使用金箔，改用梅花笺纸，竖写，右上端为受贺者官讳，左下端为贺者姓名，传说南宋人张世南在著作中记载他家曾藏有北宋名家黄庭坚、秦观等人的贺卡，这绝对是一份精典收藏，如保留至今天也应该是价值连城的古董宝贝了。

说来非常有意思，名帖贺卡一类原是本人亲自呈送，以示郑重。但到了宋朝，商业气息浓厚，人们也日渐忙碌，故不能亲送者，派仆人呈送，逐渐形成风俗。这样的好处是一人可以多送，如亲自前往，所送数量极为有限，朋友多的人恐有失礼；派人呈送，好处多多，省去主人之间见面的繁文缛节，效率大大提高。

明清时期，呈送贺卡名帖等更有一套礼仪，按规定仆人不能亲自用手呈送贺卡，故发明了拜匣，即拜见时仆人所持的匣盒，呈长方形，大小正好容纳贺卡名帖，见主人后，仆人不能直接用手持卡或帖，必须打开拜匣，让主人取出。

明清时的贺帖出现了一种独立的样式。清褚人获在《坚瓠首集》卷一中有这么一个记载："元旦拜年，明末清初用古简，有称呼。康熙中则易红单，书某人拜贺。素无往还、道路不揖者，而单亦及之。"红单就是专用于年节而用红纸制作以表示吉庆意味的贺帖，显然不能在平日中作为名纸使用。这红单可说是中国古代出现的一种真正的贺年卡了。

2. 贺卡的商业性邮递也从宋代始。张世南的《游宦纪闻》中载，每逢冬至、元旦年节，"凡在外官，皆以状至其长吏"，这是邮政作为贺卡信使的最早记载。由于贺卡可以沟通人与人之间的情感交往，而此种交往又往往以短句表达，比如宋代常写"敬贺正旦"，久而久之，贺语就出现了程式化，言简意赅、互送吉语，表达人们对生活的期冀与憧憬。

3. 近代贺卡

近代意义上的贺卡首先发端于圣诞卡的印制，随后不断发展，出现了各种节日贺卡，其中中国邮政推出的自创型贺卡以及相继推出的植物贺卡，刺绣贺卡等都给传统贺卡注入了新的内容。

4.现代贺卡

在提倡低碳环保的今天，传统的贺年卡在与现代的网络技术融合后，在虚拟的世界里，创造了自己新的辉煌——电子贺卡（E-card）。电子贺卡以其快速便捷，节约环保的特点，迅速成为一种时尚。

电子贺卡的出现对传统贺卡产生了一定的冲击，但两者是无法完全互相取代的。一部分人认为收到传统贺卡时那种幸福、感动的感觉是其他方式所不能替代的，传统贺卡依然有着电子贺卡不能取代的优点。环保方面则可以在制作工艺上多下功夫，如废纸利用等。

44 返回到"场景1"中，在【时间轴】面板中选择"图层5"，单击【新建图层】按钮，选择新图层的第145帧，按F6键添加关键帧，打开【库】面板，将"过渡矩形动画"影片剪辑拖拽至舞台中，打开【对齐】面板，勾选【与舞台对齐】复选框，单击【水平中齐】按钮和【垂直中齐】按钮，如图14-45所示。

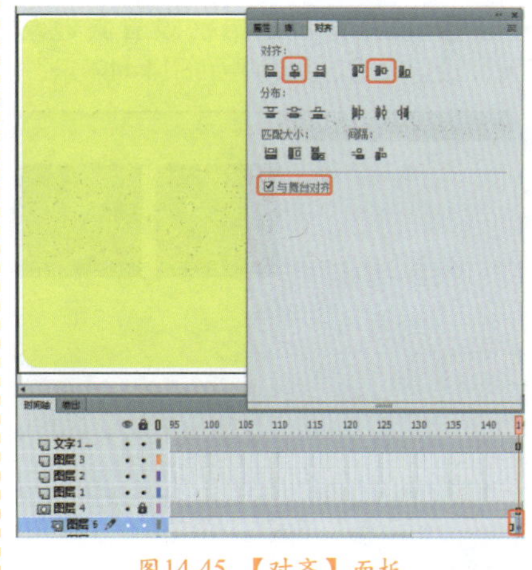
图14-45 【对齐】面板

45 选择新图层的第174帧，按F5键插入帧，选择"图层4"的第174帧，按F5键插入帧，锁定新图层，选择"图层5"单击【新建图层】按钮，新建"图层7"，选择"图层7"第145帧，按F6键插入关键帧，打开【库】面板，在该面板中将002.jpg文件拖拽至舞台中，在【属性】面板中将【宽】、【高】分别设置为599.95像素、399.2像素，如图14-46所示。

46 选择文件，按F8键打开【转换为元件】对话框，在该对话框中将【名称】命名为"图片02"，将【类型】设置为【图形】，如图14-47所示，单击【确定】按钮。

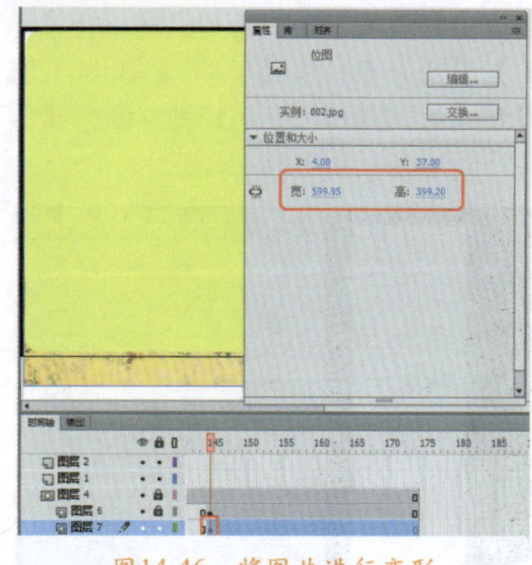
图14-46 将图片进行变形

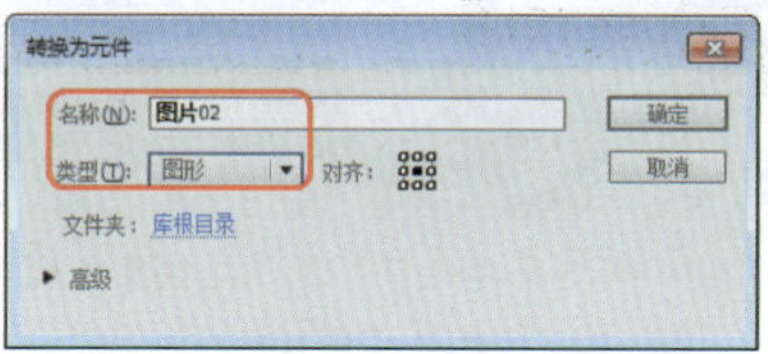

图14-47 【转换为元件】对话框

47 确定元件处于选择状态，在【属性】面板中将【X】、【Y】分别设置为246、196，如图14-48所示。

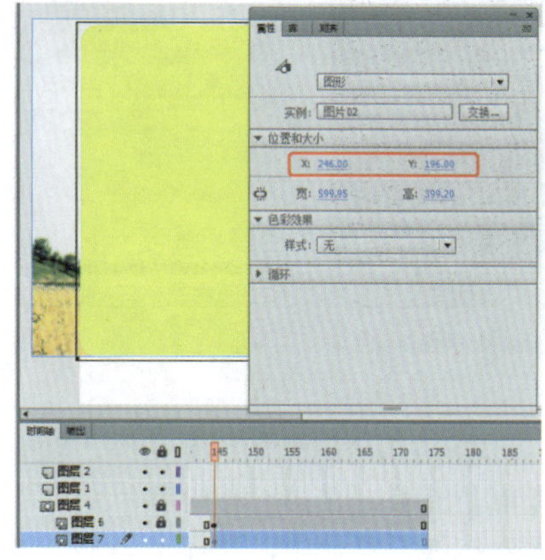
图14-48 调整元件位置

48 选择第174帧，按F6键插入关键帧，如图14-49所示。

图14-49 插入关键帧

49 选择第195帧，按F6键插入关键帧，在舞台上选择“图片02”元件，将【属性】面板中的【X】、【Y】分别设置为300、199，如图14-50所示。

图14-50 调整元件位置

50 选择第194帧，单击鼠标右键，在弹出的快捷菜单中选择【创建传统补间】命令，选择“图层7”的第260帧，按F6键插入关键帧，选择“图层4”的第260帧，按F5键插入帧，效果如图14-51所示。

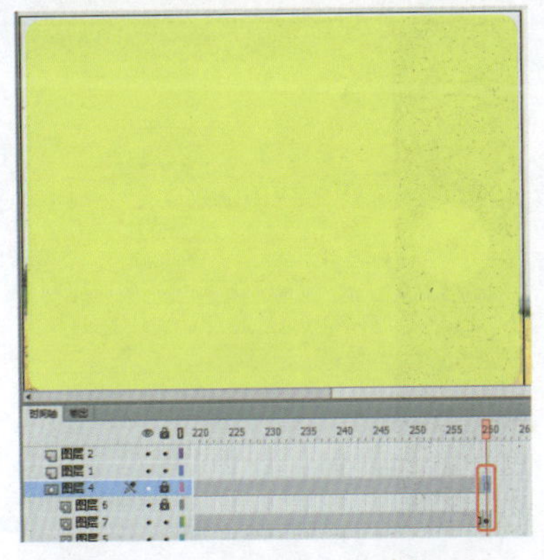

图14-51 创建传统补间并插入帧

51 选择“图层7”第275帧，单击鼠标右键，在弹出的快捷菜单中选择【插入关键帧】命令，选择元件，在【属性】面板中将【色彩效果】下的【样式】设置为【亮度】，将【亮度】设置为100，如图14-52所示。

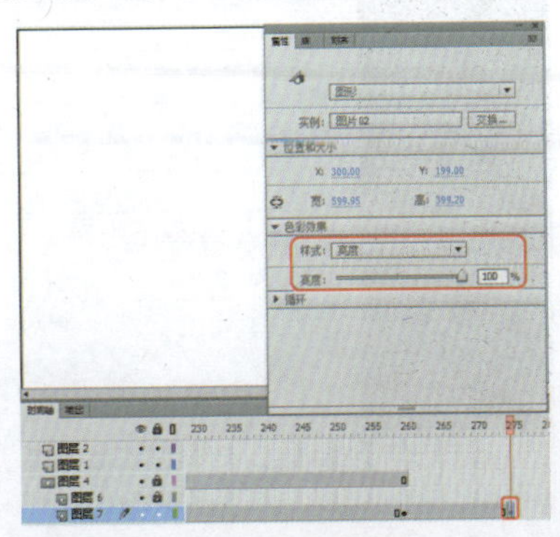

图14-52 设置亮度

52 选择第260帧，单击鼠标右键在弹出的快捷菜单中选择【创建传统补间】命令，选择“图层4”的第275帧，按F5键插入帧，完成后的效果如图14-53所示。

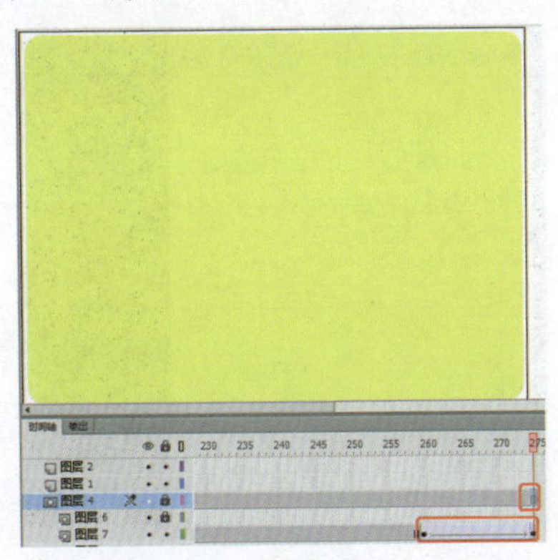

图14-53 创建传统补间动画

53 将“图层7”锁定，选择“图层6”的第275帧，按F6键插入关键帧，选择该图层的第175帧，按F7键插入空白关键帧，选择该图层的第304帧，按F5键插入帧，选择“图层4”第304帧，按F5键插入帧，如图14-54所示。

图14-54 插入关键帧

54 使用同样的方法制作其他图层的动画，制作完成后的效果如图14-55所示。

图14-55 设置完成后的效果

55 按Ctrl+F8组合键打开【创建新元件】对话框，在该对话框中将【名称】命名为“矩形动画”，将【类型】设置为【影片剪辑】，单击【确定】按钮，如图14-56所示。

图14-56 【创建新元件】对话框

56 打开【库】面板，在该面板中选择“矩形”元件，将该元件拖拽至舞台中，在【属性】面板中将【宽】设置为4像素，将【X】、【Y】设置为-268、0，将【色彩效果】卷展栏中的【样式】设置为【Alpha】，将【Alpha】值设置为20%，如图14-57所示。

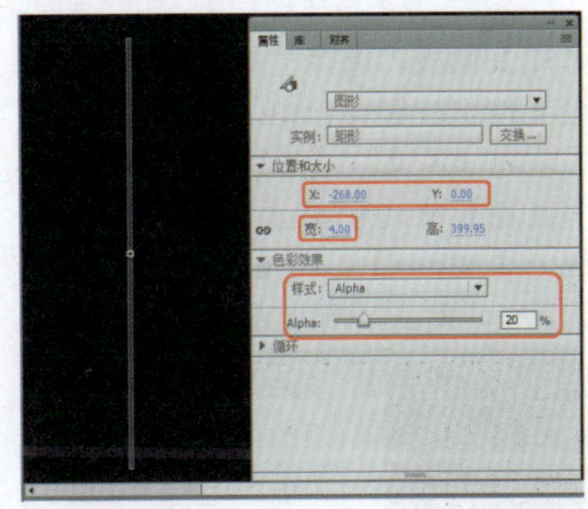

图14-57 设置“矩形”元件属性

57 选择图层的第15帧，单击鼠标右键，在弹出的快捷菜单中选择【插入关键帧】命令，选择元件，在【属性】面板中将【X】设置为-31，如图14-58所示。

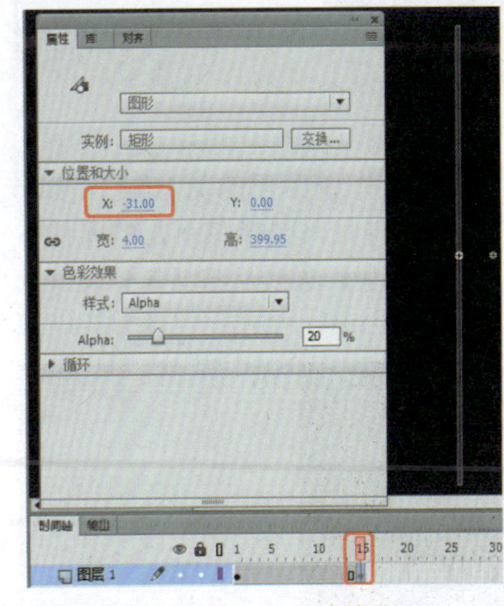

图14-58 设置关键帧

58 选择第13帧，单击鼠标右键在弹出的快捷菜单中选择【创建传统补间】命令。选择图层的第30帧，按F6键插入关键帧，在场景中选择元件，在【属性】面板中将【X】设置为

-222，如图14-59所示。在第15帧和第30帧之间创建传统补间动画。

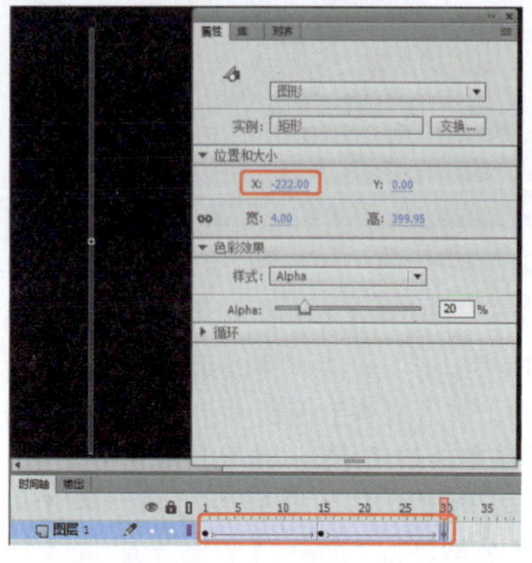

图14-59 设置元件的X位置

59 单击【新建图层】按钮，打开【库】面板，选择“矩形”元件，将该元件拖拽至舞台中，在【属性】面板中将【X】、【Y】设置为-6、0，将【宽】设置为7像素，将【样式】设置为【Alpha】，将【Alpha】值设置为20%，如图14-60所示。

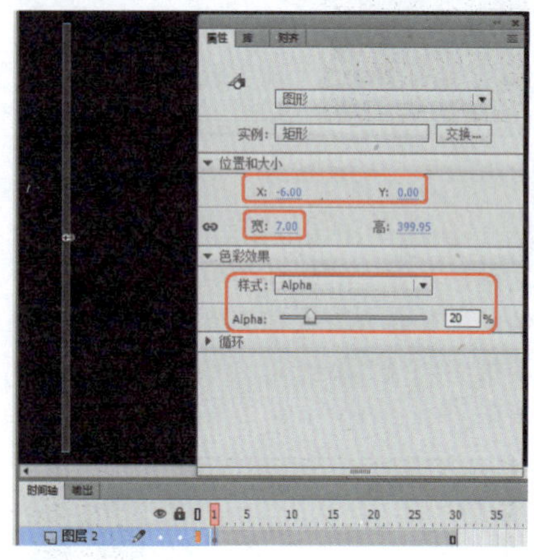

图14-60 设置属性

60 选择新图层的第10帧，按F6键插入关键帧，选择该图层的元件，打开【属性】面板，将【X】设置为-250，如图14-61所示。

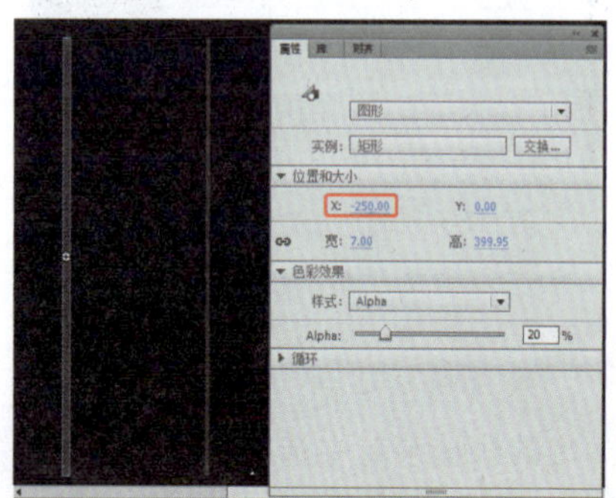

图14-61 设置关键帧

61 选择新图层的第5帧，单击鼠标右键，在弹出的快捷菜单中选择【创建传统补间】命令，选择新图层的第25帧位置，按F6键插入关键帧，打开【属性】面板，将【X】位置设置为44，如图14-62所示。

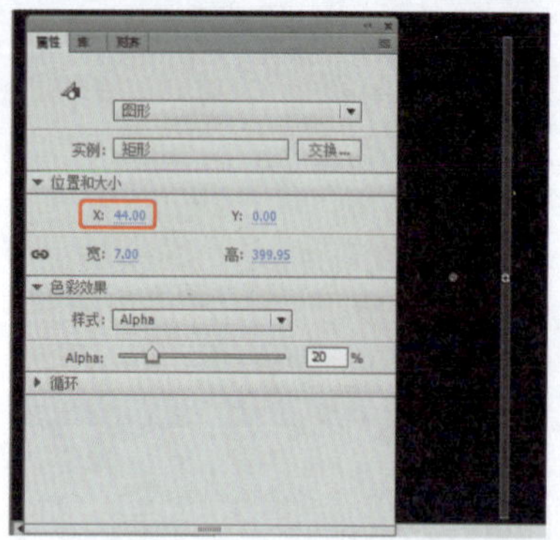

图14-62 设置X位置

62 在第10帧至第25帧位置处添加传统补间动画，在新图层的30帧位置处添加关键帧，在【属性】面板中将【X】设置为-105，在第25帧和第30帧之间创建传统补间动画。使用同样的方法制作其他图层的动画，完成后的效果如图14-63所示。

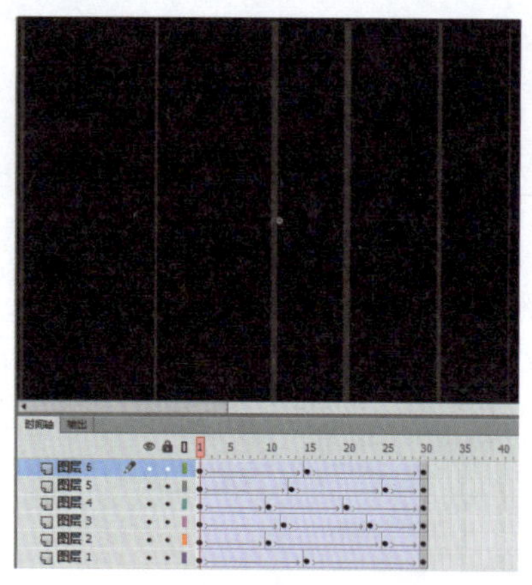

图14-63 设置完成后的效果

63 按Ctrl+F8组合键打开【创建新元件】对话框，在该对话框中将【名称】设置为“圆动画”，将【类型】设置为【影片剪辑】，单击【确定】按钮，如图14-64所示。

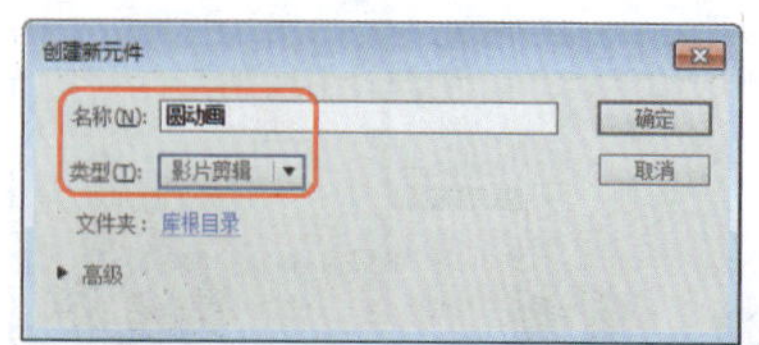

图14-64 【创建新元件】对话框

64 在工具箱中选择【椭圆工具】，按住Shift键在舞台上绘制正圆，在【属性】面板中将笔触设置为无，将【填充颜色】设置为白色，将【宽】【高】都设置为65像素，选择绘制的圆，按F8键打开【转换为元件】对话框，在该对话框中将【名称】命名为“圆”，将【类型】设置为【图形】，如图14-65所示。

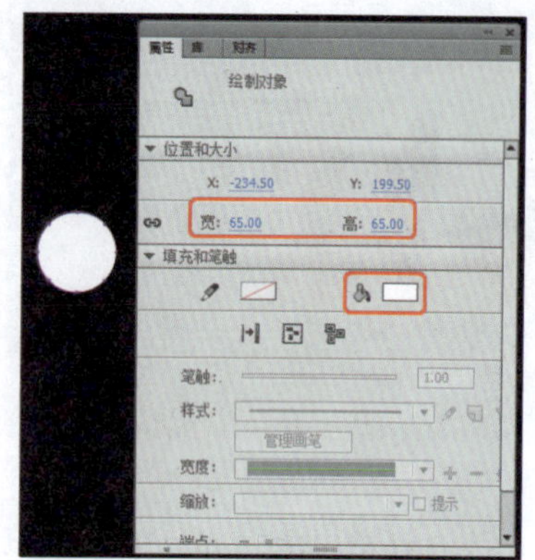

图14-65 将圆转换为元件

65 单击【确定】按钮，在舞台上选择“圆”元件，在【属性】面板中将【X】、【Y】设置为-202、232，如图14-66所示。

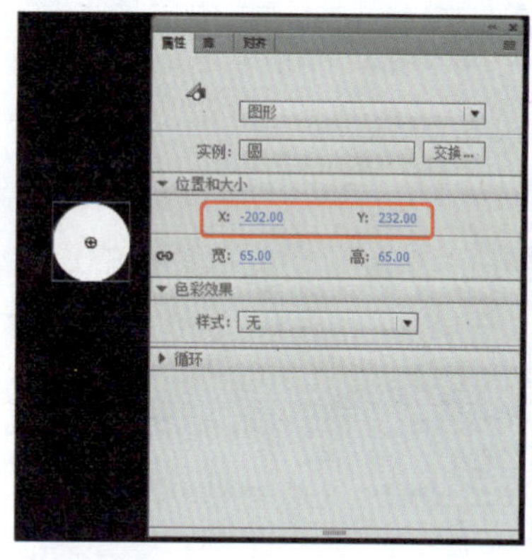

图14-66 设置元件位置

66 选择该图层的第30帧，按F6键插入关键帧，选择“圆”元件，在【属性】面板中将【Y】设置为12，将【样式】设置为【Alpha】，将【Alpha】值设置为0，如图14-67所示。

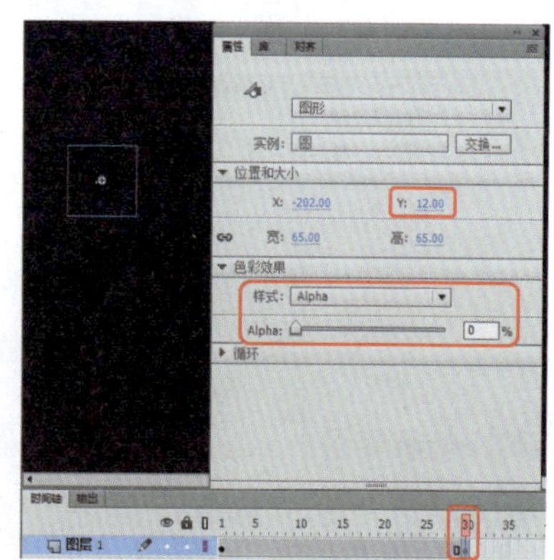

图14-67 设置元件参数

67 在第0帧至第30帧之间创建传统补间动画，单击【新建图层】按钮，新建“图层2”，选择该图层的第5帧，按F6键插入关键帧，将“圆”元件拖拽至舞台中，在【变形】面板中将【缩放宽度】与【缩放高度】锁定在一起，将【缩放宽度】设置为35%，在【属性】面板中将【X】、【Y】分别设置为-126、212，如图14-68所示。

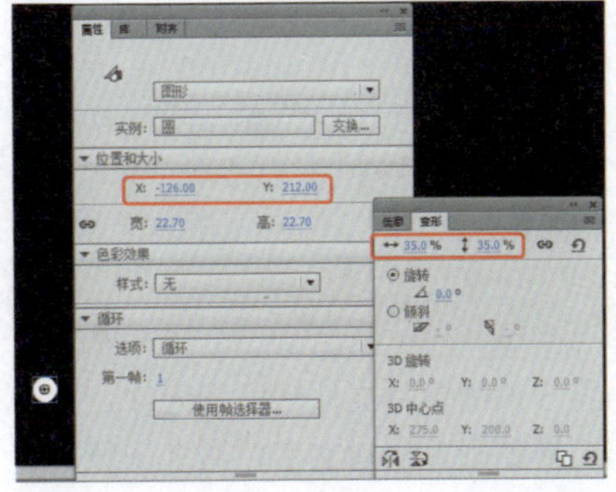

图14-68 设置位置及变形参数

68 选择第35帧，按F6键插入关键帧，在【属性】面板中将【Y】设置为-15，将【样式】设置为【Alpha】，将【Alpha】值设置为0，在第5帧至第35帧之间创建传统补间动画，使用同样的方法制作其他动画，在时间轴上的表现如图14-69所示。

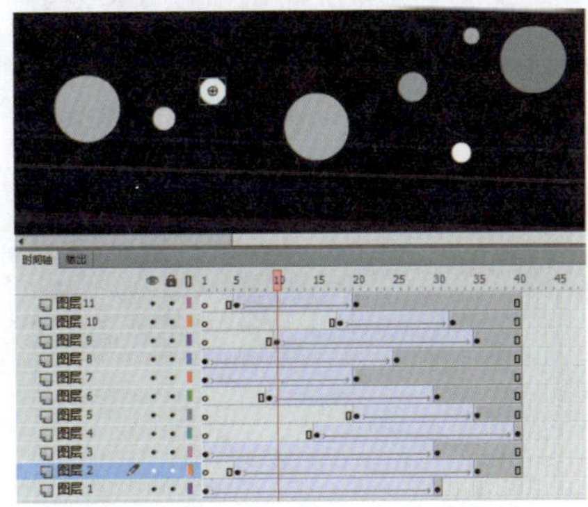

图14-69 在时间轴上的表现

69 返回到“场景1”中，选择“图层11”，单击【新建图层】按钮，新建“图层18”，打开【库】面板，选择“矩形动画”影片剪辑，将其拖拽至舞台中，在【对齐】面板中单击【水平中齐】按钮和【垂直中齐】按钮，如图14-70所示。

70 选择新建图层的第510帧，按F7键插入空白关键帧，选择“图层11”，单击【新建图层】按钮，新建“图层19”，打开【库】面板，在该面板中选择“圆动画”影片剪辑，将其拖拽至舞台中，在【属性】面板中将【X】、【Y】分别设置为256、235，如图14-71所示。

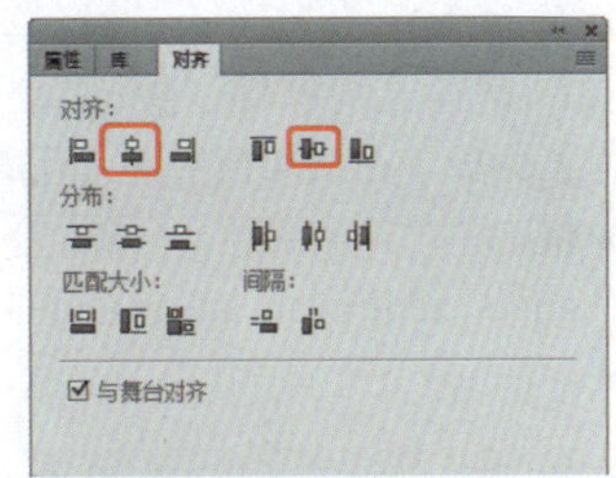

图14-70 【对齐】面板

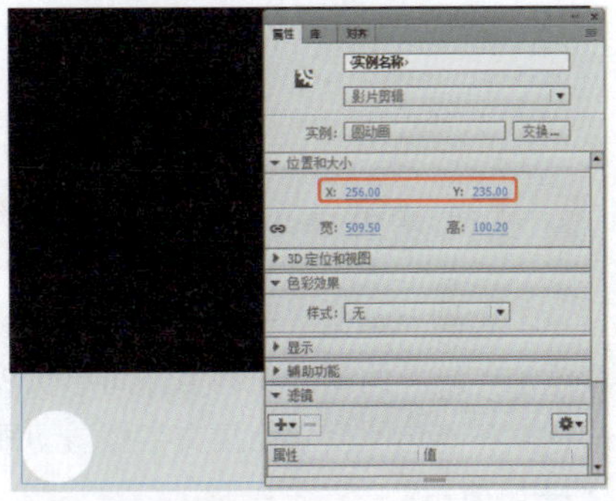

图14-71 调整位置

提 示

由于设置的“圆动画”影片剪辑的大小可能不相同，所以此处的【X】、【Y】值可以根据实际情况做适当的调整。

71 确定“圆动画”影片剪辑处于选择状态，单击【滤镜】卷展栏中的【添加滤镜】按钮，在弹出的下拉列表中选择【模糊】选型，将【模糊X】设置为10，如图14-72所示。

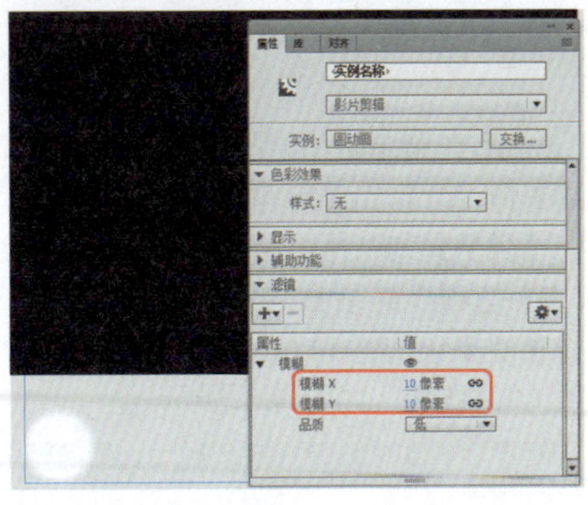

图14-72 设置【模糊】滤镜

72 再次单击【添加滤镜】按钮，在弹出的下拉列表中选择【发光】，将【模糊X】设置为10，将【品质】设置为高，将【颜色】设置为【#FFFF00】，勾选【挖空】和【内发光】复选框，如图14-73所示。

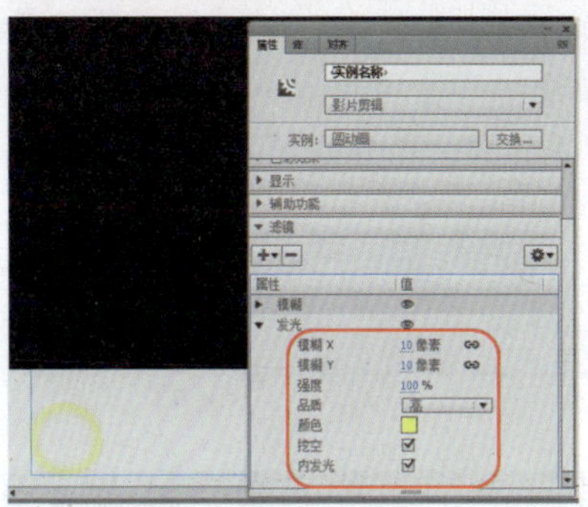

图14-73 设置【发光】滤镜

73 将“图层18”“图层19”锁定，按Ctrl+F8组合键，打开【创建新元件】对话框，在该对话框中将【名称】命名为“重播”，将【类型】命名为“影片剪辑”，单击【确定】按钮。如图14-74所示。

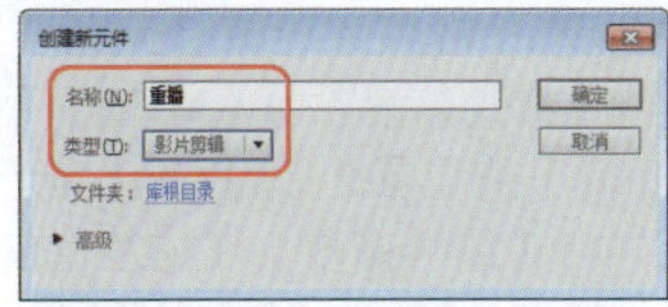

图14-74 【创建新元件】对话框

74 在工具箱中选择【文本工具】，在舞台上输入文字“Replay”，在【属性】面板中将【系列】设置为【汉仪书魂体简】，将【大小】设置为30磅，将【颜色】设置为红色，如图14-75所示。

图14-75 设置字体

75 选择输入的文字按F8键打开【转换为元件】对话框，将【名称】命名为“文字8”，将【类型】设置为【图形】，单击【确定】按钮，如图14-76所示。

76 选择文字，单击【对齐】面板中的【水平中齐】按钮和【垂直中齐】按钮，选择第20帧，按F5键插入帧，然后单击【新建图层】按钮，打开【库】面板，在该面板中将“文字8”拖拽至舞台中，单击【对齐】面板中的【水平中齐】按钮和【垂直中齐】按钮，如图14-77所示。

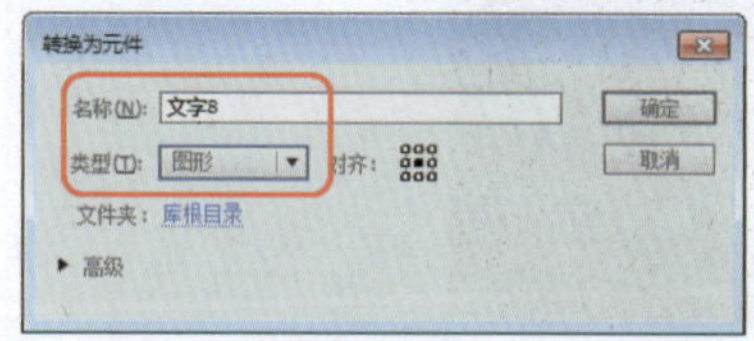

图14-76 【转换为元件】对话框

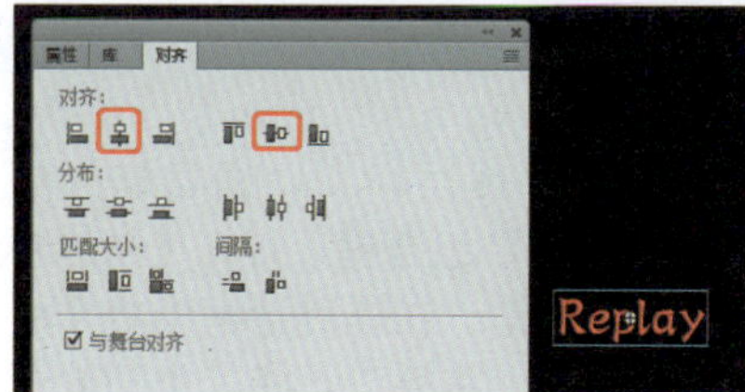

图14-77 设置文字

77 选择“图层2”的第15帧，按F6键插入关键帧，打开【属性】面板，将【样式】设置为【Alpha】，将【Alpha】值设置为0，打开【变形】面板，将【缩放高度】【缩放宽度】设置为135、135，如图14-78所示。

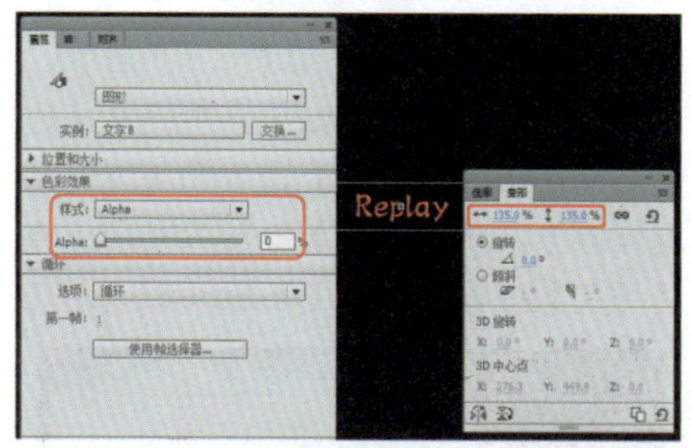

图14-78 【变形】和【属性】面板

78 选择第14帧单击鼠标右键，在弹出的快捷菜单中选择【创建传统补间】命令，返回到“场景1”中，选择“文字7”图层，单击【新建图层】按钮，将其命名为“重播”，选择该图层的第510帧，按F6键插入关键帧，打开【库】面板，将“重播”影片剪辑拖拽至舞台中，在【属性】面板中将【X】、【Y】设置为106、289，如图14-79所示。

图14-79 设置元件的位置

79 确定元件处于选择状态，在【属性】面板中将【实例名称】设置为“chongbo”，单击【新建图层】按钮，将其命名为“代码”，选择第530帧，按F6键插入关键帧，按F9键打开【动作】面板，在该面板中输入代码：

```
stop();
chongbo.addEventListener("click", replay);
function replay(me:MouseEvent)
{
    gotoAndPlay(1);
}
```

在动作面板中的表现如图14-80所示。

80 选择新图层的第1帧，为贺卡添加音乐，按Ctrl+Enter键测试影片，测试完成后将场景保存即可。

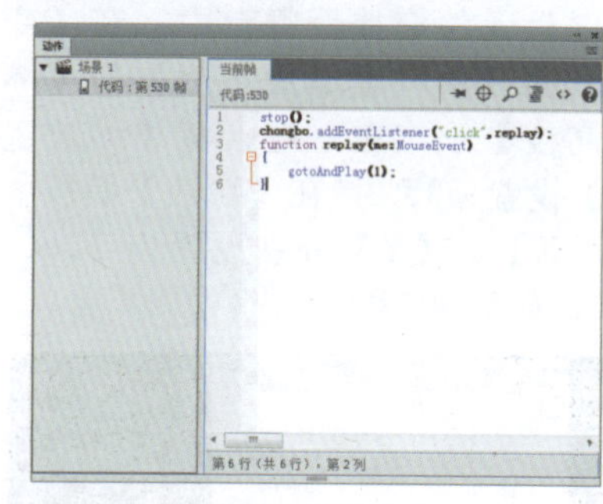

图14-80 输入代码

实例188 制作父亲节贺卡

本实例介绍父亲节贺卡的制作方法。将导入的素材文件转换为元件，并为其添加传统补间动画，利用补间形状制作切换动画，创建文字，通过调整文字的位置和不透明度来创建文字移动动画，最后为贺卡添加按钮和音乐，效果如图14-81所示。

素材：	素材|Cha14|图片01、图片02.jpg、图片03.jpg、图片04.jpg、背景音乐.mp3
场景：	场景|Cha14|实例188 父亲节贺卡.fla
视频：	视频教学 | Cha14 |实例188 父亲节贺卡.MP4

图14-81 制作父亲节贺卡

1 在菜单栏中选择【文件】|【新建】命令，弹出【新建文档】对话框，在【类型】列表框中选择【ActionScript 3.0】选项，然后在右侧的设置区域中将【宽】设置为440像素，将【高】设置为330像素，如图14-82所示。

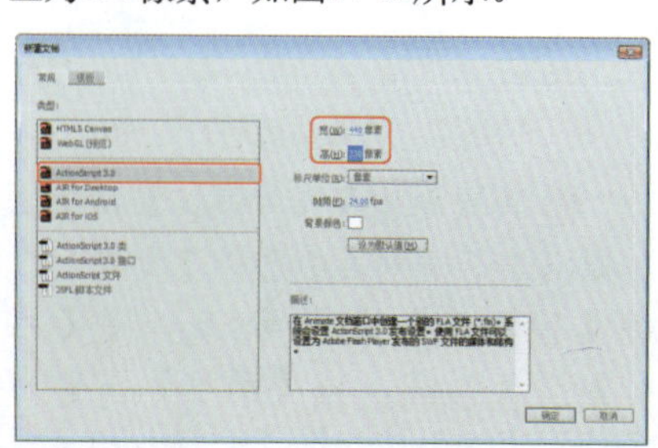

图14-82 【新建文档】对话框

2 单击【确定】按钮，即可新建一个文档，在菜单栏中选择【文件】|【导入】|【导入到库】命令，在该对话框中选择如图14-83所示的素材文件。

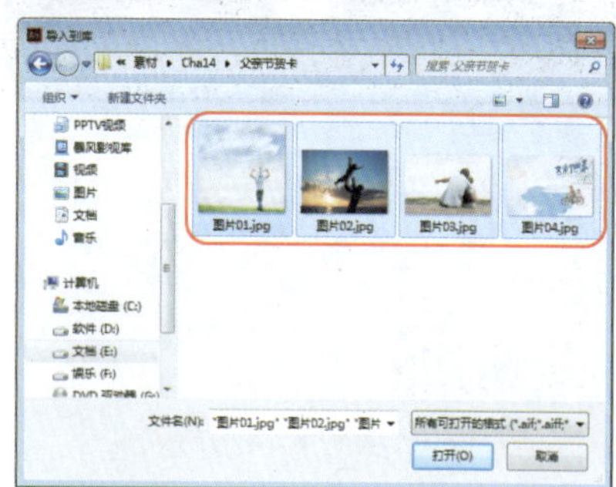

图14-83 选择素材文件

3 单击【打开】按钮，即可将选择的素材文件导入到【库】中，在【库】面板中选择01.jpg素材文件，按住鼠标将其拖拽至舞台中，选中该素材文件，在【属性】面板中将【宽】、【高】分别设置为493像素、399.9像素，如图14-84所示。

4 选中该素材文件，按F8键，在弹出的对话框中将【名称】设置为“背景01”，将【类型】设置为【图形】，并调整其对齐方式，如图14-85所示。

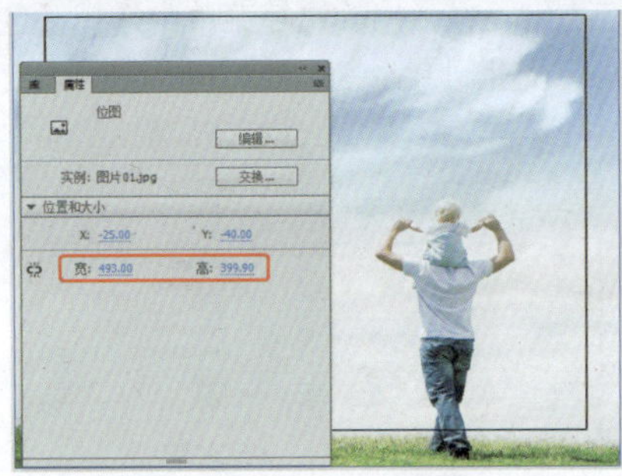

图14-84 调整素材文件的大小

图14-85 转换为元件

❺ 设置完成后，单击【确定】按钮，将【X】、【Y】分别设置为194、130.1，在【时间轴】面板中选中该图层的第120帧，按F6键插入关键帧，选中该帧的元件，将【X】、【Y】分别设置为248.5、189.95，如图14-86所示。

图14-86 调整对象位置

❻ 选中该图层的第85帧，单击鼠标右键，在弹出的快捷菜单中选择【创建传统补间】命令，如图14-87所示。

图14-87 选择【创建传统补间】命令

❼ 在【时间轴】面板中单击【新建图层】，新建图层2，在工具箱中单击【矩形工具】，在舞台中绘制一个矩形，选中绘制的矩形，在【属性】面板中将【X】、【Y】分别设置为-18、-10，将【宽】、【高】分别设置为500像素、359.95像素，将填充颜色设置为白色，将笔触颜色设置为无，如图14-88所示。

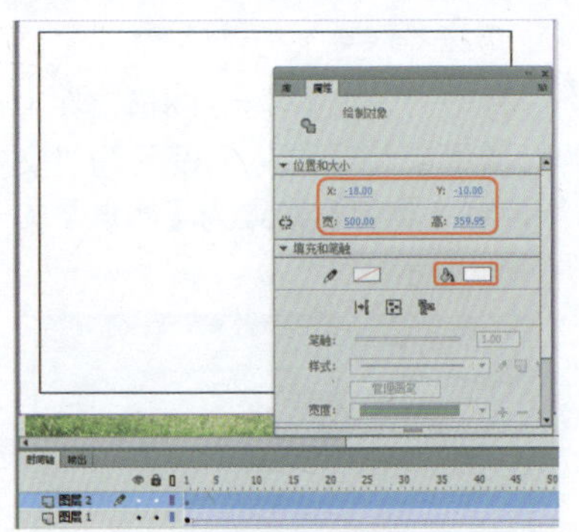

图14-88 绘制图形

❽ 选中“图层2”的第13帧，按F6键插入关键帧，选中该帧上的图形，在【属性】面板中将【宽】【高】分别设置为76像素、439像素，将【填充颜色】的【Alpha】值设置为0，效果如图14-89所示。

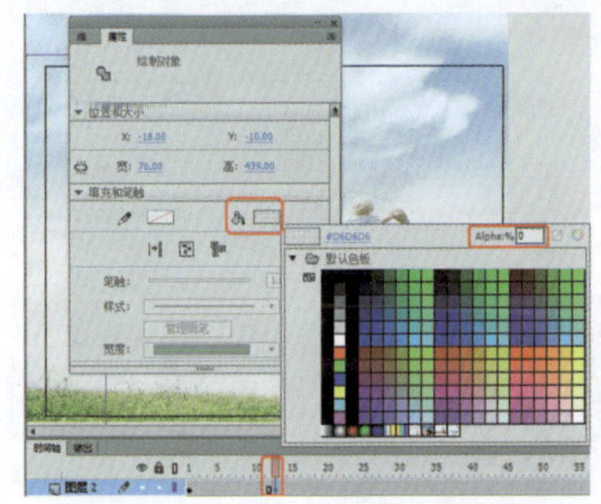

图14-89 设置填充颜色的Alpha

❾ 在【时间轴】面板中选中该图层的第6帧，单击鼠标右键，在弹出的快捷菜单中选择【创建补间形状】命令，如图14-90所示。

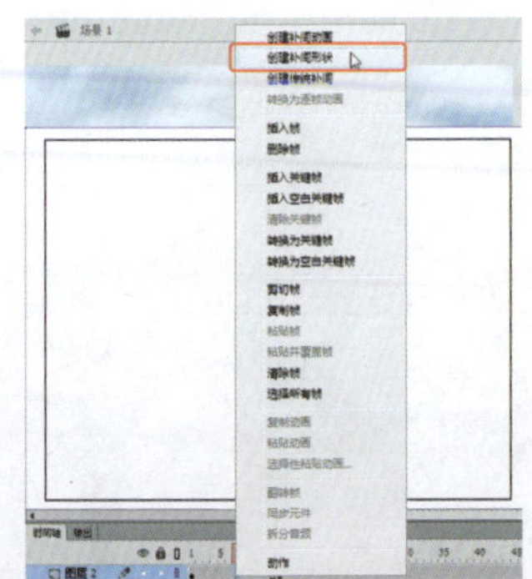

图14-90 选择【创建补间形状】命令

❿ 执行该操作后，即可为该图形创建补间形状动画，效果如图14-91所示。

图14-91 创建补间形状动画

知识链接

形状补间和动作补间的主要区别在于形状补间不能应用到实例上，必须是被打散的形状图形之间才能产生形状补间。所谓形状图形，由无数个点堆积而成，而并非是一个整体。选中该对象时外部没有一个蓝色边框，而是会显示成掺杂白色小点的图形。通过形状补间可以实现将一幅图形变为另一幅图形的效果。

当将某一帧设置为形状补间后，将会弹出相应的【属性】面板。如果想取得一些特殊的效果，需要在【属性】面板中进行相应的设置。其中的部分选项及参数说明如下。

- 【缓动】：输入一个-100～100的数，或者通过右边的滑块来调整。如果要慢慢地开始补间形状动画，并朝着动画的结束方向加速补间过程，可以向下拖动滑块或输入一个-1～-100的负值。如果要快速地开始补间形状动画，并朝着动画的结束方向减速补间过程，可以向上拖动滑块或输入一个1～100的正值。默认情况下，补间帧之间的变化速率是不变的，通过调节此项可以调整变化速率，从而创建更加自然的变形效果。
- 【混合】：【分布式】选项创建的动画，形状比较平滑和不规则。【角形】选项创建的动画，形状会保留明显的角和直线。【角形】只适合于具有锐化转角和直线的混合形状。如果选择的形状没有角，Animate会还原到分布式补间形状。

要控制更加复杂的动画，可以使用变形提示。变形提示可以标识起始形状和结束形状中相对应的点。变形提示点用字母表示，这样可以方便地确定起始形状和结束形状，每次最多可以设定26个变形提示点。

提 示

变形提示点在开始的关键帧中是黄色的，在结束关键帧中是绿色的，如果不在曲线上则是红色的。

在创建形状补间时，如果完全由Animate自动完成创建动画的过程，那么很可能创建出的渐变效果是不很令人满意的。因此如果要控制更加复杂或罕见的形状变化，可以使用Animate开始提供的形状提示功能。形状提示会标识起始形状和结束形状中的相对应的点。

例如，如果要制作一张动画，其过程是三叶草的三片叶子渐变为3棵三叶草。而Animate自动完成的动画是表达不出这一效果的。这时就可以使用形状渐变，使三叶草三片叶子上对应的点分别变成三棵草对应的点。

形状提示是用字母(从a到z)标志起始形状和结束形状中的相对应的点，因此一个形状渐变动画中最多可以使用26个形状提示。在创建完形状补间动画后，执行命令【修改】|【形状】|【添加形状提示】命令，为动画添加形状提示。

⑪ 在【时间轴】面板中单击【新建图层】按钮，新建“图层3”，选中该图层的第15帧，按F6键插入关键帧，在工具箱中单击【文本工具】，在舞台中单击鼠标，输入文字，选中输入的文字，在【属性】面板中将字体设置为【微软雅黑】，将【样式】设置为【Bold】，将【大小】设置为14磅，将【颜色】设置为【#663300】，将【Alpha】值设置为100%，如图14-92所示。

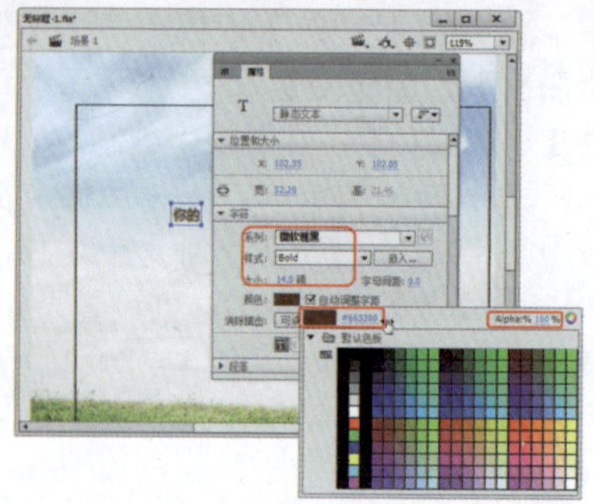

图14-92 输入文字并进行设置

⑫ 选中该文字，按F8键，在弹出的对话框中将【名称】设置为“文字1”，将【类型】设置为【图形】，如图14-93所示。

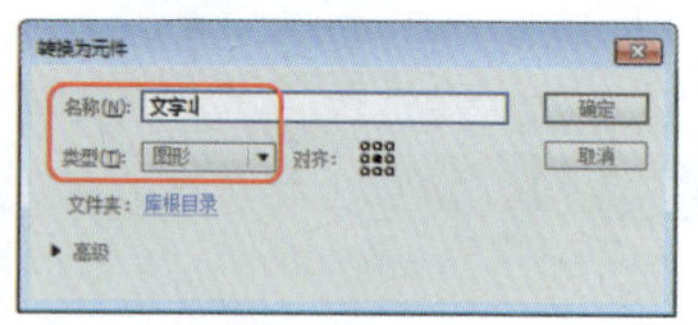

图14-93 转换为元件

⑬ 设置完成后，单击【确定】按钮，选中该元件，在【属性】面板中将【X】、【Y】分别设置为215.7、41.3，将【样式】设置为【Alpha】，将【Alpha】值设置为0，如图14-94所示。

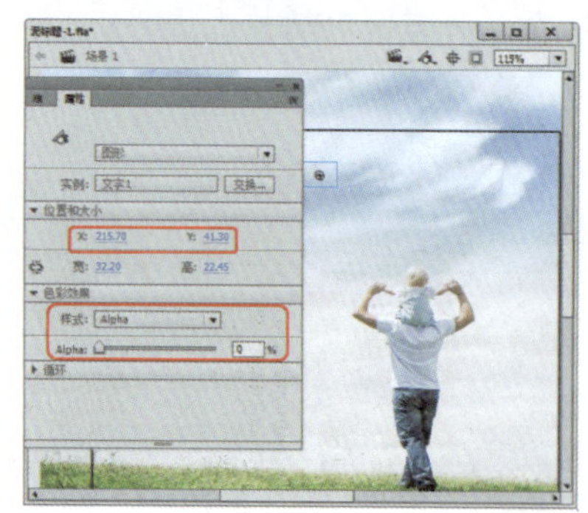

图14-94 调整元件的位置并添加样式

⑭ 选中该图层的第32帧，按F6键插入关键帧，选中该帧上的元件，在【属性】面板中将【Y】设置为27.3，将【Alpha】值设置为100%，如图14-95所示。

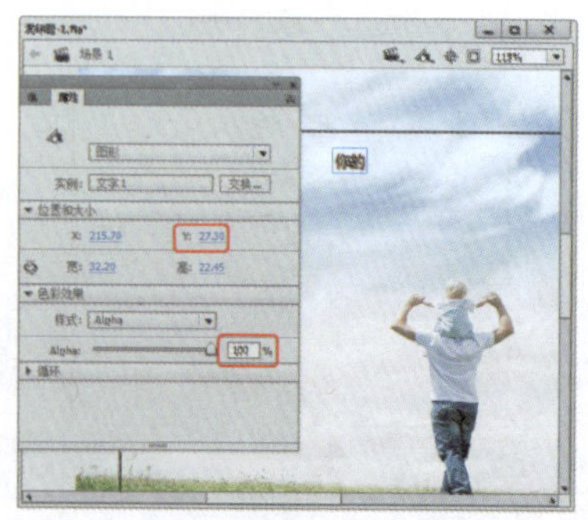

图14-95 调整元件的位置和Alpha参数

⑮ 选中该图层的第23帧，单击鼠标右键，在弹出的快捷菜单中选择【创建传统补间】命令，如图14-96所示。

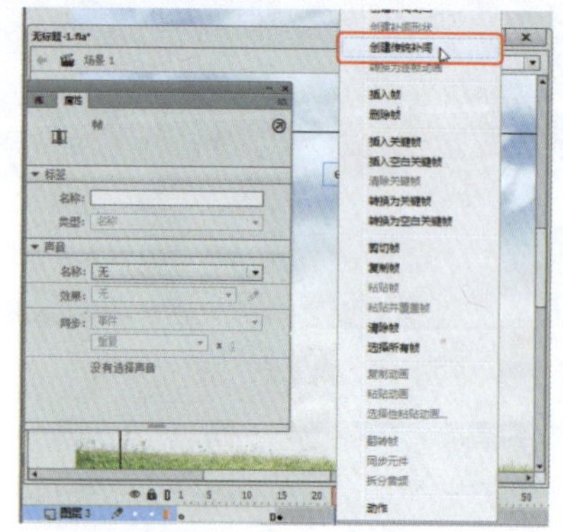

图14-96 选择【创建传统补间】命令

⑯ 在【时间轴】面板中单击【新建图层】按钮，新建图层，选中该图层的第24帧，按F6键插入关键帧，在工具箱中单击【文本工具】，在舞台中单击鼠标，输入文字，选中输入的文字，在【属性】面板中将字体设置为【微软雅黑】，将【样式】设置为【Bold】，将【大小】设置为30磅，将【颜色】设置为【#663300】，如图14-97所示。

图14-97 创建文字

⑰ 选中该文字，按F8键，在弹出的对话框中将【名称】设置为“文字2”，将【类型】设置为【图形】，如图14-98所示。

图14-98 转换为元件

⑱ 设置完成后，单击【确定】按钮，选中该元件，在【属性】面板中将【X】、【Y】分别设置为277.15、49.4，将【样式】设置为【Alpha】，将

【Alpha】值设置为0，如图14-99所示。

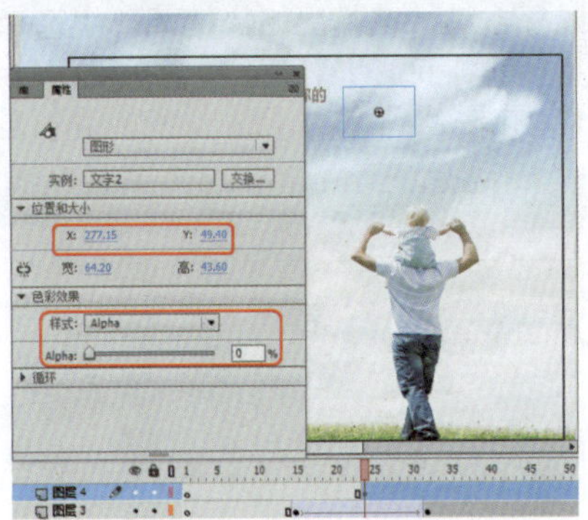

图14-99 调整元件的位置并添加样式

⑲ 选中该图层的第38帧，按F6键插入关键帧，选中该帧的元件，在【属性】面板中将【X】设置为257.65，将【Alpha】值设置为100%，如图14-100所示。

图14-100 调整X位置和Alpha参数

⑳ 选择该图层的第30帧，单击鼠标右键，在弹出的快捷菜单中选择【创建传统补间】命令，创建传统补间后的效果如图14-101所示。

图14-101 创建传统补间

㉑ 在【时间轴】面板中单击【新建图层】按钮，新建图层，选中该图层的第32帧，按F6键插入关键帧，使用【文本工具】创建文字，选中创建的文字，在【属性】面板中将【大小】设置为14，如图14-102所示。

图14-102 新建图层并创建文字

㉒ 继续选中该文字，按F8键，在弹出的对话框中将【名称】设置为“文字3”，将【类型】设置为【图形】，如图14-103所示。

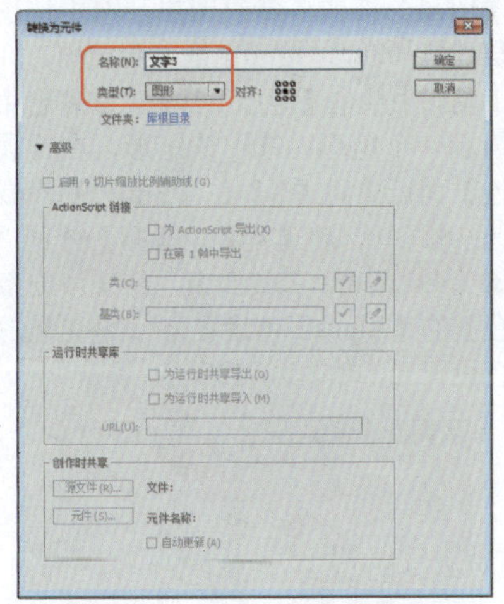

图14-103 将文字转换为元件

㉓ 设置完成后，单击【确定】按钮，选中该元件，在【属性】面板中将【X】、【Y】分别设置为327.3、51.75，将【样式】设置为【Alpha】，将【Alpha】值设置为0，如图14-104所示。

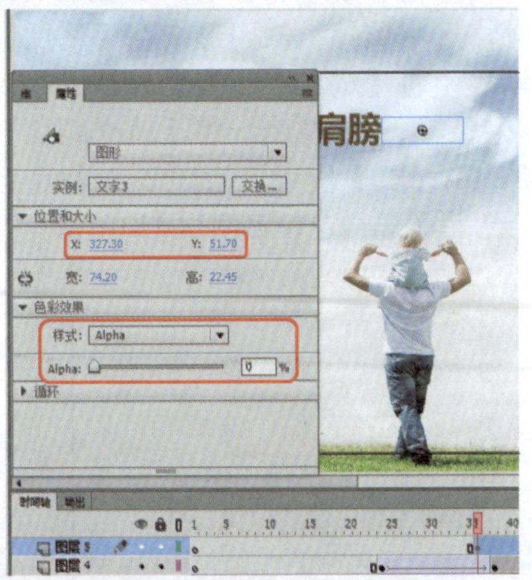

图14-104 调整元件的位置并添加Alpha样式

㉔ 选中该图层的第45帧，按F6键插入关键帧，选中该帧的元件，在【属性】面板中将【Y】设置为57.25，将【Alpha】值设置为100%，如图14-105所示。

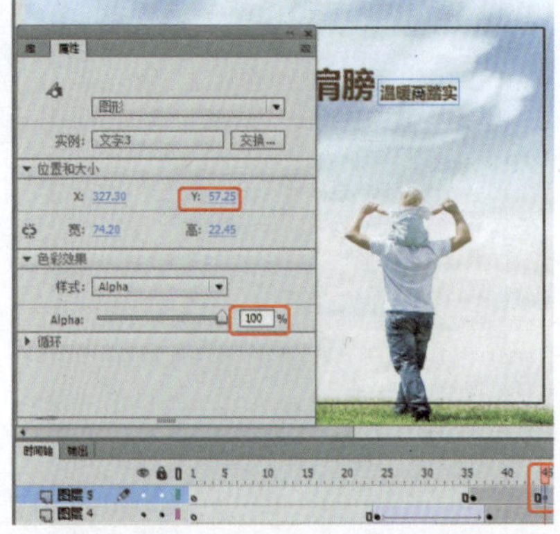

图14-105 设置Y位置和Alpha参数

㉕ 选中该图层的第38帧，单击鼠标右键，在弹出的快捷菜单中选择【创建传统补间】命令，创建传统补间后的效果如图14-106所示。

图14-106 创建传统补间

㉖ 在【时间轴】面板中选择“图层2”的第26帧，按F7键插入关键帧，使用【文本工具】创建一个文本，并在【属性】面板中将【大小】设置为50磅，将【颜色】设置为【#996600】，如图14-107所示。

图14-107 输入文字并设置其大小和颜色

㉗ 选中该文字，按F8键，在弹出的对话框中将【名称】设置为“文字4”，将【类型】设置为【图形】，如图14-108所示。

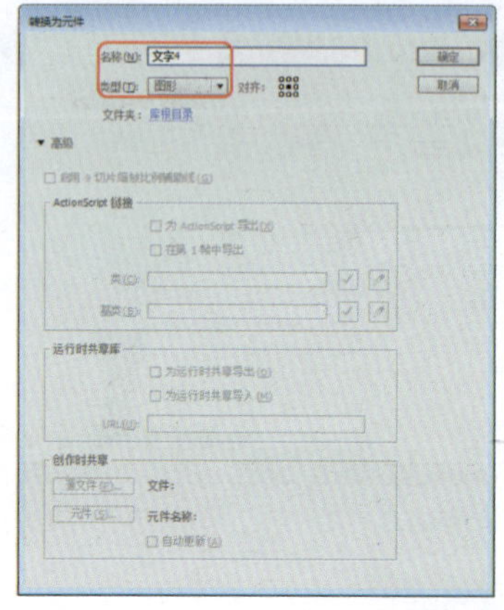

图14-108　将文字转换为元件

㉘ 设置完成后，单击【确定】按钮，选中该元件，在【属性】面板中将【X】、【Y】分别设置为352.3、36.75，将【样式】设置为【Alpha】，将【Alpha】值设置为0，如图14-109所示。

图14-109　创建元件并调整位置和样式

㉙ 选中“图层2”的第94帧，按F6键插入关键帧，选中该帧的元件，在【属性】面板中将【Alpha】设置为23，如图14-110所示。

图14-110　设置Alpha参数

㉚ 选中该图层的第60帧，单击鼠标右键，在弹出的快捷菜单中选择【创建传统补间】命令，效果如图14-111所示。

图14-111　创建传统补间

㉛ 在【时间轴】面板中单击【新建图层】按钮，新建图层，选中该图层的第108帧，按F6键插入关键帧，在工具箱中单击【矩形工具】，在舞台中绘制一个矩形，选中该矩形，在【属性】面板中将【X】、【Y】分别设置为-18、-10，将【宽】、【高】分别设置为492像素、73.9像素，将【填充颜色】的【Alpha】值设置为0，将笔触颜色设置无，如图14-112所示。

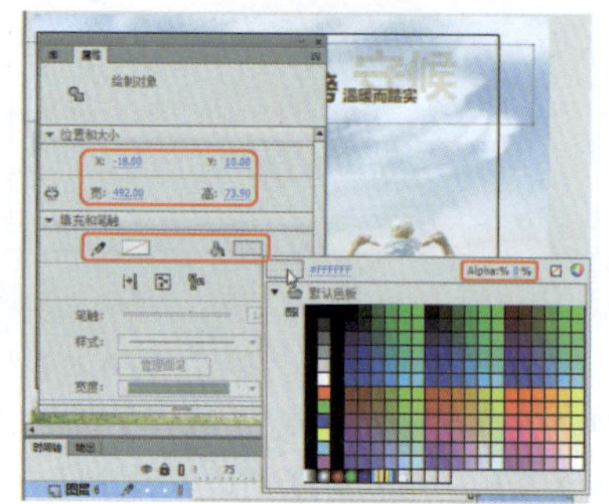

图14-112　绘制图形并进行设置

㉜ 选中第120帧，按F6键插入关键帧，选中该帧上的图形，在【属性】面板中将【宽】、【高】分别设置为494像素、374像素，将【填充颜色】的【Alpha】值设置为100%，将【颜色】设置为白色，如图14-113所示。

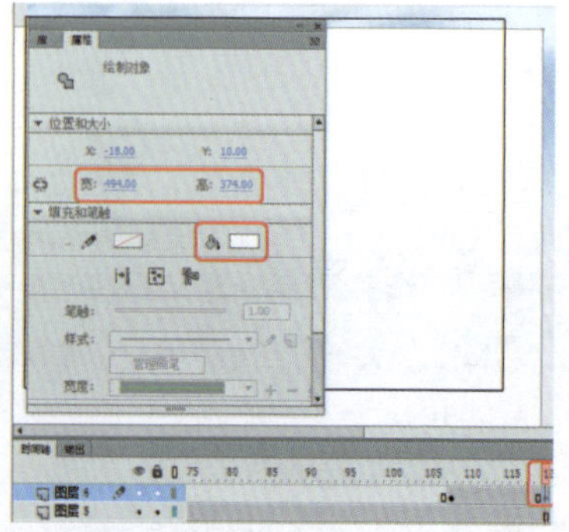

图14-113　调整图形的大小和填充颜色

㉝ 选择该图层的第113帧，单击鼠标右键，在弹出的快捷菜单中选择【创建补间形状】命令，效果如图14-114所示。

图14-114　创建补间形状效果

㉞ 使用前面所介绍的方法创建其他动画效果，效果如图14-115所示。

图14-115　创建其他动画效果

㉟ 按Ctrl+F8组合键，在弹出的对话框中将【名称】设置为“飘动的小球”，将【类型】设置为【影片剪辑】，如图14-116所示。

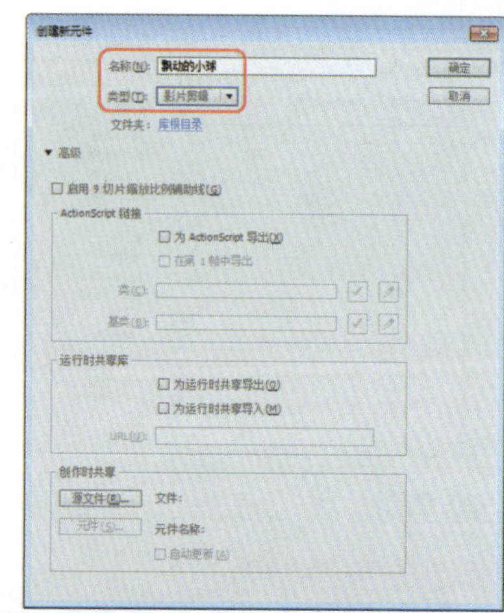

图14-116　创建新元件

㊱ 设置完成后，单击【确定】按钮，在舞台中单击鼠标，在【属性】面板中将【舞台】设置为【#999900】，如图14-117所示。

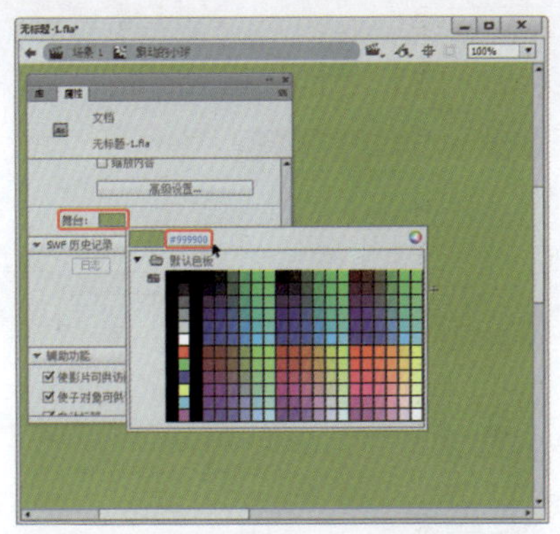

图14-117 调整舞台颜色

37 在工具箱中单击【椭圆工具】，在舞台中绘制一个正圆，在【属性】面板中将【宽】【高】都设置为47像素，将【填充颜色】设置为【#FFFFFF】，将【笔触颜色】设置为【无】，如图14-118所示。

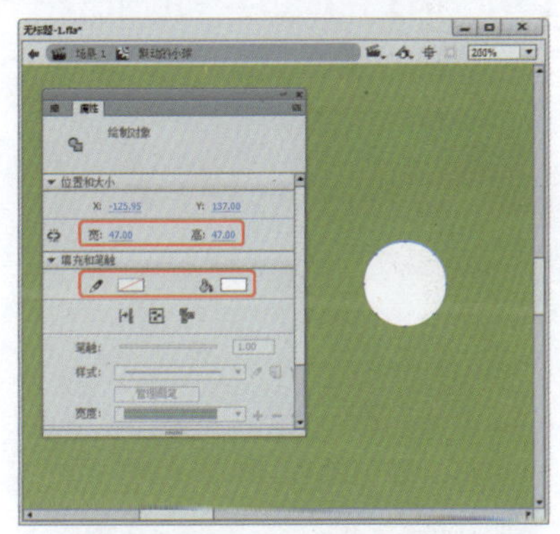

图14-118 绘制正圆

38 选中该图形，按F8键，在弹出的对话框中将【名称】设置为“小球”，将【类型】设置为【图形】，并调整其中心位置，如图14-119所示。

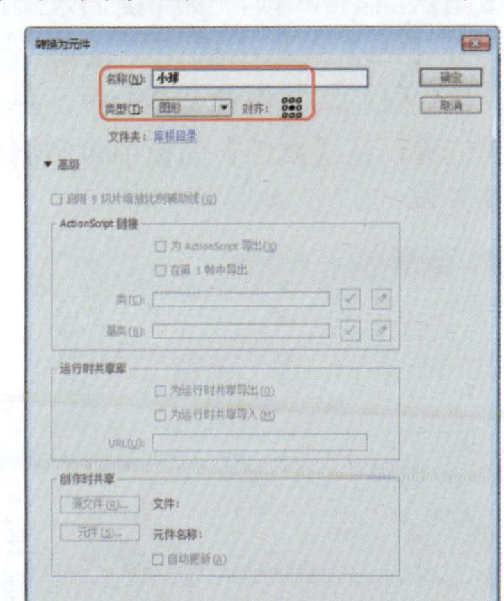

图14-119 将图形转换为元件

39 设置完成后，单击【确定】按钮，选中该元件，在【属性】面板中将【X】、【Y】分别设置为-123.1、49.75，将【宽】和【高】都设置为38.6像素，将【样式】设置为【Alpha】，将【Alpha】值设置为24%，如图14-120所示。

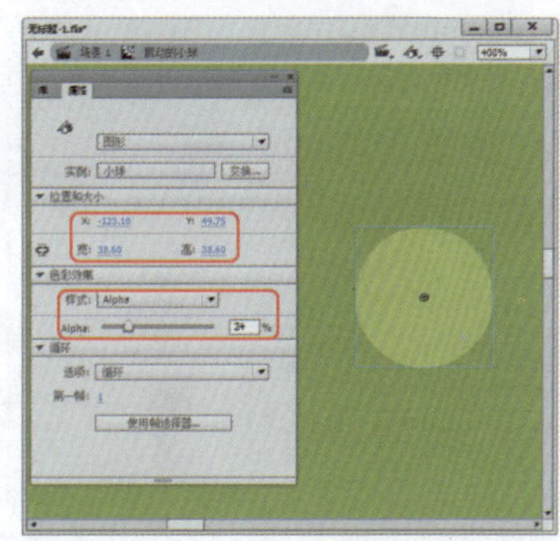

图14-120 设置元件位置、大小并为其添加样式

40 选中该图层的第23帧，按F6键插入关键帧，选中该帧的元件，在【属性】面板中将【Y】设置为11.5，将【Alpha】设置为0，如图14-121所示。

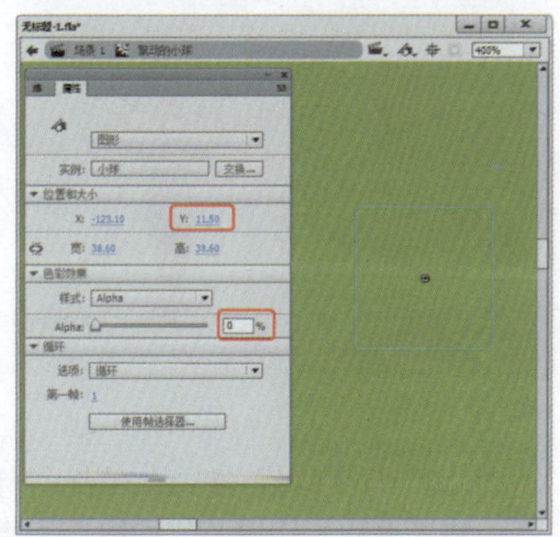

图14-121 调整Y位置和Alpha参数

41 选中第10帧，单击鼠标右键，在弹出的快捷菜单中选择【创建传统补间】命令，选中该图层的第25帧，按F6键插入关键帧，选中该帧的元件，在【属性】面板中将【Y】设置为171.45，将【宽】和【高】都设置为47像素，将【Alpha】值设置为100%，如图14-122所示。

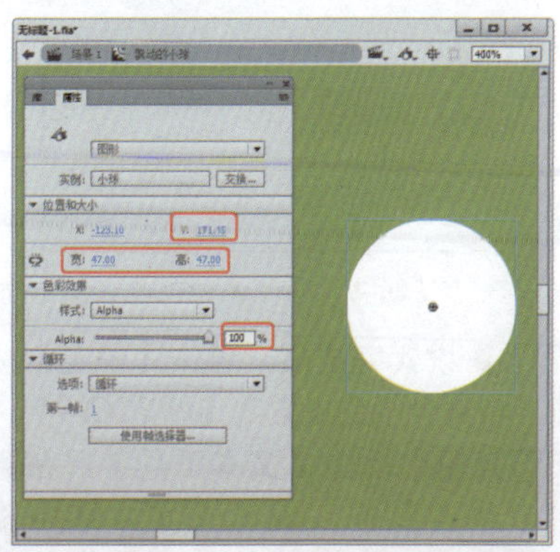

图14-122 插入关键帧并设置位置、大小及透明度

42 选中该图层的第48帧，按F6键插入关键帧，选中该帧的元件，在【属性】面板中将【Y】设置为53.15，将【宽】和【高】都设置为38.9像素，将【Alpha】设置为26，如图14-123所示。

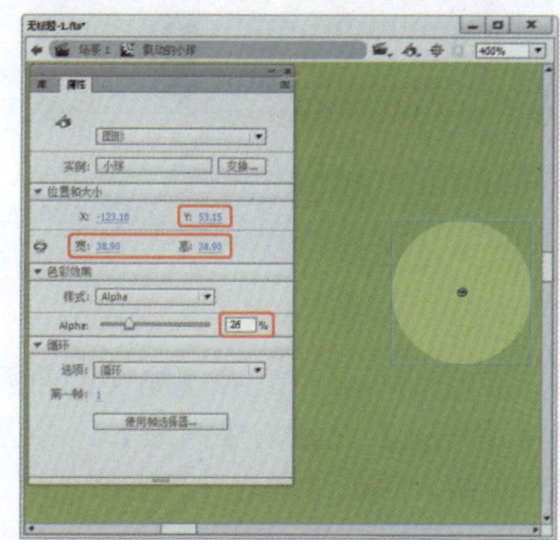

图14-123 调整元件的位置、大小和Alpha参数

43 选中第37帧，单击鼠标右键，在弹出的快捷菜单中选择【创建传统补间】命令，如图14-124所示。

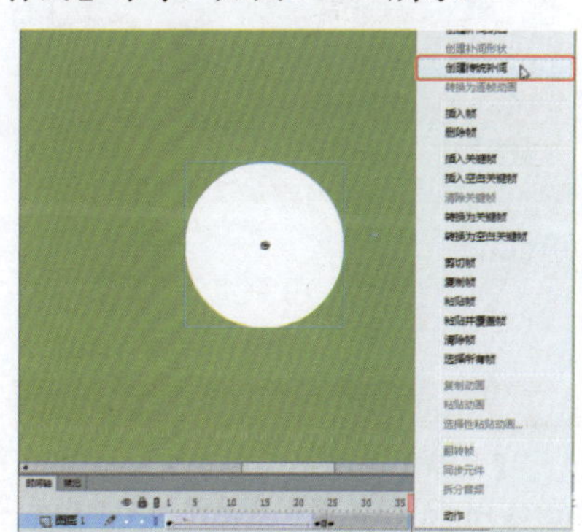

图14-124 选择【创建传统补间】命令

44 使用相同的方法创建其他小球运动动画，效果如图14-125所示。

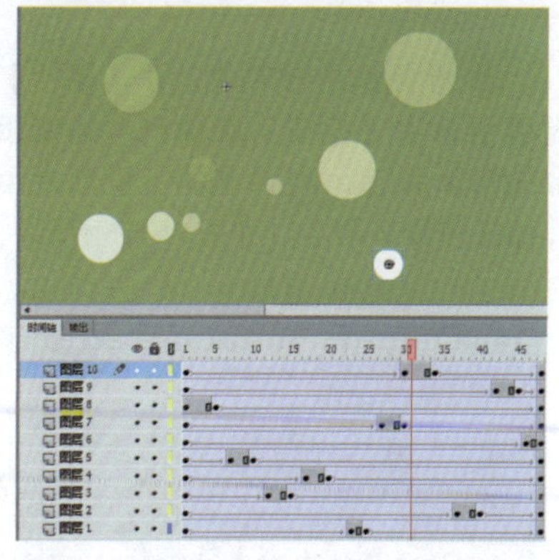

图14-125 创建其他小球运动效果

45 返回至“场景1”中，在【时间轴】面板中单击【新建图层】按钮，新建图层，在【库】面板中选择“飘动的小球”，按住鼠标将其拖拽至舞台中，并调整其位置，效果如图14-126所示。

图14-126　添加影片剪辑元件

46 选中该元件，在【属性】面板中将【样式】设置为【高级】，并设置其参数，效果如图14-127所示。

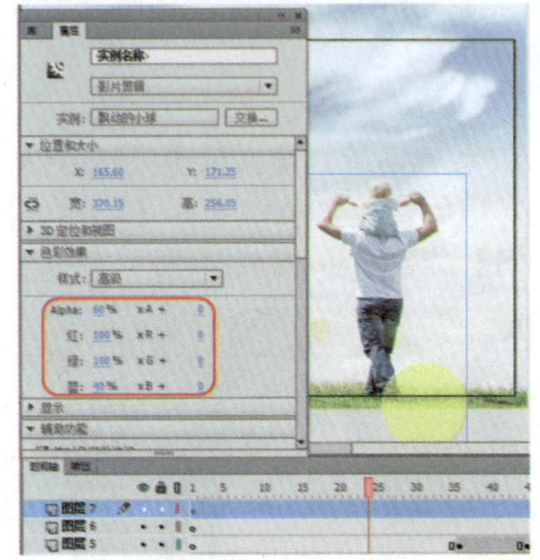

图14-127　添加样式

提　示

【高级】选项的高级设置执行函数(a×y+b)=x的a是文本框左列设置中指定的百分比，y是原始位图的颜色，b是文本框右侧设置中指定的值，x是生成的效果(RGB值在0~255之间，Alpha透明度值在0~100之间)。

47 继续选中该对象，在【属性】面板中单击【滤镜】选项组中的【添加滤镜】按钮，在弹出的下拉列表中选择【模糊】命令，如图14-128所示。

图14-128　选择【模糊】命令

48 将【模糊X】、【模糊Y】都设置为10，将【品质】设置为【高】，如图14-129所示。

图14-129　设置模糊参数

49 在【显示】选项组中将【混合】设置为【叠加】，如图14-130所示。

图14-130　设置混合模式

50 按Ctrl+F8组合键，在弹出的对话框中将【名称】设置为“按钮”，将【类型】设置为【按钮】，如图14-131所示。

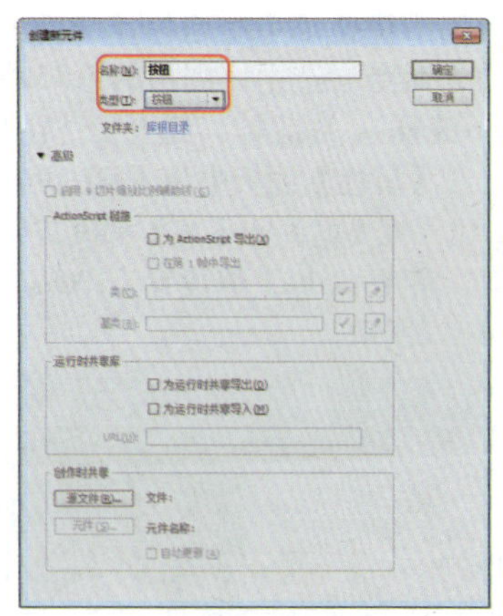

图14-131　创建新元件

51 设置完成后，单击【确定】按钮，将舞台颜色设置为【#FFCC99】，在工具箱中单击【文本工具】，在舞台中单击鼠标，输入文字，选中输入的文字，在【属性】面板中将字体设置为【汉仪立黑简】，将【大小】设置为28磅，将【颜色】设置为【#9999FF】，如图14-132所示。

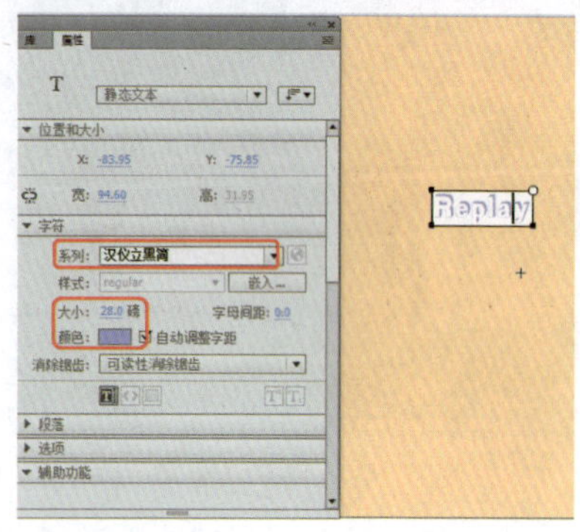

图14-132　输入文字

52 在【时间轴】面板中选中该图层的“指针经过”帧，按F6键插入关键帧，选中该帧的文字，在【属性】面板中将【颜色】设置为【#FF3366】，如图14-133所示。

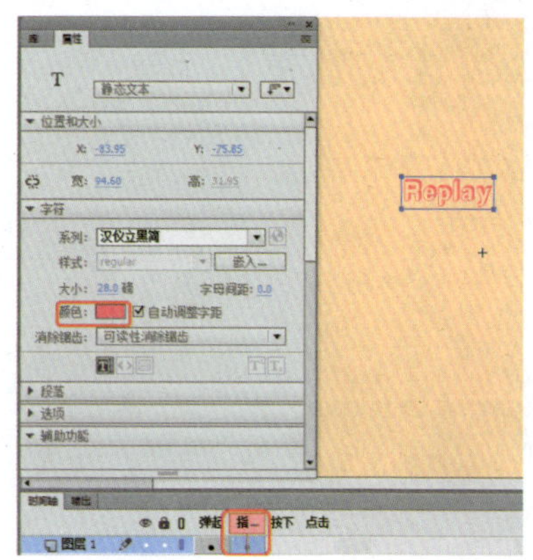

图14-133　修改文字颜色

53 返回至“场景1”中，在【时间轴】面板中单击【新建图层】按钮，选择该图层的第480帧，按F6键插入关键帧，在【库】面板中选中“按钮”元件，按住鼠标将其拖拽至舞台中，并调整其位置，在【属性】面板中将实例名称设置为“m”，如图14-134所示。

图14-134　添加元件并调整其位置

54 选中该按钮元件，按F9键，在弹出的面板中输入代码，如图14-135所示。

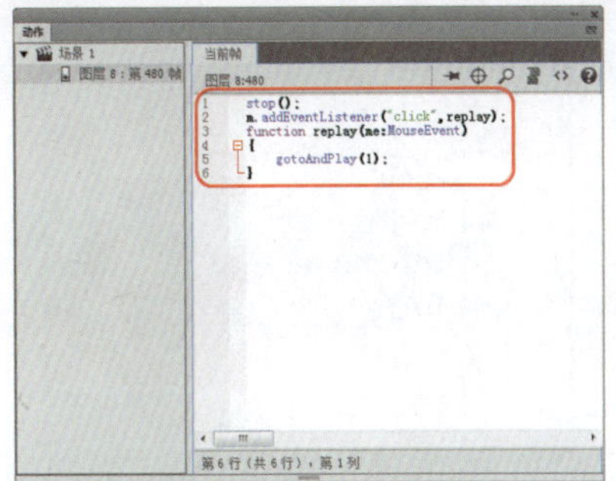

图14-135 输入代码

提 示

在此输入的代码为：

```
stop();
m.addEventListener("click", replay);
function replay(me:MouseEvent)
{
    gotoAndPlay(1);
}
```

55 输入完成后，在菜单栏中选择【文件】|【导入】|【导入到库】命令，在弹出的对话框中选择背景音乐.mp3音频文件，如图14-136所示。

图14-136 选择音频文件

56 单击【打开】按钮，在【时间轴】面板中单击【新建图层】按钮，在【库】面板中选择导入的音频文件，按住鼠标将其拖拽至舞台中，为其添加音乐，如图14-137所示。

图14-137 新建图层并添加音频文件

知识链接

父亲节，顾名思义是感恩父亲的节日。约始于二十世纪初，起源于美国，现已广泛流传于世界各地，节日日期因地域而存在差异。最普遍的日期在每年6月的第三个星期日，世界上有52个国家和地区是在这一天过父亲节。节日里有各种的庆祝方式，大部分都与赠送礼物、家庭聚餐活动有关。

实例189 制作母亲节贺卡

在信息时代发展的今天，贺卡种类越来越多，有静态图片的，也可以是动画的，甚至带有美妙的音乐。下面将介绍如何制作贺卡，效果如图14-138所示。

素材：	素材|Cha14|图片01、图片02.jpg、图片03.jpg、小球运动.fla、背景音乐.mp3
场景：	场景|Cha14|实例189 母亲节贺卡.fla
视频：	视频教学 | Cha14 |实例189 母亲节贺卡.MP4

图14-138 制作母亲节贺卡

1 启动软件后，按Ctrl+N组合键，在弹出的对话框中选择【常规】选项卡，在【类型】列表框中选择【ActionScript 3.0】，将【宽】和【高】分别设置为440、330像素，将【帧频】设置为24fps，将【背景颜色】设置为【#666666】，如图14-139所示。

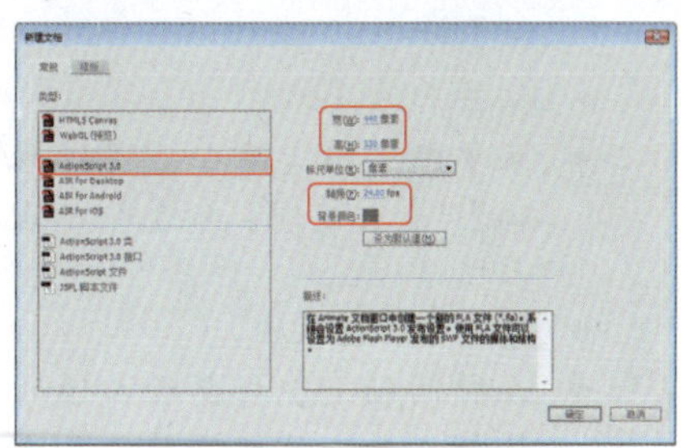

图14-139 设置新建参数

2 设置完成后，单击【确定】按钮，按Ctrl+R组合键，在弹出的对话框中选择随书配套资源中的素材文件，如图14-140所示。

3 单击【打开】按钮，在弹出的【Adobe Animate】对话框中单击【否】按钮，如图14-141所示。

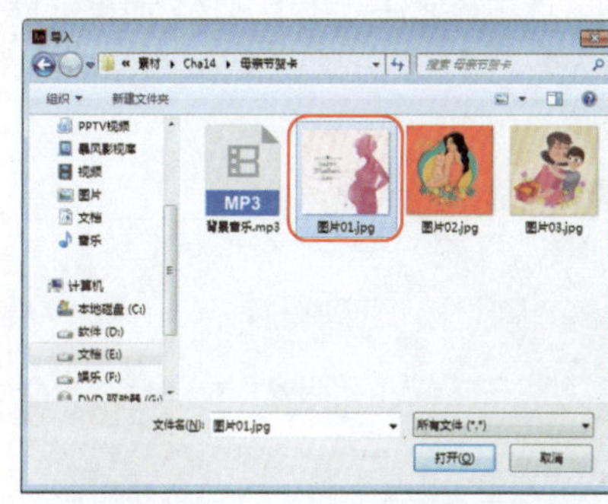

图14-140 选择素材文件

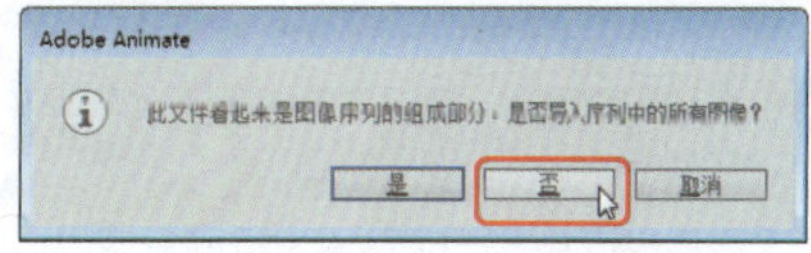

图14-141 单击【否】按钮

4 选中导入的素材文件，按Ctrl+F3组合键，在弹出的【属性】面板中将【宽】和【高】分别设置为440像素、416.95像素，如图14-142所示。

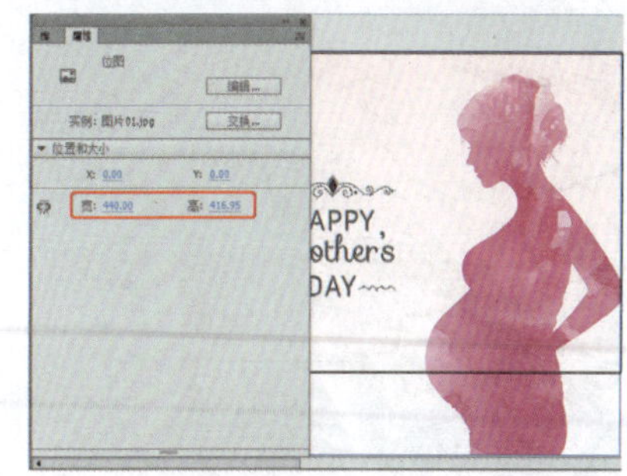

图14-142 设置素材的大小

5 继续选中该素材文件，按F8键，在弹出的对话框中将【名称】设置为“背景1”，将【类型】设置为【图形】，将【对齐】设置为居中，如图14-143所示。

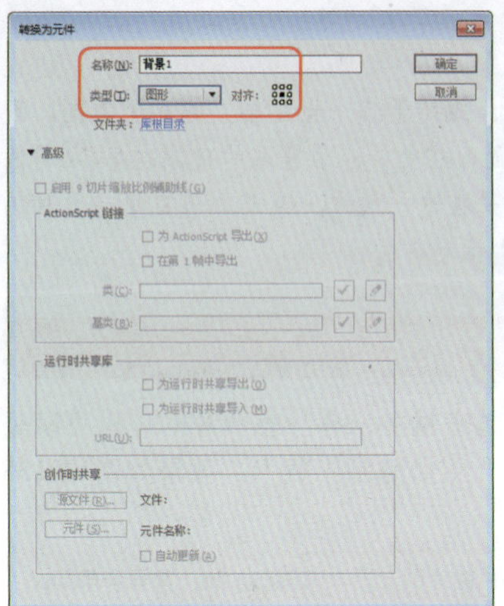
图14-143 【转换为元件】对话框

⑥ 设置完成后，单击【确定】按钮，选中该元件，在【属性】面板中将【X】、【Y】分别设置为220、165，如图14-144所示。

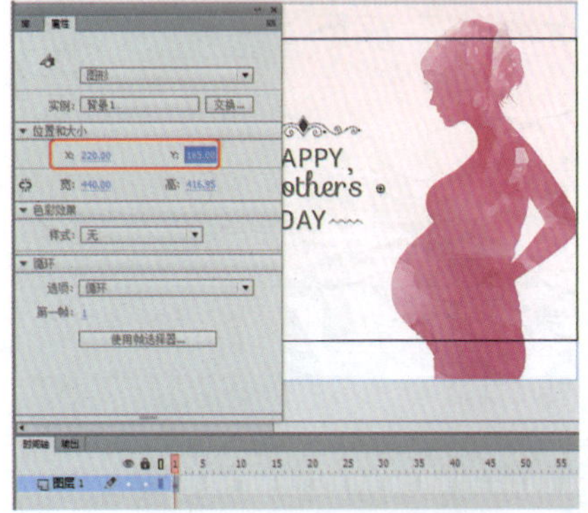
图14-144 设置元件位置

⑦ 在【时间轴】面板中选择“图层1”的第150帧，单击鼠标右键，在弹出的快捷菜单中选择【插入关键帧】命令，如图14-145所示。

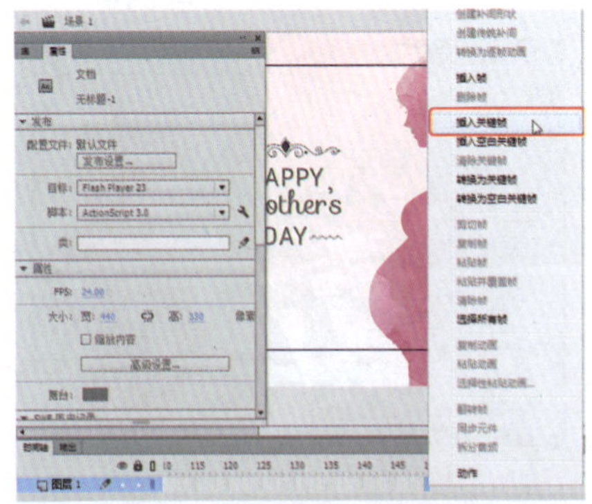
图14-145 选择【插入关键帧】命令

⑧ 选择第150帧上的图形元件，在【属性】面板中将【样式】设置为【Alpha】，将【Alpha】值设置为0，如图14-146所示。

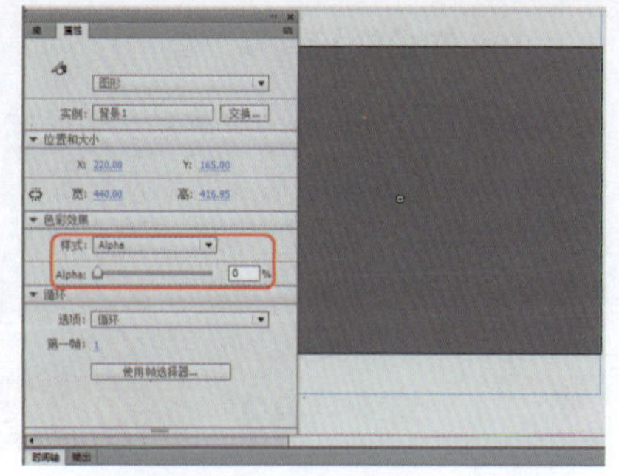
图14-146 设置Alpha参数

知识链接

在制作动画的过程中，插入帧和关键帧是很必要的，因为动画都是有帧组成的，下面介绍如何插入帧和关键帧。

1. 插入帧

每个动画都是有许多帧组成，下面介绍如何插入帧。

- 菜单栏中的【插入】|【时间轴】|【帧】命令即可插入帧。
- 按F5键，插入帧。
- 在时间轴上选择要插入帧的位置，单击鼠标右键，在弹出的快捷菜单中选择【插入帧】命令。

2. 插入关键帧

- 菜单栏中的【插入】|【时间轴】|【关键帧】命令即可插入帧。
- 按F6键，插入帧。
- 在时间轴上选择要插入帧的位置，单击鼠标右键，在弹出的快捷菜单中选择【插入关键帧】命令。

3. 插入空白关键帧

- 菜单栏中的【插入】|【时间轴】|【关键帧】命令即可插入帧。
- 按F6键，插入帧。
- 在时间轴上选择要插入帧的位置，单击鼠标右键，在弹出的快捷菜单中选择【插入帧】命令。

⑨ 再选择“图层1”的第130帧，按F6键插入一个关键帧，如图14-147所示。

⑩ 在第135帧上单击鼠标右键，在弹出的快捷菜单中选择【创建传统补间】命令，如图14-148所示。

图14-147 插入关键帧

图14-148 选择【创建传统补间】命令

⑪ 创建完成后，在菜单栏中选择【插入】|【新建元件】命令，如图14-149所示。

图14-149 选择【新建元件】命令

⑫ 在弹出的对话框中将【名称】设置为“小矩形动画”，将【类型】设置为【影片剪辑】，如图14-150所示。

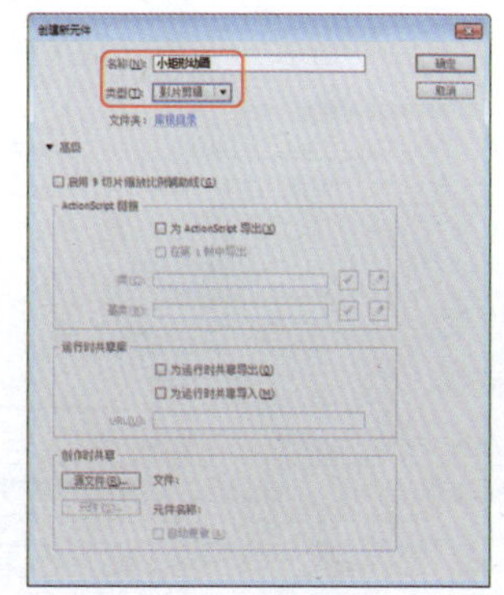
图14-150 【创建新元件】对话框

⑬ 单击【确定】按钮，在工具箱中单击【矩形工具】，绘制一个矩形，在【属性】面板中将【填充颜色】设置为白色，将【笔触颜色】设置为无，如图14-151所示。

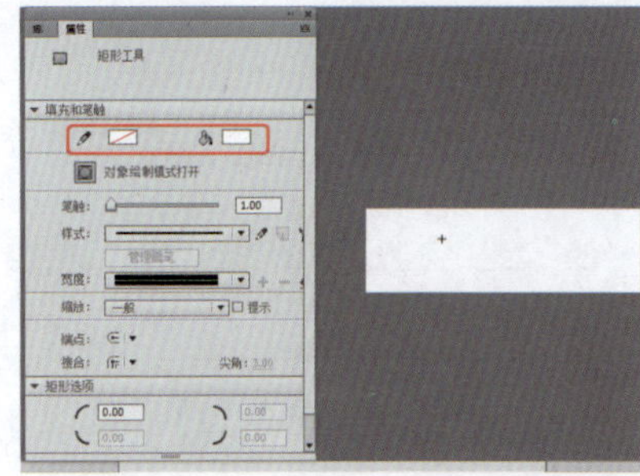

图14-151 绘制矩形

⑭ 选中所绘制的矩形，在【属性】面板中将【X】、【Y】分别设置为-188.45、-26.5，将【宽】和【高】分别设置为376.95像素、53像素，如图14-152所示。

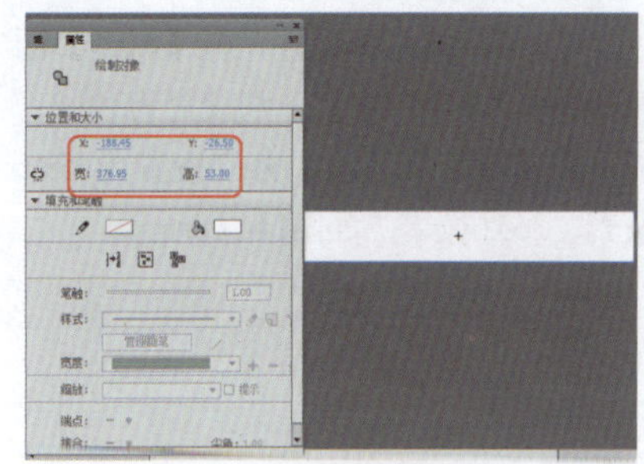

图14-152 设置矩形的位置及大小

⑮ 确认该对象处于选中状态，按F8键，在弹出的对话框中将【名称】设置为“矩形”，将【类型】设置为【图形】，如图14-153所示。

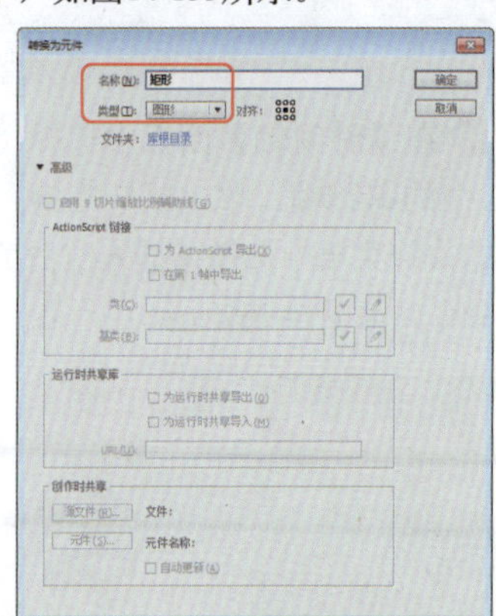

图14-153 【转换为元件】对话框

⑯ 设置完成后，单击【确定】按钮，选中转换后的图形元件，在【属性】面板中将【X】、【Y】分别设置为-81、-79，将【宽】和【高】都设置为69像素，如图14-154所示。

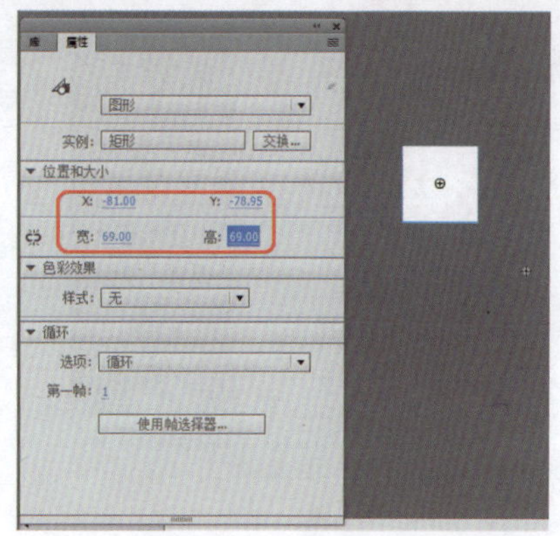

图14-154 设置图形元件的位置及大小

⑰ 设置完成后，在时间轴面板中选择“图层1”的第260帧，单击鼠标右键，在弹出的快捷菜单中选择【插入帧】命令，如图14-155所示。

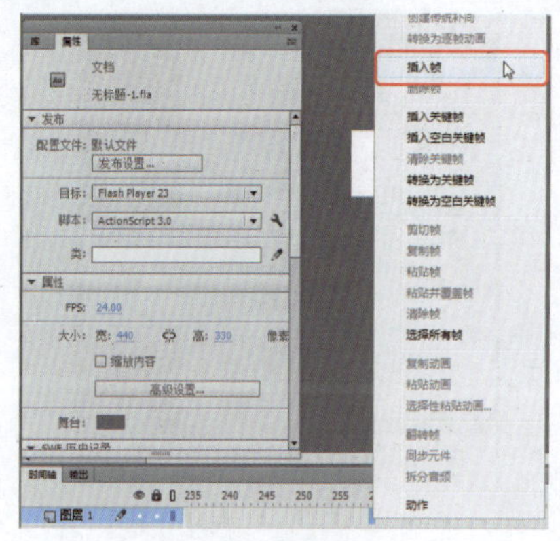

图14-155 选择【插入帧】命令

⑱ 选择“图层1”的第9帧，单击鼠标右键，在弹出的快捷菜单中选择【插入关键帧】命令，如图14-156所示。

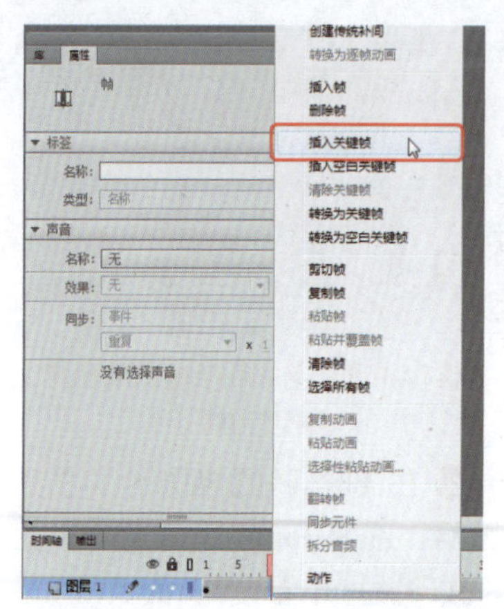

图14-156 选择【插入关键帧】命令

⑲ 选中该帧上的元件，在【属性】面板中将【宽】、【高】都设置为22.8像素，将【样式】设置为【Alpha】，将【Alpha】值设置为11%，如图14-157所示。

⑳ 再在时间轴面板中选择“图层1”的第10帧，按F6键插入一个关键帧，选中该帧上的元件，在【属性】面板中将【宽】、【高】都设置为17.5像素，将Alpha设置为0，如图14-158所示。

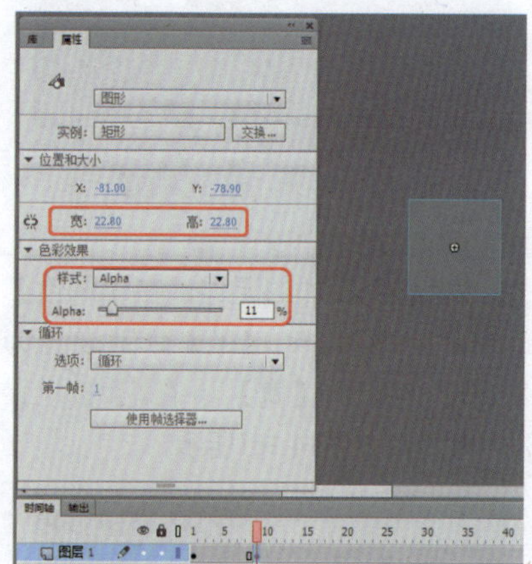

图14-157 设置图形元件的属性

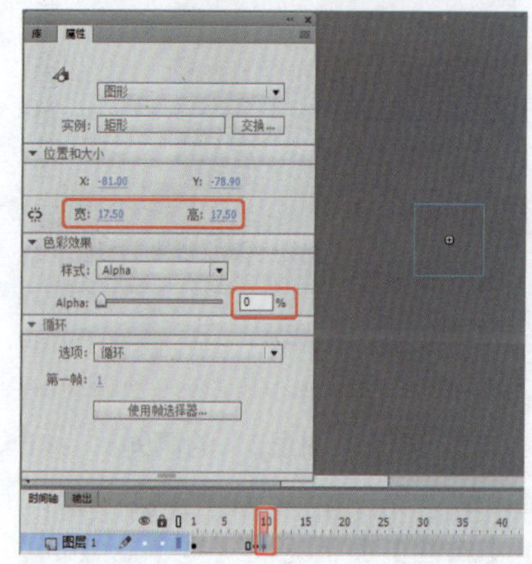

图14-158 设置元件的大小及Alpha参数

㉑ 在第5帧上单击鼠标右键，在弹出的快捷菜单中选择【创建传统补间】命令，如图14-159所示。

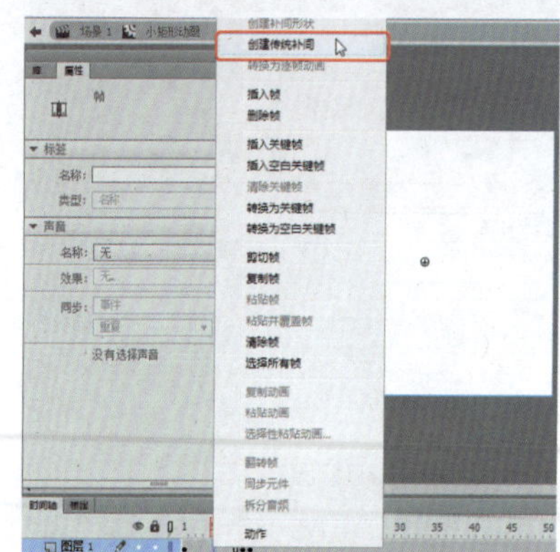

图14-159 选择【创建传统补间】命令

㉒ 在【时间轴】面板中单击【新建图层】按钮，新建“图层2”，按Ctrl+L组合键，在【库】面板中选择“矩形”元件，按住鼠标将其拖拽至舞台中，如图14-160所示。

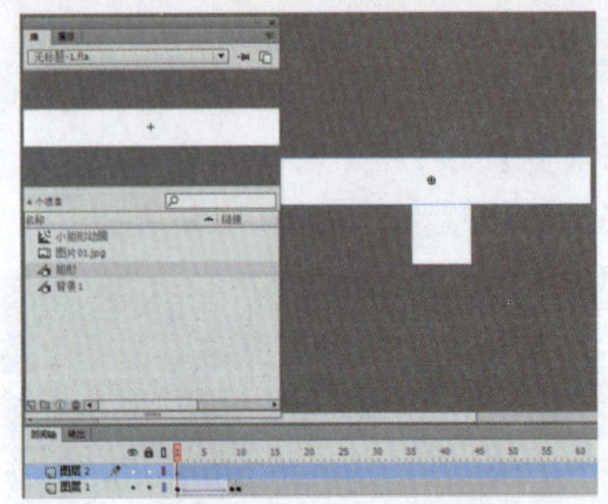
图14-160　添加元件

㉓ 选中添加的元件，在【属性】面板中将【X】、【Y】分别设置为-81.05、-10，将【宽】和【高】都设置为69像素，如图14-161所示。

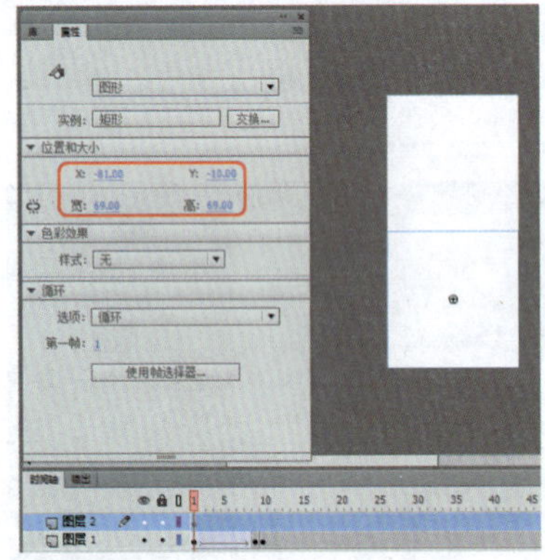
图14-161　设置图形元件的位置及大小

㉔ 选择“图层2”的第9帧，按F6键添加一个关键帧，选中该帧的元件，在【属性】面板中将【宽】、【高】都设置为22.8像素，将【样式】设置为【Alpha】，将【Alpha】值设置为11%，如图14-162所示。

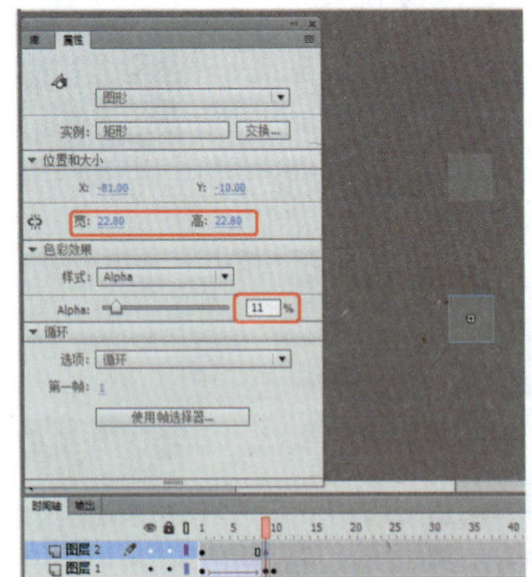
图14-162　设置图形元件的属性

㉕ 再在【时间轴】面板中选择“图层2”的第10帧，按F6键插入一个关键帧，选中该帧的元件，在【属性】面板中将【宽】、【高】都设置为17.5%，将Alpha设置为0，如图14-163所示。

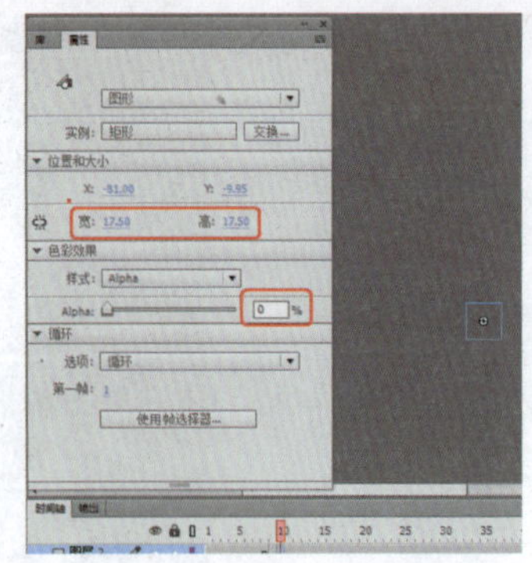
图14-163　设置图形元件的大小和Alpha参数

㉖ 在“图层2”中选择第5帧，然后单击鼠标右键，在弹出的快捷菜单中选择【创建传统补间】命令，如图14-164所示。

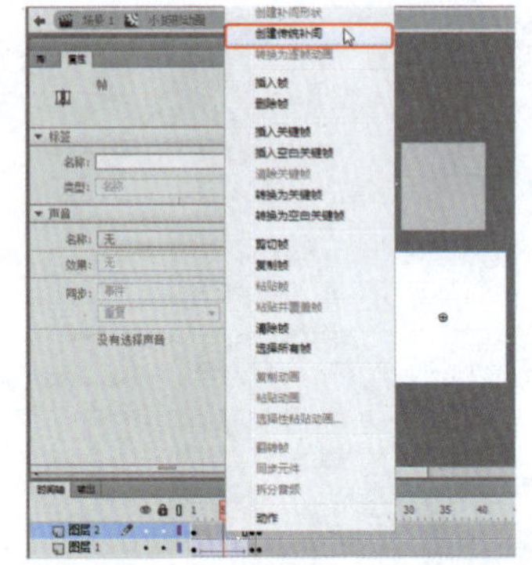
图14-164　选择【创建传统补间】命令

㉗ 使用同样的方法新建其他图层，并创建传统补间动画，如图14-165所示。

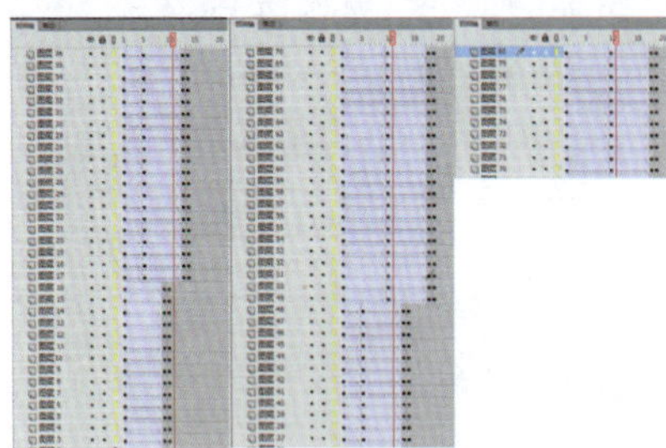
图14-165　使用同样的方法创建其他补间动画

㉘ 在【时间轴】面板中再新建一个图层，在第260帧处插入一个关键帧，按F9键打开【动作】面板，“输入stop();”，如图14-166所示。

㉙ 设置完成后，返回至“场景1”中，在【时间轴】面板中单击【新建图层】按钮，新建“图层2”，按Ctrl+L组合键，在弹出的面板中选择“小矩形动画”影片剪辑元件，按住鼠标将其拖拽至舞台中，如图14-167所示。

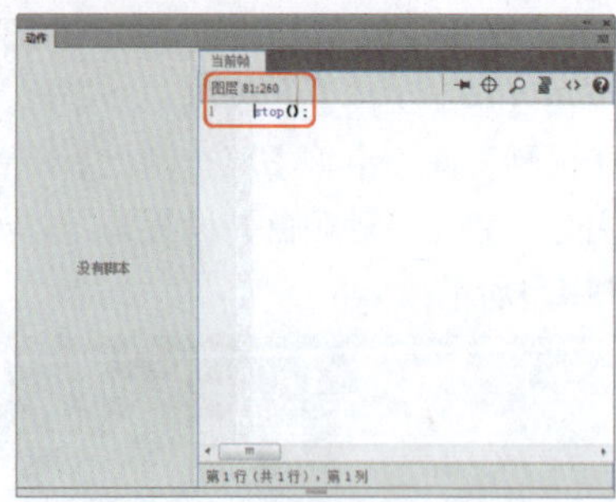
图14-166　输入代码

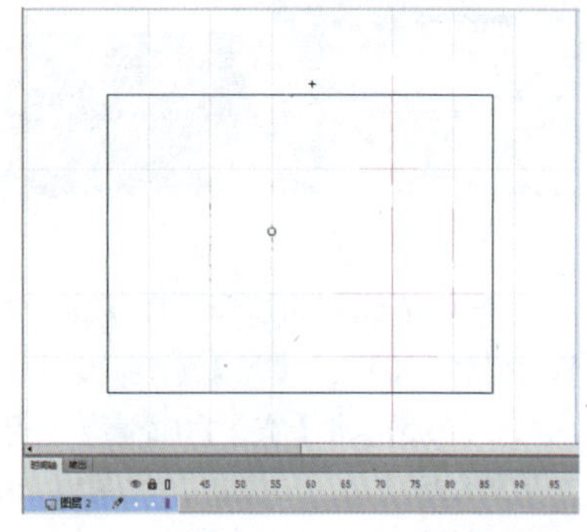
图14-167　将影片剪辑元件拖拽至舞台中

㉚ 继续选中该元件，在【属性】面板中将【X】和【Y】分别设置为248.2、67，将【宽】和【高】分别设置为459.6像素、365.6像素，如图14-168所示。

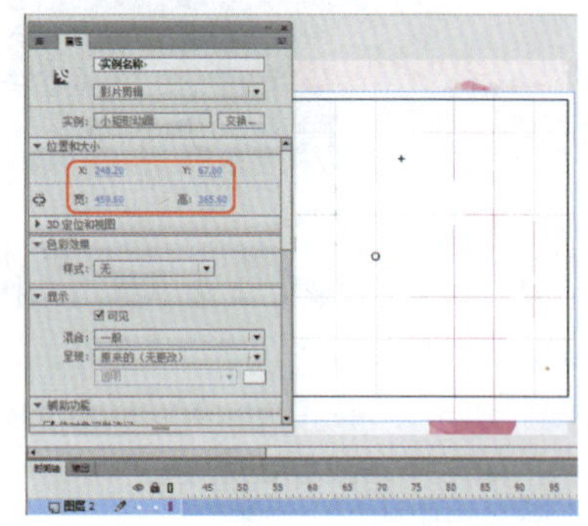
图14-168　调整影片剪辑元件的位置和大小

㉛ 在【时间轴】面板中选择“图层2”中的第29帧，单击鼠标右键，在弹出的快捷菜单中选择【插入空白关键帧】命令，如图14-169所示。

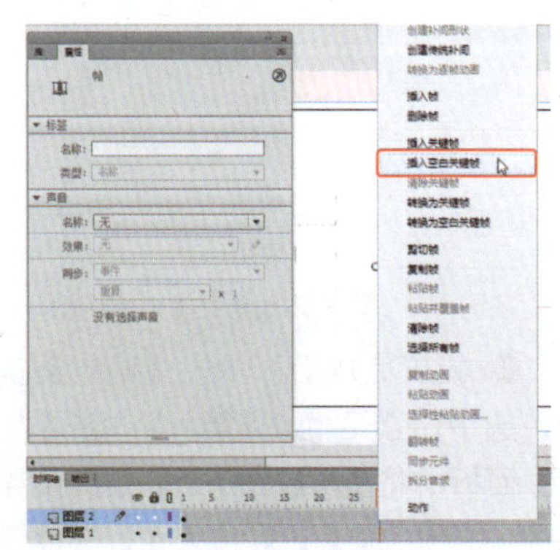
图14-169　选择【插入空白关键帧】命令

32 按Ctrl+F8组合键，在弹出的对话框中将【名称】设置为“文字动画1”，将【类型】设置为【影片剪辑】，如图14-170所示。

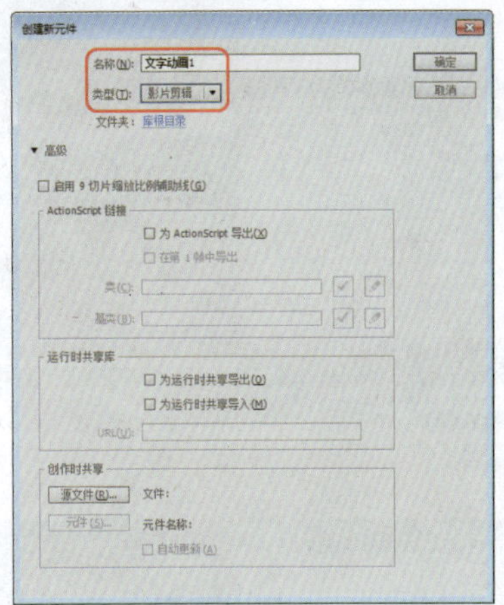

图14-170 【创建新元件】对话框

33 设置完成后，单击【确定】按钮，在工具箱中单击【文本工具】，在舞台中单击鼠标，在弹出的文本框中输入文字，如图14-171所示。

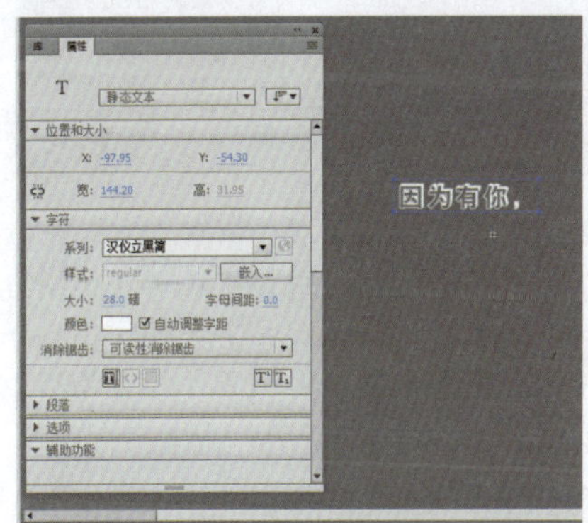

图14-171 输入文字

34 选中输入的文字，在【属性】面板中将【X】、【Y】都设置为0，将【系列】设置为【汉仪娃娃篆简】，将【大小】设置为24磅，将【颜色】设置为黑色，如图14-172所示。

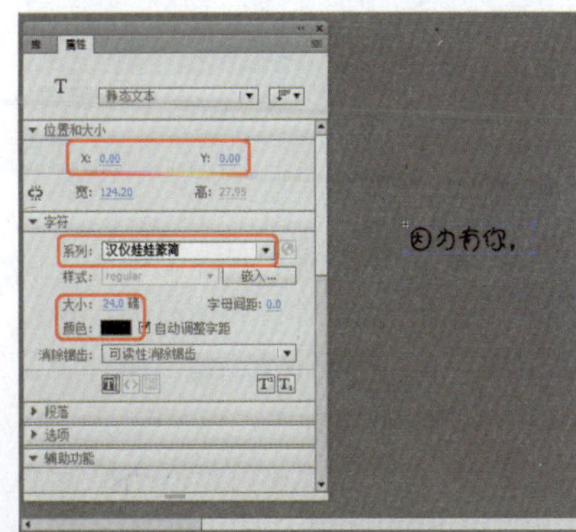

图14-172 设置文字属性

35 在【时间轴】面板中选择“图层1”的第70帧，单击鼠标右键，在弹出的快捷菜单中选择【插入帧】命令，如图14-173所示。

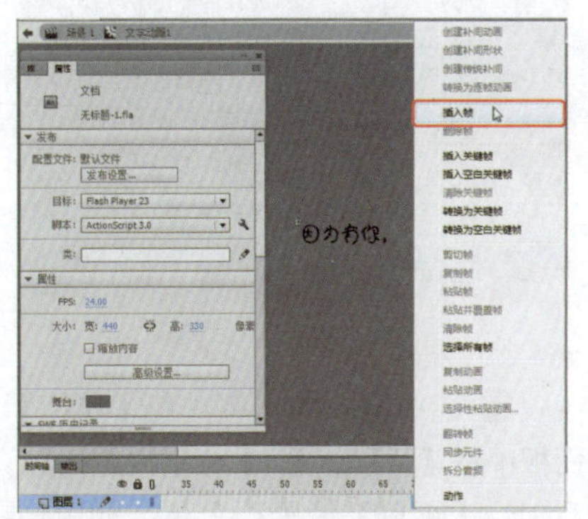

图14-173 选择【插入帧】命令

36 在【时间轴】面板中单击【新建图层】按钮，新建“图层2”，在工具箱中单击【矩形工具】，在舞台中绘制一个矩形，如图14-174所示。

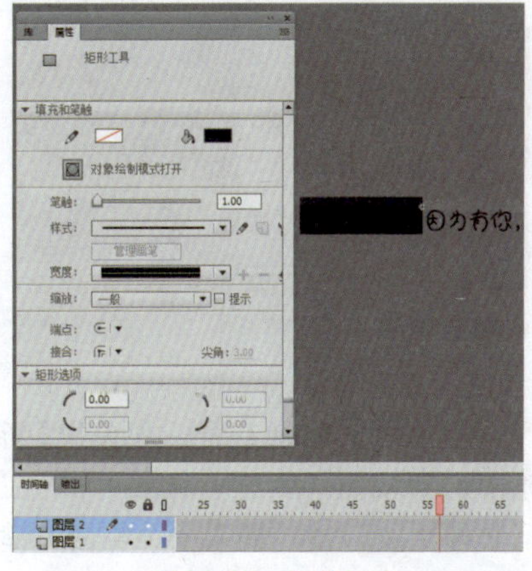

图14-174 绘制矩形

37 选中绘制的矩形，在【属性】面板中将【宽】和【高】分别设置为122、34像素，将【填充颜色】设置为白色，如图14-175所示。

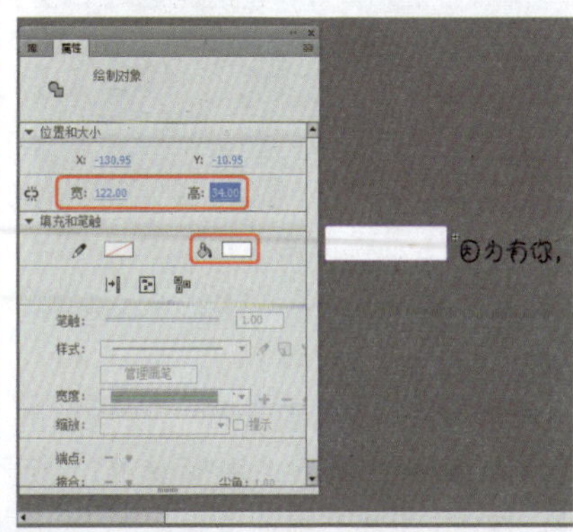

图14-175 设置矩形属性

38 选中该矩形，按F8键，在弹出的对话框中将【名称】设置为“矩形遮罩1”，将【类型】设置为【图形】，如图14-176所示。

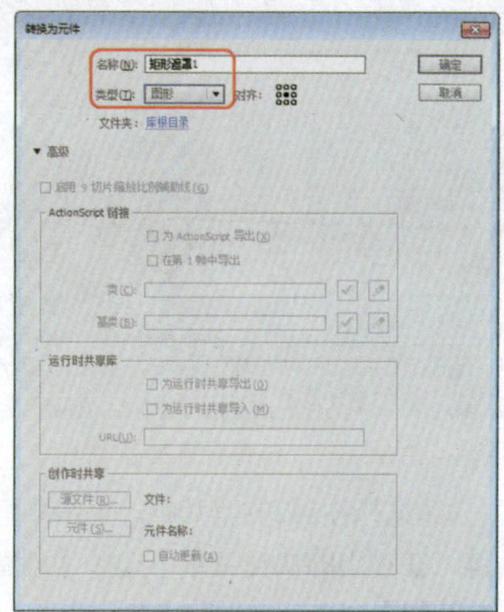

图14-176 【转换为元件】对话框

39 设置完成后，单击【确定】按钮，选中该元件，在【属性】面板中将【X】、【Y】分别设置为-60、14，如图14-177所示。

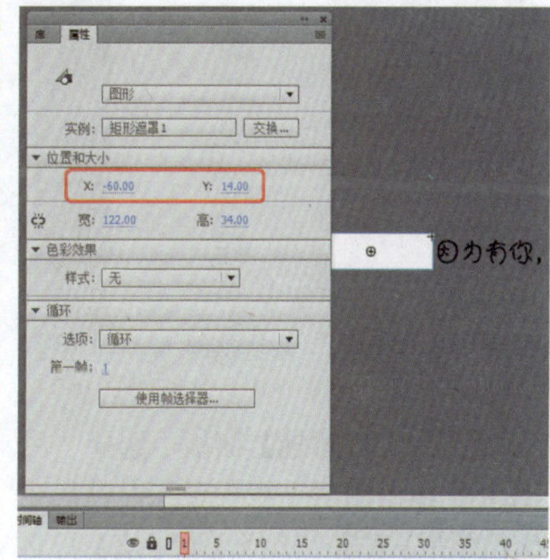

图14-177 调整元件的位置

40 在【时间轴】面板中选择“图层2”中的第41帧，按F6键插入一个关键帧，如图14-178所示。

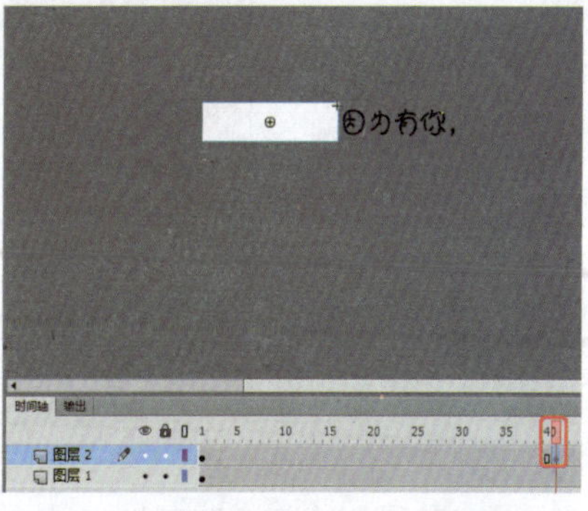

图14-178 插入关键帧

41 选择该帧的元件，在【属性】面板中将【X】、【Y】分别设置为58、14，如图14-179所示。

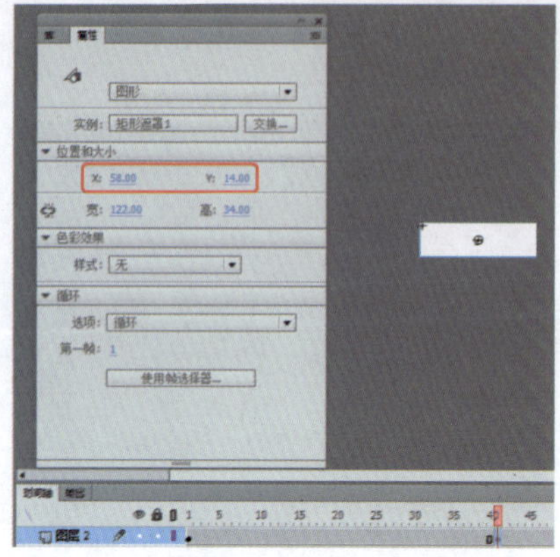

图14-179 设置元件的位置

42 选择图层2的第10帧，单击鼠标右键，在弹出的快捷菜单中选择【创建传统补间】命令，如图14-180所示。

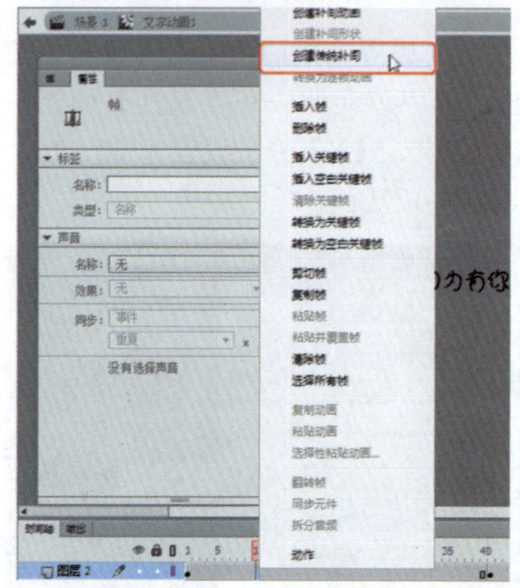

图14-180 选择【创建传统补间】命令

43 在【时间轴】面板中选择“图层2”，在该图层上单击鼠标右键，在弹出的快捷菜单中选择【遮罩层】，将其设置为遮罩层，如图14-181所示。

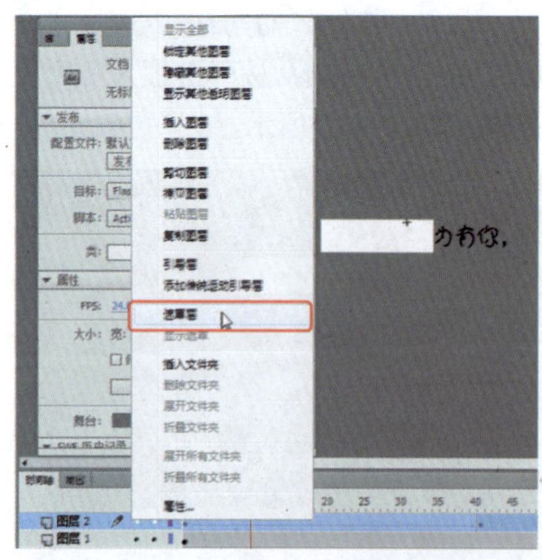

图14-181 选择【遮罩层】命令

44 再在【时间轴】面板中单击【新建图层】按钮，新建“图层3”，在第46帧按F7键，插入一个空白关键帧，在工具箱中单击【文字工具】，在舞台中单击鼠标左键，在弹出的文本框中输入文字，如图14-182所示。

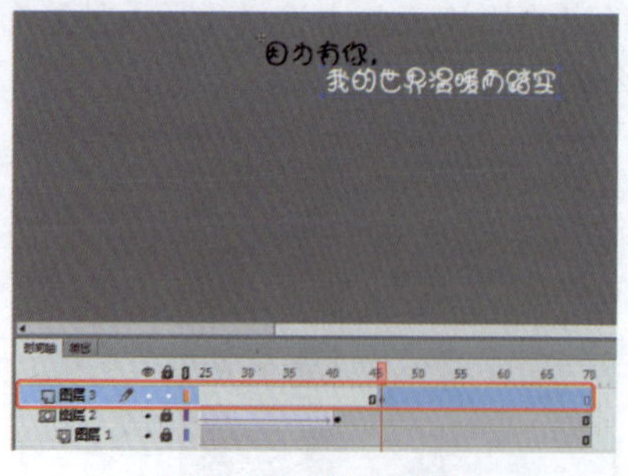

图14-182 输入文字

45 选中输入的文字，在【属性】面板中将【X】、【Y】分别设置为1、28，将【颜色】设置为黑色，如图14-183所示。

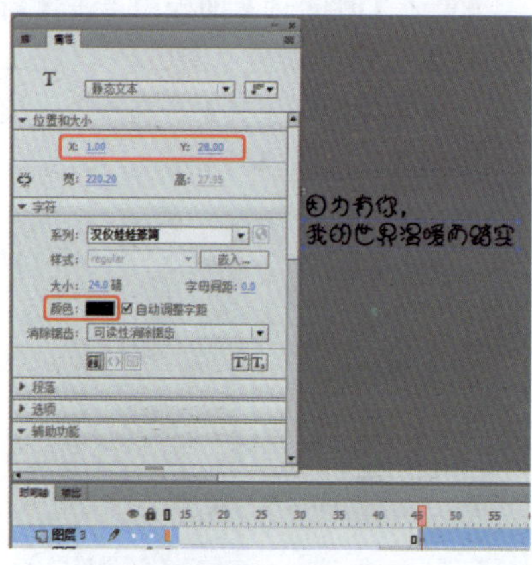

图14-183 设置文字属性

46 在【时间轴】面板中单击【新建图层】按钮，新建“图层4”，在第46帧处按F7键，插入一个空白关键帧，如图14-184所示。

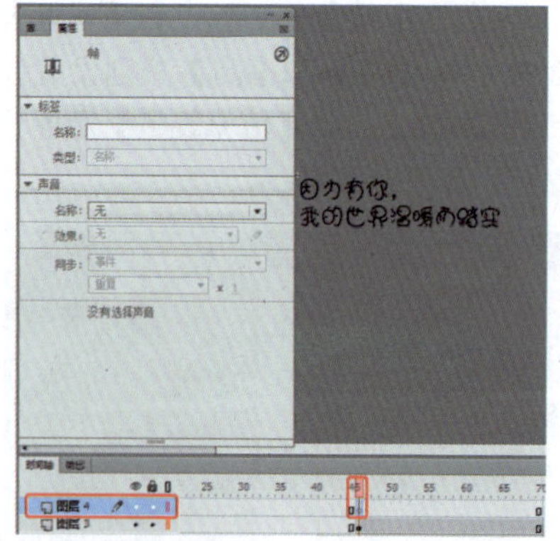

图14-184 新建图层并插入空白关键帧

47 按Ctrl+L组合键，在弹出的【库】面板中选择“矩形遮罩1”元件，按住鼠标将其拖拽至舞台中，如图14-185所示。

48 选中该元件，在【属性】面板中将【X】、【Y】分别设置为113.95、42，将【宽】和【高】分别设置为228、2像素，如图14-186所示。

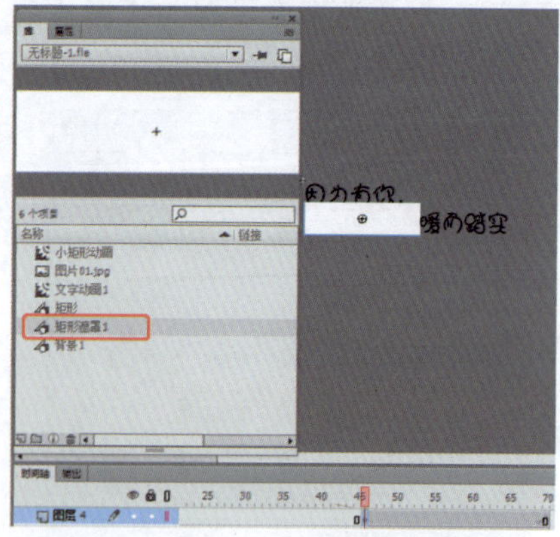

图14-185 添加图形元件

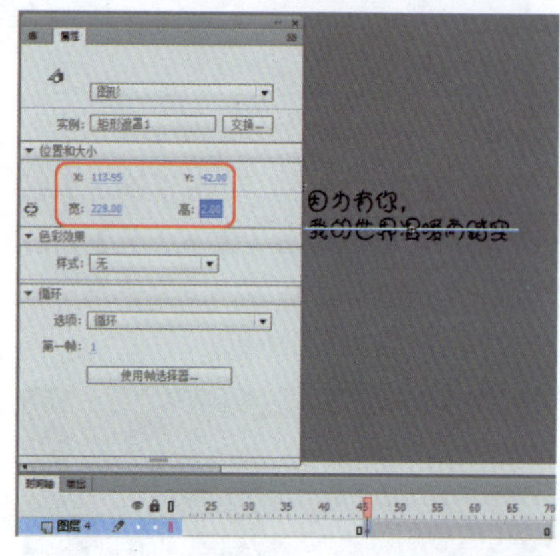

图14-186 设置图形元件的位置及大小

49 选择“图层4”的第70帧，按F6键插入一个关键帧，选择该帧的元件，在【属性】面板中将【高】设置为25.2像素，如图14-187所示。

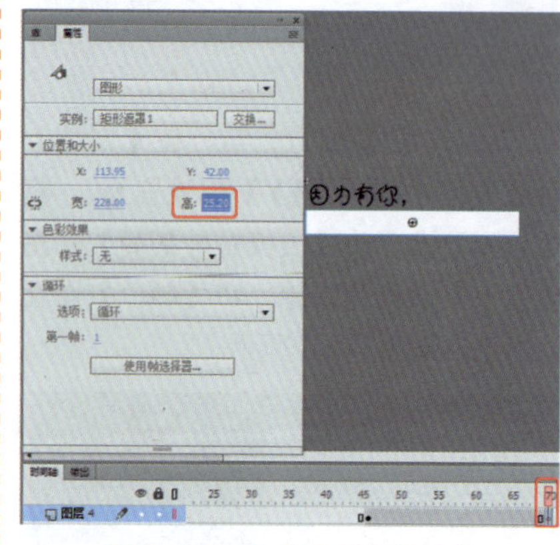

图14-187 设置图形元件的高

50 在【时间轴】面板中选择“图层4”的第60帧，单击鼠标右键，在弹出的快捷菜单中选择【创建传统补间】命令，如图14-188所示。

51 再在“图层4”上单击鼠标右键，在弹出的快捷菜单中选择【遮罩层】命令，如图14-189所示。

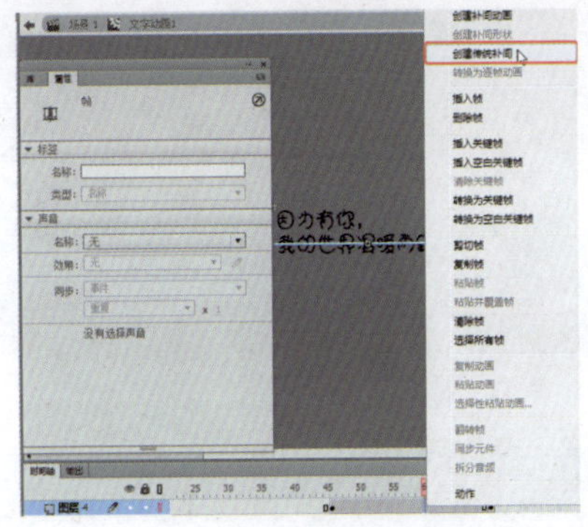
图14-188　选择【创建传统补间】命令

52 在【时间轴】面板中单击【新建图层】按钮，新建“图层5”，选择该图层的第70帧，按F6键插入一个关键帧，如图14-190所示。

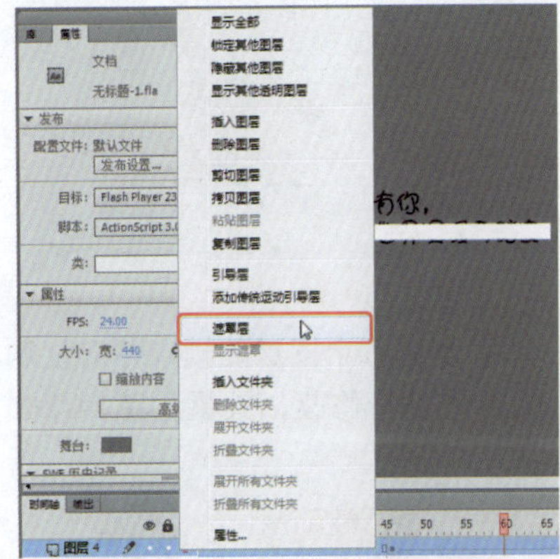
图14-189　选择【遮罩层】命令

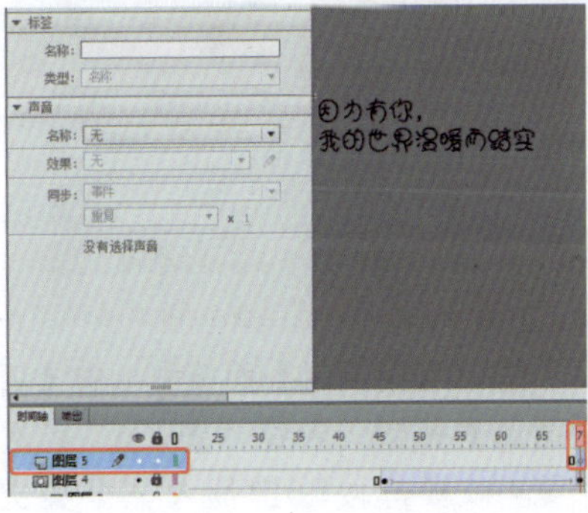
图14-190　插入关键帧

53 选中该关键帧，按F9键，在弹出的【动作】面板中输入代码，如图14-191所示。

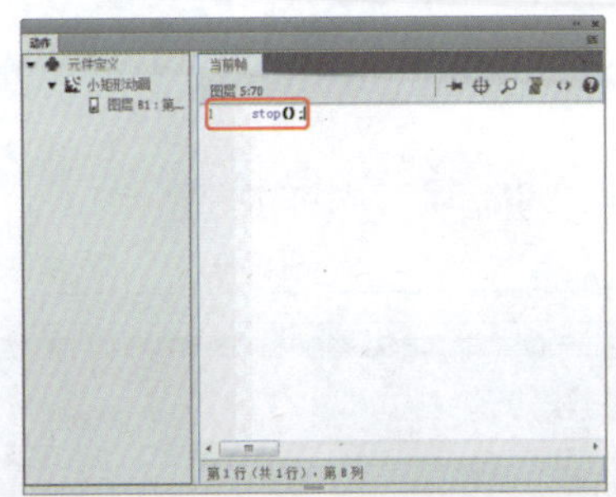
图14-191　输入代码

54 将该面板关闭，返回至“场景1”中，在时间轴面板中新建图层，并在第29帧处插入关键帧，如图14-192所示。

图14-192　新建图层并插入关键帧

55 在【库】面板中选择“文字动画1”影片剪辑元件，按住鼠标将其拖拽至舞台中，如图14-193所示。

图14-193　添加影片剪辑元件

56 选中该元件，在【属性】面板中将【X】、【Y】分别设置为11.85、51.15，如图14-194所示。

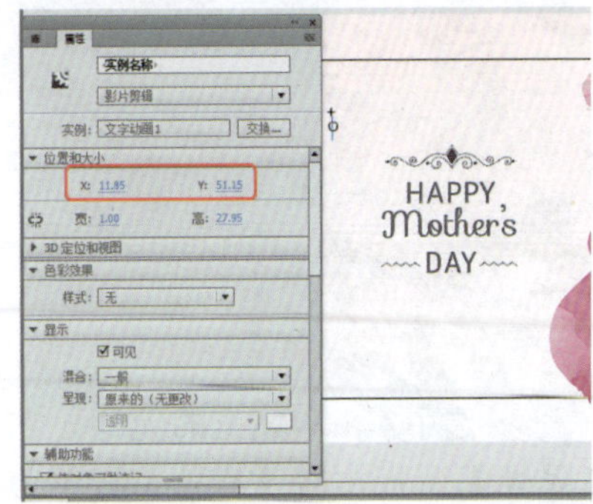
图14-194　调整元件的位置

57 选择“图层3”的第130帧，按F6键插入一个关键帧，再选择该图层的第150帧，按F6键插入一个关键帧，如图14-195所示。

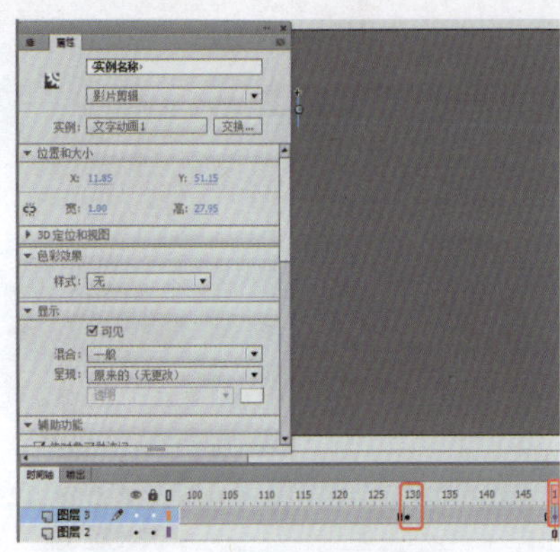
图14-195　插入关键帧

58 选择“图层3”的第150帧上的元件，在【属性】面板中将【样式】设置为【Alpha】，将【Alpha】值设置为0，如图14-196所示。

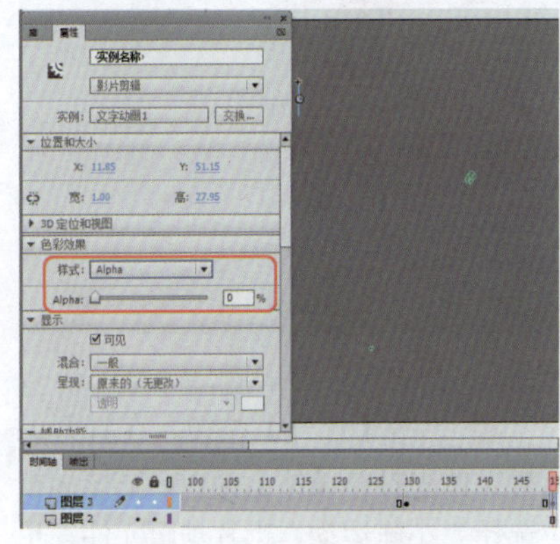
图14-196　设置Alpha参数

59 再在“图层3”上选择第140帧，单击鼠标右键，在弹出的快捷菜单中选择【创建传统补间】命令，如图14-197所示。

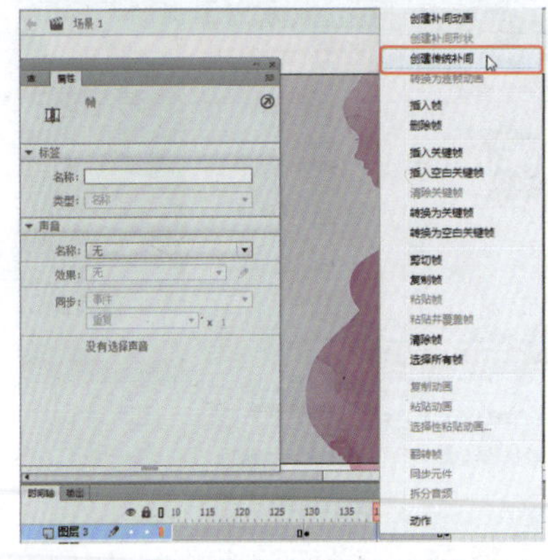
图14-197　选择【创建传统补间】命令

60 在【时间轴】面板中单击【新建图层】按钮，新建“图层4”，选择该图层的第29帧，按F6键插入关键帧，如图14-198所示。

61 按Ctrl+O组合键，在弹出的对话框中选择随书配套资源中的小球运动.fla

素材文件，如图14-199所示。

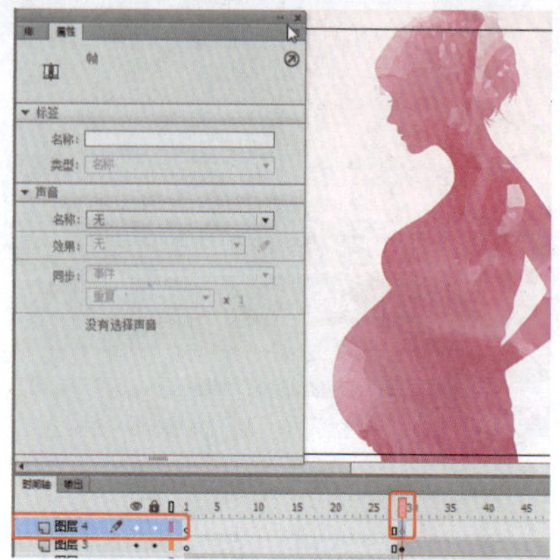
图14-198 插入关键帧

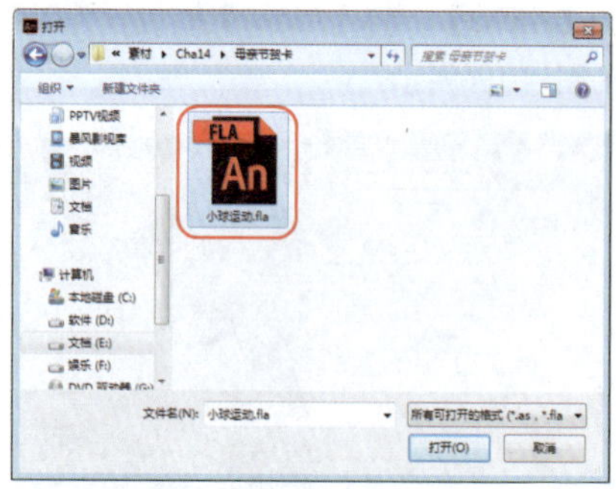
图14-199 选择素材文件

62 单击【打开】按钮，在打开的素材文件中打开【库】面板，在该面板中选择“小球运动”影片剪辑元件，单击鼠标右键，在弹出的快捷菜单中选择【复制】命令，如图14-200所示。

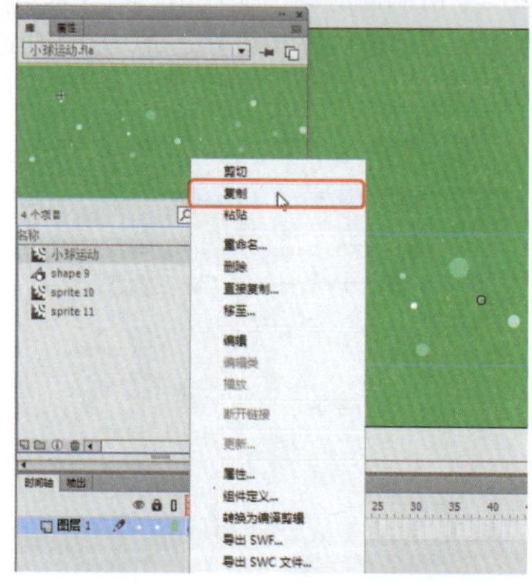
图14-200 选择【复制】命令

63 返回至前面所制作的场景中，在【库】面板中单击鼠标右键，在弹出的快捷菜单中选择【粘贴】命令，如图14-201所示。

64 打开【库】面板，按住鼠标将其拖拽至舞台中，选中该元件，在【属性】面板中将【X】、【Y】分别设置为0.25、190，将【宽】和【高】分别设置为617.15、136.3像素，如图14-202所示。

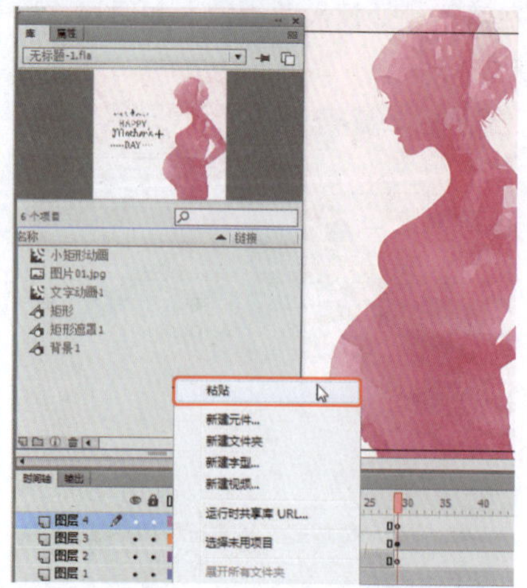
图14-201 选择【粘贴】命令

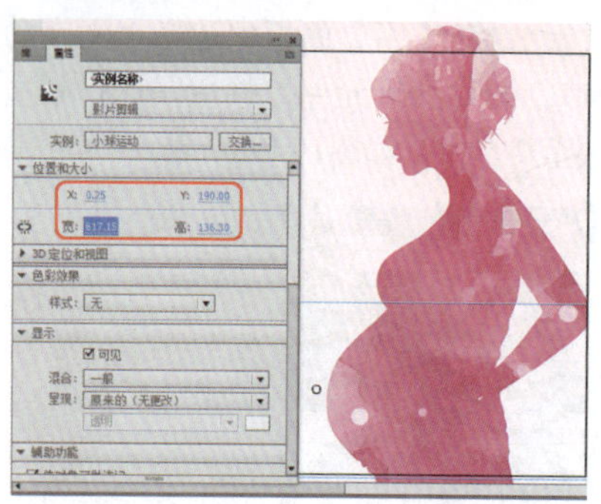
图14-202 设置元件的位置及大小

65 在【时间轴】面板中选择该图层的第130帧，按F6键插入一个关键帧，在第150帧处按F6键，再插入一个关键帧，如图14-203所示。

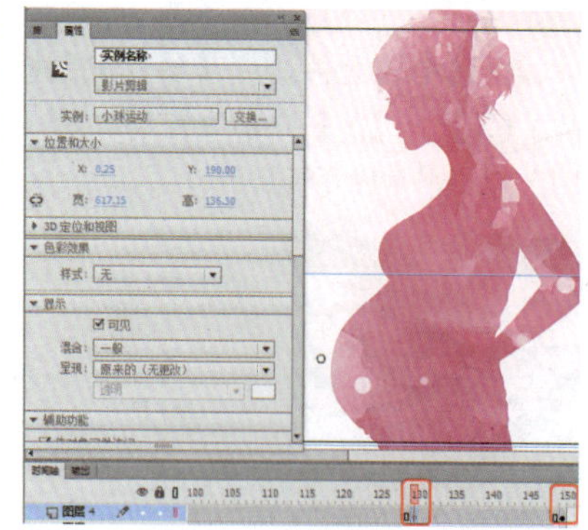
图14-203 插入关键帧

66 选中第150帧上的元件，在【属性】面板中将【样式】设置为【Alpha】，将【Alpha】值设置0，如图14-204所示。

67 在第140帧上单击鼠标右键，在弹出的快捷菜单中选择【创建传统补间】命令，如图14-205所示。

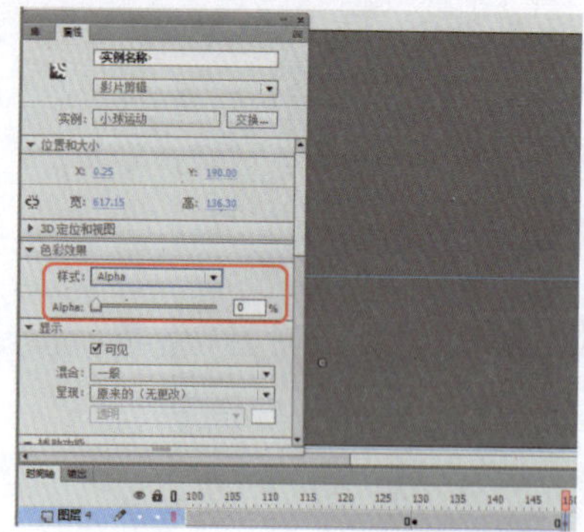
图14-204 设置【Alpha】值

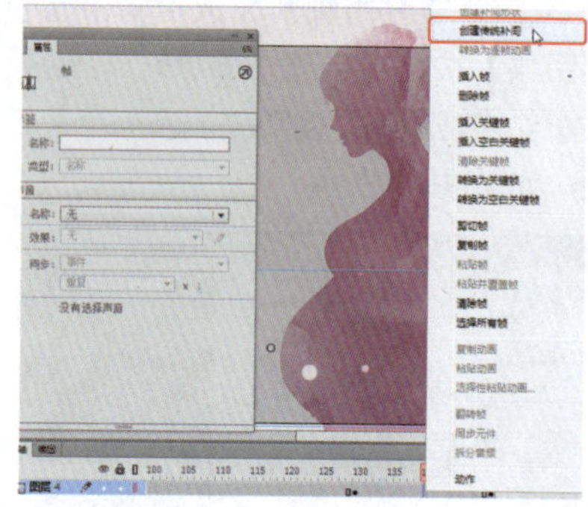
图14-205 选择【创建传统补间】命令

68 复制每个图层的帧，并对复制后的对象进行修改，效果如图14-206所示。

图14-206 创建其他动画效果

69 在【时间轴】面板中单击【新建图层】按钮，新建“图层6”，选择第442帧，按F6键插入一个关键帧，如图14-207所示。

图14-207 插入关键帧

70 按Ctrl+F8组合键，在弹出的对话框中将【名称】设置为“按钮”，将【类型】设置为【按钮】，如图14-208所示。

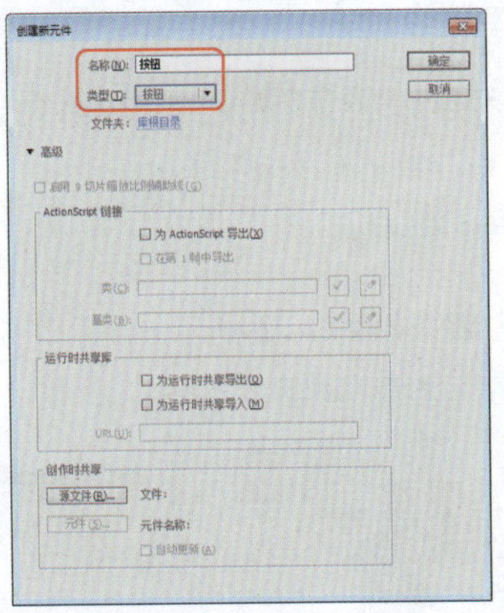

图14-208 选择素材文件

71 单击【确定】按钮，再次按Ctrl+F8组合键，在弹出的对话框中将【名称】设置为“Replay”，将【类型】设置为【图形】，如图14-209所示。

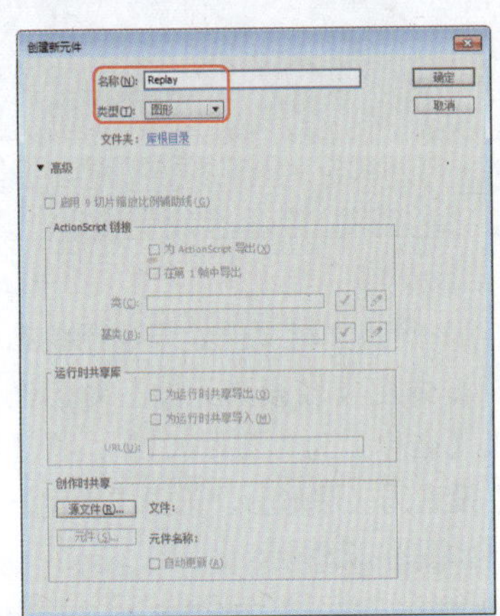

图14-209 【创建新元件】对话框

72 设置完成后，单击【确定】按钮，在工具箱中单击【文本工具】，在舞台中单击鼠标，并在弹出的文本框中输入文字，如图14-210所示。

图14-210 输入文字

73 选中输入的文字，在【属性】面板中将【系列】设置为【汉仪娃娃篆简】，将【大小】设置为24磅，将【颜色】值设置为【#FF6699】，如图14-211所示。

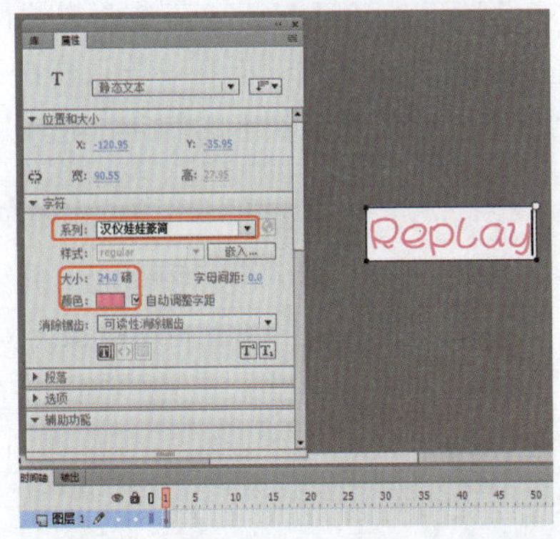

图14-211 设置文字属性

74 设置完成后，在【库】面板中双击“按钮”元件，再在【库】面板中选择“Replay”元件，按住鼠标将其拖拽至舞台中，并调整其位置，如图14-212所示。

图14-212 添加图形元件

75 在【时间轴】面板中选择“图层1”的指针经过帧，按F6键插入一个关键帧，如图14-213所示。

图14-213 插入关键帧

76 选中该帧中的元件，在【属性】面板中将【样式】设置为【高级】，并设置其参数，如图14-214所示。

77 再在【时间轴】面板中选择“按下帧”，按F5键插入帧，如图14-215所示。

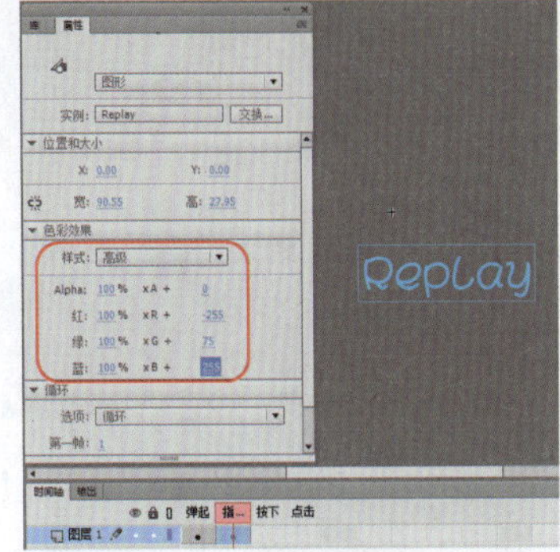

图14-214 设置样式及参数

图14-215 插入帧

78 返回至“场景1”中，将按钮元件拖拽至舞台中，并调整其位置，如图14-216所示。

图14-216 添加按钮元件

79 在【时间轴】面板中单击【新建图层】按钮，新建“图层7”，按Ctrl+R组合键，在弹出的对话框中选择随书配套资源中的素材文件，如图14-217所示。

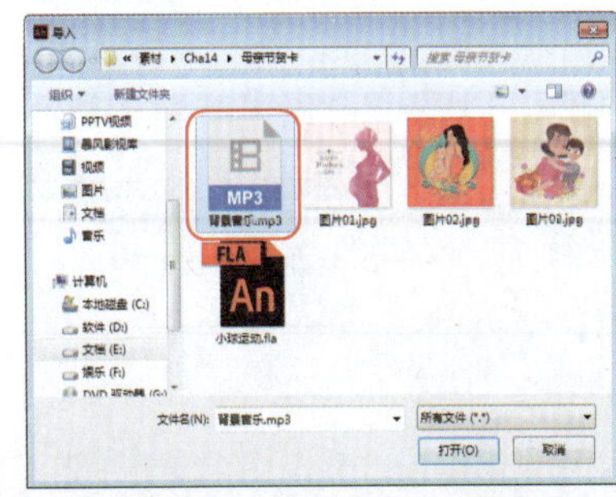

图14-217 选择音频文件

80 执行该操作后，即可将选中的音频文件添加至场景中，如图14-218所示。

图14-218　添加音乐文件

81 选中场景中的按钮元件，在【属性】面板中将【实例名称】设置为“r”，如图14-219所示。

图14-219　设置实例名称

82 在【时间轴】面板中单击【新建图层】按钮，新建“图层8”，选择第464帧，按F6键插入一个关键帧，按F9键打开【动作】面板，在该面板中输入代码，如图14-220所示。对完成后的场景进行保存。

提　示

输入的代码如下：

```
stop();
r.addEventListener("click", replay);
function replay(me:MouseEvent)
{
    gotoAndPlay(1);
}
```

图14-220　输入代码

实例190　情人节贺卡

每年2月14日的情人节是西方的传统节日之一，相爱的人们在这一天互送礼物用来表达爱意。而在中国，传统节日之一的七夕节也被称为情人节。本实例就来介绍情人节贺卡的制作，完成后的效果如图14-221所示。

素材：	素材|Cha14|Q1.jpg ~Q4.jpg、情人节贺卡背景音乐.mp3、曲线动画.fla
场景：	场景|Cha14|实例190　情人节贺卡.fla
视频：	视频教学 | Cha14 |实例190　情人节贺卡.MP4

图14-221　情人节贺卡

1 按Ctrl+N组合键弹出【新建文档】对话框，在【类型】列表框中选择【ActionScript 3.0】，将【宽】设置为750像素，将【高】设置为680像素，将【帧频】设置为12fps，将【背景颜色】设置为【#FFFFCC】，单击【确定】按钮，如图14-222所示。

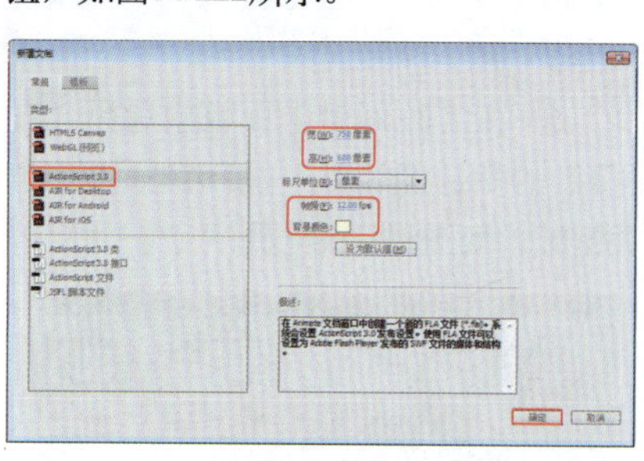

图14-222　新建文档

2 即可新建空白文档，在菜单栏中选择【文件】|【导入】|【导入到库】命令，弹出【导入到库】对话框，在该对话框中选择随书配套资源中的Q1.jpg、Q2.jpg、Q3.jpg、Q4.jpg和情人节贺卡背景音乐.mp3素材文件，单击【打开】按钮，即可将选择的素材文件导入到【库】面板中，如图14-223所示。

3 在【库】面板中将Q1.jpg素材文件拖拽至舞台中，然后在【对齐】面板中勾选【与舞台对齐】复选框，并单击【水平中齐】和【垂直中齐】按钮，效果如图14-224所示。

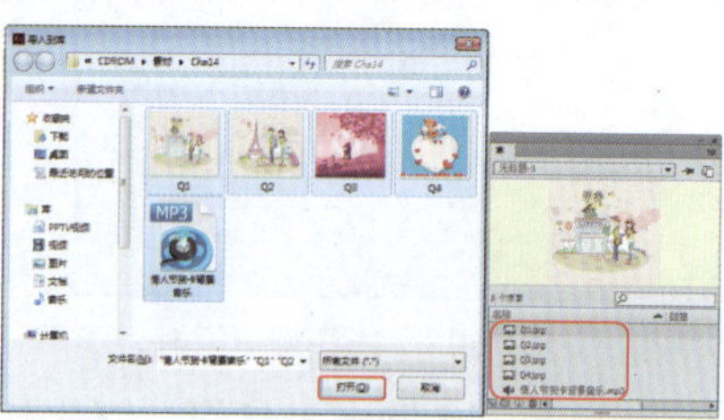

图14-223　将素材文件导入到【库】面板中

图14-224　调整素材文件

4 确认素材文件处于选择状态，按F8键弹出【转换为元件】对话框，输入【名称】为“图片001”，将【类型】设置为【图形】，单击【确定】按钮，如图14-225所示。

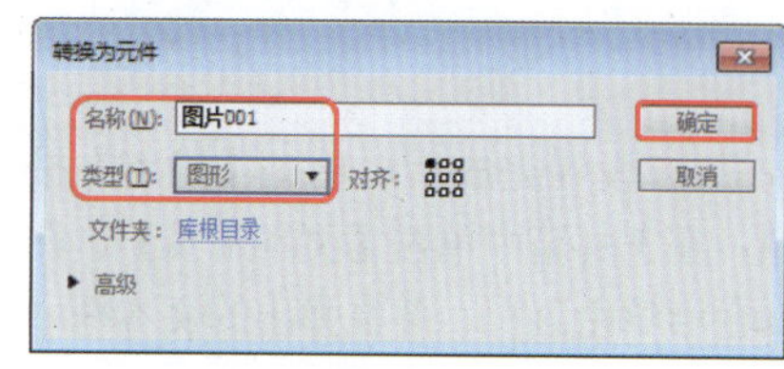

图14-225　转换为元件

5 在【属性】面板中将【样式】设置为【Alpha】，将【Alpha】值设置为0，如图14-226所示。

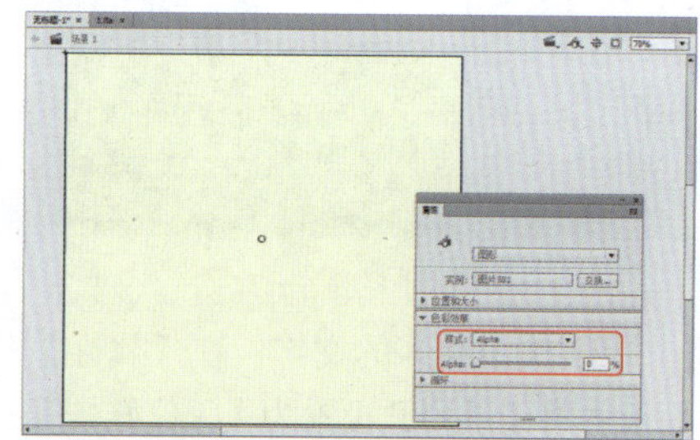

图14-226　设置元件样式

❻ 在【时间轴】面板中选择第20帧，按F6键插入关键帧，在【属性】面板中将“图片001”元件的【样式】设置为【无】，如图14-227所示。

图14-227 插入关键帧并设置样式

❼ 在两个关键帧之间创建传统补间动画，并选择第60帧，按F6键插入关键帧，如图14-228所示。

图14-228 创建动画并插入关键帧

❽ 按Ctrl+F8组合键弹出【创建新元件】对话框，输入【名称】为“彩色的圆”，将【类型】设置为【影片剪辑】，单击【确定】按钮，如图14-229所示。

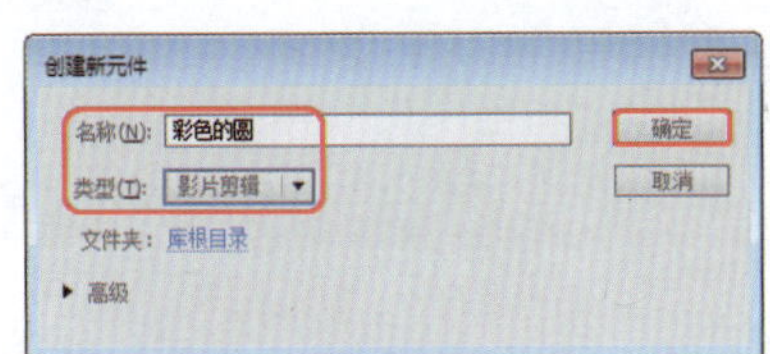

图14-229 创建新元件

❾ 在工具箱中选择【椭圆工具】，确认【对象绘制】工具处于选择状态，在【属性】面板中将【填充颜色】设置为【#FF6699】，并将填充颜色的Alpha值设置为50%，将【笔触颜色】设置为无，在按住Shift键的同时，在舞台中绘制正圆，如图14-230所示。

❿ 确认绘制的正圆处于选择状态，按F8键弹出【转换为元件】对话框，输入【名称】为“圆形001”，将【类型】设置为【图形】，调整元件的对齐方式，并单击【确定】按钮，如图14-231所示。

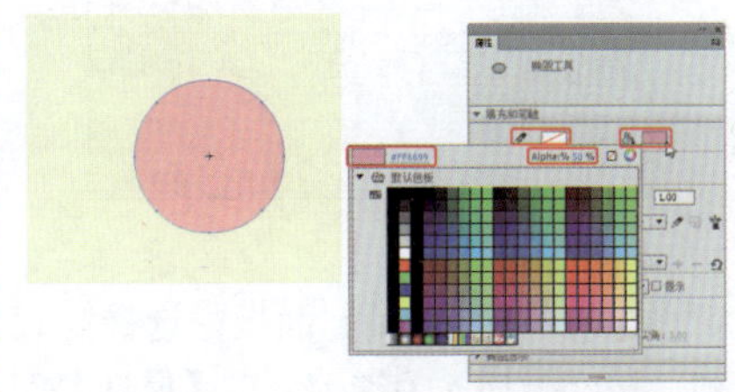

图14-230 绘制正圆

⓫ 在【属性】面板中将【样式】设置为【Alpha】，将【Alpha】值设置为50%，如图14-232所示。

图14-231 转换为元件

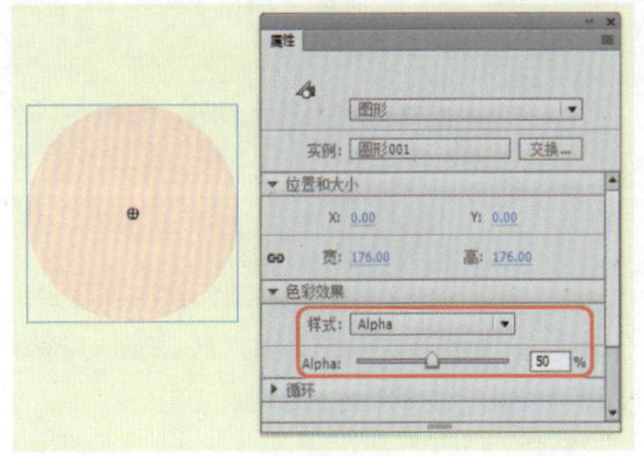

图14-232 设置元件样式

⓬ 在【时间轴】面板中选择“图层1”第20帧，按F6键插入关键帧，然后在【变形】面板中将【缩放宽度】和【缩放高度】设置为80%，如图14-233所示。

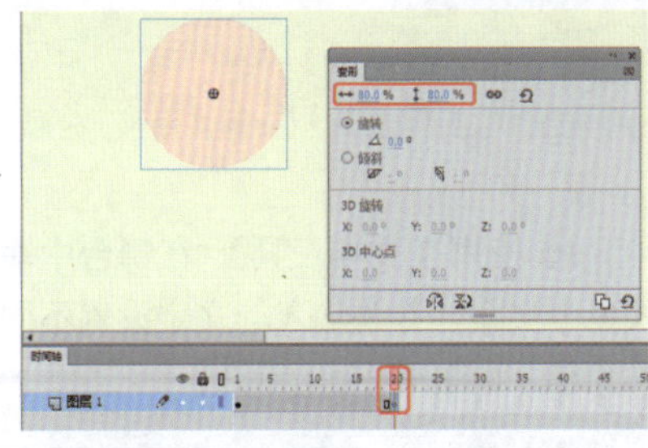

图14-233 插入关键帧并设置元件大小

⓭ 在两个关键帧之间创建传统补间动画，选择第25帧，按F6键插入关键帧，如图14-234所示。

⓮ 选择“图层1”第45帧，按F6键插入关键帧，在【变形】面板中将【缩放宽度】和【缩放高度】设置为100%，如图14-235所示。

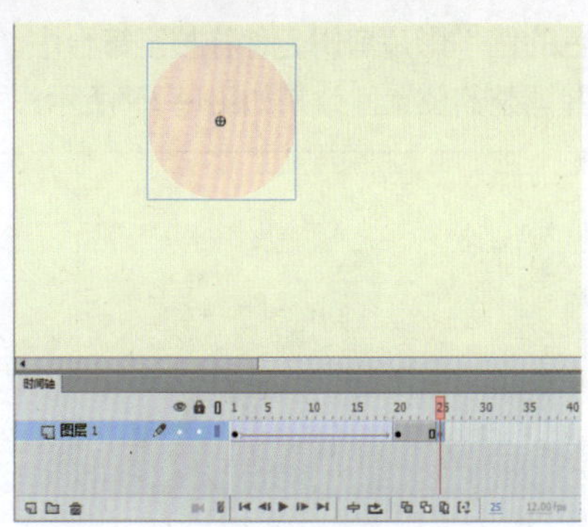

图14-234 创建动画并插入关键帧

⓯ 选择第35帧，单击鼠标右键，在弹出的快捷菜单中选择【创建传统补间】命令，即可创建传统补间动画，如图14-236所示。

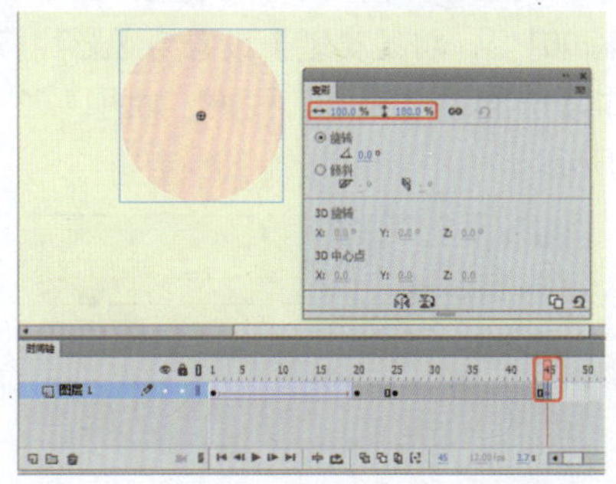

图14-235 插入关键帧并设置元件

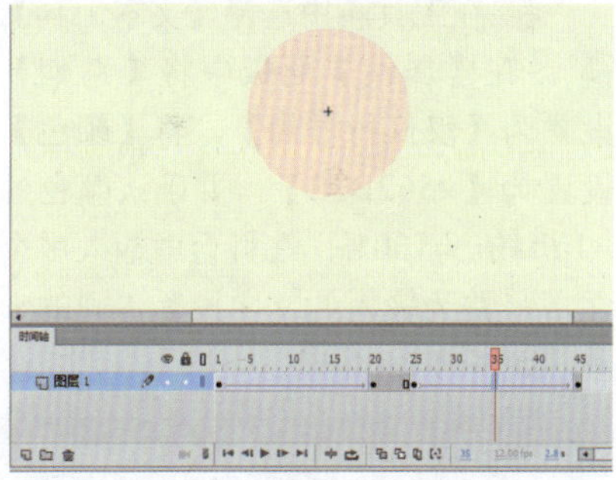

图14-236 创建传统补间动画

⓰ 使用同样的方法，继续绘制正圆并创建传统补间动画，效果如图14-237所示。

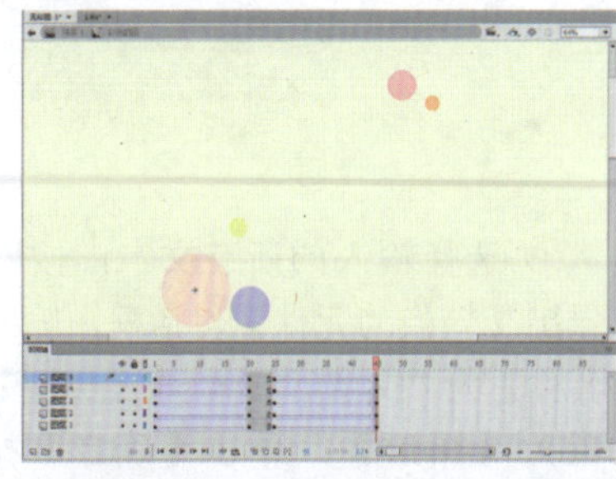

图14-237 绘制正圆并创建动画

⓱ 返回到“场景1”中，在【时间轴】面板中单击【新建图层】按钮，新建“图层2”，在【库】面板中将“彩

色的圆”影片剪辑元件拖拽至舞台中，并调整其位置，效果如图14-238所示。

图14-238 新建图层并调整图形元件

⑱ 按Ctrl+F8组合键弹出【创建新元件】对话框，输入【名称】为“文字动画001”，将【类型】设置为【影片剪辑】，单击【确定】按钮，如图14-239所示。

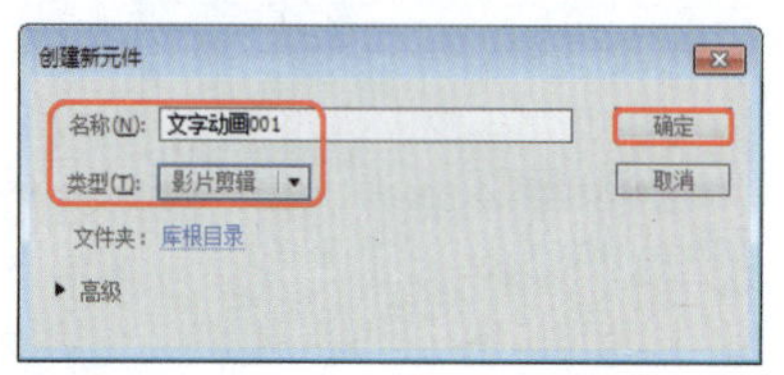

图14-239 创建新元件

⑲ 在工具箱中选择【文本工具】T，在【属性】面板中将【系列】设置为【汉仪行楷简】，将【颜色】设置为【#562B32】，并确认颜色的Alpha值为100%，在舞台中输入多个文字，并为输入的文字设置不同的大小，如图14-240所示。

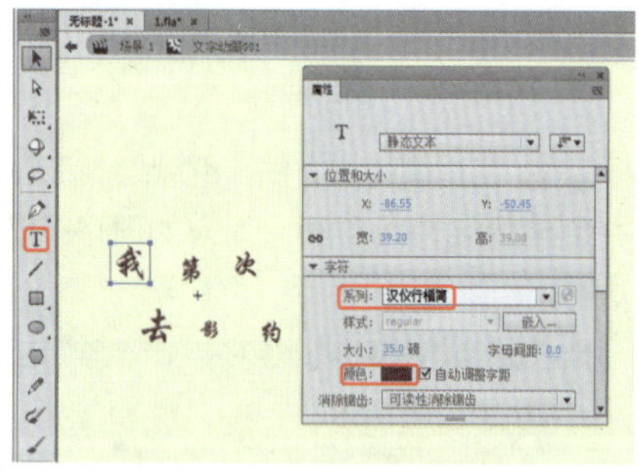

图14-240 输入并设置文字

⑳ 选择输入的所有文字，按F8键弹出【转换为元件】对话框，输入【名称】为“文字001”，将【类型】设置为【图形】，单击【确定】按钮，如图14-241所示。

㉑ 在【属性】面板中将【样式】设置为【Alpha】，将【Alpha】值设置为0，在【变形】面板中将【缩放宽度】和【缩放高度】设置为50%，如图14-242所示。

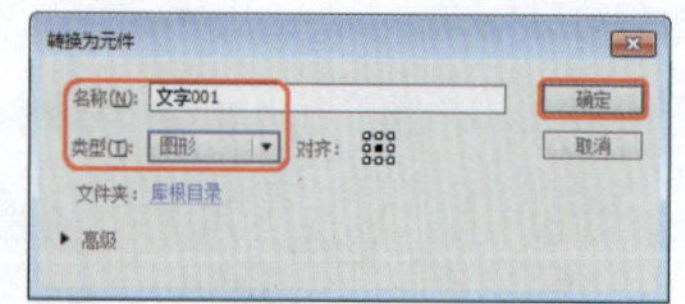

图14-241 转换为元件

㉒ 在【时间轴】面板中选择第15帧，按F6键插入关键帧，在【属性】面板中将“文字001”元件的【样式】设置为无，在【变形】面板中将【缩放宽度】和【缩放高度】设置为100%，如图14-243所示。

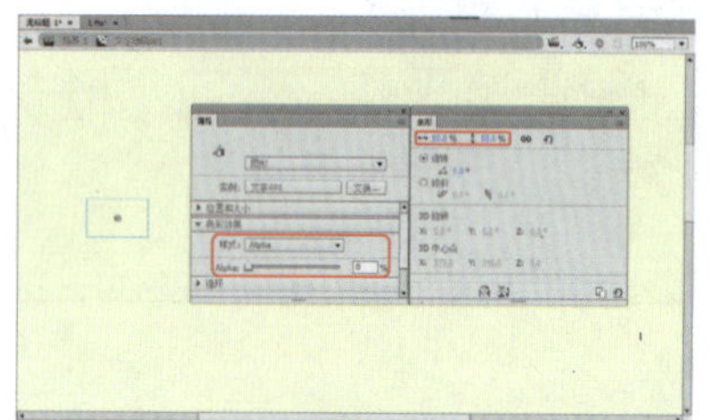

图14-242 设置元件

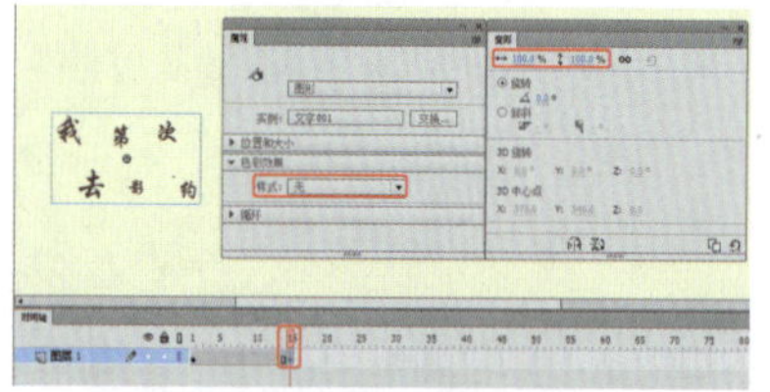

图14-243 插入关键帧并设置元件

㉓ 在两个关键帧之间创建传统补间动画，选择第35帧，按F6键插入关键帧，新建“图层2”，选择“图层2”第10帧，按F6键插入关键帧，如图14-244所示。

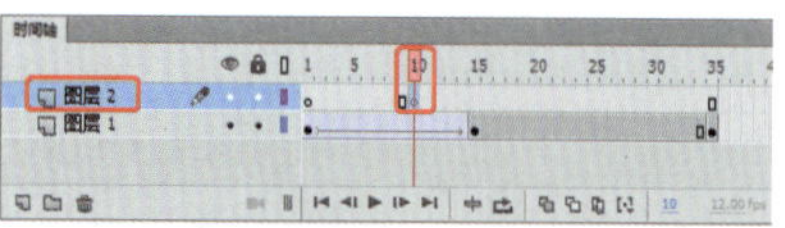

图14-244 新建图层并插入关键帧

㉔ 使用【文本工具】在舞台中输入多个文字，并为输入的文字设置不同的大小，如图14-245所示。

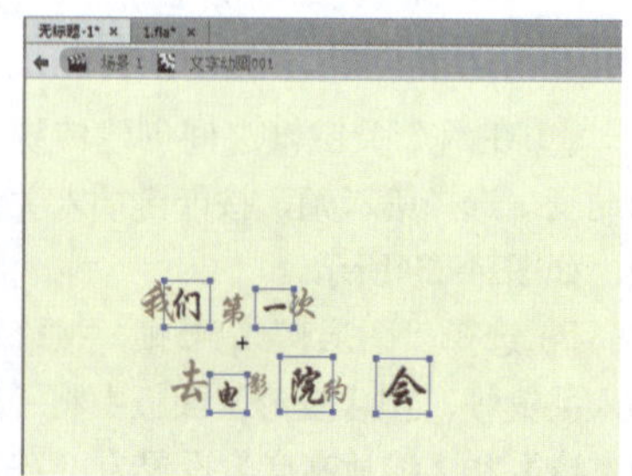

图14-245 输入文字

㉕ 确认“图层2”中的文字都处于选择状态，按F8键弹出【转换为元件】对话框，输入【名称】为“文字002”，将【类型】设置为【图形】，单击【确定】按钮，如图14-246所示。

图14-246 转换为元件

㉖ 结合上面介绍的方法，设置元件样式和大小，创建传统补间动画，效果如图14-247所示。

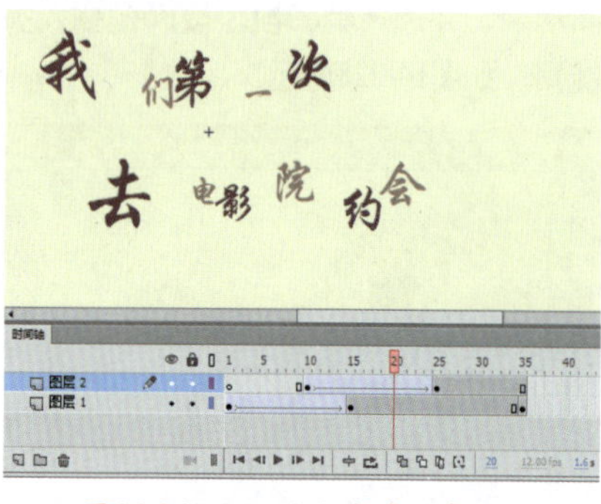

图14-247 设置元件并创建动画

㉗ 选择“图层2”第25帧，按F9键打开【动作】面板，输入代码“stop();”，如图14-248所示。

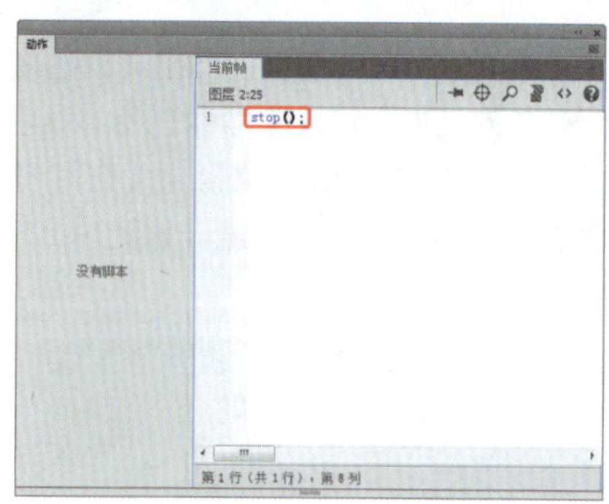

图14-248 输入代码

㉘ 返回到“场景1”中，新建“图层3”，并选择“图层3”第15帧，按F6键插入关键帧，在【库】面板中将“文字动画001”影片剪辑元件拖拽至舞台中，并调整其位置，如图14-249所示。

㉙ 新建“图层4”，并选择“图层4”第60帧，按F6键插入关键帧，在【库】面板中将Q2.jpg素材文件拖拽至舞台中，并在【对齐】面板中单击【水平中齐】和【垂直中齐】按钮，效果如图14-250所示。

图14-249 新建图层并调整元件

图14-250 插入关键帧并调整素材图片

30 按F8键弹出“转换为元件”对话框，输入【名称】为“图片002”，将【类型】设置为【图形】，单击【确定】按钮，如图14-251所示。

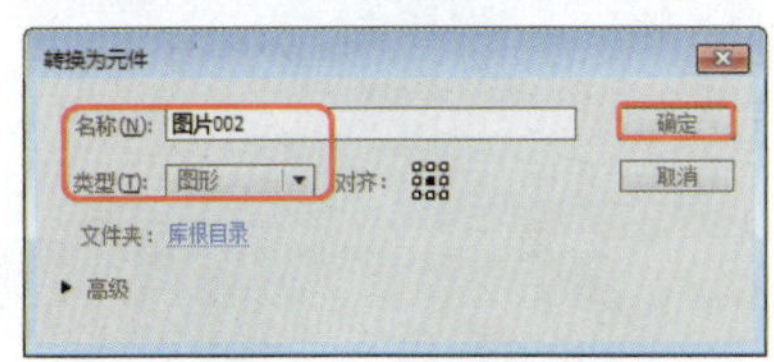

图14-251 转换为元件

31 在【属性】面板中将“图片002”元件的【样式】设置为【Alpha】，将【Alpha】值设置为0，如图14-252所示。

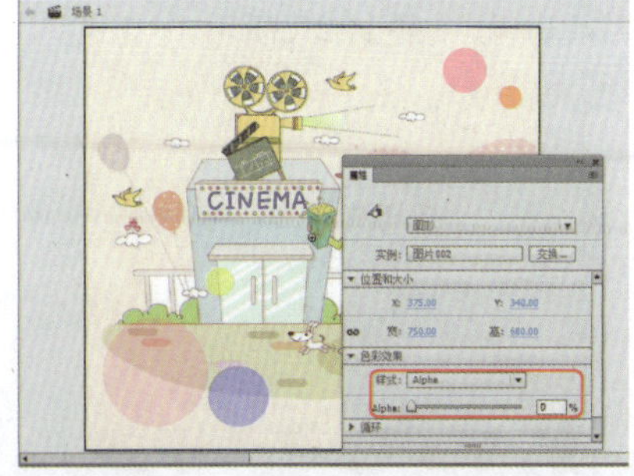

图14-252 设置元件样式

32 选择“图层4”第67帧，按F6键插入关键帧，在【属性】面板中将“图片002”元件的【样式】设置为无，如图14-253所示。

图14-253 插入关键帧并设置元件样式

33 在两个关键帧之间创建传统补间动画，如图14-254所示。

图14-254 创建传统补间动画

34 选择“图层4”第123帧，按F6键插入关键帧，新建“图层5”，并选择“图层5”第53帧，按F6键插入关键帧，如图14-255所示。

图14-255 插入关键帧

35 在工具箱中选择【矩形工具】，在【属性】面板中将【填充颜色】设置为白色，将【笔触颜色】设置为无，在舞台中绘制矩形，如图14-256所示。

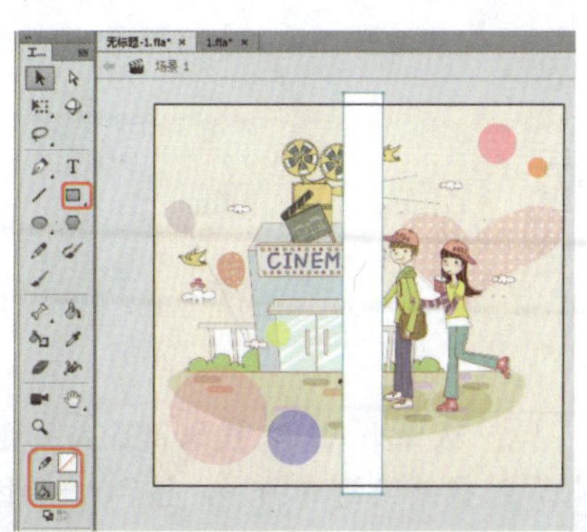

图14-256 绘制矩形

36 确认新绘制的矩形处于选择状态，按F8键弹出【转换为元件】对话框，输入【名称】为“矩形001”，将【类型】设置为【图形】，单击【确定】按钮，如图14-257所示。

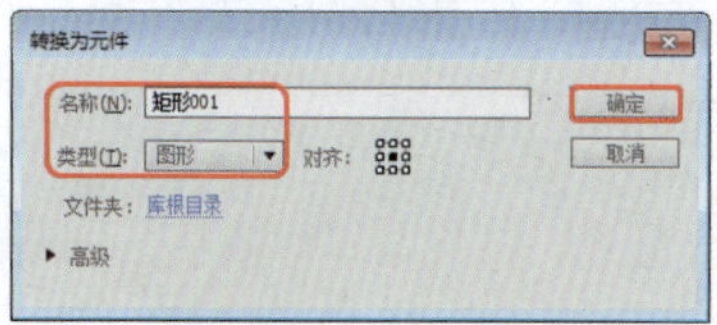

图14-257 转换为元件

37 在【属性】面板中将“矩形001”图形元件的【样式】设置为【Alpha】，将【Alpha】值设置为40%，如图14-258所示。

图14-258 设置元件样式

38 选择“图层5”第60帧，按F6键插入关键帧，使用【任意变形工具】选择“矩形001”元件，在舞台中调整元件的宽度，在【属性】面板中将【样式】设置为无，并在两个关键帧之间创建传统补间，效果如图14-259所示。

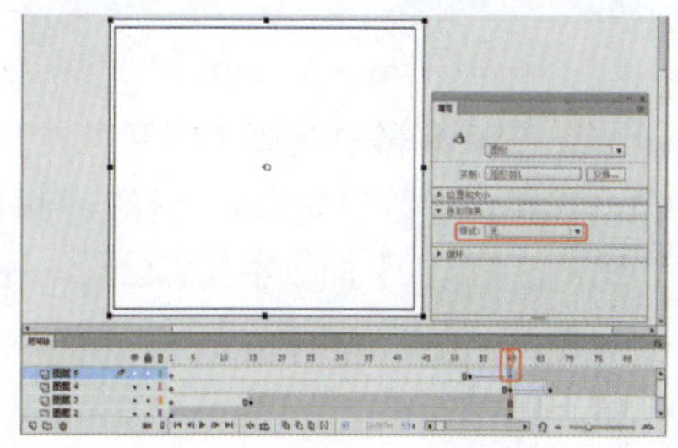

图14-259 插入关键帧并调整元件

39 选择“图层5”第67帧，按F6键插入关键帧，并使用【任意变形工具】调整“矩形001”元件的高度，在【属性】面板中将【样式】设置为【Alpha】，将【Alpha】值设置为0，如图14-260所示。

图14-260 插入关键帧并调整元件

㊵ 选择“图层5”第63帧，并单击鼠标右键，在弹出的快捷菜单中选择【创建传统补间】命令，即可创建传统补间动画，如图14-261所示。

图14-261 创建传统补间动画

㊶ 新建“图层6”，并选择“图层6”第67帧，按F6键插入关键帧，然后在工具箱中选择【矩形工具】，在【属性】面板中将【填充颜色】设置为白色，将填充颜色的【Alpha】值设置为40%，将【笔触颜色】设置为无，在舞台中绘制矩形，如图14-262所示。

图14-262 绘制矩形

㊷ 在工具箱中选择【钢笔工具】，在舞台中绘制图形，选择绘制的图形，在【属性】面板中任意设置一种填充颜色，将【笔触颜色】设置为无，如图14-263所示。

图14-263 绘制图形并填充颜色

㊸ 选择新绘制的两个图形，在菜单栏中选择【修改】|【合并对象】|【打孔】命令，如图14-264所示。

㊹ 修改对象后的效果如图14-265所示。

㊺ 按Ctrl+F8组合键弹出【创建新元件】对话框，输入【名称】为“线条动画”，将【类型】设置为【影片剪辑】，单击【确定】按钮，如图14-266所示。

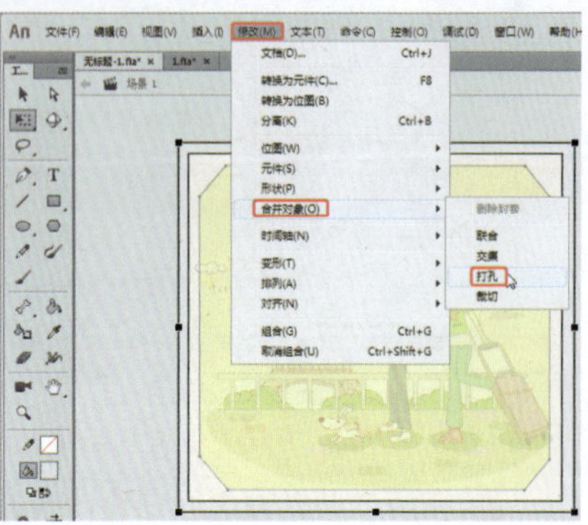

图14-264 选择【打孔】命令

图14-265 修改对象后的效果

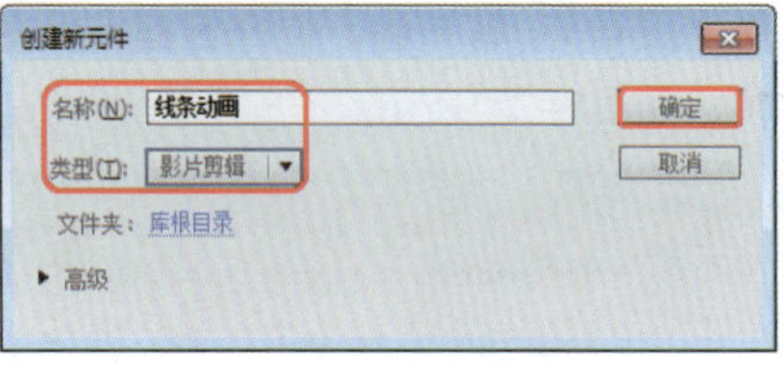

图14-266 创建新元件

㊻ 在工具箱中选择【钢笔工具】，在【属性】面板中任意设置一种笔触颜色，将【笔触】设置为1，然后在舞台中绘制图形，如图14-267所示。

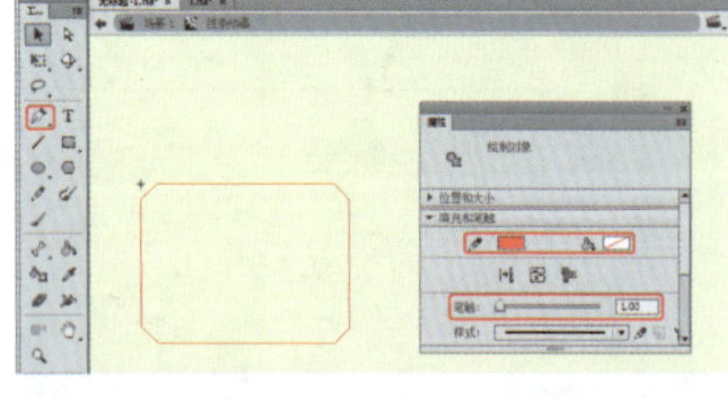

图14-267 绘制图形

㊼ 选择第30帧，按F6键插入关键帧，选择新绘制的图形，按Ctrl+C组合键进行复制，并新建“图层2”，按Ctrl+Shift+V组合键将复制的图形粘贴到“图层2”中，如图14-268所示。

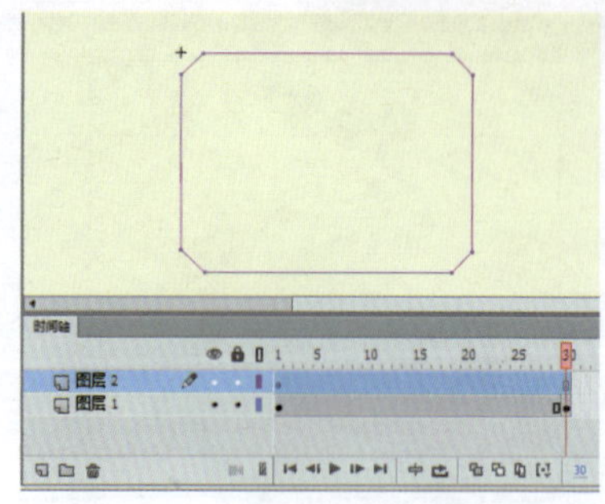

图14-268 新建图层并粘贴对象

㊽ 确认“图层2”中的图形处于选择状态，在【属性】面板中将【笔触颜色】的【Alpha】值设置为0，如图14-269所示。

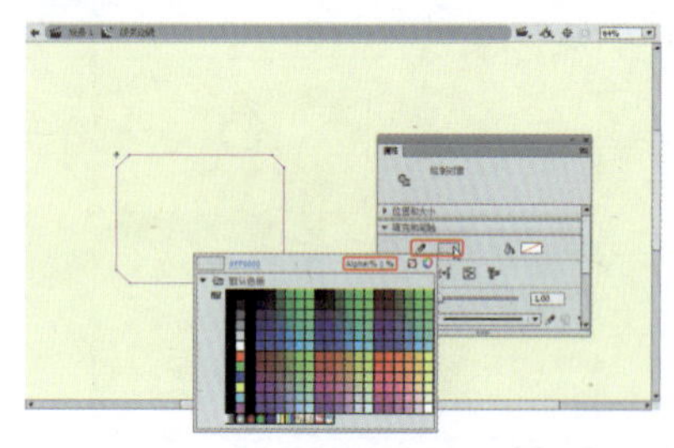

图14-269 设置笔触颜色

㊾ 选择“图层2”第4帧，按F6键插入关键帧，在【属性】面板中将【笔触颜色】的【Alpha】值设置为100%，然后使用【任意变形工具】调整图形的大小，效果如图14-270所示。

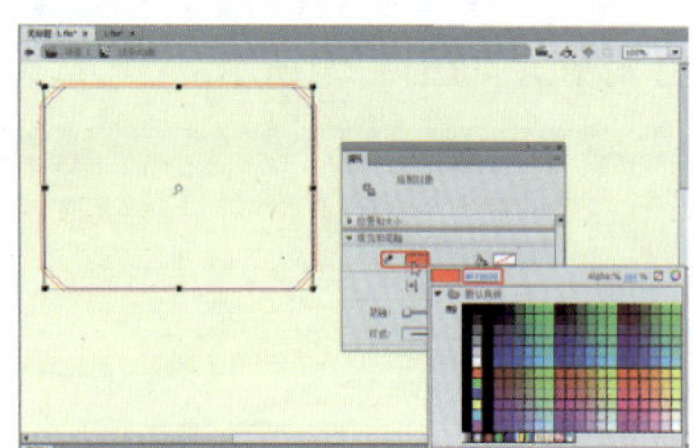

图14-270 设置笔触颜色并调整图形大小

㊿ 选择“图层2”第2帧，并单击鼠标右键，在弹出的快捷菜单中选择【创建补间形状】命令，即可创建补间形状动画，如图14-271所示。

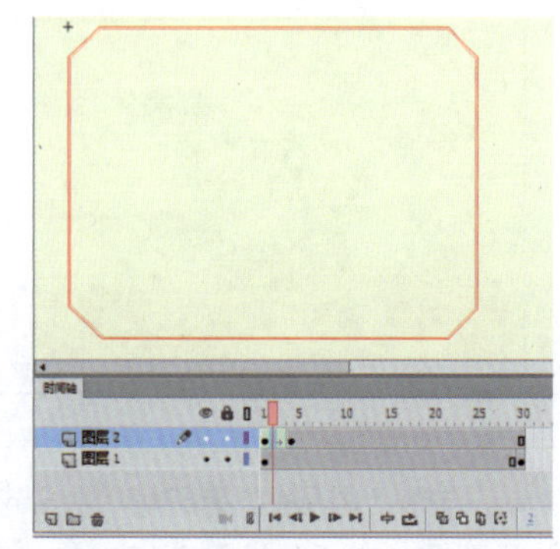

图14-271 创建补间形状动画

51 选择“图层2”第19帧，按F6键插入关键帧，使用【任意变形工具】调整图形的大小，并在【属性】面板中将【笔触颜色】的【Alpha】值设置为0，如图14-272所示。

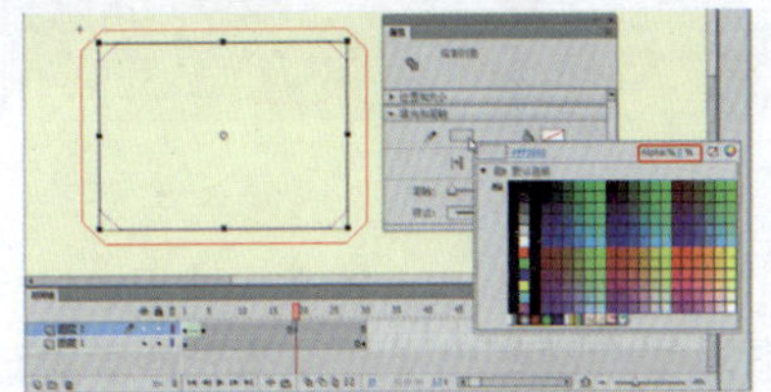

图14-272 插入关键帧并调整图形

52 在“图层2”的第5帧至第19帧之间创建补间形状动画，效果如图14-273所示。

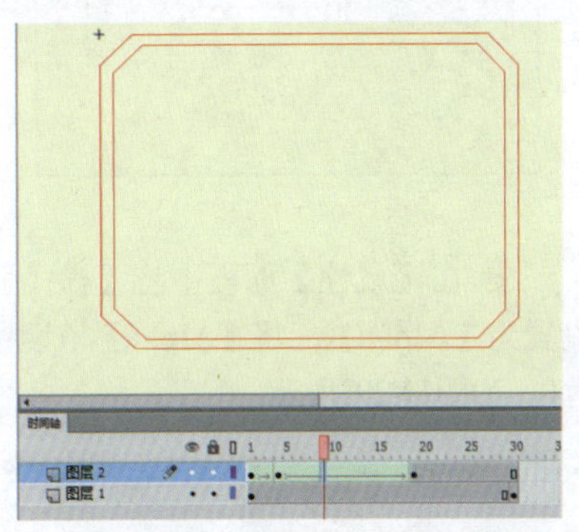

图14-273 创建补间形状动画

53 在“图层2”名称上单击鼠标右键，在弹出的快捷菜单中选择【复制图层】命令，如图14-274所示。

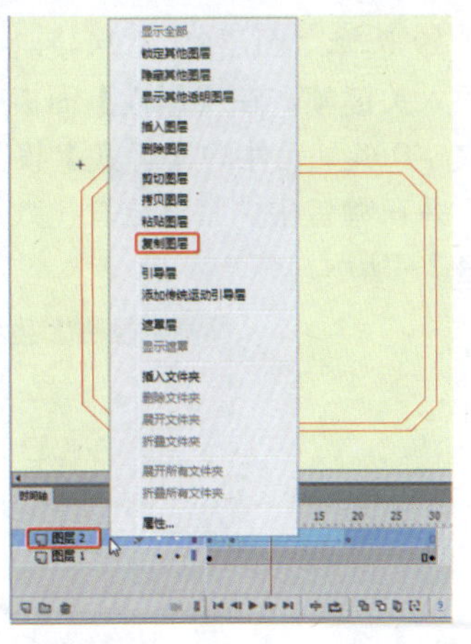

图14-274 复制图层

54 复制“图层2”，将复制后的图层重命名为“图层3”，选择“图层3”的第1帧至第19帧，将其向右移动，效果如图14-275所示。

55 返回到“场景1”中，新建“图层7”，并选择“图层7”第67帧，按F6键插入关键帧，在【库】面板中将“线条动画”影片剪辑元件拖拽至舞台中，并使用【任意变形工具】调整其大小，在舞台中调整其位置，如图14-276所示。

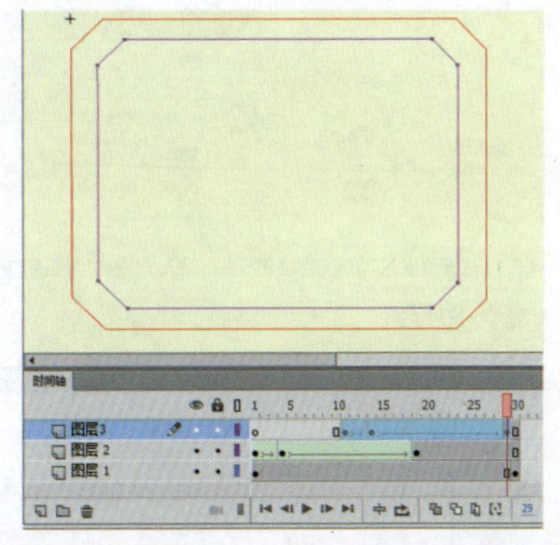

图14-275 重命名图层并拖动帧

图14-276 新建图层并调整元件

56 在【属性】面板中将“线条动画”影片剪辑元件的【样式】设置为【亮度】，将亮度值设置为100%，如图14-277所示。

图14-277 设置元件样式

57 按Ctrl+F8组合键弹出【创建新元件】对话框，输入【名称】为“文字动画002”，将【类型】设置为【影片剪辑】，单击【确定】按钮，如图14-278所示。

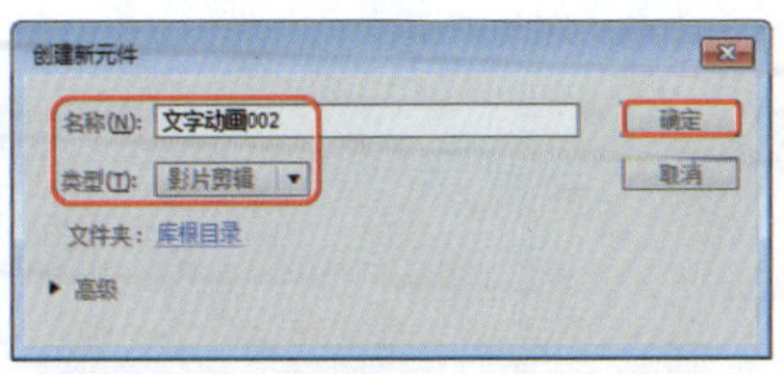

图14-278 创建新元件

58 在工具箱中选择【文本工具】，在【属性】面板中将【系列】设置为【汉仪娃娃篆简】，将【大小】设置为30磅，将【颜色】设置为【#FF33CC】，确认颜色的【Alpha】值为100%，在舞台中输入文字，如图14-279所示。

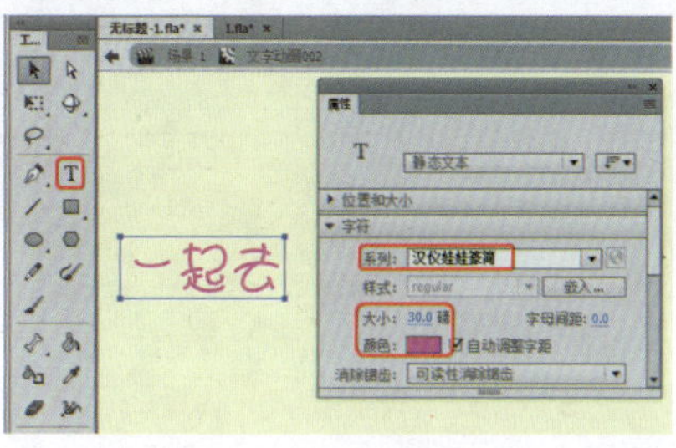

图14-279 输入文字

59 确认输入的文字处于选择状态，按Ctrl+T组合键打开【变形】面板，在该面板中将【旋转】设置为-15°，如图14-280所示。

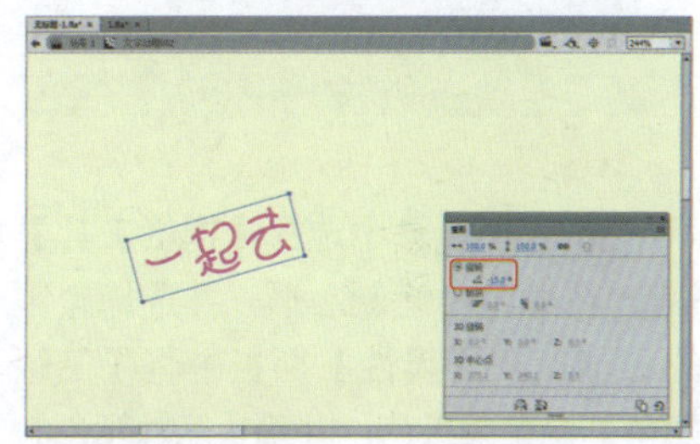

图14-280 旋转文字

60 按F8键弹出【转换为元件】对话框，输入【名称】为“文字003”，将【类型】设置为【图形】，单击【确定】按钮，如图14-281所示。

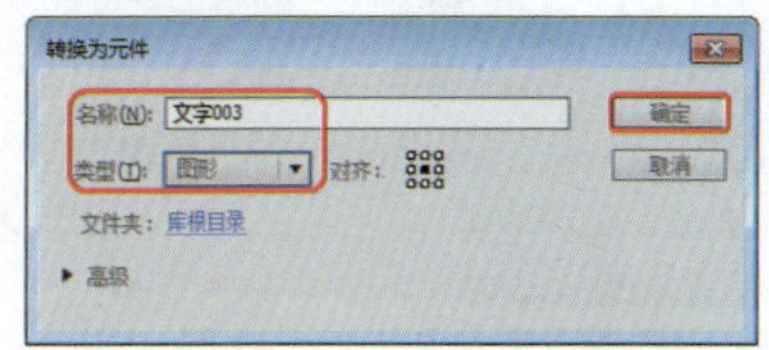

图14-281 转换为元件

61 在【属性】面板中将“文字003”图形元件的【样式】设置为【Alpha】，将【Alpha】值设置为0%，如图14-282所示。

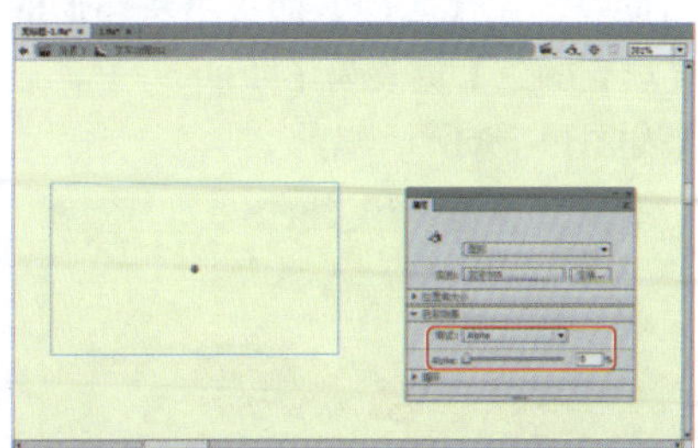

图14-282 设置元件样式

62 选择“图层1”第10帧，按F6键插入关键帧，在【属性】面板中将“文字003”元件的【样式】设置为

【无】，并在两个关键帧之间创建传统补间动画，效果如图14-283所示。

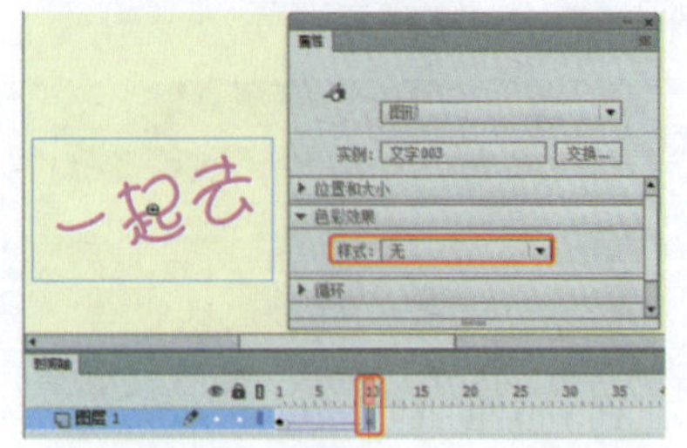

图14-283 设置样式并创建动画

63 选择“图层1”第43帧，按F6键插入关键帧，新建“图层2”，选择“图层2”第10帧，按F6键插入关键帧，如图14-284所示。

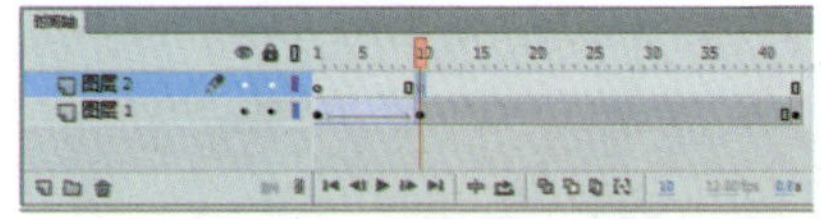

图14-284 新建图层并插入关键帧

64 在工具箱中选择【钢笔工具】，在舞台中绘制心形，并选择绘制的心形，在【属性】面板中将【笔触颜色】设置为黑色，并确认笔触颜色的【Alpha】值为100%，将【填充颜色】设置为红色，如图14-285所示。

图14-285 绘制并设置心形

65 选择绘制的心形，按Ctrl+C组合键进行复制，选择“图层2”的第12帧，按F6键插入关键帧，并按Ctrl+V组合键粘贴选择的心形，使用【任意变形工具】 调整复制后的心形的大小和位置，在【属性】面板中将心形的【填充颜色】更改为【#FF0099】，效果如图14-286所示。

图14-286 复制并调整心形

66 选择“图层2”第14帧，按F6键插入关键帧，按Ctrl+V组合键继续复制心形，使用前面介绍的方法调整心形，效果如图14-287所示。

图14-287 调整心形

67 选择“图层2”的第21帧至第43帧，单击鼠标右键，在弹出的快捷菜单中选择【删除帧】命令，如图14-288所示。

图14-288 选择【删除帧】命令

68 将选择的帧删除，复制“图层2”，将复制后的图层重命名为“图层3”，选择“图层3”的第10帧至第20帧，将选择的帧向右移动，效果如图14-289所示。

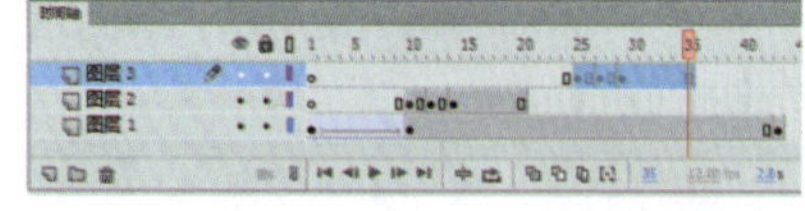

图14-289 复制图层并移动帧

69 选择“图层3”的第43帧，按F6键插入关键帧，新建“图层4”，选择“图层4”的第14帧，按F6键插入关键帧，如图14-290所示。

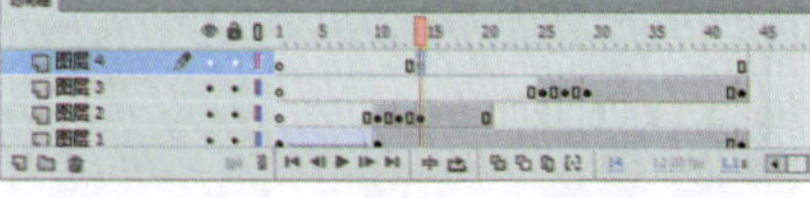

图14-290 新建图层并插入关键帧

70 在工具箱中选择【文本工具】T，在【属性】面板中将【系列】设置为【汉仪舒同体简】，将【大小】设置为30磅，将【颜色】设置为【#FF6600】，在舞台中输入文字，如图14-291所示。

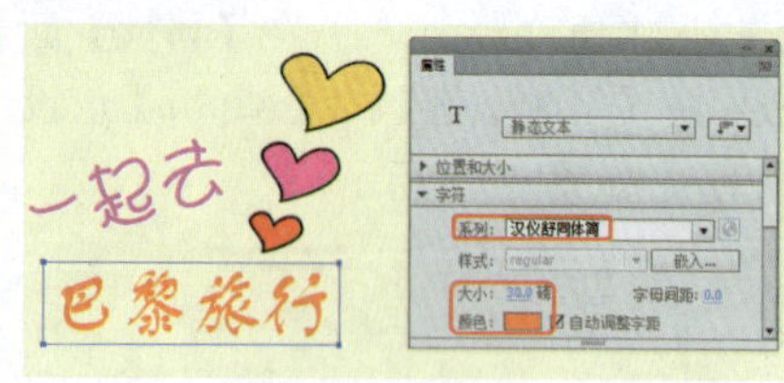

图14-291 输入文字

71 确认新输入的文字处于选择状态，按F8键弹出【转换为元件】对话框，输入【名称】为“文字004”，将【类型】设置为【图形】，单击【确定】按钮，如图14-292所示。

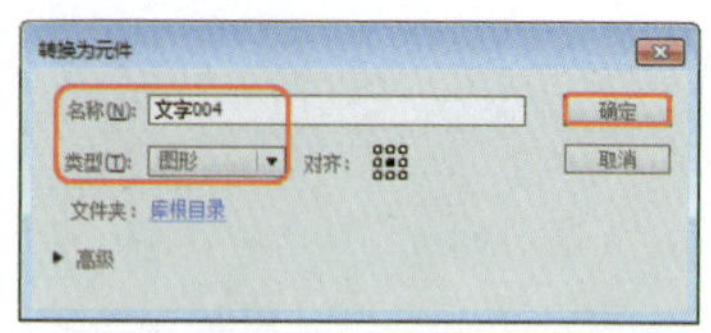

图14-292 转换为元件

72 在【属性】面板中将【样式】设置为【Alpha】，将【Alpha】值设置为0，如图14-293所示。

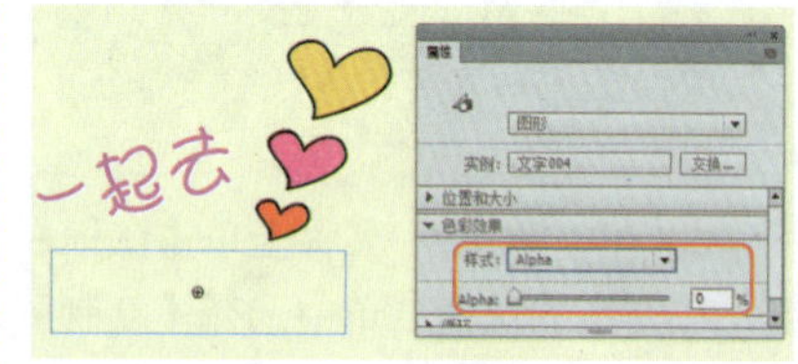

图14-293 设置元件样式

73 选择“图层4”第24帧，按F6键插入关键帧，在【属性】面板中将“文字004”元件的【样式】设置为无，并在舞台中调整其位置，效果如图14-294所示。

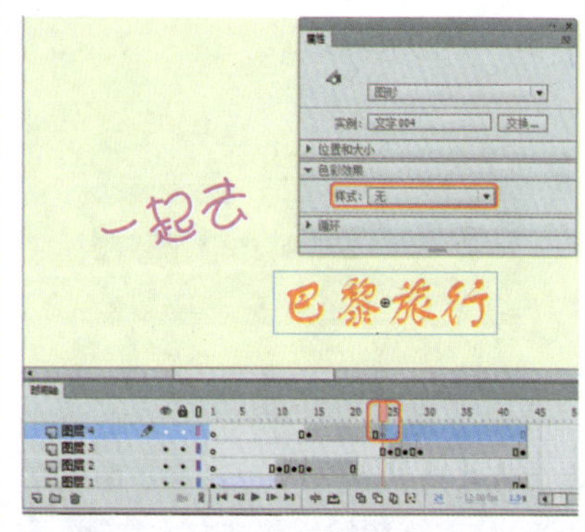

图14-294 插入关键帧并调整元件

74 在“图层4”的两个关键帧之间创建传统补间动画，并选择第43帧，按F6键插入关键帧，按F9键打开【动作】面板，并输入代码“stop();”，如

图14-295所示。

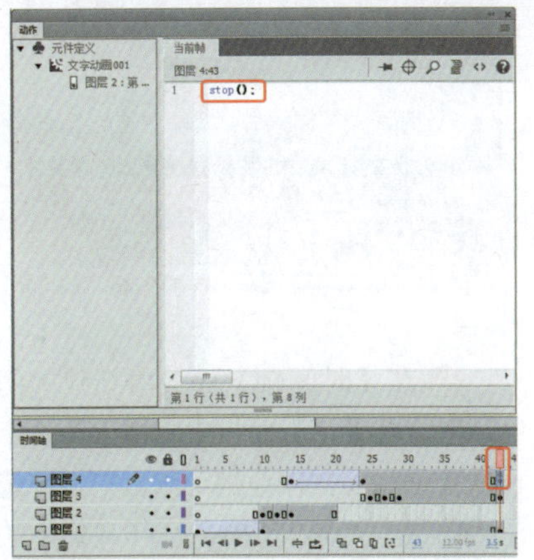

图14-295 输入代码

75 返回到“场景1”中，新建“图层8”，并选择“图层8”第67帧，按F6键插入关键帧，在【库】面板中将“文字动画002”影片剪辑元件拖拽至舞台中，并调整其位置，如图14-296所示。

图14-296 新建图层并添加元件

76 结合前面制作切换图片的方法，将003.jpg素材文件和“矩形001”元件拖拽至舞台中，通过设置不同的样式来创建传统补间动画，效果如图14-297所示。

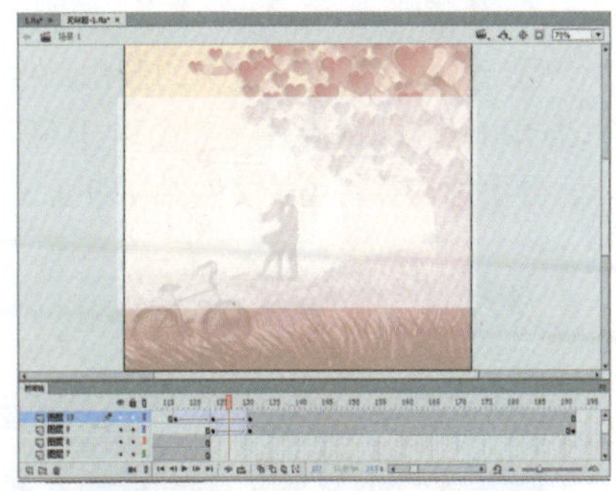

图14-297 切换图片

77 新建“图层11”，选择第131帧，按F6键插入关键帧，在工具箱中选择【文本工具】T，在【属性】面板中将【系列】设置为【汉仪中隶书简】，将【大小】设置为50磅，将【颜色】设置为【#7A5C4D】，并在舞台中输入文字，将输入的文字转换为图形元件，结合前面介绍的方法，设置元件样式并创建传统补间动画，效果如图14-298所示。

图14-298 输入文字并制作动画

78 按Ctrl+F8组合键弹出【创建新元件】对话框，输入【名称】为“文字动画003”，将【类型】设置为【影片剪辑】，单击【确定】按钮，如图14-299所示。

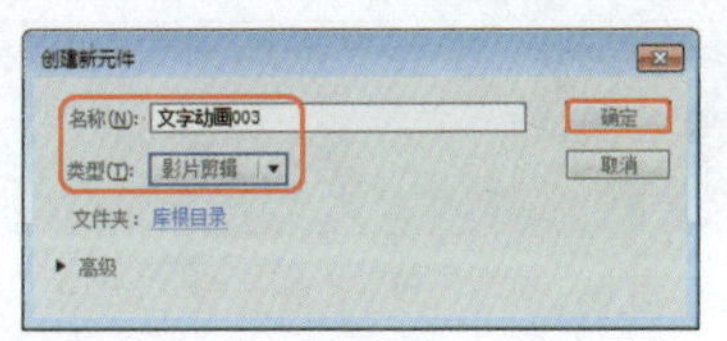

图14-299 创建新元件

79 选择“图层1”第5帧，按F6键插入关键帧，在工具箱中选择【文本工具】T，在【属性】面板中将【系列】设置为【汉仪长艺体简】，将【大小】设置为65磅，将【颜色】设置为【#FF3366】，并在舞台中输入文字，如图14-300所示。

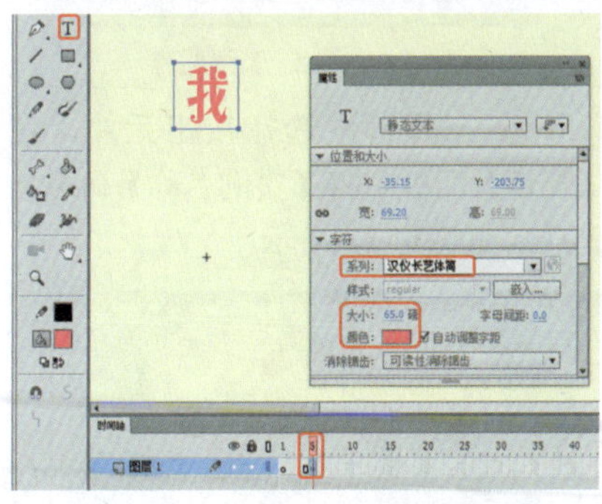

图14-300 输入文字

80 选择“图层1”第10帧，按F6键插入关键帧，并在舞台中输入文字，效果如图14-301所示。

81 使用同样的方法，继续插入关键帧并输入文字，效果如图14-302所示。

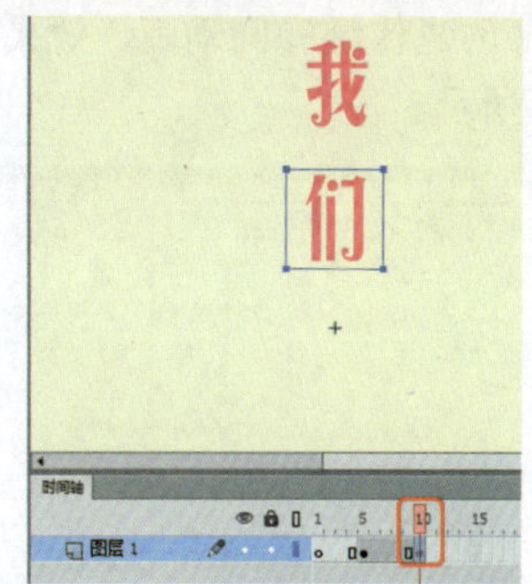

图14-301 插入关键帧并输入文字

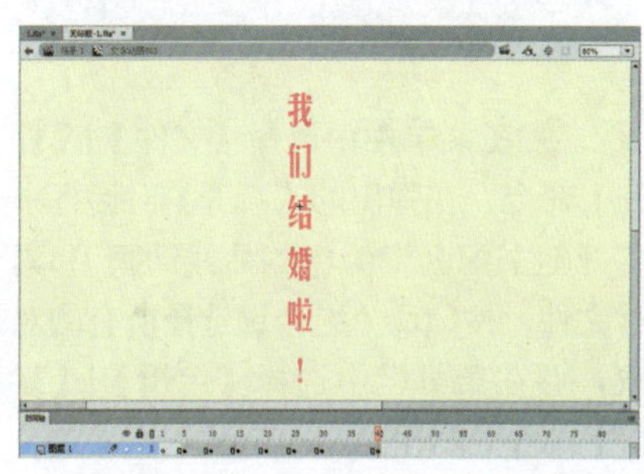

图14-302 插入关键帧并输入文字

82 选择“图层1”第40帧，按F6键插入关键帧，并按F9键打开【动作】面板，在该面板中输入代码“stop();”，如图14-303所示。

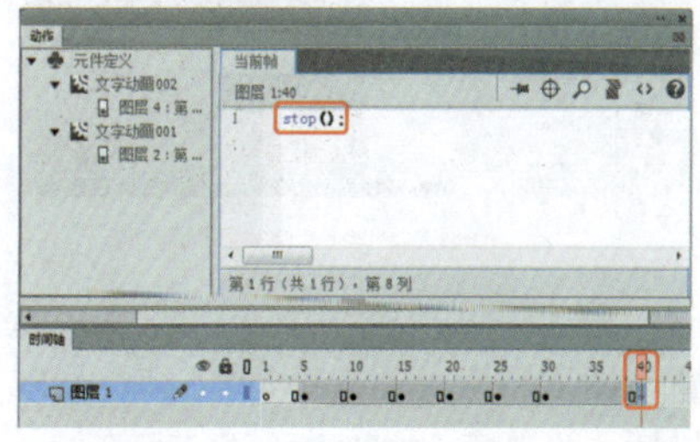

图14-303 插入关键帧并输入代码

83 返回到“场景1”中，新建【图层12】，并选择第147帧，按F6键插入关键帧，在【库】面板中将“文字动画003”影片剪辑元件拖拽至舞台中，并调整其位置，如图14-304所示。

图14-304 插入关键帧并添加元件

84 结合前面制作切换图片的方法，将004.jpg素材文件和“矩形001”元件拖拽至舞台中，通过设置不同的样式来创建传统补间动画，效果如图14-305所示。

图14-305 切换图片

85 在菜单栏中选择【文件】|【打开】命令，在弹出的【打开】对话框中打开随书配套资源中的曲线动画.fla素材文件，按Ctrl+A组合键选择所有的对象，并在菜单栏中选择【编辑】|【复制】命令，如图14-306所示。

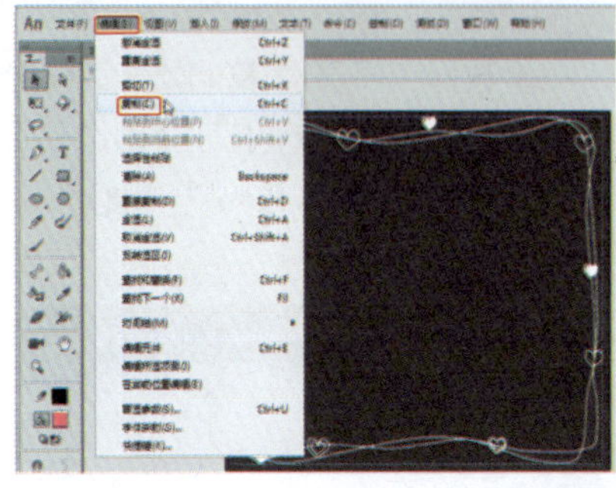

图14-306 选择【复制】命令

86 返回到当前制作的场景中，新建“图层15”，并选择第199帧，按F6键插入关键帧，按Ctrl+Shift+V组合键，即可将选择的对象粘贴到当前制作的场景中，如图14-307所示。

图14-307 粘贴对象

87 结合前面制作文字动画的方法，继续制作文字传统补间动画，效果如图14-308所示。

88 新建“图层20”，并选择第260帧，按F6键插入关键帧，在工具箱中选择【文本工具】T，在【属性】面板中将【系列】设置为【汉仪娃娃篆简】，将【大小】设置为30磅，将【颜色】设置为白色，在舞台中输入文字，如图14-309所示。

图14-308 制作文字补间动画

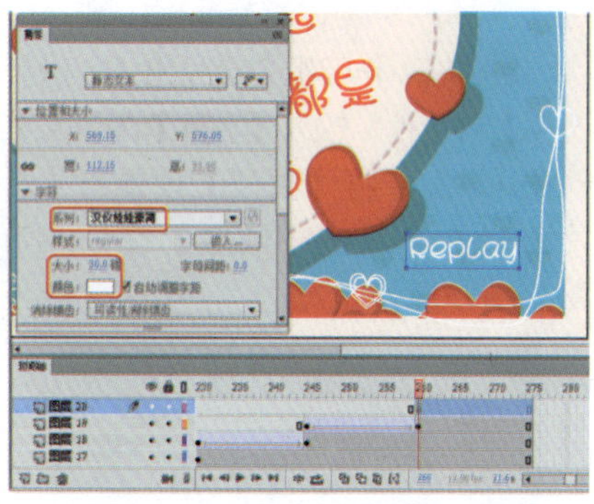

图14-309 新建图层并输入文字

89 确认新输入的文字处于选择状态，按F8键弹出【转换为元件】对话框，输入【名称】为“重播按钮”，将【类型】设置为【按钮】，单击【确定】按钮，如图14-310所示。

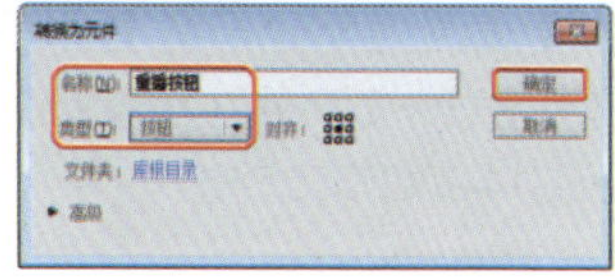

图14-310 转换为元件

90 在舞台中选择按钮元件，在【属性】面板中将【实例名称】命名为“r”，如图14-311所示。

图14-311 输入实例名称

91 选择“图层20”第275帧，按F6键插入关键帧，按F9键打开【动作】面板，并输入代码，效果如图14-312所示。

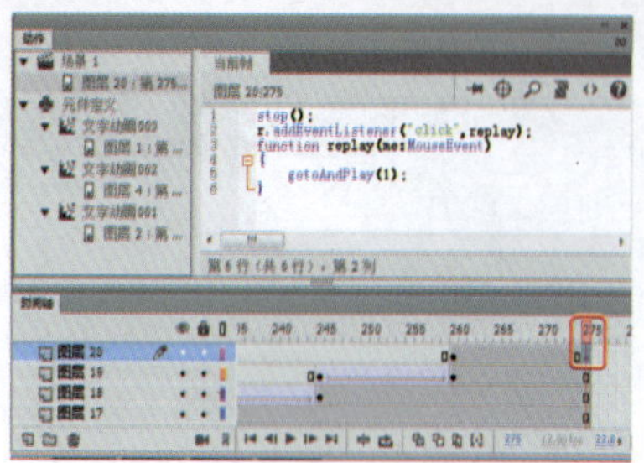

图14-312 插入关键帧并输入代码

92 在【时间轴】面板中新建“图层21”，在【库】面板中将情人节贺卡背景音乐.mp3文件拖拽至舞台中，并选择“图层21”第275帧，按F6键插入关键帧，按F9键打开【动作】面板，并在该面板中输入代码“stop();”，如图14-313所示。

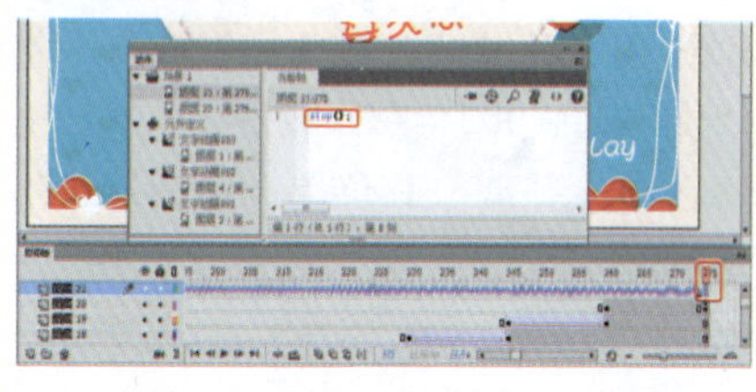

图14-313 添加音乐并输入代码

93 取消选择舞台中的所有对象，在【属性】面板中将【舞台】颜色更改为白色，如图14-314所示。

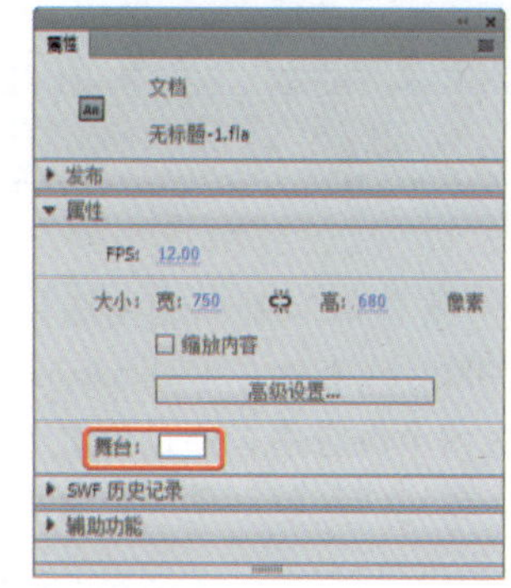

图14-314 更改舞台颜色

94 至此，完成该贺卡的制作，按Ctrl+Enter键测试影片，如图14-315所示。导出影片并将场景文件保存即可。

图14-315 测试影片

知识链接

情人节又叫圣瓦伦丁节或圣华伦泰节，即每年的2月14日，是西方的传统节日之一。这是一个关于爱、浪漫以及花、巧克力、贺卡的节日 。男女在这一天互送礼物用以表达爱意或友好。现已成为欧美各国青年人喜爱的节日，其他国家也已开始流行。而在中国，传统节日之一的七夕节也是青年男女重视的日子，因此也被称为中国的情人节。由于能表达共同的人类情感，各国各地纷纷发掘出了自己本国的“情人节”。

实例191 祝福贺卡

本实例介绍如何制作祝福贺卡，主要通过创建文字、设置图片动画，制作一个简单的祝福贺卡，其效果如图14-316所示。

素材：	素材|Cha14| 图1.jpg、图2.jpg、背景音乐.mp3
场景：	场景|Cha14|实例191 祝福贺卡.fla
视频：	视频教学 | Cha14 |实例191 祝福贺卡.MP4

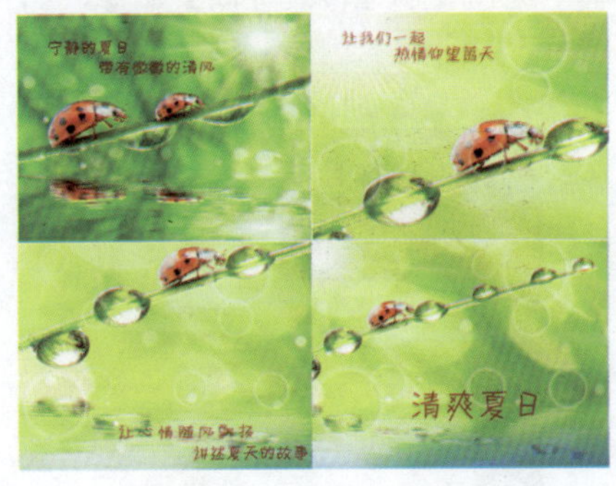

图14-316 祝福贺卡效果图

❶ 在菜单栏中选择【文件】|【新建】命令，弹出【新建文档】对话框，在【类型】列表框中选择【ActionScript 3.0】选项，然后在右侧的设置区域中将【宽】设置为440像素，将【高】设置为330像素，如图14-317所示。

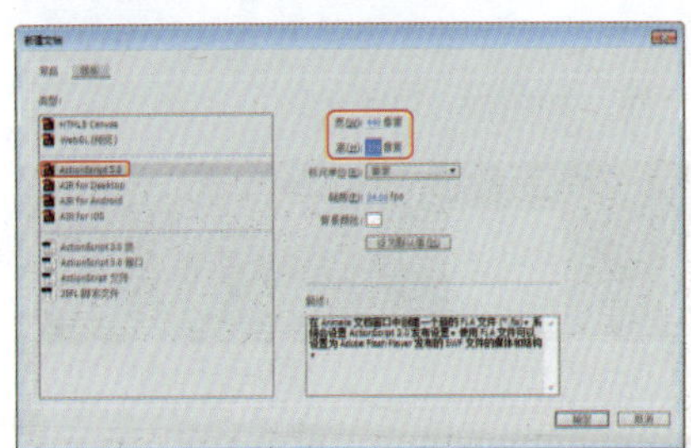

图14-317 【新建文档】对话框

❷ 设置完成后单击【确定】按钮，在菜单栏中选择【文件】|【导入】|【导入到库】命令，如图14-318所示。

❸ 在弹出的【导入到库】对话框中选择随书配套资源中的素材|Cha14|Z1.jpg、Z2.jpg、背景音乐.MP3素材文件，如图14-319所示。

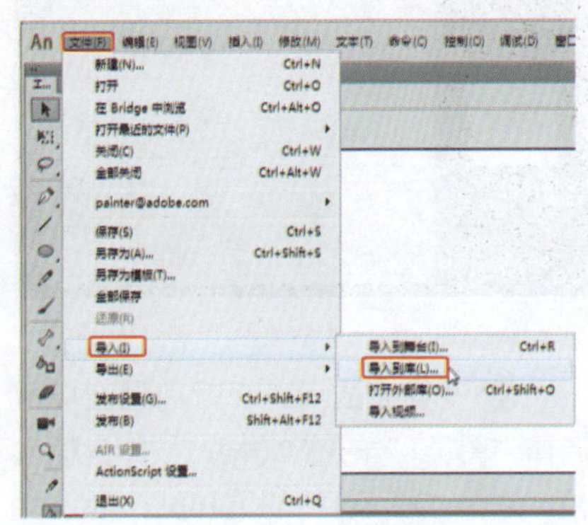

图14-318 选择【导入到库】命令

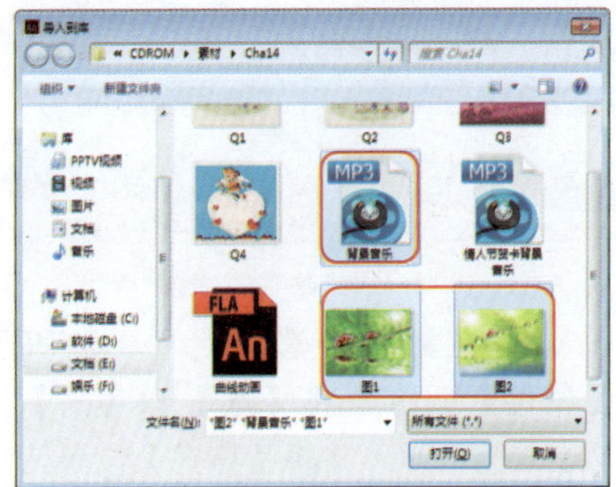

图14-319 【导入到库】对话框

❹ 单击【打开】按钮，即可将选择的素材导入到【库】面板中，在【时间轴】面板中将“图层1”重命名为“背景1”，并在【库】面板中拖入图1.jpg素材，按F8键打开【转换为元件】对话框，在该对话框中将名称重命名为“图1”，将【类型】设置为【图形】，将【对齐】设置为左上角，如图14-320所示。

❺ 设置完成后单击【确定】按钮，在舞台中选择对象，打开【属性】面板，展开【位置和大小】选项，确定【将高度值和宽度值锁定在一起】按钮处于锁定的状态下，将【宽】设置为440像素，将【X】、【Y】均设置为0，如图14-321所示。

图14-320 【转换为元件】对话框

图14-321 设置元件属性

❻ 在“背景1”图层的第130帧位置插入关键帧，在第150帧位置插入关键帧，如图14-322所示。

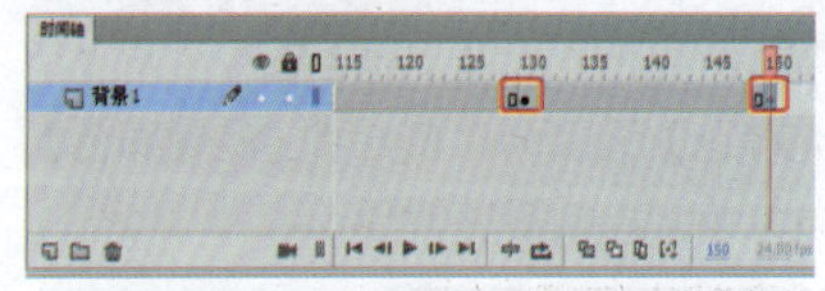

图14-322 插入关键帧

❼ 选择第150帧位置的关键帧，在舞台中选择对象，打开【属性】面板，展开【色彩效果】选项，将【样式】设置为【Alpha】，将【Alpha】值设置为0，如图14-323所示。

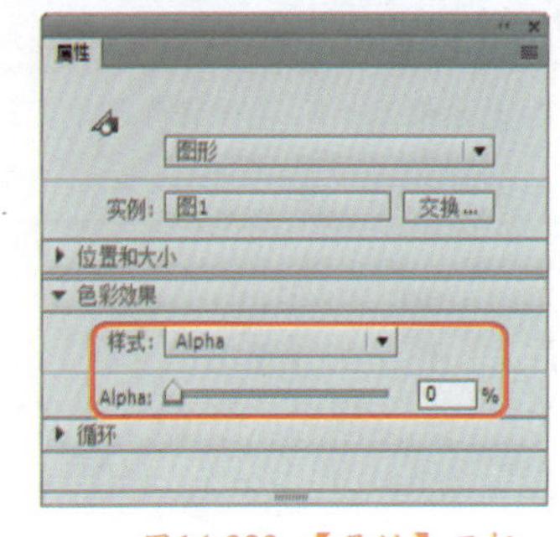

图14-323 【属性】面板

❽ 在第130帧至第150帧之间的任意帧单击鼠标右键，在弹出的快捷菜单中选择【创建传统补间】命令，如图14-324所示。

❾ 执行完该命令后，即可为其创建传统补间动画，按Ctrl+F8组合键，在弹出的【创建新元件】对话框中将名称重命名为“矩形动画”，将【类型】设

置为【影片剪辑】，如图14-325所示。

图14-324 选择【创建传统补间】命令

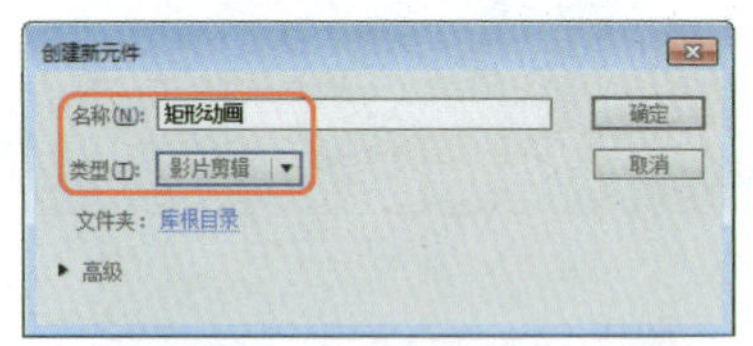
图14-325 【创建新元件】对话框

⑩ 设置完成后单击【确定】按钮，在工具箱中单击【矩形工具】▭，绘制一个矩形，在【属性】面板中将【填充颜色】设置为白色，将【笔触颜色】设置为无，如图14-326所示。

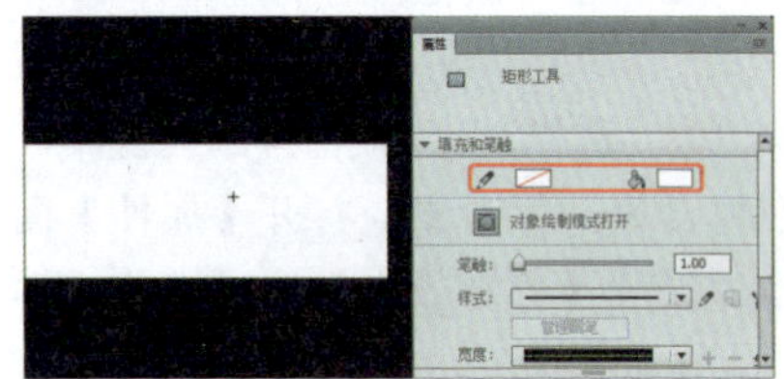
图14-326 绘制矩形

提 示

为了方便显示，这里将背景设置为黑色。

⑪ 在舞台中选择绘制的矩形，在【属性】面板中将【宽】和【高】分别设置为376.9、53像素，将【X】、【Y】分别设置为-188.4、-26.5，如图14-327所示。

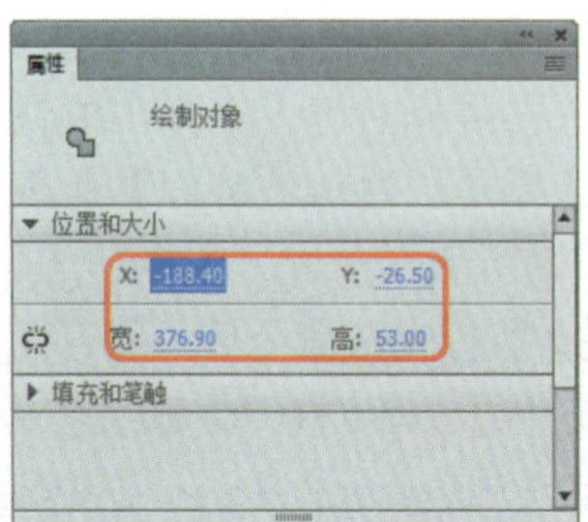
图14-327 设置对象属性

⑫ 确认场景中的对象处于被选择的状态下，按F8键，在弹出的对话框中将【名称】设置为“矩形”，将【类型】设置为【图形】，将【对齐】设置为中点，如图14-328所示。

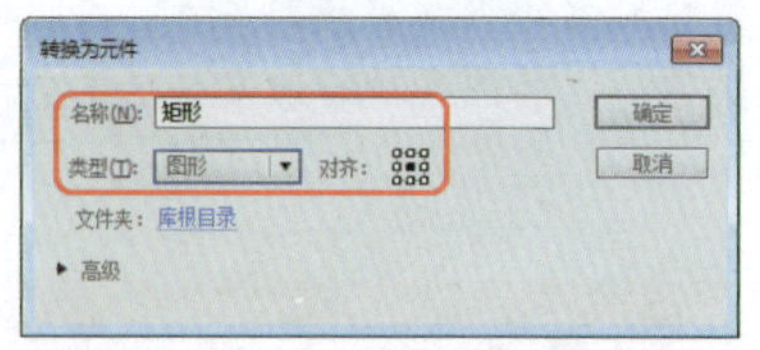
图14-328 【转换为元件】对话框

⑬ 设置完成后单击【确定】按钮，在舞台中选择转换后的图形元件，在【属性】面板中将【X】、【Y】分别设置为-81、-79，将【宽】和【高】都设置为69像素，如图14-329所示。

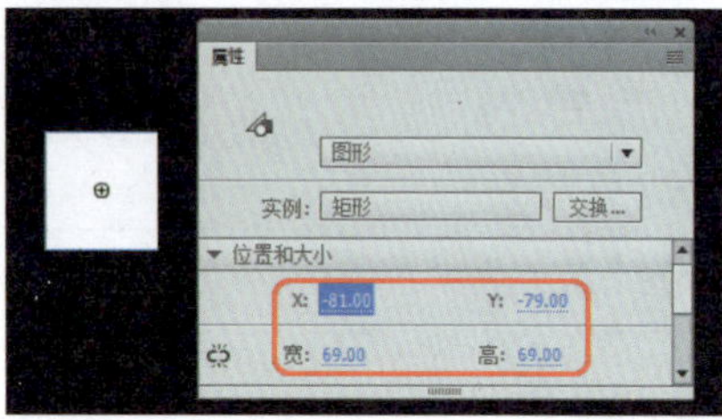
图14-329 选择【创建传统补间】命令

⑭ 设置完成后，在时间轴面板中选择“图层1”的第260帧，按F5键插入帧，选择“图层1”的第14帧，插入关键帧，如图14-330所示。

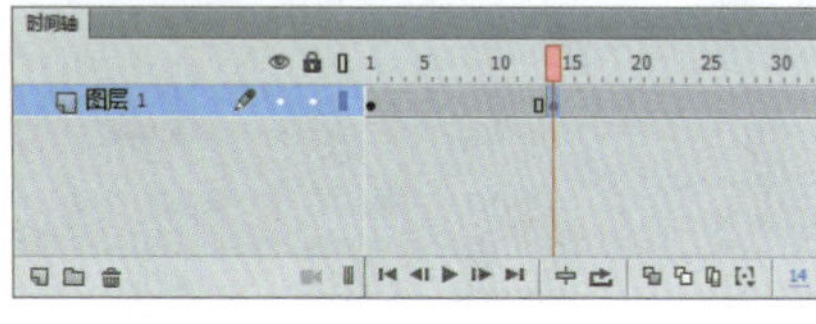
图14-330 插入关键帧

⑮ 在舞台中选择对象，打开【属性】面板，将【宽】和【高】均设置为22.8，并将【样式】设置为【Alpha】，将【Alpha】值设置为11%，如图14-331所示。

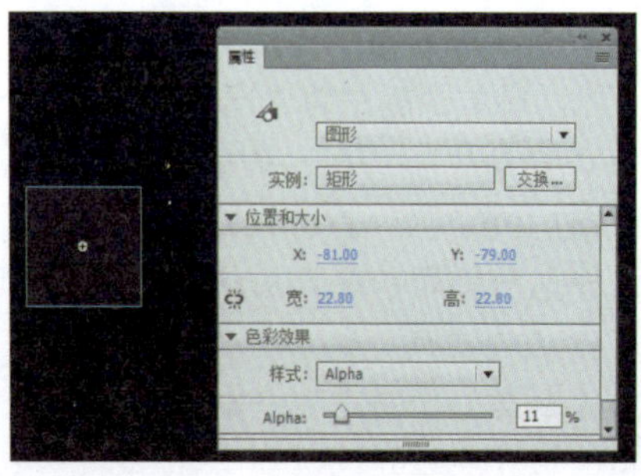
图14-331 设置第14帧位置的对象属性

⑯ 在第15帧位置插入关键帧，在舞台中选择对象，在【属性】面板中将【宽】、【高】均设置为17.5像素，将【Alpha】值设置为0，如图14-332所示。

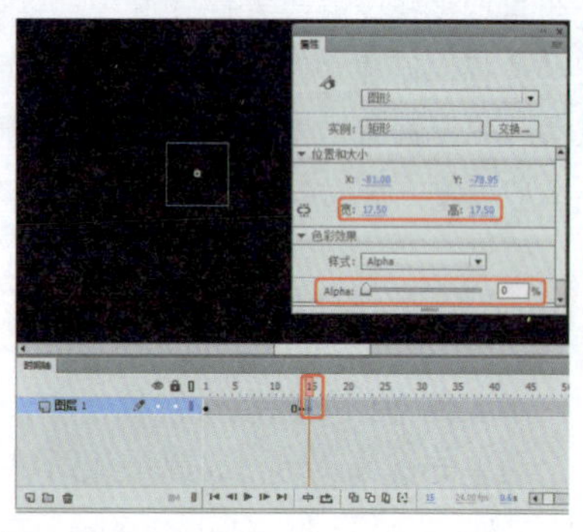
图14-332 设置第15帧位置的对象属性

⑰ 在第1帧至第14帧之间的任意一帧上单击鼠标右键，在弹出的快捷菜单中选择【创建传统补间】命令，如图14-333所示。

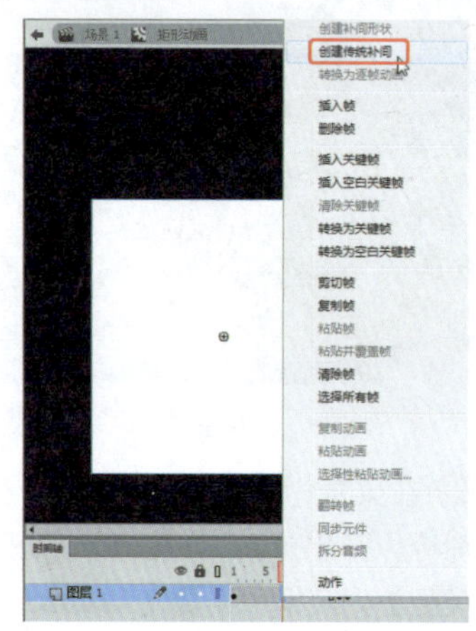
图14-333 选择【创建传统补间】命令

⑱ 执行完该命令即可为其创建补间动画，在【时间轴】面板中新建“图层2”，在【库】面板中拖入“矩形”元件，如图14-334所示。

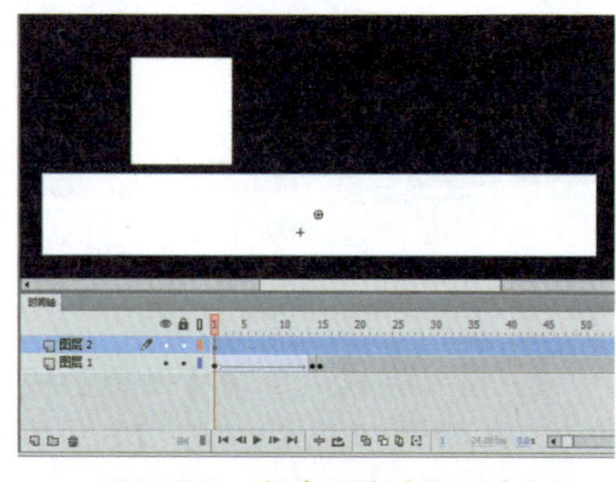
图14-334 新建图层并添加对象

⑲ 在舞台中选择添加的对象，在【属性】面板中将【X】、【Y】分别设置为-81.05、-10，将【宽】和【高】都设置为69像素，如图14-335所示。

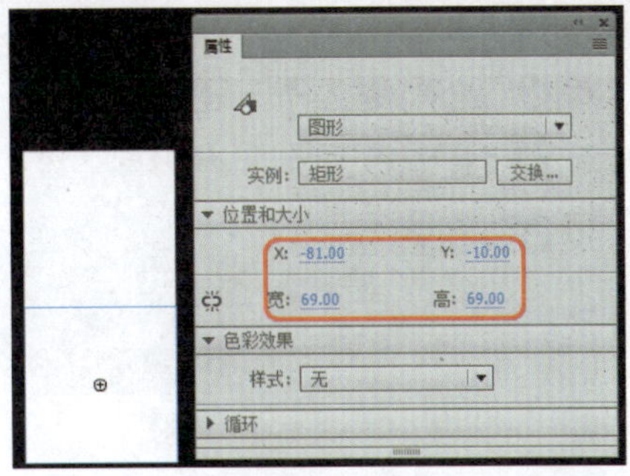
图14-335 设置第1帧位置的对象属性

⑳ 在舞台中选择对象，在第14帧位置插入关键帧，打开【属性】面板，将【宽】和【高】均设置为22.8像素，并将【样式】设置为【Alpha】，将【Alpha】值设置为11%，如图14-336所示。

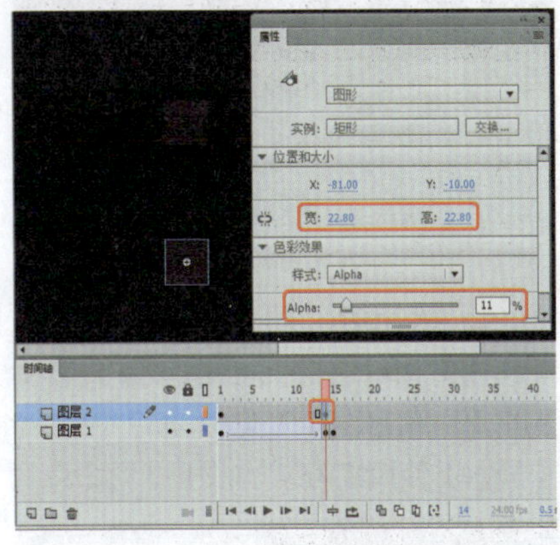
图14-336 设置第14帧位置的对象属性

㉑ 在第15帧位置插入关键帧，在舞台中选择对象，在【属性】面板中将【宽】、【高】均设置为17.5像素，将【Alpha】值设置为0，如图14-337所示。

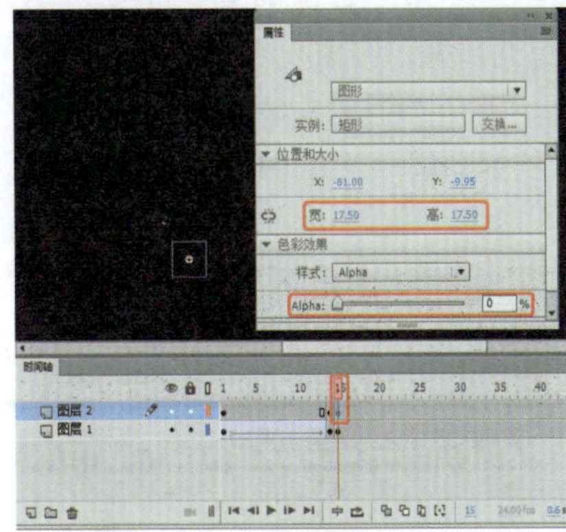
图14-337 设置第15帧位置的对象属性

㉒ 在第1帧至第14帧之间创建传统补间动画，如图14-338所示。

㉓ 使用同样的方法新建其他图层，并创建传统补间动画，如图14-339所示。

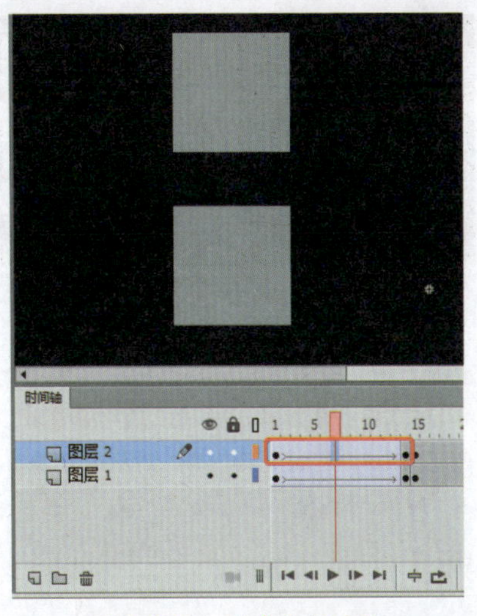
图14-338 创建补间动画

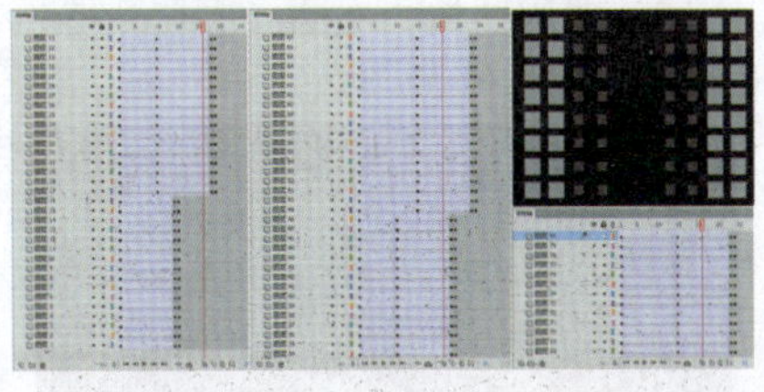
图14-339 创建完成后的效果

㉔ 新建“图层81”，在第265帧位置插入关键帧，单击鼠标右键，在弹出的快捷菜单中选择【动作】命令，在打开的【动作】面板中输入代码：“stop();”，如图14-340所示。

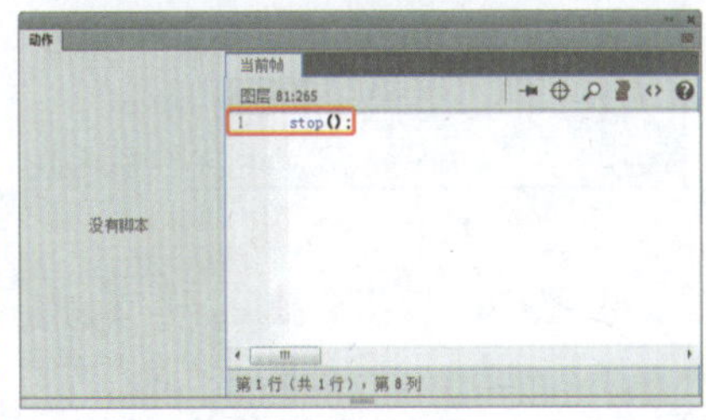
图14-340 【动作】面板

㉕ 设置完成后关闭【动作】面板，按Ctrl+F8组合键，在弹出的对话框中新建一个名为“圆”的影片剪辑元件，如图14-341所示。

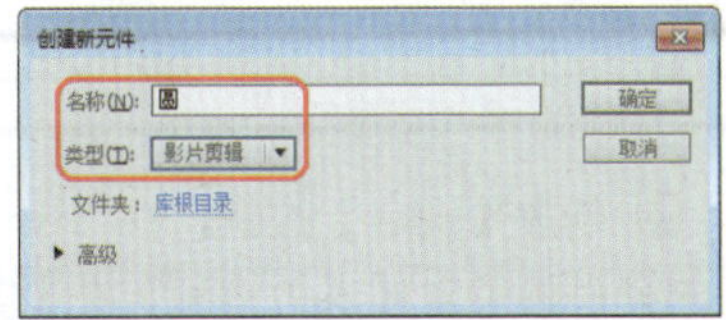
图14-341 【创建新元件】对话框

㉖ 单击【确定】按钮，在工具箱中选择【椭圆工具】，关闭【对象绘制】按钮，在舞台中绘制一个正圆，选择绘制的正圆，将其调整至合适的位置，打开【属性】面板，在【填充和笔触】选项中将【笔触颜色】设置为无，将【填充颜色】设置为白色，如图14-342所示。

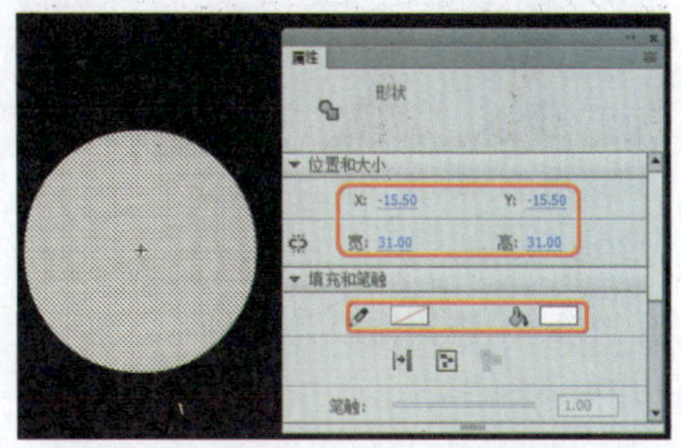
图14-342 设置对象属性

㉗ 确认场景中的圆处于被选择的状态下，在菜单栏中选择【修改】|【形状】|【柔化填充边缘】命令，如图14-343所示。

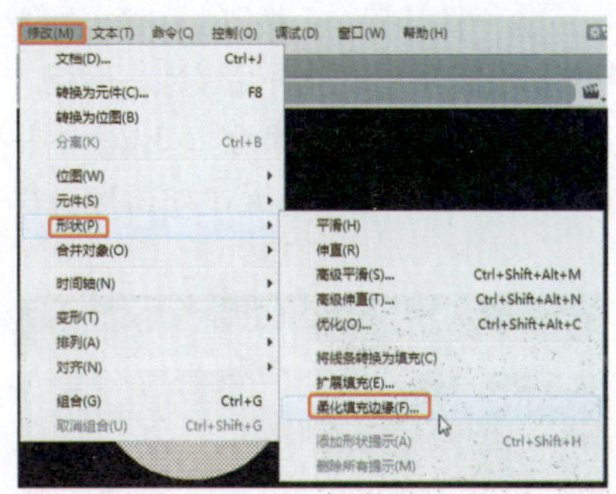
图14-343 选择【柔化填充边缘】命令

㉘ 打开【柔化填充边缘】对话框，将【距离】设置为20，将【步长数】设置为30，将【方向】设置为【扩展】，如图14-344所示。

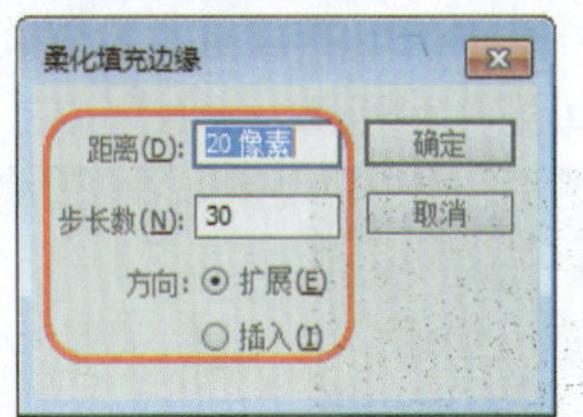

图14-344 【柔化填充边缘】对话框

㉙ 设置完成后单击【确定】按钮，设置完成后的效果如图14-345所示。

图14-345 设置完成后的效果

㉚ 再次绘制一个正圆，将其调整至前面绘制的正圆的上方，在空白位置单击鼠标，选择最上层的圆对象，按Enter键将其删除，如图14-346所示。

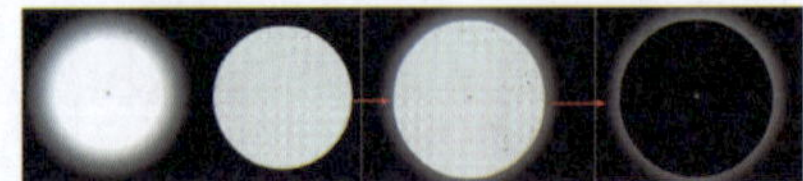

图14-346　完成后的效果

㉛ 在舞台中框选调整完成后的对象，按F8键将其转换为“圆环”图形元件，如图14-347所示。

图14-347 【转换为元件】对话框

㉜ 单击【确定】按钮，在舞台中选择转换完的元件，打开【属性】面板，将【宽】和【高】设置为115.3像素，并将其调整至合适的位置，如图14-348所示。

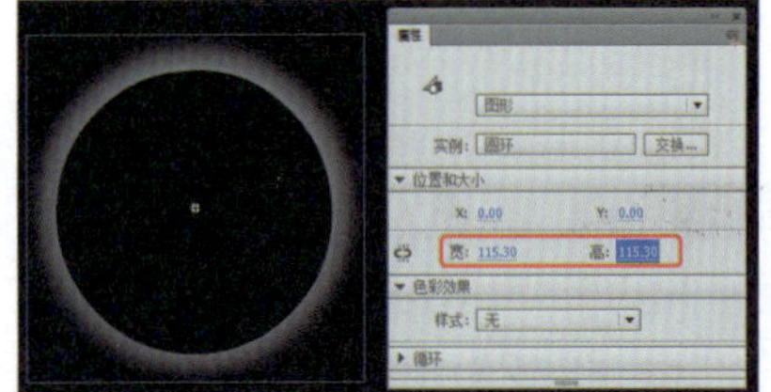

图14-348　设置对象属性

㉝ 在“图层1”的第10帧位置插入关键帧，在舞台中选择对象，打开【属性】面板，将【宽】设置为97像素，如图14-349所示。

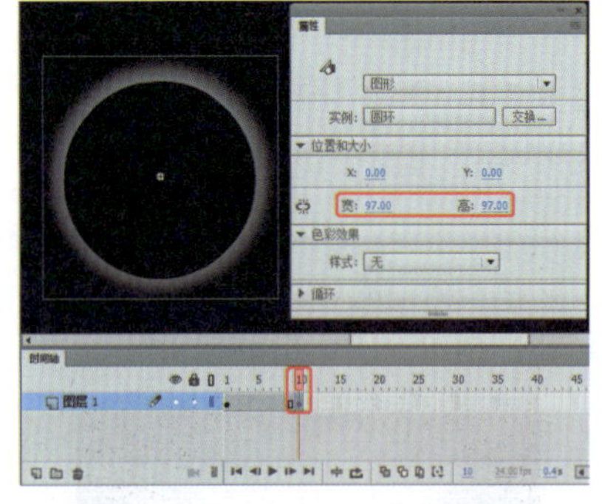

图14-349　设置第10帧位置的对象属性

㉞ 在第20帧位置插入关键帧，在舞台中选择对象，打开【属性】面板，将【宽】设置为115.3像素，如图14-350所示。

㉟ 分别在第1帧至第10帧之间、第10帧至第20帧之间创建传统补间动画，如图14-351所示。

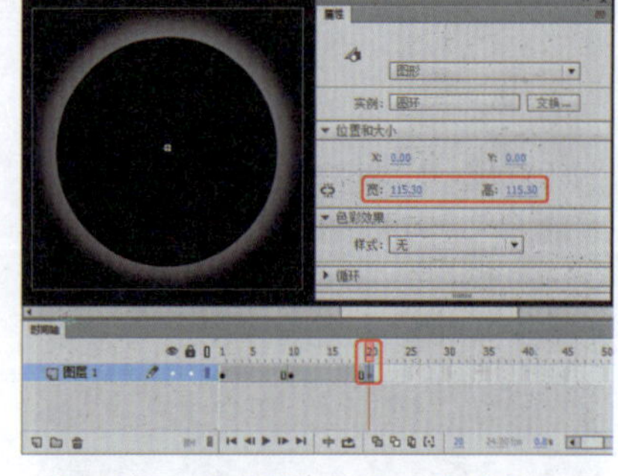

图14-350　设置第20帧位置的对象属性

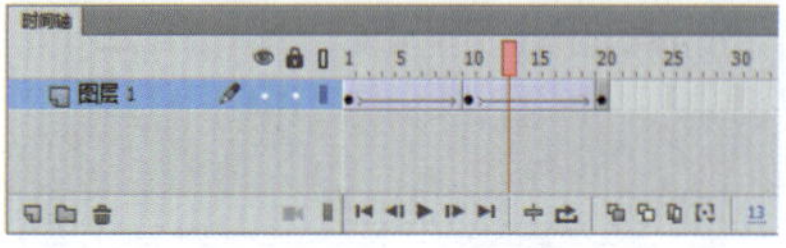

图14-351　创建补间动画

㊱ 使用同样的方法，制作其他层的动画，如图14-352所示。

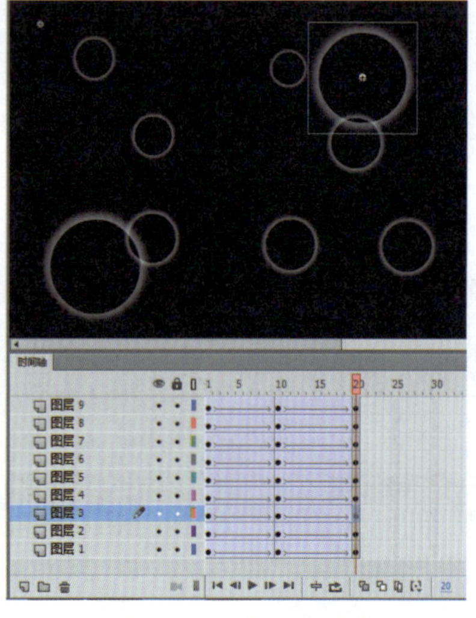

图14-352　完成后的效果

㊲ 按Ctrl+F8组合键，打开【创建新元件】对话框，将其重命名为“文字动画1”，将【类型】设置为【影片剪辑】，如图14-353所示。

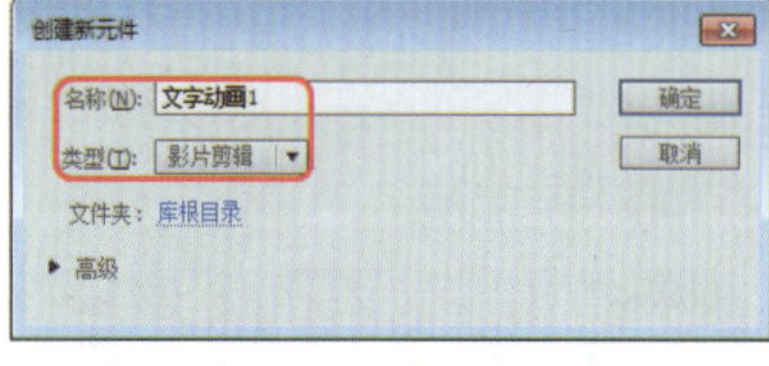

图14-353　创建影片剪辑元件

㊳ 单击【确定】按钮，在“图层1”的第15帧位置插入关键帧，在工具箱中选择【文本工具】T，在舞台中输入文字信息，并选择输入的文本，在【属性】面板中将【字体】设置为【汉仪丫丫体简】，将【大小】设置为25磅，将【颜色】设置为【#990000】，如图14-354所示。

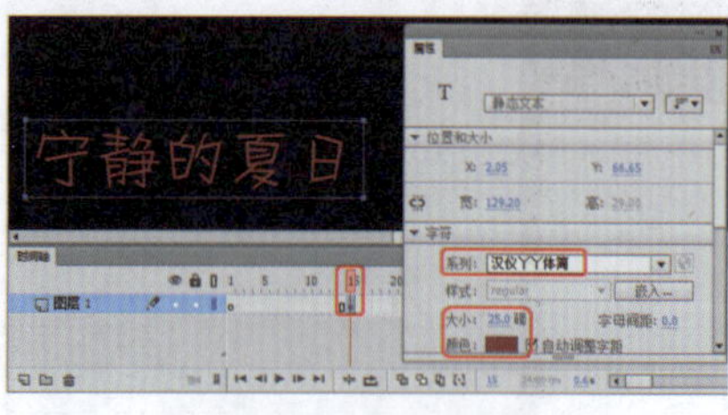

图14-354　设置文本属性

㊴ 在舞台中选择输入的文字，按F8键将其转换为“文字1”图形元件，在第35帧位置插入关键帧，将文字垂直向上调整位置，如图14-355所示。

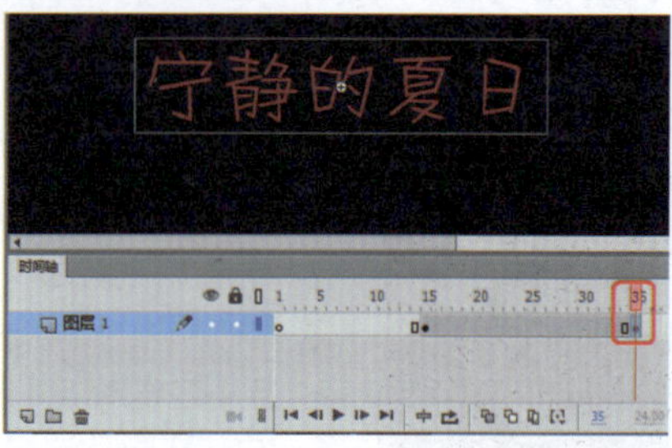

图14-355　插入关键帧并调整对象位置

㊵ 选择第15帧位置的对象，在【属性】面板中将【色彩效果】选项下的【样式】设置为【Alpha】，并将【Alpha】值设置为0，如图14-356所示。

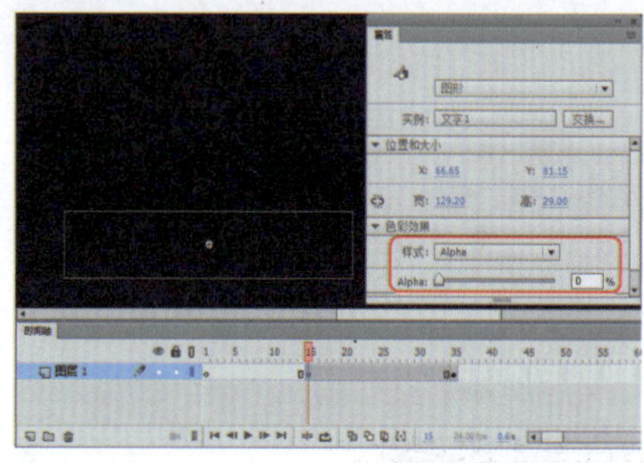

图14-356　设置第15帧位置的属性

㊶ 在第15帧至第35帧之间创建传统补间动画，在第101帧位置插入关键帧，如图14-357所示。

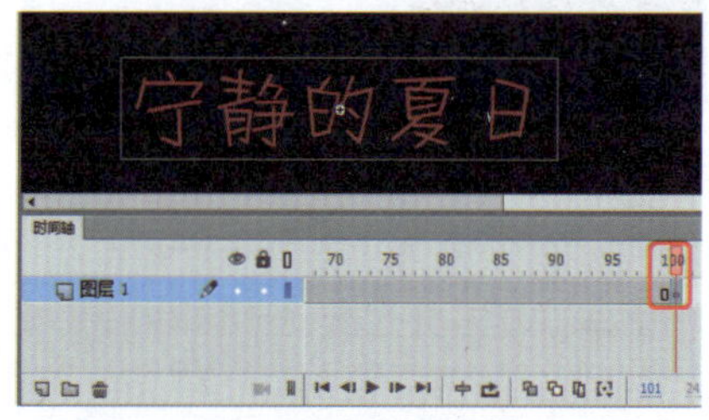

图14-357　插入关键帧

㊷ 在第120帧位置插入关键帧，在舞台中选择对象，打开【属性】面板，将【样式】设置为【Alpha】，将【Alpha】值设置为0，如图14-358所示。

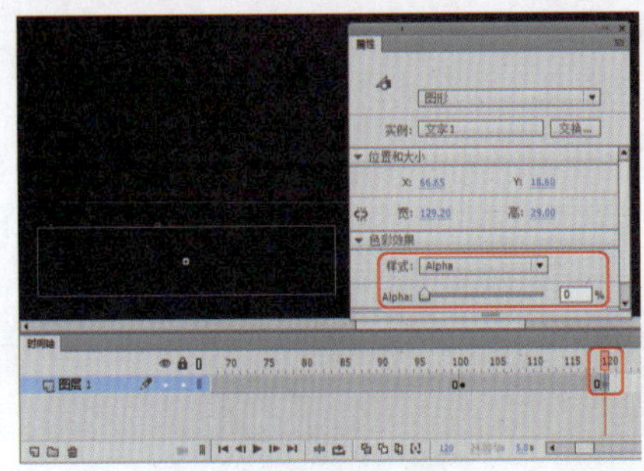
图14-358 插入关键帧并设置对象属性

43 在第101帧至第120帧之间创建传统补间动画，如图14-359所示。

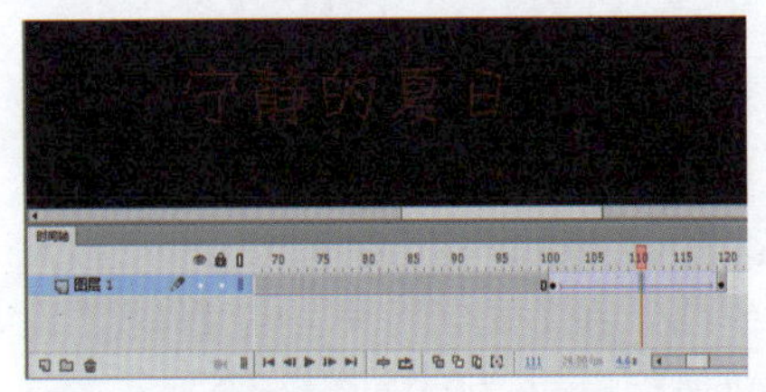
图14-359 创建补间动画

44 使用同样的方法，创建图层2，制作其他文字的动画效果，如图14-360所示。

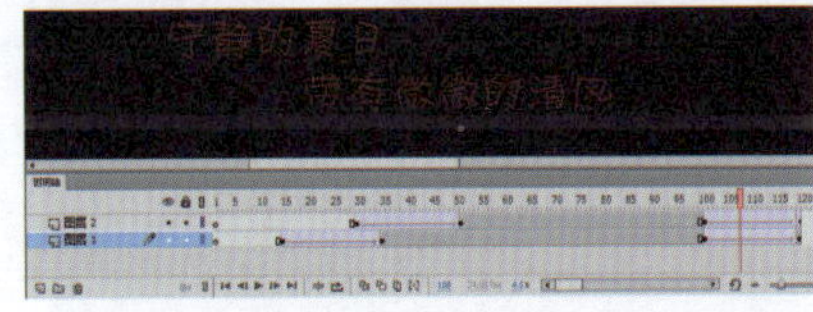
图14-360 制作其他文字动画

45 创建【文字动画2】影片剪辑元件，使用同样的方法在舞台中创建文字并设置文字属性，如图14-361所示。

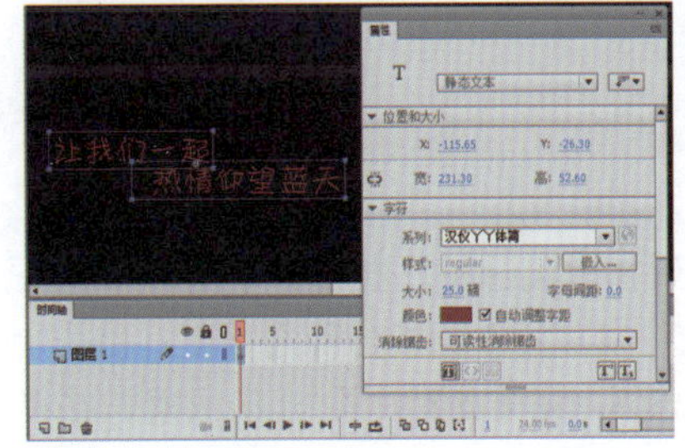
图14-361 输入文字

46 将文字转换为“文字3”元件，在“图层1”的第20帧位置插入关键帧，将舞台中的对象垂直向下移动一定的位置，选择第1帧位置的对象，在【属性】面板中将【样式】设置为【Alpha】，将【Alpha】值设置为0，如图14-362所示。

47 在第1帧至第20帧之间创建传统补间动画，如图14-363所示。

48 在第60帧位置插入关键帧，在第80帧位置插入关键帧，在舞台中选择对象，将其水平向右移动一定的位置，在【属性】面板中将【样式】设置为【Alpha】，将【Alpha】值设置为0，如图14-364所示。

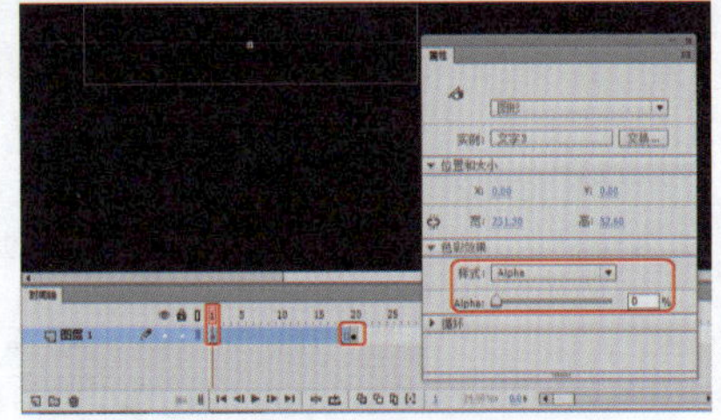
图14-362 设置对象属性

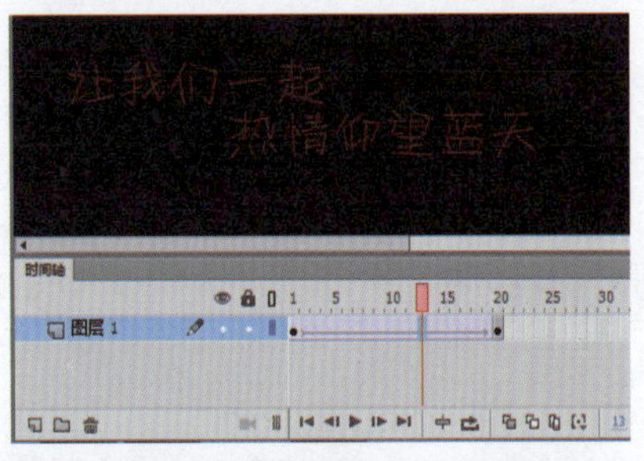

图14-363 创建传统补间动画

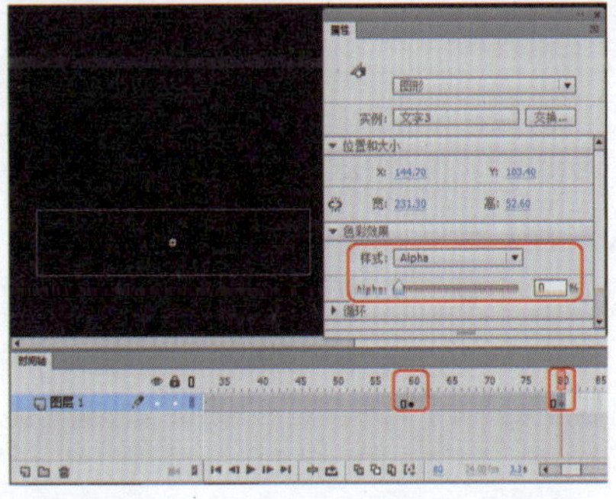
图14-364 插入关键帧并设置对象属性

49 设置完成后在第60帧至第80帧之间创建传统补间动画，如图14-365所示。

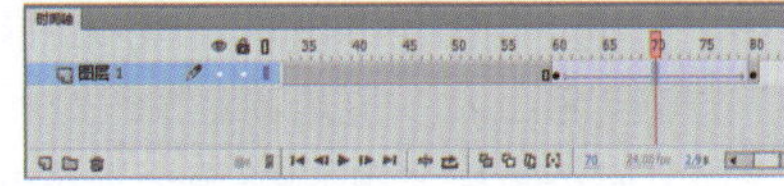
图14-365 创建补间动画

50 创建“文字动画3”影片剪辑元件，使用同样的方法，在舞台中创建文字并将其转换为“文字4”元件，在“图层1”的第10帧位置插入关键帧，将文字垂直向下移动位置，如图14-366所示。

51 选择第1帧位置的文字，在【属性】面板中将【样式】设置为【Alpha】，将【Alpha】值设置为0，如图14-367所示。

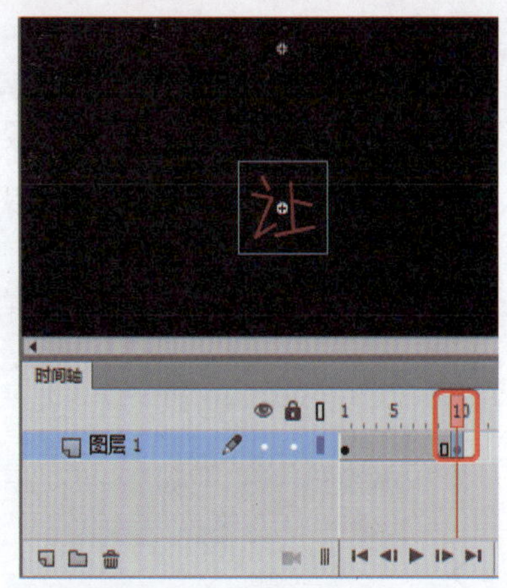

图14-366 插入关键帧并调整文字

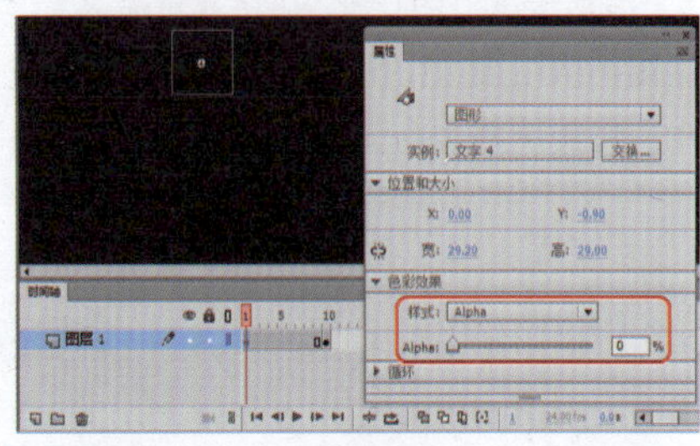
图14-367 将素材图片转换为元件

52 在第1帧至第10帧之间创建传统补间动画，如图14-368所示。

图14-368 设置Alpha值

53 在第133帧位置插入帧，使用同样的方法，制作其他文字效果，如图14-369所示。

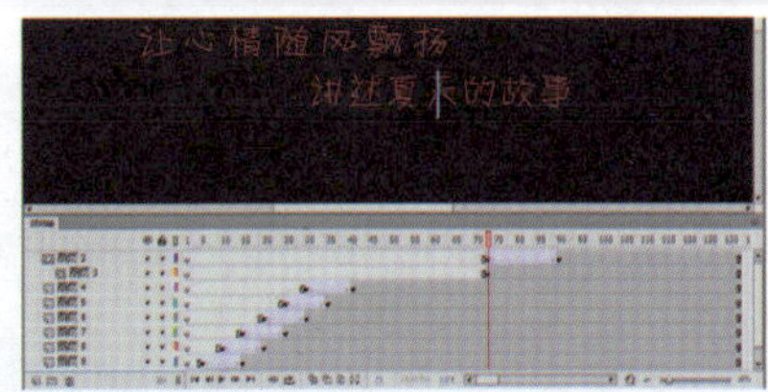
图14-369 完成后的时间轴效果

54 回到“场景1”，新建“图层2”，并将其重命名为“矩形动画”，在【库】面板中拖入“矩形动画”元件，打开【属性】面板，确定宽度值和高度值是锁定按钮处于🔗状态下，将【宽】设置为460像素，并将其调整至合适的位置，如图17-370所示。

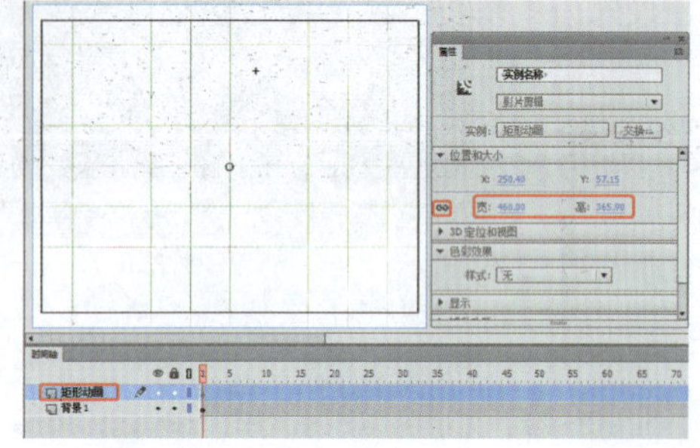

图14-370 设置对象属性

55 新建“图层3”并将其重命名为“文字1”，在第20帧位置插入关键帧，并在【库】面板中拖入“文字动画1”元件，将其调整至合适的位置，如图14-371所示。

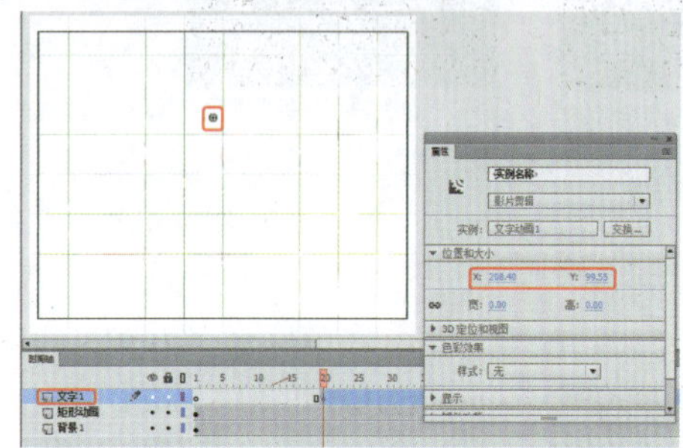

图14-371 添加元件

56 新建“图层4”并将其重命名为“音乐”，选择该图层的第1帧，打开【属性】面板，展开【声音】选项，将【名称】设置为“背景音乐.MP3”，将【效果】设置为【淡出】，如图14-372所示。

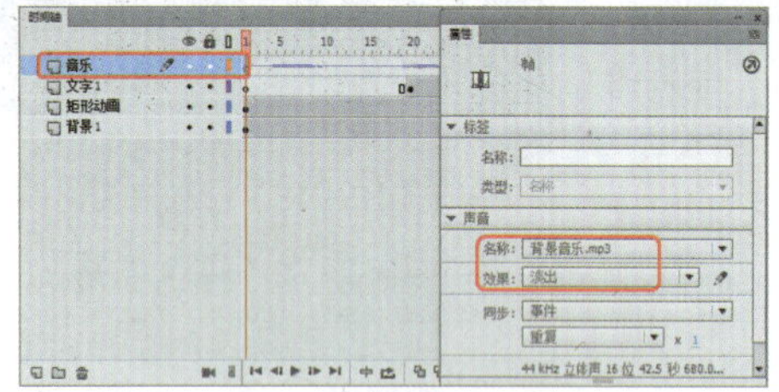

图14-372 添加音乐

57 在第463帧位置插入帧，新建“图层5”并将其重命名为“图2”，在第211帧位置插入关键帧，在【库】面板中拖入图2.jpg素材文件，将其调整至合适的位置，并将其转换为“图2”图形元件，如图14-373所示。

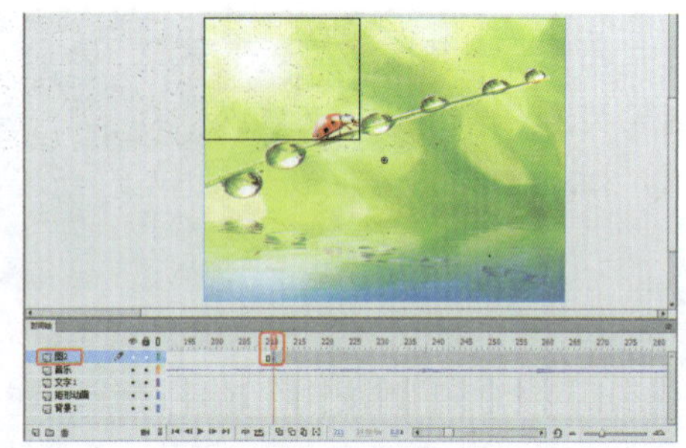

图14-373 插入关键帧并添加元件

58 在第226帧位置插入关键帧，在舞台中选择对象，将其水平向左移动一定的位置，并在第211帧至第226帧之间创建传统补间动画，如图14-374所示。

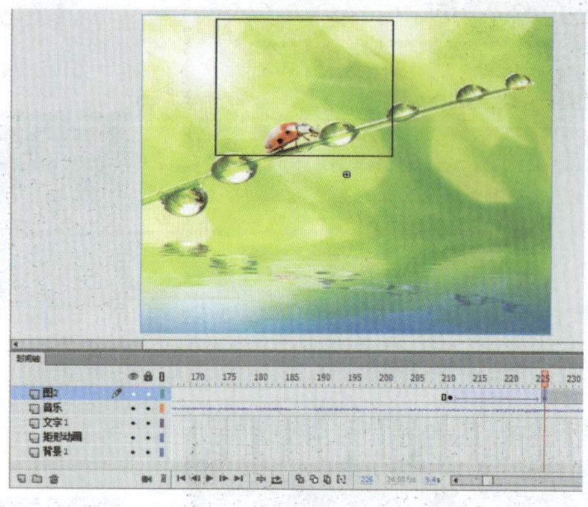

图14-374 创建补间动画

59 在第265帧位置插入关键帧，然后在第289帧位置插入关键帧，在舞台中选择对象，在【属性】面板中将【样式】设置为【Alpha】，将【Alpha】值设置为0，如图14-375所示。

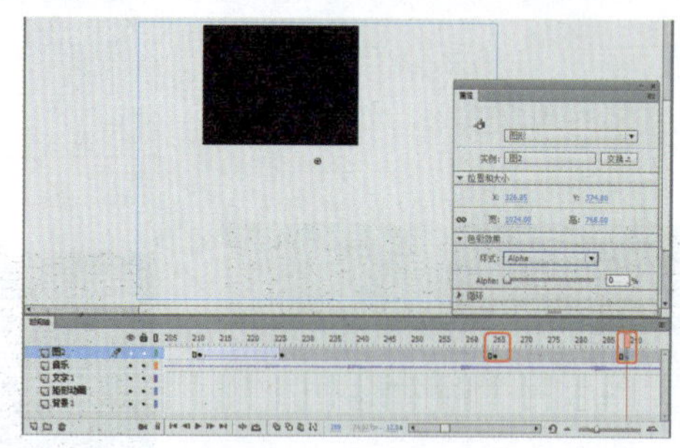

图14-375 设置对象属性

60 在第265帧至第289帧之间创建传统补间动画，在第290帧位置插入空白关键帧，如图14-376所示。

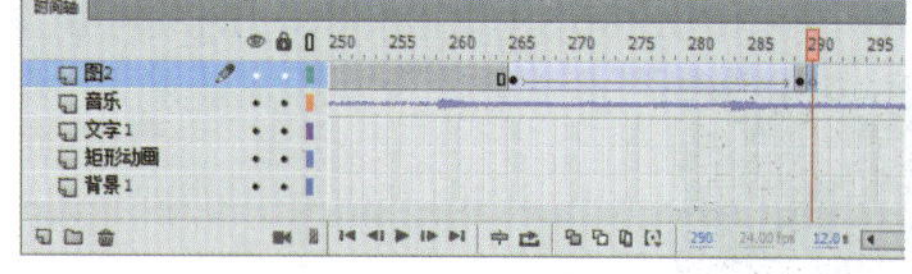

图14-376 创建补间动画

61 在第362帧位置插入关键帧，在【库】面板中拖入“图2”图形元件，打开【属性】面板，确定宽度值和高度值是锁定按钮处于 状态下，将【宽】设置为516像素，并将其调整至合适的位置，将【样式】设置为【Alpha】，将【Alpha】值设置为0，如图14-377所示。

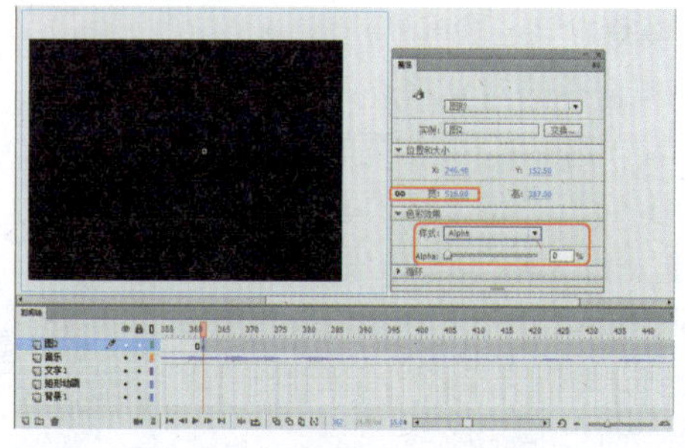

图14-377 设置Alpha值

62 在第388帧位置插入关键帧，在舞台中选择对象，在

【属性】面板中将【Alpha】值设置为100%，并将其水平向左移动一定的位置，如图14-378所示。

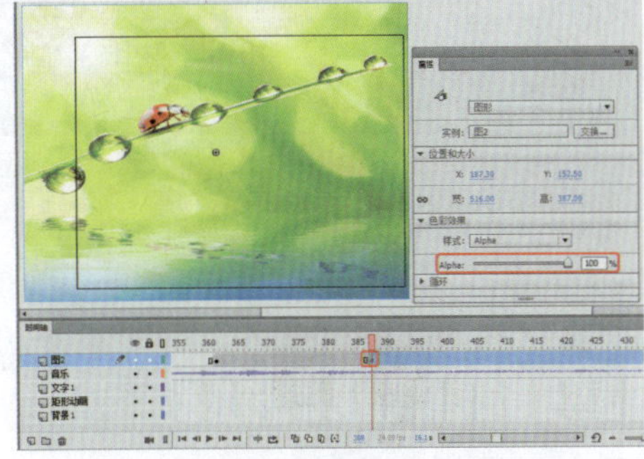

图14-378 设置Alpha值

63 在第389帧位置插入关键帧，在舞台中选择对象，在【属性】面板中将其【Alpha】值设置为100%，在第362帧至第388帧之间创建传统补间动画，如图14-379所示。

图14-379 插入关键帧

64 再次创建图层并将其重命名为“图2动画”，在第130帧位置插入关键帧，在【库】面板中导入“图2”元件，并将其调整至合适的位置，在【属性】面板中将【样式】设置为【Alpha】，将【Alpha】值设置为0，如图14-380所示。

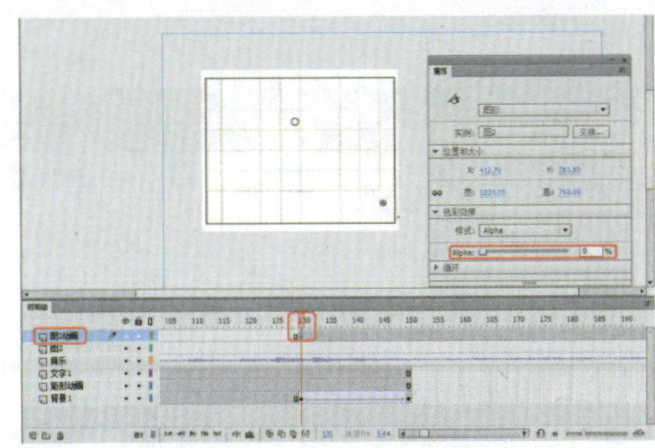

图14-380 设置Alpha值

65 在第150帧位置插入关键帧，在舞台中选择对象，将【Alpha】值设置为100%，如图14-381所示。

66 在第211帧位置插入关键帧，在第226帧位置插入关键帧，在舞台中选择对象，将其水平向左移动位置，并将其【样式】设置为【Alpha】，将【Alpha】值设置为0，如图14-382所示。

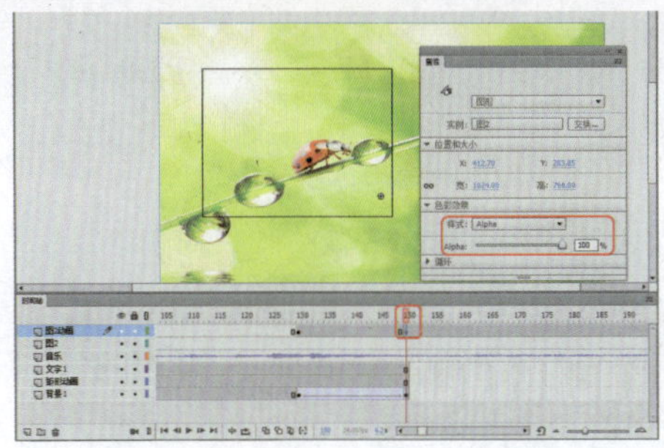

图14-381 设置对象属性

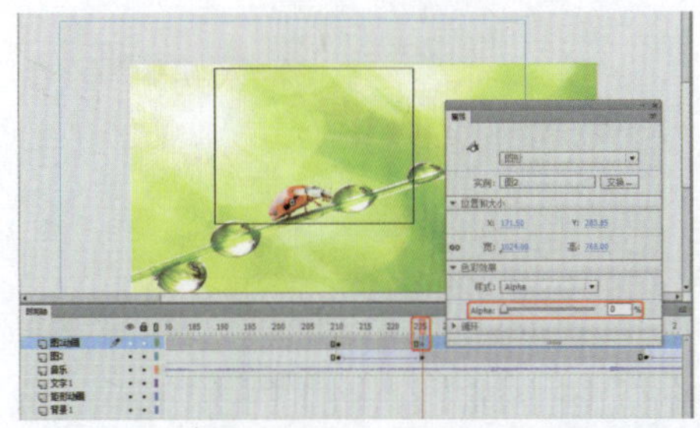

图14-382 设置对象属性

67 分别在第130帧和第150帧之间、第211帧和第226帧之间创建传统补间动画，在第350帧位置插入空白关键帧，如图14-383所示。

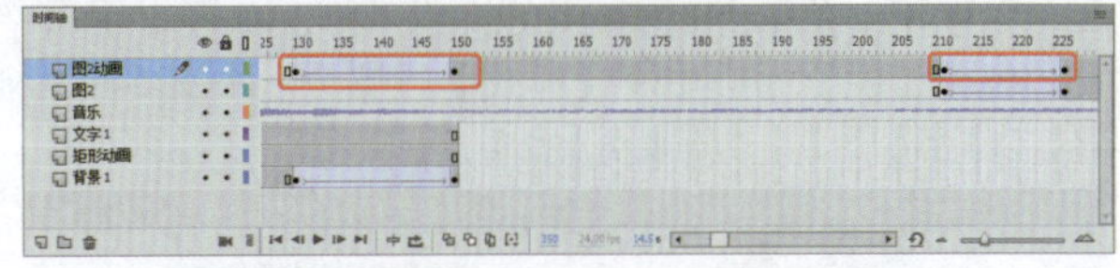

图14-383 创建传统补间动画

68 新建图层并将其重命名为“文字动画2”，在第147帧位置插入关键帧，在【库】面板中拖入“文字动画2”，并将其调整至合适的位置，如图14-384所示。

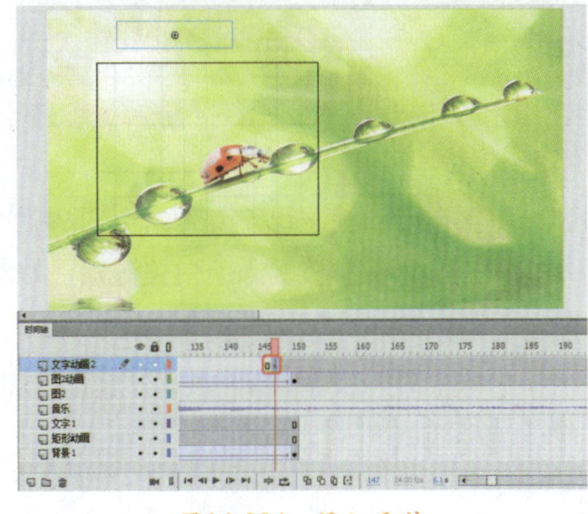

图14-384 添加元件

69 在第227帧位置插入空白关键帧，在第265帧位置插入关键帧，在【库】面板中拖入“图2”元件，打开【属性】面板，确定宽度值和高度值是锁定按钮状态下，将【宽】设置为757像素，将【样式】设置为【Alpha】，将【Alpha】值设置为0，如图14-385所示。

70 在第288帧位置插入关键帧，在舞台中选择对象，将【Alpha】值设置为96%，并将其调整至合适的位置，如图14-386所示。

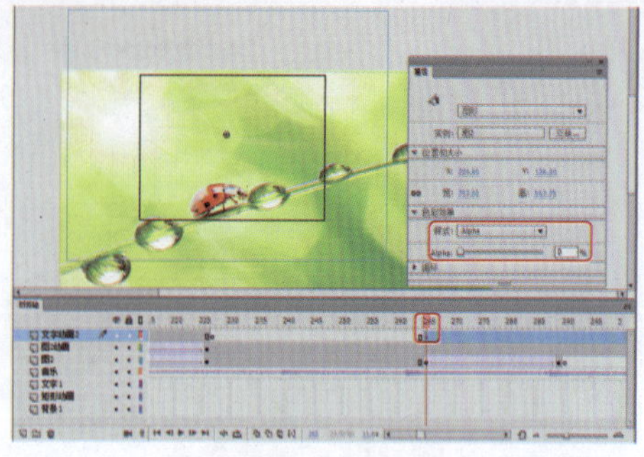
图14-385　选择素材文件

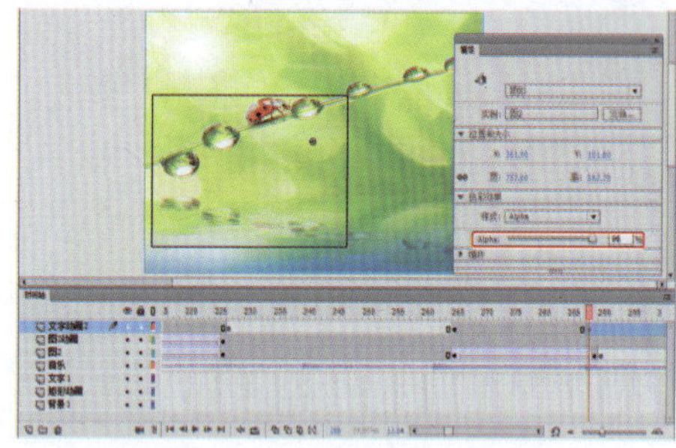
图14-386　选择【粘贴到当前位置】命令

71 在第289帧位置插入关键帧，在舞台中选择对象，将【属性】面板中的【样式】设置为【无】，在第362帧位置插入关键帧，在第389帧位置插入关键帧，在舞台中选择对象，在【属性】面板中将【样式】设置为【Alpha】，将【Alpha】值设置为0，如图14-387所示。

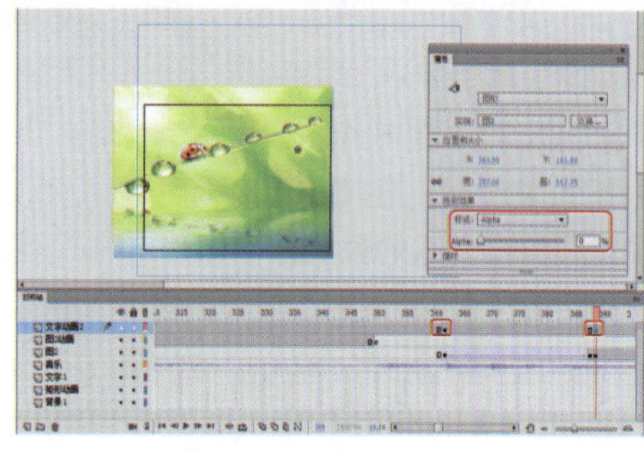
图14-387　设置对象属性

72 分别在第265至288帧之间、第362至第389帧之间创建传统补间动画，在第390帧位置插入空白关键帧，如图14-388所示。

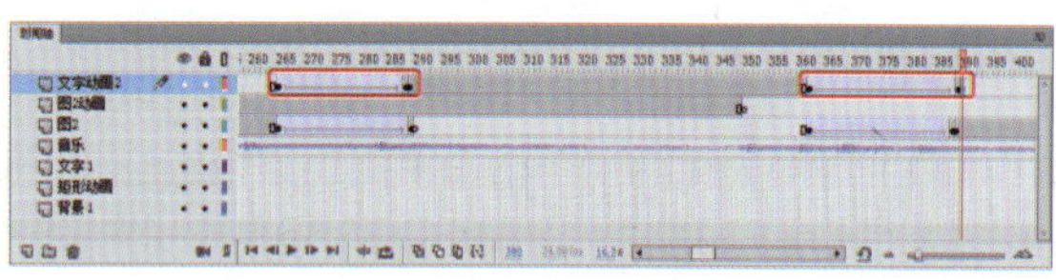
图14-388　创建传统补间动画

73 使用同样的方法创建“文字动画3”和“圆”图层，添加元件并调整位置，如图14-389所示。

74 最后再新建一个图层并将其重命名为“外部对象”，按Ctrl+O组合键，在弹出的对话框中选择随书配套资源中的素材|Cha14|动画.Fla素材文件，如图14-390所示。

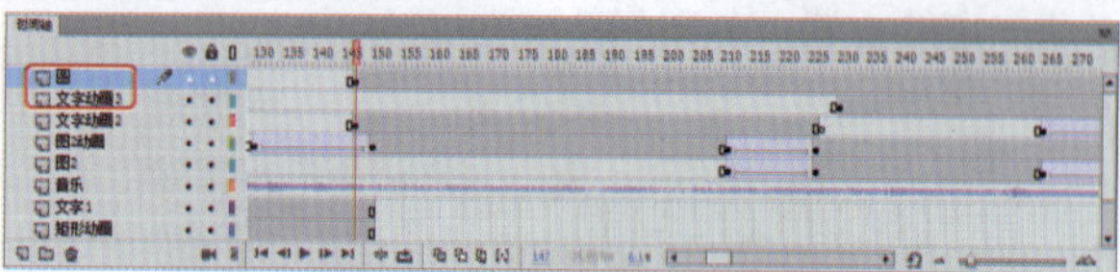
图14-389　创建其他图层

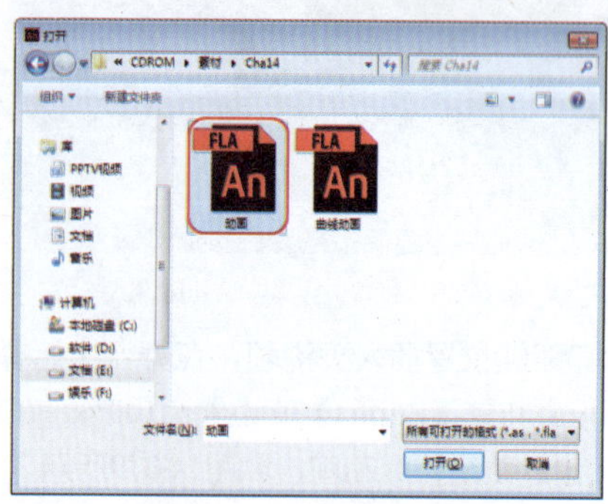
图14-390　【打开】对话框

75 单击【打开】按钮，将选择的素材打开，切换至我们的场景中，将【库】面板定义为“动画.fla”，选择【动画】，将其拖拽至舞台中，并将其调整至合适的位置，如图14-391所示。

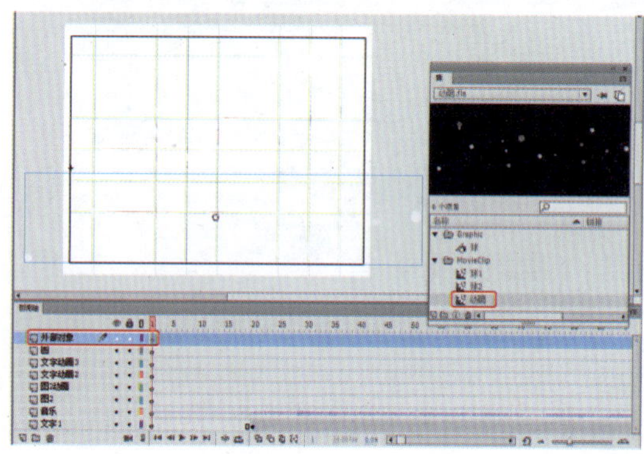
图14-391　添加外部对象

76 新建一个图层并将其重命名为“代码”，在第463帧位置插入关键帧，打开【动作】面板，输入代码“stop();”，如图14-392所示。

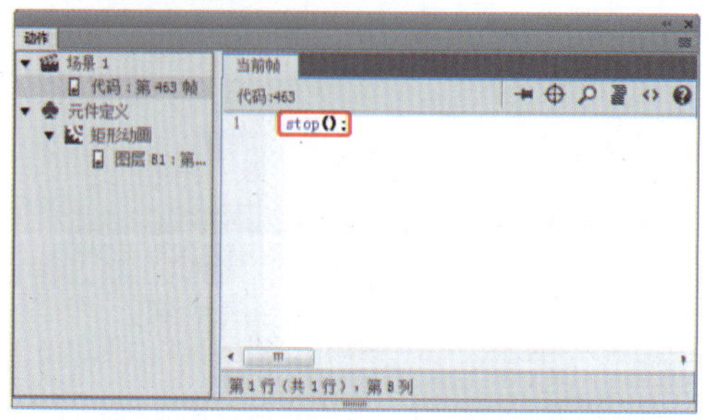
图14-392　【动作】面板输入代码

77 至此，贺卡就制作完成了，按Ctrl+Enter组合键测试影片即可。

第15章 项目指导—网站片头制作

本章介绍了网站片头的制作方法，综合运用前面所学到的知识，实例效果可应用于网站片头、广告等通过对本章的学习，读者可以真正了解Animate软件的应用。

实例192 网页导航栏

下面介绍如何通过Animate制作网页导航栏，完成后效果如图15-1所示。

素材：	素材|Cha15|网页导航栏素材.png
场景：	场景|Cha15|实例192 网页导航栏.fla
视频：	视频教学 | Cha15 |实例192 网页导航栏.MP4

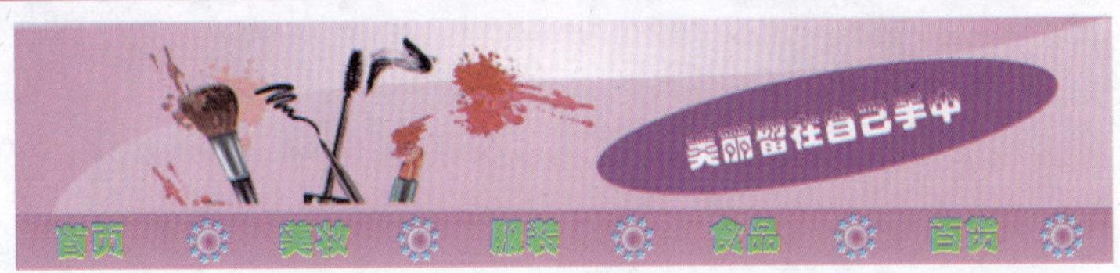

图15-1 网页导航栏

❶ 启动软件后，按Ctrl+N组合键，弹出【新建文档】对话框，选择【ActionScript 3.0】选项，将【宽】设置为760像素，将【高】设置为160像素，单击【确定】按钮，如图15-2所示。

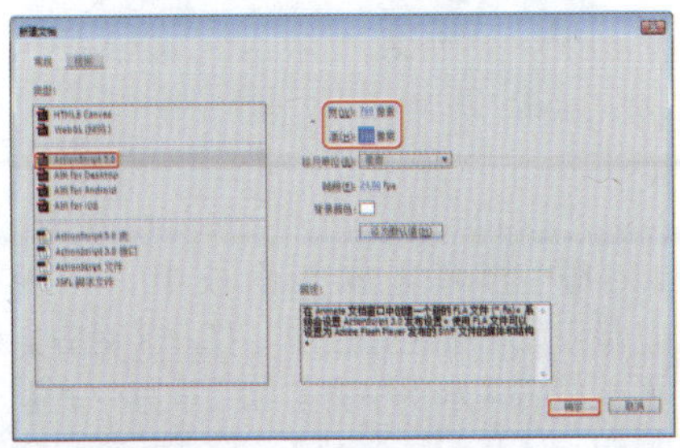

图15-2 新建文档

❷ 新建文档后，打开【时间轴】面板，将“图层1”名称更改为“背景”，完成后的效果如图15-3所示。

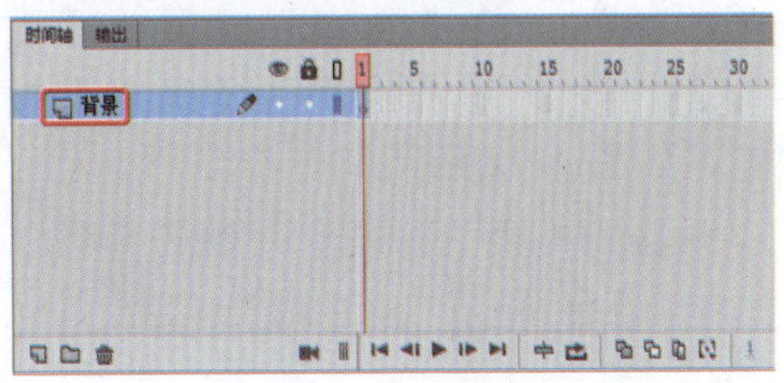

图15-3 选择背景

❸ 在工具箱中选择【矩形工具】，在舞台中绘制矩形，打开【属性】面板，将【笔触颜色】设置为【#FE5CFF】，将【宽】设置为760像素，将【高】设置为160像素，将填充颜色设置为任意一种颜色，完成效果如图15-4所示。

❹ 确定刚刚绘制的矩形处于选择状态，在【对齐】面板中单击【水平中齐】按钮和【垂直中齐】按钮，如图15-5所示。

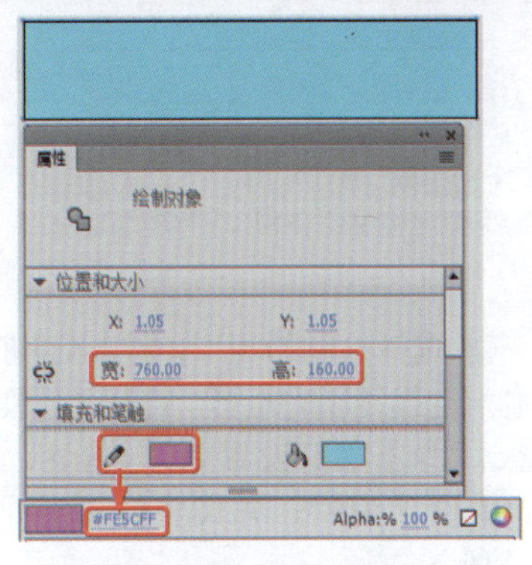

图15-4 创建矩形

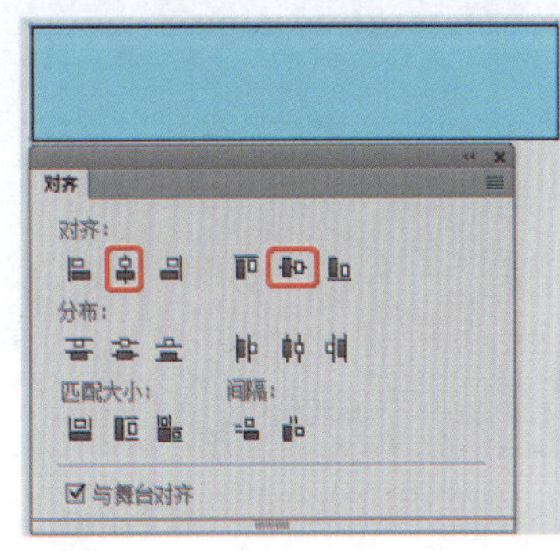

图15-5 设置矩形的属性

❺ 继续选择矩形，打开【颜色】面板，选择【填充颜色】，将【填充类型】设置为【线性渐变】，将第一个色标颜色设置为【#FE0BFF】将第二个色标设置为白色，如图15-6所示。

❻ 在工具箱中选择【渐变变形工具】，对图形进行调整，如图15-7所示。

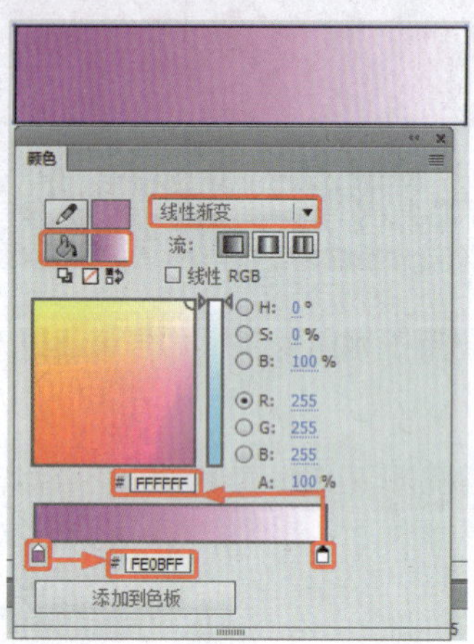
图15-6 设置填充颜色

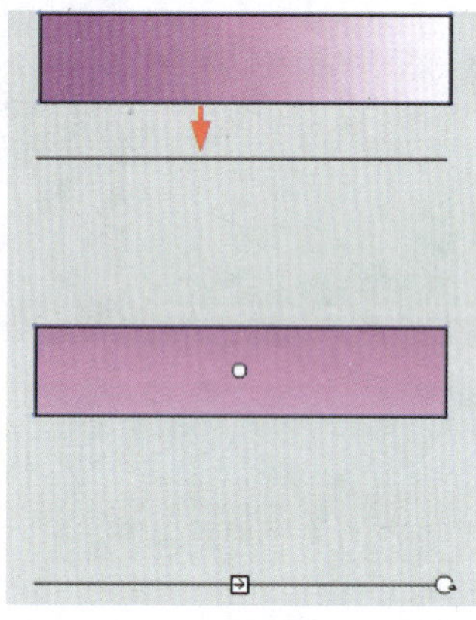
图15-7 调整渐变色

❼ 选择绘制的矩形，按Alt键进行复制，选择复制的矩形，打开【属性】面板，将【宽】设置为760像素，将【高】设置为45，并调整位置，如图15-8所示。

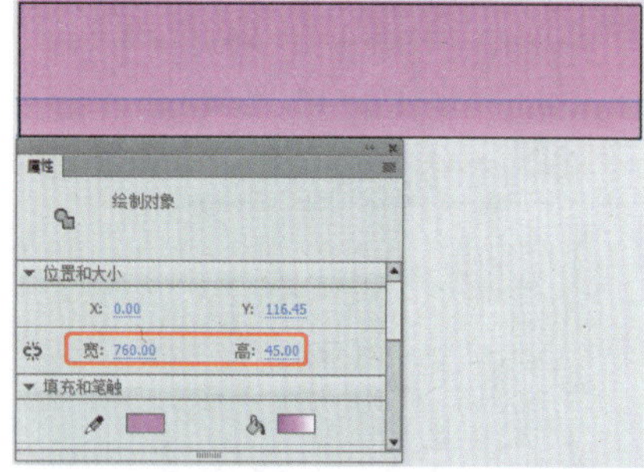
图15-8 复制矩形

❽ 按Ctrl+F8组合键，弹出【创建新元件】对话框，将【名称】设置为“文字01”，将【类型】设置为【图形】，如图15-9所示。

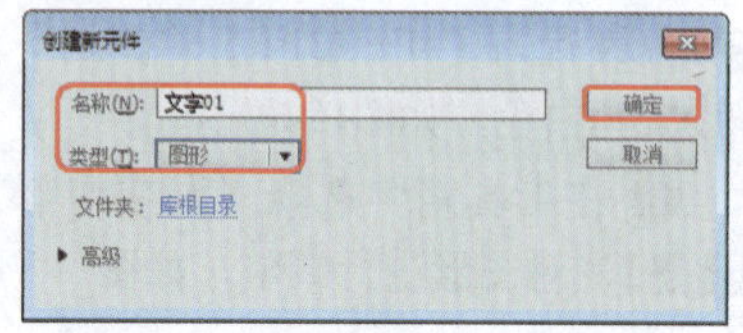
图15-9 【创建新元件】对话框

❾ 在在工具箱中选择【椭圆工具】，在舞台中绘制椭圆，打开【属性】面板，将【笔触颜色】设置为无，将【填充颜色】设置为【#CC33CC】，如图15-10所示。

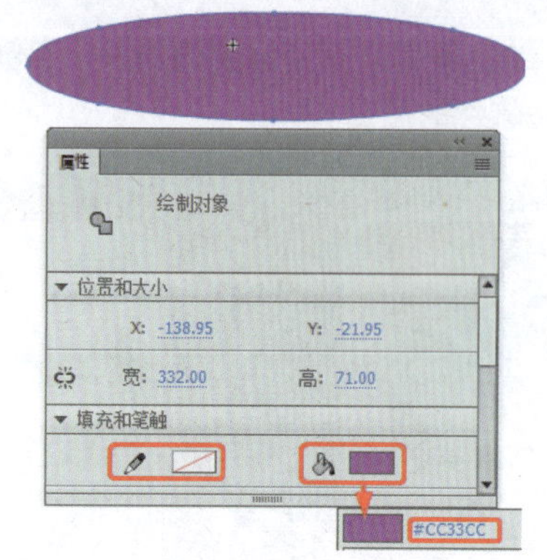
图15-10 绘制椭圆

❿ 在工具箱中选择【文本工具】，输入文本，打开【属性】面板，将【文本类型】设置为【动态文本】，将【系列】设置为【汉仪雪峰体简】，将【大小】设置为25磅，将【颜色】设置为白色，如图15-11所示。

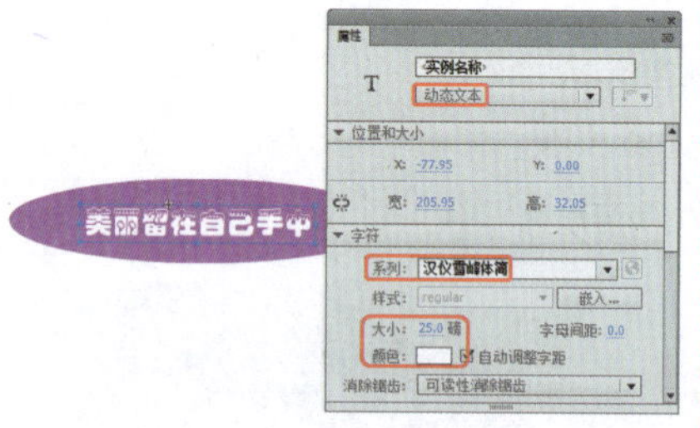
图15-11 输入文本

⓫ 按Ctrl+F8组合键，弹出【创建新元件】对话框，将【名称】设置为“星”，将【类型】设置为【图形】，设置完成后单击【确定】按钮，如图15-12所示。

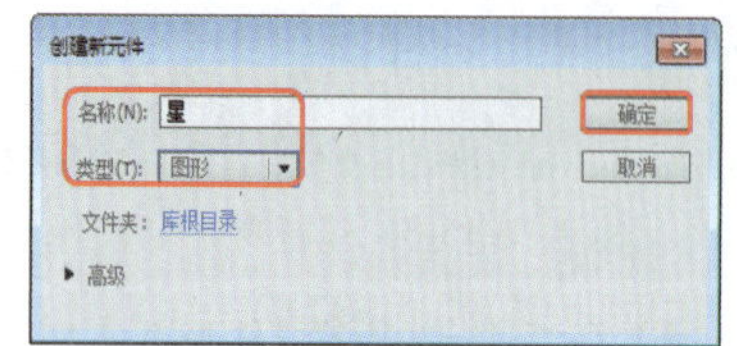
图15-12 创建新元件

⓬ 在工具箱中选择【多角星形工具】，打开【属性】面板，将【笔触颜色】设置为无，将【填充颜色】设置为【#00FFFF】，单击【选项】按钮，弹出【工具设置】对话框，将【样式】设置为【星形】，将【边数】设置为5，单击【确定】按钮，在舞台中进行绘制图形，如图15-13所示。

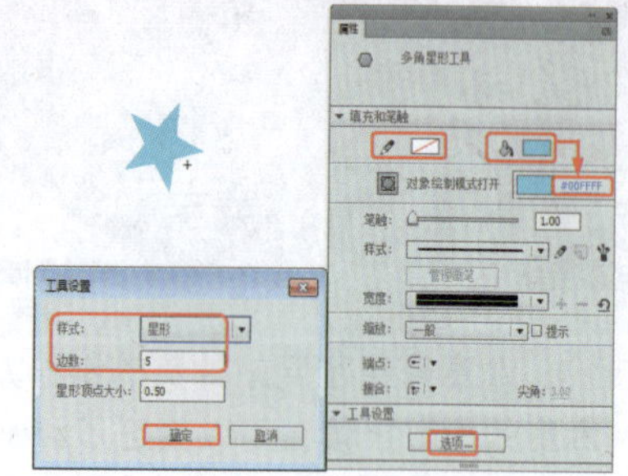
图15-13 绘制五角星

⓭ 使用【任意变形工具】选择五角星，并将其中心点调正到舞台的中心点，如图15-14所示。

图15-14 调整中心点

⓮ 在【变形】面板中将【旋转】设置为40°，连续单击【重制选区和变形】按钮，如图15-15所示。

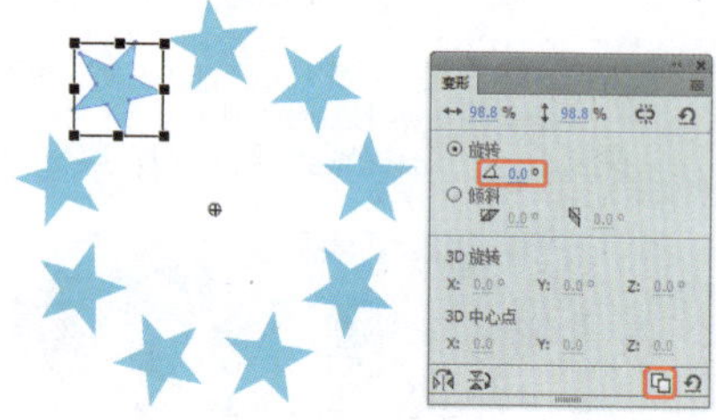
图15-15 旋转五角星

⓯ 按Ctrl+F8组合键，弹出【创建新元件】对话框，将【名称】设置为“星动画”，将【类型】设置为【影片剪辑】，设置完成后单击【确定】按钮，如图15-16所示。

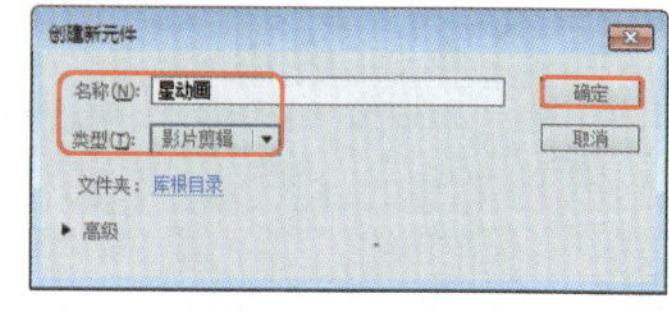
图15-16 创建新元件

⓰ 打开【库】面板中，选择“星”元件拖至舞台中，打开【对齐】面板单击【水平中齐】和【垂直中齐】按钮，使其与舞台对齐，完成后效果如图15-17所示。

⓱ 在【时间轴】面板中选择“图层1”的第60帧，并插入关键帧，如图15-18所示。

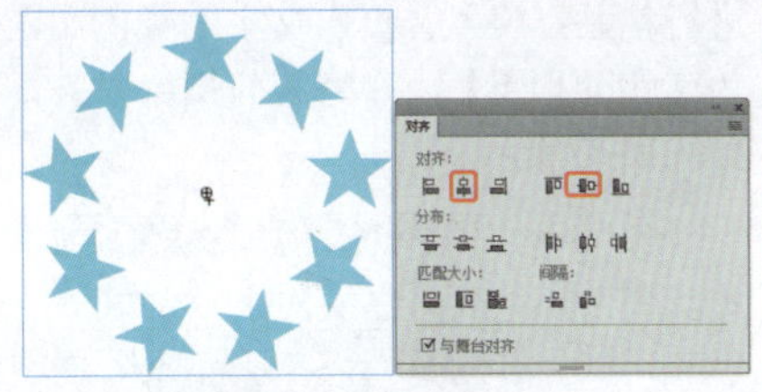
图15-17 调整位置

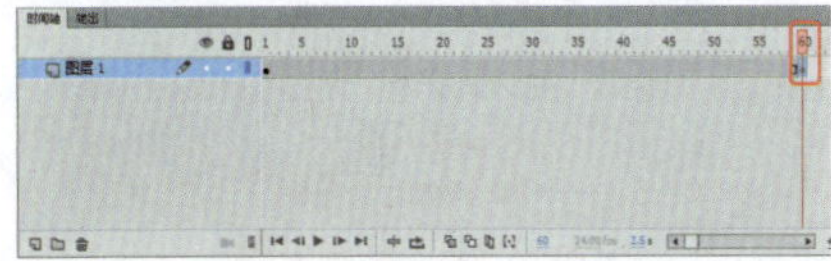
图15-18 插入关键帧

⑱ 选择第1帧，单击鼠标右键，在弹出的快捷菜单中选择【创建传统补间】，如图15-19所示。

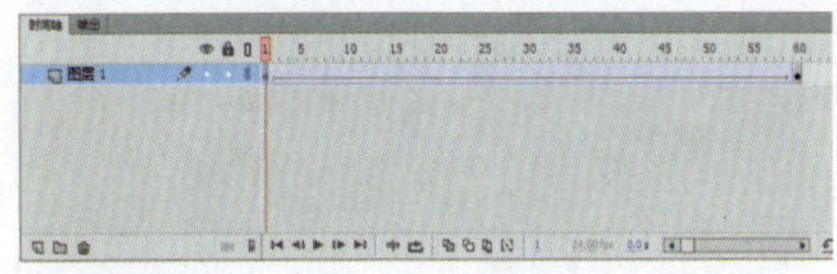
图15-19 创建传统补间

⑲ 选择“图层1”的第1帧，打开【属性】面板，在【补间】组中将【旋转】设置为【顺时针】，将【旋转次数】设置为1，如图15-20所示。

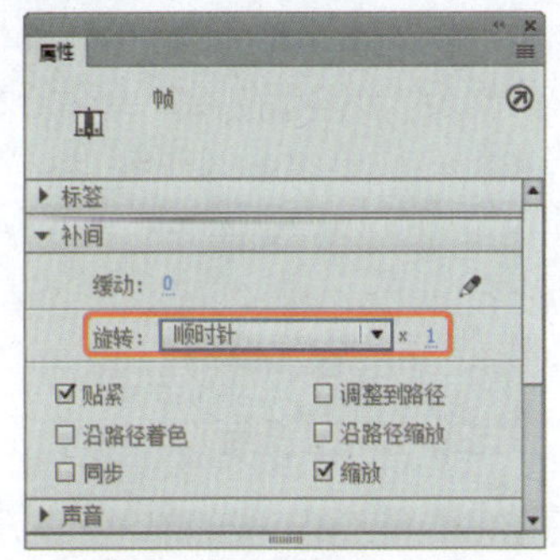
图15-20 设置帧的属性

⑳ 返回到“场景1”中，新建“按钮”图层，按Ctrl+F8组合键，弹出【创建新元件】对话框，将【名称】设置为“首页”，将【类型】设置为【按钮】，单击【确定】按钮，如图15-21所示。

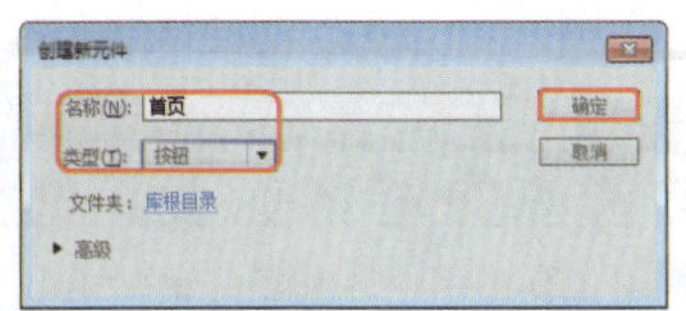
图15-21 创建新元件

㉑ 在【时间轴】面板中选择【弹起】帧，在工具箱中选择【文本工具】，打开【属性】面板，将【文本类型】设置为【动态文本】，将【系列】设置为【文鼎霹雳体】，将【大小】设置为25磅，将【颜色】设置为【#00FF33】，将【消除锯齿】设置为【可读性消除锯齿】，设置完成后在舞台中输入文本“首页”，如图15-22所示。

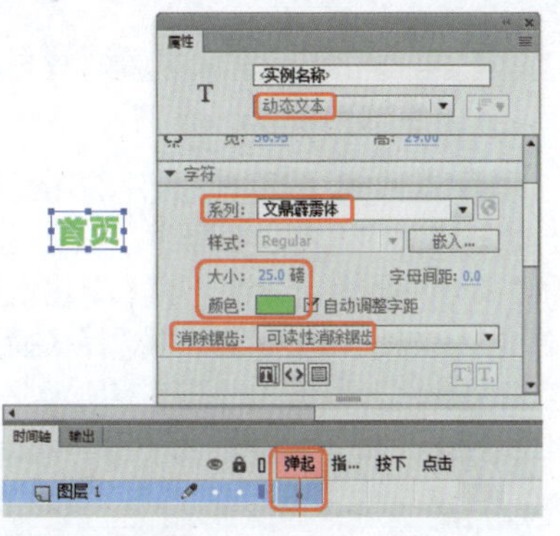
图15-22 设置文本

㉒ 选择输入的文本，打开【对齐】面板，单击【水平中齐】和【垂直中齐】按钮，使其与舞台对齐，如图15-23所示。

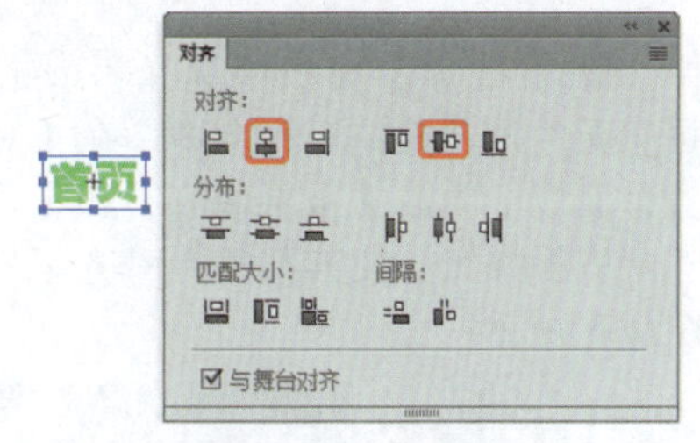
图15-23 【对齐】面板

㉓ 选择【指针经过】帧，并插入关键帧，选择舞台中的文字，单击鼠标右键，在弹出的快捷菜单中选择【转换为元件】命令，在打开的【转换为元件】对话框中，将【名称】设置为“g-首页”，将【类型】设置为【图形】，单击【确定】按钮，如图15-24所示。

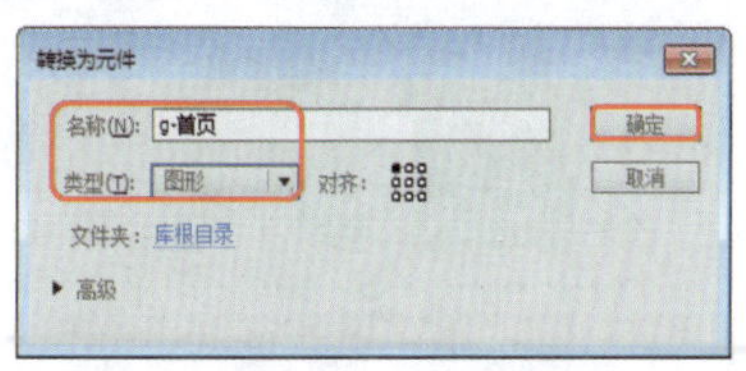
图15-24 创建元件

㉔ 进入【g-首页】元件中，在【首页】下方输入“HOME”，将【大小】设置为20磅，，如图15-25所示。

㉕ 选择所有的文字，按Ctrl+G组合键将其组合，打开【对齐】面板，单击【水平中齐】和【垂直中齐】按钮，使其与舞台对齐，如图15-26所示。

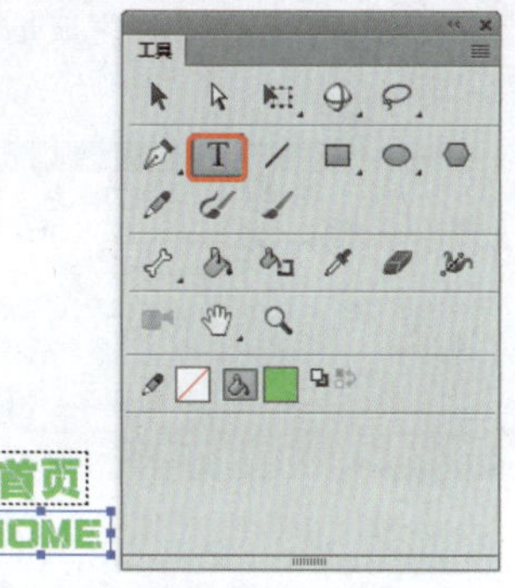
图15-25 输入文本

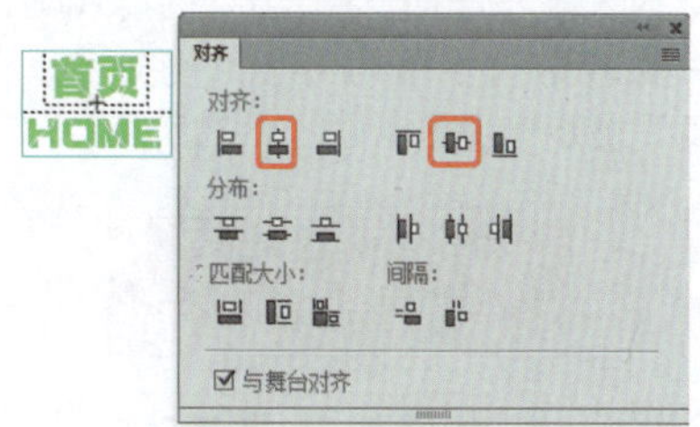
图15-26 组合并调整位置

㉖ 选择舞台中的文字单击鼠标右键，在弹出的快捷菜单中选择【转换为元件】命令，弹出【转换为元件】对话框，将名称设置为“m-首页”，将【类型】设置为【影片剪辑】，单击【确定】按钮，如图15-27所示。

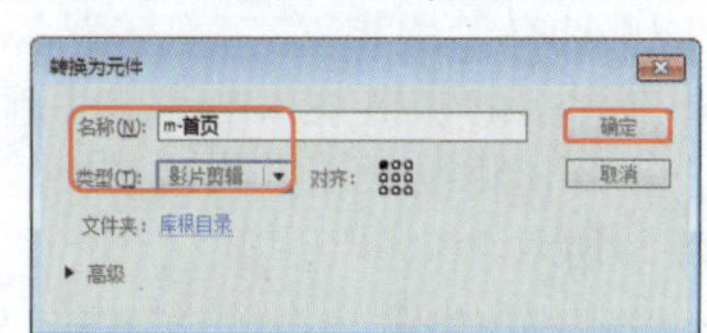
图15-27 转换为元件

㉗ 双击上一步制作的元件，进入“m-首页”元件，在【时间轴】面板中新建一个图层，在工具箱中选择【矩形工具】，在【属性】面板中将【笔触颜色】设置为无，将【填充颜色】设置为【#FF00CC】，将【Alpha】值设置为50%，并使其能覆盖“HOME”文字，如图15-28所示。

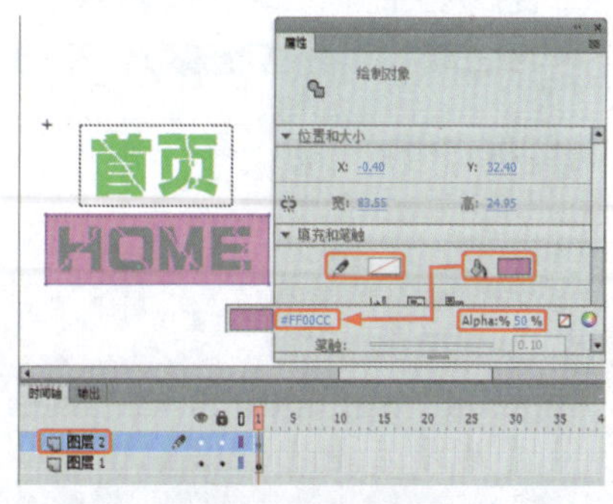
图15-28 绘制矩形

㉘ 在【时间轴】面板中，选择“图层1”的第10帧，按F6键插入关键

帧，并创建传统补间，完成后效果如图15-29所示。

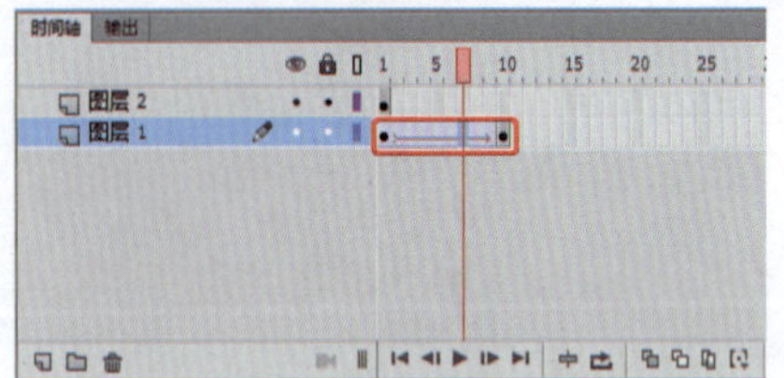

图15-29 创建传统补间

㉙ 选择“图层2”的第10帧，按F5键插入帧。选择“图层1”的第10帧，在舞台中向下移动文字，使文字“首页”被矩形覆盖，如图15-30所示。

图15-30 移动文字

㉚ 选择“图层2”，单击鼠标右键，在弹出的快捷菜单中选择【遮罩层】命令，将图层转换为遮罩层，如图15-31所示。

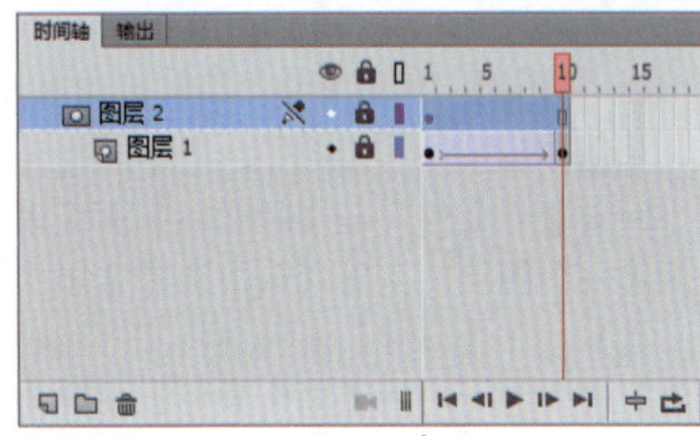

图15-31 创建【遮罩层】

㉛ 新建“图层3”，选择第10帧，按F6键插入关键帧，如图15-32所示。

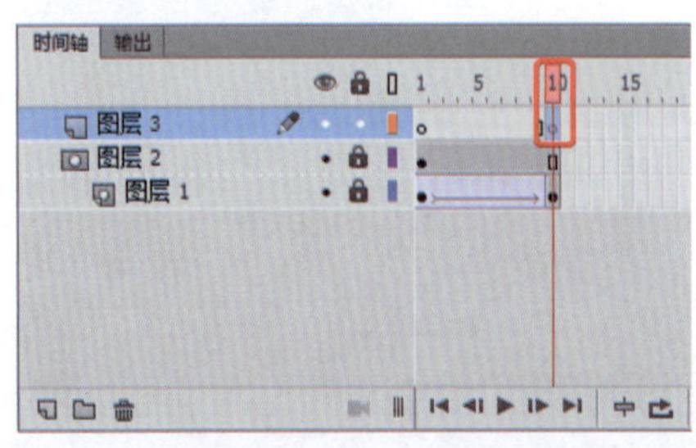

图15-32 创建“图层3”

㉜ 打开【动作】面板，输入停止动画播放的动作命令“stop();”，如图15-33所示。

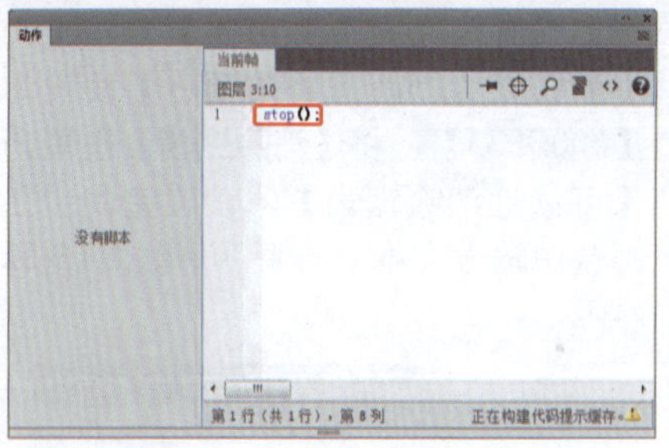

图15-33 【动作】面板

㉝ 返回到“首页”元件的场景舞台中，将文字在舞台中居中。在【时间轴】面板中选择“按下”帧，单击鼠标右键，在弹出的快捷菜单中选择【插入空白关键帧】命令，如图15-34所示。

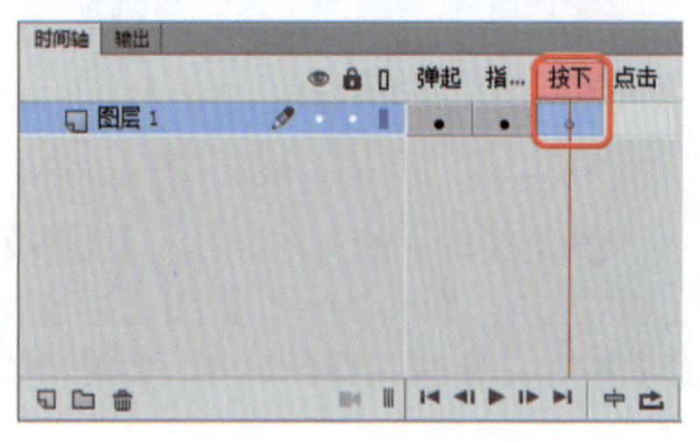

图15-34 插入【空白关键帧】

㉞ 在【库】面板中选择“m-首页”元件，将其拖至舞台中，在【对齐】面板中单击【水平中齐】和【垂直中齐】按钮，使其与舞台对齐，如图15-35所示。

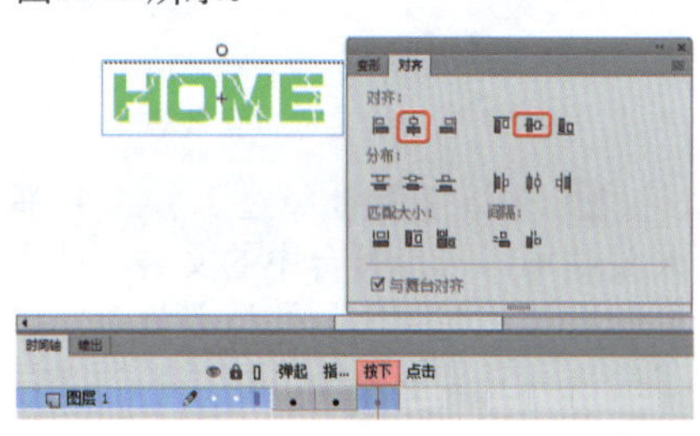

图15-35 拖入元件

㉟ 在菜单栏中选择【修改】|【分离】命令，得到如图15-36所示的效果。

图15-36 分离元件

㊱ 将半透明矩形删除，再次执行两次【分离】命令；使用【文本工具】编辑文字，选择“首页”按Ctrl+X键进行剪切，选择“HOME”，按Ctrl+V键进行粘贴；将“首页”文字的颜色设置为【#00FFFF】，并将其与舞台对齐，如图15-37所示。。

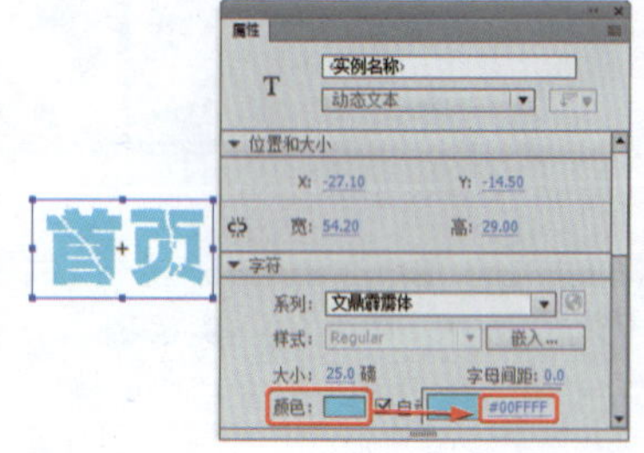

图15-37 修改文字

㊲ 在【时间轴】面板中选择“点击”帧，单击鼠标右键，在弹出的快捷菜单中选择【插入空白关键帧】命令，插入空白关键帧，如图13-38所示。

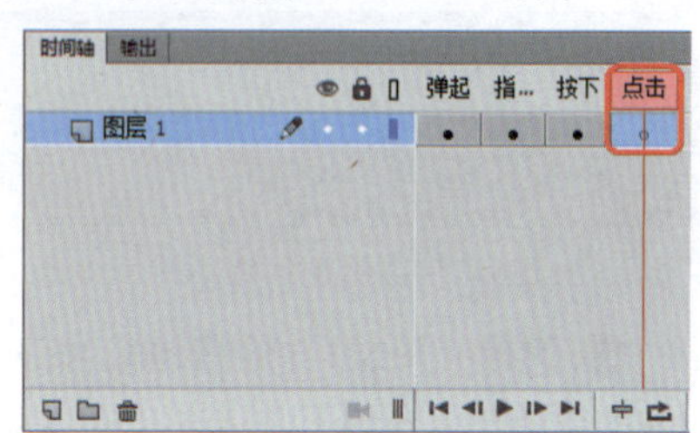

图15-38 插入空白关键帧

㊳ 将“弹起”帧中的文字复制到“点击”帧，并设置在相同的位置，将文字修改为“HOME”绘制一个任意颜色的矩形，能够覆盖文字即可，将其作为按钮的鼠标感应区域，如图13-39所示。

图15-39 复制文字

㊴ 使用前面所讲的方法，制作按钮【美妆】、【服装】、【食品】和【百货】。制作完成后，将按钮元件拖至场景中，排列好位置，如图15-40所示。

图15-40 制作其它按钮

㊵ 新建“隔条”图层，在工具箱中选择【椭圆工具】，将【笔触颜色】设置为无，将【填充颜色】设置为【径向渐变】（【#F32EDB】到【#C6E2D7】的渐变），在舞台中进行

绘制，并将其拖至到“按钮”图层的下方，对其进行多次复制，完成后的效果如图15-41所示。

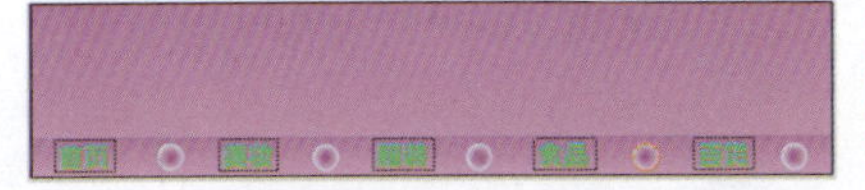

图15-41 绘制隔条

41 新建“高光”图层，在工具箱中选择【矩形工具】，将【笔触颜色】设置为无，将【填充颜色】设置为白色到【#FE87FC】的线性渐变，如图15-42所示。

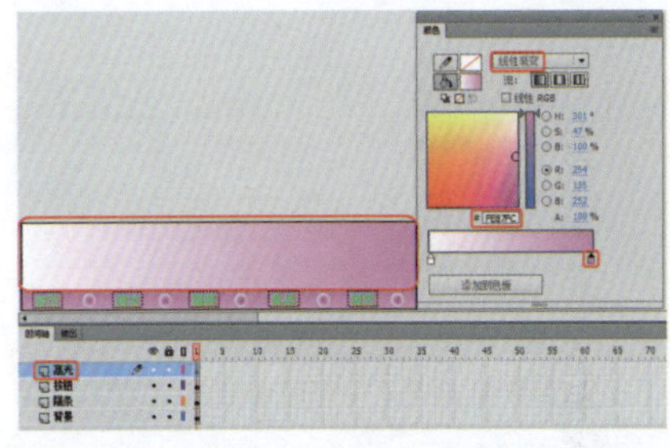

图15-42 绘制矩形

42 在工具箱中选择【渐变变形工具】，选择矩形的渐变填充部分，对其进行旋转并调整大小，如图15-43所示。

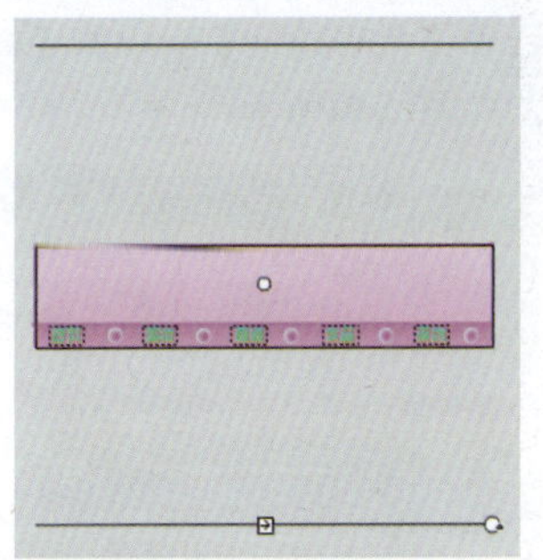

图15-43 调整渐变色

43 在工具箱中选择【钢笔工具】，在舞台中绘制区域，如图15-44所示。

图15-44 绘制区域

44 在工具箱中选择【颜料桶工具】，打开【颜色】面板，将【笔触颜色】设置为无，将【填充颜色】设置为白色到【#FF00FF】的径向渐变，进行填充，并使用【渐变变形工具】进行调整，完成后的效果如图15-45所示。

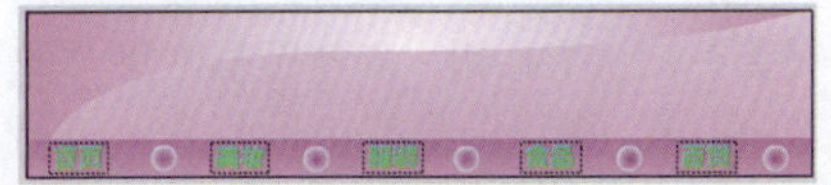

图15-45 填充颜色

45 新建“装饰”图层，打开【库】面板，选择“星动画”元件将其拖至到舞台，使用【任意变形工具】调整大小，完成后如图15-46所示。

图15-46 添加元件

46 选择“文字01”元件拖至到舞台中，并使用【任意变形工具】调整位置及大小，如图15-47所示。

图15-47 填充颜色

47 按Ctrl+R组合键，弹出【导入】对话框，选择随书配套资源中的素材|Cha15|网页导航栏素材.png文件，单击【打开】按钮，如图15-48所示。

图15-48 【导入】对话框

48 选择导入的素材文件，在工具箱中选择【任意变形工具】，调整大小和位置，如图15-49所示。

图15-49 导入素材

49 打开【时间轴】面板，选择“按钮”图层，将其拖至到“装饰”图层的最上方，按Ctrl+Enter组合键测试影片，如图15-50所示。

图15-50 完成后的效果

50 在菜单栏中选择【文件】|【导出】|【导出影片】命令，弹出【导出影片】对话框，设置【文件名】和【保存类型】，单击【保存】按钮，如图15-51所示。最后保存场景即可。

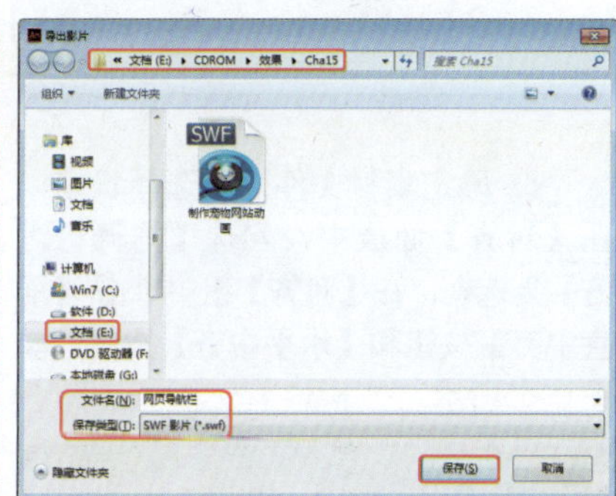

图15-51 导入影片

实例193 公益广告

本实例将介绍网站中常见的公益广告动画的制作，其中涉及的动画有补间动画、关键帧动画等，完成的效果如图15-52所示。

素材：	素材|Cha15|网页导航栏素材.png
场景：	场景|Cha15|实例193 网页导航栏.fla
视频：	视频教学 | Cha15 |实例193 网页导航栏.MP4

图15-52 最终效果

1 运行软件后，在弹出的界面中选择【ActionScript 3.0】选项并单击即可新建文档。在【属性】面板中将【宽】设置为550像素，【高】设置为275像素，如图15-53所示。

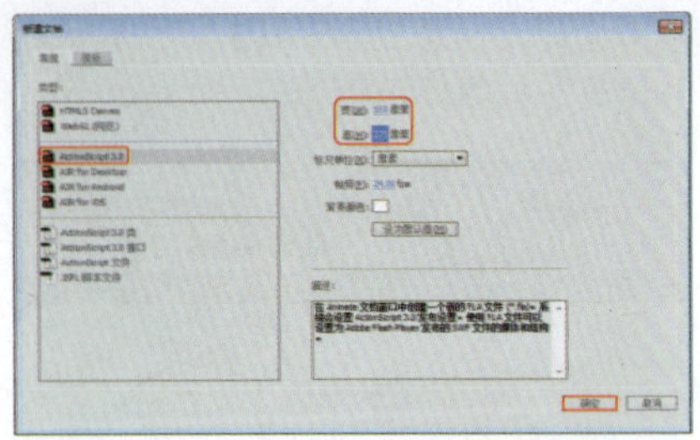
图15-53　新建文档

❷ 按Ctrl+R键，在弹出的【导入】对话框中，选择随书配套资源中的素材|Cha15|公益广告背景.jpg文件，单击【打开】按钮，如图15-54所示。

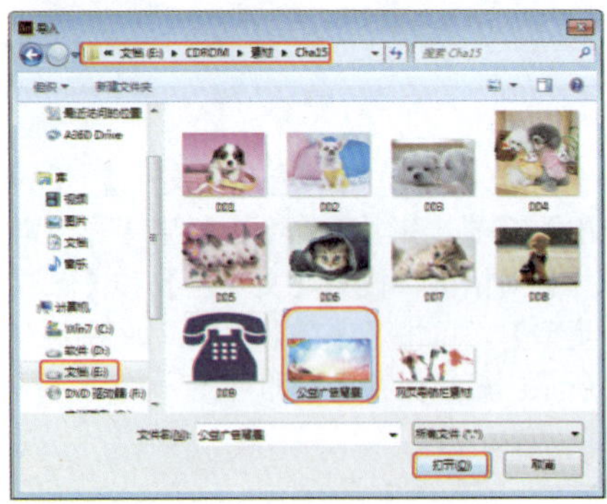
图15-54　【导入】对话框

❸ 确定素材文件处于选择状态，在【对齐】面板中，勾选【与舞台对齐】复选框，在【对齐】组中单击【垂直中齐】按钮和【水平中齐】按钮，如图15-55所示。

图15-55　【对齐】面板

❹ 按Ctrl+F8键，在弹出的【创建新元件】对话框中设置【名称】为“星星”，设置【类型】为【图形】，单击【确定】按钮，如图15-56所示。

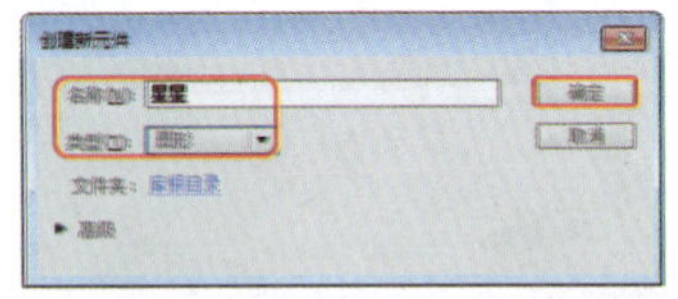
图15-56　【创建新元件】对话框

❺ 在工具箱中选择【多角星形工具】，在【属性】面板中设置【笔触】为无，将【填充颜色】设置为任意颜色，单击【工具设置】组下的【选项】按钮，在弹出的对话框中设置【样式】为【星形】、【边数】为6、【星形顶点大小】为0.1，单击【确定】按钮，在舞台中绘制多角星形形状，如图15-57所示。

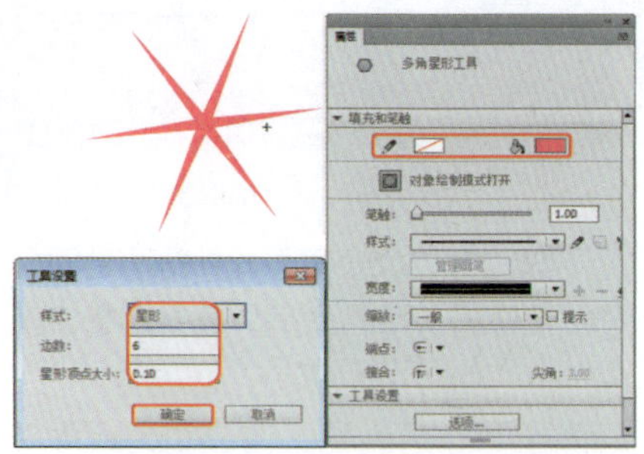
图15-57　【工具设置】对话框

❻ 在工具箱中选择【选择工具】，在舞台中选择形状，在【颜色】面板中将【填充颜色】设置为【径向渐变】，将第一个色标的颜色设置为白色，第二个色标的颜色设置为【#72E5D0】，并将对象在舞台中对齐，如图15-58所示。

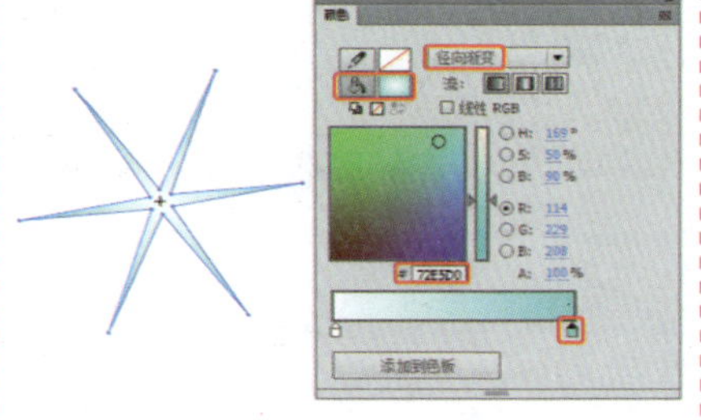
图15-58　【颜色】面板

❼ 按Ctrl+F8键，在弹出的【创建新元件】对话框中设置【名称】为“星星-动画”，设置【类型】为【影片剪辑】，单击【确定】按钮，如图15-59所示。

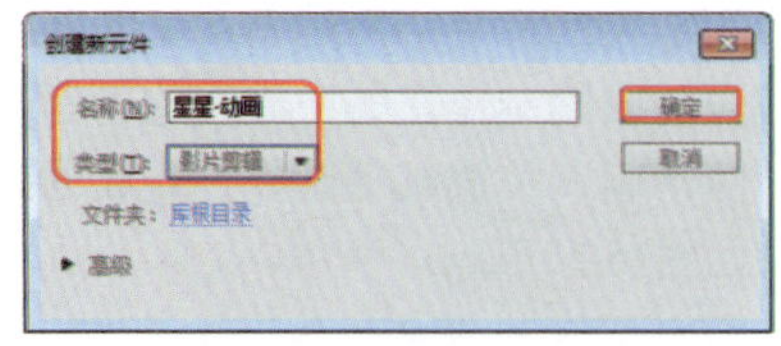
图15-59　【创建新元件】对话框

❽ 新建元件后，在【库】面板中将“星星”元件拖拽到影片剪辑元件舞台，对齐舞台后，在【时间轴】面板中的第10帧和20帧处插入关键帧，如图15-60所示。

❾ 选择第1帧，在舞台中选择元件，在【属性】面板中将【宽度】和【高度】设置为1像素，设置【色彩效果】组中的【样式】为【Alpha】，设置【Alpha】值为0，如图15-61所示。

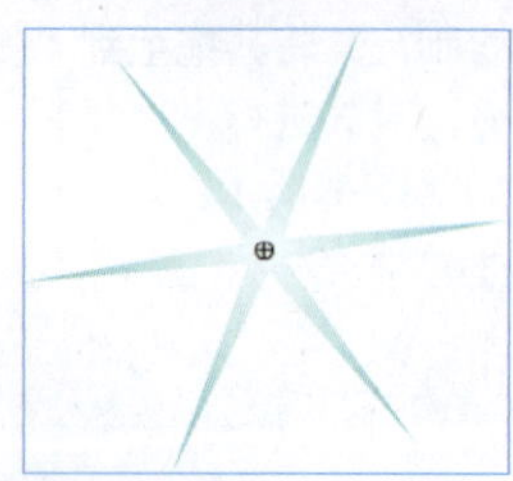
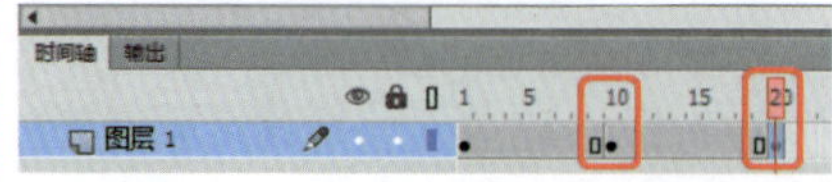
图15-60　插入关键帧

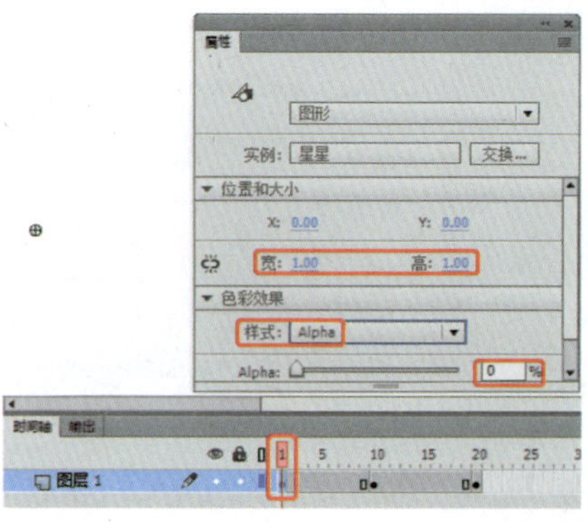
图15-61　色彩效果

❿ 选择第10帧，在【属性】面板中将【宽度】和【高度】设置为100像素，设置【色彩效果】组中的【样式】为无，如图15-62所示。

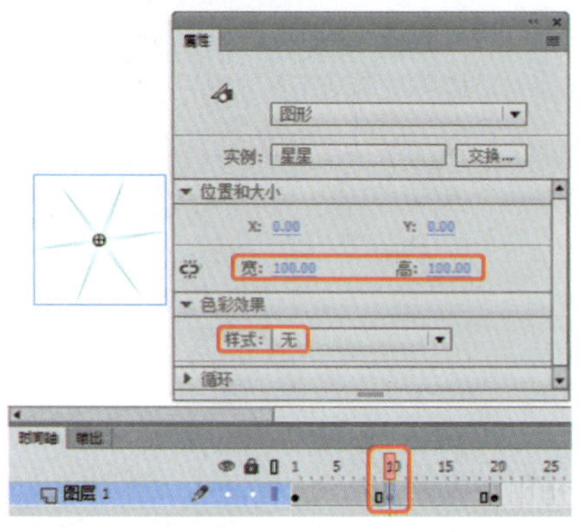
图15-62　设置宽高

⓫ 选择第20帧，在【属性】面板中将【宽度】和【高度】设置为1像素，设置【色彩效果】组中的【样式】为【Alpha】，设置【Alpha】参数值为0，并在第1帧到第10帧、第10帧和第20帧分别创建传统补间，如图15-63所示。

⓬ 切换到“场景”舞台，在【时间轴】面板中为“图层1”的第160帧插入关键帧，在【时间轴】面板中单击【新建图层】按钮，新建图层，将“星星-动画”拖至场景的中间位置，进行多次拖动，效果如图15-64所示。

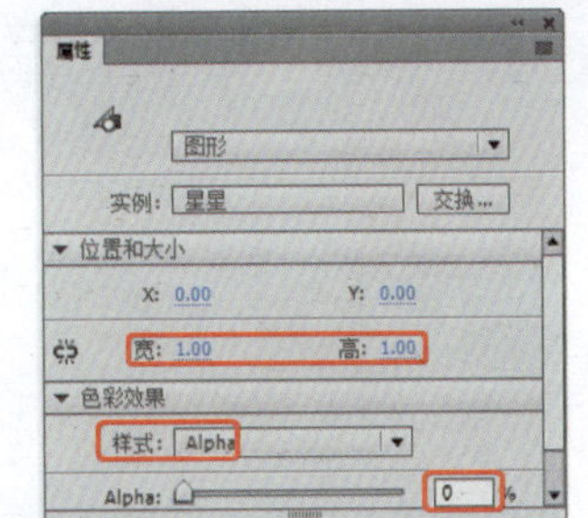
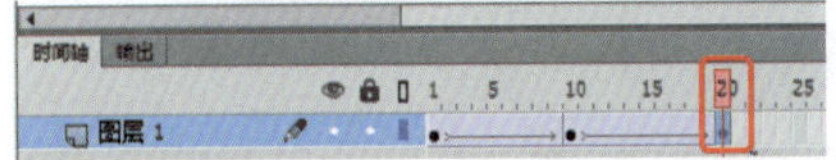
图15-63 创建传统补间

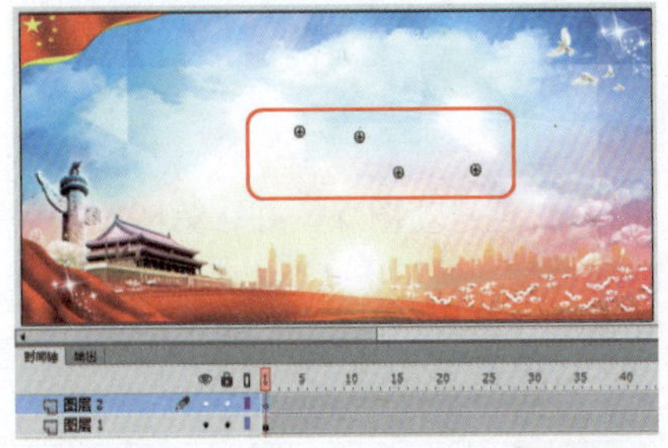
图15-64 新建图层

⑬ 新建“图层3”，在第2帧插入关键帧，并在场景舞台的右下侧图像区域添加“星星-动画”，如图15-65所示。

图15-65 插入关键帧

⑭ 在【时间轴】面板中单击【新建图层】按钮，新建“图层4”，在第10帧插入关键帧，在工具箱中选择【文本工具】，在舞台中创建文本，在【属性】面板中将【系列】设置为【汉仪中楷简】，将【大小】设置为50磅，将【颜色】为【#FF0066】，如图15-66所示。

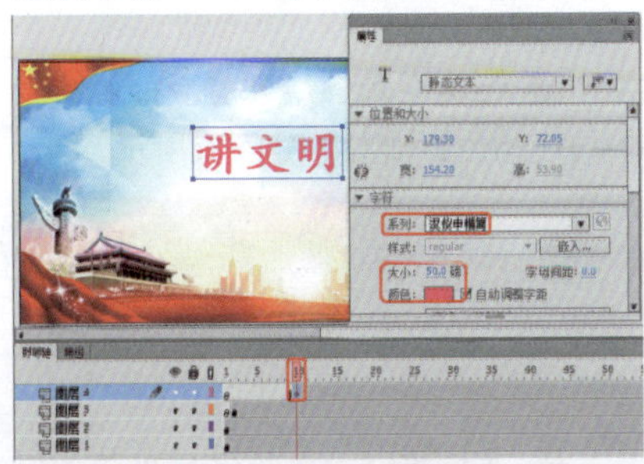

图15-66 创建文本

⑮ 按Ctrl+B组合键将文本分离，在舞台中选择分离后的“讲”字按Ctrl+G组合键，将文本组合，使用同样的方法分别将其他文本进行组合，如图15-67所示。

图15-67 将文本组合

⑯ 再次使用同样的方法绘制其他的文本，效果如图15-68所示。

图15-68 绘制其他的文本

⑰ 将所有文本移动到舞台的右边，效果如图15-69所示。

图15-69 移动字体

⑱ 在“图层4”的第15帧处插入关键帧，并将文本“讲”移动到舞台中，如图15-70所示的位置。

图15-70 插入关键帧

⑲ 在“图层4”的第20帧处插入关键帧，并将文本“文”移动到舞台中如图15-71所示的位置。

⑳ 在“图层4”的第25帧处插入关键帧，并将文本“明”移动到舞台中如图15-72所示的位置。

图15-71 插入关键帧

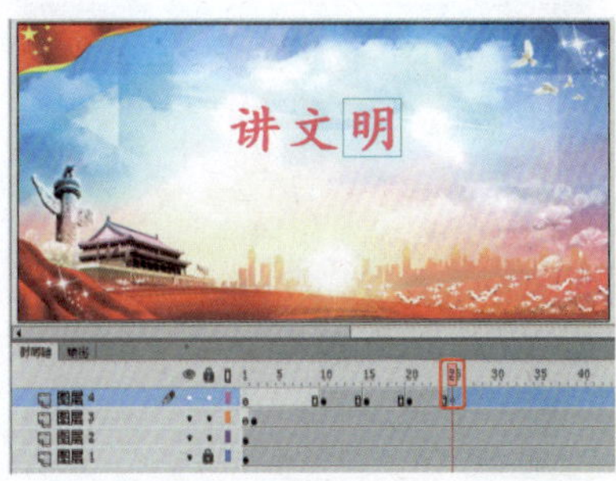

图15-72 插入关键帧

㉑ 在“图层4”的第30帧处插入关键帧，并将文本“树”移动到舞台中如图15-73所示的位置。

图15-73 插入关键帧

㉒ 在“图层4”的第35帧处插入关键帧，并将文本“新”移动到舞台中如图15-74所示的位置。

图15-74 插入关键帧

㉓ 在“图层4”的40帧处插入关键帧，并将文本“风”移动到舞台中，如图15-75所示的位置。

㉔ 在【时间轴】面板中新建“图层5”，在第40帧插入关键帧，并在舞台中输入文字，如图15-76所示。

图15-75　插入关键帧

图15-76　插入关键帧

㉕ 在【属性】面板中将【大小】设置为20像素，将【颜色】设置为【#660000】，其他默认，调整位置，如图15-77所示。

图15-77　设置字体

㉖ 将选择创建的文本，按Ctrl+B键分离文本，选择分离后的文本，按Ctrl+G组合键将文本组合在一起，如图15-78所示。

图15-78　文本组合

㉗ 在第45帧插入关键帧，并将文本从舞台的右侧移至如图15-79所示的位置。

图15-79　插入关键帧

㉘ 在第40帧到45帧之间创建传统补间动画，如图15-80所示。

图15-80　创建传统补间动画

㉙ 将第46帧到50帧之间的空白帧转换为关键帧，如图15-81所示。

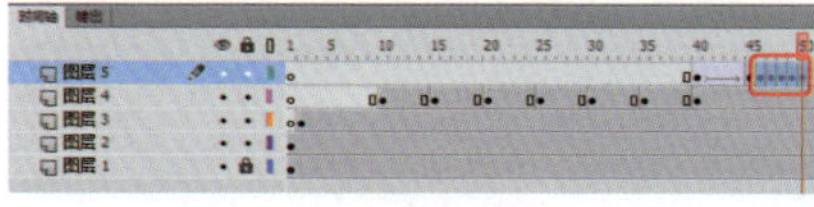

图15-81　转换为关键帧

㉚ 选择第48帧到50帧处的关键帧，在舞台中选择组合的文本，在【属性】面板中，设置【色彩效果】组下的【样式】为【Alpha】，设置【Alpha】值为0，如图15-82所示。

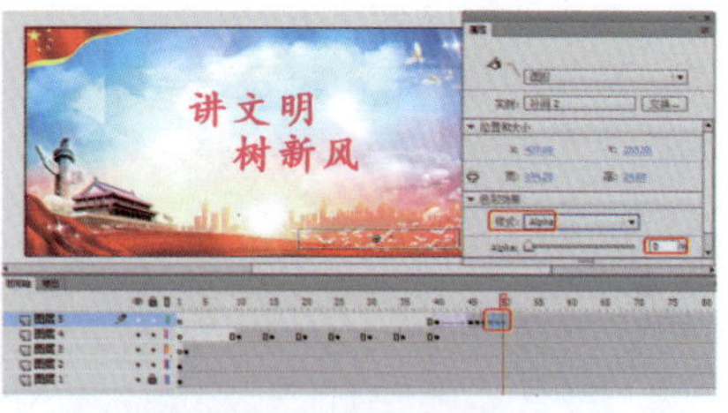

图15-82　添加Alpha样式

㉛ 选择第45帧到第50帧，单击鼠标右键，在弹出的快捷菜单中选择【复制帧】命令，如图15-83所示。

图15-83　复制帧

㉜ 在【时间轴】面板中选择第51帧，单击鼠标右键，在弹出的下拉列表中选择【粘贴帧】命令，如图15-84所示。

㉝ 以同样的方法粘贴帧，粘贴到第80帧即可，如图15-85所示。

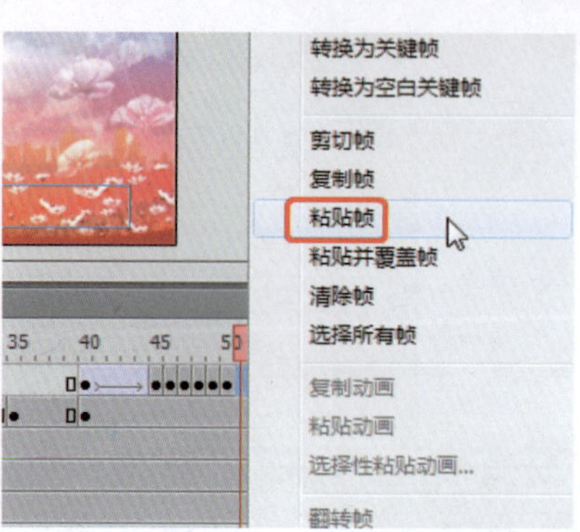

图15-84　粘贴帧

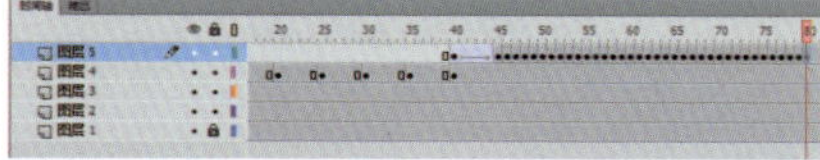

图15-85　粘贴帧

㉞ 创建新图层，并在第80帧处插入关键帧，使用【文本工具】，在舞台中输入文本，【属性】面板中保存默认，如图15-86所示。

图15-86　新建图层

㉟ 将字体移动到舞台的右边，在第85帧处插入关键帧，再次将字体移动到舞台中，在第80帧到第85帧处插入创建传统补间动画，如图15-87所示。

图15-87　创建传统补间动画

㊱ 将第86帧到第90帧之间的空白帧转换为关键帧，如图15-88所示。

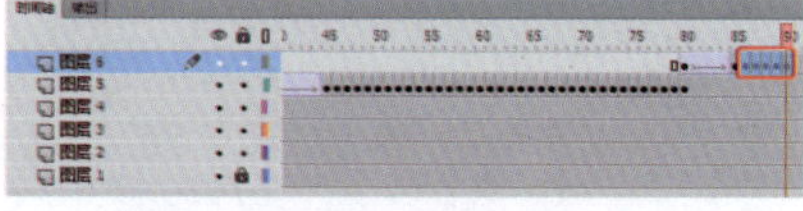

图15-88　转换为关键帧

㊲ 选择第88帧到第90帧处的关键帧，在舞台中选择组合的文本，在【属性】面板中，设置【色彩效果】组下的

【样式】为【Alpha】，设置【Alpha】的参数值为0，如图15-89所示。

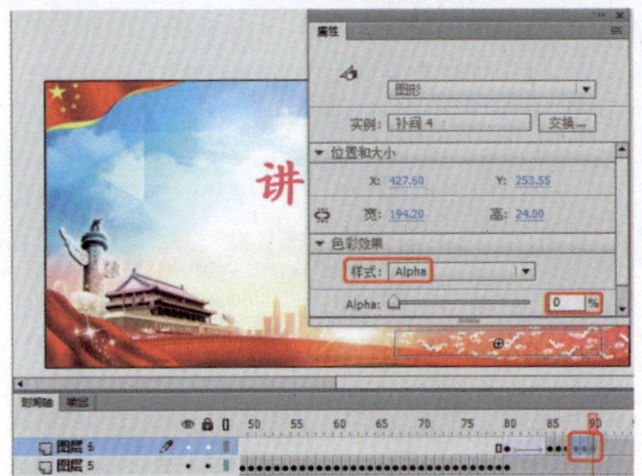

图15-89 色彩效果

38 选择第85帧到第90帧，单击鼠标右键，在弹出的快捷菜单中选择【复制帧】命令，如图15-90所示。

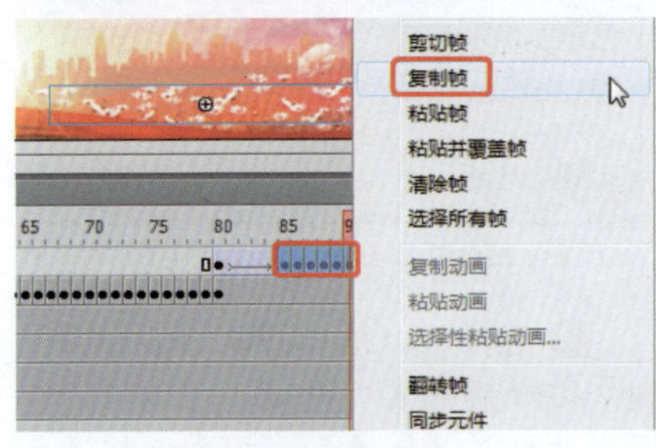

图15-90 复制帧

39 在【时间轴】面板中选择第91帧，单击鼠标右键，在弹出的快捷菜单中选择【粘贴帧】命令，如图15-91所示。

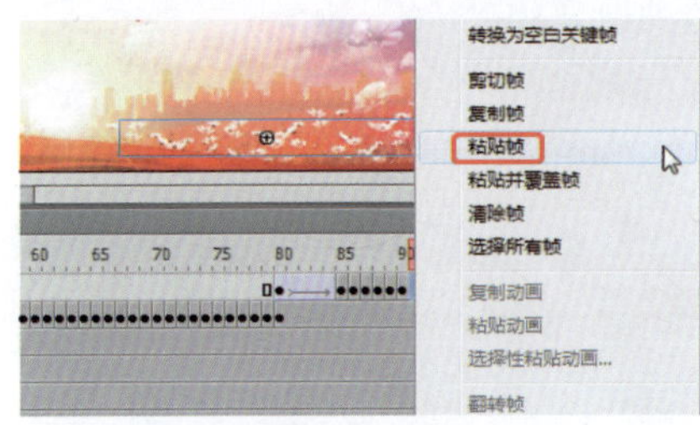

图15-91 粘贴帧

40 以同样的方法粘贴帧，粘贴到第120帧即可，如图15-92所示。

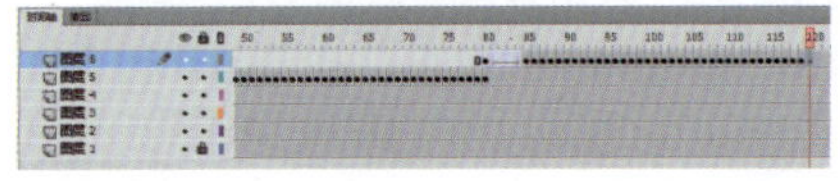

图15-92 粘贴帧

41 使用同样的方法输入文本并复制帧，效果如图15-93所示。

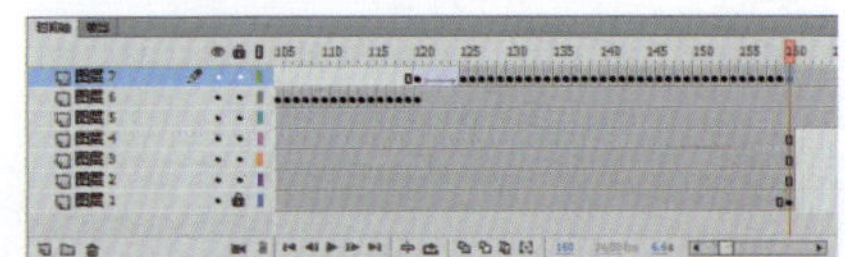

图15-93 输入文本并复制帧

42 将第150帧之外的帧进行删除，如图15-94所示。

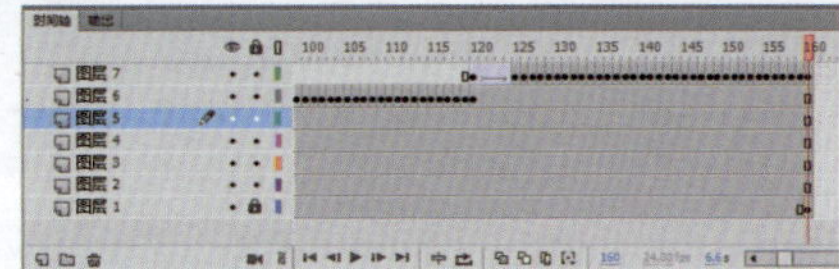

图15-94 删除帧

43 菜单栏中选择【文件】|【导出】|【导出影片】命令，如图15-95所示。

图15-95 导出影片

44 在弹出的对话框中为其指定一个正确的存储路径，将其命名为“公益广告”，其格式为【SWF影片(*.swf)】，单击【保存】按钮，如图15-96所示。

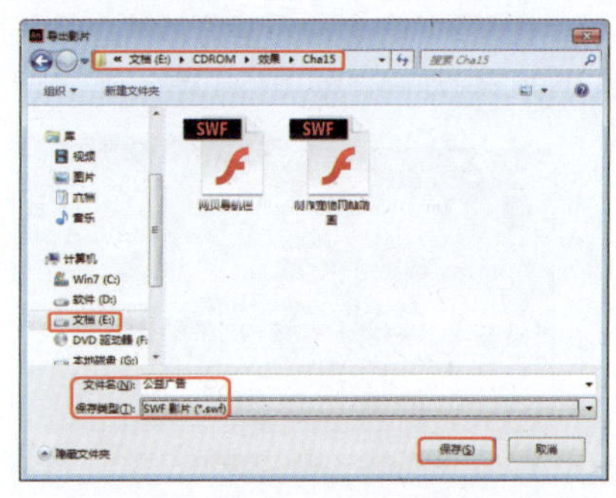

图15-96 存储路径

45 将其导出影片。在菜单栏中选择【文件】|【另存为】命令即可，如图15-97所示。

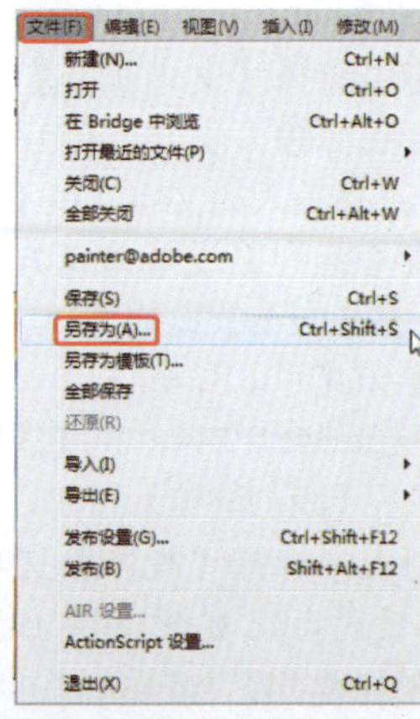

图15-97 导出影片

46 在弹出的对话框中为其指定一个正确的存储路径并设置文件名，其格式为【Flash文档(*.fla)】，单击【保存】按钮，即可保存场景，如图15-98所示。

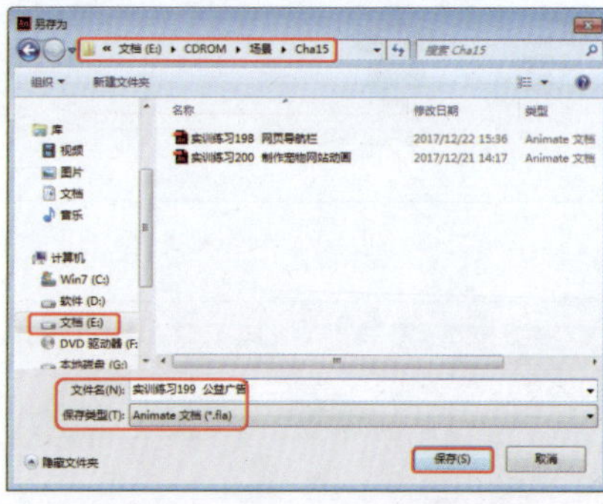

图15-98 【另存为】对话框

实例194 制作宠物网站动画

本实例将介绍如何制作宠物网站动画，主要利用形状补间和按钮以及配合【动作】面板的代码来制作，完成后的效果如图15-99所示。

素材：	素材|Cha15|001.jpg~008.jpg、009.png
场景：	场景|Cha15|实例194 制作宠物网站动画.fla
视频：	视频教学 | Cha15 |实例194 制作宠物网站动画MP4

图15-99 制作宠物网站动画

1 启动软件后，在打开的界面中单击【ActionScript 3.0】按钮，选择【文件】|【导入】|【导入到库】命令，在弹出的对话框中选择随书配套资源中的素材|Cha15|001.jpg~008.jpg、009.png文件，单击【打开】按钮，如图15-100所示。

2 打开【属性】面板，在该面板中将舞台大小设置为800×500像素，将舞台颜色设置为【#FF66FF】，如图15-101所示。

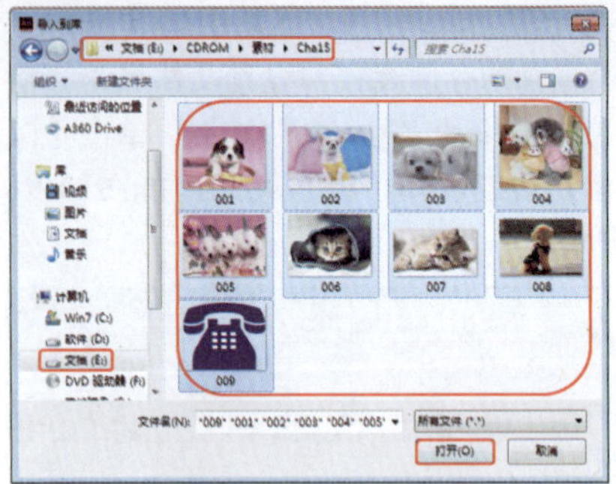
图15-100 打开素材文件

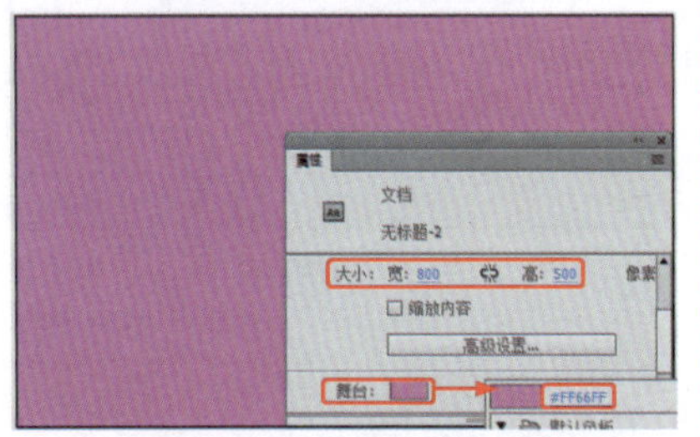
图15-101 设置舞台大小和颜色

❸ 在工具箱中选择【矩形】工具，在舞台上绘制矩形。使用【选择工具】选择刚刚绘制的矩形，打开【属性】面板，在该面板中将【笔触颜色】设置为【#666666】，将【笔触】设置为1.5，将【填充颜色】设置为【#FF0000】，将【宽】、【高】设置为137、50像素，将【X】、【Y】设置为331.5、225，如图15-102所示。

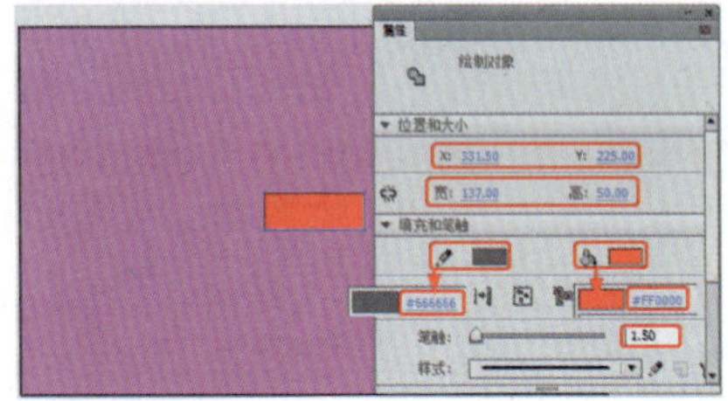
图15-102 绘制矩形并设置

❹ 单击【新建图层】按钮，新建"图层2"，选择"图层2"的第1帧，选择【工具箱】中的【矩形工具】，在舞台上绘制矩形，选择绘制的矩形，在【属性】面板中将【笔触】设置为无，将【填充颜色】设置为【#666666】，将【宽】、【高】设置为137、3像素，将【X】、【Y】设置为331.5、218，如图15-103所示。

❺ 在"图层1"和"图层2"的第5帧和第10帧处分别按F6键插入关键帧，选择第10帧，使用【选择工具】在舞台中选择所有的对象，打开【属性】面板，在该面板中将【Y】设置为265，如图15-104所示。

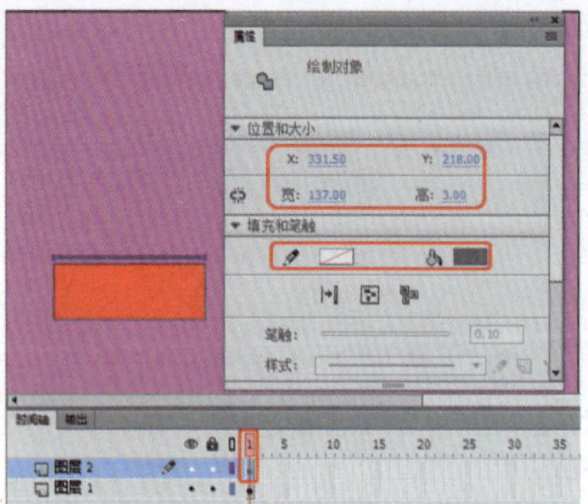
图15-103 新建图层并绘制矩形

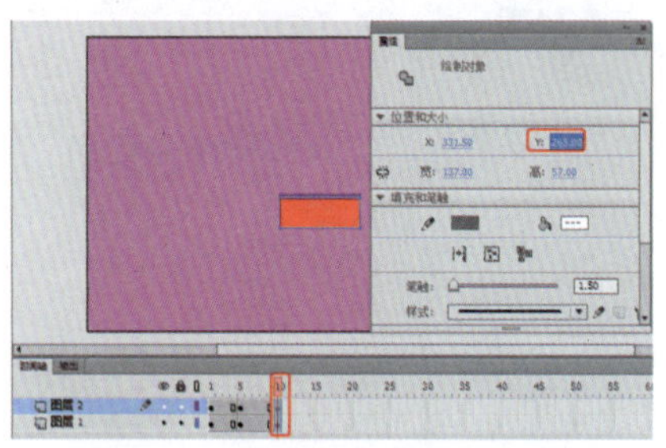
图15-104 调整选择对象的位置

❻ 为"图层1"和"图层2"的第5帧至第10帧处创建补间形状动画，在"图层1""图层2"的第15帧处添加关键帧，选择所有的对象，在【属性】面板中将【Y】设置为20，在"图层1""图层2"的第10帧至第15帧之间创建补间形状动画，如图15-105所示。

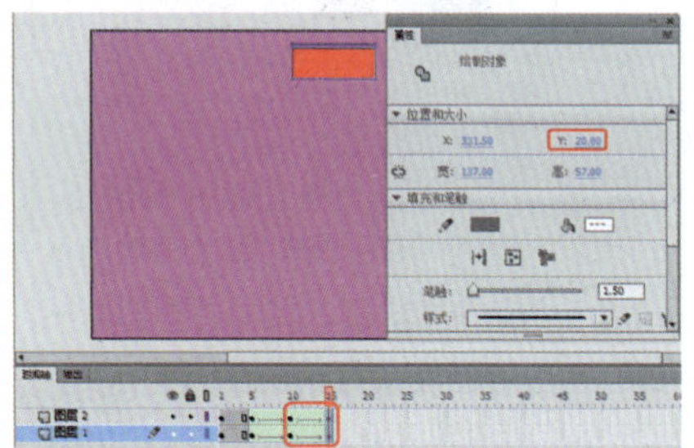
图15-105 调整位置并创建补间形状动画

❼ 在时间轴上选择"图层2"，单击【新建图层】按钮，新建"图层3"，将其重命名为"LOADING"，在工具箱中选择【文本工具】，在舞台上单击鼠标输入文字"LOADING……"，选择输入的文字，在【属性】面板中将【系列】设置为【方正琥珀简体】，将【大小】设置为15，将【颜色】设置为【#66FF00】，将【X】【Y】设置为346、244，在【滤镜】卷展栏中单击【添加滤镜】按钮，在弹出的下拉列表中选择【投影】选项，将【距离】设置为2，如图15-106所示。

❽ 选择文字，按F8键打开【转换为元件】对话框，在该对话框中将【名称】设置为"LOADING"，将【类型】设置为【图形】，单击【确定】按钮，如图15-107所示。

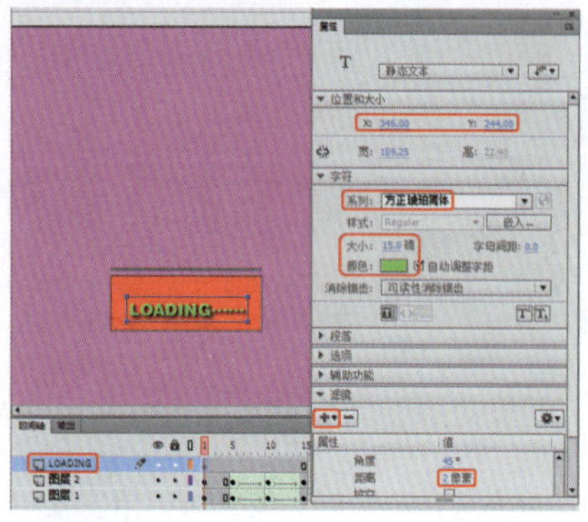
图15-106 设置文字

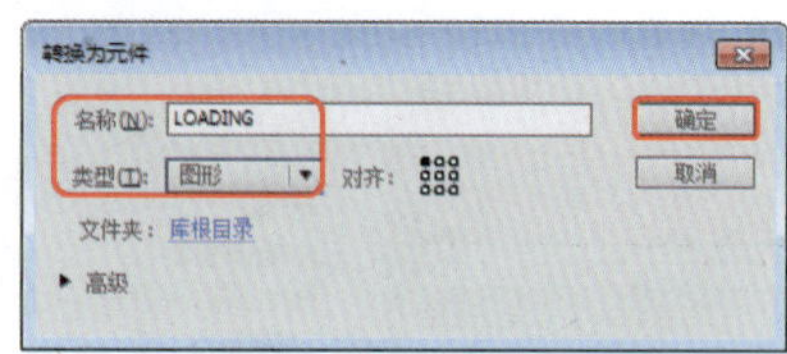
图15-107 【转换为元件】对话框

❾ 选择"LOADING"图层的第5帧，按F6键插入关键帧，在场景中选择元件，在【属性】面板中，将【色彩效果】卷展栏中的【样式】设置为【Alpha】，将【Alpha】值设置为0，如图15-108所示。

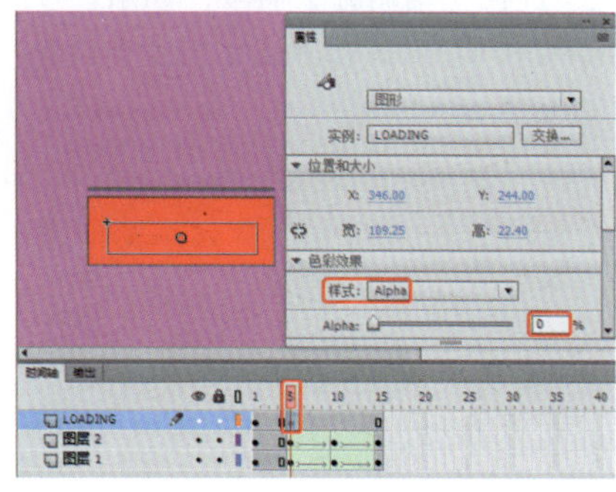
图15-108 设置【Alpha】

❿ 选择"LOADING"图层的第3帧，单击鼠标右键在弹出的快捷菜单中选择【创建传统补间】命令，单击【新建图层】按钮，将该图层重命名为"底矩形"，将该"底矩形"图层调整至"图层1"的下方，选择该图层的第5帧，按F6键插入关键帧，效果如图15-109所示。

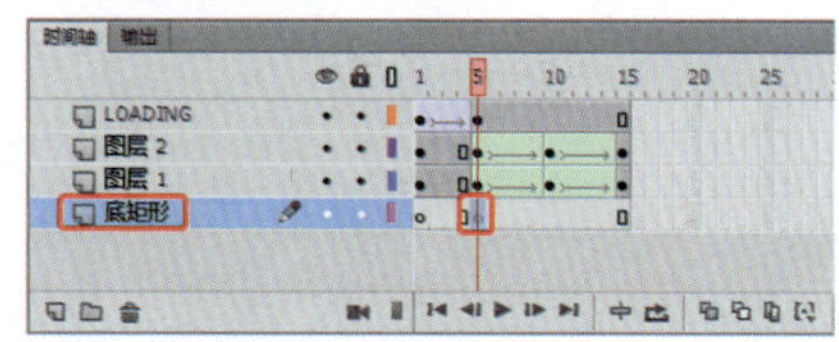
图15-109 插入关键帧

⑪ 在工具箱中选择【矩形工具】，在舞台上绘制矩形，打开【属性】面板，在该面板中将【宽】设置为600像素，将【高】设置为1像素，将【笔触】设置为无，将【填充颜色】设置为【#FF00FF】，打开【对齐】面板，在该面板中单击【水平中齐】按钮和【顶对齐】按钮，如图15-110所示。

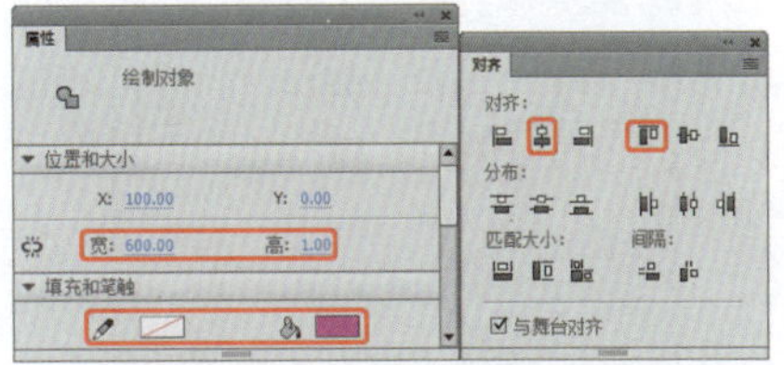

图15-110 设置【属性】和【对齐】方式

⑫ 选择“底矩形”的第15帧，按F6键插入关键帧，在舞台上选择矩形，在【属性】面板中将【高】设置为460像素，选择该图层的第10帧，单击鼠标右键，在弹出的快捷菜单中选择【创建补间形状】命令，创建完成后的效果如图15-111所示。

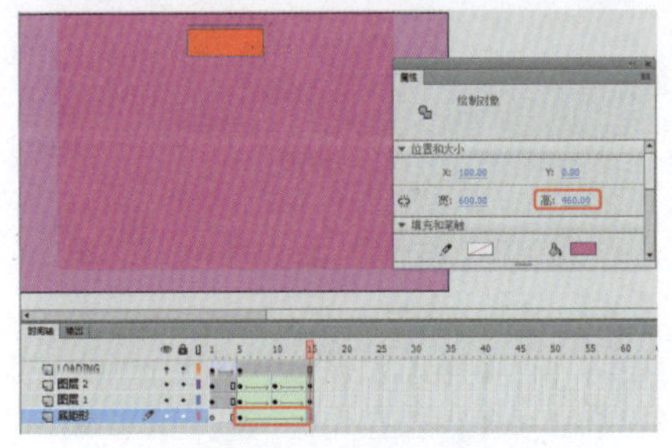

图15-111 创建传统补间动画

⑬ 选选择“底矩形”图层的第180帧，按F5键插入帧。选择“图层1”“图层2”的第20、25帧，按F6键插入关键帧，选择第25帧，在舞台上选择“图层1”“图层2”的图形，在【属性】面板中将【宽】设置为590像素，在【对齐】面板中单击【水平中齐】按钮，如图15-112所示。

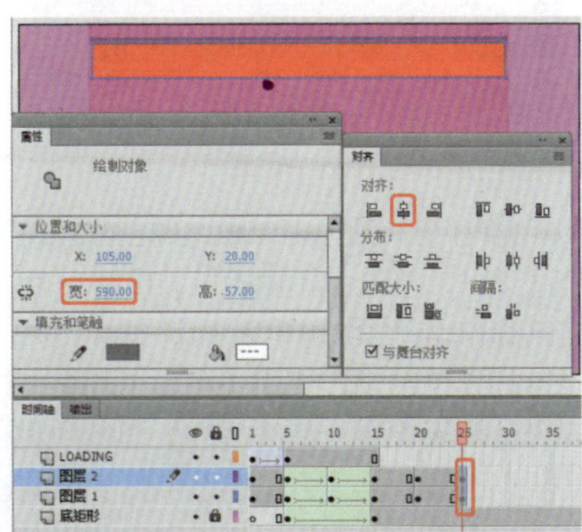

图15-112 调整矩形

⑭ 在“图层1”“图层2”的第20帧至第25帧之间创建补间形状，选择“图层2”的第180帧，按F5键插入帧。选择“图层1”的第30帧，按F6键插入关键帧，在舞台上选择“图层1”的矩形，在【属性】面板中将【高】设置为410像素，选择第27帧，单击鼠标右键，在弹出的快捷菜单中选择【创建补间形状】命令，设置完补间形状后的效果，如图15-113所示。

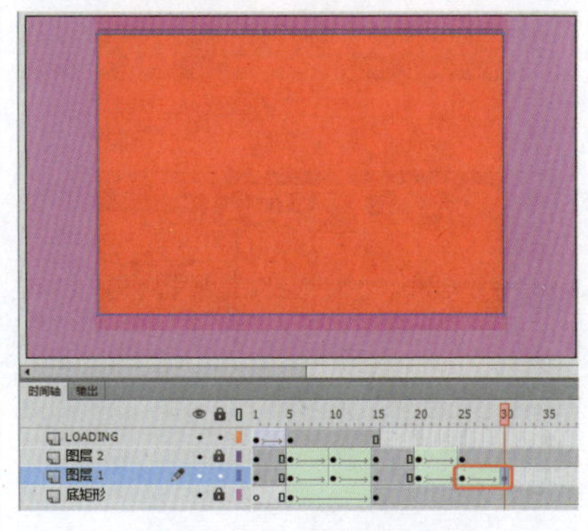

图15-113 创建补间形状

⑮ 选择“图层1”的第180帧，按F5键插入帧，按Ctrl+F8组合键，弹出【创建新元件】对话框，在该对话框中将【名称】命名为“dog1”，将【类型】设置为【按钮】，单击【确定】按钮，如图15-114所示。

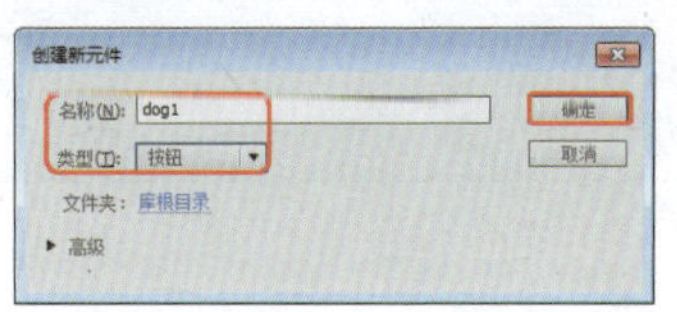

图15-114 【创建新元件】对话框

⑯ 打开【库】面板，在该面板中将001.jpg拖拽至舞台上，打开【属性】面板，在该面板中单击【将宽度值和高度值锁定在一起】按钮，将【宽】和【高】锁定在一起，将【高】设置为85像素，打开【对齐】面板，在该面板中单击【水平中齐】按钮和【垂直中齐】按钮，如图15-115所示。

图15-115 等比例缩放图片并调整其位置

⑰ 选择图片，按Ctrl+B组合键将其打散，选择【钢笔工具】，在【属性】面板中将【笔触】设置为1.5，将【笔触颜色】设置为白色，选择【墨水瓶工具】，在图片的边缘处单击鼠标，为图片描边，效果如图15-116所示。

图15-116 使用墨水瓶进行描边

⑱ 选择“指针经过”帧，按F6键插入关键帧，在工具箱中选择【矩形工具】，在舞台上绘制矩形，打开【属性】面板，在该面板中将【笔触】设置为无，将【填充颜色】设置为白色，将【Alpha】值设置为50%，将【宽】【高】设置为120、87像素，将【X】【Y】设置为-60、-43.5，如图15-117所示。

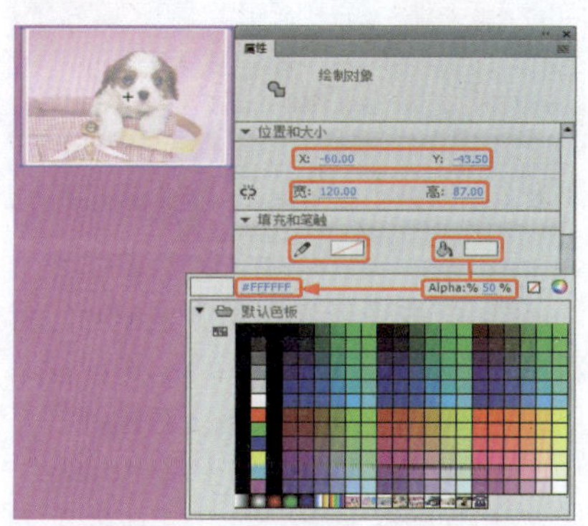

图15-117 绘制矩形并进行设置

知识链接

【墨水瓶工具】不仅能够在选定图形的轮廓线上加上规定的线条，还可以改变一条线段的粗细、颜色、线型等，并且可以给打散后的文字和图形加上轮廓线。墨水瓶工具本身不能在工作区中绘制线条，只能对已有线条进行修改。

⑲ 选择“按下”帧，按F6键插入关键帧，选择刚刚绘制的矩形，按Delete键将其删除，使用同样的方法制作其他按钮，制作完成后在【库】面板中的表现如图15-118所示。

⑳ 选择“LOADING”图层，单击【新建图层】按钮，将该图层命名为“dog1”，选择该图层的第30帧，按F6键插入关键帧，打开【库】面板，在该面板中将“dog1”按钮拖拽至舞台上，

打开【属性】面板，在该面板中将【实例名称】设置为“dog1”，将【X】【Y】设置为166.7、75.6，如图15-119所示。

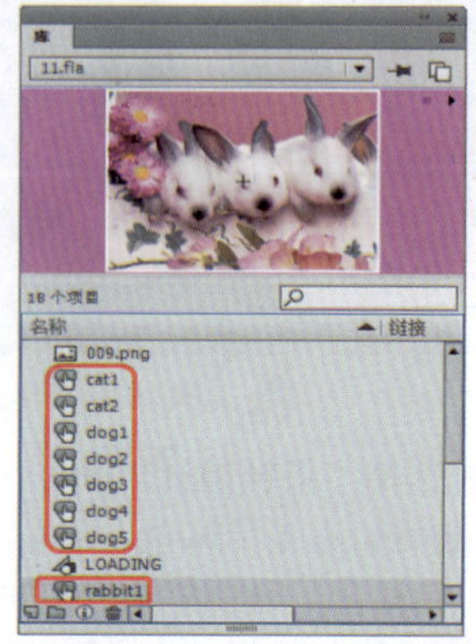

图15-118　使用同样的方法制作其他按钮

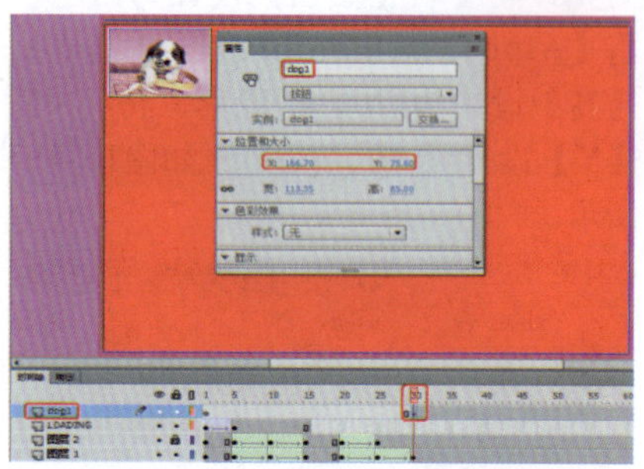

图15-119　设置按钮的位置

㉑ 单击【新建图层】按钮，将新建的图层命名为“dog2”，选择该图层的第32帧，按F6键插入关键帧，打开【库】面板，在该面板中将“dog2”按钮拖拽至舞台上，打开【属性】面板，在该面板中将【实例名称】设置为“dog2”，将【X】、【Y】设置为285.05、75.6，如图15-120所示。

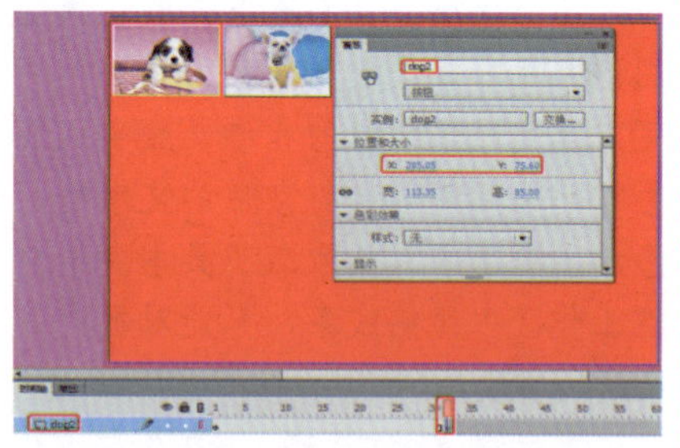

图15-120　设置实例名称并调整位置

㉒ 使用同样的方法制作其他按钮的动画，制作完成后的效果如图15-121所示。

㉓ 单击【新建图层】按钮，将新建的图层命名为“矩形1”，选择该图层的第36帧，按F6键插入关键帧，在舞台上绘制矩形，将【宽】、【高】设置为461、315像素，将【X】、【Y】设置为109.75、122，将【笔触】设置为无，将【填充颜色】设置为【#FF9999】，如图15-122所示。

图15-121　设置其他的按钮

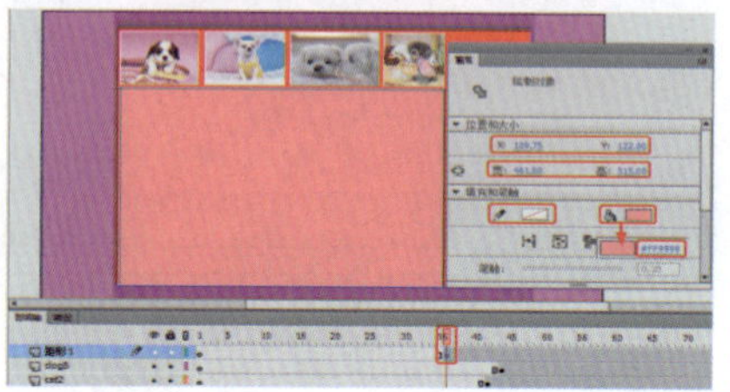

图15-122　绘制矩形

㉔ 选择矩形，按F8键打开【转换为元件】对话框，在该对话框中将【名称】命名为“矩形”，将【类型】设置为【图形】，单击【确定】按钮，如图15-123所示。

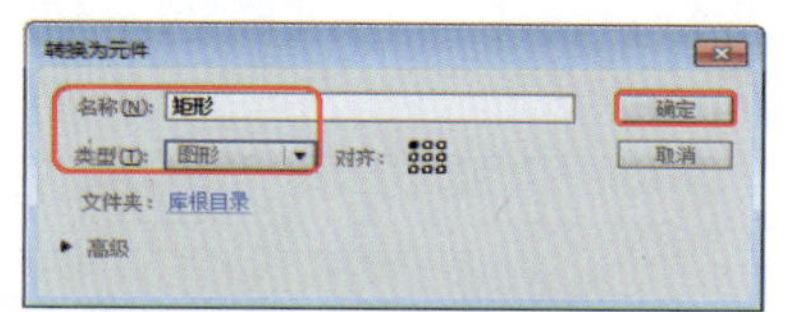

图15-123　【转换为元件】对话框

㉕ 选择“矩形”元件，在【属性】面板中将【样式】设置为【Alpha】，将【Alpha】设置为0，选择“矩形”图层的第42帧，按F6键插入关键帧，在【属性】面板中将【Alpha】设置为100%，选择第38帧，单击鼠标右键，在弹出的快捷菜单中选择【创建传统补间】命令，创建完传统补间动画后的效果如图15-124所示。

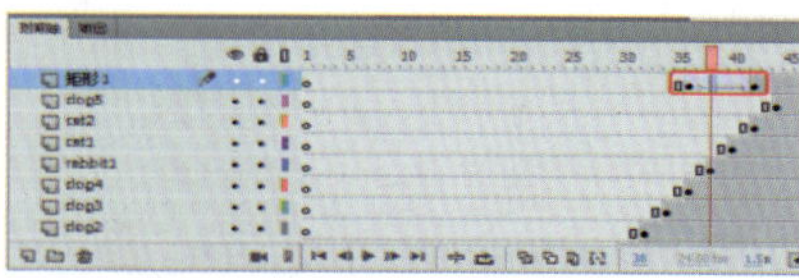

图15-124　创建传统补间动画

㉖ 将“矩形1”图层拖拽至【新建图层】按钮上，对“矩形1”图层进行拷贝，然后新建图层，将其图层命名为“矩形2”，选择第36帧，按F6键插入关键帧，在工具箱中选择【矩形工具】，在舞台上绘制矩形，在【属性】面板中将【宽】、【高】设置为600、30像素，将【笔触】设置为无，将【填充颜色】设置为【#33FF33】，如图15-125所示。

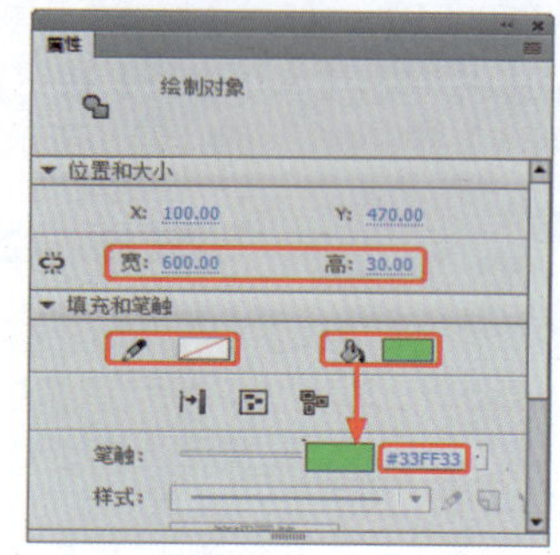

图15-125　【属性】面板

㉗ 选择刚刚绘制的矩形按F8键打开【转换为元件】对话框，在该对话框中将【名称】设置为“矩形1”，将【类型】设置为【图形】，单击【确定】按钮，如图15-126所示。

图15-126　【转换为元件】对话框

㉘ 在【属性】面板中将【X】、【Y】设置为100、500.8，将【色彩效果】下的【样式】设置为【Alpha】，将【Alpha】设置为0，选择第42帧，按F6键插入关键帧，在【属性】面板中将【X】、【Y】设置为100、465，将【Alpha】设置为100%，如图15-127所示。

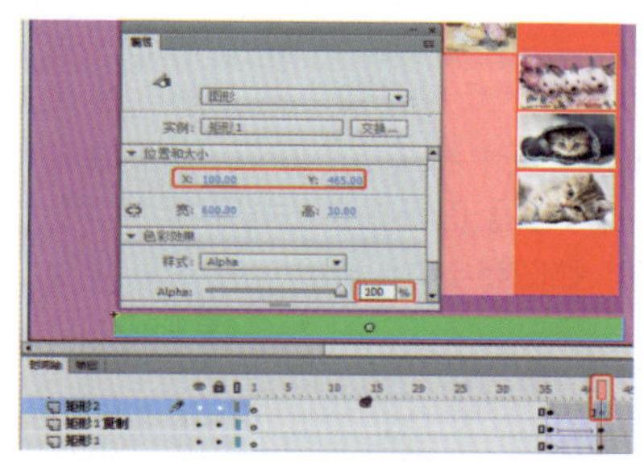

图15-127　设置位置

㉙ 在第36帧至第42帧之间创建传统补间动画，单击【新建图层】按钮，将其重命名为“文字1”选择第42帧，按F6键插入关键帧，使用【文本工具】在舞台上输入文字，在【属性】面板中将【系列】设置为【方正综艺简体】，将【大小】设置为18磅，将【颜色】设置为白色，如图15-128所示。

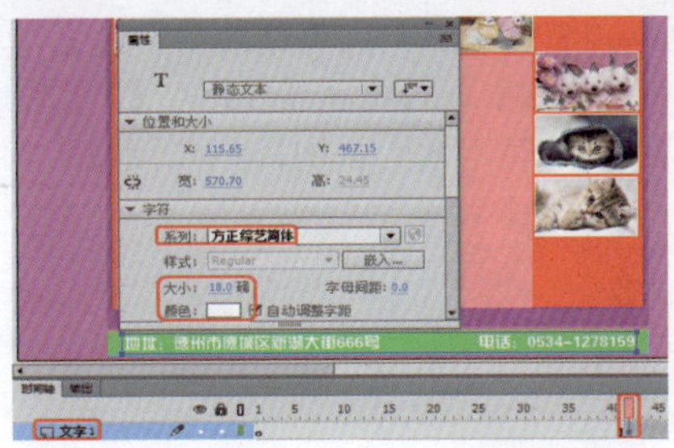
图15-128 设置文字属性

㉚ 打开【库】面板，将009.png拖拽至舞台中，在【属性】面板中将【宽】、【高】设置为37.1、30像素，将【X】、【Y】设置为454、465，如图15-129所示。

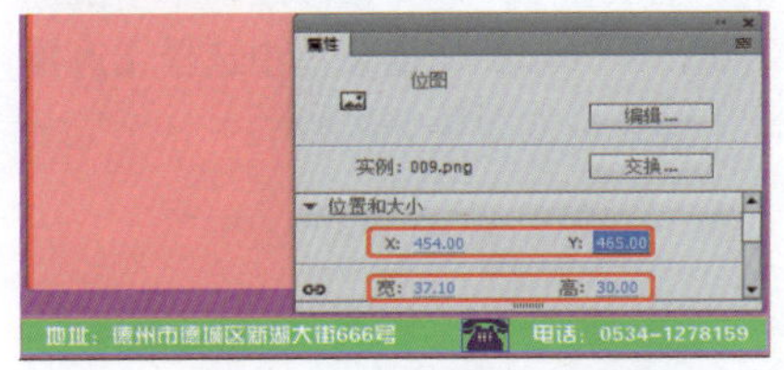
图15-129 设置图片属性

㉛选择刚刚输入的文字和009.png图片，按F8键打开【转换为元件】对话框，在该对话框中将【名称】命名为“文字1”，将【类型】设置为【图形】，单击【确定】按钮，选择【文字1】元件，在【属性】面板中将【X】、【Y】设置为111、495，将【样式】设置为【Alpha】，将【Alpha】值设置为0，如图15-130所示。

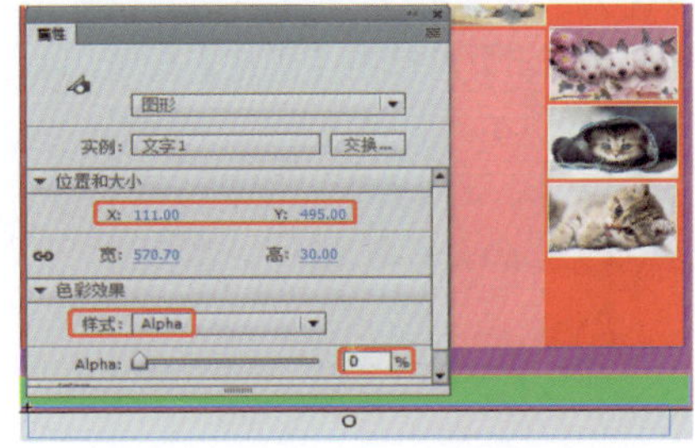
图15-130 设置关键帧

㉜ 在第46帧处插入关键帧，在【属性】面板中将【Alpha】值设置为100%，将【X】、【Y】设置为111、465，在第42帧至第46帧之间创建传统补间动画，如图15-131所示。

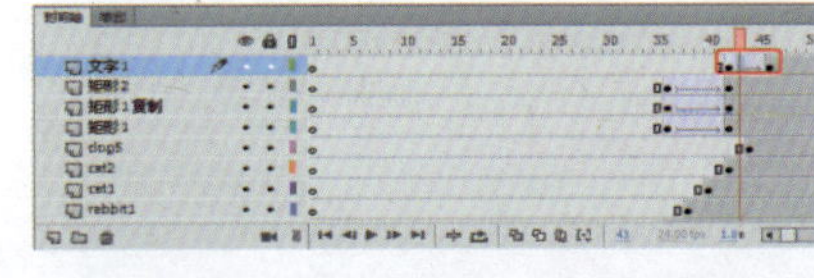
图15-131 创建传统补间动画

㉝ 按Ctrl+F8组合键，在弹出的对话框中将【名称】命名为“dog01”，将【类型】设置为【影片剪辑】，单击【确定】按钮，打开【库】面板，在该面板中将001.jpg拖拽至舞台中，在【属性】面板中将【宽】、【高】设置为461、315像素，在【对齐】面板中单击【水平中齐】按钮和【垂直中齐】按钮，如图15-132所示。

图15-132 设置图片

㉞ 选择第15帧，按F5键插入帧，单击【新建图层】按钮，在工具箱中选择【矩形工具】，在舞台上绘制矩形。选择绘制的矩形，在【属性】面板中将【宽】、【高】分别设置为35、315像素，将【X】、【Y】设置为-230.95、-157.5，将【笔触】设置为无，将【填充颜色】设置为白色，如图15-133所示。

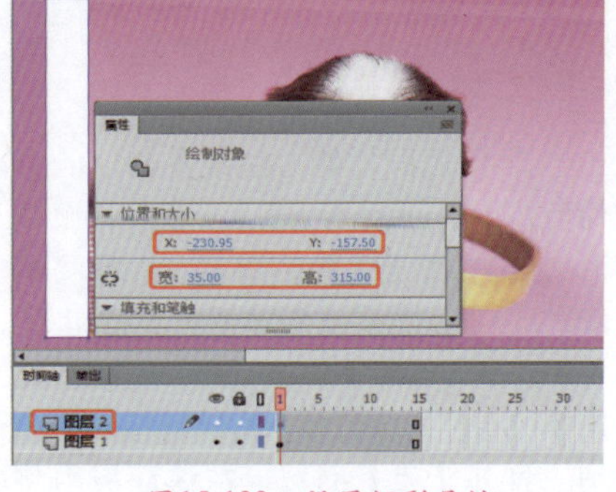
图15-133 设置矩形属性

㉟ 选择刚刚绘制的矩形，按F8键打开【转换为元件】对话框，在该对话框中将【名称】设置为“白色矩形”，将【类型】设置为【图形】，单击【确定】按钮，如图15-134所示。

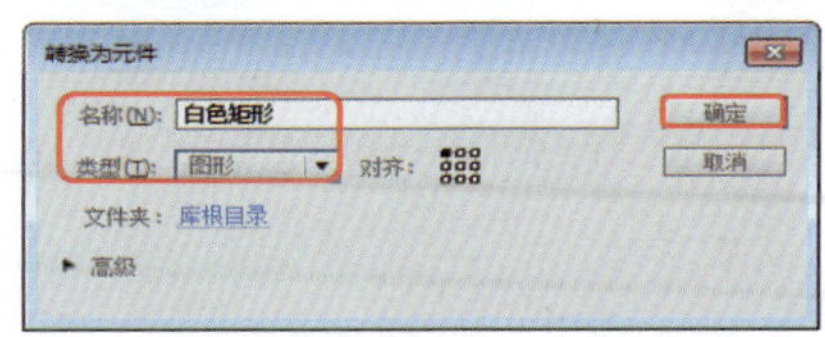

图15-134 【转换为元件】对话框

㊱ 选择“图层2”的第5帧，按F6键插入关键帧，在【属性】面案中将【宽】设置为20像素，将【色彩效果】下的【样式】设置为【Alpha】，将【Alpha】值设置为0，如图15-135所示。

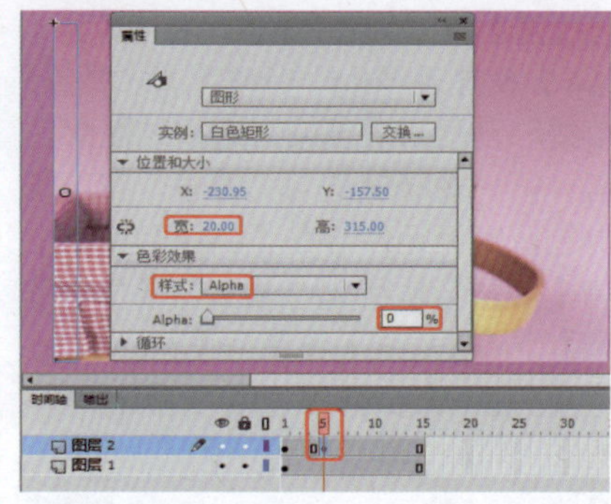
图15-135 设置关键帧

㊲ 在第0帧至第5帧之间创建传统补间动画，单击【新建图层】按钮，打开【库】面板，将“白色矩形”元件拖拽至舞台上，在【属性】面板中将【宽】设置为85像素，将【X】、【Y】设置为-195.95、-157.5，如图15-136所示。

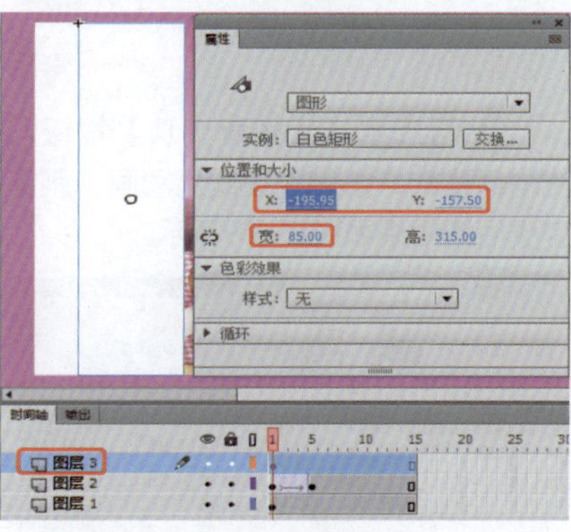
图15-136 设置元件的位置和大小

㊳ 选择新图层的第3帧，按F6键插入关键帧，选择该图层的第8帧，按F6键插入关键帧，在场景中选择矩形元件，在【属性】面板中将【宽】设置为50像素，将【色彩效果】下的【样式】设置为【Alpha】，将【Alpha】值设置为0，如图15-137所示。

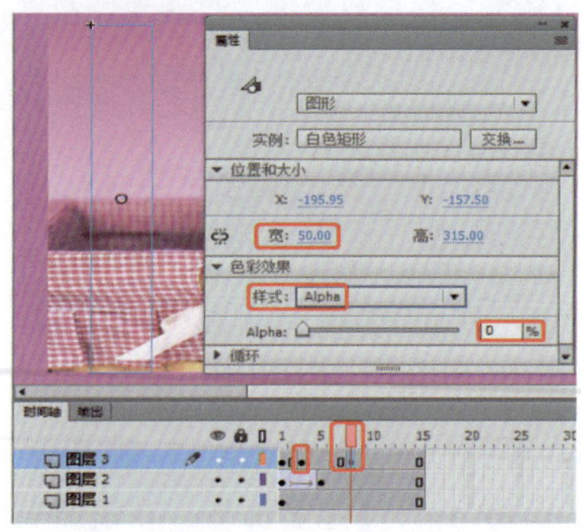
图15-137 设置属性

㊴ 在第3帧至第8帧之间创建传统补间动画，单击【新建图层】按钮，打开【库】面板，将“白色矩形”元件拖拽至舞台上，在【属性】面板中

将【宽】设置为152像素，将【X】、【Y】设置为-110.9、-157.5。选择第6帧按F6键插入关键帧，选择该图层的第11帧，按F6键插入关键帧，在场景中选择矩形元件，在【属性】面板中将【宽】设置为125像素，将【色彩效果】下的【样式】设置为【Alpha】，将【Alpha】值设置为0，如图15-138所示。然后创建传统补间。

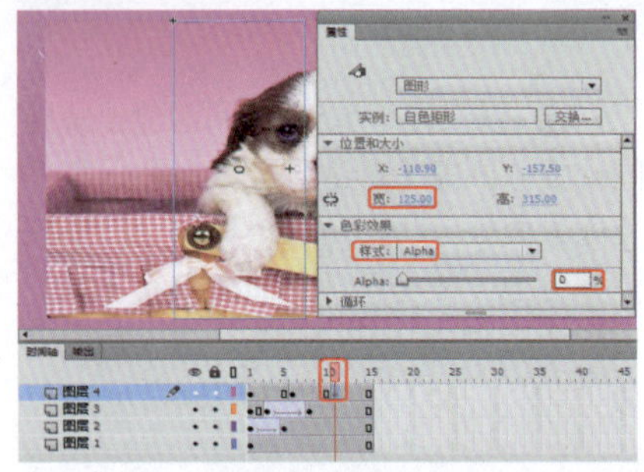

图15-138　在不同的帧上设置矩形的属性

40 再次单击【新建图层】按钮，使用同样的方法制作该图层动画，制作完成后的效果如图15-139所示。

图15-139　设置完成后的效果

41 单击【新建图层】按钮，选择第15帧，按F6键插入关键帧，按F9键打开【动作】面板，在该面板输入代码“stop()”，将【动作】面板关闭，按Ctrl+F8键打开【创建新元件】对话框，在该对话框中将【名称】设置为“dog02”，将【类型】设置为【影片剪辑】，单击【确定】按钮，如图15-140所示。

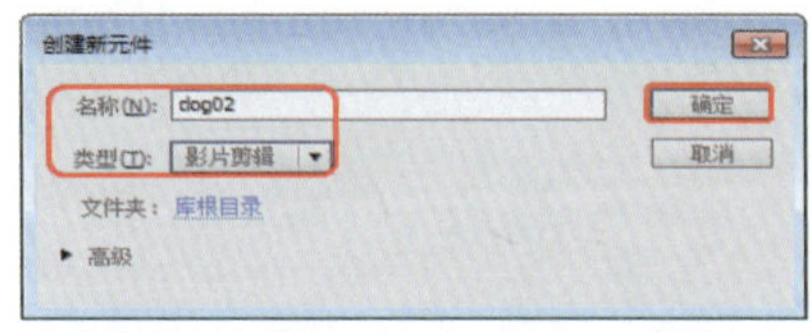

图15-140　【创建新元件】对话框

42 打开【库】面板，在该面板中将002.jpg文件拖拽至舞台上，打开【属性】面板，将【宽】【高】设置为461、315像素，在【对齐】面板上单击【水平中齐】按钮和【垂直中齐】按钮，如图15-141所示。

图15-141　设置属性及对齐方式

43 选择第15帧，按F5键插入帧，在【库】面板中双击“dog01”元件，在该元件中选择除“图层1”以外的所有帧，单击鼠标右键，在弹出的快捷菜单中选择【复制帧】命令，返回到“dog02”元件中单击【新建图层】按钮，选择新图层的第1帧，单击鼠标右键，在弹出的快捷菜单中选择【粘贴帧】命令，将第15帧以后的帧选中，单击鼠标右键在弹出的快捷菜单中选择【删除帧】命令，设置完成后的效果如图15-142所示。

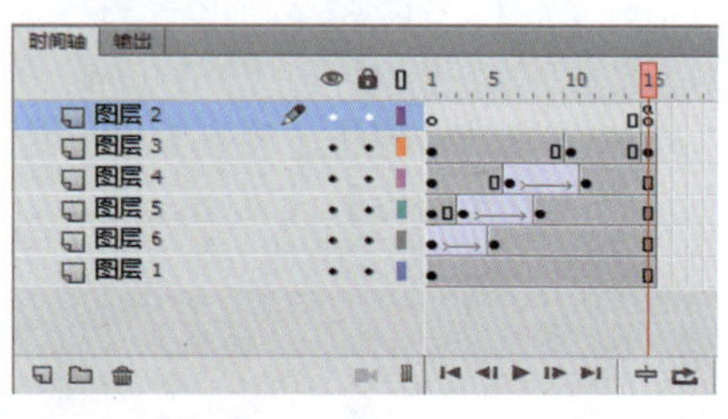

图15-142　复制及粘贴帧

44 使用同样的方法设置其他的影片剪辑，返回到“场景1”中，将“矩形1复制”图层先隐藏显示，选择“矩形1”图层，单击【新建图层】按钮，将新建的图层重命名为“影片剪辑”，选择该图层的第42帧，按F6键插入关键帧，打开【库】面板，在该面板中将“dog01”元件拖拽至舞台上，在【属性】面板中将【X】、【Y】设置为339.75、280，如图15-143所示。

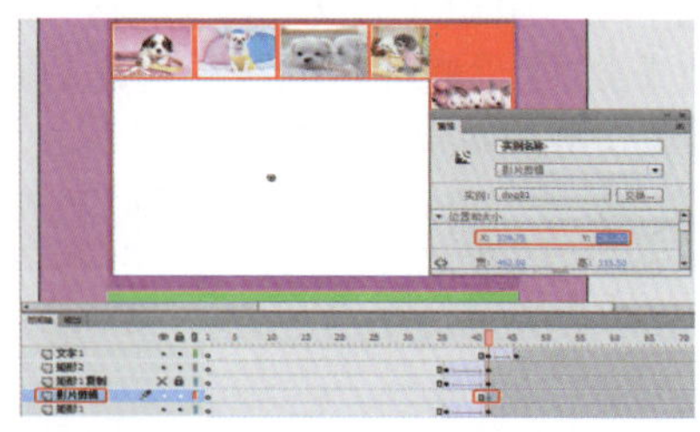

图15-143　拖拽影片剪辑并调整齐位置

45 选择第57帧，按F6键插入关键帧，在【库】面板中将“dog01”元件拖拽至舞台上，在【属性】面板中将【X】、【Y】设置为339.75、280。选择该图层的第71帧，按F7键插入空白关键帧，选择第72帧，按F6键插入关键帧，将“dog02”元件拖拽至舞台上，在【属性】面板中将【X】、【Y】设置为339.75、280，如图15-144所示。

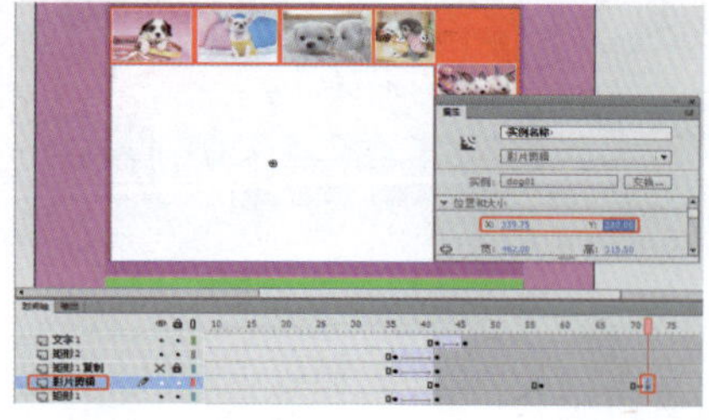

图15-144　设置关键帧

46 使用同样的方法设置该图层的其他动画，设置完成后将“矩形1复制”图层显示，选择该图层，单击鼠标右键，在弹出的快捷菜单中选择【遮罩层】命令，如图15-145所示。

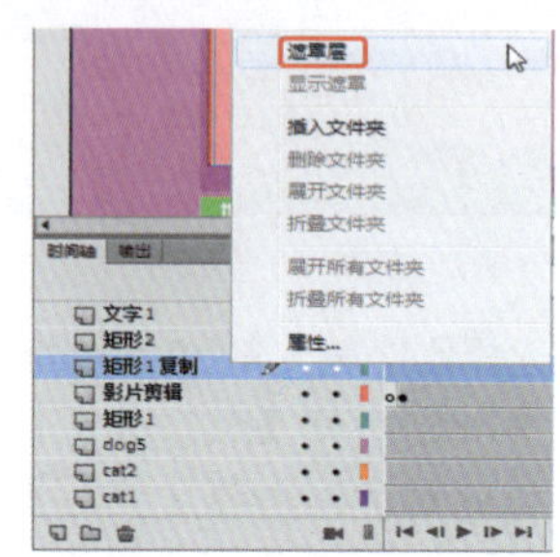

图15-145　选择【遮罩层】命令

47 选择“文字1”图层，单击【新建图层】按钮，将其重命名为“文字2”，按Ctrl+F8组合键打开【创建新元件】对话框，在该对话框中将【名称】设置为“文字2”，将【类型】设置为【影片剪辑】，单击【确定】按钮，如图15-146所示。

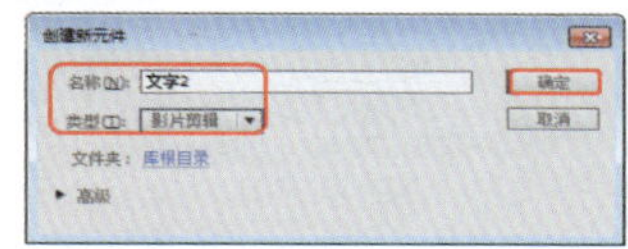

图15-146　【创建新元件】对话框

48 在工具箱中使用【文本工具】，在舞台上输入文字“宠物之家”，在【属性】面板中将【系列】设置为【汉仪综艺体简】，将【大小】设置为25磅，将【颜色】设置为白色，如图15-147所示。

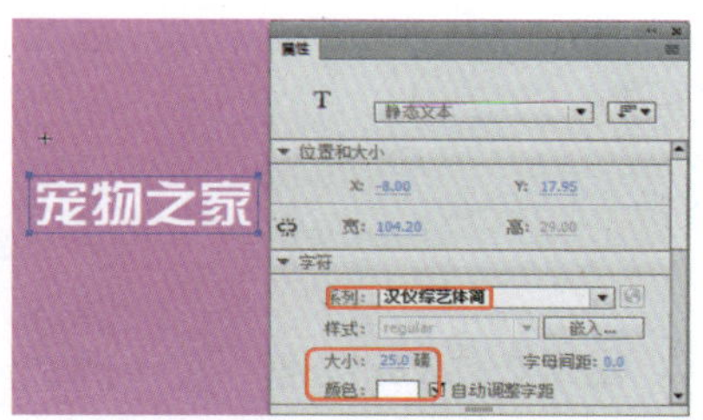

图15-147　设置文字属性

㊾ 选择文字按Ctrl+B组合键，将文字打散，选择“宠”字，按F8键打开【转换为元件】对话框，在该对话框中将【名称】命名为“宠”，将【类型】设置为【图形】，单击【确定】按钮，选择“物”字，按F8键打开【转换为元件】对话框，在该对话框中将【名称】命名为“物”，将【类型】设置为【图形】，单击【确定】按钮，如图15-148所示。

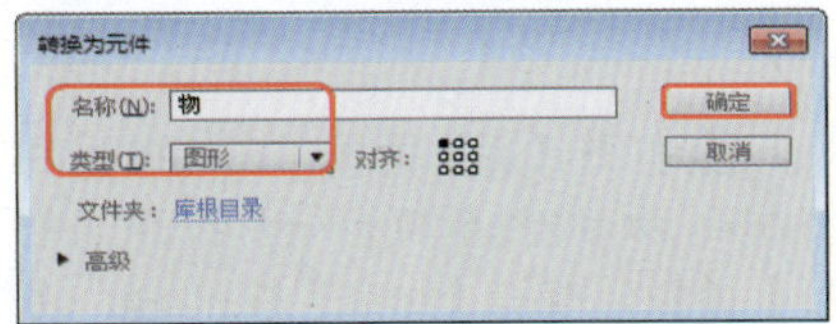

图15-148 【转换为元件】对话框

㊿ 使用同样的方法将其他文字转换为元件，除“宠”元件外，在舞台上将其他元件删除。选择“宠”元件，在【属性】面板中将【X】、【Y】设置为-52.1、-16.2，如图15-149所示。

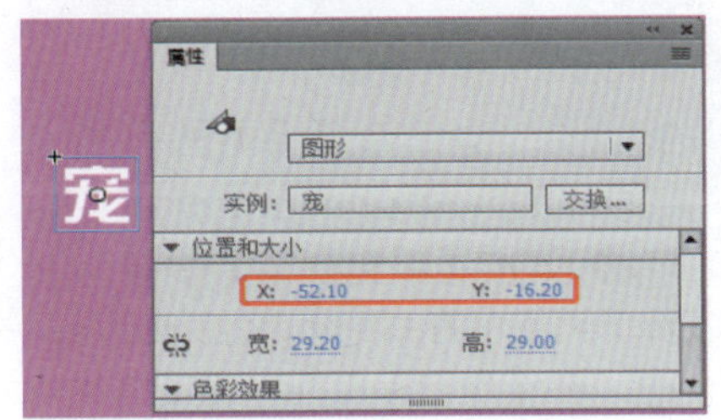

图15-149 设置文字属性

51 选择第15帧，按F6键插入关键帧，在【变形】面板中单击【约束】按钮，将【缩放宽度】设置为130%，如图15-150所示。

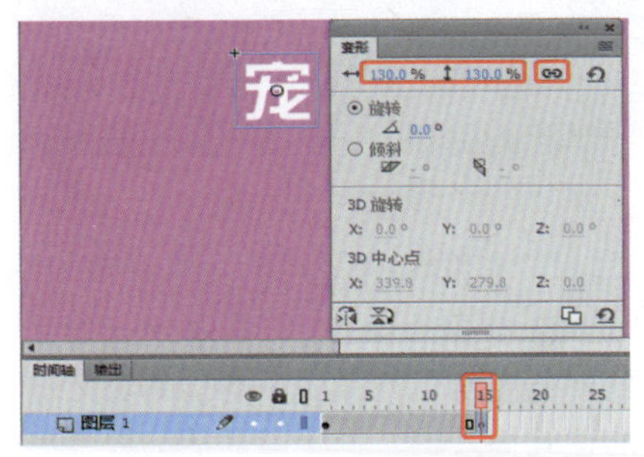

图15-150 设置变形

52 选择第17帧，按F6键插入关键帧，在【变形】面板中将【缩放宽度】设置为100%。选择“图层1”的第23帧，按F5键插入帧。单击【新建图层】按钮，将“物”元件拖拽至舞台中，在【属性】面板中将【X】、【Y】设置为-22.85、-16.15，如图15-151所示。

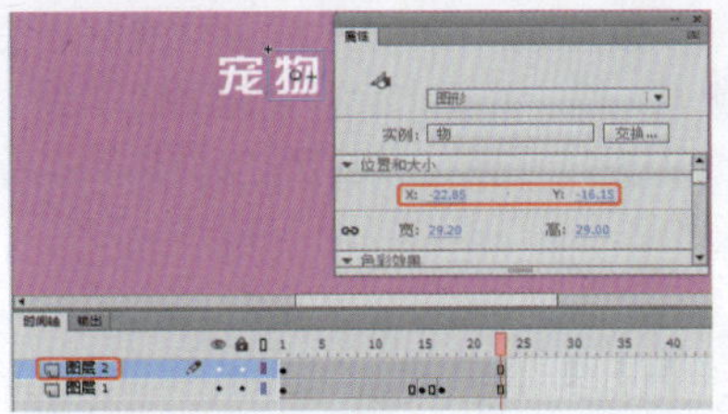

图15-151 设置位置

53 选择第17帧按F6键插入关键帧，在【变形】面板中将【缩放宽度】设置为130%，选择第19帧，按F6键插入关键帧，将【缩放宽度】设置为100%。如图15-152所示。

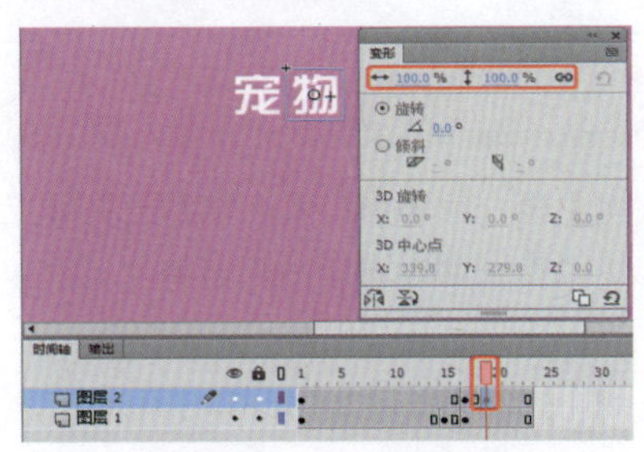

图15-152 调整元件的大小

54 使用同样的方法制作其他图层的动画，设置完成后在【时间轴】面板中的表现如图15-153所示。

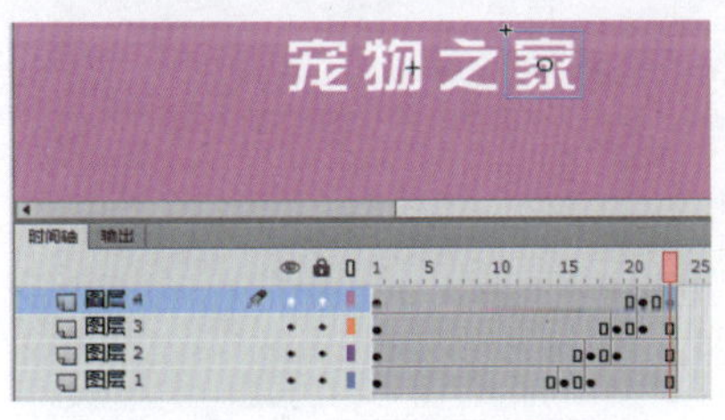

图15-153 设置完成后的效果

55 返回到“场景1”中，在工具箱中选择【文本工具】，在舞台上输入文字“Happiness home”，将【系列】设置为【汉仪综艺体简】，将【大小】设置为11磅，将【颜色】设置为白色，按F8键打开【转换为元件】对话框，在该对话框中将【名称】设置为“Happiness home”，将【类型】设置为【图形】，单击【确定】按钮，如图15-154所示。

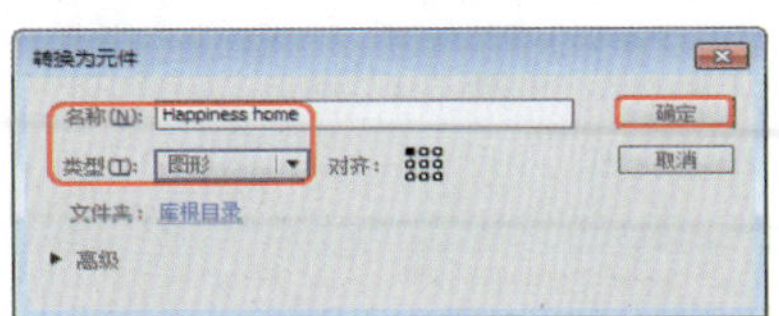

图15-154 【转换为元件】对话框

56 返在舞台上将“Happiness home”元件删除，选择“文字2”图层的第36帧，按F6键插入关键帧，在【库】面板中将“文字2”影片剪辑拖拽至舞台上，在【属性】面板中将【X】、【Y】设置为752.1、73.9，将【样式】设置为Alpha，将【Alpha】的值设置为0，如图15-155所示。

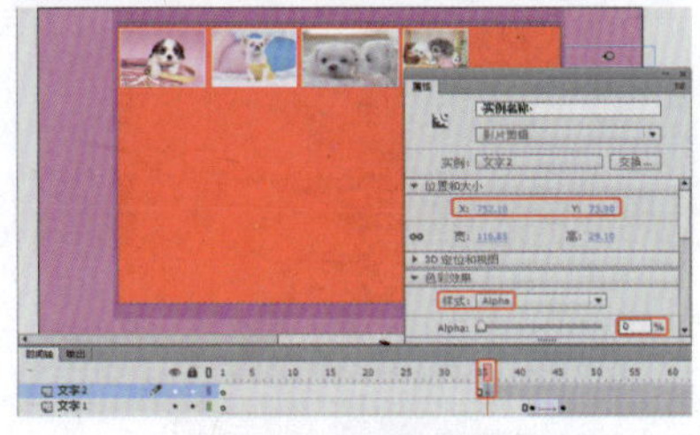

图15-155 设置位置

57 选择第42帧，按F6键插入关键帧，在舞台上选择元件，在【属性】面板中将【X】设置为627.25，将【Alpha】设置为100%。选择第40帧，单击鼠标右键，在弹出的快捷菜单中选择【创建传统补间】命令，完成后的效果如图15-156所示。

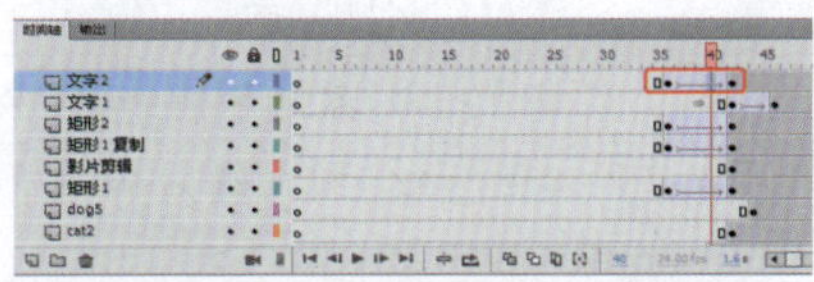

图15-156 创建传统补间

58 单击“新建图层”按钮，将其重命名为“Happiness home”，选择第36帧，按F6键插入关键帧，在【库】面板中将“Happiness home”元件拖拽至舞台上，在【属性】面板中将【X】、【Y】设置为583.4、120，将【样式】设置为【Alpha】，将【Alpha】值设置为0，如图15-157所示。

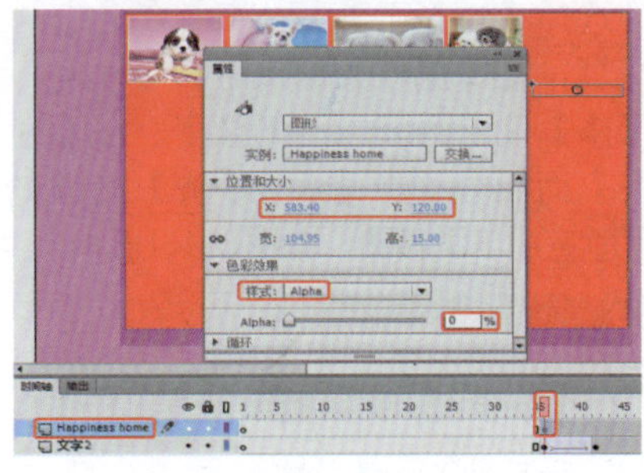

图15-157 设置属性

59 选择第42帧按F6键插入关键帧，在舞台上选择元件，在【属性】面板中将【Y】设置为92，将【Alpha】设置为100。在第36帧至第42帧之间创建传统补间动画。单击【新建图层】按钮，将新建的图层重命名为“代码”，选择该图层的第56帧，按F6键插入关键帧，按F9键打开【动作】面板，在该面板中将输入代码，如图15-158所示。

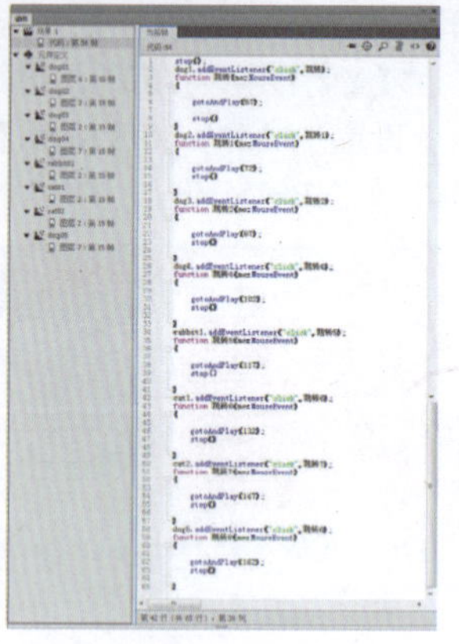
图15-158　在【动作】面板中输入代码

60 至此，宠物网站动画就制作完成了，按Ctrl+Enter组合键测试影片，如图15-159所示。最后导出影片和保存场景。

图15-159　测试影片效果

实例195　制作购物网站动画

下面介绍如何制作购物网站动画，本实例主要介绍矩形工具、文字工具等工具的使用，以及配合遮罩、形状补间动画、传统补间动画制作网站动画，效果如图15-160所示。

素材：	素材|Cha15|001.png~016.png
场景：	场景|Cha15|实例195　制作购物网站动画.fla
视频：	视频教学 | Cha15 |实例195　制作购物网站动画.MP4

图15-160　购物网站动画效果图

1 启动软件后在打开的界面中单击【ActionScript 3.0】按钮，在工具箱中选择【矩形工具】，在舞台上绘制矩形，在【属性】面板中将【宽】、【高】设置为550、400像素，在【对齐】面板中单击【水平中齐】按钮和【垂直中齐】按钮，如图15-161所示。

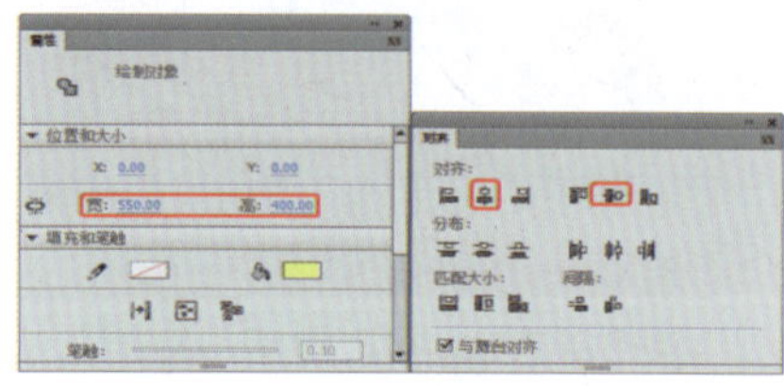
图15-161　设置大小及对齐方式

2 打开【颜色】面板，在该面板中将【颜色类型】设置为【径向渐变】，选择左侧的色标，将颜色设置为【#FFE2FC】，选择右侧的色标，将颜色设置为【#FF9CF5】，如图15-162所示。

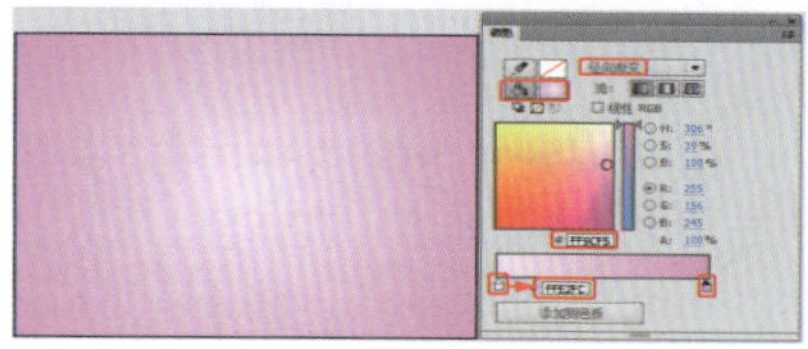
图15-162　【颜色】面板

3 选择“图层1”的第145帧，按F5键插入帧，将图层1锁定，按Ctrl+F8组合键，打开【创建新元件】对话框，在该对话框中将【名称】命名为“动画01”，将【类型】设置为【影片剪辑】，单击【确定】按钮，如图15-163所示。

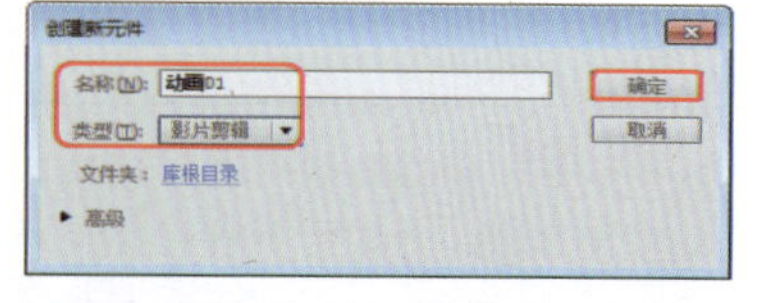
图15-163　【创建新元件】对话框

4 选择【文件】|【导入】|【导入到库】命令，在弹出的对话框中选择A01.png~A16.png文件，单击【打开】按钮，如图15-164所示。

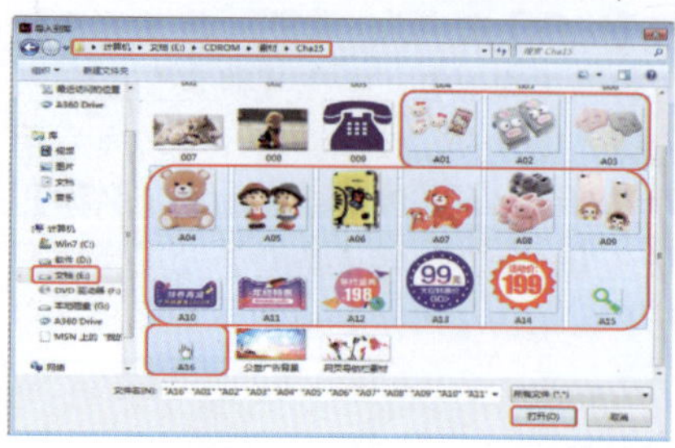
图15-164　【导入到库】对话框

5 打开【库】面板，在该面板中将A01.png拖拽至舞台上，打开【变形】面板，单击【约束】按钮，将【缩放宽度】设置为15%，在【属性】面板中将【X】、【Y】设置为-237、-170，如图15-165所示。

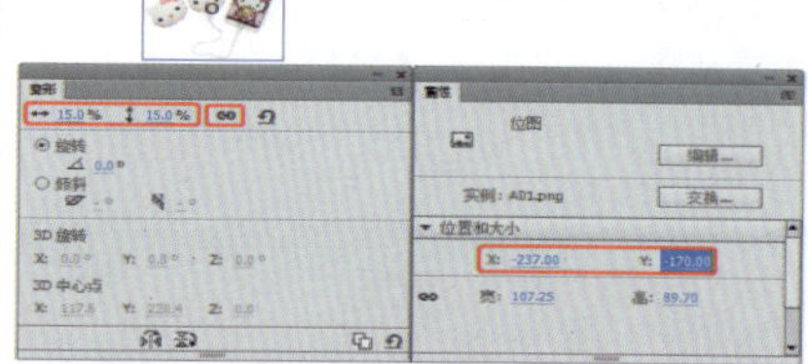
图15-165　设置图形位置

6 单击【新建图层】按钮，在【库】面板中将A10.png文件拖拽至舞台中，在【变形】面板中将【缩放宽度】设置为20%，在【属性】面板中将【X】、【Y】设置为-187、-109，如图15-166所示。

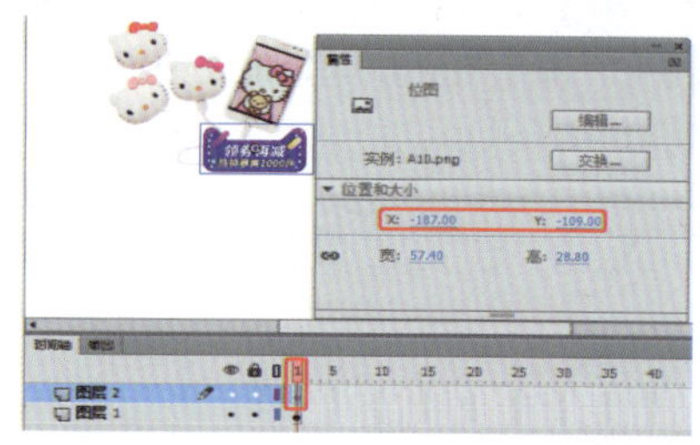
图15-166　设置位置

7 使用同样的方法设置影片剪辑的其他图层，并在所有图层的第35帧的位置插入帧，设置完成后的效果如图15-167所示。

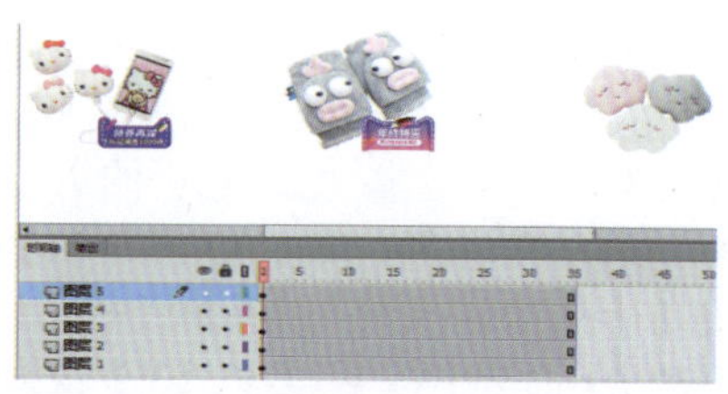
图15-167　设置完成后的效果

❽ 在舞台上选择A03.png文件，按F8键打开【转换为元件】对话框，在该对话框中将【名称】设置为“图01”，将【类型】设置为【图形】，单击【确定】按钮，如图15-168所示。

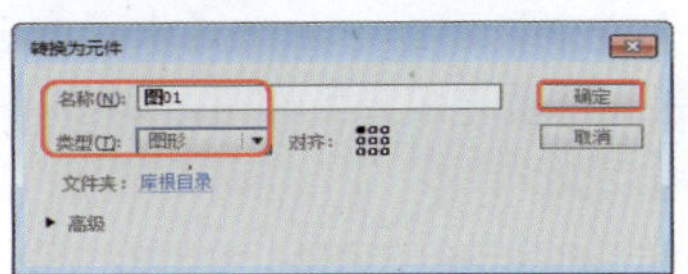

图15-168 【转换为元件】对话框

❾ 选择“图01”元件所在图层的第20帧，按F6键插入关键帧。选择“图01”，在【变形】面板中将【缩放宽度】设置为135%，如图15-169所示。

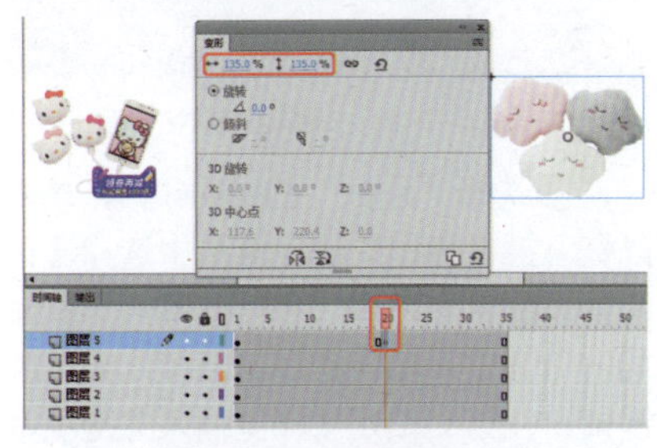

图15-169 设置缩放大小

❿ 选择第25帧，按F6键插入关键帧，在【变形】面板中将【缩放宽度】设置为100%，在第20帧至第25帧之间创建传统补间动画，完成后的效果如图15-170所示。

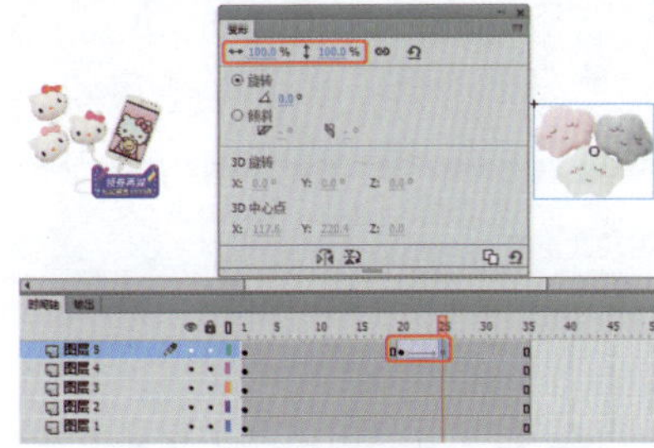

图15-170 创建传统补间动画

⓫ 按Ctrl+F8组合键打开【创建新元件】对话框，在该对话中将【名称】设置为“动画02”，将【类型】设置为【影片剪辑】，单击【确定】按钮，如图15-171所示。

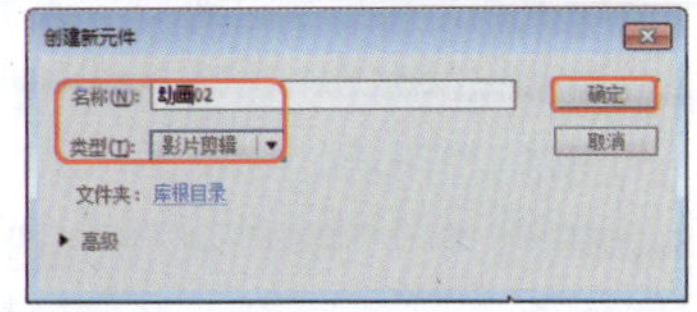

图15-171 【创建新元件】对话框

⓬ 使用同样的方法制作“动画02”影片剪辑，制作完成后的效果如图15-172所示。

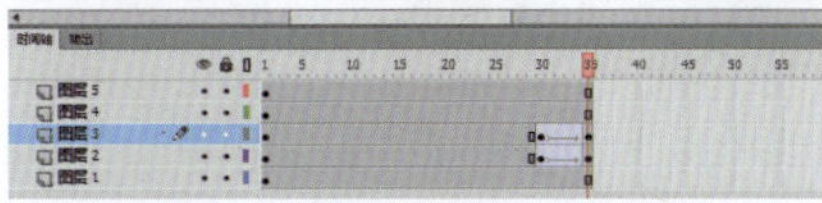

图15-172 制作完成后的效果

⓭ 使用同样的方法制作“动画03”影片剪辑，设置完成后的效果如图15-173所示。

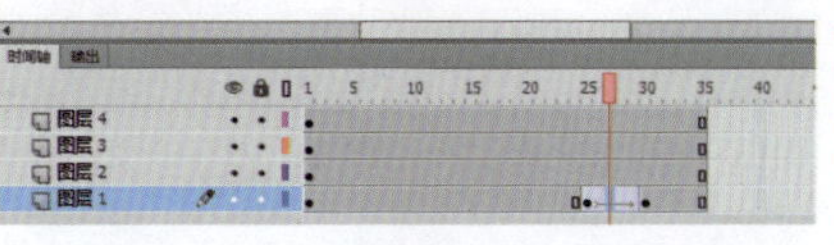

图15-173 “动画03”影片剪辑

⓮ 返回到“场景1”中，单击【新建图层】按钮，将新建的图层重命名为“动画01”，在【库】面板中将“动画01”影片剪辑拖拽至舞台上，调整其位置，效果如图15-174所示。

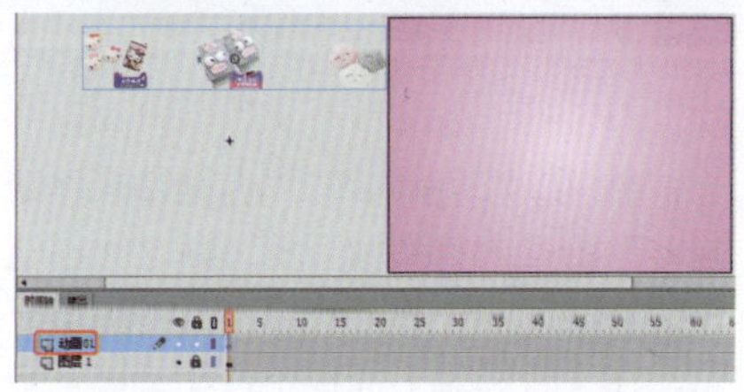

图15-174 设置影片剪辑的位置

⓯ 选择“动画01”图层的第15帧，按F6键插入关键帧，在舞台上调整其位置，效果如图15-175所示。

图15-175 调整影片剪辑的位置

⓰ 选择第1帧至第15帧的任意一帧，单击鼠标右键，在弹出的快捷菜单中选择【创建传统补间】命令，单击【新建图层】按钮，将新图层命名为“动画02”，在【库】面板中将【动画02】拖拽至舞台中，在舞台上调整其位置，效果如图15-176所示。

图15-176 调整的位置

⓱ 选择“动画02”图层的第15帧，按F6键插入关键帧，在舞台上调整其位置，效果如图15-177所示。

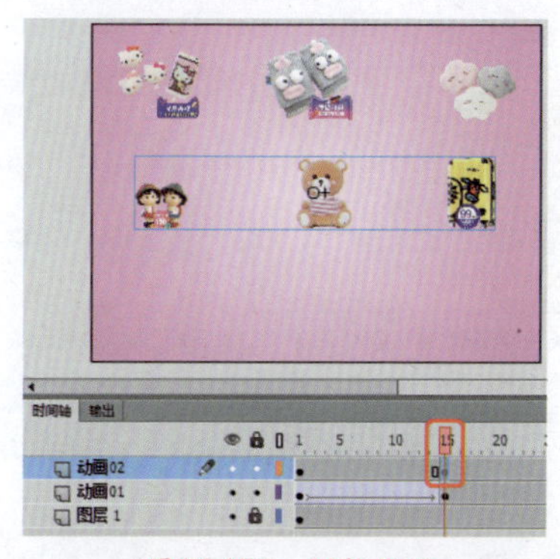

图15-177 调整位置

⓲ 在第1帧至第15帧之间创建传统补间动画，单击【新建图层】按钮，将新图层命名为“动画03”，选择该图层的第3帧，按F6键插入关键帧，在【库】面板中将“动画03”拖拽至舞台中，在舞台上调整其位置，效果如图15-178所示。

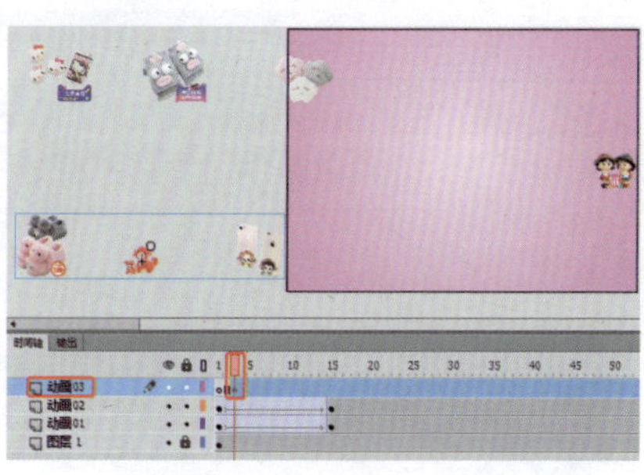

图15-178 调整位置

⓳ 选择“动画03”的第15帧，按F6键插入关键帧，在舞台中调整“动画03”的位置，效果如图15-179所示。

⓴ 在第3帧至第15帧之间创建传统补间动画，单击【新建图层】按钮，将新图层命名为“遮罩矩形”，在工具箱中使用【矩形工具】，在舞台上绘制矩形，在【属性】面板中将【笔触】设置为无，将【填充颜色】设置为【#FFFF66】，将【宽】、【高】设置

为550、400像素，将【X】、【Y】设置为0、0，如图15-180所示。

图15-179 调整“动画03”的位置

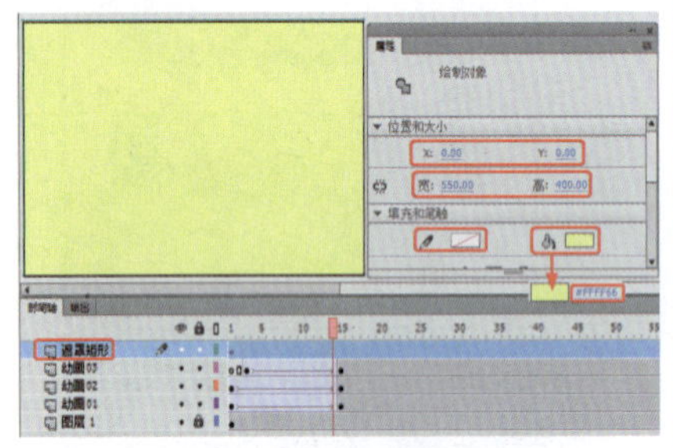
图15-180 绘制矩形

㉑ 单击【新建图层】按钮，将其“重命名”为“边框”。选择【矩形工具】，在舞台上绘制矩形，在【属性】面板中将【宽】、【高】设置为540、390像素，将【笔触】设置为10，将【笔触颜色】设置为【#99FF00】，将【填充颜色】设置为无，将【X】、【Y】设置为5、5，如图15-181所示。

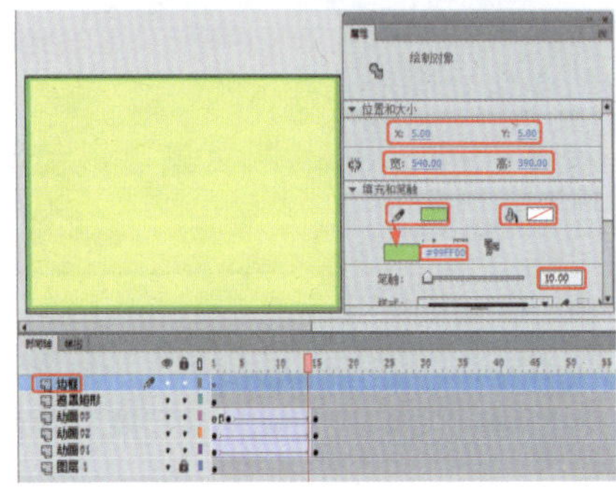
图15-181 设置矩形属性

㉒ 暂时将“遮罩矩形”隐藏显示。在“动画01”“动画02”“动画03”的第45帧位置处添加关键帧，选择这三个图层的第45帧，在舞台上选择“动画01”“动画02”“动画03”对象，在【属性】面板中单击【滤镜】卷展栏中的【添加滤镜】按钮，在弹出的下拉列表中选择【模糊】滤镜，将【模糊X】设置为0，如图15-182所示。

㉓ 在“动画01”“动画02”“动画03”的第55帧位置添加关键帧，选择这三个图层的第55帧，在【属性】面板中将【模糊X】设置为6，如图15-183所示。

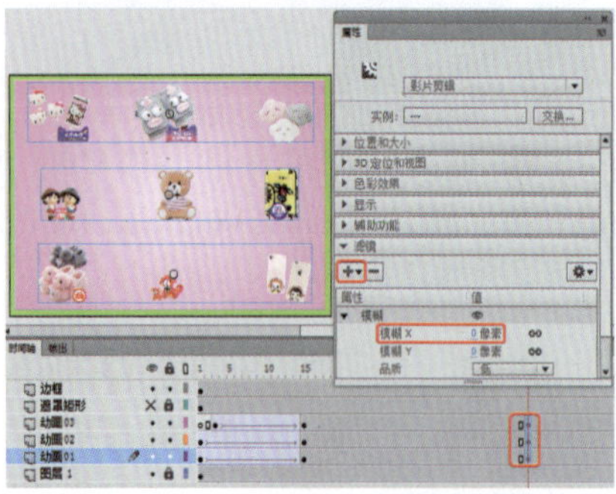
图15-182 添加【模糊】滤镜并进行设置

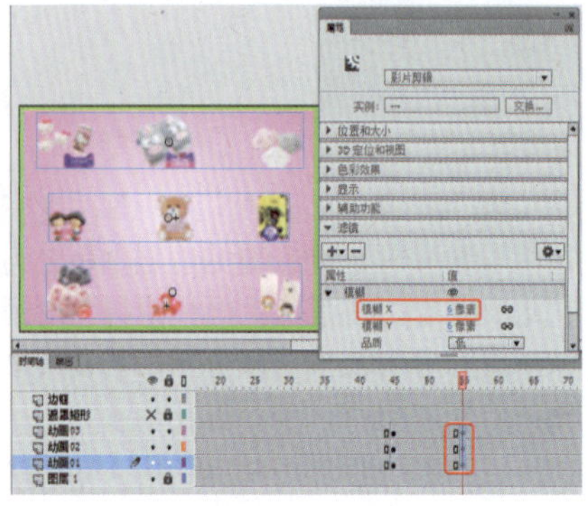
图15-183 设置【模糊】

㉔ 在“动画01”“动画02”“动画03”图层的第45帧至第55帧之间创建传统补间动画，将“遮罩矩形”图层显示，在【时间轴】面板中选择“遮罩矩形”图层，单击鼠标右键，在弹出的快捷菜单中选择【遮罩层】命令。选择“动画02”“动画01”图层，单击鼠标右键，在弹出的快捷菜单中选择【属性】命令，在【图层属性】对话框，选择【被遮罩】单选按钮，单击【确定】按钮，如图15-184所示。

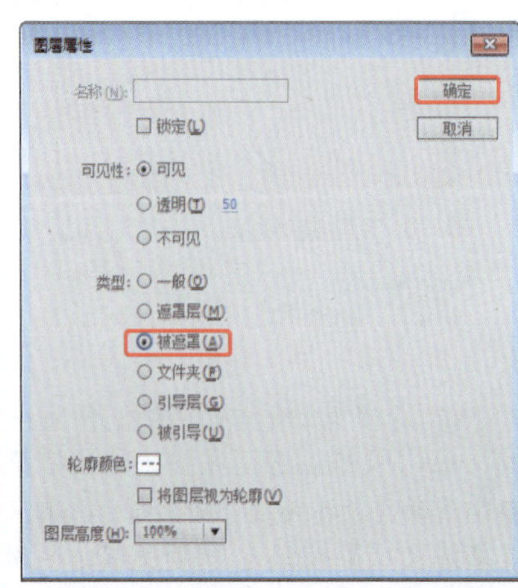

图15-184 【图层属性】对话框

㉕ 将“动画02”“动画01”图层锁定。选择“边框”图层的第55帧，按F6键插入关键帧，选择第65帧按F6键插入关键帧，在舞台上选择对象，在【属性】面板中将【高】设置为110像素，在【对齐】面板中单击【水平中齐】按钮和【垂直中齐】按钮，如图15-185所示。

图15-185 调整边框的大小

㉖ 选择“边框”图层的60帧，单击鼠标右键在弹出的快捷菜单中选择【创建补间形状】命令，将“遮罩矩形”图层解除锁定，按F6键在第55帧处添加关键帧，在第65帧处按F6键插入关键帧，在舞台上选择对象，在【属性】面板中将【高】设置为120像素，在【对齐】面板中单击【水平中齐】按钮和【垂直中齐】按钮，如图15-186所示。

图15-186 调整矩形的大小

㉗ 在工具箱中选择【文本工具】在舞台上输入文字“我今天网购了，你呢？”，将【系列】设置为【汉仪魏碑简】，将【大小】设置为40磅，将【颜色】设置为红色，按Ctrl+B组合键将文字打散，使用【选择工具】选择“我”字，按F8键打开【转换为元件】对话框，将【名称】设置为“我”，将【类型】设置为【图形】，单击【确定】按钮，如图15-187所示。

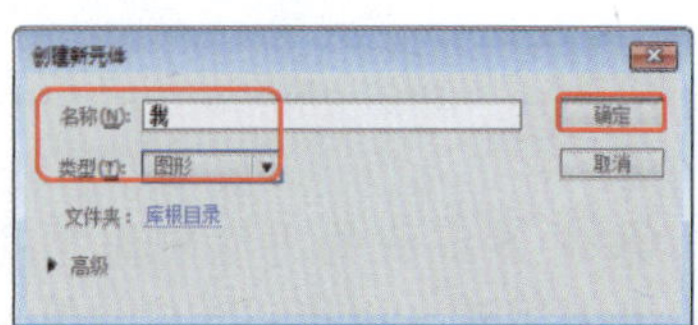

图15-187 【转换为元件】对话框

㉘ 使用同样的方法将剩余的文字转换为元件，将舞台上所有的文字删除。按Ctrl+F8组合键，将【名称】设置为“文字动画”，将【类型】设置为【影片剪辑】，单击【确定】按钮，如图15-188所示。

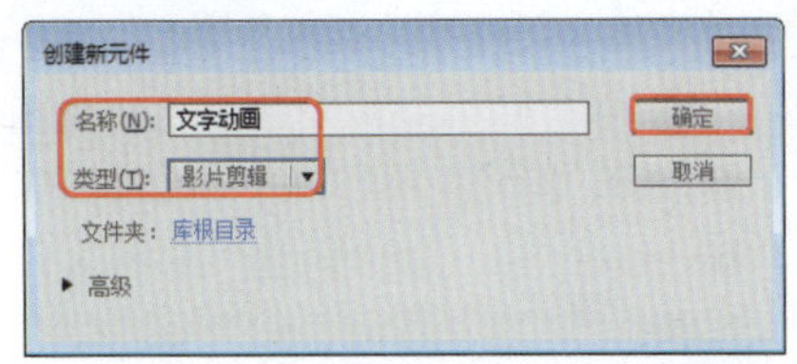

图15-188 【创建新元件】对话框

㉙ 为了方便观察，将【舞台】设置为【黑色】。在【库】面板中将“我”元件拖拽至舞台上，在【属性】面板中将【X】、【Y】设置为-263、0，选择“图层1”的第31帧，按F5键插入帧，如图15-189所示。

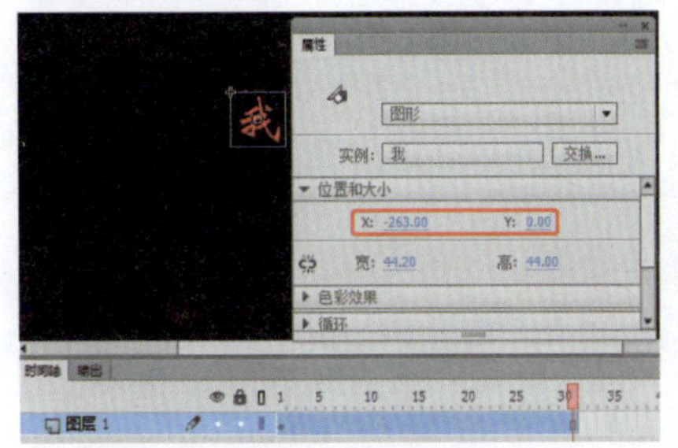

图15-189 设置位置

㉚ 单击【新建图层】按钮，选择第2帧按F6键插入关键帧，在【库】面板中将“今”元件拖拽至舞台上，在【变形】面板上，单击【约束】按钮，将【缩放宽度】和【缩放高度】锁定在一起，将【缩放宽度】设置为150%，在【属性】面板上将【X】、【Y】设置为-238、0，如图15-190所示。

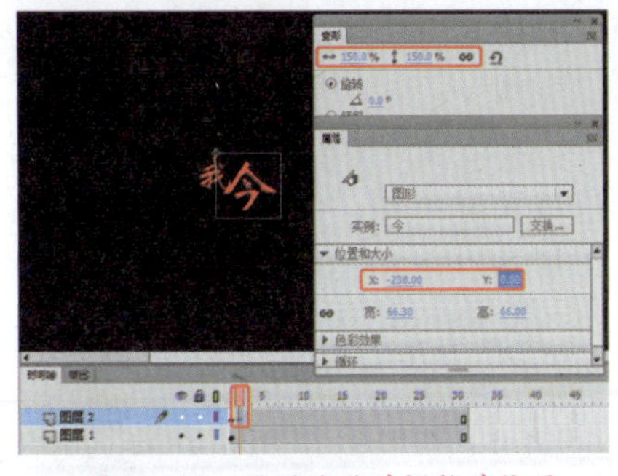

图15-190 设置缩放并调整其位置

㉛ 按F6键在第3帧处插入关键帧，将【缩放宽度】设置为100%，将【X】、【Y】设置为-218.8、0，单击【新建图层】按钮，按F6键在第3帧插入关键帧，在【库】面板中将“天”元件拖拽至舞台上，在【变形】面板中将【缩放宽度】设置为150%，在【属性】面板中将【X】、【Y】设置为-201、0，如图15-191所示。

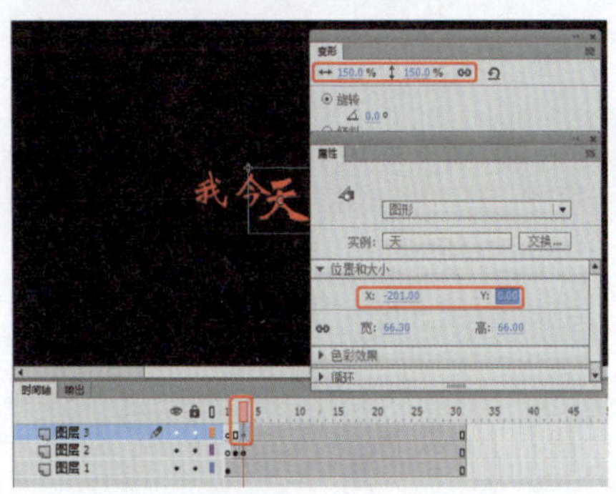

图15-191 设置缩放及位置

㉜ 在第4帧处插入关键帧，将【缩放宽度】设置为100%，将【X】、【Y】设置为-174.6、0。使用同样的方法制作其他关键帧，完成后的效果如图15-192所示。

图15-192 设置完成后的效果

㉝ 返回到“场景1”中，选择“边框”图层，单击【新建图层】按钮，将其重命名为“文字1”，按F6键在第65帧处插入关键帧，使用【文本工具】输入文字“欢乐网购每一天”，在【属性】面板中将【系列】设置为【汉仪魏碑简】，将【颜色】设置为【#CC00FF】，将【大小】设置为40磅，如图15-193所示。

㉞ 选择输入的文字按F8键打开【转换为元件】对话框，在对话框中将【名称】设置为“文字1”，将【类型】设置为【图形】，单击【确定】按钮，在【属性】面板中将【X】【Y】设置为132.9、149.8，如图15-194所示。

图15-193 设置文字属性

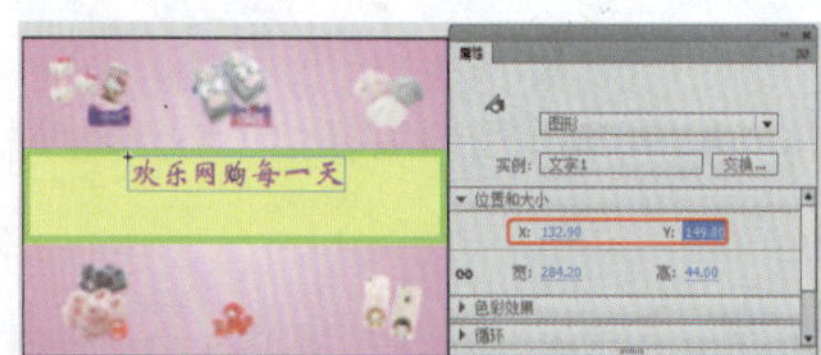

图15-194 设置文字位置

㉟ 单击【新建图层】按钮，将其命名为“文字2”，选择第65帧，按F6键插入关键帧，打开【库】面板，在该面板中将“文字动画”影片剪辑拖拽至舞台上，在舞台上调整其位置，效果如图15-195所示。

图15-195 调整位置

㊱ 使用前面介绍的方法制作其他动画效果，制作完成后，按Ctrl+Enter组合键测试影片，如图15-196所示。

图15-196 制作完成后的效果

实例196 制作低碳环保宣传动画

低碳环保是指在生活工作时应尽量降低二氧化碳等的排放量，从而减少对大气的污染，改善生态恶化状况。本实例就来介绍一下低碳环保宣传动画的制作，如图15-197所示。

素材：	素材|Cha15|绿色背景1.jpg、绿色背景2.jpg、汽车.png
场景：	场景|Cha15|实例196 制作低碳环保宣传动画.fla
视频：	视频教学 | Cha15 |实例196 制作低碳环保宣传动画.MP4

图15-197 低碳环保宣传动画效果

❶ 按Ctrl+N组合键，在弹出的对话框中选择【常规】选项卡，在【类型】列表框中选择【ActionScript 3.0】，将【宽】和【高】分别设置为1024、700像素。设置完成后，单击【确定】按钮，如图15-198所示。

❷ 按Ctrl+R组合键，在弹出的对话框中选择随书配套资源中的素材|Cha15|绿色背景1.jpg文件。单击【打开】按钮，如图15-199所示。

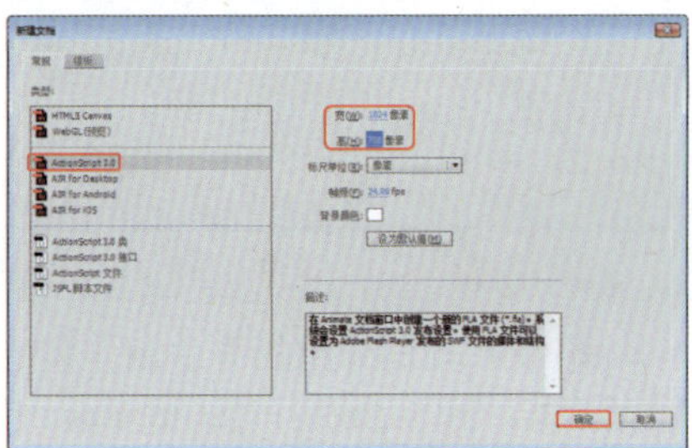
图15-198 设置新建参数

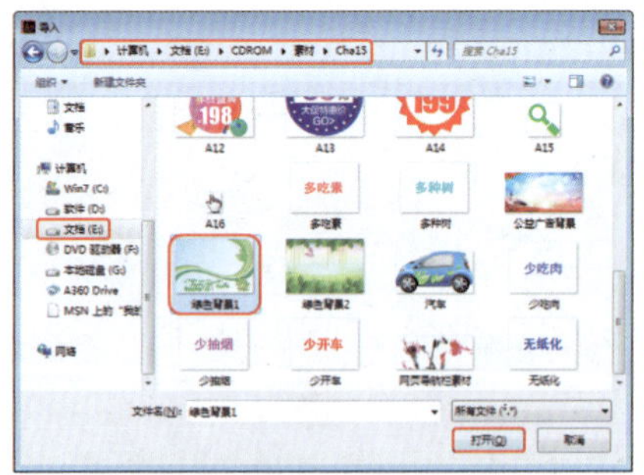
图15-199 选择素材文件

❸ 在弹出的对话框中单击【否】按钮，即可将选择的素材文件导入至舞台中。在【对齐】面板中单击【水平中齐】按钮和【垂直中齐】按钮，如图15-200所示。

图15-200 导入素材文件

❹ 在【时间轴】面板中选择“图层1”第97帧，按F6键插入关键帧，如图15-201所示。

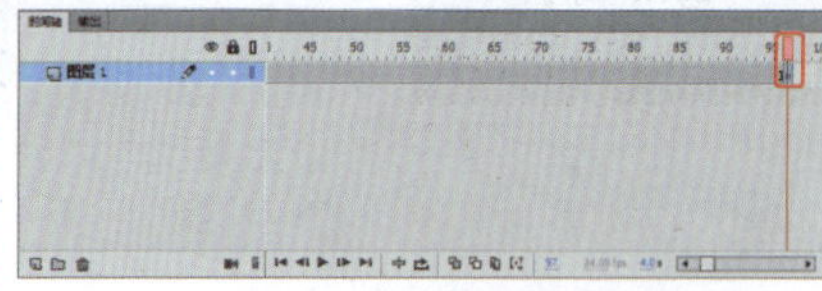
图15-201 插入关键帧

❺ 在【时间轴】面板中单击【新建图层】按钮，新建“图层2”，如图15-202所示。

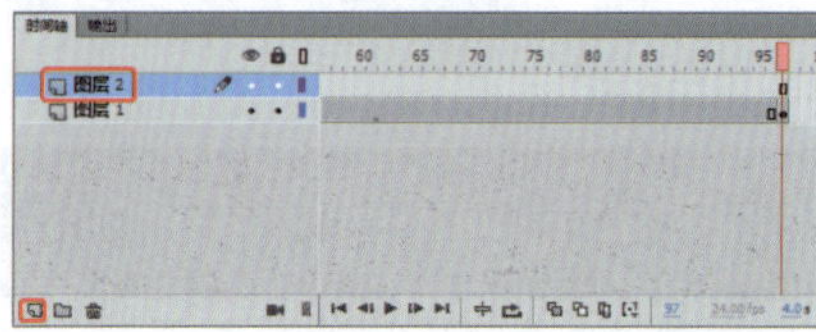
图15-202 新建图层

❻ 按Ctrl+R组合键，在弹出的对话框中选择随书配套资源中的素材|Cha15|汽车.png文件。单击【打开】按钮，即可将选择的素材文件导入至舞台中，如图15-203所示。

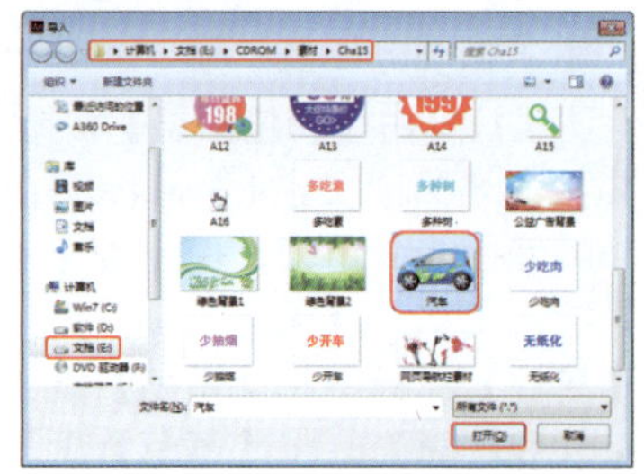
图15-203 选择素材文件

❼ 按Ctrl+T组合键，弹出【变形】面板，将【缩放宽度】和【缩放高度】设置为54%。单击【水平翻转所选内容】按钮，如图15-204所示。

图15-204 设置缩放值

❽ 确认素材文件处于选中状态，按F8键弹出【转换为元件】对话框，输入【名称】为“汽车”，将【类型】设置为【图形】，将【对齐】设置为底部。单击【确定】按钮，如图15-205所示。

图15-205 转换元件

❾ 在时间轴面板中单击【新建图层】按钮，新建“图层3”，如图15-206所示。

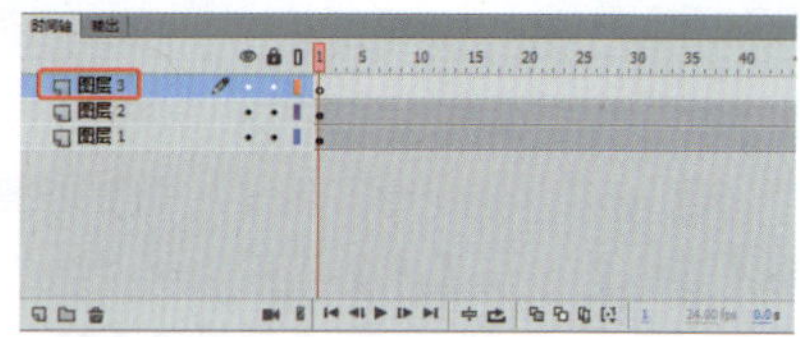
图15-206 新建图层

❿ 在工具箱中选择【钢笔工具】，在舞台中绘制曲线，如图15-207所示。

图15-207 绘制曲线

⓫ 在舞台中选择“汽车”图形元件，在【变形】面板中将【旋转】设置为-21.4°，并在舞台中调整其位置，如图15-208所示。

图15-208 设置旋转并调整位置

⓬ 选择“图层2”第58帧，按F6键插入关键帧，并调整其位置，如图15-209所示。

图15-209 在第58帧调整元件

⓭ 在【时间轴】面板中选择“图

层3”，并单击鼠标右键，在弹出的快捷菜单中选择【引导层】命令，如图15-210所示。

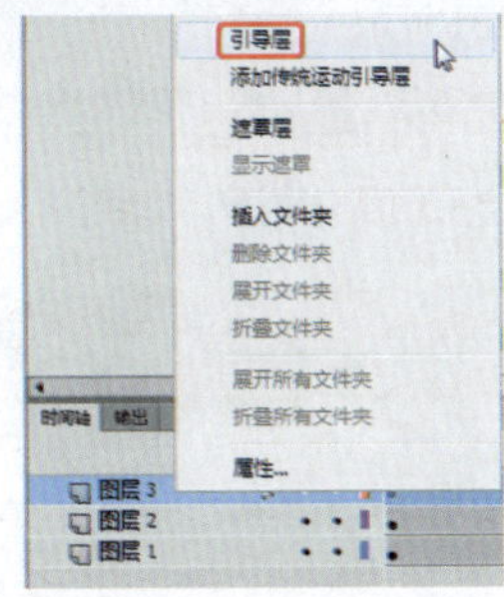

图15-210 选择【引导层】命令

14 将“图层3”设置为引导层。在“图层2”的第20帧上单击鼠标右键，在弹出的快捷菜单中选择【创建传统补间】命令，如图15-211所示。

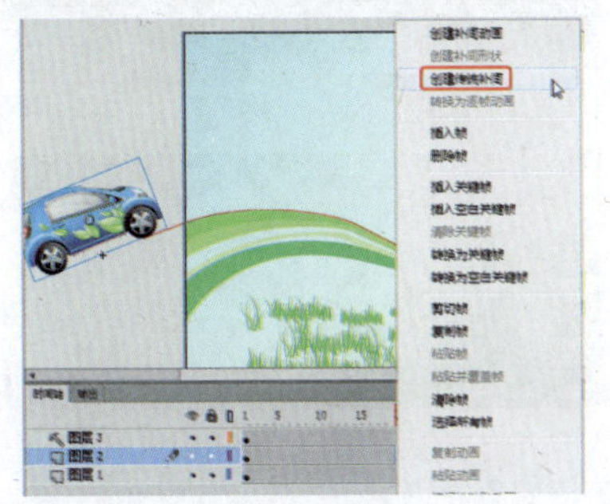

图15-211 选择【创建传统补间命令】

15 即可创建传统补间动画，效果如图15-212所示。

图15-212 创建传统补间动画

16 选择“图层2”第3帧，按F6键插入关键帧，在【变形】面板中将【旋转】设置为-22.4°，并在舞台中调整元件位置，如图15-213所示。

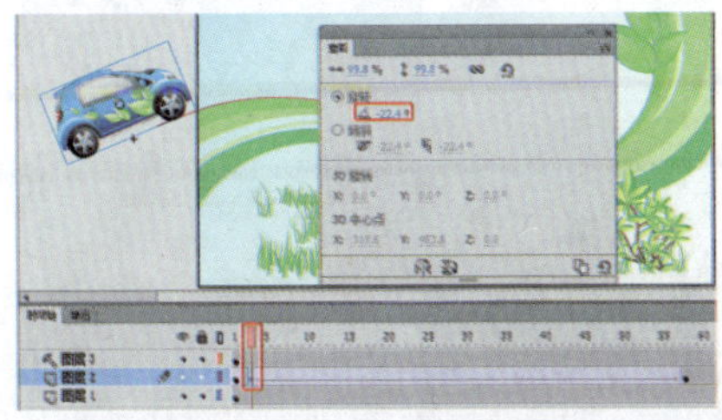

图15-213 插入关键帧并设置元件

17 选择“图层2”第7帧，按F6键插入关键帧，在【变形】面板中将【旋转】设置为-18.1°，并在舞台中调整元件位置，如图15-214所示。

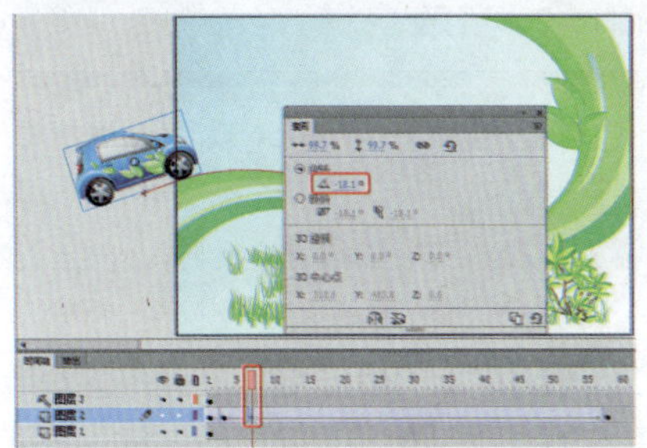

图15-214 在第7帧设置元件

18 选择“图层2”第15帧，按F6键插入关键帧，在【变形】面板中将【旋转】设置为-13°，并在舞台中调整元件位置，如图15-215所示。

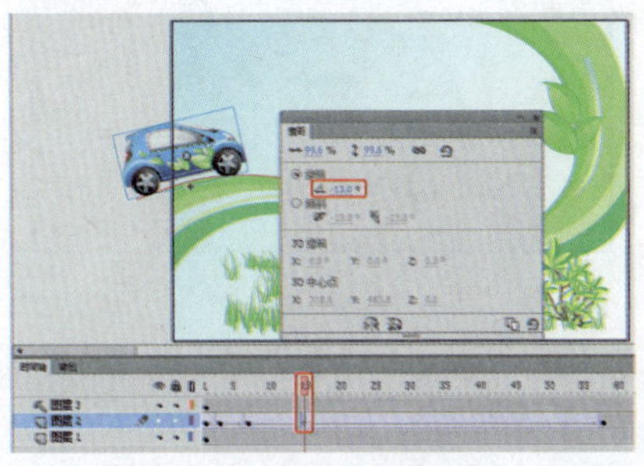

图15-215 在第15帧插入关键帧

19 选择“图层2”第27帧，按F6键插入关键帧，在【变形】面板中将【旋转】设置为2.6°，并在舞台中调整元件位置，如图15-216所示。

图15-216 在第27帧设置关键帧

20 使用同样的方法沿曲线插入关键帧，并调整位置，效果如图15-217所示。

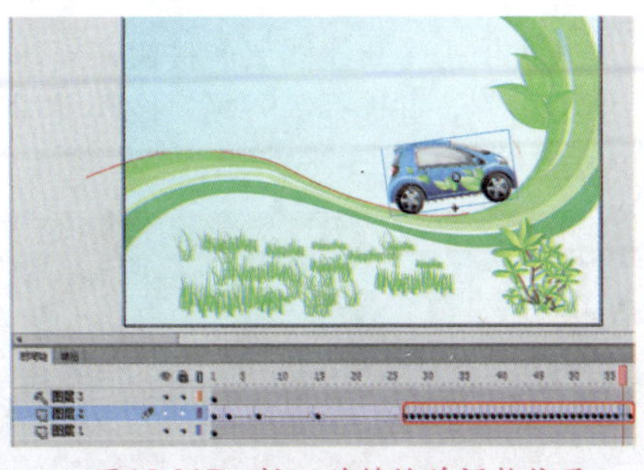

图15-217 插入关键帧并调整位置

21 在【时间轴】面板中选择“图层3”，并单击【新建图层】按钮，新建“图层4”，然后选择“图层4”第49帧，按F6键插入关键帧，如图15-218所示。

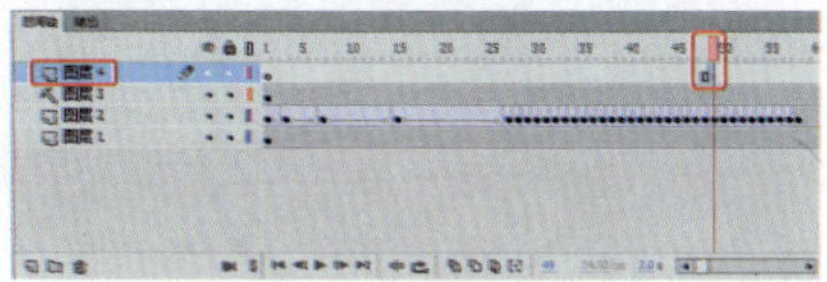

图15-218 新建图层并插入关键帧

22 在工具箱中选择【文本工具】，在【属性】面板中将【系列】设置为【方正粗圆简体】，将【大小】设置为30磅，将【字母间距】设置为10，将【颜色】的值设置为【#00CC33】，如图15-219所示。

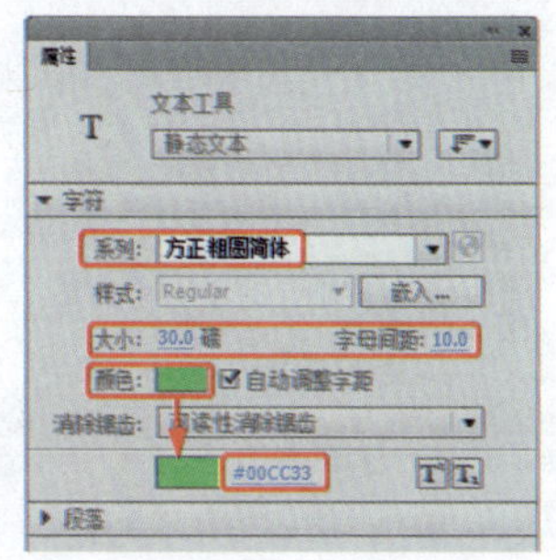

图15-219 设置工具属性

23 在舞台中输入文字，并选择输入的文字，如图15-220所示。

图15-220 输入文字

24 按F8键弹出【转换为元件】对话框，在【名称】文本框中输入“低碳生活”，将【类型】设置为【图形】，将【对齐】设置为居中。单击【确定】按钮，如图15-221所示。

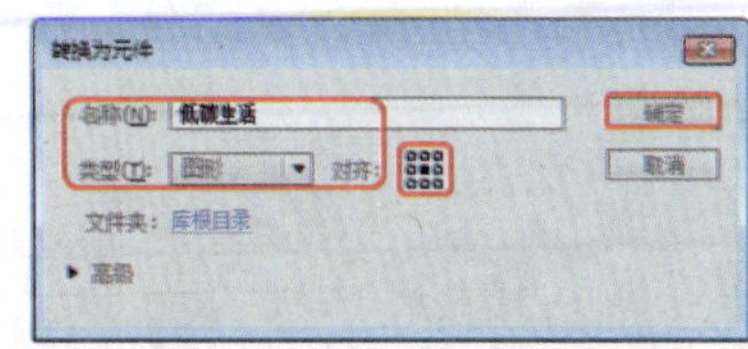

图15-221 转换为元件

25 在舞台中调整元件位置，并在【属性】面板中将【样式】设置为

【Alpha】，【Alpha】值设置为0，如图15-222所示。

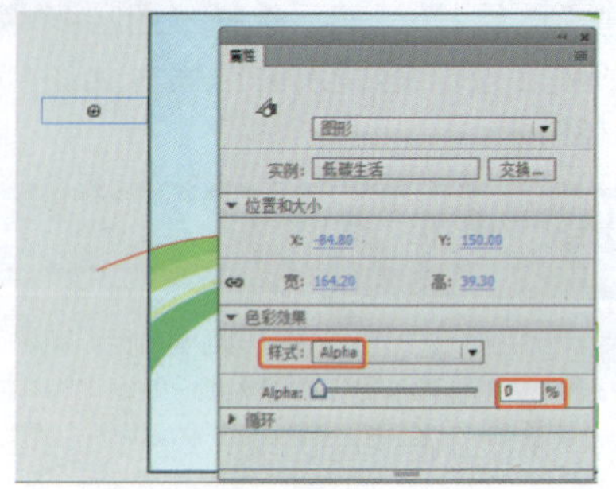

图15-222 调整位置并设置样式

㉖在【时间轴】面板中选择“图层4”第81帧，按F6键插入关键帧，在舞台中调整元件位置，并在【属性】面板中将【样式】设置为无，如图15-223所示。

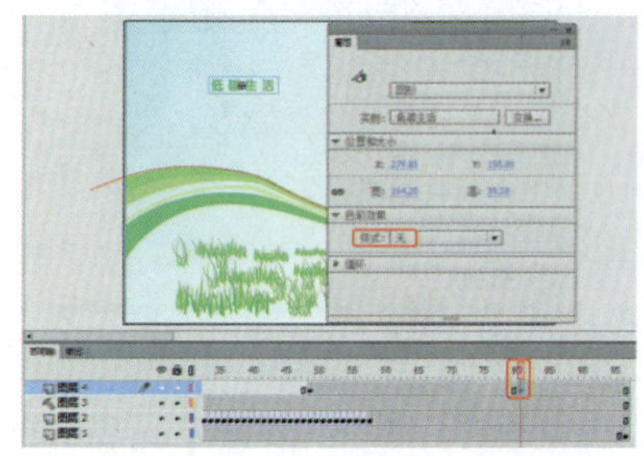

图15-223 在第81帧调整元件

㉗在“图层4”第60帧单击鼠标右键，在弹出的快捷菜单中选择【创建传统补间】命令，即可创建传统补间动画，如图15-224所示。

图15-304 创建传统补间动画

㉘使用同样的方法，制作文字动画“绿色出行”，如图15-225所示。

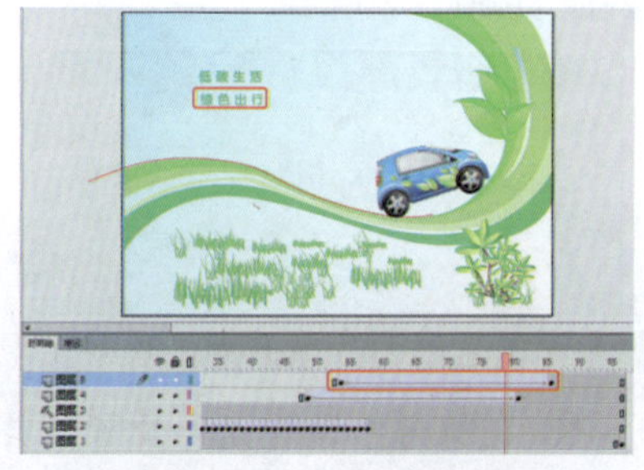

图15-305 制作文字动画

㉙在【时间轴】面板中单击【新建图层】按钮，新建“图层6”，并选择第97帧，按F6键插入关键帧，如图15-226所示。

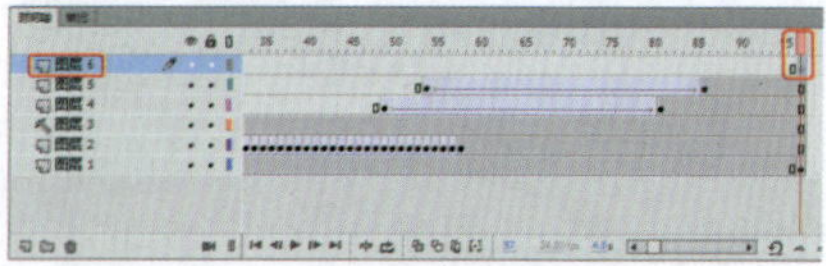

图15-306 新建图层并插入关键帧

㉚按Ctrl+R组合键，在弹出的对话框中选择随书配套资源中的素材|Cha15|绿色背景2.jpg文件。单击【打开】按钮，如图15-227所示。

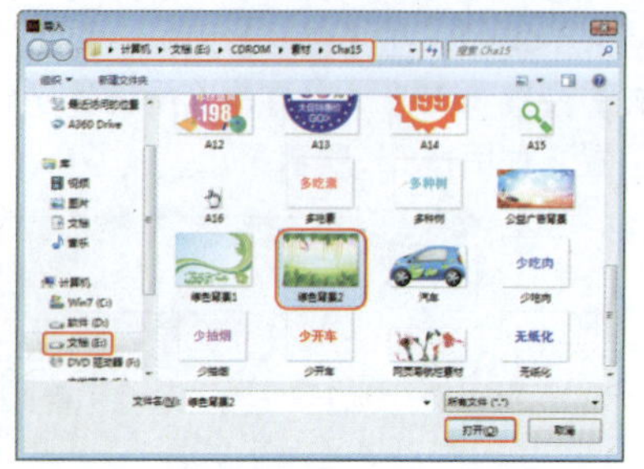

图15-227 选择素材文件

㉛并在【属性】面板中将【X】和【Y】设置为0，如图15-228所示。

图15-228 导入素材文件并调整位置

㉜在【时间轴】面板中选择“图层6”第125帧，按F6键插入关键帧，如图15-229所示。

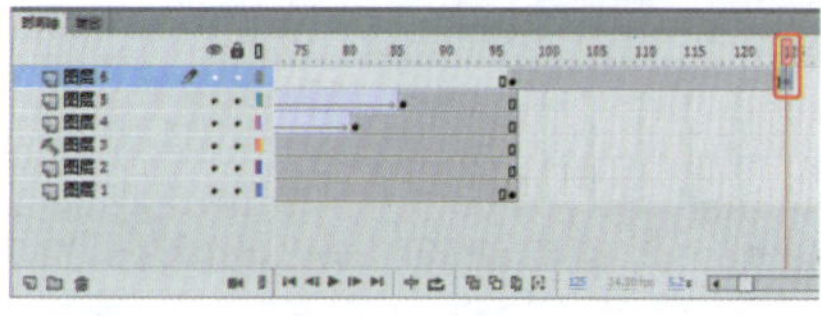

图15-229 插入关键帧

㉝单击【新建图层】按钮，新建“图层7”，并选择第99帧，按F6键插入关键帧，如图15-230所示。

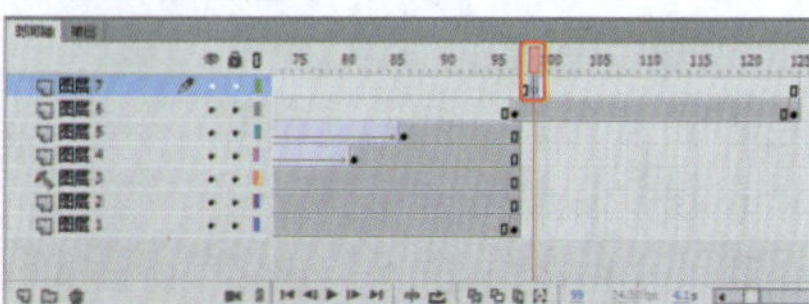

图15-230 新建图层并插入关键帧

㉞按Ctrl+R组合键，在弹出的对话框中选择随书配套资源中的素材|Cha15|少吃肉.png文件。单击【打开】按钮，如图15-231所示。

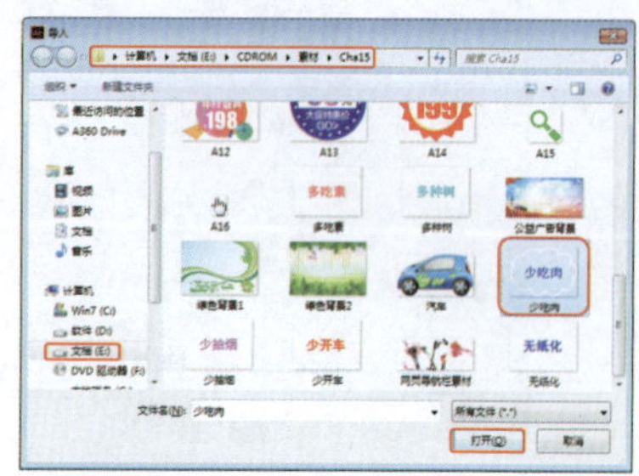

图15-231 选择素材文件

㉟将选择的素材文件导入至舞台中，在【属性】面板中将【宽】设置为110像素，如图15-232所示。

图15-232 导入的素材文件

㊱确认导入的素材文件处于选中状态，按F8键弹出【转换为元件】对话框，输入【名称】为“少吃肉”，将【类型】设置为【图形】。单击【确定】按钮，如图15-233所示。

图15-233 转换为元件

㊲在【属性】面板中将【X】和【Y】分别设置为151.2和54，将【样式】设置为【Alpha】，将【Alpha】值设置为0，如图15-234所示。

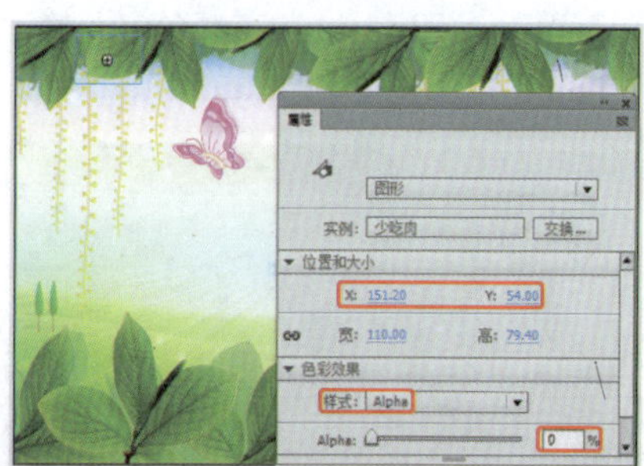

图15-234 设置元件位置和样式

㊳选择“图层7”第109帧，按F6键

插入关键帧，如图15-235所示。

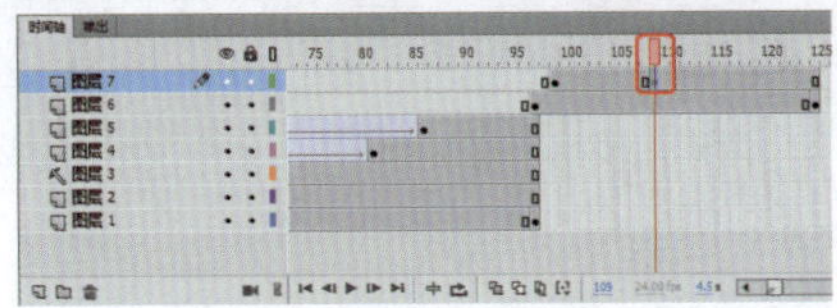

图15-235 插入关键帧

39 在舞台中选择图形元件，在【属性】面板中将【Y】设置为182.7，将【Alpha】值设置为50%，如图15-236所示。

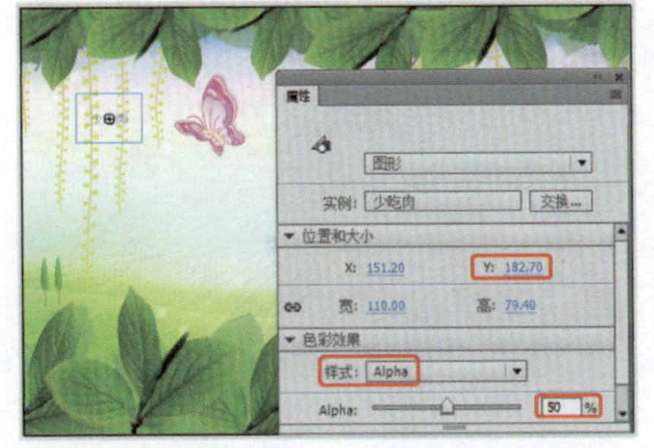

图15-236 设置元件位置和样式

40 在“图层7”中选择第110帧，按F6键插入关键帧，并在舞台中选择元件，在【属性】面板中将【Y】设置为184.7，将【样式】设置为无，如图15-237所示。

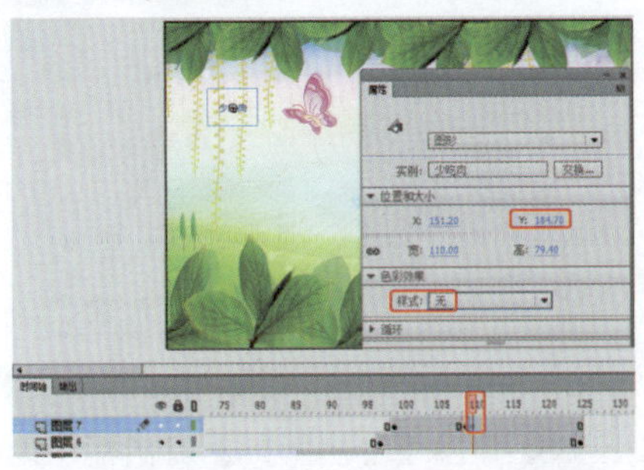

图15-237 插入关键帧并设置元件属性

41 在“图层7”的第105帧上单击鼠标右键，在弹出的快捷菜单中选择【创建传统补间】命令，即可创建传统补间动画，如图15-238所示。

图15-238 创建传统补间动画

42 使用同样的方法，创建新图层，并制作其他动画，如图15-239所示。

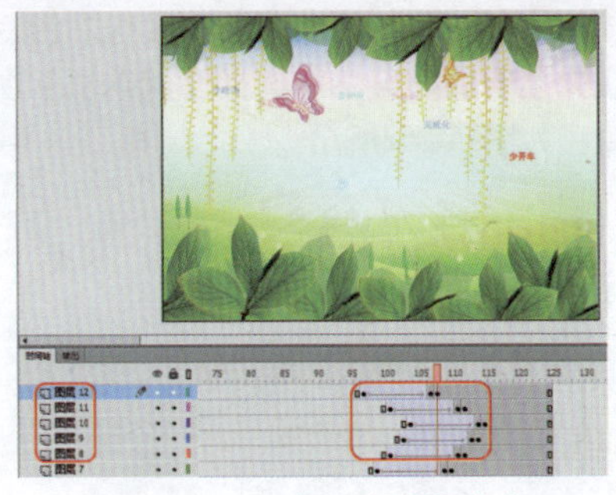

图15-239 新建图层并制作动画

43 按Ctrl+F8组合键，弹出【创建新元件】对话框，输入【名称】设置为“文字动画”，将【类型】设置为【影片剪辑】。单击【确定】按钮，如图15-240所示。

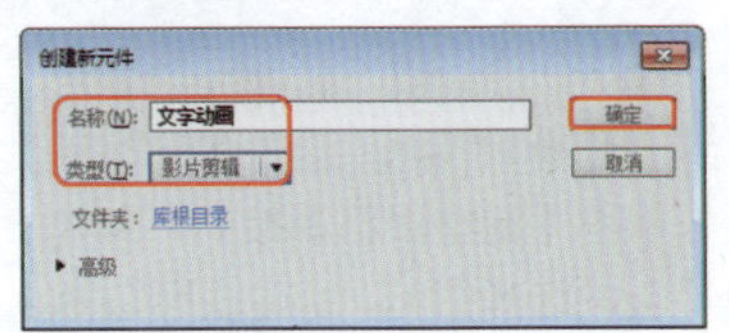

图15-240 创建新元件

44 在工具箱中选择【文本工具】，在【属性】面板中将【系列】设置为【方正大黑简体】，将【大小】设置为22磅，将【颜色】值设置为【#00CC33】，如图15-241所示。

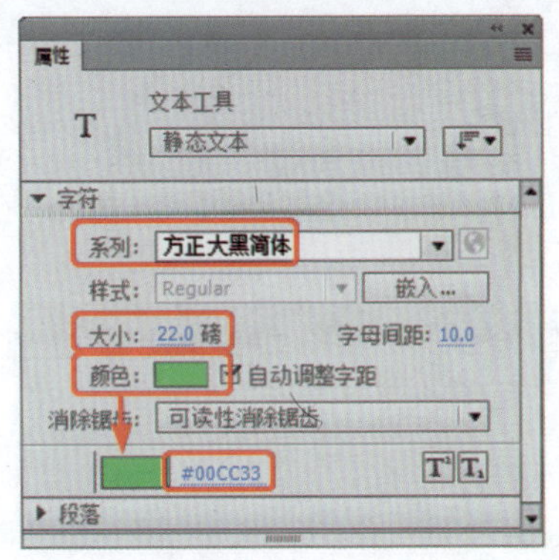

图15-241 设置工具属性

45 在舞台中输入文字，并选择输入的文字，在【属性】面板中将【X】和【Y】分别设置为-145.15和-14.55，如图15-242所示。

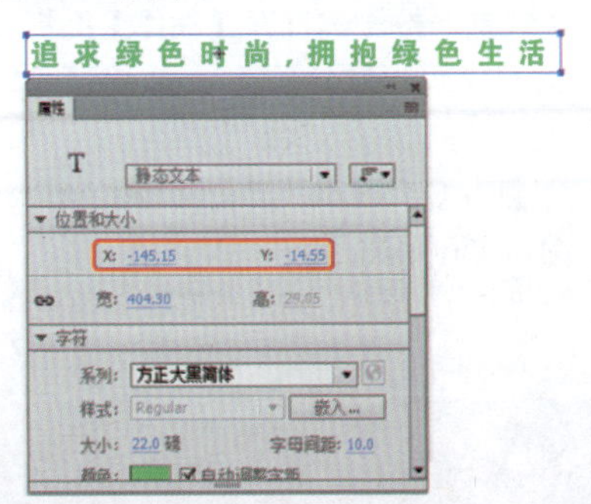

图15-242 输入文字并设置位置

46 在【时间轴】面板中选择第45帧，按F6键插入关键帧，如图15-243所示。

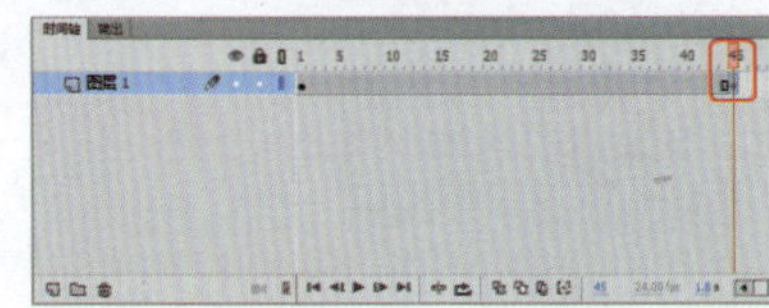

图15-243 插入关键帧

47 在【时间轴】面板中单击【新建图层】按钮，新建“图层2”，如图15-244所示。

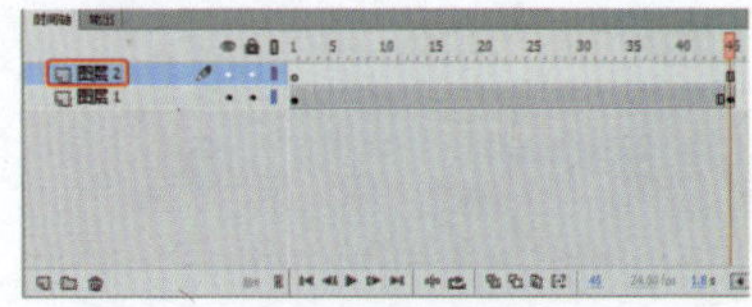

图15-244 新建图层

48 在工具箱中选择【矩形工具】，将【笔触颜色】设置为无，【填充颜色】设置为任意颜色，并在舞台中绘制矩形，如图15-245所示。

49 选择绘制的矩形，按F8键弹出【转换为元件】对话框，输入【名称】为“矩形”，将【类型】设置为【图形】。单击【确定】按钮，如图15-246所示。

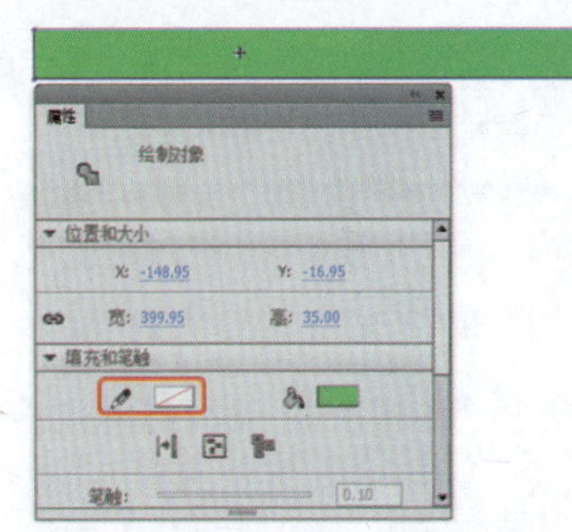

图15-245 绘制矩形

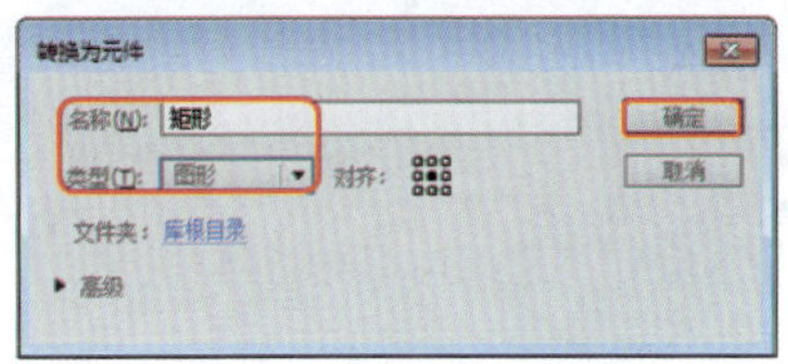

图15-246 转换为元件

50 选择矩形转换为图形元件。然后在【属性】面板中将【X】和【Y】设置为-347.5和-2.05，如图15-247所示。

51 在【时间轴】面板中选择“图层2”第35帧，按F6键插入关键帧，并在舞台中选择元件，在【属性】面板中将【X】和【Y】设置为49.3和-2.05，如图15-248所示。

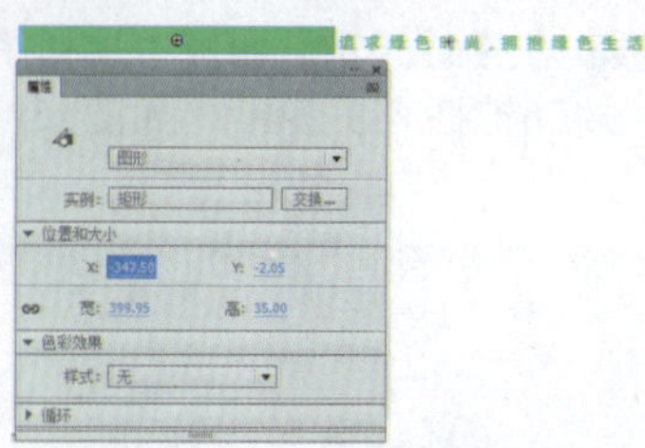

图15-247　设置矩形位置

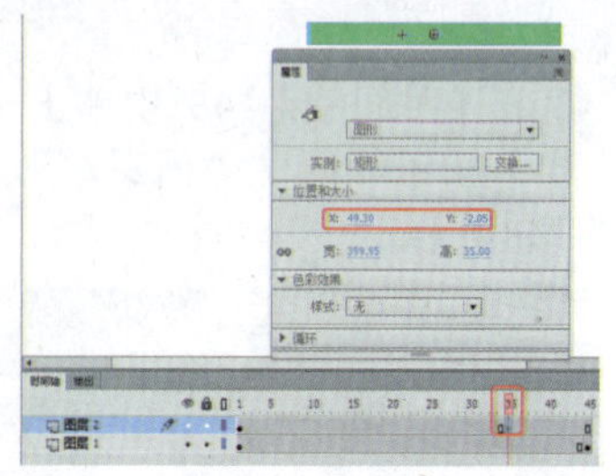

图15-248　插入关键帧并设置元件位置

52 在【时间轴】面板中选择“图层2”第15帧，并单击鼠标右键，在弹出的快捷菜单中选择【创建传统补间】命令，即可创建传统补间动画，如图15-249所示。

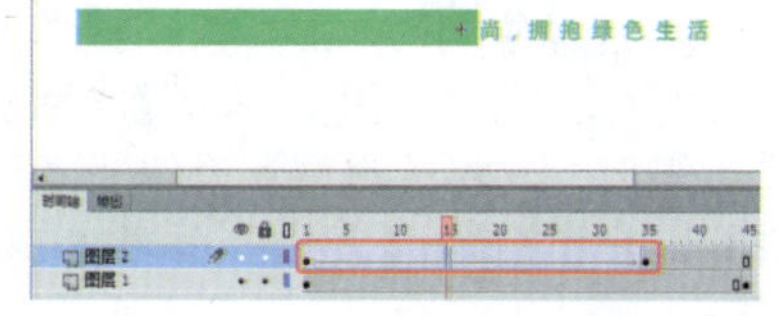

图15-249　创建传统补间动画

53 选择“图层2”第45帧，按F6键插入关键帧，如图15-250所示。

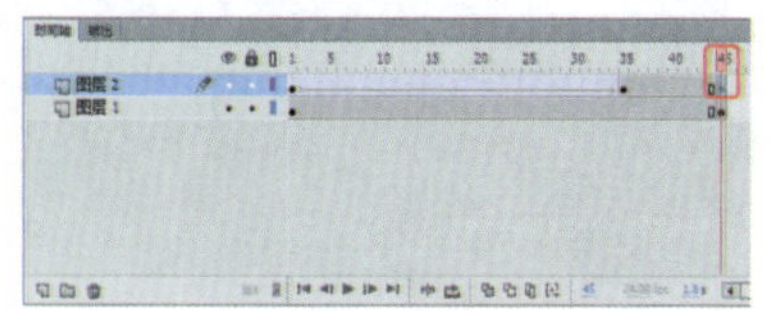

图15-250　插入关键帧

54 按F9键，打开【动作】面板，并输入代码“stop();”，如图15-251所示。

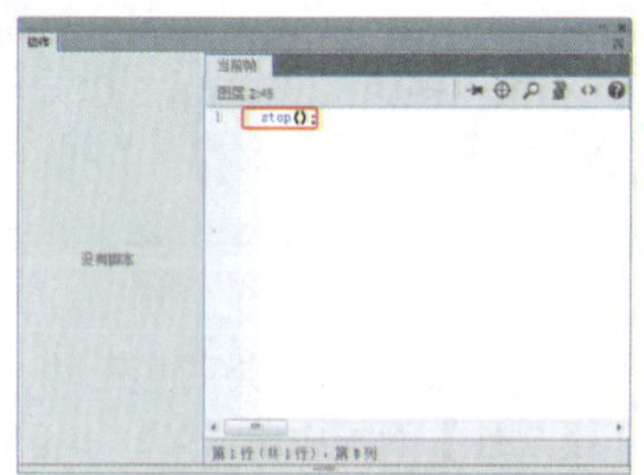

图15-251　输入代码

55 在“图层2”上单击鼠标右键，在弹出的快捷菜单中选择【遮罩层】命令，如图15-252所示。

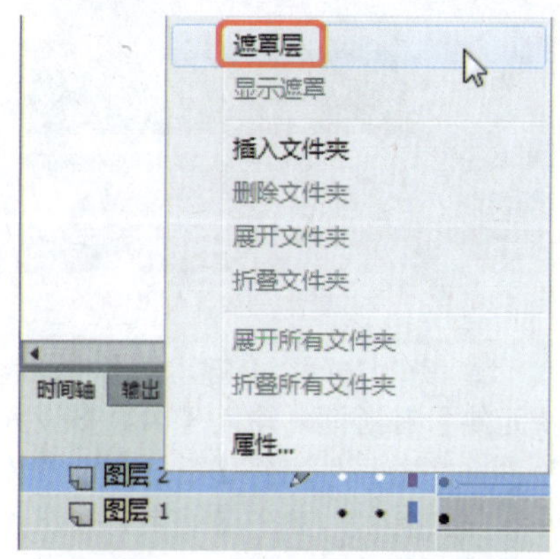

图15-252　选择【遮罩层】命令

56 将“图层2”转换为遮罩层。返回到“场景1”中，并在【时间轴】面板中单击【新建图层】按钮，新建“图层13”，选择第125帧，按F6键插入关键帧，如图15-253所示。

57 在【库】面板中将“文字动画”影片剪辑元件拖拽至舞台中，并调整其位置，如图15-254所示。

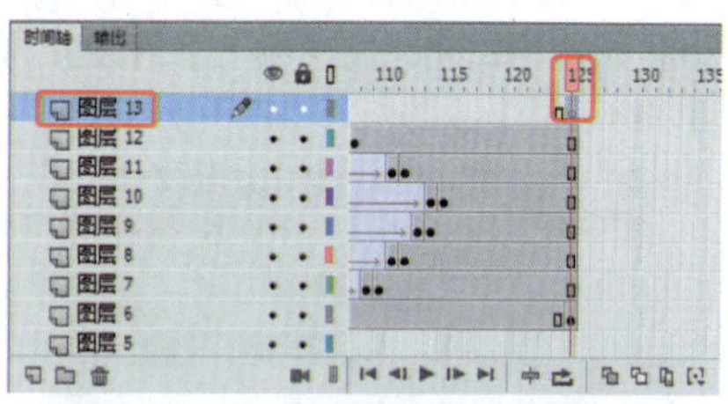

图15-253　新建图层并插入关键帧

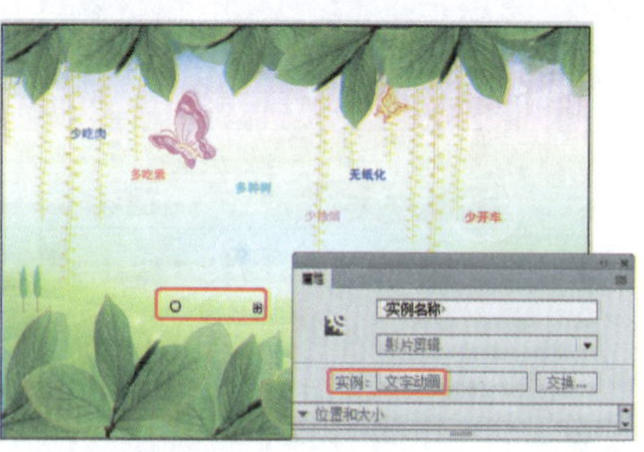

图15-254　将元件拖拽至舞台中

58 确认“图层13”的第125帧处于选中状态，按F9键打开【动作】面板，并输入代码“stop();”，如图15-255所示。

59 按Ctrl+Enter组合键测试影片，如图15-256所示。

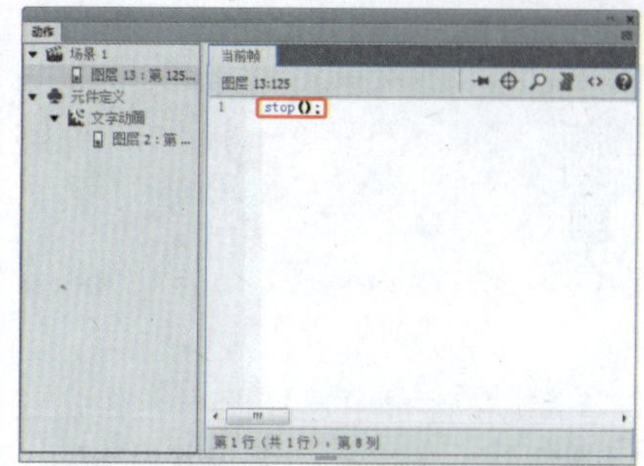

图15-255　输入代码

图15-256　测试影片

60 测试完成后，在菜单栏中选择【文件】|【导出】|【导出影片】命令，如图15-257所示。

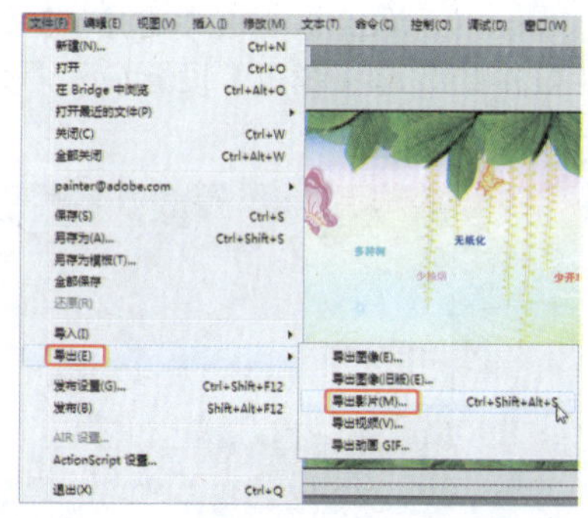

图15-257　选择【导出影片】命令

61 弹出【导出影片】对话框，设置导出路径和文件名，单击【保存】按钮，即可导出影片，将场景文件保存，如图15-258所示。

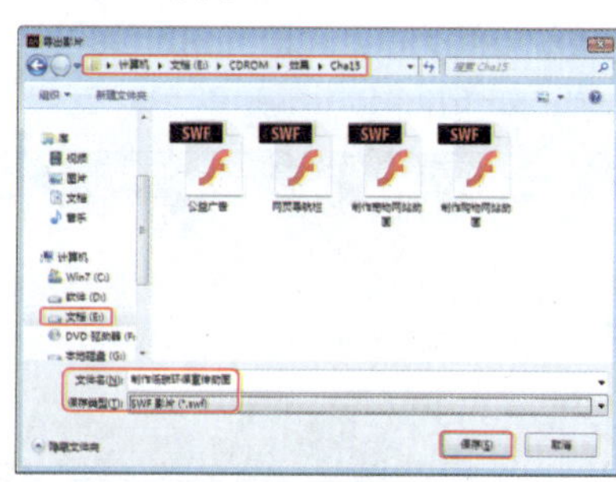

图15-258　导出影片对话框

第16章 项目指导—商业广告制作

本章将介绍宣传广告的制作方法，其中包括旅游宣传广告、家居宣传广告、环保广告以及房地产广告等。通过本章的学习，读者可以了解广告的制作流程及方法。

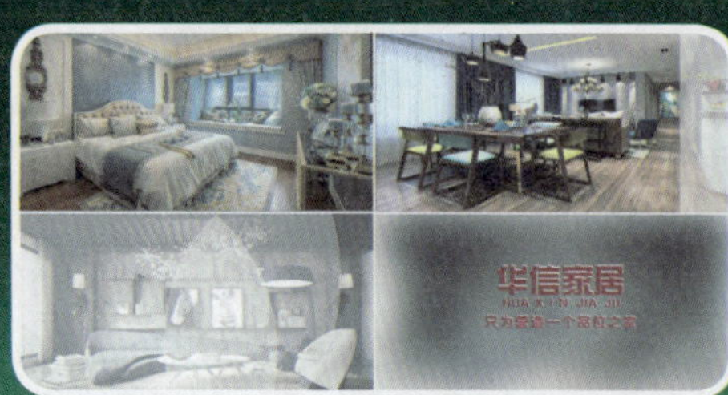

实例197 制作旅游宣传广告

本实例介绍旅游宣传广告的制作方法。首先导入素材文件，将导入的素材文件转换为元件，并为其添加传统补间动画，创建文字，通过调整文字的位置和不透明度来创建文字显示动画，最后为宣传广告添加背景音乐，效果如图16-1所示。

素材：	素材|Cha16| 大图01.jpg、大图02.jpg、大图03.jpg、大图04.jpg、小图01.jpg、小图02.jpg、小图03.jpg、小图04.jpg、背景音乐.mp3
场景：	场景|Cha16|实例197 旅游宣传广告.fla
视频：	视频教学 | Cha16 |实例197 旅游宣传广告.MP4

图16-1 制作旅游宣传广告

❶ 在菜单栏中选择【文件】|【新建】命令，弹出【新建文档】对话框，在【类型】列表框中选择【ActionScript 3.0】选项，在右侧的设置区域中将【宽】设置为800像素，将【高】设置为600像素，将【背景颜色】设置为【#990000】，如图16-2所示。

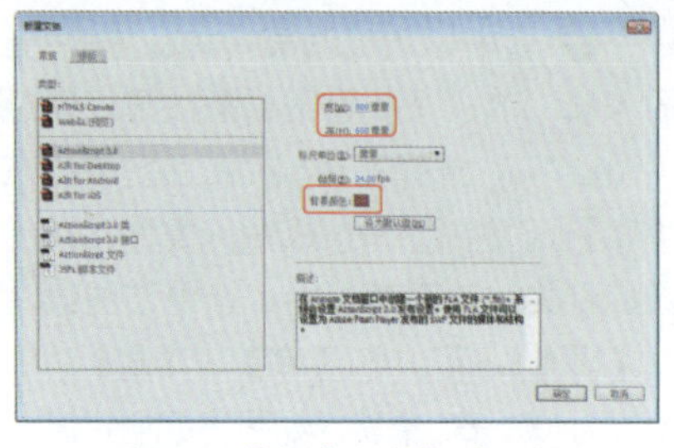

图16-2 【新建文档】对话框

❷ 单击【确定】按钮，即可新建一个文档，在菜单栏中选择【文件】|【导入】|【导入到库】命令，在该对话框中选择如图16-3所示的素材文件。

❸ 单击【打开】按钮，即可将选择的素材文件导入到【库】中，按Ctrl+F8组合键，在弹出的对话框中将【名称】设置为“图片切换”，将【类型】设置为【影片剪辑】，如图16-4所示。

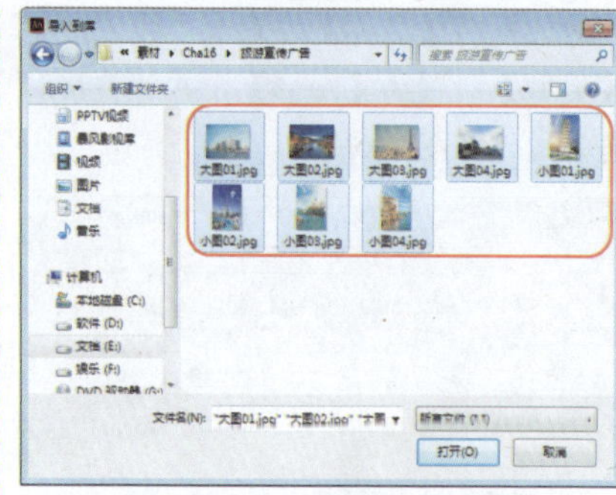

图16-3 选择素材文件

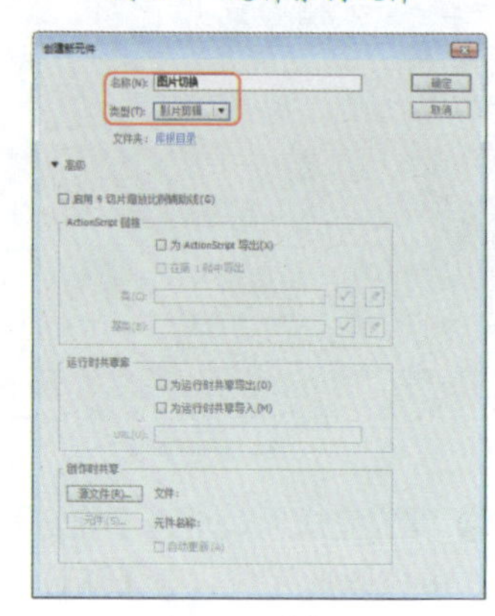

图16-4 创建新元件

❹ 设置完成后，单击【确定】按钮，在工具箱中单击【线条工具】，在舞台中绘制一条垂直的直线，选中绘制的图形，在【属性】面板中将【高】设置为600像素，将【笔触颜色】设置为【#FFFFFF】，将【笔触】设置为1.5，如图16-5所示。

知识链接

“旅”是外出，即为了实现某一目的而在空间上从甲地到乙地的行进过程；“游”是游览、观光、娱乐，即为达到这些目的所作的外出。二者结合起来即为旅游。所以，旅行偏重于行，旅游不但有“行”，还有观光、娱乐的含义。

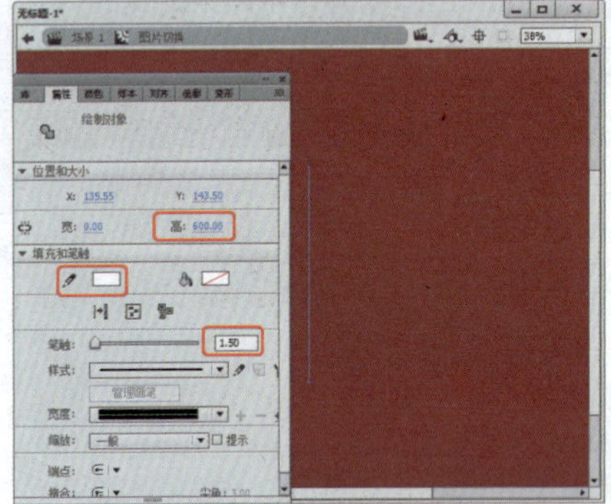

图16-5　绘制线条

❺ 选中该图形，按F8键，在弹出的对话框将【名称】设置为“线”，将【类型】设置为【图形】，并调整其对齐方式，如图16-6所示。

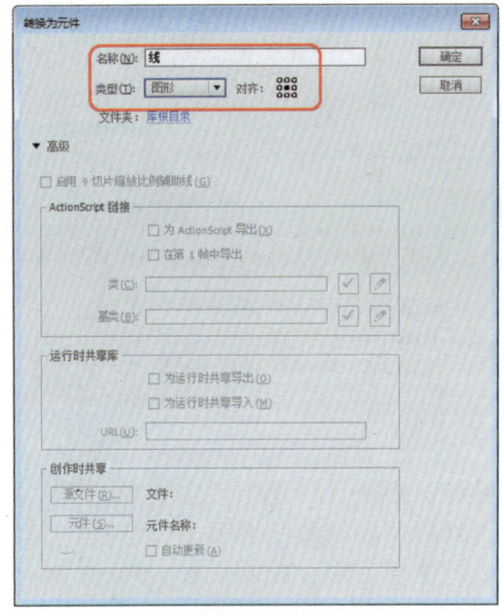

图16-6　转换为元件

❻ 设置完成后，单击【确定】按钮，选中该图形元件，在【属性】面板中将【X】、【Y】分别设置为400、-300，将【样式】设置为【Alpha】，将【Alpha】值设置为0，如图16-7所示。

❼ 选中该图层的第10帧，按F6键插入关键帧，选中该帧的元件，在【属性】面板中将【Y】设置为300，将【Alpha】值设置为100%，如图16-8所示。

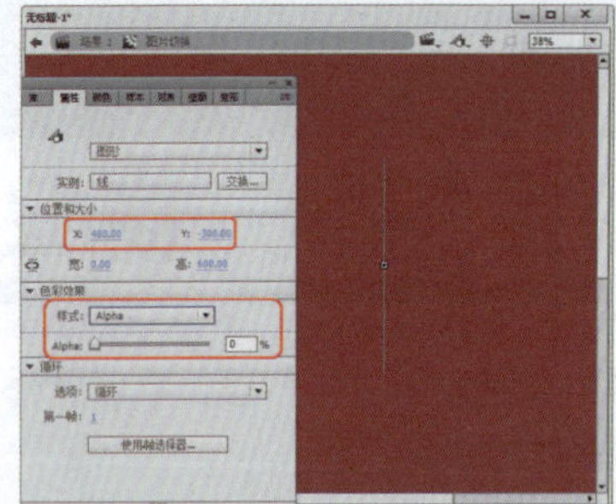

图16-7　调整图形元件的位置并添加样式

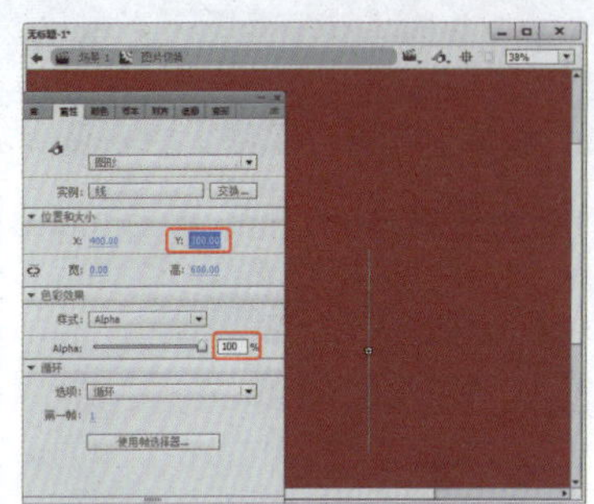

图16-8　调整Y位置和Alpha参数

❽ 选中该图层的第9帧，单击鼠标右键，在弹出的快捷菜单中选择【创建传统补间】命令，效果如图16-9所示。

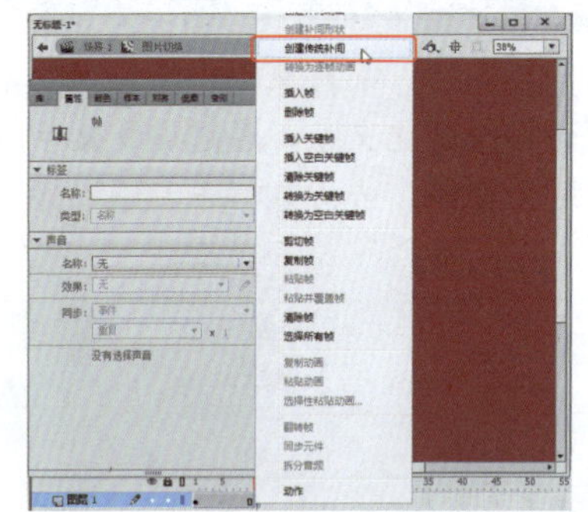

图16-9　选择【创建传统补间】命令

❾ 选中该图层的第105帧，按F5键插入帧，单击【新建图层】按钮，新建“图层2”，选择第10帧插入关键帧，在【库】面板中选择小图01.jpg文件，按住鼠标将其拖拽至舞台中，选中该图像，在【属性】面板中将【宽】、【高】分别设置为400、600像素，如图16-10所示。

图16-10　添加素材文件并设置其大小

❿ 继续选中该文件，按F8键，在弹出的对话框中将【名称】设置为“切换图01”，将【类型】设置为【影片剪辑】，如图16-11所示。

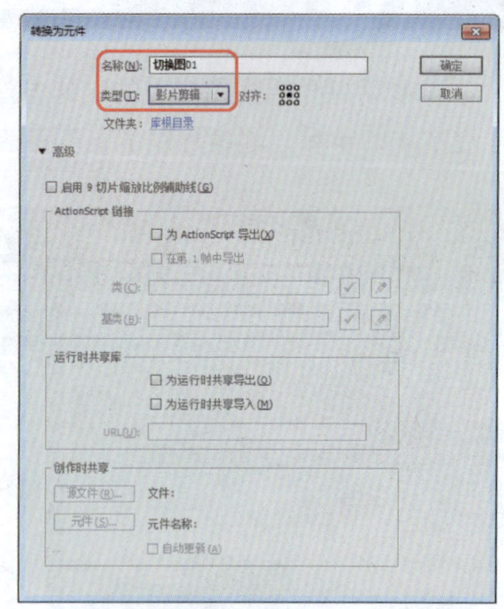

图16-11　转换为元件

⓫ 设置完成后，单击【确定】按钮，在【属性】面板中将【X】、【Y】分别设置为200、300，将【样式】设置为【高级】，并设置其参数，如图16-12所示。

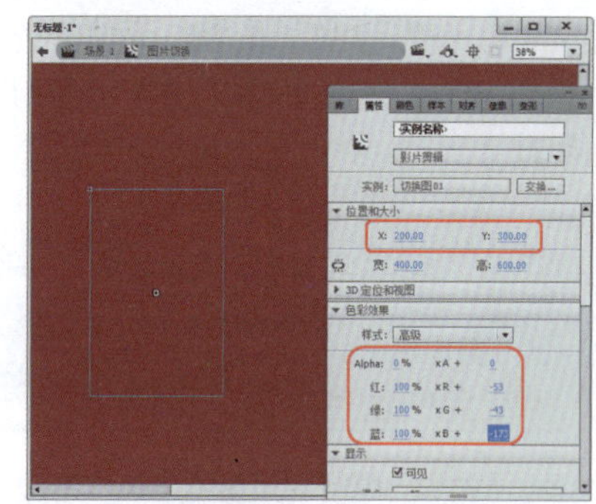

图16-12　调整其位置并添加【高级】样式

⓬ 选择该图层的第25帧，按F6键插入关键帧，选中该帧的元件，在【属性】面板中调整高级的参数，如图16-13所示。

图16-13　调整高级参数

⑬选中该图层的第20帧，单击鼠标右键，在弹出的快捷菜单中选择【创建传统补间】命令，创建传统补间后的效果如图16-14所示。

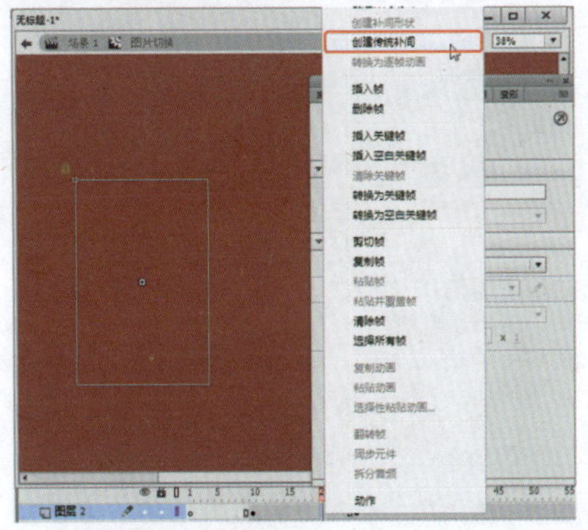

图16-14 创建传统补间后的效果

⑭在【时间轴】面板中选择“图层1”，单击鼠标右键，在弹出的快捷菜单中选择【复制图层】命令，如图16-15所示。

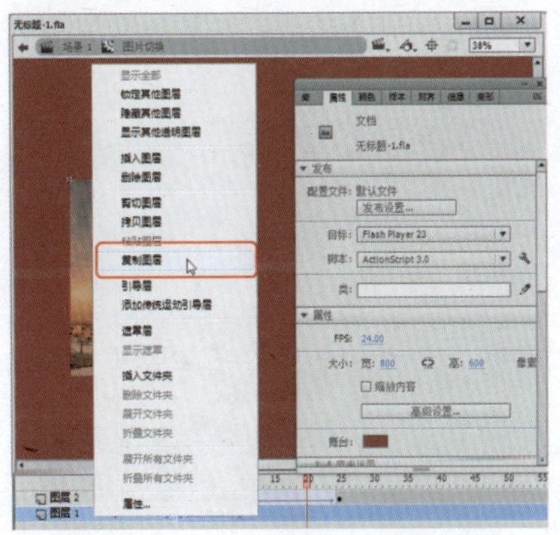

图16-15 选择【复制图层】命令

⑮复制完成后，将该图层调整至“图层2”的上方，将“图层1复制”的第1帧和第10帧分别移动至第25帧和第34帧处，选中第25帧处的元件，在【属性】面板中将【X】设置为800，如图16-16所示。

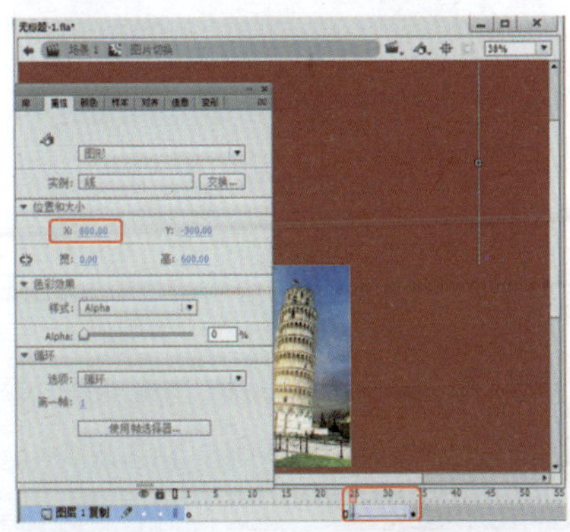

图16-16 复制图层并进行调整

⑯选中第34帧上的元件，在【属性】面板中将【X】设置为800，如图16-17所示。

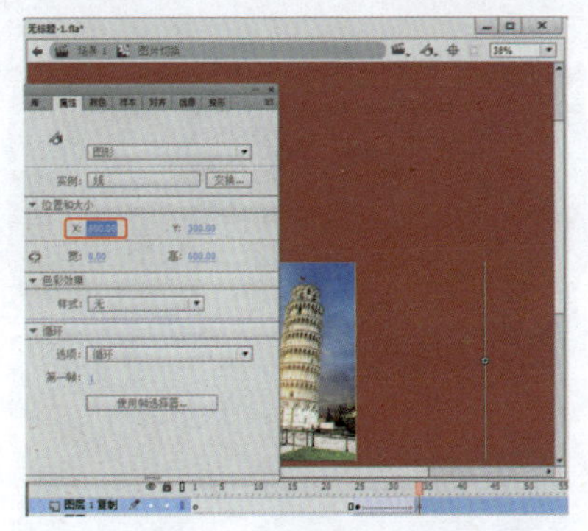

图16-17 调整元件位置

⑰在【时间轴】面板中单击【新建图层】按钮，新建“图层3”，选中第34帧，按F6键插入关键帧，在【库】面板中选择小图02.jpg文件，按住鼠标将其拖拽至舞台中，选中该图像在【属性】面板中将【宽】、【高】分别设置为400像素、600像素，如图16-18所示。

图16-18 新建图层并调整图像的大小

⑱选中该文件，按F8键，在弹出的对话框中将【名称】设置为“切换图02”，将【类型】设置为【影片剪辑】，如图16-19所示。

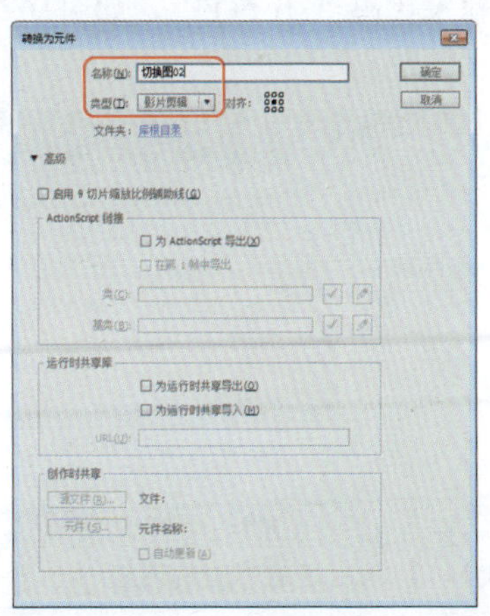

图16-19 转换为元件

⑲设置完成后，单击【确定】按钮，选中该元件，在【属性】面板中将【X】、【Y】分别设置为601、300，将【样式】设置为【高级】，并调整高级样式的参数，如图16-20所示。

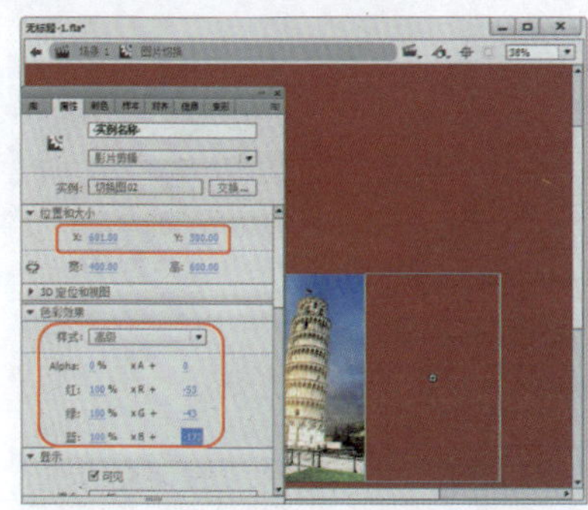

图16-20 调整位置并添加【高级】样式

⑳选中该图层的第49帧，按F6键，插入关键帧，选中该帧的元件，在【属性】面板中调整高级样式的参数，效果如图16-21所示。

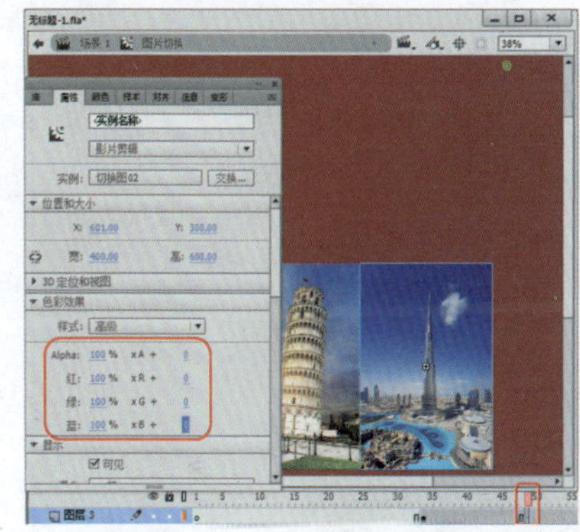

图16-21 调整高级样式

㉑选择该图层的第35帧，单击鼠标右键，在弹出的快捷菜单中选择【创建传统补间】命令，创建传统补间后的效果如图16-22所示。

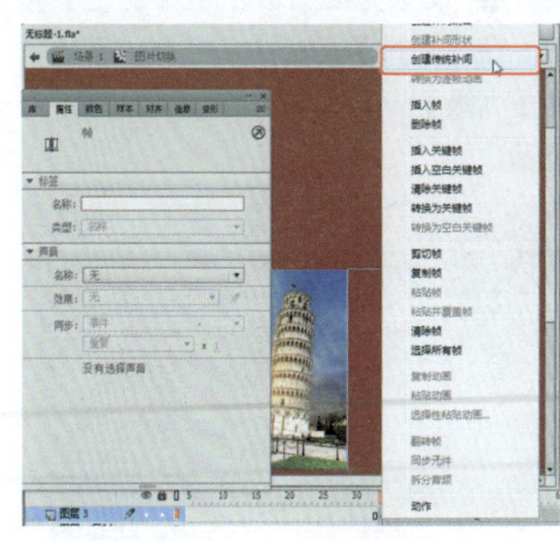

图16-22 创建传统补间

㉒在【时间轴】面板中单击【新建图层】按钮，新建一个图层，选择该图层的第60帧，按F6键插入关键帧，在【库】面板中选择小图03.jpg素材文

件，按住鼠标将其拖拽至舞台中，将其【宽】、【高】分别设置为400、600像素，并调整其位置，效果如图16-23所示。

图16-23 新建图层并添加图像

㉓ 选中该文件，按F8键，在弹出的对话框中将【名称】设置为“切换图03”，将【类型】设置为【影片剪辑】，如图16-24所示。

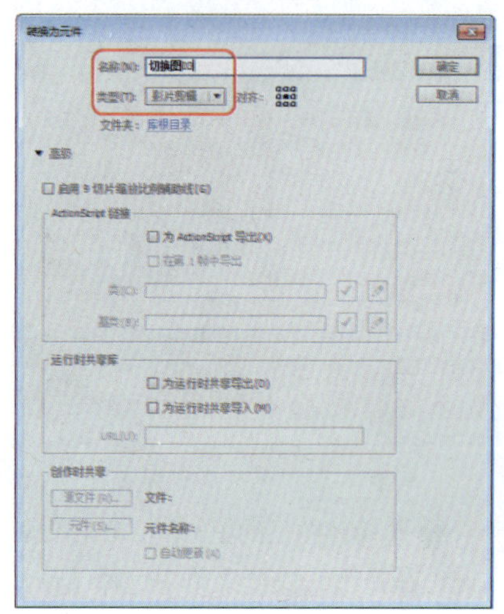

图16-24 转换为元件

㉔ 设置完成后，单击【确定】按钮，在【属性】面板中将【样式】设置为【高级】，并设置其参数，如图16-25所示。

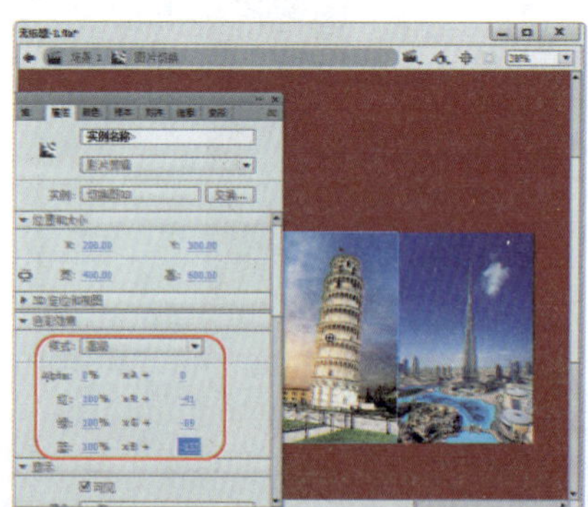

图16-25 添加【高级】样式

㉕ 设置完成后，选中该图层的第75帧，按F6键插入关键帧，选中该帧上的元件，在【属性】面板中调整【高级】样式参数，如图16-26所示。

图16-26 调整高级样式

㉖ 选中该图层的第60帧，单击鼠标右键，在弹出的快捷菜单中选择【创建传统补间】命令，使用同样的方法创建其右侧的切换动画，效果如图16-27所示。

图16-27 创建其他切换动画

㉗ 在【时间轴】面板中单击【新建图层】按钮，新建一个图层，选中该图层的第105帧，按F6键插入关键帧，选中该关键帧，按F9键，在弹出的面板中输入代码“stop();”，如图16-28所示。

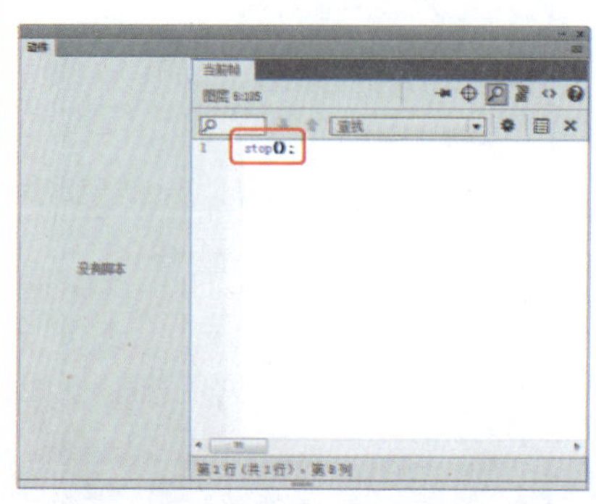

图16-28 输入代码

㉘ 将该面板关闭，返回至“场景1中”，在【库】面板中选择“图片切换”影片剪辑，按住鼠标将其拖拽至舞台中，选中该元件，在【属性】面板中将【X】、【Y】分别设置为-1、0，如图16-29所示。

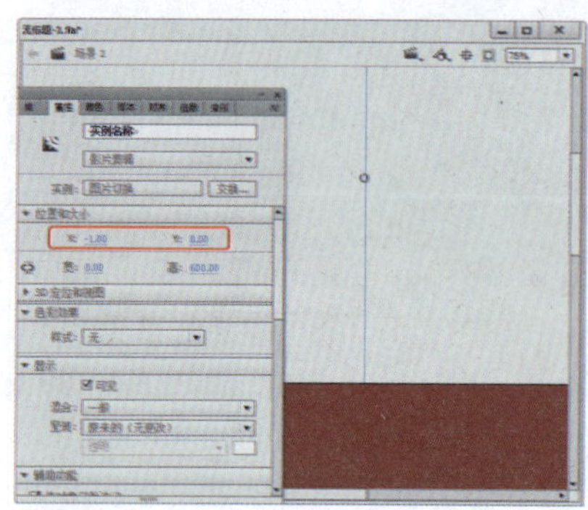

图16-29 添加影片剪辑元件并调整其位置

㉙ 选中该图层的第110帧，按F7键，插入空白关键帧，在【库】面板中选择大图01.jpg文件，按住鼠标将其拖拽至舞台中，选中该对象，在【对齐】面板中单击【水平中齐】、【垂直中齐】和【匹配宽和高】按钮，如图16-30所示。

图16-30 添加图像文件并调整其位置和大小

㉚ 选中该文件，按F8键，在弹出的对话框中将【名称】设置为“背景01”，如图16-31所示。

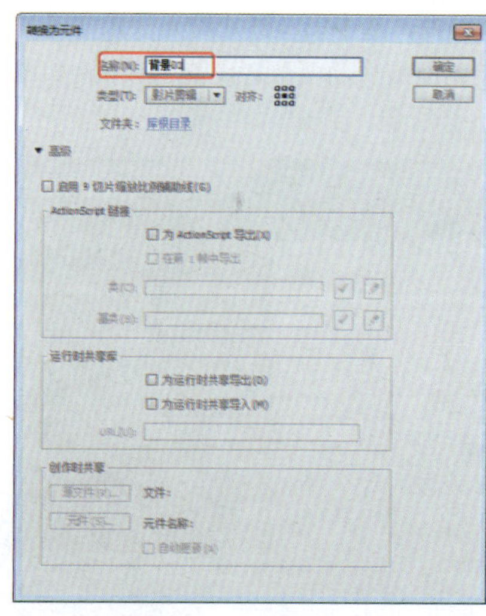

图16-31 转换为元件

㉛ 设置完成后，单击【确定】按钮，选中该元件，在【属性】面板中将【样式】设置为【高级】，并设置其参数，如图16-32所示。

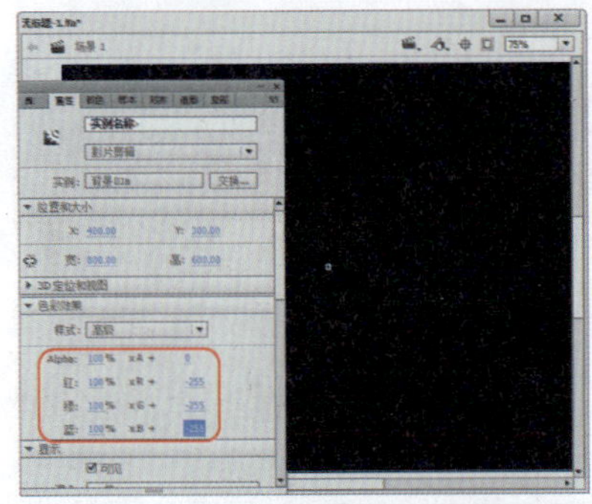

图16-32 添加【高级】样式

㉜ 选中该图层的第130帧，按F6键插入关键帧，选中该帧的元件，在【属性】面板中调整【高级】样式参数，如图16-33所示。

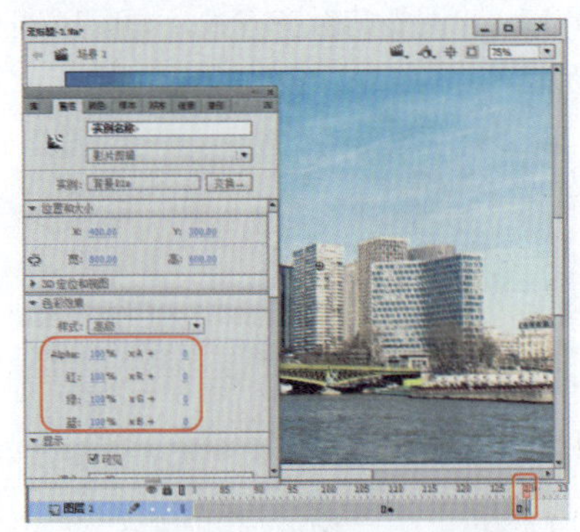

图16-33 调整高级样式参数

㉝ 选中第112帧，单击鼠标右键，在弹出的快捷菜单中选择【创建传统补间】命令，创建后的效果如图16-34所示。

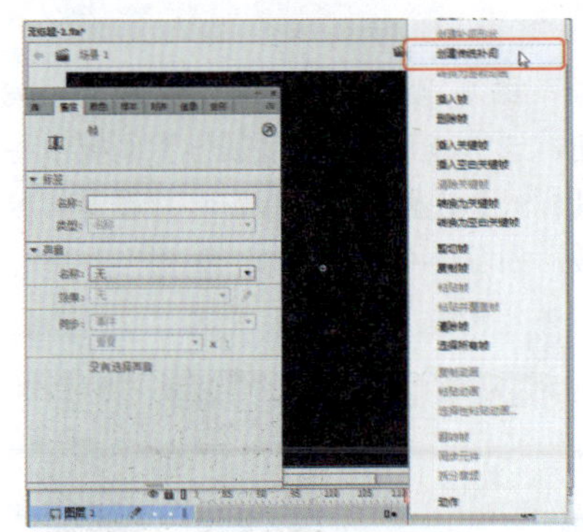

图16-34 创建传统补间后的效果

㉞ 选中该图层的第195帧，按F6键，插入关键帧，选中该图层的第215帧，按F6键插入关键帧，选中该帧的元件，在【属性】面板中调整高级样式的参数，如图16-35所示。

㉟ 选中该图层的第205帧，单击鼠标右键，在弹出的快捷菜单中选择【创建传统补间】命令，选中该图层的第460帧，按F5键插入关键帧，按Ctrl+F8组合键，在弹出的对话框中将【名称】设置为“文字动画1”，将【类型】设置为【影片剪辑】，如图16-36所示。

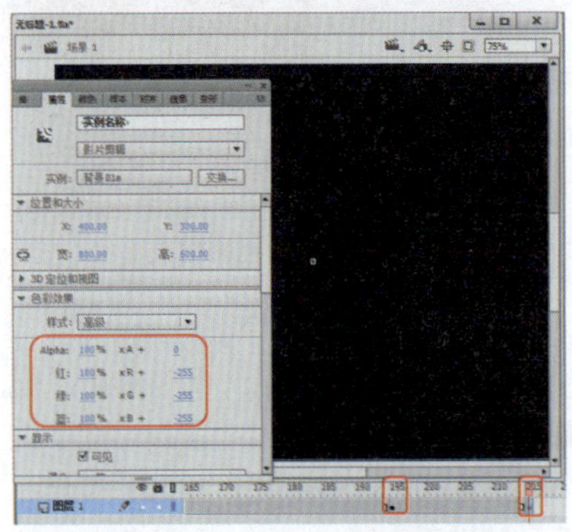

图16-35 调整高级参数

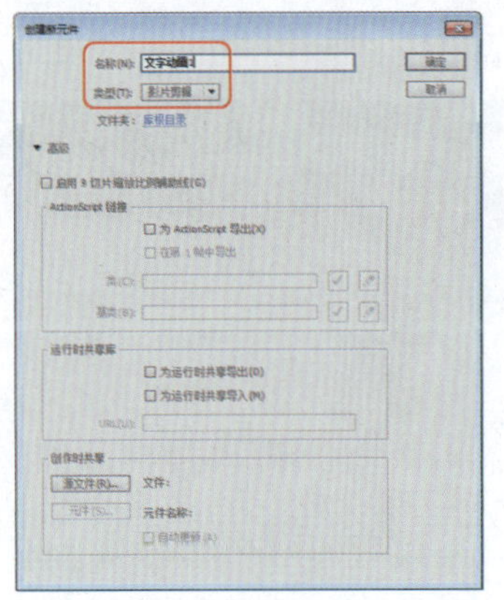

图16-36 创建新元件

㊱ 设置完成后，单击【确定】按钮，在工具箱中单击【文本工具】，在舞台中单击鼠标，输入文字，选中输入的文字，在【属性】面板中将字体设置为【方正仿宋简体】，将【大小】设置为17磅，将【字母间距】设置为2，将【颜色】设置为【#FFFFFF】，如图16-37所示。

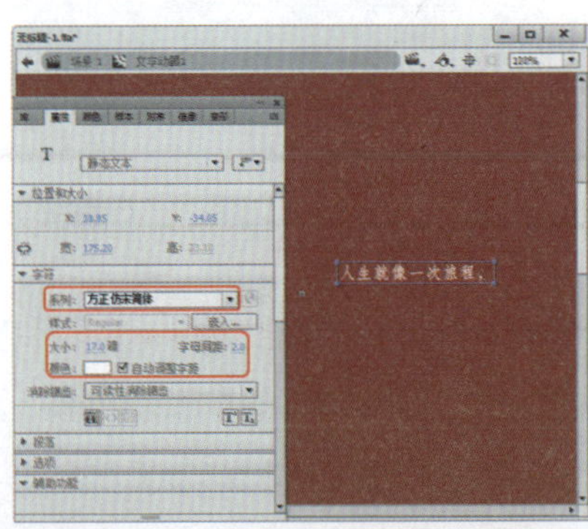

图16-37 创建文字并进行设置

㊲ 选中该文字，按F8键，在弹出的对话框中将【名称】设置为“文字1”，将【类型】设置为【影片剪辑】，并调整其对齐方式，如图16-38所示。

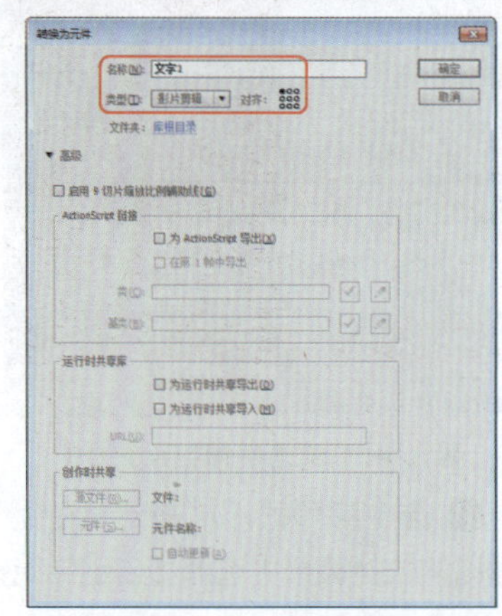

图16-38 转换为元件

㊳ 设置完成后，单击【确定】按钮，选中该元件，将【X】、【Y】分别设置为1.85、6.8，单击【滤镜】选项组中的【添加滤镜】按钮，在弹出的下拉列表中选择【模糊】命令，如图16-39所示。

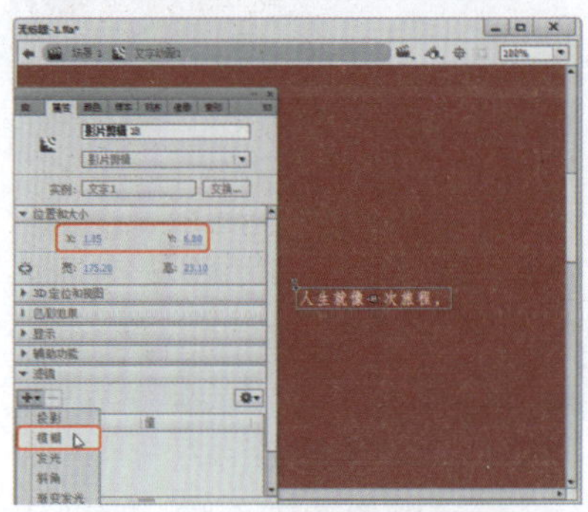

图16-39 选择【模糊】命令

㊴ 在【属性】面板中将【模糊X】、【模糊Y】都设置为20，将【品质】设置为【高】，如图16-40所示。

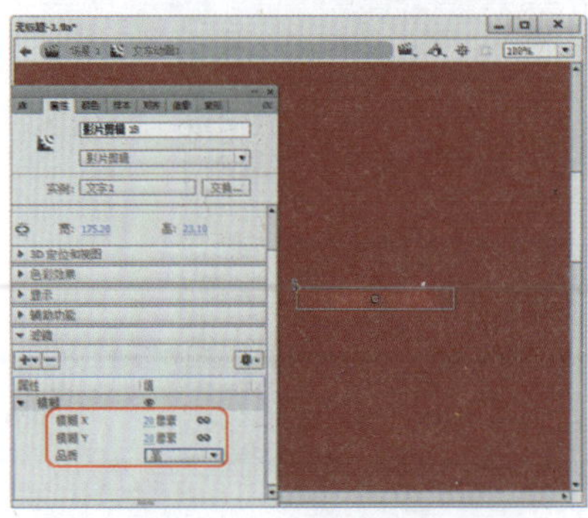

图16-40 设置模糊参数

㊵ 选中该图层的第20帧，按F6键插入关键帧，选中该帧的元件，在【属

性】面板中将【模糊X】、【模糊Y】都设置为0，如图16-41所示。

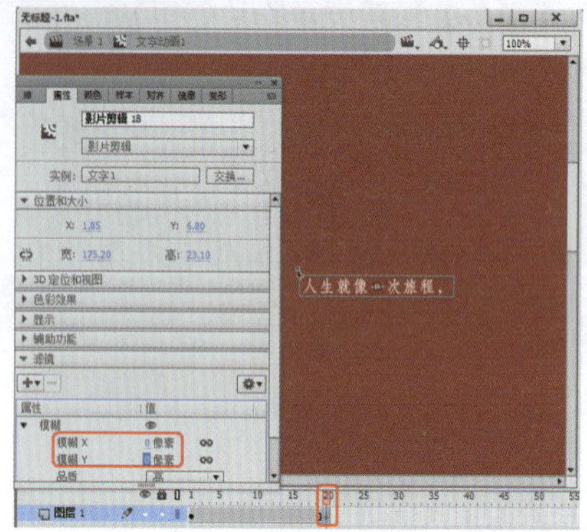

图16-41 将【模糊】设置为0

41 选中第10帧，单击鼠标右键，在弹出的快捷菜单中选择【创建传统补间】命令，选中第60帧，按F6键插入关键帧，再在第80帧位置处添加关键帧，选中该帧的元件，在【属性】面板中将【样式】设置为Alpha，将【Alpha】设置为0，如图16-42所示。

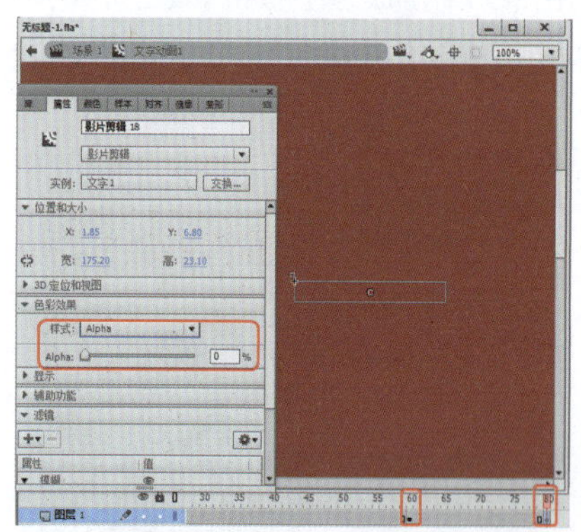

图16-42 插入关键帧并添加Alpha样式

42 选中该图层的第60帧，单击鼠标右键，在弹出的快捷菜单中选择【创建传统补间】命令，创建传统补间后的效果如图16-43所示。

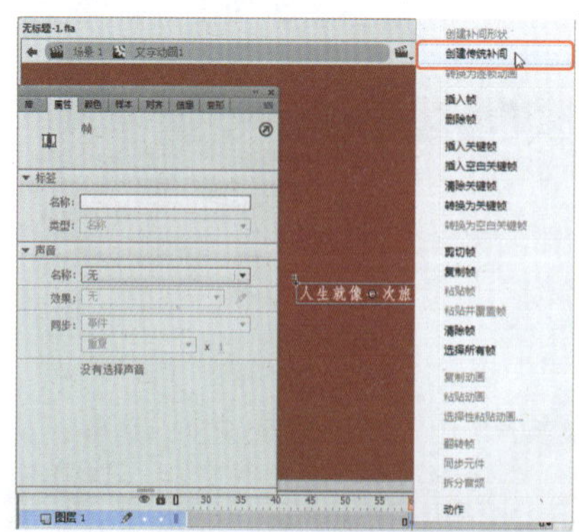

图16-43 创建传统补间

43 使用同样的方法创建其他文字，将其转换为元件然后为其添加关键帧，并进行相应的设置，效果如图16-44所示。

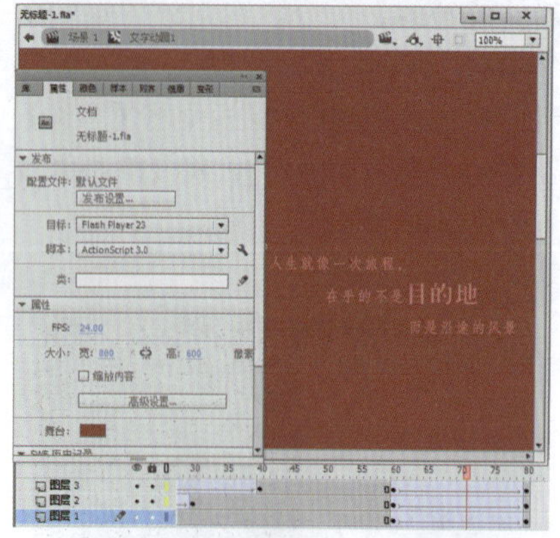

图16-44 创建其他文字动画

44 在【时间轴】面板中单击【新建图层】按钮，新建一个图层，选中该图层的第80帧，按F6键，插入关键帧，选中该关键帧，按F9键，在弹出的面板中输入代码“stop();”，如图16-45所示。

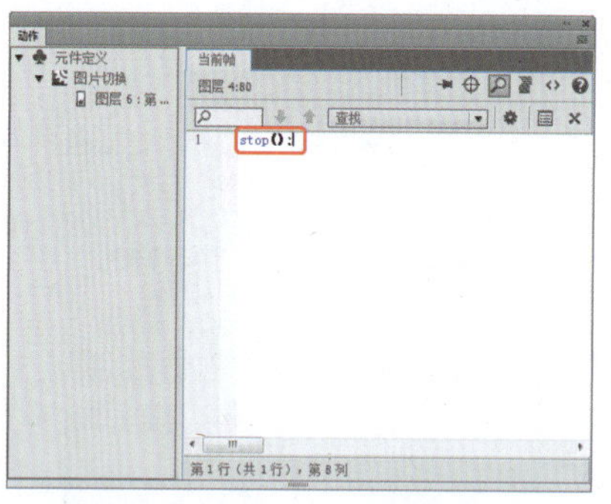

图16-45 输入代码

45 输入完成后，将该面板关闭，返回至“场景1”中，在【时间轴】面板中单击【新建图层】按钮，在第130帧处插入关键帧，在【库】面板中选择“文字动画1”影片剪辑元件，按住鼠标将其拖拽至舞台中，并调整其位置，效果如图16-46所示。

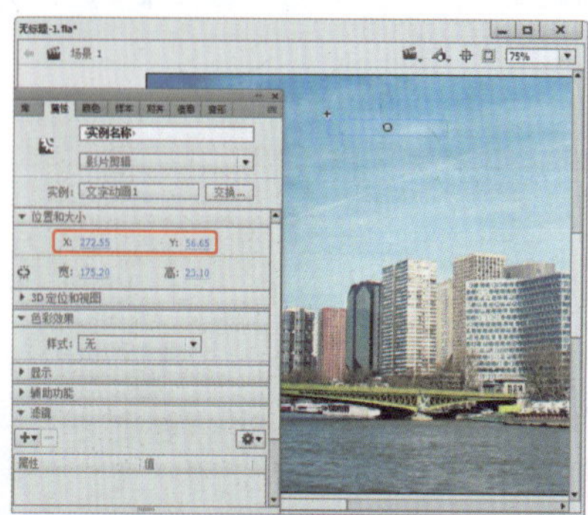

图16-46 新建图层并添加元件

46 选中该图层的第220帧，按F7键，插入空白关键帧，在【库】面板中选择大图02.jpg素材文件，按住鼠标将其拖拽至舞台中，并调整其大小和位置，效果如图16-47所示。

图16-47 添加图像文件

47 选中该图像文件，按F8键，在弹出的对话框中将【名称】设置为“背景02”，将【类型】设置为【影片剪辑】，并调整其对齐方式，如图16-48所示。

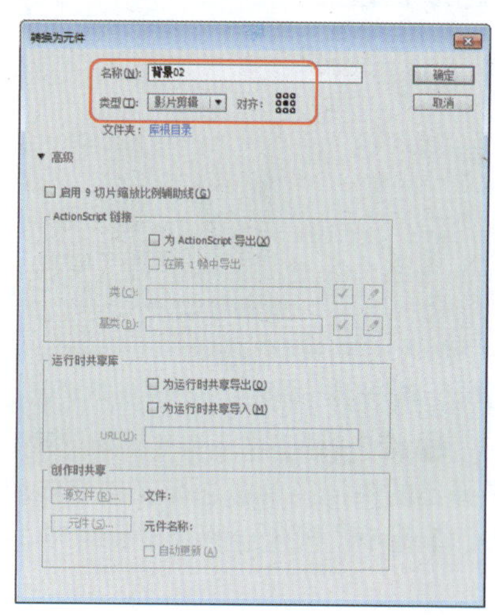

图16-48 转换为元件

48 设置完成后，单击【确定】按钮，选中该元件，在【属性】面板中将【样式】设置为【高级】，并设置其参数，如图16-49所示。

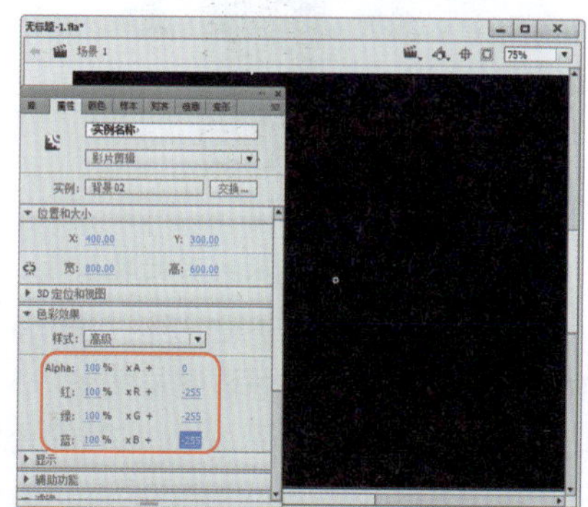

图16-49 添加【高级】样式

㊾ 选中该图层的第240帧，按F6键，插入关键帧，选中该帧的元件，在【属性】面板中调整高级样式的参数，如图16-50所示。

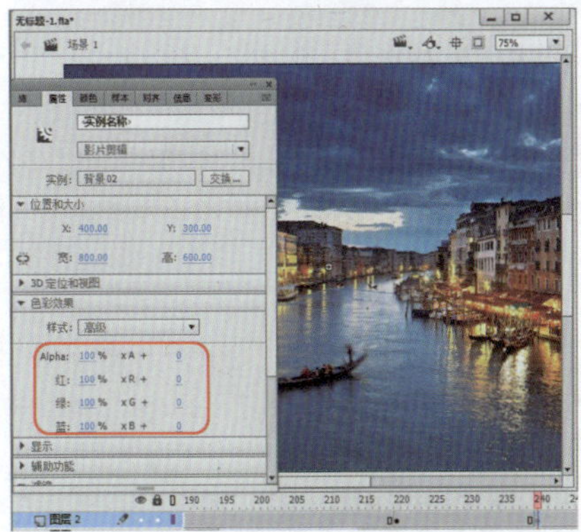

图16-50 设置高级样式参数

㊿ 选中该图层的第230帧，单击鼠标右键，在弹出的快捷菜单中选择【创建传统补间】命令，如图16-51所示。

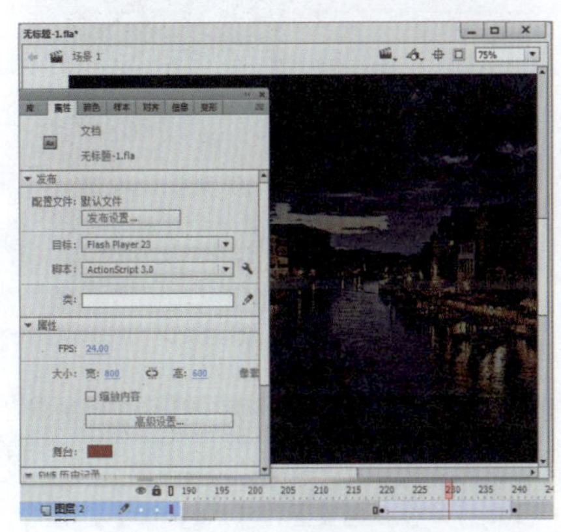

图16-51 创建传统补间

51 选中该图层的第310帧，按F6键插入关键帧，再选中该图层的第330帧，按F6键插入关键帧，选中该帧上的元件，在【属性】面板中调整高级参数，如图16-52所示。

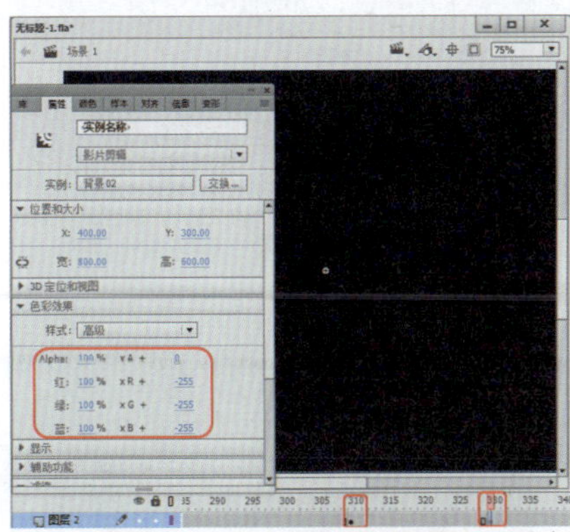

图16-52 调整高级样式参数

52 选中该图层的第320帧，单击鼠标右键，在弹出的快捷菜单中选择【创建传统补间】命令，使用前面所介绍的方法创建文字动画和其他切换动画，效果如图16-53所示。

图16-53 创建其他动画

53 在【时间轴】面板中单击【新建图层】按钮，选中该图层的第460帧，按F6键插入关键帧，选中该关键帧，按F9键，在弹出的面板中输入代码“stop ();”，如图16-54所示。

54 关闭该面板，在菜单栏中选择【文件】|【导入】|【导入到库】命令，在弹出的对话框中选择背景音乐.mp3音频文件，单击【打开】按钮，在【时间轴】面板中单击【新建图层】按钮，在【库】面板中选择导入的音频文件，按住鼠标将其拖拽至舞台中，为其添加音乐，如图16-55所示。

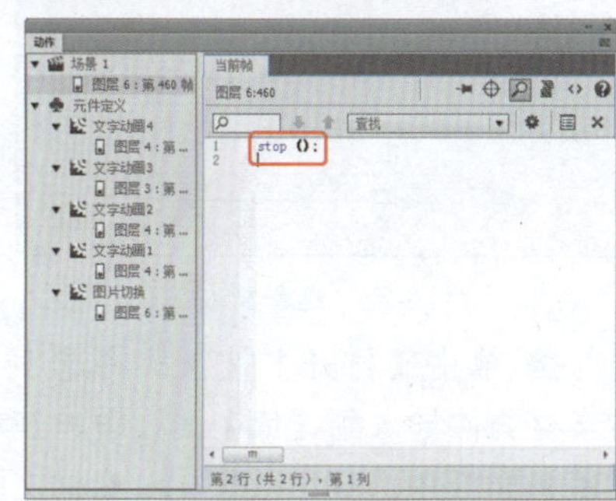

图16-54 输入代码

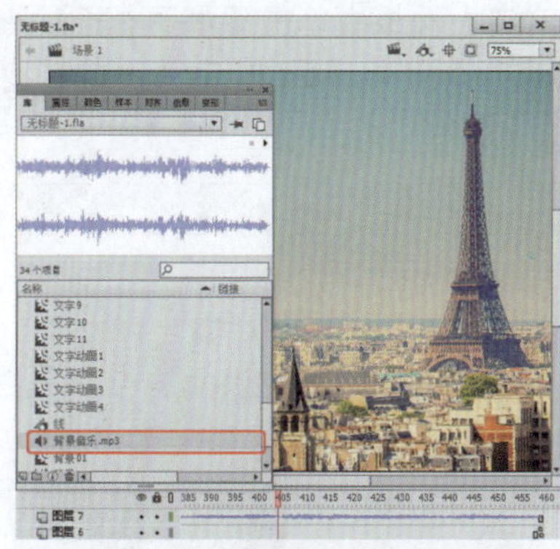

图16-55 添加音乐

实例198 制作家居宣传广告

本实例介绍家居宣传广告的制作方法。首先导入素材文件，将导入的素材文件转换为元件，添加导入的素材文件并将其转换为影片剪辑元件，为其创建传统补间动画，再使用绘图工具绘制不同的图形，通过进行相应的设置制作图形动画，最后创建文字，并对其进行相应的设置，效果如图16-56所示。

素材：	素材|Cha16| 家居01.jpg、家居02.jpg、家居03.jpg、家居04.jpg
场景：	场景|Cha16|实例198 家居宣传广告.fla
视频：	视频教学 | Cha16 |实例198 家居宣传广告.MP4

图16-56 制作家居宣传广告

❶ 新建一个【宽】为800像素，【高】为400像素的场景文件，在菜单栏中选择【文件】|【导入】|【导入到库】命令，在该对话框中选择如图16-57所示的素材文件。

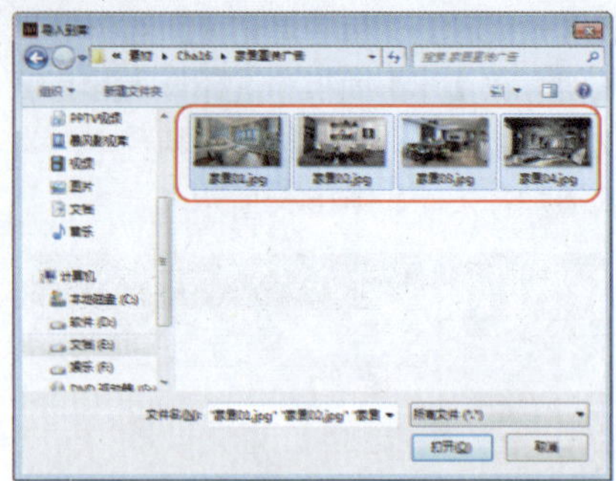

图16-57 选择素材文件

❷ 单击【打开】按钮，将选中的素材文件导入到【库】面板中，在【库】面板中选择家居01.jpg素材文件，按住鼠标将其拖拽至舞台中，在【对齐】面板中单击【水平中齐】、【垂直中齐】和【匹配宽和高】按钮，如图16-58所示。

图16-58 调整图像的位置和大小

❸ 选中该文件，按F8键，在弹出的对话框中将【名称】设置为“背景01”，将【类型】设置为【影片剪辑】，并调整其对齐方式，如图16-59所示。

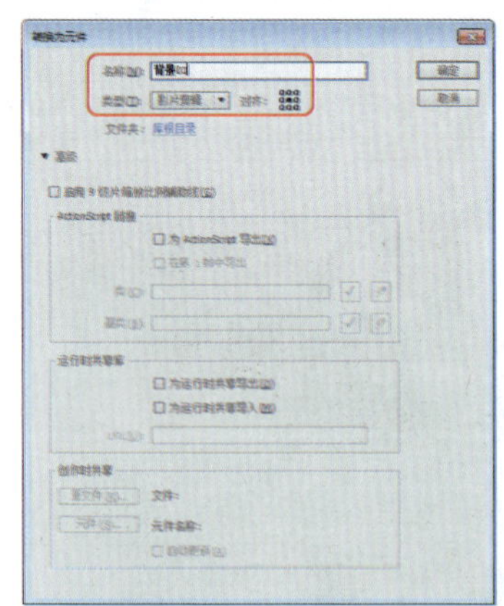

图16-59 转换为元件

❹ 设置完成后，单击【确定】按钮，选中该元件，在【属性】面板中将【样式】设置为【高级】，并设置其参数，如图16-60所示。

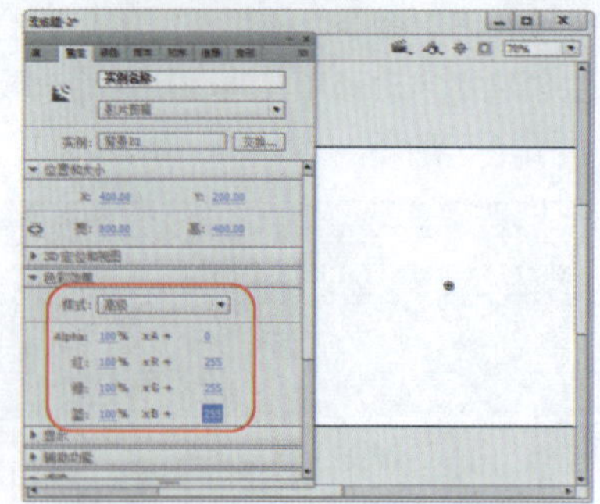

图16-60 添加样式并进行设置

❺ 选中该图层的第15帧，按F6键，插入关键帧，选中该帧的元件，在【属性】面板中设置高级样式的参数，如图16-61所示。

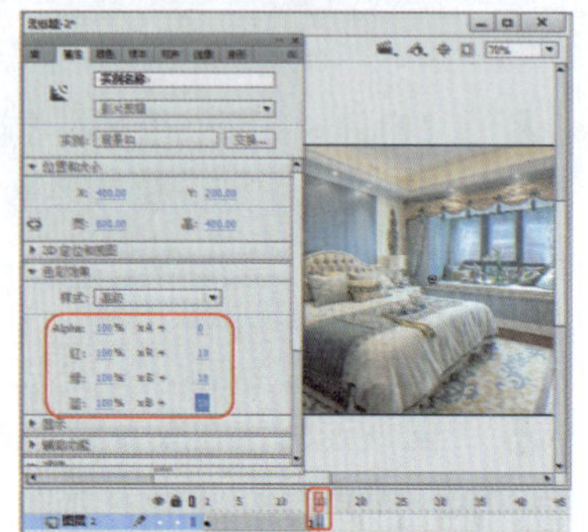

图16-61 设置高级样式参数

❻选中该图层的第14帧，单击鼠标右键，在弹出的快捷菜单中选择【创建传统补间】命令，如图16-62所示。

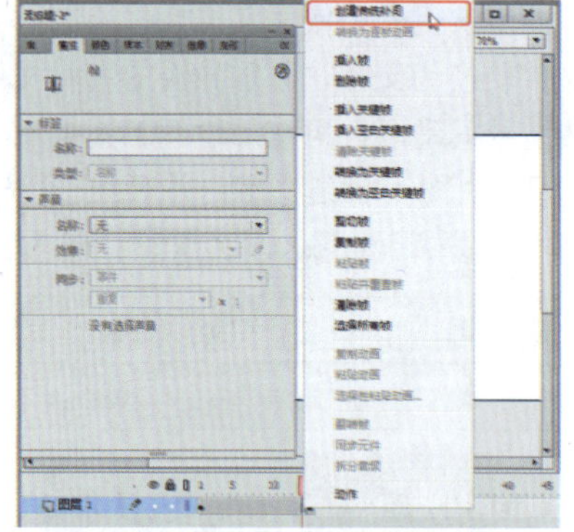

图16-62 创建传统补间

❼ 选中该图层的第255帧，按F5键插入关键帧，按Ctrl+F8组合键，在弹出的对话框中将【名称】设置为“小矩形动画”，将【类型】设置为【影片剪辑】，如图16-63所示。

❽ 设置完成后，单击【确定】按钮，在工具箱中单击【矩形工具】，在舞台中绘制一个【宽】、【高】都为210像素的矩形，选中该矩形，在【属性】面板中将【填充颜色】设置为【#FFFFFF】，将【Alpha】设置为50%，将【笔触颜色】设置为【#FFFFFF】，将【Alpha】设置为80%，如图16-64所示。

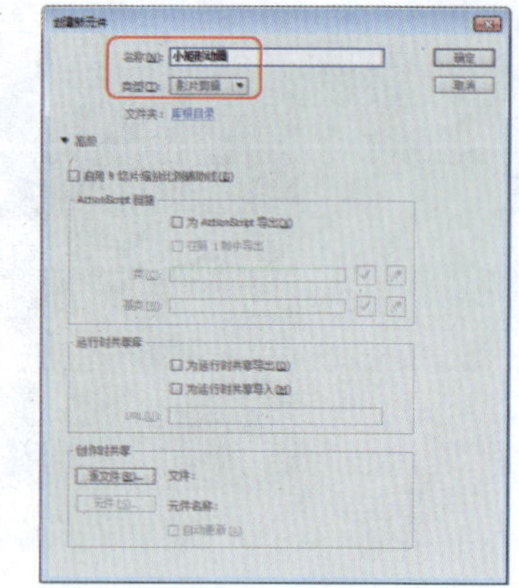

图16-63 创建新元件

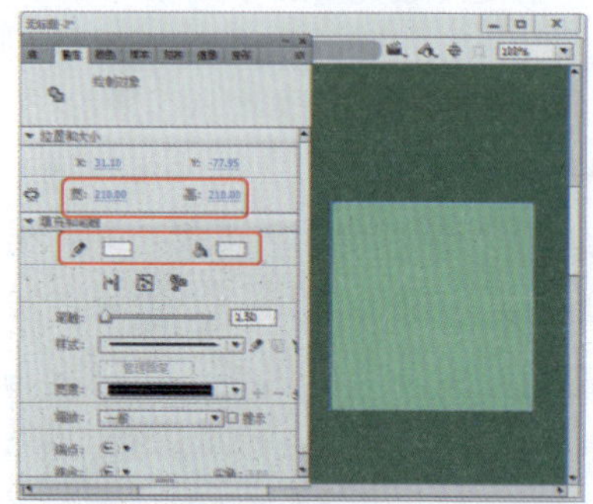

图16-64 绘制矩形

提 示

为了更好的查看绘制的矩形的效果，在此将舞台颜色设置为【#006600】，读者可以在本实例结束时将舞台颜色设置成白色。

❾ 选中图形，按F8键，在弹出的对话框中将【名称】设置为“小矩形”，将【类型】设置为【图形】，并调整其对齐方式，如图16-65所示。

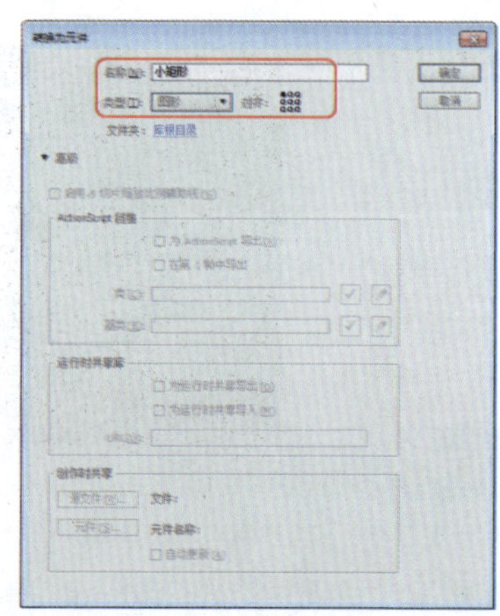

图16-65 转换为元件

⑩ 设置完成后，单击【确定】按钮，选中该元件，在【属性】面板中将【X】、【Y】分别设置为372、-2，将【样式】设置为【Alpha】，将【Alpha】值设置为0，如图16-66所示。

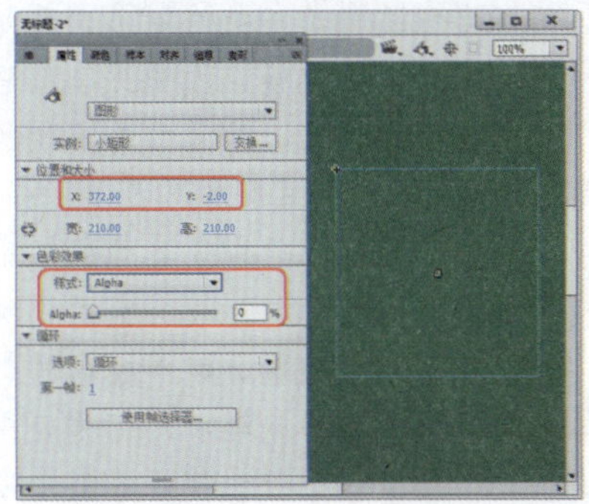

图16-66 调整位置并添加样式

⑪ 在【时间轴】面板中选择该图层的第5帧，按F6键插入关键帧，选中该帧上的元件，在【属性】面板中将【Alpha】值设置为100%，如图16-67所示。

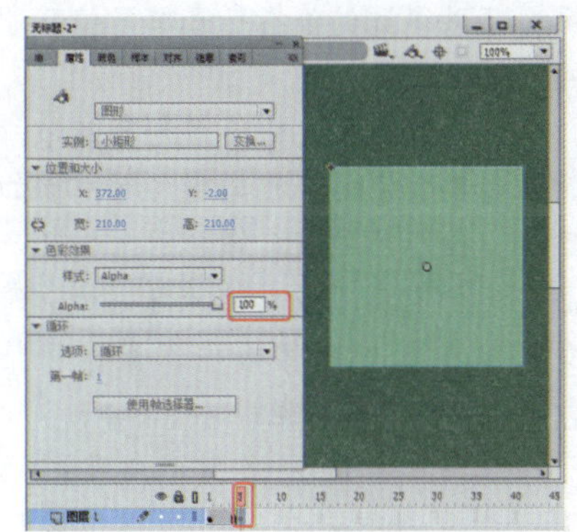

图16-67 设置Alpha参数

⑫ 选中该图层的第3帧，单击鼠标右键，在弹出的快捷菜单中选择【创建传统补间】命令，再选中该图层的第9帧，按F6键，插入关键帧，选中该帧上的元件，在【属性】面板中将【Alpha】设置为20%，如图16-68所示。

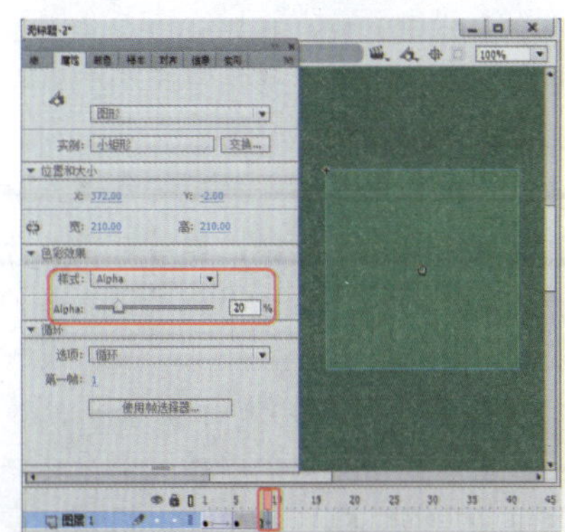

图16-68 设置Alpha参数

⑬ 在第5帧和第9帧之间创建传统补间，选中第10帧，按F6键插入关键帧，选中该帧的元件，在【属性】面板中将【Alpha】设置为0，如图16-69所示。

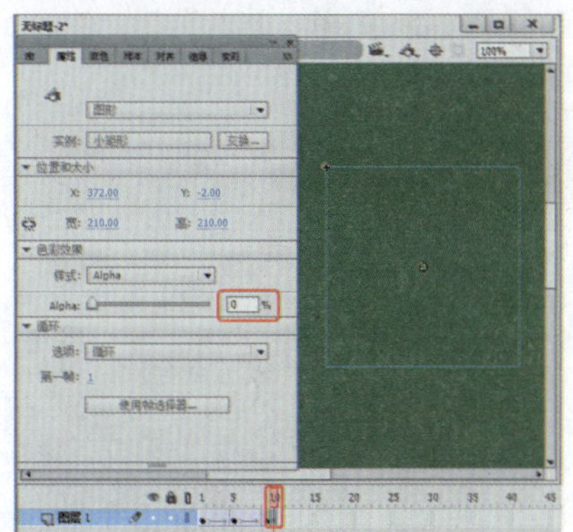

图16-69 将Alpha设置为0

⑭ 选中该图层的第40帧，按F5键插入帧，使用同样的方法创建其他矩形动画，如图16-70所示。

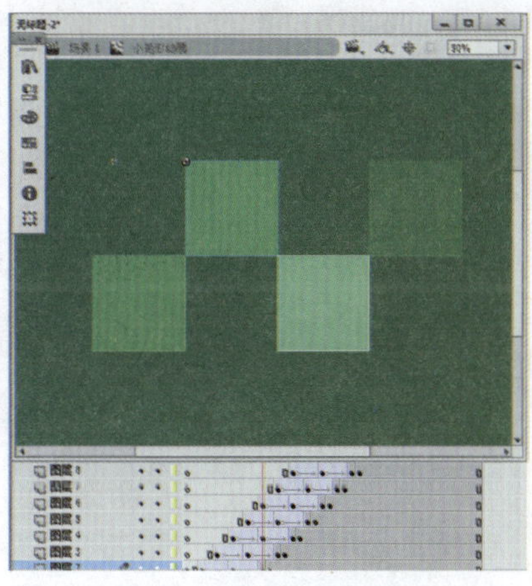

图16-70 创建其他矩形动画

⑮ 在【时间轴】面板中单击【新建图层】按钮，选中该图层的第40帧，按F6键插入关键帧，选中该关键帧，按F9键，在弹出的面板中输入代码"stop();"，如图16-71所示。

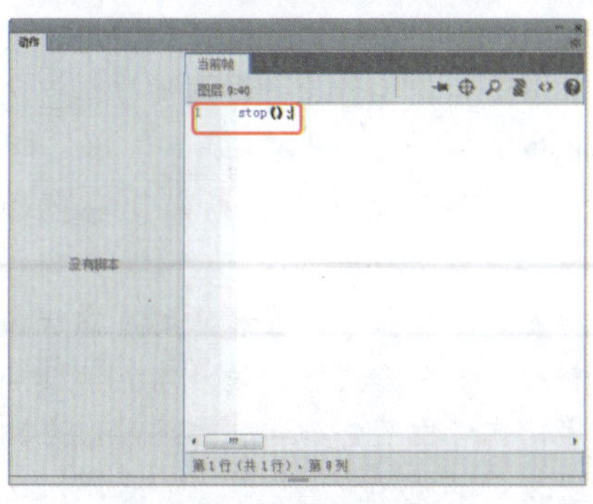

图16-71 输入代码

⑯ 关闭该面板，返回至"场景1"中，在【时间轴】面板中单击【新建图层】按钮，选中该图层的第51帧，按F6键插入关键帧，在【库】面板中选择家居02.jpg文件，按住鼠标将其拖拽至舞台中，并调整其大小和位置，如图16-72所示。

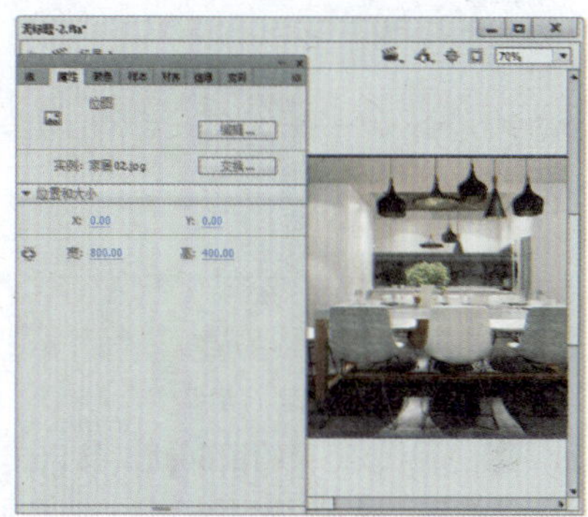

图16-72 添加素材文件并调整其大小和位置

⑰ 选中该文件，按F8键，在弹出的对话框中将【名称】设置为"背景02"，将【类型】设置为【影片剪辑】，并调整其对齐方式，如图16-73所示。

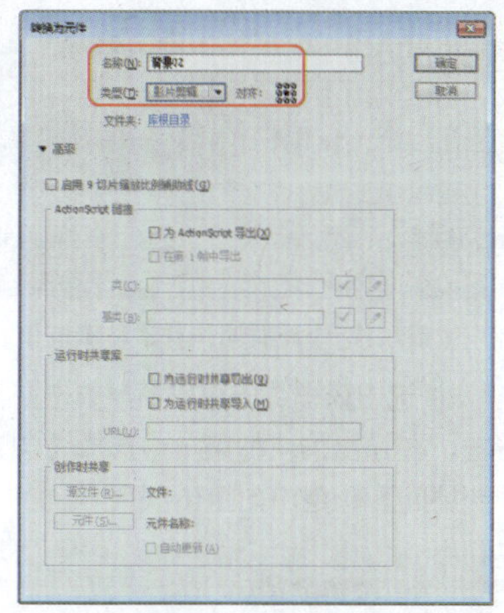

图16-73 转换为元件

知识链接

还可以通过以下几种方法新建元件：

方法一：按快捷键Ctrl+F8，弹出【创建新元件】对话框。

方法二：单击【库】面板下方的【新建元件】按钮，也可以打开【创建新元件】对话框。

方法三：单击【库】面板右上角的按钮，在弹出的下拉菜单中选择【新建元件】命令。

⑱ 设置完成后，单击【确定】按钮，选中该元件，在【属性】面板中将

【样式】设置为【高级】，并调整其参数，如图16-74所示。

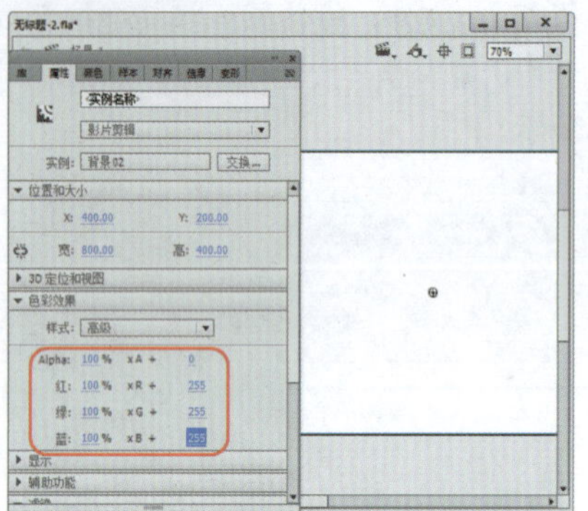

图16-74 添加样式并进行设置

⑲ 选中该图层的第66帧，按F6键插入关键帧，选中该帧的元件，在【属性】面板中调整高级样式的参数，如图16-75所示。

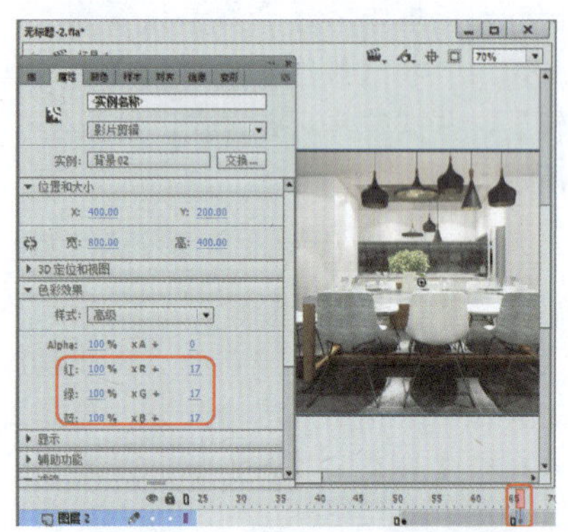

图16-75 调整高级样式参数

⑳ 选中该图层的第51帧，单击鼠标右键，在弹出的快捷菜单中选择【创建传统补间】命令，如图16-76所示。

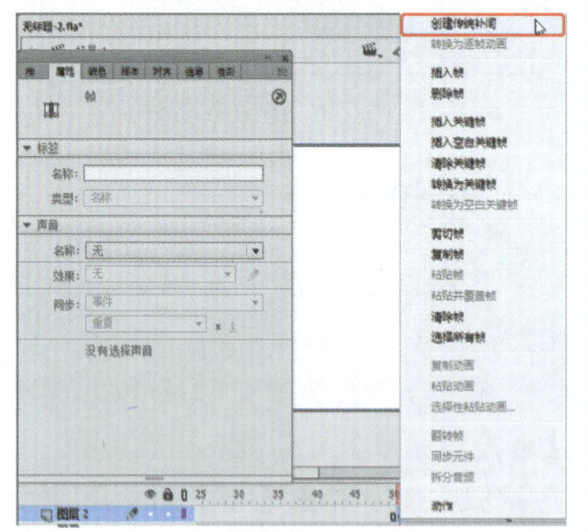

图16-76 创建传统补间后的效果

㉑ 在【时间轴】面板中单击【新建图层】按钮，选中该图层的第51帧，按F6键插入关键帧，在【库】面板中选择“小矩形动画”影片剪辑元件，按住鼠标将其拖拽至舞台中，并调整其位置和大小，如图16-77所示。

图16-77 添加元件并调整其大小和位置

㉒ 在【时间轴】面板中单击【新建图层】按钮，选择该图层的第101帧，按F6键插入关键帧，将家居03.jpg素材文件拖拽至舞台中，并调整其大小和位置，将其转换为影片剪辑元件，如图16-78所示。

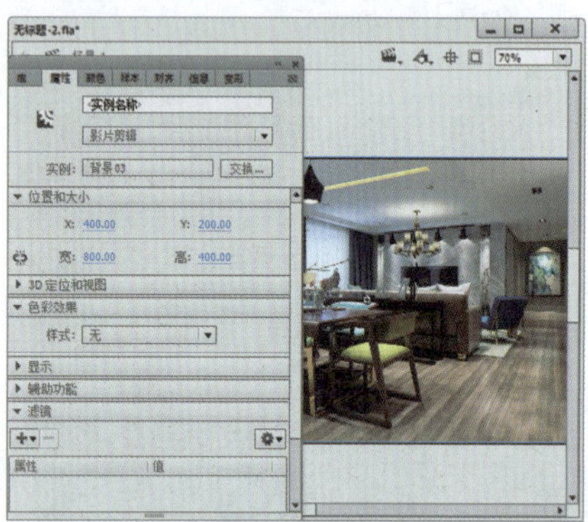

图16-78 添加图像

知识链接

家居指的是家庭装修、家具配置、电器摆放等一系列和居室有关的内容都属于家居范畴。

简单的说，就是为业主的新房做整体策划。从居室结构、功能、线条、色彩、空间的整体规划，到装饰材料、电器、灯具、洁具、橱柜、家具等的统筹安排，进行全方位、立体化施工。

“整体家居”包括纵向联盟和横向联盟两种模式。前者是家装公司与生产厂家联盟，在装修时定做成品材料，如装修用线、装修木作、油漆等，或者由装饰公司自己建厂，自主研发，涉足生产领域，向设计、生产、施工系统化、规模化发展，或者由具有“整体家居”配套能力的生产厂家通过地区独家代理商直接面对业主提供的“整体家居”产品和服务。横向联盟是由装饰公司整合与家居相关的所有产业（如家具、家电、装饰材料、饰品、园艺等），形成巨大广泛的产业链。通过资源的整合，装饰公司不再只提供单一装修服务，开始进行着一种角色转换，成为一个家居产品的全面提供商，为消费者提供的是一整套的“一站式服务”。

“整体家居”要求设计师服务家装工程的全过程。包括设计前的详细沟通，确定包括家电、家具在内的整体家居风格。整修完毕后，还为业主提供全面的家居布置和使用方案，以保持居室的完 美风格，避免了以往装修设计风格与后期的家具、家电等风格不统一的情况。“整体家居”通过“展示厅”的方式汇集家具、装饰材料、家电、饰品等相关家居产品。由于装饰公司通过集团方式采购家居产品，所以得到的价格低于市场价，业主从中得到实惠。

由于设立独立的装修生产基地，也由于整体家具、整体厨房等，而如家具、橱柜，以及装修中的木作等产品在工厂里实现独立设计与生产，避免了以往现场制作的手工操作污染大、工期长、易出差错等弊端。

整体家居作为家装产业化的产物，据业内专家介绍，它与传统的家装模式有着显而易见的优势：首先，传统家装设计先行，与诸多后续工作脱节，往往很难完全达到设计方案的预期效果。而整体家居却能将选材、装饰等问题同家装整体风格协调统一。其次，确切把装修中的设计、施工、选材和配饰等繁琐工作全部交给专业公司完成，省时省力。第三，整体家居能缓解装修中出现的污染问题，解决了施工现场噪音、粉尘的污染。第四，家装企业通过大规模从建材厂家直接购买材料，能够获得质优价廉的产品，业主也因此得到更多的实惠。

总而言之，装饰行业未来的发展，整体家居必定能够替代部分传统的手工作坊式的装修模式，同时也是未来装饰行业发展的必然趋势。

1. 产生背景

整体家居是顺应时代要求而现出的,一种科学、先进和全面的装修理念和方式。它用整体的概念来审视装修每一个环节的协调性。它要求设计更为全面、周到;施工更为快捷环保;配饰成品采购更集中迅速。它是个方便装修消费的新模式,是个一站式家庭装修解决方案。

2. 设计理念

整体家居设计理念,将家居设计诠释为集"装修定位策划""完全设计方案""家居配饰设计"为一体的"2+1"设计模式。首先通过"家居功能定位、装修价格定位、设计风格定位、施工方案定位"等方面完成前期的"装修定位策划",锁定了设计及施工的总体方向;其次通过 "初步设计方案→视觉元素设计→应用功能设计→整体设计调整"四个流程,将家居装饰装修所有要做的,以及设计的整体效果,全部通过规范的图纸形式并配以文字说明表述出来,形成了"完全设计方案";再者通过"家居配饰设计",将硬装修与软配饰设计工作同步进行,把家居配饰设计融入家居装饰的整体过程,结构、功能、线条、色彩、空间的全方位通盘考虑。

㉓ 选中该影片剪辑元件,在【属性】面板中将【样式】设置为【高级】,并设置其参数,如图16-79所示。

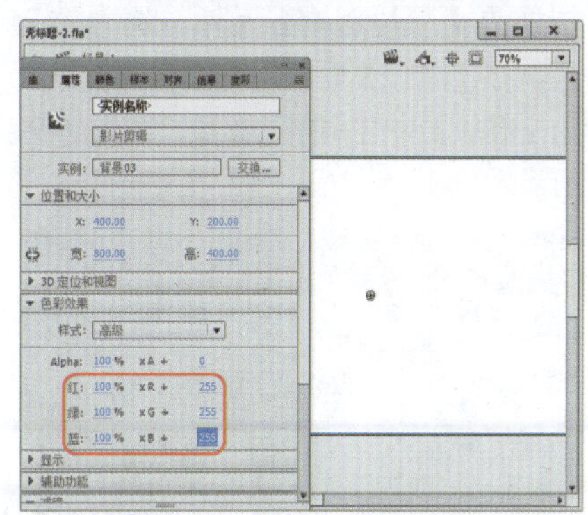

图16-79 添加样式并设置其参数

㉔ 设置完成后,选中该图层的第117帧,按F6键插入关键帧,选中该关键帧上的元件,在【属性】面板中设置高级样式的参数,如图16-80所示。

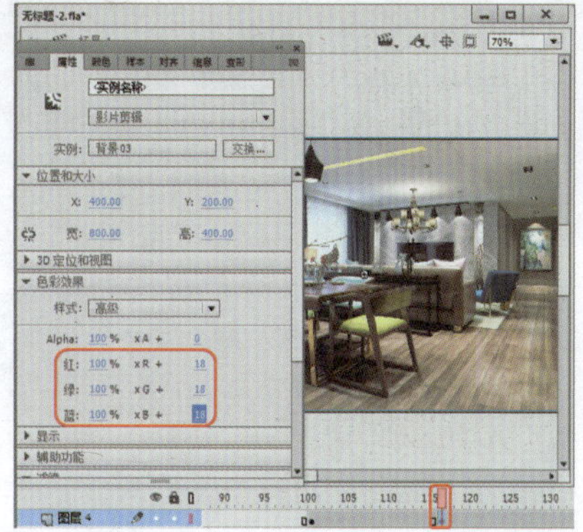

图16-80 调整高级样式的参数

㉕ 在第101帧和第117帧之间创建传统补间,按Ctrl+F8组合键,在弹出的对话框中将【名称】设置为"大矩形动画",将【类型】设置为【影片剪辑】,如图16-81所示。

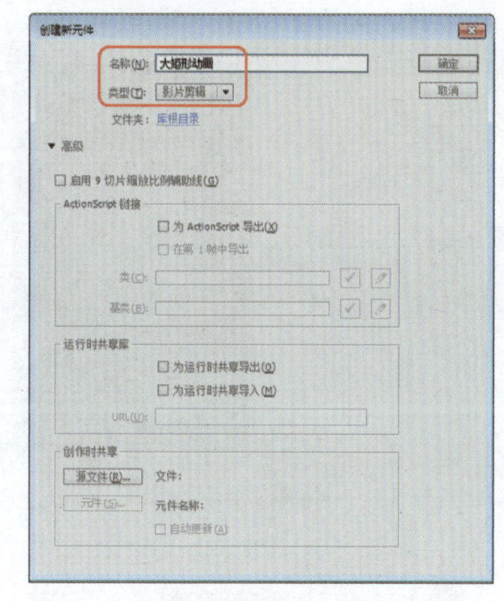

图16-81 创建新元件

㉖ 设置完成后,单击【确定】按钮,使用【矩形工具】在舞台中绘制一个矩形,选中该矩形,在【属性】面板中将【宽】和【高】都设置为507.85像素,其他参数使用小矩形的参数即可,如图16-82所示。

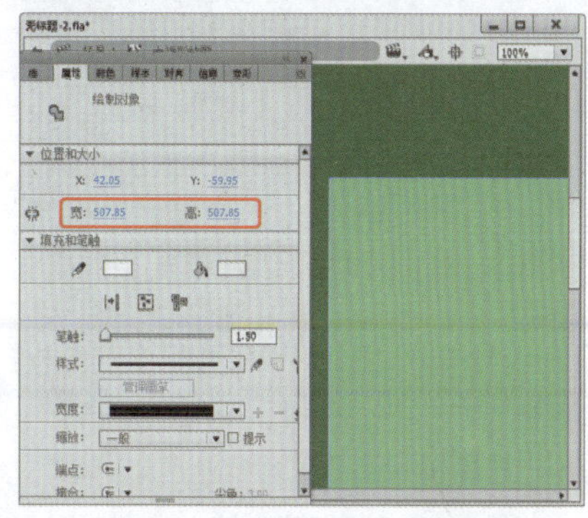

图16-82 绘制矩形并设置其大小

㉗ 选中该文件,按F8键,在弹出的对话框中将【名称】设置为"大矩形",将【类型】设置为【图形】,并调整其对齐方式,如图16-83所示。

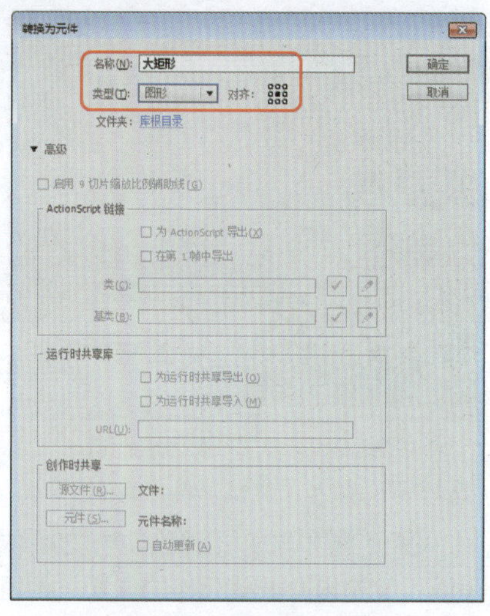

图16-83 转换为元件

㉘ 设置完成后,单击【确定】按钮,选中该元件,在【属性】面板中将【X】、【Y】分别设置为-245.95、243.9,如图16-84所示。

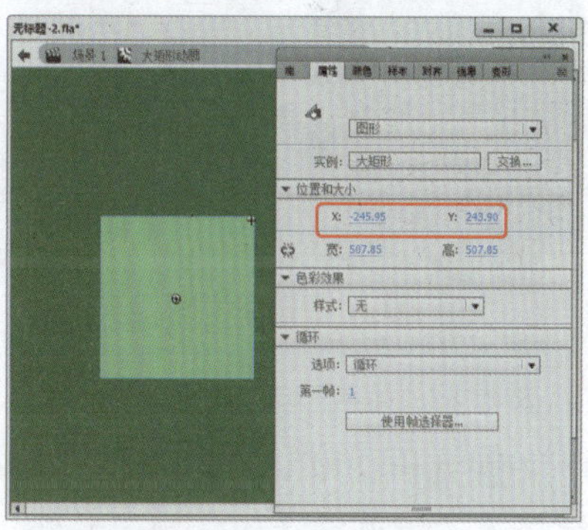

图16-84 调整元件的位置

㉙ 选中该图层的第2帧,按F6键插入关键帧,选中该帧的元件,在【属性】面板中将【X】设置为-156.55,如图16-85所示。

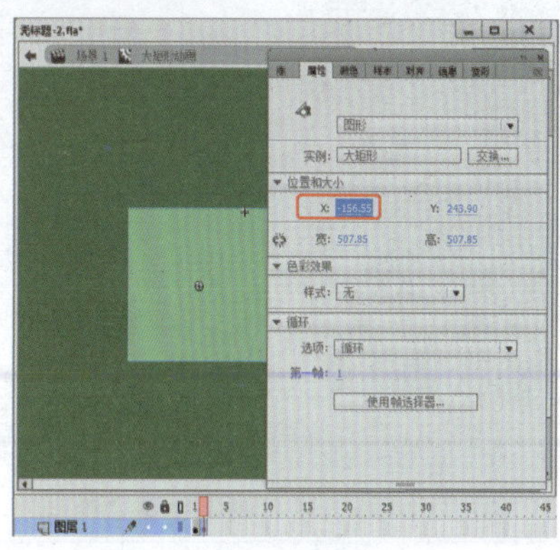

图16-85 调整X位置

㉚ 选中该图层的第3帧,按F6键插入关键帧,选中该帧的元件,在【属性】面板中将【X】设置为-77.7,如图

16-86所示。

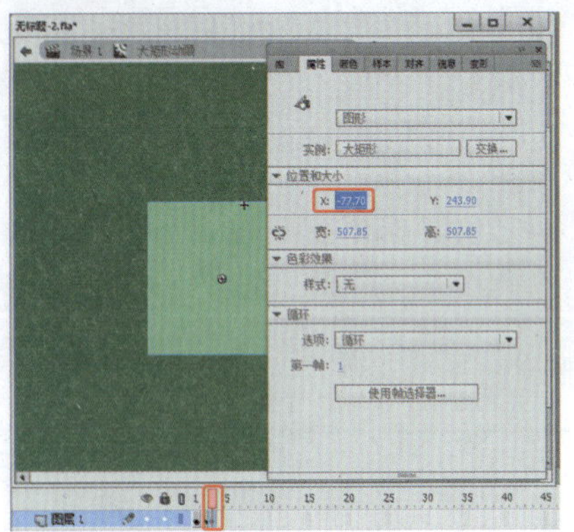

图16-86 插入关键帧并调整元件的位置

㉛ 使用同样的方法在第10帧之前依次插入关键帧并调整元件的位置，如图16-87所示。

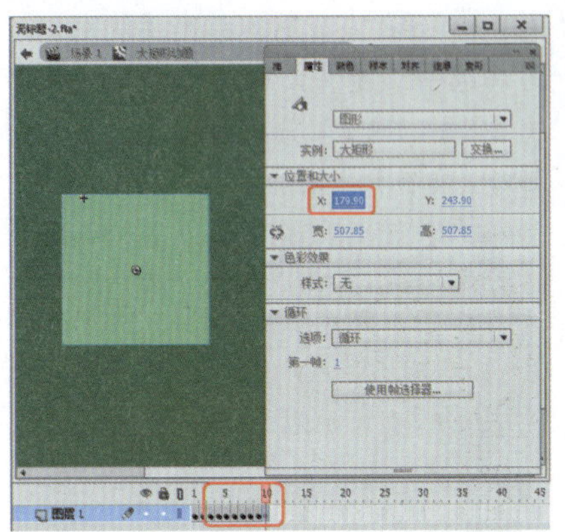

图16-87 插入关键帧并调整其位置

㉜ 选中该图层的第23帧，按F6键插入关键帧，选中该帧的元件，在【属性】面板中将【X】设置为462.75，将【宽】设置为109.9像素，如图16-88所示。

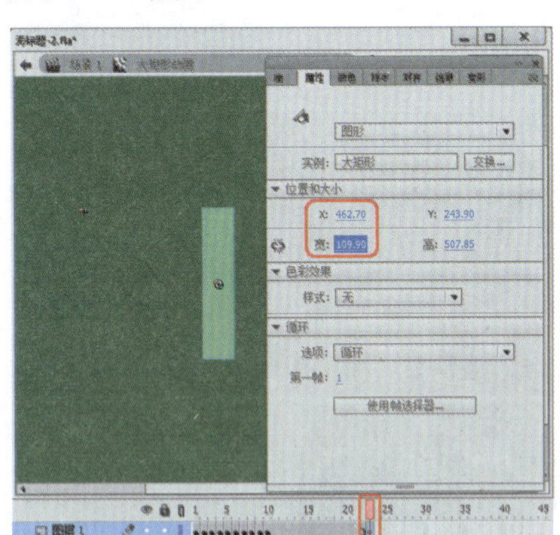

图16-88 插入关键帧并调整元件的位置和大小

㉝ 选中第22帧，单击鼠标右键，在弹出的快捷菜单中选择【创建传统补间】命令，如图16-89所示。

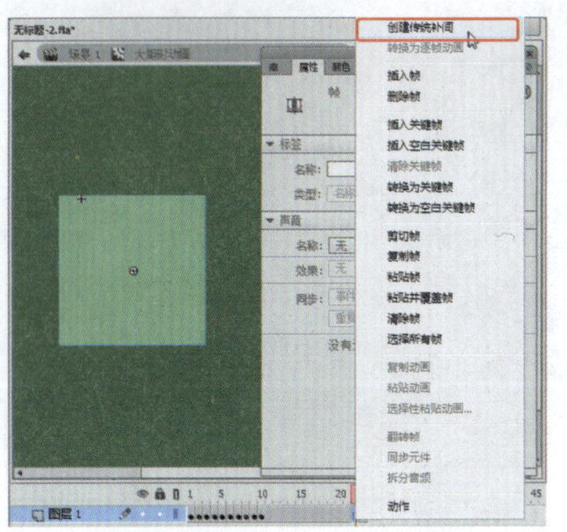

图16-89 创建传统补间

㉞ 选中该图层的第30帧，按F6键插入关键帧，选中该帧的元件，在【属性】面板中将【X】设置为801.55，将【宽】设置为367.85像素，如图16-90所示。

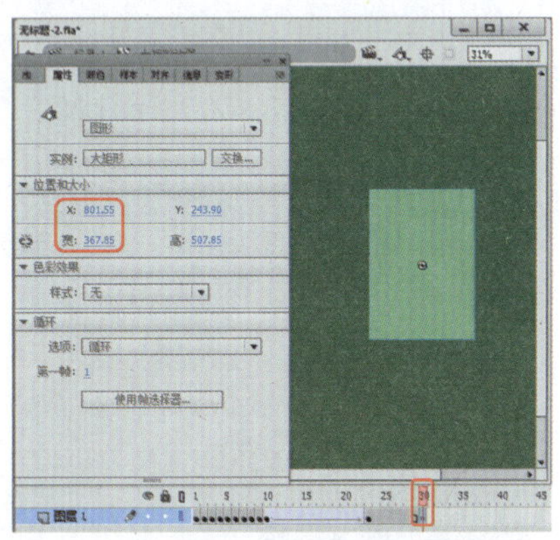

图16-90 调整X位置和宽

㉟ 在第23帧和第30帧之间创建传统补间，选中该图层的第41帧，按F6键插入关键帧，选中该帧的元件，在【属性】面板中将【X】设置为997.55，如图16-91所示。

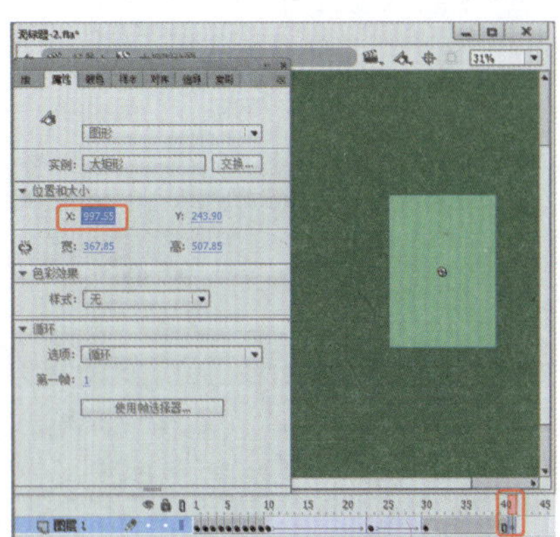

图16-91 插入关键帧并调整X位置

㊱ 在第30帧和第41帧之间创建传统补间，单击【新建图层】按钮，新建图层，选中该图层的第41帧，按F6键插入关键帧，选中该关键帧，按F9键，在弹出的面板中输入代码“stop();”，如图16-92所示。

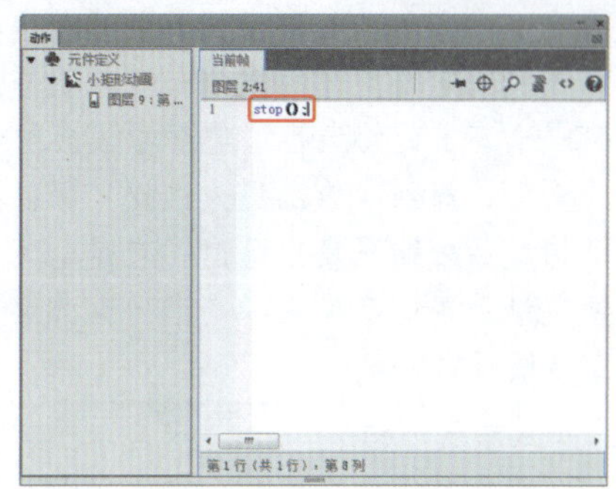

图16-92 输入代码

㊲ 输入完成后，将该面板关闭，返回至“场景1”中，在【时间轴】面板中单击【新建图层】按钮，选中该图层的第101帧，按F6键插入关键帧，在【库】面板中选择“大矩形动画”影片剪辑元件，按住鼠标将其拖拽至舞台中，并调整其位置，如图16-93所示。

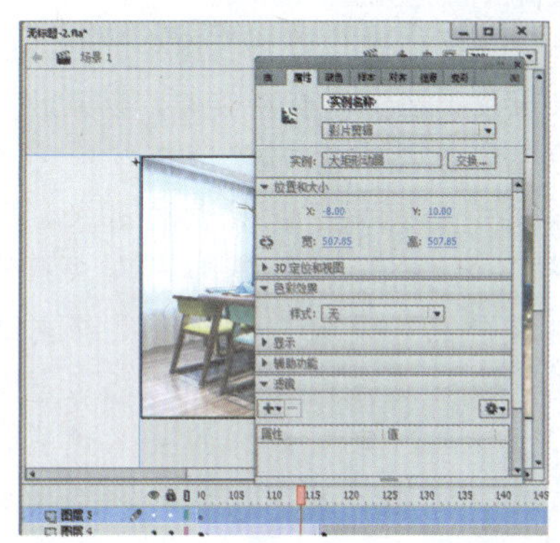

图16-93 添加元件并调整其位置

㊳ 新建一个图层，在第151帧处插入关键帧，将家居04.jpg素材文件拖拽至舞台中，调整其位置和大小，并将其转换为【影片剪辑】元件，选中该元件，在【属性】面板中将【样式】设置为【高级】，并调整其参数，如图16-94所示。

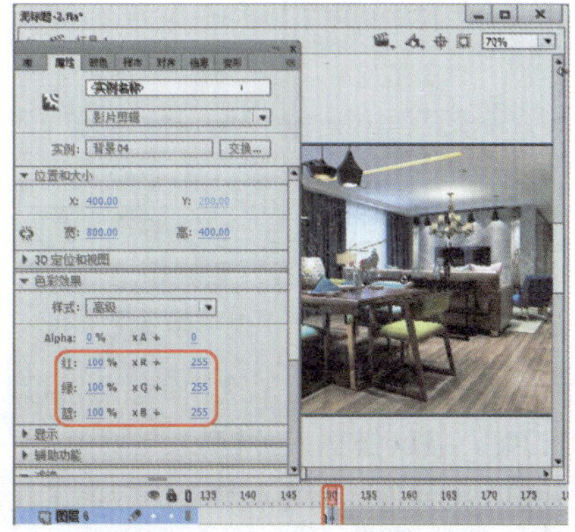

图16-94 添加【高级】样式

❸❾ 选中第167帧，按F6键插入关键帧，选中该帧的元件，在【属性】面板中设置【高级】样式的参数，如图16-95所示。

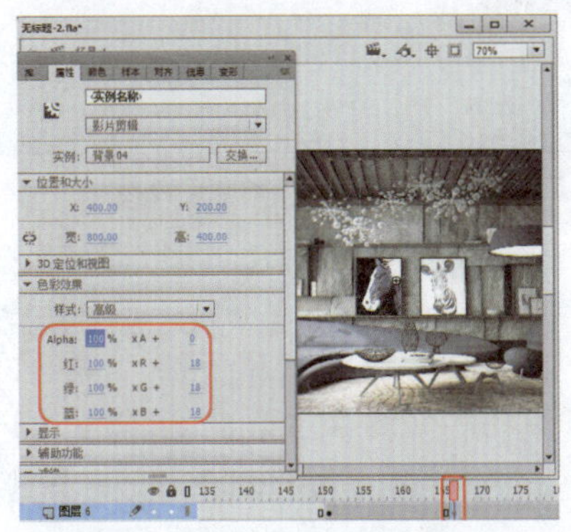

图16-95 调整高级样式的参数

❹⓪ 在第151帧和第167帧之间创建传统补间，选中该图层的第223帧，按F6键插入关键帧，再选中第238帧，按F6键插入关键帧，选中该帧上的元件，在【属性】面板中单击【添加滤镜】按钮，在弹出的下拉列表中选择【模糊】，将【模糊X】、【模糊Y】设置为100，将【品质】设置为【高】，如图16-96所示。

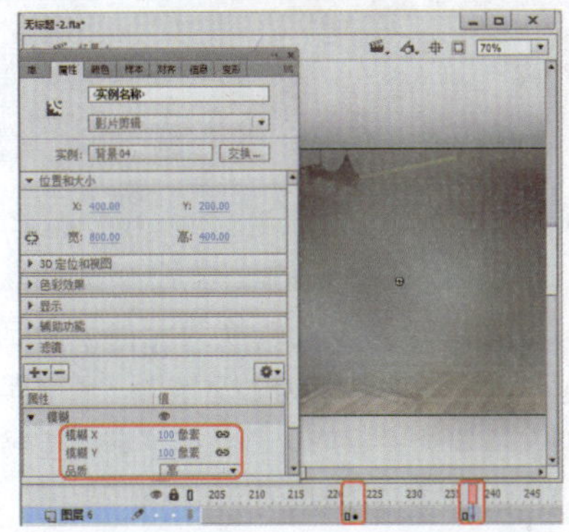

图16-96 插入关键帧并添加模糊滤镜

❹❶ 在第223帧和第238帧之间创建传统补间，选中图层1至图层5的第223帧，按F7键插入空白关键帧，如图16-97所示。

图16-97 创建传统补间并插入空白关键帧

❹❷ 使用前面所介绍的方法创建圆形切换动画，并新建图层将其添加至新图层中，如图16-98所示。

图16-98 创建其他元件并将其添加至图层中

❹❸ 按Ctrl+F8组合键，在弹出的对话框中将【名称】设置为“文字动画”，将【类型】设置为【影片剪辑】，如图16-99所示。

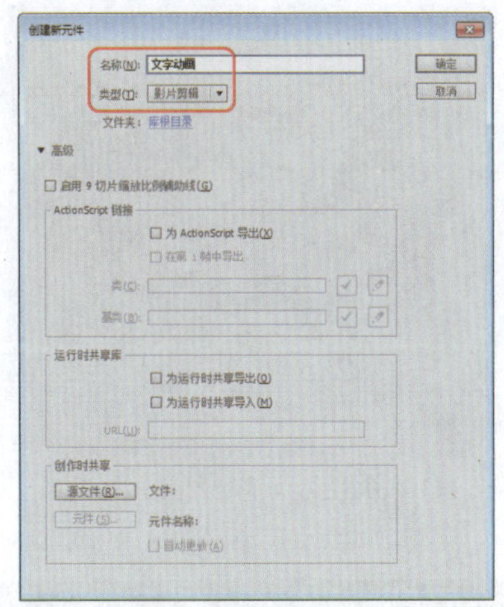

图16-99 创建新元件

❹❹ 设置完成后，单击【确定】按钮，在工具箱中单击【文本工具】，在舞台中单击鼠标，输入文字，选中输入的文字，在【属性】面板中将字体设置为【方正综艺简体】，将【大小】设置为71磅，将【颜色】设置为【#990033】，如图16-100所示。

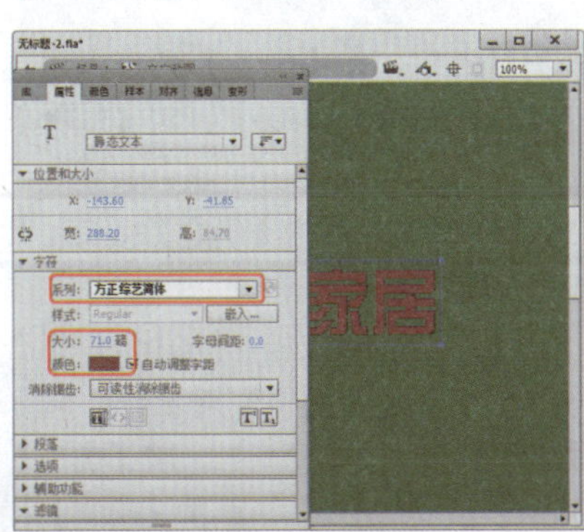

图16-100 输入文字并进行设置

❹❺ 选中该文字，按F8键，在弹出的对话框中将【名称】设置为“文字1”，将【类型】设置为【影片剪辑】，并调整其对齐方式，如图16-101所示。

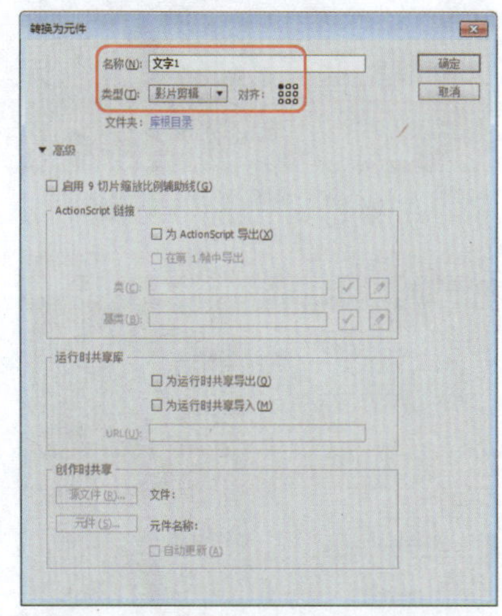

图16-101 转换为元件

❹❻ 单击【确定】按钮，选中该元件，在【属性】面板中将【X】、【Y】分别设置为209.95、-0.1，将【样式】设置为【Alpha】，将【Alpha】值设置为0，如图16-102所示。

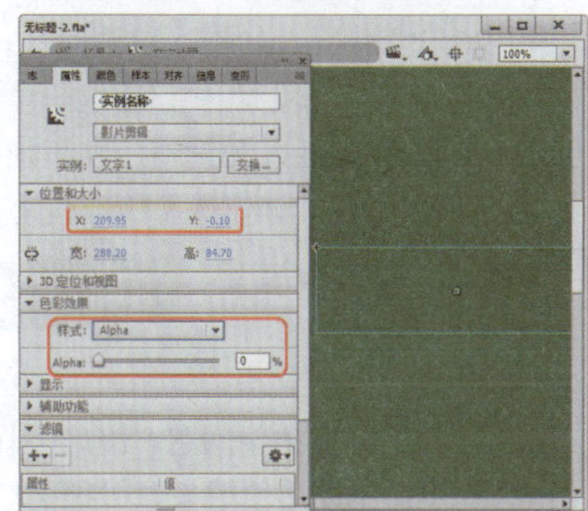

图16-102 调整元件的位置并为其添加样式

❹❼ 继续选中该元件，在【属性】面板中单击【添加滤镜】按钮，在弹出的下拉列表中单击【投影】命令，将【模糊X】、【模糊Y】都设置为0，将【品质】设置为【高】，将【角度】和【距离】分别设置为292、3，将【颜色】设置为【#FFFFFF】，如图16-103所示。

❹❽ 选中该图层的第21帧，按F6键插入关键帧，选中该帧的元件，在【属性】面板中将【Y】设置为61.9，将【Alpha】设置为100%，如图16-104所示。

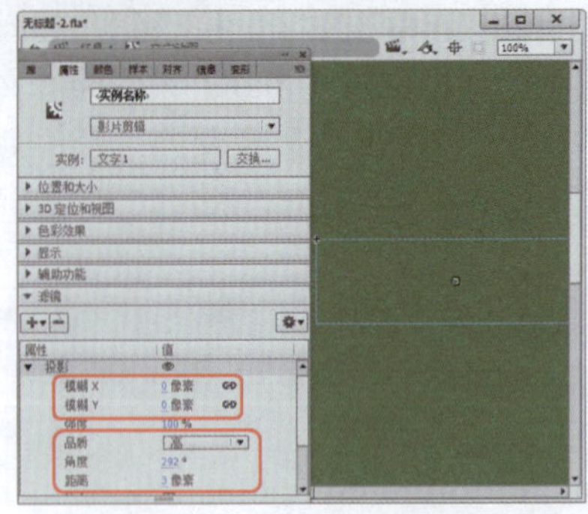
图16-103 添加【投影】滤镜

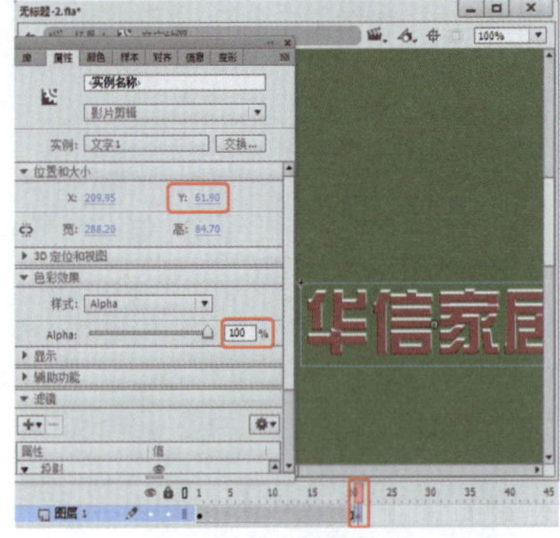
图16-104 设置其位置和Alpha参数

㊾ 在第1帧和第21帧之间创建传统补间，选中第83帧，按F5键插入帧，并使用同样的方法创建文字动画，并为其添加“stop();”代码，如图16-105所示。

㊿ 返回至“场景1”中，新建一个图层，在第238帧插入关键帧，并添加“文字动画”影片剪辑元件，然后再新建一个图层，在最后一帧插入关键帧，并输入“stop();”代码，如图16-106所示，对完成后的场景进行输出并保存即可。

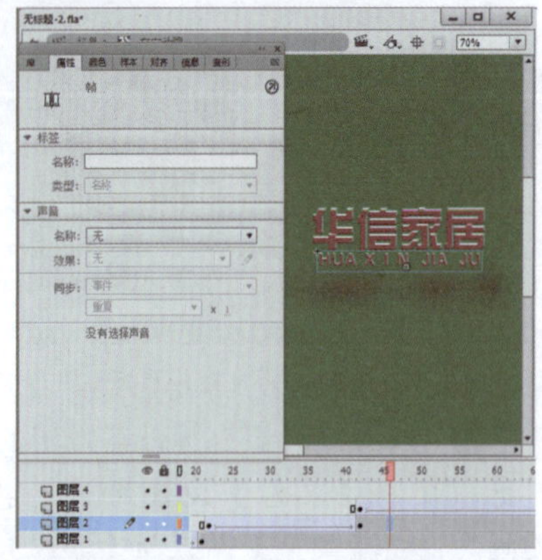
图16-105 创建其他文字动画

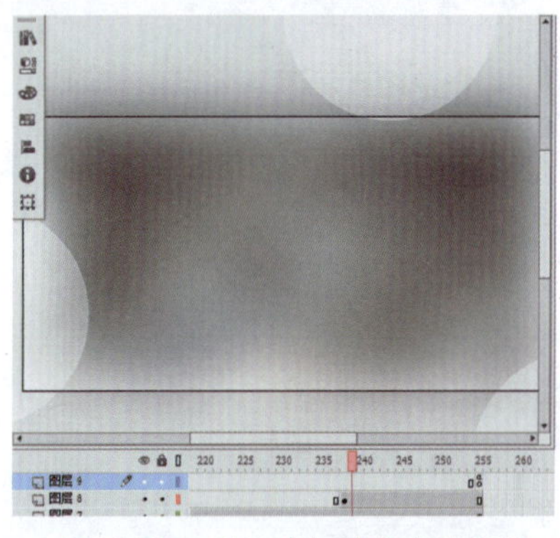
图16-106 添加其他对象后的效果

实例199 环保广告

环境污染会给生态系统和人类社会造成影响和破坏，在全球范围内都不同程度地出现了环境污染问题，因此，保护环境显得尤为重要。本实例介绍环保广告的制作，完成后的效果如图16-107所示。

素材：	素材|Cha16| 风景01~风景03.jpg、污染01~污染04.jpg、环保背景音乐.mp3
场景：	场景|Cha16|实例199 环保广告.fla
视频：	视频教学 | Cha16 |实例199 环保广告.MP4

图16-107 环保广告

❶ 按Ctrl+N组合键弹出【新建文档】对话框，在【类型】列表框中选择【ActionScript 3.0】，将【帧频】设置为18fps，将【背景颜色】设置为【#CC0033】，单击【确定】按钮，如图16-108所示。

❷ 新建空白文档，按Ctrl+F8组合键弹出【创建新元件】对话框，输入【名称】为“文字动画”，将【类型】设置为【影片剪辑】，单击【确定】按钮，如图16-109所示。

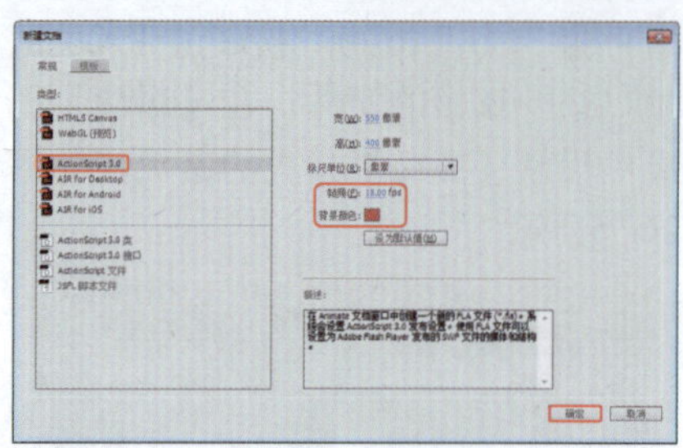
图16-108 新建文档

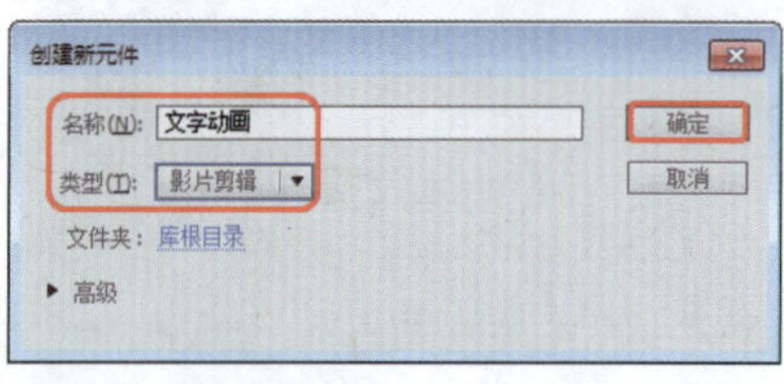

图16-109 创建新元件

❸ 使用工具箱中的【文本工具】T在舞台中输入文字，并选择输入的文字，在【属性】面板中将【字符】选项组中的【系列】设置为【方正行楷简体】，将【大小】设置为20磅，将【颜色】设置为白色，在【位置和大小】选项组中，将【X】和【Y】分别设置为-256和-14，如图16-110所示。

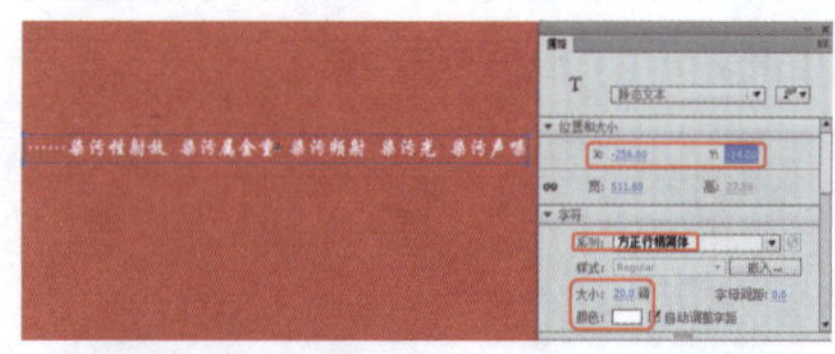
图16-110 输入并设置文字

❹ 确认输入的文字处于选择状态，按F8键弹出【转换为元件】对话框，输入【名称】为“文字”，将【类型】设置为【图形】，单击【确定】按钮，如图16-111所示。

图16-111 转换为元件

❺ 将输入的文字转换为图形元件，选择“图层1”第70帧，按F6键插入关键帧，在【属性】面板的【位置和大小】选项组中，将“文字”元件的【X】值设置为805，如图16-112所示。

❻ 在两个关键帧之间创建传统补间动画，效果如图16-113所示。

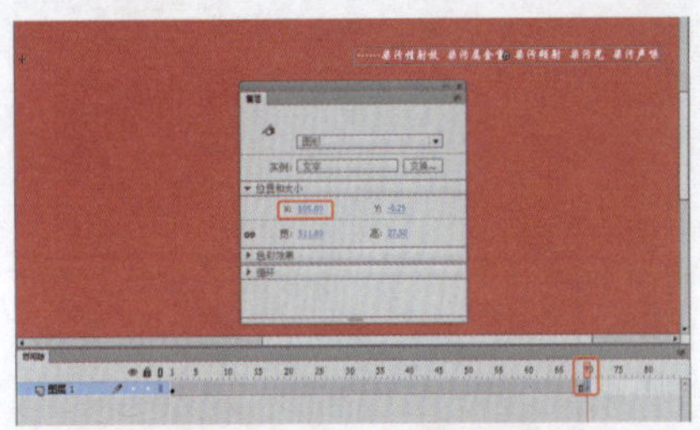

图16-112 插入关键帧并调整元件位置

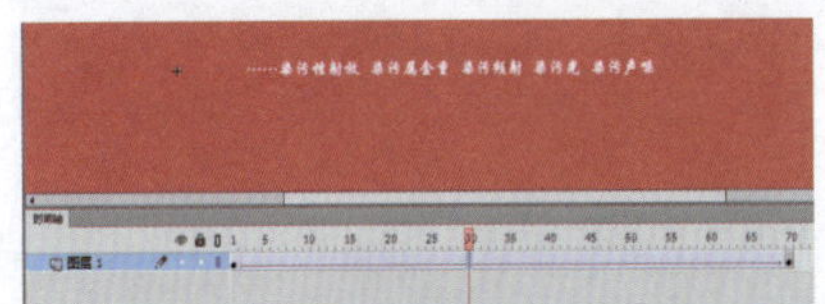

图16-113 创建传统补间动画

⑦ 返回到"场景1"中，在【库】面板中将"文字动画"影片剪辑元件拖拽至舞台中，并在【属性】面板中将【X】和【Y】分别设置为-256和202，选择第150帧，按F6键插入关键帧，如图16-114所示。

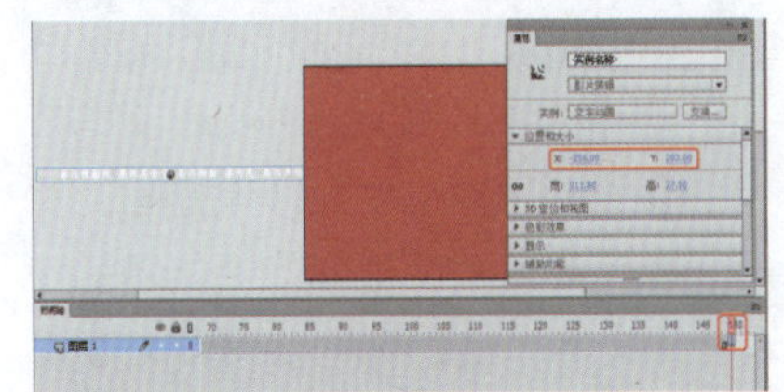

图16-114 插入关键帧并调整元件

⑧ 在菜单栏中选择【文件】|【导入】|【导入到库】命令，弹出【导入到库】对话框，在该对话框中选择随书配套资源中的风景01.jpg、风景02.jpg、风景03.jpg、污染01.jpg、污染02.jpg、污染03.jpg、污染04.jpg和环保背景音乐.mp3素材文件，单击【打开】按钮，如图16-115所示。

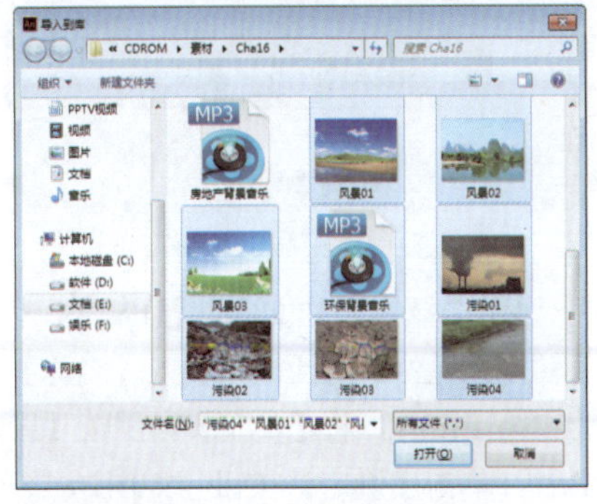

图16-115 选择素材文件

⑨ 即可将选择的素材文件导入到【库】面板中，在【时间轴】面板中新建"图层2"，并选择"图层2"第10帧，按F6键插入关键帧，在【库】面板中将污染01.jpg素材文件拖拽至舞台中，并调整图片至舞台的左上角，效果如图16-116所示。

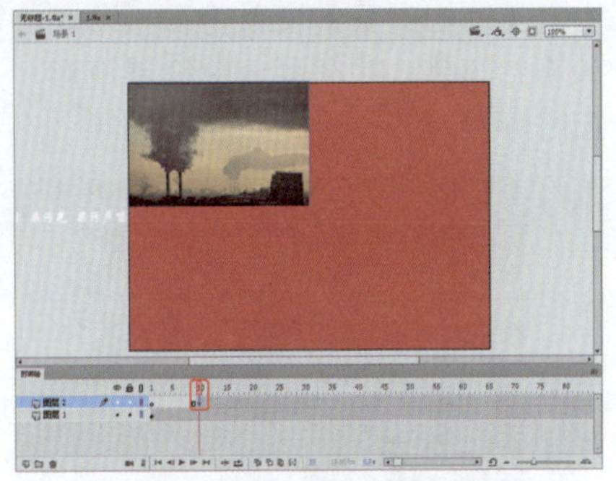

图16-116 新建图层并添加素材文件

⑩ 确认素材文件处于选择状态，按F8键弹出【转换为元件】对话框，输入【名称】为"污染01"，将【类型】设置为【图形】，单击【确定】按钮，如图16-117所示。

图16-117 转换为元件

⑪ 在【属性】面板中将【样式】设置为【色调】，将【着色】设置为【#CC0033】，将【色调】设置为100%，如图16-118所示。

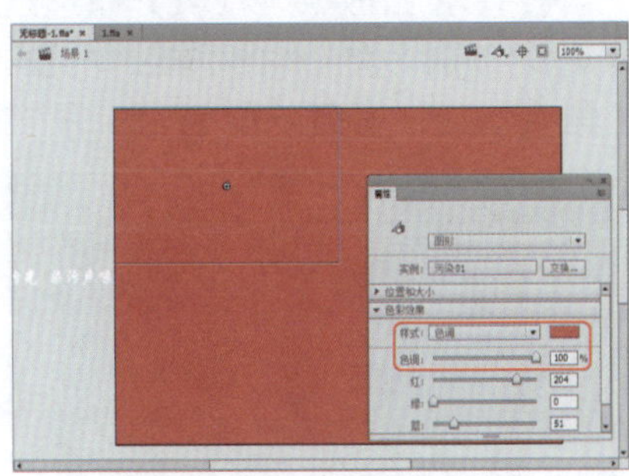

图16-118 设置元件样式

⑫ 在【时间轴】面板中选择"图层2"第25帧，按F6键插入关键帧，在【属性】面板中将"污染01"元件的【样式】设置为无，如图16-119所示。

⑬ 在两个关键帧之间创建传统补间动画，新建"图层3"，并选择"图层3"第30帧，按F6键插入关键帧，如图16-120所示。

⑭ 按Ctrl+F8组合键弹出【创建新元件】对话框，输入【名称】为"大气污染"，将【类型】设置为【图形】，单击【确定】按钮，如图16-121所示。

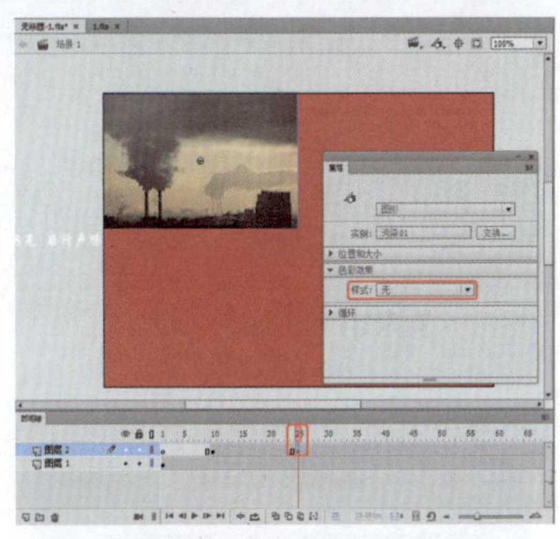

图16-119 插入关键帧并设置样式

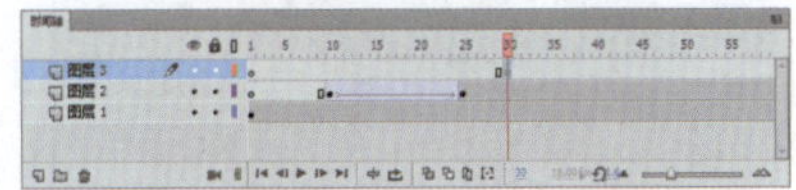

图16-120 创建动画并新建图层

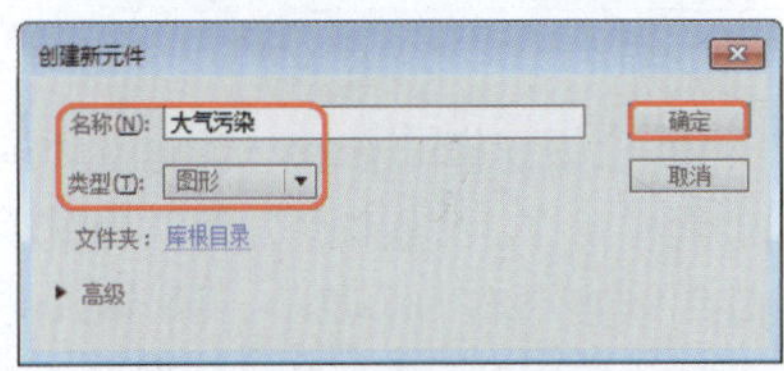

图16-121 创建新元件

⑮ 在工具箱中选择【文本工具】，在舞台中输入文字，并选择输入的文字，在【属性】面板中将【系列】设置为【方正综艺简体】，将【大小】设置为40磅，将【颜色】设置为黑色，在【位置和大小】选项组中将【X】和【Y】都设为0，如图16-122所示。

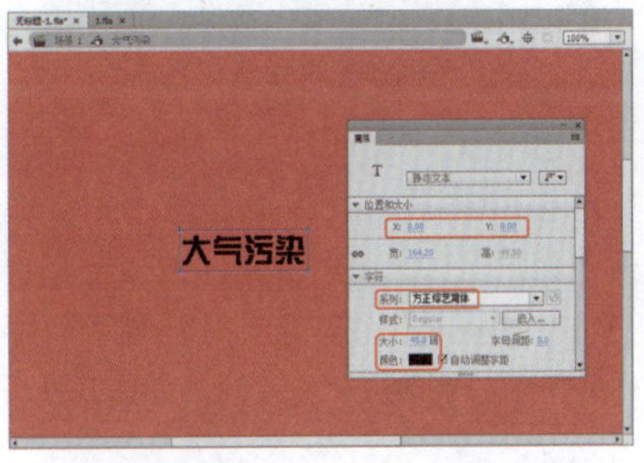

图16-122 输入并设置文字

⑯ 按Ctrl+C组合键复制输入的文字，并新建"图层2"，按Ctrl+V组合键将文字粘贴到"图层2"中，在【属性】面板中将文字【颜色】更改为【#CC0033】，在【位置和大小】选项组中将【X】和【Y】分别设置为-3和0，如图16-123所示。

⑰ 返回到"场景1"中，在【库】面板中将"大气污染"元件拖拽至舞

台中，并调整其位置，效果如图16-124所示。

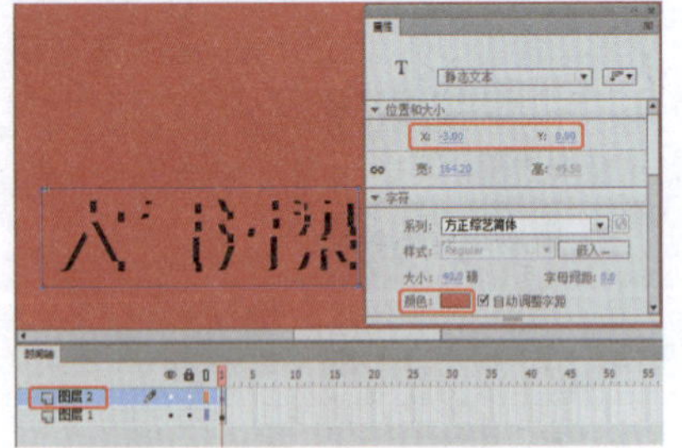

图16-123　新建图层并调整文字

图16-124　将元件拖至舞台中

⑱ 使用同样的方法，新建图层并添加素材图片，将素材图片转换为图形元件并制作传统补间动画，最后输入文字并转化为图形元件，效果如图16-125所示。

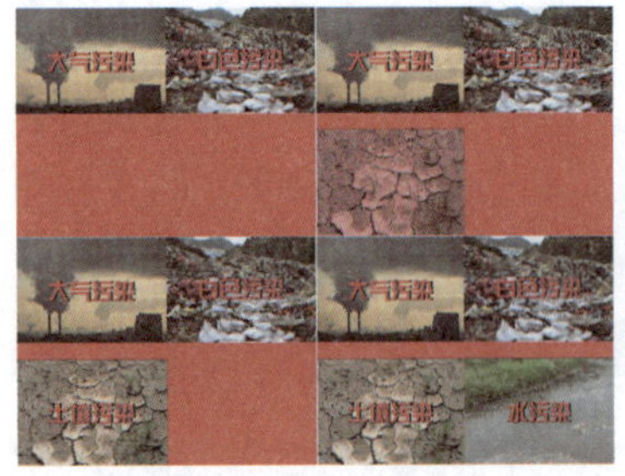

图16-125　制作其他动画

⑲ 新建“图层10”，并选择第135帧，按F6键插入关键帧，在【库】面板中将风景01.jpg素材文件拖拽至舞台中，并调整其位置，选择“图层10”第195帧，按F6键插入关键帧，如图16-126所示。

图16-126　插入关键帧并调整素材文件

⑳ 新建“图层11”，并选择第135帧，按F6键插入关键帧，在工具箱中选择【矩形工具】，在【属性】面板中将【笔触颜色】设置为无，设置一种填充颜色，并在舞台中绘制矩形，如图16-127所示。

图16-127　绘制矩形

㉑ 选择绘制的矩形，按F8键弹出【转换为元件】对话框，输入【名称】为“矩形”，将【类型】设置为【图形】，单击【确定】按钮，如图16-128所示。

图16-128　转换为元件

㉒ 使用【任意变形工具】选择“矩形”元件，将元件的中心点调整至左侧中间位置，如图16-129所示。

图16-129　调整元件中心位置

㉓ 选择“图层11”第150帧，按F6键插入关键帧，使用【任意变形工具】在舞台中调整矩形宽度，效果如图16-130所示。

㉔ 在【图层11】的两个关键帧之间创建传统补间动画，在“图层11”的名称上单击鼠标右键，在弹出的快捷菜单中选择【遮罩层】命令，即可创建遮罩动画，效果如图16-131所示。

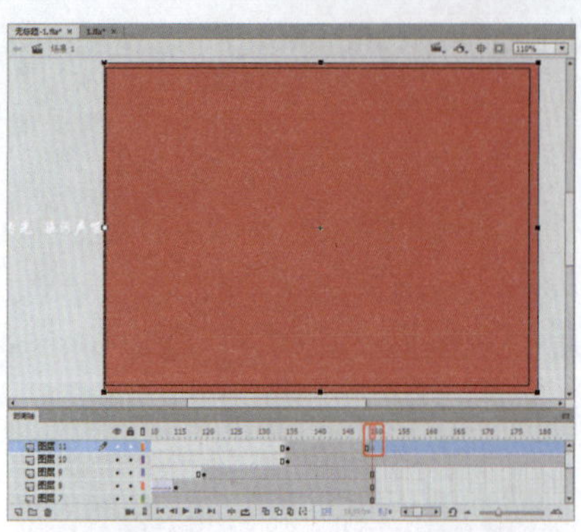

图16-130　插入关键帧并调整元件

图16-131　创建遮罩动画

㉕ 新建“图层12”，并选择第150帧，按F6键插入关键帧，在工具箱中选择【文本工具】T，在【属性】面板中将【系列】设置为【方正行楷简体】，将【大小】设置为26磅，将【颜色】设置为【#CCFF00】，在舞台中输入文字，如图16-132所示。

图16-132　新建图层并输入文字

㉖ 选择输入的文字，按F8键弹出【转换为元件】对话框，输入【名称】为“为了使”，将【类型】设置为【图形】，单击【确定】按钮，如图16-133所示。

㉗ 在舞台中调整元件的位置，并在【属性】面板中将【样式】设置为【Alpha】，将【Alpha】值设置为0，如图16-134所示。

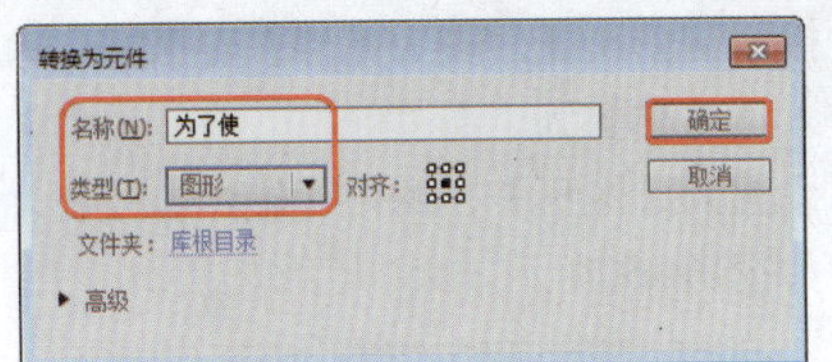
图16-133 转换为元件

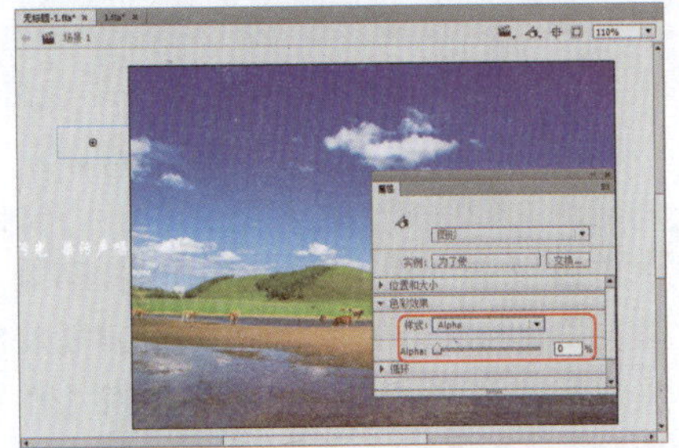
图16-134 调整图形元件

㉘ 选择“图层12”第165帧，按F6键插入关键帧，在舞台中调整元件的位置，在【属性】面板中将【样式】设置为无，如图16-135所示。

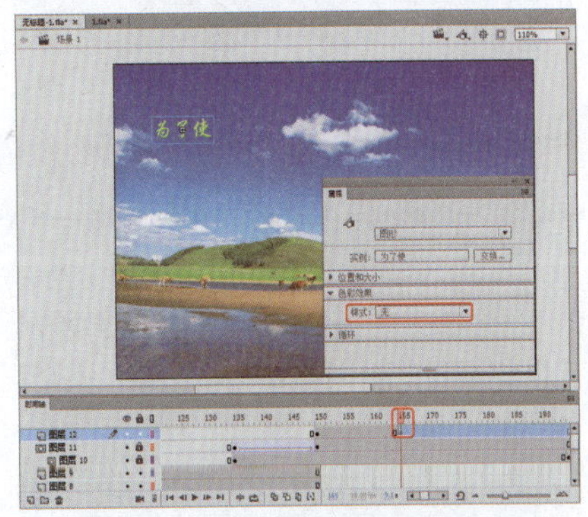
图16-135 插入关键帧并调整元件样式

㉙ 在“图层12”的两个关键帧之间创建传统补间动画，效果如图16-136所示。

图16-136 创建传统补间动画

㉚ 使用同样的方法，输入文字，将【大小】设置为31磅，并转换为图形元件，创建传统补间动画，使文字从下向上移动，效果如图16-137所示。

图16-137 制作文字动画

㉛ 新建“图层14”，并选择第150帧，按F6键插入关键帧，在工具箱中选择【文本工具】，在【属性】面板中将【系列】设置为【方正行楷简体】，将【大小】设置为78磅，将【颜色】设置为白色，在舞台中输入文字，如图16-138所示。

图16-138 新家图层并输入文字

㉜ 选择输入的文字，按F8键弹出【转换为元件】对话框，输入【名称】为“蓝”，将【类型】设置为【图形】，单击【确定】按钮，如图16-139所示。

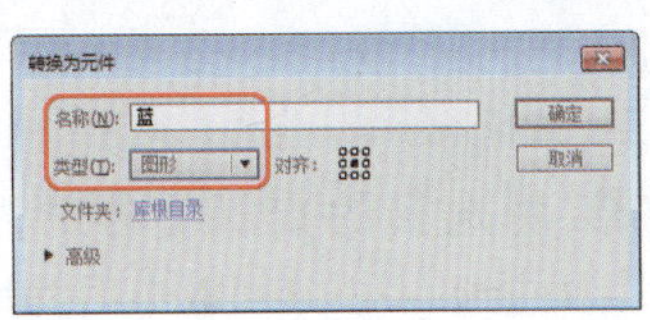
图16-139 转换为元件

㉝ 在【属性】面板中将【样式】设置为【Alpha】，将【Alpha】值设置为0，如图16-140所示。

㉞ 选择“图层14”第170帧，按F6键插入关键帧，在【属性】面板中将“蓝”图形元件的【样式】设置为【无】，如图16-141所示。

㉟ 在“图层14”的两个关键帧之间创建传统补间动画，效果如图16-142所示。

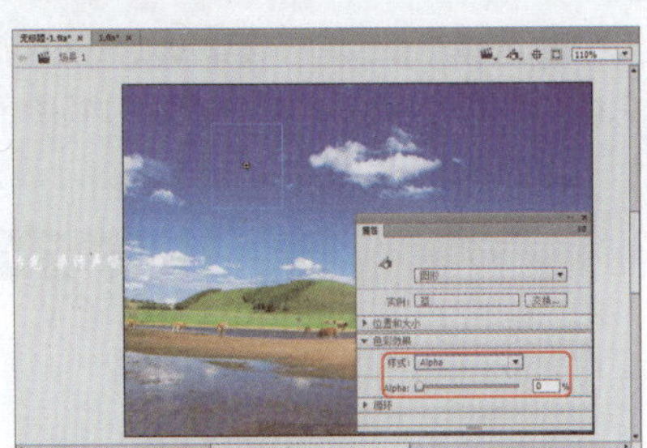
图16-140 设置元件样式

图16-141 插入关键帧并设置元件样式

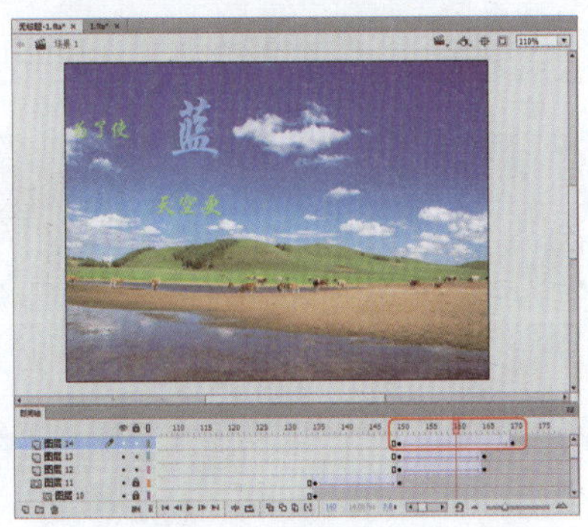
图16-142 创建传统补间动画

㊱ 结合前面介绍的方法，制作遮罩动画和文字动画，效果如图16-143所示。

图16-143 制作其他动画

㊲ 新建“图层24”，并选择第125帧，按F6键插入关键帧，在【库】面板中将环保背景音乐.mp3文件拖拽至舞台中，即可添加音乐，如图16-144所示。

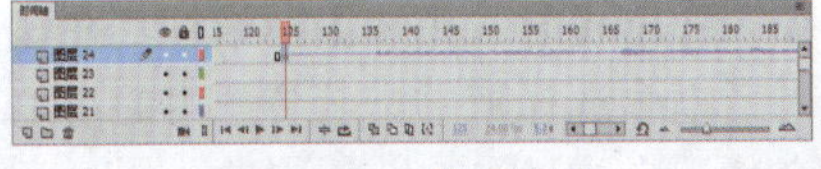
图16-144 添加音乐

㊳选择“图层24”第270帧，按F6键插入关键帧，按F9键打开【动作】面板，并输入代码“stop();”，如图16-145所示。至此，完成该动画的制作，导出影片并将场景文件保存。

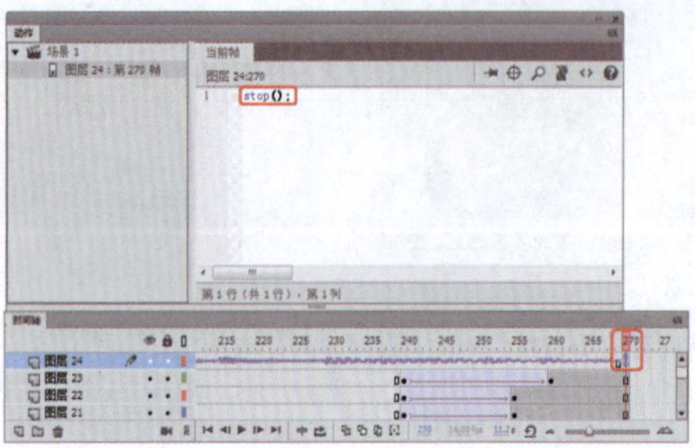

图16-145 插入关键帧并输入代码

实例200 房地产广告

在房地产项目的销售过程中，广告宣传是最重要的环节之一。本实例介绍房地产广告的制作，完成后的效果如图16-146所示。

素材：	素材|Cha16|房地产01~房地产06.jpg、房地产背景音乐.mp3
场景：	场景|Cha16|实例200 房地产广告.fla
视频：	视频教学 | Cha16 |实例200 房地产广告.MP4

图16-146 房地产广告

❶ 按Ctrl+N组合键弹出【新建文档】对话框，在【类型】列表框中选择【ActionScript 3.0】，将【宽】设置为700像素，将【高】设置为440像素，将【背景颜色】设置为【#0099FF】，单击【确定】按钮，如图16-147所示。

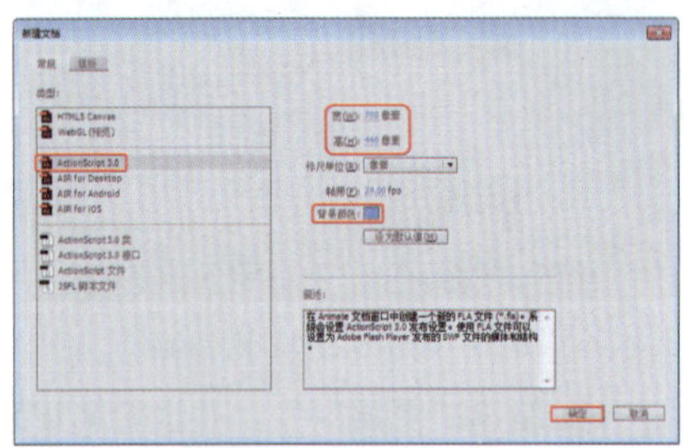

图16-147 新建文档

❷ 新建空白文档，在菜单栏中选择【文件】|【导入】|【导入到库】命令，弹出【导入到库】对话框，在该对话框中选择随书配套资源中的房地产01.jpg、房地产02.jpg、房地产03.jpg、房地产04.jpg、房地产05.jpg、房地产06.png和房地产背景音乐.mp3素材文件，单击【打开】按钮，如图16-148所示。

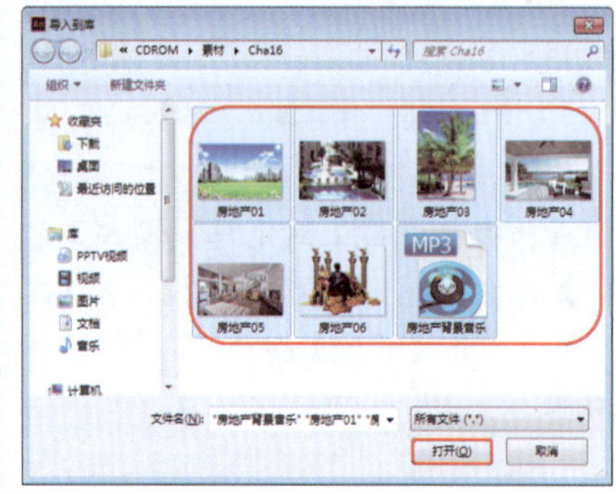

图16-148 选择素材文件

❸ 将选择的素材文件导入到【库】面板中，在该面板中将房地产01.jpg素材文件拖拽至舞台中，并与舞台对齐，如图16-149所示。

图16-149 添加素材图片

❹ 确认素材图片处于选择状态，按F8键弹出【转换为元件】对话框，输入【名称】为“图片01”，将【类型】设置为【图形】，单击【确定】按钮，如图16-150所示。

图16-150 转换为元件

❺ 选择“图层1”第35帧，按F6键插入关键帧，选择第50帧，按F6键插入关键帧，并在【属性】面板中将【样式】设置为【Alpha】，将【Alpha】值设置为0%，如图16-151所示。

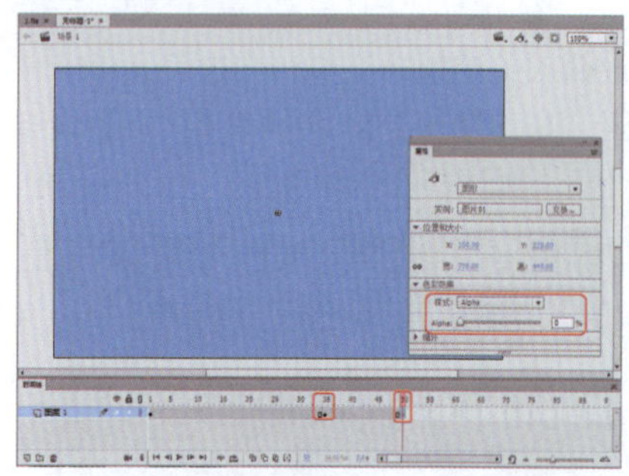

图16-151 插入关键帧并设置样式

❻ 在“图层1”的第35帧和第50帧之间创建传统补间动画，效果如图16-152所示。

图16-152 创建传统补间动画

❼ 新建“图层2”，并选择第5帧，按F6键插入关键帧，在工具箱中选择【文本工具】T，在【属性】面板中将【系列】设置为【汉仪方隶简】，将【大小】设置为40磅，将【颜色】设置为【#003399】，在舞台中输入文字，如图16-153所示。

❽ 选择输入的文字，按F8键弹出【转换为元件】对话框，输入【名称】为“文字01”，将【类型】设置为【图

形】，单击【确定】按钮，如图16-154所示。

图16-153 新建图层并输入文字

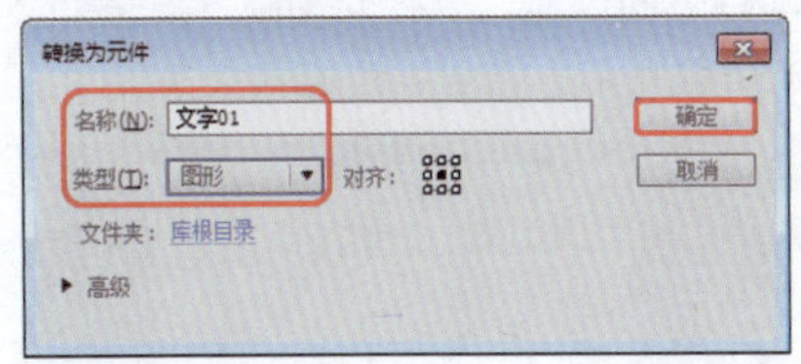

图16-154 转换为元件

❾ 将输入的文字转换为元件，在舞台中调整其位置，并在【属性】面板中将【样式】设置为【Alpha】，将【Alpha】值设置为0，如图16-155所示。

图16-155 设置元件样式

❿ 选择“图层2”第25帧，按F6键插入关键帧，在舞台中调整图形元件的位置，并在【属性】面板中将【样式】设置为无，如图16-156所示。

图16-156 插入关键帧并设置元件样式

⓫ 在“图层2”的第5帧和第25帧之间创建传统补间动画，效果如图16-157所示。

图16-157 创建传统补间动画

⓬ 选择“图层2”第35帧和第50帧，按F6键插入关键帧，在第50帧上将图形元件的【样式】设置为【色调】，将【着色】设置为【#CC0000】，将【色调】设置为100%，如图16-158所示。

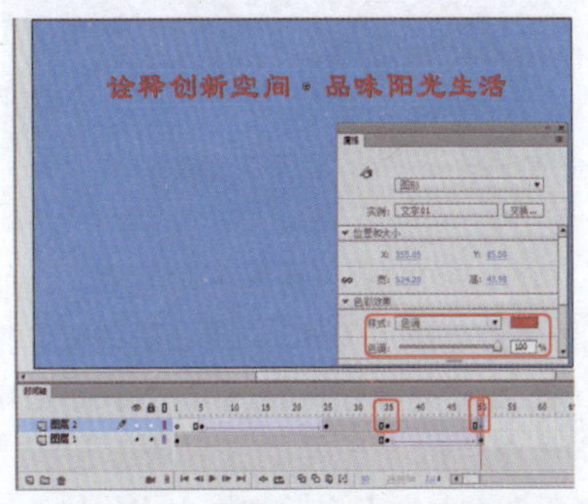

图16-158 插入关键帧并设置样式

⓭ 按Ctrl+T组合键打开【变形】面板，在该面板中将【缩放宽度】和【缩放高度】设置为65%，并在舞台中调整其位置，效果如图16-159所示。

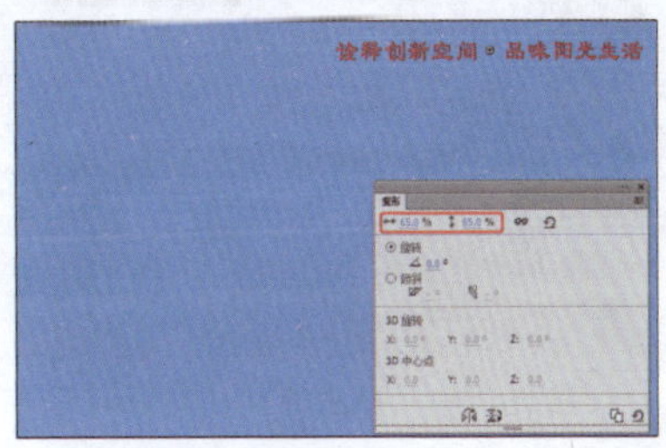

图16-159 调整元件大小和位置

⓮ 在“图层2”第35帧和第50帧之间创建传统补间动画，效果如图16-160所示。

图16-160 创建传统补间动画

⓯ 选择“图层2”的第275帧和第285帧，按F6键插入关键帧，并在第285帧上将图形元件的【样式】设置为【Alpha】，将【Alpha】值设置为0，在第275帧和第285帧之间创建传统补间动画，效果如图16-161所示。

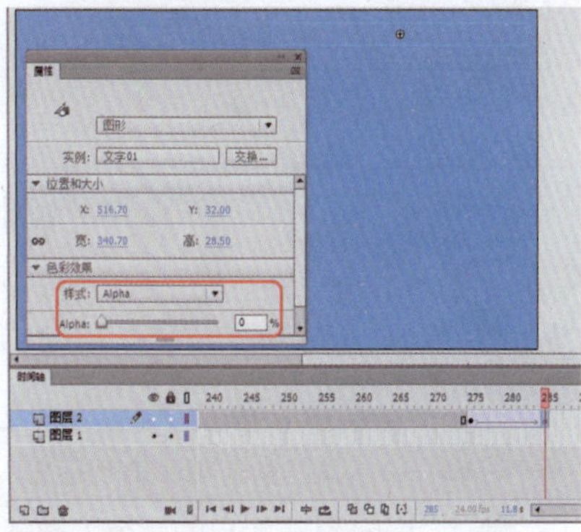
图16-161 设置样式并创建动画

⓰ 按Ctrl+F8组合键弹出【创建新元件】对话框，输入【名称】为“动画”，将【类型】设置为【影片剪辑】，单击【确定】按钮，如图16-162所示。

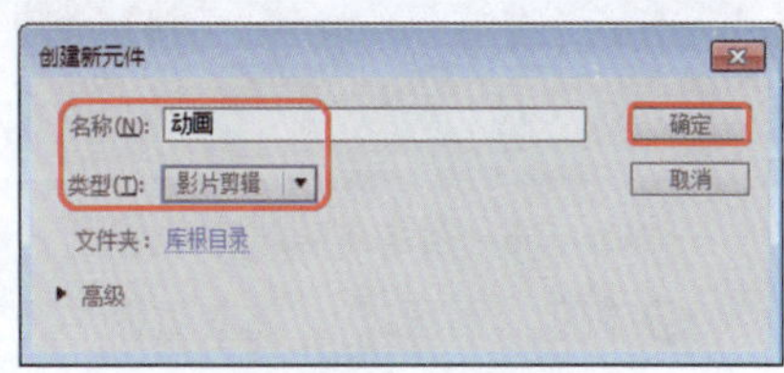

图16-162 新建元件

⓱ 新建影片剪辑元件，并将“图层1”重命名为“矩形1”，在工具箱中选择【矩形工具】，在【属性】面板中将【填充颜色】设置为白色，将【笔触颜色】设置为无，在舞台中绘制一个宽为700像素，高为30像素的矩形，如图16-163所示。

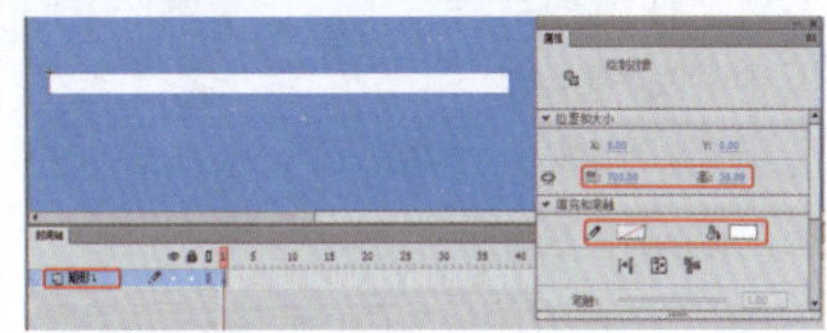
图16-163 绘制矩形

⓲ 选择绘制的矩形，按F8键弹出【转换为元件】对话框，输入【名称】为“矩形”，将【类型】设置为【图形】，调整元件的对齐方式，并单击【确定】按钮，如图16-164所示。

⓳ 选择“矩形1”图层第20帧，按F6键插入关键帧，在【属性】面板的

【位置和大小】选项组中，取消宽度值和高度值的锁定，并将【高】设置为300像素，如图16-165所示。

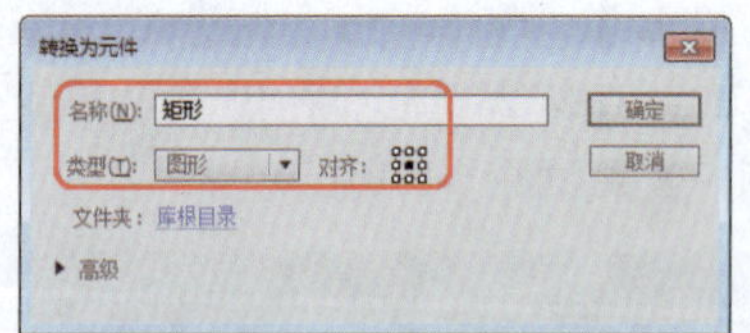

图16-164 转换为元件

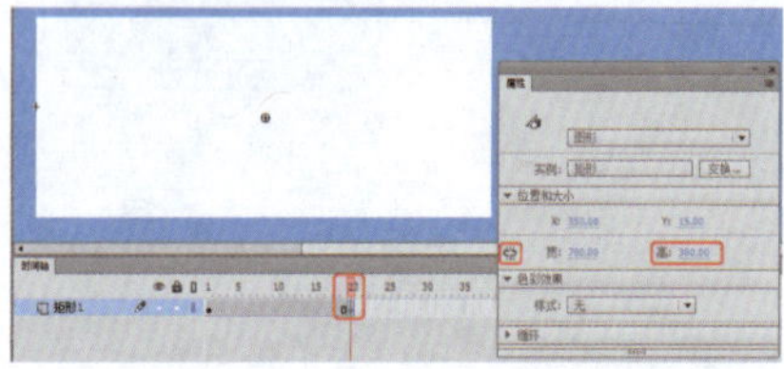

图16-165 插入关键帧并调整矩形高度

⑳ 在"矩形1"图层的两个关键帧之间创建传统补间动画，效果如图16-166所示。

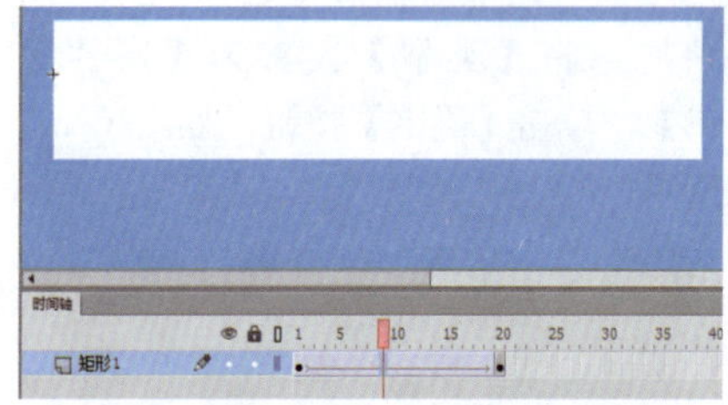

图16-166 创建传统补间动画

㉑ 新建"图层2"，将其重命名为"图片1"，并将其移至"矩形1"图层的下方，如图16-167所示。

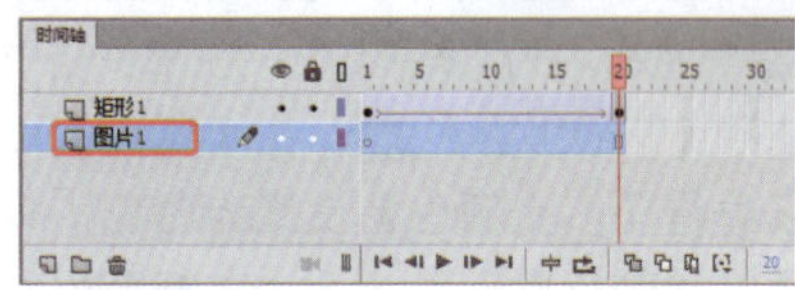

图16-167 新建并重命名图层

㉒ 在【库】面板中将房地产02.jpg素材文件拖拽至舞台中，在【属性】面板中锁定宽度值和高度值，将【宽】设置为1000像素，并在舞台中调整其位置，如图16-168所示。

图16-168 调整素材图片

㉓ 确认素材图片处于选择状态，按F8键弹出【转换为元件】对话框，输入【名称】为"图片02"，将【类型】设置为【图形】，单击【确定】按钮，如图16-169所示。

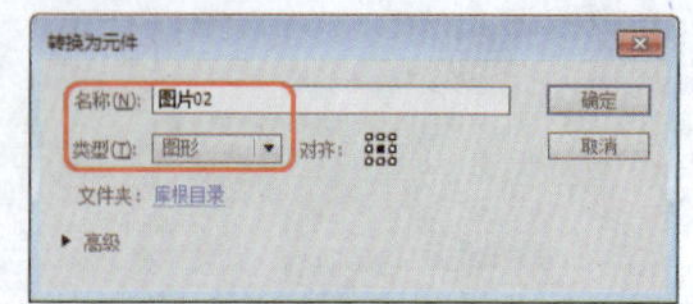

图16-169 转换为元件

㉔ 在【属性】面板中将"图片02"图形元件的【样式】设置为【Alpha】，将【Alpha】值设置为0，如图16-170所示。

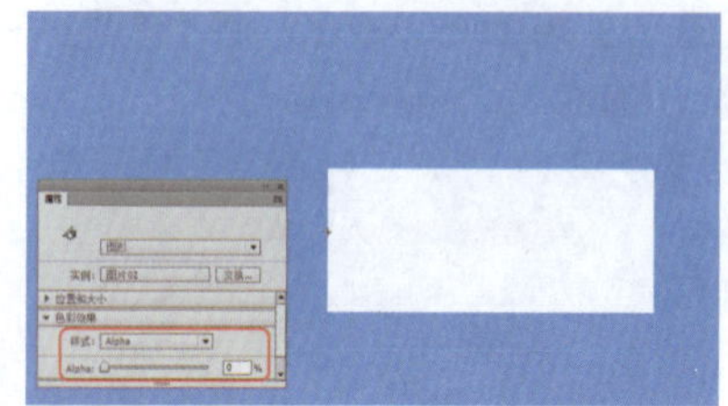

图16-170 设置元件样式

㉕ 选择"图片1"图层第20帧，按F6键插入关键帧，在【属性】面板中将"图片02"元件的【样式】设置为【无】，并在两个关键帧之间创建传统补间动画，效果如图16-171所示。

图16-171 创建传统补间动画

㉖ 选择"矩形1"图层第30帧，按F6键插入关键帧，使用【任意变形工具】选择"矩形"元件，将元件的中心点调整至右上角，如图16-172所示。

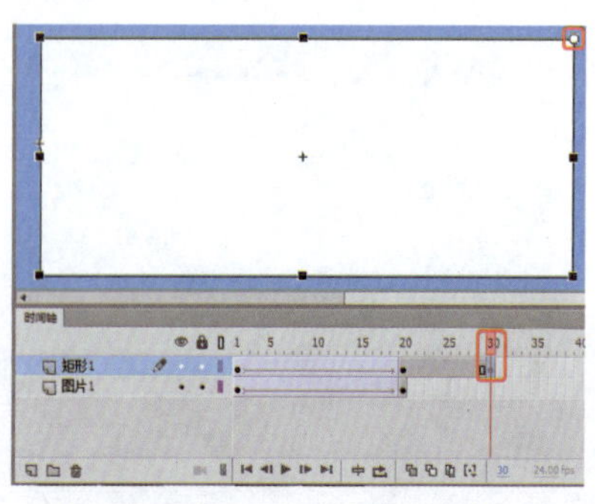

图16-172 插入关键帧并调整中心点

㉗ 选择"矩形1"图层第50帧，按F6键插入关键帧，通过向右拖动左侧边来调整"矩形"元件的宽度，将宽度调整为400像素，效果如图16-173所示。

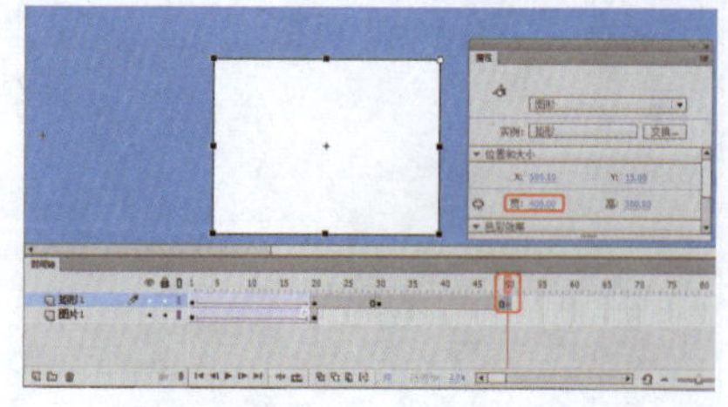

图16-173 调整元件宽度

㉘ 在"矩形1"图层的第30帧和第50帧之间创建传统补间动画，效果如图16-174所示。

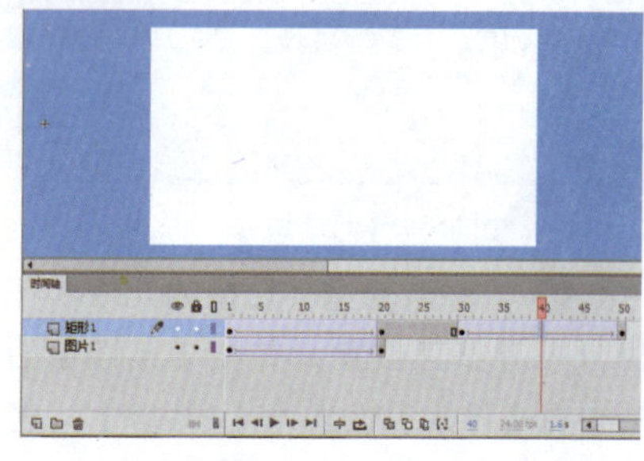

图16-174 创建传统补间动画

㉙ 选择"矩形1"图层第85帧，按F6键插入关键帧，选择第95帧，按F6键插入关键帧，通过向左拖动左侧边来调整"矩形"元件的宽度，将宽度调整为700像素，效果如图16-175所示。

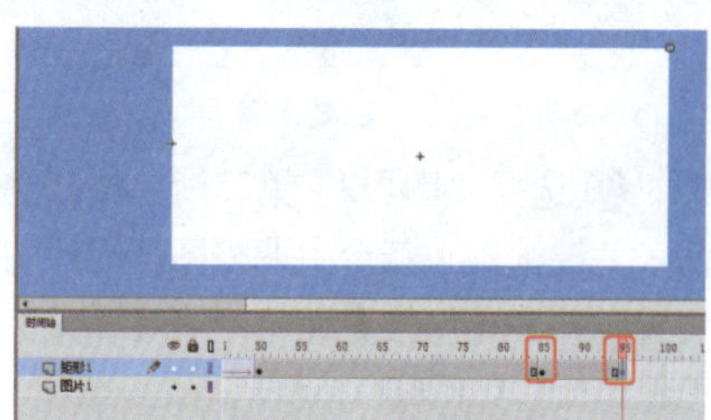

图16-175 插入关键帧并调整元件

㉚ 在"矩形1"图层的第85帧和第95帧之间创建传统补间动画，选择第96帧，按F6键插入关键帧，并将元件的中心点调整至中心位置处，效果如图16-176所示。

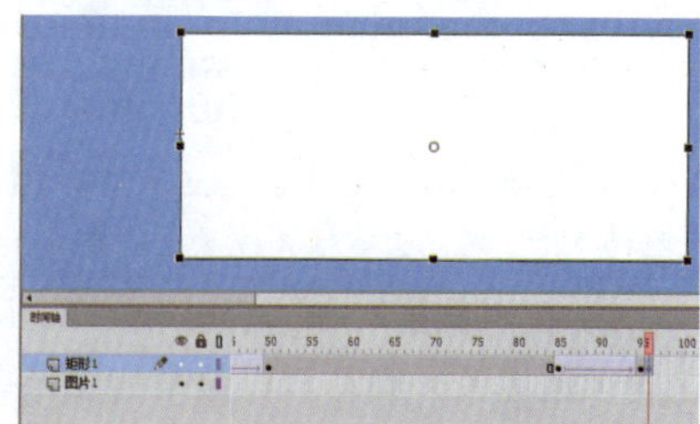

图16-176 插入关键帧并调整中心点

㉛ 选择“矩形1”图层第111帧，按F6键插入关键帧，将“矩形1”元件的高调整为5像素，在第96帧和第111帧之间创建传统补间动画，效果如图16-177所示。

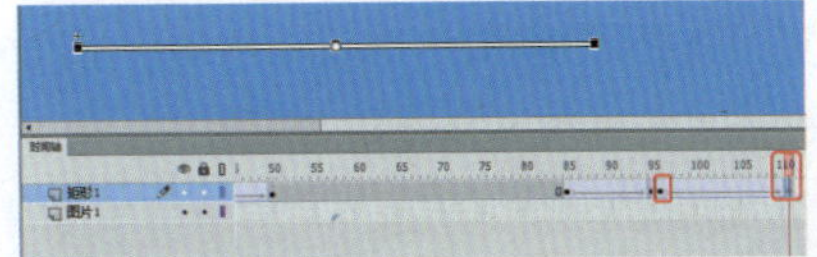

图16-177 调整矩形高度并创建动画

㉜ 选择“图片1”图层第53帧，按F6键插入关键帧，选择第70帧，按F6键插入关键帧，并调整“图片02”元件的位置，效果如图16-178所示。

图16-178 插入关键帧并调整元件

㉝ 在“图片1”图层的第53帧和第70帧之间创建传统补间动画，并选择“图片1”图层第111帧，按F6键插入关键帧，如图16-179所示。

图16-179 创建动画并插入关键帧

㉞ 在“矩形1”图层上单击鼠标右键，在弹出的快捷菜单中选择【遮罩层】命令，即可创建遮罩动画，效果如图16-180所示。

图16-180 创建遮罩动画

㉟ 在“矩形1”图层上方新建一个图层，并将新建的图层重命名为“文字1”，在工具箱中选择【文本工具】T，在【属性】面板中将【系列】设置为【方正综艺简体】，将【大小】设置为30磅，将【颜色】设置为【#CC0000】，在舞台中输入文字，如图16-181所示。

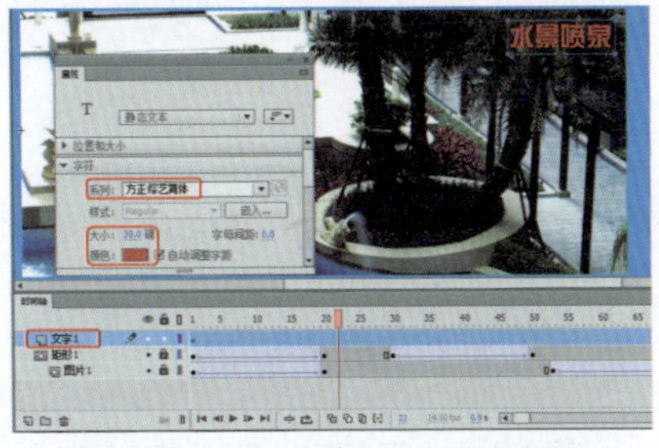

图16-181 新建图层并输入文字

㊱ 选择输入的文字，按F8键弹出【转换为元件】对话框，输入【名称】为“水景喷泉”，将【类型】设置为【图形】，单击【确定】按钮，如图16-182所示。

图16-182 转换为元件

㊲ 选择“文字1”图层第20帧，按F6键插入关键帧，选择“文字1”图层第1帧，在【属性】面板中将“水景喷泉”元件的【样式】设置为【Alpha】，将【Alpha】值设置为0，在舞台中向下调整元件位置，效果如图16-183所示。

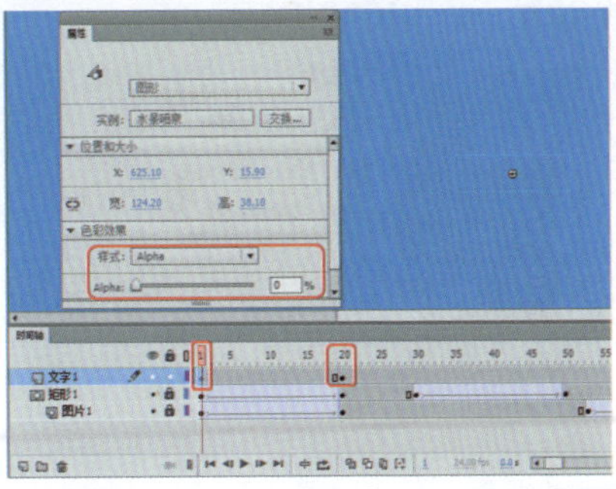

图16-183 插入关键帧并调整元件

㊳ 在“文字1”图层的第1帧和第20帧之间创建传统补间动画，并将“文字1”图层移至“矩形1”图层的下方，锁定“文字1”，效果如图16-184所示。

㊴ 在“矩形1”图层上方新建一个图层，并将新建的图层重命名为“矩形2”，选择“矩形2”图层第30帧，按F6键插入关键帧，在工具箱中选择【矩形工具】，在【属性】面板中将【填充颜色】设置为白色，将【笔触颜色】设置为无，并在舞台中绘制矩形，如图16-185所示。

图16-184 创建动画并调整图层

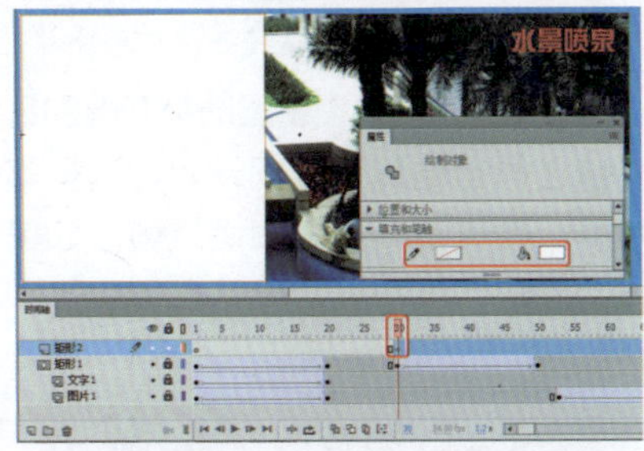

图16-185 新建图层并绘制矩形

㊵ 选择绘制的矩形，按F8键弹出【转换为元件】对话框，输入【名称】为“矩形2”，将【类型】设置为【图形】，单击【确定】按钮，如图16-186所示。

图16-186 转换为元件

㊶ 选择“矩形2”图层第55帧，按F6键插入关键帧，选择“矩形2”图层第30帧，在舞台中选择“矩形2”元件，在【属性】面板中取消宽度值和高度值的锁定，将【宽】设置为5像素，将【样式】设置为【Alpha】，将【Alpha】值设置为0，移动矩形的位置，如图16-187所示。

㊷ 在“矩形2”图层的第30帧和第55帧之间创建传统补间动画，选择第75帧和第85帧，按F6键插入关键帧，在第85帧位置处将“矩形2”元件的【宽】设置为5像素，调整元件的位置，如图16-188所示。

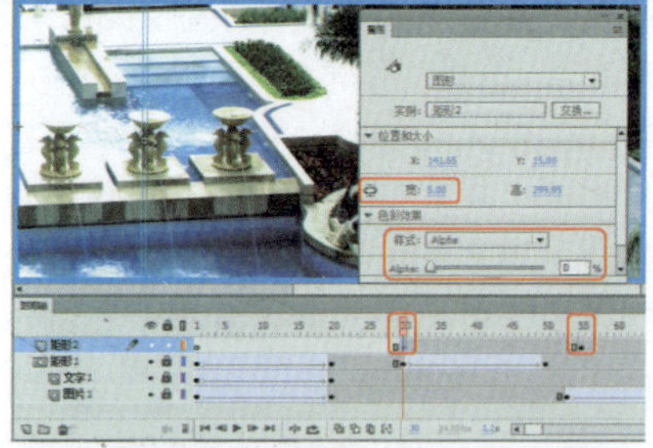
图16-187　插入关键帧并调整元件

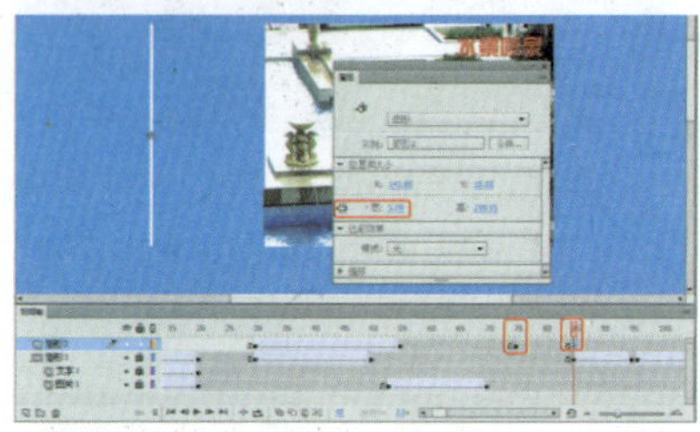
图16-188　插入关键帧并调整元件

43 在"矩形2"图层的第75帧和第85帧之间创建传统补间动画，选择第86帧，按F7键插入空白关键帧，如图16-189所示。

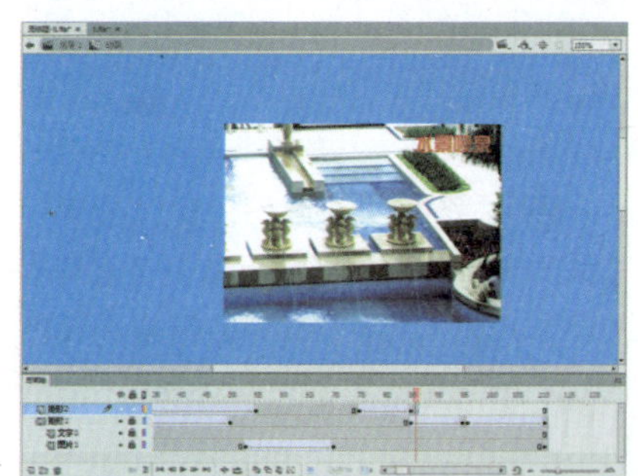
图16-189　创建动画并插入空白关键帧

44 新建一个图层，并将新建的图层重命名为"图片2"，并将该图层移至"矩形2"图层的下方，选择第30帧，按F6键插入关键帧，如图16-190所示。

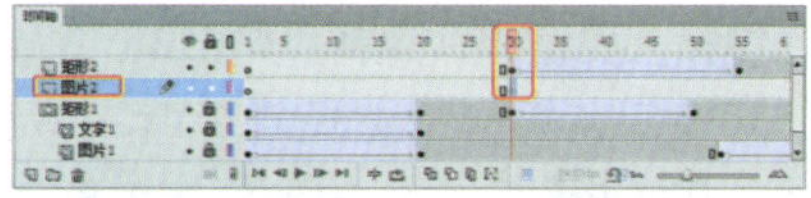
图16-190　新建并调整图层

45 在【库】面板中将房地产03.jpg素材文件拖拽至舞台中，在【变形】面板中将【缩放宽度】和【缩放高度】设置为23.5%，在舞台中调整其位置，如图16-191所示。

46 确认素材文件处于选择状态，按F8键弹出【转换为元件】对话框，输入【名称】为"图片03"，将【类型】设置为【图形】，单击【确定】按钮，如图16-192所示。

图16-191　调整素材文件

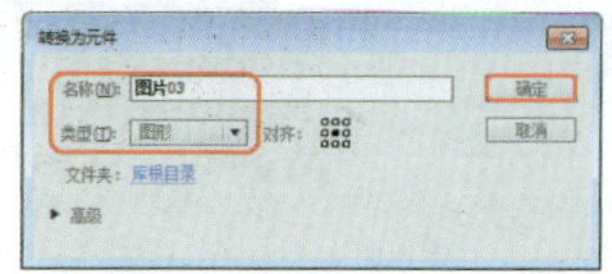
图16-192　转换为元件

47 选择"图片2"图层第50帧，按F6键插入关键帧，选择"图片2"图层第30帧，在舞台中选择"图片03"元件，在【属性】面板中将【样式】设置为【Alpha】，将【Alpha】值设置为0，如图16-193所示。

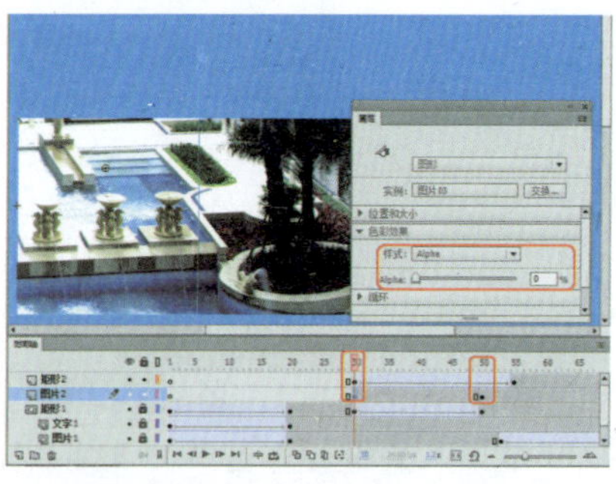
图16-193　插入关键帧并调整元件

48 在"图片2"图层的第30帧和第50帧之间创建传统补间动画，选择"图片2"图层的第85帧，按F6键插入关键帧，在舞台中向下调整"图片03"元件的位置，如图16-194所示。

图16-194　插入关键帧并调整元件位置

49 在"图片2"图层的第50帧和第85帧之间创建传统补间动画，并选择第86帧，按F7键插入空白关键帧，选择"矩形2"图层的第112帧，按F6键插入关键帧，如图16-195所示。

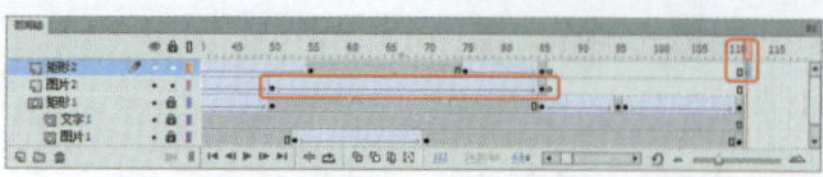
图16-195　插入关键帧

50 在【库】面板中将"矩形2"元件拖拽至舞台中，并在舞台中调整其位置，选择"矩形2"图层第145帧，按F6键插入关键帧，如图16-196所示。

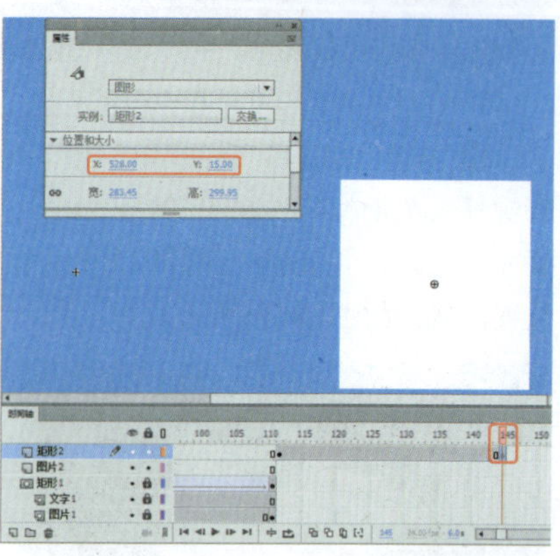
图16-196　添加元件并插入关键帧

51 选择"矩形2"图层第112帧，在舞台中选择"矩形2"元件，在【属性】面板中取消宽度值和高度值的锁定，将【宽】设置为5像素，如图16-197所示。

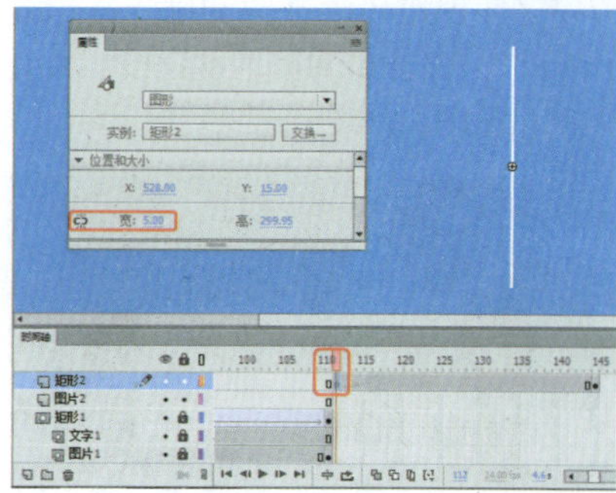
图16-197　调整矩形宽度

52 在"矩形2"图层的第112帧和第145帧之间创建传统补间动画，然后选择第190帧，按F6键插入关键帧，使用【任意变形工具】选择"矩形2"元件，并将其中心点调整至右侧中心位置，如图16-198所示。

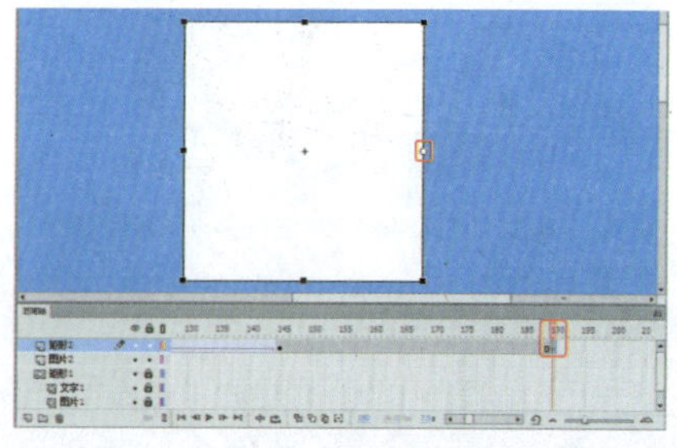
图16-198　插入关键帧并调整中心点

53 选择"矩形2"图层的第210帧，按F6键插入关键帧，通过向右拖动左侧边来调整"矩形2"元件的宽度，将宽度调整为5，在"矩形2"图层的第190帧和第210帧之间创建传统补间动画，效果如图16-199所示。

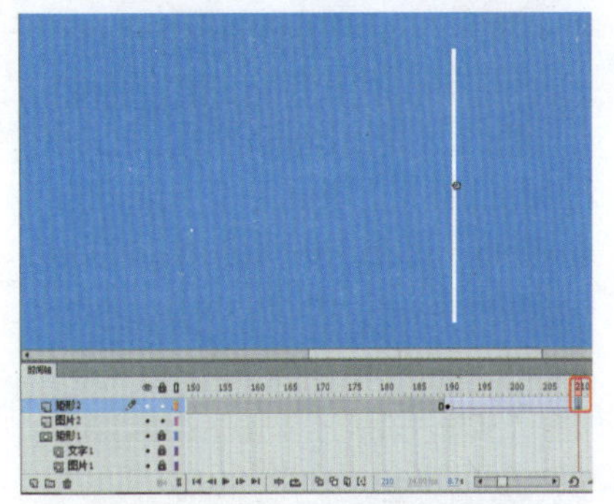

图16-199 调整元件并创建动画

54 选择"图片2"图层第112帧，按F6键插入关键帧，在【库】面板中将房地产04.jpg素材图片拖拽至舞台中，并调整其位置，效果如图16-200所示。

图16-200 添加素材文件

55 确认素材图片处于选择状态，按F8键弹出【转换为元件】对话框，输入【名称】为"图片04"，将【类型】设置为【图形】，单击【确定】按钮，如图16-201所示。

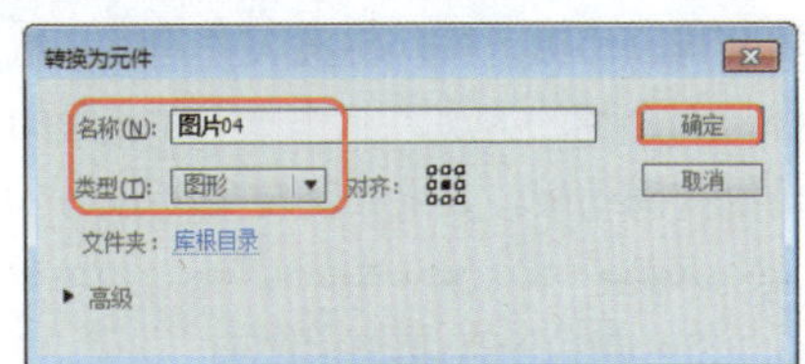

图16-201 转换为元件

56 在【属性】面板中将【样式】设置为【Alpha】，将【Alpha】值设置为0，如图16-202所示。

57 选择"图片2"图层第190帧，按F6键插入关键帧，在【属性】面板中将"图片04"元件的【样式】设置为无，向右调整图形元件，效果如图16-203所示。

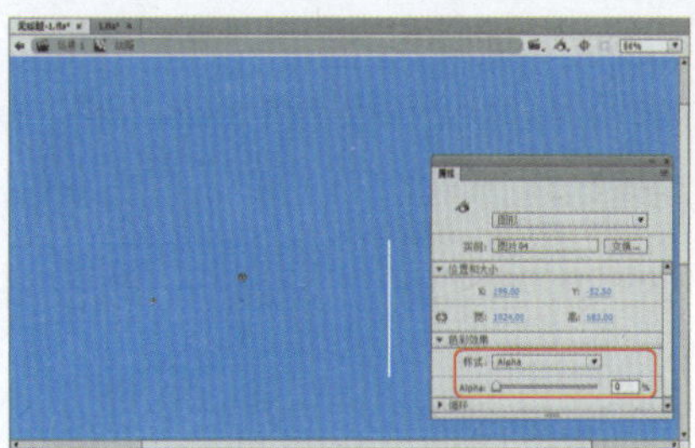

图16-202 调整元件样式

图16-203 调整图形元件

58 在"图片2"图层的第112帧和第190帧之间创建传统补间动画，选择第145帧，按F6键插入关键帧，在【属性】面板中将"图片04"元件的【样式】设置为无，如图16-204所示。

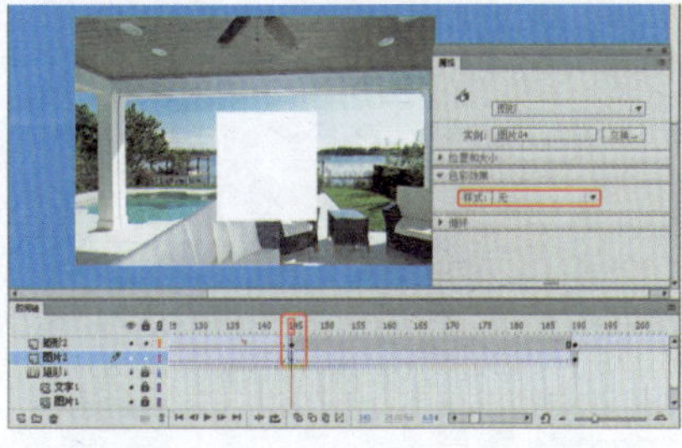

图16-204 插入关键帧并调整元件样式

59 选择"图片2"图层第210帧，按F6键插入关键帧，在"矩形2"图层上单击鼠标右键，在弹出的快捷菜单中选择【遮罩层】命令，即可创建遮罩动画，如图16-205所示。

图16-205 创建遮罩动画

60 在"矩形2"图层上方新建一个图层，并将新建的图层重命名为"文字2"，选择第30帧，按F6键插入关键帧，并在工具箱中选择【文本工具】，在【属性】面板中将【系列】设置为【方正综艺简体】，将【大小】设置为30磅，将【颜色】设置为【#CC0000】，然后在舞台中输入文字，如图16-206所示。

图16-206 插入关键帧并输入文字

61 选择输入的文字，按F8键弹出【转换为元件】对话框，输入【名称】为"绿色花园"，将【类型】设置为【图形】，单击【确定】按钮，如图16-207所示。

图16-207 转换为元件

62 在【属性】面板中将"绿色花园"元件的【样式】设置为Alpha，将Alpha值设置为0，效果如图16-208所示。

图16-208 设置元件样式

63 选择"文字2"图层第55帧，按F6键插入关键帧，在【属性】面板中将"绿色花园"元件的【样式】设置为无，在第30帧和第55帧之间创建传统补间动画，效果如图16-209所示。

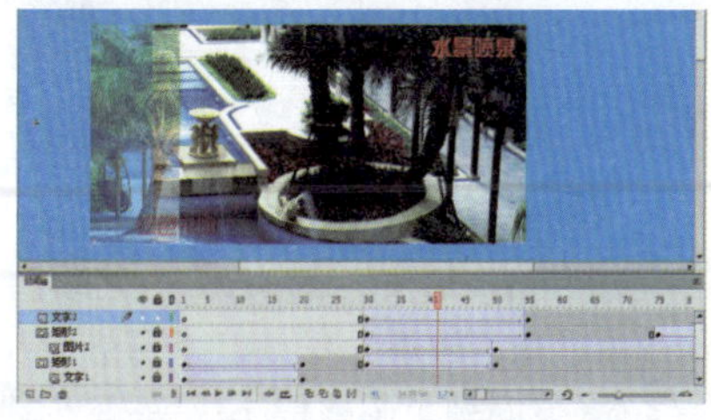

图16-209 创建动画

64 选择"文字2"图层第112帧，按F7键插入空白关键帧，使用【文本工具】在舞台中输入文字，并选择输入的文字，按F8键弹出【转换为元件】对话框，输入【名称】为“露天阳台”，将【类型】设置为【图形】，单击【确定】按钮，即可将其转换为元件，效果如图16-210所示。

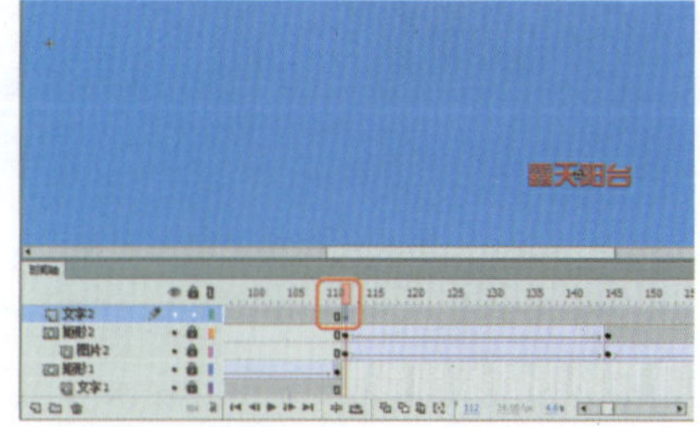

图16-210 转换为元件

65 在【属性】面板中将【样式】设置为【Alpha】，将【Alpha】值设置为0，选择第145帧，按F6键插入关键帧，在【属性】面板中将“露天阳台”元件的【样式】设置为无，并调整其位置，效果如图16-211所示。

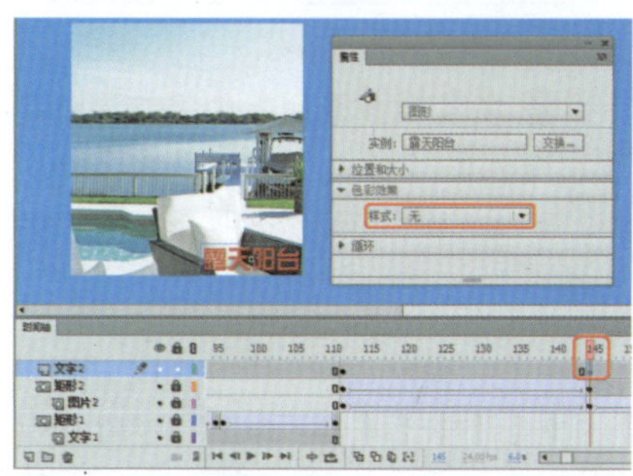

图16-211 调整元件

66 在“文字2”图层的第112帧和第145帧之间创建传统补间动画，选择第86帧，按F7键插入空白关键帧，并将其移至“矩形2”图层的下方，锁定“文字2”，效果如图16-212所示。

图16-212 创建动画并调整图层

67 结合前面介绍的方法，继续制作遮罩动画，效果如图16-213所示。

68 返回到“场景1”中，新建“图层3”，并选择第50帧，按F6键插入关键帧，在【库】面板中将“动画”影片剪辑元件拖拽至舞台中，并调整其位置，效果如图16-214所示。

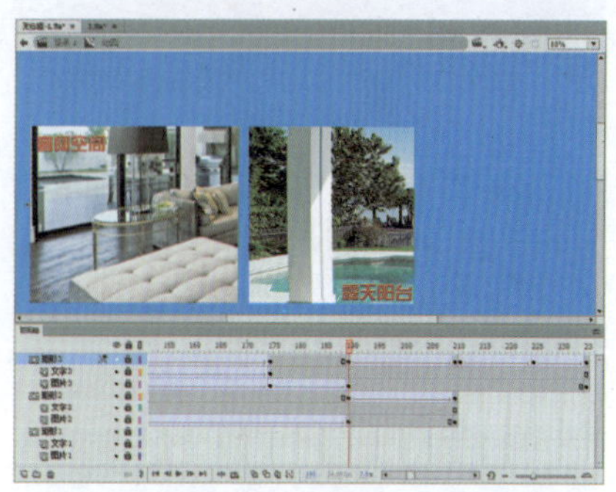

图16-213 制作遮罩动画

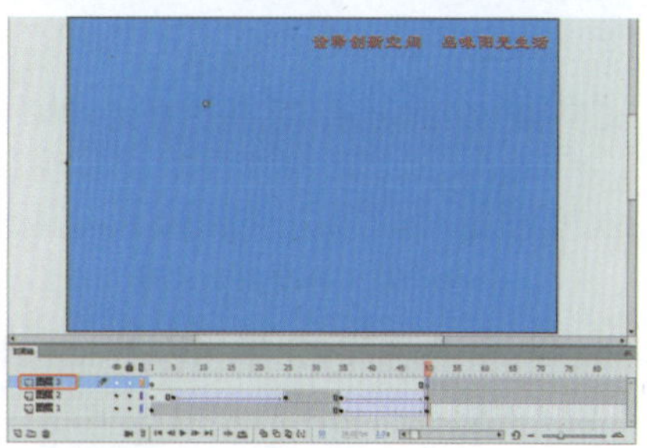

图16-214 新建图层并添加元件

69 新建“图层4”，并选择第285帧，按F6键插入关键帧，在【库】面板中将房地产06.png素材文件拖拽至舞台中，如图16-215所示。

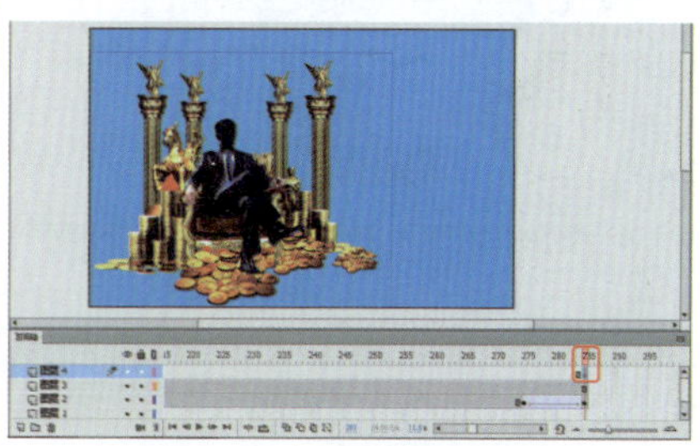

图16-215 新建图层并添加文件

70 确认素材图片处于选择状态，按F8键弹出【转换为元件】对话框，输入【名称】为“图片06”，将【类型】设置为【图形】，单击【确定】按钮，如图16-216所示。

图16-216 转换为元件

71 使用【任意变形工具】选择“图片06”元件，并将该元件的中心点调整至左下角，在【变形】面板中将【缩放宽度】和【缩放高度】设置为45.7%，效果如图16-217所示。

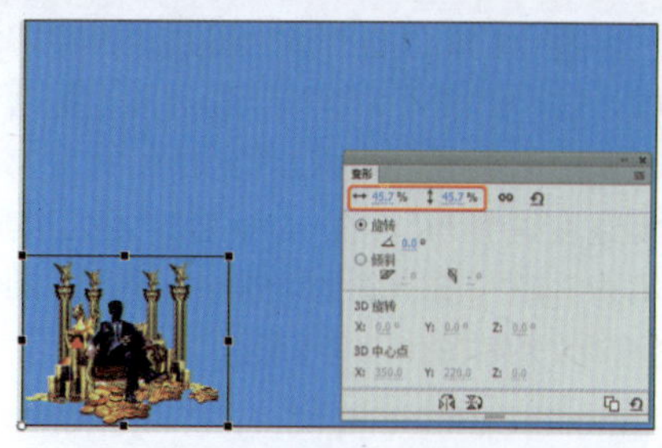

图16-217 调整中心点和大小

72 在【属性】面板中将“图片06”元件的【样式】设置为【Alpha】，将【Alpha】值设置为0，如图16-218所示。

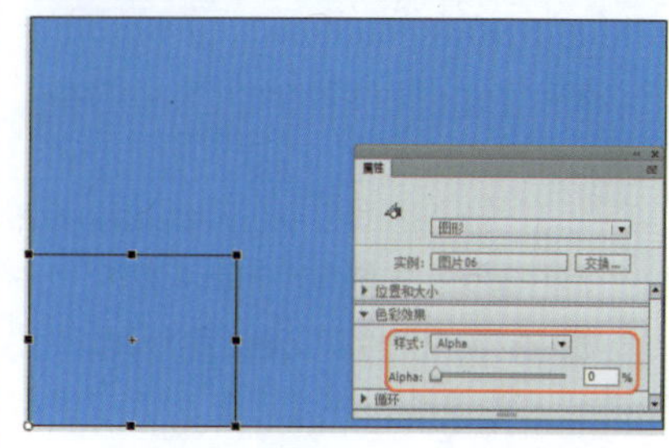

图16-218 设置元件样式

73 选择“图层4”第310帧，按F6键插入关键帧，在【变形】面板中将【缩放宽度】和【缩放高度】设置为80%，在【属性】面板中将【样式】设置为无，如图16-219所示。

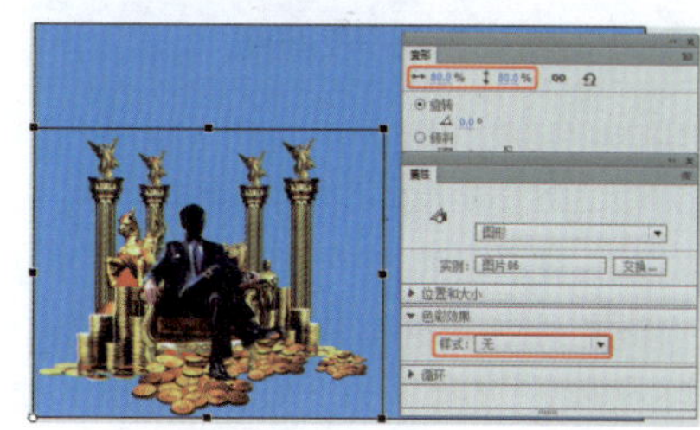

图16-219 设置元件

74 在“图层4”的第285帧和第310帧之间创建传统补间动画，并选择“图层4”第355帧，按F6键插入关键帧，结合前面介绍的方法，制作文字和直线的传统补间动画，效果如图16-220所示。

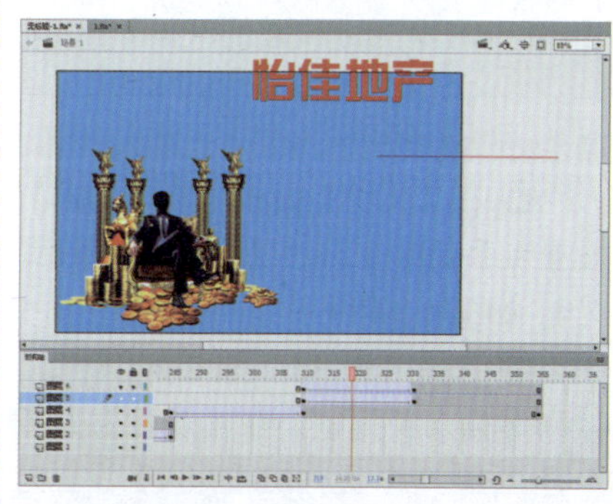

图16-220 创建传统补间动画

75 新建“图层7”并选择第331

帧，按F6键插入关键帧，在工具箱中选择【文本工具】，在【属性】面板中将【系列】设置为【方正综艺简体】，将【大小】设置为18磅，将【颜色】设置为白色，然后在舞台中输入文字，如图16-221所示。

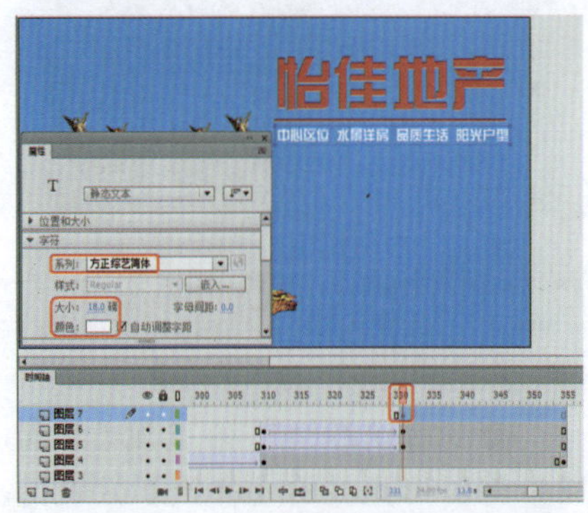

图16-221 新建图层并输入文字

76 选择输入的文字，按F8键弹出【转换为元件】对话框，输入【名称】为“文字02”，将【类型】设置为【影片剪辑】，单击【确定】按钮，如图16-222所示。

图16-222 转换为元件

77 在【属性】面板的【滤镜】选项组中，单击【添加滤镜】按钮，在弹出的下拉列表中选择【模糊】选项，将【模糊X】和【模糊Y】设置为20，如图16-223所示。

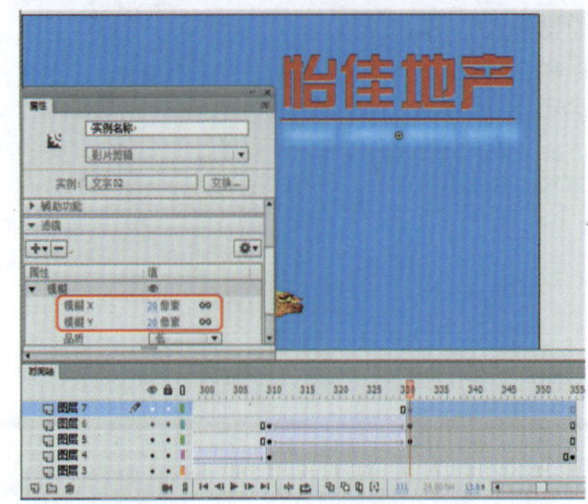

图16-223 添加模糊滤镜

78 选择“图层7”第346帧，按F6键插入关键帧，在【属性】面板中将【模糊X】和【模糊Y】设置为0，如图16-224所示。

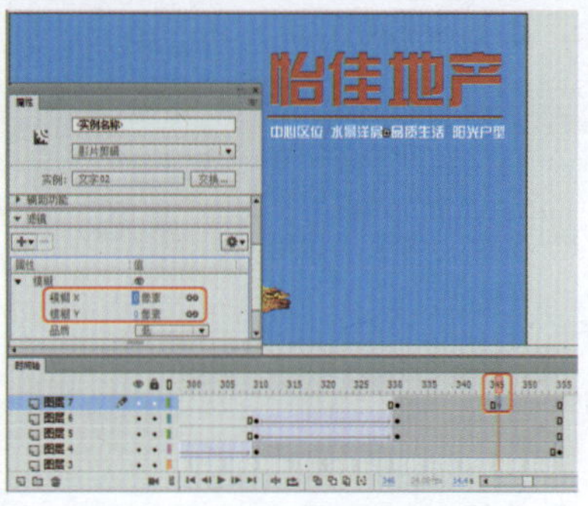

图16-224 设置滤镜参数

79 在“图层7”的第331帧和第346帧之间创建传统补间动画，新建“图层8”，在【库】面板中将房地产背景音乐.mp3文件拖拽至舞台中，即可添加背景音乐，如图16-225所示。

80 选择“图层8”第355帧，按F6键插入关键帧，按F9键打开【动作】面板，输入代码“stop();”，如图16-226所示。至此，完成该动画的制作，导出影片并将场景文件保存。

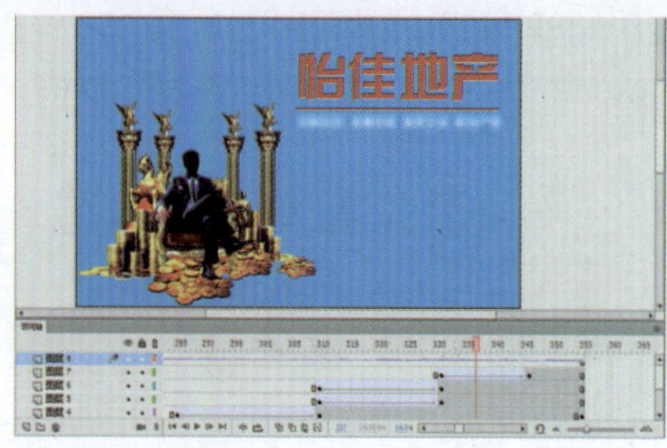

图16-225 添加背景音乐

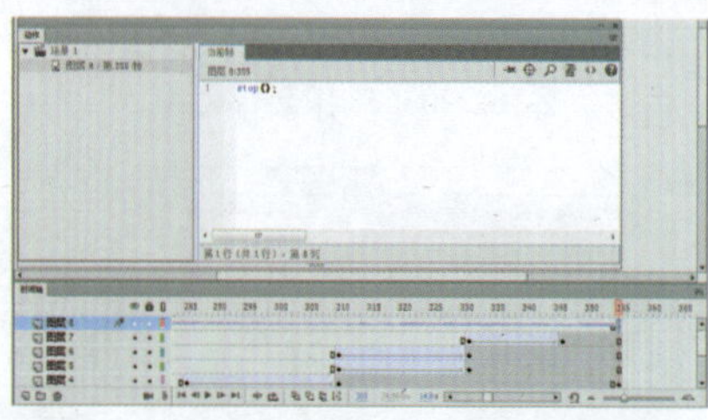

图16-226 输入代码

实例201 制作装饰公司宣传广告

本实例介绍家具欣赏动画的制作，主要是为素材图片添加传统补间，导入音频文件，效果如图16-227所示。

素材：	素材|Cha16|025.jpg
场景：	场景|Cha16|实例201 制作装饰公司宣传广告.fla
视频：	视频教学 | Cha16 |实例201 制作装饰公司宣传广告.MP4

图16-227 装饰公司宣传广告

1 在菜单栏中选择【文件】|【新建】命令，弹出【新建文档】对话框，在【类型】列表框中选择【ActionScript 3.0】选项，在右侧的设置区域中将【宽】设置为800像素，将【高】设置为400像素，如图16-228所示。

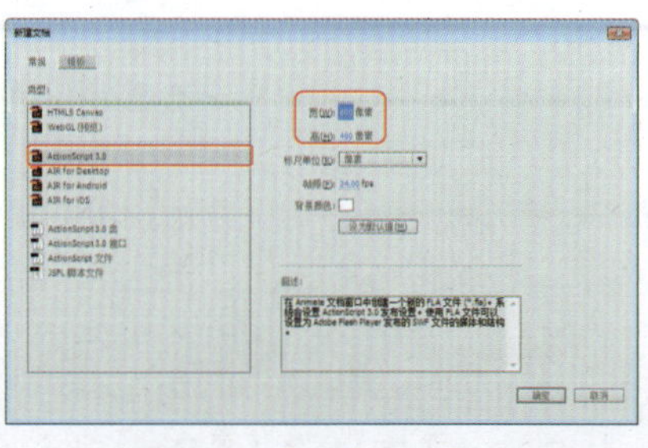

图16-228 【新建文档】对话框

2 单击【确定】按钮，即可新建一个空白文档，在菜单栏中选择【文件】|【导入】|【导入到舞台】命令，如图16-229所示。

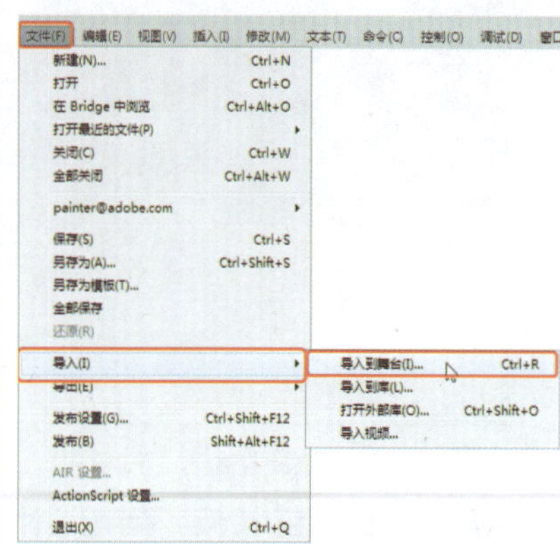

图16-229 选择【导入的舞台】命令

3 在弹出的【导入】对话框中选择随书配套资源的图片素材文件，单击【打开】按钮，如图16-230所示。

4 即可将选择的素材文件导入到舞台中，按Ctrl+K组合键弹出【对齐】

面板，在该面板中勾选【与舞台对齐】复选框，单击【水平中齐】按钮和【垂直中齐】按钮，如图16-231所示。

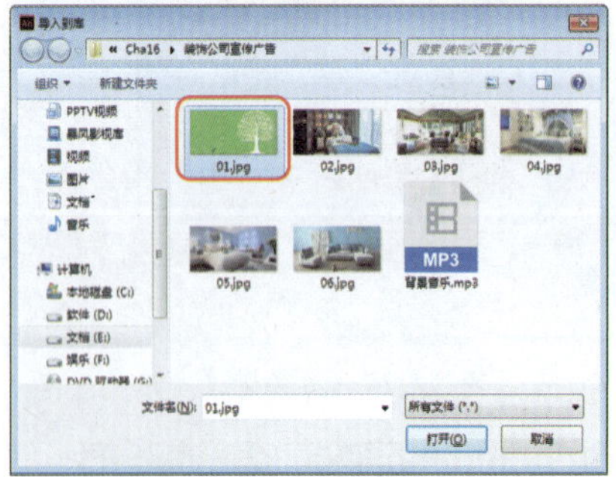

图16-230 选择素材文件

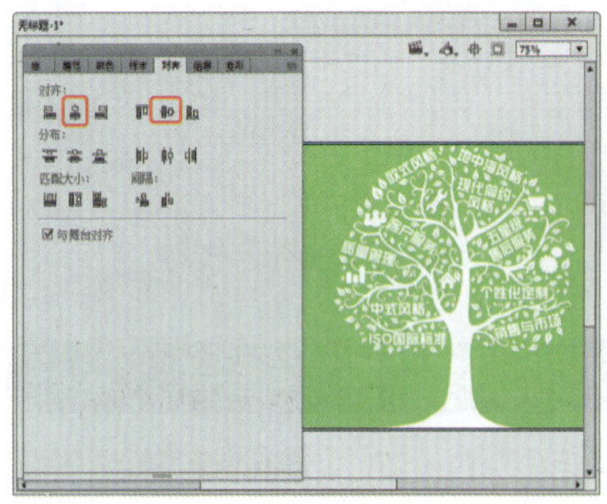

图16-231 【对齐】面板

❺ 确定导入的素材文件处于选择状态，按F8键弹出【转换为元件】对话框，在该对话框中输入【名称】为“01”，将【类型】设置为【图形】，将对齐方式设置为左上角,如图16-232所示。

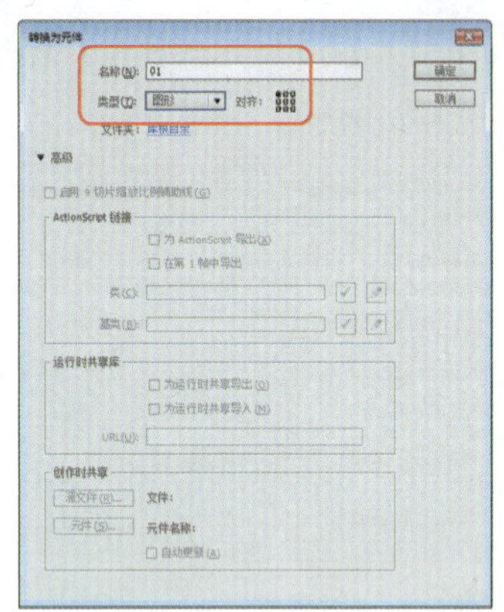

图16-232 【转换为元件】对话框

❻ 单击【确定】按钮，将素材文件转换为元件，在【属性】面板中将【样式】设置为【Alpha】，将【Alpha】值设置为10%，如图16-233所示。

❼ 在【时间轴】面板中选择“图层1”的第70帧，单击鼠标右键，在弹出的快捷菜单中选择【插入关键帧】命令，如图16-234所示。

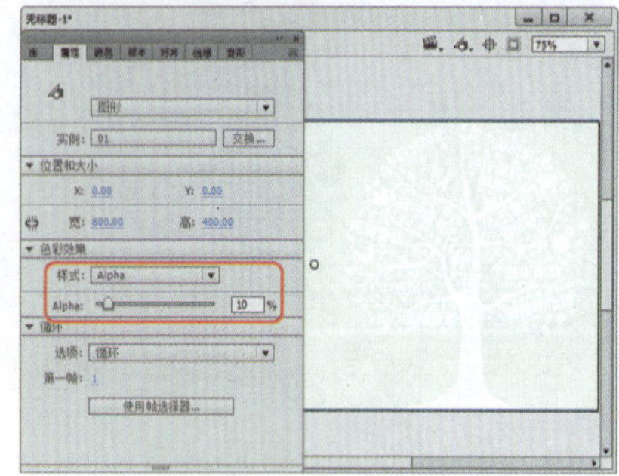

图16-233 设置Alpha参数

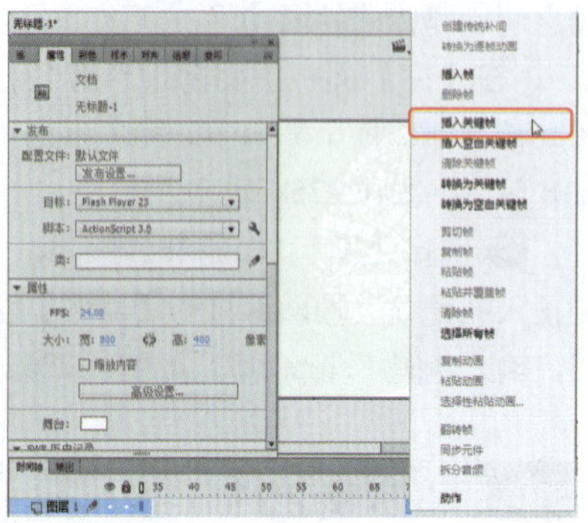

图16-234 选择【插入关键帧】命令

❽ 插入关键帧后，在舞台中选中该元件，在【属性】面板中将【样式】设置为无，如图16-235所示。

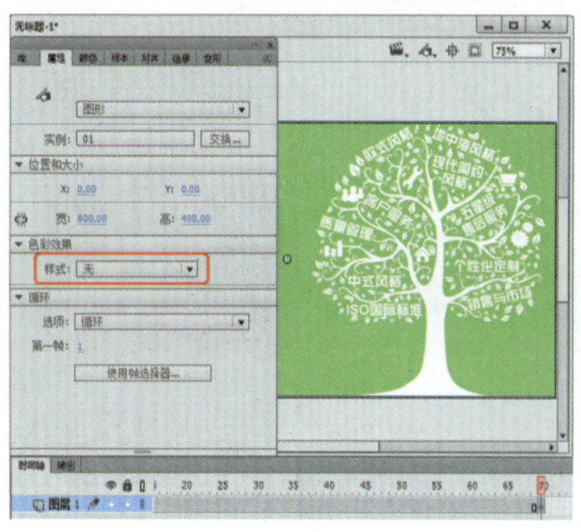

图16-235 将【样式】设置为无

❾ 选择“图层1”第36帧，并单击鼠标右键，在弹出的快捷菜单中选择【创建传统补间】命令，如图16-236所示。

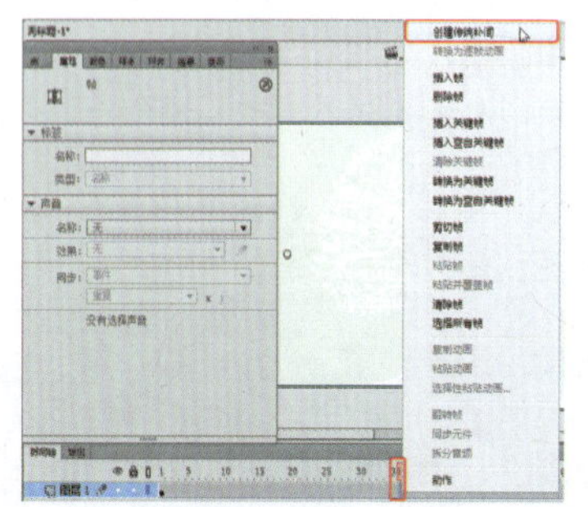

图16-236 选择【创建传统补间】命令

❿ 选择“图层1”第208帧，按F6键插入关键帧，选择第238帧，按F6键插入关键帧，如图16-237所示。

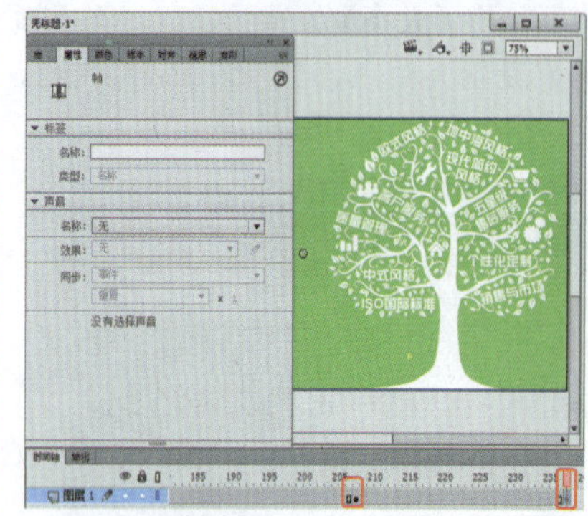

图16-237 插入关键帧

⓫ 选择第238帧，在【属性】面板中将图形元件的【样式】设置为【Alpha】，将【Alpha】值设置为0，如图16-238所示。

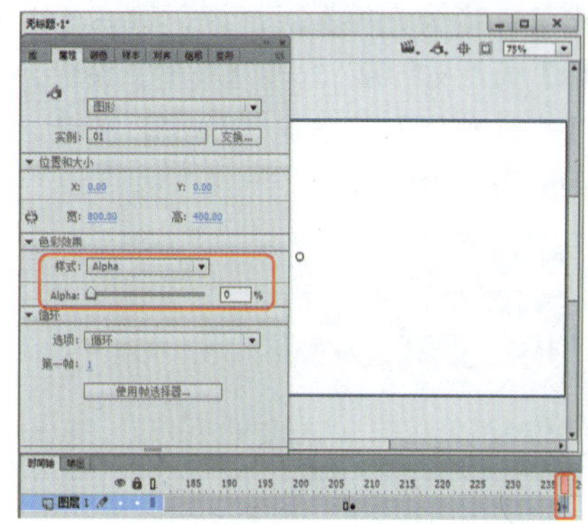

图16-238 设置Alpha值

⓬ 选择“图层1”第222帧，并单击鼠标右键，在弹出的快捷菜单中选择【创建传统补间】命令，效果如图16-239所示。

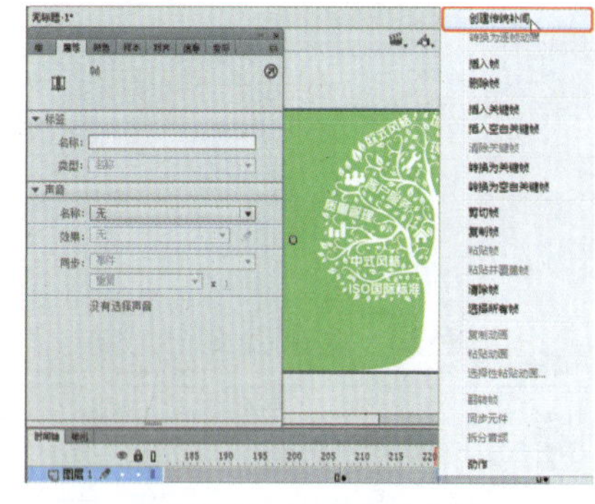

图16-239 创建传统补间

⓭ 选择“图层1”第450帧，并按F6键插入关键帧，如图16-240所示。

⓮ 在【时间轴】面板中单击【新建图层】按钮，新建“图层2”，如图16-241所示。

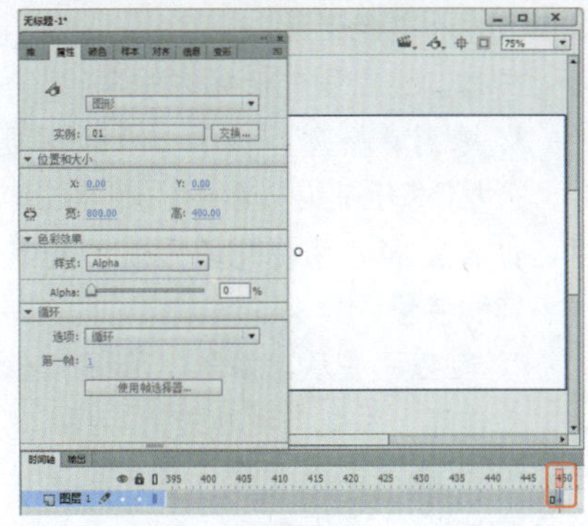
图16-240 在第450帧处插入关键帧

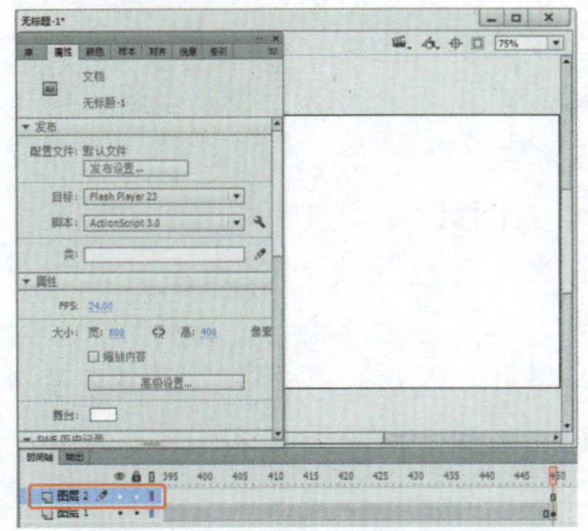
图16-241 新建“图层2”

知识链接

装饰公司是集室内设计、预算、施工、材料于一体的专业化设计公司。装饰公司是为相关业主提供装修装饰方面的技术支持，包括提供设计师和装修工人，从专业的设计和可实现性的角度，为客户营造更温馨和舒适的环境成立的企业，这种企业一般带有盈利性。现在的装饰公司一般是设计与装修相结合的模式经营。

装饰公司起源

随着现代生活质量水平的提高，客户在对生活品位的需求也有了较大的改变，如何在一个长久的住所里，舒适开心的生活也就成为了客户越来越关心的问题。装饰公司正是在这种需求下产生的一种服务型的行业，也因为客户需求的不断提高，由此慢慢的带动了设计装修行业的兴起，同时促进了装修公司的发展。

公司分类

1.中小型装饰公司：一般就是设计师、施工经理从装饰公司独立后。自己创建的公司，一般只是单方面比较强，要么设计强、要么施工强，公司综合能力一般。

2.主流装饰公司：加盟类的品牌公司越来越多，他们一般管理有固定的流程，主材有自己的联盟品牌。

3.部分高端公装公司、主流家装公司高端设计部：这些单位都能提供很好的设计和施工，设计和施工投入的精力都很到位，装修装饰效果自然也就到位，全部采用主流品牌的材料更容易出效果。

4.未来最好的装饰模式是专业的预算机构+专业的设计工作室+好的安装公司。只有通过社会分工，把每个工种的长处发挥出来，这样才能使得装修行业真正进入发展阶段。

5.网络装饰公司，相关装修装饰公司网上的频道。主要作用是通过网络技术宣传装饰公司的一些服务体系以及服务原则，在传统经营的基础上开辟网络经营的新领域，可以为更多的业主服务推广企业品牌理念，打造企业知名度。

业务分类

1.家庭装修

人们追求幸福、健康和美好，就要求有一个舒心优雅的生态环境。因此，人们对城市建设提出了一系列的目标要求，即卫生城市、花园城市、园林城市、生态城市等等。对居室进行艺术处理，设计、装修，打造一个舒适优雅的生态环境。这就给设计师提出了更高的要求，所以也需要我们不断总结、创新和发展。

2.厂房装修

很多企业为了厂房能够干净整洁，让员工能够在舒适的工作环境工作，请装修公司来装修，所以就有了厂房装修，由于建筑面积大，所以工程量大，做工相对其他类的装修粗糙。

⑮ 选择“图层2”第35帧，单击鼠标右键，在弹出的快捷菜单中选择【插入关键帧】命令，如图16-242所示。

⑯ 在工具箱中选择【文本工具】，在舞台中输入文字，并在【属性】面板中将字体设置为【汉仪雁翎体简】，将【大小】设置为80磅，将字体颜色设置为白色，如图16-243所示。

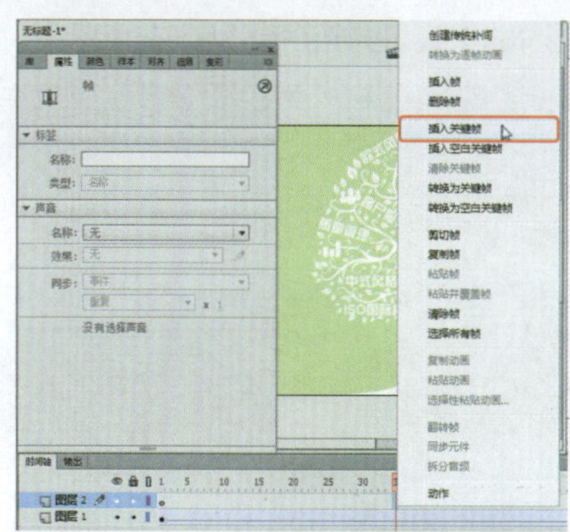
图16-242 选择【插入关键帧】命令

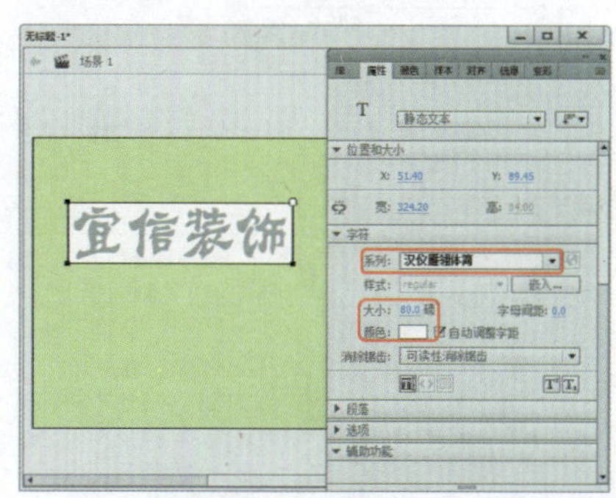

图16-243 输入文字

⑰ 按F8键弹出【转换为元件】对话框，在该对话框中输入【名称】为“文字1”，将【类型】设置为【图形】，如图16-244所示。

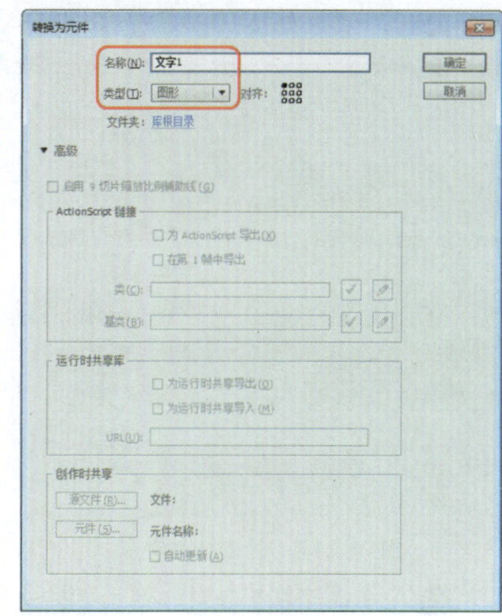

图16-244 【转换为元件】对话框

⑱ 单击【确定】按钮，即可将文字转换为图形元件，在【属性】面板中将【X】、【Y】分别设置为86.05、-85，将【样式】设置为【Alpha】，将【Alpha】值设置为0，如图16-245所示。

⑲ 选择“图层2”第100帧，按F6键插入关键帧，在【属性】面板中将【X】、【Y】分别设置为86.05、63，将

【样式】设置为无，如图16-246所示。

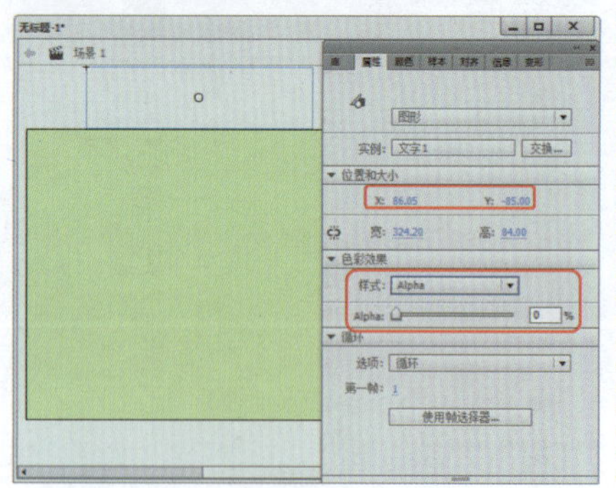

图16-245　调整图形元件位置并设置Alpha值

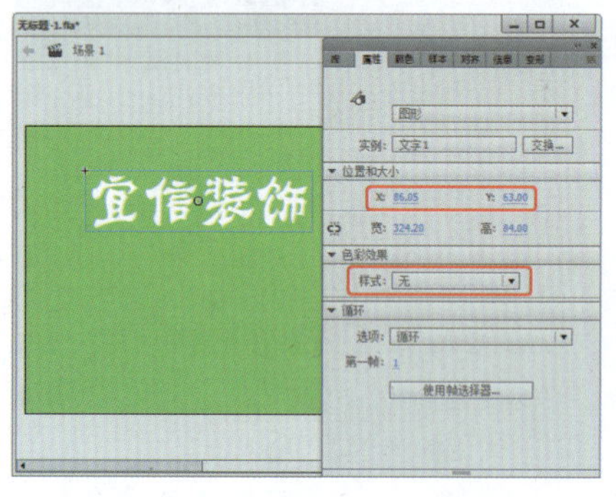

图16-246　将样式设置为无

㉐ 选择“图层2”第85帧，并单击鼠标右键，在弹出的快捷菜单中选择【创建传统补间】命令，即可创建传统补间，效果如图16-247所示。

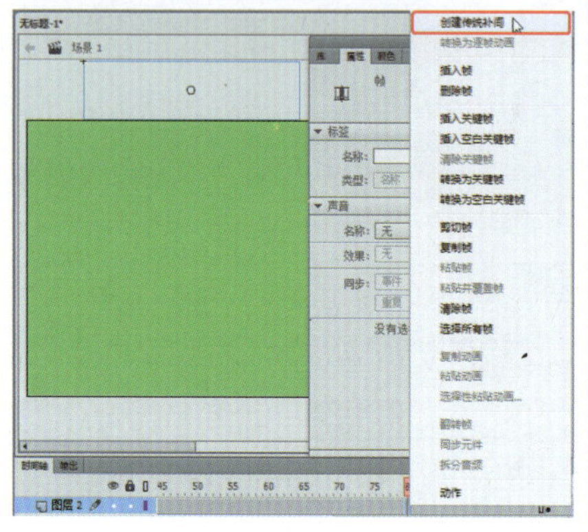

图16-247　创建传统补间

㉑ 在【时间轴】面板中单击【新建图层】按钮，新建“图层3”，选择第35帧，单击鼠标右键，在弹出的快捷菜单中选择【插入关键帧】命令，如图16-248所示。

㉒ 在工具箱中选择【文本工具】，在舞台中输入文字，并在【属性】面板中将字体设置为【汉仪雁翎体简】，将【大小】设置为40磅，将【字母间距】设置为1，将字体颜色设置为白色，如图16-249所示。

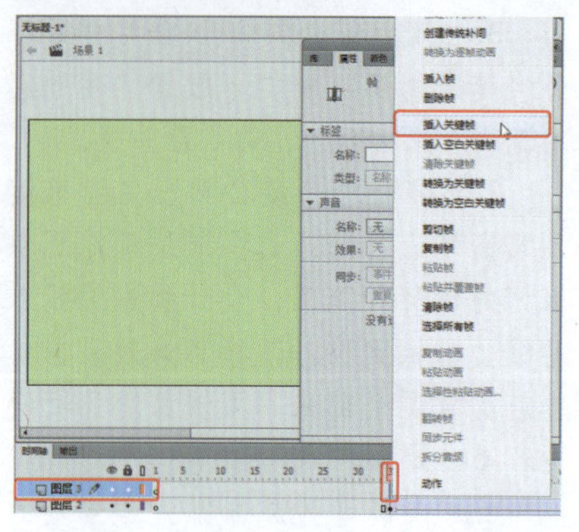

图16-248　新建“图层3”并插入关键帧

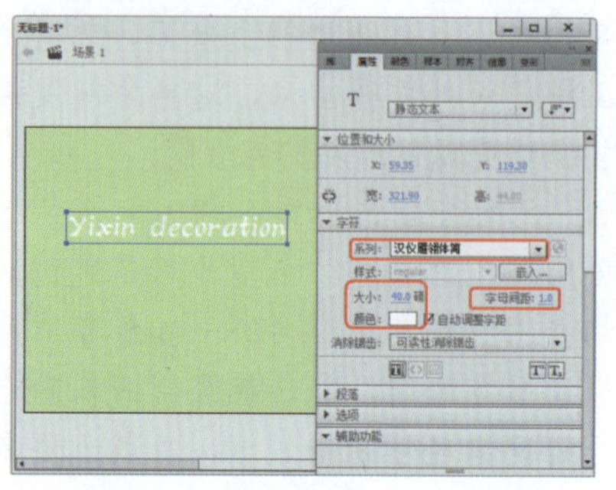

图16-249　输入文字并进行设置

知识链接

家装工程

家装工程是针对对家庭居住环境进行的装饰和装修工程，它是在满足居住功能的前提下，实现家居环境、家居氛围与家居艺术品的和谐统一。

具体地说，家装工程包括以下内容：

1. 客厅、餐厅、起居室、书房、卧室、儿童房、阳台、衣帽间、厨房、浴室等居室基本分区功能的实现。

2. 照明、恒温、安全、卫生、防疫、防止噪音、合理使用材料等各种基本使用功能的实现。

3. 绿化、安全、舒适、温馨等家居环境的实现。

4. 根据用户的需要，实现一定的艺术风格。

5. 部分室外装饰工程，主要指别墅的外墙、屋顶的装饰及花园的设计和其他绿化工程等。

公装工程

公装工程指对公共场所和的工作场所进行装饰和装修的工程。在满足其特有功能要求的同时，在更高的层次上呈现出特定的艺术内涵和风格特色，使人们能够更好地进行休息、娱乐、工作和其他活动。

具体公装工程包括如下内容：

1. 陈列、橱窗、餐厅、门面、舞厅、卡拉OK厅房、桑拿浴、酒店、宾馆、办公室和其他特殊场所如医院等的装饰和装修。

2. 集会、展示、娱乐、休闲、会议、工作等一种或多种功能的实现。

3. 古典风格、现代风格与后现代风格等装饰风格的实现，包括古希腊风格、古罗马风格、文艺复兴风格、和式风格、传统中式风格、新古典风格、现代中式风格、现代风格、前卫风格等。

工程设计

通过空间设计、家具与设施设计、造型与色彩设计、照明设计、材料设计、人体工学设计、空调系统设计、消防系统设计、电信系统设计，将家装与公装的功能要求、环境要求与艺术表现要求具体化，通过图纸（包括平面图、效果图、施工图）、文件及其他有效的方式表现出来。

在设计中除了强调人体工程学、视觉艺术、美学、光学、声学、建筑学、材料学以及空调、防火等室内设计自身的学科特点之外，还注重融合力学、生态学、民族学、心理学、社会学、经济学、价值工程学等多种学科知识，能够准确再现、提升客户的愿望与要求，使室内空间给人以美的享受。

装修建材选购

自身并不经销建材，但凭着与建材经销商在长期合作中建立的关系，能够以极其优惠的价格帮助客户选购各种建筑装饰材料和各式家具。其中装饰建材有地面装饰材料、墙面装饰材料、柱面装饰材料、吊顶材料、屋面材料、管线材料等。

工程施工

工程施工几乎覆盖了家装和公装工程的所有内容。具体包括吊顶工程，墙、柱面工程，楼、地面饰面工程，门窗工程、装饰屋面工程、楼梯扶手工程、细部装饰工程。

选择公司

在选择装饰公司时，可以从一些细节上考察装饰公司的实力。

1. 营业执照：合法经营的见证

一个正规的从事家庭装修的公司，必须有营业执照。营业执照的“主营”和“附营”项目中，必须有“装饰工程”“家庭装修”这类的经营项目。另外，执照上的年检章是证明该企业本年度通过了工商局的年检，属合法经营。

2. 公司名称：从名称上看实力

根据注册资金的不同，从事家庭装修的装饰公司的名称也不同。实力最强的是“装饰工程公司”，这种公司一般都在建委注册，是最正规的装饰公司。其次，是带“有限责任公司”字样的公司，这种公司都是股份制公司，注册资金有限。最后，是“设计公司”“装潢公司”，这种公司往往偏重广告装潢，注册资金很少，是最需要详细考察的公司。

3. 办公室：展示精神和设计

选择装饰公司，必须登门实地考察。首先，办公室的位置和面积反映着公司的实力。往往是那些租用高档写字楼，或占用单独楼宇的装饰公司，更能提供完善的服务。公司的员工多，需要的办公空间也会大一些，这也从一个侧面反映了公司实力。一个装饰公司正规与否，和该公司的规章制度是否健全有很大关系。最主要的制度是有关设计师、监理和工长的管理制度，因为这些制度直接管理着为业主服务的人。其次是材料、施工和验收管理制度，这是保障工程质量的前提。另外，从办公空间的设计上，也可以对装饰公司的设计实力和风格略知一二。

4. 样板间：反映施工质量的窗口

选择一家装饰公司之前，最好去看看这家公司的样板间。去样板间主要去看施工质量，而不是去照搬设计思路，所以在细节方面要特别留意。

5. 设计人员：体现公司实力

进了装饰公司的门，最先接触的往往都是设计师。从设计师的资历上，也能看出装饰公司的实力。因为有实力的公司才请得起好的设计师。

6. 资质

优秀的装饰公司要有相当高的资质和具有一定的规模，各种部门配备较为齐全。

装饰常识

在日益重视健康生活的现代家居中，追求自然、健康、绿色的态度融入了生活的各个方面，绿色装修已经不是空泛的理念，把握以下六点，绿色装修就变成了实实在在的过程。

设计科学

家庭室内装修装饰方面，应重简洁轻繁缛。根据简约实用原则，尽可能减少装饰项目，如不必要的吊顶、护墙板，简化门框、窗框等。室内保持空气通畅，有条件的尽量运用自然照明、少用电灯；自然通风，少用空调、电扇，实现水的循环使用、沼气取暖等，不但自然清新，而且节能减耗。

建材环保

市场上销售的装饰材料几乎都或多或少的含有有毒有害物质。如油漆、涂料含苯；板材、木合成制品含甲醛，石材多辐射。所以在材料的选择上尽量采用原木建材、高级环保油漆，在无法专业鉴别的情况下尽量选购权威机构认证符合标准的建材。

施工工艺

施工工艺尽量环保，采用少的粘合剂等材料，选用无毒少害、无污染少污染的材料，含毒建材分散施工。

质量监督

空气质量检测全程介入，经常检查装修施工各阶段的空气质量，检测装饰材料的各个细节。

绿色检测

装修结束后进行全面的空气质量检测，检测机构要具有专业资质。

补救措施

除了上述五招把关，还可以采取一些后续措施进行更彻底的净化：适当延后入住时间；在室内摆放一些吊兰、芦荟、长春藤等能起净化作用的花草；使用能消除有害物质的仪器、设备都是不错的选择。

㉓ 按F8键弹出【转换为元件】对话框，在该对话框中输入【名称】为“文字2”，将【类型】设置为【图形】，如图16-250所示。

㉔ 单击【确定】按钮，将文字转换为图形元件，在【属性】面板中将【X】、【Y】分别设置为86.05、402，将【样式】设置为【Alpha】，将【Alpha】值设置为0，如图16-251所示。

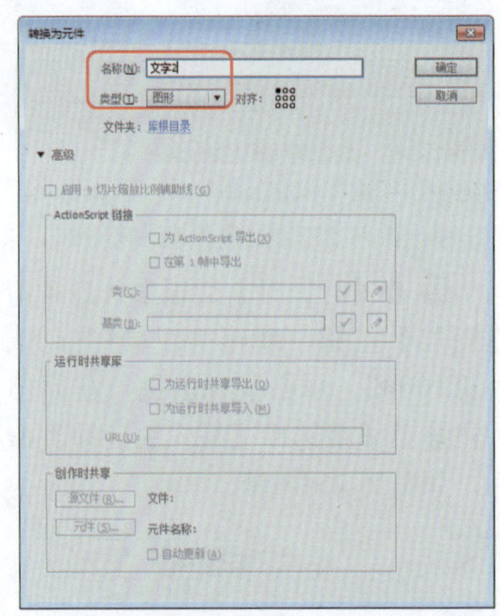

图16-250 转换为元件

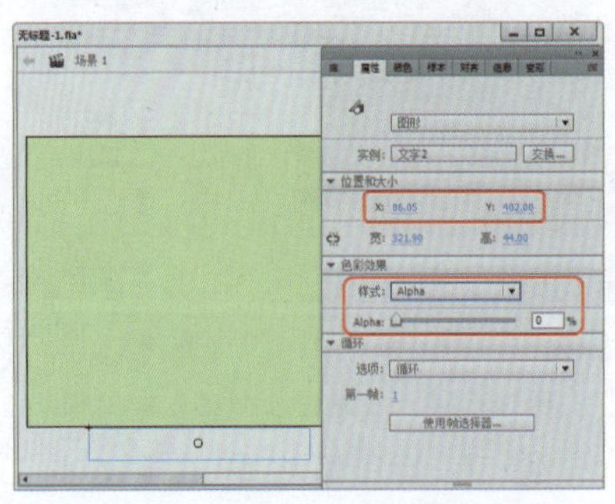

图16-251 设置Alpha值

㉕ 选择“图层3”第100帧，按F6键插入关键帧，在【属性】面板中将【X】、【Y】分别设置为86.05、139，将【样式】设置为无，如图16-252所示。

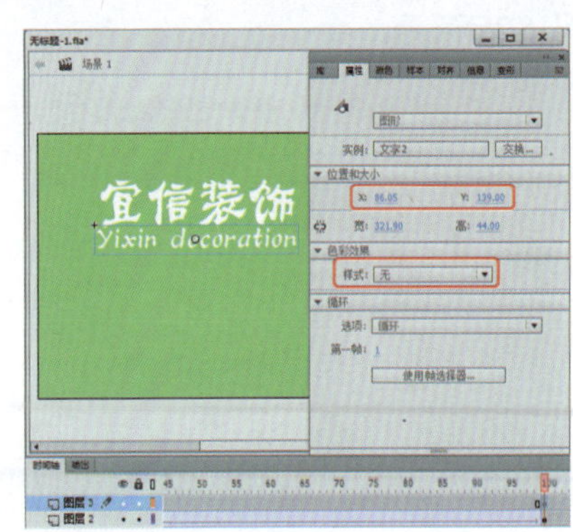

图16-252 将样式设置为无

㉖ 选择“图层3”第85帧，并单击鼠标右键，在弹出的快捷菜单中选择【创建传统补间】命令，创建传统补间，效果如图16-253所示。

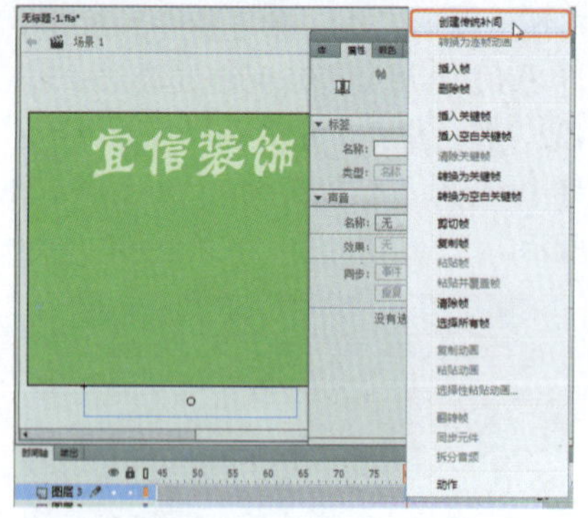
图16-253 创建传统补间

㉗ 在【时间轴】面板中单击【新建图层】按钮，新建“图层4”，选择第100帧，单击鼠标右键，在弹出的快捷菜单中选择【插入关键帧】命令，如图16-254所示。

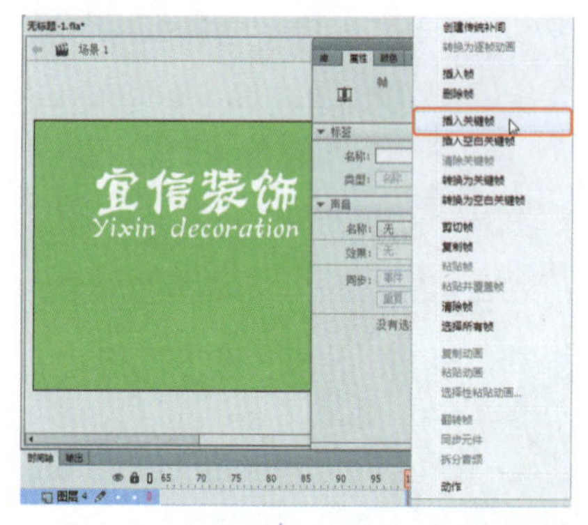
图16-254 新建图层并插入关键帧

㉘ 在工具箱中单击【文本工具】，在舞台中单击鼠标，并输入文字，选中输入的文字，按Ctrl+F3组合键，打开【属性】面板，在该面板中将【系列】设置为【长城新艺体】，将【大小】设置为35磅，将【字母间距】设置为2，将【颜色】设置为白色，如图16-255所示。

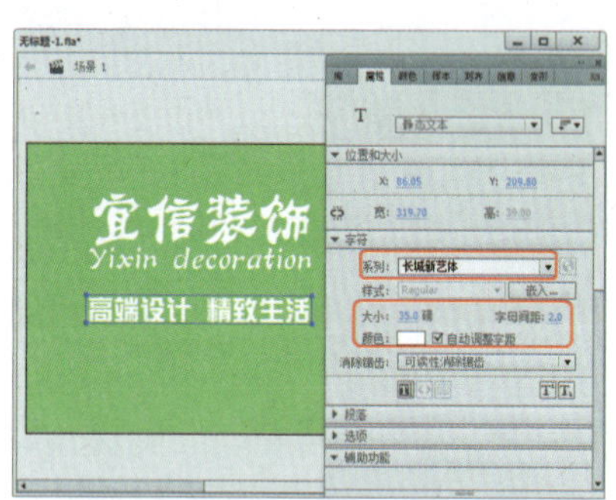
图16-255 输入文字并进行设置

㉙ 使用同样的方法在舞台中再输入文字，并在舞台中调整其位置，调整后的效果如图16-256所示。

㉚ 在舞台中按住Shift键选择该图层上的其他文字，按F8键，在弹出的对话框中将【名称】设置为“文字3”，将【类型】设置为【图形】，如图16-257所示。

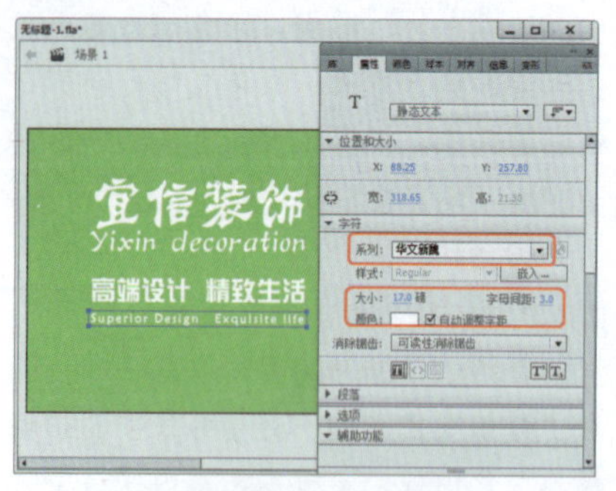
图16-256 输入文字并进行设置

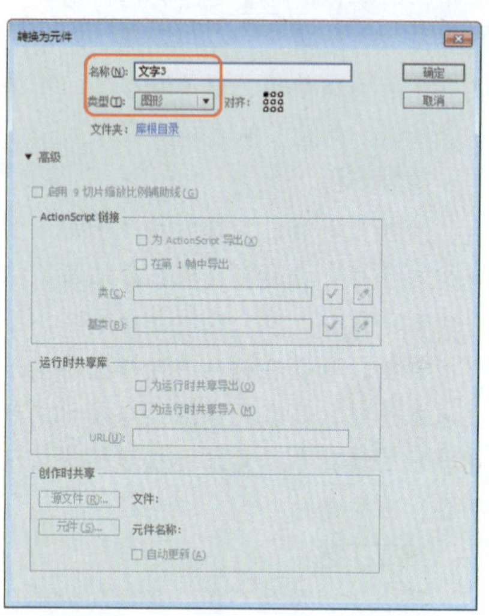
图16-257 设置元件名称及类型

㉛ 设置完成后，单击【确定】按钮，在【属性】面板中将【X】、【Y】分别设置为82.05、227.35，调整后的效果如图16-258所示。

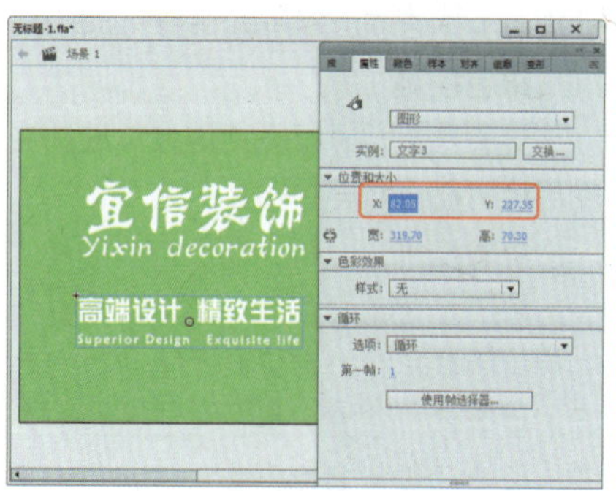
图16-258 在舞台中调整元件的位置

㉜ 在【时间轴】面板中单击【新建图层】按钮，新建“图层5”，然后选择第100帧，单击鼠标右键，在弹出的快捷菜单中选择【插入关键帧】命令，如图16-259所示。

㉝ 在工具箱中单击【钢笔工具】，在舞台中绘制三个矩形，如图16-260所示。

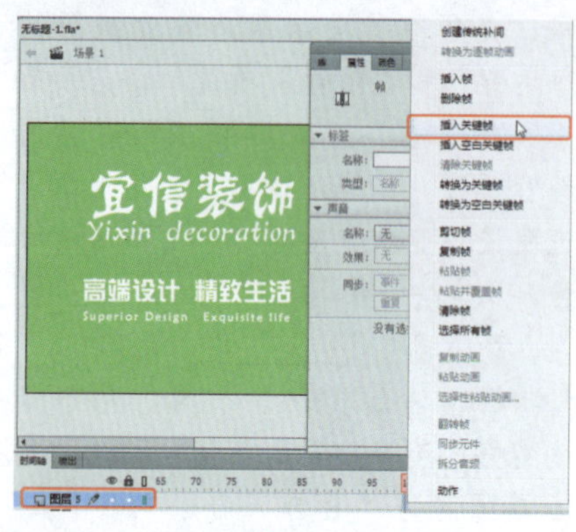
图16-259 新建图层并插入关键帧

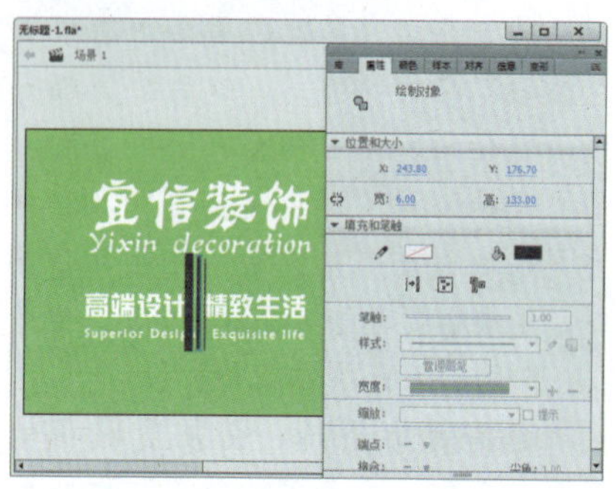
图16-260 绘制矩形

㉞ 选中所绘制的矩形，按F8键，在弹出的对话框中将【名称】设置为“矩形1”，将【类型】设置为【图形】，如图16-261所示。

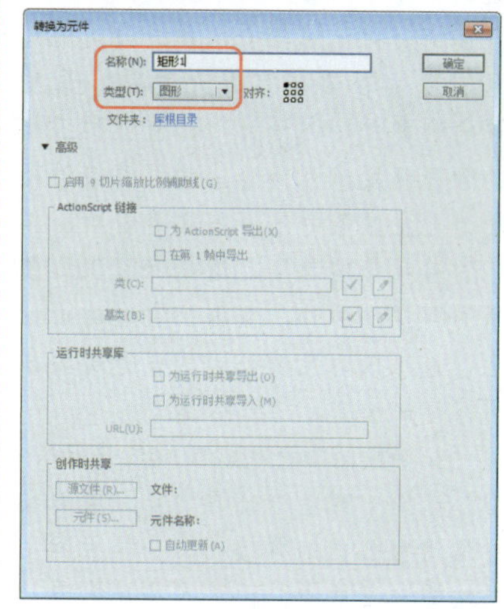
图16-261 将矩形转换为图形元件

㉟ 设置完成后，单击【确定】按钮，选中转换后的元件，在【属性】面板中将【X】、【Y】分别设置为401.75、183，如图16-262所示。

㊱ 在【时间轴】面板中选择“图层5”的第134帧，按F6键插入关键帧，选中该元件，在【属性】面板中将

【X】、【Y】分别设置为46.05、183，调整后的效果如图16-263所示。

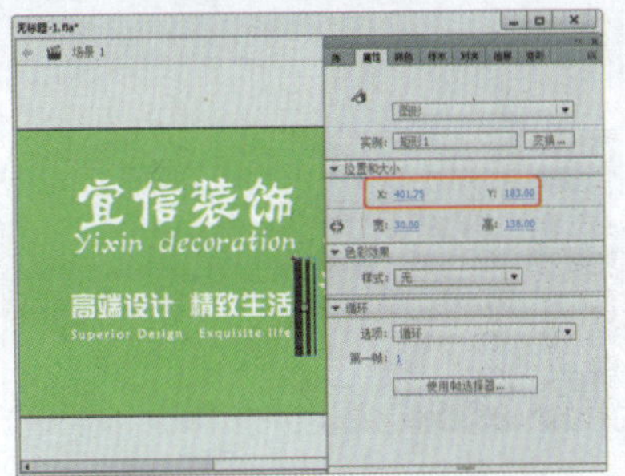

图16-262 设置元件位置

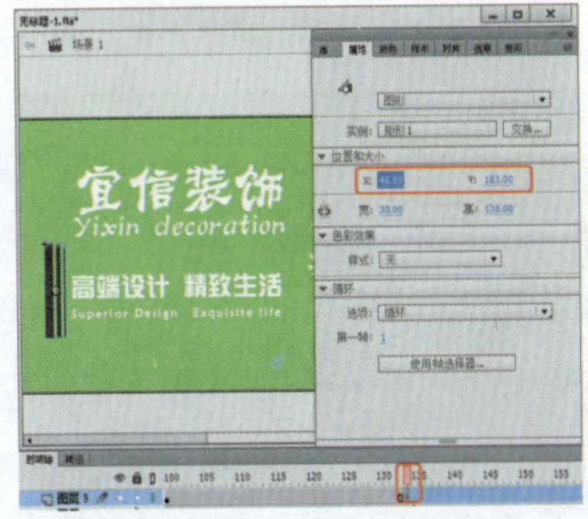

图16-263 调整图形元件的位置

37 在该图层的第125帧处单击鼠标右键，在弹出的快捷菜单中选择【创建传统补间】命令，创建传统补间，如图16-264所示。

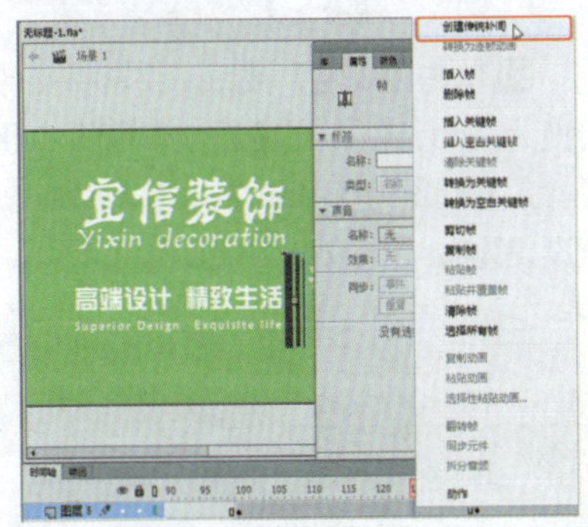

图16-264 创建传统补间

38 在"图层5"上单击鼠标右键，在弹出的快捷菜单中选择【遮罩层】命令，如图16-265所示。

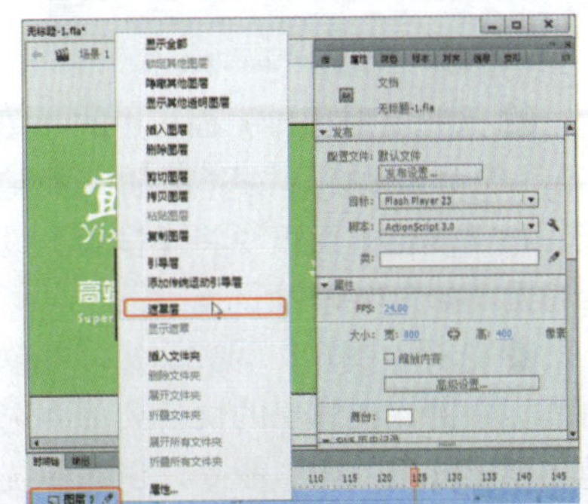

图16-265 选择【遮罩层】命令

39 在【时间轴】面板中单击【新建图层】按钮，新建"图层6"，选择第134帧，单击鼠标右键，在弹出的快捷菜单中选择【插入关键帧】命令，如图16-266所示。

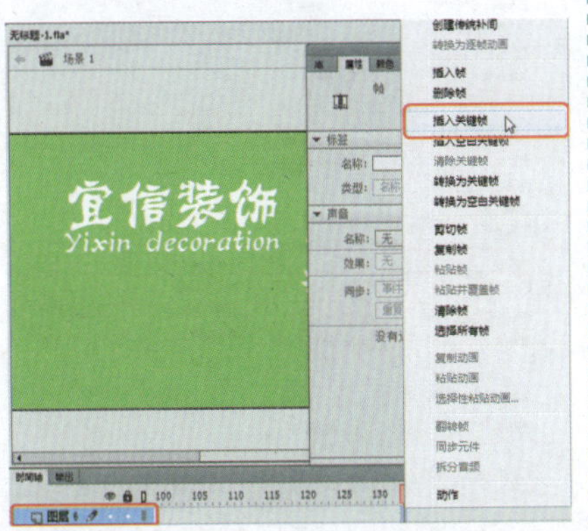

图16-266 在图层6的第134帧处插入关键帧

40 按Ctrl+L组合键，在弹出的【库】面板中选择"文字3"元件，按住鼠标将其拖拽至舞台中，在【属性】面板中将【X】、【Y】分别设置为82.05、227.35，调整后的效果如图16-267所示。

41 在【时间轴】面板中单击【新建图层】按钮，新建"图层7"，选择第134帧，单击鼠标右键，在弹出的快捷菜单中选择【插入关键帧】命令，如图16-268所示。

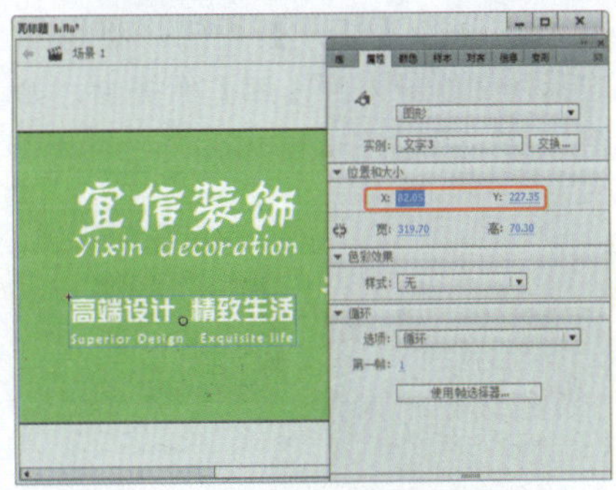

图16-267 将图形元件拖拽至舞台中

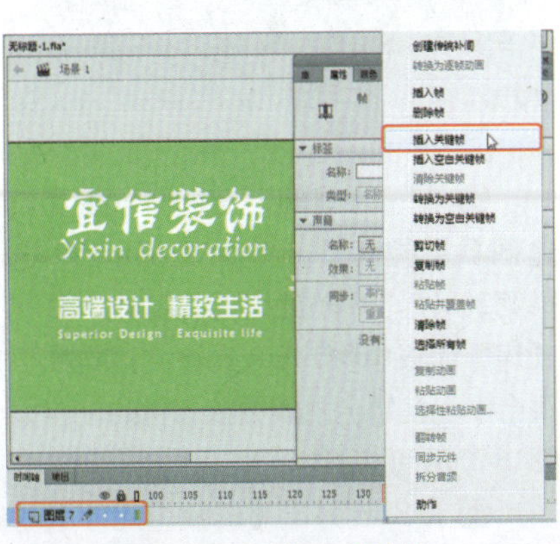

图16-268 插入关键帧

42 在工具箱中单击【矩形工具】，在舞台中绘制一个矩形，并调整其位置及参数，效果如图16-269所示。

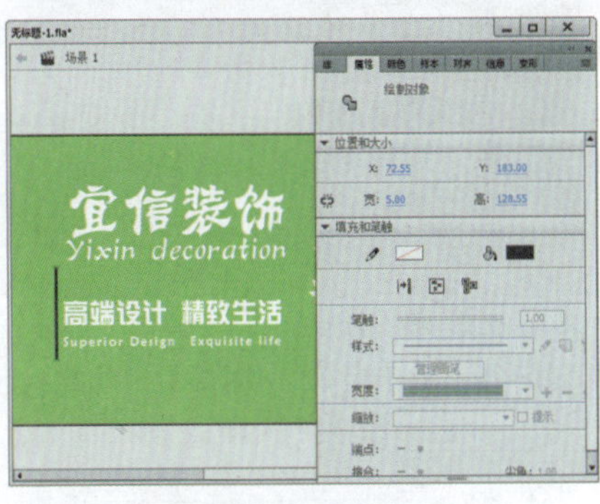

图16-269 绘制矩形

43 确认该矩形处于选中状态，按F8键，在弹出的对话框中将【名称】设置为"矩形2"，将【类型】设置为【图形】，如图16-270所示。

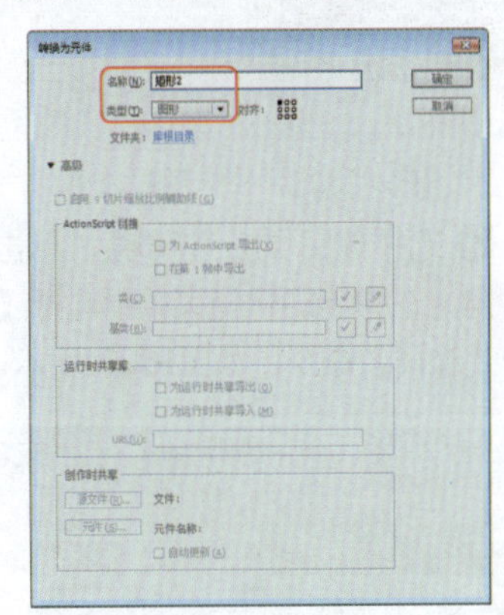

图16-270 将矩形转换为元件

44 设置完成后，单击【确定】按钮，在工具箱中单击【任意变形工具】，在舞台中调整矩形的中心点，调整后的效果如图16-271所示。

图16-271 调整矩形中心点的位置

45 在【时间轴】面板中选择"图层7"的第177帧，按F6键插入关键帧，如图16-272所示。

46 插入关键帧后，在舞台中调整矩形的大小，调整后的效果如图16-273所示。

图16-272　在“图层7”的第177帧处插入关键帧

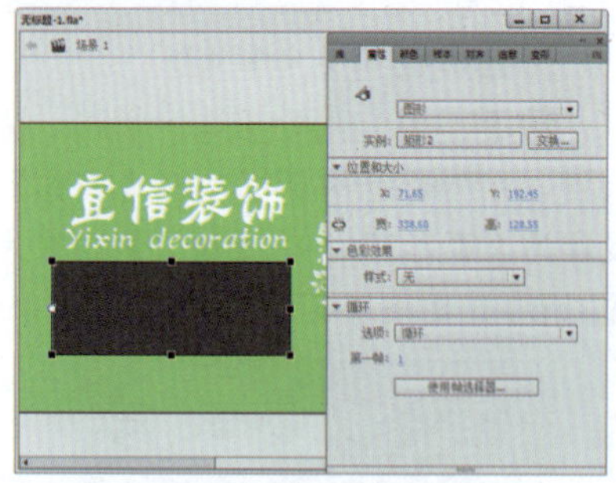

图16-273　调整矩形的大小

㊼ 选择该图层的第170帧，单击鼠标右键，在弹出的快捷菜单中选择【创建传统补间】命令，如图16-274所示。

图16-274　选择【创建传统补间】命令

㊽ 选择“图层7”，单击鼠标右键，在弹出的快捷菜单中选择【遮罩层】命令，将其设置为遮罩层，如图16-275所示。

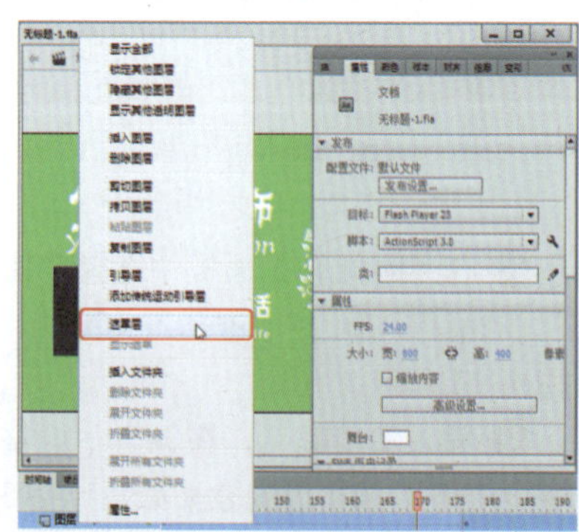

图16-275　选择【遮罩层】命令

㊾ 在菜单栏中选择【文件】|【导入】|【导入到库】命令，如图16-276所示。

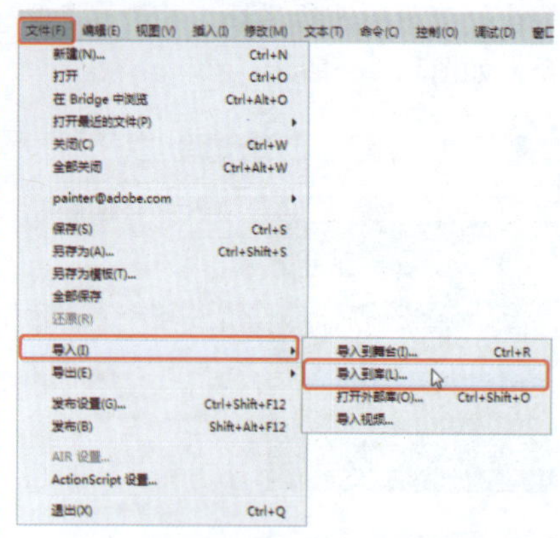

图16-276　选择【导入到库】命令

㊿ 在弹出的【导入到库】对话框中选择随书配套资源的图片素材文件，如图16-277所示。

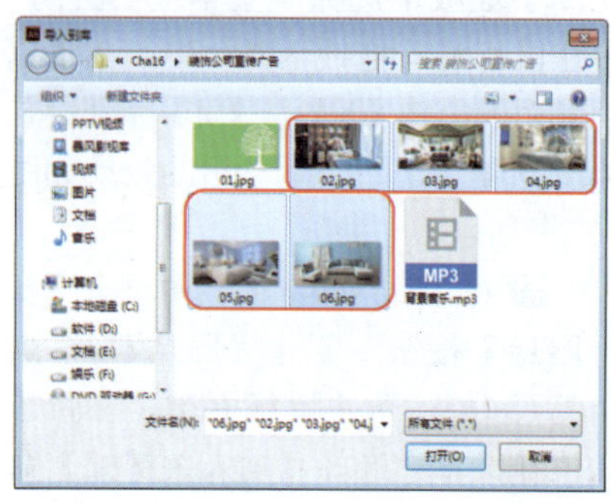

图16-277　选择素材文件

51 单击【打开】按钮，将选择的素材文件导入到【库】面板中，如图16-278所示。

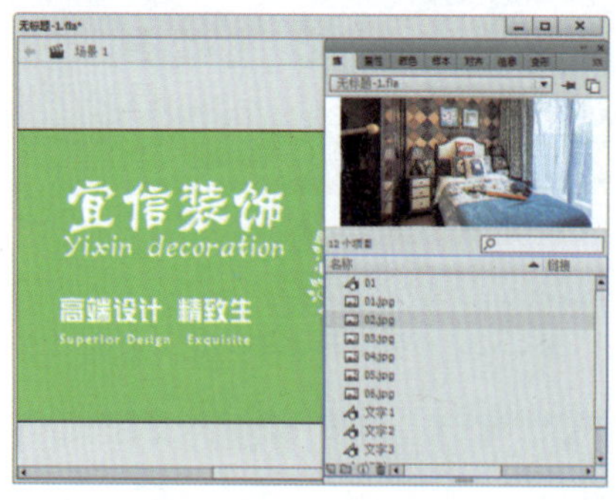

图16-278　导入的素材

52 在【时间轴】面板中单击【新建图层】按钮，新建“图层8”，选择第208帧，按F6键插入关键帧，并在【库】面板中将02.jpg素材文件拖拽至舞台中，在舞台中调整该素材的位置如图16-279所示。

53 按F8键弹出【转换为元件】对话框，在该对话框中输入【名称】为“02”，将【类型】设置为【图形】，如图16-280所示。

图16-279　将02.jpg拖拽至舞台中

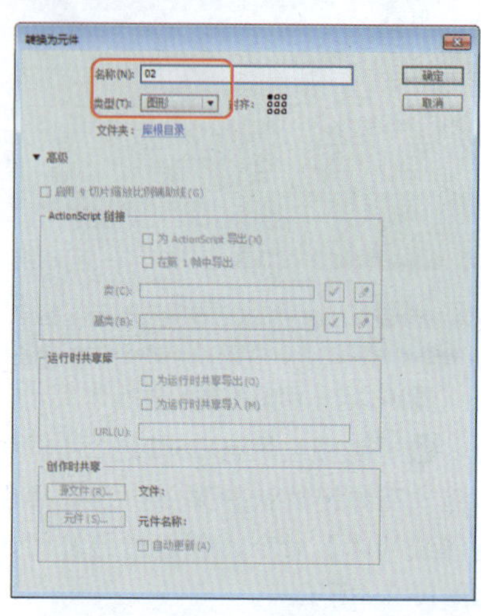

图16-280　将素材文件转换为元件

54 单击【确定】按钮，将素材文件转换为图形元件，在【属性】面板中将【样式】设置为【Alpha】，将【Alpha】值设置为0，如图16-281所示。

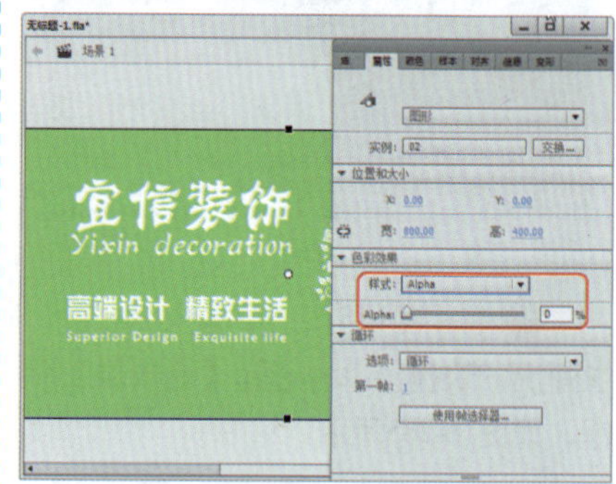

图16-281　设置Alpha值

55 选择【时间轴】面板中的“图层8”的第238帧，按F6键插入关键帧，在【属性】面板中将【样式】设置为无，如图16-282所示。

56 选择“图层8”第224帧，并单击鼠标右键，在弹出的快捷菜单中选择【创建传统补间】命令，创建传统补间，效果如图16-283所示。

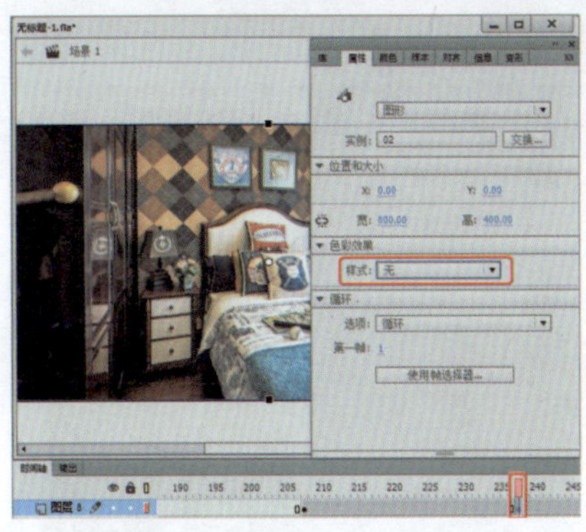
图16-282 将【样式】设置为无

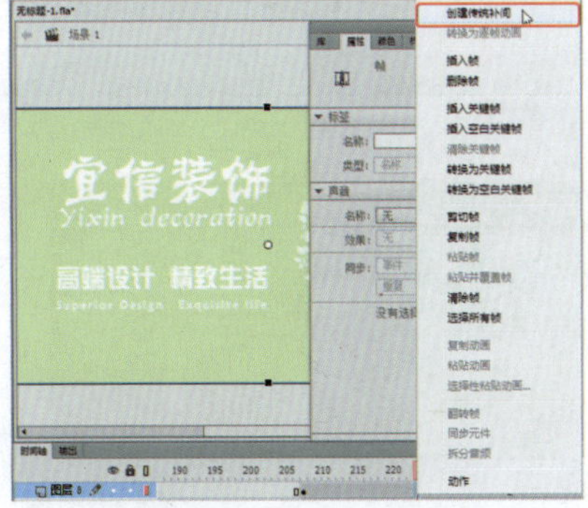
图16-283 创建传统补间

57选择“图层8”第258帧，按F6键插入关键帧，如图16-284所示。

图16-284 插入关键帧

58 选择“图层8”第288帧，按F6键插入关键帧，并在【属性】面板中将【样式】设置为【Alpha】，将【Alpha】值设置为0，如图16-285所示。

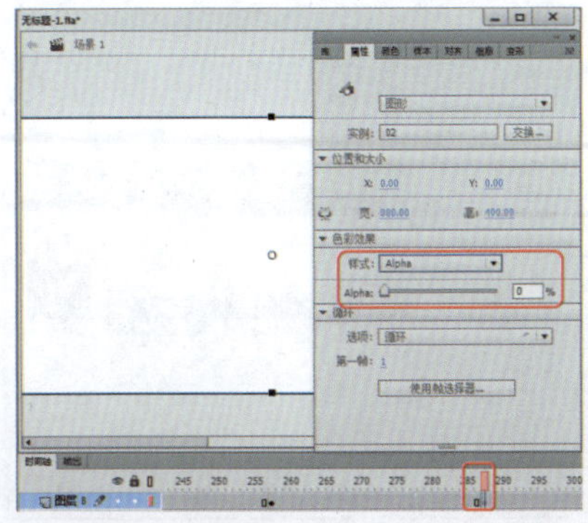
图16-285 插入关键帧并设置Alpha值

59 选择“图层8”第278帧，并单击鼠标右键，在弹出的快捷菜单中选择【创建传统补间】命令，创建传统补间，效果如图16-286所示。

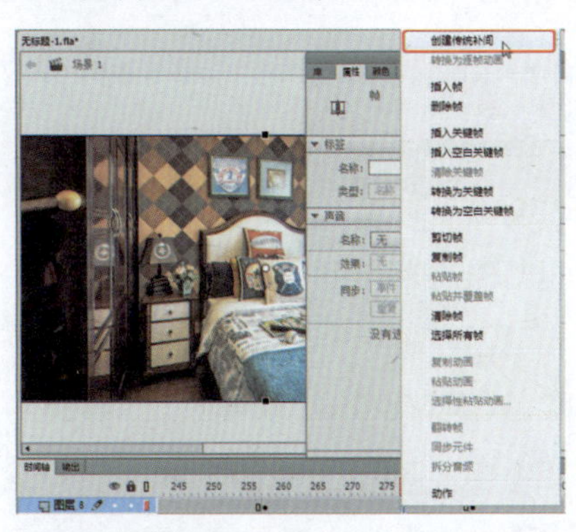
图16-286 创建传统补间

60 在【时间轴】面板中单击【新建图层】按钮，新建“图层9”，选择第258帧，按F6键插入关键帧，并在【库】面板中将03.jpg素材文件拖拽至舞台中，并调整其位置，如图16-287所示。

图16-287 将03.jpg拖拽至舞台中

61 按F8键弹出【转换为元件】对话框，在该对话框中输入【名称】为“03”，将【类型】设置为【图形】，如图16-288所示。

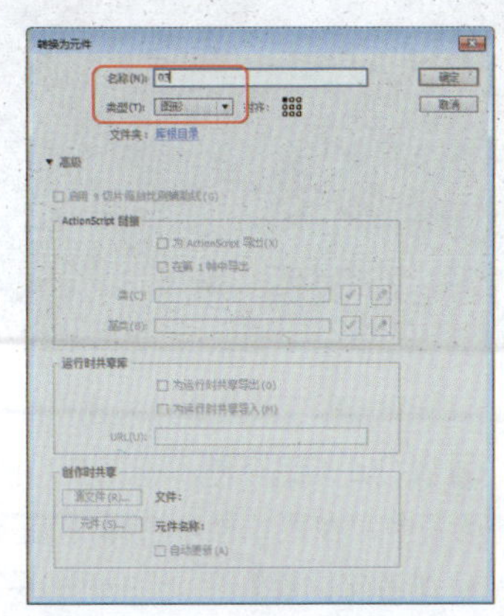
图16-288 将素材文件转换为元件

62单击【确定】按钮，将素材文件转换为图形元件，在【属性】面板中将【样式】设置为【Alpha】，将【Alpha】值设置为0，如图16-289所示。

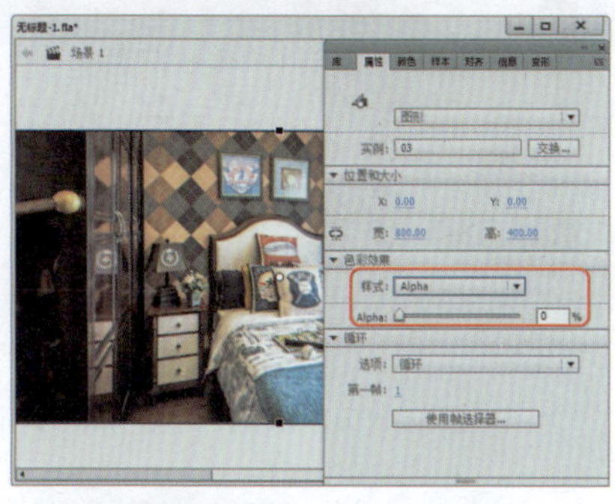
图16-289 设置Alpha参数

63 选择“图层9”第288帧，按F6键插入关键帧，在【属性】面板中将【样式】设置为无，如图16-290所示。

图16-290 将样式设置为无

64 选择“图层9”第278帧，并单击鼠标右键，在弹出的快捷菜单中选择【创建传统补间】命令，创建传统补间，效果如图16-291所示。

图16-291 创建传统补间

65 选择“图层9”第308帧，单击鼠标右键，在弹出的快捷菜单中选择【插入关键帧】命令，如图16-292所示。

66 选择“图层9”第338帧，按F6键插入关键帧，并在【属性】面板中将【样式】设置为【Alpha】，将【Alpha】值设置为0，如图16-293所示。

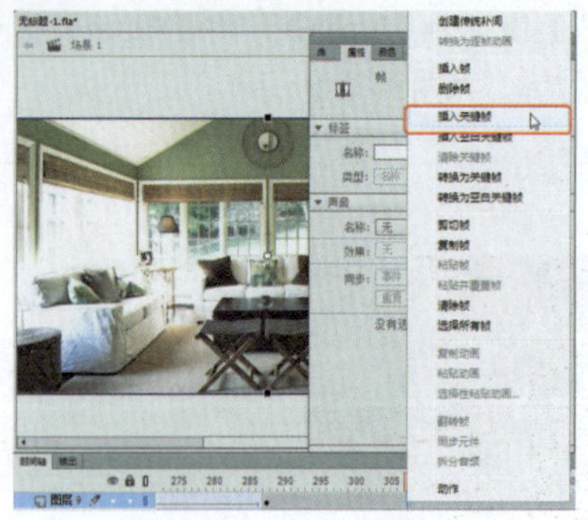

图16-292 插入关键帧

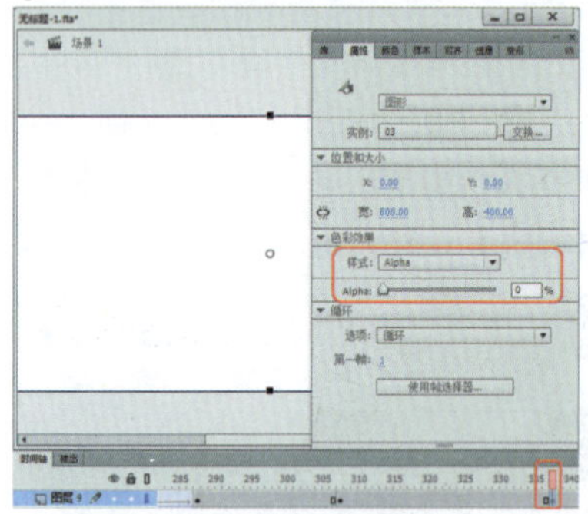

图16-293 添加【Alpha】样式

67 选择“图层9”第318帧，并单击鼠标右键，在弹出的快捷菜单中选择【创建传统补间】命令，创建传统补间，效果如图16-294所示。

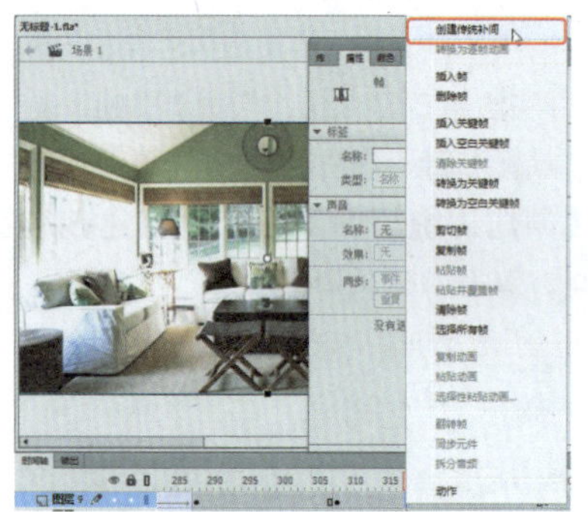

图16-294 创建传统补间

68 使用同样的方法，将其他素材文件转换为图形元件，制作传统补间动画，【时间轴】面板如图16-295所示。

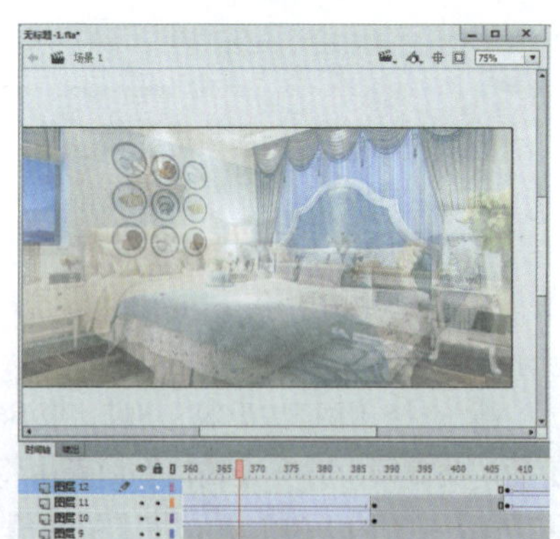

图16-295 创建其他图层后的效果

69 在【时间轴】面板中单击【新建图层】按钮，新建“图层13”，选择第153帧，按F6键插入关键帧，如图16-296所示。

图16-296 新建图层13并插入关键帧

70 在菜单栏中选择【文件】|【打开】命令，在弹出的【打开】对话框中选择小球.fla素材文件，如图16-297所示。

图16-297 选择素材文件

71 单击【打开】按钮，打开选择的素材文件，按Ctrl+A键选择所有的对象，如图16-298所示。

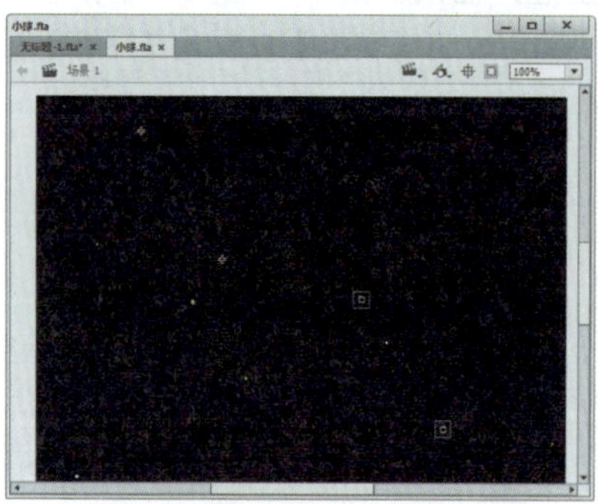

图16-298 选择素材文件

72 按Ctrl+C组合键，返回到当前制作的场景中，在菜单栏中选择【编辑】|【粘贴到当前位置】命令，如图16-299所示。

73 将选择的对象粘贴到当前制作的场景中，在舞台中调整对象的位置，如图16-300所示。

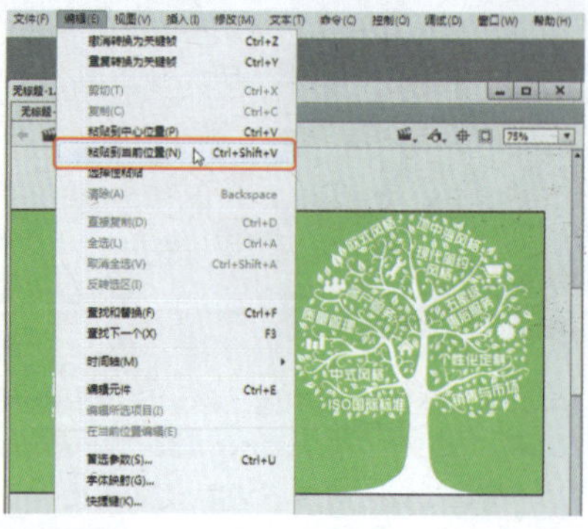

图16-299 选择【粘贴到当前位置】命令

图16-300 将对象粘贴到场景中并调整其位置

74 在菜单栏中选择【文件】|【导入】|【导入到库】命令，如图16-301所示。

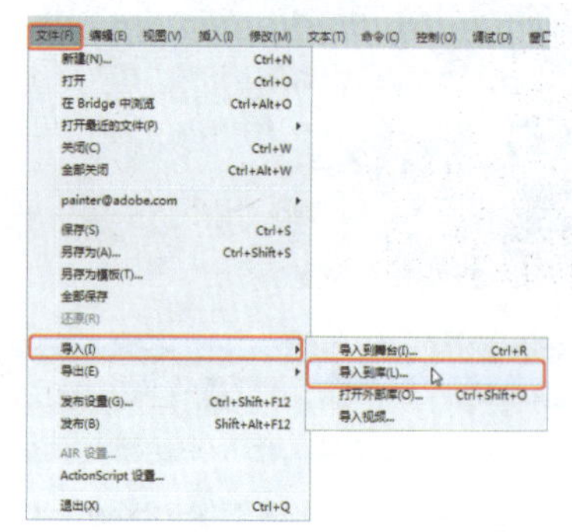

图16-301 选择【导入到库】命令

75 在弹出的【导入到库】对话框中选择背景音乐.mp3音频文件，如图16-302所示。

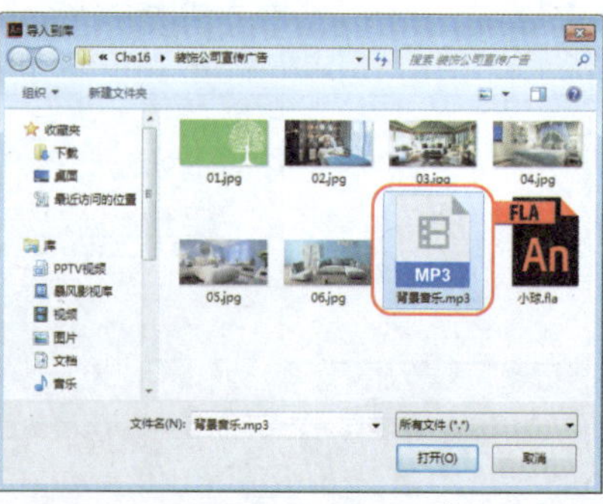

图16-302 选择音频文件

76 单击【打开】按钮，将选择的音频文件导入到【库】面板中，如图16-303所示。

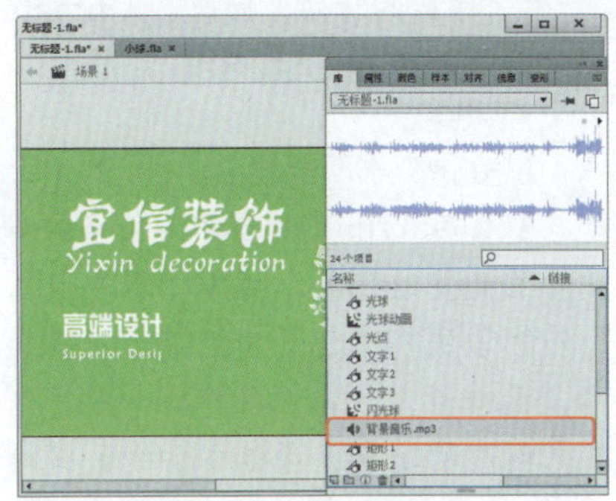

图16-303 导入到库面板

77 在【时间轴】面板中单击【新建图层】按钮，新建“图层14”，在【库】面板中选择导入的音频文件，按住鼠标左键将其拖拽至舞台中，即可将其添加到图层14中，如图16-304所示。

图16-304 将音频添加到图层中

78 添加完成后在【时间轴】面板中选择“图层14”的第1帧，如图16-305所示。

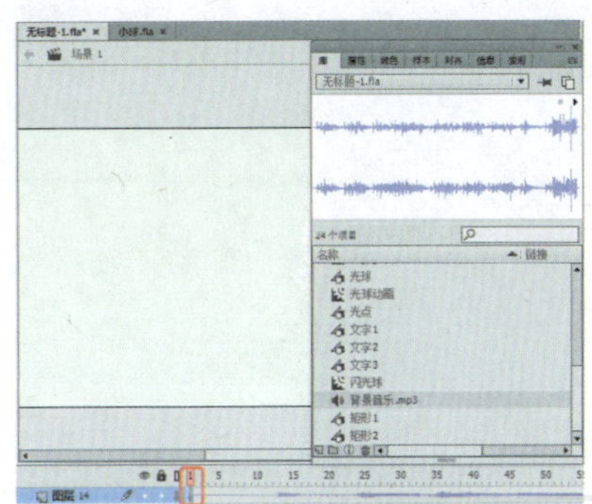

图16-305 选择图层14的第1帧

79 在【属性】面板中将【效果】设置为【淡出】，如图16-306所示。

80 在【时间轴】面板中单击【新建图层】按钮，新建“图层15”，选择“图层15”的第450帧，按F6键插入关键帧，如图16-307所示。

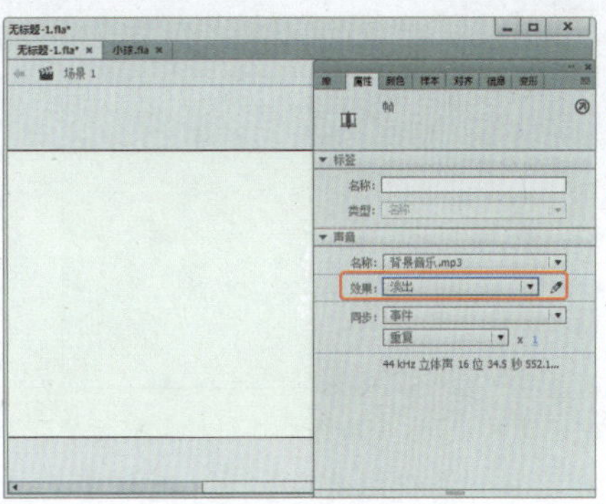

图16-306 设置声音效果

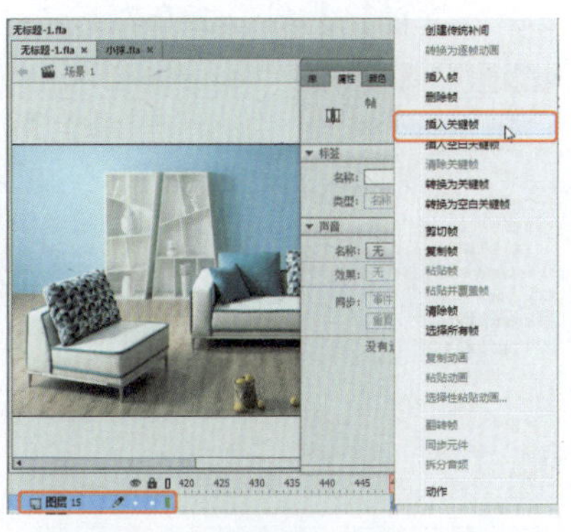

图16-307 新建图层并插入关键帧

81 并在第450帧上单击鼠标右键，在弹出的快捷菜单中选择【动作】命令，如图16-308所示。

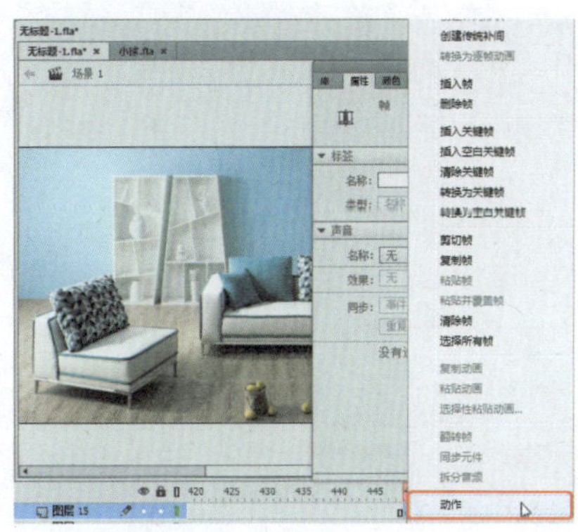

图16-308 选择【动作】命令

82 打开【动作】面板，在该面板中输入动作语句“stop();”，如图16-309所示。

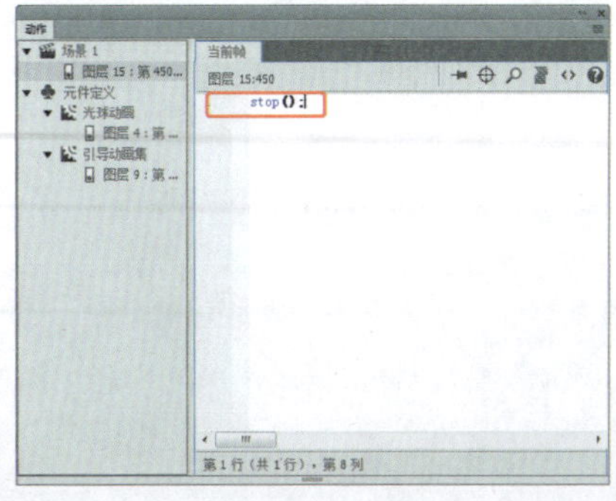

图16-309 输入动作

知识链接

【动作】面板是ActionScript编程中所必须的，它是专门用来进行ActionScript编写工作的。

在【动作】面板中有两种模式选择：普通模式和脚本助手模式。在脚本助手模式下，通过填充参数文本框来撰写动作。在普通模式下，可以直接在脚本窗口中撰写和编辑动作，这和用文本编辑器撰写脚本很相似。

1. 动作工具箱

浏览ActionScript语言元素(函数、类、类型等)的分类列表，将其插入到脚本窗格中。要将脚本元素插入到脚本窗格中，可以双击该元素，或直接将它拖动到脚本窗格中。

2. 工具栏

在【脚本助手】未启用的情况下，【动作】窗口上方的工具栏中的按钮如图16-310所示，其各按钮说明如下：

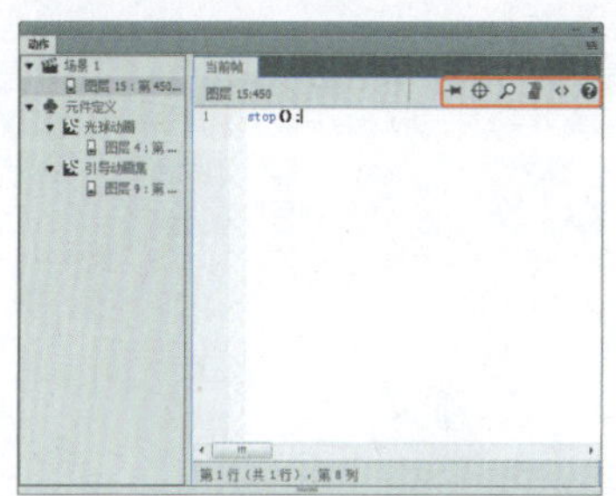

图16-310 【动作】面板工具栏

- 【查找】：单击该按钮可以打开【查找】选项栏，如图16-311所示。在【查找内容】文本框中输入要查找的名称，单击【下一个】按钮或者【上一个】按钮，即可；选择【查找】或【查找和替换】，在【替换为】栏中输入要【替换为】的内容，单击右侧的【替换】按钮或【全部替换】按钮即可，单击【高级】按钮，即可弹出【查找和替换】对话框，如图16-312所示。
- 【插入实例路径和名称】：该动作的名称和地址被指定以后，才能用它来控制一个影片剪辑或者下载一个动画，这个名称和地址就被称为目标路径。单击该按钮，可打开【插入目标路径】对话框，如图16-313所示。

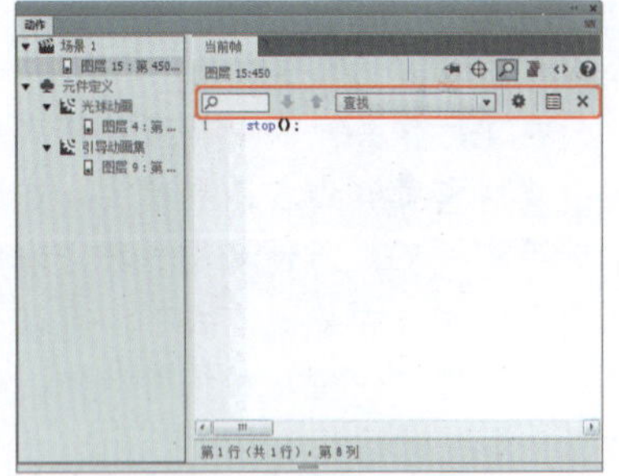

图16-311 【查找】选项栏

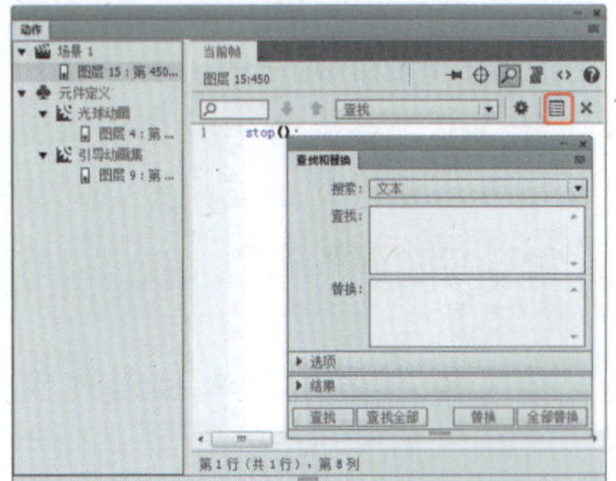

图16-312 【查找和替换】对话框

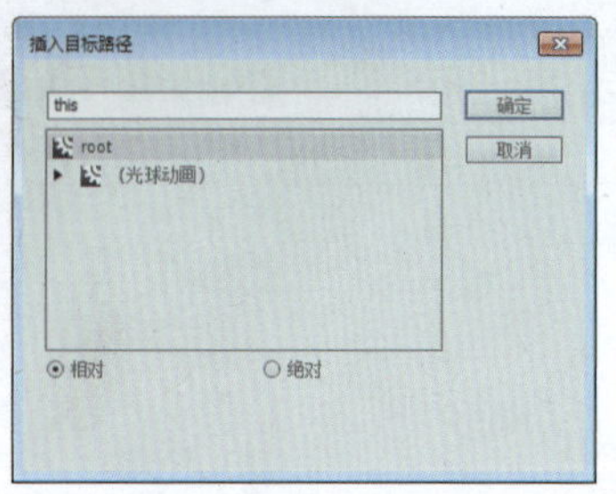

图16-313 【插入目标路径】对话框

- 【代码片段】：选择【代码片段】按钮，即可打开【代码片段】对话框如图16-314所示。

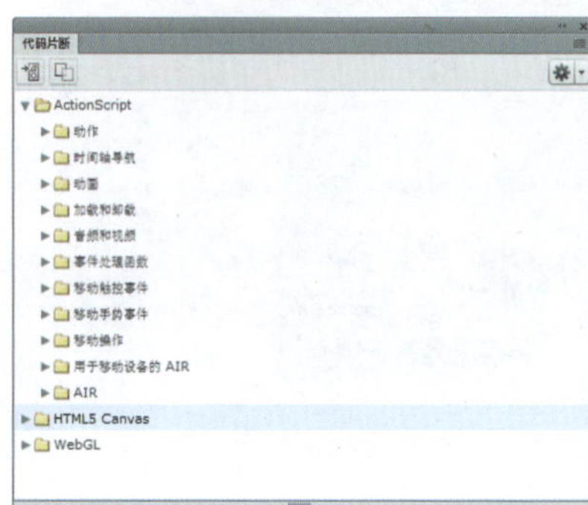

图16-314 【代码片段】对话框

- 【帮助】：由于动作语言太多，不管是初学者或是资深的动画制作人员都会有忘记代码功能的时候，因此，Animate CC专门为此提供了帮助工具。

3. 动作脚本编辑窗口

ActionScript编辑器中为创建脚本提供了必要的工具，该编辑器中包括代码的语法格式设置和检查、代码提示、代码着色、调试及其他一些简化脚本创建的功能。【脚本助手】将提示输入脚本的元素，有助于更轻松地向Animate SWF文件或应用程序中添加简单的交互性。对于那些不喜欢编写自己的脚本，或者那些喜欢工具所提供的简便性的用户来说，脚本助手模式是理想的选择。

83 至此，装饰公司宣传广告动画就制作完成了，按Ctrl+Enter组合键测试影片。